分析化学手册

第三版

⑩

化学计量学

梁逸曾　吴海龙　俞汝勤　主编

化学工业出版社

·北京·

《分析化学手册》第三版在第二版的基础上作了较大幅度的增补和删减，保持原手册10个分册的基础上，将其中3个分册进行拆分，扩充为6册，最终形成13册。

本书的编写依照分析化学研究的全过程，从选择分析方法和采样开始，经化学量测的试验设计、信号预处理、定性定量分析的多元校正和多元分辨、再到有用决策信息的提取，包括化学模式识别、机理研究的数字模拟方法、化学构效关系研究直至人工智能与化学专家系统，试图覆盖分析化学计量学的全部内容。在讨论了化学计量学的基本概念和基本方法的数学定义、基本思路及算法的基础上，尽量同时给出相应的计算机程序和参考文献，方便读者通过本书所提供的定义或方法进行试验，并可进一步将其运用于实际问题的解决。

本书为从事分析化学研究的技术人员了解和使用化学计量学方法提供了重要的工具与参考资料。

图书在版编目（CIP）数据

分析化学手册. 10. 化学计量学/梁逸曾，吴海龙，俞汝勤主编. —3版. —北京：化学工业出版社，2016.11（2022.10重印）
ISBN 978-7-122-28118-0

Ⅰ.①分… Ⅱ.①梁…②吴…③俞… Ⅲ.①分析化学-手册②化学计量学-手册 Ⅳ.①O65-62

中国版本图书馆CIP数据核字（2016）第227580号

责任编辑：傅聪智　李晓红　任惠敏　　文字编辑：孙凤英
责任校对：王素芹　　装帧设计：王晓宇

出版发行：化学工业出版社（北京市东城区青年湖南街13号　邮政编码100011）
印　　装：北京虎彩文化传播有限公司
787mm×1092mm　1/16　印张 $54\frac{1}{2}$　字数1408千字　2022年10月北京第3版第5次印刷

购书咨询：010-64518888　　售后服务：010-64518899
网　　址：http://www.cip.com.cn
凡购买本书，如有缺损质量问题，本社销售中心负责调换。

定　　价：298.00元

《分析化学手册》（第三版）编委会

吴海龙　湖南大学
许国旺　中国科学院大连化学物理研究所
严秀平　南开大学
杨峻山　中国医学科学院药用植物研究所
杨芃原　复旦大学
杨秀荣　中国科学院院士
　　　　中国科学院长春应用化学研究所
姚守拙　中国科学院院士
　　　　湖南大学，湖南师范大学
于德泉　中国工程院院士
　　　　中国医学科学院药物研究所
俞汝勤　中国科学院院士
　　　　湖南大学
张新荣　清华大学
张玉奎　中国科学院院士
　　　　中国科学院大连化学物理研究所
赵墨田　中国计量科学研究院
郑国经　北京首钢冶金研究院
　　　　（现北冶功能材料有限公司）
郑　健　中华人民共和国科学技术部
朱俊杰　南京大学
庄乾坤　国家自然科学基金委员会化学科学部

序

分析化学是人们获得物质组成、结构及相关信息的科学，即测量与表征的科学。其主要任务是鉴定物质的化学组成及含量测定、确定物质的结构形态及其与物质性质之间的关系。分析化学是一门社会和科技发展迫切需要的、多学科交叉结合的综合性科学。现代分析化学必须回答当代科学技术和社会需求对现存的方法和技术的挑战，因此实际上已发展成为“分析科学”。

《分析化学手册》是一套全面反映现代分析技术，供化学工作者使用的专业工具书。《分析化学手册》第一版于 1979 年出版，有 6 个分册；第二版扩充为 10 个分册，于 1996 年至 2000 年陆续出版。手册出版后，受到广大读者的欢迎，成为国内很多分析化验室和化学实验室的必备图书，对我国科技进步和社会发展都产生了重要作用。

进入 21 世纪，随着科技进步和社会发展对分析化学提出的种种要求，各种新的分析手段、仪器设备、信息技术的出现，极大地丰富了分析化学学科的内涵、促进了学科的发展。为更好总结这些进展，为广大读者服务，化学工业出版社自 2010 年起开始启动《分析化学手册》（第三版）的修订工作，成立了由分析化学界 30 余位专家组成的编委会，这些专家包括了 10 位中国科学院院士、中国工程院院士和发展中国家科学院院士，多位长江学者特聘教授和国家杰出青年基金获得者，以及各领域经验丰富的专家。在编委会的领导下，作者、编辑、编委通力合作，历时六年完成了这套 1800 余万字的大型工具书。

本次修订保持了第二版 10 分册的基本架构，将其中的 3 个分册进行拆分，扩充为 6 册，最终形成 10 分册 13 册的格局：

1	基础知识与安全知识	7A	氢-1 核磁共振波谱分析
2	化学分析	7B	碳-13 核磁共振波谱分析
3A	原子光谱分析	8	热分析与量热学
3B	分子光谱分析	9A	有机质谱分析
4	电分析化学	9B	无机质谱分析
5	气相色谱分析	10	化学计量学
6	液相色谱分析		

其中，原《光谱分析》拆分为《原子光谱分析》和《分子光谱分析》;《核磁共振波谱分析》拆分为《氢-1 核磁共振波谱分析》和《碳-13 核磁共振波谱分析》;《质谱分析》新增加了无机质谱分析的内容，拆分为《有机质谱分析》和《无机质谱分析》，并对仪器结构及方法原理进行了全面的更新。另外，《热分析》增加了量热学方面的内容，分册名变更为《热分析与量热学》。

本版修订秉承的宗旨：一、保持手册一贯的权威性和典型性，体现预见性和前瞻性，突出新颖性和实用性；二、继承手册的数据查阅功能，同时注重对分析方法和技术的介绍；三、着重收录了基础性理论和发展较成熟的方法与技术，删除已废弃的或过时的内容，更新有关数据，增补各领域近十年来的新方法、新成果，特别是计算机的应用、多种分析技术联用、分析技术在生命科学中的应用等方面的内容；四、在编排方式上，突出手册的可查阅性，各分册均编排主题词索引，与目录相互补充，对于数据表格、图谱比较多的分册，增加表索引和谱图索引，部分分册增设了符号与缩略语对照。

手册第三版获得了国家出版基金项目的支持，编写与修订工作得到了我国分析化学界同仁的大力支持，全套书的修订出版凝聚了他们大量的心血和期望，在此谨向他们，以及在编写过程中曾给予我们热情支持与帮助的有关院校、科研院所及厂矿企业的专家和同行，致以诚挚的谢意。同时我们也真诚期待广大读者的热情关注和批评指正。

《分析化学手册》（第三版）编委会

2016 年 4 月

前　言

《分析化学手册》是化学工业出版社从1979年开始陆续出版的一套全面反映现代分析技术，供化学工作者使用的专业工具书。初版有6个分册，1996—2000年期间，出版了第二版，扩增为10个分册，其中第十分册即为2000年12月出版的《化学计量学》分册（梁逸曾 俞汝勤主编），这一新增的分册出版至今也已有16个年头了。大家知道，最近数十年是世界科技快速发展时期，《分析化学手册》可谓见证了这一关键过程。进入21世纪，随着科技进步和社会发展，各类分析新手段、新仪器设备、新信息技术的不断涌现，极大地丰富了分析化学学科内涵、促进了学科发展，同时化学计量学方法与近红外光谱结合应用，这一牛刀小试已充分证明了化学计量学的重要性和应用潜力。化学工业出版社自2010年起开始启动《分析化学手册》（第三版）的修订出版工作，《化学计量学》分册继续得到出版支持。

大家知道，根据国际化学计量学学会给化学计量学作出的定义：化学计量学是一门通过统计学或数学方法将对化学体系的量测值与体系的状态之间建立联系的学科。它应用数学、统计学与其他方法和手段（包括计算机）选择最优试验设计和量测方法，并通过对量测数据的处理和解析，最大限度地获取有关物质系统的成分、结构及其他相关信息。

化学计量学是瑞典Umea大学S. 沃尔德（S. Wold）在1971年首先提出来的。1974年美国B. R. 科瓦斯基和沃尔德共同倡议成立了国际化学计量学学会。化学计量学在20世纪80年代有了较大的发展，各种新的化学计量学算法的基础及应用研究取得了长足的进步，成为化学与分析化学发展的重要前沿领域。它的兴起有力地推动了化学和分析化学的发展，为分析化学工作者优化试验设计和量测方法、科学处理和解析数据并从中提取有用信息，开拓了新的思路，提供了新的手段。进入新世纪后，化学计量学受不断涌现的现代分析仪器发展使用和复杂体系定性定量分析问题的促进驱动，又获得新的进展，如形成了“数学分离分析”这一绿色分析化学新思路，较系统地发展完善了化学多维校正理论及其在分析领域的新应用，目前正在获得越来越广泛的关注和应用等。

化学计量学的基本任务是研究有关化学量测的基础理论与方法学，其应用数学、统计学与信息理论和方法、计算机科学的方法和手段，科学地设计化学实验，选择最优的量测方法，最有效地获取体系有用的特征数据，并通过解析量测数据最大限度地从中提取有关物质的定性、定量、形态、结构等信息。化学计量学是一门正在发展的新兴学科，其主要研究内容包括统计学与统计方法、校正理论、模型估计和参数估计、实验设计和优化方法、分析信号处理、化学模式识别、定量构效关系、人工智能和专家系统、软件和库检索等。

《化学计量学》分册的修编将继续按照分析化学全过程而展开，从选择分析方法和采样开始，经化学量测的实验设计、信号预处理、定性定量分析的多元校正和多元分辨，再到有用决策信号的提取，包括化学模式识别、机理研究数字模拟方法、化学定量构效关系研究直至人工智能及专家系统等，试图覆盖化学计量学的全部内容，在讨论化学计量学基本概念和基本方法的数学定义、基本思路和算法的基础上，尽量同时给出计算机程序及相应的参考文献，使读者有所收获，并可进一步用于具体实际问题的解决。

在第三版中，《化学计量学》分册基本保持第二版的结构框架，对具体内容有较大幅度的增删，做了较多的重组、充实和改进等。已删除第二版中第二章，将相关内容充实于相应的章节。新版的第二、三、四章分别作为采样、实验优化设计以及量测数据的统计评价与质量控制专章，其中第二版第五章第一节与第二节的内容，已扩增为新版的第四章，并突出描述了化学量测与质量控制的关系等。新版第五章新增了分析信号的“背景扣除方法”及“漂移校准方法”两节。第六章在第二版第六章基础上有较大幅度的扩增，尤其是对灰色分析系统来说，新增了分量较重的二阶校正及三阶校正等内容，包括新增了其相应的理论、方法、算法以及应用实例等，通过引入“数学分离分析”这一绿色分析化学思路，已真正实现复杂化学体系多目标物的同时、快速、精准之定量分析。第七章新增了“基于机器学习的分类回归方法”一节。第八章为新增的“计算机数字模拟方法”，第九章也对原化学构效（QSAR）研究方法一章作了较大幅度的增补，尤其是三维模型等内容的添加，更有利于 QSAR 研究的深入开展。附录部分内容较为丰富，除了化学计量学中常用名词的中英文对照表和符号说明外，还将第二版第二篇内容（第十二、十三、十四、十五章共四章）进行整合，同时新增加了不少新方法的 MATLAB 源程序。

第二版中《化学计量学》分册由梁逸曾和俞汝勤担任主编，第三版中分册主编增添了吴海龙。梁逸曾为本手册的编写，精心组织、呕心沥血多年，可不幸于 2016 年 10 月 19 日过劳且患不治之症仙逝，留下遗憾。在本版前期编著过程中，梁逸曾从编著大纲的修订到各章节的具体编著，倾注了大量的心血，完成了其中大部分的工作量。这里，除了原先得到杜一平、李晓宁、徐承建、许青松、李博彦等同志的帮助外，还得到了曹东升、李洪东、范伟、张良晓、张志敏、卢红梅、易伦朝、曾仲达、龚范等同志的帮助和协力，湖南大学的部分博士生和硕士生胡勇、方焕、刘志、谢丽霞、万瑶、尹小丽、谷惠文、丁玉洁、张燕、张晓华、刘亚娟、夏慧、朱丽、王丽、孙小东、王童、肖蓉等也付出了很多心血，谨在此一并表示衷心的谢忱！吴海龙继承梁逸曾教授遗志，不辱使命，与出版社编辑紧密合作，终于完成本版的编著。俞汝勤先生从一开始就高度重视本版的编著，从大纲制订到具体内容的取舍都亲自把关，倾注了大量心血。本分册第三版的出版，是对我国著名分析化学与化学计量学家、国际“化学计量学终身成就奖获得者”梁逸曾教授的最好纪念！

本分册涉及的相关科研成果，主要取自湖南大学化学生物传感与计量学国家重点实验室和中南大学梁逸曾课题组。这些成果的取得多年来曾得到了国家自然科学基金委员会、国家科学技术部和教育部、湖南省科学技术厅和教育厅以及湖南大学、中南大学的大力支持和帮助。谨在此，一并表示衷心的感谢！

尽管我们在编著过程中尽了最大努力，希望能以最佳状态呈现在广大读者面前，但由于知识面及能力的限制，书中一定会有许多不足之处，恳请批评指正。

吴海龙　俞汝勤

2016 年 11 月于岳麓山下

目　录

第一章　现代分析化学的信息理论 ········ 1
第一节　化学量测与化学信息 ········ 1
第二节　熵——化学量测的“不确定度”的定量度量 ········ 2
一、分析试验与“不确定度” ········ 2
二、“不确定度”与仙农熵 ········ 2
三、仙农熵的性质 ········ 3
四、条件熵与可疑度 ········ 3
五、可疑度、互信息与散度 ········ 4
第三节　定性分析的信息理论和方法 ········ 5
一、不同定性分析鉴定方法的信息量估价 ········ 5
二、仪器定性分析的信息量 ········ 6
第四节　定量分析的信息理论和方法 ········ 13
一、定量测定的信息量 ········ 13
二、提高分析精密度与准确度的信息量 ········ 14
三、痕量分析的信息量 ········ 14
四、质量控制分析的信息量 ········ 15
第五节　分析仪器的信息功能 ········ 16
一、分析仪器与分析方法的供信能力 ········ 16
二、分析仪器的信道容量 ········ 18
三、分析方法的信息效率 ········ 20
参考文献 ········ 22

第二章　分析采样理论和方法 ········ 23
第一节　采样的基本概念和理论 ········ 23
一、随机采样 ········ 23
二、系统采样 ········ 24
三、分层采样 ········ 24
四、代表性采样 ········ 25
五、最小采样数目的估计 ········ 26
六、采样常数 ········ 27
第二节　非均匀体系建模方法及大批物质的采样误差 ········ 28
一、固体物质的采样理论和方法 ········ 28
二、颗粒性质因子（Gy 理论） ········ 29
三、动态过程的采样理论和方法 ········ 30
第三节　质量检验的采样方法 ········ 31
一、计量抽样检验 ········ 31
二、计数抽样检验 ········ 33
参考文献 ········ 35

第三章　化学试验设计与优化方法 ········ 36
第一节　因子设计及其析因分析方法 ········ 37
一、主效应的估价 ········ 38
二、交叉效应的估价 ········ 39
三、效应及残差正态图 ········ 41
第二节　部分因子设计 ········ 44
一、半因子设计法 ········ 44
二、半因子设计的产生方法及四分之一因子设计法 ········ 48
三、因子设计分辨率 ········ 50
第三节　正交试验设计和正交设计表 ········ 51
一、正交实验设计 ········ 51
二、正交表及其交互效应表 ········ 52
三、正交设计表的线性图及其应用 ········ 53
四、常用正交表及相应交互效应表和线性图 ········ 54
第四节　均匀试验设计及均匀设计表 ········ 64
一、均匀设计表的构造 ········ 64
二、均匀性准则和使用表的产生 ········ 67
三、拟水平均匀设计 ········ 70
四、均匀设计表 ········ 72
第五节　最优试验设计 ········ 79
一、最优设计的各种准则 ········ 79
二、*D*-最优设计 ········ 81
三、等价定理及 *D*-最优设计的构造 ········ 82
四、构造 *D*-最优设计的数值方法 ········ 89
五、饱和 *D*-最优设计 ········ 92
六、几种常用最优混合设计表 ········ 96
第六节　单纯形试验设计法 ········ 97
第七节　混料试验设计方法 ········ 100
一、单纯形格子点 ········ 102
二、单纯形格子设计法 ········ 104
三、单纯形重心设计 ········ 106
第八节　化学中常用优化方法 ········ 109
一、最优化研究中的基本概念 ········ 109
二、局部优化算法 ········ 112
三、全局优化算法 ········ 121
四、拉格朗日乘子法 ········ 132
参考文献 ········ 133

第四章　分析测量数据的统计评价与质量控制 ………………………… 135
第一节　化学测量的特点及其不确定性的表征与溯源分析 ………… 135
一、化学测量的特点 ………………………… 135
二、测量不确定性的定义 ………………………… 136
三、测量不确定性的来源 ………………………… 136
四、测量不确定度的概率性质 ………………………… 137
五、测量不确定度的估计方法 ………………………… 138
第二节　量测误差与质量控制 ………………………… 154
一、量测误差与不确定性 ………………………… 155
二、化学测量中数据特征描述 ………………………… 156
三、化学测量的质量保证与质量控制 …… 160
第三节　分析方法的品质因数及校验方法 ………………………… 169
一、部分分析方法的品质因数 ………………………… 169
二、分析方法的校验 ………………………… 172
三、分析方法的可追溯性 ………………………… 174
第四节　分析量测的数据统计评价与假设检验 ………………………… 177
一、分析结果的两类错误及其统计判决 … 177
二、分析方法的检测下限 ………………………… 179
三、化学测量数据的统计检验 ………………………… 182
参考文献 ………………………… 187
第五章　分析信号处理方法 ………………………… 190
第一节　分析信号的平滑方法 ………………………… 190
一、移动窗口平均法 ………………………… 190
二、移动窗口多项式最小二乘平滑法 …… 190
三、移动窗口中位数稳健平滑法 ………… 194
四、粗糙惩罚平滑法 ………………………… 195
第二节　分析信号的求导方法 ………………………… 198
一、直接差分法 ………………………… 198
二、多项式最小二乘拟合求导法 ………… 199
三、基于小波分析的求导方法 ………………………… 204
第三节　分析信号的变换方法 ………………………… 207
一、卷积运算的物理意义 ………………………… 208
二、光谱分析的多重性效益与 Hadamard 变换 ………………………… 209
三、傅里叶变换用于分析信号处理 ……… 212
四、小波多分辨变换法及其用于分析信号处理 ………………………… 220
第四节　分析信号的背景扣除方法 ………… 232
一、自适应迭代加权惩罚最小二乘背景扣除方法 ………………………… 232
二、分位数回归背景扣除算法 ………………………… 235
三、自动双边指数平滑算法（ATEB） …… 243
第五节　色谱分析信号的漂移校准方法 …… 254
一、基于小波模式匹配及微分进化方法的自动色谱谱峰校准方法 ………………………… 256
二、多尺度色谱谱峰校准方法 ………………………… 265
三、基于组分波谱信息的色谱谱峰校准方法 ………………………… 276
四、质谱辅助色谱谱峰校准 ………………………… 281
参考文献 ………………………… 289
第六章　多元校正与多元分辨 ………………………… 294
第一节　概论 ………………………… 294
一、现代分析化学面临的机遇与挑战 …… 295
二、化学计量学的多变量解析思路 ……… 297
三、化学计量学中的软模型和硬模型 …… 302
第二节　分析化学中的校正理论 ………… 304
一、张量校正理论 ………………………… 304
二、黑、白、灰多组分体系及仪器分析策略 ………………………… 306
第三节　白色分析体系的多元校正方法 …… 308
一、直接校正方法 ………………………… 308
二、间接校正方法 ………………………… 319
三、通用标准加入法 ………………………… 326
四、广义内标法 ………………………… 328
五、非线性体系的校正方法 ………………………… 334
六、病态体系和有偏估计方法 ………………………… 349
七、多元校正的分析化学品质因数和可靠性分析 ………………………… 353
第四节　灰色分析体系的多元校正方法 …… 356
一、矢量校正方法 ………………………… 356
二、矩阵(非迭代类二阶张量)校正方法 … 367
三、三维(迭代类二阶张量)校正方法 …… 387
四、四维校正（三阶校正） ………………… 405
第五节　黑色分析体系的多元分辨方法 …… 412
一、基于主成分分析的体系组分数确定方法 ………………………… 413
二、矩阵分辨方法 ………………………… 426
三、张量分辨方法 ………………………… 480
第六节　广义灰色分析体系的多元校正模型 ………………………… 492
一、近红外光谱与广义灰色分析体系 …… 492
二、广义灰色分析体系的模型校验方法 … 493
三、广义灰色分析体系的常用多元校正方法 ………………………… 504
第七节　回归建模中的稳健方法 ………… 510
一、回归诊断方法（regression diagnostic methods） ………………………… 511

二、稳健回归方法 …… 517
参考文献 …… 523

第七章 化学模式识别 …… 531
第一节 模式空间的几种距离与相似性度量 …… 531
一、化学模式空间 …… 531
二、模式空间的距离与相似性度量 …… 532
第二节 特征抽取方法 …… 534
第三节 模式识别的数据预处理方法 …… 535
第四节 有监督的模式识别方法——判别分析法 …… 536
一、距离判别法 …… 536
二、Bayes 判别法 …… 537
三、Fisher 判别法 …… 539
四、逐步判别分析法 …… 542
五、线性学习机 …… 548
六、*K*-最近邻法 …… 549
七、势函数判别法 …… 550
八、人工神经网络判别法 …… 551
第五节 无监督的模式识别方法——聚类分析法 …… 553
一、系统聚类法 …… 553
二、一分为二法 …… 560
三、最小生成树法 …… 561
四、*K*-均值聚类法 …… 562
五、基于全局寻优的聚类法 …… 563
六、模糊聚类法 …… 567
第六节 基于投影的模式识别方法 …… 571
一、基于主成分分析的投影判别法 …… 571
二、基于主成分分析的 SIMCA 分类法 …… 576
三、基于偏最小二乘的投影判别法 …… 584
第七节 基于机器学习的分类回归方法 …… 589
一、支持向量机 …… 590
二、分类回归树 …… 593
三、助推建模 …… 596
四、随机森林 …… 600
参考文献 …… 601

第八章 计算机数字模拟法 …… 604
第一节 基于统计机理的 Monte Carlo 数字模拟法 …… 604
一、伪随机数的产生方法 …… 604
二、化学动力学系统的 Monte Carlo 模拟算法 …… 606
三、适用于所有均相化学反应体系的 Monte Carlo 计算机模拟方法 …… 608
四、误差分析的 Monte Carlo 模拟算法 …… 610
第二节 基于微分方程数字解法的计算机模拟方法 …… 612
第三节 电化学过程的数字模拟 …… 616
参考文献 …… 621

第九章 化学构效关系的研究方法 …… 622
第一节 化学构效关系研究起源——有机反应性相关分析方法简介 …… 622
一、线性自由能概念及其经典 Hammett σ 常数 …… 623
二、取代基电子效应常数（σ 常数）的应用与拓展 …… 623
三、取代基的立体效应常数 …… 625
四、取代基电子效应常数与立体参数的协同效应 …… 632
第二节 化学构效关系研究的基本假设及基本过程 …… 632
一、化学图论基本概念 …… 633
二、几种重要的化学图矩阵 …… 634
第三节 分子描述子 …… 636
一、分子描述子的定义 …… 636
二、分子描述子的分类 …… 636
第四节 化合物结构的拓扑指数表征 …… 637
一、Wiener 拓扑指数 …… 638
二、Randic 分支指数和分子连接性指数 …… 639
三、分子识别数 …… 645
四、苏尔兹分子拓扑指数 …… 648
五、回归距离和（RDS）及回归顶点点价（RVD） …… 652
六、分子形状及灵活性指数（Kappa）指数 …… 653
七、电子拓扑状态——QSAR 及数据库分析中的结构模拟参数 …… 655
八、邻接复杂度的信息量指数及其应用 …… 662
第五节 化学构效关系（QSAR）研究的三维模型 …… 667
一、距离几何的 3D-QSAR 方法 …… 669
二、分子形态分析方法 …… 671
三、比较分子场 QSAR 分析方法 …… 673
四、虚拟受体方法 …… 675
第六节 QSAR/QSPR 中的建模方法及其应用 …… 678

一、基于回归分析的建模方法及其应用…………………………… 680
二、基于模式识别的建模方法及其应用…………………………… 694
参考文献…………………………………… 706

第十章　人工智能与化学专家系统方法…………………………… 711
第一节　启发式分类与搜索方法…………… 711
一、广度优先搜索…………………………… 713
二、深度优先搜索…………………………… 713
三、启发式搜索方法　……………………… 713
第二节　知识表达技术……………………… 714
一、逻辑表达方法　………………………… 714
二、语义网络表达法………………………… 714
三、产生式规则表达法……………………… 715
第三节　化学专家系统简介………………… 716
一、DENDRAL 质谱、核磁共振谱图解析专家系统　……………………… 717
二、PLATO 数据解析专家系统　………… 719
三、高效液相色谱专家系统　……………… 720
四、ESESOC 有机化合物结构解析专家系统…………………………… 721
参考文献…………………………………… 722

第十一章　统计学和应用数学基础知识　…………………………… 723
第一节　必要统计学基础知识……………… 723
一、随机事件的概率公式…………………… 723
二、随机变量及其分布……………………… 725
三、随机变量的数值特征…………………… 729
第二节　必要应用数学基础知识…………… 730
一、矢量及其运算…………………………… 730
二、矩阵及其运算…………………………… 732
三、独立性、正交性和子空间……………… 737
四、矢量范数和矩阵范数…………………… 739
五、张量……………………………………… 740
参考文献…………………………………… 740

附录　…………………………………… 741
Ⅰ　化学计量学中常用名词及符号说明…… 741
一、化学计量学中常用名词中英文对照表　… 741
二、符号说明………………………………… 751
Ⅱ　使用 MATLAB 语言进行化学计量学研究编程运算简介…………………… 752
一、MATLAB 语言简介　………………… 752
二、MATLAB 与化学计量学　…………… 752
三、MATLAB 系统简介　………………… 753
四、MATLAB 的工作环境　……………… 754
五、MATLAB 的一般运算符号和矩阵运算功能…………………………… 756
六、MATLAB 的绘图功能　……………… 773
七、ATLD 算法的 MATLAB 程序………… 777
八、SWATLD 算法的 MATLAB 程序　… 779
九、APTLD 算法的 MATLAB 程序　…… 781
十、APQLD 算法的 MATLAB 程序　…… 784
Ⅲ　R 语言及其在化学计量学中的应用　…… 789
一、R 是什么………………………………… 789
二、R 的安装………………………………… 789
三、加载包…………………………………… 790
四、在 R 中如何获取帮助　……………… 792
五、R 中的数据……………………………… 792
六、R 语言的基础运算操作………………… 794
七、R 语言中的常用函数…………………… 805
八、R 语言的基础画图……………………… 808
九、R 中的化学计量学……………………… 814
Ⅳ　Python 语言及其在化学计量学中的应用　… 822
一、Python 语言简介　…………………… 822
二、Python 语言中的基础运算操作　…… 824
三、R 与 Python 语言在数据分析方面的对比分析………………………… 831
四、Python 与 MATLAB 语言线性代数计算方面的对比分析……………… 831
五、Python 语言中的基础绘图操作　…… 836
六、常用化学计量学算法的 Python 语言源代码………………………………… 844

主题词索引……………………………… 854

第一章　现代分析化学的信息理论

第一节　化学量测与化学信息

近年来随着计算机，特别是微型计算机大量进入化学特别是分析化学实验室，一门新的化学分支学科——化学计量学应运而生，为有效进行化学量测和提供化学信息开辟了新通路，为分析化学的发展提供了新机遇。化学计量学是一门交叉学科，它应用数学、统计学与计算机科学的工具和手段及其最新成果来设计或选择最优化学量测方法，并通过解析化学量测数据以最大限度地获取化学及其相关信息，自然，它首先就在分析化学中得到了普遍认同。自 20 世纪 70 年代中期诞生以来，在 80 年代得到长足发展，至今已日趋成熟。现在，让我们来看看化学计量学与分析化学作为一门化学量测和化学信息学科之间的关系。

从图 1-1 可以看出，对于化学量测的每一步，化学计量学都有相应的理论和方法学，研究如何来使化学量测和数据解析过程变得更有效，实质上，化学计量学就是一门关于化学量测的理论基础和方法学的化学分支学科[1]。

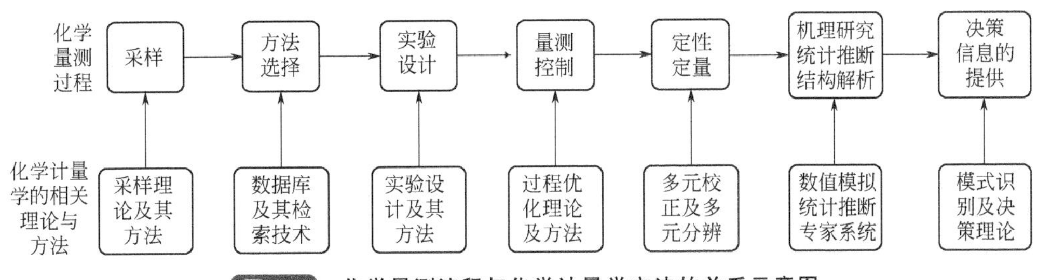

图 1-1　化学量测流程与化学计量学方法的关系示意图

分析化学作为一门化学量测和化学信息学科，对其量测过程的有效性及效率的估计和评价就显得十分重要了。分析信息理论从信息理论的角度来研究化学量测过程。如果将通信信息处理的过程与化学分析中的化学量测过程来进行比较，就可容易发现这两个过程十分相似(参见图 1-2)[2]。

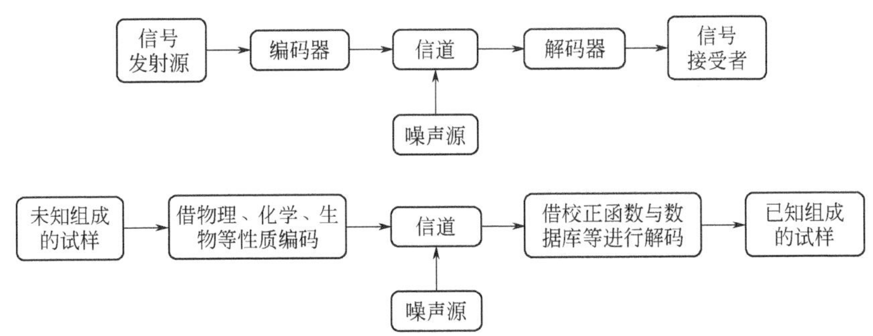

图 1-2　通信信息处理过程与化学量测过程的比较

实际上，进行化学量测的目的本质上就在于消除或减少被量测的化学系统在化学成分、结构及其他相关信息的“不确定度”。分析信息理论和方法可提供相应的概念和方法来定量表征化学量测系统的“不确定度”及化学量测过程中体系之“不确定度”的消除或减少的定量度量（或称为化学量测过程的信息量之获取）。它不但可以对不同的分析过程，如分离、定性鉴定、定量测定等进行信息理论分析，还可对现代分析化学中各类复杂分析仪器的提供信息之能力进行合理评价，为分析化学量测提供了一套选择不同分析过程或不同分析仪器的理论基础和具体定量方法。本章将系统地介绍这些概念和方法。

第二节　熵——化学量测的“不确定度”的定量度量

一、分析试验与“不确定度”

分析工作的目的是取得有关未知试样的化学成分与结构的相关信息。所以，在进行分析测试之前，必然存在某种不确定性或称“不确定度”。设有一份试样，其中可能含有 k 种离子中的某一种，定性分析的任务就是确定这一离子是何种离子。在分析测试之前，存在有 k 种可能性，或者称分析实验有 k 个可能的结局。如将上述情况用数学式表示，并设上述 k 种可能结局为 a_1，a_2，…，a_k，发生这 k 种可能结局的概率为 P_1，P_2，…，P_k，则有

$$A=\frac{a_1,\ a_2,\ \cdots,\ a_k}{P_1,\ P_2,\ \cdots,\ P_k}$$

式中，A 表示发生上述定性分析实验的一个事件。如果存在有两个不同定性分析实验的事件，分别记为 A_1 和 A_2，并由以下的两个数表表示出，即

$$A_1=\frac{a_1,\ a_2,\ \cdots,\ a_k}{1,\ 0,\ \cdots,\ 0};\quad A_2=\frac{a_1,\ a_2,\ \cdots,\ a_k}{1/k,\ 1/k,\ \cdots,\ 1/k}$$

很明显，因为对于事件 A_1，它发生的可能性实际上只有一种，即只可能发生 a_1，而发生 a_2，…，a_k 的概率都等于零，所以，此事件的“不确定度”实际上不存在，如果存在这样一种“不确定度”的定量度量标准的话，对于事件 A_1，其值应为零；然而，对于事件 A_2，它发生的可能性就有 k 种，即发生 a_1，a_2，…，a_k 的概率都相等，故此事件的“不确定度”很大，如存在一种“不确定度”的度量标准的话，对于事件 A_2，其值应该很大或至少要大于零。以下将要讨论的熵的概念，就是这样“不确定度”的一种定量度量。

二、“不确定度”与仙农熵

对于一个随机事件的数表，仙农熵的定义如下：

$$H=-\sum_{i=1}^{k}P_i\log P_i \tag{1-1}$$

仙农给出了上述定义并称 H 为熵。log 一般表示以 e 为底，此时所得熵的单位为奈特（nat）；如果以 10 为底，其单位为的特（dit）；以 2 为底，其单位为比特（bit）。从上式可知，如对前述的两个实例，用式（1-1）计算可得

$$H(A_1)=-1\log 1=0$$

$$H(A_2) = -\sum (1/k)\log(1/k) = -\log(1/k) = \log(k)$$

从上述结果明显可知，事件 A_2 的不确定度大于事件 A_1 的不确定度。

三、仙农熵的性质

（1）非负性，即

$$H(P_1, P_2, \cdots, P_k) \geqslant 0$$

这是因为 $P_i(i=1,2,\cdots,k)$ 为概率，故有 $1 \geqslant P_i \geqslant 0$，所以 $\log(P_i)$ 不可能取正值，即 $(-\sum P_i \log P_i)$才取正值。

（2）对于确定性事件，其熵为零。即

$$H(1, 0, \cdots, 0) = 0$$

所谓确定性事件，即为该事件只有一种可能结果，如用数学语言表达则为，对于发生某一可能结果的概率为1，而发生其他可能结果的概率都为零。前面讨论的事件 A_1 就是确定性事件的一个例子。注意在此实际上是引入了一个人为的假设，即

$$\lim_{P \to 0}(-P\log P) = 0 \tag{1-2}$$

式中，P 为一表示概率的实数。

引入这一假设是因为 $\log(0)$ 在数学上为一无意义的数。可是，如从极限的角度来看，引入式（1-2）在数学上是完全合理的。如假设 $P=1/\mathrm{e}^n$，此时

$$-\log P = n$$

而

$$-P\log P = n/\mathrm{e}^n \to 0 \tag{1-3}$$

随着 n 的增大，n/e^n 将很快接近于零。实际上因为此时 P 是一个比（$-\log P$）更高阶的无穷小，所以上式实际上是用极限的概念来避免对 $\log(0)$ 的直接计算。有了式（1-3）的定义，所以有

$$H(1, 0, \cdots, 0) = -1\log(1) - \sum 0\log 0 = -1\log(1) = 0$$

（3）对于等概率结果的事件，其熵最大。即

$$H(P_1, P_2, \cdots, P_k) \leqslant H(1/k, 1/k, \cdots, 1/k) = \log(k) \tag{1-4}$$

所谓等概率结果的事件，即该事件有 k 种可能结果，而且，发生这 k 种结果的概率都相等，即发生某一可能结果的概率都为（$1/k$）。由此性质可知，等概率结果的事件的不确定度最大。

四、条件熵与可疑度

今考察两个随机试验 A 与 B，其可能结果为

$$\mathrm{A}: A_1, A_2, \cdots, A_n$$

$$\mathrm{B}: B_1, B_2, \cdots, B_m$$

则两事件同时发生时的熵为

$$H_{n,m}(\mathrm{AB})=-\sum_{i=1}^{n}\sum_{j=1}^{m}P(A_iB_j)\log[P(A_iB_j)] \tag{1-5}$$

条件熵的定义：如果试验 A 出现结果 A_k 时，试验 B 在此条件下的熵为

$$H_m(\mathrm{B}|A_k)=-\sum P(B_i|A_k)\log[P(B_i|A_k)]$$

相对应也可定义试验 B 出现结果 B_k 时，试验 A 在此条件下的熵

$$H_n(\mathrm{A}|B_k)=-\sum P(A_i|B_k)\log[P(A_i|B_k)]$$

更进一步，还可定义在进行试验 A 的前提下试验 B 的条件熵

$$\begin{aligned}H(\mathrm{B}|\mathrm{A})&=\sum P(A_k)H_m(\mathrm{B}|A_k)\\&=\sum P(A_k)[-\sum P(B_i|A_k)\log[P(B_i|A_k)]\\&=-\sum\sum P(A_k)P(B_i|A_k)\log[P(B_i|A_k)]\end{aligned}$$

或在进行试验 B 的前提下试验 A 的条件熵

$$\mathrm{H}(A|B)=-\sum\sum \mathrm{P}(\mathrm{B_k})\mathrm{P}(\mathrm{A_i}|\mathrm{B_k})log[\mathrm{P}(\mathrm{A_i}|\mathrm{B_k})] \tag{1-6}$$

条件熵的性质：

① $H(\mathrm{A}\mid\mathrm{B})=H_{n,m}(\mathrm{AB})-H_m(\mathrm{B})$

$H(\mathrm{B}\mid\mathrm{A})=H_{n,m}(\mathrm{AB})-H_n(\mathrm{A})$

此性质可由积事件（即同时发生的事件）的概率公式（参阅第十一章）直接导出。

② $H(\mathrm{A}\mid\mathrm{B})\leqslant H_n(\mathrm{A})$

$H(\mathrm{B}\mid\mathrm{A})\leqslant H_m(\mathrm{B})$

此性质的证明可参阅文献 [2]。

③ 如果随机试验 A 与 B 相互独立，此时 $P(\mathrm{A}\mid\mathrm{B})=P(\mathrm{A})$（参阅第十一章），亦即分析试验 B 与待解决的分析课题（试验 A）毫不相干，当然做试验 B 将得不到试验 A 的任何信息，也无从减少关于试验 A 的“不确定度”。此时，有

$$H_{n,m}(\mathrm{AB})=H_n(\mathrm{A})+H_m(\mathrm{B}) \tag{1-7}$$

五、可疑度、互信息与散度

可疑度的定义：从条件熵的定义可知，$H(\mathrm{A}\mid\mathrm{B})$ 实际表述了在进行了试验 B 以后的试验 A 的“不确定度”，所以，$H(\mathrm{A}\mid\mathrm{B})$ 又称为可疑度。这样定义的可疑度，实际上可以说是反映了分析仪器或方法提供信息的能力与解决给定分析课题的需要之间的差距的定量度量。

互信息的定义：

$$I(\mathrm{A;B})=H_n(\mathrm{A})-H_n(\mathrm{A}\mid\mathrm{B})=H_m(\mathrm{B})-H_m(\mathrm{B}\mid\mathrm{A})=I(\mathrm{B;A}) \tag{1-8}$$

式中，$I(\mathrm{A;B})$ 称为 B 关于 A 的互信息，或 $I(\mathrm{B;A})$ 称为 A 关于 B 的互信息。同时，式(1-8) 也可称为信息守恒定律或信息平衡原理。

散度或卡尔贝克（Kullback）信息量的定义：

设有 P、Q 两个概率分布，

验前分布 P：$(P_1, P_2, \cdots, P_n)$，$\sum P_i = 1$

验后分布 Q：$(Q_1, Q_2, \cdots, Q_n)$，$\sum Q_i = 1$

当分布 P 被分布 Q 取代时，散度或卡尔贝克（Kullback）信息量定义为

$$I(Q /\!/ P) = \sum Q_i \log(Q_i / P_i) \tag{1-9}$$

类似地可给出连续变量的散度或卡尔贝克信息量的定义：

$$I(Q /\!/ P) = \int Q(x) \log[Q(x)/P(x)] \mathrm{d}x \tag{1-10}$$

第三节　定性分析的信息理论和方法

定性分析作为分析工作的重要组成部分，提供的是关于物质成分、结构特征方面的化学信息，回答的是“是什么?”这一问题。在这一节将就有关定性鉴定方法的信息量评价方法、色谱及色谱分离方法实验调优的信息理论和方法、质谱及红外光谱的编码与检索的信息理论和方法等方面来分别加以介绍。

一、不同定性分析鉴定方法的信息量估价

在定性分析鉴定方法的信息量估价中，一般可分为两种不同的方法，一种是针对一具体定性实验而言，以实验前的结果“不确定度”与实验后的结果“不确定度”之差别来估价此定性实验的信息量，亦即用前节所讨论的实验前与实验后的熵之差来估价实验的信息量，这样的信息量估价可包括以下几种情况。

（一）结构定性分析的信息量

关于结构分析的结果之信息量计算十分简单。结构分析过程可用图 1-3 表示出。

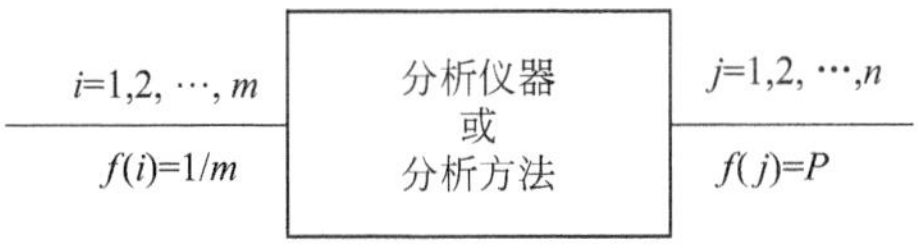

$i=1,2,\cdots,m$　$f(i)=1/m$　→　分析仪器 或 分析方法　→　$j=1,2,\cdots,n$　$f(j)=P$

图 1-3　结构分析过程信息变化示意图

作为分析仪器或方法的输入，可以是 m 个等概率的可能化学结构。而分析仪器或分析方法的输出，可能给出 n 种尚不能分辨的结构。每种结构的验后概率一般是不相等的。结构分析提供的信息量可按下式来进行计算。

$$I(\mathrm{A} /\!/ \mathrm{B}) = H(\mathrm{A}) - H(\mathrm{B})$$

式中，A 表示试验前可能存在不同化学结构的事件；B 表示进行了分析仪器或分析方法试验后可能存在不同化学结构的事件；而 $I(\mathrm{A} /\!/ \mathrm{B})$ 则表示在进行了分析仪器或分析方法的试验 B 后所获得的信息量。很明显，进行了分析仪器或分析方法的试验 B 后所获得的信息量应为 A、B 两事件的“不确定度”，即熵之差[3]。

分析前：

$$P_0(i)=1/m \quad (i=1,2,\cdots,m)$$

$$H(P_0)=\ln(m)$$

分析后：

$$P(j)=P_j \quad (j=1,2,\cdots,n)$$

$$H(P)=-\sum_{j=1}^{n}P_j\ln(P_j)$$

$$I(A/\!/B)=H(A)-H(B)=\ln(m)+\sum P_j\ln(P_j)$$

如假定实验后各可能结构均为等概率，则

$$I(A/\!/B)=\ln(m/n) \tag{1-11}$$

此时 $I(A/\!/B)$ 与卡尔贝克信息量定义完全一致。

（二）定性化学反应分析的信息量

设有一纯溶液，它可能是下述离子之一的试液：Ag^+、Pb^{2+}、Al^{3+}、Zn^{2+}、Na^+ 或 K^+。今用经典定性分析方法进行分离鉴定。设加入试剂盐酸，如何估算正反应（发生沉淀）及无反应时的信息量[4]？

正反应（发生沉淀）时，因在这 6 种离子中可与盐酸产生白色沉淀的只可能是 Ag^+ 和 Pb^{2+}，所以，经此反应后，可能离子的范围从 6 种变成了 2 种，根据式 $I(A/\!/B)=\ln(m/n)$，可得其化学反应过程所得的信息量为

$$I(A/\!/B)=H(A)-H(B)=\ln(6/2)=\ln3(\text{nat})$$

无反应时，因在这 6 种离子中不与盐酸产生白色沉淀的可能为 Al^{3+}、Zn^{2+}、Na^+ 或 K^+ 中任何一种。所以，经此反应后，可能离子的范围从 6 种变成了 4 种，根据式 $I(A/\!/B)=\ln(m/n)$，其化学反应过程所得信息量为

$$I(A/\!/B)=\ln(6/4)=\ln1.5(\text{nat})$$

（三）测定物理常数鉴定有机化合物

测定熔点、沸点、折射率、密度等物理性质常用于有机化合物的鉴定。今试以纯物质的熔点测定为例，来考察某次物理常数测定所获得的信息量。设所测物质在分析之前就已知应是属于在温度为 100～200℃的一种物质，又已知在此温度范围之内可能存在 200 种有机化合物，如进而设它们将等概率分布于此温度区间，则在测量之前的不确定度，即熵为

$$H(A)=\ln200(\text{nat})$$

经量测后知，其熔点为 (100±1)℃，从已知在此温度范围之内可能存在 200 种有机化合物且它们将等概率分布于此温度区间，则测定后的熵为

$$H(B)=\ln[(200/100)\times2]=\ln4(\text{nat})$$

此实验的信息量为

$$H(A)-H(B)=\ln(200/4)=\ln50(\text{nat})$$

二、仪器定性分析的信息量

如前所述，在定性分析的信息量估价中，一般可分为两种不同的方法，前一节已经讨论

了针对某一具体定性实验信息量估价方法，亦即用实验前与实验后的熵之差来估价实验的信息量，在这一节里，我们将讨论另一种专门针对仪器定性分析的信息量估价方法，这类方法的主要思路是直接估价仪器信号的熵，亦即该仪器可获得的信息量。化学计量学方法就是通过采用化学实验的方法努力增大仪器分析所能给出的信息量或是采用编码的方式使得仪器分析的结果能尽量多给出信息，以达到用信息量来作为目标函数，从而提高仪器定性分析的效率。

（一）薄层及纸上色谱分离与定性鉴定

薄层色谱与纸色谱分离一般以 R_f 值表述，不同的化学物质具有不同的 R_f 值。如将薄层色谱分成 m 个间距，对落入每个间距的 R_f 值的个数 n_k 计数，薄层色谱及纸上色谱分离与定性鉴定的信息量可由下式给出[5]：

$$I=-\sum_{k=1}^{m}(n_k/n)\ln(n_k/n) \tag{1-12}$$

此式是较早将信息理论引入薄层色谱的马萨特（Massart）[5]所用的式子，它的物理意义是很直观的。如 n 个化合物均落在某个间距中，则此时 I 为零，未获得如何分离的信息。I 值只有在 n 个化合物均匀分布在 m 个间距时最大。此信息量可用作寻找最佳展开试剂的目标函数。

（二）色谱分离鉴定的信息量

在色谱分析中，一般是利用保留指数来进行定性分析，与薄层色谱和纸色谱的不同之处是，每一个化合物都由一个色谱峰来表示，存在着色谱峰相互重叠的问题。所以，色谱分离鉴定的信息量比起薄层色谱和纸色谱的信息量计算多了一项。仿薄层色谱的处理方法，是将保留时间进行区间离散化，即划分为等长（Δy）的 m 段，统计一定数量的化合物（总数为 n）的保留指数落入不同段的频数，则有

$$I=-\sum_{k=1}^{m}(n_k/n)\ln(n_k/n)+\ln(\Delta y)-\ln\sqrt{2\pi e\sigma_e^2} \tag{1-13}$$

式中，$\ln(\Delta y)$ 为一个常数，所以对于不同的色谱柱，此项没有差别，一般可采用将 Δy 取为 1 而去掉。式中的第三项 $\ln\sqrt{2\pi e\sigma_e^2}$ 实际是来自前一节所定义的可疑度，在此表述了在进行色谱分离后的化合物靠保留指数来定性时的“不确定度”，即色谱峰的熵，其中 σ_e 为色谱峰的标准差。注意，此处假设了每一种物质的色谱峰的标准差都是一样的。由下式定义的可疑度为：

$$H(\mathrm{A}|\mathrm{B})=-\sum\sum P(B_k)P(A_i|B_k)\log[P(A_i|B_k)]$$

式中，$P(B_k)$ 表示第 k 种化合物出现的概率，在此假设为等概率，即（$1/n$），$P(A_i|B_k)$ 为第 k 种化合物在色谱仪中的信号，一般假设为标准差为 σ_e 的高斯色谱峰。对此积分所得结果就是 $-\ln\sqrt{2\pi e\sigma_e^2}$。详细讨论可参见文献［2］。由式（1-12）定义的信息量标准，可用于选择不同流动相或色谱柱。

（三）质谱定性鉴定的信息原理

质谱是 20 世纪出现的分析方法。质谱仪的功能是产生带电离子，包括母离子和原分子的离子碎片，并按离子的质荷比（m/z）对化合物进行区分，“质谱”是不同离子数目的记录，每种离子的相对数目对每种化合物（包括同分异构体）将是特征的。质谱仪能提供关于有机化合物结构和固态试样元素分析的大量信息。“化合物的质谱”包含大量的离子碎片，

且这些碎片离子的相对丰度时常超过母离子。分子碎片化的独特性有助于化合物的鉴别工作。质谱鉴定可用不同的方法进行。一种是解析法，即研究与假设破碎模式，并反过来从纯化合物质谱中的碎片离子来构思分子的结构。另一种办法是检索，即不管质谱图的含义，从已有的数据库中检索。本小节主要讨论信息理论在质谱检索中的应用。

利用质谱进行定性鉴定，首先对其信号能提供的信息量作一粗略估计。设用一低分辨率质谱仪，其质荷比区间仅为 200 原子质量单位，如用信息论的观点就是 200 个信道。又设每一质量数位置我们仅区别有峰（其编码为 1）与无峰（其编码为 0），使用这种 0-1 编码时，每个信道的最大可提供的信息量为一个比特（1bit），如果做到每个信道都相互不相关，则这一低分辨率的质谱仪理论上可提供 200bit 的信息量，即大约能分辨 2^{200} 种不同化合物，这个数目当然远远大于目前已知的有机化合物的个数。

现试从统计角度来探讨一下将谱图编码后，互相重复的可能性。设有 n 个谱图，按 0-1 编码，每个谱图可认为含 n 个“信道”，即原子离子质量单位数。在研究谱图 $\boldsymbol{x}$ 与 $\boldsymbol{y}$ 的重复问题时，可将每一谱图认作一个向量：

$$\boldsymbol{x}=(x_1, x_2, \cdots, x_n)$$

$$\boldsymbol{y}=(y_1, y_2, \cdots, y_n)$$

向量中的每一元素 x_i 或 y_i 的取值只有 0 或 1，即有峰时为 1，无峰时为 0。定义函数 $F(x_i, y_i)$，将编码重复的情况及不重复的情况可分别表述为：

$$\text{当 } x_i=y_i \text{ 时，} F(x_i, y_i)=0$$

$$\text{当 } x_i \neq y_i \text{ 时，} F(x_i, y_i)=1$$

再定义函数 D，以表述所有信道中编码不重复数之和，

$$D=\sum_{i=1}^{n} F(x_i, y_i)$$

可以证明函数 D 的期望值 D 在信道 i（在质谱中即为某一质荷比数）出现 1 的概率及出现 0 的概率皆为 0.5 时可达最大[2]。

实际上，如从信息理论来考虑，同样可以得出上述结论。对于质谱的 0-1 编码，每个信道 i 的熵值可由式（1-14）表示：

$$H_i=-\sum_{k=1}^{2} P_{ik}\,\mathrm{ld}P_{ik}=1(\mathrm{bit}) \tag{1-14}$$

式中，$P_{ik}(k=1, 2)$ 表示信道 i 在 n 张质谱图中出现 1（$k=1$ 时）或 0（$k=2$ 时）的概率，显然，根据等概率事件熵最大原理，只有当 $P_{ik}=0.5(k=1, 2)$ 时，H_i 为最大。当质谱的 n 个信道都相互不相关时，此时对 n 个质谱的 0-1 编码的总信息量为

$$H=\sum_{i=1}^{n} H_i=\sum_{i=1}^{n}\left(-\sum_{k=1}^{2} P_{ik}\log P_{ik}\right)=n(\mathrm{bit})$$

但实际编码由于各信道之间存在相关性，上述所得实际是 0-1 编码可以得到的极大值，将其记为 $H_{\max}$。定义实际可得信息量 H_n 与最大可得编码信息量 $H_{\max}$ 之比为编码效率（code efficiency，CE）：

$$CE=(H_n/H_{\max})\times 100\%=(H_n/n)\times 100\%$$

在 20 世纪 70 年代初期关于信息原理用于质谱编码检索的早期论文中[6,7]，研究了如何进行编码能提供最大的信息，而又尽可能节省计算机内存与缩短检索时间等问题。

在 0-1 编码的问题中，需确定在何种情况下应定义信道 i 具有峰（即编码为 1）。为此需确定一临界水平值（TL 值），强度大于（或等于）此值认作有峰，否则认作无峰。显然，TL 值如选择过低，则噪声信号亦可能被认作分析信号，在极端情况下，每一信道均出现 1，信息量将降至零；如 TL 值取得过高，则许多微弱强度的分析信号均被认作为零，亦将损失信息量。以基峰的 0.01%～0.3%强度作 TL 值时，信息量是恒定的，当 TL 值上升到约 1%以上时，信息量下降。因 TL 值太低易受噪声的影响，折中的方案是取 1%的 TL 值。当然，对不同的质量数取不同的 TL 值，或通过调整 TL 值使相应质量数的信息量 H_i 达到最佳值。

TL 值对信息量有一定的影响，但通过调整 TL 值来增大信息量是有限的。P_{ik} 值基本上是由质谱峰的自然分布概率所决定的。有的质量数位置出现峰的概率很小，有的 P_{ik} 值则较大。减少对计算机内存要求及增大编码效率的办法之一，是舍弃 P_{ik} 差别很大的质量数位置，这对信息量影响不大，但能减少对内存的要求。更好的办法是在考虑到信道之间相关性的基础上，将某些信道合并，以尽量减少信道而使信息量减少不多。如已知质量数为 86 的 $P(86_1)$（出现有峰的概率）为 0.236，而质量数为 87 的 $P(87_1)$ 为 0.246，如将两信道合并，在此两信道信号不相关的条件下，可得 $P_{合,1}$ 为 0.48。然而，实际上并非如此。对数据库进行分析可知，如在质量数为 86 位置出现峰，则有 56%的情况在质量数为 87 处亦有峰，即条件概率 $P(87_1 \mid 86_1)=0.56$，可见两质量数位置（此两信道）是相关的。下面就以此例来说明两信道合并时信息量的计算。注意到两信道合并后，所谓有峰（编码为 1）的情况包括以下三种情况：①在质量数为 86 位置出现峰，且在质量数为 87 处也有峰；②在质量数为 86 位置出现峰，但在质量数为 87 处无峰；③在质量数为 86 位置无峰，但在质量数为 87 处有峰。所以，出现编码为 1 的概率应为

$$
\begin{aligned}
P_{合,1} &= P(87_1, 86_0)+P(87_0, 86_1)+P(87_1, 86_1) \\
&= P(87_1)P(86_0 \mid 87_1)+P(86_1)P(87_0 \mid 86_1)+P(86_1)P(87_1 \mid 86_1) \\
&= P(87_1)[1-P(86_1 \mid 87_1)]+P(86_1)[1-P(87_1 \mid 86_1)]+0.246\times 0.56 \\
&= P(87_1)\{1-[P(86_1)P(87_1 \mid 86_1)]/P(87_1)\}+0.236[1-0.56]+0.246\times 0.56 \\
&= P(87_1)-[P(86_1)P(87_1 \mid 86_1)]+0.236[1-0.56]+0.246\times 0.56 \\
&= 0.246+0.236-0.236\times 0.56 \\
&= 0.35 < 0.48
\end{aligned}
$$

可见，上例合并两峰位置得不到出现 1 的概率 0.48。对质谱峰的研究表明，两质量数相差 1(1H)、2(2H)、13(CH)、14(CH_2)、15(CH_3) 等数值时，相关关系最为显著。相关关系本身在编码中可考虑作为压缩维数以节约内存和缩短检索时间的依据。显然，将相关的质量数位置合并损失有用信息较少。

Wangen 等[7]对有关文献编辑的质谱图集[8]中 6652 条低分辨质谱图进行编码试验。这些质谱系在不同实验室用不同的电子轰击离子化仪器（30～100eV）测得，涉及约 5000 种不同的化合物，即不少化合物在此图集中存在不同实验室测得的互相重复的质谱。借此可效验编码的使用效果。作者比较了 0.1%、1.0%、5.0%三种 TL 值用于编码，约 5000 种化合物摄制的 6652 条质谱经编码后，相互重复的组数见表 1-1。由表可见，TL 值由 0.1%升

至1.0%，相似异构体或相似化合物给出重复的质谱编码的情况并无显著变化，1.0%是较佳的 *TL* 值。

表 1-1 编码质谱的相互重复组数

TL 值/%	重复组数	涉及谱图数	结构重复的化合物特征		
			同一化合物	相似异构体	相似结构及其他
0.1	167	370	112	42	14
1.0	209	451	156	38	15
5.0	376	836	335	98	43

表 1-1 涉及 352 个质量位置。按上述合并质量数位置的办法，将原 352 个质量数合并至 80 个，并取 *TL* 值为 1%，在表 1-1 的基础上增加的重复编码数见表 1-2，如利用相关关系进一步合并一些质量数位置，使信道数压缩至 48，进一步增加的重复编码质谱图数目亦列于表 1-2。从表 1-2 可以看出，经压缩维数后信道的编码效率（*CE* 值）增高。80 信道的最大熵值为 80bit，实际提供的信息量为 76.5bit，故编码效率为 95.6%，与使用 352 维信道时相比，虽然绝对信息量由 131.7bit 降至 76.5bit，但编码效率较原 37.4%提高很多，即能更有效地利用有限的计算机内存。

上述讨论的 0-1 编码是最简单的编码。实际上，在某一质量数位置有峰时，峰的强度还包含有化学信息。设每一信道的峰强度可分成 m 个阶梯或水平，在编码时应将这部分信息也加以考虑。令 P_{ik} 为 i 信道的峰落入 k 水平的概率，则在各信道是相互独立的情况下，有

$$H_n = \sum_{i=1}^{n} H_i$$

其中

$$H_i = -\sum_{k=1}^{m} P_{ik} \log P_{ik}$$

表 1-2 压缩编码维数对检索的影响

维　　数		80	48
较维数为 352 时增加的重复质谱图数		51	230
增加的重复谱图涉及的化合物特征	同一化合物	22	76
	类似异构体	13	115
	相近结构及其他	16	60
新增重复编码所涉及的谱图数		115	555
总信息量/bit		76.5	45.8
编码效率(*CE*)/%		95.6	95.4
与 352 维编码比较减少的熵值/bit		55.2	85.9

（四）红外光谱定性鉴定的信息原理

前节讨论的关于质谱编码的信息原理，对各种电磁波谱分析原则上均是适用的。在各种电磁波谱中，红外光谱是较常用的有机化合物波谱鉴定手段。本节将以红外光谱为例进行简要讨论，其他电磁波谱分析可举一反三类推，如将前节中的质量数位置改为红外光谱的波数

或波长小区间，可对红外吸收光谱进行编码，凡吸收等于或超过某一约定的临界水平 TL 值者均编码为“1”，否则为“0”，即得 0-1 编码，如再将吸收峰带强度划分为若干水平，则还可进一步得到更多的化学信息。

有关文献[9]按上述方法对 ASTM 红外光谱索引（ASTM Infrared Spectral Index）中的红外光谱数据库进行编码，所有文件包括了约 102000 条红外光谱（按 Wyandotte-ASTM 法编码[10]），该文件是将 2.0～15.9μm 波长区域划分为宽度为 0.1μm 的 140 波长段，在每一波长段，如吸收强度超出选定的 TL 值，则编码为 1，否则编码为 0。由 ASTM 文件编码 96900 条红外光谱（WL-1）。如无误差及相关关系的影响存在，WL-1 文件的信息量在选取 100 个峰时约 50bit。实际由于误差及相关关系的影响，只能达到 20bit 左右。当然，20bit 信息量仍足以区别 10^8 个化合物，故其信息功能仍是很强的。红外光谱与质谱有不同处，因波长区段或波数区段的划分与质量数相比有任意性。为了说明波长（或波数）区段划分的宽度对信息量的影响，取 WL-1 文件的一个子集 WLS-1（含 5100 条光谱）进行扩充谱带“窗”的试验。按 0.1μm “窗”宽度编码后，对含有峰（编码为 1）的波长段作如下处理：如某一波长区段含有峰（编码为 1），则将其相邻的二波长段亦赋予“1”，即得“窗”宽为 0.3μm 的编码（记为 WLS-1-3）。进而将 WLS-1-3 文件再按相同办法扩“窗”，可得“窗”宽为 0.5μm 文件（WLS-1-5）。这一扩窗步骤示于表 1-3，对原按 0.1μm 波长区段编码的文件进行上述处理后，其信息量将产生影响。这种影响与三个因素有关：①概率效应扩“窗”后由于许多波长区段的“1”增加，即概率 P_1 值增加，信息量一般上升。当然，P_1 值增至超过 0.5 以后信息量又下降。这个因素可称为概率效应。②误差效应。误差将使信息量降低。随着“窗”扩大这一影响的相对值将减弱。③相关效应。扩“窗”肯定导致相关关系的增加。例如 j 位置有峰，$j-1$ 与 $j+1$ 亦赋值“1”。这导致信息量降低。表 1-4 列举了将 WLS-1 的窗扩至 0.3μm（WLS-1-3）及 0.5μm（WLS-1-5）的信息量较 WLS-1 发生的变化。“+”代表信息量增加，“—”代表减少。对 WLS-1 本身而言，也存在误差与相关关系对信息量的影响，在表中列出以资比较。总的说来，将光谱编码的“窗”适当扩充，例如由 0.1μm 扩至 0.3μm，对增加信息量是有利的。

表 1-3　红外光谱编码的扩“窗”步骤示例

文件名	“窗”宽/μm	峰位置						
		$j-2$	$j-1$	j	$j+1$	$j+2$	$j+3$	$j+4$
WSL-1	0.1	0	0	1	0	1	0	0
WSL-1-3	0.3	0	1	1	1	1	1	0
WSL-1-5	0.5	1	1	1	1	1	1	1

表 1-4　红外光谱编码信息量与“窗”宽的关系　　单位：bit

影响因素	WLS-1	WSL-1-3	WSL-1-5
概率效应(+)	—	22.6	8.3
误差效应(—)	26.5	12.3	6.1
相关效应(—)	6.1	20.7	14.0
总效应		+8.0	+0.4

对于 WL-1 文件，当取全部 140 信道编码时，其编码效率为 15%；择优选出 93 信道的编码效率增至 23%。假如无误差存在，则 140 信道的效率为 41%，93 信道的效率为 51%。可见，误差效应对信息量有重大影响。扩“窗”能提高编码效率。例如，对优选的信道，当

WLS-1 的编码效率为 24%时，扩至 WLS-1-3 编码效率为 41%，扩至 WLS-1-5 编码效率为 46%。

在记录用于编码检索的红外光谱时，应固定实验操作条件，例如先将整个光谱区的基线调至（95±2)%*T*（透光率)，继而将最强的谱带调整至（5±2)%*T*（改变吸收池厚度)，不时校正波长表度，对所用化合物进行严格提纯精制，峰强度取最高峰处的透光率与基线的差值：峰强度低于一定 *TL* 值时编码为 0，否则为 1。*TL* 值较高时，出现的“0”增加，使有用的可供选用的信道数下降。文献[11]采用了 3%、5%、10%三种 *TL* 进行比较，不同 *TL* 值选出的有用信道数及信息量列于表 1-5 和表 1-6。表 1-5 是将波数（wave number，WN）由 $4000cm^{-1}$ 起按每 $25cm^{-1}$ 为一段均分为 140 段（称 WN-码)，表 1-6 是将波长（wave length，WL）由 2.0μm 起按每 0.1μm 波长为一段分为 140 段（称 WL-码)。误差项的影响与 *TL* 值有关，在将最强带调整至 5%时，若有 1%*T* 的误差，则在近 *TL* 值处造成的误差当 *TL* 值为 3%时等于 0.25%*T*，当 *TL* 值为 10%时等于 0.7%*T*，作较坏估计，取 *TL* 值为 3%时，由此造成的信息量下降为 0.03bit。另一项可能的误差是记录峰值的实验误差，对 WL-码，在长波长区这一误差将较显著，故 WN-码的可靠性较高。光谱区间划分按 WL-码在 3500～$2500cm^{-1}$ 区域峰数目较少，这是由于在这一区域将两个或两个以上的峰编码为一个“1”，而用 WN-码则可免此弊，故 WL-码的信息量一般很低。对较高波数区，则可能出现相反情况，但考虑到相关关系等因素，总的说来 WN-码的信息量较大，故选择 WN-码一般效果较佳。

表 1-5 *TL* 值对 WN-码信息量的影响

单位：bit

数据集①	*TL*=3%		*TL*=5%		*TL*=10%	
	信息量	信道数	信息量	信道数	信息量	信道数
CHS-WN	15.1	26	13.4	22	7.5	14
CHU-WN	31.5	47	29.7	42	24.9	35
CH-WN	32.8	58	18.8	19	25.0	47
ALC-WN	28.7	45	28.7	44	28.5	45
ETH-WN	17.5	21	15.0	17	22.2	34
CARB-WN	15.5	28	15.4	26	14.9	25
A-WN	41.3	73	39.9	65	36.5	61

① CHS—饱和烃；CHU—不饱和烃；CH—饱和烃及不饱和烃；ALC—醇；ETH—醚；CARB—醛/酮；A—以上全部谱图。

表 1-6 *TL* 值对 WL-码信息量的影响

单位：bit

数据集①	*TL*=3%		*TL*=5%		*TL*=10%	
	信息量	信道数	信息量	信道数	信息量	信道数
CHS-WL	12.2	25	9.6	18	5.8	18
CHU-WL	26.3	15	25.5	50	19.9	34
CH-WL	28.2	57	26.1	50	16.9	32
ALC-WL	24.8	48	24.5	48	24.1	48
ETH-WL	21.2	35	20.5	36	20.1	36
CARB-WL	—	—	13.9	21	14.1	23
A-WL	44.0	99	42.6	93	37.1	88

① CHS—饱和烃；CHU—不饱和烃；CH—饱和烃及不饱和烃；ALC—醇；ETH—醚；CARB—醛/酮；A—以上全部谱图。

Heite 等[12]研究了以相关系数作指标将峰位置按数值分类法分组，并以信息量作指标由每组选出熵值最大的"信道"，由此可得到相互较独立的信息量较大的红外峰位置，在此基础上再进一步重新编码。对 5100 个化合物组成的样本（ASTM 红外光谱索引），在由 140 个光谱分段选出 40 个编码时，97.7%的编码是不重复的。Bink 等[13]用主成分分析技术研究红外光谱的结构相关模式，用多元线性回归分析法分类，用可疑度作为分类时的优化指标。Ritter 等[14]研究了互信息与最大似然分类器分类功能的关系。

第四节　定量分析的信息理论和方法

关于定量分析的信息理论基础，Eckschlager 等曾经进行过较系统的研究，在"Coll Czechoslov Chem Commun"杂志上发表过系列论文，并总结于其专著［15］中。

一、定量测定的信息量[16,17]

在进行定量测定之前，对被分析试样的成分的浓度范围往往并非完全一无所知。一般可假设待测组分 x 的含量在 $\langle x_1, x_2\rangle$ 区间内，服从均匀分布，故其验前概率分布为：

$$P_0=\frac{1}{x_2-x_1}$$

若试样成分的浓度范围不明确，则有 $x_1=0\%$，$x_2=100\%$，上述假设仍成立。

在完成定量分析之后，分析结果一般服从正态分布，即 $x \sim N(\mu,\sigma^2)$。此处 μ 为试样中待测组分含量的真值，σ^2 为总体方差，则验后分布 $P(x)$ 是正态概率密度函数。用散度或卡尔贝克信息量的定义：

$$I(P /\!/ P_0)=\int_{x_1}^{x_2} P(x)\ln[P(x)/P_0(x)]\mathrm{d}x \tag{1-15}$$

为积分方便均取自然对数，故其单位为奈特（nat）。对式（1-15）积分得

$$I(P /\!/ P_0)=\ln[(x_2-x_1)/(\sigma\sqrt{2\pi \mathrm{e}})] \tag{1-16}$$

实际上，在完成定量分析之后，分析结果一般用均值 $\bar{x}$ 表示，则此时可用学生分布来代替正态分布，当测定次数为 n，分析结果的置信区间为

$$x \pm t_{\alpha,\varphi}(s/\sqrt{n})$$

式中，均分差 s（s 为 σ 的样本估计）可由下式求得

$$s=\sqrt{1/(n-1)}\sum(x_i-x)^2$$

$t_{\alpha,\varphi}$为学生分布的临界值，α 为置信率，$\varphi=n-1$ 为自由度。近似地，可认为分析测定后的验后分布为

$$P'(x)=1/[2\,t_{\alpha,\varphi}(s/\sqrt{n})]$$

由此求得的信息量为

$$I(P' /\!/ P_0)=\ln[(x_2-x_1)\sqrt{n}]/(2st_{\alpha,\varphi}) \tag{1-17}$$

从式（1-17）可以看出，由学生分布求出的信息量是一个测定次数的函数。一般说来，测定次数的增加且精密度高（测定次数增加时，s 不增大）可增加定量分析的信息量。

如果分析结果存在系统误差 δ，即

$$\delta = | x - \mu |$$

在这种情况下，信息增益由下式给出

$$I(P_2 /\!/ P_0) = I(P /\!/ P_0) - I(P_2 /\!/ P)$$

式中，$P_0(x)$ 为待测分析物的验前分布，$P(x)$ 的意义同前，是服从 $N(\mu,\sigma^2)$ 的正态概率密度函数，而 $P_2(x)$ 则是服从 $N(\mu+\delta,\ \sigma^2)$ 的正态概率密度函数，在这里 $I(P_2 /\!/ P)$ 代表了以 P_2 代替 P 后引起的信息量的降低。经运算可得

$$I(P_2 /\!/ P_0) = \ln[(x_2 - x_1)/(\sigma\sqrt{2\pi e})] - [(\delta/\sigma)^2/2] \tag{1-18}$$

显然，当 $\delta=0$ 时，仍得到由式（1-16）计算的 $I(P /\!/ P_0)$ 值。由此可见，分析方法的准确度影响定量分析的信息量。

二、提高分析精密度与准确度的信息量

前节已述及分析方法的精密度与准确度对信息量的影响。再进一步考察，当用一精密度较差的分析方法（例如半定量分析方法）进行初步分析后，再用具有较高精密度与准确度的方法进行分析，将获得信息量[18]。

设对未知样本作初步检验时，例如无机物分析，常用的这种半定量分析方法是发射光谱分析，初步分析所用方法的标准差为 σ_0，所得分析结果均值为 μ_0，分析结果服从正态分布。如再以一精度较高的分析方法对试样作精密分析，如所得结果的均值为 μ，标准差为 σ，显然 $\sigma \leqslant \sigma_0$，此时

$$P_0(x) = \int 1/(\sqrt{2\pi}\sigma_0)\exp\{-1/2[(x-\mu_0)/\sigma_0]^2\}$$

而

$$P(x) = \int 1/(\sqrt{2\pi}\sigma)\exp\{-1/2[(x-\mu)/\sigma]^2\}$$

散度或卡尔贝克（Kullback）信息量为

$$I(P /\!/ P_0) = \int_{-\infty}^{\infty} P(x)\ln[P(x)/P_0(x)]dx$$

$$= \ln(\sigma_0/\sigma) + [(\mu-\mu_0)^2 + \sigma^2 - \sigma_0^2]/(2\sigma_0^2) \tag{1-19}$$

式中，(σ/σ_0) 反映了精密度提高的程度，记为 A，A 值恒小于 1，其值越小，说明分析方法精密度提高越多；$(\mu-\mu_0)^2/(\sigma_0^2)$ 则表征了提高精密度对准确度的提高程度，记为 B。这样，式（1-19）可改写为

$$I(P /\!/ P_0) = 1/2(A^2 + B^2 - 1) - \ln(A) \tag{1-20}$$

此式表述了与精密度及准确度相关的因子 A 和 B 对信息量的影响。

三、痕量分析的信息量

在深入研究痕量定量分析时，发现分析组分的浓度极低时，定量分析数据以对数正态分

布表述更为确切。本节将从这一点出发，探讨更确切地表述痕量定量分析信息量的方式[19,20]。

对数正态分布的分布函数为

$$F_{\xi}(x)=P\{\xi\leqslant x\}=P\{\ln\xi\leqslant\ln x\}=\phi\{[\ln(x)-\mu]/\sigma\}$$

$$=1/(\sqrt{2\pi})\int_{-\infty}^{[\ln(x)-\mu]/\sigma}\exp\{-[\ln(x)-\mu]^2/(2\sigma^2)\}\mathrm{d}x$$

其相应概率密度函数为

$$F_{\xi}(x)=F_{\xi}'(x)=1/(x\sigma)\varphi\{[\ln(x)-\mu]/\sigma\}$$

$$=1/(x\sigma\sqrt{2\pi})\exp\{-[\ln(x)-\mu]^2/(2\sigma^2)\} \tag{1-21}$$

在考察痕量定量分析的信息量计算方法时，对验前概率分布可作如下考虑。可以对待测组分的含量作出一大略估计，例如估计其含量最高值为 x_1，即 $x\in\langle 0,x_1\rangle$，即验前概率可表述为

$$P_0(x)=\begin{cases}1/(x_1-0)=1/x_1 & \text{当 } x\in\langle 0,x_1\rangle\text{时}\\ 0 & \text{其他}\end{cases}$$

如用某一检测下限为 x_0 的痕量分析方法进行分析，结果待测组分含量在 x_0 以下，则验后分布为

$$P(x)=\begin{cases}1/(x_0-0)=1/x_0 & \text{当 } x\in\langle 0,x_0\rangle\text{时}\\ 0 & \text{其他}\end{cases}$$

由此得出痕量分析结果待测组分未测出时的信息量为

$$I(P/\!/P_0)_-=\ln(x_1/x_0) \tag{1-22}$$

由此可见，这时的信息量与分析方法的检测下限有关。x_0 越低，信息量越大。

现考察痕量分析测出了待测组分含量时的信息量 $I(P/\!/P_0)_+$。如前述，验后概率分布用对数正态分布表述较为确切。但由式（1-21）表示的对数正态分布不能反映痕量分析测出待测组分时的一个事实，即此时 x 不能小于或等于 x_0。为解决此矛盾，可使用移位的对数正态分布，即令其概率密度函数为

$$P(x)=\begin{cases}1/[(x-x_0)\sigma\sqrt{2\pi}]\exp\{-[\ln(x-x_0)-\mu]^2/(2\sigma^2)\} & \text{当 } x\in\langle x_0,\ x_1\rangle\text{时}\\ 0 & \text{其他}\end{cases}$$

式中，μ、σ 是 $\ln(x-x_0)$ 的正态分布的均值和标准差。令

$$\mu=\ln(kx_0)$$

k 为移位对数正态分布的不对称系数。由此计算信息量得

$$I(P/\!/P_0)_+=\ln(x_1/x_0)+\ln[1/(k\sigma\sqrt{2\pi\mathrm{e}})]$$

一般说来，有 $I(P/\!/P_0)_+\geqslant I(P/\!/P_0)_-$，详细讨论可参阅文献［2］。

四、质量控制分析的信息量

在产品质量控制分析中，常需保证其所含某一组分的量保持在某一范围之内。设需控制

的组分允许下限为 x_L，上限为 x_U，通过长期观测，可知 x 的波动的标准差为 σ_F，其与允许上下限的关系可用下式表述：

$$x_L = x - k\sigma_F \tag{1-23a}$$

$$x_U = x + k\sigma_F \tag{1-23b}$$

式中，x 为待控制组分的正常值；k 的取值决定了允许范围的宽度。

可设想多数产品的规格将落在允许范围（x_L，x_U）这一浓度区间，设落在这一区间的概率为 α，而其余落在此区间之外的概率则为（$1-\alpha$）。故验前概率分布为

$$P_0(x)=\begin{cases}\alpha/(x_U-x_L) & \text{当 } x\in\langle x_L,\ x_U\rangle \text{时}\\ (1-\alpha)/[100-(x_U-x_L)] & \text{当 } x\notin\langle x_L,\ x_U\rangle \text{时}\end{cases}$$

注意到上式中的常数取100，是因为 x 的取值范围只可能在0～100%之间。经分析后的概率分布是正态的，即 $x\sim N(\mu,\ \sigma^2)$，且 $\sigma\leqslant\sigma_F$。

在进行分析后，如产品合格

$$I(P/\!/P_0)_\alpha=\ln[(x_U-x_L)/(2\sigma\sqrt{2\pi e})]$$

如产品不合格

$$I(P/\!/P_0)_{1-\alpha}=\ln\{[100-(x_U-x_L)]/[(1-\alpha)\sigma\sqrt{2\pi e}]\}$$

一般取 $0.90\leqslant\alpha\leqslant0.99$，所以 $\alpha\gg1-\alpha$，且（x_U-x_L）$\ll100\%$，可以看出，$I(P/\!/P_0)_\alpha$ 恒小于 $I(P/\!/P_0)_{1-\alpha}$，即检查出不合格产品时的信息量较未检出时大。这是易于理解的，因在一般条件下，我们总是期待生产合格产品，否则生产无从正常运转。当发现了不合格产品时，较之证实生产在正常运转，分析工作的信息量较大。

前面的讨论中，产品合格范围的宽度是 $(x_U-x_L)=2k\sigma_F$，同时，如 $(x_U-x_L)\geqslant6\sigma$ 亦可满足时，即此时用于质量控制分析的分析方法的标准差必须小于 $1/3k\sigma_F$，那么，分析方法应至少能提供下述信息量

$$I(P/\!/P_0)_{\min}=\ln[(2k\sqrt{n})/(\alpha\sqrt{2\pi e})]=\ln[(\sigma/\sigma_F)(6\sqrt{n})/(\alpha\sqrt{2\pi e})] \tag{1-24}$$

式中，n 为产品质量控制分析的平行测定次数。

第五节 分析仪器的信息功能

在分析化学由于迅猛发展出现“理论危机”与动荡不安的20世纪70年代初，Kaiser[21,22]在一篇《元素分析的定量化》的著名论文中，首先提出了分析仪器与分析方法的供信能力的概念。Kaiser的概念在分析信息理论发展中起了重要的作用，对于比较不同分析仪器与分析方法的功能具有实际意义，并可用作分析实验条件优化的指标。

一、分析仪器与分析方法的供信能力

分析仪器或分析方法的供信能力 $P_{\inf}$ 取决于可量测的量的数目 n，及每一量 i 可区分的阶梯数 S_i：

$$P_{\inf}=\sum_{i=1}^{n}\mathrm{ld}(S_i) \tag{1-25}$$

所谓可量测的量，可以是某一参量如频率、波长、质量数、电位等的不同取值。$P_{\rm inf}$的单位就是熵的单位，这实际上就是各种信号均认作等概率时的信号熵。对电磁波谱分析仪器，这种参量可以是波长或频率，例如发射光谱分析中谱线的波长代表一个参量，不同波长的谱线代表了可量测的量，如每一谱线的强度又划分为 10 个阶梯，则 S_i 为 10。

对于给定的参量 r，例如频率，不可能将其划分为无限个可分别测量的数值。限制这一划分的因素是所谓分辨率。对频率而言，分辨率在理论上是受到测不准原理制约的，对任意参量 r，可定义其分辨率为

$$R(r)=r/\delta r$$

式中，δr 是最小的可互相区分的 r 值。对于由参量的上限 $r_{\rm U}$ 到下限 $r_{\rm L}$ 的区间Δr，将有 $\Delta r/\delta r$ 个不同的可量测的位置，即

$$\Delta r/\delta r=R(r)(\Delta r/r)$$

因此可定义

$$P_{\rm inf}=\int_{r_{\rm L}}^{r_{\rm O}} R(r){\rm ld}[S_i(r)]{\rm d}r/r \tag{1-26}$$

如在Δr 区间内 $R(r)$、$S_i(r)$ 可认作常数，即 $R(r)$、$S_i(r)$ 恒等于或它们的均值等于 R 和 S_i，则有

$$P_{\rm inf}=R\,{\rm ld}(S_i)\ln(r_{\rm U}/r_{\rm L}) \tag{1-28}$$

如再将时间作为独立变量考虑，例如时间分辨的分析仪器，设仪器的时间分辨能力为 $R(t)$，其含义类同于 $R(r)$，则上述定义可扩充为：

$$P_{\rm inf}=\int_{r_{\rm L}}^{r_{\rm U}}\int_{t_{\rm L}}^{t_{\rm U}} R(r)R(t){\rm ld}[S_i(r,\ t)]({\rm d}r/r)({\rm d}t/t) \tag{1-27}$$

注意到此处的 S 被认作是 r 和 t 二者的函数。如在积分区间 $R(r)$、$R(t)$ 及 $S_i(r,\ t)$ 均可认作常数，即取其均值表述，则有

$$P_{\rm inf}=R_r\,R_t\,{\rm ld}(S_i)\ln(r_{\rm U}/r_{\rm L})\ln(t_{\rm U}/t_{\rm L}) \tag{1-28}$$

从式（1-28）可以看出，n 或分辨率$R(r)$、$R(t)$ 对分析仪器或分析方法的供信能力的影响，远超过增加每一可量测量划分的阶梯 S 的影响。分辨能力可按数量级增加，达到例如 10^6 这样的数值，而当 S 由 2 增至 100 时，ld(S) 仅由 1 增至 7 左右。信息理论给我们提供了这样的启示：为了提高分析仪器或分析方法提供信息的能力，如仅从提供的信息量数量这一角度考虑，增加可粗略量测的量（增加分辨率，增加第二个量测的参量）效果远超过改善量测的精密度。

表 1-7 列举了常见分析仪器与分析方法的供信能力[23]。表中的数值系按所涉及方法的一般实验条件估算，分子光谱的分辨能力的估算考虑了吸收谱带的带宽，除注明计数器读数外，均为模拟电路组成的仪器。

从表 1-7 可以看出，欲解决复杂的化合物成分与结构分析的问题，常需采用现代分析仪器手段。这一选择，是不以分析工作者的主观兴趣或偏爱为转移的，而是由现代分析仪器的强大供信能力所决定的。由于分析工作的仪器化、自动化、计算机化等而导致的分析化学学科的深刻变化，其根源亦在于现代生产与科研的发展，向分析化学提出的供给大量化学信息的日益增长的要求。

表 1-7 分析仪器与分析方法的供信能力

分析仪器或分析方法	R_r	r_U/r_U	R_t	S	P_{inf}或$P_{inf}(t)$/bit
紫外可见分子吸收光谱	10	5		10^2	1.1×10^2
红外分子吸收光谱	100	10		10^2	1.6×10^3
紫外可见分子荧光光谱	10/10*	5/5*		10^2	1.8×10^3
紫外可见时间分辨分子荧光光谱	10/10*	5/5*	10^2	10^2	1.3×10^6
原子发射光谱，小型单色器	10^4	5		10^2	1.1×10^5
原子发射光谱，大型摄谱仪	10^5	5		10^2	1.1×10^6
法布理-彼罗特干涉仪	10^7	1.0002		10^2	1.4×10^4
原子荧光光谱，直读式，50 通道	50	—		10^2	3.5×10^2
原子发射光谱，时间分辨，小型单色器	10^4	5	10^2	10^2	7.7×10^7
原子荧光光谱，非分光(单通道)	1	—		10^2	7.0×10^0
原子荧光光谱，非分光，光子计数器(单通道)	1	—		10^4	1.4×10^1
X 射线荧光光谱，计数检测	10^4	5		10^4	2.2×10^3
火花源质谱	10^4	35		10^2	2.5×10^5
常规质谱	6	10		10^2	1.6×10^3
重量法		10		10^4	1.4×10^1

二、分析仪器的信道容量

本节拟讨论与分析仪器设计密切相关的信道容量问题。这一问题对分析仪器之间的联用，及分析仪器与计算机联机等具有重要意义。

根据 Nyquist 提出的采样定理，作为时间的函数 $G(t)$ 的分析信号，二次采样间隔时间 Δt_N 应为

$$\Delta t_N = 1/(2w)$$

式中，w 为分析信号的频率。

对于一个分析仪器，其产生或处理分析信息的速率由其信息量与采样速率决定。对于离散分析信号，如每秒输出 n 个符号，则"熵速率"可写成

$$H = -n\sum P_i \mathrm{ld}(P_i)(\mathrm{bit/s})$$

对于连续分析信号，采样速率取决于输出信号的频宽，若其频宽为 w(Hz)，根据前面讨论的 Nyquist 采样定理，最低必需的采样速率应为 $2w$，否则将损失信息。因此，其"熵速率"为

$$H = -2w\int_{-\infty}^{\infty} P(y)\mathrm{ld}[P(y)]\mathrm{d}y$$

当输出的分析信号服从正态分布时，如其方差为 $V(V=\sigma^2)$，则其"熵速率"为

$$H = 2w\mathrm{ld}(\sqrt{2\pi e V})(\mathrm{bit/s}) \quad (1\text{-}29)$$

一个分析仪器的输出，可能是另一个分析仪器的输入，或是计算机的输入。因此，我们必须考虑这些认作信道的分析仪器或计算机传输与接受信息的能力，即所谓信道容量，或信道能传送信息的最大速率。在不考虑噪声项的情况下，上式实际上就是分析信号平均功率即方差为 V 的正态分布信号时分析仪器的信道容量。

若分析信号与噪声（用 N 表示）均服从正态分布，合成的实际分析信号亦必服从正态

分布，则由式（1-29）表示的分析仪器的信道容量可改为

$$H(y)=2w\mathrm{ld}(\sqrt{2\pi e}V+N)(\mathrm{bit/s})$$

同理，噪声的信道容量可表示为

$$H(y \mid x)=H_{噪声}=2w\mathrm{ld}(\sqrt{2\pi e}N)(\mathrm{bit/s})$$

作为最大分析信息传输速率的分析仪器信道容量 C 可表述为

$$C=\max[H(y)-H(y \mid x)]=w\mathrm{ld}(1+V/N)=w\mathrm{ld}(1+S/N) \tag{1-30}$$

式中，S/N 为信噪比。

本节所讨论的问题的焦点，就在于研究几个分析仪器联用或分析仪器与计算机联机时从信道容量角度相互兼容的问题。这个问题与我们过滤分析试液时，将其倾至一漏斗中的情况颇类似。若滤纸折叠得当或漏斗的水柱效率高，可较快地将溶液滤过，否则速度减慢。若倾液速度超过滤纸和漏斗能接受与流过的容量，必然造成分析溶液的溢失。溢失分析试液即损失了化学信息，分析工作失败。在分析仪器之间或分析仪器与计算机联机时，如信道容量不相匹配，会发生类似的损失分析信息的情况。接受前一个仪器送来的分析信息的仪器或计算机，其信道容量必须是不小于前一仪器的信道容量，否则将损失分析信息，整个分析系统是无法提供正确的结果的。

兹以红外光谱仪为例讨论式（1-30）的应用。

试比较红外光谱仪的两种类型：色散型（棱镜或光栅）和迈克耳逊-傅里叶(Michaelson-Fourier）型。一般的工作范围取 4000～400cm^{-1}，典型的最小分辨波数为 8～0.1cm^{-1}，红外光谱仪的分辨率与扫描观察时间一般可调，而信噪比 S/N 则是依赖于上述变量而变化的。色散型红外光谱仪有两个缺陷难以解决：一是由单色器分出单色光依次测定吸收，得到一张有一定精度的谱图所需时间较长，例如 2min；另一缺陷是由于达到所需分辨率必须用狭缝，因而进入单色器的光能不能太低，否则难以检测。采用迈克耳逊干涉装置的傅里叶变换红外光谱仪（FT-IR）可免此弊。由于色散型仪器中，信号的强度正比于观测时间（整个光谱观测时间 T 与分辨单元 M 之比值 T/M），而噪声则正比于观测时间的平方根$[(T/M)^{1/2}]$，故信噪比 S/N 正比于$[(T/M)^{1/2}]$。而 FT-IR 光谱仪的信噪比正比于 $T^{1/2}$，因此在观测时间相同的情况下，FT-IR 光谱仪的信噪比为色散型仪器的 $M^{1/2}$ 倍，这一优点称为费尔盖特（Fellgett）优点。而获得这一优点所付出的代价，是与之联机的计算机的信道容量显著增加。

现试用式（1-30）估算色散型红外光谱仪的信道容量。如设在吸收率接近 0 时信噪比 S/N 值有（500/1）左右，在 4000～400cm^{-1} 光域，最小分辨单元设为 2cm^{-1}，为达到上述信噪比，设所使用的仪器需调整至慢的扫描速度，应用采样定理要考虑每一分辨单元需被采样 2 次，由此计算采样速率，估算 w 值约 2.22 采样单元/s，则信道容量 C_1 为

$$C_1=2.22\mathrm{ld}(1+500/1)=19.9(\mathrm{bit/s})$$

再看 FT-IR 光谱仪的情况。FT-IR 是从空间域采集数据。空间坐标（x）是迈克耳逊干涉仪中动镜的位移。动镜的运动可以 $x=vt$ 表述，此处 v 为动镜的速率，输出的信号称为干涉图。干涉图 b 是空间和时间的函数

$$b=b(x)=b(vt)$$

干涉图是许多频率的加合。每一频率与光谱波数 υ 之间存在一定关系：

$$b(x)=\int_0^{\infty} B(\upsilon)\exp[-2\pi j\upsilon x]\mathrm{d}t \tag{1-31a}$$

或

$$b(\upsilon t)=\int_0^{\infty} B(\upsilon)\exp[-2\pi j\upsilon t]\mathrm{d}t \tag{1-31b}$$

每一光谱波数 υ 对应一与动镜速度 v 相关的声频：

$$f(\mathrm{Hz})=\upsilon(\mathrm{cm}^{-1})v(\mathrm{cm/s})$$

采样频率由最高光谱频率 υ_{U} 决定，如 $4000\mathrm{cm}^{-1}$，可得 $w=2500\mathrm{Hz}$，如此时实际达到的 S/N 值为 6700/1，则信道容量 C_2 为

$$C_2=2500\mathrm{ld}(1+6700/1)=31776(\mathrm{bit/s})$$

FT-IR 光谱仪对与之联机的计算机的信道容量或运算速度要求显然要高得多。

有关作者[24]研究了色谱仪的信道容量，将式（1-30）用于色谱仪，w 值一般至多是几个赫兹，但 S/N 可超过 10^{10}，故 C 可达到 50bit/s 左右，用色散型红外光谱仪与之联用，信道容量可能难于匹配，而用 FT-IR 光谱仪则完全可以满足要求。

三、分析方法的信息效率

对分析方法作出一个较全面的评价，需考虑其精密度、选择性、表面或空间的分辨能力、分析速度和成本等等诸多因素。精密度涉及标准差或相对标准差，对仪器分析而言，可以用信噪比表述；选择性可以用同时能分析的元素或化合物的数目表述，亦可以用共存物质的影响表述；表面或空间分辨能力对现代材料分析甚为重要，因材料科学研究的新进展表明，许多材料的特异性能不但取决于某些成分的总含量，而且与这些成分在材料中的空间分布有关；分析速度以及分析成本等因素对解决实际分析课题很重要。除上面提到的各项指标外，一个根本性的指标是提供分析信息的功能，亦是本节讨论的中心课题，这里，将引入一些补充概念。

有关作者[25]建议定义信息效率 E 为

$$E=\prod_{i=1}^{k} e_i \tag{1-32}$$

此处 e_i 为效率系数，

$$e_i=\begin{cases}\varepsilon_i & \text{如 } \varepsilon_i \leqslant 1\\ 0 & \text{如 } \varepsilon_i > 1\end{cases}$$

式中，ε_i 是效率比。对于分析方法的某一特性参数，效率比是指为解决某一分析问题（p）所需的值与该分析方法（A）所具有的数值之比。例如，考虑的是信息量（I），为解决分析问题（p）需信息量 I_{p}，分析方法（A）能提供的信息量为 I_{A}，则 ε_I 值为

$$\varepsilon_I=I_{\mathrm{p}}/I_{\mathrm{A}} \tag{1-33}$$

不同情况下信息量的计算我们已在前面作过系统讨论。又如指标是指能测定的组分数，对给定的分析问题需测定 N_{p} 个组分，分析方法实际能测定 N_{A} 个组分，则

$$\varepsilon_N = N_p / N_A \tag{1-34}$$

如指标是指分析时间，设分析工作需在时间 T_p内完成，而该分析方法需时 T_A，则

$$\varepsilon_T = T_p / T_A \tag{1-35}$$

如对所有的指标均有 $e_i=1$，则 $E=1$，如某一指标小于 1，则 $E<1$；只要有一个指标达不到要求，$e_i>1$，即 $E=0$，该分析方法不能采用。

从另一方面，还可定义一与分析成本、信息量及信息效率相关的指标，权称信息效益：

$$R = M(E/\tau) \tag{1-36}$$

式中，τ 为分析成本；$M=\sum I_i$，为分析所有组分 i 的信息量之和。

值得提出的是，按上述方法评估分析方法提供信息的效益，对给定分析方法而言，其值与分析问题的性质有关。对于解决某一问题信息效益高的方法，在解决另一课题时不一定有好的效益。

表 1-8 列举为解决测定钢中锰含量（0.05%～6%Mn）的方法比较，分析课题对于测定标准差的要求为 10%，分析时间的要求则设定三种情况：(a) 短于一天；(b) 短于 30min；(c) 短于 2min。由表 1-8 可见，对分析时间要求不高时，例如可允许在一天内完成分析工作 (a)，容量分析、电位滴定与光度分析较光谱分析的信息效率与效益为高。这一点说明，现代分析化学的迅猛发展及随之而来的革命性变革，并不意味着分析工作者将抛弃原有的传统分析方法。这一显而易见的事实，颇类似于人类进入了航天飞行的时代，并不意味着应废止常规交通工具，或认为丧失步行能力对人类活动无关紧要。另一方面，表 1-8 亦显示，对要求快速完成的分析工作，在传统分析方法已不奏效时，仪器分析方法确有其优越处。

表 1-8　钢中锰含量的测定方法比较

分析方法	相对标准差/%	可同时测定组分 N_A	分析时间 T_A/min	相对成本（货币单位）	总信息量 M/bit	信息效率 E	信息效益 R /(bit/单位成本)
容量法(过硫酸盐法，二次 ZnO 分离)	2	1	60	16	4.00	(a)0.018 (b)0 (c)0	0.0044 0 0
电位滴定	2	1	30	8	4.00	(a)0.088 (b)0.42 (c)0	0.0044 0.21 0
分光光度分析法(转化为高锰酸根)	3	1	30	8	3.41	(a)0.010 (b)0.49 (c)0	0.0044 0.21 0
原子吸收法	1	1	20	6	5.00	(a)0.047 (b)0.22 (c)0	0.0039 0.19 0
发射光谱分析	5	50	3	1	133.8	(a)0.00026 (b)0.0013 (c)0	0.0035 0.17 0
发射光谱-测微光度分析	10	50	30	12	83.8	(a)0.042 (b)0.020 (c)0	0.0029 0.14 0
发射光谱-光量子计直读	5	50	1	20	133.8	(a)0.0000087 (b)0.00042 (c)0.0063	0.000058 0.0028 0.042

参考文献

[1] 俞汝勤. 化学计量学导论. 长沙：湖南教育出版社，1991.

[2] 俞汝勤. 现代分析化学的信息理论基础. 长沙：湖南大学出版社，1987.

[3] Eckschlager K, Stepanek V. Anal Chem, 1982, 54: 1115A.

[4] Eckschlager K, Stepanek V. Information Theory as Applied to Chemical Analysis. New York: John Wiley & Sons, 1977.

[5] Massart D L. J Chromatogr, 1973, 79: 157.

[6] Grotch S L. Anal Chem, 1970, 42: 1214.

[7] wangen L E, Woodward W S, Isenhour T L. Anal Chem, 1971, 43: 1605.

[8] Stenhagen E, Abrahamsson S, McLafferty F W. Atlas of Mass Spectral Data. New York: John Wiley & Sons, 1969.

[9] Dupuis F, Dijksira A. Z Anal Chem, 1978, 290: 357.

[10] American Society for Testing and Materials, Codes and Instruction for Wyndotte ASTM Punched Cards. Philadelphia, 1964.

[11] Dupuis F, Dijksira A, Varder Maas J H. Z Anal Chem, 1978, 291: 27.

[12] Heite F H, Dupuis F, Van'T Klooster H A. Anal Chim Acta, 1978, 103: 313.

[13] Bink J C W G, Van'T Klooster H A. Anal Chim Acta, 1983, 150: 313.

[14] Ritter G L, Lowry S R, Woodruff H B, Isenhour T L. Anal Chem, 1976, 48: 1027.

[15] Eckschlager K, Stepanek V. Information Theory as Applied to Chemical Analysis. New York: John Wiley & Sons, 1997.

[16] Eckschlager K. Collec Czechoslov Chem Commun, 1976, 41: 2527.

[17] Eckschlager K. Collec Czechoslov Chem Commun, 1979, 44: 2373.

[18] Eckschlager K, Vajda I. Collec Czechoslov Chem Commun, 1974, 39: 3076.

[19] Eckschlager K. Collec Czechoslov Chem Commun, 1975, 40: 3627.

[20] Eckschlager K, Stepanek V. Microchimica Acta (Wien), 1978, 1: 107.

[21] Kaiser H. Anal Chem, 1970, 42 (2): 24A.

[22] Kaiser H. Anal Chem, 1970, 42 (4): 26A.

[23] Winefordner J D// Winefordner J D . Trace Analysis, Spectroscopic Methods for Elements. New York: John Wiley & Sons, 1976: 435.

[24] Huner J F K, Smit H C. Z Anal Chem, 1969, 245: 84.

[25] Danzer K, Eckschlager K. Talanta, 1978, 25: 275.

第二章　分析采样理论和方法

采样是分析测试工作的第一步，分析测试结果的可靠性与采样是否正确直接相关。分析测试的目的就是要根据从局部试样（样本）测得的数据来获取有关对象全体（总体）的无偏信息。怎样使局部采样可在统计意义上尽可能地代表总体，是采样理论和方法所研究的内容。本章将分别讨论分析化学中的采样理论和方法。采样理论是指如何进行试样采集的数学统计理论。本章对常用的采样方法亦分别加以介绍，如固体物质的采样方法、动态过程的采样方法和质量检验的采样方法。介绍理论将以其基本思想为主线，不作任何推导[1]；介绍基本方法则以其基本思路为主线，指出其使用特点和适用范畴。

一般说来，一个成功采集的分析试样（或称样本），从统计上应满足下述要求：①样本均值应能提供总体均值的无偏估计，一般而言，随机采样是保证这种无偏性的基本方法；②样本分析结果应能提供总体方差的无偏估计，例如系统试样应能提供分析对象有关参量随时间的变化等；③在给定的时间和人力消耗下，采样方法应给出尽可能精密的上述估计。

第一节　采样的基本概念和理论

一、随机采样

随机采样系指等概率地从总体中采集的试样，采样应在随机状态下进行，例如将分析对象全体划分成不同编号的部分，再根据随机数表进行采样，这种采样法亦称概率采样。在分析实践中，要区分目标总体和母总体两个概念。目标总体是指欲根据采样与分析作出相应结论的目标对象；而母总体则是实际被采集试样的对象，这两者很少一致，但我们希望其区别尽可能小。采集随机试样的方法即随机采样就是尽可能缩小这一差别的一种手段。

对于随机采样，如果每 n_s 样本被分析了 n_a 次，则其总方差 σ_0 为

$$\sigma_0^2 = \sigma_s^2/n_s + \sigma_a^2/(n_s n_a) \tag{2-1}$$

式中，σ_s^2 和 σ_a^2 分别表示采样和分析方差。式（2-1）可用于随机采样设计。假设

$$\sigma_a^2 = \alpha\sigma_s^2$$

则式（2-1）可写成

$$\sigma_0^2 = \sigma_s^2/n_s + (\alpha/n_a)(\sigma_s^2/n_s)$$

从此式可以得出下述结论：

① 对于给定的 α、n_s 和 n_a，总方差是随着采样方差增加而增加。

② 对于给定的总分析次数（$n_s n_a$），如果不考虑分析成本，则随机采样应尽可能保证采样次数多为好。如对 6 个随机样本进行两次分析要比对 4 个随机样本进行 3 次分析的总方差小。

③ 随机采样的总方差是 α 的线性函数。当 α 为一很小数，即分析测定的方差比采样方

差小得多时（在实际中通常是这种情况），$(\alpha/n_a)(\sigma_s^2/n_s)$ 与 (σ_s^2/n_s) 相比就可以忽略。对于这样的情况，Youden 曾指出[2]，当分析误差下降到采样误差的 1/3 或更低时，宁可使用快速简便的、精密度不高但能与采样误差匹配的方法进行分析。其理论根据就在于此。

实际上，式（2-1）同样可用于结合分析成本一起计算的情况。设采样成本和分析一次试样的成本分别为 C_s 和 C_a，则总成本 C 为

$$C = n_s C_s + n_s n_a C_a \tag{2-2}$$

考虑到式（2-1），总成本可表示为

$$C = [\sigma_s^2/\sigma_0^2 + \sigma_a^2/(\sigma_0^2 n_a)](C_s + n_a C_a) \tag{2-3}$$

对此式就 n_a 进行微分并令其等于零，可得到在固定方差条件下使总成本最小时最佳的样本分析次数 n_a 和采样的数目 n_s：

$$n_a = (\sigma_a/\sigma_s)(C_s/C_a)^{1/2} \tag{2-4}$$

$$n_s = [\sigma_s^2 + (\sigma_a^2/n_a)]/\sigma_0^2 \tag{2-5}$$

二、系统采样

系统采样系指为了检验某些系统假设而采集的试样，例如生产或其他过程中成分随时间、温度的变化而在空间中变化，这种场合下的采样问题有重要的实际意义[3]。系统采样一般是间隔一定区间（时间、空间、区域）采样，间隔不一定是等距的，有时，事先可预期总体成分是不均匀的，系统采样要尽量减少这种不均匀性的影响。对于这样的情况，可采用分层采样。系统采样的误差分析与随机采样是相似的。

三、分层采样

当分析对象可划分为若干采样单元时，随机采样可从总体的全体采样，亦可分层或分步采样。当被划分的各采样单元之间试样成分的变化显著大于每一单元内部成分变化的情况时，分层采样是最好的选择。分层采样是先将分析对象划分成不同的部分或层，然后对不同的层次进行随机采样。此时，总方差为

$$\sigma_0^2 = \sigma_b^2/n_b + \sigma_s^2/(n_b n_s) + \sigma_a^2/(n_b n_s n_a) \tag{2-6}$$

式中，n_b 是采样层数；σ_b^2 是层间的方差；n_s 是每层的采样次数；σ_s^2 则是层内的方差。当分析对象是总体均匀分布的话，分层采样与随机采样是一样的，但如果层间方差与层内方差显著不同时，分层采样将明显优于随机采样。值得指出的是，由式（2-6）表示的方程不可能分别同时唯一地求出 n_b、n_s 和 n_a，有必要在它们之间进行适当调整和妥协。如考虑进行分层的成本为 C_b，对每层的采样成本为 C_s，分析试样的成本为 C_a，则整个分层采样过程的总成本为

$$C = n_b C_b + n_b n_s C_s + n_b n_s n_a C_a \tag{2-7}$$

当方差固定时，在使得总成本最小的目标下，n_b、n_s 和 n_a 的最优选择可由以下 3 个式子给出，即

$$n_b = \sigma_b(\sigma_b C_b^{1/2} + \sigma_s C_s^{1/2} + \sigma_a C_a^{1/2})/(\sigma_0 C_b^{1/2})$$

$$n_s = (\sigma_s/\sigma_b)(C_b/C_s)^{1/2}$$

$$n_a = (\sigma_a/\sigma_s)(C_s/C_a)^{1/2}$$

四、代表性采样

代表性采样一般是指特定的分析项目所涉及的采样，例如按环境保护部门规定采集废水试样就是这种例子。在分析化学的实际工作中，代表性采样是一种分层采样的特殊情况，这种情况的分层采样可对目标成分提供总体均值的无偏估计。对于在分层采样中每层的大小和方差均不相同的情况下，为了得到总体均值在方差最小条件下的无偏估计，在第 k 层的采样数目$(n_s)_k$，应与该层的大小 w_k 和标准差$(\sigma_s)_k$是有关的，即

$$(n_s)_k/n=[w_k(\sigma_s)_k]/\sum_k^n[w_k(\sigma_s)_k] \tag{2-8}$$

如果每一层的标准差都相等，则式（2-8）可变为

$$(n_s)_k/n=w_k/\sum_k^n w_k \tag{2-9}$$

此式说明，每层的采样数是与该层的大小成正比的。同时，还说明这样的采样是与随机采样不同的。很多的分析技术规则都给出了怎样进行代表性采样的规定。代表性样本是由权威性组织为某种特殊目的而制成的样本。一般说来，在制作代表性样本的过程中，主要考虑的就是上述讨论的式（2-8）与式（2-9）。明显可知，总体均值 x 的无偏估计应该是各分层均值的加权均值，即

$$\overline{x}=w_k/\sum_k^n(w_k x_k) \tag{2-10}$$

复合试样也是制取代表性试样的一种方式，将一些采集的单个试样混合起来作为复合试样，必须考虑这样做能否取得正确的有代表性的结果。

分层采样的方差分析：式（2-6）中的方差如 σ_b^2、σ_s^2 和 σ_a^2 都是未知的，但是，如果对所有采样样本都进行了分析以后，通过方差分析的方法就可将它们都分别求出。设 x_{kji} 表示第 k 层的第 j 个样本的第 i 次的某一目标化学成分的测定值，$\overline{x}_{kj}$ 表示第 k 层的第 j 个样本的测定均值，对于整个分层采样的过程有 $n_b n_s n_a$ 个样本，则 σ_a^2 的估计可由下式给出

$$V_a=\sum_{k=1}^{n_b}\sum_{j=1}^{n_s}\sum_{i=1}^{n_a}(x_{kji}-\overline{x}_{kj})^2/[n_b n_s(n_a-1)] \tag{2-11}$$

对于第 k 层，可以得到该层的采样方差估计

$$V_s=\sum_{k=1}^{n_b}\sum_{j=1}^{n_s}(\overline{x}_{kj}-\overline{x}_k)^2/[n_b(n_s-1)] \tag{2-12}$$

式中，$\overline{x}_k$ 为第 k 层的样本均值。这样计算的已不是单纯总体采样方差 σ_s^2 的估计，它还包含了 V_a的贡献。如设采样误差与分析测试误差相互独立，则 V_s 是 $\sigma_s^2+(\sigma_a^2/n_a)$ 的估计值。对于层间方差，可由下式求出

$$V_b=\sum_{k=1}^{n_b}(\overline{x}_k-\overline{x})^2/(n_b-1) \tag{2-13}$$

式中，$\overline{x}$ 为总体的样本均值。同理，这样计算的层间方差并不是式（2-6）中的 σ_b^2，它还包含了层内采样和分析测试的方差的贡献，是 $[\sigma_b^2+(\sigma_s^2/n_s)+(\sigma_a^2/n_s n_a)]$ 的估计值。但

只要利用式（2-11）～式（2-13）计算出 V_a、V_s 和 V_b，则不难通过它们将 σ_b^2、σ_s^2 和 σ_a^2 估计出来。实际上，对于所有的 $n_b n_s n_a$ 样本的方差，有如下的方差分解式

$$\sum_{k=1}^{n_b}\sum_{j=1}^{n_s}\sum_{i=1}^{n_a}(x_{kji}^2 = n_b n_s n_a x^2 + n_s n_a \sum_{k=1}^{n_b}(x_k - x)^2 + n_a \sum_{k=1}^{n_b}\sum_{j=1}^{n_s}(x_{kj} - x_k)^2 + \sum_{k=1}^{n_b}\sum_{j=1}^{n_s}\sum_{i=1}^{n_a}(x_{kji} - x_{kj})^2$$

方差分析本质上就是建立在此分解式的基础之上。表 2-1 列出了分层采样的方差分析表，利用此表可以方便地进行分层采样的各种方差的估计。

表 2-1 分层采样的方差分析表

变化来源	平方和	自由度	均方值	均方值的期望
均值	$n_b n_s n_a x^2$	1		
层间	$n_s n_a \sum_{k=1}^{n_b}(x_k - x)^2$	$(n_b - 1)$	$n_s n_a V_b$	$\sigma_b^2 + (\sigma_s^2/n_s) + (\sigma_a^2/n_s n_a)$
采样	$n_a \sum_{k=1}^{n_b}\sum_{j=1}^{n_s}(x_{kj} - x_k)^2$	$[n_b(n_s - 1)]$	$n_a V_s$	$\sigma_s^2 + (\sigma_a^2/n_a)$
分析	$\sum_{k=1}^{n_b}\sum_{j=1}^{n_s}\sum_{i=1}^{n_a}(x_{kji} - x_{kj})^2$	$[n_b n_s(n_a - 1)]$	V_a	σ_a^2
总计	$\sum_{k=1}^{n_b}\sum_{j=1}^{n_s}\sum_{i=1}^{n_a} x_{kji}^2 n_b n_s n_a$			

五、最小采样数目的估计

前面所谈到的有关最佳采样数目的估计都是建立在真实采样方差和真实分析方差之上的。但是，实际上采样仍是建立在相对小样本采样之上，所以怎样利用小样本采样的各种方差所得的估计值来进行最小采样数目的估计是本小节将要讨论的问题。本小节所要讨论的最小采样数目的估计方法是建立在学生分布统计量或称 t-统计量的基础之上的[4]。

根据学生分布，可通过计算所得的均值 $\overline{x}$ 来对真实均值 μ 作出如下的区间估计

$$\mu = \overline{x} \pm (ts_0)/\sqrt{n} \tag{2-14}$$

式中，s_0 是总标准偏差 σ_0 的估计；学生分布参数 t 为取一定置信度和自由度（$n-1$）时的对应值。据此可以计算出 n，

$$n = (ts_0)^2/(\overline{x} - \mu)^2 = (ts_0)^2/e_0^2 \tag{2-15}$$

因 n 为一待求数，所以在对参数 t 查表取值时先用 $n=\infty$ 作为其自由度来确定 t 值，用此 t 值根据式（2-15）算出一个 n 后，继用此 n 来再查得一个新的 t 值，如此循环，直到 n 收敛于一常数。对于随机采样的情况，总的分析测试数目为 $n_s n_a$，如果分析测试的标准偏差 s_a 很小可以忽略时，则分析测试的误差也可以忽略，此时就可以将式（2-15）简写为

$$n_s = (ts_s)^2/e_s^2 \tag{2-16}$$

上式是由小样本采样导出的。对于大量样本采样的情况，即采样量占总体量具有相当部分时，需引入一个称为“有限总体校正”因子，即 $(1-n/N)^{1/2}$，来进行校正。在此，N 是总体所含样本数。将此校正因子乘入式（2-14）右边的第二项，易得

$$n_s=(t^2 s_s^2 N)/(e_s^2 N+t^2 s_0^2) \quad (2\text{-}17)$$

从式（2-17）明显可知，有限总体校正因子只对小总体的情况是适用的，如果总体很大，也即 N 很大，则该校正因子就变为 1 了。

引入 t-统计量和置信度的概念，就使得对采样数目的估计变得实用了。这样，在前面所讨论的一些式子的未知真实量如 σ 就可用估计方差来替代了，如式（2-1）就可变为

$$e_0^2=(t^2 s_s^2)/n_s+(t^2 s_a^2)/(n_s n_a) \quad (2\text{-}18)$$

式中的 t 就是上面所讨论的 t-统计量。同理，可据此求得随机采样的样本数 n_s

$$n_s=[t^2(s_s^2+s_a^2/n_a)]/e_0^2 \quad (2\text{-}19)$$

六、采样常数

1. Ingamell 采样常数

为表征混合得很好的实验室样本的均匀性，Ingamell 定义了一个采样常数 K_s，

$$K_s=R^2 w \quad (2\text{-}20)$$

式中，R 为相对标准偏差，即 $R=100 s_s/\overline{x}$；w 为被分析样本的质量。如将式（2-20）与式（2-16）比较一下可发现，式（2-20）中隐含如下意义：Ingamell 采样常数 K_s 相当于保证采样相对标准偏差为 1%时的必需样本质量，此时，t-统计量的取值为 1，即自由度为无穷大和置信度为 68%时的 t 值。对于 1g 样本，其 Ingamell 采样常数就是经一个很精确分析方法（因此时分析测定的误差相对于采样误差可以忽略）测定所得的相对标准偏差的平方根，一般就可用此方法来实验确定 Ingamell 采样常数。如果将式（2-20）改写一下，可得

$$R^2=K_s/w \quad (2\text{-}21)$$

因 K_s 为一常数，所以，采样的相对偏差与采样质量成反比，换言之，欲得到很低的采样的相对偏差就必须保证采样需有相应的足够质量。同时，从式（2-21）还可以看出，K_s 越小，说明样本的混合程度越好。对于分层测定的非均匀样本，其不同的层次当有不同的 Ingamell 采样常数，人们也常用此法来测定总体的均匀程度。对于分隔的总体，应引入附加的分隔常数。

2. Visman 采样常数

Visman 阐述了在考虑分隔效应下的采样理论[4]。实验估计方差与两个采样常数有关，一个是与 Ingamell 采样常数相似的均匀度常数 A，另一个是反映分隔（segregation）程度的常数 B：

$$s_s^2=A/(w n_s)+B/n_s \quad (2\text{-}22)$$

式中，$w n_s$ 是 n_s 个样本的总质量。如果总体样本是均匀的，则 $B=0$，此时式（2-22）就与式（2-20）完全类似，并可容易发现 Ingamell 采样常数与 Visman 采样常数存在如下关系：

$$A=10^{-4}\overline{x}^2 K_s \quad (2\text{-}23)$$

Visman 采样常数可通过收集一系列小样本和一系列大样本来进行实验确定。先对这两系列的方差进行估计，然后，将这两系列样本的质量和所得的方差代入式（2-22），就可估计出 Visman 采样常数 A 和 B。同时，从式（2-22）还可以看出，假设希望保持方差不变，则采样数是随着 Visman 的表征分隔效应的常数 B 增加而增加的，而且，采样方差与采样

数成反比，增加采样数可降低采样方差。当 $B=0$ 时，说明样本总体是均匀的，此时，只要样本的总质量（wn_s）不变，采样数将不再影响采样方差。

第二节 非均匀体系建模方法及大批物质的采样误差

前面从一般的角度对用统计和实验方法来处理采样问题进行了讨论。实际上，大批物质的采样误差主要来自该总体的非均匀性。对于混合很好的气体和液体，如果均匀性很好，则一小部分的样本就可代表总体。但是，如果样本是非均匀的，则采样成了突出的问题，自然，通过采样来对样本总体的非均匀性的建模就成为了大批物质采样理论的核心问题。

一、固体物质的采样理论和方法

Benedetti-Pichler 将大批固体物质的采样问题与在一个装有成百吨混合的白豆和红豆大仓库中对它们进行计数的问题作了一个类比。如果要对仓库中所有的豆子都一一计数的话，则须花上几年的时间，因而人们只好转向一个比较现实但不予全部计数精确的方法。首先，从中取出一个样本分别对白豆和红豆计数，这样计数的精确度显然是与所取样本的大小有关，从统计上讲，这种以局部代表全体的办法将带来误差，取样越少，误差越大。可通过二项式分布来决定采样量。对于大批固体物质总体的现代采样理论一般说来都是基于这一道理。

设分析对象总体是由两类立方体颗粒 A 和 B 所组成，这些颗粒具有同样的棱长 μ 和同样的密度 ρ，颗粒 A 的总质量分数为 w_A，颗粒 B 的总质量分数为 w_B。先考虑一个最简单模型，即只设颗粒 A 中含有待测物 x，且此待测物在颗粒 A 中的质量分数为 x_A。如取具有质量为 w 的样本进行化学分析，其采样方差为 σ_s^2。这样的模型可用二项式分布来处理。对于服从二项式分布的随机变量，其方差为 npq。根据上述讨论的简单模型，采样颗粒数（n）应为 $w/(\rho\mu^3)$，其取得颗粒 A 的概率（p）应为 w_A，其取得颗粒 B 的概率（q）应为 w_B 或（$1-w_A$）。据此，可得根据颗粒数来表述的采样方差 σ_s^2：

$$\sigma_{s(\text{particle})}^2=[ww_A(100-w_A)]/[(\rho\mu^3)\times 1000] \tag{2-24}$$

如以所求物质的百分比来计算 $\sigma_{s(\text{particle})}$，则应再除以颗粒的数目，即

$$\sigma_s^2=\sigma_{s(\text{particle})}^2/[w/(\rho\mu^3)]\times 100 \tag{2-25}$$

最简单的情况是颗粒 A 就是所求的纯物质，即此时有 $w_A=x$，那么

$$\sigma_s^2=(\rho\mu^3/w)x(100-x) \tag{2-26}$$

式（2-26）可用于估计给定样本质量时的采样误差，或用来在给定了采样误差标准的条件下估计所需最小采样量。当然，此模型过于简单，在实际的分析化学实践中，一般须对此模型进行必要的修订。

上述统计原理可推广到较接近实际的情况，即设试样总体中含两种颗粒 A 和 B，颗粒 A 含待测物的百分比（质量分数）为 x_A，颗粒 B 含待测物的百分比（质量分数）为 x_B，且颗粒 A 的密度为 ρ_A，颗粒 B 的密度为 ρ_B，这样，上述简单模型可变为

$$\sigma_s^2=[(\rho_A\rho_B/\rho)(\mu^3/w)w_A(100-w_A)]\times[(x_A-x_B)^2/1000] \tag{2-27}$$

注意在式（2-27）中，不但考虑了试样总体的密度 ρ，而且，对于颗粒 A 和颗粒 B 的不同密度也一起进行了考虑，同时此式中最右边的平方项，即 $[(x_A-x_B)^2/1000]$ 还将两种颗粒的不同百分含量也进行了考虑。从式（2-27）可明显看出，x_A 和 x_B 的差别越大，其采样误差

也越大。

值得提出的是，在分析化学文献中[5~7]，对上述模型有很多不同的表达式，然而它们之间的差别只在于一些微小的统计近似和假设的不同，本质上是类似的。下面也将它们列出，以备读者参考。

(1) Benedetti-Pichler 经典方程

$$\sigma_s^2=\{(\rho_A\rho_B^2/\rho^2)[P(1-P)/n]\}^{1/2}[(x_A-x_B)/x]^2 \tag{2-28}$$

式中，x 为待测组分的总体百分含量；P 为取得颗粒 A 的概率。

(2) Ingamells 方程

$$K_s=R^2w=\frac{\dfrac{(x_B\rho_B-x_A\rho_A)^2(x_B-x)(x-x_A)\mu^3}{\rho_B(x_B-x)(x_B-x_A)+\rho_A(x-x_A)(x_B-x_A)}\times 10^{-8}}{x^2} \tag{2-29}$$

(3) Wilson 方程

$$\sigma_s^2=\frac{1}{2}\sum_{i=1}^{k}\sum_{j=1}^{k}[(\Delta w_i\rho_i-\Delta w_j\rho_j)/100]^2[m_im_j/(\rho_i\rho_j)](\mu^3\rho/m) \tag{2-30}$$

Wilson 方程是将二元颗粒的非均匀体系推广到多元颗粒的非均匀体系的表达式。式中下标 i 和 j 表示在 m 种颗粒的第 i 或第 j 种颗粒，Δw_i 表示 w_i 与总体含量 w 之间的差值。同时，Wilson 方程是建立在所有颗粒都具有相同体积的基础上，如果颗粒的密度具有较大的不同，Wilson 方程只在 s_s 不太大时才成立。

二、颗粒性质因子（Gy 理论）

基于研究粒状物质的采样，Gy 对非均匀体系的采样发展了一套较全面的理论。根据 Gy 的采样理论，由式（2-26）表示的简单公式可改写成

$$\sigma_s^2=(\rho\mu^3)x(100-x)(1/w-1/W)fgl \tag{2-31}$$

在此表达式中，原式中的（$1/w$）由（$1/w-1/W$）代替了。这样的替换主要反映了总体物质的质量对采样方差的影响，采样误差是随着采样质量 w 的增加和总体质量的减少而减少的，当采样质量 w 增加到接近于总体质量 W 时，采样方差就会接近于零；当总体质量 W 比采样质量 w 大很多时，（$1/w-1/W$）就很接近（$1/w$），总体质量的影响可忽略不计了。

1. 颗粒形态因子（f）

在式（2-26）的导出过程中，所有颗粒都是假设具有立方体形体积（μ^3），可实际上颗粒的形态是有差别的。式（2-31）中引入的 f 因子就是为了补偿这些差别。如果是在理想的情况下，颗粒形态因子 f 可以取 1；如果所有颗粒都是由以 μ 为直径的小圆球组成时，则颗粒形态因子 f 可取 0.524。对于大部分总体样本，f 可取 0.5，相对于 f 取 1，这是一种对实际情况的较好的逼近。如果总体物质是具有特殊形态的颗粒，如黄金颗粒，颗粒形态因子 f 可以低至 0.2。

2. 颗粒大小分布因子（g）

在式（2-26）的导出过程中，所有颗粒都是假设为大小相同的，可实际上颗粒的大小也是有差别的，故在式（2-31）中引入颗粒大小分布因子 g 来补偿这种差别。在理想的情况下，颗粒大小分布因子 g 取 1；如果颗粒大小差别较大，即既有很粗的又有很细的混在一起时，则颗粒大小分布因子 g 推荐取 0.25。只有中等颗粒或是只有小颗粒时，则颗粒大小分

布因子 g 推荐分别取 0.5 或 0.75。

3. 释放（liberation）因子（l）

在式（2-26）的导出过程中，假设总体物质由两种颗粒 A 和 B 所组成，而且，还假设了 $w_A=x$。可是，在实际情况下，有一些板块可能同时含有两种颗粒。在研磨过程中，那些含有待测物的颗粒从板块中被释放出来。如将这种释放过程也加以考虑，就可引入释放因子 l，其定义为

$$l=(\mu_1/\mu_2)^{1/2} \tag{2-32}$$

式中，μ_1是板块中含有待测物的细粒的平均尺寸；而 μ_2则是总体物质中的最大板块颗粒的尺寸。当 $\mu_2 \leqslant \mu_1$时，$l=1$，即此时没有释放效应。释放因子 l 的估计可由显微镜或筛选实验来确定。

4. 组成因子（c）

除（$1/w-1/W$）、f、g 和 l 外，我们还可以定义一个组成因子。这个因子主要反映颗粒组成变化对采样方差的贡献。考虑到总体物质的密度（ρ）实际应为两种不同颗粒密度（ρ_A和 ρ_B）的加权平均，即

$$\rho=(x/100)\rho_A+[(100-x)/100]\rho_B \tag{2-33}$$

则组成因子 c 可定义为：

$$c=x(100-x)\{(x/100)\rho_A+[(100-x)/100]\rho_B\} \tag{2-34}$$

此时，Gy 的采样理论可由一个很简单的式子表出

$$\sigma_s^2=\mu^3(1/w-1/W)cfgl \tag{2-35}$$

三、动态过程的采样理论和方法

若采样对象是一个连续过程，需从过程中的物质流中采样，则情况较为复杂。从数学上讲这种过程可以时间序列表示。在这个序列中，可在图 2-1 中取长度 P 作为一个“批量”，按频率 A 在时间 G 内采样 n 次，采样理论需考察 G、A、n 对估计 P 的成分的影响[8,9]。对于一阶 Gauss 稳态随机过程，令 $P=nA$，设 $A>G$，即采样不重叠，则采集的总样 $S=nG$。这里，采样的总样成分变化的方差 σ_m^2，与作为批的整个 P 段的成分变化方差 σ_μ^2 对采样方差 σ_s^2 的贡献可表述为：

$$\sigma_s^2=\sigma_m^2+\sigma_\mu{}^2+2\sigma_{m\mu} \tag{2-36}$$

式中，$\sigma_{m\mu}$为总样与批二者的协方差。

Muskens 等[10~12]从一阶 Gauss 稳态随机过程理论推导了式（2-36）右边的各项。设过程的相关因子为 T_x，记 P/T_x 为 p，G/T_x 为 g，A/T_x 为 a，过程方差为 σ_x^2，则

$$\sigma_m^2=[2\sigma_x^2/(ng)]\{g-1+e^{-g}+(e^{-g}+e^g-2)$$
$$[e^{-a}/(1-e^{-a})]-[e^{-a}(1-e^{-p})]/[n(1-e^{-a})^2]\} \tag{2-37}$$

$$\sigma_\mu^2=(2\sigma_x^2/p^2)(p-1+e^{-p}) \tag{2-38}$$

$$\sigma_{m\mu}=[\sigma_x^2/(npg)]\{2ng+(1-e^{-p})$$
$$[(e^{-g}-1)/(1-e^{-a})+(e^{-g}-1)/(1-e^{-a})]\} \tag{2-39}$$

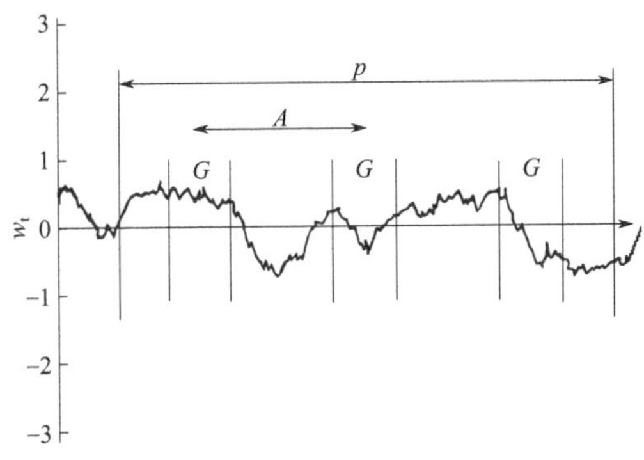

图 2-1 从动态过程物质流采样示意图

这里，作为批的参量起作用的是 p（以 T_x 单位表征 P）。批的概念在这里并不限于一个均相的物质流，例如管道中液体物质对应于 p 的量可以是时间、长度、质量等，以时间表示时，相关因子 T_x 称为时间常数。亦可使用无量纲，或以物质的包数等表示。在上述各式子中，总样的参量包括 G 的大小及两次采样之间的距离 A，如果选择 G 很大，以致采样之间实际无间隔，显然此时 $\sigma_s^2=0$，这时整个“批”均被采集，$A=P/n$，总样的大小是 $nG=P$。随时间常数增大，即 $T_x\to\infty$，体系趋近于一均匀的对象，这时 σ_m、σ_μ、$\sigma_{m\mu}$ 均趋近于零，取一份任意大小的样即能代表总体[9]。

第三节 质量检验的采样方法

质量检验分析中，需根据分析结果决定产品是否合格，一般分为计量抽样检验与计数抽样检验两种采样检验方法[6]。

一、计量抽样检验

这种检验方法是用于定量测试产品中某一变量。分析检验中常见的情况是测定某一组分的百分含量，例如某种有效成分的最低含量，某种有害成分的最高含量，等。在考虑这种检验的采样时，首先需确定合格产品的相应定量标准。今假设待测的组分含量这一变量服从正态分布，并设产品中的有效成分 x 的最低含量标准为 x_0，分析方法的标准差为 σ，可计算对应于任意真实含量的 x 的 u 值，即标准正态分布值：

$$u=(x_0-x)/\sigma \tag{2-40}$$

从标准正态分布可计算实际含量为 x 时该批试样被接受的概率 P。例如，设某工厂购买氟硅酸原料，要求 H_2SiF_6 的含量不得低于 350g/L，分析方法单次测定的标准差为 10g/L，根据 u 值可得表 2-2 的数据。

表 2-2 不同实际含量 x 的试样被接受的概率

x/(g/L)	u	P
310	4	0.00003
320	3	0.0014
330	2	0.0228

续表

x/(g/L)	u	P
340	1	0.1587
350	0	0.5000
360	−1	0.8413
370	−2	0.9772
380	−3	0.9986

将概率 P 对 x 作图（见图 2-2），可得抽检特性曲线，简称 OC 曲线。

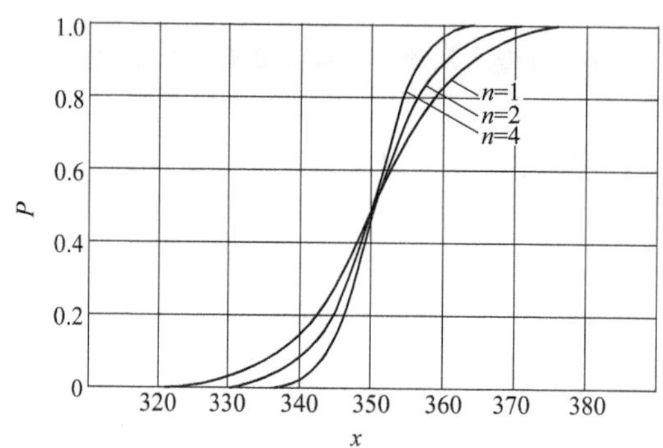

图 2-2 计量抽样检验的 OC 曲线

由表 2-2 可见，含量为 340g/L 的原料有 15.9%的概率被接受，如果希望接受这样的原料的概率降低至 2%，可采用两个方法。第一个办法是提高接受标准，从标准正态分布表可知，$P=2\%$时，u 值应取 2.05，代入 u 的表达式可求出 x_0（使对应于 $P=2\%$的 x 为 340），x_0应为 360g/L，即将接受标准改为 360g/L，在原有分析方法的误差不变的条件下，实际含量为 340g/L 的原料被接受的概率将降至 2%。另一个办法是改善标准差 σ，因 σ 是采样误差和分析误差之和，与采样及测定次数有关，即 $\sigma=\sigma'/\sqrt{n}$，分析方法一次测定标准差为 σ，本例为 10g/L，将 σ 代入 u 的表达式（2-40）中，可求得 n：

$$n=(2.05^2\times 10^2)/(350-340)^2\approx 4(\text{次})$$

即进行 4 次采样（分析），可在原定接受标准下，将接受实际含量为 340g/L 的原料的概率下降至 2%。

采用序贯采样法可减少检验工作量。先取少量试样作定量分析检验。如结果显示其定量指标显然在要求范围之内或之外，即可作出合格或不合格的决策；如分析结果靠近指标的边缘，则作进一步采样检验，直至有把握作出决策。定量分析结果提供的数值信息，此时可加以充分利用，从而减少进一步的工作量（试与下面讨论的计数抽样检验比较）。

序贯检验法按如下步骤进行。取一组共 n 个试样，分析得出均值 x，将 x 值与接受/拒绝标准比较，令 x_0为给定的生产者风险 α 值（第一类错误，以真当假，即生产者风险）对应的 x 值，x_r为给定的消费者风险 β 值（第二类错误，以假当真，即消费者风险）对应的 x 值，今考察 x 与下述 x_1和 x_2的关系：

$$x_1=n(x_0+x_r)/2+h_1$$
$$x_2=n(x_0+x_r)/2-h_2$$

式中

$$h_1=\frac{\sigma_s^2\ln[(1-\alpha)/\beta]}{x_0-x_r}$$

$$h_2=\frac{\sigma_s^2\ln[(1-\beta)/\alpha]}{x_0-x_r}$$

式中，σ_s为表征整批试样成分变化情况的标准差，可根据原有检验记录资料计算求得。如 x 值大于 x_1 或小于 x_2，可作出判决，拒收或接受该批产品；如 x 值在 x_1 与 x_2 之间，继续采样分析，再计算累计的 x 值。用序贯抽样法可采集较少试样数（n）进行质量判决，如产品批的真值恰为 x_0，此时需采集的试样数为

$$n_{x=x_0}=\frac{2\sigma^2\{(1-\alpha)\ln[(1-\alpha)/\beta]-\alpha\ln[(1-\beta)/\alpha]\}}{(x_0-x_r)^2} \tag{2-41}$$

而 x 值为 x_r 或居于二者之间时的 n 值为：

$$n_{x=x_r}=\frac{2\sigma^2\{(1-\beta)\ln[(1-\beta)/\alpha]-\beta\ln[(1-\alpha)/\beta]\}}{(x_0-x_r)^2} \tag{2-42}$$

$$n_{x\in(x_0,\ x_r)}=\frac{2\sigma^2\{\ln[(1-\alpha)/\beta]\times\ln[(1-\beta)/\alpha]\}}{(x_0-x_r)^2} \tag{2-43}$$

这几个 n 值均小于一次抽样检验所需要的采样数。

二、计数抽样检验

这种检验方法多用于以件计数的产品检验，如采用化学分析方法，则是作定性分析提供检验对象是否合格的属性，例如用看谱镜确定某种杂质存在或不存在。由于这里只有 1bit 信息量（合格或不合格两种可能性）较定量分析提供的信息量低，这种情况的采样检验需用不同的统计方法处理。

对于一批共 N 个试样，如其中不合格的占 p，合格的占 q，取 n 个试样找到 c 个不合格试样的概率 P_c 可按超几何分布计算为

$$P_c=\binom{pN}{c}\binom{N-pN}{n-c}\Big/\binom{N}{n} \tag{2-44}$$

而采集 n 个试样检验，如规定其中只有 a 个不合格时可接受，则被接受的概率为

$$P_a=\sum_{c=0}^{a}P_c=\sum_{c=0}^{a}\left[\binom{pN}{c}\binom{N-pN}{n-c}\Big/\binom{N}{n}\right] \tag{2-45}$$

当 n 值很大时上式计算量大，即 $N\rightarrow\infty$ 时，可用二项式分布：

$$\lim_{N\rightarrow\infty}P_c=\lim_{N\rightarrow\infty}\left[\binom{pN}{c}\binom{N-pN}{n-c}\Big/\binom{N}{n}\right]=\binom{n}{c}p^n(1-p)^{n-c} \tag{2-46}$$

一般当 N 足够大（例如 $N>10n$）时，即可用上式，此时 P_a 可计算为：

$$P_a=\sum_{c=0}^{a}P_c=\binom{n}{c}p^n(1-p)^{n-c} \tag{2-47}$$

如除 N 足够大外，同时还满足 p 较小（例如≤0.1）的条件，则可用更简洁的 Poisson 分布作近似计算：

$$P_a = \sum_{c=0}^{a}[(np)^c/c!]e^{-np} = 1 - \sum_{c=0}^{a}[(np)^c/c!]e^{-np} \tag{2-48}$$

以 P_a 对批中不合格的百分数作图，可得 OC 曲线，这种计算结果示于表 2-3。

表 2-3 产品不合格率与接受概率的关系

批不合格率 p	采集样本 n 个中所含不合格品数			接受概率 P_a		
	$n=50$	$n=100$	$n=500$	$n=50$ $a=1$	$n=100$ $a=2$	$n=500$ $a=10$
0.5	0.25	0.5	2.5	0.974	0.986	1.000
1.0	0.5	1.0	5.0	0.910	0.920	0.986
1.5	0.75	1.5	7.5	0.827	0.809	0.863
2.0	1.0	2.0	10.0	0.736	0.677	0.583
2.5	1.25	2.5	12.5	0.645	0.597	0.297
3.0	1.5	3.0	15.0	0.558	0.423	0.118
4.0	2.0	4.0	20.0	0.406	0.238	0.011
5.0	2.5	5.0	25.0	0.288	0.125	0.001
10.0	5.0	10.0	50.0	0.040	0.003	0.000

由表 2-3 可以看出，如制定的抽样检验方案是取 50 个样检验，出现 1 个或无不合格品时接受该批试样，这并不意味着产品的不合格率一定是小于 2%，不合格率为 4%的产品批，仍有 40%的概率被接受，这就是消费者的风险。反之，1%合格率的产品，有（1−0.910）即 9%的概率被拒收，这就是生产者的风险。要完全消除这两者风险，只有进行试样的全部数检，而这需要耗费很大的人力和物力。序贯抽样检验能减少达到相同的风险水平需要的采样个数。设 α_a 是与给定生产者风险（$1-\alpha$）对应的整批产品应予接受时的不合格产品百分数，这个可接受质量水平称 AQR（acceptable quality level）。α_r 是与消费者风险 β 相对应的整批产品应予拒收时的不合格产品百分数，这个应予拒收的质量水平称批不合格品百分数的允许界限 LIPD。今取 n 个试样检验，如发现有 a 个不合格，将 a 与 a_1、a_2 比较：

$$a_1 = -h_1 + sn$$

$$a_2 = h_2 + sn$$

上式中，

$$s = (a_r - a_a)/\ln(a_r/a_a)$$

$$h_1 = \ln[(1-\alpha)/\beta]/\ln(a_r/a_a)$$

$$h_2 = \ln[(1-\beta)/\alpha]/\ln(a_r/a_a)$$

如 $a<a_1$，接受该批产品；如 $a>a_2$，拒收该批产品；如 a 介于 a_1 与 a_2 之间，继续采样并重新计算 a_1、a_2 进行判决。

对质量恰符合 AQL 的一批产品，采样数的期望值为：

$$n(a_a) = \frac{(1-\alpha)h_1 - \alpha h_2}{s - a_a}$$

对质量恰为 LTPD 的一批产品，则有：

$$n(a_r)=\frac{(1-\beta)h_2-\beta h_1}{a_r-s}$$

采样数的期望值最大为（h_2h_1/s），此时质量水平趋近于 s。

表 2-3 的数据表明，如果不用序贯采样法，取 500 个样检验，当不合格品大于 10 时拒收，则拒收含 1.5%（$a_a=0.015$）不合格品的生产者风险 α 为 $1-0.86=0.14$，接受含 3.0%（$a_a=0.03$）不合格品的消费者风险 β 为 0.12，此时可算得 $h_1=2.8413$，$h_2=2.6531$，$s=0.0216$，即

$$a_1=-2.8413+0.0216n$$

$$a_2=2.6531+0.0216n$$

这时采样数的最大期望值为 349，即维持同样水平的生产者风险与消费者风险，在最不利的情况下也无须采集 500 个试样进行检验。按此法检验，可先采 150 个样检验，此时 $a_1=0$（如无不合格品，则接受），$a_2=6$（如大于或等于 6 个不合格品，则拒收），如不合格品在 a_1与 a_2之间，再采集 150 个样，此时 a_1为 4，a_2为 9，依此类推。对质量恰符合 AQL（1.5%不合格率）的产品，采样数的期望值为 314，对恰符合 LTPD 的产品，采样数的期望值为 237。在确保所需的产品质量标准下，此法显然能减少检验工作量，降低生产成本。

采用科学的检验方法，是发达国家如日本确保其产品质优（退货率低，即 β 低），且成本合理（尽可能低的 α）的诀窍。而有的生产部门由于分析检验人员缺乏统计采样知识，不能理解或拒不使用本章论及的采样方法，沿用一些缺乏科学根据的采样方法，例如“固定比例抽检法”，导致产品质量长期不能改善（β 高）或生产成本高（α 高）。显然，普及有关采样理论知识，具有重要的实际意义。

参 考 文 献

[1] Yu R Q（俞汝勤）. Encyclopedla of Analytical Science. 1994：4518.

[2] Youden W J. J Assoc Anal Chem，1967，50：1007.

[3] Ingamell C O. Tananta，1974，21：141.

[4] Kratochvil B，Taylor J K. Anal Chem，1981，53：954A.

[5] Laitinen H A，Harris W E. Sampling Chemical Analysis. 2nd ed. New York：McGraw-Hill，1975：565.

[6] Smith R，James G V. The Sampling of Bulk Materials. London：Royal Society of Chemistry，Burington House，1981.

[7] Taylor J K. Quality Assurance of Chemical Measurements. Lewis：Michigan，1987：55.

[8] Kateman G，Pijpers F W. Quality Control in analytical Chemistry. New York：John Wiley & Sons，1981.

[9] Kateman G // Kowalski B R. Chemomtrics，Mathematics and Statistics in Chemistry. Dordrecht：D. Reidel Pub. Co，1983：177.

[10] Muskens P J W M，Kateman G. Anal Chim Acta，1978，103：1.

[11] Kateman G，Muskens P J W M. Anal Chim Acta，1978，103：11.

[12] Muskens P J W M. Anal Chim Acta，1978，103：445.

第三章　化学试验设计与优化方法

本章将讨论分析化学中的试验设计与优化方法。第一部分以目前统计学中最重要的实验设计体系，即因子设计及部分因子设计、正交试验设计、均匀试验设计、最优设计为主要对象来介绍该研究领域的主要成果。混料试验设计为上述试验设计的一种特殊情况，具有其特殊性，故也分出一节来专门介绍。对于已为广大化学计量学家熟悉的单纯形方法也将给出必要的介绍。对于部分因子设计、正交试验设计和均匀试验设计中的一些必要的表格也将给出，以备读者使用。第二部分以目前应用数学中发展的优化算法为主线，特别对化学计量学中常用的优化方法给出较详细的介绍，分局部优化算法和全局优化算法两部分来阐述。在介绍经典的局部最优方法方面，以在化学中得到广泛运用的方法为主；在介绍全局最优方法方面，首先对目前在化学计量学研究中备受关注的随机寻优法，即模拟退火算法和遗传算法给出较详细的介绍，然后对伪蒙特卡罗法，即基于数论方法的序贯优化法也作出介绍。

从目前的情况看，整个化学学科实际上还是一门以实验研究为主的自然科学的分支学科，所以有关如何通过试验设计的方法来最有效地获取相应的化学信息，以达到最优进行化学反应的条件应是化学乃至化工研究中的一个十分重要的问题。就分析化学而言，通过试验设计以找到最优的测量实验条件一直是化学计量学研究的一个重要内容。如色谱分析中的最优分离条件的选择、各种仪器分析方法的诸多参量的选择等。可以这么说，对于化学量测实验，试验设计的成败，关系到通过实验能否得到包含所需信息的化学量测数据，一个失败的试验设计将导致所得到的数据中包含的信息量极低，任何卓有成效的处理数据的化学计量学方法也无法从中提取有用的信息。在系统讨论试验设计方法之前，在此将这一领域的基本概念及常用术语给出必要的介绍。

在试验设计中，衡量试验效果的量称为试验指标（简称指标）或响应值，能用数值表述的指标称定量指标，如化学反应的产率、分析试验的检测限或其他品质因数等。亦有不是用量表示的指标，如化学产品的色度等，这种指标称为定性指标。定性指标常可转化为定量指标，如用 5 级计分进行评分等。当试验设计的指标要用一组数表示时，如分析方法的优化需考虑灵敏度、准确度、选择性等，称为多指标试验设计的问题。

完成一项试验，得到指标的试验观测值，以 y 表示。当改变试验条件时，指标 y 将发生变化，影响 y 取值的量称为因素（亦称因子），因素也可以是定量因素或定性因素，和指标一样，定性因素总是可转化为定量因素。因素在试验中的状态，例如定量因素的取值，称为因素（或因子）的水平。一般试验方案是由若干个试验组成，因素在这些试验中变化了几种状态就称为几种水平。在试验中，有的因素所处的状态是不可控制的，例如在自然条件下进行的某些试验，但一般化学实验的条件多是可以控制的，本章将主要研究可控因素。在试验设计中，只对可控因素在试验前作出设计，而对不可控因素，则在试验过程中记录其水平，在数据分析中加以处理。

根据影响指标的因素的多少，试验可分为单因素试验和多因素试验，化学试验包括分析化学量测试验一般均是多因素试验，用 x_1，x_2，…，x_n 表示试验中的 n 个因素，这 n 个因素的可能取值的区域称为试验域，记为$\Re$，y 可看成定义在$\Re$上的一个函数：

$$y=f(\boldsymbol{x})$$

式中，$\boldsymbol{x}=[x_1, x_2, \cdots, x_n]^t$。当函数 $f(.)$ 已知时，用最优试验设计方法，如 D-最优设计等应当是最好的选择，当多数化学试验中，函数 $f(.)$ 不能完全明了，这时无法直接写出 $f(.)$ 的数学表达式。一种方法是通过大量试验构造一类函数来逼近这些试验数据，然后再从函数求最优解，并通过试验验证。另一种方法是不研究试验指标与因子之间的函数关系，而只寻求试验指标最优的诸因素取值，这种方法称为"黑箱"式方法。

所谓试验设计，归根结底是如何在试验域上最有效地选择试验点，通过试验得到指标（或响应）的观测值，然后进行数据分析求得指标（或响应）取最优值的条件。因此，试验设计的目标，就是要用较少的试验取得关于 $f(\boldsymbol{x})$ 尽可能充分的信息。

在此值得提出的是，虽然在化学实验研究中研究对象大多是多变量体系，可是，化学文献特别是分析化学文献中许多有关试验的报道本质上是按单因素试验设计的，即通常在化学试验中采用每次只变动一个因素而固定其他因素的设计方法，这种方法当然是最简单和最直观的，然而，一般说来，对于绝大多数多因素化学体系，用这种方法来设计试验，是很难找到真正的最优实验条件的。在许多情况下，得到的结果并不是最优的因子水平（参见图 3-1）。

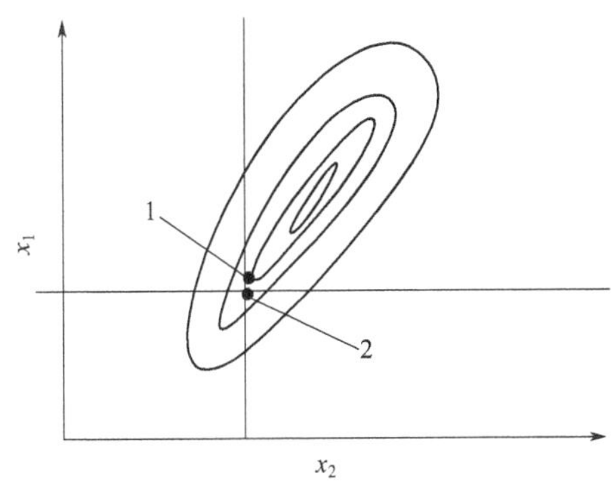

图 3-1　固定其他变量、变动一个变量的寻求最优实验条件所得结果示意图

1—固定 x_2、变动 x_1 找到的第二个最优点；2—固定 x_1、变动 x_2 找到的第一个最优点

在试验设计和优化中，还可区分同时试验与序贯试验两种工作方法。所谓同时试验，就是通过试验设计对有关因素的水平进行规划后，同时进行诸因子各水平的试验，然后综合分析得到的试验结果，求出最优条件。序贯试验是每进行一次或少数几次试验后，先分析已取得的试验结果，再根据这些结果规划下一步的试验，这样序贯试验向最优条件逼近。目前应用广泛的正交试验或称为部分因子试验、均匀试验设计及最优试验设计基本上属于同时试验法，而序贯试验法的典型代表是单纯形优化法。值得提出的是，同时试验与序贯试验可在优化试验中综合使用。

第一节　因子设计及其析因分析方法

所谓因子设计实际上是一种多因素试验设计方法[1~4]，它通常可由多种因素的水平数的一个乘积表来表示。如一个三因子二水平的因子设计可由 2^3 来表示，亦即 $2\times2\times2$，需进行 8 次试验；而一个四因子三水平的因子设计则可由 3^4 来表示，亦即 $3\times3\times3\times3$，需共进行 81 次试验。因子设计的任务就是要通过这样的试验安排来了解各个因素及各因素水平之间的搭配对响应值或指标的影响，即析因问题。故析因问题是因子设计的主要研究的问题之一。下面将通过一个具体的二水平三因子试验设计的例子来具体说明因子设计中析因分析的主要思路和方法。

这是一个用反向高效液相色谱分离酚类的例子。在此，主要考察三个因素。①流动相（水和甲醇）中甲醇的比例：70%与80%。②乙酸的浓度（mol/L）：0.004 和 0.01。③柠檬酸浓度（g/L）：2 和 6。由此可以得到表 3-1 所示的一个试验设计表：

表 3-1 反向高效液相色谱分离酚类的因子设计表（2^3）

试验编号	乙酸(A)浓度①	甲醇(M)比例②	柠檬酸(C)浓度③	色谱分离度
1	−	−	−	10.0
2	+	−	−	9.5
3	−	+	−	11.0
4	+	+	−	10.7
5	−	−	+	9.3
6	+	−	+	8.8
7	−	+	+	11.9
8	+	+	+	11.7

① 乙酸（A）的浓度：0.004mol/L（−）和 0.01mol/L（+）。
② 甲醇（M）的比例（流动相：水和甲醇）：70%（−）与 80%（+）。
③ 柠檬酸（C）的浓度：2g/L（−）和 6g/L（+）。

在此，响应值色谱分离度是判别整个分析过程酚类物质分离程度的一个度量。其值越大说明分离效果越好。

一、主效应的估价

在上述试验中，最先想知道的当然是每一种因素对于分离的贡献，也就是说每种因子对于试验效果的主效应。从表 3-1 中可以看到，对于乙酸而言，试验编号 1 和 2 的差别就在于乙酸，其他的条件都一样。同理，试验编号 3 和 4、5 和 6、7 和 8 对于乙酸而言也都是一样的，所以，乙酸对分离效果的主效应可通过下式求得：

$$\text{主效应}_{(\text{乙酸})}=\frac{(y_2-y_1)+(y_4-y_3)+(y_6-y_5)+(y_8-y_7)}{4}$$
$$=\frac{(9.5-10.0)+(10.7-11.0)+(8.8-9.3)+(11.7-11.9)}{4}$$
$$=-0.375$$

因此，将乙酸的浓度（mol/L）从 0.004 增加到 0.01 将对分离效果产生副作用。同理，可以通过表 3-1 分别算出甲醇和柠檬酸的主效应：

$$\text{主效应}_{(\text{甲醇})}=\frac{(y_3+y_4+y_7+y_8)-(y_1+y_2+y_5+y_6)}{4}$$
$$=\frac{(11.0+10.7+11.9+11.7)-(10.0+9.5+9.3+8.8)}{4}$$
$$=1.925$$

$$\text{主效应}_{(\text{柠檬酸})}=\frac{(y_5+y_6+y_7+y_8)-(y_1+y_2+y_3+y_4)}{4}$$
$$=\frac{(9.3+8.8+11.9+11.7)-(10.0+9.5+11.0+10.7)}{4}$$
$$=0.125$$

从上述计算可以看出，根据表 3-1 的数据，对于每一个因素，只要将正号的响应值加合起来减去带负号的响应值之和，就得到了每个因素的主效应。值得指出的是，对于这样的 2^3 因子设计，如图 3-2 示出的立体直观图是十分有用的，从图中可直观地看出各因素的主体效应。

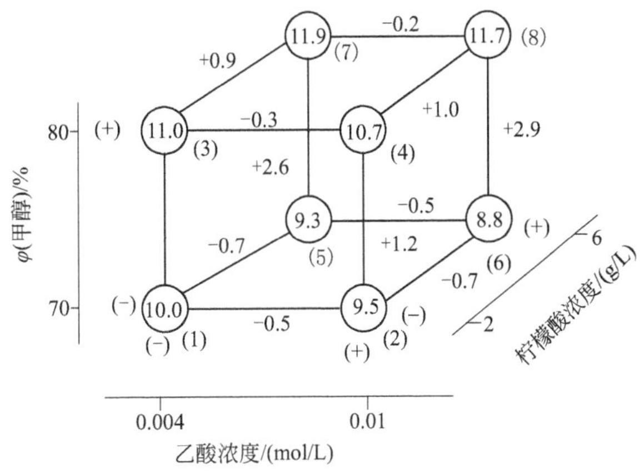

图 3-2 2^3 因子设计立体直观效应图

二、交叉效应的估价

如果所研究的对象为一线性模型，则主效应的估价就说明了它们本身对于模型影响的大小，可是，在绝大多数的实际问题中，都存在着所谓的交叉效应（interactive effect），所以，在估价了它们自身的主效应之后，一般都需要继续估价交叉效应。

首先，来看看怎样定性识别是否存在交叉效应。只需将两个不同因素对响应值作图，就很容易看出这两个因素是否存在交叉效应。图 3-3 就给出了这样一个采用作图方法来鉴别是否存在交叉效应的例子。从图 3-3 所示的情况不难理解，如果图中的两条直线平行，则说明第二个因素的变化对第一个因素的主效应没有影响，也就是说，第二个因素的变化引起的响应值的变化与第一个因素变化时对响应值的影响是可以线性叠加的；反之，如果图中的两条直线不平行，则说明在第二个因素发生变化时，第一个因素的变化将或是加强或是减弱第二因素对响应值的效应，这正说明了这两个因素存在交叉效应。这样的交叉效应在化学化工的研究实践中是很常见的。

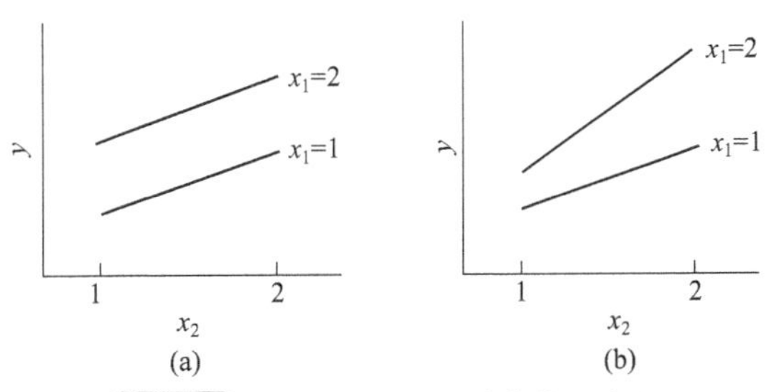

图 3-3 是否存在交叉效应的示意图

(a) 不同 x_1 两线平行，说明不存在交叉效应；(b) 不同 x_1 两线不平行，说明存在交叉效应

从图 3-2 还可以很清楚地看出不同水平的响应值的差别。对于柠檬酸和甲醇的交叉效应，也可以从图中看出，这是因为甲醇效应在柠檬酸浓度为 6g/L 时要明显大于在柠檬酸浓

度为 2g/L 时的效应，这就说明甲醇效应和柠檬酸效应不具有线性加合性，它们之间存在着交叉效应。此交叉效应可通过以下步骤来进行具体计算。先估价柠檬酸不同水平的甲醇平均效应，即当柠檬酸浓度为 6g/L 时，甲醇的平均效应为 $[(y_8-y_6)+(y_7-y_5)]/2=(2.9+2.6)/2=2.75$；而当柠檬酸浓度为 2g/L 时，甲醇的平均效应为 $[(y_4-y_2)+(y_3-y_1)]/2=(1.2+1.0)/2=1.1$；然后，将所得两数相减并除以 2，即可得到甲醇对柠檬酸的交叉效应值，即

$$\begin{aligned}\text{交叉效应}_{(\text{甲醇对柠檬酸})}&=\{[(y_8-y_6)+(y_7-y_5)]/2-[(y_4-y_2)+(y_3-y_1)]/2\}/2\\&=\{(2.9+2.6)/2-(1.2+1.0)/2\}/2\\&=(2.75-1.1)/2=0.825\end{aligned}$$

由于甲醇与柠檬酸的交叉效应和柠檬酸与甲醇的交叉效应一样，所以，对于它们的交叉效应还可以先估价甲醇不同水平的柠檬酸平均效应，再按上述过程进行计算，即

$$\begin{aligned}\text{交叉效应}_{(\text{柠檬酸对甲醇})}&=\{[(y_8-y_4)+(y_7-y_3)]/2-[(y_6-y_2)+(y_5-y_1)]/2\}/2\\&=\{(1.0+0.9)/2-(-0.7-0.7)/2\}/2\\&=(0.95+0.7)/2=0.825\end{aligned}$$

值得提出的是，如果将以上计算式修改一下，可以得到

$$\begin{aligned}\text{交叉效应}_{(\text{柠檬酸对甲醇})}&=\frac{y_8+y_7+y_2+y_1}{4}-\frac{y_6+y_5+y_4+y_3}{4}\\&=0.825\end{aligned}$$

这样，将可以看到，对于交叉效应同样可以通过图 3-2 示出的立体直观图来表示，对于交叉效应的立体直观图示于图 3-4。图 3-4 由三个子图给出，最上面的图，即图 3-4（a），表示了乙酸和甲醇的交叉效应，其中由带（+）号的平面所连的四个顶点，表示在计算中它们的符号都取正值，而由带（—）号的平面所连的四个顶点则取负值，所以，如果要计算乙酸和甲醇的交叉效应，就可直接用下式进行计算：

$$\begin{aligned}\text{交叉效应}_{(\text{乙酸对甲醇})}&=\frac{y_8+y_5+y_4+y_1}{4}-\frac{y_7+y_6+y_3+y_2}{4}\\&=\frac{11.7+9.3+10.7+10.0}{4}-\frac{11.9+8.8+11.0+9.5}{4}\\&=0.125\end{aligned}$$

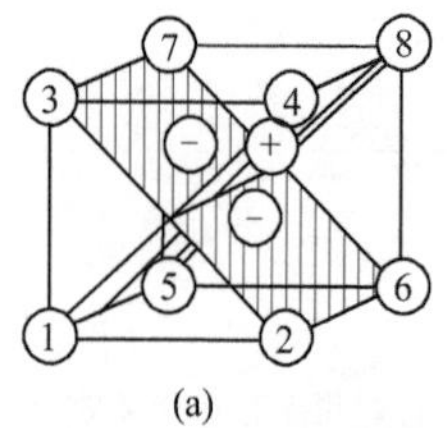

(a)

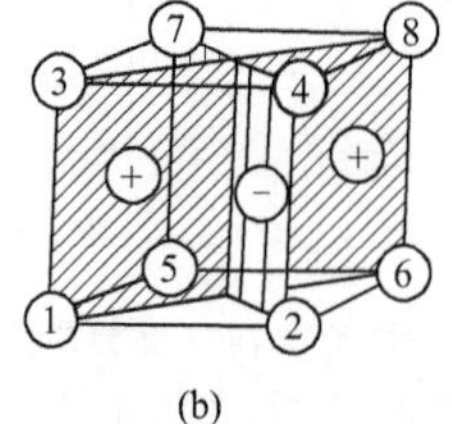

(b)

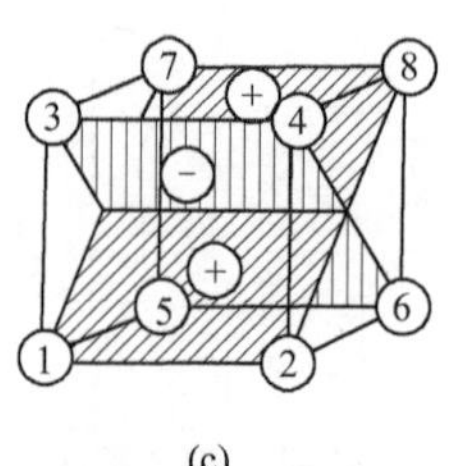

(c)

图 3-4 交叉效应立体直观图（图中顶点编号同图 3-2）

（a）乙酸（A）和甲醇（M）的交叉效应；（b）乙酸（A）和柠檬酸（C）的交叉效应；（c）甲醇（M）和柠檬酸（C）的交叉效应

同理，也可以参照图 3-4（b）来计算乙酸和柠檬酸的交叉效应，即

$$\text{交叉效应}_{(\text{乙酸对柠檬酸})}=\frac{y_8+y_6+y_3+y_1}{4}-\frac{y_7+y_5+y_4+y_2}{4}$$
$$=\frac{11.7+8.8+11.0+10.0}{4}-\frac{11.9+9.3+10.7+9.5}{4}$$
$$=0.025$$

同时，还可以用交叉效应立体直观图来计算乙酸、甲醇和柠檬酸的三项交叉效应。在图 3-4（a）中，当柠檬酸的水平为 6g/L 时，甲醇和乙酸交叉效应的影响可由下式给出：

$$\frac{(y_8-y_7)-(y_6-y_5)}{2}=\frac{(11.7-11.9)-(8.8-9.3)}{2}=0.15$$

而当柠檬酸的水平为 2g/L 时，甲醇和乙酸交叉效应的影响则由下式给出：

$$\frac{(y_4-y_3)-(y_2-y_1)}{2}=\frac{(10.7-11.0)-(9.5-10.0)}{2}=0.1$$

所以，乙酸、甲醇和柠檬酸的三项交叉效应为：

$$\frac{0.15-0.1}{2}=0.025$$

同样，也可以由图 3-4（b）或图 3-4（c）来计算三项交叉效应，所得结果当然一样。

值得提出的是，还可直接用表 3-1 给出的因子设计表（2^3）来得到交叉项计算的符号。算法很简单，只需将要计算的交叉项在表中的符号相乘，根据正正得正、负负得正和正负得负的原则，即可计算出所有交叉项的符号。表 3-2 给出了据此原则得出的 2^3 因子设计表的全部主项及交叉项计算表，只需根据此表就可容易地得到计算各种效应所需的符号。

上述情况虽只是以 2^3 因子设计为例来进行说明的，但其基本原理对别的因子设计的情况都是适用的。

表 3-2 2^3 因子设计的全部主项及交叉项计算符号表

序号	*A*①	*M*②	*C*③	*AM*	*AC*	*MC*	*AMC*	色谱分离度
1	−	−	−	+	+	+	−	10.0
2	+	−	−	−	−	+	+	9.5
3	−	+	−	−	+	−	+	11.0
4	+	+	−	+	−	−	−	10.7
5	−	−	+	+	−	−	+	9.3
6	+	−	+	−	+	−	−	8.8
7	−	+	+	−	−	+	−	11.9
8	+	+	+	+	+	+	+	11.7

① 乙酸（A）的浓度（md/L）：0.004（−）和 0.01（+）。
② 甲醇（M）的比例（流动相：水和甲醇）：70%（−）与 80%（+）。
③ 柠檬酸（C）的浓度（g/L）：2（−）和 6（+）。
注：*AM*、*MC*、*AC*、*AMC*—两个或三个因素的交叉效应。

三、效应及残差正态图

以上讨论了因子设计的主效应及交叉效应的计算，实际上，还需对这些效应进行统计估

价，即决定哪些效应将在模型建立时需要考虑，哪些则可以忽略，效应正态图（normal plot of effects）即可以用来进行这样的决断，而残差正态图（normal plot of residuals）则可用来判断所得模型是否合理。

因为正态分布为一般表示是由多种不定因素而产生出来一种分布，所以，如果某些效应是服从正态分布的话就可认为它们实际对实验不产生显著影响。用以检测一系列变量是否服从正态分布的最简易方法就是采用正态分布图来对它们进行检验。正态分布图的构造可由以下步骤来完成：

① 先将要检验的一系列变量按大小进行排列，对于已得到的各种效应可得如表 3-3 所示的排列。

② 计算累积概率：对于有 T 个数据的系列，可根据式（3-1）来计算它们的累积概率

$$P_i = (i - 0.5)/T \times 100\% \tag{3-1}$$

③ 以需检验变量的标度为 x 轴，以累积概率为 y 轴作图，在图上能用一条直线描述的变量可视为服从正态分布的变量。

表 3-3 色谱分离试验所得各种效应的顺序排列表①

效应名称	A	AC	AMC	C	AM	MC	M
效应数值	−0.375	0.025	0.025	0.125	0.125	0.825	1.925
概　率	7.14	21.43	35.71	50	64.88	78.57	92.86

① 此表所用符号同表 3-2。

由表 3-3 所示的色谱分离试验所得各种效应的正态分布图示于图 3-5，从图 3-5 可以看出，效应 AC（乙酸与柠檬酸的交叉效应）、AMC（甲醇、乙酸与柠檬酸的三项交叉效应）、C（柠檬酸的主效应）以及 AM（乙酸与甲醇的交叉效应）正好落在一条直线上，说明它们对试验的影响很小，可以忽略。于是，如果需要对此色谱分离试验建立回归模型的话，只需选择乙酸效应（A）、甲醇效应（M）和甲醇与柠檬酸的交叉效应（MC）来建立相应的模型就可以了。经对数据建模可得

$$y = 10.363 - (0.375/2)x_A + (1.925/2)x_M + (0.825/2)x_{MC}$$

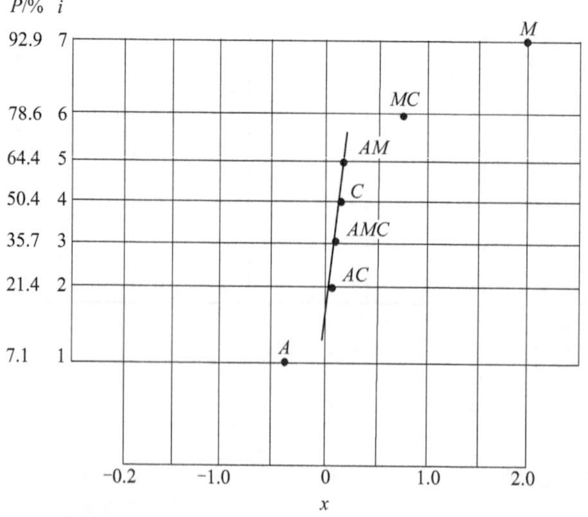

图 3-5 色谱分离试验的各种效应正态分布图

得到上述回归模型后，就可以用它来计算该模型的残差，如果按上述方法所得残差正态分布图可用一条直线表示的话，说明模型是很合理的。用此模型算出的残差列于表 3-4，它们的残差正态分布图示于图 3-6。这些残差点似可通过一条直线表示出，但吻合得不是很好。

表 3-4 色谱分离试验所得残差表

试验编号	1	2	3	4	5	6	7	8
实验值	10.0	9.5	11.0	10.7	9.3	8.8	11.9	11.7
计算值	10.0	8.80	11.10	11.55	10.0	8.80	11.10	11.55
残差	−0.0	0.70	−0.10	−0.85	−0.70	−0.00	0.80	0.15

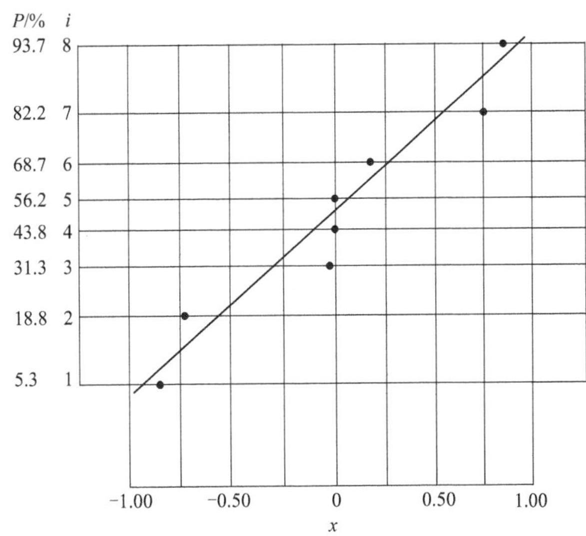

图 3-6 色谱分离试验的残差正态分布图

从上述讨论可知，因子设计的确具有不少优点，它不但可方便地估价出各种因素的主效应和它们之间的交叉效应，而且还可方便地建模，并对模型进行相应的估价。可是在化学化工的实际研究中，因素只有 3 个的试验并不多，而且因素试验的水平也不可能只限于 2，只要因素和水平数一增加，因子设计就显出了它的不足。即使全部因素均是二水平的，当因素数为 n 时，总试验数就是 $N=2^n$。化学化工的诸多研究常涉及很多因素，例如多达 5～10 个因素时，此时如采用因子设计，试验数就会太多，如 5 个因素的话就需要 32 次试验，如果是 10 个因素的话，试验次数可达 $N=2^{10}=1024$ 次！而且，对于这样的因子设计，其交叉效应的计算也显著增加，表 3-5 列出了当因素数为 2～8 时各主效应和交叉效应所需计算的次数，就充分说明因子设计在因素多于 5 时，使用起来就很困难了。这样，就提出了部分因子设计和正交设计的方法来解决这样的问题。另外，如果因子的水平数很高时，就算用正交设计也会感到试验次数太多，于是就产生了均匀设计方法。

表 3-5 2^n 因子设计时需计算的效应数[①]

效　应	$n=2$	$n=3$	$n=4$	$n=5$	$n=6$	$n=7$	$n=8$
主效应	2	3	4	5	6	7	8
2 因素交叉	1	3	6	10	15	21	28
3 因素交叉		1	4	10	20	35	56

续表

效　应	n=2	n=3	n=4	n=5	n=6	n=7	n=8
4 因素交叉			1	5	15	35	70
5 因素交叉				1	6	21	56
6 因素交叉					1	7	28
7 因素交叉						1	8
8 因素交叉							1

① p 次交叉效应的数目计算公式为：$m_p = C_p^n = n!/[p!(n-p)!]$。

第二节　部分因子设计

对于部分因子设计，2 水平的设计方法比较成熟，在此仅对它们如何构建及有关的一些重要理论和概念进行必要的介绍。对于 2 水平的部分因子设计，一般都具有 2^{n-d} 的形式，其中 2 表示因子的水平数，n 为因子数（或称因素的数目），d 为可能缩小试验次数的 2 的乘方数，当 d 为 1 时，因试验次数可以缩小一半，故有半因子设计法之称；当 d 为 2 时，试验次数可以降至全因子设计所需数目的四分之一，故有四分之一因子设计法之称。

一、半因子设计法

所谓半因子设计，实际上就是 2^{n-1} 次因子设计，在此 n 为因子数，2^{n-1} 为其试验次数，因其试验次数实际上只有全因子设计的一半，故有半因子设计之称。在此仍以一个实际例子来进行说明。这是一个关于磷酸酶活性的例子。

根据以前的化学实验，我们知道磷酸酶活性与硫酸锌（简记为 Z）、硫酸镁（简记为 M）、pH 值（简记为 P）、对硝基苯基磷酸二钠（简记为 D）及 2-氨基-2-甲基-1-丙醇（简记为 A）这五个因素有关，所以，可以构造一个五因素两水平的全因子设计表来进行实验，以得到有关磷酸酶活性的主要影响因素等信息。有关这五个因子的两个水平示于表 3-6。

表 3-6　影响磷酸酶活性的五因子两水平说明表

影响因素	单　位	水　平	
		−	+
Z	μmol/L	40	80
M	μmol/L	1.50	2.50
P	无量纲	10.00	10.70
D	mmol/L	10	20
A	mol/L	0.20	0.60

由 2^5 次全因子设计所得结果示于表 3-7。

表 3-7　磷酸酶活性 2^5 次全因子设计结果表

实验号	因　子					酶活性/u①	实验号	因　子					酶活性/u①
	Z	M	P	D	A			Z	M	P	D	A	
1	−	−	−	−	−	109	5*	−	−	+	−	−	103
2*	+	−	−	−	−	113	6	+	−	+	−	−	104
3*	−	+	−	−	−	103	7	−	+	+	−	−	106
4	+	+	−	−	−	113	8*	+	+	+	−	−	123

续表

实验号	因子					酶活性/u①	实验号	因子					酶活性/u①
	Z	M	P	D	A			Z	M	P	D	A	
9*	−	−	−	+	−	119	21	−	−	+	−	+	109
10	+	−	−	+	−	146	22*	+	−	+	−	+	117
11	−	+	−	+	−	111	23*	−	+	+	−	+	105
12*	+	+	−	+	−	143	24	+	+	+	−	+	115
13	−	−	+	+	−	116	25	−	−	−	+	+	96
14*	+	−	+	+	−	145	26*	+	−	−	+	+	128
15*	−	+	+	+	−	110	27*	−	+	−	+	+	95
16	+	+	+	+	−	148	28	+	+	−	+	+	127
17*	−	−	−	−	+	106	29*	−	−	+	+	+	99
18	+	−	−	−	+	120	30	+	−	+	+	+	131
19	−	+	−	−	+	113	31	−	+	+	+	+	92
20*	+	+	−	−	+	115	32*	+	+	+	+	+	132

① 1u=1μmol/min=16.57nmol/s。

按上节所讨论的方法，可以很容易地算出所有的主效应和它们的交叉效应，这些主效应和交叉效应的具体数值列于表 3-8。

表 3-8 磷酸酶活性 2^5 次全因子主效应和交叉效应结果表

因子	估计效应	因子	估计效应	因子	估计效应	因子	估计效应
	116.00	*ZP*	1.38	*ZMP*	2.25	*PDA*	0.88
		ZD	12.25	*ZMD*	0.63		
Z	20.50	*ZA*	0.75	*ZMA*	−2.38	*ZMPD*	−0.75
M	−0.63	*MP*	1.50	*ZPD*	0.63	*ZMPA*	0.50
P	−0.13	*MD*	−2.13	*ZPA*	−0.13	*ZMDA*	1.63
D	10.25	*MA*	−0.88	*ZDA*	0.50	*ZPDA*	0.13
A	−7.00	*PD*	1.13	*MPD*	−1.00	*MPDA*	1.50
		PA	0.13	*MPA*	−3.00		
ZM	2.13	*DA*	−10.25	*MDA*	1.63	*ZMPDA*	0.00

采用这些计算所得的主效应和交叉效应的数值，可得到如图 3-7 所示的效应正态分布图。

从图 3-7 可以很清楚地看出，只有 *A*（2-氨基-2-甲基-1-丙醇）、*D*（对硝基苯基磷酸二钠）和 *Z*（硫酸锌）这三个主因素及 *ZD*（对硝基苯基磷酸二钠和硫酸锌的交叉效应）、*DA*（2-氨基-2-甲基-1-丙醇与对硝基苯基磷酸二钠的交叉效应）才对磷酸酶活性有显著影响，其他的主效应和交叉效应都可以忽略。这个结果似乎说明对于磷酸酶活性的试验原本就可只用四因子设计表来完成，因为 pH 效应本身就不显著。问题是在实验前没有这样的把握。但是，这也从另一方面说明 2^5 次全因子可能本身就存在信息盈余，完全可以想办法来减少试验的次数。这就是部分因子设计的基本道理。

请注意看表 3-7，在此表中对某些试验标记了星号（*），现在，从表 3-7 中将它们抽出以作为因子设计表，并只用它们来进行主效应和交叉效应的计算，这样可以得到如表 3-9 所示的结果，将所得效应数据对应的效应正态分布图示于图 3-8，从图 3-8 可以看出，所得结果完全与 2^5 次全因子效应正态分布图的结果一致，说明用部分因子设计来代替全因子设计是很有道理的。

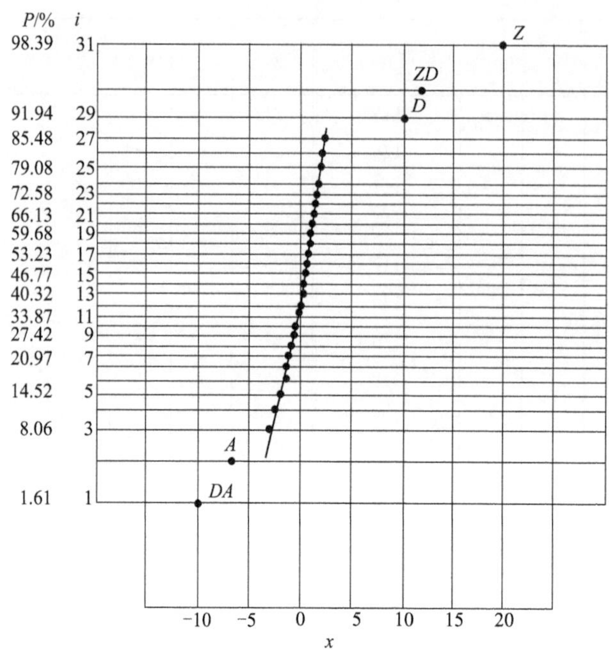

图 3-7 磷酸酶活性 2^5 次全因子效应正态分布图

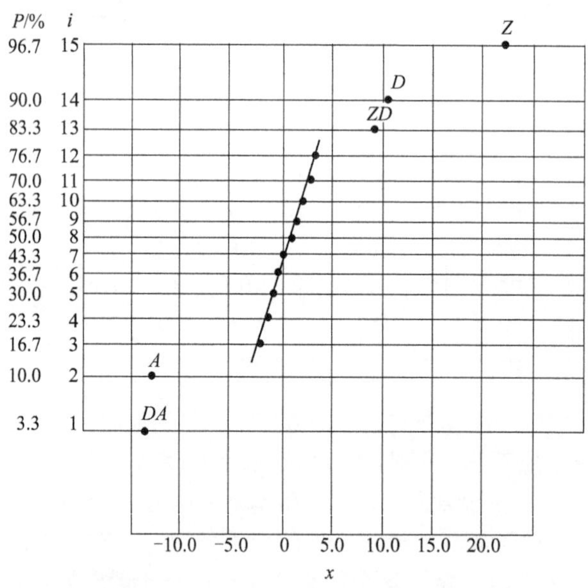

图 3-8 2^{5-1} 次半因子设计的效应正态分布图

下面将仔细讨论一下 2^{5-1} 次半因子设计的基本原理及在部分因子设计中十分重要的概念。用表 3-7 中标记了星号（*）的试验来组成一个 2^{5-1} 次的半因子设计表，并用它们来计算需要计算的交叉项，按前节所讲的办法，将它们在表中的符号相乘，根据正正得正、负负得正和正负得负的原则，计算出所有交叉项的符号。表 3-10 中给出了这样计算所得的部分结果。

表 3-9　由表 3-7 中标记（*）的试验结果所算得的各种效应值

因　素	估计效应	因　素	估计效应
平均	116.00	ZM	3.00
		ZP	3.00
Z	22.00	ZD	9.25
M	−0.50	ZA	−0.25
P	1.50	MP	2.00
D	10.75	MD	−2.25
A	−7.75	MA	−0.25
		PD	−1.25
		PA	0.75
		DA	−8.00

表 3-10　由 2^{5-1} 次半因子设计表所算得的部分主效应和交叉效应的符号结果

Z	MPDA	A	ZMPD	ZM	PDA	ZA	MPD
−	−	+	+	+	+	−	−
+	+	−	−	−	−	−	−
−	−	−	−	−	−	+	+
+	+	+	+	+	+	+	+
−	−	−	−	+	+	+	+
+	+	+	+	−	−	+	+
−	−	+	+	−	−	−	−
+	+	−	−	+	+	−	−
−	−	−	−	+	+	+	+
+	+	+	+	−	−	+	+
−	−	+	+	−	−	−	−
+	+	−	−	+	+	−	−
−	−	+	+	+	+	−	−
+	+	−	−	−	−	−	−
−	−	−	−	−	−	+	+
+	+	+	+	+	+	+	+

从表 3-10 中可以看出，主效应 Z（硫酸锌）与四项交叉效应 $MPDA$ 具有完全一致的符号；主效应 A（2-氨基-2-甲基-1-丙醇）与四项交叉效应 $ZMPD$ 也具有完全一致的符号；两项交叉效应 ZM 与三项交叉效应 PDA 也具有完全相同的符号等等。这种情况说明，2^{5-1} 次半因子设计的效应存在重复的可能性。这种两种效应具有同一符号的情况，在部分因子设计中，统计学家将其称为混杂（共现）现象，这些同符号的效应将称为混杂（同名或别名）效应。对于用表 3-7 中标记了星号（*）的试验值来组成的 2^{5-1} 次的半因子设计表，算得的所有别名效应及其效应值都列于表 3-11。从表 3-11 中可以看出对于由表 3-7 中标记了星号（*）的试验值来组成的 2^{5-1} 次的半因子设计表，算得的混杂（别名）效应一般都发生在主效应与四项交叉效应及二项交叉效应与三项交叉效应之间。主效应与二项交叉效应和三项交叉效应之间不存在混杂（共现）现象。这样当然是比较理想的，因为一般说来，主效应和二项交叉效应都比较重要，在它们之间发生混杂（共现）现象不太好。

表 3-11 混杂（别名）效应及其所算得的效应值

因 子	估计效应	因 子	估计效应	因 子	估计效应	因 子	估计效应
均值+$ZMPDA$	116.00	$D+ZMPA$	10.75	$ZD+MPA$	9.25	$MA+ZPD$	−0.25
$Z+MPDA$	22.00	$A+ZMPD$	−7.75	$ZA+MPD$	−0.25	$PD+ZMA$	−1.25
$M+ZMDA$	−0.50	$ZM+PDA$	3.00	$MP+ZDA$	2.00	$PA+ZMD$	0.75
$P+ZMDA$	1.50	$ZP+MDA$	3.00	$MD+ZPA$	−2.25	$DA+ZMP$	−8.00

从以上分析可知，对于五因素的全因子设计，用半因子设计来替代，可得到与全因子设计几乎相同的结果，至此，很自然地也就产生了这样的问题：这样的半因子设计怎样构成？是不是存在多种构成半因子设计的可能？如果存在多种可能，怎样的半因子设计才是最好的？在以下的讨论中将逐一回答上述问题。

二、半因子设计的产生方法及四分之一因子设计法

一个构成半因子设计的简便方法就是先设定一个混杂（同名和别名）效应，然后就用这个混杂（别名）效应来产生别的各个混杂（别名）效应，以构成一个半因子设计，这样设定的混杂（别名）效应就可称之为产生子。现仍以上述 2^{5-1}次的半因子设计来进行说明。

令效应 A（2-氨基-2-甲基-1-丙醇）与四项交叉效应 $ZMPD$ 同名，则

$$A=ZMPD \tag{3-2}$$

这样，可得到一个定义关系或定义相反

$$I=ZMPD\times A=ZMPDA \tag{3-3}$$

利用这个定义关系，可产生所有其他混杂（别名）效应。如想得到 Z 主效应的混杂（别名）效应，则可将这个定义关系与 Z 效应相乘而得，即

$$Z\times I=Z\times ZMPDA=Z^2MPDA=MPDA \tag{3-4}$$

同理可求得各主效应的混杂（别名）效应来，它们分别为 $M=ZPDA$；$P=ZMDA$；$D=ZMPA$。对于二项交叉效应也可以用上述乘法原则计算，例如

$$ZM=ZM\times ZMPDA=Z^2M^2PDA=PDA$$

其他二项交叉效应也可仿此产生，这样，就得到了与表 3-11 完全相同的混杂（同名或别名）表。

此外，如果定义 Z 与 $MPDA$ 同名，则有 $Z=MPDA$，对于这样的定义，是不是又得到了一个不同的半因子设计？注意到，对于 $Z=MPDA$ 这样定义的产生子，虽表面上看来与 $A=ZMPD$ 不同，但实际上它们是一样的，这是因为它们定义了同一个定义关系 I，即

$$I=Z\times MPDA=A\times ZMPD \tag{3-5}$$

所以，由这两个产生子产生出来的半因子设计实际上是完全一样的。当然，如果定义 $A=ZM$ 或 $A=ZMP$，这样就可产生不同的新半因子设计，但这造成了主因素与二项交叉效应或三项交叉效应的混杂（同名），从而使得该部分因子设计的分辨率不高，下一节将给出较详细讨论。在此，如果令

$$A=-ZMPD$$

此时，$I=-AZMPD$，它确实可以产生一个与 $I=AZMPD$ 不同的半因子设计，而且，将

这两个设计表合在一起，就可成为一个完整的 2^5 次全因子设计表。注意考察表 3-7，如将表 3-7 中打星号部分与没打星号的部分分成两部分，则这两部分就恰好相差乘一个负号。这在部分因子设计中很重要，它构成部分因子设计表可从全因子设计表分块而得的基本思想。并且，有人还建议，如果想用序贯试验来进行试验设计，就可先用定义关系 $I=AZMPD$ 来进行第一批试验，然后，根据试验结果看有没有必要，再用 $I=-AZMPD$ 来进行下一批试验，这样就可以做到既能有效地利用部分试验优点，在必要时，又可得到全因子试验设计所需的全部有用信息[1]。

如前所述，当因子数很多时，半因子设计的试验次数仍然不少，对于在此讨论的磷酸酶活性的实验，实际上还可加上一个温度因素（T），这样，对于全因子设计就需要做 64 次试验了，即使使用半因子设计仍有 32 次试验数，所以，统计学家就提出了一种四分之一部分因子设计法，在统计学文献中也称为 2^{6-2} 次部分因子设计法，从而使试验数仍保持为 16 次。从前述的分析中，可以很容易理解，对于四分之一部分因子设计法，除去原来半因子设计已有的混杂（同名）效应外，还会产生新的混杂（同名）效应，即存在四个混杂（同名）效应。下面将介绍四分之一部分因子设计法的产生方法。首先，仍用半因子设计的产生子 $A=ZMPD$，然后再加上一个与温度（T）有关的新的产生子，即 $T=ZMP$。这样，对于四分之一部分因子设计，就得到了两个定义关系，即

$$I=ZMPDA \tag{3-6a}$$

和

$$I=ZMPT \tag{3-6b}$$

第三个定义关系可通过式（3-6a）和式（3-6b）两个定义关系相乘而得：

$$I=ZMPDA\times ZMPT=Z^2M^2P^2DAT=DAT \tag{3-7}$$

通过上述三个定义关系，就可以算出所有的混杂（同名）效应来，如要求 ZM 的混杂（同名）效应时，就可以用下述三个式子计算而得：

$$ZM=ZM\times ZMPDA=PDA \tag{3-8a}$$

$$ZM=ZM\times ZMPT=PT \tag{3-8b}$$

$$ZM=ZM\times DAT=ZMDAT \tag{3-8c}$$

由此算得的四分之一部分因子设计的所有同名结果列于表 3-12。

表 3-12　四分之一部分因子设计的混杂（同名）效应表

混杂(同名)效应						
总平均	=	$ZMPDA$	=	$ZMPT$	=	DAT
Z	=	$MPDA$	=	MPT	=	$ZDAT$
M	=	$ZPDA$	=	ZPT	=	$MDAT$
P	=	$ZMDA$	=	ZMT	=	$MDAT$
D	=	$ZMPA$	=	$ZMPDT$	=	AT
A	=	$ZMPD$	=	$ZMPAT$	=	DT
ZM	=	PDA	=	PT	=	$ZMDAT$
ZP	=	MDA	=	MT	=	$ZPDAT$
ZD	=	MPA	=	$MPDT$	=	ZAT

续表

混杂(同名)效应						
ZA	=	MPD	=	MPAT	=	ZDT
MP	=	ZDA	=	ZT	=	MPDAT
MD	=	ZPA	=	ZPDT	=	MAT
MA	=	ZPD	=	ZPAT	=	MDT
PD	=	ZMA	=	ZMDT	=	PAT
PA	=	ZMD	=	ZMAT	=	PDT
DA	=	ZMP	=	ZMPDAT	=	T

就像半因子设计一样，四分之一部分因子设计也可通过对全因子设计表进行分块后得到不同的但却具有同样分辨率的部分因子设计表，而且，将它们合在一起就成为了六因素全因子设计表，故也可以用于进行序贯试验。它们具体可由下述不同的定义关系来构成：

$$I=ZMPDA=ZMPT=DAT \tag{3-9a}$$

$$I=-ZMPDA=-ZMPT=DAT \tag{3-9b}$$

$$I=ZMPDA=-ZMPT=-DAT \tag{3-9c}$$

$$I=-ZMPDA=ZMPT=-DAT \tag{3-9d}$$

式中，第一个［式（3-9a）］是原来的四分之一部分因子设计，而其余的三个［式（3-9b）～式（3-9d）］则是由对第一个设计的三个定义关系中，任意改变两个定义关系的符号而得。

三、因子设计分辨率

因子设计的分辨率是因子试验设计中的一个很重要的概念，一般说来，分辨率越高的部分因子设计越好。对于在上一节讨论的 2^{5-1} 次部分因子设计（即其定义关系为 $I=ZMPDA$ 的那个设计），其分辨率为 5；而对于定义关系为 $I=AZMP$ 的 2^{5-1} 次部分因子设计，其分辨率为 4。从这里可以看到，定义关系由几个因素组成，该设计的分辨率就是几。值得提出的是，对于定义关系为 $I=ZMPDA$ 的半因子设计，它的主效应主要与四项交叉效应混杂（共现），二项交叉效应主要与三项交叉效应混杂（共现）；但对于定义关系为 $I=ZMPD$ 的半因子设计，它的主效应将主要与三项交叉效应混杂（共现），二项交叉效应则与四项交叉效应混杂（共现），这样将可能丢失一些重要的三项交叉效应的信息。因此，一般可以认为，三项交叉效应比四项交叉效应更重要，所以，分辨率为 5 的部分因子设计比分辨率为 4 的部分因子设计好。

因子设计分辨率的正式定义为：设计的分辨率为 R 的部分因子设计为，在这样的因子设计中，没有 p 项交叉效应与（$R-p$）项交叉效应共现现象的存在。值得指出的是，这一原始定义由 Boxand 给出[5]，但现在有人提出，此定义还并不完善，需要修改。有关这方面的进一步讨论，读者可参见文献［6］。部分因子设计在文献中的表述一般为数字或罗马数字，例如，对于 2^{5-1} 次部分因子设计的分辨率可表示如下：

$$2^{5-1}(\mathrm{V});\ 2^{5-1}(\mathrm{IV})$$

上述符号就分别表示分辨率为 5 和分辨率为 4 的 2^{5-1} 次部分因子设计。

上述给出的分辨率，一般都遵循以下三条原则：

① 一个具有分辨率为 3（$R=\mathrm{III}$）的部分因子设计，其主效应之间不存在混杂（共现）

现象，但是主效应一般都与二项交叉效应存在混杂（共现）关系。

② 一个具有分辨率为 4(R=Ⅳ) 的部分因子设计，其主效应之间不存在混杂（共现）现象，同时主效应与二项交叉效应也不存在混杂（共现）现象，但是，主效应一般都与三项交叉效应存在混杂（共现）关系。

③ 一个具有分辨率为 5(R=Ⅴ) 的部分因子设计，其主效应之间、主效应与二项交叉效应及三项交叉效应之间不存在混杂（共现）现象，但是，主效应与四项交叉效应、二项交叉效应与三项交叉效应之间却存在着混杂（共现）关系。

一般说来，构成一个高分辨的半因子设计的方法很简单，就是直接将最后一个主效应与前面所有因子的交叉效应构成一个产生子，以得到一个包括 n 个因素在内的定义关系，其余的因素的主效应及各项交叉效应就可由此产生。另外，一般说来，对于分辨率为 3 的部分因子设计，因为主效应一般都与二项交叉效应存在着混杂（共现）现象，所以，这样的试验设计一般主要用来研究主效应，此时，这样的试验设计一般称为饱和设计。

值得提出的是，对于因子设计的研究现在仍未间断，有人提出了现代因子设计理论，可将任一因子设计中的主效应和交叉效应的计算统一在一个式子里，而且对因子设计的分块、因子设计与最优设计的关系等都进行了详细的讨论，有兴趣的读者可参阅文献[7]，在此不作更多的介绍。

第三节 正交试验设计和正交设计表

一、正交实验设计

本节将讨论的正交试验设计从本质上来说，实际可以算作是一种部分因子设计方法，因其主要特征是它是基于正交表来进行试验设计和数据分析的，故有正交试验设计之称。什么是“正交表”？在定义正交表之前，有必要先介绍“完全对”的概念。

设有两组元素 $(a_1, a_2, \cdots, a_n)$ 与 $(b_1, b_2, \cdots, b_m)$，则有 $n \times m$ 个“元素对”：

$$
\begin{matrix}
(a_1, b_1), & (a_1, b_2), & \cdots, & (a_1, b_m) \\
(a_2, b_1), & (a_2, b_2), & \cdots, & (a_2, b_m) \\
(a_3, b_1), & (a_3, b_2), & \cdots, & (a_3, b_m) \\
\vdots & \vdots & \vdots & \vdots \\
(a_n, b_1), & (a_n, b_2), & \cdots, & (a_n, b_m)
\end{matrix}
$$

上述数表为两组元素构成的“完全对”。如一个矩阵的某两列中，同行元素所构成的元素对就是一个完全对，如果在此两列中，每对出现的次数也相同，则称这两列搭配均衡，否则为搭配不均衡。例如，下述左侧矩阵的两列搭配是均衡的，而右侧矩阵的两列则搭配不均衡。

$$
\begin{bmatrix}
1 & 1 \\
1 & 1 \\
1 & 2 \\
1 & 2 \\
2 & 1 \\
2 & 1 \\
2 & 2 \\
2 & 2
\end{bmatrix}
\qquad
\begin{bmatrix}
1 & 1 \\
1 & 2 \\
2 & 1 \\
2 & 2 \\
1 & 2 \\
1 & 2 \\
2 & 2 \\
2 & 2
\end{bmatrix}
$$

对于一个（$n \times m$）阶矩阵 $\boldsymbol{A}$，它的第 j 列的元素由数码 $1,2,\cdots,t_j\,(j=1,2,\cdots,m)$ 构成，如该矩阵的任意两列都搭配均衡，则称矩阵 $\boldsymbol{A}$ 为一个正交表。这里称矩阵为表，因其可写成表格的形式，常简记为

$$L_n(t_1 t_2 t_3 \cdots t_m) \tag{3-10}$$

L 是正交表的代号，来源于拉丁方（latin square）这一试验设计表的第一个字母，n 表示共作 n 次试验，而 $t_j\,(j=1,2,\cdots,m)$ 则代表第 j 列由 t_j 个水平组成。如所有 t_j 均相等，则可记为 $L_n(t^m)$，称为 t 水平正交表。如两列水平数不相等时，则称为混合型正交表。用正交表来安排试验，可以达到以很小的试验次数来最大限度地获取有关各因素主效应及交叉效应的信息。有关正交试验的理论分析，读者可参阅文献［8］。对于正交试验的理论分析可以说明，从各种角度与标准衡量，正交设计都是一种最优设计。下面将主要对如何使用正交设计表来作出具体说明。

二、正交表及其交互效应表

对于每一张正交表，都有一张两列间的交互效应表与之对应，如 $L_8(2^7)$ 的两列间交互效应表见表 3-13。

表 3-13 $L_8(2^7)$ 的两列间交互效应表

列号	1	2	3	4	5	6	7
	(1)	3	2	5	4	7	6
		(2)	1	6	7	4	5
			(3)	7	6	5	4
				(4)	1	2	3
					(5)	3	2
						(6)	1
							(7)

从表中可查出第 1 列（1）与第 2 列［由（1）所在行从左向右横向找到 2］的交互效应是第 3 列，与第 4 列的交互效应是第 5 列，……，如此等等，可在表中找出任一列的交互效应列。下面以一个简单的例子来说明怎样用正交表进行试验设计和数据分析。

设有一化学反应，需考察四个实验条件的影响：①反应温度（A）；②反应时间（B）；③反应物配比（C）；④反应压力（D），并设各条件均是两个水平。A 的两个水平为：60℃与 80℃；B 的两个水平为：2.5h 与 3.5h；C 的两个水平为：1.1/1 和 1.2/1；D 的两个水平为：6.7×10^4Pa 和 8.0×10^4Pa。如想只做 8 次试验，可选择 $L_8(2^7)$ 表（参见表 3-14）来安排试验。从表中可以看出，正交表的每两列都是搭配均衡的。因在这个试验中主要想考察 A（反应温度）与 B（反应时间）、A（反应温度）与 C（反应物配比）及 B（反应时间）与 C（反应物配比）的交叉效应，根据 $L_8(2^7)$ 表和其交互效应表（参见表 3-13），可将 A 因素定在 $L_8(2^7)$ 表的第 1 列，B 因素定在 $L_8(2^7)$ 表的第 2 列。从 $L_8(2^7)$ 的交互效应表知，第 1 列与第 2 列的交叉效应在第 3 列，将其空出，将 C 因素定在第 4 列，再由交互效应表知，第 1 列与第 4 列的交互效应在第 5 列，故也需将第 5 列空出，再根据交互效应表找出 B 因素与 C 因素的交互效应列，即第 2 列与第 4 列的交互效应列，从交互效应表可找出它们的交互效应列是第 6 列，也将其空出。于是，D 因素就定在第 7 列了。

表 3-14 $L_8(2^7)$正交试验表①

试验号 \ 列号	1	2	3	4	5	6	7
1	1	1	1	1	1	1	1
2	1	1	1	2	2	2	2
3	1	2	2	1	1	2	2
4	1	2	2	2	2	1	1
5	2	1	2	1	2	1	2
6	2	1	2	2	1	2	1
7	2	2	1	1	2	2	1
8	2	2	1	2	1	1	2

① 表中将上一节所用的负号用 1 来代替，正号用 2 来代替，这样可容易将正交表推广至多水平。

按这样定下各因素列号后，就可根据 $L_8(2^7)$ 正交表来安排试验了。根据试验得到的结果，对各交叉项效应进行估价。因为在 $L_8(2^7)$ 正交表中就可得到各交叉项效应的符号（在此 1 为正，2 为负），采用上节所述方法，容易估价出我们感兴趣的交叉项效应，同样，还可以用上节所述的效应正态分布图来对它们进行显著性估价。

三、正交设计表的线性图及其应用

对于正交设计的试验安排，除交互效应表外，还有一个很重要的工具是正交设计表的线性图，这一节将对此作出较详细的介绍。

对于不同的正交表，都存在其相应的标准线性图。对 $L_8(2^7)$ 正交表来说，其标准线性图如图 3-9 所示。下面我们将以此来对正交表的线性图的使用加以说明。

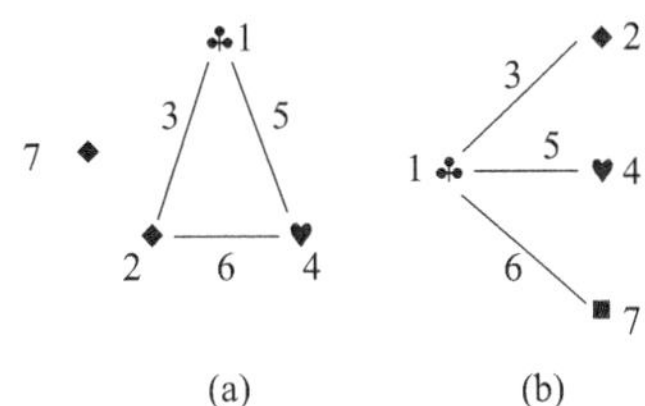

图 3-9 $L_8(2^7)$正交表的标准线性图

由图 3-9 所示的 $L_8(2^7)$ 正交表的两个标准线性图包括以下信息：

(1) 线性图 3-9 (a) 图中的点及其相应的数码代表 $L_8(2^7)$ 正交表的列，图中的连线及其相应的数码也代表 $L_8(2^7)$ 正交表中的某一列，只是这样的列是表示其线条相连的两个点所代表的两列的交互效应。从图 3-9 (a) 中可以看到，该图有四个顶点，即点 1、2、4、7，其中 1、2、4 点有线相连，而 7 点为一孤立点。这就说明，在 $L_8(2^7)$ 正交表中，第 1 列与第 2 列的交互效应列是第 3 列，第 1 列与第 4 列的交互效应列是第 5 列，第 2 列与第 4 列的交互效应列是第 6 列。第 7 点孤立，即说明在 $L_8(2^7)$ 正交表中不存在与第 7 列有交互效应的列。从上述讨论可知，线性图的顶点所对应的列，可用于安排试验的各个因素，如对于上节所讨论的一个四因素试验，就可将它们安排在顶点 1、2、4、7 所对应的 $L_8(2^7)$ 正交表的列之上，对那些需要调查交互效应的因素要尽量安排在顶点 1、2、4 之上，这与上节所介绍的方法是一致的。

(2) 线性图 3-9 (b) 图中顶点和连线的实际意义同线性图 (a)，顶点为 1、2、4、7，另一不同之点是，在这种试验设计的方案中，是以 $L_8(2^7)$ 正交表中的第 1 列为中心，交叉效应将只考虑第1顶点与第2、第4和第7顶点之间的，即$L_8(2^7)$正交表中的第1列与第2列、第1列与第4列、第1列与第7列的交叉效应。所以，在安排试验时，将各个因素安排在顶点1、2、4、7之上，而且，第1点的选择特别重要。

上述两种正交设计的线性图都可从交互效应表中导出，对照交互效应表，都可找到它们的可能组合。所以，正交表的线性图与交互效应表是一致的，只不过线性图使用起来更为方便罢了。

四、常用正交表及相应交互效应表和线性图

本节将给出一些常用的正交表及相应交互效应表和线性图，以备读者查用。对给出的这些表格，在此作出几点相应说明。

（1）正交表常记为

$$L_n(t_1 \times t_2 \times t_3 \times \cdots \times t_m)$$

L是正交表的代号，来源于拉丁方（latin square）这一试验设计表的第一个字母；n表示共做n次试验，而$t_j(j=1, 2, \cdots, m)$则代表第j列由t_j个水平组成。如所有t_j均相等，则可记为$L_n(t^m)$，称为t水平正交表。如两列水平数不相等时，则称为混合型正交表，记为$L_n(t_1^m \times t_2^r)$，如$L_{32}(2^1 \times 4^9)$就表示试验次数为32，其中一列的水平数为2，另9列的水平数为4的正交设计表。

（2）利用交互效应表，可方便进行交互效应估计。

（3）在正交表中，不同的列可分成不同的组，以方便运用线性图进行交互效应估计，根据不同组的列，运用线性图即可方便组织试验。

表3-15 正交试验表汇集

（1）$L_4(2^3)$正交试验表①

试验号 \ 列号	1	2	3
1	1	1	1
2	1	2	2
3	2	1	2
4	2	2	1
	♣	♦	♦

① ♣：第一组；♦：第二组。

L_4线性图：

（2）$L_8(2^7)$正交试验表①

试验号 \ 列号	1	2	3	4	5	6	7
1	1	1	1	1	1	1	1
2	1	1	1	2	2	2	2
3	1	2	2	1	1	2	2
4	1	2	2	2	2	1	1
5	2	1	2	1	2	1	2
6	2	1	2	2	1	2	1
7	2	2	1	1	2	2	1
8	2	2	1	2	1	1	2
	♣	♦	♦	♥	♥	♥	♥

① ♣：第一组；♦：第二组；♥：第三组。

L_8线性图：

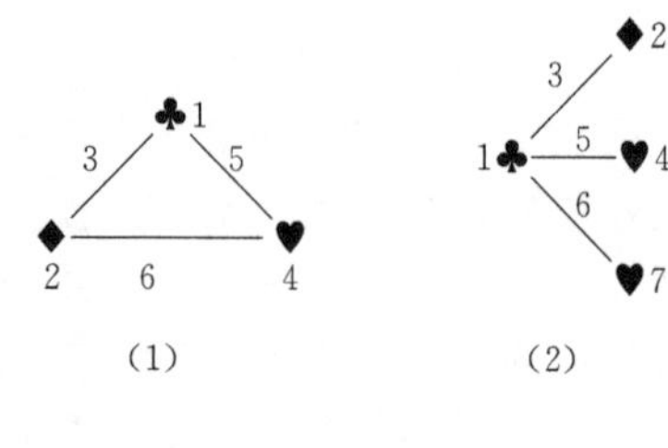

(2a) $L_8(2^7)$的两列间交互效应表

列　号	1	2	3	4	5	6	7
	(1)	3	2	5	4	7	6
		(2)	1	6	7	4	5
			(3)	7	6	5	4
				(4)	1	2	3
					(5)	3	2
						(6)	1
							(7)

(3) $L_{12}(2^{11})$正交试验表[①]

试验号＼列号	1	2	3	4	5	6	7	8	9	10	11
1	1	1	1	1	1	1	1	1	1	1	1
2	1	1	1	1	1	2	2	2	2	2	2
3	1	1	2	2	2	1	1	1	2	2	2
4	1	2	1	2	2	1	2	2	1	1	2
5	1	2	2	1	2	2	1	2	1	2	1
6	1	2	2	2	1	2	2	1	2	1	1
7	2	1	2	2	1	1	2	2	1	2	1
8	2	1	2	1	2	2	2	1	1	1	2
9	2	1	1	2	2	2	1	2	2	1	1
10	2	2	2	1	1	1	1	2	2	1	2
11	2	2	1	2	1	2	1	1	1	2	2
12	2	2	1	1	2	1	2	1	2	2	1
	♣	♦	♦	♦	♦	♦	♦	♦	♦	♦	♦

① ♣：第一组；♦：第二组。

注：因为此正交表的第二组 10 列与交叉项“共现”，所以，此表最好不要用于有交叉项效应的试验设计。

(4) $L_{16}(2^{15})$正交试验表[①]

试验号＼列号	1	2	3	4	5	6	7	8	9	10	11	12	13	14	15
1	1	1	1	1	1	1	1	1	1	1	1	1	1	1	1
2	1	1	1	1	1	1	1	2	2	2	2	2	2	2	2
3	1	1	1	2	2	2	2	1	1	1	1	2	2	2	2
4	1	1	1	2	2	2	2	2	2	2	2	1	1	1	1
5	1	2	2	1	1	2	2	1	1	2	2	1	1	2	2
6	1	2	2	1	1	2	2	2	2	1	1	2	2	1	1
7	1	2	2	2	2	1	1	1	1	2	2	2	2	1	1
8	1	2	2	2	2	1	1	2	2	1	1	1	1	2	2
9	2	1	2	1	2	1	2	1	2	1	2	1	2	1	2
10	2	1	2	1	2	1	2	2	1	2	1	2	1	2	1
11	2	1	2	2	1	2	1	1	2	1	2	2	1	2	1
12	2	1	2	2	1	2	1	2	1	2	1	1	2	1	2

续表

列号 / 试验号	1	2	3	4	5	6	7	8	9	10	11	12	13	14	15
13	2	2	1	1	2	2	1	1	2	2	1	1	2	2	1
14	2	2	1	1	2	2	1	2	1	1	2	2	1	1	2
15	2	2	1	2	1	1	2	1	2	2	1	2	1	1	2
16	2	2	1	2	1	1	2	2	1	1	2	1	2	2	1
	♣	♦	♦	♥	♥	♥	♥	♠	♠	♠	♠	♠	♠	♠	♠

① ♣：第一组；♦：第二组；♥：第三组；♠：第四组。

(4a) $L_{16}(2^{15})$的两列间交互效应表

列号	1	2	3	4	5	6	7	8	9	10	11	12	13	14	15
	(1)	3	2	5	4	7	6	9	8	11	10	13	12	15	14
		(2)	1	6	7	4	5	10	11	8	9	14	15	12	13
			(3)	7	6	5	4	11	10	9	8	15	14	13	12
				(4)	1	2	3	12	13	14	15	8	9	10	11
					(5)	3	2	13	12	15	14	9	8	11	10
						(6)	1	14	15	12	13	10	11	8	9
							(7)	15	14	13	12	11	10	9	8
								(8)	1	2	3	4	5	6	7
									(9)	3	2	5	4	7	6
										(10)	1	6	7	4	5
											(11)	7	6	5	4
												(12)	1	2	3
													(13)	3	2
														(14)	1

L_{16}部分线性图：

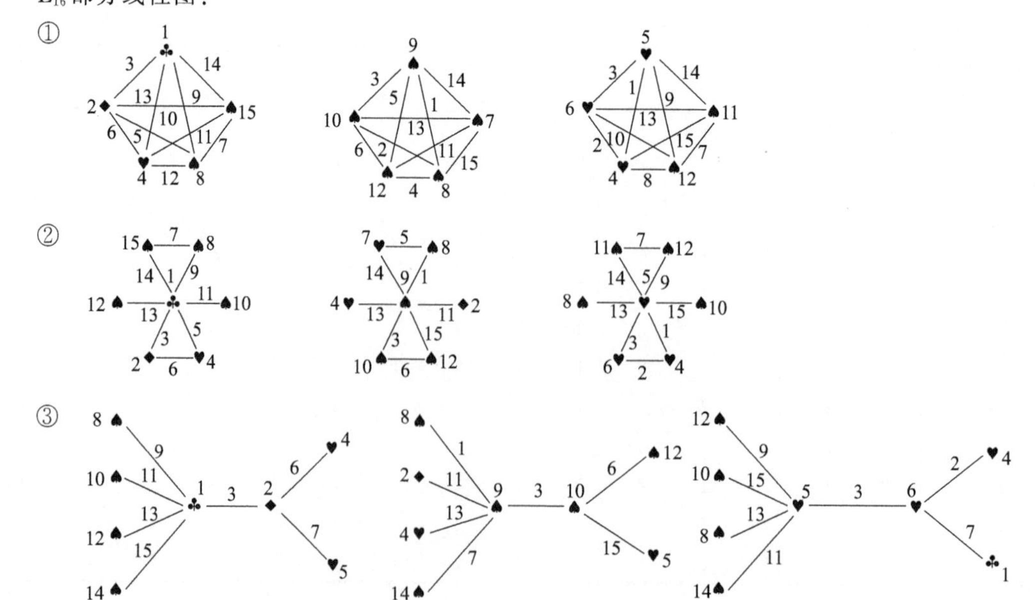

（5）$L_9(3^4)$正交试验表①

试验号＼列号	1	2	3	4	试验号＼列号	1	2	3	4
1	1	1	1	1	6	2	3	1	2
2	1	2	2	2	7	3	1	3	2
3	1	3	3	3	8	3	2	1	3
4	2	1	2	3	9	3	3	2	1
5	2	2	3	1		♣	♦	♦	♦

① ♣：第一组；♦：第二组。

L_9 线性图：

1　3，4　2
♣┈┈┈┈♦

（6）$L_{18}(2^1\times3^7)$正交试验表①

试验号＼列号	1	2	3	4	5	6	7	8
1	1	1	1	1	1	1	1	1
2	1	1	2	2	2	2	2	2
3	1	1	3	3	3	3	3	3
4	1	2	1	1	2	2	3	3
5	1	2	2	2	3	3	1	1
6	1	2	3	3	1	1	2	2
7	1	3	1	2	1	3	2	3
8	1	3	2	3	2	1	3	1
9	1	3	3	1	3	2	1	2
10	2	1	1	3	3	2	2	1
11	2	1	2	1	1	3	3	2
12	2	1	3	2	2	1	1	3
13	2	2	1	2	3	1	3	2
14	2	2	2	3	1	2	1	3
15	2	2	3	1	2	3	2	1
16	2	3	1	3	2	3	1	2
17	2	3	2	1	3	1	2	3
18	2	3	3	2	1	2	3	1
	♣	♦	♥	♥	♥	♥	♥	♥

① ♣：第一组；♦：第二组；♥：第三组

注：同 L_{12}，因为交叉项“共现”，此表最好不要用于有交叉项效应的试验设计。

L_{18}线性图：

1　　　2
♣┈┈┈┈♦

(7) $L_{27}(3^{13})$正交试验表

试验号 \ 列号	1	2	3	4	5	6	7	8	9	10	11	12	13
1	1	1	1	1	1	1	1	1	1	1	1	1	1
2	1	1	1	1	2	2	2	2	2	2	2	2	2
3	1	1	1	1	3	3	3	3	3	3	3	3	3
4	1	2	2	2	1	1	1	2	2	2	3	3	3
5	1	2	2	2	2	2	2	3	3	3	1	1	1
6	1	2	2	2	3	3	3	1	1	1	2	2	2
7	1	3	3	3	1	1	1	3	3	3	2	2	2
8	1	3	3	3	2	2	2	1	1	1	3	3	3
9	1	3	3	3	3	3	3	2	2	2	1	1	1
10	2	1	2	3	1	2	3	1	2	3	1	2	3
11	2	1	2	3	2	3	1	2	3	1	2	3	1
12	2	1	2	3	3	1	2	3	1	2	3	1	2
13	2	2	3	1	1	2	3	2	3	1	3	1	2
14	2	2	3	1	2	3	1	3	1	2	1	2	3
15	2	2	3	1	3	1	2	1	2	3	2	3	1
16	2	3	1	2	1	2	3	3	1	2	2	3	1
17	2	3	1	2	2	3	1	1	2	3	3	1	2
18	2	3	1	2	3	1	2	2	3	1	1	2	3
19	3	1	3	2	1	3	2	1	3	2	1	3	2
20	3	1	3	2	2	1	3	2	1	3	2	1	3
21	3	1	3	2	3	2	1	3	2	1	3	2	1
22	3	2	1	3	1	3	2	2	1	3	3	2	1
23	3	2	1	3	2	1	3	3	2	1	1	3	2
24	3	2	1	3	3	2	1	1	3	2	2	1	3
25	3	3	2	1	1	3	2	3	2	1	2	1	3
26	3	3	2	1	2	1	3	1	3	2	3	2	1
27	3	3	2	1	3	2	1	2	1	3	1	3	2
	♣	♦	♦	♦	♥	♥	♥	♥	♥	♥	♥	♥	♥

(7a) $L_{27}(3^{13})$的两列间交互效应表

列 号	1	2	3	4	5	6	7	8	9	10	11	12	13
	(1)	3	2	2	6	5	5	9	8	8	12	11	11
		4	4	3	7	7	6	10	10	9	13	13	12
		(2)	1	1	8	9	10	5	6	7	5	6	7
			4	3	11	12	13	11	12	13	8	9	10
			(3)	1	9	10	8	7	5	6	6	7	5
				2	13	11	12	12	13	11	10	8	9
				(4)	10	8	9	6	7	5	7	5	6
					12	13	11	13	11	12	9	10	8
					(5)	1	1	2	3	4	2	4	3

续表

列　号	1	2	3	4	5	6	7	8	9	10	11	12	13
						7	6	11	13	12	8	10	9
						(6)	1	4	2	3	3	2	4
							5	13	12	11	10	9	8
							(7)	3	4	2	4	3	2
								12	11	13	9	8	10
								(8)	1	1	2	3	4
									10	9	5	7	6
									(9)	1	4	2	3
										8	7	6	5
										(10)	3	4	2
											6	5	7
											(11)	1	1
												13	12
												(12)	1
													11

L_{27}部分线性图：

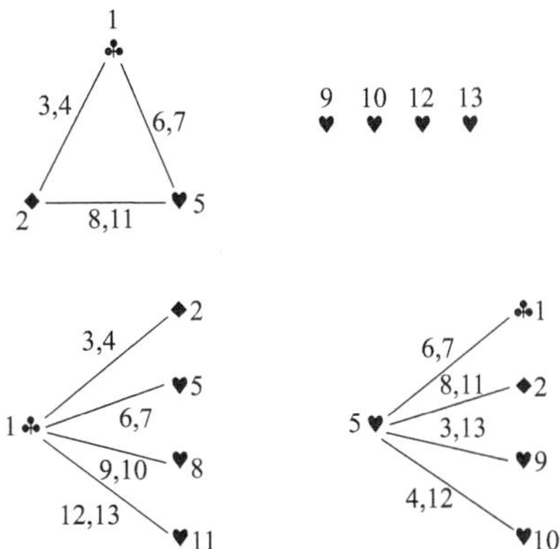

（8）$L_{16}(4^5)$正交试验表

试验号＼列号	1	2	3	4	5	试验号＼列号	1	2	3	4	5
1	1	1	1	1	1	9	3	1	3	4	2
2	1	2	2	2	2	10	3	2	4	3	1
3	1	3	3	3	3	11	3	3	1	2	4
4	1	4	4	4	4	12	3	4	2	1	3
5	2	1	2	3	4	13	4	1	4	2	3
6	2	2	1	4	3	14	4	2	3	1	4
7	2	3	4	1	2	15	4	3	2	4	1
8	2	4	3	2	1	16	4	4	1	3	2
							♣	◆	◆	◆	◆

L_{16}线性图：

1 3,4,5 2

♣┈┈┈┈◆

(9) L_{32} ($2^1 \times 4^9$) 正交试验表①

试验号＼列号	1	2	3	4	5	6	7	8	9	10
1	1	1	1	1	1	1	1	1	1	1
2	1	1	2	2	2	2	2	2	2	2
3	1	1	3	3	3	3	3	3	3	3
4	1	1	4	4	4	4	4	4	4	4
5	1	2	1	1	2	2	3	3	4	4
6	1	2	2	2	1	1	4	4	3	3
7	1	2	3	3	4	4	1	1	2	2
8	1	2	4	4	3	3	2	2	1	1
9	1	3	1	2	3	4	1	2	3	4
10	1	3	2	1	4	3	2	1	4	3
11	1	3	3	4	1	2	3	4	1	2
12	1	3	4	3	2	1	4	3	2	1
13	1	4	1	2	4	3	3	4	2	1
14	1	4	2	1	3	4	4	3	1	2
15	1	4	3	4	2	1	1	2	4	3
16	1	4	4	3	1	2	2	1	3	4
17	2	1	1	4	1	4	2	3	2	3
18	2	1	2	3	2	3	1	4	1	4
19	2	1	3	2	3	2	4	1	4	1
20	2	1	4	1	4	1	3	2	3	2
21	2	2	1	4	2	3	4	1	3	2
22	2	2	2	3	1	4	3	2	4	1
23	2	2	3	2	4	1	2	3	1	4
24	2	2	4	1	3	2	1	4	2	3
25	2	3	1	3	3	1	2	4	4	2
26	2	3	2	4	4	2	1	3	3	1
27	2	3	3	1	3	1	4	2	2	4
28	2	3	4	2	2	4	3	1	3	1
29	2	4	1	3	4	2	4	2	1	3
30	2	4	2	4	3	1	3	1	2	4
31	2	4	3	1	2	4	2	4	3	1
32	2	4	4	2	1	3	1	3	4	2
	♣	◆	♥	♥	♥	♥	♥	♥	♥	♥

① ♣：第一组；◆：第二组；♥：第三组

注：同 L_{12}，因为交叉项“共现”(confounded)，此表最好不要用于有交叉项效应的试验设计。

L_{32}线性图：

1 2

♣┈┈┈┈◆

(10) L_{64}(4^{21})正交试验表

试验号＼列号	1	2	3	4	5	6	7	8	9	10	11	12	13	14	15	16	17	18	19	20	21
1	1	1	1	1	1	1	1	1	1	1	1	1	1	1	1	1	1	1	1	1	1
2	1	1	1	1	1	2	2	2	2	2	2	2	2	2	2	2	2	2	2	2	2
3	1	1	1	1	1	3	3	3	3	3	3	3	3	3	3	3	3	3	3	3	3
4	1	1	1	1	1	4	4	4	4	4	4	4	4	4	4	4	4	4	4	4	4
5	1	2	2	2	2	1	1	1	1	2	2	2	2	3	3	3	3	4	4	4	4
6	1	2	2	2	2	2	2	2	2	1	1	1	1	4	4	4	4	3	3	3	3
7	1	2	2	2	2	3	3	3	3	4	4	4	4	1	1	1	1	2	2	2	2
8	1	2	2	2	2	4	4	4	4	3	3	3	3	2	2	2	2	1	1	1	1
9	1	3	3	3	3	1	1	1	1	3	3	3	3	4	4	4	4	2	2	2	2
10	1	3	3	3	3	2	2	2	2	4	4	4	4	3	3	3	3	1	1	1	1
11	1	3	3	3	3	3	3	3	3	1	1	1	1	2	2	2	2	4	4	4	4
12	1	3	3	3	3	4	4	4	4	2	2	2	2	1	1	1	1	3	3	3	3
13	1	4	4	4	4	1	1	1	1	4	4	4	4	2	2	2	2	3	3	3	3
14	1	4	4	4	4	2	2	2	2	3	3	3	3	1	1	1	1	4	4	4	4
15	1	4	4	4	4	3	3	3	3	2	2	2	2	4	4	4	4	1	1	1	1
16	1	4	4	4	4	4	4	4	4	1	1	1	1	3	3	3	3	2	2	2	2

续表

列号 试验号	1	2	3	4	5	6	7	8	9	10	11	12	13	14	15	16	17	18	19	20	21
17	2	1	2	3	4	1	2	3	4	1	2	3	4	1	2	3	4	1	2	3	4
18	2	1	2	3	4	2	1	4	3	2	1	4	3	2	1	4	3	2	1	4	3
19	2	1	2	3	4	3	4	1	2	3	4	1	2	3	4	1	2	3	4	1	2
20	2	1	2	3	4	4	3	2	1	4	3	2	1	4	3	2	1	4	3	2	1
21	2	2	1	4	3	1	2	3	4	2	1	4	3	3	4	1	2	4	3	2	1
22	2	2	1	4	3	2	1	4	3	1	2	3	4	4	3	2	1	3	4	1	2
23	2	2	1	4	3	3	4	1	2	4	3	2	1	1	2	3	4	2	1	4	3
24	2	2	1	4	3	4	3	2	1	3	4	1	2	2	1	4	3	1	2	3	4
25	2	3	4	1	2	1	2	3	4	3	4	1	2	4	3	2	1	2	1	4	3
26	2	3	4	1	2	2	1	4	3	4	3	2	1	3	4	1	2	1	2	3	4
27	2	3	4	1	2	3	4	1	2	1	2	3	4	2	1	4	3	4	3	2	1
28	2	3	4	1	2	4	3	2	1	2	1	4	3	1	2	3	4	3	4	1	2
29	2	4	3	2	1	1	2	3	4	4	3	2	1	2	1	4	3	3	4	1	2
30	2	4	3	2	1	2	1	4	3	3	4	1	2	1	2	3	4	4	3	2	1
31	2	4	3	2	1	3	4	1	2	2	1	4	3	4	3	2	1	1	2	3	4
32	2	4	3	2	1	4	3	2	1	1	2	3	4	3	4	1	2	2	1	4	3
33	3	1	3	4	2	1	3	4	2	1	3	4	2	1	3	4	2	1	3	4	2
34	3	1	3	4	2	2	4	3	1	2	4	3	1	2	4	3	1	2	4	3	1
35	3	1	3	4	2	3	1	2	4	3	1	2	4	3	1	2	4	3	1	2	4
36	3	1	3	4	2	4	2	1	3	4	2	1	3	4	2	1	3	4	2	1	3
37	3	2	4	3	1	1	3	4	2	2	4	3	1	3	1	2	4	4	2	1	3
38	3	2	4	3	1	2	4	3	1	1	3	4	2	4	2	1	3	3	1	2	4
39	3	2	4	3	1	3	1	2	4	4	1	1	3	1	3	4	2	2	4	3	1
40	3	2	4	3	1	4	2	1	3	3	2	2	4	2	4	3	1	1	3	4	2
41	3	3	1	2	4	1	3	4	2	3	1	2	4	4	2	1	3	2	4	3	1
42	3	3	1	2	4	2	4	3	1	4	2	1	3	3	1	2	4	1	3	4	2
43	3	3	1	2	4	3	1	2	4	1	3	4	2	2	4	3	1	4	2	1	3
44	3	3	1	2	4	4	2	1	3	2	4	3	1	1	3	4	2	3	1	2	4
45	3	4	2	1	3	1	3	4	2	4	2	1	3	2	4	3	1	3	1	2	4
46	3	4	2	1	3	2	4	3	1	3	1	2	4	1	3	4	2	4	2	1	3
47	3	4	2	1	3	3	1	2	4	2	4	3	1	4	2	1	3	1	3	4	2
48	3	4	2	1	3	4	2	1	3	1	3	4	2	3	1	2	4	2	4	3	1
49	4	1	4	2	3	1	4	2	3	1	4	2	3	1	4	2	3	1	4	2	3
50	4	1	4	2	3	2	3	1	4	2	3	1	4	2	3	1	4	2	3	1	4
51	4	1	4	2	3	3	2	4	1	3	2	4	1	3	2	4	1	3	2	4	1
52	4	1	4	2	3	4	1	3	2	4	1	3	2	4	1	3	2	4	1	3	2
53	4	2	3	1	4	1	4	2	3	2	3	1	4	3	2	4	1	4	1	3	2
54	4	2	3	1	4	2	3	1	4	1	4	2	3	4	1	3	2	3	2	4	1
55	4	2	3	1	4	3	2	4	1	4	1	3	2	1	4	2	3	2	3	1	4
56	4	2	3	1	4	4	1	3	2	3	2	4	1	2	3	1	4	1	4	2	3
57	4	3	2	4	1	1	4	2	3	3	2	4	1	4	1	3	2	2	3	1	4
58	4	3	2	4	1	2	3	1	4	4	1	3	2	3	2	4	1	1	4	2	3
59	4	3	2	4	1	3	2	4	1	1	4	2	3	2	3	1	4	4	1	3	2
60	4	3	2	4	1	4	1	3	2	2	3	1	4	1	4	2	3	3	2	4	1

续表

试验号 \ 列号	1	2	3	4	5	6	7	8	9	10	11	12	13	14	15	16	17	18	19	20	21
61	4	4	1	3	2	1	4	2	3	4	1	3	2	2	3	1	4	3	2	4	1
62	4	4	1	3	2	2	3	1	4	3	2	4	1	1	4	2	3	4	1	3	2
63	4	4	1	3	2	3	2	4	1	2	3	1	4	4	1	3	2	1	4	2	3
64	4	4	1	3	2	4	1	3	2	1	4	2	3	3	2	4	1	2	3	1	4
	1组		2组			3组															

（11）$L_{64}(4^{21})$的两列间交互效应表

列号	1	2	3	4	5	6	7	8	9	10	11	12	13	14	15	16	17	18	19	20	21
		3	2	2	2	7	6	6	6	11	10	10	10	15	14	14	14	19	18	18	18
	(1)	4	4	3	3	8	8	7	7	12	12	11	11	16	16	15	15	20	20	19	19
		5	5	5	4	9	9	9	8	13	13	13	12	17	17	17	16	21	21	21	20
			1	1	1	10	11	12	13	6	7	8	9	6	7	8	9	6	7	8	9
		(2)	4	3	3	14	15	16	17	14	15	16	17	10	11	12	13	10	11	12	13
			5	5	4	18	19	20	21	18	19	20	21	18	19	20	21	14	15	16	17
				1	1	11	10	13	12	7	6	9	8	8	9	6	7	9	8	7	6
			(3)	2	2	16	17	14	15	17	16	15	14	13	12	11	10	12	13	10	11
				5	4	21	20	19	18	20	21	18	19	19	18	21	20	15	14	17	16
					1	12	13	10	11	8	9	6	7	9	8	7	6	7	6	9	8
				(4)	2	17	16	15	14	15	14	17	16	11	10	13	12	13	12	11	10
					3	19	18	21	20	21	20	19	18	20	21	18	19	16	17	14	15
						13	12	11	10	9	8	7	6	7	6	9	8	8	9	6	7
					(5)	15	14	17	16	16	17	14	15	12	13	10	11	11	10	13	12
						20	21	18	19	19	18	21	20	21	20	19	18	17	16	15	14
							1	1	1	2	3	4	5	2	5	3	4	2	4	5	3
						(6)	8	7	7	14	16	17	15	10	13	11	12	10	12	13	11
							9	9	8	18	21	19	20	18	20	21	19	14	17	15	16
								1	1	3	2	5	4	5	2	4	3	4	2	3	5
							(7)	6	6	17	15	14	16	12	11	13	10	13	11	10	12
								9	8	20	19	21	18	21	19	18	20	16	15	17	14
									1	4	5	2	3	3	4	2	5	5	3	2	4
								(8)	6	15	17	16	14	13	10	12	11	11	13	12	10
									7	11	18	20	19	19	21	20	18	17	14	16	15
										5	4	3	2	4	3	5	2	3	5	4	2
									(9)	16	14	15	17	11	12	10	13	12	10	11	13
										19	20	18	21	20	18	19	21	15	16	14	17
											1	1	1	2	4	5	3	2	5	3	4
										(10)	12	11	11	6	8	9	7	6	9	7	8
											13	13	12	18	21	19	20	14	16	17	15
												1	1	4	2	3	5	5	2	4	3
											(11)	10	10	9	7	6	8	8	7	9	6
												13	12	20	19	21	18	17	15	14	16

续表

列 号	1	2	3	4	5	6	7	8	9	10	11	12	13	14	15	16	17	18	19	20	21
													1	5	3	2	4	3	4	2	5
												(12)	10	7	9	8	6	9	6	8	7
													11	21	18	20	19	15	17	16	14
														3	5	4	2	4	3	5	2
													(13)	8	6	7	9	7	8	6	9
														19	20	18	21	16	14	15	17
															1	1	1	2	3	4	5
														(14)	16	15	15	6	8	9	7
															17	17	16	10	13	11	12
																1	1	3	2	5	4
															(15)	14	14	9	7	6	8
																17	16	12	11	13	10
																	1	4	5	2	3
																(16)	14	7	9	8	6
																	15	13	10	12	11
																		5	4	3	2
																	(17)	8	6	7	9
																		11	12	10	13
																			1	1	1
																		(18)	20	19	19
																			21	21	20
																				1	1
																			(19)	18	18
																				21	20
																					1
																				(20)	18
																					19

$L_{64}(4^{21})$线性图：

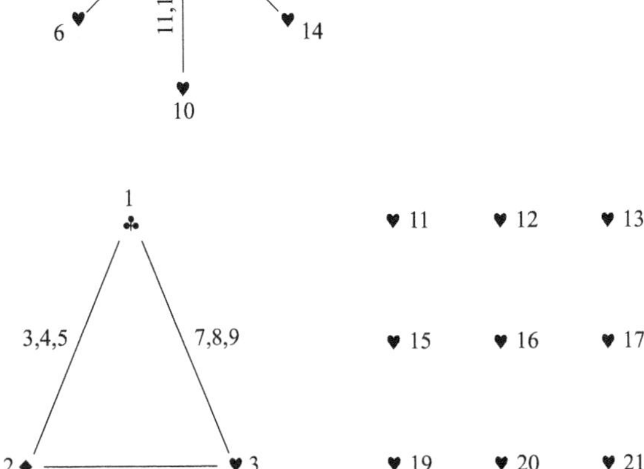

(12) $L_{25}(5^6)$正交试验表

试验号 \ 列号	1	2	3	4	5	6
1	1	1	1	1	1	1
2	1	2	2	2	2	2
3	1	3	3	3	3	3
4	1	4	4	4	4	4
5	1	5	5	5	5	5
6	2	1	2	3	4	5
7	2	2	3	4	5	1
8	2	3	4	5	1	2
9	2	4	5	1	2	3
10	2	5	1	2	3	4
11	3	1	3	5	2	4
12	3	2	4	1	3	5
13	3	3	5	2	4	1
14	3	4	1	3	5	2
15	3	5	2	4	1	3
16	4	1	4	2	5	3
17	4	2	5	3	1	4
18	4	3	1	4	2	5
19	4	4	2	5	3	1
20	4	5	3	1	4	2
21	5	1	5	4	3	2
22	5	2	1	5	4	3
23	5	3	2	1	5	4
24	5	4	3	2	1	5
25	5	5	4	3	2	1
	♣	◆	◆	◆	◆	◆

L_{25}线性图：

1 ♣ ······ 3,4,5,6 ······ ◆ 2

第四节 均匀试验设计及均匀设计表

部分因子设计和正交设计均可显著地减少实验次数又不丢失实验信息，是很好的实验设计方法，几十年来在工业生产和科学研究中得到了相当广泛的应用，其中特别是正交设计，由于正交表还具有搭配均衡的性质，故还有所谓的“均匀分散，整齐可比”的优点。然而，每一种方法都有其局限性，部分因子设计和正交设计也不例外，它们只宜用于水平数不多的实验中，若在一项试验中有 s 个因素，每个因素各有 q 个水平，用正交试验安排试验，则至少要做 q^2 次试验。例如，如果取 10 个水平，则需至少做 100 次试验！值得提出的是，在化学与化工的生产与科研的实践中，很多变量，如温度、压力、浓度等都是连续变量，水平数取太少有时很难反映实际情况，有另辟新径的必要。

所有的实验设计方法本质上就是在试验的范围内给出挑选代表点的方法，均匀设计就是一种着重在试验范围内考虑试验点均匀散布以获得最多试验信息的，一种较新的试验设计方法[9]，对于具有较多水平的试验尤为有用。

均匀设计与正交设计相似，也是通过一套精心设计的表来进行实验设计的，对于每一个均匀设计表，也同时给出了一个使用表，它可指示如何从均匀设计表中选用适当的列来安排试验。为使读者对均匀设计的基本思路和基本原理有一个整体概念，下面将就均匀设计表的构造、均匀性准则和使用表的产生及混合水平的均匀设计等给出必要的介绍。

一、均匀设计表的构造

均匀设计表的定义：每一个均匀设计表是一个矩阵，该矩阵有 n 行 m 列，每一列是$\{1,2,\cdots,n\}$的一个置换(即 $1,2,\cdots,n$ 的重新排列)，表的第 1 行是$\{1,2,\cdots,n\}$的一个子集，但不一定是真子集。

与正交试验表类似，均匀设计表一般都用 $U_n(q^s)$ 来表示，其中 n 表示试验的次数，s 表示试验的因素数目，q 表示试验的水平数。表 3-16 给出了一个 7 次试验，7 水平 4 因素的均匀实验设计表。

表 3-16 $U_7(7^4)$均匀设计表

试验号＼列号	1	2	3	4	试验号＼列号	1	2	3	4
1	1	2	3	6	5	5	3	1	2
2	2	4	6	5	6	6	5	4	1
3	3	6	2	4	7	7	7	7	7
4	4	1	5	3					

从表 3-16 可以看出，对于 7 水平的实验设计，只需安排 7 次试验就够了。符合上述定义的均匀设计表很多，在此仅介绍好格子点法构造的均匀设计表，其方法如下：

① 给定试验数 n，寻找比 n 小的整数 h，且使 n 和 h 的最大公约数为 1（即互质），符合这些条件的正整数组成一个向量 $\boldsymbol{h}=(h_1,h_2,\cdots,h_m)$。

② 均匀设计表的第 j 列由下述步骤生成：

$$u_{ij}=ih_j[\text{mod } n]$$

式中，[mod n] 表示同余运算（即对 n 取余数）。u_{ij} 可以递推来生成

$$u_{1j}=h_j$$

$$u_{i+1,j}=\begin{cases} u_{ij}+h_j & \text{如果 } u_{ij}+h_j\leqslant n \\ u_{ij}+h_j-n & \text{如果 } u_{ij}+h_j>n \end{cases}$$

$$i=1,\ 2,\ \cdots,\ n-1$$

例如，当 $n=9$ 时，符合条件①的 h 有 1、2、4、5、7、8，而 $h=3$ 或 $h=6$ 因为都与 9 不互质而不符合条件①。所以，U_9 表最多只可能有 6 列。

又如当 $h_3=4$ 时，用上述递推公式来生成该列时，其结果依次如下：

$$u_{13}=4$$
$$u_{23}=4+4$$
$$u_{33}=8+4=12=3\ (\text{mod } 9)$$
$$u_{43}=3+4=7$$
$$u_{53}=7+4=11=2\ (\text{mod } 9)$$
$$u_{63}=2+4=6$$
$$u_{73}=6+4=10=1\ (\text{mod } 9)$$
$$u_{83}=1+4=5$$
$$u_{93}=5+4=9$$

其结果列于表 3-17 的第 3 列。

表 3-17 $U_9(9^6)$均匀设计表

试验号＼列号	1	2	3	4	5	6	试验号＼列号	1	2	3	4	5	6
1	1	2	4	5	7	8	6	6	3	6	3	6	3
2	2	4	8	1	5	7	7	7	5	1	8	4	2
3	3	6	3	6	3	6	8	8	7	5	4	2	1
4	4	8	7	2	1	5	9	9	9	9	9	9	9
5	5	1	2	7	8	4							

用上述步骤生成的均匀设计表记作 $U_n(q^m)$，向量 $\boldsymbol{h}$ 称为该表的生成向量，有时为了强调 $\boldsymbol{h}$ 的作用，可将 $U_n(q^m)$ 记成 $U_n(\boldsymbol{h})$。给定 n，相应的 $\boldsymbol{h}$ 可以像上例那样方便地求得，从而 m 也就确定了。可以看到，m 实际上是 n 的函数。这个函数曾由数学家欧拉研究过，称为欧拉函数，记为 $E(n)$。这个函数告诉我们均匀设计表最多可能有多少列。下面的结果来自数论：

（1）当 n 为素数时，$E(n-1)=n-1$。所谓素数就是一个正整数，它与其他所有比它小的正整数互质，即最大公约数为 1，如 2，3，5，7，11，13，…，均为素数。

（2）当 n 为素数幂时，即 n 可表示成 $n=p^m$，这里 p 为素数，m 为正整数，这时

$$E(n)=n(1-1/p) \tag{3-11}$$

例如 $n=9$，可表示为 $n=3^2$，于是

$$E(9)=9\times(1-1/3)=6$$

即 U_9 至多可以有 6 列。

（3）若 n 不属于上述两种情况，这时 n 一定可以表示为不同素数的方幂积，即

$$n=p_1^{m_1}\ p_2^{m_2}p_3^{m_3}\cdots p_s^{m_s} \tag{3-12}$$

这里 p_1，p_2，p_3，…，p_s 为不同的素数，m_1，m_2，…，m_s 为正整数。这时

$$E(n)=n(1-1/p_1)(1-1/p_2)\cdots(1-1/p_s) \tag{3-13}$$

例如 $n=12$ 可表示为 $n=2^2\times3$，于是

$$E(12)=12\times(1-1/2)\times(1-1/3)=4$$

即 U_{12} 至多可以有 4 列。

上述三种情况中，以素数情况为最好，最多可能获得（$n-1$）列。而非素数情况，在上述表的结构中永远不可能有（$n-1$）列。例如 $n=6=2^1 3^1$，此时 $E(6)=6(1-1/2)(1-1/3)=2$，这说明，当 $n=6$ 时，用上述办法生成的均匀设计表只有 2 列，即最多只能安排两个因素，这太少了。为此，王元等[10]建议可将 $U_7(7^6)$ 表的最后一行去掉来构造 U_6。为了区别由上述方法生成的均匀设计表，他们把这些表记为 $U_n^*(n^m)$，在 U 的右上角加上一个“*”号。表 $U_6^*(6^6)$ 列于表 3-17，是由表 $U_7^*(7^6)$ 去掉最后一行而得。注意，由这样的方法构造出来的 U^* 表与 U 表之间存在如下关系和特点：

① 所有的 U_n^* 表是由 U_n 表划去最后一行而获得。

② U 表的最后一行全部由水平 n 组成。U_n^* 表的最后一行则不然，若每个因素的水平都是由低到高排列，U_n 表的最后一行所对应的试验将全部由最高水平组合，U_n^* 表则没有类似现象，比较容易安排试验。

③ 若 n 为偶数，U_n^* 表比 U_n 表有更多的列。如上面讨论的 U_6 只有 2 列，而 U_6^* 可以有 6 列。

④ 若 n 为奇数，则 U_n^* 表的列数通常少于 U_n 表。

⑤ U_n^* 表比 U_n 表有更好的均匀性，应优先采用，细节将在下节讨论。

⑥ 将 U_n 表或 U_n^* 表的元素组成一个矩阵的秩最多分别为 $[(E(n)+1)/2]$ 及 $[(E(n+1)+1)/2]$。

表 3-18 $U_6^*(6^6)$均匀设计表

试验号 \ 列号	1	2	3	4	5	6
1	1	2	3	4	5	6
2	2	4	6	1	3	5
3	3	6	2	5	1	4
4	4	1	5	2	6	3
5	5	3	1	6	4	2
6	6	5	4	3	2	1

二、均匀性准则和使用表的产生

在均匀设计中，除给出的均匀设计表以外，还有一个使用表，根据此表，可以做出一些选择，即可选出对应的列来表达试验中的因素。设要从均匀设计表 $U_n^*(n^m)$ 或 $U_n(n^m)$ 中选出 s 列，则可能有 C_m^s 种可能，要从中选择一个最好的，这里必须对“好”和“坏”有明确的定义。$U_n(n^m)$ 是由它的生成向量 $\boldsymbol{h}=(h_1, h_2, \cdots, h_m)$ 所唯一确定的，选择 s 列，本质上就是从中选择 s 个元素，并由它们来产生一个新的 $n\times s$ 矩阵，以构成一个新的均匀设计表 $U_n(h_1, \cdots, h_s)$，它的每一行是 s 维空间 R^s 的一个点，若这 n 个点在试验范围内均匀分布，则试验效果好，否则试验效果不好。比较两个可能的均匀设计表 U_n 的好坏等价于比较对应两组点集在试验空间的均匀性。于是，必须给出均匀性的度量。

度量均匀性的准则很多，其中偏差是使用历史最久，为公众所广泛接受的准则。先给出它的定义。

设 $U_n(n^m)$ 是一个均匀设计表，若把它的每一行看成 m 维空间的一个点，则 $U_n(n^m)$ 给出了 n 个试验点，这些点的坐标由$\{1,2,\cdots,n\}$组成。用线性变换将$\{1,2,\cdots,n\}$均匀地变到 (0,1) 之间，如下：

$$i \rightarrow \frac{2i-1}{2n} \quad i=1, 2, \cdots, n \tag{3-14}$$

若用 q_{ki} 表示 $U_n(n^m)$ 中的元素，则上面的变换等价于令

$$x_{ki}=\frac{2q_{ki}-1}{2n} \quad i=1,2,\cdots,m; \quad k=1,2,\cdots,n \tag{3-15a}$$

$$\boldsymbol{x}_k=(x_{k1},x_{k2},\cdots,x_{km}) \quad k=1,2,\cdots,n \tag{3-15b}$$

于是，n 个试验点变换成$[0, 1]^m=C^m$ 中的 n 个点：$\boldsymbol{x}_1,\boldsymbol{x}_2,\cdots,\boldsymbol{x}_n$ 在 C^m 的均匀性。

偏差的定义：设 $\boldsymbol{x}_1, \boldsymbol{x}_2, \cdots, \boldsymbol{x}_n$ 为C^m 的n 个点，任一向量 $\boldsymbol{x}=(\boldsymbol{x}_1,\boldsymbol{x}_2,\cdots,\boldsymbol{x}_n)\in C^m$，记 $v(\boldsymbol{x})=\boldsymbol{x}_1\times\boldsymbol{x}_2\times\cdots\times\boldsymbol{x}_n$ 为矩形 $[0, \boldsymbol{x}]$ 的体积，n_x 为 $\boldsymbol{x}_1,\boldsymbol{x}_2,\cdots,\boldsymbol{x}_n$ 中落入矩形 $[0, \boldsymbol{x}]$ 的点数，则

$$D(\boldsymbol{x}_1,\boldsymbol{x}_2,\cdots,\boldsymbol{x}_n)=\sup_{\boldsymbol{x}\in C^m}|n_x/n-v(\boldsymbol{x})| \tag{3-16}$$

称为点集$\{\boldsymbol{x}_1,\boldsymbol{x}_2,\cdots,\boldsymbol{x}_n\}$在 C^m 中的偏差。

为什么偏差可以用于度量点集散布的均匀度呢？若 n 个点 $\boldsymbol{x}_1, \boldsymbol{x}_2, \cdots, \boldsymbol{x}_n$ 在 C^m 中散布均匀，则 n_x/n 表示有多少比例的点落在矩形 $[0, \boldsymbol{x}]$ 中，它应当和矩形的体积相差不会

太远。如果用统计学的语言来解释偏差，令

$$F_n(\boldsymbol{x})=\left[\sum_{k=1}^{n}I(\boldsymbol{x}_k\leqslant\boldsymbol{x})\right]/n \tag{3-17}$$

表示$\{\boldsymbol{x}_1,\boldsymbol{x}_2,\cdots,\boldsymbol{x}_n\}$的经验分布函数，式中，$I(.)$ 为示性函数。令 $F(\boldsymbol{x})$为 C^m 上均匀分布的分布函数，于是上述定义的偏差可表为

$$D(\boldsymbol{x}_1,\boldsymbol{x}_2,\cdots,\boldsymbol{x}_n)=\sup_{\boldsymbol{x}\in C^m}|F_n(\boldsymbol{x})-F(\boldsymbol{x})| \tag{3-18}$$

偏差实际上就是在分布拟合检验中的 Kolmogorov-Smirrov 统计量，它给出了经验和理论分布之间的偏差。

在 C^m 中任给 n 个点 $\boldsymbol{x}_1$，$\boldsymbol{x}_2$，…，$\boldsymbol{x}_n$，如何计算它们的偏差对均匀设计表的构造十分重要。长期以来，一直没有人提出一个实用的算法。方开泰等是把偏差展开成级数，取其首项，给出近似偏差的准则。此法计算方便，但有时误差较大，而且只适合好格子点法构造的均匀设计，不能计算正交设计等其他方法所产生的试验点的偏差。最近，Bundschuh 和朱尧辰[11]给出了计算偏差的算法，当因素不太多时，该算法可精确地求出任何点集的偏差。

设要从均匀设计表 $U_n(n^m)$中选出 s 列，使其相应的均匀设计有最小偏差。当 m 和 s 较大时，由 m 列中取出 s 列的数目有 C_m^s 之多，要比较这么多组点集的均匀性工作量很大，须用简化计算和近似求解的方法。这里仅介绍利用整数的同余幂来产生 h_1，h_2，…，h_s 的方法。

令 a 为小于 n 的整数，且 a，$a^2 (\mathrm{mod}\ n)$，…，$a^t(\mathrm{mod}\ n)$ 互不相同，$a^{t+1}=1(\mathrm{mod}\ n)$，则称 a 对 n 的次数为 t，例如

$$2^1=2,\ 2^2=4,\ 2^3=3,\ 2^4=1(\mathrm{mod}\ 5)$$

则 2 对 5 的次数为 3，又如

$$3^1=3,\ 3^2=9,\ 3^3=5,\ 3^4=4,\ 3^5=1\ (\mathrm{mod}\ 11)$$

则 3 对 11 的次数为 4。一般若 a 对 n 的次数大于或等于 $s-1$，且 a 与 n 互质，则可用

$$(a^0,\ \cdots,\ a^{s-1})\ (\mathrm{mod}\ n)$$

作为生成向量，故 a 称为均匀设计的生成元。然后在一切可能的 a（最多 $n-1$ 个）中去比较相应试验点的均匀性，工作量可大大减少。理论和实践证明，这种方法获得的均匀设计使用表仍能保证设计的均匀性。于是对给定的 n 和 s，只要求得最优的 a，便可获得生成向量，从而获得相应的均匀设计表。

表 3-19 U_n 和 U_n^* 的生成元和相应设计的偏差

n	2	3	4	5	6	7
5	2(0.3100)	2(0.4570)				
6	3(0.1875)	3(0.2656)	3(0.2990)			
7	3(0.2398)	3(0.3721)	3(0.4760)			
8	4(0.1445)	4(0.2000)	2(0.2709)			
9	4(0.1944)	4(0.3102)	2(0.4066)			
10	7(0.1125)	7(0.1681)	5(0.2236)	5(0.2414)	7(0.2994)	
11	7(0.1632)	7(0.2649)	5(0.3528)	7(0.4286)	7(0.4942)	

续表

n	2	3	4	5	6	7
12	5(0.1163)	6(0.1838)	6(0.2233)	4(0.2272)	6(0.2670)	6(0.2768)
13	5(0.1405)	6(0.2308)	6(0.3107)	4(0.3814)	6(0.4439)	6(0.4992)
14	11(0.0957)	7(0.1455)	7(0.2091)			
15	11(0.1233)	7(0.2043)	7(0.2772)			
16	10(0.0908)	5(0.1262)	5(0.1705)	5(0.2070)	10(0.2518)	2(0.2769)
17	11(0.1099)	10(0.1832)	10(0.2501)	10(0.3111)	10(0.3667)	10(0.4174)
18	8(0.0779)	9(0.1394)	9(0.1754)	4(0.2047)	3(0.2245)	9(0.2247)
19	8(0.0990)	8(0.1660)	14(0.2277)	14(0.2845)	14(0.3368)	14(0.3850)
20	13(0.0947)	5(0.1363)	10(0.1915)	10(0.2012)	10(0.2010)	
21	13(0.0947)	10(0.1581)	10(0.2089)	10(0.2620)	10(0.3113)	
22	9(0.0677)	17(0.1180)	17(0.1392)	17(0.1827)	17(0.1930)	11(0.2195)
23	17(0.0827)	15(0.1397)	17(0.1930)	11(0.2428)	17(0.2893)	11(0.3328)
24	11(0.0586)	6(0.1031)	6(0.1441)	12(0.1758)	12(0.2064)	12(0.2198)
25	11(0.0764)	11(0.1294)	11(0.1793)	11(0.2261)	4(0.2701)	9(0.3115)
26	16(0.0588)	10(0.1136)	5(0.1311)	5(0.1683)	16(0.1828)	5(0.1967)
27	20(0.0710)	20(0.1205)	20(0.1673)	20(0.2115)	16(0.2533)	16(0.2927)
28	18(0.0545)	7(0.0935)	7(0.1074)	16(0.1381)	7(0.1578)	7(0.1550)
29	23(0.0663)	9(0.1128)	7(0.1596)	16(0.1937)	16(0.2384)	16(0.2760)
30	22(0.0519)	22(0.0888)	18(0.1325)	18(0.1465)	18(0.1621)	11(0.1924)
31	14(0.0622)	12(0.1060)	22(0.1477)	12(0.1874)	12(0.2251)	22(0.2611)
37	17(0.0524)	23(0.0930)	17(0.1255)	7(0.1599)	7(0.1929)	7(0.2245)

表 3-20 奇数n的U_n^*表的生成矢量和相应设计的偏差

n	s	生成矢量	D	P/%
7	2	(1,5)	0.1582	34.03
	3	(3,5,7)	0.2132	42.70
9	2	(1,5)	0.1574	19.03
	3	(3,7,9)	0.1980	36.17
11	2	(1,5)	0.1136	30.39
	3	(5,7,11)	0.2307	12.91
13	2	(1,9)	0.0962	31.53
	3	(1,9,11)	0.1442	37.52
	4	(1,5,9,11)	0.2076	33.18
15	2	(1,7)	0.0833	32.44
	3	(1,5,13)	0.1361	33.38
	4	(5,7,9,13)	0.1511	45.49
	5	(5,7,9,11,15)	0.2090	24.60
17	2	(1,7)	0.0856	22.11
	3	(1,7,13)	0.1331	27.35
	4	(7,11,13,17)	0.1785	28.63
19	2	(1,9)	0.0755	23.74
	3	(1,3,11)	0.1372	17.35
	4	(1,3,7,11)	0.1807	20.64
	5	(7,9,11,13,19)	0.1897	33.32

续表

n	s	生成矢量	D	P/%
21	2	(1,13)	0.0679	28.30
	3	(1,7,9)	0.1121	29.10
	4	(1,5,7,13)	0.1381	33.89
	5	(1,9,13,17,19)	0.1759	32.86
23	2	(1,17)	0.0638	29.62
	3	(11,17,19)	0.1029	26.34
	4	(1,7,13,19)	0.1310	32.12
	5	(11,13,17,19,23)	0.1691	30.35
25	2	(1,11)	0.0588	23.04
	3	(3,5,25)	0.0975	24.65
	4	(5,7,9,25)	0.1210	32.52
	5	(11,15,17,19,21)	0.1532	32.24
27	2	(1,11)	0.0600	15.49
	3	(1,9,15)	0.1009	16.27
	4	(1,11,15,25)	0.1189	28.93
	5	(3,13,17,19,27)	0.1378	34.85
29	2	(1,19)	0.0520	16.27
	3	(1,17,19)	0.0914	18.97
	4	(1,17,19,23)	0.1050	34.21
	5	(13,17,19,23,29)	0.1730	12.93
31	2	(1,9)	0.0554	10.93
	3	(1,9,19)	0.0908	14.34
	4	(3,13,21,27)	0.1100	25.52
	5	(5,9,11,17,19)	0.1431	23.64

表 3-19 对奇数 n（$5 \leqslant n \leqslant 31$，$n=37$）给出了 U_n 表的生成元及其均匀设计的偏差，同时对偶数 n（$6 \leqslant n \leqslant 30$）给出了 U_n^* 表的生成元及相应的偏差。类似地，对奇数 n，也可获得 U_n^* 表的生成向量及相应的偏差（见表 3-20）。此二表由方开泰等算出[12]。综合两个表的结果，可作如下说明：

① 对奇数 n，U_n^* 表比 U_n 表有更好的均匀性。例如 $n=15$，$s=4$ 时，$U_n(15^4)$的偏差为 $D=0.2772$，而 $U_n^*(15^4)$的偏差为 $D=0.1511$，后者比前者相对降低了 45.49%。

② 若 n 固定，当 s 增大时，U_n 表（或 U_n^* 表）的偏差也随之增大，若 s 固定，U_n 表的偏差随 n 的增大而减少，而 U_n^* 表的偏差一般也随之增大而减少，但有少数例外，原因是它们的 U_{n+1}表的可能列数 $E(n+1)$不太多，其中选择 s 的可能组合也不多，从而最小偏差相对偏大。

③ 表 3-19 列举的 U_n 表和 U_n^* 表是由生成元方法生成的，而表 3-20 的 U_n^* 表是考虑从 U_{n+1}表中选出 s 列的一切可能的组合，所以生成向量中不一定包含 1。

④ 均匀度度量的方法很多，最初王元、方开泰[10]提出了近似偏差的均匀性准则，利用这个准则，他们给出了 $n \leqslant 31$ 的使用表。丁元[13]利用最优实验设计理论中的 A-最优和 D-最优准则，给出了相应的使用表，蒋声和陈瑞琛[14,15]从几何的观点提出了体积距离的度量。方开泰和郑胡灵[16]也是从几何的角度建议用最大对称差的条件来度量均匀性，并提出了均匀性度量必须要满足的条件。

三、拟水平均匀设计

由于在实际的化学实验和化工生产中情况变化很多，有时各个因素的水平数是各自不同的，唯如此方可与实际情况相同，所以，在实验设计中就有所谓的拟水平方法，即针对实验设计诸因素的水平数存在有不相同的情况下的一种设计，有时也称为混合水平设计。先来看一个简单的例子。若在一个试验中，有两个因素 A 和 B 为三水平，一个因素 C 为二水平，这个试验可用正交表 $L_{18}(2\times3^7)$ 来安排，这等价于全面试验，并且不可能找到比 L_{18} 更小的正交表来安排这个试验。直接运用均匀设计似也困难，但如引入所谓拟水平技术，就可用均匀设计表来安排试验了。对此例，可用 $U_6^*(6^6)$ 表中的前三列来进行安排，将因素 A 和 B 放在前两列，将 C 放在第三列，继将前两列的水平两两合并，即：{1，2} ⇒1，{3，4} ⇒2，{5，6} ⇒6；第三列则合并成为二水平：{1，2，3} ⇒1，{4，5，6} ⇒2，这样，可得如表 3-21 所示的拟水平均匀设计表 $U_6(3^2\times2)$。表 3-21 具有很好的均衡性，例如，A 列和 C 列，B 列和 C 列的二因素设计正好组成它们的全面试验方案，A 列和 B 列的两因素设计中也没有重复试验。

表 3-21　拟水平设计 $U_6(3^2\times2)$

试验号＼列号	A	B	C	试验号＼列号	A	B	C
1	(1)1	(2)1	(3)1	4	(4)2	(1)1	(5)2
2	(2)1	(4)2	(6)2	5	(5)3	(3)2	(1)2
3	(3)2	(6)3	(2)1	6	(6)3	(5)3	(4)2

并不是每一次作拟水平设计都能这么好。如要安排一个二因素（A，B）五水平和一因素（C）二水平的试验，若用正交设计，可选 L_{50} 表，但试验次数太多；若用均匀设计，可用 U_{10}^* (10^{10}) 表的第 1、5、7 列来进行来安排。将第 1、5 列的每两水平进行合并，即：{1,2}⇒1,{3,4}⇒2,…,{9,10}⇒5；而将第 7 列的每五水平进行合并，即：{1,2,3,4,5}⇒1,{6,7,8,9,10}⇒2，于是可得到如表 3-22（a）所示的拟水平均匀设计。注意此表的 A 和 C 两列有两个（2,2）、但没有（2,1），有两个（4,1）、却没有（4,2），因此均衡性不好。

$U_{10}^*(10^{10})$ 的均匀设计表实际有 10 列，在这 10 列任取 3 列的一个组合都可以用来设计。例如，如果取用 $U_{10}^*(10^{10})$ 表的第 1、2、5 列来进行上述拟水平安排，可得如表 3-22（b）的 $U_{10}(5^2\times2)$ 设计，注意此设计既具有均衡性，而且其偏差 $D=0.3925$，达到了 U_{10}^* (10^{10}) 均匀设计表所有任取三列的组合所得偏差的最小值。所以，由表 3-22（b）示出的拟水平设计似应比有表 3-22（a）示出的好。

表 3-22　拟水平设计 $U_{10}(5^2\times2)$

(a)

试验号＼列号	A	B	C
1	(1)1	(5)3	(7)2
2	(2)1	(10)5	(3)1
3	(3)2	(4)2	(10)2
4	(4)2	(9)5	(6)2
5	(5)3	(3)2	(2)1
6	(6)3	(8)4	(9)2
7	(7)4	(2)1	(5)1
8	(8)4	(7)4	(1)1
9	(9)5	(1)1	(8)2
10	(10)5	(6)3	(4)1

(b)

试验号＼列号	A	B	C
1	(1)1	(2)1	(5)1
2	(2)1	(4)2	(10)2
3	(3)2	(6)3	(4)1
4	(4)2	(8)4	(9)2
5	(5)3	(10)5	(3)1
6	(6)3	(1)1	(8)2
7	(7)4	(3)2	(2)1
8	(8)4	(5)3	(7)2
9	(9)5	(7)4	(1)1
10	(10)5	(9)5	(6)2

四、均匀设计表

本节将试验次数为5～31的均匀设计表收集于表3-23，以供读者方便选用，注意到均匀设计的试验次数是可与水平数相对应的，也就是说，可以据此来安排具有31水平的试验。因素的个数也最高可达13个。在本节中同时提供的使用表给出了每种可能组合的偏差值，读者可根据具体的情况，即将试验次数、水平数及均衡性等条件与偏差值一起来综合考虑，灵活选用。

表3-23 均匀设计表汇集

(1) $U_5(5^3)$均匀设计表

试验号	1	2	3
1	1	2	4
2	2	4	3
3	3	1	2
4	4	3	1
5	5	5	5

(1a) $U_5(5^3)$使用表

维数	列号	偏差
2	1,2	0.3100
3	1,2,3	0.4570

(2) $U_6^*(6^4)$均匀设计表

试验号	1	2	3	4
1	1	2	3	6
2	2	4	6	5
3	3	6	2	4
4	4	1	5	3
5	5	3	1	2
6	6	5	4	1

(2a) $U_6^*(6^4)$使用表

维数	列号	偏差
2	1,3	0.1875
3	1,2,3	0.2656
4	1,2,3,4	0.2900

(3) $U_7^*(7^4)$均匀设计表

试验号	1	2	3	4
1	1	3	5	7
2	2	6	2	6
3	3	1	7	5
4	4	4	4	4
5	5	7	1	3
6	6	2	6	2
7	7	5	3	1

(3a) $U_7^*(7^4)$使用表

维数	列号	偏差
2	1,3	0.1582
3	2,3,4	0.2132

(4) $U_8^*(8^5)$均匀设计表

试验号	1	2	3	4	5
1	1	2	4	7	8
2	2	4	8	5	7
3	3	6	3	3	6
4	4	8	7	1	5
5	5	1	2	8	4
6	6	3	6	6	3
7	7	5	1	4	2
8	8	7	5	2	1

(4a) $U_8^*(8^5)$使用表

维数	列号	偏差
2	1,3	0.1445
3	1,3,4	0.2000
4	1,2,3,5	0.2709

(5) $U_9(9^5)$均匀设计表

试验号	1	2	3	4	5
1	1	2	4	7	8
2	2	4	8	5	7
3	3	6	3	3	6
4	4	8	7	1	5
5	5	1	2	8	4
6	6	3	6	6	3
7	7	5	1	4	2
8	8	7	5	2	1
9	9	9	9	9	9

(5a) $U_9(9^5)$使用表

维数	列号	偏差
2	1,3	0.1944
3	1,3,4	0.3102
4	1,2,3,5	0.4066

(6) $U_{11}(11^6)$均匀设计表

试验号	1	2	3	4	5	6
1	1	2	3	5	7	10
2	2	4	6	10	5	9
3	3	6	9	4	10	8
4	4	8	1	9	6	7
5	5	10	4	3	2	6
6	6	1	7	8	9	5
7	7	3	10	2	5	4
8	8	5	2	7	1	3
9	9	7	5	1	8	2
10	10	9	8	6	4	1
11	11	11	11	11	11	11

(6a) $U_{11}(11^6)$使用表

维数	列号	偏差
2	1,5	0.1632
3	1,4,5	0.2649
4	1,3,4,5	0.3528
5	1,2,3,4,5	0.4286
6	1,2,3,4,5,6	0.4942

(7) $U_{10}^*(10^8)$均匀设计表

试验号	1	2	3	4	5	6	7	8
1	1	2	3	4	5	7	9	10
2	2	4	6	8	10	3	7	9
3	3	6	9	1	4	10	5	8
4	4	8	1	5	9	6	3	7
5	5	10	4	9	3	2	1	6
6	6	1	7	2	8	9	10	5
7	7	3	10	6	2	5	8	4
8	8	5	2	10	7	1	6	3
9	9	7	5	3	1	8	4	2
10	10	9	8	7	6	4	2	1

(7a) $U_{10}^*(10^8)$使用表

维数	列号	偏差
2	1,6	0.1125
3	1,5,6	0.1681
4	1,3,4,5	0.2236
5	1,3,4,5,7	0.2414
6	1,2,3,5,6,8	0.2994

(8) $U_{12}^*(12^{10})$均匀设计表

试验号	1	2	3	4	5	6	7	8	9	10
1	1	2	3	4	5	6	8	9	10	12
2	2	4	6	8	10	12	3	5	7	11
3	3	6	9	12	2	5	11	1	4	10
4	4	8	12	3	7	11	6	10	1	9
5	5	10	2	7	12	4	1	6	11	8
6	6	12	5	11	4	10	9	2	8	7
7	7	1	8	2	9	3	4	11	5	6
8	8	3	11	6	1	9	12	7	2	5

续表

试验号	1	2	3	4	5	6	7	8	9	10
9	9	5	1	10	6	2	7	3	12	4
10	10	7	4	1	11	8	2	12	9	3
11	11	9	7	5	3	1	10	8	6	2
12	12	11	10	9	8	7	5	4	3	1

(8a) $U_{12}^{*}(12^{10})$使用表

维数	列号	偏差	维数	列号	偏差
2	1,5	0.1163	5	1,3,4,8,10	0.2272
3	1,6,9	0.1838	6	1,2,6,7,8,9	0.2670
4	1,6,7,9	0.2233	7	1,2,6,7,8,9,10	0.2768

(9) $U_{13}(13^{8})$均匀设计表

试验号	1	2	3	4	5	6	7	8
1	1	2	5	6	8	9	10	12
2	2	4	10	12	3	5	7	11
3	3	6	2	5	11	1	4	10
4	4	8	7	11	6	10	1	9
5	5	10	12	4	1	6	11	8
6	6	12	4	10	9	2	8	7
7	7	1	9	3	4	11	5	6
8	8	3	1	9	12	7	2	5
9	9	5	6	2	7	3	12	4
10	10	7	11	8	2	12	9	3
11	11	9	3	1	10	8	6	2
12	12	11	8	7	5	4	3	1
13	13	13	13	13	13	13	13	13

(9a) $U_{13}(13^{8})$使用表

维数	列号	偏差	维数	列号	偏差
2	1,3	0.1405	5	1,4,5,6,7	0.3814
3	1,4,7	0.2308	6	1,2,4,5,6,7	0.4439
4	1,4,5,7	0.3107	7	1,2,4,5,6,7,8	0.4992

(10) $U_{14}^{*}(14^{5})$均匀设计表

试验号	1	2	3	4	5	试验号	1	2	3	4	5
1	1	4	7	11	13	8	8	2	11	13	14
2	2	8	14	7	11	9	9	6	3	9	12
3	3	12	6	3	9	10	10	10	10	5	10
4	4	1	13	14	7	11	11	14	2	1	8
5	5	5	5	10	5	12	12	3	9	12	6
6	6	9	12	6	3	13	13	7	1	8	4
7	7	13	4	2	1	14	14	11	8	4	2

(10a) $U_{14}^{*}(14^5)$使用表

维数	列号	偏差	维数	列号	偏差
2	1,4	0.0957	4	1,2,3,5	0.2091
3	1,2,3	0.1455			

(11) $U_{15}^{*}(15^7)$均匀设计表

试验号	1	2	3	4	5	6	7	试验号	1	2	3	4	5	6	7
1	1	5	7	9	11	13	15	9	9	13	15	1	3	5	7
2	2	10	14	2	6	10	14	10	10	2	6	10	14	2	6
3	3	15	5	11	1	7	13	11	11	7	13	3	9	15	5
4	4	4	12	4	12	4	12	12	12	12	4	12	4	12	4
5	5	9	3	13	7	1	11	13	13	1	11	5	15	9	3
6	6	14	10	6	2	14	10	14	14	6	2	14	10	6	2
7	7	3	1	15	13	11	9	15	15	11	9	7	5	3	1
8	8	8	8	8	8	8	8								

(11a) $U_{15}^{*}(15^7)$使用表

维数	列号	偏差	维数	列号	偏差
2	1,3	0.0833	4	1,2,4,6	0.1551
3	1,2,6	0.1361	5	2,3,4,5,7	0.2272

(12) $U_{16}^{*}(16^{10})$均匀设计表

试验号	1	2	3	4	5	6	7	8	9	10	11	12
1	1	2	4	5	6	8	9	10	13	14	15	16
2	2	4	8	10	12	16	1	3	9	11	13	15
3	3	6	12	15	1	7	10	13	5	8	11	14
4	4	8	16	3	7	15	2	6	1	5	9	13
5	5	10	3	8	13	6	11	16	14	2	7	12
6	6	12	7	13	2	14	3	9	10	16	5	11
7	7	14	11	1	8	5	12	2	6	13	3	10
8	8	16	15	6	14	13	4	12	2	10	1	9
9	9	1	2	11	3	4	13	5	15	7	16	8
10	10	3	6	16	9	12	5	15	11	4	14	7
11	11	5	10	4	15	3	14	8	7	1	12	6
12	12	7	14	9	4	11	6	1	3	15	10	5
13	13	9	1	14	10	2	15	11	16	12	8	4
14	14	11	5	2	16	10	7	4	12	9	6	3
15	15	13	9	7	5	1	16	14	8	6	4	2
16	16	15	13	12	11	9	8	7	4	3	2	1

(12a) $U_{16}^{*}(16^{10})$使用表

维数	列号	偏差	维数	列号	偏差
2	1,8	0.0908	5	1,4,5,6,9	0.2070
3	1,4,6	0.1262	6	1,3,5,8,10,11	0.2518
4	1,4,5,6	0.1705	7	1,2,3,6,9,11,12	0.2769

(13) $U_{18}^{*}(18^{11})$均匀设计表

试验号	1	2	3	4	5	6	7	8	9	10	11
1	1	3	4	5	6	7	8	9	11	15	16
2	2	6	8	10	12	14	16	18	3	11	13
3	3	9	12	15	18	2	5	8	14	7	10
4	4	12	16	1	5	9	13	17	6	3	7
5	5	15	1	6	11	16	2	7	17	18	4
6	6	18	5	11	17	4	10	16	9	14	1
7	7	2	9	16	4	11	18	6	1	10	17
8	8	5	13	2	10	18	7	15	12	6	14
9	9	8	17	7	16	6	15	5	4	2	11
10	10	11	2	12	3	13	4	14	15	17	8
11	11	14	6	17	9	1	12	4	7	13	5
12	12	17	10	3	15	8	1	13	18	9	2
13	13	1	14	8	2	15	9	3	10	5	18
14	14	4	18	13	8	3	17	12	2	1	15
15	15	7	3	18	14	10	6	2	13	16	12
16	16	10	7	4	1	17	14	11	5	12	9
17	17	13	11	9	7	5	3	1	16	8	6
18	18	16	15	14	13	12	11	10	8	4	3

(13a) $U_{18}^{*}(18^{11})$使用表

维数	列号	偏差	维数	列号	偏差
2	1,7	0.0779	5	1,3,6,8,11	0.2047
3	1,4,8	0.1394	6	1,2,4,7,8,10	0.2245
4	1,4,6,8	0.1754	7	1,4,5,6,8,9,11	0.2247

(14) $U_{22}^{*}(22^{11})$均匀设计表

试验号	1	2	3	4	5	6	7	8	9	10	11
1	1	5	6	8	9	11	13	14	17	20	21
2	2	10	12	16	18	22	3	5	11	17	19
3	3	15	18	1	4	10	16	19	5	14	17
4	4	20	1	9	13	21	6	10	22	11	15
5	5	2	7	17	22	9	19	1	16	8	13
6	6	7	13	2	8	20	9	15	10	5	11
7	7	12	19	10	17	8	22	6	4	2	9

续表

试验号	1	2	3	4	5	6	7	8	9	10	11
8	8	17	2	18	3	19	12	20	21	22	7
9	9	22	8	3	12	7	2	11	15	19	5
10	10	4	14	11	21	18	15	2	9	16	3
11	11	9	20	19	7	6	5	16	3	13	1
12	12	14	3	4	16	17	18	7	20	10	22
13	13	19	9	12	2	5	8	21	14	7	20
14	14	1	15	20	11	16	21	12	8	4	18
15	15	6	21	5	20	4	11	3	2	1	16
16	16	11	4	13	6	15	1	17	19	21	14
17	17	16	10	21	15	3	14	8	13	18	12
18	18	21	16	6	1	14	4	22	7	5	10
19	19	3	22	14	10	2	17	13	1	12	8
20	20	8	5	22	19	13	7	4	18	9	6
21	21	13	11	7	5	1	20	18	12	6	4
22	22	18	17	15	14	12	10	9	6	3	2

(14a) $U_{22}^{*}(22^{11})$使用表

维数	列号	偏差	维数	列号	偏差
2	1,5	0.0677	5	1,4,7,8,9	0.1827
3	1,7,9	0.1108	6	1,4,7,8,9,11	0.1930
4	1,7,8,9	0.1392	7	1,2,3,5,6,7,10	0.2195

(15) $U_{24}^{*}(24^{9})$均匀设计表

试验号	1	2	3	4	5	6	7	8	9
1	1	3	6	7	9	11	12	16	19
2	2	6	12	14	18	22	24	7	13
3	3	9	18	21	2	8	11	23	7
4	4	12	24	3	11	19	23	14	1
5	5	15	5	10	20	5	10	5	20
6	6	18	11	17	4	16	22	21	14
7	7	21	17	24	13	2	9	12	8
8	8	24	23	6	22	13	21	3	2
9	9	2	4	13	6	24	8	19	21
10	10	5	10	20	15	10	20	10	15
11	11	8	16	2	24	21	7	1	9
12	12	11	22	9	8	7	19	17	3
13	13	14	3	16	17	18	6	8	22
14	14	17	9	23	1	4	18	24	16
15	15	20	15	5	10	15	5	15	10
16	16	23	21	12	19	1	17	6	4

续表

试验号	1	2	3	4	5	6	7	8	9
17	17	1	2	19	3	12	4	22	23
18	18	4	8	1	12	23	16	13	17
19	19	7	14	8	21	9	3	4	11
20	20	10	20	15	5	20	15	20	5
21	21	13	1	22	14	6	2	11	24
22	22	16	7	4	23	17	14	2	18
23	23	19	13	11	7	3	1	18	12
24	24	22	19	18	16	14	13	9	6

(15a) $U_{24}^{*}(24^{9})$使用表

维数	列号	偏差	维数	列号	偏差
2	1,6	0.0586	5	1,2,6,7,9	0.1758
3	1,3,6	0.1031	6	1,2,4,6,7,9	0.2064
4	1,3,6,8	0.1441	7	1,2,4,5,6,7,9	0.2198

(16) $U_{26}^{*}(26^{11})$均匀设计表

试验号	1	2	3	4	5	6	7	8	9	10	11
1	1	4	5	7	10	13	16	17	19	20	25
2	2	8	10	14	20	26	5	7	11	13	23
3	3	12	15	21	3	12	21	24	3	6	21
4	4	16	20	1	13	25	10	14	22	26	19
5	5	20	25	8	23	11	26	4	14	19	17
6	6	24	3	15	6	24	15	21	6	12	15
7	7	1	8	22	16	10	4	11	25	5	13
8	8	5	13	2	26	23	20	1	17	25	11
9	9	9	18	9	9	9	9	18	9	18	9
10	10	13	23	16	19	22	25	8	1	11	7
11	11	17	1	23	2	8	14	25	20	4	5
12	12	21	6	3	12	21	3	15	12	24	3
13	13	25	11	10	22	7	19	5	4	17	1
14	14	2	16	17	5	20	8	22	23	10	26
15	15	6	21	24	15	6	24	12	15	3	24
16	16	10	26	4	25	19	13	2	7	23	22
17	17	14	4	11	8	5	2	19	26	16	20
18	18	18	9	18	18	18	18	9	18	9	18
19	19	22	14	25	1	4	7	26	10	2	16
20	20	26	19	5	11	17	23	16	2	22	14
21	21	3	24	12	21	3	12	6	21	15	12
22	22	7	2	19	4	16	1	23	13	8	10
23	23	11	7	26	14	2	17	13	5	1	8

续表

试验号	1	2	3	4	5	6	7	8	9	10	11
24	24	15	12	6	24	15	6	3	24	21	6
25	25	19	17	13	7	1	22	20	16	14	4
26	26	23	22	20	17	14	11	10	8	7	2

(16a) $U_{26}^{*}(26^{11})$使用表

维数	列号	偏差	维数	列号	偏差
2	1,7	0.0588	5	1,2,3,8,11	0.1682
3	1,5,9	0.1126	6	1,2,4,6,7,9	0.1828
4	1,3,8,11	0.1311	7	1,2,3,8,9,10,11	0.1967

第五节　最优试验设计

到目前为止，前面所有讨论的试验设计方法都是假定模型的设计矩阵 $\boldsymbol{X}$ 已经给定，实际上，所有试验设计的统计推断结果均与 $\boldsymbol{X}$ 的值有着密切的关系。因此，如何在验前（若能做到的话），适当地选择因素的值（即 $\boldsymbol{X}$ 矩阵），使得 $\boldsymbol{X}$ 矩阵在统计推断中能具有某种统计优良性质，这个问题是十分重要的，也是近二十多年来试验设计中一个活跃的研究课题，本节拟讨论的最优设计法就包括这方面的问题，希望更多了解这方面情况的读者可参看有关专著[17~19]。

一、最优设计的各种准则

为讨论问题的方便，在此将前述的试验设计回归模型改写为以下更为一般的回归模型

$$y=\beta_1 f_1(\boldsymbol{x})+\beta_2 f_2(\boldsymbol{x})+\cdots+\beta_m f_m(\boldsymbol{x})+e \tag{3-19}$$

式中，$\boldsymbol{x}$ 为试验因素空间的一点，如试验因素空间是 p 维欧氏空间，那么 $\boldsymbol{x}$ 就是 p 维向量，$f_i(\boldsymbol{x})(i=1,2,\cdots,m)$都是该试验因素空间的点的连续函数。例如，当试验因素空间为 2 维时，即 $\boldsymbol{x}=(x_1,x_2)$，如取因素的所有二次项来构成试验设计的回归模型的话，就可取

$$f_1(\boldsymbol{x})=1$$

$$f_2(\boldsymbol{x})=x_1$$

$$f_3(\boldsymbol{x})=x_2$$

$$f_4(\boldsymbol{x})=x_1x_2$$

$$f_5(\boldsymbol{x})=x_1^2$$

$$f_6(\boldsymbol{x})=x_2^2$$

此时，试验设计的具体回归模型就可写成

$$y=\beta_1+\beta_2x_1+\beta_3x_2+\beta_4x_1x_2+\beta_5x_1^2+\beta_6x_2^2+e \tag{3-20}$$

当试验计划进行 n 次，由式（3-19）表示的回归模型可得

$$y_i = \beta_1 f_1(\boldsymbol{x}_i) + \beta_2 f_2(\boldsymbol{x}_i) + \cdots + \beta_m f_m(\boldsymbol{x}_i) + e \quad (i=1,2,\cdots,n)$$

其试验设计矩阵 $\boldsymbol{X}$ 为

$$\boldsymbol{X} = \begin{pmatrix} f_1(\boldsymbol{x}_1) & f_2(\boldsymbol{x}_1) & \cdots & f_m(\boldsymbol{x}_1) \\ f_1(\boldsymbol{x}_2) & f_2(\boldsymbol{x}_2) & \cdots & f_m(\boldsymbol{x}_2) \\ \vdots & \vdots & & \vdots \\ f_1(\boldsymbol{x}_n) & f_2(\boldsymbol{x}_n) & \cdots & f_m(\boldsymbol{x}_n) \end{pmatrix} \tag{3-21}$$

此时，该试验设计的信息矩阵可定义为（$\boldsymbol{X}^t\boldsymbol{X}$）。

这样，就可通过选择 $\boldsymbol{X}$ 矩阵而使由式（3-19）表示的回归模型可估，使由式（3-19）可估的设计称为可行设计。记所有可行设计的全体组成集合为 $\Re_n$。所谓最优试验设计就是指从 $\Re_n$ 中找出一个 $\boldsymbol{X} \in \Re_n$，使式（3-19）的最小二乘估计具有某种"优良性"。

"优良性"指什么？这涉及到不同的准则，下面从不同的角度介绍几种常用的优良性准则。

（1）A-最优准则　对任取 $\boldsymbol{X} \in \Re_n$，有

$$\boldsymbol{\beta} = (\boldsymbol{X}^t\boldsymbol{X})^{-1}\boldsymbol{X}^t\boldsymbol{y} \tag{3-22}$$

而

$$\mathrm{cov}(\boldsymbol{\beta}) = \mathrm{cov}[(\boldsymbol{X}^t\boldsymbol{X})^{-1}\boldsymbol{X}^t\boldsymbol{y}] = \sigma^2(\boldsymbol{X}^t\boldsymbol{X})^{-1} \tag{3-23}$$

式中，σ^2 为回归模型的估计误差的方差。若存在 $\boldsymbol{X}_A \in \Re_n$，使

$$\mathrm{tr}[\mathrm{cov}(\boldsymbol{\beta})] = \mathrm{tr}[\sigma^2(\boldsymbol{X}_A^t\boldsymbol{X}_A)^{-1}] = \min\sum_{i=1}^{m} 1/\lambda_i \tag{3-24}$$

成立，则称 $\boldsymbol{X}_A$ 为 A-最优的设计矩阵。其中 λ_i 为信息矩阵（$\boldsymbol{X}^t\boldsymbol{X}$）的第 i 个特征值。故 A-最优是协方差阵的特征值之和最小准则，或称平均方差最小准则。

（2）BBX〗EBBX〗-最优准则　若存在 $\boldsymbol{X}_E \in \Re_n$，使得

$$\lambda_{\min}(\boldsymbol{X}_E^t\boldsymbol{X}_E) = \max_{\boldsymbol{X}\in\Re_n}\lambda_{\min}(\boldsymbol{X}^t\boldsymbol{X}) \tag{3-25}$$

成立，则称 $\boldsymbol{X}_E$ 为 E-最优的设计矩阵。其中 $\lambda_{\min}$ 为信息矩阵（$\boldsymbol{X}_E^t\boldsymbol{X}_E$）的最小特征值。故 E-最优是信息矩阵的最小特征值最大准则。

（3）D-最优准则　若存在 $\boldsymbol{X}_D \in \Re_n$，使得

$$|\boldsymbol{X}_D^t\boldsymbol{X}_D| = \max_{\boldsymbol{X}\in\Re_n}|\boldsymbol{X}^t\boldsymbol{X}| \tag{3-26}$$

成立，则称 $\boldsymbol{X}_D$ 为 D-最优的设计矩阵。其中 $|.|$ 为信息矩阵（$\boldsymbol{X}^t\boldsymbol{X}$）的行列式值。故 D-最优是信息矩阵的行列式值最大准则。

（4）G-最优准则　对任取 $\boldsymbol{X} \in \Re_n$ 有，

$$\boldsymbol{y} = \boldsymbol{X}\boldsymbol{\beta}$$

即

$$y_i = \boldsymbol{x}_i^t\boldsymbol{\beta} = \boldsymbol{x}_i^t(\boldsymbol{X}^t\boldsymbol{X})^{-1}\boldsymbol{X}^t\boldsymbol{y} \tag{3-27}$$

所以有

$$\mathrm{var}(y_i) = \mathrm{var}(\boldsymbol{x}_i^t(\boldsymbol{X}^t\boldsymbol{X})^{-1}\boldsymbol{X}^t\boldsymbol{y}) = \boldsymbol{x}_i^t(\boldsymbol{X}^t\boldsymbol{X})^{-1}\boldsymbol{X}^t\mathrm{var}(\boldsymbol{y})\boldsymbol{X}(\boldsymbol{X}^t\boldsymbol{X})^{-1}\boldsymbol{x}_i = \boldsymbol{x}_i^t(\boldsymbol{X}^t\boldsymbol{X})^{-1}\boldsymbol{x}_i\sigma^2$$

则

$$\mathrm{var}(y_i)=\boldsymbol{x}_i^{\mathrm{t}}(\boldsymbol{X}^{\mathrm{t}}\boldsymbol{X})^{-1}\boldsymbol{x}_i\sigma^2$$

若存在 $\boldsymbol{X}_{\mathrm{g}}\in\Re_n$，使得

$$\mathrm{d}(\boldsymbol{X}_{\mathrm{g}})=\min_{\boldsymbol{X}\in\Re_n}\max_{\boldsymbol{x}\in\boldsymbol{X}}\boldsymbol{x}^{\mathrm{t}}(\boldsymbol{X}^{\mathrm{t}}\boldsymbol{X})^{-1}\boldsymbol{x}$$

成立，则称 $\boldsymbol{X}_{\mathrm{g}}$ 为 G-最优的设计矩阵。G-最优准则是使预报值在整个区域中的最大方差达到最小的设计，故也称 min max 设计。

上面都是假设试验次数 n 是固定的，通常称为离散型设计，记矩阵

$$\boldsymbol{M}\equiv 1/n(\boldsymbol{X}^{\mathrm{t}}\boldsymbol{X})\equiv(m_{ij})$$

为信息阵。以上介绍的各种最优准则实质上是讨论信息阵的某一函数 $f(\boldsymbol{M})$的最小值问题。设 $\Re$ 是 $\boldsymbol{x}$ 的取值域（试验区域），Kiefer 在 $\Re$ 引进一个测度 $\mu(\boldsymbol{x})$。定义信息阵 $\boldsymbol{M}\equiv(m_{ij})$中的$m_{ij}$为

$$m_{ij}=\int_{\Re}\boldsymbol{x}_i\boldsymbol{x}_j\,\mathrm{d}\mu(\boldsymbol{x}) \tag{3-28}$$

给出了一个测度 $\mu(\boldsymbol{x})$就相当于给出一个设计，这样的设计称为连续型设计。Kiefer 证明了在连续型设计中 D-最优与 G-最优的等价性的著名定理。但在离散型设计中，有例子说明 D-最优可以不是 G-最优。在最优试验设计中，有实际应用意义的是离散型设计。

二、*D*-最优设计

对于式（3-19）表示的回归模型可以编制出各种试验设计，评价这些设计的好坏，可以从试验点的多少（如部分因子设计、均匀设计）来评价，也可以从计算简繁（如因子设计、正交设计等）来评价。从上节的讨论可知，D-最优设计是从对模型的参数 $\boldsymbol{\beta}$ 的估计好坏来评价的。

对给定的模型，可以寻找一个试验设计 Ω，通过试验得到一组数据，然后根据最小二乘法来获得 $\boldsymbol{\beta}$ 的估计。对于不同的试验设计，可得到不同的最小二乘估计。为了评价这些参数估计的好坏，需要对这些参数的估计值进行综合考察，D-最优就是用它们的密集椭球体的体积的大小来评价的。

试验设计定义　给定因子空间中的一组点 $\boldsymbol{x}=(\boldsymbol{x}_1, \boldsymbol{x}_2, \cdots, \boldsymbol{x}_n)$，和与其对应的一组数（$p_1$，$p_2$，…，$p_n$），其中 $p_i=n_i/N$，n_i为第 i 点的重复实验次数，显然，有$\sum p_i=1$。这样的一种安排，称为一个规范化设计 Ω。在这里，p_i称为点 x_i的测度。

密集椭球体定义　设$\boldsymbol{\xi}=(\boldsymbol{\xi}_1, \boldsymbol{\xi}_2, \cdots, \boldsymbol{\xi}_m)$ 是 m 维随机向量，其均值和相关矩存在，可在 m 维空间中寻找一个椭球，使得在该椭球体所围区域上的 m 维均匀分布的随机变量与$\boldsymbol{\xi}$具有相同的均值与相关矩，具有这种特性的椭球体称为随机向量$\boldsymbol{\xi}$的密集椭球体。密集椭球体体积的大小，可作为衡量随机向量 $\boldsymbol{\xi}$ 分散程度的一个指标。

假如已知 m 个参数$\boldsymbol{\beta}=(\beta_1, \beta_2, \cdots, \beta_m)$ 的均值和相关矩，就可以找到它的密集椭球体。一般说来，不同的设计 Ω 有不同的密集椭球体，所以回归系数 $\boldsymbol{\beta}$ 的密集椭球体的体积 V 是与试验设计 Ω 有关的，即 $V=V(\Omega)$。对某一个试验设计 Ω，有不同的密集椭球体，回归系数 $\boldsymbol{\beta}$ 的密集椭球体的体积 $V(\Omega)$ 与该设计的信息矩阵的行列式 $|\boldsymbol{X}(\Omega)^{\mathrm{t}}\boldsymbol{X}(\Omega)|$ 有如下关系：

$$V(\Omega)=[(m+2)^{m/2}\pi^{m/2}]/[\Gamma(m/2+1)\sqrt{|\boldsymbol{X}(\Omega)^{\mathrm{t}}\boldsymbol{X}(\Omega)|}]$$

式中，$\Gamma(.)$ 表示伽马函数。在同一个模型下，对两个不同的试验设计 Ω_1 和 Ω_2，若有 $V(\Omega_1) < V(\Omega_2)$，则在 D-优良性的意义下，设计 Ω_1 比 Ω_2 好，这是因为密集椭球体体积 $V(\Omega)$ 与相应的信息矩阵行列式 $|\boldsymbol{X}(\Omega)^{t}\boldsymbol{X}(\Omega)|$ 的平方根成反比。

设所研究问题的回归模型为

$$y=\beta_1+\beta_2 x+\beta_3 x^2+e \tag{3-29}$$

在因子区域 $-1 \leqslant x \leqslant 1$ 上比较下述两个试验设计

$$\Omega_1: \begin{cases} x_1=-1 & x_2=0 & x_3=1 \\ n_1=5 & n_2=5 & n_3=5 \end{cases}$$

$$\Omega_2: \begin{cases} x_1=-1 & x_2=0 & x_3=1 \\ n_1=4 & n_2=7 & n_3=4 \end{cases}$$

由此可得它们的试验设计矩阵 $\boldsymbol{X}$ 分别为

$$\boldsymbol{X}_1=\begin{bmatrix} 1 & -1 & 1 \\ 1 & -1 & 1 \\ 1 & -1 & 1 \\ 1 & -1 & 1 \\ 1 & -1 & 1 \\ 1 & 0 & 0 \\ 1 & 0 & 0 \\ 1 & 0 & 0 \\ 1 & 0 & 0 \\ 1 & 0 & 0 \\ 1 & 1 & 1 \\ 1 & 1 & 1 \\ 1 & 1 & 1 \\ 1 & 1 & 1 \\ 1 & 1 & 1 \end{bmatrix} \qquad \boldsymbol{X}_2=\begin{bmatrix} 1 & -1 & 1 \\ 1 & -1 & 1 \\ 1 & -1 & 1 \\ 1 & -1 & 1 \\ 1 & 0 & 0 \\ 1 & 0 & 0 \\ 1 & 0 & 0 \\ 1 & 0 & 0 \\ 1 & 0 & 0 \\ 1 & 0 & 0 \\ 1 & 0 & 0 \\ 1 & 1 & 1 \\ 1 & 1 & 1 \\ 1 & 1 & 1 \\ 1 & 1 & 1 \end{bmatrix}$$

则它们的信息矩阵 $(\boldsymbol{X}_1^{t}\boldsymbol{X}_1)$、$(\boldsymbol{X}_2^{t}\boldsymbol{X}_2)$ 分别为

$$(\boldsymbol{X}_1^{t}\boldsymbol{X}_1)=\begin{bmatrix} 15 & 0 & 10 \\ 0 & 10 & 0 \\ 10 & 0 & 10 \end{bmatrix} \qquad (\boldsymbol{X}_2^{t}\boldsymbol{X}_2)=\begin{bmatrix} 15 & 0 & 8 \\ 0 & 8 & 0 \\ 8 & 0 & 8 \end{bmatrix}$$

$$|(\boldsymbol{X}_1^{t}\boldsymbol{X}_1)|=15\times10\times10-10\times10\times10=5\times10\times10=500$$

$$|(\boldsymbol{X}_2^{t}\boldsymbol{X}_2)|=15\times8\times8-8\times8\times8=7\times8\times8=448$$

显然有 $|(\boldsymbol{X}_1^{t}\boldsymbol{X}_1)| \geqslant |(\boldsymbol{X}_2^{t}\boldsymbol{X}_2)|$，所以，在 D-优良性的意义下，设计 Ω_1 比 Ω_2 好。

三、等价定理及 *D*-最优设计的构造

在给定的因子区域 $\mathfrak{R}$ 上，直接用前述方法来研究和构造 D-最优设计，一般还是很困难的。为了克服这一困难，人们研究了与 D-最优设计有关的 G-最优设计的等价问题。在第五

节中，曾给出了 G-最优准则，该准则的目标是使预报值在整个区域中的最大方差达到最小，即对于因子区域 $\mathfrak{R}$ 上的任意两个设计 Ω_1 和 Ω_2，若有

$$\max d(\boldsymbol{X}_1,\Omega_1)=\max \boldsymbol{f}^{\mathrm{t}}(\boldsymbol{x})(\boldsymbol{X}_1^{\mathrm{t}}\boldsymbol{X}_1)^{-1}\boldsymbol{f}(\boldsymbol{x})<\max d(\boldsymbol{X}_2,\Omega_2)=\max \boldsymbol{f}^{\mathrm{t}}(\boldsymbol{x})(\boldsymbol{X}_2^{\mathrm{t}}\boldsymbol{X}_2)^{-1}\boldsymbol{f}(\boldsymbol{x})$$

则在 G-最优意义下，设计 Ω_1 比 Ω_2 好。在此

$$\boldsymbol{f}(\boldsymbol{x})=\begin{pmatrix} f_1(\boldsymbol{x}) \\ f_2(\boldsymbol{x}) \\ \vdots \\ f_m(\boldsymbol{x}) \end{pmatrix}$$

下面，以前节讨论的两个设计 Ω_1 和 Ω_2 为例，对于由式（3-29）表示的回归模型，设计 Ω_1 的估计方差

$$\begin{aligned} d(\boldsymbol{X}_1,\Omega_1) &= f^{\mathrm{t}}(\boldsymbol{x})(\boldsymbol{X}_1^{\mathrm{t}}\boldsymbol{X}_1)^{-1}\boldsymbol{f}(\boldsymbol{x}) \\ &=(1,x,x^2)\begin{bmatrix} 15 & 0 & 10 \\ 0 & 10 & 0 \\ 10 & 0 & 10 \end{bmatrix}^{-1}\begin{bmatrix} 1 \\ x \\ x^2 \end{bmatrix} \\ &=(1,x,x^2)\begin{bmatrix} 0.2 & 0 & -0.2 \\ 0 & 0.1 & 0 \\ -0.2 & 0 & 0.3 \end{bmatrix}\begin{bmatrix} 1 \\ x \\ x^2 \end{bmatrix} \\ &=0.1\times(3x^4-3x^2+2) \end{aligned}$$

函数（$3x^4-3x^2+2$）在因子区域 $-1\leqslant x\leqslant 1$ 上的最大值为 2，所以

$$\max d(\boldsymbol{X}_1,\Omega_1)=\max \boldsymbol{f}^{\mathrm{t}}(\boldsymbol{x})(\boldsymbol{X}_1^{\mathrm{t}}\boldsymbol{X}_1)^{-1}\boldsymbol{f}(\boldsymbol{x})=0.1\max_{-1\leqslant x\leqslant 1}(3x^4-3x^2+2)=0.1\times 2=0.2$$

而设计 Ω_2 的估计方差

$$\begin{aligned} d(\boldsymbol{X}_2,\Omega_2) &= \boldsymbol{f}^{\mathrm{t}}(\boldsymbol{x})(\boldsymbol{X}_1^{\mathrm{t}}\boldsymbol{X}_1)^{-1}\boldsymbol{f}(\boldsymbol{x}) \\ &=(1,x,x^2)\begin{bmatrix} 15 & 0 & 8 \\ 0 & 8 & 0 \\ 8 & 0 & 8 \end{bmatrix}^{-1}\begin{bmatrix} 1 \\ x \\ x^2 \end{bmatrix} \\ &=(1,x,x^2)\begin{bmatrix} 0.1429 & 0 & -0.1429 \\ 0 & 0.1250 & 0 \\ -0.1429 & 0 & 0.2679 \end{bmatrix}\begin{bmatrix} 1 \\ x \\ x^2 \end{bmatrix} \\ &=(0.2679x^4-0.1608x^2+0.1429) \end{aligned}$$

函数（$0.2679x^4-0.1608x^2+0.1429$）在因子区域 $-1\leqslant x\leqslant 1$ 上的最大值为 0.1429，所以

$$\begin{aligned} \max d(\boldsymbol{X}_2,\Omega_2) &= \max \boldsymbol{f}^{\mathrm{t}}(\boldsymbol{x})(\boldsymbol{X}_1^{\mathrm{t}}\boldsymbol{X}_1)^{-1}\boldsymbol{f}(\boldsymbol{x}) \\ &= \max_{-1\leqslant x\leqslant 1}(0.2679x^4-0.1608x^2+0.1429) \\ &=0.1429 \end{aligned}$$

因此，在 G-最优意义下，设计 Ω_1 仍比 Ω_2 好。

下面的等价定理告诉我们，D-最优设计与 G-最优设计是等价的，其证明可参见文献 [20]。

等价定理：下面三个结论是相互等价的：

(1) 试验设计 Ω^* 是 D-最优的，即

$$|\boldsymbol{X}(\Omega^*)^{\mathrm{t}}\boldsymbol{X}(\Omega^*)|=\max_{\Omega}|\boldsymbol{X}(\Omega^*)^{\mathrm{t}}\boldsymbol{X}(\Omega^*)| \tag{3-30}$$

(2) 试验设计 Ω^* 是 G-最优的，即

$$\max_{f(\boldsymbol{x})}\boldsymbol{f}^{\mathrm{t}}(\boldsymbol{x})(\boldsymbol{X}_1^{\mathrm{t}}\boldsymbol{X}_1)^{-1}\boldsymbol{f}(\boldsymbol{x})=\min_{\boldsymbol{x}}\max_{\Omega}\boldsymbol{f}^{\mathrm{t}}(\boldsymbol{x})(\boldsymbol{X}_1^{\mathrm{t}}\boldsymbol{X}_1)^{-1}\boldsymbol{f}(\boldsymbol{x}) \tag{3-31}$$

(3) 试验设计 Ω^* 使得

$$\max_{x}\boldsymbol{f}^{\mathrm{t}}(\boldsymbol{x})(\boldsymbol{X}_1^{\mathrm{t}}\boldsymbol{X}_1)^{-1}\boldsymbol{f}(\boldsymbol{x})=m(\text{未知参数个数}) \tag{3-32}$$

(3) 是由 (2) 得来的，它对于构造和检验 D-最优设计较为方便。下面应用等价定理来构造出一个设计（此例引自文献 [20]），然后应用等价定理去验证其 D-最优性。

在 d 维立方体 $-1\leqslant x_j\leqslant 1(j=1,2,\cdots,d)$ 上，对于 d 元二次回归模型

$$y=\beta_1 f_1(\boldsymbol{x})+\beta_2 f_2(\boldsymbol{x})+\cdots+\beta_m f_m(\boldsymbol{x})+e \tag{3-33}$$

式中

$$m=(d+1)(d+2)/2$$

$$f_1(\boldsymbol{x})=1$$

$$f_{1+j}(\boldsymbol{x})=x_j^2 \qquad 1\leqslant j\leqslant d$$

$$f_{p+1+j}(\boldsymbol{x})=x_j \qquad 1\leqslant j\leqslant d$$

$$f_k(\boldsymbol{x})=x_i x_j \qquad 2d+2\leqslant k\leqslant m;1\leqslant i<j\leqslant d$$

设想构造这样的 D-最优设计 Ω^*，它的试验点选自 p 维立方体的 2^d 个顶点，每个点赋予测度 μ（参见前节的试验设计定义，实际上，试验点的测度一定，则其试验重复次数也就唯一确定了，试验设计也就唯一确定了）；$d\times 2^{d-1}$ 个棱的中点，每个点赋予测度 υ；$C_d{}^2\times 2^{d-1}$ 个二维面的中点，每个点赋予测度 τ。这样的设计 Ω 是由

$$N=2^{d-3}[8+4d+d(d-1)]$$

个试验点构成。例如 $d=3$ 时，这样的设计 Ω 是由 8 个顶点、12 条棱的中点和 6 个二维面的中心，共 26 个试验点构成（见图 3-10）。从图 3-10 可以看出，假如 d 维立方体中心就是因子空间的坐标原点，那么这个设计 Ω 的试验点的坐标就只能取 0，-1，1 三种情况。其中顶点的坐标都不为 0，棱的中点的坐标中只有一个为 0，二维面的中心的坐标有两个为 0。

显然，要寻找这类 D-最优设计，就是要找出满足 D-最优性的测度 μ、υ、τ。可以分两步进行：第一步是在条件

$$\sum\mu+\sum\upsilon+\sum\tau=1$$

下，求出使$[\boldsymbol{X}(\Omega)^{\mathrm{t}}\boldsymbol{X}(\Omega)]$达到极大值的 μ、υ、τ；进一步验证所求出的设计是否满足

$$\max_{f(\boldsymbol{x})}\boldsymbol{f}^{\mathrm{t}}(\boldsymbol{x})(\boldsymbol{X}_1^{\mathrm{t}}\boldsymbol{X}_1)^{-1}\boldsymbol{f}(\boldsymbol{x})=m$$

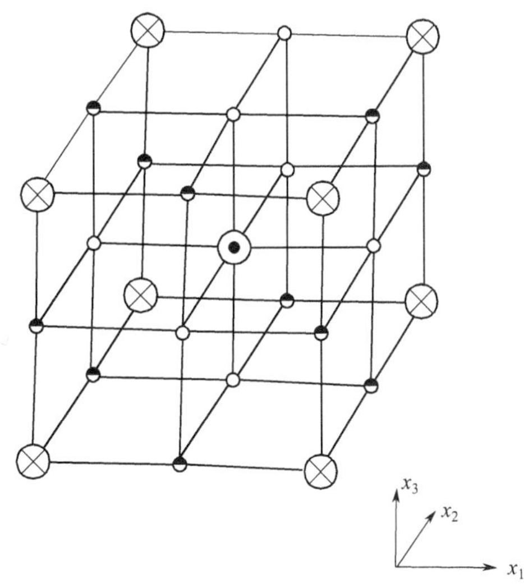

图 3-10　三因子设计的试验点分布

第一步：首先写出上述设计 Ω 的信息矩阵$[\boldsymbol{X}(\Omega)^{t}\boldsymbol{X}(\Omega)]$。

上述模型的信息矩阵一般可表示为

$$[\boldsymbol{X}(\Omega)^{t}\boldsymbol{X}(\Omega)]=\sum p_i\boldsymbol{f}(\boldsymbol{x})\boldsymbol{f}(\boldsymbol{x})^{t}$$

$$=\begin{bmatrix}\sum p_i f_1^2(\boldsymbol{x}) & \sum p_i f_1(\boldsymbol{x})f_2(\boldsymbol{x}) & \cdots & \sum p_i f_1(\boldsymbol{x})f_m(\boldsymbol{x})\\ \sum p_i f_1(\boldsymbol{x})f_2(\boldsymbol{x}) & \sum p_i f_2^2(\boldsymbol{x}) & \cdots & \sum p_i f_2(\boldsymbol{x})f_m(\boldsymbol{x})\\ \vdots & \vdots & & \vdots\\ \sum p_i f_1(\boldsymbol{x})f_m(\boldsymbol{x}) & \sum p_i f_1(\boldsymbol{x})f_m(\boldsymbol{x}) & & \sum p_i f_m^2(\boldsymbol{x})\end{bmatrix}$$

式中，

$$\boldsymbol{f}(\boldsymbol{x})=\begin{bmatrix}f_1(\boldsymbol{x})\\ f_2(\boldsymbol{x})\\ \vdots\\ f_m(\boldsymbol{x})\end{bmatrix}$$

当 $d=3$ 时，上述设计 Ω 中的三类点及其二项式的取值列于表 3-24。从表 3-24 可见，对任意 i，j，$k=0$，1，2，3 都有

$$\sum_{t=1}^{26}p_t x_{tj}=0\quad(j=1,2,3)$$

$$\sum_{t=1}^{26}p_t x_{ti}x_{tj}=0\quad(i,j=1,2,3)$$

$$\sum_{t=1}^{26}p_t x_{ti}^2 x_{tj}=0\quad(j\neq 0)$$

$$\sum_{t=1}^{26}p_t x_{ti}^3 x_{tj}=0$$

$$\sum_{t=1}^{26} p_t x_{ti} x_{tj} x_{tk} = 0$$

$$\sum_{t=1}^{26} p_t x_{ti}^2 x_{tj} x_{tk} = 0$$

而

$$\mu = \sum_{t=1}^{n} p_t x_{tj}^2 = \sum_{t=1}^{n} p_t x_{tj}^4 \neq 0$$

$$\upsilon = \sum_{t=1}^{n} p_t x_{ti}^2 x_{tj}^2 \neq 0$$

表 3-24 设计中三类点的坐标及其二次项的取值

实验点	测度 p_t	x_0	x_1	x_2	x_3	x_1x_2	x_1x_3	x_2x_3	x_1^2	x_2^2	x_3^2
第一类点：8个顶点	μ	1	1	1	1	1	1	1	1	1	1
		1	1	1	−1	1	−1	−1	1	1	1
		1	1	−1	1	−1	1	−1	1	1	1
		1	1	−1	−1	−1	−1	1	1	1	1
		1	−1	1	1	−1	−1	1	1	1	1
		1	−1	1	−1	−1	1	−1	1	1	1
		1	−1	−1	1	1	−1	−1	1	1	1
		1	−1	−1	−1	1	1	1	1	1	1
第二类点：12条棱的中点	υ	1	0	1	1	0	0	1	0	1	1
		1	0	1	−1	0	0	−1	0	1	1
		1	0	−1	1	0	0	−1	0	1	1
		1	0	−1	−1	0	0	1	0	1	1
		1	1	0	1	0	1	0	1	0	1
		1	1	0	−1	0	−1	0	1	0	1
		1	−1	0	1	0	−1	0	1	0	1
		1	−1	0	−1	0	1	0	1	0	1
		1	1	1	0	1	0	0	1	1	0
		1	1	−1	0	−1	0	0	1	1	0
		1	−1	1	0	−1	0	0	1	1	0
		1	−1	−1	0	1	0	0	1	1	0
第三类点：6个二维面的中心	τ	1	0	0	1	0	0	0	0	0	1
		1	0	0	−1	0	0	0	0	0	1
		1	0	1	0	0	0	0	0	1	0
		1	0	−1	0	0	0	0	0	1	0
		1	1	0	0	0	0	0	1	0	0
		1	−1	0	0	0	0	0	1	0	0

如果在上述设计矩阵（表 3-24）中，把 $x_j^2(j=1,2,3)$移至 x_0 和 x_1 之间，那么它的信息矩阵为（空白处为零）：

$$[\boldsymbol{X}(\Omega)^{\mathrm{t}}\boldsymbol{X}(\Omega)]=\begin{pmatrix} 1 & \mu & \mu & \mu & & & & & & \\ \mu & \mu & \upsilon & \upsilon & & & & & & \\ \mu & \upsilon & \mu & \upsilon & & & & & & \\ \mu & \upsilon & \upsilon & \mu & & & & & & \\ & & & & \mu & & & & & \\ & & & & & \mu & & & & \\ & & & & & & \mu & & & \\ & & & & & & & \upsilon & & \\ & & & & & & & & \upsilon & \\ & & & & & & & & & \upsilon \end{pmatrix} \tag{3-34}$$

信息矩阵$[\boldsymbol{X}(\Omega)^{\mathrm{t}}\boldsymbol{X}(\Omega)]$具有如此简单的形式，是因为在每一类点中，除了 x_0 与 x_j^2，x_i^2 与 x_j^2 外，其他各列之间都存在着正交性。这一性质对任意正整数 d 都是成立的，只要设 Ω 中的试验点及其测度满足上述规定。因此，在一般情况下的信息矩阵有如下形式（空白处为零）：

$$[\boldsymbol{X}(\Omega)^{\mathrm{t}}\boldsymbol{X}(\Omega)]=\begin{pmatrix} 1 & \boldsymbol{u}' & & \\ \boldsymbol{u} & \boldsymbol{G} & & \\ & & \mu\boldsymbol{I}_d & \\ & & & \upsilon\boldsymbol{I}_{d(d-1)/2} \end{pmatrix} \tag{3-35}$$

式中，$\boldsymbol{I}_d$ 为 d 阶单位矩阵；$\boldsymbol{u}'=(\mu,\mu,\cdots,\mu)$为 d 维行向量；$\boldsymbol{G}$ 为 d 阶方阵，其对角线元素为 μ，其他元素为 υ。

根据试验点坐标的性质，可以算得

$$\begin{aligned}\mu &= \sum_{t=1}^{n} p_t x_{tj}^2 = \mu 2^d + \upsilon(d-1)2^{d-1} + \tau 2^{d-1}[C_d^2-(d-1)] \\ &= 2^{d-3}\{8\mu+4\upsilon(d-1)+\tau[(d-1)(d-2)]\}\end{aligned}$$

$$\begin{aligned}\upsilon &= \sum_{t=1}^{n} p_t x_{ti}^2 x_{tj}^2 \neq 0 \\ &= \mu 2^d + \upsilon(d-2)2^{d-1} + \tau 2^{d-2}[C_d^2-(d-1)-(d-2)] \\ &= 2^{d-3}\{8\mu+4\upsilon(d-2)+\tau[(d-2)(d-3)]\}\end{aligned}$$

通过计算得到矩阵$[\boldsymbol{X}(\Omega)^{\mathrm{t}}\boldsymbol{X}(\Omega)]$的行列式

$$|[\boldsymbol{X}(\Omega)^{\mathrm{t}}\boldsymbol{X}(\Omega)]| = \mu^d \upsilon^{d(d-1)/2}(\mu-\upsilon)^{d-1}[\mu+(d-1)\upsilon-d\upsilon^2] \tag{3-36}$$

对 μ 和 υ 求$|[\boldsymbol{X}(\Omega)^{\mathrm{t}}\boldsymbol{X}(\Omega)]|$的极大值，也就是在条件 $\mu>0,\upsilon>0$ 下解方程组

$$\partial|[\boldsymbol{X}(\Omega)^{\mathrm{t}}\boldsymbol{X}(\Omega)]|/\partial\mu=(2d+1)\mu^3-[(d+2)\upsilon+2]\mu^2-2(p-2)\mu\upsilon+(p-1)\upsilon^2=0$$

$$\partial|[\boldsymbol{X}(\Omega)^{\mathrm{t}}\boldsymbol{X}(\Omega)]|/\partial\upsilon=(d+1)\upsilon^2-[(d-2)\mu+(p+2)\mu^2]\upsilon+(p\mu-1)\mu^2=0$$

解得

$$\mu=\frac{d+3}{8(d+1)(d+2)^2}\times[(2d^2+3d+7)+(d-1)(4d^2+12d+17)^{1/2}]$$

$$\upsilon=\frac{d+3}{8(d+1)(d+2)^3}\times[(4d^2+8d^2+11d-5)+(2d^2+d+3)(4d^2+12d+17)^{1/2}]$$

另一方面，在式(3-37)条件

$$\sum\mu+\sum\upsilon+\sum\tau=2^{d-3}[8\mu+4d\upsilon+d(d-1)\tau]=1 \tag{3-37}$$

下解 μ 和 υ 的方程组得

$$\mu=2^{-d-1}[(d-1)(d-2)-2d(d-2)\mu+d(d-1)\upsilon] \tag{3-38}$$

$$\upsilon=2^{-d+1}[(2d-3)\mu-(d-1)\upsilon-(d-2)] \tag{3-39}$$

$$\tau=2^{2-d}[1+\upsilon-2\mu] \tag{3-40}$$

再把 μ 和 υ 的值代入可得

$$\mu=[2^{d+4}(d+2)^3(d+1)]^{-1}\{(4d^6+12d^5-25d^4-107d^3+85d^2+479d+128)-(2d^2-d-19)d(d-1)(d+3)(4d^2+12d+17)^{1/2}\} \tag{3-41a}$$

$$\upsilon=[2^{d+2}(d+2)^3(d+1)]^{-1}\{-(4d^5+16d^4-11d^3-143d^2-149d+139)+(2d^2+d-15)(d-1)(d+3)(4d^2+12d+17)^{1/2}\} \tag{3-41b}$$

$$\tau=[2^{d+1}(d+2)^3(d+1)]^{-1}\{(4d^4+24d^3+43d^2-24d-119)-(2d^2+3d-11)(d+3)(4d^2+12d+17)^{1/2}\} \tag{3-41c}$$

第二步：先求出矩阵$[\boldsymbol{X}(\Omega)^{\mathrm{t}}\boldsymbol{X}(\Omega)]$的逆矩阵

$$[\boldsymbol{X}(\Omega)^{\mathrm{t}}\boldsymbol{X}(\Omega)]^{-1}=\begin{pmatrix} a & \boldsymbol{b}' & & \\ \boldsymbol{b} & \boldsymbol{E} & & \\ & & \mu^{-1}\boldsymbol{I}_d & \\ & & & \upsilon^{-1}\boldsymbol{I}_{d(d-1)/2} \end{pmatrix} \tag{3-42}$$

若令

$$h=[\mu+(d-1)\upsilon-d\mu^2]^{-1}$$

$$s=[\mu+(d-2)\upsilon-(d-1)\mu^2]/(\mu-\upsilon)$$

则

$$a=[\mu+(d-1)]h$$

$$\boldsymbol{b}'=(-\mu h,-\mu h,\cdots,-\mu h)$$

$\boldsymbol{E}$ 为 $d\times d$ 阶方阵

$$\boldsymbol{E}=\begin{pmatrix} sh & [(\mu^2-\upsilon)/(\mu-\upsilon)]h & \cdots & [(\mu^2-\upsilon)/(\mu-\upsilon)]h \\ [(\mu^2-\upsilon)/(\mu-\upsilon)]h & sh & \cdots & [(\mu^2-\upsilon)/(\mu-\upsilon)]h \\ \vdots & \vdots & & \vdots \\ [(\mu^2-\upsilon)/(\mu-\upsilon)]h & [(\mu^2-\upsilon)/(\mu-\upsilon)]h & & sh \end{pmatrix} \tag{3-43}$$

将 μ 和 υ 的值代入 $d(\boldsymbol{X}_1,\Omega_1)=\boldsymbol{f}^{\mathrm{t}}(\boldsymbol{x})(\boldsymbol{X}_1^{\mathrm{t}}\boldsymbol{X}_1)^{-1}\boldsymbol{f}(\boldsymbol{x})$ 中的 $(\boldsymbol{X}_1^{\mathrm{t}}\boldsymbol{X}_1)^{-1}$，得到

$$
\begin{aligned}
d(\boldsymbol{X}_1,\Omega_1) &= \boldsymbol{f}^{\mathrm{t}}(\boldsymbol{x})(\boldsymbol{X}_1^{\mathrm{t}}\boldsymbol{X}_1)^{-1}\boldsymbol{f}(\boldsymbol{x}) \\
&= (d+1)(d+2)/2 - c\sum_{j=1}^{d}(x_j^2 - x_j^4)
\end{aligned}
$$

这里 c 为一正常数，不难看到在因子区域 $-1\leqslant x_j\leqslant 1(j=1,2,\cdots,d)$ 上

$$
\max_{\boldsymbol{f}(x)} d(\boldsymbol{X}_1,\Omega_1)=\boldsymbol{f}^{\mathrm{t}}(\boldsymbol{x})(\boldsymbol{X}_1^{\mathrm{t}}\boldsymbol{X}_1)^{-1}\boldsymbol{f}(\boldsymbol{x})=(d+1)(d+2)/2=m
$$

根据等价定理知道，上面求得的 μ、υ、τ 的值是满足 D-最优设计条件的，也就是说，μ、υ、τ 是最优测度，它们构成的设计是 D-最优设计。

在 $d\leqslant 5$ 的情况下，根据式（3-41）算出的 μ、υ、τ 的值列于表 3-25 中。

在 $d\geqslant 6$ 时，上面这种 D-最优设计的构造方法是不适合的，因为此时 $\upsilon<0$，而这在实际上是不可能的。

表 3-25 $d\leqslant 5$ 时 μ、υ、τ 的值

d	μ	υ	τ	d	μ	υ	τ
1	0.333	0.333	0.000	4	0.03705	0.00384	0.01185
2	0.1458	0.08015	0.0962	5	0.01926	0.003125	0.004475
3	0.071975	0.01895	0.03280				

四、构造 D-最优设计的数值方法

D-最优设计的基本思想很类似于组合设计，就是先通过直觉的方法给出试验点，然后求出在这些试验点上满足 D-最优性的测度，最后用等价定理进行验证，这些构造 D-最优设计的方法，关键在于在给定的因子区域 $\mathfrak{R}$ 中合理地选择试验点和规定测度，使设计的信息矩阵达到最优。然而，这样的方法只是在一些最简单情况下才是可行的，一般情况下用这种方法直接构造 D-最优设计是很困难的。所以人们又转向用数值方法来构造 D-最优设计。所谓数值方法，就是在给定区域 $\mathfrak{R}$ 和已知函数列 $\boldsymbol{f}(x)$ 的情况下，用最优化方法寻找使信息矩阵行列式

$$
\begin{aligned}
\boldsymbol{A}(\Omega) &= |[\boldsymbol{X}(\Omega)^{\mathrm{t}}\boldsymbol{X}(\Omega)]| \\
&= \left|\sum_{i=1}^{n} p_i \boldsymbol{f}(x_i)\boldsymbol{f}^{\mathrm{t}}(x_i)\right| \\
&= L(\boldsymbol{x}_1,\boldsymbol{x}_2,\cdots,\boldsymbol{x}_n,p_1,p_2,\cdots,p_n)
\end{aligned}
\tag{3-44}
$$

在

$$
p_i\geqslant 0 \qquad \sum_{i=1}^{n} p_i=1
$$

条件下达到最大的 x_i 和 p_i（$i=1$，2，…，n）的值。

在此，所谓函数列 $\boldsymbol{f}(\boldsymbol{x})$ 有如下定义，如有下述的回归模型：

$$
y=\beta_1+\beta_2x_1+\beta_3x_2+\beta_4x_1x_2+\beta_5x_1^2+\beta_6x_2^2+e \tag{3-45}
$$

则 $\boldsymbol{f}(\boldsymbol{x})$ 具有如下形式

$$f(\boldsymbol{x})=\begin{pmatrix}1\\x_1\\x_2\\x_1x_2\\x_1^2\\x_2^2\end{pmatrix} \tag{3-46}$$

下面将简单介绍一种寻找 D-最优设计的数值方法。为了方便，仍以式（3-19）为模型来进行讨论。

（一）线性组合设计

设

$$\Omega_1\begin{cases}\boldsymbol{x}_{11},\boldsymbol{x}_{12},\cdots,\boldsymbol{x}_{1n}\\p_1,\ p_2,\ \cdots,p_n\end{cases};\quad \Omega_2\begin{cases}\boldsymbol{x}_{21},\boldsymbol{x}_{22},\cdots,\boldsymbol{x}_{2m}\\q_1,\ q_2,\ \cdots,q_m\end{cases}$$

是两个规范设计，则按试验设计的定义，有

$$p_i\geqslant 0\qquad \sum_{i=1}^{n}p_i=1;\qquad q_j\geqslant 0\qquad \sum_{j=1}^{m}q_j=1$$

如果 α 是［0，1］区间上的数，则

$$\sum_{i=1}^{n}(1-\alpha)p_i+\sum_{j=1}^{m}\alpha q_j=(1-\alpha)\sum_{i=1}^{n}p_i+\alpha\sum_{j=1}^{m}q_j=(1-\alpha)+\alpha=1$$

因此，由设计 Ω_1 和 Ω_2 得到的设计

$$\Omega\begin{cases}\boldsymbol{x}_{11},\quad \boldsymbol{x}_{12},\quad \cdots,\ \boldsymbol{x}_{1n}\boldsymbol{x}_{21},\quad \boldsymbol{x}_{22},\ \cdots,\ \boldsymbol{x}_{2m}\\(1-\alpha)p_1,\ (1-\alpha)p_2,\ \cdots,\ (1-\alpha)p_n\alpha q_1,\ \alpha q_2,\ \cdots,\ \alpha q_m\end{cases}$$

仍是一规范设计，并称 Ω 为 Ω_1、Ω_2 的线性组合设计，记为

$$\Omega=(1-\alpha)\Omega_1+\alpha\Omega_2 \tag{3-47}$$

线性组合设计 Ω 的信息矩阵 $\mathbf{A}(\Omega)$ 与 Ω_1、Ω_2 的信息矩阵 $\mathbf{A}(\Omega_1)$ 和 $\mathbf{A}(\Omega_2)$ 的关系为

$$\mathbf{A}(\Omega)=(1-\alpha)\mathbf{A}(\Omega_1)+\alpha\mathbf{A}(\Omega_2) \tag{3-48}$$

（二）一点设计

只含一个试验点 $\boldsymbol{x}_0$ 的设计称为一点设计，记之为 $\Omega(\boldsymbol{x}_0)$，显然，试验点 $\boldsymbol{x}_0$ 的测度为 $p_0=1$。设 $\Omega_a(\boldsymbol{x})$为任意设计

$$\Omega_a\begin{cases}\boldsymbol{x}_1,\boldsymbol{x}_2,\cdots,\boldsymbol{x}_n\\p_1,p_2,\cdots,p_n\end{cases}$$

并设 $\Omega_b(\boldsymbol{x})$ 是 $\Omega_a(\boldsymbol{x})$ 与 $\Omega(\boldsymbol{x}_0)$ 的线性组合设计，即 $\Omega_b(\boldsymbol{x})$ 为

$$\Omega_b\begin{cases}\boldsymbol{x}_1,\quad \boldsymbol{x}_2,\quad \cdots,\ \boldsymbol{x}_n\boldsymbol{x}_0\\(1-\alpha)p_1,\ (1-\alpha)p_2,\ \cdots,\ (1-\alpha)p_n\alpha\end{cases}$$

则由式（3-48）可知

$$\boldsymbol{A}(\Omega_b)=(1-\alpha)\boldsymbol{A}(\Omega_a)+\alpha\boldsymbol{A}(\Omega(\boldsymbol{x}_0))=(1-\alpha)\boldsymbol{A}(\Omega_a)+\alpha\boldsymbol{f}(\boldsymbol{x}_0)\boldsymbol{f}(\boldsymbol{x}_0)^{\mathrm{t}} \quad (3\text{-}49)$$

根据行列式的性质（参见第十一章），易得

$$\begin{aligned}|\boldsymbol{A}(\Omega_b)| &=(1-\alpha)^m\,|\boldsymbol{A}(\Omega_a)+[\alpha/(1-\alpha)]\boldsymbol{f}(\boldsymbol{x}_0)\boldsymbol{f}(\boldsymbol{x}_0)^{\mathrm{t}}| \\ &=(1-\alpha)^m\{1+[\alpha/(1-\alpha)]d(\boldsymbol{x}_0,\ \Omega_0)\}\,|\boldsymbol{A}(\Omega_a)|\end{aligned}$$

式中，$d(\boldsymbol{x}_0,\ \Omega_0)$ 为设计 $\Omega(\boldsymbol{x}_0)$ 的方差函数在点 x_0 的值。

（三）一个构造 D-最优设计的数值方法

在同一回归模型下，如果对于两个不同的设计 Ω_b 和 Ω_a，如有 $|\boldsymbol{A}(\Omega_b)|>|\boldsymbol{A}(\Omega_a)|$，则在 D-最优意义下，设计 Ω_b 比 Ω_a 好。那么，对于任一设计 Ω_a 与一点设计 $\Omega(\boldsymbol{x}_0)$ 的组合设计 Ω_b，怎样才能使 Ω_b 比 Ω_a 好呢？事实上，只要点 $\boldsymbol{x}_0$ 是设计 $\Omega(\boldsymbol{x}_0)$ 的方差函数的最大值点，即 $\boldsymbol{x}_0$ 满足

$$d(\boldsymbol{x}_0,\Omega_0)=\max_{x} d(\boldsymbol{x},\Omega_0)$$

并取组合系数 α 为

$$\alpha=[d(\boldsymbol{x}_0,\Omega_0)-m]/\{m[d(\boldsymbol{x}_0,\Omega_0)-1]\} \quad (3\text{-}50)$$

则必有 $|\boldsymbol{A}(\Omega_b)|>|\boldsymbol{A}(\Omega_a)|$，即设计 Ω_b 比 Ω_a 好，并且在所有的线性组合设计 $(1-\alpha)\Omega_a+\alpha\Omega(\boldsymbol{x}_0)$ 中，$|\boldsymbol{A}(\Omega_b)|$ 是信息矩阵行列式值最大的。

按上述方法，由初始设计 Ω_a 可得到一新设计 Ω_b，如果设计 Ω_b 还不是 D-最优的，那么，在 Ω_b 的基础上，再找到一点 $\boldsymbol{x}_1$，使得

$$d(\boldsymbol{x}_1,\Omega_1)=\max_{x} d(\boldsymbol{x},\Omega_1) \quad (3\text{-}51)$$

并取组合系数 α_1 为

$$\alpha_1=[d(\boldsymbol{x}_1,\Omega_1)-m]/\{m[d(\boldsymbol{x}_1,\Omega_1)-1]\} \quad (3\text{-}52)$$

再构造一个设计 Ω_b 与一点设计 Ω_1 的线性组合

$$\Omega_c=(1-\alpha)\Omega_b+\alpha_1\Omega_1 \quad (3\text{-}53)$$

则有 $|\boldsymbol{A}(\Omega_c)|>|\boldsymbol{A}(\Omega_b)|$，即 Ω_c 比 Ω_b 好，如果设计 Ω_c 还不是 D-最优的，又可按上述方法找到一个 Ω_d，不断重复上述过程，结果有两种可能，一是在第 k 步得到的设计 Ω_k 满足 $\max d(\boldsymbol{x},\ \Omega_k)=m$，即 Ω_k 是 D-最优的，另一种可能是这一过程无限重复进行，得到一系列设计

$$\Omega_a,\ \Omega_b,\ \Omega_c,\ \cdots,\ \Omega_k,\ \cdots$$

并且有

$$|\boldsymbol{A}(\Omega_a)|<|\boldsymbol{A}(\Omega_b)|<|\boldsymbol{A}(\Omega_c)|<\cdots<|\boldsymbol{A}(\Omega_k)|<\cdots \quad (3\text{-}54)$$

可以证明上述系列是收敛的，即

$$\lim_{k\to\infty}|\boldsymbol{A}(\Omega_k)|=|\boldsymbol{A}(\Omega^*)| \quad (3\text{-}55)$$

式中，Ω^* 为 D-最优设计。

综上所述，用数值方法构造 D-最优设计的步骤如下：

① 给出一个初始设计 Ω_0

$$\Omega_0\begin{cases}\boldsymbol{x}_1, & \boldsymbol{x}_2, & \cdots, & \boldsymbol{x}_n\\ p_1, & p_2, & \cdots, & p_n\end{cases}$$

式中，$p_i \geqslant 0$，$\sum_{i=1}^{n} p_i = 1$；$|\boldsymbol{A}(\Omega_0)| > 0$

置 $k=0$

② 计算出信息矩阵 $\boldsymbol{A}(\Omega_0)$ 及 $|\boldsymbol{A}(\Omega_0)|$。

③ 在因子区域 $\Re$ 上，求出方差函数 $d(\boldsymbol{x}, \Omega_k)$ 的最大值

$$d = d(\boldsymbol{x}_k, \Omega_k) = \max_{\boldsymbol{x}} d(\boldsymbol{x}, \Omega_k) \tag{3-56}$$

式中

$$d(\boldsymbol{x}, \Omega_k) = \boldsymbol{f}^{\mathrm{t}}(\boldsymbol{x})[\boldsymbol{X}(\Omega_k)^{\mathrm{t}}\boldsymbol{X}(\Omega_k)]^{-1}\boldsymbol{f}(\boldsymbol{x})$$

④ 如果 $d-m<\Delta$（Δ 为一预置精度，一般取 $\Delta=0.05$），则停止迭代，Ω_k 就是要寻找的近似 D-最优设计，否则计算

$$\alpha_k = (d-m)/[m(d-1)]$$

⑤ 作设计 Ω_k 与一点设计 $\Omega(\boldsymbol{x}_k)$ 的线性组合

$$\Omega_{k+1} = (1-\alpha_k)\Omega_k + \alpha_k\Omega(\boldsymbol{x}_k)$$

得新设计 Ω_{k+1}，并计算出

$$\boldsymbol{A}(\Omega_{k+1}) = (1-\alpha_k)\boldsymbol{A}(\Omega_k) + \alpha_k\boldsymbol{A}[\Omega(\boldsymbol{x}_k)]$$

$$|\boldsymbol{A}(\Omega_{k+1})| = (1-\alpha_k)^m\{1+[\alpha_k/(1-\alpha_k)]d\}\,|\boldsymbol{A}(\Omega_k)|$$

置 $k=k+1$

⑥ 重复进行步骤③～⑤，直至 $d-m<\Delta$。

用上述算法，可算得 6 维因子空间的二次 D-最优设计。

五、饱和 *D*-最优设计

一个比较理想的试验设计除了要满足某种优良性以外，一般还要求它所包含的试验点数越少越好，如果试验点数等于所要确定的未知参数的个数，则称该设计为饱和设计。

值得提出的是，由于试验点数与未知参数的个数相等，故不存在剩余自由度，除非进行重复试验，否则无法对回归方程进行显著性检验。

（一）一次饱和 *D*-最优设计

对于 s 维立方体 $-1 \leqslant x_j \leqslant 1 (j=1,2,\cdots,s)$ 上的一次回归模型

$$y = \beta_0 + \beta_1 x_1 + \beta_2 x_2 + \beta_3 x_3 + \cdots + \beta_s x_s$$

存在这样一个定理：

在 s 维立方体上选取（$s+1$）个点以组成一次饱和 D-最优设计时，只要考虑选取各个坐标都为 -1 或 1 的那些点。

在这个定理的基础上，用计算机可很容易地找到 s 维立方体的一次饱和 D-最优设计：

当 $s=2$ 时，正方形区域的任何三个不同顶点都可组成 D-最优设计；

当 $s=3$ 时，立方体区域上有 2^{3-1} 个部分顶点所构成的试验设计，是 D-最优设计；

当 $s=4$ 时，D-最优设计是

$$\begin{pmatrix} x_1 & x_2 & x_3 & x_4 \\ 1 & -1 & 1 & -1 \\ 1 & 1 & -1 & 1 \\ -1 & -1 & 1 & 1 \\ -1 & -1 & -1 & -1 \\ -1 & 1 & 1 & -1 \end{pmatrix}$$

当 $s=5$ 时，D-最优设计是

$$\begin{pmatrix} x_1 & x_2 & x_3 & x_4 & x_5 \\ 1 & 1 & 1 & 1 & 1 \\ 1 & -1 & -1 & 1 & -1 \\ 1 & 1 & 1 & -1 & -1 \\ -1 & -1 & 1 & -1 & 1 \\ -1 & 1 & 1 & 1 & -1 \\ -1 & 1 & -1 & -1 & 1 \end{pmatrix} \text{或} \begin{pmatrix} x_1 & x_2 & x_3 & x_4 & x_5 \\ -1 & -1 & 1 & -1 & -1 \\ 1 & 1 & 1 & 1 & 1 \\ 1 & -1 & -1 & 1 & -1 \\ -1 & -1 & -1 & -1 & 1 \\ -1 & 1 & -1 & 1 & -1 \\ 1 & 1 & -1 & -1 & -1 \end{pmatrix}$$

当 $s=6$ 时，D-最优设计是

$$\begin{pmatrix} x_1 & x_2 & x_3 & x_4 & x_5 & x_6 \\ -1 & 1 & 1 & -1 & -1 & 1 \\ -1 & -1 & 1 & -1 & -1 & -1 \\ -1 & 1 & -1 & 1 & 1 & -1 \\ -1 & -1 & -1 & 1 & -1 & 1 \\ -1 & -1 & -1 & -1 & 1 & 1 \\ 1 & 1 & -1 & -1 & -1 & -1 \\ 1 & -1 & 1 & 1 & 1 & 1 \end{pmatrix}$$

当 $s=7$ 时，立方体区域上有 2^{7-4} 个部分顶点所构成的试验设计，是 D-最优设计。

由于在饱和设计中，结构矩阵 $\boldsymbol{X}$ 是一个方阵，所以信息矩阵

$$\boldsymbol{A}(\Omega)=|\boldsymbol{X}^{\mathrm{t}}\boldsymbol{X}|=|\boldsymbol{X}|^2 \tag{3-57}$$

$\boldsymbol{A}(\Omega)$最大，也就是 $|\boldsymbol{X}|$ 最大。一般说来，当（$s+1$）是 2 的整数次幂时，s 个因子的一次饱和 D-最优设计，就可根据本章第二节所讨论的部分因子设计方案来进行。

（二）二次饱和 D-最优设计

对于二次回归模型

$$y=\beta_0+\sum_{j=1}^{s}\beta_j x_j+\sum_{i\leqslant j}^{s}\beta_{ij}x_i x_j \tag{3-58}$$

待估参数的个数为$(1+s+s+C_s^2)=[1+2s+s(s-1)/2]=[(2+3s+s^2)/2]=(s+1)(s+2)/2$，那么是否存在含试验点个数就为 $m=(s+1)(s+2)/2$ 的饱和 D-最优设计呢？有人已

经证明，对 $s \geqslant 7$ 不存在饱和 D-最优设计。

当 $s=2$，3 时，饱和 D-最优设计列于表 3-26，表中还列出了 $s=2$ 时的 7 点和 8 点的非饱和 D-最优设计。

表 3-26 $s=2$，3 时的饱和 D-最优设计

试验号	$s=2$						$s=3$		
	6 点计划		7 点计划		8 点计划		10 点计划		
	x_1	x_2	x_1	x_2	x_1	x_2	x_1	x_2	x_3
1	−1	−1	−1	−1	−1	−1	−1	−1	−1
2	1	−1	1	−1	1	−1	1	−1	−1
3	−1	1	−1	1	−1	1	−1	1	−1
4	$-\delta$	δ	1	1	1	1	−1	−1	1
5	1	3δ	−0.092	0.092	1	0	−1	α	α
6	3δ	1	1	−0.067	0.032	1	α	−1	α
7			0.067	−1	0.032	−1	α	α	−1
8	$\delta=(4-\sqrt{3})/3$				−0.216	0	β	1	1
9	$=0.1315$						1	β	1
10							1	1	β
							$\alpha=0.1925$		
							$\beta=-0.2912$		

关于 $s \geqslant 4$ 的饱和 D-最优设计，至今尚未解决。对于 $s=4$，有人找到了一个较好的 15 点设计，示于表 3-27。在表 3-27 中，

$$f=g=-1, \qquad \alpha=\beta=-0.25$$

$$\gamma=-0.60, \qquad \delta=-h=0.05$$

这时

$$\boldsymbol{A}(\Omega)=|\boldsymbol{X}(\Omega)^{\mathrm{t}}\boldsymbol{X}(\Omega)|=0.344547\times10^{-5}$$

如进一步修改 α、β、γ、δ 和 h 的值，取

$$\alpha=-0.21, \ \beta=-0.27$$

$$\gamma=-0.64, \ \delta=-h=0.03$$

则

$$\boldsymbol{A}(\Omega)=|\boldsymbol{X}(\Omega)^{\mathrm{t}}\boldsymbol{X}(\Omega)|=0.345329\times10^{-5}$$

显然，此值比前面的设计略大一些。

表 3-27 $s=4$ 的 15 点设计

试验号	x_1	x_2	x_3	x_4	试验号	x_1	x_2	x_3	x_4
4	−1	α	α	α	1	f	1	h	−1
6	β	δ	1	−1	13	f	1	−1	h
11	β	−1	δ	1	3	−1	−1	−1	−1
10	β	1	−1	δ	5	1	1	−1	−1
14	1	γ	1	1	2	1	−1	1	−1
15	1	1	γ	1	9	1	−1	−1	1
8	1	1	1	γ	12	g	1	1	1
7	f	h	−1	1					

根据 $s=2$，3 时的饱和 D-最优设计的试验点结构，得到一般的二次饱和设计的方案(见表 3-28)。

表 3-28 s 个因子的二次饱和设计

试验类别	x_1	x_2	x_3	x_4
一个点	-1	-1	-1	-1
s 个点:1 个坐标是 1,$s-1$ 个坐标是 -1	-1 1	-1	-1	
	-1	1	-1	-1
	…	…	…	…
	-1	-1	-1	1
s 个点:1 个坐标是 μ,$s-1$ 个坐标是 1	μ	-1	-1	-1
	-1	μ	-1	-1
	…	…	…	…
	-1	-1	-1	μ
$\frac{s(s-1)}{2}$个点:2 个坐标是 λ,$p-2$ 个坐标是 -1	λ	λ	-1	-1
	λ	-1	λ	-1
	…	…	…	…
	-1	-1	-1	λ

对于表 3-29 给出的设计，其信息矩阵行列式

$$\boldsymbol{A}(\Omega)=|\boldsymbol{X}(\Omega)^{t}\boldsymbol{X}(\Omega)|=|\boldsymbol{X}(\Omega)|^{2} \tag{3-59}$$

同时

$$|\boldsymbol{X}(\Omega)|=2^{s}(\lambda+1)^{s(s-1)}[(\mu^{2}-1)-2(\lambda-1)(\mu-1)(s-2)/(\lambda+1)]^{(s-1)}$$
$$[(\mu^{2}-1)-4(\lambda-1)(s-1)(s+\mu-2)/(\lambda+1)] \tag{3-60}$$

求式(3-60)的极大值,只要解方程组

$$\partial|\boldsymbol{X}(\Omega)|/\partial\lambda=0$$
$$\partial|\boldsymbol{X}(\Omega)|/\partial\mu=0$$

求得使$|\boldsymbol{X}(\Omega)|$达到极大的 λ 和 μ。上面的方程组消去 λ 后,得到一个 μ 的 9 次多项式,这 9 次多项式的 9 个根,除了下面 3 个整根外,

$$\mu=-1,\mu=2-s,\mu=3-2s$$

其他 6 个根中只有一个在 s 维立方体,在$-1\leqslant x_j\leqslant 1(j=1,2,\cdots,s)$内,对 $s\leqslant 15$ 算出的 λ、μ 的值列在表 3-29 中。从表中可以看出,当 $s=2,3$ 时,λ、μ 的值就是二次饱和 D-最优设计的参数值。

表 3-29 $s\leqslant 15$ 的 λ、μ 的值

维数 s	μ	λ	维数 s	μ	λ
2	0.3944	−0.1315	9	−0.9602	0.7544
3	−0.2912	0.1925	10	−0.9693	0.7803
4	−0.6502	0.4114	11	−0.9757	0.8022
5	−0.8103	0.5355	12	−0.9802	0.8198
6	−0.8354	0.6103	13	−0.9836	0.8346
7	0.9242	0.6772	14	−0.9862	0.8471
8	−0.9464	0.7208	15	−0.9882	0.8579

六、几种常用最优混合设计表

表 3-30～表 3-34 是 3 个 3 因素和 2 个 4 因素的 D-最优设计表，其中 3 因素的分别为 10 次试验和 11 次试验用，而 4 因素的都是为 16 次试验用的。

表 3-30 3 因素 10 次 D-最优设计表

x_0	x_1	x_2	x_3	x_0	x_1	x_2	x_3
1	0	0	1.291	1	1	1	0.639
1	0	0	−0.136	1	1.174	0	−0.927
1	−1	−1	0.639	1	−1.174	0	−0.927
1	1	−1	0.639	1	0	1.174	−0.927
1	−1	1	0.639	1	0	−1.174	−0.927

表 3-31 3 因素 11 次 D-最优设计表

x_0	x_1	x_2	x_3	x_0	x_1	x_2	x_3
1	0	0	2	1	2	2	−1
1	0	0	−2	1	−2	−2	−1
1	−1.414	−1.414	1	1	0	0	−1
1	1.414	−1.414	1	1	0	0	−1
1	−1.414	1.414	1	1	0	0	0
1	1.414	1.414	1				

表 3-32 另一种 3 因素 11 次 D-最优设计表

x_0	x_1	x_2	x_3	x_0	x_1	x_2	x_3
1	0	0	2.450	1	0.751	2.106	−1
1	0	0	−2.450	1	2.106	−0.751	−1
1	−0.751	2.106	1	1	−0.751	−2.106	−1
1	2.106	0.751	1	1	−2.106	0.751	−1
1	0.751	−2.106	1	1	0	0	0
1	−2.106	−0.751	1				

表 3-33 4 因素 16 次 D-最优设计表

x_0	x_1	x_2	x_3	x_4	x_0	x_1	x_2	x_3	x_4
1	0	0	0	1.7884	1	−1	1	1	0.644
1	0	0	0	−1.784	1	1	1	1	0.644
1	−1	−1	−1	0.644	1	1.685	0	0	−0.908
1	1	−1	−1	0.644	1	−1.685	0	0	−0.908
1	−1	1	−1	0.644	1	0	1.685	0	−0.908
1	1	1	−1	0.644	1	0	−1.685	0	−0.908
1	−1	−1	1	0.644	1	0	0	1.685	−0.908
1	1	−1	1	0.644	1	0	0	−1.685	−0.908

表 3-34　另一个 4 因素 16 次 D-最优设计表

x_0	x_1	x_2	x_3	x_4	x_0	x_1	x_2	x_3	x_4
1	0	0	0	1.7884	1	−1	1	1	0.644
1	0	0	0	−1.784	1	1	1	1	0.644
1	−1	−1	−1	0.644	1	1.685	0	0	−0.908
1	1	−1	−1	0.644	1	−1.685	0	0	−0.908
1	−1	1	−1	0.644	1	0	1.685	0	−0.908
1	1	1	−1	0.644	1	0	−1.685	0	−0.908
1	−1	−1	1	0.644	1	0	0	1.685	−0.908
1	1	−1	1	0.644	1	0	0	−1.685	−0.908

第六节　单纯形试验设计法

单纯形试验设计法是一种序贯试验设计方法，既可用来进行试验设计又可直接用于试验寻优，它由 Ernst[21] 提出，在化学计量学中成为引人注目的试验优化方法，Deming 等对此有详细综述[22]。原始的简单单纯形法经过许多改进，如 Nelder 等改进的单纯形法[23] 等在化学试验中应用较广。

在 s 维空间 R^s 中，单纯形是指具有 $s+1$ 个顶点的多面体，若各个棱长彼此相等，则称为正规单纯形。在二维空间中，$s+1=3$，即三角形是单纯形，等边三角形是正规单纯形。单纯形试验设计法是以单纯形顶点的坐标表述为试验各因素的水平取值，在二维空间中的三角形顶点坐标（x_1，x_2）表述的是两个因素的相应水平。如有 s 个因素，则用 s 维空间的单纯形顶点表述这 s 个因素的不同水平，按照起始单纯形的 $s+1$ 个顶点的坐标来安排 $s+1$ 个试验，然后通过比较这些试验结果，淘汰其中指标值最差的试验点，在可能改进试验指标的方向新增一个试验点，再作一次试验，继续单纯形搜索。

首先讨论起始单纯形的选取。设 $\{\boldsymbol{v}_1, \boldsymbol{v}_2, \cdots, \boldsymbol{v}_s, \boldsymbol{v}_{s+1}\}$ 是 R^s 中某一单纯形 $s+1$ 个顶点的位置矢量。拟用 $\boldsymbol{v}_i$ 表示试验中 s 个因素的水平，令 s 个因素各取某一起始水平的点 $\boldsymbol{x}_0$，这个起始点可根据化学知识与经验选取。对于每一个因素，根据化学家的经验选定一个步长。步长代表的是考虑每一因素的影响时，从起始水平移动的幅度。例如选定起始 pH 值为 7.0，如选择步长为 0.5，即是从 7.0 出发按 0.5 间距改变 pH 值作试验。经过变换，可将原为不同数值与单位的各因素的步长化为相同的数值 α。可以证明，对给定的某一个顶点 $\boldsymbol{x}_0$ 和正数 α，按式（3-61）取定的单纯形是以 $\boldsymbol{x}_0$ 为顶点且棱长为 α 的正规单纯形。

$$\boldsymbol{v}_1=\boldsymbol{x}_0 \tag{3-61a}$$

$$\boldsymbol{v}_i=\boldsymbol{x}_0+\boldsymbol{z}(i) \quad (i=2,3,\cdots,s+1) \tag{3-61b}$$

式中，$\boldsymbol{z}(i)$为 s 维矢量。

$$\boldsymbol{z}(i)=[q,\cdots,\overset{i-1}{q},p,q,\cdots,q]^{\mathrm{t}} \tag{3-62}$$

式中

$$p=(\sqrt{s+1}+s-1)[\alpha/(s\sqrt{2})] \tag{3-63a}$$

$$q=(\sqrt{s+1}-1)[\alpha/(s\sqrt{2})] \tag{3-63b}$$

现计算 $\boldsymbol{v}_i$ 与 $\boldsymbol{v}_1$ 的距离：

$$
\begin{aligned}
\|\boldsymbol{v}_i-\boldsymbol{v}_1\|^2&=\|\boldsymbol{x}_0+\boldsymbol{z}(i)-\boldsymbol{x}_0\|^2\\
&=\|\boldsymbol{z}(i)\|^2\\
&=(s-1)q^2+p^2\\
&=(s-1)(\sqrt{s+1}-1)^2[\alpha/(s\sqrt{2})]^2+(\sqrt{s+1}+s-1)^2[\alpha/(s\sqrt{2})]^2\\
&=[\alpha^2/(2s^2)]\{(s-1)(s+1-2\sqrt{s+1}+1)+[s+1+2\sqrt{s+1}(s-1)+(s-1)^2]\}\\
&=[\alpha^2/(2s^2)]\{(s-1)s+2(s-1)+s+1+(s-1)^2\}\\
&=[\alpha^2/(2s^2)](s^2-s+2s-2+s+1+s^2-2s+1)\\
&=[\alpha^2/(2s^2)](2s^2)\\
&=\alpha^2
\end{aligned}
\tag{3-64}
$$

可见这个有 $s+1$ 个顶点的单纯形各棱长均为 α。令 $\boldsymbol{v}_1=[v_1,v_2,\cdots,v_s]^{\mathrm{t}}$，则各个顶点的坐标可分别为

$$
\begin{aligned}
\boldsymbol{v}_2&=[v_1+p,v_2+q,\cdots,v_s+q]^{\mathrm{t}}\\
\boldsymbol{v}_3&=[v_1+q,v_2+p,\cdots,v_s+q]^{\mathrm{t}}\\
&\vdots\\
\boldsymbol{v}_{s+1}&=[v_1+q,v_2+q,\cdots,v_s+p]^{\mathrm{t}}
\end{aligned}
$$

可见只要根据经验确定了一个可行的起始点 $\boldsymbol{v}_1$ 和步长 α，就能开始试验。关于 p、q 值的选取可容易根据式（3-63）计算，表 3-35 给出了几个例子。

表 3-35 计算起始单纯形的 p、q 值

s	p	q	s	p	q
2	0.966α	0.259α	5	0.911α	0.204α
3	0.943α	0.236α	6	0.901α	0.194α
4	0.926α	0.219α			

设试验的目的是搜索指标取值最大的最佳点。比较各 $\boldsymbol{v}_i$ 的指标取值，设 $\boldsymbol{v}_{\mathrm{w}}$ 是各点中的最差点，则进行反射，去掉最差点 $\boldsymbol{v}_{\mathrm{w}}$，用其对称点作新试验点。先求去掉 $\boldsymbol{v}_{\mathrm{w}}$ 后余下各点的形心 $\boldsymbol{v}_{\mathrm{g}}$

$$\boldsymbol{v}_{\mathrm{g}}=(1/s)\sum_{\substack{i=1,\\ i\neq \mathrm{w}}}^{s+1}\boldsymbol{v}_i \tag{3-65}$$

反射是按式(3-66)求发射点 $\boldsymbol{v}_{\mathrm{f}}$

$$\boldsymbol{v}_{\mathrm{f}}=\boldsymbol{v}_{\mathrm{g}}+\beta(\boldsymbol{v}_{\mathrm{g}}-\boldsymbol{v}_{\mathrm{w}}) \tag{3-66}$$

当 $s=2$ 时，在二维平面上绘出有关图形，见图 3-11。取 $\beta=1$ 进行反射得到反射点 $\boldsymbol{v}_{\mathrm{f}}$，原始的简单单纯形要求将 $\boldsymbol{v}_{\mathrm{f}}$ 与原单纯形中剩余的点进行比较，找出新的最差点继续寻优。如反射点在新的单纯形中本身就是最差点，则不返回反射（这将形成死循环），而是将新单纯

形中的次差点去掉，按前面弃去最差点相同的方法反射（取 $\beta=1$）。如反射点超出实验条件可行域范围，即无法按其坐标所示条件安排试验，将此点赋予很差的响应值，即令其为当前最差点。如某一试验点连续在 $s+1$ 个单纯形中是保留点，则应予复核，考察该点是否确为当前最佳点，或是由误差引起。如确认该点是当前最佳点，保留该点，缩小步长继续进行单纯形寻优。

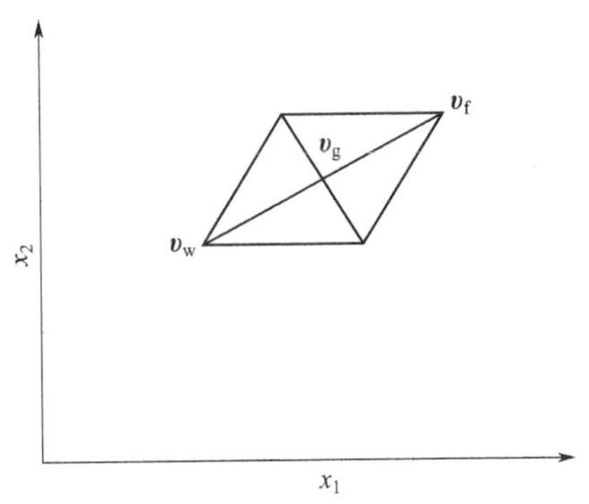

图 3-11 单纯形的反射

改进的单纯形法能加速最优条件的寻找。考虑到反射前 $\boldsymbol{v}_w$ 是最差点，可能出现以下三种情况。

第一种情况：反射点 $\boldsymbol{v}_r$ 是当前最佳点，即较原试验点中最佳点更优。这时自然考虑是否继续沿由 $\boldsymbol{v}_w$ 反射到 $\boldsymbol{v}_r$ 的方向延伸。这就是说，当 $\boldsymbol{v}_r$ 是当前最佳点，进行延伸到 $\boldsymbol{v}_e$：

$$\boldsymbol{v}_e=\boldsymbol{v}_g+\gamma(\boldsymbol{v}_r-\boldsymbol{v}_w) \tag{3-67}$$

在计算延伸点 $\boldsymbol{v}_e$ 的式（3-67）中，$\gamma>1$，称为延伸系数（扩大系数），通常取 $\gamma=2$。如得到的 $\boldsymbol{v}_e$ 点优于点 $\boldsymbol{v}_r$，保留 $\boldsymbol{v}_e$ 与原留下的各点（不含 $\boldsymbol{v}_r$、$\boldsymbol{v}_w$）构成新单纯形（已不是正规单纯形），继续寻优。

第二种情况：$\boldsymbol{v}_r$ 不是当前最佳点，但也不是除 $\boldsymbol{v}_w$ 以外的最差点（除 $\boldsymbol{v}_w$ 以外，$\boldsymbol{v}_r$ 还比 $\boldsymbol{v}_i$ 中某点好），这时保留 $\boldsymbol{v}_r$，弃去 $\boldsymbol{v}_w$，组成新单纯形继续寻优。

第三种情况：$\boldsymbol{v}_r$ 较原单纯形次差点差，即暂不计 $\boldsymbol{v}_w$，$\boldsymbol{v}_r$ 是最差点。这时考虑收缩，需注意两种情况：

（1）$\boldsymbol{v}_r$ 比 $\boldsymbol{v}_w$ 好，舍去 $\boldsymbol{v}_f$，对 $\boldsymbol{v}_r-\boldsymbol{v}_g$ 收缩为 $\boldsymbol{v}_c$，即

$$\boldsymbol{v}_c=\boldsymbol{v}_g+\gamma(\boldsymbol{v}_r-\boldsymbol{v}_g)$$

式中，γ 是收缩系数，一般取 $\gamma=1/2$。如 $\boldsymbol{v}_c$ 比 $\boldsymbol{v}_r$ 好，保留 $\boldsymbol{v}_c$，与除 $\boldsymbol{v}_w$ 以外的原顶点组成单纯形再寻优；如 $\boldsymbol{v}_c$ 比 $\boldsymbol{v}_r$ 差，舍去 $\boldsymbol{v}_c$，缩小原单纯形继续寻优。所谓缩小单纯形，是指保持原最佳点，将棱长缩小（例如减半）形成单纯形。

（2）$\boldsymbol{v}_r$ 比 $\boldsymbol{v}_w$ 差，舍去 $\boldsymbol{v}_f$，对 $\boldsymbol{v}_w-\boldsymbol{v}_g$ 收缩为 $\boldsymbol{v}_c'$，即

$$\boldsymbol{v}_c'=\boldsymbol{v}_g+\gamma(\boldsymbol{v}_w-\boldsymbol{v}_g)$$

将 $\boldsymbol{v}_c$ 与 $\boldsymbol{v}_w$ 比较，如 $\boldsymbol{v}_c$ 比 $\boldsymbol{v}_w$ 好，保留 $\boldsymbol{v}_c'$，与除 $\boldsymbol{v}_w$ 以外的原顶点组成单纯形再寻优；如 $\boldsymbol{v}_c'$ 比 $\boldsymbol{v}_w$ 差，舍去 $\boldsymbol{v}_c'$，保留原最佳点将棱长缩小的单纯形继续寻优。

在 $s=2$ 的情况下，反射、延伸与收缩的情况示意于图 3-12。

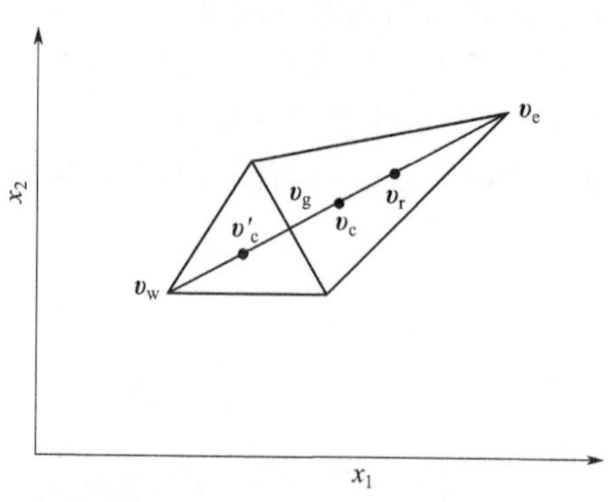

图 3-12 单纯形的反射、延伸与收缩

改进单纯形法的终止准则仍与前述简单单纯形法相同。在一个点经过 $n+1$ 次单纯形移动后仍未被淘汰，即应予复核，如被肯定是当前最优点，缩小步长继续试验，直至达到精度为止。单纯形试验寻优法一般说来只能找到局部最优点，因其本质上还只是一种局部最优方法。但因其方便易行，在化学研究中得到了广泛应用。

第七节 混料试验设计方法

化工、材料、冶金、食品、精细化工等领域的产品大多是几种化学成分混合后加工制造出来的，它们的某项或某几项特性指标与混合成分所占比例有关。如何确定各成分在混料（或称配方）中所占比例，以使我们感兴趣的特性指标在一定条件下达到最优，是生产和科研中的一个重要问题。在这方面国内已有一些专著出版，本节只讨论一些基本问题，有兴趣的读者可参阅文献［24］。在混料问题中，试验的响应值仅与每种组分的百分比有关，而与混料的总量无关。每种成分所占的百分比只能在 0～1 之间变化，其相加总和必须是 1。设 $x_i(i=1, 2, \cdots, s)$ 是第 i 种成分的百分比，则混料问题要受如下条件限制：

$$x_i \geqslant 0 \qquad (i=1,2,\cdots,s)$$
$$\sum x_i = 1$$

因此，混料问题的试验区域是

$$\Re = \{x \mid x_i \geqslant 0 \quad (i=1,2,\cdots,s); \sum x_i = 1\} \tag{3-68}$$

由于有了 $\sum x_i = 1$ 的限制，在 s 个混料变量 x_i（$i=1, 2, \cdots, s$）中，只有 $s-1$ 个是独立的，这样的条件限制决定了在混料设计中不能采用一般的 s 元 d 次完全多项式回归模型，否则会引起设计信息矩阵退化亏秩，因此，混料设计中常采用 Scheffe 典型多项式回归模型。例如一般的三元二次回归模型为

$$y = \beta_0 + \sum_{j=1}^{3}\beta_j x_j + \sum_{k \leqslant j}^{3}\beta_{ij} x_k x_j + \sum_{k=1}^{3}\beta_{ij} x_k^2 \tag{3-69}$$

而混料回归设计中的三分量二次回归方程为

$$y = \sum_{j=1}^{3}\beta_j x_j + \sum_{k \leqslant j}^{3}\beta_{ij} x_k x_j \tag{3-70}$$

它没有常数项和平方项，只有一次项和交叉项。这是因为，假定混料回归设计中的三分量二次回归方程为

$$y=\beta_0+\sum_{j=1}^{3}\beta_j x_j+\sum_{k\leqslant j}^{3}\beta_{ij}x_k x_j+\sum_{k=1}^{3}\beta_{ij}x_k^2 \tag{3-71}$$

由 $x_1+x_2+x_3=1$ 可得

$$\beta_0=\beta_0 x_1+\beta_0 x_2+\beta_0 x_3 \tag{3-72}$$

$$x_1^2=x_1(1-x_2-x_3)=x_1-x_1x_2-x_1x_3 \tag{3-73a}$$

$$x_2^2=x_2(1-x_1-x_3)=x_2-x_1x_2-x_2x_3 \tag{3-73b}$$

$$x_3^2=x_3(1-x_1-x_2)=x_3-x_1x_3-x_2x_3 \tag{3-73c}$$

将式（3-72）与式（3-73）代入式（3-71），则有

$$\begin{aligned}y=&(\beta_0+\beta_1+\beta_{11})x_1+(\beta_0+\beta_2+\beta_{22})x_2+(\beta_0+\beta_3+\beta_{33})x_3+\\&(\beta_{12}-\beta_{11}-\beta_{22})x_1x_2+(\beta_{13}-\beta_{11}-\beta_{33})x_1x_3+(\beta_{23}-\beta_{22}-\beta_{33})x_2x_3\end{aligned} \tag{3-74}$$

这实际就是 Scheffe 典型多项式回归模型［式（3-70）］。

对于 s 分量的混料回归设计，其 Scheffe 典型多项式回归模型分别为：

一次式

$$y=\sum_{j=1}^{s}\beta_j x_j \tag{3-75a}$$

二次式

$$y=\sum_{j=1}^{s}\beta_j x_j+\sum_{k\leqslant j}\beta_{ij}x_k x_j \tag{3-75b}$$

三次式

$$y=\sum_{j=1}^{s}\beta_j x_j+\sum_{k\leqslant j}\beta_{kj}x_k x_j+\sum_{k\leqslant j}\gamma_{ij}x_k x_j(x_k-x_j)+\sum_{k\leqslant j\leqslant i}\beta_{kji}x_k x_j x_i \tag{3-75c}$$

当使用单纯形格子点设计时，这些典型的 Scheffe 多项式回归模型中回归系数的最小二乘估计的计算将变得很简单。

在此值得提出的是，在 s 维试验空间中，s 因子的混料区域 $\mathfrak{R}$ 可用（$s-1$）维单纯形来表示。单纯形上的点，如其 s 个坐标中有 1 个坐标为 1，其余（$s-1$）个坐标为 0，则这样的点称为单纯形顶点。因此，在 s 因素的混料模型中，单纯形的顶点有 s 个，下面以 $s=3$ 为例来讨论单纯形上点的坐标问题。

当 $s=3$ 时，其单纯形为平面 $x_1+x_2+x_3=1$ 上的一个等边三角形［参见图 3-13（a）］，它的顶点为 $A(1,0,0)$、$B(0,1,0)$、$C(0,0,1)$。在 $x_1+x_2+x_3=1$ 的条件限制下，各分量 $x_i(i=1,2,3)$ 只能在三角形 ABC 上取值。为了方便，在使用时不再画出 3 个坐标轴，只画出一个等边三角形就可以了［参见图 3-13（b）］。该三角形中的任一点 F 到三边的距离之和为 1，即

$$FA'+FB'+FC'=1 \tag{3-76}$$

这样，就可以把 FA' 的长度看成是 F 点的 x_1 坐标值，把 FB' 和 FC' 的长度分别看成是 F 点的 x_2 和 x_3 坐标值，于是便建立了“二维正规单纯形坐标系”，即单纯形上的点与有序数（x_1，x_2，x_3）之间建立了一一对应关系，并且 x_1，x_2，x_3 满足混料条件。

四因素混料设计的单纯形是一个四面体［参见图 4-13（c）］，它的四个顶点分别为 $A(1,0,0,0)$，$B(0,1,0,0)$，$C(0,0,1,0)$，$D(0,0,0,1)$，与 $s=3$ 时类似，可用 x_1，x_2，x_3，x_4 分别表示该单纯形内的点到 BCD 面、ACD 面、ABD 面及 ABC 面的距离，这样就建立了“三维正规单纯形坐标系”。

用类似的方法，可建立 s 个因素空间的混料设计的正规单纯形坐标系。

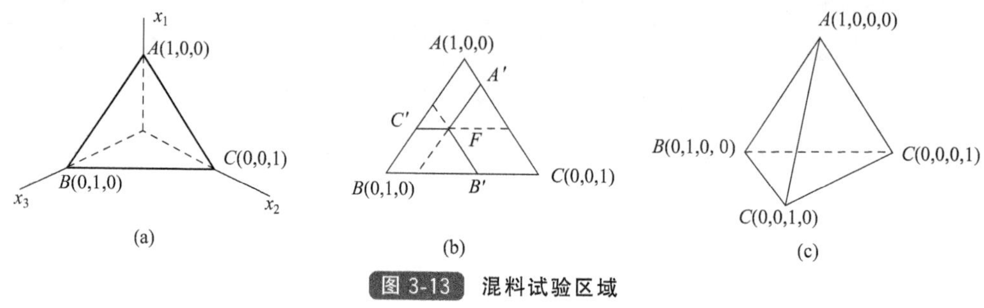

图 3-13 混料试验区域

一、单纯形格子点

对由式（3-71）表示的模型，Scheffe 提出了单纯形格子设计方法，这种设计方法可以保证设计点分布均匀，且回归系数的计算变得简单。下面先介绍格子点的概念和计算公式。

前已述及，当 $s=3$ 时，其单纯形是一个高为 1 的等边三角形，它的三个顶点的全体称为一阶格子点集，记为 {3，1}［参见图 3-14（a）］。

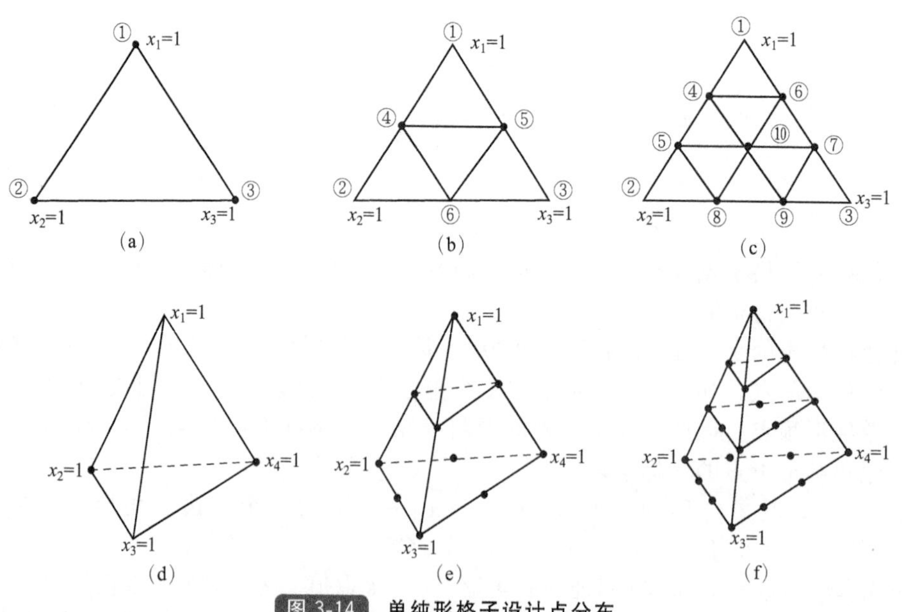

图 3-14 单纯形格子设计点分布

将等边三角形的三边各二等分，则此三角形的三个顶点与三条边的中点［参见图 3-14（b）］的全体称为二阶格子点集，记为 {3，2}，其中共有 6 个点，各点坐标参见表 3-36。

表 3-36 单纯形格子{3,2}各点坐标

点号＼坐标	x_1	x_2	x_3	点号＼坐标	x_1	x_2	x_3
1	1	0	0	4	1/2	1/2	0
2	0	1	0	5	1/2	0	1/2
3	0	0	1	6	0	1/2	1/2

将等边三角形的三边三等分，对应的分点连成与边平行的直线［参见图 3-14（c）］，在等边三角形上形成许多格子，这些格子的顶点的全体称为三阶格子点集，记为{3，3}，其中有 10 个点，各点坐标示于表 3-37。

表 3-37 单纯形格子{3,3}各点坐标

点号＼坐标	x_1	x_2	x_3	点号＼坐标	x_1	x_2	x_3
1	1	0	0	6	2/3	0	1/3
2	0	1	0	7	1/3	0	2/3
3	0	0	1	8	0	2/3	1/3
4	2/3	1/3	0	9	0	1/3	2/3
5	1/3	2/3	0	10	1/3	1/3	1/3

将等边三角形各边 d 等分，类似地可得 d 阶格子点集，记为{3，d}。显然，将三角形的边等分相当于将其高等分。

当 $s=4$ 时，类似地可得 d 阶格子点集，记为{4，d}，格子点集{4，1}，{4，2}，{4，3}如图 3-14 中的（d）、（e）、（f）所示。格子点集{4，2}中有 10 个点，各点坐标见表 3-38；格子点集{4，3}中有 20 个点，各点坐标见表 3-39。

表 3-38 单纯形格子{4,2}各点坐标

点号＼坐标	x_1	x_2	x_3	x_4	点号＼坐标	x_1	x_2	x_3	x_4
1	1	0	0	0	6	1/2	0	1/2	0
2	0	1	0	0	7	1/2	0	0	1/2
3	0	0	1	0	8	0	1/2	1/2	0
4	0	0	0	1	9	0	1/2	0	1/2
5	1/2	1/2	0	0	10	0	0	1/2	1/2

将上述作法推广，可作出其他的格子点集，格子点集一般地可表示为{s，d}，其中 s 表示单纯形顶点的个数，d 表示将单纯形的边长等分的份数。

下面介绍（$s-1$）维正规单纯形（有 s 个顶点）d 阶格子点集{s，d}中各格子点的正规单纯形坐标的一般算法，取 s 个互相正交的单位矢量

$$
\begin{aligned}
\boldsymbol{a}_1 &: (1,\ 0,\ 0,\ \cdots,\ 0) \\
\boldsymbol{a}_2 &: (0,\ 1,\ 0,\ \cdots,\ 0) \\
&\ \vdots \qquad\quad \vdots \\
\boldsymbol{a}_s &: (0,\ 0,\ 0,\ \cdots,\ 1)
\end{aligned}
$$

则这 s 个单位矢量作为顶点围成一个正规单纯形，此单纯形上的任一点 $\boldsymbol{x}$ 都可以表示为

$$\boldsymbol{x}=i_1\boldsymbol{a}_1+i_2\boldsymbol{a}_2+\cdots+i_s\boldsymbol{a}_s \tag{3-77}$$

式中

$$i_1, i_2, \cdots, i_s \geqslant 0; \quad i_1 + i_2 + \cdots + i_s = 1 \tag{3-78}$$

当 i_1，i_2，…，i_s 都取分母是 d 的分数时，即

$$i_1 = \alpha_1/d, i_2 = \alpha_2/d, \cdots, i_s = \alpha_s/d$$

$$\alpha_i \geqslant 0 (i=1,2,\cdots,s)$$

$$\alpha_1 + \alpha_2 + \cdots + \alpha_s = d$$

则由式（3-78）所确定的总体就是（$s-1$）维正规单纯形的 d 阶格子点集$\{s,d\}$，也就是说

$$\{s,d\} = \left\{ (\alpha_1/d, \alpha_2/d, \cdots, \alpha_s/d) \middle| \begin{array}{l} \alpha_i \geqslant 0 (i=1,2,\cdots,s) \\ \alpha_1 + \alpha_2 + \cdots + \alpha_s = d \end{array} \right\} \tag{3-79}$$

即由式（3-79）所确定的点集实际有 C_{s+d-1}^{d} 个点，利用该式就可以算出$\{s,d\}$ 中各点的单纯形坐标系的坐标。下面以 $s=4$ 的情况为例，算出$\{4,2\}$，$\{4,3\}$ 各点的坐标。

（1）$s=4$，$d=2$，即 4 维 2 阶格子点集$\{4,2\}$ 单纯形坐标系的坐标算法

此时，因 $d=2$，$\alpha_i(i=1,2,\cdots,s)$的取值情况只有两种，即 1 或 2。

① 当某个 α_i 取 2 时，其余的 $\alpha_j(j=1,2,3,4,j\neq i)$都得为 0，则此时有 $C_4^1=4$ 个点；

② 当某两个 α_i 取 1 时，其余的都得为 0，则此时有 $C_4^2=6$ 个点。

由此算得的 4 维 2 阶格子点集$\{4,2\}$，10 个单纯形坐标系的坐标如表 3-36 所示。

（2）$s=4$，$d=3$，即 4 维 3 阶格子点集$\{4,3\}$ 单纯形坐标系的坐标算法

此时，因 $d=3$，$\alpha_i(i=1, 2, \cdots, s)$ 的取值情况有三种，即 1、2 或 3。

① 当某个 α_i 取 3 时，其余的 $\alpha_j(j=1, 2, 3, 4, j\neq i)$ 都得为 0，则此时有 $C_4^1=4$ 个点；

② 当某个 α_i 取 2，另一个取 1 时，其余的 α_j 都得为 0，则此时有 $2C_4^2=12$ 个点；

③ 当某三个 α_i 取 1 时，剩余的为 0，则此时有 $C_4^1=4$ 个点。

由此算得的 4 维 3 阶格子点集$\{4,3\}$ 的 20 个单纯形坐标系的坐标如表 3-39 所示。

表 3-39 单纯形格子{4,3} 各点坐标

点号 \ 坐标	x_1	x_2	x_3	x_4	点号 \ 坐标	x_1	x_2	x_3	x_4
1	1	0	0	0	11	0	2/3	1/3	0
2	0	1	0	0	12	0	1/3	2/3	0
3	0	0	1	0	13	0	2/3	0	1/3
4	0	0	0	1	14	0	1/3	0	2/3
5	2/3	1/3	0	0	15	0	0	2/3	1/3
6	1/3	2/3	0	0	16	0	0	1/3	2/3
7	2/3	0	1/3	0	17	1/3	1/3	1/3	0
8	1/3	0	2/3	0	18	1/3	1/3	0	1/3
9	2/3	0	0	1/3	19	1/3	0	1/3	1/3
10	1/3	0	0	2/3	20	0	1/3	1/3	1/3

二、单纯形格子设计法

设有 s 分量系统，各分量 $x_i(i=1, 2, \cdots, s)$ 的变化范围满足约束条件$\sum x_i=1$，当采

用 d 阶典型的 Scheffe 多项式回归模型时，试验点选为 $\{s,d\}$ 的 C_{ds+d-1} 个格子点，这正好与所采用的 d 阶典型的 Scheffe 多项式回归方程中待估计的回归系数的个数相等，故单纯形格子设计是饱和设计，是在"试验次数最少"意义下的最优设计。

常用的单纯形格子设计的试验点数及相应的典型的 Scheffe 多项式回归方程阶数 d 之间的关系如表 3-40 所示。

表 3-40　单纯形格子设计的试验点数

分量数＼点数＼d	回归方程阶数			分量数＼点数＼d	回归方程阶数		
	2	3	4		2	3	4
3	6	10	15	6	21	56	126
4	10	20	35	8	36	120	330
5	15	35	70	10	55	220	715

前面说过，对于典型的 Scheffe 多项式回归模型，当采用单纯形格子点设计时，回归系数的最小二乘估计将变得很简单，这时，每个回归系数的值只取决于按一定规律对应的一些格子点上的观察值，而与其他设计点上的观察值无关，各回归系数都可以表示成相应设计点上观察值的简单线性组合。下面以上分量混料设计的二阶多项式回归方程为例，说明怎样从试验结果计算各回归系数。

二阶多项式回归方程典型 Scheffe 形式为

$$y=\beta_1x_1+\beta_2x_2+\beta_3x_3+\beta_{12}x_1x_2+\beta_{13}x_1x_3+\beta_{23}x_2x_3 \tag{3-80}$$

与此相应，单纯形格子设计及试验结果见表 3-41。

表 3-41　单纯形格子{3,2}设计及试验结果

试验点	x_1	x_2	x_3	试验结果	试验点	x_1	x_2	x_3	试验结果
1	1	0	0	y_1	4	1/2	1/2	0	y_{12}
2	0	1	0	y_2	5	1/2	0	1/2	y_{13}
3	0	0	1	y_3	6	0	1/2	1/2	y_{23}

为表述清晰起见，各试验点的观察值以相应的下标来表示，例如：

y_i——x_i 为 1 而其余分量皆为 0 的格子点的观察值；

y_{ij}——x_i 为 1/2，x_j 为 1/2，其余分量皆为 0 的格子点的观察值；

y_{iij}——x_i 为 2/3，x_j 为 1/3，其余分量皆为 0 的格子点的观察值；

y_{iiij}——x_i 为 3/4，x_j 为 1/4，其余分量皆为 0 的格子点的观察值；等等。

对于式（3-80）表示的回归模型，可容易看出，

$$\beta_1=y_1$$

$$\beta_{12}=4y_{12}-2(y_1+y_2)$$

写成一般式，有

$$\beta_i=y_i$$

$$\beta_{ij}=4y_{ij}-2(y_i+y_j)\quad (i<j;i,j=1,2,3)$$

对于一般 s 分量模型，与二阶单纯形格子设计相应的典型 Scheffe 多项式回归方程的系数公式为

$$\beta_i = y_i$$

$$\beta_{ij} = 4y_{ij} - 2(y_i + y_j) \quad (i<j;i,j=1,2,\cdots,s)$$

类似地，s 分量三阶单纯形格子设计相应的典型 Scheffe 多项式回归方程的系数公式为

$$\beta_i = y_i$$

$$\beta_{ij} = 4/9(y_{iij} + y_{ijj} - y_i - y_j) \quad (i<j;i,j=1,2,\cdots,s)$$

$$\gamma_{ij} = 4/9(3y_{iij} - 3y_{ijj} - y_i + y_j)$$

$$\beta_{kji} = 273y_{ijk} - 27/4(y_{iij} + y_{ijj} + y_{ijk} + y_{ikk} + y_{jjk} + y_{jkk}) + 9/2(y_i + y_j + y_k)$$

$$(i<j<k;i,j,k=1,2,\cdots,s)$$

三、单纯形重心设计

在单纯形格子设计中，当所采用的回归模型的阶数大于 2 时，在某些混料中，各分量是以不相等的比例出现的。能否对单纯形格子设计进行改进，只考虑各成分有等比例成分的试验？另外，单纯形格子设计虽然是饱和设计，但试验次数仍然很多（C_{s+d-1}^d）。这样，要求对 Scheffe 典型多项式回归模型进行改造，改变为对各分量来说都是对称的。于是，提出了单纯形重心设计。

在单纯形重心设计中采用的回归模型为：

一次重心多项式

$$y = \sum_{j=1}^{s} \beta_j x_j \tag{3-81a}$$

二次重心多项式

$$y = \sum_{j=1}^{s} \beta_j x_j + \sum_{k \leqslant j} \beta_{ij} x_k x_j \tag{3-81b}$$

三次重心多项式

$$y = \sum_{j=1}^{s} \beta_j x_j + \sum_{k \leqslant j} \beta_{kj} x_k x_j + \sum_{k \leqslant j \leqslant i} \beta_{kji} x_k x_j x_i \tag{3-81c}$$

由上述重心多项式回归方程的形式可以看出，一阶、二阶重心多项式回归方程与一阶、二阶 Scheffe 典型多项式回归方程是相同的。当阶数大于 2 时，前者较后者减少了一些乘积项，另外，对于 s 分量混料系统，重心多项式回归方程的阶数最高为 s。

在单纯形重心设计中，试验点的选取方法是取单纯形顶点及它们的一些重心点，如：

单纯形的 s 个顶点：$(1,0,0,\cdots,0),\cdots,(0,0,\cdots,1)$，共有 C_s^1 个点。

两个顶点的重心点：$(1/2,1/2,0,\cdots,0),\cdots,(0,0,\cdots,1/2,1/2)$，共有 C_s^2 个点。

三个顶点的重心点：$(1/3,1/3,1/3,0,\cdots,0),(1/3,1/3,0,1/3,\cdots,0),\cdots,(0,0,\cdots,1/3,1/3,1/3)$，共有 C_s^3 个点。

$(s-1)$ 个顶点的重心点：$[1/(s-1),1/(s-1),1/(s-1),\cdots,1/(s-1),0],\cdots,[0,1/(s-1),1/(s-1),1/(s-1),\cdots,1/(s-1)]$，共有 $C_s^{s-1}=C_s^1$ 个点。

s 个顶点的重心点：$(1/s,1/s,1/s,\cdots,1/s)$，共有 $C_s^s=1$ 个点。

对 $s=3$，其单纯形重心设计共有 7 个点，见表 3-42 及图 3-15。

表 3-42 三分量三阶单纯形重心设计

试验点	x_1	x_2	x_3	试验结果
1	1	0	0	y_1
2	0	1	0	y_2
3	0	0	1	y_3
4	1/2	1/2	0	y_{12}
5	1/2	0	1/2	y_{13}
6	0	1/2	1/2	y_{23}
7	1/3	1/3	1/3	y_{123}

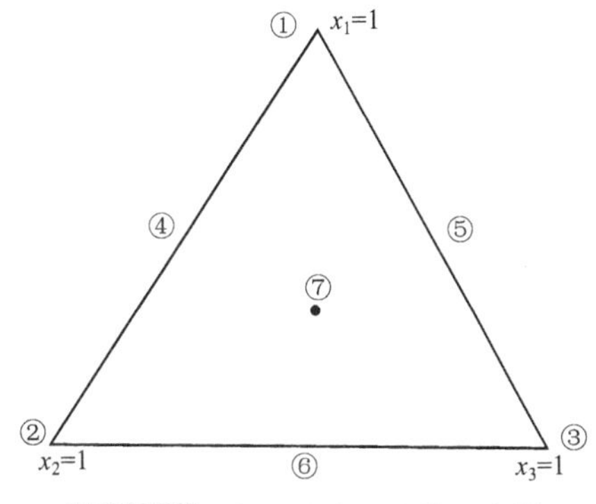

图 3-15 单纯形重心设计示意图

对 $s=4$，其单纯形重心设计共有 15 个点，见表 3-43，类似地可以写出 $s>4$ 的各阶单纯形重心设计方案。

容易看出，对 s 因子混料设计系统，前面所说的单纯形顶点及顶点的各种重心点总数为

$$C_s^1+C_s^2+C_s^3+\cdots+C_s^s=2^s-1 \tag{3-82}$$

当采用 s 阶重心多项式回归模型时，应取这全部 2^s-1 个点作为试验点。显然，单纯形重心设计方案的试验点数等于相应的 s 阶重心多项式回归方程中待估系数的个数，故单纯形重心设计也是饱和设计。一、二阶单纯形格子设计与一、二阶单纯形重心设计相同，当 $d>2$ 时，对于同阶多项式回归模型来说，单纯形重心设计的试验点数要少于单纯形格子设计的试验点数，且 d 越大其差越大。

表 3-43 四分量四阶单纯形重心设计

试验点	x_1	x_2	x_3	x_4	响应值	试验点	x_1	x_2	x_3	x_4	响应值
1	1	0	0	0	y_1	9	0	1/2	0	1/2	y_1
2	0	1	0	0	y_2	10	0	0	1/2	1/2	y_2
3	0	0	1	0	y_3	11	1/3	1/3	1/3	0	y_3
4	0	0	0	1	y_4	12	1/3	1/3	0	1/3	y_4
5	1/2	1/2	0	0	y_1	13	1/3	0	1/3	1/3	y_1
6	1/2	0	1/2	0	y_2	14	0	1/3	1/3	1/3	y_2
7	1/2	0	0	1/2	y_3	15	1/4	1/4	1/4	1/4	y_3
8	0	1/2	1/2	0	y_4						

对混料设计，也可以考虑 D-最优性问题，可以证明，一阶、二阶单纯形格子设计及三阶单纯形重心设计是 D-最优的，而三阶单纯形格子设计不是 D-最优的。

三分量三阶重心多项式回归方程

$$y=\sum_{i=1}^{3}\beta_i x_i+\sum_{i\leqslant j}\beta_{ij}x_i x_j+\beta_{123}x_1x_2x_3 \tag{3-83}$$

其系数计算公式为

$$\beta_i=y_i$$

$$\beta_{ij}=4y_{ij}-2(y_i+y_j)\quad(i<j;i,j=1,2,3)$$

$$\beta_{123}=27y_{123}-12(y_{12}+y_{13}+y_{23})+3(y_1+y_2+y_3)$$

一般地对于 s 分量混料系统，采用 s 阶单纯形重心试验设计方案时，相应的 d 阶重心多项式回归方程各回归系数按下式计算：

$$\beta_{D_r}=r\sum_{1\leqslant i\leqslant r}(-1)^{r-t}t^{r-1}y_t(D_r)\qquad(r=1,2,\cdots,s) \tag{3-84}$$

式中 D_r——s 个成分中某 r 个的集合；

$y_t(D_r)$——从这 s 个成分中取 t 个的全部 C_r^t 个组合的试验值的总和。

例如，$s=4,d=4$ 时，四阶重心多项式回归方程为

$$y=\sum_{i=1}^{4}\beta_i x_i+\sum_{i\leqslant j}\beta_{ij}x_i x_j+\sum_{i\leqslant j\leqslant k}\beta_{ijk}x_i x_j x_k+\beta_{1234}x_1x_2x_3x_4$$

当采用四阶单纯形重心设计方案时，上式中各回归系数计算如下：

令 $r=1$，则 $t=1$，从式（3-84）得

$$\beta_i=1[(-1)^{1-1}1^{1-1}y_i]=y_i\qquad(i=1,2,3,4)$$

令 $r=2$，则 $t=1$、2，从式（3-84）得

$$\begin{aligned}\beta_{ij}&=2[(-1)^{2-2}\times2^{2-1}y_{ij}+(-1)^{2-1}\times1^{2-1}(y_i+y_j)]\\&=4y_{ij}-2(y_i+y_j)\quad(i,j=1,2,3,4;i<j)\end{aligned}$$

令 $r=3$，则 $t=1$、2、3，从式（3-84）得

$$\begin{aligned}\beta_{ijk}&=3[(-1)^{3-3}\times3^{3-1}y_{ijk}+(-1)^{3-2}\times2^{3-1}(y_{ij}+y_{ik}+y_{jk})\\&\quad+(-1)^{3-1}\times1^{3-1}(y_i+y_j+y_k)]\\&=27y_{ijk}-12(y_{ij}+y_{ik}+y_{jk})+3(y_i+y_j+y_k)\\&\quad(i,j,k=1,2,3,4;i<j<k)\end{aligned}$$

令 $r=4$，则 $t=1$，2，3，4，从式（3-84）得

$$\begin{aligned}\beta_{1234}=4[&(-1)^{4-1}\times4^{4-1}y_{1234}+(-1)^{4-3}\times3^{4-1}(y_{123}+y_{124}+y_{134}+y_{234})\\&+(-1)^{4-2}\times2^{4-1}(y_{12}+y_{13}+y_{14}+y_{23}+y_{24}+y_{34})+(-1)^{4-1}\\&\times1^{4-1}(y_1+y_2+y_3+y_4)]\end{aligned}$$

$$=256y_{1234}-108(y_{123}+y_{124}+y_{134}+y_{234})+32(y_{12}+y_{13}+y_{14}+y_{23}+y_{24}+y_{34})$$
$$-4(y_1+y_2+y_3+y_4)]$$

以上论及的混料设计方法只能说是最基本的设计方法，实际上，前面讨论的均匀设计也可构造出混料设计的方案，有兴趣的读者可参阅文献［25］。

第八节　化学中常用优化方法

在化学研究和分析化学中，需经常使用最优化方法，前述的单纯形试验设计方法本身就是一种最优化方法，它不但可用于试验设计，还可用于计算寻优，即用于多元校正、多元分辨、模式识别、化学专家系统及化学动力学参数辨识等领域，可看成是一种通用的数学工具[26~28]。所以，在此对化学中常用的优化方法作简要的专门介绍。

一、最优化研究中的基本概念

最优化问题有着非常悠久的研究历史。在 17 世纪，Fermat 就得到了无约束问题（unconstrained optimization）的最优性条件。1788 年，Lagrange 将无约束问题推广到含有等式约束（equality constrained problem，ECP）的情况，并得到其最优性条件，建立了著名的拉格朗日乘子（Lagrange multiplier）方法。1939 年，Karush 在他的硕士论文中得出了不等式约束问题（inequality constrained problem，ICP）的最优性条件，但是并没有得到关注。很有趣的是，Kuhn 和 Tucker 在 1951 年的一次关于数理统计和概率的会议中独立地公开发表了不等式约束问题的最优性条件，人们将其称为 Kuhn-Tucker 条件。后来人们发现 Karush 已经在 1939 年得到了同样的结论，便将其改称为 Karush-Kuhn-Tucker 条件，简称 KKT 条件。到 1968 年，Hestenes 和 Powell 提出了增广拉格朗日函数（augmented Lagrangian functions）和相应的乘子法（methods of multipliers），使得拉格朗日乘子法得到了根本性的发展，大大促进了优化理论和实践应用的发展。

在最优化理论的发展历史中，还有一项非常重要的发现，那就是对偶理论。1928 年美籍匈牙利数学家冯·诺伊曼（John von Neumann）在研究对策论时已发现线性规划与对策论之间存在着密切的联系，他发现两人零和对策可表达成线性规划的原始问题和对偶问题。在 1947 年，冯·诺伊曼提出了著名的对偶理论。此后，对偶理论得到了迅速广泛的应用。例如，人们建立了线性规划和二次规划的对偶问题，使得一些在原始问题空间很难解决的问题在对偶空间变得非常的简单。笔者认为，对偶理论是一项很奇妙的发现，就像核函数的引进避免了维数灾难一样。复杂的问题与简单的解法，形成了鲜明的对比。

最优化理论和方法主要用于统计决策、公共管理、经济管理以及国防领域，在化学领域的应用似乎很少，其实不然。化学计量学涉及到非常多的最优化问题和方法。比如，著名的最小二乘法（ordinary least squares，OLS），本质上是求解一个最优化问题——最小化误差残差平方和；大家所熟知的主成分分析（principal component analysis，PCA），本质上是在求解最大化潜变量（latent variable，LV）的方差，可用拉格朗日乘子法求解；偏最小二乘法（partial least squares，PLS），其目的在于求解最大化自变量空间的潜变量和因变量空间的潜变量的协方差，可以用拉格朗日乘子法求解。总而言之，最优化问题和方法与化学计量学息息相关。下面，首先对最优化问题和方法作初步的介绍，然后重点介绍最速下降法和拉格朗日乘子法，最后再给出常见优化问题（线性规划和凸二次规划）的 MATLAB 实现，以使读者能够对最优化方法有一个基本的了解并能够利用已有的计算工具，如 MATLAB 和 R

语言，解决实际问题。在介绍化学中常用优化方法之前，我们先讨论有关最优化研究的一些基本概念。

1. 凸集和凸函数

凸集和凸函数是最优化研究中最重要的概念。凸集的数学定义如下：

凸集：设点集 $\boldsymbol{D} \subset \boldsymbol{R}^n$，若对于任意点 $\boldsymbol{x}$，$\boldsymbol{y} \in \boldsymbol{D}$ 及实数 $\alpha \in [0, 1]$，下式

$$\alpha \boldsymbol{x} + (1-\alpha)\boldsymbol{y} \in \boldsymbol{D}$$

成立，则称集合 $\boldsymbol{D}$ 为凸集。直观地讲，若某个点集中任意两点的连线上的所有点都处于这个集合中，那么这个集合是凸集。图 3-16（a）、（c）给出了两种类型的凸集。由于圆形和三角形中任意两点 A 和 B 的连线均仍处在圆形和三角形内部（包括边界），所以圆形和三角形为凸集。反之，若只要存在两点 A 和 B，其连线上的至少一个点不属于集合 $\boldsymbol{D}$，则称 $\boldsymbol{D}$ 为凹集。图 3-16（b）、（d）给出了一月牙形凹集和一“凹”字形凹集。

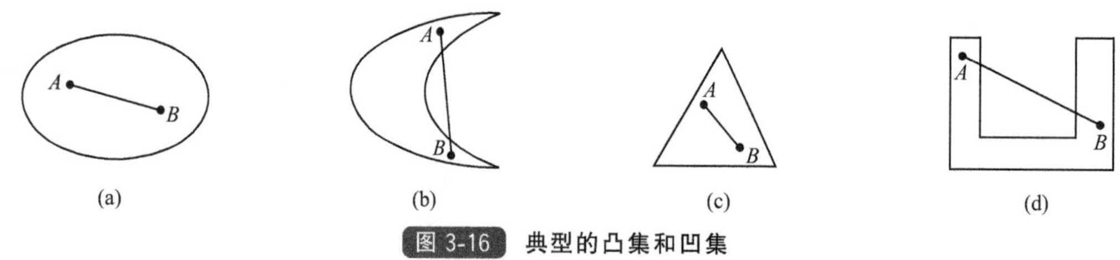

图 3-16 典型的凸集和凹集

（a）圆形凸集；（b）月牙形凹集；（c）三角形凸集；（d）“凹”字形凹集

凸函数：设函数 $f(\boldsymbol{x})$ 定义在凸集 $\boldsymbol{D}$ 上，若对于任意 $\boldsymbol{x}$，$\boldsymbol{y} \in \boldsymbol{D}$，且 $\boldsymbol{x} \neq \boldsymbol{y}$，及任意的 $\alpha \in [0, 1]$，都有

$$f(\alpha \boldsymbol{x} + (1-\alpha)\boldsymbol{y}) \leqslant \alpha f(\boldsymbol{x}) + (1-\alpha) f(\boldsymbol{y})$$

则称函数为凸函数。相反，若将式中的不等号反向的话，则函数成为凹函数。图 3-17 给出了凸函数（a）和凹函数（b）的例子。很明显，由凸/凹函数的定义可知，线性函数既是凸函数又是凹函数。

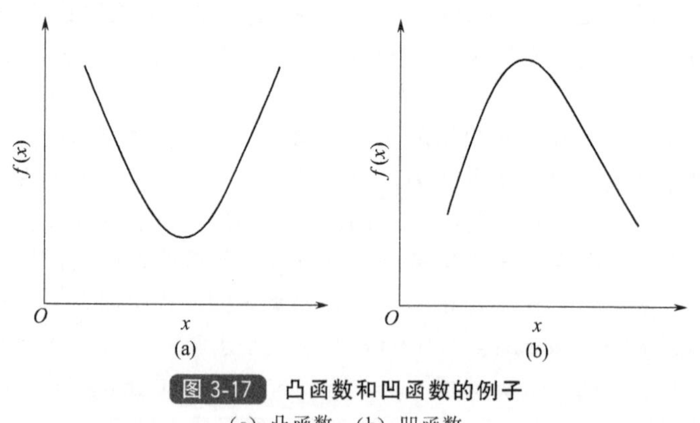

图 3-17 凸函数和凹函数的例子

（a）凸函数；（b）凹函数

2. 无约束优化与约束优化

记 $f(\boldsymbol{x})$ 是定义在 n 维欧氏空间 R^n 上的实函数，那么，所谓无约束优化（极值）问题，是在全空间 R^n 上求函数 $f(\boldsymbol{x})$ 的最小值（或最大值），即

$$\min_{\boldsymbol{x} \in R^n} f(\boldsymbol{x})$$

而所谓约束优化（极值）问题，是求解

$$\min_{x \in E^n} f(\boldsymbol{x})$$

其中，$E^n=\{\boldsymbol{x} \mid g_i(\boldsymbol{x}) \leqslant 0,\ i=1,\ 2,\ 3,\ \cdots,\ m\} \subset R^n$。$g_i(\boldsymbol{x}) \leqslant 0(i=1,\ 2,\ 3,\ \cdots,\ m)$为该问题的约束条件。

3. 全局最优解与局部最优解

对于点 $\boldsymbol{x}^* \in R^n$，如果不等式 $f(\boldsymbol{x}^*) \leqslant f(\boldsymbol{x})$ 对所有的 $\boldsymbol{x} \in R^n$ 都成立，则称点 $\boldsymbol{x}^*$ 为最优化问题的全局最优解。

如果存在 $\boldsymbol{x}^*$ 的某个邻域 $V(\boldsymbol{x}^*)$，如果不等式 $f(\boldsymbol{x}^*) \leqslant f(\boldsymbol{x})$ 对所有的 $\boldsymbol{x} \in V(\boldsymbol{x}^*)$ 都成立，则称点 $\boldsymbol{x}^*$ 为最优化问题的局部最优解。如图 3-18 所示，在可行解域中，区间 $[a,\ b]$ 内，A 点为全局最优解，在此处函数取得全局最小值。B 和 C 两点均为局部最优解，使函数在局部可行域内取得最小值。

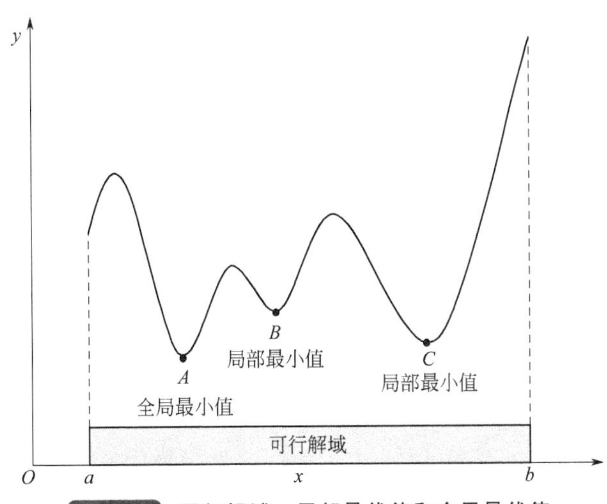

图 3-18　可行解域、局部最优值和全局最优值

4. 函数的梯度及二阶导数矩阵

函数 $f(\boldsymbol{x})$ 在给定点的梯度是一向量，它的大小就是函数在该点的方向导数的最大值，它的方向垂直于函数过该点的等值面，且指向函数增大的方向。一般说来，其梯度向量可表示为：

$$\nabla f(\boldsymbol{x})=[\partial f(\boldsymbol{x})/\partial x_1,\ \partial f(\boldsymbol{x})/\partial x_2,\ \cdots,\ \partial f(\boldsymbol{x})/\partial x_n]^{\mathrm{t}} \tag{3-85}$$

其二阶导数矩阵定义为

$$\nabla^2 f(\boldsymbol{x})=\begin{bmatrix} \dfrac{\partial f(x)}{\partial x_1 \partial x_1}, & \dfrac{\partial f(x)}{\partial x_1 \partial x_2}, & \cdots, & \dfrac{\partial f(x)}{\partial x_1 \partial x_n} \\ \dfrac{\partial f(x)}{\partial x_2 \partial x_1}, & \dfrac{\partial f(x)}{\partial x_2 \partial x_2}, & \cdots, & \dfrac{\partial f(x)}{\partial x_2 \partial x_n} \\ \vdots & \vdots & \vdots & \vdots \\ \dfrac{\partial f(x)}{\partial x_n \partial x_1}, & \dfrac{\partial f(x)}{\partial x_n \partial x_2}, & \cdots, & \dfrac{\partial f(x)}{\partial x_n \partial x_n} \end{bmatrix}$$

二阶导数矩阵又称 Hessian 矩阵（海森矩阵），是（$n \times n$）对称矩阵。它的正定性是判定函数是否具有凸性的充要条件。如函数是凸的，则其最优解一定是全局最优解。例如，函数 $f(\boldsymbol{x})=x_1^2+x_2^2+x_1+x_2$ 在点 $[1,1]^t$ 的梯度为 $[3,3]^t$，海森矩阵为 $\begin{bmatrix}2 & 0\\0 & 2\end{bmatrix}$。

5. 优化问题迭代算法的基本思想

在优化问题求解中，常须用到迭代方法。迭代方法直接从分析目标函数 $f(\boldsymbol{x})$ 的特征入手，构造一类逐次使目标函数值下降的搜索。因一般在化学研究中使用的优化方法多由迭代法构成，对这类方法的基本思路的掌握将对理解具体算法带来很大帮助，所以，将对此也作出简要介绍。

这类方法一般由以下四个步骤组成：

① 选择初始近似点 $\boldsymbol{x}^{(0)}$（自然是越靠近最优点越好）。

② 如已算出第 k 次近似点 $\boldsymbol{x}^{(k)}$，但 $\boldsymbol{x}^{(k)}$ 还不是在要求的误差范围内的最优解，此时可选择一个搜索方向 $\boldsymbol{s}^{(k)}$，使沿 $\boldsymbol{s}^{(k)}$ 方向目标函数值下降（设最优是最小），即 $\boldsymbol{s}^{(k)}$ 应是 $f(\boldsymbol{x})$ 的下降方向。

③ 由点 $\boldsymbol{x}^{(k)}$ 出发，沿 $\boldsymbol{s}^{(k)}$ 方向作射线，在此射线上，定出步长 λ_k，使所得的点

$$\boldsymbol{x}^{(k+1)}=\boldsymbol{x}^{(k)}+\lambda_k\boldsymbol{s}^{(k)}$$

满足

$$f(\boldsymbol{x}^{(k+1)})<f(\boldsymbol{x}^{(k)})$$

在多数算法中，λ_k 的选取应使 $f(\boldsymbol{x})$ 下降得最多，即从 $\boldsymbol{x}^{(k)}$ 出发，沿 $\boldsymbol{s}^{(k)}$ 方向求 $f(\boldsymbol{x})$ 的极小值，这是单变量 λ 的函数极小化问题，称为一维搜索，其表达式为

$$f(\boldsymbol{x}^{(k+1)})=f(\boldsymbol{x}^{(k)}+\lambda_k\boldsymbol{s}^{(k)})=\min_{\lambda} f(\boldsymbol{x}^{(k+1)}+\lambda\boldsymbol{s}^{(k)}) \tag{3-86}$$

④ 验证所得新点 $\boldsymbol{x}^{(k+1)}$ 是否达到要求的精度 ε（ε 为很小的正数），即

$$\|\boldsymbol{x}^{(k+1)}-\boldsymbol{x}^{(k)}\|\leqslant\varepsilon$$

或满足其他类型的终止标准。若满足，$\boldsymbol{x}^{(k+1)}$ 就可以作为最优点，否则，以 $\boldsymbol{x}^{(k+1)}$ 作为新的初始点，转②继续进行搜索。

由上述计算过程可以看出，在这样的迭代算法中，搜索方向 $\boldsymbol{s}^{(k)}$ 和步长因子 λ_k 构成每一次迭代的修正量，它们是决定算法好坏的最重要因素。

6. 共轭方向

在局部优化算法的概念起着重要的作用时，一些比较有效的方法，都是以共轭方向为搜索方向而形成的。

设 $\boldsymbol{A}$ 为一个（$n\times n$）对称正定矩阵，$\boldsymbol{p}$、$\boldsymbol{q}$ 为两个 n 维向量，若

$$\boldsymbol{p}^t\boldsymbol{A}\boldsymbol{q}=0$$

则称 $\boldsymbol{p}$、$\boldsymbol{q}$ 为两个共轭向量，如果 $\boldsymbol{A}$ 为一个单位矩阵，则 $\boldsymbol{p}$、$\boldsymbol{q}$ 两向量正交。

对于正定二次 n 元函数，如果依次沿 n 个相互共轭的方向进行一维搜索，则最后得到的就是它的最优点。如果一个算法的搜索方向是互相共轭的，则称为共轭方向法，以后讨论的共轭梯度法、DFP 法都是共轭方向法。

二、局部优化算法

本节讨论的方法都是局部最优化方法，所得的最优解只是局部最优解。局部最优化方法如按是否需要对目标函数求导来分，可分成两类：一类需要对目标函数 $f(\boldsymbol{x})$ 进行求导运算，这样的方法包括梯度法、牛顿法、共轭梯度法以及变尺度法，这类方法充分利用了函数

的解析性质，它们的收敛速度多数比不用求导的优化方法（直接法）要快；另一类则无须求导，常称直接法，它们包括上节讨论的单纯形法及本节将讨论的坐标轮换法和 Powell 方法。下面将分别对这两类局部优化算法进行简要介绍。

（一）梯度法

【基本思路】

梯度法（或称最速下降法）是求解优化问题的一种最古老、最基本的算法。其主要思路是取函数的负梯度方向（最速下降方向）作为迭代的搜索方向，即

$$\boldsymbol{s}^{(k)}=-\nabla f(\boldsymbol{x}^{(k)})$$

至于步长的选取，可以有不同的方法，一种方法是任意取一个 λ_k，使

$$f[\boldsymbol{x}^{(k)}-\lambda_k\nabla f(\boldsymbol{x}^{(k)})]<f(\boldsymbol{x}^{(k)}) \tag{3-87}$$

成立。另一种方法是沿负梯度方向找函数的一维极小点，求解一维极小化（一维搜索）问题，即求

$$f[\boldsymbol{x}^{(k)}-\lambda_k\nabla f(\boldsymbol{x}^{(k)})]=\min_{\lambda} f(\boldsymbol{x}^{(k+1)})-\lambda\nabla f(\boldsymbol{x}^{(k)}) \tag{3-88}$$

一般采用后一种方法。这种寻优方法的基本寻优思路可由图 3-19 表示。

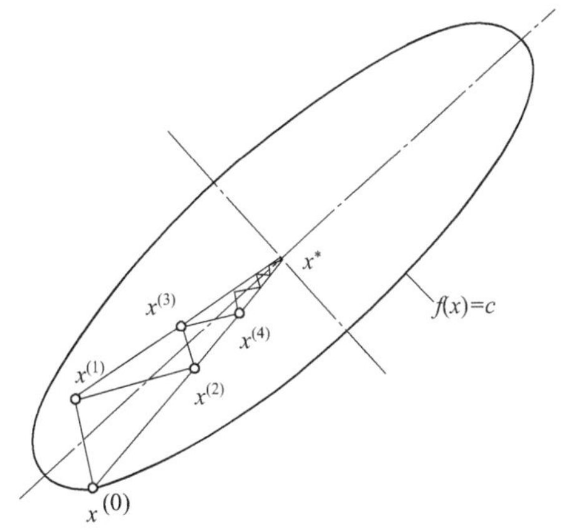

图 3-19　梯度法寻优示意图

【基本算法】

① 选择初始近似点 $\boldsymbol{x}^{(0)}$ 及判别收敛的正数 ε，令 $k\Leftarrow 0$。

② 计算 $\nabla f(\boldsymbol{x}^{(k)})$。

③ 若 $\|\nabla f(\boldsymbol{x}^{(k)})\|\leqslant\varepsilon_1$ 或 $\|\boldsymbol{x}^{(k+1)}-\boldsymbol{x}^{(k)}\|\leqslant\varepsilon_2$，则停止迭代，$\boldsymbol{x}^{(k)}$ 即为所求解，否则进行④。

④ 进行一维搜索，即求

$$f[\boldsymbol{x}^{(k)}-\lambda_k\nabla f(\boldsymbol{x}^{(k)})]=\min_{\lambda} f[\boldsymbol{x}^{(k)}-\lambda\nabla f(\boldsymbol{x}^{(k)})]$$

⑤ 令 $f(\boldsymbol{x}^{(k+1)})=\min f(\boldsymbol{x}^{(k)})-\lambda_k\nabla f(\boldsymbol{x}^{(k)})$，并令 $k\Leftarrow k+1$，转②。

（二）牛顿法

【基本思路】

牛顿法也是求解优化问题的一种最古老、最基本的算法。这种算法虽然已应用不多，但

它是应用较多的变尺度法的基础。其主要思路是对梯度法的搜索方向进行改进，即加进目标函数的二阶导数矩阵的信息，以加快收敛速度，

$$\boldsymbol{s}^{(k)}=-[\nabla^2 f(\boldsymbol{x}^{(k)})]^{-1}\nabla f(\boldsymbol{x}^{(k)}) \tag{3-89}$$

由此可得牛顿法的迭代公式为

$$\boldsymbol{x}^{(k+1)}=\boldsymbol{x}^{(k)}-[\nabla^2 f(\boldsymbol{x}^{(k)})]^{-1}\nabla f(\boldsymbol{x}^{(k)}) \tag{3-90}$$

对于二次型目标函数，用牛顿法只须迭代一次就可得到最优点。

值得指出的是，对于非二次函数，由于它们在极小点附近和二次函数很接近，使用牛顿法，其收敛速度也是很快的。但是牛顿法要求初始点选得比较好，如离最优点较远时，就容易发生迭代发散或收敛到非最优点的情况。为克服这一缺点，提出“阻尼牛顿法”，实际上，在牛顿法中步长因子总是取 1，而在阻尼牛顿法中，每一步迭代都是沿方向

$$\boldsymbol{s}^{(k)}=-[\nabla^2 f(\boldsymbol{x}^{(k)})]^{-1}\nabla f(\boldsymbol{x}^{(k)})$$

的一维搜索，即以迭代公式

$$\boldsymbol{x}^{(k+1)}=\boldsymbol{x}^{(k)}-\lambda_k[\nabla^2 f(\boldsymbol{x}^{(k)})]^{-1}\nabla f(\boldsymbol{x}^{(k)})$$

代替式 (3-90)，其中 λ_k 使

$$f\{\boldsymbol{x}^{(k)}-\lambda_k[\nabla^2 f(\boldsymbol{x}^{(k)})]^{-1}\nabla f(\boldsymbol{x}^{(k)})\}=\min_{\lambda} f\{\boldsymbol{x}^{(k+1)}-\lambda[\nabla^2 f(\boldsymbol{x}^{(k)})]^{-1}\nabla f(\boldsymbol{x}^{(k)})\}$$

阻尼牛顿法保持了牛顿法收敛快的特点，而又不要求初始点很好，是有实用价值的。但阻尼牛顿法每次都要计算二阶导数矩阵的逆矩阵，当维数较高时，工作量较大，这是它的缺点。

【基本算法】

① 选择初始近似点 $\boldsymbol{x}^{(0)}$ 及判别收敛的正数 ε，令 $k \Leftarrow 0$。

② 计算$\nabla f(\boldsymbol{x}^{(k)})$。

③ 若 $\|\nabla f(\boldsymbol{x}^{(k)})\| \leqslant \varepsilon_1$ 或 $\|\boldsymbol{x}^{(k+1)}-\boldsymbol{x}^{(k)}\| \leqslant \varepsilon_2$，则停止迭代，$\boldsymbol{x}^{(k)}$ 即为所求解，否则进行④。

④ 计算$[\nabla^2 f(\boldsymbol{x}^{(k)})]^{-1}$，并令

$$\boldsymbol{s}^{(k)}=-[\nabla^2 f(\boldsymbol{x}^{(k)})]^{-1}\nabla f(\boldsymbol{x}^{(k)})$$

⑤ 进行一维搜索，即求 λ_k

$$f(\boldsymbol{x}^{(k)}+\lambda_k\boldsymbol{s}^{(k)})=\min_{\lambda} f(\boldsymbol{x}^{(k)}+\lambda\boldsymbol{s}^{(k)})$$

⑥ 令 $\boldsymbol{x}^{(k+1)}=\boldsymbol{x}^{(k)}-\lambda_k[\nabla^2 f(\boldsymbol{x}^{(k)})]^{-1}\nabla f(\boldsymbol{x}^{(k)})$，并令 $k \Leftarrow k+1$，转②。

（三）共轭梯度法

【基本思路】

可以证明，对于正定二次 n 元函数，如果依次沿 n 个相互共轭的方向进行一维搜索，则最后得到的就是它的最优点[27]。所谓共轭梯度法就是遵循这一思路而设计的一种优化方法。对于一个正定二次 n 元函数

$$f(\boldsymbol{x})=(1/2)\boldsymbol{x}^{\mathrm{t}}\boldsymbol{A}\boldsymbol{x}+\boldsymbol{b}^{\mathrm{t}}\boldsymbol{x}+\boldsymbol{c} \tag{3-91}$$

有

$$\mathrm{d}f(\boldsymbol{x})/\mathrm{d}\boldsymbol{x}=\nabla f(\boldsymbol{x})=\boldsymbol{A}\boldsymbol{x}+\boldsymbol{b} \tag{3-92}$$

据此，可以确定优化时搜索的共轭方向。

首先任取初始点 $\boldsymbol{x}^{(0)}$，初始搜索方向为负梯度方向，即

$$\boldsymbol{s}^{(0)}=-\nabla f(\boldsymbol{x}^{(0)})$$

然后从点 $\boldsymbol{x}^{(0)}$ 出发，沿方向 $\boldsymbol{s}^{(0)}$ 进行一维搜索，得

$$f(\boldsymbol{x}^{(0)}+\lambda_0\boldsymbol{s}^{(0)})=\min_{\lambda} f(\boldsymbol{x}^{(0)}+\lambda\boldsymbol{s}^{(0)}) \tag{3-93}$$

并令

$$\boldsymbol{x}^{(1)}=\boldsymbol{x}^{(0)}+\lambda_0\boldsymbol{s}^{(0)} \tag{3-94a}$$

此时可按下述方式来构造一个与 $\boldsymbol{s}^{(0)}$ 共轭的方向 $\boldsymbol{s}^{(1)}$

$$\boldsymbol{s}^{(1)}=-\nabla f(\boldsymbol{x}^{(1)})+v_1\boldsymbol{s}^{(0)} \tag{3-94b}$$

这是因为与 $\boldsymbol{s}^{(0)}$ 共轭的方向 $\boldsymbol{s}^{(1)}$ 可由当前点的负梯度方向$[-\nabla f(\boldsymbol{x}^{(1)})]$与前次搜索方向 $\boldsymbol{s}^{(0)}$ 的线性组合而构成,问题在于如何确定 v_1。

为使 $\boldsymbol{s}^{(1)}$ 与 $\boldsymbol{s}^{(0)}$ 共轭,即需要 $\boldsymbol{s}^{(1)\mathrm{t}}\boldsymbol{A}\boldsymbol{s}^{(0)}=0$,则有

$$[-\nabla f(\boldsymbol{x}^{(1)})+v_1\boldsymbol{s}^{(0)}]^{\mathrm{t}}\boldsymbol{A}\boldsymbol{s}^{(0)}=0 \tag{3-95}$$

解方程（3-95）得

$$v_1=[-\nabla f(\boldsymbol{x}^{(1)})]^{\mathrm{t}}\boldsymbol{A}\boldsymbol{s}^{(0)}/[\boldsymbol{s}^{(0)\mathrm{t}}\boldsymbol{A}\boldsymbol{s}^{(0)}] \tag{3-96}$$

又因为

$$\nabla f(\boldsymbol{x}^{(1)})=\boldsymbol{A}\boldsymbol{x}^{(1)}+\boldsymbol{b}$$
$$\nabla f(\boldsymbol{x}^{(0)})=\boldsymbol{A}\boldsymbol{x}^{(0)}+\boldsymbol{b}$$

所以

$$\nabla f(\boldsymbol{x}^{(1)})-\nabla f(\boldsymbol{x}^{(0)})=\boldsymbol{A}(\boldsymbol{x}^{(1)}-\boldsymbol{x}^{(0)})=\lambda_0\boldsymbol{A}\boldsymbol{s}^{(0)} \quad \text{[参见式(3-94a)]} \tag{3-97}$$

并且因为梯度方向相互正交（参见图 3-19 和图 3-20），有

$$\nabla f(\boldsymbol{x}^{(1)})^{\mathrm{t}}\,\nabla f(\boldsymbol{x}^{(0)})=0$$

于是可得

$$\begin{aligned}
v_1&=[-\nabla f(\boldsymbol{x}^{(1)})]^{\mathrm{t}}[\nabla f(\boldsymbol{x}^{(1)})-\nabla f(\boldsymbol{x}^{(0)})]/\{\boldsymbol{s}^{(0)\mathrm{t}}[\nabla f(\boldsymbol{x}^{(1)})-\nabla f(\boldsymbol{x}^{(0)})]\}\\
&=[-\nabla f(\boldsymbol{x}^{(1)})]^{\mathrm{t}}[\nabla f(\boldsymbol{x}^{(1)})]/\{\boldsymbol{s}^{(0)\mathrm{t}}[\nabla f(\boldsymbol{x}^{(1)})-\nabla f(\boldsymbol{x}^{(0)})]\}\\
&=[-\nabla f(\boldsymbol{x}^{(1)})]^{\mathrm{t}}[\nabla f(\boldsymbol{x}^{(1)})]/\{-\nabla f(\boldsymbol{x}^{(0)})^{\mathrm{t}}[\nabla f(\boldsymbol{x}^{(1)})-\nabla f(\boldsymbol{x}^{(0)})]\}\\
&=[\nabla f(\boldsymbol{x}^{(1)})]^{\mathrm{t}}[\nabla f(\boldsymbol{x}^{(1)})]/[\nabla f(\boldsymbol{x}^{(0)})]^{\mathrm{t}}[\nabla f(\boldsymbol{x}^{(0)})]\\
&=\|\nabla f(\boldsymbol{x}^{(1)})\|^2/\|\nabla f(\boldsymbol{x}^{(0)})\|^2
\end{aligned}$$

同理可得

$$v_k=\|\nabla f(\boldsymbol{x}^{(k)})\|^2/\|\nabla f(\boldsymbol{x}^{(k-1)})\|^2$$

这样，就可以得到一系列的共轭搜索方向 $\boldsymbol{s}^{(0)}$，$\boldsymbol{s}^{(1)}$，…，$\boldsymbol{s}^{(k)}$了。

对于一般非二次正定函数，也可仿此构造共轭搜索方向，但却不能像二次正定函数那样

具有良好的有限步的收敛性。

上述共轭梯度法也称 Flether-Reeve 共轭梯度法。其基本思路示意图示于图 3-20。

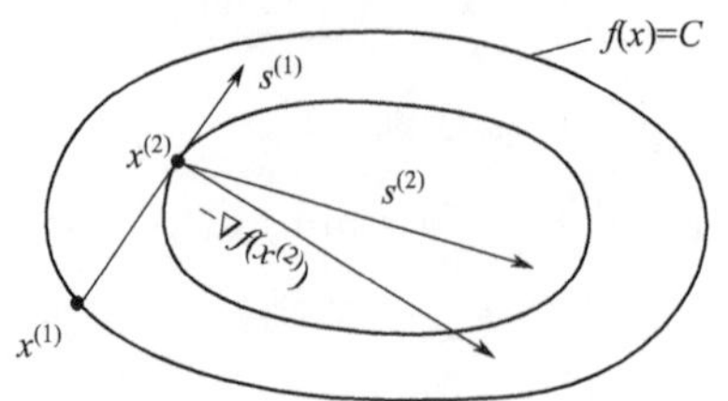

图 3-20 共轭梯度法搜索方向示意图

【基本算法】

① 选择初始近似点 $\boldsymbol{x}^{(0)}$ 及判别收敛的正数 ε，令 $k \Leftarrow 0$。

② 计算 $\nabla f(\boldsymbol{x}^{(0)})$，并令 $\boldsymbol{s}^{(0)}=-\nabla f(\boldsymbol{x}^{(0)})$，然后从点 $\boldsymbol{x}^{(0)}$ 出发，沿方向 $\boldsymbol{s}^{(0)}$ 进行一维搜索，得

$$f(\boldsymbol{x}^{(0)}+\lambda_0 \boldsymbol{s}^{(0)})=\min_{\lambda} f(\boldsymbol{x}^{(0)}-\lambda \boldsymbol{s}^{(0)})$$

并令

$$\boldsymbol{x}^{(1)}=\boldsymbol{x}^{(0)}-\lambda_0 \boldsymbol{s}^{(0)}$$

③ 若 $\|\nabla f(\boldsymbol{x}^{(k)})\| \leqslant \varepsilon_1$ 或 $\|\boldsymbol{x}^{(k)}-\boldsymbol{x}^{(k-1)}\| \leqslant \varepsilon_2$，则停止迭代，$\boldsymbol{x}^{(k)}$ 即为所求解，否则向下进行④。

④ 计算 $v_{k-1}=\|\nabla f(\boldsymbol{x}^{(k-1)})\|^2/\|\nabla f(\boldsymbol{x}^{(k-1)})\|^2$，并令

$$\boldsymbol{s}^{(k)}=-[\nabla f(\boldsymbol{x}^{(k)})]+v_{k-1}\boldsymbol{s}^{(k-1)}$$

⑤ 进行一维搜索，即求 λ_k

$$f(\boldsymbol{x}^{(k)}+\lambda_k \boldsymbol{s}^{(k)})=\min_{\lambda} f(\boldsymbol{x}^{(k)}+\lambda \boldsymbol{s}^{(k)})$$

⑥ 令 $\boldsymbol{x}^{(k)}=\boldsymbol{x}^{(k-1)}+\lambda_k \boldsymbol{s}^{(k)}$，并令 $k-1 \Leftarrow k$，转③。

(四) 变尺度法

【基本思路】

变尺度法可看成是梯度法和牛顿法的一种拓展，实因梯度法和牛顿法的迭代公式可统一地表示为

$$\boldsymbol{x}^{(k+1)}=\boldsymbol{x}^{(k)}-\lambda_k \boldsymbol{H}^{(k)}\nabla f(\boldsymbol{x}^{(k)}) \tag{3-98}$$

式中，如果 $\boldsymbol{H}^{(k)}=\boldsymbol{I}$，则为梯度法；若令 $\boldsymbol{H}^{(k)}=[\nabla^2 f(\boldsymbol{x}^{(k)})]^{-1}$，就得到阻尼牛顿法。在此，$\boldsymbol{H}^{(k)}$ 为一 $(n\times n)$ 阶矩阵，通常 $\boldsymbol{H}^{(k)}\nabla f(\boldsymbol{x}^{(k)})=\boldsymbol{s}^{(k)}$，即 $\boldsymbol{H}^{(k)}$ 可使负梯度方向旋转一个角度，所以它又被称为旋转矩阵。如前所述，梯度法收敛太慢；牛顿法要计算二阶导数矩阵和矩阵求逆，工作量大。但牛顿法收敛快，这一点是令人感兴趣的，如 $\boldsymbol{H}^{(k)}$ 的选取不需要计算二阶导数矩阵和矩阵求逆，而又能逼近它，那么由式 (3-98) 确定的算法可能收敛得快。变尺度法的基本思路就是利用式 (3-98) 作为迭代公式，矩阵 $\boldsymbol{H}^{(k)}$ 是在迭代过程中逐步产生的，并且它能较好地逼近 $f(\boldsymbol{x})$ 的二阶导数矩阵的逆矩阵。因这类方法的搜索方向是在 $\boldsymbol{H}^{(k)}$ 度量意义下的负梯度方向，而在计算过程中，$\boldsymbol{H}^{(k)}$ 又是不断变化的，故有变尺度

法之称。

变尺度法有多种，目前用得较多的是 DFP 法（由 Davidon-Fletcher-Powell 提出）和 BFGS 法（由 Broyden-Fletcher-Goldfarb-Shanno 提出）。下面主要介绍 DFP 法求 $\boldsymbol{H}^{(k)}$ 递推公式的基本思想。

对于一个正定二次 n 元函数，$f(\boldsymbol{x})=(1/2)\boldsymbol{x}^{t}\boldsymbol{A}\boldsymbol{x}+\boldsymbol{b}^{t}\boldsymbol{x}+c$，先取初始旋转矩阵 $\boldsymbol{H}^{(k)}$ 为任意一个 n 阶对称正定矩阵，例如 $\boldsymbol{H}^{(1)}=\boldsymbol{I}$，取初始点 $\boldsymbol{x}^{(1)}$，令

$$\boldsymbol{s}^{(1)}=-\boldsymbol{H}^{(1)}\nabla f(\boldsymbol{x}^{(1)})$$

并沿 $\boldsymbol{s}^{(1)}$ 一维寻优的 $\boldsymbol{x}^{(2)}$，欲求对称正定矩阵 $\boldsymbol{H}^{(2)}$，可令

$$\boldsymbol{s}^{(2)}=-\boldsymbol{H}^{(2)}\nabla f(\boldsymbol{x}^{(2)})$$

并使 $\boldsymbol{s}^{(2)}$ 与 $\boldsymbol{s}^{(1)}$ 为 $\boldsymbol{A}$ 共轭，因而 $\boldsymbol{H}^{(2)}$ 必须满足

$$\boldsymbol{s}^{(2)t}\boldsymbol{A}\boldsymbol{s}^{(1)}=-\nabla f(\boldsymbol{x}^{(2)})^{t}\boldsymbol{H}^{(2)}\boldsymbol{A}\boldsymbol{s}^{(1)}=0 \tag{3-99}$$

由式（3-99）可知，如能使 $\boldsymbol{H}^{(2)}\boldsymbol{A}\boldsymbol{s}^{(1)}=\boldsymbol{s}^{(1)}$，则式（3-99）必然成立。基于此，可构造 $\boldsymbol{H}^{(2)}$ 的递推求法如下：

为方便起见，记

$$\Delta\boldsymbol{x}^{(k)}=\boldsymbol{x}^{(k+1)}-\boldsymbol{x}^{(k)}=\lambda_k\boldsymbol{s}^{(k)} \tag{3-100}$$

$$\Delta\boldsymbol{g}^{(k)}=\nabla f(\boldsymbol{x}^{(k+1)})-\nabla f(\boldsymbol{x}^{(k)})=\boldsymbol{A}(\boldsymbol{x}^{(k+1)}-\boldsymbol{x}^{(k)})=\lambda_k\boldsymbol{A}\boldsymbol{s}^{(k)} \tag{3-101}$$

式中，$k=1$，2，…，n。

设 $\boldsymbol{H}^{(2)}$ 与 $\boldsymbol{H}^{(1)}$ 有递推关系

$$\boldsymbol{H}^{(2)}=\boldsymbol{H}^{(1)}+\Delta\boldsymbol{H}^{(1)}$$

根据 $\boldsymbol{H}^{(2)}\boldsymbol{A}\boldsymbol{s}^{(1)}=\boldsymbol{s}^{(1)}$ 可知，未知的修正项矩阵 $\Delta\boldsymbol{H}^{(1)}$ 应满足

$$\Delta\boldsymbol{H}^{(1)}\boldsymbol{A}\boldsymbol{s}^{(1)}=\boldsymbol{s}^{(1)}-\boldsymbol{H}^{(1)}\boldsymbol{A}\boldsymbol{s}^{(1)}$$

考虑到式（3-100）和式（3-101），可将上式改写成

$$\begin{aligned}\Delta\boldsymbol{H}^{(1)}\boldsymbol{A}\boldsymbol{s}^{(1)}&=\Delta\boldsymbol{H}^{(1)}\Delta\boldsymbol{g}^{(1)}/\lambda_k=\boldsymbol{s}^{(1)}-\boldsymbol{H}^{(1)}\boldsymbol{A}\boldsymbol{s}^{(1)}\\&=\boldsymbol{s}^{(1)}(\boldsymbol{I}-\boldsymbol{H}^{(1)}\boldsymbol{A})=\Delta\boldsymbol{x}^{(1)}/\lambda_k-\boldsymbol{H}^{(1)}\Delta\boldsymbol{g}^{(1)}/\lambda_k\end{aligned}$$

即

$$\Delta\boldsymbol{H}^{(1)}\Delta\boldsymbol{g}^{(1)}=\Delta\boldsymbol{x}^{(1)}-\boldsymbol{H}^{(1)}\Delta\boldsymbol{g}^{(1)} \tag{3-102}$$

由此可以设想 $\Delta\boldsymbol{H}^{(1)}$ 的一种比较简单的形式为

$$\Delta\boldsymbol{H}^{(1)}=\Delta\boldsymbol{x}^{(1)}[\boldsymbol{q}^{(1)}]^{t}-\boldsymbol{H}^{(1)}\Delta\boldsymbol{g}^{(1)}[\boldsymbol{w}^{(1)}]^{t} \tag{3-103}$$

式中，$\boldsymbol{q}^{(1)}$ 和 $\boldsymbol{w}^{(1)}$ 为两个待定向量。将式（3-103）代入式（3-102）得

$$\Delta\boldsymbol{x}^{(1)}[\boldsymbol{q}^{(1)}]^{t}\Delta\boldsymbol{g}^{(1)}-\boldsymbol{H}^{(1)}\Delta\boldsymbol{g}^{(1)}[\boldsymbol{w}^{(1)}]^{t}\Delta\boldsymbol{g}^{(1)}=\Delta\boldsymbol{x}^{(1)}-\boldsymbol{H}^{(1)}\Delta\boldsymbol{g}^{(1)}$$

也就是说，应使

$$[\boldsymbol{q}^{(1)}]^{t}\Delta\boldsymbol{g}^{(1)}=[\boldsymbol{w}^{(1)}]^{t}\Delta\boldsymbol{g}^{(1)}=1 \tag{3-104}$$

考虑到 $\Delta\boldsymbol{H}^{(1)}$ 应为对称阵，最简单的办法就是取

$$[\boldsymbol{q}^{(1)}]=\eta_1\Delta\boldsymbol{x}^{(1)} \tag{3-105}$$

$$\boldsymbol{w}^{(1)}=\xi_1\boldsymbol{H}^{(1)}\Delta\boldsymbol{g}^{(1)} \tag{3-106}$$

将式（3-105）和式（3-106）代入式（3-104），得

$$\eta_1[\Delta\boldsymbol{x}^{(1)}]^{\mathrm{t}}\Delta\boldsymbol{g}^{(1)}=\xi_1[\boldsymbol{H}^{(1)}\Delta\boldsymbol{g}^{(1)}]^{\mathrm{t}}\Delta\boldsymbol{g}^{(1)}=1$$

若 $[\Delta\boldsymbol{x}^{(1)}]^{\mathrm{t}}\Delta\boldsymbol{g}^{(1)}\neq 0$ 以及 $[\boldsymbol{H}^{(1)}\Delta\boldsymbol{g}^{(1)}]^{\mathrm{t}}\Delta\boldsymbol{g}^{(1)}\neq 0$，则有

$$\eta_1=1/\{[\Delta\boldsymbol{x}^{(1)}]^{\mathrm{t}}\Delta\boldsymbol{g}^{(1)}\}=1/\{[\Delta\boldsymbol{g}^{(1)}]^{\mathrm{t}}\Delta\boldsymbol{x}^{(1)}\}$$

$$\xi_1=1/\{[\boldsymbol{H}^{(1)}\Delta\boldsymbol{g}^{(1)}]^{\mathrm{t}}\Delta\boldsymbol{g}^{(1)}\}$$

于是得到

$$\begin{aligned}\Delta\boldsymbol{H}^{(1)}&=\Delta\boldsymbol{x}^{(1)}[\boldsymbol{q}^{(1)}]^{\mathrm{t}}-\boldsymbol{H}^{(1)}\Delta\boldsymbol{g}^{(1)}[\boldsymbol{w}^{(1)}]^{\mathrm{t}}\\&=\Delta\boldsymbol{x}^{(1)}[\eta_1\Delta\boldsymbol{x}^{(1)}]^{\mathrm{t}}-\boldsymbol{H}^{(1)}\Delta\boldsymbol{g}^{(1)}[\xi_1\boldsymbol{H}^{(1)}\Delta\boldsymbol{g}^{(1)}]^{\mathrm{t}}\\&=\Delta\boldsymbol{x}^{(1)}[\Delta\boldsymbol{x}^{(1)}]^{\mathrm{t}}/\{[\Delta\boldsymbol{g}^{(1)}]^{\mathrm{t}}\Delta\boldsymbol{x}^{(1)}\}\\&\quad-\boldsymbol{H}^{(1)}\Delta\boldsymbol{g}^{(1)}[\Delta\boldsymbol{g}^{(1)}]^{\mathrm{t}}[\boldsymbol{H}^{(1)}]^{\mathrm{t}}/\{[\boldsymbol{H}^{(1)}\Delta\boldsymbol{g}^{(1)}]^{\mathrm{t}}\Delta\boldsymbol{g}^{(1)}\}\\&=\Delta\boldsymbol{x}^{(1)}[\Delta\boldsymbol{x}^{(1)}]^{\mathrm{t}}/\{[\Delta\boldsymbol{g}^{(1)}]^{\mathrm{t}}\Delta\boldsymbol{x}^{(1)}\}\\&\quad-\boldsymbol{H}^{(1)}\Delta\boldsymbol{g}^{(1)}[\Delta\boldsymbol{g}^{(1)}]^{\mathrm{t}}\boldsymbol{H}^{(1)}/\{[\Delta\boldsymbol{g}^{(1)}]^{\mathrm{t}}\boldsymbol{H}^{(1)}\Delta\boldsymbol{g}^{(1)}\}\end{aligned}$$

从而可得

$$\begin{aligned}\boldsymbol{H}^{(2)}=\boldsymbol{H}^{(1)}&+\Delta\boldsymbol{x}^{(1)}[\Delta\boldsymbol{x}^{(1)}]^{\mathrm{t}}/\{[\Delta\boldsymbol{g}^{(1)}]^{\mathrm{t}}\Delta\boldsymbol{x}^{(1)}\}\\&-\boldsymbol{H}^{(1)}\Delta\boldsymbol{g}^{(1)}[\Delta\boldsymbol{g}^{(1)}]^{\mathrm{t}}\boldsymbol{H}^{(1)}/\{[\Delta\boldsymbol{g}^{(1)}]^{\mathrm{t}}\boldsymbol{H}^{(1)}\Delta\boldsymbol{g}^{(1)}\}\end{aligned}$$

一般地，有

$$\begin{aligned}\boldsymbol{H}^{(k+1)}=\boldsymbol{H}^{(k)}&+\Delta\boldsymbol{x}^{(k)}[\Delta\boldsymbol{x}^{(k)}]^{\mathrm{t}}/\{[\Delta\boldsymbol{g}^{(k)}]^{\mathrm{t}}\Delta\boldsymbol{x}^{(k)}\}\\&-\boldsymbol{H}^{(k)}\Delta\boldsymbol{g}^{(k)}[\Delta\boldsymbol{g}^{(k)}]^{\mathrm{t}}\boldsymbol{H}^{(k)}/\{[\Delta\boldsymbol{g}^{(k)}]^{\mathrm{t}}\boldsymbol{H}^{(k)}\Delta\boldsymbol{g}^{(k)}\}\end{aligned}$$

上述矩阵称为尺度矩阵，在整个迭代过程中它是在不断变化的。

【基本算法】

① 选择初始近似点 $\boldsymbol{x}^{(0)}$ 及判别收敛的正数 ε，令 $k\Leftarrow 0$。

② 若 $\|\nabla f(\boldsymbol{x}^{(k)})\|\leqslant\varepsilon_1$ 或 $\|\boldsymbol{x}^{(k+1)}-\boldsymbol{x}^{(k)}\|\leqslant\varepsilon_2$，则停止迭代，$\boldsymbol{x}^{(k)}$ 即为所求解，否则进行③。

③ 令 $\boldsymbol{H}^{(1)}\Leftarrow\boldsymbol{I}$，$k\Leftarrow 1$。

④ 令 $\boldsymbol{s}^{(k)}=-\boldsymbol{H}^{(k)}\nabla f(\boldsymbol{x}^{(k)})$。

⑤ 进行一维搜索，即求 λ_k

$$f(\boldsymbol{x}^{(k)}+\lambda_k\boldsymbol{s}^{(k)})=\min_{\lambda} f(\boldsymbol{x}^{(k)}+\lambda\boldsymbol{s}^{(k)})$$

⑥ 令 $\boldsymbol{x}^{(k+1)}=\boldsymbol{x}^{(k)}+\lambda_k\boldsymbol{s}^{(k)}$。

⑦ 若 $\|\nabla f(\boldsymbol{x}^{(k+1)})\|\leqslant\varepsilon_1$ 或 $\|\boldsymbol{x}^{(k+1)}-\boldsymbol{x}^{(k)}\|\leqslant\varepsilon_2$，则停止迭代，$\boldsymbol{x}^{(k+1)}$ 即为所求。否则，当 $k=n$ 时，令 $\boldsymbol{x}^{(1)}=\boldsymbol{x}^{(n+1)}$，转③；当 $k<n$ 时，令

$$\Delta \boldsymbol{x}^{(k)}=\boldsymbol{x}^{(k+1)}-\boldsymbol{x}^{(k)}$$

$$\Delta \boldsymbol{g}^{(k)}=\nabla f(\boldsymbol{x}^{(k+1)})-\nabla f(\boldsymbol{x}^{(k)})$$

计算

$$\boldsymbol{H}^{(k+1)}=\boldsymbol{H}^{(k)}+\Delta \boldsymbol{x}^{(k)}[\Delta \boldsymbol{x}^{(k)}]^{t}/\{[\Delta \boldsymbol{g}^{(k)}]^{t}\Delta \boldsymbol{x}^{(k)}\}$$
$$-\boldsymbol{H}^{(k)}\Delta \boldsymbol{g}^{(k)}[\Delta \boldsymbol{g}^{(k)}]^{t}\boldsymbol{H}^{(k)}/\{[\Delta \boldsymbol{g}^{(k)}]^{t}\boldsymbol{H}^{(k)}\Delta \boldsymbol{g}^{(k)}\}$$

⑧ 令 $k\Leftarrow k+1$，转④。

（五）坐标轮换法

上述介绍的方法都需对目标函数进行求导运算，如当目标函数的解析表达式十分复杂或写不出其具体表达式的导数形式时，就无法使用上述方法。此时就可使用本节及下一节将介绍的方法或以前介绍的单纯形法来进行寻优。

【基本思路】

对于 n 维实数空间的目标函数 $f(\boldsymbol{x})$，本法的基本思路是依次沿其 n 个坐标轴方向进行一维寻优，经多次循环迭代后以达到最优解。

设 n 维坐标轴方向（坐标轴的单位向量）为

$$\begin{aligned}
\boldsymbol{e}^{(1)}&=[1,0,0,\cdots,0]^{t}\\
\boldsymbol{e}^{(2)}&=[0,1,0,\cdots,0]^{t}\\
\boldsymbol{e}^{(3)}&=[0,0,1,\cdots,0]^{t}\\
&\vdots\\
\boldsymbol{e}^{(n-1)}&=[0,0,\cdots,1,0]^{t}\\
\boldsymbol{e}^{(n)}&=[0,0,\cdots,0,1]^{t}
\end{aligned}$$

简便起见，可表示为

$$\boldsymbol{e}^{(i)}=[0,0,\cdots,1,\cdots,0]^{t}\quad(i=1,2,3,\cdots,n)$$

【基本算法】

① 选择初始近似点 $\boldsymbol{x}^{(0)}$ 及判别收敛的正数 ε，令 $k\Leftarrow 1$。

② 沿方向 $\boldsymbol{e}^{(k)}$ 进行一维搜索，得

$$f(\boldsymbol{x}^{(k-1)}+\lambda_k \boldsymbol{e}^{(k)})=\min_{\lambda} f(\boldsymbol{x}^{(k-1)}+\lambda \boldsymbol{e}^{(k)})$$

并令

$$\boldsymbol{x}^{(k)}=\boldsymbol{x}^{(k-1)}-\lambda_k \boldsymbol{e}^{(k)}$$

③ 判别是否满足 $k=n$。若 $k=n$，则转④；若 $k<n$ 时，则令 $k\Leftarrow k+1$，转②。

④ 检验是否满足收敛性准则，即

$$\|\boldsymbol{x}^{(k)}-\boldsymbol{x}^{(k-1)}\|\leqslant\varepsilon,$$

若满足判别标准，则停止迭代，$\boldsymbol{x}^{(k)}$ 即为所求解，否则令 $\boldsymbol{x}^{(0)}=\boldsymbol{x}^{(n)}$，$k=1$，转②。

此法简单易懂，但收敛速度不快。

（六）Powell 法

【基本思路】

Powell 法又称方向加速法，其基本思路是逐次构造共轭方向，并以此来加速收敛，故

有方向加速法之称。Powell 法构造共轭方向无须计算目标函数的导数，这是该法的一个显著优点。

【基本算法】

首先依坐标轮换法的思路，对 n 个互相正交的单位矢量 $\boldsymbol{e}^{(i)}=[0,0,\cdots,1,\cdots,0]^{t}(i=1,2,3,\cdots,n)$寻优，以得到最优点的一个初始近似点 $\boldsymbol{x}^{(0)}$。令 $k=0$。

① 令 $i=1$。

② 计算 λ_i，使

$$f(\boldsymbol{x}_{i-1}^{(k)}+\lambda_i \boldsymbol{s}_i^{(k)})=\min_{\lambda} f(\boldsymbol{x}_{i-1}^{(k)}+\lambda \boldsymbol{s}_i^{(k)})$$

并令

$$\boldsymbol{x}_i^{(k)}=\boldsymbol{x}_{i-1}^{(k)}-\lambda_i \boldsymbol{s}_i^{(k)}$$

③ 判别是否满足 $i=n$，若 $i=n$，则转④；若 $i<n$ 时，则令 $i\Leftarrow i+1$，转②。

④ 求 λ_{i+1}使

$$f[\boldsymbol{x}_0^{(k)}+\lambda_{n+1}(\boldsymbol{x}_0^{(k)}-\boldsymbol{x}_n^{(k)})]=\min_{\lambda} f[\boldsymbol{x}_0^{(k)}+\lambda(\boldsymbol{x}_0^{(k)}-\boldsymbol{x}_n^{(k)})]$$

并令

$$\boldsymbol{x}_{n+1}^{(k)}=\boldsymbol{x}_0^{(k)}+\lambda_{n+1}(\boldsymbol{x}_0^{(k)}-\boldsymbol{x}_n^{(k)})$$

⑤ 计算

$$f(\boldsymbol{x}_{m-1}^{(k)})-f(\boldsymbol{x}_m^{(k)})=\max_{i=1,\cdots,n}[f(\boldsymbol{x}_{i-1}^{(k)})-f(\boldsymbol{x}_i^{(k)})]$$

以确定参数 m。

⑥ 若有

$$\lambda_{n+1}<\{[f(\boldsymbol{x}_0^{(k)})-f(\boldsymbol{x}_{n+1}^{(k)})]/[f(\boldsymbol{x}_{m-1}^{(k)})-f(\boldsymbol{x}_m^{(k)})]\}^{1/2}$$

则令

$$\boldsymbol{s}_i^{(k+1)}=\boldsymbol{s}_i^{(k)} \qquad (i=1,2,\cdots,n)$$

转⑦，否则令

$$\boldsymbol{s}_i^{(k+1)}=\boldsymbol{s}_i^{(k)} \qquad (i=1,2,\cdots,m-1)$$

$$\boldsymbol{s}_i^{(k+1)}=\boldsymbol{s}_{i+1}^{(k)} \qquad (i=m,\cdots,n-1)$$

$$\boldsymbol{s}_n^{(k+1)}=(\boldsymbol{x}_0^{(k)}-\boldsymbol{x}_n^{(k)})/\|\boldsymbol{x}_0^{(k)}-\boldsymbol{x}_n^{(k)}\|$$

转⑦。

⑦ 检验是否满足收敛性准则，即

$\|\boldsymbol{x}^{(k)}-\boldsymbol{x}^{(k-1)}\|\leqslant\varepsilon$，若满足判别标准，则停止迭代，$\boldsymbol{x}^{(k)}$即为所求解，否则令

$$\boldsymbol{x}_0^{(k+1)}=\boldsymbol{x}_{n+1}^{(k)}$$

$$f(\boldsymbol{x}_0^{(k+1)})=f(\boldsymbol{x}_{n+1}^{(k)})$$

$$k=k+1$$

转①。

此处讨论的算法是修改的 Powell 方法，实际上，修改的 Powell 方法也有多种，上面介绍的是 Sargent 修改方法。

在上述讨论中，多次提到一维寻优方法，常用的一维寻优方法有 0.618（黄金分割法）、对分法等，因考虑大都比较容易且已为很多化学工作者所熟悉，故此从略。

三、全局优化算法

在化学研究的实践中，因所研究的对象千变万化，很多问题的目标函数非常复杂，而且还有很多问题根本就没有现存数学模型，本质上应属于全局最优问题，如果简单采用上述方法就很难奏效。由于工程数学和计算机科学的飞速发展，近年来涌现了很多有效的全局最优新算法，这些算法的显著特点在于它们大都具有跳出局部最优的机制，很快就在化学计量学中得到了广泛的应用，而且是化学计量学近年来研究的一个热点。所以，下面将对它们作出专门的介绍。这些新近涌现的全局优化方法中，在化学中影响最大的应数模拟自然机理的模拟退火法[29~31]和遗传算法[32~35]，此外，由我国数学家提出的基于数论的优化方法[36,37]也将在此作出介绍。

（一）模拟退火法

1982 年，Kirkpatric 等将退火思想引入组合优化领域，提出一种解大规模组合优化问题的有效近似算法——模拟退火算法，它源于对固体退火过程的模拟，采用 Metropolis 接受准则，并用一组称为冷却进度表的参数控制算法进程，使算法在多项式时间里给出一个近似全局最优解。可以这么说，固体退火过程的物理和统计性质是模拟退火算法的基础背景；Metropolis 接受准则使算法具有跳离局部最优的机制；而冷却进度表的合理选择是算法成功的重要前提。

固体在恒定温度下达到热平衡的退火过程的统计性质可用 Monte Carlo 方法进行模拟，Monte Carlo 方法的特点是算法简单，但必须大量采样才能得到比较精确的结果，因而计算量很大。1953 年，Metropolis 等提出重要性采样法，他们用下述方法产生固体的状态序列：

先给定以粒子相对位置表征的初始状态 i，作为固体的当前状态，该状态的能量是 E_i。然后用摄动装置使随机选取的某个粒子的位移随机地产生一微小变化，得到一个新状态 j，新状态的能量是 E_j。如果接受准则 $E_j<E_i$，则该新状态就作为“重要”状态；如果 $E_j>E_i$，则考虑到热运动的影响，该新状态是否为“重要”状态，就要依据固体处于该状态的概率来判断。在热力学的知识可知，固体处于状态 i 和 j 的概率的比值等于相应 Boltzmann 因子的比值，即

$$P=\exp[(E_j-E_i)/(kT)] \tag{3-107}$$

式中，k 为 Boltzmann 常数；T 为热力学温度。此概率为一个小于 1 的正实数。用随机数发生器产生一个 $[0,1)$ 区间的随机数ξ，若 $P>\xi$，则新状态 j 可作为重要状态，否则舍去。

若新状态 j 是重要状态，就以 j 取代 i 成为当前状态，否则仍以 i 为当前状态，再重复以上新状态的产生过程。在大量迁移后，系统趋于能量较低的平衡状态，固体状态的概率分布趋于 Gibbs 正则分布。

从以上讨论可知，高温下可接受与当前状态能差较大的新状态为重要状态，而在低温下只能接受与当前状态能差较小的新状态为重要状态，这与不同温度下热运动的影响完全一

致。在热力学温度趋于零时，就不能接受任一 $E_j>E_i$ 的新状态了。

上述接受新状态的准则称为 Metropolis 准则，相应的算法称为 Metropolis 算法，这种算法的计算量将显著减少。

设一个优化问题的一个解 i 及其目标函数 $f(i)$ 分别与一个微观状态 i 及其能量 E_i 等价，令随算法进程递减其值的控制参数 t 担当固体退火过程的热力学温度 T 的角色，则对于控制参数 t 的每一取值，算法持续进行"产生新解—判断—接受/舍弃"的迭代过程就对应着固体在某一恒定温度下趋于热平衡的过程，也就是执行了一次 Metropolis 算法。与 Metropolis 算法从某一初始状态出发，通过计算机的时间演化过程，求出系统最终达到的状态相似，模拟退火算法从某个初始解出发，经过大量解的变换后，可以求得给定控制参数值时优化问题的相对最优解，然后减小控制参数 t 的值，重复执行 Metropolis 算法，就可以在控制参数 t 趋于零时，最终求得优化问题的整体最优解。由于固体退火必须"缓缓"降温才能使固体在每一温度下都达到平衡状态，最终趋于能量最小的基态，控制参数的值也必须缓慢衰减，才能确保模拟退火算法最终趋于优化问题的整体最优解。

模拟退火算法用 Metropolis 算法产生优化问题解的序列，并由与 Metropolis 准则对应的转移概率 P

$$P_i(i\Rightarrow j)=\begin{cases}1 & \text{当 } f(i)<f(j)\text{ 时}\\ \exp\{[f(i)-f(j)]/t\} & \text{当 } f(i)>f(j)\text{ 时}\end{cases} \tag{3-108}$$

确定是否接受从当前解 i 到新解 j 的转移，式（3-108）中的 t 为控制参数。开始可让 t 取较大的值（与固体的熔解温度相对应），在进行足够多的转移后，缓慢减小 t 的值（与缓缓降温相对应），如此重复，直至满足某个停止准则时算法终止。因此，模拟退火算法可视为递减控制参数时 Metropolis 算法的迭代。可以证明，当寻优遵循此退火过程来进行，只要在过程的控制参数满足一定条件时，描述为有限非齐次马尔科夫链的模拟退火算法，将收敛于整体最优解[38,39]。

在介绍模拟退火算法之前，有必要先介绍一下邻域结构与局部搜索的概念。

（1）邻域结构　对于属于解空间 S 的每一个解 i，有一个解的集合 S_i，$S_i\subset S$，这些解在某种意义上是"邻近" i 的，集合 S_i 称为 i 的邻域，每个 $j\in S_i$ 称为 i 的一个邻近解。

（2）局部搜索算法　局部搜索算法是从一个初始解 $i\in S$ 开始，然后运用一个解产生器，持续地在解 i（称为当前解）的邻域 S_i 中搜索比 i 更优的解，若找到比 i 更优的解，就用这个解取代 i，成为当前解，再对当前解的邻域进行搜索；否则，终止局部搜索。

【基本算法】

设存在邻域结构和可能解产生器，再设 t_k 表示 Metropolis 算法第 k 次迭代时控制参数 t 的值，L_k 表示 Metropolis 算法第 k 次迭代时产生的变换个数，则模拟退火算法可由下列步骤①～⑧组成。

① 初始化：设定初始解 i_0、初始控制参数 t_0 及初始变换个数 L_0。

② $k=0$。

③ 从 1 到 L_k，产生可能解集 j_k（$j=1, 2, \cdots, L_k$）。

④ 如果 $f(j_k)<f(i_k)$，则 $i_k\Leftarrow j_k$，否则计算：

$$P(j_k)=\exp\{-[f(j_k)-f(i_k)]/t_t\}$$

产生 [0,1) 的随机数 r。

如果 $P(j_k)>r$，则记下 j_k 解，用于下一步搜索。

⑤ $k=k+1$。

⑥ 确定下一步的 L_k，产生可能解集 j_k（$j=1, 2, \cdots, L_k$）。

⑦ 确定下一步的控制参数 t_k。

⑧ 如果所得的当前解已满足某一终止标准，则停止计算，否则转③。

值得提出的是，上述算法只是一个算法的基本步骤，其中每一步骤的具体确定与所需解决的具体问题密切相关，对于不同的问题，控制参数 t_k 和用于邻域搜索的可能解集的大小 L_k 都会不同。这一点是模拟退火算法不同于经典优化算法的重要标志，同时也给模拟退火算法留下了广阔发挥的天地。总的说来，一系列的控制参数 t_k 的确定对模拟退火算法是至关重要的，在模拟退火算法中，它有一个特殊的名称，称为冷却进度表。一般说来，较好的冷却进度表将得到较好的结果。这是因为，模拟退火算法的跳出局部最优的机制就完全是由 Mrteopolis 的按概率接受新状态的准则提供机会的。

（二）遗传算法

遗传算法[40]最早由 Holland 于 20 世纪 60 年代创建，经过不断发展，近年来逐渐引起化学计量学家们的重视，被广泛用于解决化学上的难题。遗传算法是一种用计算机模拟生物自然进化过程来搜索最优解的方法。它是受达尔文进化论的启发而产生的。自然界生物体通过自身的演化就能很好地适应环境，使问题得到完美的解决，这种才能让最好的计算机也相形见绌。大多数生物是通过自然选择和有性生殖这两种基本过程进行演化的。自然选择决定了群体中哪些个体能够存活并繁殖；有性生殖保证了后代基因中的混合和重组，比起单性生殖的简单基因拷贝产生的后代，有性生殖后代的进化快得多。自然选择的原则是适应者生存，不适应者淘汰。具体地说，遗传算法是通过类比上述过程而产生的一种概率搜索算法，它是利用某种编码技术作用于称为染色体的数串，其基本思路是模拟由这些数串组成的群体的进化过程。遗传算法通过有组织地、随机地交换信息来重新结合那些适应性好的串，在每一代中，利用上一代串结构中适应性好的位和段来生成一个新的串的群体；此外，偶尔也要在串结构中尝试用新的位和段来替代原来的部分。遗传算法是一类随机算法，但它不是简单随机走动，它可以有效地利用已有信息来搜寻有希望改善解质量的串。类似于自然进化，遗传算法通过作用于染色体上的基因，寻找好的染色体来求解问题；与自然界相似，遗传算法对求解问题的本身一无所知，它所需要的仅是对算法产生的每个染色体进行评价，并基于适应值来选择染色体，使适应性好的染色体比适应性差的染色体有更多的繁殖机会。

遗传算法利用简单的编码技术和繁殖机制来表现复杂的现象，从而解决非常困难的问题。特别是由于它不受搜索空间的限制性假设的约束，不必要求诸如连续性、导数存在和单峰等假设以及其固有的并行性，使它在化学中的应用前景正如 Lucasius 和 Kateman[41] 所说的，具有相当大的潜力。

遗传算法的过程可概括为五个基本步骤：①按设定的规模产生第一代群体。群体中每条染色体的长度由所需优化的参数的个数决定。②评价染色体的适应性。通过一定的方式将每条染色体中的参数值代入所求目标函数中，求出对应函数值。③将目标函数值转换，从而得出染色体的适应性优劣。④有选择地交叉染色体。每次随机地从母代染色体中选出两条染色体，随机地交换它们某些对应位置上的数段，从而产生下一代新的个体。在选母代染色体的过程中，每条染色体被选中的概率与其适应性成正比。⑤变异。按一定概率随机地对染色体上的基因进行变异，由此可以产生一些新的个体。整个算法在第②步和第⑤步之间循环。

值得指出的是，与前述的模拟退火算法类似，遗传算法的方法本身只能提供一个框架，在解决问题时，需密切依赖于它自身以外的过程，即必须与具体的问题结合在一起，经过精心设计，对应用到的特殊问题中的特定域的表示和专门知识加以充分利用。目前，通过一些化学计量学家的开拓性工作，遗传算法已开始被构造用于解决各种化学上的优化问题。Lucasius 和 Kateman[41]用遗传算法进行波长点的选择。在同时测定四种 RNA 中的核苷酸时，由于它们的光谱相似，需对测定波长进行优化选择。文献［41］用光谱条件数作为优化目标函数，用 0、1 编码的染色体表示波长点的选择方案，在 36 个波长点中找出 6 个最佳点。Fontain[42]则将遗传算法用于寻找有机物同分异构体，将各个原子的标号编码为染色体，优化的目标函数为最小化学距离，化学距离值最小的结构即为最可能的同分异构体。计算结果与实际化学反应产物一致。另外，Hibbert[43]用遗传算法计算化学动力学参数；Leardi 等[44]用遗传算法进行特征选择；Brown 等[45,46]将此算法用于有机化合物分子结构的比较和检索；Lucasius 等[47]用此算法进行聚类分析；国内李通化、丛培盛等[48]就数值遗传算法进行了有益探讨。以上方法在染色体的编码表示、目标函数的构造、交叉、变异的操作及限制条件等各个方面都大不相同，但所有的作者都力图找到最适合于解决该具体问题的方法。由于在化学领域引入遗传算法的时间尚短，目前仍有许多工作需要做。

【基本算法】

如前所述，遗传算法通过模拟自然界生物“遗传→变异→适者生存”的进化过程，对优化空间进行随机搜索，从而得到全局最优解。数值遗传算法是将待优化的各个参数排列在一起，当作一条染色体，每个参数即为染色体中的遗传基因。根据染色体对环境的适应性（即其目标函数值的一个转换指标），通过各种遗传操作控制其繁殖情况，淘汰差的，保留好的，最终得到最好的染色体，亦即全局最优点。

算法可用五个步骤描述如下：

（1）个体初始化　用待优化的指标组成染色体，如 $x_1x_2\cdots x_{n-1}x_n$，第一代个体由 20 条染色体组成，染色体中各参数值可在各自的约束区间内任取：

$$x_{ji}=\mathrm{limit}(i)r$$

式中，x_{ji}为第 j 条染色体中第 i 个参数；limit(i)为它的约束范围；r 为[0,1)之间均匀分布的随机数。

（2）求目标函数值　将每条染色体中的参数取值代入目标函数 $f(x)$中，求出对应函数值，若有两条或多条完全相同的染色体，保留一条不变，其余重新赋值。

（3）将目标函数转换为适应性　染色体优劣需通过适应性来评价。适应性由目标函数值求得。设为求极小化问题，故使目标函数值越小的染色体适应性越大，因此需进行函数值 f 与适应性（fitness）之间的转换。取目标函数的倒数 $f=1/\mathrm{fitness}$。

（4）选择性地交叉染色体　新一代的 20 条染色体通过对母代染色体进行“选择→交叉”而产生。在这个操作中，每次随机选择两条母代染色体，在它们中间随机地寻找一个切割点，交换其对应参数取值，得子代染色体，其过程如图 3-21 所示。操作的总次数由参数 P_{mat}决定。每条染色体被选中的概率与其适应性成正比，这样好的基因就能有更大的概率通过交叉保留至下一代。本文决定概率的方法为

$$P(i)=\mathrm{fitness}(i)/\mathrm{sum}(\mathrm{fitness})$$

式中，$P(i)$ 为第 i 条染色体被选中的概率；fitness(i) 为其适应性；sum(fitness) 为整代染色体适应性之和。有时个别染色体会因适应性太大而过度繁殖，导致随后的搜索总在此染色体决定的参数附近进行。为保持参数点在搜索空间的分散性，可定一个参数 β，当 $P(i)>\beta$ 时，令 $P(i)=\beta$ 。

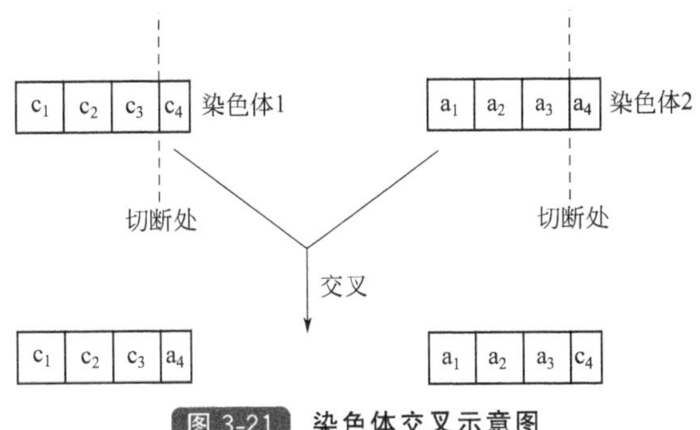

图 3-21　染色体交叉示意图

（5）变异　先按一定的概率 P_m 确定总共需要变异的基因数，然后随机地确定对哪些基因进行变异。变异方式有两种，一种是

$$\text{gene(new)}=\text{gene(old)}\pm r$$

即在原有基因上加减一个[0,1)之间的随机数。另一种是

$$\text{gene(new)}=\text{gene(old)}(1\pm r/100)$$

即在原有的点附近以较小步长进行搜索。

整个算法在第（2）步与第（5）步之间循环，直至目标函数收敛。

在遗传算法中，变异方式影响目标函数下降的速度，单用一种变异方式目标函数下降很慢，用两种方式可以明显地加速。两种方式选用的次数也很重要。可采取一种有针对性的方法：先用大的步长进行变异，当这种变异不再起作用时（即通过 Q 代繁殖，目标函数不下降），暂时保留这 20 条染色体，在后来的繁殖中选用第二种缩小了步长的变异方法，而当第二种方式不起作用时（即经过 W 代繁殖，目标函数不再下降），再分别将两种变异产生的 40 条染色体进行比较，从中选出好的 20 条，最后用第一种方式进行变异，如此重复。在这里，第一种变异方式可以加快搜索速度，而第二种变异方式可以在参数附近进行更仔细的搜索。Q 和 W 均取 3 时，目标函数下降较快。

遗传算法参数的选择需根据问题而定，从原理上说，只要变异和交叉的概率大于 0，经过足够多的繁殖代数，算法最终总能收敛到全局最优，但参数的具体取值会影响收敛的速度。在一般的遗传算法问题中（如求最佳波长点、确定分子结构等），交叉的概率较大，一般为 90%左右，变异的概率较小，仅为 1%～2%。但在数值遗传算法中，由于染色体交叉只能导致不同数值的重新组合，不能产生新基因，而需要对优化空间进行广泛的搜索，故须对基因进行强烈变异，经过比较发现，变异的概率 P_m 小于 0.5 时，算法收敛较慢。最终确定变异的概率 P_m 第一种取 0.5，第二种取 0.8，交叉的概率 P_{mat} 取 0.5。

在遗传算法求极小化问题中，将目标函数转化成适应性这一步尚未受到重视。实际上选择适当的方法能够提高寻优速度，克服优化平台。模拟一个函数

$$z=4/e^{(x/6)}+4/e^{(y/6)}+2\sin 2x+2\sin 2y+\cos(x/0.7)/(1+x)^{1.5}+\cos(y/0.7)/(1+y)^{1.5} \tag{3-109}$$

$$0<x<30,\ 0<y<30$$

对其采用两种不同的转化方法分别求极小值。一种为

$$\text{fitness}(i)=[\max(f)-f(i)+\min(f)]/[\max(f)-\min(f)] \qquad i=1,2,\cdots,20 \tag{3-110}$$

$\max(f)$ 为从整代染色体中求出的最大目标函数值；$\min(f)$ 为最小目标函数值；$f(i)$ 为由第 i 条染色体求得的目标函数值。

另一种转化方法为

$$\text{fitness}(i)=1/f(i) \qquad (i=1,2,\cdots,20) \tag{3-111}$$

终止准则为

$$|\min(f^{k+1})-\min(f^{k})|<0.00001$$

$\min(f^{k+1})$为从当代染色体中求出的最小目标函数值；$\min(f^{k})$为从上一代染色体中求出的最小目标函数值。

用每种方法运算 15 次，运算结果均与单纯形法结果一致。但对其染色体总繁殖代数进行假设检验，发现二者有显著性差别。这说明计算达到同样精度，前者所需循环次数大于后者，也就是说后者寻优速度快。其原因是由于该目标函数接近最优点时有优化平台，寻优达到此区域时，用式（3-110）的线性函数，不同染色体之间适应性差别将很小，因此差的染色体不能被淘汰；而式（3-111）中目标函数与适应性之间为非线性关系，当目标函数值越接近极小值时，适应性之间的细微差别越大，因此不同染色体之间的差别被放大，寻优将更集中地在好的染色体决定的参数点附近进行，优化速度加快。

（三）基于数论方法的序贯优化法

穷尽搜索是另一种类型的全局优化方法，该法遍历搜索空间中每一可能解，并将最好点作为全局最优解。理论上，穷尽搜索总能找到全局最优解。但是，它的严重缺陷是其优化效率十分低。然而，如果仅搜索空间中少量代表性解而不是每一可能解，优化效率可望改善。数论方法（NTM），或称为伪蒙特卡洛法（quasi Monte-Carlo methods），是将数论和数值分析相结合的一种方法。数论方法最广泛的应用领域是数值积分、插值、积分等式、微分等式等的数值求解问题。关于数论方法详细的综述可以参见 Korobov[49,50]、Niederreiter[51~53]和华罗庚、王元[54]的工作。数论方法的许多应用其实可以归结为一个核心问题，即如何找到数论网点。方开泰等人就是用数论方法（NTM）来均匀布点，提出了基于数论的全局优化算法，并在此基础上，Niederreiter 等[55]和方开泰等[56]提出了在序贯收缩的搜索空间内均匀布点的基于数论方法的序贯数论优化法（sequential number-theoretic optimization, SNTO)[57]。与其他全局优化算法比，SNTO 具有原理清晰明了、算法易于实现等特点。在具体讨论 SNTO 以前，先介绍一下有关数论产生均匀布点的基本概念。

1. 数论网点（NT-net）

数论中将在一封闭有界的域 D 中均匀分布的点集称为 D 上的数论网点（NT-net）。事实上，数论网点可被定义为在 D 上服从均匀分布的代表点集。方开泰和王元的书中介绍了几种在单位立方体 C_s 上产生 NT-net 的方法。其中，通过好格子点（glp 集）产生的 NT-net 易于计算。好格子点是通过 glp 产生表中的产生向量来构造的，具体过程如下：

① 从 glp 产生表中取出产生向量（n；h_1，…，h_s），n 为点集中的样本点数，s 为所考察空间的维数。

② 产生 glp 集 $\{x_k, k=1, \cdots, n\}$，$x_k=[\{(h_1k-0.5)/n\}, \{(h_2k-0.5)/n\}, \cdots, \{(h_sk-0.5)/n\}]$，$k=1, \cdots, n$。这里 $\{.\}$ 代表了取 $\{\}$ 中的小数部分。方开泰和王元的论著[57]中给出了一系列 glp 产生表。以下仅列出二维和三维空间的 glp 产生表（表 3-44

与表 3-45）供读者参考。

表 3-44 二维 glp 产生表

n	8	13	21	34	55	89	144	233	377	610	987	…
h_1	1	1	1	1	1	1	1	1	1	1	1	…
h_2	5	8	13	21	34	55	89	144	233	377	610	…

表 3-45 三维 glp 表

n	35	101	135	185	266	418	597	828	1010	1220	1459	…
h_1	1	1	1	1	1	1	1	1	1	1	1	…
h_2	11	40	29	26	27	90	63	285	140	319	256	…
h_3	16	85	42	64	69	130	169	358	237	510	373	…

一般的域 D 上的 NT-net 可通过单位立方体 C_s 上的 NT-net 计算出来。例如，当 D 为 s 维实数空间中的长方体域 $[\boldsymbol{a},\ \boldsymbol{b}]$ 时，设$\{\boldsymbol{y}_k, k=1,\cdots,n\}$是在单位立方体 C_s 上的 NT-net，对于给定的 $\boldsymbol{a}=(a_1,\cdots,a_s),\boldsymbol{b}=(b_1,\cdots,b_s)$及 $\boldsymbol{y}_k=(y_{k1},\cdots,y_{ks})$，构造

$$x_{ki}=a_i+(b_i-a_i)y_{ki} \qquad i=1,\cdots,s \tag{3-112}$$

则$\{\boldsymbol{x}_k=(x_{k1},\cdots,x_{ks}),k=1,\cdots,n\}$就是在$[\boldsymbol{a},\boldsymbol{b}]$上的 NT-net。

2. 基于 NT-net 的序贯优化算法（SNTO）

假设要搜寻满足下式的 $\boldsymbol{x}^*$

$$M=f(\boldsymbol{x}^*)=\min_{x\in D}f(\boldsymbol{x}) \tag{3-113}$$

式中，D 是 s 维实数空间中的封闭有界域；$f(\boldsymbol{x})$是定义在 D 上的连续函数。基于 NT-net 的优化思路如下：

取一在 D 上的 NT-net，$\rho_n=\{\boldsymbol{x}_k,\ k=1,\ \cdots,\ n\}$。确定满足下式的 $\boldsymbol{x}_n^*$

$$M_n=f(\boldsymbol{x}_n^*)=\min_{1\leqslant k\leqslant n}f(\boldsymbol{x}_k) \tag{3-114}$$

式中，$\boldsymbol{x}_n^*$ 是 ρ_n 中使 $f(\boldsymbol{x})$达到最小值的点。由于 $f(\boldsymbol{x})$是连续函数且 D 封闭有界，容易证明当 $n\to\infty$时，$M_n\to M$。然而，理论和实践表明 M_n 到 M 的收敛效率不高。为了改善该法的效率，方开泰和王元提出了基于 NT-net 的序贯优化算法（SNTO）[57]。

下面给出的是当 D 为 s 维实数空间中的长方体域$[\boldsymbol{a},\boldsymbol{b}]$时的 SNTO 算法。

令 $\boldsymbol{a}=(a_1,\cdots,a_s)$，$\boldsymbol{b}=(b_1,\cdots,b_s)$，以及 $\boldsymbol{x}=(x_1,\cdots,x_s)$，SNTO 的过程如下：

① 初始化。令 $t=0$，$D^{(0)}=D$，$\boldsymbol{a}^{(0)}=\boldsymbol{a}$ 以及 $\boldsymbol{b}^{(0)}=\boldsymbol{b}$。

② 产生 NT-net。用 glp 集产生在 $D^{(t)}=[\boldsymbol{a}^{(t)},\boldsymbol{b}^{(t)}]$上均匀分布含 n_t 点的点集 $\rho^{(t)}$。

③ 计算近似最优点。确定满足下式的 $\boldsymbol{x}^{(t)}\in\rho^{(t)}\cup\{\boldsymbol{x}^{(t-1)}\}$和 $M^{(t)}$：

$$M^{(t)}=f(\boldsymbol{x}^{(t)})\leqslant f(\boldsymbol{y}),\forall\,\boldsymbol{y}\in\rho^{(t)}\cup\{\boldsymbol{x}^{(t-1)}\} \tag{3-115}$$

式中，$\boldsymbol{x}^{(-1)}$是空集，$\boldsymbol{x}^{(t)}$ 和 $M^{(t)}$ 是到目前为止 $\boldsymbol{x}^*$ 和 M 的最佳近似。

④ 终止准则。令 $\boldsymbol{c}^{(t)}=(\boldsymbol{b}^{(t)}-\boldsymbol{a}^{(t)})/2$。如果 $\max\boldsymbol{c}^{(t)}<\delta$，$\delta$ 为一预置的较小数，则可认为 $D^{(t)}$收缩到足够小，终止算法并接受 $\boldsymbol{x}^{(t)}$ 和 $M^{(t)}$。否则，执行下一步。

⑤ 收缩搜索域。构造新的搜索域 $D^{(t+1)}=[\boldsymbol{a}^{(t+1)},\ \boldsymbol{b}^{(t+1)}]$：

$$\boldsymbol{a}_i^{(t+1)}=\max(\boldsymbol{x}_i^{(t)}-\gamma\boldsymbol{c}_i^{(t)},\boldsymbol{a}_i) \tag{3-116}$$

且

$$\boldsymbol{b}_i^{(t+1)}=\min(\boldsymbol{x}_i^{(t)}+\gamma\boldsymbol{c}_i^{(t)},\boldsymbol{b}_i) \tag{3-117}$$

式中，γ 是一预置的收缩因子。令 $t=t+1$，转到②。

方开泰等建议选取 $n_1>n_2=n_3=\cdots$ 并使用 $\gamma=0.5$。此外，虽然以上算法是为长方体搜索域中的优化问题而设计的，但可很容易将它推广至一般的搜索域中。图 3-22 大致地示出了 SNTO 法的优化过程。图中 $D^{(t)}$ 的每一边长是 $D^{(t-1)}$ 的每一边长的 1/2。然而，如果 $\boldsymbol{x}^{(t)}$ 是 D 上的边界点，则要求 $D^{(t)}$ 落在 D 内。因此，边长有可能收缩到小于 $D^{(t-1)}$ 中边长的 1/2。注意 $D^{(t+1)}\subset D^{(t)}$ $(t>1)$ 并不一定总是成立，如 $D^{(3)}\subset D$ 但 $D^{(3)}\not\subset D^{(2)}$。

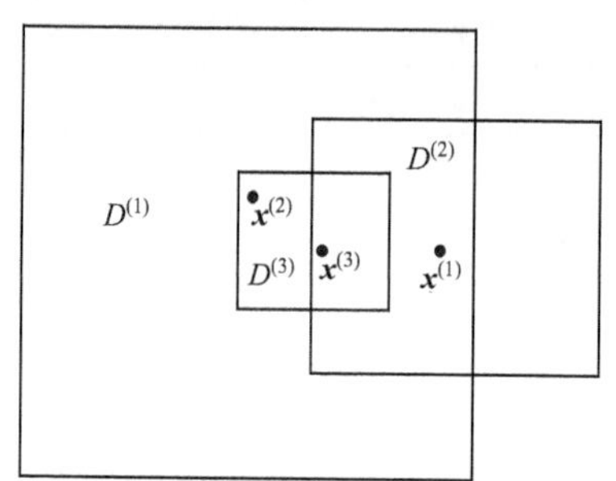

图 3-22 SNTO 序贯搜索示意图

由于 SNTO 也如模拟退火和遗传算法一样，具有跳出局部最优的能力，因此它也能搜索到全局最优。有关 SNTO 法全局最优能力的论述可参见 Niederreiter 等[51]和方开泰等[58]的工作。

值得指出的是，搜索空间中的第一次布点数对 SNTO 法的全局优化效果来说至关重要。推荐采用 $n_1>n_2=n_3=\cdots$ 是十分合理的，这是由于起始搜索空间最大，因此，起始搜索空间中的布点数应较多。n_1 决定了一最优点，第二大搜索区域正落在该点附近。可见，需仔细选择第一次的布点数 n_1。通常来说，n_1 越大，算法收敛到全局最优解的可能性就越大，但对于一个给定的优化问题，n_1 的值无法事先给出，所需 n_1 值的大小应由特定问题目标函数响应曲面的复杂程度来决定。例如，响应曲面越陡，所需 n_1 就越大。因此，n_1 的选择应该能以最少的布点探测尽可能多的全局最优可能域（可近似认为是单峰区间）。我们提出用逐步增加的 n_1 来进行试验。如果增加布点数所得到的最优点和以前得到的最优点落在同一单峰区间，则可近似认为进一步增加布点数对优化结果改善不大。优化中的一个经验规则是当两点处于同一单峰区间时，它们具有相近的函数值且距离较近。因此，这两个指标可用以衡量第一次布点中找到的最优点的优度。为此，我们提出了如下选择 n_1 的方法：

令 $n_1(1)<n_1(2)<\cdots$，其中所有的 $n_1(i)$ 均取自 glp 集产生表中。

① 令 $i=1$。

② 产生在原始搜索域 D 上均匀分布的含 $n_1(i)$ 点的点集 $\rho^{(i)}$，确定满足下式的 $\boldsymbol{x}^{(i)}\in\rho^{(i)}$ 和 $M^{(i)}$：

$$M^{(i)}=f(\boldsymbol{x}^{(i)})\leqslant f(\boldsymbol{y}),\ \forall\,\boldsymbol{y}\in\rho^{(i)} \tag{3-118}$$

③ 如果 $i=1$，令 $i=i+1$，并转到②；否则，计算 $V_{i-1}=|M^{(i)}-M^{(i-1)}|$ 和 $S_{i-1}=\|\boldsymbol{x}^{(i)}-\boldsymbol{x}^{(i-1)}\|$。

④ 如果 V_{i-1} 和 S_{i-1} 都降至较小，则可选取 $n_1(i)$ 或 $n_1(i-1)$ 作为 n_1；否则，令 $i=$

$i+1$，转到②。

用两个含有多个局部最优点和一个全局最优点的复杂数学函数，即

$$1x^2+2y^2-0.3\cos(3\pi x)-0.4\cos(4\pi y)+0.7 \qquad -1\leqslant x,y\leqslant 1 \tag{3-119a}$$

和

$$1+\sin^2(x)+\sin^2(y)-0.1\exp(-x^2-y^2) \qquad -10\leqslant x,y\leqslant 10 \tag{3-119b}$$

对 SNTO 算法进行了研究。由式（3-119a）表出的函数具有位于原点的全局最优和一些局部最优，有关此函数的三维图和等高线图示于图 3-23。对于该函数，用变步长通用模拟退火法从两个不同的起始点出发各运行了 4 次（见表 3-46），与 Kalivas 等人所得结果一致[59]，VSGSA 能收敛到函数 GSA1 的全局最优解。在用 SNTO 优化时，每次优化过程中 N 次布点中的布点数 $n_i(i=1,\cdots,N)$ 均相同，对不同的 n_i 测试了 SNTO 的优化效果（见表 3-46）。从表 3-46 可见，除了对应于 $n_i=21(i=1,2,\cdots,N)$ 的优化过程以外，其余各次优化均能收敛到全局最优解。正如前面部分所指出的，n_1 的选择影响 SNTO 的优化效果，因此选取 n_1 以保证算法的收敛结果具有较好的可信度十分关键。表 3-47 列出了通过测试试验选择 n_1 的结果。$V_5(V_5=|M^{(i)}-M^{(i-1)}|)$ 和 $S_5(S_5=\|\boldsymbol{x}^{(i)}-\boldsymbol{x}^{(i-1)}\|)$ 均降至较小，从而暗示第一次布点数为 $n_1=55$ 或 $n_1=89$ 时，得到的最好点很可能落在同一单峰区间。因此可以选取 $n_1=55$ 或 $n_1=89$。值得注意的是，虽然 $n_i=8$ 的优化过程也能以很少的布点数收敛到全局最优解，但这是由于所布的点恰好落在全局最优解附近所致，所得的结果并不可靠。

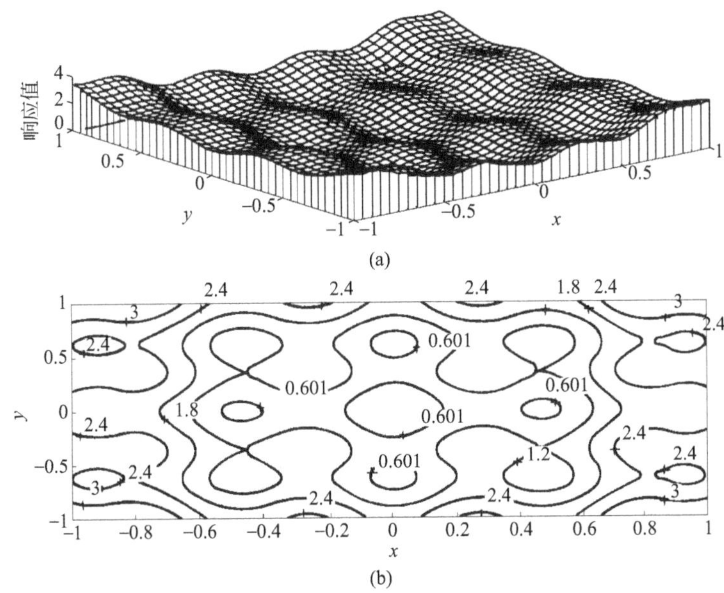

图 3-23 由式（3-119a）表示的函数的三维图（a）和等高线图（b）

表 3-46 用 VSGSA and SNTO 对由式（3-119a）表示的函数所得优化结果

[全局最优坐标点为(0,0)；最优相应为 0]

VSGSA 结果①					
初始 β	起始搜索点	运行次数	所得最优坐标点	所得最优相应	目标函数运算次数
0.80	(0.85，0.85)	1	$(5.0\times10^{-5}, -2.0\times10^{-5})$	5.0×10^{-8}	835

续表

VSGSA 结果①					
初始 β	起始搜索点	运行次数	所得最优坐标点	所得最优相应	目标函数运算次数
1	(−0.50, −0.50)	2	$(4.4\times10^{-5}, -2.4\times10^{-5})$	4.7×10^{-8}	1450
		3	$(-5.4\times10^{-5}, -1.4\times10^{-5})$	4.8×10^{-8}	815
		4	$(2.9\times10^{-5}, -2.9\times10^{5})$	4.1×10^{-8}	1533
		1	$(5.3\times10^{-5}, -2.2\times10^{-5})$	5.7×10^{-8}	815
		2	$(-5.4\times10^{-5}, 1.4\times10^{-5})$	4.8×10^{-8}	959
		3	$(5.1\times10^{-5}, 2.2\times10^{-5})$	5.4×10^{-8}	1081
		4	$(1.1\times10^{-5}, 5.1\times10^{-5})$	9.0×10^{-8}	915

SNTO 结果②				
n_i (i=1, …, N)	总迭代数	所得最优坐标点	最优响应	目标函数运算次数
8	15	$(7.6\times10^{-6}, 7.6\times10^{-6})$	2.8×10^{-9}	120
21	14	(0.0714, 0)	0.0706	294
55	15	$(0, -2.7\times10^{-15})$	0	825
89	15	$(6.7\times10^{-17}, 8.0\times10^{-16})$	0	1335

① 初始步长为 0.15，步长以 2 为因子来减少或增加。初始 β 同文献 [59]。当步长小于 1.0×10^{-4}时，VSGSA 终止运算。

② 当搜索区间长度小于 1.0×10^{-4}时，SNTO 终止运算。

表 3-47 对由式 (3-119a) 表示的函数进行选择 n_1 的试验结果①

i	$n_1(i)$	响 应 值	V_{i-1}	S_{i-1}
1	8	0.6321		
2	21	0.4395	0.1926	0.7075
3	55	0.2394	0.2001	0.5040
4	89	0.2464	0.007	0.0799

① $V_{i-1}=|M^{(i)}-M^{(i-1)}|$，$S_{i-1}=\|\boldsymbol{x}^{(i)}-\boldsymbol{x}^{(i-1)}\|$；$\boldsymbol{x}^{(i)}$ 和 $M^{(i)}$ 分别为所得最优相应和最优相应所对应的坐标点。

由式 (3-119b) 表示的函数具有许多局部最优和一位于原点的全局最优，其函数的响应表面远比前一个函数的响应表面复杂，此函数的三维图和等高线图示于图 3-24。对于该函数，VSGSA 从四个不同的起始点出发各运行了两次，在所有的八次优化过程中，只有两次找到了全局最优解，表明 VSGSA 的结果不够令人满意。Kalivas 等人的研究显示，对该函数进行优化时通用模拟退火法（GSA）也易于陷入局部最优。表 3-49 列出了 SNTO 对该函数优化时，试验选择 n_1 的情况。由于该函数全局最优响应值和局部最优响应值的差别不十分明显，因而 V_i 间的差别不显著，主要是利用 S_i 来选取 n_1。表 3-48 表明在第一次布点中 $n_1=610$ 个点中的最好点和 $n_1=987$ 个点中的最好点间的距离 $S_5=0.3010$，该数值要比 $S_4=4.4033$ 小得多。因此，n_1 可选为 610 或 987。同时，表 3-49 中 SNTO 的优化结果表明，不适当的 n_1 会导致 SNTO 收敛到局部最优，例如当 $n_1=89$ 或 $n_1=233$ 时。与此相反，所有 $n_1=610$ 的优化过程均收敛到全局最优解。在一个极端的情况下，$n_1=610$ 和 $n_1=8$ $(i=2,\cdots,21)$的优化过程也找到了全局最优解。可见，在用 SNTO 对复杂函数优化的过程中，选取 $n_1>n_2=n_3\cdots$是十分有效的。较大的 n_1 有助于使起始邻域落在全局最优附近，而相对较小的 $n_i(i>1)$则有助于减少总计算量。需要指出的是，和前面的例子类似，虽然 $n_i=144(i=1,2,\cdots,21)$的优化过程也找到了全局最优，但其结果并不可信。

表 3-48 对由式 (3-119b) 表示的函数进行选择 n_1 的试验结果①

i	$n_1(i)$	最好点的相应	V_{i-1}	S_{i-1}
1	89	1.0001		
2	144	0.9106	0.0895	6.2230
3	233	1.0108	0.1002	8.7029
4	377	1.0003	0.0105	4.3749
5	610	0.9006	0.0997	4.4033
6	987	0.9980	0.0974	0.3010

① 所用符号意义同表 3-47。

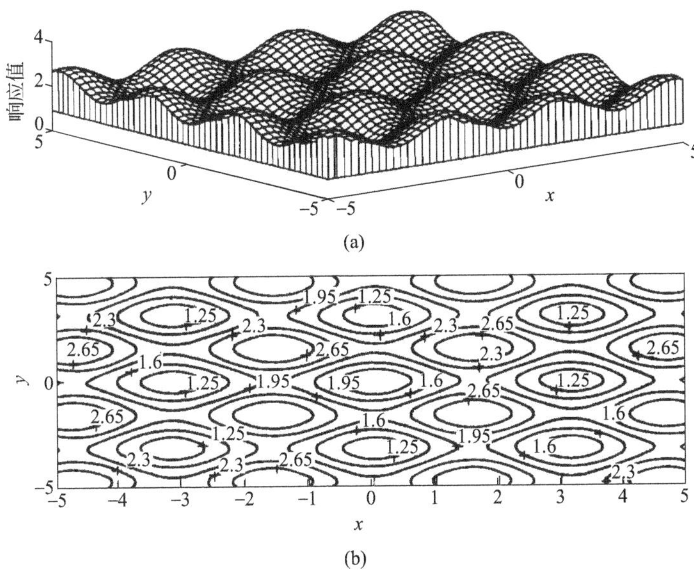

图 3-24 由式 (3-119b) 表示的函数的三维图(a)和等高线图(b)

表 3-49 用 VSGSA 和 SNTO 对由式(3-119b)表示的函数所得优化结果

[全局最优坐标点为(0,0);最优相应为 0.9]

VSGSA 结果①						
初始 β	起始搜索点	运行次数	最终步长	所得最优点坐标	所得最优相应	目标函数运算次数
0.4	(−5.62,−9.06)	1	9.2×10^{-5}	(−6.283,6.283)	1.000	3416
		2*	4.7×10^{-2}	(−3.186,−3.144)	1.002	5792
−0.4	(1.32,5.76)	1	9.2×10^{-5}	(7.1×10^{-6},4.7×10^{-5})	0.900	657
		2	9.2×10^{-5}	(6.2831,0)	1.000	8523
0.35	(4.05,−3.27)	1	9.2×10^{-5}	(-6.4×10^{-5},-3.1×10^{-5})	0.900	2348
		2*	3.7×10^{-4}	(9.425,3.141)	1.000	2977
0.35	(−6.31,1.60)	1*	5.9×10^{-3}	(3.144,6.285)	1.000	8297
		2*	4.7×10^{-2}	(-5.2×10^{-2},9.329)	1.012	6270

续表

SNTO 结果②				
n_1	$n_i(i=2,\cdots,N)$	所得最优相应	所得最优点坐标	目标函数运算次数
89	89	1.000	(−6.2832,0)	1869
144	144	0.900	$(6.6\times10^{-8},6.6\times10^{-8})$	3024
233	233	1.000	(−6.2832,−6.2832)	4893
377	377	0.900	$(-9.3\times10^{-8},-9.3\times10^{-8})$	7917
610	144	0.900	$(-1.8\times10^{-7},-1.8\times10^{-7})$	3490
610	89	0.900	$(-9.6\times10^{-7},3.3\times10^{-7})$	2390
610	8	0.900	$(3.3\times10^{-8},3.3\times10^{-8})$	770

① 运行条件同表 3-46。
② 所有迭代次数均为 21；其余运行条件同表 3-46。

还将此法用于灰色分析体系定量分析（参见第六章），在有未知干扰存在的情况下直接测定待测组分的浓度，得到了较好的结果。结果表明 SNTO 和 VSGSA 对混合物的定量结果无显著差异，但 VSGSA 评估目标函数值的次数明显多于 SNTO[60]。

四、拉格朗日乘子法

拉格朗日乘子法是解决等式约束问题的算法，原理简单，广泛应用于各个领域中。前面提到过，化学计量学领域的很多方法都可以表示成为一个最优化问题，并能利用拉格朗日乘子法进行求解。我们以如下仅含有一个等式约束的最优化问题

$$\begin{aligned}&\min f(\boldsymbol{x})\\&\text{s.t. } c(\boldsymbol{x})=0\end{aligned}$$

为例，给出拉格朗日乘子法的基本算法。

首先，引入拉格朗日乘子 α，构造拉格朗日函数：

$$L(\boldsymbol{x},\ \alpha)=f(\boldsymbol{x})+\alpha c(\boldsymbol{x})$$

分别对 x 和 α 求偏导，并令偏导数等于零，有如下方程组：

$$\begin{cases}\nabla_\alpha L(\boldsymbol{x},\ \alpha)=0\\\nabla_x L(\boldsymbol{x},\ \alpha)=0\end{cases}$$

此方程组的解便是最优化问题的最优解。

例：设有二元函数 $z=x^2+y^2$，自变量 x 和 y 满足等式约束条件 $x+y=1$，写成优化问题形式：

$$\begin{aligned}&\min x^2+y^2\\&s.t.\ x+y=1\end{aligned}$$

那么，如何采用拉格朗日乘子法求 z 的最小值呢？首先构造拉格朗日函数：

$$L(x,\ y,\ \alpha)=(x^2+y^2)+\alpha(x+y-1)$$

分别对 x、y 和 α 求导并令其导数为 0，得方程组：

$$\begin{cases}2x+\alpha=0\\2y+\alpha=0\\x+y-1=0\end{cases}$$

解此方程组得，$x=0.5$，$y=0.5$，$\alpha=-1$。这里，$x=0.5$，$y=0.5$ 便是所求等式约束的最优化问题 $\begin{matrix}\min x^2+y^2\\ s.t.\ x+y=1\end{matrix}$ 的解。从这个例子可以看出，采用拉格朗日乘子法可以很方便地对等式约束问题进行求解。拉格朗日乘子法是一种非常重要的最优化算法，在最优化理论领域中占有非常重要的地位。

参考文献

[1] Morgen E. Chemometrics: Experimental Design. John Wiley & Sons, 1991.

[2] Box G E P, Hunterand W G, Hunter J S. Statistics for Experimenters: An Introduction to Design. Data Analysis and Model Building, Wiley, 1978.

[3] Bayneand C K, Rubin I B. Practical Experimental Designsand Optimization Methods for Chemists. John Wiley VCH, 1986.

[4] Deming S N, Morgan S I. Experimental Design, A Chemometrics Approach. Elservier, 1987.

[5] Boxand G E P, Hunter J S. Technometrics, 1961, 3: 311.

[6] Bisgaard S. Technometrics, 1994, 36: 308.

[7] Srivastava J N. Mordern Factorial Design for Experimenters and Statisticians // Subir Ghosh Statistical Designand Analysis of Industrial Experiments. New York and Basel: Marcel Dekker Inc, 1990: 311.

[8] 项可风，吴启光. 试验设计与数据分析. 上海：上海科学技术出版社，1989.

[9] 方开泰. 均匀设计与均匀设计表. 北京：科学出版社，1994.

[10] 王元，方开泰. 科学通报，1981，26：485.

[11] Bundschuh P, Zhu Y C. 中国科学通报：英文版，1993，63（15）：1318.

[12] Fang K T, Li J K. Technique Report, Math-042. Hong Kong: HongKong Baptist College, 1994.

[13] 丁元. 应用概率统计，1986，2：153.

[14] 蒋声，陈瑞琛. 高校应用数学学报，1987(4)：2.

[15] 陈瑞琛. 高校应用数学学报，1989(4)：4.

[16] 方开泰，郑胡灵. 应用概率统计，1992，8：2.

[17] 朱伟勇，段晓东，唐明，傅连魁. 最优设计在工业中的应用. 沈阳：辽宁科学技术出版社，1993.

[18] Fedorov V V. Academic, 1976.

[19] Antikon A C, Donev A N. Optimum experimental Designs. Oxford: Clarendon Press, 1992.

[20] 朱伟勇等. 最优设计理论与应用. 沈阳：辽宁人民出版社，1981.

[21] Ernst S N. Rev Sci Instrum, 1968, 39: 998.

[22] Deming S N, Parker L R. Jr. Crit Rev Anal Chem, 1978, 7: 187.

[23] Nelder J A, Mead R. Comput J, 1965, 7: 308.

[24] 关颖男. 混料试验设计. 上海：上海科学技术出版社，1990.

[25] 王元，方开泰. 中国科学，1996，39：264.

[26] 赵凤治. 数值优化中的二次逼近法. 北京：科学出版社，1994.

[27]《运筹学》试用教材编写组. 运筹学. 北京：清华大学出版社，1982.

[28] 余俊，廖道训. 最优化方法及其应用. 武汉：华中工学院出版社，1984.

[29] 康立山，谢云，尤矢勇，罗祖华. 非数值并行算法（第一册）：模拟退火算法. 北京：科学出版社，1994.

[30] Aarts E H L, Korst J H M. Simulated annealing and Boltzmann machines. John Wiley and Sons, 1989.

[31] Kalivas J H. Adaption of Simulated Annealing to Chemical Optimization Problems. Amsterdam: Elsevier, 1995.

[32] 刘勇，康立山，陈毓屏. 非数值并行算法（第一册）：遗传算法. 北京：科学出版社，1995.

[33] Goldberg D E. Genetic Algorithms in Search, Optimization and Machine Learning. MA: Addison-Wesley Reading, 1989.

[34] Lucasius C B, Kateman G. Trends in Anal Chem, 1991, 10: 254.

[35] Hilbert D B. Chemo Intell Lab Sys, 1993, 19: 319.

[36] Fang K T, Wang Y. Number-theoretic Methods in Statistics. London: Chapman & Hall, 1993.

[37] 陈文灿，崔卉，陈增萍，等. 化学学报，1997，55：693.

[38] Yao X, Li G J. J Comput Sci Technol, 1991, 6: 329.

[39] Van Laarhoven P J M, Aarts E H L. Simulated annealing: Theory and applications. D Reidel, 1987.

[40] Hibbert D B. Chemom Intell Lab Syst, 1993, 19: 277.

[41] Lucasius C B, Kateman G. Trends in Anal Chem, 1991, 10: 254.

[42] Fontain E. J Chem Inf Comput Sci, 1992, 32: 748.

[43] Hibbert D B. Chemom Intell Lab Syst, 1993, 19: 319.

[44] Leardi R, Boggia R, Terrile M. J Chemometrics, 1992, 6: 267.

[45] Robert D Brown, Gareth Jones, Peter Willett,

Robert C Glen. J Chem Inf Comput Sci，1994，34：63.
[46] Brown R D，Jones G，Willett P，et al. J Chem Inf Comput Sci，1994，34：47.
[47] Lucasius C B，Dane A D，Kateman G. Anal Chim Acta，1993，282：231.
[48] Cong P S，Li T H. Anal Chim Acta，1994，293：191.
[49] Korobov N M. Dokl Akad Nauk SSSR，1959，124：1207.
[50] Korobov N M. Trigonometric Sums and Their Applications. Moscow：Nauka，1989.
[51] Niederreiter H. Bull Am Math Soc，1978，84：957.
[52] Niederreiter H. Quasi-Monte Carlo Methods for Multi-dimensional Numerical Integration，International Series of Numerical Mathematics，Birk：Springer-Verlag，1988.
[53] Niederreiter H. Random Number Generation and Quasi-Monte Carlo Methods. Philadelphia：SIAM，1992.
[54] Hua L K，Wang Y. Application of Number Theory to Numerical Analysis. Berlin：Springer，1981.
[55] Niederreiter H，Peart P. SIAM J Sci Statist Comput，1986，7：660.
[56] Fang K T，Wang Y // Yang L，Wang Y. Lecture Notes in Contemporary Mathematics. Beijing：Science Press，1990：17.
[57] Fang K T，Wang Y. Number-theoretic Methods in Statistics. London：Chapman & Hall，1993.
[58] Fang K T，Wang Y，Bentler P M. Statistical Science，1994，9：416.
[59] Sutter J M，Kalivas J H. Anal Chem，1991，63：2386.
[60] Zhang L，Liang Y Z，Yu R Q，Fang K T. J Chemometr，1997，11：267.

第四章　分析测量数据的统计评价与质量控制

分析测量数据的统计评价与质量控制主要包括以下内容：有关分析信号的量测不确定度的评价及其溯源分析、测量误差的分类与处理方法、检测下限的确定和分析结果的统计检验和统计推断。本章所讨论的这一部分内容，主要来自数理统计的理论和方法，属于经典的统计学在分析化学中的应用范畴[1,2]。

本章介绍的这些方法虽大部分属于经典的统计学方法，但在分析化学的数据处理和一些化学计量学结果分析中，一直就是非常重要的一部分内容，所以，有时化学计量学又有质量计量学（qualimetrics）之说[3]。在此，我们将先对分析信号的测量不确定度的评价及其溯源分析、分析数据特征描述、测量误差的分类与处理方法、分析方法的检测下限的确定、分析结果的统计检验和统计推断作出较详细的介绍。这部分内容将以介绍其基本概念为主线，着重强调理解，必要时将给出计算机程序。

第一节　化学测量的特点及其不确定性的表征与溯源分析

一、化学测量的特点

随着经济国际化的发展，人们对分析化学所得结果的可靠性的要求越来越高。如果说以前有关化学分析结果主要是来自工业产品的检验需求的话，那么，现在对分析化学中测量和分析所得的结果，不但得满足人民对产品的安全和质量的要求，而且大都已完全进入了国际贸易检测的方方面面，已成为国际贸易交流中一个十分重要的环节和门槛，有些甚至还与寻常百姓生活的多个方面有着千丝万缕的联系。

德国知名分析化学家 Danzer 指出，与物理中有关长度、质量等的直接测量不同，分析化学中所遇到的化学量测大都是通过复杂仪器的测量而间接获得，其所得的数据解析和化学信息的提取和评价将比物理的直接测量要难得多[4]。

也就是因为以上这两点，近年来在化学测量领域发生了近似于革命性的变化，即每次产品的分析结果的报告都需要有一个对测量不确定性及其溯源分析的详细说明。以前，一般都认为只要得到了一个标准偏差，就是对一次化学测量进行了有理由的描述，同时，还认为乘上一个在 t 分布上的分点的值，即可得到置信度为 95%的范围。实际上，对该标准偏差是否是在一个已很好定义的条件下进行并没有给予特殊关注。然而，在需估计的置信度为 95%的范围中，通常还需要总体均值（population mean），这实际上就没有回答该结果到底有多好的基础问题，为以后的发展留下了空间。

随着国际贸易的迅速发展，出现于贸易伙伴之间的有关化学测量结果的矛盾和不一致越来越多，为决定两个化学测量的结果是否明显同样的测量变量和同样的物质，以此决定这两个化学测量的结果是否同一，它们必须可追溯到同样的参考物质，并具有同样的测量不确定性，怎样达到这种可比性也正是本章要讨论的内容。

当进行一项化学测量时，需要取一定量的试验物质并使之成为可分析的形式，还须校正仪器来执行化学测量的全过程。作为分析化学家，还必须理解，还有哪些环节是可以成为值得怀疑结果的地方。在分析过程中的每一步骤将带来不确定性，甚至对于分析方法的基础，也应该分析哪些方面可能带来不确定性。一个量测不确定性的确定预算实际就是对一个分析结果的测量不确定性可追溯的历史步骤。

虽然顾客有时只要求得到一个（数值 ± 扩充的不确定性），但权威代表国际标准组织（ISO/IEC 17025）还要求实验室提供有关测量不确定性是怎样被估计所得的文件。

一般说来，无论什么化学测量所得结果都只是对所测物质性质真实值的一种估计，而非真实值本身。因为化学测量过程大都为间接测量，受到多方面因素的影响：①化学测量装置的非完美性；②化学测量方法的非完美性；③不同操作者的不同习惯和特性。所以很难或几乎不可能得到真实值。

随着国际贸易的快速发展，任何有关产品的定量结果都被这些产品的消费者可接受，无论他们是否在此组织或国家包含之内。所以，这就要求，一些通过化学测量来保证产品质量的基本条款是必需的，即，①可通用的（be universally applicable）；②是一致的（be consistent）；③可计量的（be quantifiable）；④具有明确意义，是清楚和不含糊的（have a meaning that is clear and unambiguous）。可符合上述条款要求的，实际上就是需对测量的不确定性（measurement uncertainty）给出必要说明。

二、测量不确定性的定义

根据国际度量衡基本与一般所用词汇表（The International Vocabulary of Basic and General Terms in Metrology，VIM）第二版[5]给出的定义，测量的不确定性（uncertainty of measurement）应理解为：与测量结果相联系的结果参数，以表征其数量的散布度，而且，此参数可合理地联系到被测变量（the “parameter，associated with the result of a measurement，that characterizes the dispersion of the values that could reasonably be attributed to the measurand” ）（条款 3.9）。在测量指南联合委员会 2007 年发布的“Joint Committee for Guides in Metrology 2007”[6]第三版文件中，其中的测量不确定性“measurement uncertainty”被再次定义（条款 2.27），其中“可合理地联系到测量变量”（ “reasonably attributed” ）被“根据所用信息可联系到测量变量”（ “attributed to a measurand based on the information used” ）所替代。此定义就强调了应该利用所有的信息，对测量不确定性来进行实际的估计，同时，它还要求能提供一个有关测量不确定性的报告，以说明这些信息是怎样用来计算不确定性的。

实际上，不确定性就是一个可表征一个数值的范围。在此范围之内，测量的定量数据就居于之内，这说明测量的目标性质数据不应只是一个单个的数值，如 pH＝3.7，因为对此数值将不断会有怀疑出现。实际上，谁也不能十分肯定他得到的此单个测量值就是真值，然而，却可比较肯定的是，测量所得的这个数值实际可以看成是一种估计。然而，由于真实值的测不准，它实际只存在于概念之中，我们最多能做的就是提供一个此值可能存在的范围，而这正是测量不确定性可以提供的信息。

三、测量不确定性的来源

在测量结果中，一般存在有两种不确定性的基本来源，即概念上的不确定性和量测之中的不确定性。概念上的不确定性是一种由于对测量工作描述不准确而带来的一种不确定性。比如说测定“湖中水中的铜含量”这种提法就可能引发概念上的不确定性。测定“湖中水中的铜含量”是指测定湖中的总铜量还是只测湖中表面水中的铜离子（Cu^{2+}）的含量，或是还必须包括湖中沉积泥中的铜的含量，这就带来了概念上的不确定性。有时，分析工作的目标可以定义得明确，但所用的分析方法却难以实现其目标，比如现在有机分析中的同分异构体的分析问题；另外，表面分析也必须将表面定义好，如表面的几何区域，能否被某种特殊分子到达，等。多给出一些信息就可降低概念的不确定性，越详细越好。概念上的不确定性是测量不确定性中的低限。在测量中的不确定性主要是考虑系统和随机两种因素。当然，这两种不确定性需用不同的方法来估价，值得指出的是，在不同的时间、地点和条件下，两者可发生相互变化。实际上，这两种概念都保留，但采用总体的测量不确定度的概念来进行描述，一般说来是可以达到目的的。一旦系统误差（偏差）已被校正好，估计测量不确定性就主要靠使用重复量测实验的结果，即采用统计分析的方法来进行（A 型），而其他信息则将来自不同的信息源（B 型），最终结合 A 型的信息一起来对不确定性进行总体估价。

国际权威代表和国际标准组织（ISO/IEC 17025）对实验室测量不确定度有着特殊要求，如 ISO/IEC 标准的 17025 号文件（ISO/IEC 2005）规定，它要求“测试实验室必须具备并应用一个有效的程序来估计测量不确定度”，同时，还应出具一个可应用的测试报告，以负责“测量不确定度的声明：当不确定度与检测结果的有效性或应用情况有关，或客户有明确的需求时，或者是当测量不确定度明显影响到符合规范的限制时，其结果中应标明测试报告中有关测量不确定度信息的必要性”（ISO/IEC 2005，第 5.10 节）。虽然报告的条款中可能还遗留了一些未解决的问题，同时并不包括测量结果的不确定度，但是，我依然相信对于通常情况下测量法的附加值来说，不确定度的表现情况将会远远超过任何突发性问题，而这些问题往往是由于对测量不确定度概念的不熟悉所导致的。

四、测量不确定度的概率性质

一个标准的测量不确定度阐述了一种散布结果，而这通常被作为预期估计的基础。它具有一个标准偏差的属性，并含有适当的自由度，能否找到一个特定结果的概率也能被计算出来。图 4-1 展示了这一概念的主要思路。

假设存在一个非常大数量级的待测物，而它很有可能在所有允许可能变化的测量条件下进行测量，其中包括来自天平校准、玻璃器皿等其他因素的系统效应。同样，再次假设所有这些被测量的材料均是完全相同的，而它们正是有效应用到任何一种确定性系统效果所需校正中的待测物。测量不确定度的实际情况却是，这些待测试物并非完全相同的，而是分散在这些被测量值的周围。在没有其他任何信息的情况下，该分散数据集可以被假设为服从正态分布，并由两个参数进行描述：均值（μ）和标准偏差（σ）。然而，实施这样的实验一般是不太可能的。分析人员难以完成如此大量的实验工作，也很难让所有实验因素都影响到实验的结果。然而，在具有实验重复性和再现性的条件下，要达到包含了大部分在测量不确定度定义中所提及的总体分布的标准偏差是可能的，但分析人员需要增加系统效果的估计。

EURACHEM 手册（2000，p5）指出了一个扩展不确定度[7]，并且在其中提到“该不确定度提供了一个区间，其中测量值被认为处于一个更高水平的置信度中”。通常情况下，2 的包含因子意味着 95%的置信度（参见图 4-2）。而 GUM[8] 指标则更为严谨，同时提醒着我们分布情况必须是正态分布才能定义扩展不确定度，其表述为“一个被预期包含了大部分分布情况的值的区间应该可以合理地被归结于测量范围内”。扩展不确定度是否能被解释为范围，其中约 95%的量测结果如果在其被引用的条件下实施将会无法确定，或者说所述分析报告是否包含了被测对象处于 95%可能范围内的（真实）值，大部分取决于定义的灵活性。故在实践中，扩展不确定度主要是在后一种情况下被使用，当然还涉及评估结果与各个对象相对立的情况或者与法规、规范限制相抵触的情况。

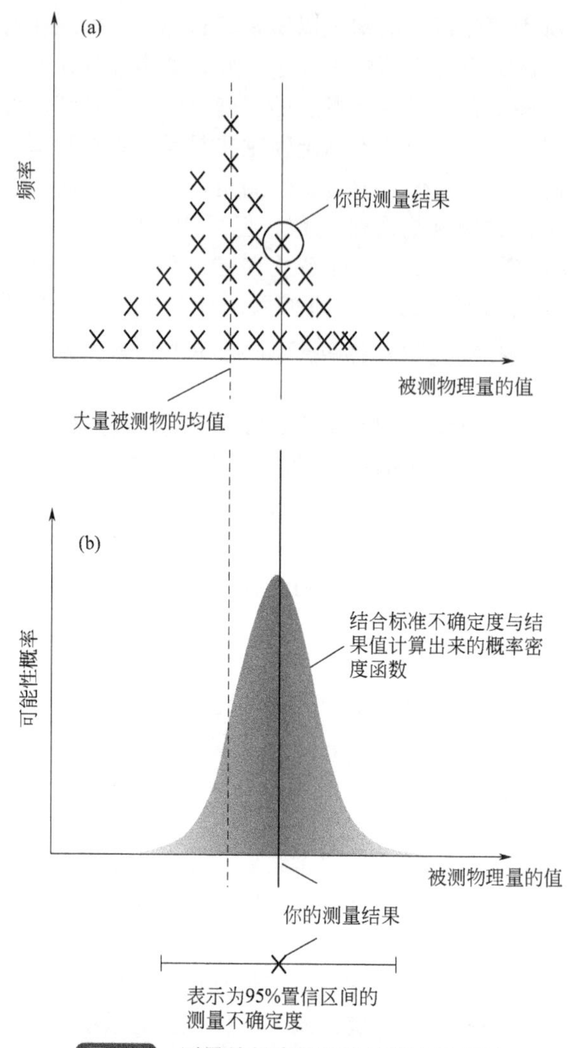

图 4-1　测量结果离散程度的概念示意图

(a) 每个结果都是经过多次合理的测量才获得的，并且每个结果代表一个符号叉（×）；
(b) 结果的分布情况被表示为一个基于单一结果和对测量不确定度了解情况的正态概率密度

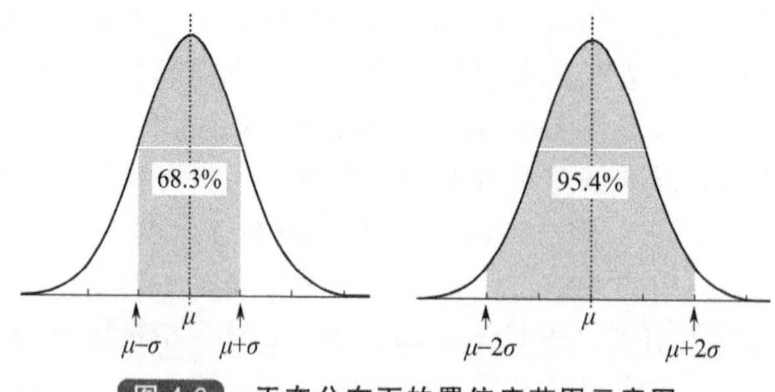

图 4-2　正态分布下的置信度范围示意图

五、测量不确定度的估计方法

执行一个测量不确定性的评估方案，一般都采用“自底向上”（bottom-up）的方法[9]。霍维茨（Horwitz）[9]将这种方法描述为不确定测量的圣经，并已获得了九个国际组织的认可[5]。一般说来，就是通过以下五个步骤对测量不确定度进行估价：①指定被测对象；②找出主要的不确定性的来源；③量化不确定度的各种来源；④将重要的不确定性组分进行组合合成后统一处理；⑤评论估计结果，并对测量不确定度做出统一报告。下面将对每一步骤做出必要介绍。

（一）指定被测对象

被测量对象须给出明确说明，这样将有助于标志任何可能需要考虑的明确定义的不确定性。值得一提的是，测量不确定度经常受到环境化学家的批判。因此，在做任何结论之前，都需要仔细考虑，应使之与采样不确定性保持一致。事实上，测量不确定度与采样不确定度比起来有时的确是微不足道的。所以，分析师在符合要求的范围内宁可获得较大的测量不确定度，而偏向于选择更便宜的分析方法。从这一角度看，在分析测量不确定度之前，明确指定被测对象就十分重要了。

（二）识别不确定性的来源及测量不确定度中的因果图

指定被测对象意味着测量方法和相关方程是明确的。这为研究不确定性的来源提供了一个模板。例如，利用简单滴定测定一种酸浓度可由下式计算：

$$c_2=\frac{c_1V_1}{V_2} \tag{4-1}$$

式中，c_2是被测酸浓度；c_1是标准碱浓度；V_1是滴定的终点体积，V_2是加入到反应瓶中的酸溶液体积；给定了 3 个独立的误差源。

如果被测物是以百分比纯度表示的邻苯二甲酸氢钾样品的质量分数，可将代表这个量的方程与测定其他量的后续操作结合起来。

$$P=\frac{m_{\text{analyzed}}}{m_{\text{weighed}}}\times100\%=\frac{c_2V_{\text{analyzed}}}{W_{\text{PHP}}m_{\text{weighed}}}\times100\%=\frac{c_1V_1V_{\text{analyzed}}}{V_2W_{\text{PHP}}m_{\text{weighed}}}\times100\% \tag{4-2}$$

式（4-2）中，V_{analyzed}为溶液体积；m_{weighed}为样品中邻苯二甲酸氢钾溶解的质量；W_{PHP}为邻苯二甲酸氢钾的摩尔质量。其他项目在方程中均已定义。现有 6 种量可以评估不确定性，这些因素之间的关系都表示在因果图（也称为 Ishikawa 图）内。要从一个分析方法的程序和等式包含的信息中建立一个不确定度来源因果图，可遵循以下步骤。首先，在一张纸的中间画一条水平向右的箭头，在箭头末端标记被测变量符号。从被测量值方程确定的来源开始，画一些和这条线成 45°的箭头，每一个都表示方程中的一个量外加还未计算的任何其他来源，重复这个过程。在每个箭头的开端对这个量进行标记，图 4-3 展示了一个酸纯度测定的初始因果图。这些图很有用，每个箭头可在其方向上显示不同问题，因此可用箭头表示分量的不确定度等。注意到一些潜在的候选因素也可被添加到图 4-3 中（见图 4-4）。

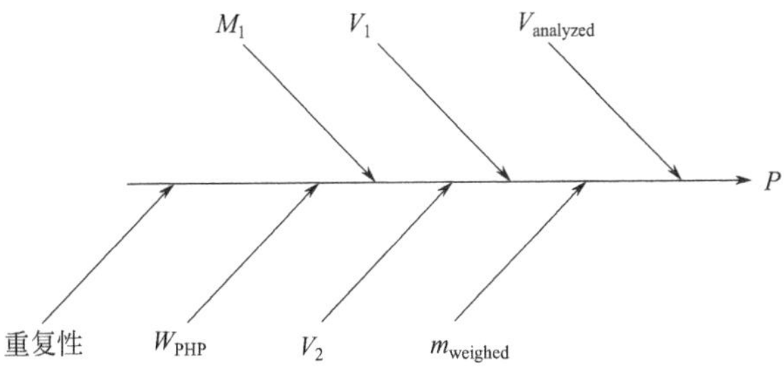

图 4-3　邻苯二甲酸氢钾样本纯度测定的初始因果图

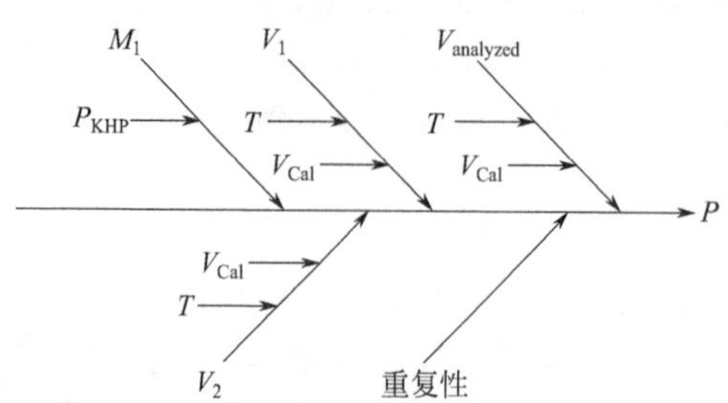

图 4-4 邻苯二甲酸氢钾样本纯度测定的第二轮因果图

T 为温度，V_{Cal} 为矫正体积。邻苯二甲酸氢钾的摩尔质量和溶解质量的不确定度足以忽略，因而在图中被略去

通过上述讨论，在引入因果图后，分析工作者可能对不确定度有了一定认识。显然，次要来源通常在实验初期可以进行评估及忽略，如分子质量的不确定度。而对质量、体积及温度的不确定度应该深入了解。

（三）量化不确定度的各种来源

用一个适当的天平称重通常是一个非常精确的过程，因此往往被用于微量测试。但实际上体积测量用到了移液器、容量瓶、量筒和滴定管，每一种器皿都有不同的校正不确定度，而这些在制造商提供的信息中都有详细说明。另外，在实验中，若样本需要经过衍生、萃取或其他的化学、物理过程得到被检测部分，那么应考虑回收率问题。即使回收率可以达到100%，在前处理过程中也包含不确定度来源。例如，浸出样品以分析浸出液中的重金属元素，从样本中提取出来的量取决于浸出液（化学物质的种类、浓度）、浸出温度与浸出时间。这些影响量的不确定度都会导致测量结果改变。因此，在验证研究中，应对这些影响量的作用进行量化，且在因果图中作为因子表示出来。图 4-5 为测量鱼中重金属汞含量的因果图。

称量鱼的质量 m_{fish}，将称量后的样本在热酸中消解 30min，得到体积为 V 的溶液，再用氢化物原子吸收光度计（AA）分析溶液。鱼中重金属汞浓度可表示为

$$c_{fish}=\frac{c_{extract}V}{m_{fish}}=\frac{c_{digest}V}{m_{fish}}f_{time}f_{temp}f_{conc} \tag{4-3}$$

其中，通过 AA 测得的消解液浓度可能不等于式（4-3）中用到的提取液浓度。这种不一致（$c_{extract}\neq c_{digest}$）作用可能是由消解时间、温度、酸浓度引起的。即使因子 f_{time}（时间因子）、f_{temp}（温度因子）、f_{conc}（浓度因子）是相一致的，但是这些影响因素中的与变异相关的不确定性也要被考虑。

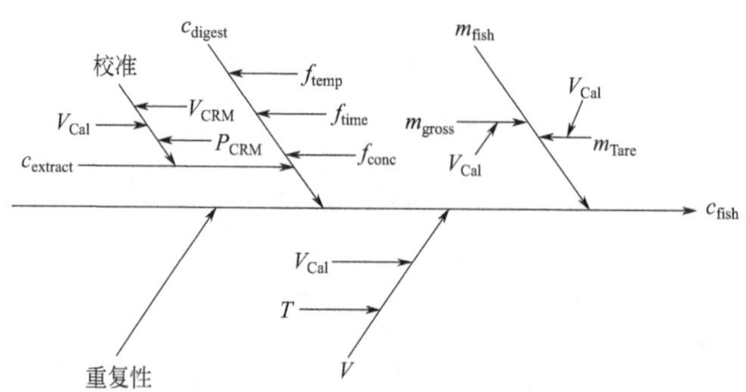

图 4-5 包含以上影响因素及消解过程影响因素的鱼中重金属汞分析的因果图

在测定疏松物质中提取出来的被测物时，还需考虑样本的均一性。在分析环境样本（尤其是土壤样本）及生物样本时需考虑自然变异，通常在质控过程中有很大的变异性。取样方差由多次独立测量样本估计。另外，取样过程很少包含在实验室方法验证研究中，因此，在考虑这个因素时，需结合重现性一起考虑。下面就以标准体积不确定度的来源和量化确定来加以说明。

1. 标准体积不确定度的来源及确定

重复性要通过一系列的称重实验进行独立的评估，在这个过程中，水在控制温度（影响密度）下保持平衡，这样可使得称重的不确定度相对于体积变异而言很小。若进行重复分析（如 10 次），那么移液管和其他体积测量的重复性将包含在整个测量的重复性中，这样就可以很快地整合所有的不确定度来源以得到最终测量不确定度的估计。

制造商的校准信息必须考虑。假如所购买的 10ml 移液管的体积的确是 10ml，但是制造商只能保证移液管的体积不低于 9.98ml，不高于 10.02ml。在整个实验过程中移液管都将使用到，因此，在重复测量过程中产生的系统效应不会消失，必须要考虑在内。有两种方法可以采用，第一种方法是在实验室对移液管进行校正。称重实验可以得到测量的标准偏差，也可以得到移液管的平均体积估计。

假如体积的 10 次测量结果如下：

实验次数	体积/ml
1	10.0104
2	10.0110
3	10.0116
4	10.0124
5	10.0129
6	10.0132
7	10.0139
8	10.0145
9	10.0150
10	10.0164
均值	10.0131
标准偏差	0.019
平均标准偏差	0.0006

备注：10ml 移液管 10 次称重数据。质量已被转化为体积，不确定度计算中假设忽略称重的体积计算因素。

假设进行了 10 次称重实验，移液管的平均体积为 10.0131ml，标准偏差 s 为 0.0019ml，那么平均标准偏差为 $0.0019/\sqrt{10}=0.0006\text{ml}$。那么，以后如再使用此移液管，在计算中其体积就应为 10.013ml，不确定度为 $u=0.0006\text{ml}$。注意，体积不是 10ml，不确定度不是 $0.02/\sqrt{6}=0.00082\text{ml}$（假设符合三角分布，$\alpha=0.02\text{ml}$）。因此，通过实验校正，移液管的体积估计将更准确，标准不确定度更小（注：在校正中，最好使用电子表格，通过四舍五入使得最后结果更准确。若在计算中舍入不准确，那么将对校正结果有很大的影响）。

第二种方法是随机选择不同的移液管重复实验对移液管进行校正。整个测量的标准偏差（包含了使用移液管的差异）就扩展到移液管间的差异，无需在校正中考虑具体的来源。这就说明通过选择实验可以消除系统和随机作用。

温度影响作用也可通过实验校正。若在实验过程中同时测量温度，玻璃器皿的体积可以通过校准玻璃器皿的标称温度（通常是 20℃）来进行校正。比如，测量实验是在温度均值为 22.3℃的情况下进行的，得到了一个温度标准不确定度为 0.5℃，在试管中的液体将膨胀（玻璃的膨胀将被忽略）。这样，在此情况下，实际移取的液体将比在 20.0℃的情况下要少。注意到温度的不确定度为 0.5℃（$u=0.5$℃），将包括温度测量本身的不确定度（读温度计及温度计的校正）和温度的均值的标准偏差。移液管的正确体积为 10.013ml，由于实验温度与标称温度的差异带来的体积偏差为$-0.00021\times2.3\times10.013=-0.0048$ml，它带有的标准偏差为 $0.00021\times0.5\times10.013=0.0011$ml。这样，体积应该校正为 $10.013-0.0048=10.0082$ml，而且它的温度的不确定度是 0.0011ml，替代 0.0042ml，它是由实验室的估计温度变化±4℃（95%置信区间）计算所得。在此，一个估计的系统效应被处理为标准的不确定度，然后，将其转换为一个真正的标准不确定度，与总的不确定度结合起来表征为结果的不确定度。表 4-1 与图 4-6 示出了这些结果。因为估计的体积被改善了，不确定度也降低了。在试验中对玻璃器皿和温度测量仔细地校正，将使玻璃器皿的体积的不确定度显著下降。如果玻璃器皿体积的不确定度对整个测量过程的不确定度的贡献不大，我们就必须根据实际情况而定。

表 4-1 计算给定场景下标称 10ml 吸量管的转运体积及测量不确定度（参见图 4-6）

项　目	体积校正前	体积校正后	温度＋体积校正后
校准体积数(10ml)	10.0000	10.0130	10.0082
重复测量不确定度	0.0019	0.0019	0.0019
计算不确定度	0.0082	0.0006	0.0006
温度不确定度	0.0042	0.0042	0.0011
uc	0.0094	0.0046	0.0022
95%(df=9)	0.0212	0.0105	0.0051

注：$0.0082=0.02/\sqrt{6}$；$0.0042=4\times0.00021\times10/2$；$0.0094=\sqrt{0.0019^2+0.0082^2+0.0042^2}$；$0.0212=T_{\text{int}}(0.05,9)\times0.0094$

2. 通过标准物质估计偏差和回收率

通过对已论证的参考（或标准）物质（certified reference material，CRM）的重复测量，可以估计出量测偏差（δ），量测偏差可由式（4-4）给出：

$$\delta=\bar{C}_{\text{CRM}}(\text{measured})-C_{\text{CRM}}(\text{certified}) \tag{4-4}$$

式中，C_{CRM}（certified）是已论证的参考（或标准）物质的浓度；C_{CRM}（measured）是实验室对此标准物质重复测量 p 次的平均值，该量测偏差的测量不确定度（u_{CRM}）由式（4-5）表示：

$$u_{\text{bias}}=\sqrt{\frac{s_{\text{r}}^2}{p}+u_{\text{CRM}}^2} \tag{4-5}$$

式中，s_{r}表示的是偏差测量的重复性；u_{CRM}表示的是在有证标准物质浓度下的不确定度。偏差的含义是通过单侧 t 检验在 95%置信区间上评估的。

$$\delta>t_{0.05',\ p-1}u_{\text{bias}}$$

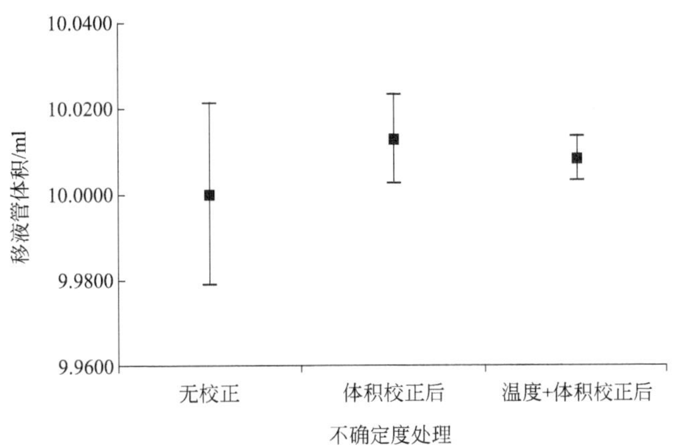

图 4-6 不同校正条件下，标称 10ml 移液管转运体积的值及其 95% 的置信区间

（体积校正时计算体积采用 10 次称重实验校正；温度较正时体积采用实验室测定温度校正）

一个样本（C_{sample}）的测量结果采用 n 次测量的均值及不确定度来评估：

$$C_{\text{sample}} = \bar{C} + \delta_{\text{run}}$$

$$u_{\text{sample}} = \sqrt{\frac{s_{\text{r}}^2}{n} + u_{\text{bias}}^2}$$

即使偏差被认为是不显著的，也必须包括 u_{bias}。扩展不确定度通过 u_{sample} 与一个适当的包含因子相乘得到。需要注意的是 s_{r} 应通过一定天数及样本批次间适当数目的重复实验（至少 10 次）得到。类似的方法被用于评估重复性，定义为：

$$R = \frac{\bar{C}_{\text{CRM}}(\text{measured})}{C_{\text{CRM}}(\text{certified})}$$

及相应的不确定度：

$$u_R = R\sqrt{\frac{1}{p}\left[\frac{s_{\text{r}}}{\bar{C}_{\text{CRM}}(\text{measured})}\right]^2 + \left[\frac{u_{\text{CRM}}}{C_{\text{CRM}}(\text{certified})}\right]^2}$$

用于校准的有证标准物质（CRM）及建立计量溯源的证书包括认定量值的不确定度。若用置信区间表示，那么应定义包含因子 k（如下）。通常 k 值取 2，表示被测量的置信概率为 95%。用于不确定度计算的标准不确定度等于引用的半宽度（量值±半宽度）除以 k。通常，有证标准物质 CRM 的量值表示为 $x \pm U$，并注明包含因子 k 的取值，则有

$$u = U/k$$

若直接使用有证标准物质，那么不确定度值 u 包含所有部分。例如，某已认定纯度的纯参考物质溶解于缓冲器中以作为校准溶液，那么溶解过程及测量仪器的观测体积的不确定度均包含在内。

若校正方程用相关系数表示，该系数由拟合已知浓度标准物质模型的仪器响应值得到，那么必须考虑此过程的不确定度。经典最小二乘回归（电子表格及计算器中的默认回归方法）包含三个主要假设：有效的线性模型，仪器的响应值是随机变量且方差为常数（homo dcedacity），自变量（浓度或校准物含量）已知且无不确定性。模型用以下方程表示：

$$Y = a + bx + \varepsilon \tag{4-6}$$

式中，a 是截距；b 是线性方程的斜率；ε 是符合正态分布的随机变量（零均值、同方差）。这三个假设必须同时成立。尤其要注意，当浓度范围较宽时，方差很少为恒定值。通常，RSD 近似为恒量，这就使得 Y 的标准偏差增加，此时，需使用加权回归。当上述校正模型用于计算观测值（y_0）对应的未知浓度（$\hat{x}_0$）时，其标准偏差（$s_{\hat{x}_0}$）为

$$s_{\hat{x}_0} = \frac{s_{y/x}}{b}\sqrt{\frac{1}{m} + \frac{1}{n} + \frac{(y_0 - \bar{y})^2}{b^2 \sum\limits_i (x_i - \bar{x})^2}} \tag{4-7}$$

式中，m 表示观测相应值的重复次数（y_0表示平均值）；n 表示校正曲线中的点数；b 是校正曲线的斜率；$\bar{y}$ 和 $\bar{x}$ 是校正数据的平均值；x_i 表示校正集中第 i 个 x 值。在上述方程中，$s_{y/x}/(b\sqrt{m})$ 表示样本仪器响应值的重复性。如果重复性的独立估计是已知的，那么可以用其代替 $s_{y/x}$ 。

如果不确定 100％的被测物是否能代表测量体系或者校正体系的响应值是否无偏差，那么在验证过程中就要检验假设是否成立，或者采用其他合适的方法验证。而若某有证标准物质（不包含在校正集中）的一系列测量值对于观测值有明显偏差，则需对测量值进行修正，且测量值的不确定度应包含在测量值偏差的不确定度中。反之，若无明显偏差，则测量值无需进行修正，此时测量偏差是由零增加了不确定度，可能偏差不一定真正为零，但是小于测量值的不确定度。因此，此种计算测量值不确定度的方法是用一系列有证标准物质来校正偏差，而此估计偏差的不确定性不仅包括有证标准物质的量值不确定度，同时包含实验室间的重现性。然而在很多分析领域中，常规测量值和偏差修正无法得到，因此，将偏差估计包含在测量不确定度中。

（四）将重要的不确定性组分进行组合合成后统一处理

一旦不确定度的各种分量被确定，并被量化为标准不确定度，评估不确定度的剩余步骤一般就变得简单了。市场上已有较多软件产品能完成这一任务。否则，就必须要通过一些电子表格处理或数学计算来得到不确定度。一个结果的合成标准不确定度应通过将各组分的标准不确定度经一定数学处理后，再作为最终不确定度给出。有些组分的标准不确定度，也可能是其他不确定度的组合，依此类推，以形成因果关系图的分支及亚分支。直到得到最终测量 y 值的合成标准不确定度，记为 $u_c(y)$ 。

1. 合成标准不确定度的数学基础

此处所描述的方法具有赋予每个不确定度分量以标准偏差特性的优点，因此，合成标准偏差有正态分布的规则可以遵循。

对于测量结果（y）与一系列输入量（$x = x_1$，x_2，…，x_n）之间的一般关系

$$y = f(x)$$

y 的方差 $\sigma^2(y)$，可由式（4-8）给出：

$$\sigma^2(y) = \sum_{i=1}^{i=n}\left[\frac{\partial y}{\partial x_i}\sigma(x_i)\right]^2 + 2\sum_{k=1}^{k=n-1}\sum_{j=k=1}^{j=n}\left[\frac{\partial y}{\partial x_k}\frac{\partial y}{\partial x_j}\mathrm{cov}(x_k, x_j)\right] \tag{4-8}$$

式中，$\mathrm{cov}(x_k, x_j)$ 指是 x_k 与 x_j 间的协方差。如果该合成不确定度的平方等于方差，则

$$u_c^2(y) = \sum_{i=1}^{i=n}\left[\frac{\partial y}{\partial x_i}u(x_i)\right]^2 + 2\sum_{k=1}^{k=n-1}\sum_{j=k=1}^{j=n}\left[\frac{\partial y}{\partial x_k}\frac{\partial y}{\partial x_j}\mathrm{cov}(x_k, x_j)\right] \tag{4-9}$$

方程（4-9）也可改写为采用 x_k 、x_j 及 $r_{k,j}$ 间的相关系数的计算形式

$$u_c^2(y)=\sum_{i=1}^{i=n}\left[\frac{\partial y}{\partial x_i}u(x_i)\right]^2+2\sum_{k=1}^{k=n-1}\sum_{j=k=1}^{j=n}\left[\frac{\partial y}{\partial x_k}\frac{\partial y}{\partial x_j}u(x_k)u(x_j)r_{k,j}\right] \quad (4\text{-}10)$$

微分是局部的，所以当对一个量求微分时，其他的量被认为是不变的。变量 $\partial y/\partial x_i$ 被称为 x_i 的敏感度系数（有时记为 c_i），描述的是 y 如何随着 x_i 变化而改变。对于最简单情况，$y=\text{constant}x$ ，灵敏度系数也是常数。

如果所有的输入量彼此独立（例如，测试项目中质量的任何改变都不会造成气相色谱中的溶液进样体积的任何变化），则 r 等于 0，方程（4-10）可简化为

$$u_c^2(y)=\sum_{i=1}^{i=n}\left[\frac{\partial y}{\partial x_i}u(x_i)\right]^2 \quad (4\text{-}11)$$

而且，如果 y 只依赖于一个量［即 $y=f(x)$］，方程（4-11）将进一步简化为

$$u_c^2(y)=\left[\frac{\partial y}{\partial x}u(x)\right] \quad (4\text{-}12)$$

下面将对每一步的具体计算给出详细说明。

2. 相加组分

对于以相同单位表示的同种类型的独立量，方差（标准偏差的平方）与灵敏度系数相乘后求和得到合成方差。例如，减量法称重即由最终读数减去初始读数计算的滴定体积。在这些种类的差别测量（difference measurements）中，测量使用的是相同的仪器（天平、滴定管），恒定的系统误差被抵消，只剩下随机误差或比例系统误差。采用以毫升读数的初始体积（V_{start}）及最终体积（V_{end}）计算以升表示的消耗体积（ΔV）：

$$\Delta V=0.001\times(V_{end}-V_{start})$$

这里

$$c_{V_{end}}=\left(\frac{\partial \Delta V}{\partial V_{end}}\right)_{V_{start}}=0.001 \text{ 且 } c_{V_{start}}=\left(\frac{\partial \Delta V}{\partial V_{start}}\right)_{V_{end}}=-0.001$$

则

$$u_c(\Delta V)=\sqrt{[0.001u(V_{end})]^2+[-0.001u(V_{start})]^2}$$

$$=0.001\times\sqrt{u(V_{end})^2+u(V_{start})^2}$$

当贡献不确定度的只是单一量组合时，计算就更为简便。此处的灵敏度系数为 1，且各自的不确定度都只是平方和求和。例如，上述讨论的移液管的转运体积的合成不确定度效应包括重复性、校正不确定度和温度效应，其合成不确定度的平方即为各效应的平方和：

$$u_c^2(V)=u_r^2(V)+u_{cal}^2(V)+u_{temp}^2(V)$$

因此组合不确定度为

$$u_c(V)=\sqrt{u_r^2(V)+u_{cal}^2(V)+u_{temp}^2(V)}$$

上述方程并不意味着一系列标准不确定度可以简单地进行平均。平方相加及均方根是常用的处理方法。就像苹果和橘子不能直接相加（除了作为水果的类别之外），所以诸如温度变化的不确定度，必须转换成其对体积的影响才能在上述方程中使用。温度的影响通过它与

体积之间的关系 [$u_{\text{temp}}(V)=0.00021Vu_{\text{temp}}$]，转化为对体积的不确定度。水的膨胀系数为 0.00021℃$^{-1}$，它与以升表示的体积及以摄氏度表示的温度不确定度相乘，得到以升表示的体积不确定度。

不确定度总是可以根据上述方程进行组合，即使量是相减的（即不确定度的平方总是相加）。这就是通过两个很大的、量级几乎相同的量相减得到的计算结果（例如，用船长在船上时船的总重量减去船长不在时船的总重量来称量船长的体重），普遍被认为具有极大的不确定度的原因。

3. 相乘或相除的量

测量就是一个已知量与一个未知量的比较。这一比较通常是某种测量仪器的一种比率。对于最简单的情况，若 $y=x_2/x_1$，应用方程（4-11），则

$$u_c^2(y)=\left(\frac{\partial y}{\partial x_1}\right)_{x_2}^2 u_c^2(x_1)+\left(\frac{\partial y}{\partial x_2}\right)_{x_1}^2 u_c^2(x_2)$$

$$\left(\frac{\partial y}{\partial x_1}\right)_{x_2}=\frac{x_2}{x_1^2}=-\frac{y}{x_1},\quad \left(\frac{\partial y}{\partial x_2}\right)_{x_1}=\frac{1}{x_1}$$

$$u_c^2(y)=y^2\frac{u_c^2(x_1)}{x_1^2}+\frac{1}{x_1^2}u_c^2(x_2)$$

$$=y^2\frac{u_c^2(x_1)}{x_1^2}+\frac{x_2^2}{x_1^2}\frac{u_c^2(x_2)}{x_1^2}$$

$$=y^2\frac{u_c^2(x_1)}{x_1^2}+y^2\frac{u_c^2(x_2)}{x_2^2}$$

因此

$$\frac{u_c^2(y)}{y^2}=\frac{u_c^2(x_1)}{x_1^2}+\frac{u_c^2(x_2)}{x_2^2} \tag{4-13}$$

$$\frac{u_c(y)}{y}=\sqrt{\frac{u_c^2(x_1)}{x_1^2}+\frac{u_c^2(x_2)}{x_2^2}}$$

方程给出了乘除组合量的简单规则：其相对不确定度等于各分量相对不确定度的平方和。量的值需要计算相对不确定度（不确定度比上测定值），这也强调了一个事实，即测量不确定度是针对特定结果的属性，而不是针对方法的。

4. 对数及指数函数

大多数分析测量符合上面讨论的简单的算术规则。当面临其他数学函数时，则需使用下述方程或可以使用其简化形式之一。例如，观察一个光源强度的变化（从 I_0 到 I），并转换为吸光度（A）

$$A=\lg\frac{I_0}{I}$$

吸光度的不确定度 $u(A)$ 由式（4-14）给出

$$\mathrm{d}A=\lg(e)\left(\frac{\mathrm{d}I_0}{I_0}+\frac{\mathrm{d}I}{I}\right) \tag{4-14}$$

应用方程（4-13）则有

$$u^2(A)=\lg(e)\left[\left(\frac{u(I_0)}{I_0}\right)^2+\left(\frac{u(I)}{I}\right)^2\right] \tag{4-15}$$

从式（4-15）可看到，吸光度的绝对不确定度与光强度 I_0 和 I 的相对不确定度的组合成正比。

5. 计算公式小结及具体示例

下面以表格的形式给出各种计算的组合不确定度的具体公式（表 4-2），以方便读者使用。

表 4-2　不同计算的不确定度的组合公式

组合不确定度的计算公式	组合不确定度	组合不确定度的计算公式	组合不确定度
$y=a+b$	$u(y)=\sqrt{u(a)^2+u(b)^2}$	$y=\frac{a}{b}$	$u(y)=y\sqrt{\left(\frac{u(a)}{a}\right)^2+\left(\frac{u(b)}{b}\right)^2}$
$y=a-b$	$u(y)=\sqrt{u(a)^2+u(b)^2}$	$y=Bx$	$u(y)=Bu(x)$
$y=ab$	$u(y)=y\sqrt{\left(\frac{u(a)}{a}\right)^2+\left(\frac{u(b)}{b}\right)^2}$	$y=a^n$	$u(y)=yn\frac{u(a)}{a}$

注：表中 B 为常数。

为帮助读者更好地理解如何合成各种标准不确定度以得到组合的不确定度，下给出一个具体实例的说明。

为配制一种浓度为 c 的标准溶液，称取一定质量的已知纯度的标准物质，并将其溶入一定量的溶剂中，各种用量如下：

所用质量$(M)=100.5\text{mg}$，$u(M)=0.208\text{mg}$
物质纯度$(P)=0.999$，$u(P)=0.00058$
溶剂体积$(V)=100\text{ml}$，$u(V)=0.16\text{ml}$

组合不确定度的计算公式为：

$$c=\frac{MP}{V}\times 100\text{mg/L} \tag{4-16}$$

注意式（4-16）中的 1000，它实际是一个转换因子，其作用在于将结果转换成所需的量纲单位形式（mg/L）。因此，溶液的浓度 c 的组合不确定度可按下面几个式子来进行计算：

$$c=\frac{100.5\times 0.999}{100}\times 1000=1004.0\text{mg/L}$$

而

$$u(c)=c\times\sqrt{\left(\frac{u(M)}{M}\right)^2+\left(\frac{u(P)}{P}\right)^2+\left(\frac{u(V)}{V}\right)^2}$$

将各种标准不确定度代入：

$$u(c)=1004\times\sqrt{\left(\frac{0.208}{100.5}\right)^2+\left(\frac{0.00058}{0.999}\right)^2+\left(\frac{0.16}{100}\right)^2}$$

即

$$u(c)=1004\times\sqrt{0.00207^2+0.000581^2+0.00160^2}$$

最终得：

$$u(c)=1004\times 0.00268=2.69\text{mg/L}$$

所以，最终结果可以表示为：$c=(1004\pm 2.7)\text{mg/L}$

6. 相关性说明

注意到在前述的合成不确定度的计算公式中，在其第 2 项中实际包含了各标准不确定度之间的相关性：

$$u_c^2(y)=\sum_{i=1}^{i=n}\left(\frac{\partial y}{\partial x_i}u(x_i)\right)^2+2\sum_{k=1}^{k=n-1}\sum_{j=k=1}^{j=n}\left(\frac{\partial y}{\partial x_k}\frac{\partial y}{\partial x_j}u(x_k)u(x_j)r_{k,\ j}\right)$$

这些简单的公式用于组合不确定度是依靠于成分的量测值之间的独立性。采取真正的随机重复，因此不同测量的合成不确定度用重复度 $u(r)$ 计算如下

$$u_c(r)=\sqrt{u(r)^2+u(r)^2}=\sqrt{2}u(r)$$

类似地，如果实验过程中温度随机波动，就会影响到开始和结束的体积。然而，对于一个常数的影响，任何校准误差能够完全消除，消除后某种程度上有一定的比例效应。因此如果体积读数 V_{obs} 为真实值 $V_{\text{true}}+\Delta V$，那么两次读数 $V_{\text{obs},1}$ 和 $V_{\text{obs},2}$ 的差值为

$$(V_{\text{obs},\ 2}-V_{\text{obs},\ 1})=(V_{\text{true},\ 2}+\Delta V)-(V_{\text{true},\ 1}+\Delta V)=V_{\text{true},\ 2}-V_{\text{true},\ 1}$$

在分析量测中经常存在相关性，因为比例运算或差分运算的数据来自相同的仪器或设备，由于系统效应两次的量测结果很可能不变。Hibbert 发展了一个简单的比例与完善相关性理论，简介如下[1]。

记一个比例 $R=a/b$，其中 a 和 b 的不确定度相同且都等于 u。如果相关系数 r 为 1，那么 R 的不确定度就是

$$\begin{aligned}u_c^2(R)&=\left(\frac{\partial R}{\partial a}\right)^2u^2+\left(\frac{\partial R}{\partial b}\right)^2u^2+2\left(\frac{\partial R}{\partial a}\right)\left(\frac{\partial R}{\partial b}\right)u^2\\&=u^2\left[\left(\frac{\partial R}{\partial a}\right)+\left(\frac{\partial R}{\partial b}\right)\right]^2\end{aligned}$$

通过代数方法可得
$$u_c^2(R)=u^2\left(\frac{a^2}{b^4}+\frac{1}{b^2}-2\frac{a}{b^3}\right)$$

或
$$\frac{u_c^2(R)}{R^2}=\frac{u^2}{a^2}(1-R)^2$$

如果假设 a 和 b 完全独立，且不确定度大小相同（u），那么则有

$$\frac{u_c^2(R)}{R^2}=\frac{u^2}{a^2}(1+R^2)$$

关于什么是相关的而什么是不相关的仍然存在争议。不存在相关这个假设导致的最坏情况是对不确定度的过高估计，同样，由于重现性（这总是或应该是不相关的）经常是组合不确定度的最大组成部分，那么相关效应的影响则很小。

（五）测量结果及其不确定度的报告

在一次仔细分析的过程中，一个小的不确定度是一个不错的结果，但如果它在测试时中不处于结果的范围内，说明一些情况没有被考虑到或被低估了。测试的重复性是重要的实验

室部分，最终的合成不确定度需要大于可重复性。对于简单操作而言，并不会增加大量的工作，但对于一般水平的复杂性事件，可能包括进样、样品的预处理、有证标准物质的校正，合成不确定度可能是实验重复性的 2～3 倍。利用 T_{INV}（α 为自由度）得到的 t 分布在 90%、95%和 99%置信区间下的值见表 4-3。

表 4-3 利用 T_{INV}（α 为自由度）得到的 t 分布在 90%、95%和 99%置信区间下的值

自由度	分布在 $\pm t\sigma$ 范围内的百分比			自由度	分布在 $\pm t\sigma$ 范围内的百分比		
	90% (α =0.1)	95% (α =0.05)	99% (α=0.01)		90% (α =0.1)	95% (α =0.05)	99% (α=0.01)
1	6.31	12.71	63.66	8	1.86	2.31	3.36
2	2.92	4.30	9.92	9	1.83	2.26	3.25
3	2.35	3.18	5.84	10	1.81	2.23	3.17
4	2.13	2.78	4.60	20	1.72	2.09	2.85
5	2.02	2.57	4.03	50	1.68	2.01	2.68
6	1.94	2.45	3.71	100	1.66	1.98	2.63
7	1.89	2.36	3.50	无穷大	1.64	1.96	2.58

如果再现性标准偏差 s_R 可以与 GUM 估计相提并论，那么可以用实验室间再现性标准偏差评定不确定度。结合偏移修正值，估计值可能会小于再现性标准偏差，从而导致包括与本次测定不相关的系统效应平衡化。

下面就以一个简单的例子来说明不确定度的报告的具体内容。例如，用定量核磁共振测定某化学品的纯度时，采用一个额外的有证标准物质峰作为内标物，那么检测物的纯度可由式（4-17）计算

$$P_{test}=\frac{P_{CRM}m_{CRM}I_{test}}{m_{test}I_{CRM}} \tag{4-17}$$

式中，m 和 I 分别表示质量和峰面积。假设式（4-17）中每项的标准不确定度都已经用代数方法进行评估，且它们是相互独立的，并可以通过式（4-17）计算其不确定度的组合。表 4-4 中列出了计算将用到的 x 值和标准不确定度。

表 4-4 核磁共振测定某化学品的纯度 x 值及其标准不确定度

定量参数	量测值(x)	标准不确定度[$u(x)$]	$\frac{u(x)}{x}$
P_{CRM}	0.9900	0.0050	0.0051
m_{CRM}	0.1135	0.0006	0.0053
I_{CRM}	100.0000	0.0300	0.003
m_{test}	0.1258	0.0006	0.0048
I_{test}	101.8500	0.0300	0.0003
重现性	1.0000	0.0230	0.0230
P_{test}	0.9097	0.0224	0.0246

由电子数据表法所得表格（见数据表 4-5）中的纵列包括了计算中的所有参数且每一列代表其中一个参数，因此由上面的示例知表格有 5 个变量（P_{CRM}，m_{CRM}，I_{test}，m_{test}，

I_{CRM})。将每列中的变量依次增加不确定度（如数据表 4-5 中对角线上阴影部分所示），而每列的最后一行是将该列的值（包括由不确定度增加的那个值）代入式（4-17）所得。表格左边的那列是每个变量未改变时的值，因此由公式就可得到测定结果。在每列的最后一行，该计算值是减去左边第一列测量值得到的，然后偏差的平方和的平方根就可用 SQRT [SUMSQ（range）] 计算。

要注意的是，重复性精密度（r）已经包括在公式中，被测物的标称值为 1，标准不确定度的类型是重复测量得到的标准偏差。

$$P_{test}=\frac{P_{CRM}m_{CRM}I_{test}}{m_{test}I_{CRM}}\times r$$

表 4-5 计算由定量核磁共振得到的样本纯度的量测参数值和不确定度

项目		P_{CRM} 0.9900 0.0050	m_{CRM} 0.1135 0.0006	I_{CRM} 100.0000 0.0300	m_{test} 0.1258 0.0006	I_{test} 101.8500 0.0300	重现性 1.0000 0.0230
P_{CRM}	0.9900	0.9950	0.9900	0.9900	0.9900	0.9900	0.9900
m_{CRM}	0.1135	0.1135	0.1141	0.1135	0.1135	0.1135	0.1135
I_{CRM}	100.0000	100.0000	100.0000	100.0300	100.0000	100.0000	100.0000
m_{test}	0.1258	0.1258	0.1258	0.1258	0.1264	0.1258	0.1258
I_{test}	101.8500	101.8500	101.8500	101.8500	101.8500	101.8800	101.8500
重现性	1.0000	1.0000	1.0000	1.0000	1.0000	1.0000	1.0230
P_{test}	0.9097	0.9143	0.9145	0.9095	0.9054	0.9100	0.9307
差值		0.0046	0.0048	−0.0003	−0.0043	0.0003	0.0209
	$u(P)$	0.0224					

将结果 $[u_c(P_{test})=0.0224]$ 与式（4-18）的计算结果进行比较，即数据表 4-4 中的标准不确定度 $[u(x)]$ 栏中的最后排数字 0.0224，由相对结合标准不确定度 $\frac{u(x)}{x}$ 栏中最后排数字 0.0246 所得。

$$u_c(\text{test})=P_{test}\sqrt{\left[\frac{u(P_{CRM})}{P_{CRM}}\right]^2+\left[\frac{u(m_{CRM})}{m_{CRM}}\right]^2+\left[\frac{u(I_{test})}{I_{test}}\right]^2+\left[\frac{u(m_{test})}{m_{test}}\right]^2+\left[\frac{u(I_{CRM})}{I_{CRM}}\right]^2+\left[\frac{u(r)}{1}\right]^2}$$

$$=0.9097\times\sqrt{0.0051^2+0.0053^2+0.0003^2+0.0048^2+0.0003^2+0.023^2}$$

$$=0.0224 \tag{4-18}$$

实际上，它们只有在第六位小数上有区别。

1. 显示不确定度分量

各种效应的贡献图是非常有用的，这个可以通过帕累托（Pareto）或其他形式的柱状图实现。尽管使用者可能并不需要这些图片，但它们是评价不确定度概算的重要工具，并且可以帮助品质管理员和认证机构进行总结。

考虑 NMR 定性研究的例子。表 4-3 给出了标准不确定度以及合并不确定度的分量的相关标准不确定度。它可以用于将相关标准不确定度图片化，标准不确定度乘以灵敏度系数

$[\partial y/\partial x\, u_c(x)]$ 或是后者用百分比表达的合并不确定度的平方。图 4-7 为一个水平的柱状图，每一个分量的值以递减的方式排列。

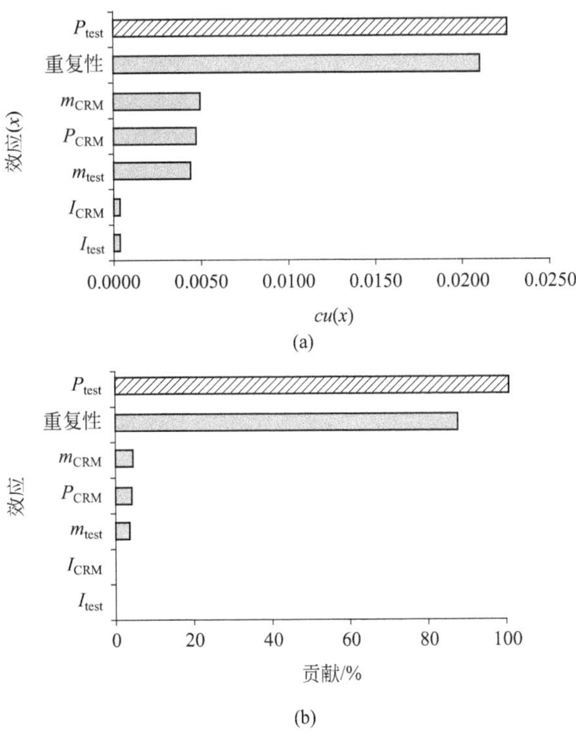

图 4-7　NMR 定量数据不确定度分量的柱状图

(a) 根据总的不确定度 P_{test}（阴影线）得到的每一个分量的 $cu(x)=\left|\frac{\partial P_{test}}{\partial x}u(x)\right|$ 的值；

(b) 每一个不确定度分量的贡献比例

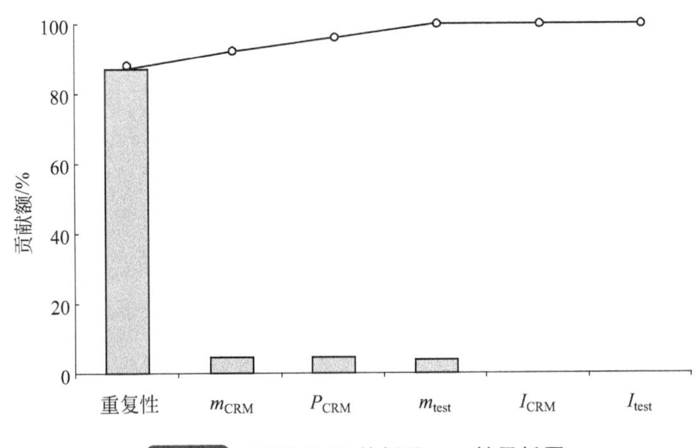

图 4-8　定量 NMR 的例子——帕累托图

（柱子：每一个效应；线：累积不确定度）

用一个帕累托图（条形图）展示总计 100％的效应。每一个柱子都代表了一种效应，图上方的线代表了积累效应（图 4-8）。效应是以从大到小的顺序进行排序的，并展示了帕累托原则，即 20％的效应导致了 80％的不确定度。

2. 报道测量不确定度

最终的合成标准不确定度，不论使用代数、电子数据表还是其他的软件，都得到一致的答案，“结果：x 单位［和］uc 单位［的］标准不确定度（标准不确定度定义在文献［10］中，相当于一个标准偏差）”。

方括号中的词语可以省去或缩写。笔者不建议将加号或减号（±）和合成不确定度联用。如果需要引用扩展不确定度，使用±是由于它可以定义一个可能性范围。结果应该被记为“结果：($x \pm U$) 单位［哪里］报告不确定度是由［扩展不确定度也定义在文献［10］内］包含因子 2［在 95％的置信区间范围内］计算得到的”。尽管扩展不确定度的解释和可能性水平的含义可以省略，但必须有包含因子。不能够不假思索地假设 $k=2$。

3. 扩展不确定度

扩展不确定度是确定测量结果在较高的置信区间的量，它是通过合成标准不确定度乘以包含因子（k）得到的，并用符号 U 表示。尽管合成标准不确定度可以对测量不确定度进行解释，就许多用途而言，而不仅仅如此。结果附近的误差线是非常有意义的。如果合成标准不确定度包含一个正态分布变量的标准偏差的分量，那么分布中的 68.3％的数值将会落在平均数左右的 1 个标准差范围内，分布中的 95.4％的数值将会落在平均数左右的 2 个标准差范围内（参见图 4-2），分布中的 99.7％的数值将会落在平均数左右的 3 个标准差范围内。将合并标准不确定度乘以 $k(k=2)$，可以说被测变量（等同于平均值）的值将会落在结果 $\pm U$ 的 95％置信区间范围内。

当合成标准不确定度的某些成分是通过测量评估的或用有限的自由度评估时，会出现一定的问题。从 n 次重复测定的标准偏差得到的 A 类估计具有 $n-1$ 的自由度。通常，B 类估计是基于具有有限自由度的数据得到的，但如果标准不确定度是值得怀疑的，则有效自由度可以通过式（4-19）确定：

$$V_{\text{eff}}=0.5\left(\frac{\Delta u}{u}\right)^{-2} \tag{4-19}$$

式中，Δu 是不确定度的不确定性。式（4-19）可以通过图 4-9 表示。

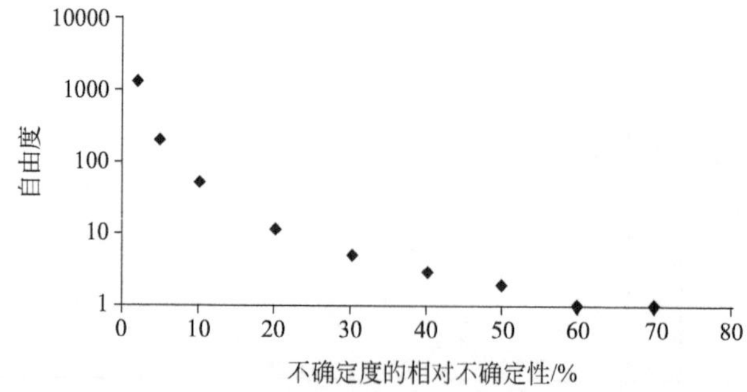

图 4-9 通过公式（4-19）给出不确定度得到的 B 类估计有效自由度

因而，如果一个不确定分量的估计值在 10％的适当值范围内（比如 $\Delta u/u=0.1$），那么自由度为 50。当估计的不确定度达到 50％时，不确定度将会耗尽。对于很多 B 类估计而言，在估计时没有任何的不确定度，V_{eff} 是无限的。当确定每一个不确定分量的自由度后，则可以利用韦尔奇·萨特斯韦特（Welch-Satterthwaite）公式[11]计算合成不确定度的有效自由

度，将数值向下取整，

$$V_{\mathrm{eff}}(u_{\mathrm{c}})=\frac{u_{\mathrm{c}}^{4}(y)}{\sum_{i=1}^{i=m}\frac{u_{i}^{4}(y)}{v_{i}}} \tag{4-20}$$

式中，$u_c(y)$ 是结果 y 的合成标准不确定度；u_i 是自由度为 V_i 的不确定度的分量。式(4-20) 中得到更多不确定度的分量具有更少的自由度。得到合成标准不确定度的 V_{eff} 后，包含因子 k 是 t 分布在概率 α 处的值（参见表 4-3）。在 95%的置信区间内 $\alpha=0.05$，置信水平为 $100(1-\alpha)$。

当把评估测量不确定度作为方法验证的一部分时，需要做充足的实验获得自由度并保证不对包含因子产生不利的影响，通常取 k 值为 2。只要后面的现场测量使用的是验证后的方法，就可以根据 $k=2$ 得到测量的不确定度。在大部分情况下，扩展不确定度可以通过合成标准不确定度利用下式计算得到：

$$U=ku_{\mathrm{c}} \tag{4-21}$$

式中，$k=2$。

4. 小结

最后，将介绍什么是测量不确定度和它是如何与重复性以及其他的精密测量相关的。30nmol/L±1nmol/L 中 30nmol/L 为平均值，±1nmol/L 为在 95%的置信区间内通过 5 个重复性实验计算得到的标准偏差 $s(s=t_{0.05'',4}\times s/\sqrt{5})$，此外，30nmol/L±1nmol/L 中的 30nmol/L 是一个单一的结果，±1nmol/L 是具有无限自由度的扩展不确定度从不确定度概算中得到的么？为了理解这个例子，假设测量水中的镉元素，世界卫生组织（WHO）设定镉元素上限为 27nmol/L。在第一个例子中，正确的说法应该是“镉元素在测试的水样中的含量为 30nmol/L±1nmol/L（95%的置信区间，$n=5$）。”考虑到化学分析的结果和它相关的重复性，测试样本的其他测定结果在相同的条件下测得镉元素的含量不超过 WHO 指南规定的 27 nmol/L 的可能性为 1∶880。注意到样本中镉元素的含量不能得到其他的结果，仅仅是当样本再分析时可能得到的结果。相反，如果引用了测量不确定度，进行了准确的评估，声明可以写为：“被报工厂的排水样中镉元素的含量 30nmol/L±1nmol/L（1nmol/L 是在 95%的置信区间利用包含因子 2 得到的扩展不确定度）。”考虑到化学分析的结果和它相关的不确定度，测试样本中镉元素的含量低于 WHO 指南规定的 27 nmol/L 的可能性为 1∶500000000。最大差别来自于不确定度的自由度。在此说明的统计概率性质对不确定度的表述是十分重要的。

（六）不确定度测量在实际方法验证中的应用

对于任一发表的标准分析方法，如在美国实验和物质学会（American Society for Testing and Materials，ASTM），欧洲标准化委员会（Comité Européen de Normalization，CEN）或者是国际标准组织（International Organization for Standardization，ISO）发表的，都要经过严格的方法测试和验证。而且，这些方法的测试和验证一般还需要在不同的实验室交叉进行。这些实验室对方法测试和验证时要给出方法的重复性（repeatability）和再现性（reproducibility）（以后我们会对这两个概念进行更深入的讨论），方法的偏差及在不同环境下的方法的测量不确定度。而且，这些实验室一般都要求是经过严格挑选的。

根据国际惯例，一个方法的测试和验证一般要求在 8 个实验室进行，当然，还有人认为，如要建立方法的再现性最好有 15 个实验室参加。由于大多数方法都是在一个浓度范围中应用，至少需要对5～6个不同浓度的样本所展开的范围进行分析。而且，送实验室验证的必须是双份样，即要求是相同浓度或稍有不同浓度的重复样（“Youden”样）。

一个方法的测试和验证就是要建立重复性和再现性的概念，即要在每个实验室进行重复性试验，一般来说，重复性试验就是要得到对一给定的测量目标进行一系列的测定所得结果的变化幅度，应该是在：①同一个操作者；②采用同样的测量设备；③在同一个实验室；④在一个特定的时间。而再现性（reproducibility）则是指对一给定的测量目标进行一系列的测定所得结果的变化幅度，但它们必须是在：①不同的操作者操作；②采用不同的测量设备；③不在同一实验室；④在不同的时间。图4-10示出了一个方法在测试和验证过程中的重复性和再现性，不同实验室的偏差及方法的偏差关系示意图。从图4-10可以看出，各个实验室重复性试验的不确定度一定要小于再现性试验的不确定度，而且，最好应处于再现性的不确定度的范围之内。再现性的不确定度要显著大于重复性的不确定度，这是因为

$$s_R = \sqrt{s_r^2 + s_L^2} \tag{4-22}$$

式中，s_R为再现性的标准偏差（reproducibility standard deviation）；s_r为实验室内的重复性标准偏差（repeatability standard deviation）；s_L为实验室间的标准偏差（between-laboratory standard deviation）。

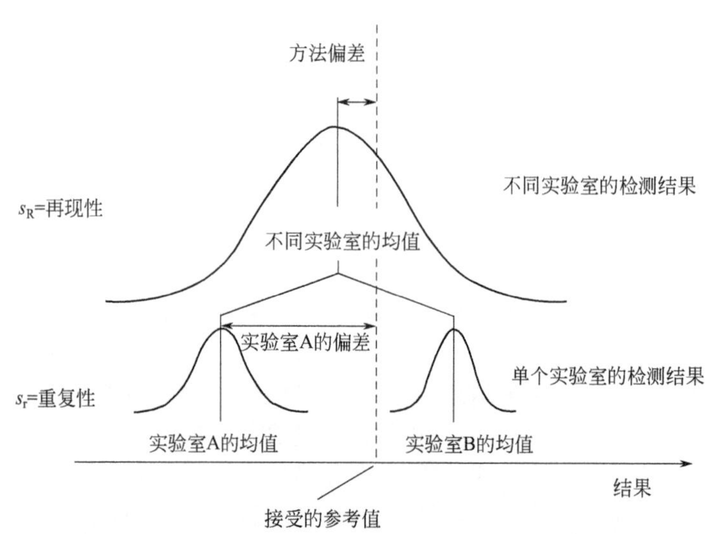

图4-10 一个方法的测试和验证过程中的重现性和再现性，不同实验室的偏差及方法的偏差关系示意图

第二节 量测误差与质量控制

如前所述，分析化学中遇到的化学量测一般与物理中有关长度、质量等的直接测量不同，大都是通过复杂仪器的测量而间接获得，所得数据的解析和化学信息的提取将比物理的直接量测要难得多，所以，在分析化学中，对化学量测误差的分析一直是一个备受重视的问题，此外，又因为分析化学发展的各种分析方法，都得满足社会对分析结果质量的要求，对分析结果的可靠性的要求也越来越高。特别是近年来，随着经济国际化的发展，如果说以前有关化学分析结果主要是来自工业产品的检验需求的话，那么，现在化学分析已完全进入了

国际贸易检测的方方面面，已成为国际贸易交流中一个十分重要的环节和门槛，所以，分析测量中数据的统计特性和质量控制越来越成为一个备受关注的问题。

分析结果的质量控制当然是与化学量测的误差特性密切相关的，所以，有必要在讨论分析结果的质量控制之前对分析化学中量测误差的特性，特别是对一些分析化学中涉及量测误差的特有的基本概念给出必要的说明。下面对这些基本概念给出简要介绍。

一、量测误差与不确定性

现代量测大都在规避传统的有关准确和真实值的概念。传统的这些概念都建立在一个不真实的假设上，即一定存在一个隐藏在量测系统中的真实值，这个值在原则上可通过足够数量和足够认真的测量得到。事实上，不确定性只能描述一范围，在此范围内，测量变量将可被有理由地测出。一个真实值只能被定义，实际上符合定义的有多个数值。因此，对不确定性测量的估计，不是一个备受指责的练习，而是一个刻意设计的过程，通过此过程，可以对各种影响测量的因素加以考虑，以增进对量测结果的理解。因为采用了统计学进行处理，可以很容易区分随机误差与系统误差，随机误差的标准偏差可通过重复测量来测得，而系统误差由于是单边偏差，所以亦可通过测量估计出来。

不确定性与误差是两个很不相同的概念，不能将它们混淆。一般来说，误差（error）是指单个量测值与真实值之间的差值。由于真实值实际是无法得到的，所以，从以上的讨论可知，误差也不可以精确得到。一般来说，误差可分为随机误差和系统误差。

误差本身有正负，测定值大于真值时，误差为正值，表示结果偏高；反之，误差为负值，表示结果偏低。按照误差的基本性质和特性，可分为系统误差、随机误差和过失误差三大类。

（一）随机误差

随机误差（random error），又称偶然误差，是一种由一些不可避免的偶然原因而造成的量测误差，是不可控的，如电噪声和实验室的热效应等，所以，它们是不可预测的误差，想通过自身努力来降低单次测量的随机误差是不可能的。一般来说，随机误差具有以下特点：

① 波动性、可变性、无法避免；

② 符合统计规律：一般都服从正态分布规律，即正误差和负误差出现的概率相等，小误差出现的概率大，大误差出现的概率小。值得指出的是，减小随机误差的方法就是增加平行测定次数。平行测定次数愈多，平均值愈接近真实值。

（二）系统误差

系统误差（systematic error）一般是由某种固定原因产生，在每次测定过程中都会重复出现。这种误差与随机误差不同，它不可通过多次测量来降低，但可通过一定的办法加以校正。例如，在分析化学实验中，经常不加被测物（空白），以确定反应试剂对被检测变量的影响。所以，我们都是先对样本或标准测量所测得的值减去空白值，然后再计算最终结果。如不对样本测量所测得的值减去空白值，就有可能引入系统误差。

系统误差的特点是具有单向性、重复性，理论上可测。一般来说，系统误差可分为以下几类：①方法误差。由于分析方法本身不完善而引起的误差，例如重量分析中沉淀的溶解等。②仪器误差。由于仪器本身不够精密所引起的误差，例如天平两臂不等长，滴定管、容量瓶、移液管的容积不准确等。③试剂不纯引起的误差。由于试剂纯度达不到实验要求所引起的误差，例如试剂不纯、所用去离子水不符合规定等。④操作误差。由于分析人员掌握方法和测定条件的差异而引起的误差，例如对终点的颜色变化程度判断不一致引起的误差。

可以采用以下的方法来消除系统误差：①对照试验，这是检验系统误差的最有效方法。即用已知准确含量的标准实物与被测试样用同样的分析方法进行操作，以便对照；②仪器校正，为保证测量的准确度，仪器使用前必须经过校正；③空白试验，由试剂、器皿和环境引入杂质造成的系统误差，可用空白试验予以减少或消除；④方法校正，某些分析方法的系统误差可用化学分析法直接校正，或改进分析方法。

（三）过失误差

过失误差（gross error）是由于人为操作失误引起的误差。例如器皿不清洁、试剂加错、滴定刻度读错、记录错、算错等引起的误差。这类误差只有通过分析化学实验室的规范管理来加以克服。

二、化学测量中数据特征描述

（一）精密度、偏差和准确度

精密度、偏差和准确度在化学量测不确定性的评价中都是十分重要的概念，在此，我们对它们作必要介绍。

1. 精密度

精密度（precision）是在规定的实验条件下，独立的量测结果之间的吻合度。精密度可告诉我们重复测定的结果将有多靠近。精密度主要展示给我们的是随机误差对重复测定过程的影响程度。精密度一般可用标准偏差（standard deviation，s）或是相对标准偏差（relative standard deviation，RSD）来表示，有时也可采用变异系数来表征（coefficient of variation，CV）。可以说，如果分析工作者的分析过程操作不存在过失误差，那么，分析方法的精密度将主要与随机误差相关，图 4-11 示出了精密度与偏差（参见下一节）关系的示意图，从图中可以看出，偏差反映的是分析结果与目标值的关系，而精密度反映的是独立的量测结果之间的吻合度和相近程度，实际就是一系列量测结果的散布度的度量。分析结果的精密度是表征分析方法优劣的重要指标。

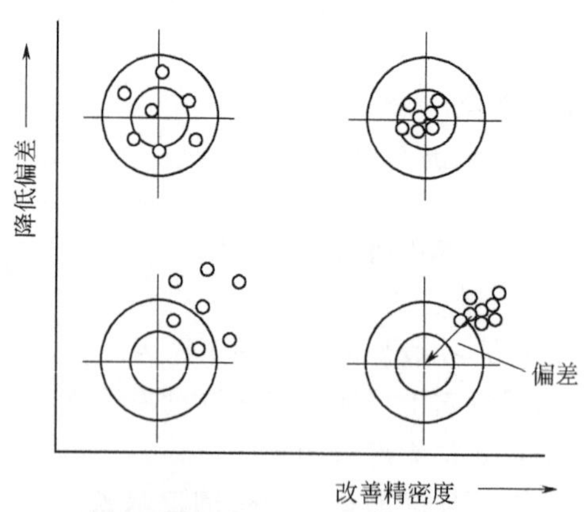

图 4-11 精密度与偏差的关系

此外，对于那些由于不同实验室的分析工作人员的操作和不同分析仪器等方面所带来的分析结果不精密的原因，还可通过改变测量条件对分析方法的精密度进行研究。图 4-12 就示出了改变测量条件对方法精密度的影响，随着分析次数的增加与分析范围的扩大，结果精密度也随之变化。值得提出的是，通过分析次数与分析范围的改变，还可对分析方法的重复性与再现性的改变情况进行估计。

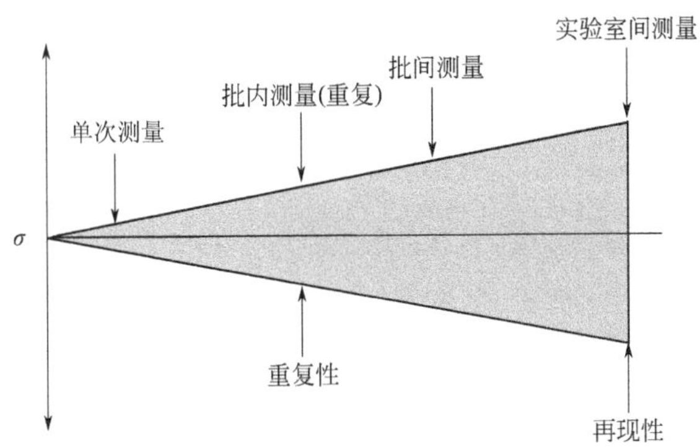

图 4-12 改变测量条件对方法精密度的研究

2. 偏差

偏差（bias）是指一系列被测定物的平均量测值与实验参考标准值之间的差值，其值的大小将与系统误差的大小与方向有关。增加测量的次数可以减少随机效应（提高精度），但系统的影响（偏差）不能被降低，后者必须消除或考虑。偏差可以说是系统误差的一种度量，它表征的是一组特定测量结果的平均值与参考标准值之间的离差程度，而精确度表征的则是一系列量测结果的散布度的度量，即单个测量值与均值的离散程度，而与该均值是否接近真实值无关。

整体偏差通常由若干原因导致。干扰只是测量偏差的一个潜在来源。引起偏差的其他原因包括以下几个方面：基体效应（如酸强度或黏度的变化）可以增强或抑制测量信号；测量设备偏差，如空白信号或非线性；从样品基质中对分析物的不完全回收。因此，存在多种偏差效应的影响，它们既可能是正向的又可能是负向的。有些影响与被分析的样本相关，有些则是与方法相关，一些特别的还可能与工作实验室的条件相关。单个的影响可以单独研究，但一般地应该是用整体偏差作为测量偏差。

测量偏差是通过使用一个被验证的方法，对指定的参考物质进行测量，继而通过比较测量的平均值与标识的参考值来确定。重复测量的次数是分析所需精度，即重复测量的标准偏差（s）和偏差水平（δ）的函数，下面的方程给出了一个有用的近似计算式：

$$n = 13 \times (s/\delta)^2 + 2$$

根据“拇指规则”，至少要有 7 次重复测量才行，这实际是依据偏差约为重复标准偏差的两倍得出的。如果该方法在浓度方面有很大的范围和/或基质类型，我们应该使用一些独立的参考材料覆盖预期的测量范围和样本类型。一个理想的参考物质应该是经认证的参考物质（CRM），是尽量贴近样品的形式、基质组成和分析物浓度的样本。如果匹配的基体标准物质可以容易得到，它们应该被用来评估偏差。但理想的标准物质一般难以找到，所以，采用基质参考物质与“加标实验”（spiking experiments）相结合成为最好的选择。实验涉及在实际样品的分析前后都添加已知量的纯分析物。对于无偏差的方法，两者之间的差异结果必将等于在测量的不确定范围内增加的分析物，如图 4-13 所示。

将加标物加入自然样本中，只有当加标物与样本物质处于平衡时，重量加标方能给出可靠的估计偏差。例如，天然的分析物可以在基质中紧密地结合，而被加标的分析物则可能松散地吸附在样品颗粒表面。此外，平衡可以在高浓度达到，而这样的情况可能不适合痕量水平。虽然如果样品完全溶解，这就不是一个问题，但如果方法必须涉及从固体中提取的话，就可能出现偏差。

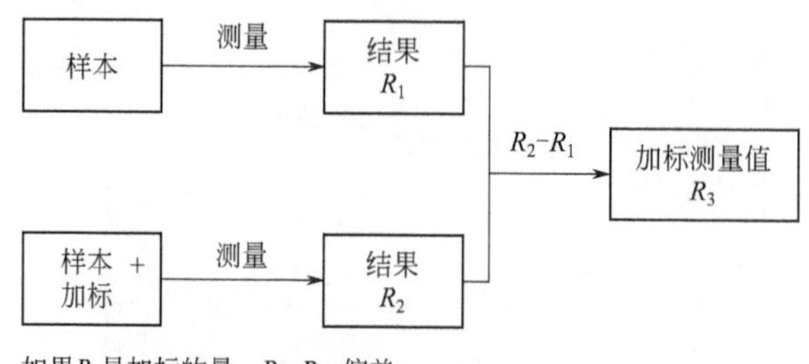

图 4-13 通过加标法评价偏差的示意图

应该确保在加标时基质的组成不改变，而且加入的物质的浓度与分析样品中的分析物的浓度尽量靠近。平衡条件的建立是很重要的，这可以通过将加入的物质与样品尽量多接触（少则为几个小时，多则可以放置一夜）来建立，同时，要注意物质性能的影响，如颗粒大小等。此外，测量偏差也可以通过比较方法来得到。我们可以将所用方法所得结果与一个已知偏差的参考方法的结果来进行比较。这种方法与采用参考物质的方法类似。

3. 准确度

准确度（accuracy）表征的是真实值与量测值之间的吻合程度。准确度是单个测量结果的性质。它告诉我们单个测量结果与真实值的接近程度，所以，它包含了精密度与偏差的两层效应。图 4-14 示出了准确度、精密度与偏差之间的关系。可以看出，在图 4-14（a）和图 4-14（b）中，分析结果的准确度高，没有偏差，在图 4-14（b）中，准确度就比图 4-14（a）较高（量测结果的散布度低），所以，对于每个在图 4-14（b）中的分析结果，其准确度就比图 4-14（a）中的分析结果高。而在图 4-14（c）和图 4-14（d）中，分析结果的偏差都较大，注意到在图 4-14（d）中，分析结果的散布度虽然低，但其准确度并不比图 4-14（c）好，所以，准确度与精密度的概念是有显著差异的。

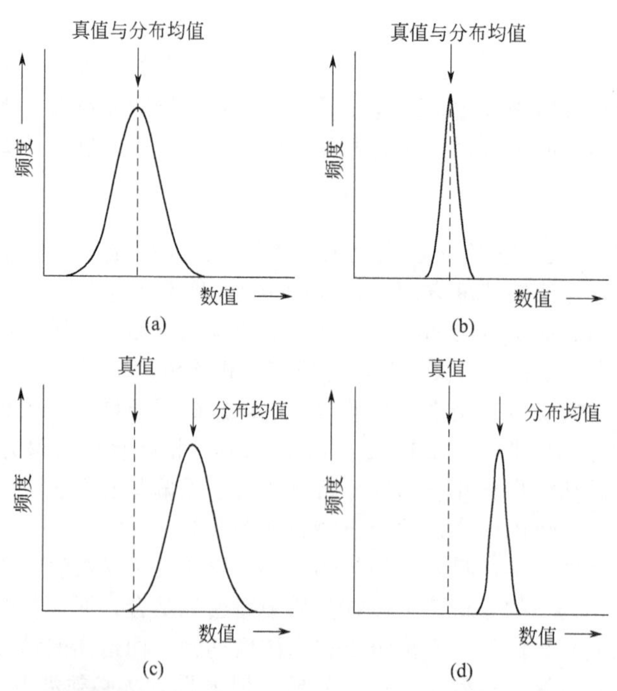

图 4-14 准确度、精密度与偏差之间的关系示意图

（二）重复性与再现性

在此，还要对化学测量中两个重要的概念，即重复性（repeatability）与再现性（reproducibility），进行介绍。这两个概念容易混淆，必须把它们之间的区别搞清楚。实际上，这两个概念都与精密度相关，是反映分析方法结果的量测不确定度程度的概念。重复性是对分析方法短期量测结果的变异程度的表征，它在评价建立符合方法的性能标准时十分有用，但却不能表征分析方法量测结果的长期效应；而再现性则是一个可表征量测结果的长期效应的概念。它通常是通过在不同的实验室、不同的时间和环境的条件下进行同一方法的测量的结果。

一般说来，实验室内再现性（intermediate precision or within-laboratory reproducibility）可由单个实验室的一段时期的分析结果给出表征，而不同实验室间的再现性（inter-laboratory reproducibility）一般都需要进行几个月的测试和研究，由于测量条件变化大，所以，它也必然会产生较大的量测散布度，故它应比重复性大两到三倍。

重复测量的次数越多，对其估计的置信度会越高。但如果已超过 15 次重复样，再继续增加次数效果就不显著了。此外，在进行测量时，需要保证测量实验的独立性，即不相关。所以，一般都要求测量样具有独立性的样本应该被首先称量、溶解及提取出来，这是因为如只采用同一已配好的溶液来进行重复测量，很难满足测量样本具有独立性的要求。最后，需要考虑的是重复测样所需的最小测量次数，一般说来，在 7～15 个独立样本中进行两次（三次更好）测量应该是可以接受的最小测量次数，因为在不同实验室和不同时间所进行的量测亦不易完成。在此，可以说只要测量数据的方差在统计上没有显著性的不同，就可将不同实验室和不同时间所得的量测数据合并起来，共同计算它们的标准偏差[12]。

在此，再进一步强调一下，重复性是指对一给定的测量目标进行一系列的测定结果的变化幅度的一种表征，它们必须是在：①在同一个操作者；②采用同样的测量设备；③在同一个实验室；④在一个特定的时间所进行的测定所得分析结果的产物。而再现性则是指在不同地方对一给定的测量目标，进行一系列的测定结果的变化幅度的一种表征，它们必须是在：①不同的操作者操作；②采用不同的测量设备；③不在同一实验室；④在不同的时间所进行的。

另外，重复性与再现性（方法精密度）还与很多因素（即分析方法操作条件）密切相关，如实验室温度的变化、重复测量的次数、分析基质（化学试剂）的使用等，都会影响分析方法的测量精密度。所以，还有必要对一些有代表性的影响分析方法测量精密度的参数进行测定。

此外，测量精密度（或者是重复性与再现性）还是测量样本浓度的函数。可以这样假设，相对标准偏差（*RSD*）或变异系数（*CV*）在一个较宽的范围为常数，但标准偏差（standard deviation，*SD*）不是这样。表 4-6 示出了样本所含浓度与精密度的关系。从表 4-6 中可以看到，变异系数可接受的水平在不同的浓度测量范围内是不同的。这个情况在图 4-15 中给出了较好的显示[13]。从图 4-15 可以看出，随着浓度的降低，不同实验室变异系数（*CV*）将变得越来越大。此外，也可以用式（4-23）[14]来表征精密度与浓度的关系：

$$s_{\mathrm{R}}=\begin{cases}0.22c & c<1.2\times10^{-7}\\ 0.02c^{0.8495} & 1.2\times10^{-7}\leqslant c\leqslant 0.138\\ 0.01c^{0.5} & c>0.138\end{cases}\tag{4-23}$$

式中，s_{R}表示再现性的标准偏差（reproducibility standard deviation）。

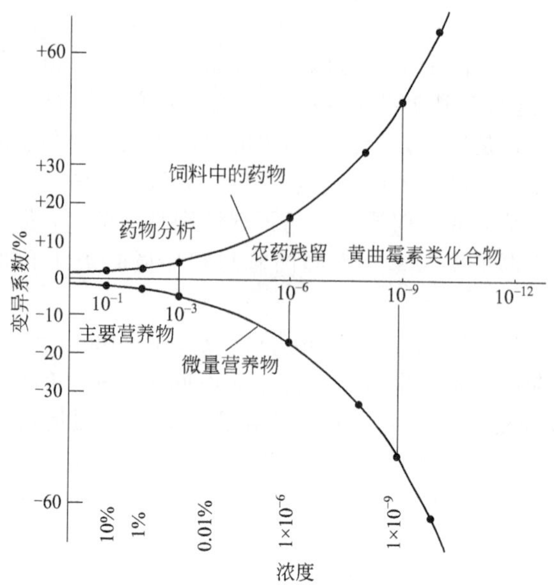

图 4-15 采用式 $s_R=0.02c^{0.8495}$ 计算所得的再现性的标准偏差与浓度关系示意图

表 4-6 样本所含浓度水平与精密度（再现性）的关系

含量/(μg/kg)	CV/%	含量/(μg/kg)	CV/%
1	(45.3)①	100	23
10	(32)①	1000	16

① 浓度低于 100μg/kg 时，方程（4-23）的估算值将变得不可接受得高。

三、化学测量的质量保证与质量控制

化学测量的质量保证与质量控制看起来像一个技术问题，但实际上此问题涉及面是很广泛的，在很多方面都与管理有关。在此，只从分析化学的技术角度出发来对此进行讨论，必要时也将介绍一些必要的质量控制中所需的管理组织与程序。

（一）质量管理系统、质量保证与质量控制

在讨论质量管理系统、质量保证与质量控制这三个重要概念之前，有必要对质量的定义给出必要介绍。实际上，要给质量下一个严格的科学定义并不容易，所以在实际工作中它存在多个不同的定义。下面列出了几个常用的定义：

- 给予用户的一个产品或者是服务，这种服务需满足用户的特殊要求并能及时给出。
- 满足客户的需求。
- 符合特殊目的的服务。

国际标准化组织（International Organization for Standardization，ISO）给出的质量的定义是：

- 一种产品或服务的整体性特征，它能满足规定或隐含的需求（ISO 1994）。
- 一组包含固有“特性”和满足“要求”的服务（ISO 2005），“特性”是区别的特点，“要求”是已陈述的需要或期望，一般是隐含的或强制性的。

很明显，质量就是要满足客户的需求。有了这样的了解，下面就对质量管理系统、质量保证与质量控制这三个重要概念给出介绍。

一个质量管理系统（quality management system）实际包括了一整套相关程序和责任，

并有专门的组织将所有化学量测所需的仪器设备、资源及工作人员组织在一起，以达到有效率地进行各类所需工作。而且，一个质量管理系统还必须得到国家或国际的正式承认和审查（计），也必须是建立在国际公认的标准之上的组织。这样，才能真正满足各种用户和各类国际相应组织的需求。一个较好的质量管理系统，对很多方面都得加以关注，如质量政策的陈述、实验室的总体管理和组织、角色与责任、质量控制过程、文件控制与报告、审查与审计、评价与转包等。所以，一个质量管理系统实际是一个要求十分全面的、足以面对和满足客户各种需求的一个完整系统。如简要地从技术上说，质量管理系统还应该是质量管理、质量控制和质量保证的一个组合体。质量控制和质量保证应该是一个实验室管理系统的两个重要元素。一般说来，质量控制和质量保证是两个很容易混淆的概念，而且它们还是相互交织与相互相关的。有关它们的定义可在国际标准组织（International Organization for Standardization，ISO）的标准中找到[15]。

质量保证（quality assurance）是质量管理系统的一部分，主要为质量管理系统提供质量需求可以完成的信心。质量保证所能做的一切都要在质量管理系统中很好地规划好并系统协调地完成，另外，它们还需要被展示出来，以达到可为完成质量要求的分析服务提供恰当的证据和信心。所以，实际上质量保证还应该包括必需的组织上的基础设施，它可以支持全部可靠的分析测量。质量保证包含一系列的活动，包括人员培训、建立记录、实验室环境建设、存储设备以保证样本、试剂和溶液的总体性保存、分析仪器的校准、使用和技术效验及各种文档的保存与发送等。

质量控制（quality control）也是质量管理的一部分，主要为完成质量需求提供信心，如为完成和校验质量要求提供的空白样分析、标准样分析。质量控制分为两种，即内部质量控制（internal quality control）和外部质量控制（external quality control），内部质量控制为实验室管理提供信心，而外部质量控制则是为顾客提供信心。

内部质量控制是由实验室工作人员进行量测操作以保证为质量控制提供证据和维持实验室系统提供可接受的满意分析量测结果的提供保证。而外部质量控制则主要为验证不同实验室的量测是否一致和可靠，以及为可比较性提供证据。实验室正式或非正式参加的各项实验室之间的比较就是完成此任务。正式的实验室之间的比较被称为能力验证测试（proficiency testing，PT）。

（二）不同的质量标准与它们的主要特征

不同的国家和国际组织都发展了自己的质量标准。一般来说，对分析化学实验室的要求是随其规模、类型和其分析目的而变化的。所以，不同实验室也将有其不同的具体标准。

国际标准公布的质量管理系统（the international standard，ISO 9001：2000，quality management systems）就是一个整体标准，它可应用于所有类型的无论大小的组织[16]。此标准主要解释了质量管理系统组织的所需要求：①需要具有可提供满足用户和各种规范要求的一致性的服务能力；②通过有效地运用该系统达到提高客户满意度的目标，包括不断地改善该系统以保证符合用户和各种规范要求的各项过程。如果该组织可满足上述要求，它应该去寻求第三方来给以鉴定证书。鉴定论证将是一个过程，该过程应由一个外部的、独立的审计组织（第三方）为一个产品、过程或服务给出书面的保证，说明该组织可以保证达到所需的各种特殊要求[17]。独立的审计组织第三方证书，如在英国，可由英联邦标准（BSI British standards）、联合王国的国家标准（UK national standards body）给出，如对国际而言，则可由英联邦管理系统或劳埃德质量保证注册公司（BSI management systems or lloyds register of quality assurance）给出。此标准不检查组织之间的竞争，但主要关注质量过程的控制。

另一个国际标准（ISO/IEC 17025：2005，general requirements），是为测试和校正（校准）的竞争所制定的，更具体明确[18]。这些标准可应用于所有实验室的测试和校正（校准），包括实验室和人员的竞争。寻求此标准资质论证的实验室都必须发展他们的实验室的质量管理系统，以保证他们的行政和技术操作皆可满足该标准的要求。资质论证是一个相对正式的过程，而且此过程还必须有相关权威机构来执行，这些权威机构须有可授予实验室进行多项竞争的资质才行[19]。资质论证应包括一些管理条目，即处理该标准中的行政和质量条款。虽然资质论证是一个具有灵活性的范围过程，但它通常应该是由分析物、基质和方法构成的特殊组合。有关完成和管理资质论证的范围和过程的指导，可参考国际实验室资质论证合作（International Laboratory Accreditation Cooperation，ILAC G18）[20]及一些国家的资质论证组织，如 UKAS LAB 39 [21]。国家的资质论证组织通常可以对国内的实验室进行资质论证。联合王国资质论证服务局（The United Kingdom Accreditation Service，UKAS）就是这样一个组织。

涉及医药学的实验室的资质论证将有些特殊要求，它们将体现在医药学实验室的质量和竞争的特殊要求之中（ISO 15189：2003，medical laboratories-particular requirements for quality and competence）[22]。

（三）分析过程的质量控制

分析工作是一个相对流程较长的过程，它涉及到方法的选择与校验、分析实际过程、结果的统计分析与处理、分析报告的给出等。所以，它的质量控制涉及面也是很广泛的，就像图 4-16 示出的分析测量中的质量控制的情况。而且，在分析工作的几个阶段中，它们还相互联系、相互牵制。分析过程的每一步都需涉及不同的测量，其中包括采用一些有证标准物质（CRM），目的主要是用来确证单个或一组分析结果是否合格。根据不同的应用，质量控制的方法也将各不相同。

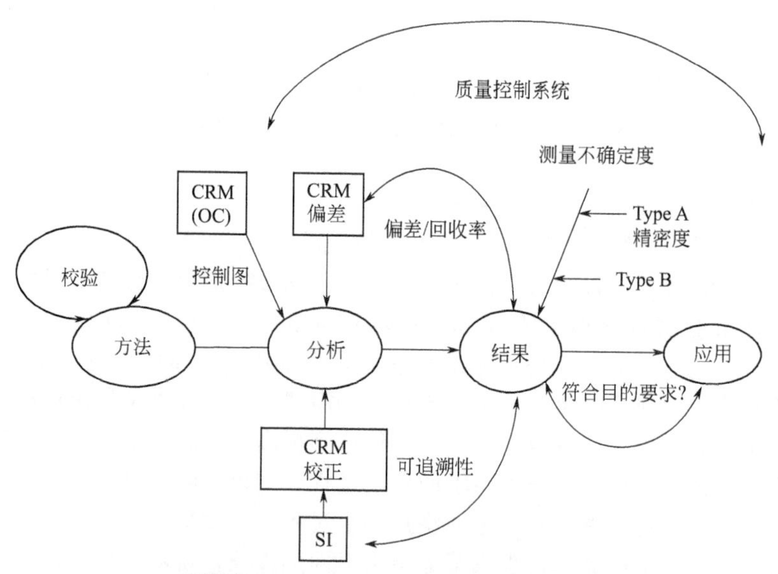

图 4-16 分析测量中的质量控制示意图

就分析过程全流程来看，它涉及方法的选择与校验、分析实际过程、结果的统计分析与处理、分析报告的给出这四个步骤，每个步骤都有其质量控制的关注点，如前面讨论过的不确定度的确定与溯源，就在可应用于分析方法的验证之中。至于在此图中有关方法的选择与校验部分，即分析过程中的质量控制部分，将在本章逐步展开。

下面将以一个具体分析实例来说明如何进行分析过程的质量保证与控制。如需对一基础营养片剂粉末中的碘含量进行测定，主要是需分离出碘，然后采用已知浓度的硫代硫酸钠溶液对其进行滴定，其终点指示剂为淀粉。

为保证分析质量和分析结果的可靠性，以下的一些测量必须加以考虑：

① 采用适当的化学标准物质，来进行硫代硫酸钠溶液的标准化，以保证其浓度可靠，是一个值得关注之点。

② 试剂空白的滴定——即对无碘存在的所用化学试剂基质进行滴定，以检查其是否含碘。通过这一检查，就可以知道在样本基质中除碘之外是否还有别的物质会与硫代硫酸钠发生反应。

③ 对含已知浓度碘的样本进行滴定，看回收率是否能达到100%。

④ 重复测量两份或更多份样以确定分析结果的相合性或精密度。

当然，如果要真实地控制好某一分析过程的质量，还得仔细考虑此分析工作的目的。一般说来，对上一问题至少必须做到：

- 测量空白。
- 测量质量控制样本。
- 测量重复样本。
- 测量空白样本。
- 测量化学标准样本。

以下将对此作出较为详细的介绍。

(1) 空白实验　空白实验是一种方法，它所测得的信号并非来自于我们所关心的样本中的特征信号。空白实验的组成最好能尽可能接近待测样的组成，只是没有待分析物存在，比如，用硝酸溶解一个样本，这样就可以采用原子吸收光谱来测定其中的微量铜和镍的含量。如果所用的酸有可能含有微量铜或镍，此时，设计一个合理的空白实验就十分必要了，它可测定出在没有样本存在时溶解在酸中微量铜和镍的含量。一个含有所有在分析中用到的化学试剂，但不含样本的空白实验，在分析化学中称为试剂空白分析（reagent blank analysis）。有时也可将其称为试剂基质实验。这是分析化学中进行质量控制的一个重要手段。

(2) 质量控制样本　质量控制样本也可用作为一种研究方法，它可对一特殊分析在批次内或批次间的变异程度进行研究。一个质量控制样本是一种物质，它由第三方或专门特殊制作而成，其特点就是：这些样本是稳定的，均匀同质且可大量得到。这样，它们可以较长时间用到分析过程中，以控制分析的连续性。它也可以参考化学物质，它的稳定和均匀同质必须保证，使得我们可以肯定在此过程，如出现变异，就必然是来自分析方法或仪器，而不是来自样本的组成。对于质量控制样本的分析过程的监测一般可由质量控制图来表征（下面将给予讨论）。这种图可以展示测量系统的统计状态，即它是否一直处于可控状态还是有迹象表明它正在脱离控制状态或者是已经失去控制？如果方法已脱离统计控制状态，质量控制样本就不可再应用，必须找到脱离控制产生的理由。

(3) 重复样本与重复测量　重复样本提供了一个对通常质量控制样本而言，非正式的检测方法。在分析过程中，样本可以单次也可多次分析。一般来说，重复样本就是一般的样本，它们可以在同批样本中重复，也可在不同批次重复。两次测量的结果可以为我们能否接受该变异是在可接受范围之内提供有用信息。如果变异大于此界限，如变异大于该方法的重复性，就说明在此分析系统中一定存在着某种没被发现的缺陷（fault）。所以重复测量也是一种可用的质量控制手段。重复性的标准偏差（s_r）可以被用来检测一种方法在正常操作的情况下的重复性。就其本身而言，重复性对于量测不确定度的估计来说并不是一个完整的基础，因为它忽略了由单一实验室所产生的测量偏差的很多效果。然而，从质量控制数据获得的多个实验室的精密度，能够被用来获得一个测量不确定度的估计值。

如果将独立观测的算术平均值作为测量结果，那么此平均值的标准偏差将是由标准偏差除以测量次数的平方根来决定，即

$$u(\overline{x})=\frac{s_{\mathrm{r}}}{\sqrt{n}} \tag{4-24}$$

式（4-24）说明，如果对一个样本进行多次重复测量，将有可能降低其标准偏差，次数越多降低效应将越明显。如何来理解这一统计学的结论呢？图 4-17 示出了一个多次重复测量可以降低均值不确定度的实例。左边的子图显示了重复测量 3 次的均值的散布度，而右边的子图显示的是重复测量 19 次的均值的散布度，从图可以看出，通过 19 次的测量，它们的均值散布度得到了明显的缩小。

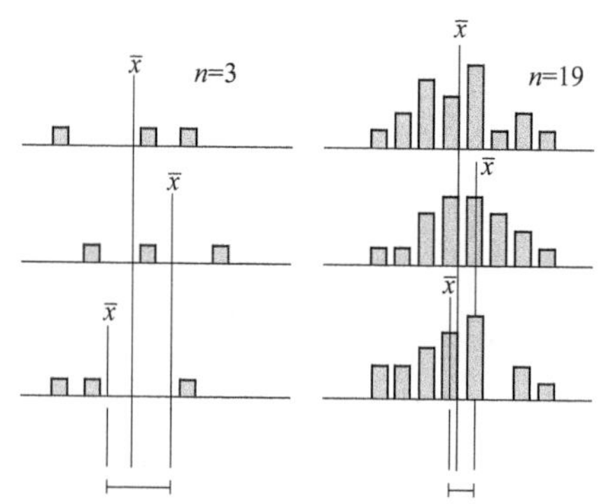

图 4-17 多次重复测量可降低均值不确定度的实例

(4) 盲样　盲样是一种样本，它是被加入测量批次之中而不为测量者所知的样本。它也可以是一种测量者知道的盲样，但分析者并不知其测量正确结果的样本。值得指出的是，盲样是分析化学中一种常用的质量控制手段。盲样可由客户给出，主要用来检测一个实验室的能力，也可由管理者给出，为一种特殊目的进行设计。从盲样所获得的结果同样可以像使用重复样结果那样，如客户或管理者可要求实验室对盲样进行重复分析，以检测实验室的测量重复性是否符合要求，也可用它来检测其结果是否落在可接受范围等。

(5) 化学标准品　在化学分析中化学标样有两个用途。首先，它们可以被用来确认分析仪器是否工作正常，有时也把此称为系统适用性检查。此类检测不涉及特殊样本的需求，所以，严格说来，这还只是质量保证而不是质量控制。此外，化学标准品可以用于仪器的校正响应，亦可用作标准品，它们既可用作为外标（external standardization），亦可用作于内标（internal standardization）使用。另外，以加标的方法所得的加标样，亦可在多种不同的场合中使用，以达到分析过程中的质量控制。

（四）质量控制图

如前所述，可以采用质量控制样本分析来进行质量控制，这是因为通过这样的质量控制样本分析，分析工作者可对一个量测系统进行一段时期的监控。这将产生大量的数据，而且，利用这些数据可以解释很多有关分析系统的特性。使这些数据容易被解释的一个工具就是控制图（control charts）。当系统接近失去控制时，可以通过在图上定义的警戒限

(warning limit）来作为“闹钟”警示我们。控制图实际就是一个很简单的图，它将一段时序测量的数据，比如将质量控制样本分析结果相应值画出来，这样，就可很容易地从数据波动看到测量系统的波动了。在此，将对控制图的界限及其相应的统计意义给出必要的说明，并对它们的一些简单应用给出解释，如读者对其细节感兴趣，还可以参阅文献［23～27］。

众所周知，如果对一个量测系统进行连续测量，所得数据应该主要是反映该测量系统的自然的随机波动的信息。这些结果将产生一个均值，其余数值都是围绕此值进行着一个符合正态分布的系统波动。如图 4-2 所示，在均值±2 个标准偏差的区间包括了 95％的置信度，而在均值±3 个标准偏差的区间包括了 99.7％的置信度。所以，对于服从正态分布的数据来说，数据落在均值±2 个标准偏差的区间之外的概率只有 5％，数据落在均值±3 个标准偏差的区间之外的概率只有 0.3％，如果这样的事情发生了，就说明发生了不应该发生的小概率事件，说明该测量系统发生了变化，已脱离了质量控制。而采用质量控制图就是要使这样的变化容易被发现，以保证测量系统的正常运行。

1. Shewhart 图

Shewhart 图是一种很简单的质量控制图。它主要用来控制分析过程的日常变化。通过检测质量控制样本的变化或标准差来做到整个分析系统的质量控制。通过测量值对时间或连续测量作图，就可得到很多十分有用的信息。质量控制样本是其最常用的分析样本，这些样本的特性就是它们的组成稳定且均匀同质。在进行批次样本的测量过程中，这些质量控制样本在适当的时间段被分析并记录着，只要质量控制样本的测量变化程度是可被接受的，就有理由相信该分析测量系统对别的样本的分析结果同样是可以接受的。然而，凭什么来决定分析结果可被接受和不可被接受呢？这主要依据前述的统计理论来进行。首先，质量控制样本被进行多次测量，以模拟日常测定的实际情况。这些数据就可用来得到质量控制样本的平均值或均值以及与之相连的标准差。在 Shewhart 图中，均值被频繁地作为一个目标值，而标准差数据则被用来定义警戒限和上（下）限［或上（下）行动限］。一旦 Shewhart 图构建好，日常的质量控制样本的分析结果就将记录到图上，主要用于检测该量测系统是否存在漂移（drift）或其分析结果是否落在警戒限和上（下）限［或上（下）行动限］以外。就如在图 4-18 中所示出的四种不同的状态那样，可以看到：子图（a）中的数据点正常变动；子图（b）中的数据点与目标值存在一个偏移；子图（c）中的数据点逐渐漂移；子图（d）中的数据点存在一个跳跃。为使绘图容易只在子图（a）中保留了警戒限和上（下）限。

上下警戒限的建立主要是由 $\overline{x}\pm2$ 个标准偏差来建立的，而上（下）限［上（下）行动限］则是由 $\overline{x}\pm3$ 个标准偏差来建立的。也就是说，根据统计学中的规则，在 1000 次的测量中大概会有 3 次数据点将落在上（下）限之外，而在 20 次的测量中大概会有 1 次数据点将落在上下警戒限之外。如果在每次测量中是使用两次或三次测定的均值为一个数据点，则相应的警戒限和上（下）限确定需采用均值的标准差来定才行。

如何有效地使用此质量控制图是一个很重要的问题，可以说，如果有数据点落在了上下限之外，应该采取行动，而如果有数据点落出了警戒限，就必须对系统发出警报。具体说来，如果发生了以下这三种情况，将表明此时本测量系统一定发生了什么，应该采取相应的措施才行：

① 连续 3 个数据点超出警戒限但还都在行动限之内。

② 连续 2 个数据点超出警戒限但还都在行动限单边之内。

③ 连续 10 个点偏向均值的单边。

有关更多的 Shewhart 图的一些规则，ISO 8258：1991 给出了更为详细的说明以识别数据中的不正常情况[23]。

2. 移动平均图

Shewhart 图存在一个缺点，就是对于逐渐或步进的变化有时不易表达出来。这样，一个与其稍微不同，名为移动平均图（moving average chart）的质量控制图被提出，为这个问题的解决提供了新方法。该法的基本思路十分简单，它就是通过将陆续测量的点（一般取 4 点）进行平均，并不断向后移动，将所得均值点在图上画出。下就以图 4-18 中的（d）图所示的数据点为例来加以具体说明。首先对图中的 1，2，3，4 点进行均值计算，得到移动平均图的第一点，然后再对图中的 2，3，4，5 点进行均值计算，得到移动平均图的第二点，如此不断计算，直到（d）图的最后的四个点的均值计算完成，作为移动平均图的最后一点。此结果示于图 4-19 中。

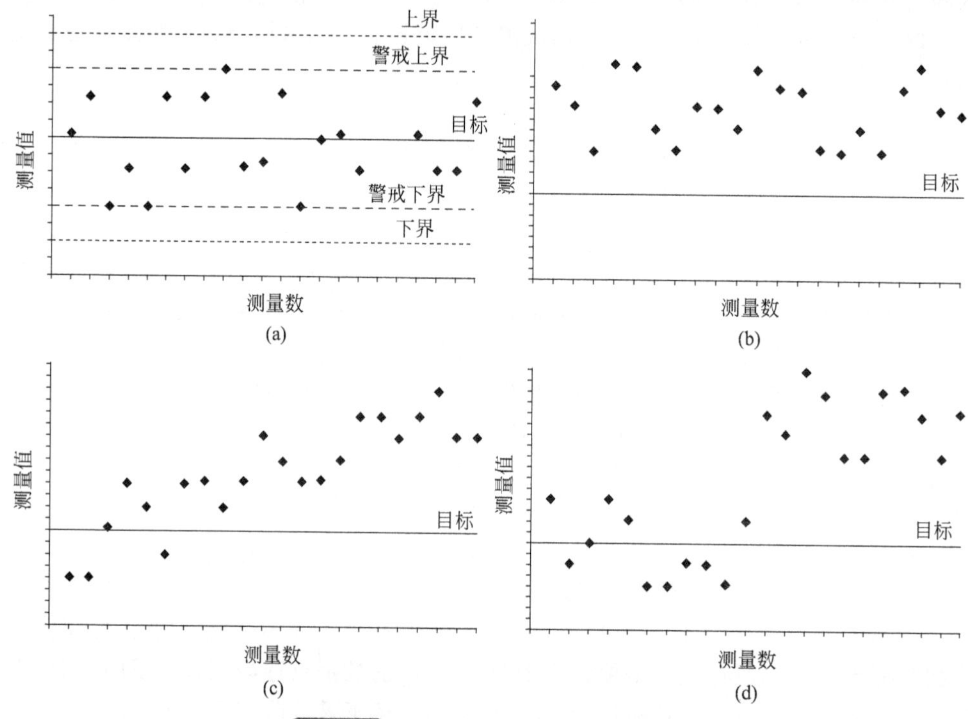

图 4-18 分析过程中四种不同的状态

（a）数据点正常变动；（b）数据点与目标值存在一个偏移；（c）数据点逐渐漂移；（d）数据点存在一个跳跃

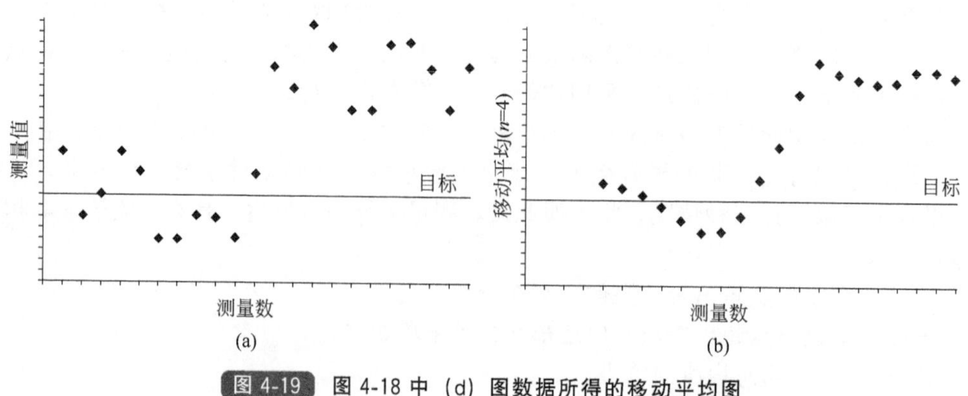

图 4-19 图 4-18 中（d）图数据所得的移动平均图

（a）Shewhart 图的结果；（b）每四个点进行一次平均的移动平均图

从图 4-19 可以看出，图（b）比图（a）所示的变化趋势情况明晰得多。对于图（a），变化趋势需要看到第 12 或第 13 次的测量才有些体现，而图（b）所示的变化趋势在第 10 个点时就很清楚了。值得指出的是，移动平均图所显示的结果是参入平均的点数 n 的函数，一般说来，n 越大即点数越多，则所显示的变化趋势越平滑（或平稳），但其反映的变化趋势也将后移，故应存在一个平衡，可根据实际情况具体确定，但大多是取 4。另外，就像 Shewhart 图一样，如果在每次测量中使用多次测定的均值为一个数据点，则相应的警戒限和上（下）限确定需采用均值的标准差来定才行。

3. CUSUM 图

因为采用了全部数据，所以 CUSUM 图是检测在均值中是否发生了微小变化的最好方法。考虑到在一个分析过程中，存在着一个目标值 T。对于每一个新的测量，计算它与 T 的差值并将其加入不断增加的总值，而且将此不断增加的总值对相继测量点作图（CUSUM 就是累计和的略写）。试想如果此测量系统中所测的均值与建立的均值或目标值接近，那么，CUSUM 图中的梯度接近于零，一个正梯度值则表示此测量系统测得的均值大于目标值，但一个负梯度值则表示此测量系统测得的均值小于目标值。

图 4-20 示出了从图 4-18（d）和（c）的结果计算所得的 CUSUM 图。从图 4-20（a）[由图 4-18（d）结果所得] 可以看到，此图的梯度有一个明显的转折变化，而且其变化梯度是持续的，像一条向上直线。而从图 4-20（b）[由图 4-18（c）结果所得] 看到的是一条逐步变化的曲线，说明测量系统一直都在变化，反映了漂移的特性。

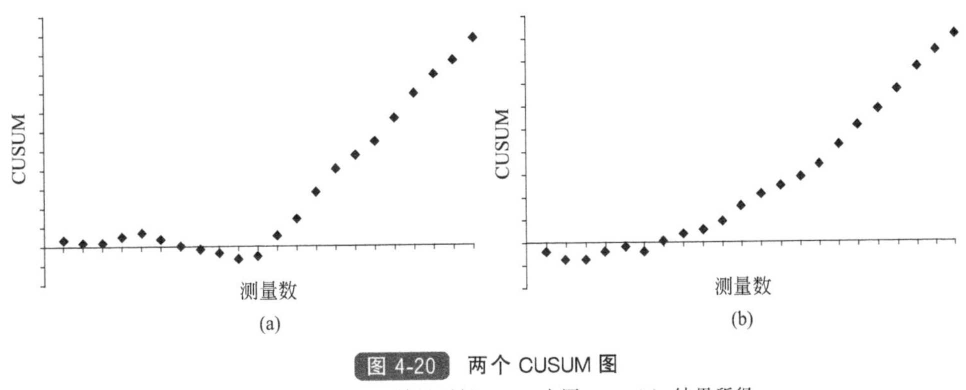

图 4-20 两个 CUSUM 图

（a）由图 4-18（d）结果所得；（b）由图 4-18（c）结果所得

注意对于 CUSUM 图，通常用的警戒限和行动限都无法应用于回答图中数据是否还在可控范围，它需要采用一个命名为 V-面具（V-mask）的新手段。图 4-21 示出了这样的解释 CUSUM 图的 V-面具。从图 4-21（a）中可以看到，此 V-面具以与 x 轴平行又与“d”线平行的直线为中线，此线的端点与一个数据点相连，然后检查其左面所括入的所有数据点是否落入 V-面具之中；图 4-21（b）示出了一个如何使用 V-面具来解释 CUSUM 图中数据的实例。在子图（b）中可以看到两个 V-面具，一个为 A 点 V-面具，一个为 B 点 V-面具。从 A 点 V-面具中可以看到，前面所有测量的数据点都落入 A 点 V-面具的两臂之中，说明此时该分析系统还完全处于可控范围之中；而对于 B 点的 V-面具，就可发现已有几个点落入两臂之外了，说明测量到这几个点时，该分析系统已处于可控范围之外，出现了问题。

因 CUSUM 图是使用 V-面具的两臂来进行质量控制，所以，V-面具的两臂的长度和角度 θ 大小的选择就得认真，目标就是如果分析系统发生意外（如分析结果偏离了目标值时），识别要快，但也需避免不必要的过多警告。因为 x 轴和 y 轴的标度对 d 和 θ 有影响，所以它们都需进行标度化。x 轴需以一个单位为其划分；如果测量是单次进行的话，y 轴的基本划分则需以 2σ（在此，σ 是总体分布的标准偏差或是通过样本标准偏差得到的一个估计）为其单位。如果在每次测量中使用多次测定的均值为一个数据点，则相应需采用均值的标准差，即 $2\sigma/\sqrt{n}$，来定才行。

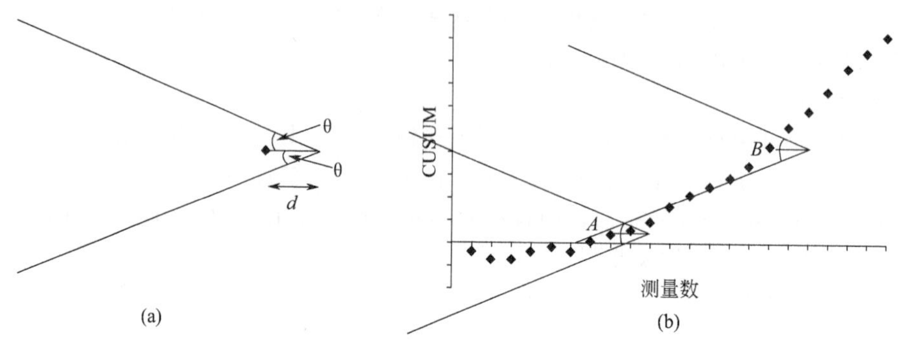

图 4-21 （a）解释 CUSUM 图的 V-面具；（b）V-面具解释 CUSUM 图的实例

对于 V-面具的维度，一般是根据已有历史数据，采用试错方法来进行。目标就是通过它尽早诊断出需引起注意的警戒点。在实际应用中，需像构建 Shewhart 图得到警戒限和行动限那样，采用相同的统计理论来构建 V-面具。

如果还没有历史数据，可先以横轴的单位为单位，取 $d=2$，$\theta\approx 22°$，V-面具的臂长取 12 个横轴单位。这样，数据点落入 V-面具的两臂之中，说明它们在质量控制之中，反之，如果存在落到 V-面具的两臂之外的数据点，就说明分析系统已处于可控范围之外了。

4. 极差控制图

在前面讨论的几个图大都是用来诊断一个分析测量系统的偏差，即对目标质量控制样本的偏移程度，就像在图 4-18 中的（b）、（c）和（d）子图所示的那几种情况。实际上，如果能对一个分析测量系统的精密度进行控制也是十分有用的，实因如果一个分析测量系统的精密度很差，在质量控制中也是不可接受的。极差控制图（range charts）就是这样一种可对分析测量系统的精密度进行控制的手段。如果样本在每批测试样本中被独立地分析了两次或三次，对每次的重复测量，可计算出它们的变化范围（如其中的最大值与最小值之差）。将它们依次画在图上，就可得如图 4-22 示出的极差控制图。就像 Shewhart 图的构建，控制限亦可加于极差控制图上。首先，均值范围可画在图上，下限和上限可通过将均值范围值乘上一个由表 4-7 给出的数值而得。当然，被乘值是依赖于测量次数的。

图 4-22 示出了带有上下限的极差控制图。在这个例子里，每批测试样本都包含了测量了四次的质量控制样本，四次测量的质量控制样本的变动范围被计算并被相继画在图上，均值范围值为 2.7。由于 $n=4$，下限置于 0，上限则为 $2.282\times 2.7=6.2$。

表 4-7 下限置于 0 的极差控制图的均值范围值的上界乘数

重复测量次数(n)	上界	重复测量次数(n)	上界
2	3.267	4	2.282
3	2.574	5	2.114

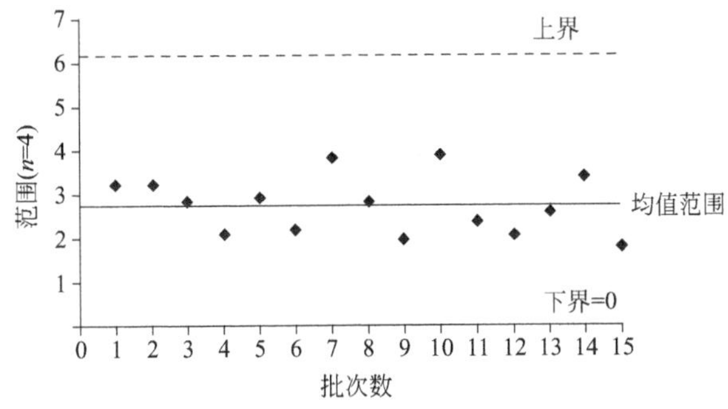

图 4-22　带有上下限的极差控制图（range charts）

第三节　分析方法的品质因数及校验方法

为描述一个分析方法，品质因数（figures of merit）是一些很有用的、表征方法特性的关键性能参数，这些品质因数不但在方法选择中起到重要作用，可为人们选择方法提供依据，而且，在对分析方法进行校验时，它们大都是备受关注的有关方法的关键性能参数。

常用的有关分析方法的品质因数，包括方法的选择性、灵敏度、精密度、检测下限、定量限、偏差、测量不确定度、线性范围、工作范围和方法耐受性等。图 4-23 示出了一个分析方法的校正曲线，在这校正曲线之中就包含了某些重要的有关分析方法的关键性能参数，如灵敏度、检测下限、定量限、线性范围、工作范围，如果还能将工作校正曲线每个点的具体浓度位置和测量不确定度表达出来，那么，诸如精密度、测量不确定度亦可表达出来。

因对于方法的品质因数，部分如偏差、测量不确定度，已在前几节给出了介绍，本节将对部分还未提及的分析方法的品质因数及分析方法的校验给出介绍。此外，对分析方法的可追溯性也给予必要的讨论。

一、部分分析方法的品质因数

1. 灵敏度（sensitivity）

灵敏度是测量仪器响应对浓度变化的变化率，也即校准曲线的斜率。显然，灵敏度越大，该方法就可以分辨在类似浓度之间，一个小的浓度差异，将导致在观察到的反应中有很大的差异。灵敏度有可能在浓度改变时也发生改变，如图 4-23 所示，但校准图往往在很宽的浓度范围内是线性的。

2. 选择性（selectivity）

在方法开发过程中，该方法是否能够完成对感兴趣分析物的测量。然而，方法验证的部分目标就是要验证，这分析物是否为其唯一可测的实际分析物测量。在一定程度上，该方法可以明确地检测和定量分析混合物中的特殊的分析物，而不受混合物中其他成分的干扰，这被称为方法的选择性或特异性。在一些领域测量的术语选择性或特异性经常交替使用，但这可能造成混乱，故应选择在分析化学中建议使用的术语。根据给定的条件，在有类似行为的化学成分存在的情况下，一个特定的方法可以用来确定地分析测量物程度就是此法的选择性[28]。选择性将通过测量分析物的一个独特的属性，如在一个特定波长，可将样品中的分析物从其他物质中分离出来。

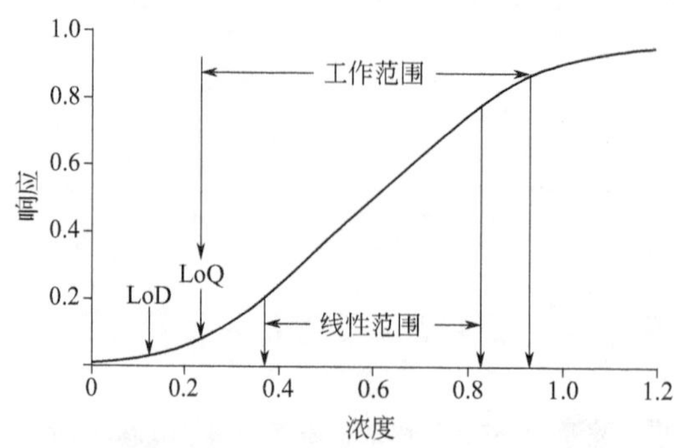

图 4-23 某些关键性能参数的示意图

如果在方法开发过程中没有得到充分的解决，对从纯测量标准分析样品的选择性的研究，既可通过对添加了潜在干扰物的纯分析物的分析来进行，亦可通过测定已知组成的混合物，看是否能得到相匹配的真实样本组成。当然，严重的干扰需要被消除，但轻微的影响应该是可以忽略的，这个忽略包括了方法偏差及其相关的不确定度。

对于复杂的样本类型，如果对方法能否明确地识别和测量感兴趣的分析物有任何疑问的话，可使用紧密匹配的基质参考物质，或是使用另一种验证方法来对样本进行测量。

3. 线性范围和工作范围

确定方法的线性范围和工作范围可通过检查具有不同分析物浓度的样品，通过测定其浓度的变化和测量不确定度，即可得到可接受的校正线性范围。线性也可通过视觉检查来进行。校正响应曲线不完全是线性的也同样可成为一种可用的分析方法。在此，所需的是有关响应对浓度的方程，即所谓的校正函数。工作范围就是指落入该区域的分析结果是可接受的，并具有相应的可接受的不确定度，而且工作范围可以大于线性范围。正如图 4-23 所示，工作范围的下端就是定量限（limit of quantitation，LoQ），定义的上端用点则表示此时即使有浓度的变化，响应也不再改变了。线性范围可能随基质类型变化而改变，因此，它可能需要用不同样本类型来进行检查才行。

4. 检测限（limit of detection，LoD）

国际纯粹与应用化学联合会（IUPAC）建议的检测限定义[29]认为，以浓度 C_L 或物理量 q_L 表述的检测限，是由给定的分析方法能以一定的准确度检出的最小测度 x_L 导出的。这一概念后被简化为“检测限是给定分析方法能可靠地检出的最低浓度”（美国化学会）[30]，如图 4-23 中所示。有几种方法可来估计检测限（LoD）值。它既可通过重复分析的空白测试来获得，也可通过含有少量的分析物的试验获得。如测得 3 次空白信号后，再取 3 个准偏差（$3s_{bl}$），说明在空白的正常测量中是不可能发生的小概率事件，可作为 LoD 的近似估计。值得指出的是，标准偏差应从大量的空白或对低浓度的加入参考物的样本测量而得才行。

英国水行业使用 $\text{LoD}=2\sqrt{2}ts_w$，其中 s_w 为批内空白测量结果的标准偏差，而 t 则是服从学生统计分布的标准偏差的自由度[31]。它大约为 $4.65s_w$，比 s_w 的 3 倍要大些。在方法验证期间，获得 LoD 主要应该针对“满足分析方法的目标”来进行，而且使用过程中还应定期检查方法，以确保不受基线变化的影响。

在此，有必要提出，仪器检测下限（instrument detection limit，IDL）是一种仪器参数和最低浓度测量结果在仪器的响应。这可以从测量纯分析物获得。与此相反，方法检出限

(method detection limit, MDL)，则是像 LoD 一样，是基于空白的实际样品的测量而获得或是通过在方法测量所需基质中加入分析物而获得。另外，仪器检测下限也可通过仪器的信噪比来进行估计，一般都要求大于噪声水平的三倍。注意，在这种情况下，所获得的数值的量纲必须转换为浓度单位。

对于检测下限，即用于检测分析物存在或不存在的测试，此阈值应该就是可以检测到的浓度。这可以通过设计一系列对不同浓度的样本的重复测量来完成。通过对这些数据的分析，即可建立可靠的检测之间的分界点（cut-off point）。表 4-8 示出了这样一个例子。这个例子所用的重复测量次数为 10 次。从表 4-8 可以看出，此例的检测下限应该定在 100μg/g，这是因为低于 100μg/g 的样本，假阳性结果已在 10 次中占了 5 次。

表 4-8 对不同浓度水平的 10 次分析的响应

浓度/(μg/g)	正响应/负响应	浓度/(μg/g)	正响应/负响应
200	10/0	50	1/9
100	10/0	25	0/10
75	5/5	0	0/10

5. 定量限（limit of quantitation，LoQ）

定量限是方法具有可接受的不确定性水平的对分析物进行定量分析的最低浓度。这应该通过使用适当的参考化学物质或样品来进行，而不应该纯粹通过外推来确定。各种常用公约一般都采取将一个空白或低浓度的基质溶液在多次重复测量中所得标准偏差的 5 倍、6 倍或 10 倍来作为近似的定量下限。

以上介绍的方法给出检测限和定量限的近似值。如果在测试样品中的分析物浓度水平远高于 LoD，这是足够的检测限和定量限。如果检测限是至关重要的，应通过使用更严格的方法[31~33]。此外，LoD 和 LoQ 有时在测量条件下的轻微的变化或样本类型变化时亦可发生变化。这些参数十分重要，有必要在方法验证过程中，以评估预期变化的水平。当该方法是在常规使用时，需建立进行检查的协议参数，在适当的时间间隔内进行检查。

6. 线性检查（linearity checks）

方法的线性检查是衡量一个分析方法的可用区间。尤其方法是常规的分析方法时，就有必要对其响应是否与被分析物的浓度成正比进行研究。当然，有时响应还需要经过一些变换（如通过一个数学函数）才能形成。对线性的定量评价一般通过统计学的拟合技术来完成。建立分析方法的线性通常比典型的方法验证需要更多的化学标准和更多地对每一个浓度的重复测定。然而，当建立线性方法时，对已知浓度的样本并不需要它们之间相互独立。分析方法的线性建立，既需要考虑到对分析物质的覆盖范围和使用基质的影响，而且，校正浓度的范围最好大于预期样品的浓度范围±20%。

对于一个可靠的方法线性研究：

• 校正溶液的浓度值（x）应均匀地分布于感兴趣的线性范围。一个或两个值在极端的两端可以引起“杠杆效应”[34]。

• 最少需要研究 6 个浓度的水平。并对它们按随机顺序测量。

• 在每个水平测量 2～5 次。

• 确保样品的响应尽量接近校正集所涵盖的浓度平均值的响应，这将减少最小二乘的误差对回归线的估计贡献。

• 纯物质可用于评估仪器的线性。

• 基质匹配的认证的参考材料或加标标样应用于确定分析方法的线性的检验方法。

• 通过目视检查对浓度的曲线图的线性度进行评估。

• 检查异常值的存在。如果有可疑值，则使用检查统计测试，无论是格拉布斯或者狄克逊试验[35]。

有关其他统计参数，在此给出几个重要因素，首先是要确认是否在方法的测量工作范围中存在等性方差（homoscedasticity），这可以通过对方法的测量工作范围的极端样本进行10次重复测量来进行，通过计算每个组的方差和统计测试（F 检验）进行检查，以确定这些差异是否有统计学意义上的显著不同[35]。线性首先应通过视觉检查对数据绘制的校正图来评估，然后再通过统计评估。仪器响应的线性需要这个信息，否则它难以归属非线性的成因。配套的统计参数包括相关系数（r、r^2等）、残差图、残差标准差和对斜率和截距的显著性检验。相关系数不能用来衡量线性程度，只是反映变量与因变量之间的关系，例如仪器响应和分析物浓度。重要的是要进行目视检查，并分析残差图的趋势。

二、分析方法的校验

国际标准（ISO/IEC 17025）对分析方法校验给出了如下定义，通过客观证据的提供与检查，说明该方法能够满足，对一个须完成的特殊应用的特别要求（the confirmation by examination and provision of objective evidence that the particular requirements for a specific intended use are fulfilled）。这说明对一个已校验的方法，它可产生分析结果，而这些结果将可适用于评价该实验室。可以说，方法校验（method validation）实际就是进行一系列的有计划的实验，测定一些必要的方法执行参数。一般来说，这些参数包括方法的选择性、精密度、偏差、线性范围、检测限、定量限、校正和方法耐受性。有关方法校验的过程示于图 4-24。

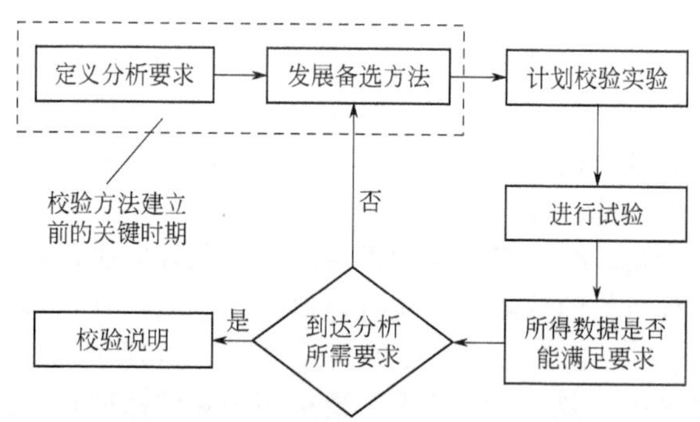

图 4-24 分析方法校验过程的示意图

对所需的分析如果没有现存的方法，那么任何一个现有的方法必须改进以适应新的要求，或者开发新的分析方法。被改进的或新发展的方法都将需要进行优化和识别对其进行质量控制时所需的要求，从而确保该方法可以在实验室中使用。然后，收集证据以证明该方法确实“符合分析的目标”。方法校验的程度和内容必须根据分析问题的细节和已可用的信息来共同决定。图 4-25 就示出了一个分析方法如何来决定需要验证的程度和范围。

如果这是一个已发表的方法，其性能特点是已知的，实验室只需确认该法是否有能力达到分析水平的要求即可。对于一些重要参数，如选择性、偏差、精度和工作范围，需要仔细检查。如果获得的信息是令人满意的，对该方法的使用就可具备信心。通过有限的校验（validation）以确认其所建立的方法的性能是否可以实现的过程被称为验证（verification）。对该方法的继续校验需要使用适当的质量控制程序来进行。标准方法的校验被认为是不够

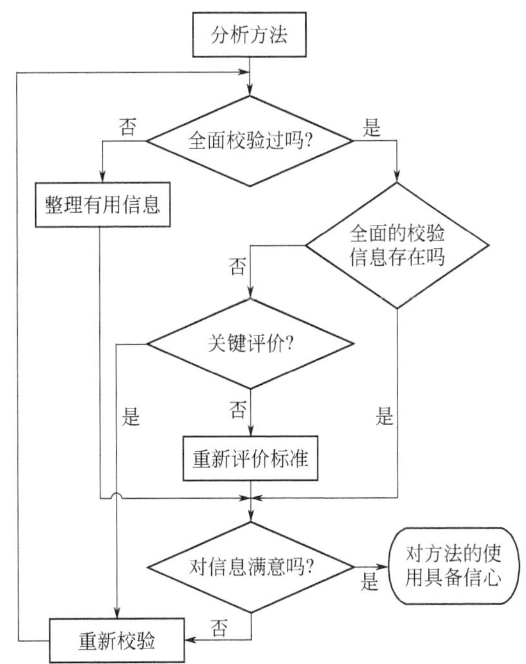

图 4-25 一个分析方法如何决定需要验证的程度和范围的示意图

的，例如，一个旧的和不充分的验证方法是用于一个重要指标的测量，或验证数据只适用于理想样品，但该方法却不能用于困难样品（复杂体系），进一步的验证方法将在下面的章节进行讨论。作为最低的限度，实验室需要证明它至少能满足规定的特别的测量规范要求。

最终，进行验证的数量必须确保测量结果适合他们的用途，而且，风险的水平也应是实验室和客户都可以接受的。例如，对于一个高度重要的测量就必须选择严格验证的方法。但对于中等重要性的测量，可以减少一些步骤，但这样可能引起测量不确定度的增加，所以，可以增加些手段以应付不确定性的增加。应该与客户一起讨论什么是重要的需求，尤其是那些没有被测量要求规范囊括的要求。还必须认识到，重要性水平是可以随时间变化而变化的，当重要性增加时，工作也可能需要增加。总之，验证的程度将随不同情况的变化而变化，不得疏忽大意。

耐用性测试（ruggedness testing）：耐用性测试是一种评价方法，它可以测试实验条件（如温度、pH 值、流量、成分变化的流动相等）发生的微小变化，对测量结果会产生什么样的影响。目标首先是要识别，如果有必要，最好控制好这些引起响应变化的实验条件。当在不同时间或不同的实验室进行测量时，此法所得结果将有助于提高精度和和降低偏差。

在适当地控制其他条件都不变的条件下，通过对一个特定参数进行一小的变化，如 10%，继通过重复测量，耐用性测试可以分别检测每个变化对分析结果的影响。然而，如果影响因素太多时，实验工作量较大。对于一个十分成熟的方法，大部分条件的影响都应可以预期不大，此时一些实验设计方法是可用的，在同一时间改变几个参数是容易实现的[36,37]。

任何稳定和均匀的样品的范围内的方法可以用于耐用性试验。Youden 和 Steiner [36] 描述了一个简单的实验（由 Plackett Burman 设计[37]），在八个实验中，它允许检测七个独立的需要检查的因素。一些可能影响分析结果的因素都可包括于内，如酸浓度、提取时间、流速、温度等，如果对可识别的每个参数的水平进行调查，可以有 128 个组合。然而，此设计只需八个实验。让 A、B、C、D、E、F 和 G 表示七个选择参数的一个名义水平，而用 a、 b、c、d、e、f 和 g 代表另一个名义水平。所选择的水平，如在使用中可能遇到的温度变化的两个极端值，表 4-9 示出了这样一个 Plackett Burman 设计表，它显示了运行八个实验时使用七个因素的情况。其中实验的结果则是用 l、m、p、w、v、x、y 和 z 来表示每一个试验的结果。计算每个影响因素的效应值十分容易，将一个水平的结果均值减去另一个低水平的结果均值即可得。值得指出的是，此设计就是一个全因子设计的例子，如读者对此感兴趣，可参阅本书第三章。

表 4-9　Plackett Burman 设计表

实验数	方法参数							实验结果
1	A	B	C	D	E	F	G	l
2	A	B	c	D	e	f	g	m
3	A	b	C	d	E	f	g	p
4	A	b	c	d	e	F	G	w
5	a	B	C	d	e	F	g	v
6	a	B	c	d	E	f	G	x
7	a	b	C	D	e	f	G	y
8	a	b	c	D	E	F	g	z

下以两个实例来对此计算加以说明。如需计算以 A 和 a 为代表因素的两个水平之间所产生的效应值 Δ_A，从表 4-9 可以看出，第一次到第四次试验的条件都是 A，而后面四次试验的条件都是 a，所以，以前四个试验结果的均值减去后四个试验所得结果的均值即可，即

$$\Delta_A = \frac{l+m+p+w}{4} - \frac{v+x+y+z}{4} \tag{4-25}$$

另外六个因素的效应值，即 Δ_B到 Δ_G，都可用类似方法算出。如需计算 Δ_B，从表中看到，对于以 B 为条件的四个试验的结果为 l，m，v 和 x，而以 b 为条件的四个试验的结果为 p，w，y 和 z，所以有：

$$\Delta_B = \frac{l+m+v+x}{4} - \frac{p+w+y+z}{4}$$

接下来就是计算所得因素两水平的差异是否有统计学意义，在此可用 t 检验来进行检验。在同一方法的精密度（s）条件下，下述方程可用于比较不同的 $|\Delta_i|$。使用的 t 值对应于相应置信度的统计表所列之值，其中的自由度采用对标准偏差 s 估计的自由度，例如，如果该方法的标准偏差是从 10 次重复结果得到，即其自由度为 9，亦即 $t(95\%)=2.262$。

$$|\Delta_i| > \frac{ts}{\sqrt{2}} \tag{4-26}$$

如果式（4-26）成立，则说明此因素两水平的差异具有统计学意义。注意此法要求各因素是相互独立的，否则可能引起误导。

三、分析方法的可追溯性

为追溯一个测量结果，影响结果的每个因素都必须可追溯[38,39]。要做到测量结果可追溯不容易，就像要在实验室里建立一个质量管理体系不太难，但要十分充分地理解所用的分

析方法却不容易，而且，它还要求知道对方法产生影响的每一个已知量及与其相关联的不确定度。获得测量结果的计量溯源的一个方法就是用基准方法（primary method）得到结果。基准方法的定义是由国际计量局（International Bureau of Weights and Measures，BIPM）给出的，即它应该是这样一种方法：具有最高的计量质量，其操作可以完全描述和理解，其测量不确定性完全可被国际单位制（SI）记录。基准方法的例子包括了滴定法和重量法。可实现计量追溯的已使用的方法是同位素稀释质谱光谱和中子活化分析。实现分析方法的可追溯性的一般途径如图 4-26 所示。从图可以看到，要做到实现一个基准方法的可追溯性（traceability）的确不是很容易，它不但需要充分地理解所用分析方法的每一个步骤，每一种参考物、标准物和化学试剂的准确用途，而且，对分析方法的各种参数、用于测量影响量的仪器设备及产生不确定度的来源都必须有充分的理解，才有可能建立起一个可进行计量溯源的基准方法。

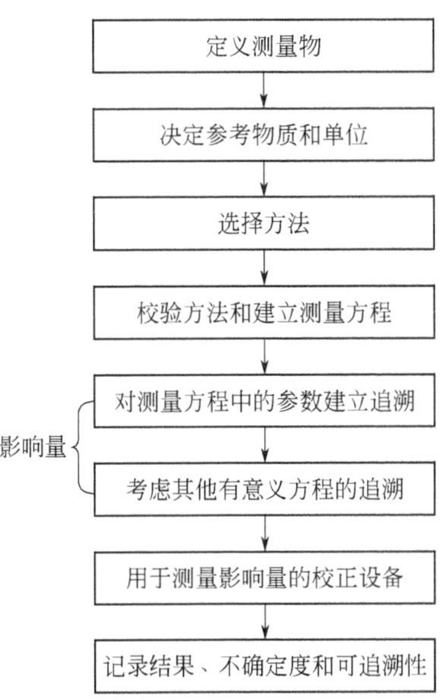

图 4-26　一个实现分析方法的可追溯性的策略示意图

习惯上人们认为，特定的分析方法应通过参考物质建立到基准方法的计量溯源性。建立可追溯性的本质就是要使被测量物可被十分明确地指定。用于报告结果的单位也应是已知和可接受的，国际单位制为首选。所使用的方法必须是被验证过的，而且如果按照书面程序使用，所产生的结果亦应该是满足分析目标的。在该方法的程序中，使用的玻璃器具类亦将特别指定，例如某类的移液管和容量瓶，这样就可做到指定的公差。仪器亦将定期校准，它们的所得结果也必须每天校验。对于所用的化学物质，都将是已知纯度的化学物质或参考物质。在测量方程中出现的一切物质应均可跟踪。此外，不出现在测量方程，但有可能影响结果的其他变量亦应可追溯。如果分析方法要求结果的一致性，则通常还需要对温度、时间和 pH 值等因素都进行控制，对这样的情况，那么它们也必须是可追溯的。

在化学分析中，计量可追溯性的实现方法一般说来有两种：①通过使用纯化学物质作为标准；②采用典型的基质物质，在这种基质中加入了待分析物且进行了特征化。后一种类型的标准物质被称为基质参考物质（matrix reference material）。所以，从样品基质中回收的分析物被确定为分析方法需要验证的一部分。

1. 计量可追溯性（metrological traceability）

从前面的介绍可知，对于需计量溯源的对象，可使用纯化学物质和参考物质来实现其可追溯性。实际上，参考物质就是作为传递标准（transfer standards）。在不可能有获得国家或国际标准或基准方法（primary method）时，就可使用传递标准。传递标准因其包含了标准测量值，既用于校准测量系统，又可用于方法校验。它们还可以用于识别。传递标准的例子包括参考物质（见下文）、物理标准（质量，温度）和参考值（原子量）。参考物质是一个特殊类别的通用术语用于化学计量的物质作为传递标准。现已有几个最近发表的国际标准化组织的指导文件（ISO Guide 35）[40]，而有关此定义的一些讨论也可以文献中找到[41]。下面就将分别对参考物质和纯化学物质加以介绍。

2. 参考物质（reference material，RM）

定义如下：参考物质为一种充分均匀和足够稳定的物质，而且，它已建立了一个或多个可在测量过程中适应其预期用途的属性。注意到在此定义之上，还隐含着：

① 参考物质（RM）是一个通用术语。

② 属性可以是定量的或定性的，例如：物质的身份或物种。

③ 其用途可包括测量系统的校准、评估一个测量过程，将值分配给其他材料和质量控制。

④ 参考物质（RM）只能用于一个给定的测量、一个单一的目的。这一点是非常重要的，因为它强调的是，该参考物质用于方法验证时，就不能再次使用方法校正的常规使用用途。相同物质的材料可以使用，但它需要来自不同的供应商。同样的物质不能既用于定标目的，然后又作为质量控制物质。参考物质（RM）的例子包括：

（1）纯物质参考物质　具有一个标识纯度的农药、多环芳香烃和邻苯二甲酸氢钾。

（2）标准溶液　镍的酸溶液，具有一个标识的质量/体积浓度；氢氧化钠溶液，具有一个标识的摩尔浓度；农药溶液，具有一个标识的质量/体积浓度。

（3）基质参考物-天然物质　具有一个标识浓度的河流沉积物中的金属；具有标识脂肪含量的奶粉和具有标识微量元素含量的蟹膏。

（4）基质参考物-加标物质　添加微量元素的湖水和加入有机污染物的牛奶。

（5）物理化学标准　苯甲酸具有一定的熔点，对二甲苯用一个规定的闪光点，具有一个标识粒度分布的沙子和具有标识分子量分布的。

（6）已论证的参考物质（certified reference material，CRM）　定义如下：参考物质具有一个重要特征属性，即此物具有计量校验的一个或多个指定的特殊性质，并伴随有一证书，该证书对指定属性的值及与其关联的不确定性和计量溯源都给出了明确陈述。

这个定义还应包括如下注释：

① 数值的概念还包括了定性属性，例如身份或序列。这样的属性的不确定性可能被表示为概率。

② 对参考物质的生产和认证，有关计量的校验过程的文件，均在国际标准化组织的指导文件（ISO Guide 34）[42]和国际标准（ISO Guide 35）[40]中给出。

③ 国际标准化组织的指导文件（ISO Guide 31）对证书内容给出了指导意见[43]。一些参考物质生产商/供应商使用不同的名称来描述他们的材料。例如，标准参考物质（standard reference material，SRM）就是由美国国家标准和技术研究所（National Institute of Standards and Technology，NIST）发布的认证参考物质，而欧洲的参考物质（European Reference Materials，ERMS）就是由三个欧洲组织，即德国联邦材料研究与测试（Federal Institute for Materials Research and Testing，BAM），欧洲委员会比利时联合研究中心的参

考物质与测量所（European Commission，Joint Research Centre，Institute for Reference Materials and Measurements，IRMM）和英国的LGC，一起联合发布的已论证的参考物质（CRM）。

认证的参考物质有许多不同的用途，包括：

- 建立分析结果的计量可追溯性。
- 确认物质的身份。
- 在常规分析条件下，对测量过程进行校准和验证。
- 验证标准方法的正确应用。
- 开发和验证新的测量方法。
- 定义其他材料的值，可作为二级标准/校准。
- 用于内部质量控制和质量保证计划。

认证的参考物质的发展和表征是一个昂贵的过程。正因为如此，强调使用认证的参考物质通常是一个方法的初步验证。虽然很少使用认证的参考物质于常规质量控制，但用它“校准”的其他较便宜的二次标准材料，可以用于常规质量控制。

（7）化学标准品　是指纯度被很好定义了的化学品（通常是单质化学物质）。

化学标准品以两种不同的方法用于校准。它们可以用在“外部”，在那里它们从样品中被隔离出来；亦可用在“内部”，标准物质被加入到样品之中，并和样品一起在同一时刻测量，比如作为一个单一的“富集”样品。这些通常被称为“外标法”和“内标法”。

第四节　分析量测的数据统计评价与假设检验

分析化学中我们获得大量的分析数据，面对这些数据，分析工作者所需要回答的是，这些数据告诉了我们什么，我们又能从这些数据中得到什么样的结论，而且还必须清楚，从统计学的角度来看，我们能有多大把握（置信度）说这样的结论是正确的。比如，有人发展了一个新方法，它需要与已有的分析方法进行比较，通过在相同条件下测量，得到了两套数据，接着就需比较这两个方法的优劣或者说这两种方法是否存在显著性差异，这也就是分析量测的数据统计评价与假设检验的任务了。

在本节，将首先对分析结果的两类错误及其统计判决给出必要的讨论，接着将对分析方法的检测下限的确定和Bayes统计方法、化学量测数据的统计假设检验[44]（包括t检验与F检验）进行介绍，并结合实际例子加以必要的说明。

一、分析结果的两类错误及其统计判决

在分析化学中，经常要作出统计判决，如定性分析中的是与不是、分析方法与分析仪器的检测下限、产品质量是合格还是不合格等，特别在化学计量学的模式识别中，大量的分类与判别问题，如是A类还是B类等，都属于统计判决分析。

图4-27示出了分析化学中两类错误的示意图。在图4-27中，可以看到存在两个分布，一个是$P(y_1)$，另一个是$P(y_2)$。如果是属于分析仪器的检测下限的问题，则$P(y_1)$可以是试剂空白（blank）测量的分布，而$P(y_2)$则可以是最低可检测到的分析物（analyte）测量的分布；如果是属于模式识别的问题，则$P(y_1)$可以是A类样本测量的分布，而$P(y_2)$则可以是B类样本测量的分布。在图中还可看到两类错误（图中的阴影部分），一类为α类错误，一类为β类错误。从图中也可以看出，这两类错误是判决界的函数，在子图（a）中α和β类错误大小相当，随着判决界的左移，在子图（b）中β类错误则显著地大于α类错

误。假若是属于分析仪器的检测下限的问题，$P(y_1)$ 是试剂空白（blank）测量的分布，则 α 类错误是以假为真的错误，即因当所得信号大于判决界时，判决它是分析信号，而实际它是来自试剂空白的分布，在分析化学中，称之为第一类错误；反之，β 类错误为第二类错误，即以真为假的错误，实因所得信号小于判决界时，判决它是分析信号空白，而它却来自 $P(y_2)$，是最低可检测到的分析物测量的分布，犯了以真为假的错误。注意到，这两类错误还是相互依存的，如果想降低一类错误，另一类错误却会上升，如在子图（b）中将判决界向左移，以降低 α 类错误，但 β 类错误却上升很快，总错误率反倒上升了。在分析化学的实践中，对两类错误的承受程度是随实际情况的变化而变化的，而且，两类错误的关系有以下两点值得引起必要的注意：①$\alpha+\beta$ 不一定等于 100%；②在样本容量确定的情况下，α 与 β 不能同时增加或减少。

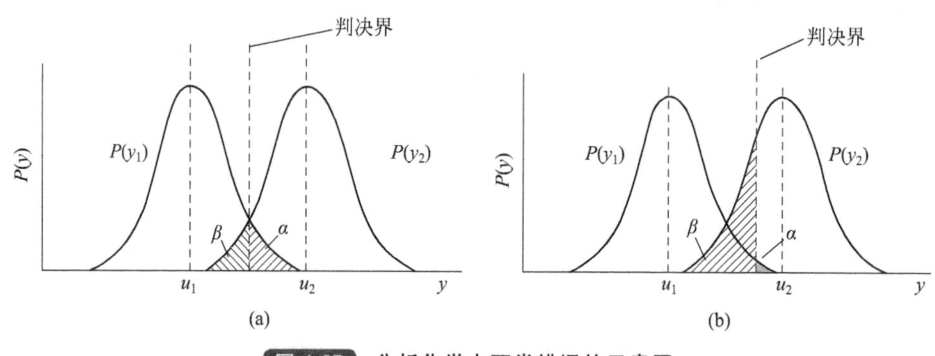

图 4-27　分析化学中两类错误的示意图

在统计假设检验中，同样会发生“弃真”（以真为假）和“取伪”（以假为真）的两类错误。错误无非只有两种情况，在统计学中，一般称为Ⅰ类错误和Ⅱ类错误。第一类错误（Ⅰ类错误）也称为 α 错误（false positive，FP），是指当原假设（H_0）正确时，拒绝 H_0 所犯的错误。这意味着决策者的结论并不正确，即观察到了实际上并不存在的处理效应。第二类错误（Ⅱ类错误）也称为 β 错误（false negative，FN），是指原假设错误时，反而接受原假设的情况，即没有观察到存在的处理效应。见表 4-10。

表 4-10　统计假设检验的几种情况

项目		实际情况	
		H_0 正确	H_0 错误
结论	拒绝 H_0	Ⅰ类错误	正确
	接受 H_0	正确	Ⅱ类错误

所以，在化学模式识别中，一般都要求绘出 ROC 曲线（receiver operating characteristic curve），ROC 曲线又称为感受性曲线（sensitivity curve）。即随着一类错误变化的条件下，另一类正确率的变化曲线，以对判别函数有更深入的了解。在一个二分类模型中，对于所得到的连续结果，假设已确定一个阈值，比如 0.6，大于这个值的实例划归为正类，小于这个值则划到负类中。如果减小阈值，减到 0.5，固然能识别出更多的正类，也就是提高了识别出的正类占所有正类的比例，即提高了真正结果率（true positive rate，TPR），但同时也将更多的负实例当作了正实例，即提高了假正结果率（false positive rate，FPR）。为了形象化这一变化，在此引入 ROC 曲线，ROC 曲线可以用于评价一个分类器。一般说来，ROC 曲

线下方的面积（area under the ROC curve，AUC）提供了评价模型平均性能的另一种方法。如果模型是完美的，那么它的 AUC=1，如果模型是个简单的随机猜测模型，那么它的 AUC=0.5，如果一个模型好于另一个，则它的曲线下方面积相对较大。ROC 曲线和它相关的比例见图 4-28。

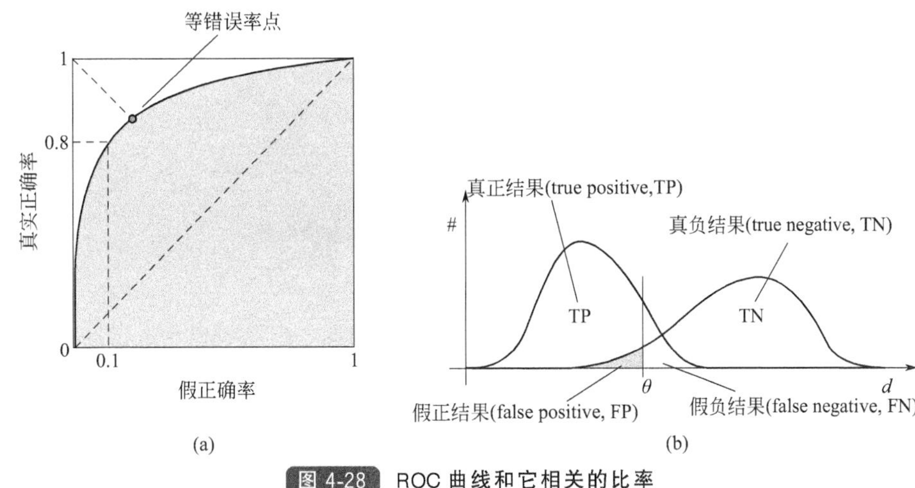

图 4-28　ROC 曲线和它相关的比率

（a）理想情况下，真正结果率（TPR）应该接近 1，假正结果率（FPR）应该接近 0。ROC 曲线上的每一个点对应于一个阈值或判决界，对于一个分类器，每个阈值下会有一个真正结果率和假正结果率。比如阈值或判决界最大时，TP=FP=0，对应于原点；阈值或判决界最小时，TN=FN=0，对应于右上角的点（1，1）；

（b）P 和 N 得分不作为特征间距离 d 的一个函数，随着阈值增加，TP 和 FP 都增加

有了这些基本概念和知识，下面就以此对分析方法（或分析仪器）的检测下限的确定进行较为详细的讨论。

二、分析方法的检测下限

定性分析的任务是检测某种成分在试样中是否存在。定性分析中能检测的最低含量，以“检测限”表征，有关分析方法检测限的定义，曾是分析化学中长期争议的问题。国际纯粹与应用化学联合会（IUPAC）建议的检测限定义[29]认为，以浓度 c_L 或物理量 q_L 表述的检测限，是由用给定的分析方法能以一定的准确度检出的最小测度 x_L 导出的。这一概念后被简化为“检测限是给定分析方法能可靠地检出的最低浓度”（美国化学会）[30]。任何度量上述定义中的“一定的确定度”及“可靠地检出”这些概念只能建立在统计理论基础之上，因此，分析检验理论是定性检定的统计理论基础。

在统计检测理论基础上，可给出分析方法检测限的严谨定义。设有分析信号 y，由其真值 η 与噪声或误差 δ 组成：

$$y=\eta+\delta \tag{4-27}$$

式中，δ 服从均值为零，标准差为 σ 的正态分布，即 $\delta \sim N(0,\sigma)$。要检测这一分析信号，需考察空白信号与分析信号两者的概率密度函数。y 的产生有两个来源：待测组分的存在（其浓度 $c>0$），分析仪器的噪声（仪器噪声）和/或分析反应的空白值（化学噪声），即 $c=0$ 时的空白信号 y_0。以最简单的线性模型为例，y 和 c 的关系可写成

$$y=y_0+bc \tag{4-28}$$

式中，b 为线性校正模型中的斜率或灵敏度。

从统计上讲，模型涉及两个概率密度函数，空白信号的概率密度函数 $P_0(y)$ 是与 $c=0$ 对应的；$P_i(y)$ 则是对应于分析信号的概率密度函数（$c>0$，见图 4-29），$y-y_0$ 为净分析信号。

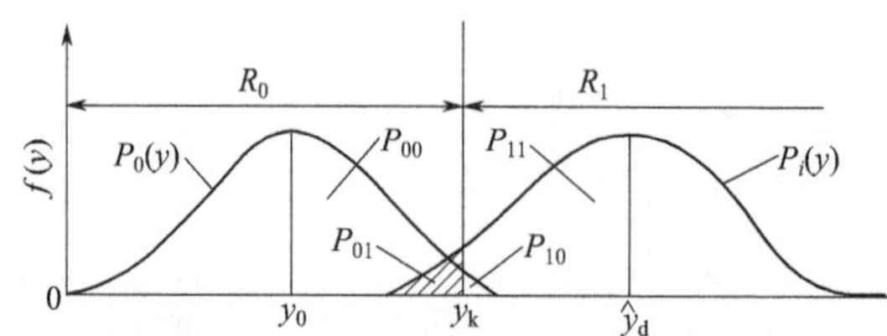

图 4-29 空白与分析信号的概率密度函数

确定分析检测限等价于选择下述两种假设判决之一：

H_0——测得的信号属于分布 $P_0(y)$，即信号来源于空白噪声，判决待测的组分不存在。

H_1——测得的信号属于分布 $P_i(y)$，即信号来源于待测组分，判决待测的组分存在。

进行 H_0 和 H_1 的选择时，需有一定的统计检测准则，以确定信号指标轴上某一个被称为判决水平或检测水平 y_k 的值，作为将信号域划分为 R_0 和 R_1 的分界（见图 4-29）。$y \leqslant y_k$ 时（R_0 域）选择 H_0，$y \geqslant y_k$ 时（R_1 域）选择 H_1，这种选择正确与否，可用下述概率描述：

（1）根据分析信号选择 H_0，且待测组分确实不存在，其概率 P_{00} 为

$$P_{00}=\int_{-\infty}^{y_k} P_0(y)\mathrm{d}y=\int_{R_0} P_0(y \mid H_0)\mathrm{d}y \tag{4-29}$$

式中，$P_0(y \mid H_0)$ 表示 H_0 是正确的条件下信号的条件概率分布，亦记为 $P_0(y)$，下标 0 表示信号来源于空白噪声。

（2）待测组分确实不存在，误选择 H_1（第一类错误，即以假为真），其概率 P_{10} 为

$$P_{10}=\int_{y_k}^{\infty} P_0(y)\mathrm{d}y=\int_{R_1} P_0(y \mid H_0)\mathrm{d}y=1-P_{00} \tag{4-30}$$

（3）待测组分确实存在，而误选择 H_0（第二类错误，即以真为假），其概率 P_{01} 为

$$P_{01}=\int_{-\infty}^{y_k} P_i(y)\mathrm{d}y=\int_{R_0} P_i(y \mid H_1)\mathrm{d}y$$

在 H_1 是正确的条件下，信号的条件概率记为 $P_i(y)$，下标 i 表示存在待测组分。

（4）待测组分确实存在，选择 H_1，其概率 P_{11} 为

$$P_{11}=\int_{y_k}^{\infty} P_i(y)\mathrm{d}y=\int_{R_1} P_i(y \mid H_1)\mathrm{d}y=1-P_{01} \tag{4-31}$$

在信号检测理论中，提出了许多检测准则，其中较有代表性的是 Bayes 准则。Bayes 准则要求知道 H_0 和 H_1 的验前概率 q 和 $1-q$，并需给出上述四种决策下的风险 C_{00}、C_{10}、C_{01}、C_{11}，这样就可以计算平均风险 C：

$$C=q\left[C_{00}\int_{y_k}^{\infty} P_0(y)\mathrm{d}y+C_{10}\int_{y_k}^{\infty} P_0(y)\mathrm{d}y\right]+(1-q)\left[C_{01}\int_{-\infty}^{y_k} P_i(y)\mathrm{d}y+C_{11}\int_{-\infty}^{y_k} P_i(y)\mathrm{d}y\right] \tag{4-32}$$

使得式（4-32）的平均风险最小的判决界即可视为 Bayes 判决检测限。

在分析检验中较适宜采用的判决准则是 Neyman-Pearson 准则[45]。在分析检测中，例如在产品质量检验中，如根据有某种杂质存在于产品中作出“产品不合格”的判决，则生产必须停止，这时如系误判，将造成一定损失，应限制 P_{10} 在一定范围之内。Neyman-Pearson 准则的基本思想即是，事先赋予 P_{10} 某一给定数值以确定判决水平 y_k。

如设分析信号与空白噪声均服从的正态分布，则有

$$P_{10}=\int_{y_k}^{\infty} P_0(y)\mathrm{d}y=(1/\sqrt{2\pi}\sigma)\int_{y_k}^{\infty}\exp[-(y-y_0)^2/(2\sigma^2)]\mathrm{d}y \tag{4-33}$$

式中，y_0 是空白信号（噪声）的均值；σ 为其标准差。作变换，令 $z=(y-y_0)/\sigma$，并记 $(y_k-y_0)/\sigma$ 为 z_k，得

$$P_{10}=(1/\sqrt{2\pi})\int_{z_k}^{\infty}\exp(-z^2/2)\mathrm{d}y$$

则判决水平（或称检测水平）y_k 为

$$y_k=y_0+z_k\sigma$$

即当 $y\leqslant y_k$ 时（R_0 域）判决 H_0，否则判决 H_1。在此对于分析信号 y，都假设其标准差与空白信号的标准差相同，即均为 σ。如平行测定 n 次，得分析信号的均值 $y_{k(n)}$，其标准差将为 $\sigma_y=\sigma/\sqrt{n}$。

$$y_{k(n)}\leqslant y_0+z_k\sigma/\sqrt{n}\quad（判决\ H_0）$$

$$y_{k(n)}\geqslant y_0+z_k\sigma/\sqrt{n}\quad（判决\ H_1）$$

z_k 值可由给定的 P_{10} 值借 Laplace 函数或从标准正态分布表中求出。例如，P_{10} 取 0.01，即第一类错误概率为 1%时，

$$P_{10}=0.01=(1/\sqrt{2\pi})\int_{z_k}^{\infty}\exp(-z^2/2)\mathrm{d}z=1-F(z)$$

由标准正态分布表可查出 $z_k=2.32$，已知空白信号均值 y_0 及其标准差 σ，即可确定判决水平，在给定的 P_{10} 值的条件下作出待检测物质是否存在的判决。

在统计检测理论基础上，可给出分析方法检测限的严谨定义。现试将分析信号 y 与噪声 y_0 的概率分布图与对应的待测物浓度相比较加以考察（见图 4-30）。首先按 Neyman-Pearson 准则给定 P_{10} 值以找出 $y=y_k$ 判决线，由此算出 z_k 及判决水平或检测水平 y_k 值，y_0 及 σ 由实验求出

$$y_k=y_0+z_k\sigma_y$$

在 y_k 确定后，从不同均值 y 对应的分布曲线中，选取其与 $y=y_k$ 判决直线相交给出的 P_{11} 等于 $(P_{11})_d$ 的曲线，这条曲线的均值 y_k 所对应的 c_d 即为所求的浓度检测限。不用图解法也可由检测特性函数关系直接计算与 P_{11} 对应的 c，亦即检测限 c_d。显然，这样定义的检测限，明确地给定了正确检出的概率 P_{11} 和错误检出的概率 P_{10}，而 $P_{00}=1-P_{10}$，$P_{01}=1-P_{11}$，这样，前面所述的四种概率都是完全确定的。分析化学文献中一般定义检测限时所称“可靠地检出”“以一定的确定度检出”等概念在这里有了明确的数量界限。

检测限的另一种表示方法是给定 P_{11} 及 P_{10} 下对应的 r，或记为 r_d。

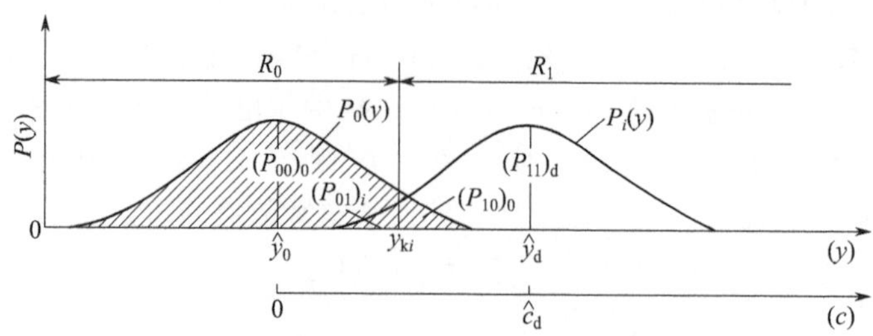

图 4-30 分析方法检测限的定义

$$r_d = (y_d - y_0)/\sigma = z_d - z_k$$

r_d实际就是与检测限对应的信噪比，或称可靠地检出待测组分所需的最低信噪比。噪声是一客观存在的事实，在给定的噪声下，信噪比完全由待测物浓度大小决定。如信噪比低于 r_d，检出将不可能按给定的 P_{11}、P_{10}值实现。

与检测限 r_d对应的分析信号 y_d是

$$y_d = y_0 + r_d\sigma = y_0 + (z_d - z_k)\sigma$$

分析化学文献中一般写成

$$y_d = y_0 + K\sigma$$

有关 K 值的确定，长期未取得一致意见。由上述分析可见，K 的物理意义即是与检测限对应的信噪比。而无论是检测限或信噪比的数值，除与分析方法本身的特性如 y_0（噪声均值）及 σ（标准差）有关外，还取决于要求的 P_{11}、P_{10}及分析系统的检测特性函数。一般认为 K 应取 3，可以证明，此时当 P_{10}足够取（0.001），即犯第一类错误的概率很小时，但 P_{11}仅 0.50，有 50%的概率犯第二类错误。也就是说，K 的确定与对分析问题的要求有关，如果要求犯第一类错误（以假为真）的概率要小，但对犯第二类错误（以真为假）的概率无严格要求时，K 可以取小一些；反之，如果要求犯第二类错误的概率亦必须小时，K 值则必须足够大。

三、化学测量数据的统计检验

假设检验（hypothesis testing）是数理统计学中根据一定假设条件由样本推断总体的一种方法。具体做法是：根据问题的需要对所研究的总体作某种假设，记作 H_0（参见表 4-10）；选取合适的统计量，这个统计量的选取要使得在假设 H_0成立时，其分布为已知；由实测的样本，计算出统计量的值，并根据预先给定的显著性水平进行检验，作出拒绝或接受假设 H_0的判断。常用的假设检验方法有 u 检验法、t 检验法、χ^2检验法、F 检验法等。

假设检验的基本原理是先对总体的特征作出某种假设，然后通过抽样研究的结果进行统计推理，对此假设应该被拒绝还是接受作出推断假设检验，又称统计假设检验（注：显著性检验只是假设检验中最常用的一种方法），是一种基本的统计推断形式，也是数理统计学的一个重要的分支，是用来判断样本与样本、样本与总体的差异是由抽样误差引起还是本质差别造成的统计推断方法。由于化学测量数据中有很多需要进行统计推断，如出现一个新方法，与已有方法相比，此法所得结果是否优于已有方法？这就需要进行统计检验；此外，已知某产品的质量控制是要将某化学物质的量控制在某一数值附近，现测得该产品的平均值与它存在一定差别，该差别可不可以接受，它们之间是否存在显著性差异？这也需要进行统计检验。所以，统计检验在分析化学中是十分重要的。

值得指出的是，假设检验的基本思想是小概率反证法思想。小概率思想是指小概率事件（$P<0.01$ 或 $P<0.05$）在一次试验中基本上不会发生，如发生了，则说明此事件不可靠。此外，反证法思想是先提出假设（检验假设 H_0），再用适当的统计方法确定假设成立的可能性大小，如可能性小，则认为假设不成立；若可能性大，则还不能认为假设成立。

假设是否正确，要用从总体中抽出的样本进行检验，与此有关的理论和方法，构成假设检验的内容。设 A 是关于总体分布的一项命题，所有使命题 A 成立的总体分布构成一个集合 H_0，称为原假设（常简称假设）。所有使命题 A 不成立的总体分布构成另一个集合 H_1，称为备择假设。如果 H_0 可以通过有限个实参数来描述，则称为参数假设，否则称为非参数假设。对一个假设 H_0 进行检验，就是要制定一个规则，使得有了样本以后，根据这规则可以决定是接受它（承认命题 A 正确），还是拒绝它（否认命题 A 正确）。这样，所有可能的样本所组成的空间（称样本空间）被划分为两部分 HA 和 HR（HA 的补集），当样本 $x\in HA$ 时，接受假设 H_0；当 $x\in HR$ 时，拒绝假设 H_0。集合 HR 常称为检验的拒绝域，HA 称为接受域。因此选定一个检验法，也就是选定一个拒绝域，故常把检验法本身与拒绝域 HR 等同起来。

在假设检验中，由图 4-29 示出的为单边检验，但由图 4-31 示出的是双边检验。因此，从统计检验来说，就涉及双边检验和单边检验问题。在实践中采用何类检验是由实际问题的性质来决定的。一般可以这样考虑：

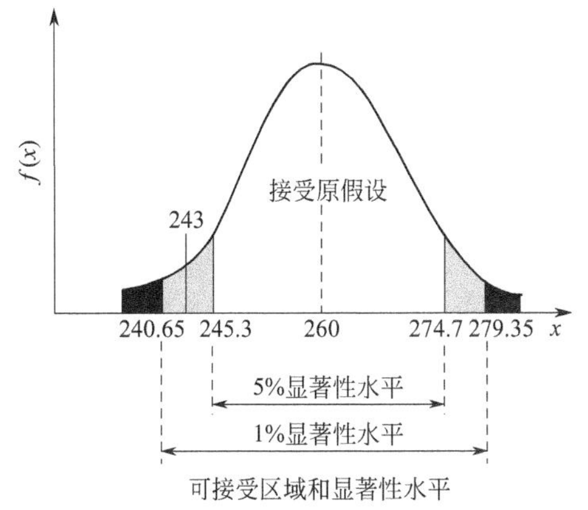

图 4-31　双边假设检验示意图

（1）双边检验。如果检验的目的是检验抽样的样本统计量与假设参数的差数是否过大（无论是正方向还是负方向），就把风险平分在右侧和左侧。比如显著性水平为 0.05，即概率曲线左右两侧各占一半，即 0.025。

（2）单边检验。这种检验只注意估计值是否偏高或偏低。如只注意偏低，则临界值在左侧，称左侧检验；如只注意偏高，则临界值在右侧，称右侧检验。

（一）t 检验及其在分析化学中的应用

在分析测试中，测定值将不可避免地要受到许多随机因素的影响，这些个别的因素对测定误差的影响虽然很小，但各个因素的影响综合起来仍会对测定结果产生明显影响。从概率论的观点来看，测定误差是很多数值微小而又相互独立或弱相关的随机变量之总和，是一个随机变量，遵循或近似地遵循正态分布，可用正态分布的概率密度函数来描述大样本测定的误差分布，即

$$x = x_t + e = kc_t + e \tag{4-34}$$

式中，x 为分析测定数据；x_t设为该分析样本在无任何量测误差存在时的真实值，它一般由某一仪器常数与该样本的真实浓度的乘积（kc_t）表出；e 为遵循或近似地遵循零均等方差正态分布的量测误差。然而，通常的化学分析测定，都是小样本试验，只进行 3～5 次测定，如此小样本试验并不能求得正态分布的总体均值 μ 和总体标准差 σ，只能求得样本均值 $\overline{x}$ 和样本标准差 s，因此，无法直接将正态分布应用于小样本试验数据。直接采用样本均值 $\overline{x}$ 和样本标准差 s 来进行检验，需要应用类似正态分布的 t 分布（参见第十一章）。

进行 t 检验的程序可归纳如下：

（1）根据实际问题作出原假设 H_0和备择假设 H_1。

（2）选定所用的统计量。

① 当检验样本均值 $\overline{x}$ 与总体均值 μ 是否存在显著性差异时，使用如下统计量：

$$t = (\overline{x} - \mu)/(s/\sqrt{n}) \tag{4-35}$$

式中，n 为测定次数。

② 当检验两个样本均值之间是否存在显著性差异时，使用统计量：

$$t = (\overline{x}_1 - \overline{x}_2)/[\sqrt{s^2}(1/n_1 + 1/n_2)] \tag{4-36}$$

式中，$$s^2 = [(n_1 - 1)s_1^2 + (n_2 - 1)s_2^2]/(n_1 + n_2 - 2)$$

（3）选定显著性水平 α，决定拒绝域ζ。

（4）随机抽取样本，计算样本平均值 $\overline{x}$ 和样本方差 s^2。

（5）计算统计量值，若由样本值计算的统计量落入拒绝域ζ内，即由样本值计算的统计量大于 t 分布表中相应的显著性水平 α 和相应自由度 $f(f = n-1)$ 下的临界值 $t_{\alpha,f}$，则拒绝接受原假设 H_0；若由样本值计算的统计量落入非拒绝域内，即由样本值计算的统计量小于 t 分布表中相应的显著性水平 α 和相应自由度 $f(f = n-1)$ 下的临界值 $t_{\alpha,f}$，则接受原假设 H_0；若由样本值计算的统计量落入拒绝域与非拒绝域的边界附近，即由样本值计算的统计量与 t 分布表中相应的显著性水平 α 和相应自由度 $f(f = n-1)$ 下的临界值 $t_{\alpha,f}$相近似，则原假设 H_0处于被怀疑状态，这时最好继续进行试验，而后将新旧样本值合起来计算统计量再进行检验。

兹举例来说明如何进行 t 检验。

某化工厂从以往的生产数据得知，在生产正常的情况下，产品中平均含铅量为 0.45%，某日随机抽查了五批产品，测定含铅量分别为 0.48%、0.44%、0.42%、0.47%、0.43%，问在显著性水平 α=0.05 下产品中的平均含铅量有无变化？

解：（1）原假设 H_0：μ=0.45；备择假设 H_1：$\mu \neq$0.45；

（2）选定检验统计量。

$$t = (\overline{x} - \mu)/(s/\sqrt{n})$$

（3）选定显著性水平 α=0.05，本例为双边检验，即含铅量有无变化（大了与小了都不同于原先的含铅量），查 t 分布表得，$t_{0.05,4}$=2.78，$-t_{0.05,4}$=2.78，则拒绝域为 $|t|>$ 2.78 的区域ζ。

（4）计算样本平均值 $\overline{x}$ 和样本方差 s^2。

$$\overline{x}=(1/n)\sum x_i=0.448$$

$$s^2=[1/(n-1)]\sum(x_i-\overline{x})^2=0.00067$$

（5）计算统计量值

$$t=(0.448-0.45)/(s/\sqrt{5})=-0.02/0.0116=-1.727$$

（6）检验比较，因 $|t|=1.727\leqslant 2.78$，故可接受原假设，认为测定含铅量与原平均含铅量无显著性变化。

再来看一个如何采用 t 分布来进行不同平均值检验的例子。

某实验室获得两批盐酸的滴定数据，第一组的均值为 $x_{mean,1}=17.4$mL，标准差为 $s_1=1.30$，第二组的均值为 $x_{mean,2}=19.5$mL，标准差为 $s_2=1.15$，滴定次数都是 8 次，即 $n_1=n_2=8$，通过 F 检验，说明它们的标准偏差无显著性不同，问在显著性水平 $\alpha=0.05$ 的条件下，这两批盐酸的滴定数据是否具有显著性不同？

解：（1）原假设 H_0：$x_{mean,1}=x_{mean,2}$；备择假设 H_1：$x_{mean,1}\neq x_{mean,2}$；

（2）选定检验统计量。

$$t=|x_{mean,1}-x_{mean,2}|/(s)$$

（3）选定显著性水平 $\alpha=0.05$，本例为双边检验，查 t 分布表得，$t_{0.05,14}=2.145$　2.78，$-t_{0.05,14}=2.145$　2.78，则拒绝域为 |2.78|>2.145　2.78 的区域ζ。

（4）计算样本方差 s^2。

$$s_d=\sqrt{s_1^2/n_1+s_2^2/n_2}=\sqrt{\frac{1.30^2}{8}+\frac{1.15^2}{8}}=0.61$$

（5）计算统计量值。

$$t=|17.4-19.5|/0.61=3.42$$

（6）检验比较，因 $|t|=3.42\geqslant 2.145$，故不可接受原假设，这两批盐酸的滴定数据的确具有显著性不同。

（二）F 检验及其在分析化学中的应用

对一个试样进行多次重复测定时，由于测定受到各种因素的影响，各次测定值并不相同，它们之间的差异称为变差。变差的大小通常用样本方差或样本标准差来量度。方差的大小反映了测定结果的精密度，是衡量试验条件稳定性的重要标志。为评价分析方法与测定结果的优劣，比较各种分析方法与测定结果的测定精密度，一般就需采用方差检验的方法。

1. 一个总体的方差检验

若 X 是遵从正态分布 $N(\mu,\sigma^2)$ 的随机变量，其中 μ 和 σ^2 未知，x_1，x_2，…，x_n 是由总体中随机抽取的样本值，其样本方差为 $s^2[s=\sum(x_i-\overline{x})^2/(n-1)]$，则 $(n-1)s^2/\sigma^2$ 服从 χ^2 分布（见第十一章），即

$$(n-1)s^2/\sigma^2=\sum[(x_i-\overline{x})/\sigma]^2\sim\chi^2(n-1) \tag{4-37}$$

式中，$(n-1)$ 为 χ^2 分布的自由度。

对于给定的显著性水平 α，在 χ^2 分布表中可查得自由度 $f=(n-1)$ 的两侧临界值 $\chi^2_{\alpha/2,f}$ 和 $\chi^2_{(1-\alpha/2),f}$，使得

$$P\{\chi^2\geqslant\chi^2_{\alpha/2,f}\}=\alpha/2$$

$$P\{\chi^2 \geqslant \chi^2_{(1-\alpha/2),\ f}\} = 1-\alpha/2$$

即
$$P\{\chi^2_{(1-\alpha/2),\ f} \leqslant \chi^2 \leqslant \chi^2_{\alpha/2,\ f}\} = 1-\alpha$$

归结起来，方差检验的一般程序可如下：

(1) 建立原假设 H_0：$s^2=\sigma_0^2$，这里 σ_0 为一要求的方差。

(2) 计算统计量：$\chi^2=(n-1)s^2/\sigma_0^2$。

(3) 给定显著性水平 α，查表得到相应的 $\chi^2_{1-\alpha/2,f}$ 和 $\chi^2_{\alpha/2,f}$ 并检验式 (4-38) 是否成立：

$$\chi^2_{1-\alpha/2,\ f} \leqslant \chi^2 \leqslant \chi^2_{\alpha/2,\ f} \tag{4-38}$$

如果成立，则说明原假设成立，否则表明发生了小概率事件，应拒绝原假设。

下面仍用一个实例来加以具体说明。

某钢厂测定铁水中的含碳量，在稳定生产情况下，可假定服从正态分布，其方差按往常冷料可定为 0.048^2，某日测定 5 炉铁水，测得的含碳量分别为：4.32，4.55，4.36，4.40，4.44。试问其方差与 0.048^2 是否存在显著性（显著性水平 $\alpha=0.10$）差异。

解：(1) 建立原假设 H_0：$s^2=\sigma_0^2=0.048^2$。

(2) 计算样本统计量：

$$\begin{aligned}\chi^2_{样本} &= (n-1)s^2/\sigma_0^2 = \sum (x_i-\overline{x})^2/\sigma^2 \\ &= [(4.32-4.414)^2+(4.55-4.414)^2+(4.36-4.414)^2+ \\ &\quad (4.40-4.414)^2+(4.44-4.414)^2]/0.048^2 \\ &= [(0.094)^2+(0.136)^2+(0.054)^2+(0.014)^2+(0.026)^2]/0.048^2 \\ &= 13.5\end{aligned}$$

(3) 给定显著性水平 $\alpha=0.10$，由 $\chi^2_{\alpha/2,4}=9.49$，$\chi^2_{1-\alpha/2,4}=0.711$，得

$$P\{0.711 \leqslant \chi^2_{样本} \leqslant 9.49\}=0.90$$

由于 13.5 不在区间 [0.711，9.49] 之内，因而否定 H_0，认为方差显著改变了，铁水中的碳含量不稳定。

2. 两个总体方差检验

若 x_1，x_2，…，x_{n1} 为总体 $N(\mu_1, \sigma_1^2)$ 的 n_1 个样本，y_1，y_2，…，y_{n2} 为总体 $N(\mu_1, \sigma_2^2)$ 的 n_2 个样本，且它们相互独立，由于：

$$(n_1-1)s_1^2/\sigma_1^2 \sim \chi^2(n_1-1)$$

$$(n_2-1)s_2^2/\sigma_2^2 \sim \chi^2(n_2-1)$$

有
$$(s_1^2/\sigma_1^2)/(s_2^2/\sigma_2^2) \sim F_{(n_1-1,\ n_2-1)}$$

即 s_1^2/s_2^2 服从第一自由度为 (n_1-1)，第二自由度为 (n_2-1) 的 F 分布（参见第十章），若假设 H_0，$\sigma_1^2=\sigma_2^2$ 成立，则

$$s_1^2/s_2^2 \sim F_{(n_1-1,\ n_2-1)}$$

即 s_1^2/s_2^2 服从第一自由度为（n_1-1）第二自由度为（n_2-1）的 F 分布，且不带未知参数。因此

$$F_{样本}=s_1^2/s_2^2$$

就可作为原假设 H_0的检验统计量。由上式作为检验统计量进行显著性检验的方法，就称为 F 检验。

F 检验的原理，可以这样来理解。因为样本方差 s_1^2 和 s_2^2 分别是总体方差 σ_1^2 和 σ_2^2 的无偏估计，s_1^2 和 s_2^2 理应分别在 σ_1^2 和 σ_2^2 附近摆动。因此，如果原假设 $\sigma_1^2=\sigma_2^2$ 成立，$F_{样本}=s_1^2/s_2^2$ 太大或太小，则表明原假设 H_0不正确，应拒绝原假设。

现仍以一个实例对 F 检验方法加以具体介绍。

设用两种不同方法冶炼某种金属材料，分别抽样测定其杂质的含量（%），得表 4-11：

表 4-11　两种不同冶炼方法所得的杂质含量　　单位：%

原冶炼方法	新冶炼方法	原冶炼方法	新冶炼方法
26.9	22.6	26.4	23.4
22.8	22.5	27.2	
25.7	20.6	30.2	
23.0	23.6	24.5	
22.3	24.3	29.5	
24.2	21.9	25.1	
26.1	23.2		

问这两种冶炼方法所得的杂质含量的方差是否存在显著性差异。

解：将原方法和新方法的杂质含量分别计为ξ和 η，假定ξ服从正态分布 $N(\mu_1, \sigma_1^2)$，η 服从正态分布 $N(\mu_2, \sigma_2^2)$，根据所提问题，提出如下原假设 H_0：$\sigma_1^2=\sigma_2^2$。

根据所得数据计算 F 检验统计量：$F_{样本}=s_1/s_2$。

$$n_1=13,\ \bar{x}=25.68,\ s_1^2=\frac{1}{12}\sum_{i=1}^{13}(x_i-\bar{x})^2=6.178$$

$$n_2=9,\ \bar{y}=22.51,\ s_2^2=\frac{1}{8}\sum_{i=1}^{9}(y_i-\bar{y})^2=1.652$$

$$F_{样本(12,8)}=s_1^2/s_2^2=6.178/1.652=3.74$$

对于给定的显著性水平 $\alpha=0.05$，在 F 分布表中查得第一自由度为 12，第二自由度为 8 的临界值 $F_{(12,8)}=3.28$，由于 $3.74>3.28$，因而拒绝原假设 H_0，认为这两种冶炼方法的杂质含量的方差是显著不同的。

在此，值得提出的是，在编制 F 分布表时，是将大方差作分子，小方差作分母，所以在由样本值计算统计量 $F_{样本}$时，也要将样本方差 s_1和 s_2中数值较大的一个作分子，较小的一个作分母。

参考文献

[1] Brynn Hibbert D. quality assurance for the analytical chemistry laboratory. Oxford University Press，2007.

[2] Elizabeth Prichard，Vicki Barwick. quality assurance in analytical chemistry. John Wiley & Son Ltd，2007.

[3] Luc Massart D，Vandeginste. Handbook of Chemometrics and Qualimetrics. Elsevier，1998.

[4] Danzer K. Analytical Chemistry，Theoretical and Metrological Fundamentals. Springer，2007.

[5] ISO (1993a), International vocabulary of basic and general terms in metrology. 2nd ed. Geneva: International Organization for Standardization, 1993.

[6] Joint Committee for Guides in Metrology (2007), International vocabulary of basic and general terms in metrology. 3rd ed. Geneva: International Organization for Standardization, 2007.

[7] EURACHEM (2000), Quantifying uncertainty in analytical measurement. 2nd ed//Rosslein M, Ellison S L R, Williams A. EURACHEM/CITAC, Teddington UK, 2000.

[8] ISO (1993b), Guide to the expression of uncertainty in measurement. Geneva: International Organization for Standardization, 1993.

[9] Horwitz W. The certainty of uncertainty. Journal of AOAC International, 2003, 86: 109.

[10] International Vocabulary of Basic and General Terms in Metrology. 3rd edition. ISO, Geneva, 2007.

[11] Satterthwaite F E. Psychometrika, 1941, 6 (5): 309.

[12] Miller J N, Miller J C. Statistics and Chemometrics for Analytical Chemistry. 5th Edition. ISBN 0-131-291920, Pearson Education Ltd, Harlow, UK, 2005.

[13] Horwitz W. J Assoc Off Anal Chem, 1983, 66: 1295.

[14] Thompson M. Analyst, 2000, 125: 385.

[15] International Vocabulary of Basic and General Terms in Metrology. 2nd Edition. ISBN 92-67-10175-1, International Organization for Standardization (ISO), Geneva, Switzerland, 1993.

[16] Quality Management Systems-Fundamentals and Vocabulary. ISO 9000: 2005, International Organization for Standardization (ISO), Geneva, Switzerland, 2005.

[17] Quality Management Systems-Requirements. ISO 9001: 2000, International Organization for Standardization (ISO), Geneva, Switzerland, 2000.

[18] General Requirements for the Competence of Testing and Calibration Laboratories. ISO/IEC 17025: 2005, International Organization for Standardization (ISO) / International Electrotechnical Commission (IEC), Geneva, Switzerland, 2005.

[19] Conformity Assessment-Vocabulary and General Principles. ISO/IEC 17000: 2004, International Organization for Standardization (ISO)/International Electrotechnical Commission (IEC), Geneva, Switzerland, 2004.

[20] The Scope of Accreditation and Consideration of Methods and Criteria for the Assessment of the Scope in Testing. ILAC G18: 2002, International Laboratory Accreditation Cooperation (ILAC), Silverwater, Australia, 2002.

[21] UKAS Guidance on the Implementation and Management of Flexible Scopes of Accreditation within Laboratories. LAB39, United Kingdom Accreditation Service (UKAS), Feltham, UK, 2004.

[22] Medical Laboratories-Particular Requirements for Quality and Competence. ISO 15189: 2003, International Organization for Standardization (ISO), Geneva, Switzerland, 2003.

[23] Shewhart Control Charts. ISO 8258: 1991, International Organization for Standardization (ISO), Geneva, Switzerland, 1991.

[24] Cumulative Sum Charts-Guidance on Quality Control and Data Analysis Using CUSUM Techniques. ISO/TR 7871: 1997, International Organization for Standardization (ISO), Geneva, Switzerland, 1997.

[25] Guide to Data Analysis and Quality Control Using CUSUM Techniques. Uses and Value of CUSUM Charts in Business, Industry, Commerce and Public Service. BS 5703-1: 2003, British Standards Institute (BSI), London, UK, 2003.

[26] Guide to Data Analysis and Quality Control Using CUSUM Techniques. Introduction to Decision-Making Using CUSUM Techniques. BS 5703-2: 2003, British Standards Institute (BSI), London, UK, 2003.

[27] Guide to Data Analysis and Quality Control Using CUSUM Techniques. CUSUM Methods for Process/Quality Control Using Measured Data. BS 5703-3: 2003, British Standards Institute (BSI), London, UK, 2003.

[28] Vessma J, Stefan R I, van Staden J F, et al. Pure Appl Chem, 2001, 73: 1381.

[29] Long G L, Winefordner J D. Anal Chem, 1983, 55: 712A.

[30] Liteanu C, Rica I. Microchimica Acta, 1975, Ⅱ: 311.

[31] Cheeseman R V, Wilson A L. NS30, A Manual on Analytical Quality Control for the Water Industry. ISBN 0902156-853, Water Research Centre plc, Marlow, UK, 1989.

[32] Currie L. Pure Appl Chem, 1995, 67 (10): 1699.

[33] Kateman G, Buydens L. Quality in Analytical Chemistry. 2nd Edition, ISBN 0-471-55777-3, John Wiley & Sons, Ltd, Chichester, UK, 1993.

[34] Barwick V. Preparation of Calibration Curves. A Guide to Best Practice. Valid AnalyticalMeasurement (VAM) Programme, LGC, Teddington, UK,

2003. http：//www. vam. org. uk.

[35] Miller J N，Miller J C. Statistics and Chemometrics for Analytical Chemistry. 5th Edition. ISBN 0-131-291920，Pearson Education Ltd，Harlow，UK，2005.

[36] Youden W J，Steiner E H. Statistical Manual of the Association of Official Analytical Chemists. ISBN 0-935584-15-3，Association of Official Analytical Chemists（AOAC），Arlington，VA，USA，1975.

[37] Plackett R L，Burman J P. Biometrika，33，305trika，R. L.

[38] Traceability in Chemical Measurement：A Guide to Achieving Comparable Results in Chemical Measurement，Eurachem，Co-operation on International Traceability in Analytical Chemistry（CITAC），2003. http：//www. eurachem. org.

[39] Barwick V，Wood S，Eds. An Analyst' s Guide to Meeting the Traceability Requirements of ISO 17025. 3rd Edition. ISBN 0-948926-23-6，LGC，Teddington，UK，2005. http：//www. vam. org. uk（accessed 4 December，2006）.

[40] Reference Materials-General and Statistical Principles for Certification. ISO Guide 35，International Organization for Standardization（ISO），Geneva，Switzerland，2006.

[41] Emons H，Fajgelj A，van der Veen A M H，Watters R. Accred Qual Assur，2006，10：576.

[42] General Requirements for the Competence of Reference Materials Producers. ISO Guide 34，International Organization for Standardization（ISO），Geneva，Switzerland，2000.

[43] Reference Materials-Contents of Certificates and Labels. ISO Guide 31，International Organization for Standardization（ISO），Geneva，Switzerland，2000.

[44] 邓勃. 数理统计方法在分析测试中的应用. 北京：化学工业出版社，1984.

[45] Liteanu C，Rica I. Statistical Theory and Methodology of Trace Analysis. Chichester：Ellis Horwood Limited，1980.

第五章　分析信号处理方法

分析信号处理方法主要涉及现代信号处理的理论和方法以及近年来发展的小波分析新方法，均属于本章讨论的内容[1,2]。本章在分析信号的预处理方法的介绍方面，对于一般常用的经典方法，如分析信号的平滑方法、分析信号的求导方法、分析信号的变换方法、分析信号的背景扣除方法和色谱分析信号的漂移校准方法都将给出必要的介绍，但主要着重点将放在介绍目前已经或开始受到化学计量学研究重视的多变量处理的新方法之上，即基于卡尔曼滤波、小波变换的信号预处理方法、分析信号的背景扣除方法和色谱分析信号的漂移校准方法，对于这些方法，在详细介绍它们的基本原理的基础上，对它们的基本思路和基本算法亦将给出详细介绍，并给出相应的计算机程序和计算时所需的数据表格，以供读者方便使用。

第一节　分析信号的平滑方法

平滑方法是分析信号预处理中一种常用的去噪以提高信噪比的方法，在分析化学的信号预处理中得到了相当广泛的应用。本节所介绍的平滑方法包括最简单的移动窗口平均法、移动窗口多项式最小二乘平滑法、中位数稳健平滑法、粗糙惩罚平滑法。

一、移动窗口平均法

因为对一组含噪声的量测数据进行均值运算时可显著地提高量测数据的信噪比，故此方法可用来对分析信号进行平滑处理，是平滑处理中一个最简单方法。

对于一个含噪声的波谱或电化学谱（其量测点为 n 个），若对其中第 i 个点及其前后各 m 个数据点进行平均，使得参加平均的数据点一共为 $N=2m+1$，则移动窗口平均法的计算公式为：

$$x_{i,\text{平滑后}}=\frac{1}{N}\sum_{j=-m}^{m}x_{i+j,\text{平滑前}}\quad (i=1,\ \cdots,\ n)$$

明显可知平滑后的第 i 个点的数值是这（$2m+1$）个量测数据的平均值，（$2m+1$）也就是窗口的宽度。然后依次移动此窗口，由上式求得第（$i+1$）个点上的平滑后数据，直至将整个波谱量测点数据计算完，故此法有移动窗口平均法之称，有时也称为车厢法（car-box method）。图 5-1 对此给出了一个形象示意图[1]。

从图 5-1 中还可以看出，采用这种移动窗口法对波谱量测值前 m 个点以及后 m 个点不能进行平滑运算，故所得的平滑后波谱会有丢失这些边界点信息的损失。另外，窗口宽度（$2m+1$）的选择也是一个值得讨论的重要因素，窗口太小时（如 $2m+1=3$）平滑去噪效果将不佳，而窗口太大时，由于此法是进行简单求均值运算，平滑后的波谱有波形失真之弊。在选用此法进行平滑处理时，这些都是值得考虑的因素。

二、移动窗口多项式最小二乘平滑法

在此介绍的移动窗口多项式最小二乘平滑法（也称拟合法）是由 Savitzky 与 Golay[3] 共

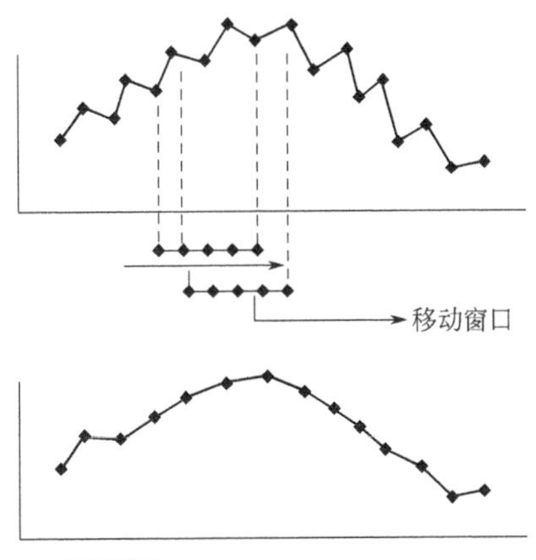

图 5-1　移动窗口平均法示意图

同提出的，此法不是采用简单平均运算，而是在移动窗口运算中引入多项式最小二乘拟合，故该法可做到既能去噪提高分析信号的信噪比，又可较好地保持分析信号（波谱）中的有用信息。此法虽早在 20 世纪 60 年代提出，至今仍在分析化学信号预处理中频繁使用。

移动窗口多项式最小二乘拟合法计算的基本思路与前述移动窗口平均法是类似的，唯一不同的地方只是此法没有使用简单的平均而是通过多项式来对移动窗口之内的波谱点进行多项式最小二乘拟合，将窗口内 $N=2m+1$ 个等距离点（m 一般可取 1～12）的数据，拟合为 $(k-1)$ 阶多项式：

$$x_j^i=a_0+a_1j+a_2j^2+\cdots+a_kj^k$$

$$(j=-m,-m+1,\cdots,m-1,m;\quad i=1,\cdots,n) \tag{5-1}$$

通过对式（5-1）进行最小二乘拟合就可得到一个求得 x_0^i（即窗口内中心点）的计算公式，以后就可以看到，所得公式与移动窗口平均法的唯一不同点就在于多项式拟合法实质上是一种加权平均法，它更强调中心点的中心作用而已。图 5-2 示出了移动窗口多项式最小二乘平滑法基本原理。

下面以一个窗口为 5 的二次多项式为例来加以具体说明。根据式（5-1），有：

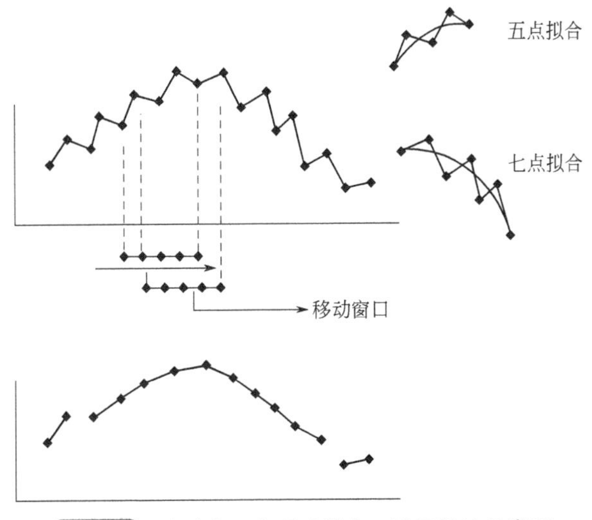

图 5-2　移动窗口多项式最小二乘平滑法示意图

$$\begin{cases} x_{-2}^{i-2}=a_0+a_1(-2)+a_2(-2)^2 & (5\text{-}2a) \\ x_{-1}^{i-1}=a_0+a_1(-1)+a_2(-1)^2 & (5\text{-}2b) \\ x_0^{i}=a_0+a_1(0)+a_2(0)^2 & (5\text{-}2c) \\ x_1^{i+1}=a_0+a_1(1)+a_2(1)^2 & (5\text{-}2d) \\ x_2^{i+2}=a_0+a_1(2)+a_2(2)^2 & (5\text{-}2e) \end{cases}$$

亦即：

$$\begin{cases} x_{-2}^{i-2}=a_0-2a_1+4a_2 \\ x_{-1}^{i-1}=a_0-a_1+a_2 \\ x_0^{i}=a_0 \\ x_1^{i+1}=a_0+a_1+a_2 \\ x_2^{i+2}=a_0+2a_1+4a_2 \end{cases} = \begin{bmatrix} 1 & -2 & 4 \\ 1 & -1 & 1 \\ 1 & 0 & 0 \\ 1 & 1 & 1 \\ 1 & 2 & 4 \end{bmatrix} \begin{bmatrix} a_0 \\ a_1 \\ a_2 \end{bmatrix} \tag{5-3}$$

令

$$\boldsymbol{X}=\boldsymbol{M}\boldsymbol{a}$$

其中

$$\boldsymbol{X}=\begin{bmatrix} x_{-2}^{i-2} \\ x_{-1}^{i-1} \\ x_0^{i} \\ x_1^{i+1} \\ x_2^{i+2} \end{bmatrix} \tag{5-4}$$

$$\boldsymbol{M}=\begin{bmatrix} 1 & -2 & 4 \\ 1 & -1 & 1 \\ 1 & 0 & 0 \\ 1 & 1 & 1 \\ 1 & 2 & 4 \end{bmatrix},\quad \vec{\boldsymbol{a}}=\begin{bmatrix} a_0 \\ a_1 \\ a_2 \end{bmatrix} \tag{5-5}$$

解此方程可得

$$\hat{\vec{\boldsymbol{a}}}=(\boldsymbol{M}^{t}\boldsymbol{M})^{-1}\boldsymbol{M}^{t}\vec{\boldsymbol{X}}$$

将所求$\hat{\vec{\boldsymbol{a}}}$代入式$\vec{\boldsymbol{X}}=\boldsymbol{M}\hat{\boldsymbol{a}}=\boldsymbol{M}(\boldsymbol{M}^{t}\boldsymbol{M})^{-1}\boldsymbol{M}^{t}\hat{\boldsymbol{X}}$中，即可得

$$\begin{cases} \hat{x}_{-2}^{i-2}=\frac{1}{35}(31x_{-2}^{i-2}+9x_{-1}^{i-1}-3x_0^{i}-5x_1^{i+1}+3x_2^{i+2}) & (5\text{-}6a) \\ \hat{x}_{-1}^{i-1}=\frac{1}{35}(9x_{-2}^{i-2}+13x_{-1}^{i-1}+12x_0^{i}+6x_1^{i+1}-5x_2^{i+2}) & (5\text{-}6b) \\ \hat{x}_0^{i}=\frac{1}{35}(-x_{-2}^{i-2}+12x_{-1}^{i-1}+17x_0^{i}+12x_1^{i+1}-3x_2^{i+2}) & (5\text{-}6c) \\ \hat{x}_1^{i+1}=\frac{1}{35}(-5x_{-2}^{i-2}+6x_{-1}^{i-1}+12x_0^{i}+13x_1^{i+1}+9x_2^{i+2}) & (5\text{-}6d) \\ \hat{x}_2^{i+2}=\frac{1}{35}(3x_{-2}^{i-2}-5x_{-1}^{i-1}-3x_0^{i}+9x_1^{i+1}+3x_2^{i+2}) & (5\text{-}6e) \end{cases}$$

在上述方程中，$\hat{x}_j^i$($j=-2,-1,0,1,2;i=1,\cdots,n$)是估计值 x_i^j 计算而得，其上标 i 为波谱测量点的位置（紫外光谱为波长，红外光谱为波数，电化学谱则为电位或其他变量离散点)。而下标 j 则表示在窗口中相对于中心点 0 的位置点，故有正负之别，负数表示在中心点 0 位置的左边，正数表示在中心点的右边。

如前所述，移动窗口多项式最小二乘平滑法与移动窗口平均法的差别仅在于前者是一种强调中心点作用的加权平均，故在上述式（5-6a)～式（5-6c）中，移动窗口多项式最小二乘拟合法真正用到的只是中心点，即$\hat{x}_0^i$ 的表达式

$$\hat{x}_0^i=\frac{1}{35}(-3x_{-2}^{i-2}+12x_{-1}^{i-1}+17x_0^{i+1}+13x_1^{i+1}-x_2^{i+2}) \tag{5-7}$$

除去移动窗口位置下标，并将其整理成如 $x_{i,\text{平滑后}}=\frac{1}{N}\sum_{j=-m}^{m}x_{i+j,\text{平滑前}}$ 相类似式子后得：

$$x_0^i=\frac{1}{A}\sum_{j=-m}^{m}w_jx^{i+j} \tag{5-8}$$

式（5-8）可称为移动窗口多项式最小二乘平滑法的通式，式中，A 可称为归一化常数；($2m+1$）为窗口宽度；w_j 为相应的权重数，故在窗口宽度确定以后，就有其相应的 w_j。值得指出的是多项式次数的选择是可变的，前述例子只是给出了二次多项式平滑的例子。实际亦可用三次、四次甚至更高次的多项式来拟合。当然相应的归一化常数和权重就会发生变化。为此 Savitzky 和 Golay 就计算出了一系列不同权重与归一化常数，以表（参见表 5-1 和表 5-2）的形式给出使读者可直接使用它们来进行平滑计算。显然，w_j($j=-m$，…，m）的个数也就是窗口的宽度。为方便读者直接进行平滑，也将这些表列于本节之中。

值得提出的是，Savitzky 和 Golay 给出的表中存在一些错误，后由 J. Steinier 等对其进行了修正[4]，并由 Gorry 给出了更一般的形式和计算边界点公式[5]，本书给出的表是经过修正的。

表 5-1 移动窗口多项式拟合平滑权重系数表（多项式次数：2 或 3）

窗口宽度 ($N=2m+1$)	25	23	21	19	17	15	13	11	9	7	5
−12	−253										
−11	−138	−42									
−10	−33	−21	−171								
−9	62	−2	−76	−136							
−8	147	15	9	−51	−21						
−7	222	30	84	24	−6	−78					
−6	287	43	149	89	7	−13	−11				
−5	343	54	204	144	18	42	0	−36			
−4	387	63	249	189	27	87	9	9	−21		
−3	422	70	284	224	34	122	16	44	14	−2	
−2	447	75	309	249	39	147	21	69	39	3	−3
−1	462	78	324	264	42	162	24	84	54	6	12
0	467	79	329	269	43	167	25	89	59	7	17
1	462	78	324	264	42	162	24	84	54	6	12
2	447	75	309	249	39	147	21	69	39	3	−3
3	422	70	284	224	34	122	16	44	14	−2	

续表

窗口宽度 ($N=2m+1$)	25	23	21	19	17	15	13	11	9	7	5
4	387	63	249	189	27	87	9	9	−21		
5	343	54	204	144	18	42	0	−36			
6	287	43	149	89	7	−13	−11				
7	222	30	84	24	−6	−78					
8	147	15	9	−51	−21						
9	62	−2	−76	−136							
10	−33	−21	−171								
11	−138	−42									
12	−253										
归一化常数	5175	805	3059	2261	323	1105	143	429	231	21	35

表 5-2 移动窗口多项式拟合平滑权重系数表（多项式次数：4 或 5）

窗口宽度 ($N=2m+1$)	25	23	21	19	17	15	13	11	9	7
−12	1265									
−11	−345	95								
−10	−1122	−38	11628							
−09	−1255	−95	−6460	340						
−08	−915	−95	−13005	−255	195					
−07	−255	−55	−11220	−420	−195	2145				
−06	590	10	−3940	−290	−260	−2860	110			
−05	1503	87	6378	18	−117	−2937	−198	18		
−04	2385	165	17655	405	135	−165	−135	−45	15	
−03	3155	235	28190	790	415	3755	110	−10	−55	5
−02	3750	290	36660	1110	660	7500	390	60	30	−30
−01	4125	325	42120	1320	825	10125	600	120	135	75
00	4253	−337	44003	1393	883	11063	677	143	179	131
01	4125	325	42120	1820	825	10125	600	120	135	75
02	3750	290	36660	1110	660	7500	390	60	30	−30
03	3155	235	28190	790	415	3755	110	−10	−55	5
04	2385	165	17655	405	135	−165	−135	−45	15	
05	1503	87	6378	18	−117	−2937	−198	18		
06	590	10	−3940	−290	−260	−2860	110			
07	−255	−55	−11220	−420	−195	2145				
08	−915	−95	−13005	−255	195					
09	−1255	−95	−6460	340						
10	−1122	−38	11628							
11	−345	95								
12	1265									
归一化常数	30015	6555	260015	7429	4199	46189	2431	429	429	231

三、移动窗口中位数稳健平滑法

由于平均数的计算和最小二乘估计是非稳健的（non-robust）（参见第六章广义灰色分

析体系中的稳健估计)，所以对于一些存在有奇异点的波谱，前述两种平滑法皆难于给出满意的结果。如果用稳健的中位数来代替平均数，就构成了移动窗口稳健中位数平滑法，此法的基本计算过程与窗口移动平均法完全一样。只需将其计算公式作一改动即可。

$$x_{i,\text{平滑后}}=\text{median}(x_{i+j})\quad j=(-m,\ \cdots,\ m)$$

此法虽然简单，但仍不失为一个可用的稳健平滑方法。

四、粗糙惩罚平滑法

在前述几小节讨论的平滑方法中，移动窗口多项式最小二乘平滑法在化学波谱数据预处理中得到了相当广泛的应用，确为一个较好的平滑方法。然而，该法也存在一些弱点：①该法是一种基于最小二乘拟合的方法，很不稳健，其崩溃点为 $1/n$（参见第六章广义灰色分析体系中的稳健估计)，故对于存在异常点的数据，所得结果将不尽如人意。②该法本质上是一种参数估计法，其结果与适当参数选取密切相关，其中窗口的密度、多项式的次数的选取就十分重要，不同的参数得到的结果就不尽相同。③由于该法实质上采用中心点来进行加权估计，所以有边界点信息丢失之虞。窗口越大，丢失的点就越多。虽提出了一个边界点计算方法，但其应用远不及原始 Savitzky 和 Golay 法广泛。所以，发展更有效的方法仍有必要。

本节所讨论的粗糙惩罚平滑法是一种非参数估计的方法，故可克服前述 Savitzky 法的缺点。该法是由英国统计学家 Silverman 提出，其基本思路是在最小二乘估计的基础上再加上一个粗糙惩罚项，其目标函数为：

$$S[f(w)]=\sum_{i=1}^{n}(x_i-f_i)^2+\alpha\int_{w_1}^{w_n}[f''(w)]^2\mathrm{d}w \tag{5-9}$$

式中，f 是一个任意二阶可微函数；$x_i(i=1,\cdots,n)$为在某波谱（包括电化学谱）中的量测点数据；f_i 或 $f(w_i)$为 $f(w)$在 $w_i(i=1,\cdots,n)$上的函数值；$f''(w)$为其二阶导数；α 为惩罚参数，其大小决定了惩罚项在目标函数中的作用。其外，此目标函数用了 f 的二阶导数积分值作为其惩罚项，实因二阶导数之积分值是任一曲线粗糙性的最好度量，其与样条的张力能（strain energy）是成正比的。

从上述目标函数可以看出，粗糙惩罚平滑法一方面注意到了拟合的作用（此点优于简单平均)，另一方面，又注意到了测量数据的粗糙性，越是粗糙和不光滑的测量数据中噪声的成分就越大，受到的惩罚亦越大。通过交叉校验（cross-validation）来决定 α，则可使该目标函数在对拟合噪声惩罚达到最好的平衡，以最大限度保证分析信号既不失真又能除噪，取得最好的平滑效果。在此，必须指出的另一点是，由于 f 为任一二阶可微函数，所以此目标函数为求一泛函最优问题。

正由于这问题为一泛函寻优问题，一般很难用经典方法求解，故此法的求解方式是首先转换成矩阵形式，继续将其变形，从而得到它的最优解。

首先，可以证明，

$$\int_{w_1}^{w_n}[f''(w)]^2\mathrm{d}w=\boldsymbol{f}'\boldsymbol{K}\boldsymbol{f} \tag{5-10}$$

式中，$\boldsymbol{K}$ 为一$(n\times n)$阶矩阵，$\boldsymbol{f}=[f_1,\cdots,f_n]^{\mathrm{t}}$，即所求函数在 n 个样点上的函数值。$\boldsymbol{K}$ 矩阵可由下列方法来构成。

首先令 $h_i=w_{i+1}-w_i(i=1,\cdots,n-1)$，继先构成两个矩阵，即矩阵 $\boldsymbol{Q}_{n\times(n-2)}$ 和矩阵 $\boldsymbol{R}_{(n-2)\times(n-2)}$，其中矩阵 $\boldsymbol{Q}$ 的元素可由式（5-11）定义：

$$q_{j-1,j}=1/h_{j-1};\ q_{jj}=-1/h_{j-1}-1/h_j;\ q_{j+1,j}=1/h_j \qquad (5\text{-}11)$$
$$j=2,\ \cdots,\ n-1$$

而对于一般的元素 q_{ij}，当 $|i-j|\geqslant 2$ 时，$q_{ij}=0$（$i=1,\ \cdots,\ n;\ j=1,\ \cdots,\ n-1$）。所以有

$$\boldsymbol{Q}=\begin{bmatrix} 1/h_1 & 0 & 0 & \cdots & 0 \\ 1/h_1-1/h_2 & 1/h_2 & 0 & \cdots & 0 \\ 1/h_2 & 1/h_2-1/h_3 & 1/h_3 & & \vdots \\ 0 & 1/h_3 & 1/h_3-1/h_4 & \vdots & \\ 0 & 0 & 1/h_4 & & \\ & & 0 & & \\ \vdots & \vdots & \vdots & & 1/h_{n-2} \\ 0 & 0 & 0 & 1/h_{n-2} & 1/h_{n-2}-1/h_{n-1} \\ 0 & 0 & 0 & 0 & 1/h_{n-1} \end{bmatrix}_{n\times(n-2)}$$

矩阵 $\boldsymbol{R}$ 则为一个（$n-2$）×（$n-2$）对称方阵，其主要非零元素

$$r_{ii}=(h_{i-1}+h_i)/3 \qquad (i=2,\ \cdots,\ n-1) \qquad (5\text{-}12)$$
$$r_{i,i+1}=r_{i+1,i}=h_i/6 \qquad (i=2,\ \cdots,\ n-1) \qquad (5\text{-}13)$$

而当 $|i-j|\geqslant 2$ 时，$r_{ij}=0$，即

$$\boldsymbol{R}=\begin{vmatrix} (h_1+h_2)/3 & h_2/6 & 0 & \cdots & 0 & 0 \\ h_2/6 & (h_2+h_3)/3 & h_3/6 & \cdots & 0 & 0 \\ 0 & h_3/6 & (h_3+h_4)/3 & \cdots & 0 & 0 \\ 0 & 0 & h_4/6 & \cdots & 0 & \\ 0 & 0 & 0 & \cdots & \vdots & \vdots \\ & & 0 & \cdots & & \\ \vdots & \vdots & 0 & \cdots & 0 & \\ & & \vdots & \cdots & h_{n-3}/6 & 0 \\ & & & \cdots & (h_{n-2}+h_{n-1})/3 & h_{n-2}/6 \\ 0 & 0 & 0 & \cdots & h_{n-2}/6 & (h_{n-2}+h_{n-1})/3 \end{vmatrix}_{(n-2)\times(n-2)}$$

如果所需平滑的波谱（包括电化学谱）是等距（等时）采样的，则上述两个矩阵 $\boldsymbol{Q}$ 和 $\boldsymbol{R}$ 就可简化为

$$\boldsymbol{R}=\begin{vmatrix} 2/3 & 1/6 & 0 & \cdots & 0 & 0 \\ 1/6 & 2/3 & 1/6 & \cdots & 0 & 0 \\ 0 & 1/6 & 2/3 & \cdots & 0 & 0 \\ 0 & 0 & 1/6 & \cdots & 0 & \vdots \\ 0 & 0 & 0 & \cdots & \vdots & \vdots \\ \vdots & \vdots & 0 & \cdots & \vdots & \vdots \\ \vdots & \vdots & 0 & \cdots & 0 & \vdots \\ \vdots & \vdots & \vdots & \cdots & 1/6 & 0 \\ \vdots & \vdots & \vdots & \cdots & 2/3 & 1/6 \\ 0 & 0 & 0 & \cdots & 1/6 & 2/3 \end{vmatrix}_{(n-2)\times(n-2)}$$

如果 $f(w)$ 可由一个自然立方样条（natural cubic spline）函数表出，而且在每一样点 $w_1<\cdots<w_n$ 上，下式成立，即

$$f_i=f(w_i),\ \gamma_i=f''(w_i) \qquad (i=1,\ 2,\ \cdots,\ n)$$

而且，该函数在边界点，即 w_1 和 w_n 上的二阶和三阶导数值皆为零，则下面的引理成立。

引理：矢量 $f(w)$ 和γ定义了一个自然立方样条函数 $f(w)$，当且仅当下述条件

$$Q^{\mathrm{t}}f=R\gamma \tag{5-14}$$

成立。如式（5-14）成立，则惩罚项可满足式（5-15）

$$\int_{w_1}^{w_n}[\boldsymbol{f}''(w)]^2\mathrm{d}w=\boldsymbol{\gamma}^{\mathrm{t}}\boldsymbol{R}\boldsymbol{\gamma}=\boldsymbol{f}^{\mathrm{t}}\boldsymbol{K}\boldsymbol{f} \tag{5-15}$$

此引理的证明可参阅文献[6]。

利用此引理，可容易地求出矩阵 $\boldsymbol{K}$ 的表达式。因为

$$\boldsymbol{\gamma}=\boldsymbol{R}^{-1}\boldsymbol{Q}^{\mathrm{t}}\boldsymbol{f} \tag{5-16}$$

$$\boldsymbol{\gamma}^{\mathrm{t}}=\boldsymbol{f}^{\mathrm{t}}\boldsymbol{Q}^{\mathrm{t}}(\boldsymbol{R}^{-1})^{\mathrm{t}}=\boldsymbol{f}^{\mathrm{t}}\boldsymbol{Q}^{\mathrm{t}}\boldsymbol{R}^{-1} \tag{5-17}$$

实因 $\boldsymbol{R}$ 为一对称方阵。对照前述式(5-16)及式(5-17)可得

$$\boldsymbol{K}=\boldsymbol{Q}\boldsymbol{R}^{-1}\boldsymbol{Q}^{\mathrm{t}} \tag{5-18}$$

由于求出了 $\boldsymbol{K}$ 矩阵的表达式，可将粗糙惩罚平滑法的目标函数式用矩阵形式表达如下：

$$\begin{aligned}S[f(w)]&=\sum_{i=1}^{n}(x_i-f_i)^2+\alpha\int_{w_1}^{w_n}[f''(w)]^2\mathrm{d}w\\&=(\boldsymbol{x}-\boldsymbol{f})^{\mathrm{t}}(\boldsymbol{x}-\boldsymbol{f})+\alpha\boldsymbol{f}^{\mathrm{t}}\boldsymbol{K}\boldsymbol{f}\\&=\boldsymbol{x}^{\mathrm{t}}\boldsymbol{x}-2\boldsymbol{f}^{\mathrm{t}}\boldsymbol{x}+\boldsymbol{f}^{\mathrm{t}}(\boldsymbol{I}+\alpha\boldsymbol{K})\boldsymbol{f}\end{aligned} \tag{5-19}$$

注意矩阵$(\boldsymbol{I}+\alpha\boldsymbol{K})$为一严格正定矩阵，这说明式(5-19)具有唯一的极小值，而且使式(5-19)成立的极小值的解为

$$\boldsymbol{f}=(\boldsymbol{I}+\alpha\boldsymbol{K})^{-1}\boldsymbol{x} \tag{5-20}$$

这是因为，目标函数 $S[f(w)]$可表示为

$$[\boldsymbol{f}-(\boldsymbol{I}+\alpha\boldsymbol{K})^{-1}\boldsymbol{x}]^{\mathrm{t}}(\boldsymbol{I}+\alpha\boldsymbol{K})[\boldsymbol{f}-(\boldsymbol{I}+\alpha\boldsymbol{K})^{-1}\boldsymbol{x}]+\boldsymbol{S} \tag{5-21}$$

式中，$\boldsymbol{S}$ 为一与 $\boldsymbol{f}$ 无关的常数项。从式（5-21）可以清楚看出，只有当$\boldsymbol{f}=(\boldsymbol{I}+\alpha\boldsymbol{K})^{-1}\boldsymbol{x}$ 时$S[f(w)]$将达到极小。

因 $\boldsymbol{x}=[x_1,\cdots,x_n]^{\mathrm{t}}$ 已知，$\boldsymbol{K}$ 可根据$\boldsymbol{K}=\boldsymbol{Q}\boldsymbol{R}^{-1}\boldsymbol{Q}^{\mathrm{t}}$ 求出，只要给定了 α，运用 Matlab 标准程序是很容易求出 $\boldsymbol{f}$ 来的。

原则上说 α 可由不同方法确定，本书介绍的是交叉校验法。可以证明[16]，如果是采用一次剔除一个样本点的算法，其交叉校验的总得分可由下式给出

$$CV=n^{-1}\sum_{i=1}^{n}\left(\frac{x_i-f_i}{1-A_{ii}(\alpha)}\right)^2 \tag{5-22}$$

式中，$A(\alpha)=(\boldsymbol{I}+\alpha\boldsymbol{K})^{-1}$，而 A_{ii}（α）（$i=1$，$\cdots$，n）是该矩阵的对角元素；$\boldsymbol{f}_i$ 为所估计的函数值。有关如何构成此交叉校验法的细节因涉及过多的数学推导，有兴趣的读者可

参阅文献[6]，在此不作赘述。

图 5-3 给出了一个用粗糙惩罚平滑法处理的一个实例。从图中可以看出，由交叉校验法给出的 α 的确可以达到既不失真又可除噪的最佳效果。

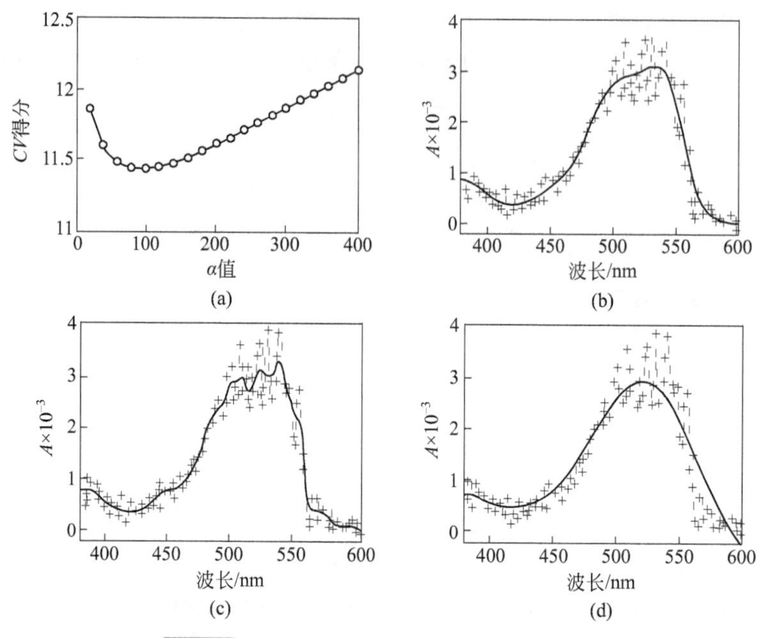

图 5-3 一个用粗糙惩罚平滑法处理的实例

(a) 交叉校验法的得分曲线，$\alpha=90$ 时具有最小值；(b) $\alpha=90$ 时的粗糙惩罚平滑结果；(c) $\alpha=30$ 时的粗糙惩罚平滑结果；(d) $\alpha=300$ 时的粗糙惩罚平滑结果

第二节 分析信号的求导方法

在波谱分析中，导数波谱为一重要的方法，如何直接从所得的离散波谱中获得导数波谱一直是分析化学中一个值得研究的问题。本节将对三种常用的求导方法进行介绍。

一、直接差分法

直接差分法是一种最简单的离散波谱求导方法，对于一个离散波谱 $x_i(i=1,\cdots,n)$，其采样波长（w_i）或时间点 $(t_i)(i=1,\cdots,n)$ 已知，则计算公式为

$$y_i=(x_{i+1}-x_i)/(w_{i+1}-w_i) \tag{5-23}$$

如果采样波长或时间为等距的，则式（5-23）可改写为

$$y_i=x_{i+1}-x_i \qquad (i=1,\cdots,n-1) \tag{5-24}$$

在 Matlab 中，有一个 deriv 函数，就是用式（5-24）来进行计算的。

直接差分法简单，但有两个缺点，一是所求导数谱比原始波谱少了一个采样点，而使其发生了半个点的位移，这对于使用原始波谱极值点数据带来误差；二是这种方法对于分辨率高的波谱或是采样时间点很密的波谱所求导数与实际相差不大，但对于一些分辨率低，即采样点稀的波谱，此法所求的变化率（导数）就存在较大误差了，所以在使用 Matlab 的 deriv 函数时一定要对这两点加以注意。图 5-4 示出了 deriv 函数的波谱求导的一个实例。如果波

谱的分辨率不够高时，所求出来的导数误差就很大了［参见图 5-4（d）］。

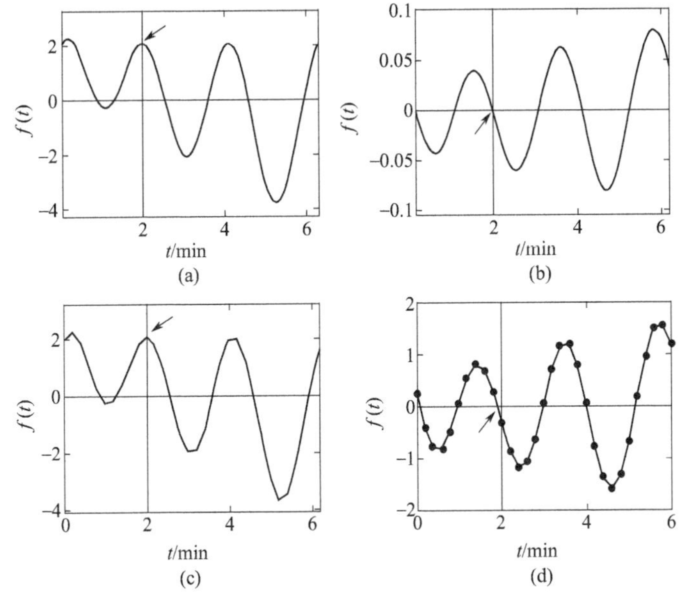

图 5-4　波谱求导的实例说明

（a）一个函数；（b）连续函数求导的结果；（c）Matlab 中 deriv 函数求导的实例；（d）求导结果

二、多项式最小二乘拟合求导法

在前一节有关分析信号的平滑方法中，介绍了 Savitzky 和 Golay 的窗口移动多项式最小二乘平滑法，实际上该法不但可用于平滑，亦可用于求导，实因其为一多项式拟合，对此多项式求导，就可直接得到求导所需的窗口中心点的加权平均表达式。此法求导所得的导数波谱，能克服前述简单差分法的弱点，导数谱不发生位移，可精确求得各采样点导数。

前述求窗口（$N=2m+1$）中的一个中心点 x_0^i 的表达式，即

$$x_j^{i+j}=a_0+a_1 j+a_2 j^2+\cdots+a_k j^k(i=1,\cdots,n)(j=-m,\cdots,0,\cdots,m) \tag{5-25}$$

一阶导数：

$$\mathrm{d}(x_j^{i+j})/\mathrm{d}(j)=a_1+2a_2 j+\cdots+ka_k j^{k-1} \tag{5-26}$$

当 $j=0$ 时，有

$$\mathrm{d}(x_j^{i+j})/\mathrm{d}(j)_{j=0}=a_1 \tag{5-27}$$

二阶导数：

$$\mathrm{d}^2(x_j^{i+j})/\mathrm{d}(j)=2a_2+6a_3 j^2+\cdots+(k-1)ka_k j^{k-1} \tag{5-28}$$

当 $j=0$ 时，有 $\mathrm{d}^2(x_j^{i+j})/\mathrm{d}(j)_{j=0}=2a_2$

如此等等，可一直求得该多项式的（$k-1$）阶导数。移动窗口法实际上是只使用中心点的信息，也就是当 $j=0$ 时的信息，所以有

$$\mathrm{d}^k(x_j^{i+j})/\mathrm{d}(j)_{j=0}=k!\ a_k \tag{5-29}$$

由此可知，如果求得了 $a_i(i=1,\cdots,k)$就可求出 1～k 阶的权重表达式。例如窗口宽度 $N=2m+1=9$，以 4 阶多项拟合得到的 3 阶的权重表达式如下：

$$x_0^{''',i}=(-14x_{-4}^{i-4}+7x_{-3}^{i-3}+13x_{-2}^{i-2}+9x_{-1}^{i-1}-9x_1^{i+1}-13x_2^{i+2}-7x_3^{i+3}+14x_4^{i+4}) \tag{5-30}$$

在这里将这样一些权重系数以表的形式(表 5-3～表 5-8)给出，以供读者选择使用。

表 5-3 移动窗口多项式拟合求一阶导数权重系数表（多项式次数：3 或 4）

窗口宽度 ($N=2m+1$)	25	23	21	19	17	15	13	11	9	7	5
−12	30866										
−11	8602	3938									
−10	−8525	815	84075								
−9	−20982	−1518	10032	6936							
−8	−29236	−3140	−43284	68	748						
−7	−33754	−4130	−78176	−4648	−98	12922					
−6	−35003	−4567	−96947	−7481	−643	−4121	1133				
−5	−33450	−4530	−101900	−8700	−930	−14150	−660	300			
−4	−29562	−4098	−95338	−8574	−1002	−18334	−1578	−294	86		
−3	−23806	−3350	−79564	−7372	−902	−17842	−1796	−532	−142	22	
−2	−16649	−2365	−56881	−5363	−673	−13843	−1489	−503	−193	−67	1
−1	−8558	−1222	−29592	−2816	−358	−7506	−832	−296	−126	−58	−8
0	0	0	0	0	0	0	0	0	0	0	0
1	8558	1222	29592	2816	358	7506	832	296	126	58	8
2	16649	2365	56881	5363	673	13843	1489	503	193	67	−1
3	23806	3350	79564	7372	902	17842	1796	532	142	−22	
4	29562	4098	95338	8574	1002	18334	1578	294	−86		
5	33450	4530	101900	8700	930	14150	660	−300			
6	35003	4567	96947	7481	643	4121	−1133				
7	33754	4130	78176	4648	98	−12922					
8	29236	3140	43284	−68	−748						
9	20982	1518	−10032	−6936							
10	8525	−815	−84075								
11	−8602	−3938									
12	−30866										
归一化常数	1776060	197340	3634092	255816	23256	334152	24024	5148	1188	252	12

表 5-4 移动窗口多项式拟合求一阶导数权重系数表（多项式次数：5 或 6）

窗口宽度 ($N=2m+1$)	25	23	21	19	17	15	13	11	9	7	5
−12	−8322182										
−11	6024183	−400653									
−10	9604353	359157	−15033066								
−9	6671883	489687	16649358	−255102							
−8	544668	265164	19052988	349928	−14404						
−7	−6301491	−106911	6402438	322378	24661	−78351					
−6	−12139321	−478349	−10949942	9473	16679	169819	−9647				
−5	−15896511	−752859	−26040033	−348823	−8671	65229	27093	−573			
−4	−17062146	−878634	−24807914	−604484	−32306	−130506	−12	2166	−254		
−3	−15593141	−840937	−35613829	−686099	−43973	−266401	−33511	−1249	1381	−1	

续表

窗口宽度 ($N=2m+1$)	25	23	21	19	17	15	13	11	9	7	5
−2	−11820675	−654687	−28754154	−583549	−40483	−279975	−45741	−3774	−2269	9	
−1	−6356625	−357045	−15977364	−332684	−23945	−175125	−31380	−3084	−2879	−45	
0	0	0	0	0	0	0	0	0	0	0	
1	6356625	357045	15977364	332684	23945	175125	31380	3084	2879	45	
2	11820675	654687	28754154	583549	40483	279975	45741	3774	2269	−9	
3	15593141	840937	35613829	686099	43973	266401	33511	1249	−1381	1	
4	17062146	878634	34807914	604484	32306	130506	12	−2166	254		
5	15896511	752859	26040033	348823	8671	−65229	−27093	573			
6	12139321	478349	10949942	−9473	−16679	−169819	9647				
7	6301491	106911	−6402438	−322378	−24661	78351					
8	−544668	−265164	−19052988	−349928	14404						
9	−6671883	−489687	−16649358	255102							
10	−9604353	−359157	15033066								
11	−6024183	400653									
12	8322182										
归一化常数	429214500	18747300	637408200	9806280	503880	2519400	291720	17160	8580	60	

表 5-5 移动窗口多项式拟合求二阶导数权重系数表（多项式次数：2 或 3）

窗口宽度 ($N=2m+1$)	25	23	21	19	17	15	13	11	9	7	5
−12	92										
−11	69	77									
−10	48	56	190								
−9	29	37	133	51							
−8	12	20	82	34	40						
−7	−3	5	37	19	25	91					
−6	−16	−8	−2	6	12	52	22				
−5	−27	−19	−35	−5	1	19	11	15			
−4	−36	−28	−62	−14	−8	−8	2	6	28		
−3	−43	−35	−83	−21	−15	−29	−5	−1	7	5	
−2	−48	−40	−98	−26	−20	−44	−10	−6	−8	0	2
−1	−51	−43	−107	−29	−23	−53	−13	−9	−17	−3	−1
0	−52	−44	−110	−30	−24	−56	−14	−10	−20	−4	−2
1	−51	−43	−107	−29	−23	−53	−13	−9	−17	−3	−1
2	−48	−40	−98	−26	−20	−44	−10	−6	−8	0	2
3	−43	−35	−83	−21	−15	−29	−5	−1	7	5	
4	−36	−28	−62	−14	−8	−8	2	6	28		
5	−27	−19	−35	−5	1	19	11	15			
6	−16	−8	−2	6	12	52	22				
7	−3	5	37	19	25	91					
8	12	20	82	34	40						

续表

窗口宽度 ($N=2m+1$)	25	23	21	19	17	15	13	11	9	7	5
9	29	37	133	51							
10	48	56	190								
11	69	77									
12	92										
归一化常数	26910	17710	33649	6783	3876	6188	1001	429	462	42	7

表 5-6 移动窗口多项式拟合求二阶导数权重系数表（多项式次数：4 或 5）

窗口宽度 ($N=2m+1$)	25	23	21	19	17	15	13	11	9	7	5
−12	−143198										
−11	10373	−115577									
−10	99385	20615	−12597								
−9	137803	93993	3876	−32028							
−8	138262	119510	11934	15028	−2132						
−7	112067	110545	13804	35148	1443	−31031					
−6	69193	78903	11451	36357	2691	29601	−2211				
−5	18285	34815	6578	25610	2405	44495	2970	−90			
−4	−33342	−13062	626	8792	1256	31856	3504	174	−126		
−3	−79703	−57645	−5226	−9282	−207	6579	1614	146	371	−13	
−2	−116143	−93425	−10061	−24867	−1557	−19751	−971	1	151	67	
−1	−139337	−116467	−13224	−35288	−2489	−38859	−3016	−136	−211	−19	
0	−149290	−124410	−14322	−38940	−2820	−45780	−3780	−190	−370	−70	
1	−139337	−116467	−13224	−35288	−2489	−38859	−3016	−136	−211	−19	
2	−116142	−93425	−10061	−24867	−1557	−19751	−971	1	151	67	
3	−79703	−57645	−5226	−9282	−207	6579	1614	146	371	−13	
4	−33342	−13062	626	8792	1256	31856	3504	174	−126		
5	18285	34815	6578	25610	2405	44495	2970	−90			
6	69193	78903	11451	36357	2691	29601	−2211				
7	112067	110545	13804	35148	1443	−31031					
8	138262	119510	11934	15028	−2132						
9	137803	93993	3876	−32028							
10	99385	20615	−12597								
11	10373	−115577									
12	−134198										
归一化常数	17168580	11248380	980628	1961256	100776	1108536	58344	1716	1716	132	

表 5-7 移动窗口多项式拟合求三阶导数权重系数表（多项式次数：3 或 4）

窗口宽度 ($N=2m+1$)	25	23	21	19	17	15	13	11	9	7	5
−12	−506										
−11	−253	−77									

续表

窗口宽度 $(N=2m+1)$	25	23	21	19	17	15	13	11	9	7	5
−10	−55	−35	−285								
−9	93	−3	−114	−204							
−8	196	20	12	−68	−28						
−7	259	35	98	28	−7	−91					
−6	287	43	149	89	7	−13	−11				
−5	285	45	170	120	15	35	0	−30			
−4	258	42	166	126	18	58	6	6	−14		
−3	211	35	142	112	17	61	8	22	7	−1	
−2	145	25	103	83	13	49	7	23	13	1	−1
−1	77	13	54	44	7	27	4	14	9	1	2
0	0	0	0	0	0	0	0	0	0	0	0
1	−77	−13	−54	−44	−7	−27	−4	−14	−9	−1	−2
2	−149	−25	−103	−83	−13	−49	−7	−23	−13	−1	1
3	−211	−35	−142	−112	−17	−61	−8	−22	−7	1	
4	−258	−42	−166	−126	−18	−58	−6	−6	14		
5	−285	−45	−170	−120	−15	−35	0	30			
6	−287	−43	−149	−89	−7	13	11				
7	−259	−35	−98	−28	7	91					
8	−196	−20	−12	68	28						
9	−93	3	114	204							
10	55	35	285								
11	253	77									
12	506										
归一化常数	296010	32890	86526	42636	3876	7956	572	858	198	6	2

表 5-8　移动窗口多项式拟合求三阶导数权重系数表（多项式次数：5 或 6）

窗口宽度 $(N=2m+1)$	25	23	21	19	17	15	13	11	9	7	5
−12	284372										
−11	−144463	49115									
−10	−293128	−32224	748068								
−9	−266403	−55233	−625974	15810							
−8	−146408	−43928	−908004	−16796	1144						
−7	5131	−16583	−598094	−20342	−1547	8281					
−6	144616	13632	−62644	−9818	−1508	−14404	1430				
−5	244311	38013	448909	4329	−351	−10379	−3267	129			
−4	290076	51684	787382	15546	876	1916	−1374	−402	100		
−3	279101	52959	887137	20525	1595	11671	1633	−11	−457	1	
−2	217640	42704	749372	18554	1604	14180	3050	340	256	−8	
−1	118745	23699	425412	10868	983	9315	2252	316	459	13	

续表

窗口宽度 ($N=2m+1$)	25	23	21	19	17	15	13	11	9	7	5
0	0	0	0	0	0	0	0	0	0	0	
1	−118745	−23699	−425412	−10868	−983	−9315	−2252	−316	−459	−13	
2	−217640	−42704	−749372	−18554	−1604	−14180	−3050	−340	−256	8	
3	−279101	−52959	−887137	−20525	−1595	−11671	−1633	11	457	−1	
4	−290076	−51684	−787382	−15546	−876	−1916	1374	402	−100		
5	−244311	−38013	−448909	−4329	351	10379	3267	−129			
6	−144616	−13632	62644	9818	1508	14404	1430				
7	−5131	16583	598094	20342	1547	−8081					
8	146408	43928	908004	16796	−1144						
9	266403	55233	625974	−15810							
10	293128	32224	−748068								
11	144463	−49115									
12	−284372										
归一化常数	57228600	7498920	84987760	1307504	67184	335920	38896	2288	1144	8	

三、基于小波分析的求导方法

由于小波函数的特点，基于某些小波函数，利用连续小波变换（continuous wavelet transform，CWT）和离散小波变换（discrete wavelet transform，DWT）也可进行谱函数的导数计算（有关小波分析的详细介绍，读者可参考本章的第三节第四小节）。

（一）连续小波变换求导方法

小波方法是信号分析中最有用的工具之一。小波 $\psi_{a,b}(t)$ 则是一系列的函数，它们由函数 $\psi(t)$ 经过尺度变换和平移得到，变换公式如下：

$$\psi_{a,b}(t)=\frac{1}{\sqrt{a}}\psi\left(\frac{t-b}{a}\right),\quad a\in R^{+},\ b\in R \tag{5-31}$$

式中，a 为尺度因子；b 则为平移参数；$\psi(t)$ 为小波母函数。

小波变换可看作将信号投影到小波函数空间中，该过程可用下面的数学公式描述：

$$\mathbf{C}(a,b)=\langle s(t),\ \psi_{a,b}(t)\rangle=\int_{-\infty}^{+\infty}s(t)\psi_{a,b}(t)\mathrm{d}t \tag{5-32}$$

式中，$s(t)$ 为信号；矩阵 $\mathbf{C}$ 则是小波系数。与离散小波变换（DWT）相比，连续小波变换（CWT）的尺度与平衡参数均连续，因此具有更好的分辨能力。

利用连续小波变换（CWT）和特定的小波，能够逼近分析信号的导数。Haar 函数由于其对称性，是最适合用于求导的小波函数之一。在求信号 $s(t)$ 的 n 阶导时，可以对信号进行 n 次 Haar 连续小波变换。Haar 小波函数是最简单的小波函数，定义如下：

$$\psi(t)=\begin{cases}1 & 0\leqslant t<\frac{1}{2}\\ -1 & \frac{1}{2}\leqslant t<1\\ 0 & \text{其他}\end{cases}$$

通过构建加入不同噪声水平的四个模拟色谱峰来研究噪声对 Haar 连续小波变换和简单数值差分求导方法的影响。将这四个信号及它们用连续小波和数值差分所求出导数绘于图 5-5 中，图 5-5 中左边的四个子图中的虚线为 Haar 小波变换得到的导数，右边四个子图中的虚线为采用简单数值差分求导方法得到的导数。从图 5-5 中可明显看出，简单数值差分只适用于噪声较小、信噪比较高的情况。而 Haar 小波变换即使在噪声很大的情况下，求出的信号的导数依然适用于峰的检测和峰宽估计。现在，在 MATLAB 中，有一个 cwt 函数，通过设置适当参数，可以用于导数计算。图 5-5 中左边导数可用如下代码计算出：

```
d=-cwt(x,10,'haar');
```

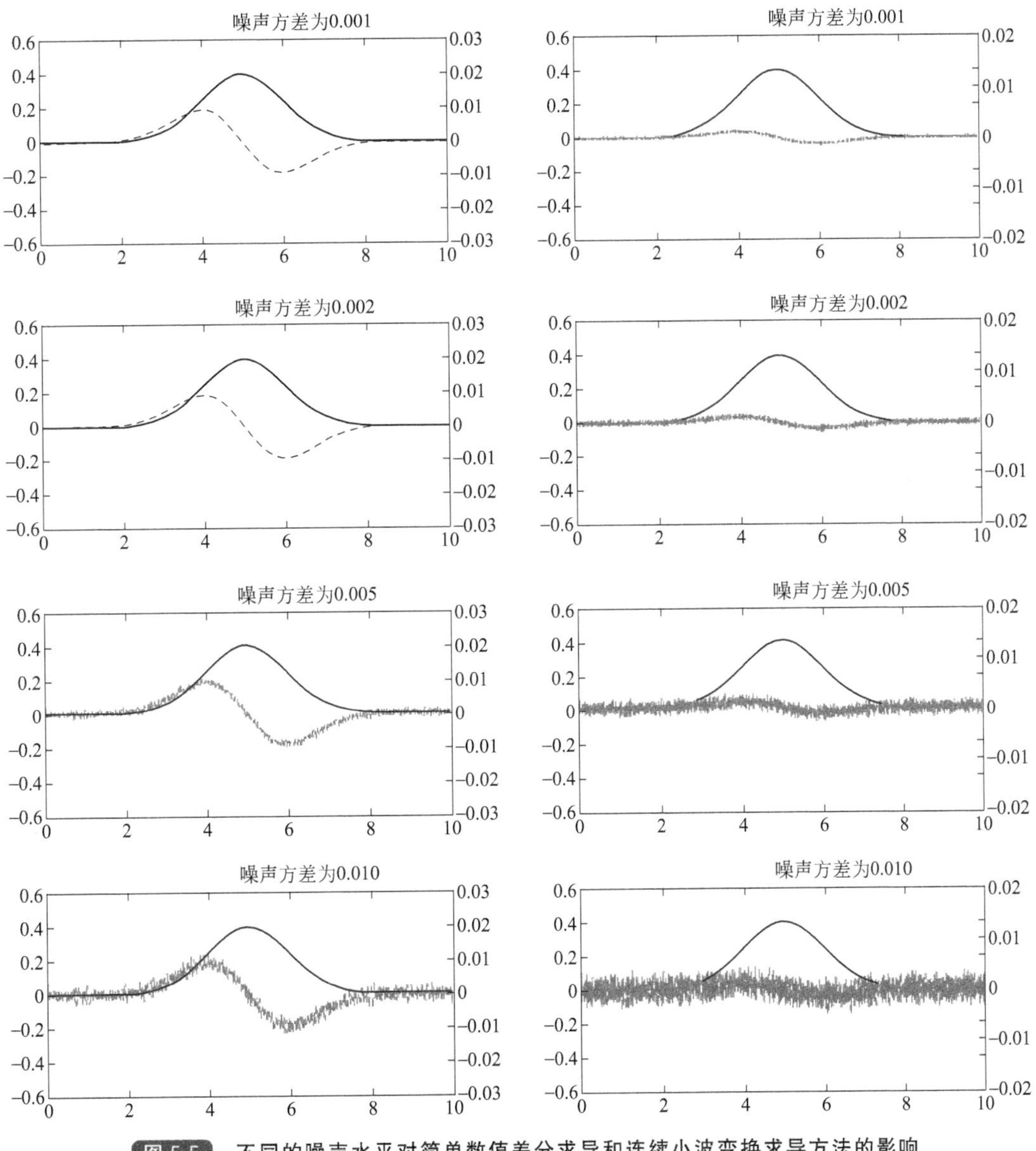

图 5-5　不同的噪声水平对简单数值差分求导和连续小波变换求导方法的影响

（二）离散小波变换求导方法

连续小波变换尺度因子 a 和平移参数 b 是连续的。当尺度因子 a 离散成 2 的幂次（$a=$

2^j，$b=2^jk$）时，就由连续小波变换变为二进小波变换（dyadic wavelet），当二进小波变换再引入快速多分辨率信号分解算法——Mallat 算法时，就会得到现在通常采用的离散小波变换。因此将尺度因子 a 和平移参数 b 离散成 2 的幂次的二进离散小波变换与基于 Mallat 算法离散小波有些类似于离散傅里叶变换与快速傅里叶变换的关系。

与傅里叶变换类似，信号 $f(x)$ 能够分解为系列的小波函数，可以用式（5-33）描述：

$$f(x)=\sum_{j=-\infty}^{+\infty}\sum_{k=-\infty}^{+\infty}c_k^{(j)}\Psi_{j,k}(x) \tag{5-33}$$

式中，$c_k^{(j)}$ 是小波系数；j 为尺度水平。

Mallat 于 1989 年提出了快速多分辨率信号分解算法，该方法效率高、速度快，很快成为信号处理中流行的工具。Mallat 算法主要将信号与高通小波滤波系数 H 和低通小波滤波系数 L 进行卷积运算，信号可以转换为：

$$c_{j,k}=\sqrt{2}\sum_N c_{j-1,N}l_{N-2k} \tag{5-34}$$

以及

$$d_{j,k}=\sqrt{2}\sum_N c_{j-1,N}h_{N-2k} \tag{5-35}$$

在式（5-34）和式（5-35）中 l 和 h 分别表示低通和高通滤波器，它们具有如下性质：

$$h_k=(-1)^k l_{1-k}$$

且 $\sum_k l_k=1$ 和 $\sum_k h_k=0$。式（5-34）以及式（5-35）的输出 $\boldsymbol{C}_j(\boldsymbol{C}_j=\{c_{j,k}\})$ 和 $\boldsymbol{D}_j(D_j=\{d_{j,k}\})$ 分别为概貌信息及细节信息。

小波函数有多种，化学中常用 Daubechies 和样条族小波处理仪器信号，达到数据压缩或平滑的目的。Daubechies 族小波函数可以用 D_{2m} 表示，m 为 1～10 范围内的整数。梁启文等人[45]在 1998 年将 Daubechies 族小波函数用于分析信号导数计算，信号 $\boldsymbol{X}$ 的一阶导数可以表示：

$$\boldsymbol{X}^{(1)}\approx\boldsymbol{C}_{1,D_{2m}}-\boldsymbol{C}_{1,D_{2\tilde{m}}}\qquad m\neq\tilde{m}$$

D_{2m} 和 $D_{2\tilde{m}}$ 表示任意两个 Daubechies 小波函数。高阶导数可以通过将比其低一阶的导数作为离散小波变换的输入来计算。因此任意阶导数可以利用如下迭代公式描述：

$$\boldsymbol{X}^{(n)}\approx\boldsymbol{C}_{1,D_{2m}}-\boldsymbol{C}_{1,D_{2\tilde{m}}}\qquad m\neq\tilde{m};\ n\geqslant 1 \tag{5-36}$$

式中，$\boldsymbol{C}_{1,D_{2m}}$ 和 $\boldsymbol{C}_{1,D_{2\tilde{m}}}$ 分别是对 $\boldsymbol{X}^{(n-1)}$ 进行 D_{2m} 和 $D_{2\tilde{m}}$ 离散小波变换得到的概貌信息。梁启文等通过系列模拟数据测试，以 D_8 和 D_{18} 小波滤波系数可得到最佳的导数计算结果。

采用与上节相同数据比较在不同噪声水平下，Daubechies 离散小波变换和简单数值差分求导方法的效果。将这四个信号及它们用离散小波变换和数值差分所求出的导数绘于图 5-6 中，图 5-6 中左边的四个子图中的虚线为 Daubechies 离散小波变换得到的导数，右边四个子图中的虚线为采用简单数值差分求导方法得到的导数。从图 5-6 中可明显看出，简单数值差分只适用于噪声较小、信噪比较高的情况；而 Daubechies 离散小波变换即使在噪声很大的情况下，亦可得到令人满意的结果。在利用 Matlab 中的离散小波函数计算导数时，需调用 dwtmode 函数，将离散小波变换模式设置为周期化模式（periodization mode)，保证计算出的 $\boldsymbol{C}_{1,D_{2m}}$ 和 $\boldsymbol{C}_{1,D_{2\widetilde{m}}}$ 长度一致，可进行向量减法运算，得到导数。

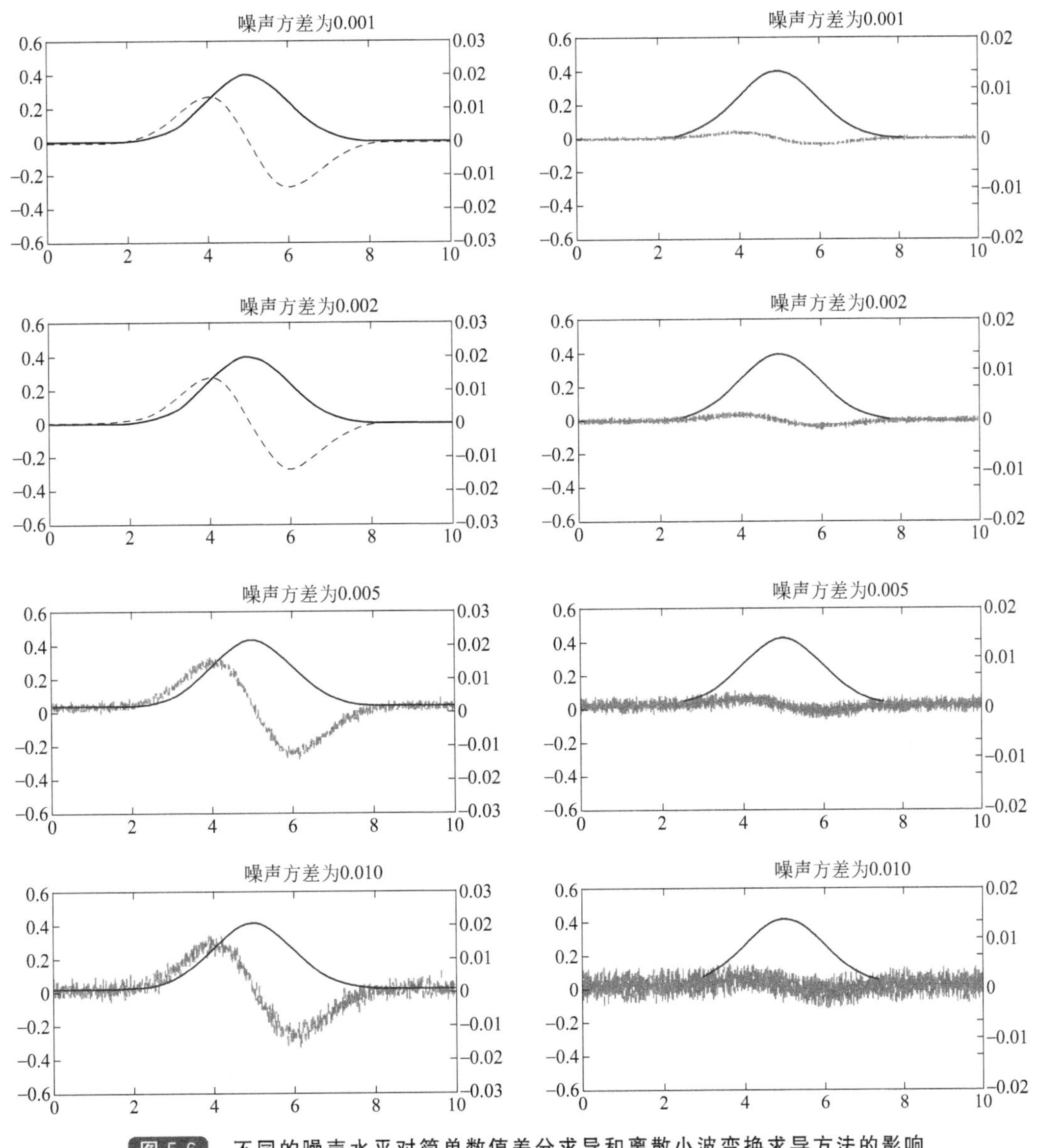

图 5-6　不同的噪声水平对简单数值差分求导和离散小波变换求导方法的影响

第三节　分析信号的变换方法

变换方法是分析信号预处理中一种很有用的方法。很多变换方法就是直接内置于分析仪器之内，由仪器量测所得数据就已是通过变换预处理的。本节将要讨论的卷积运算、光谱多重效应的 Hadamard 变换就是这样的例子。此外，对于在光谱特别是红外光谱中得到极其广泛应用的傅里叶变换将在本节给出较详细的介绍，而对于近年来在近代数学得以迅速发展的小波变换及其在分析化学中的应用，则是本节介绍的重点。

一、卷积运算的物理意义

卷积是统计学中一个十分重要的概念，在分析信号处理中有着十分重要的意义，为便于理解，试以一光谱分析的实例加以说明[8]。

设有一光谱线，以 $f(x)$ 表述，其真实图形如图 5-7 (a) 所示，用光谱仪器记录这一谱线，即通过一狭缝沿 x 轴进行扫描，如果狭缝是无限窄的，接受器记录的光谱应与 (b) 完全相同，但实际的光谱仪器的狭缝均有一定宽度。设这一狭缝可用函数 $h(x)$ 表述，如图 5-7 (b) 所示。从此图可以看出，狭缝函数（三角形函数）表述的意义，是在不同 x 值下狭缝接受的光强达到狭缝中心点所对应的光检测器的分数，也就是说，凡经狭缝透过的光均有一部分会达到中心点所对应的光检测器，函数 h 即是达到中心点光强的量度。作为示意图，图 5-7 给出的是狭缝中心点位于 $x=11$ 时的情况。

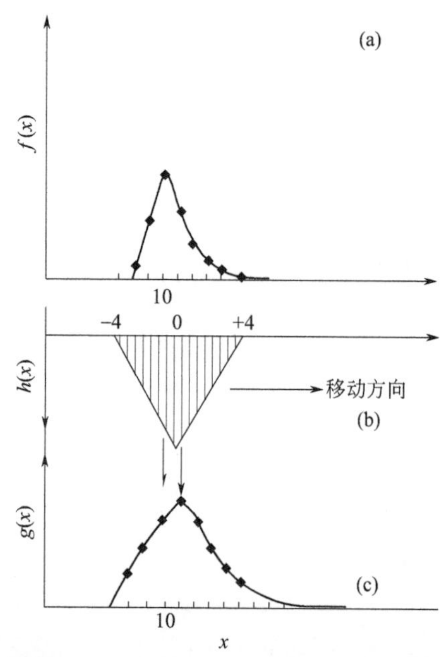

图 5-7 光谱狭缝对谱图量测的影响示意图[8]

(a) 原始光谱线 $f(x)$；(b) 狭缝函数 $h(x)$；(c) 光检测器测得的光谱 $g(x)$

从图 5-7 可以看出，这种光狭缝移动检测光谱而使光谱变宽的情况，与前面讨论的移动窗口平滑法是相似的，$h(x)$ 函数就相当于权函数，故 Savitgky 和 Golay 前述的移动窗口多项式拟合法就称为卷积法。如设 $g(x)$ 为光检测器测得的光谱［参见图 5-7 (c)］，那么，由于狭缝函数的作用而使其相当于原始的光谱 $f(x)$ 变宽了，此时，量测到的谱线 $g(x)$ 为：

$$g[x(i)]=\sum_{i=-m}^{m} f(x)\cdot h[x(i)-x] \tag{5-37}$$

式 (5-37) 即为卷积运算的离散表达式，与前述移动窗口加权平均是类似的。同时，从式 (5-37) 可以看出，$N=2m+1$ 为狭缝宽度，式 (5-37) 表示的是以 $x(i)$ 为中心点时的量测光谱之强度。因狭缝函数 $h(x)$ 在狭缝宽度之外皆为零，所以式 (5-37) 如用连续形式示出则变为

$$g[x(i)]=\int_{-\infty}^{+\infty} f(x)\cdot h[x(i)-x]\mathrm{d}x \tag{5-38}$$

如记 $x(i)$ 为 y，则有

$$g(y)=\int_{-\infty}^{+\infty} f(x)\cdot h(y-x)\mathrm{d}x \tag{5-39}$$

式中，$g(y)$ 称为函数 $f(y)$ 与 $h(y)$ 的卷积，记为 $f(y)\cdot h(y)$。卷积亦称褶积，取 h 函数相对坐标折叠之意。

在光谱宽度的例子中，$f(x)$ 是未受到挠动的谱线（原始谱线），$h(y-x)$ 是变宽函数，$g(y)$ 是量测到的谱线。$h(y-x)$ 这个变宽函数不一定局限于上例所述狭缝宽度有限引起的变宽。任何一种光谱变宽都可以用卷积积分来表述，如原子光谱线的多普勒（Doppler）变宽、碰撞变宽等。以后还可以看到，利用傅里叶变换可以很容易地进行卷积的重要运算，卷积运算实质上也是一种变换运算。

二、光谱分析的多重性效益与 Hadamard 变换

光谱分析的多重性效益的基本思路可以称量试验设计来加以说明[9]。设有 4 个未知质量的合金样，按传统方法称量每一个试样，设称量得方差为 σ^2，则单独称量 $x_i(i=1,2,3,4)$ 得到的结果的方差为 σ^2。但如设计一试验，同时将此 4 个合金样以不同组合置于天平两侧，如：

$$\begin{cases} m_1=x_1+x_2+x_3+x_4+e_1 & \text{(5-40a)} \\ m_2=x_1-x_2-x_3+x_4+e_2 & \text{(5-40b)} \\ m_3=x_1-x_2+x_3-x_4+e_3 & \text{(5-40c)} \\ m_4=x_1+x_2-x_3-x_4+e_4 & \text{(5-40d)} \end{cases}$$

即将 4 个合金样本全置于左盘加砝码 m_1；x_1，x_4 置于左盘，x_2，x_3 置于右盘加砝码 m_2；余此类推。由上述方程组可求出 x_i，例如 x_1 的估计值

$$\hat{x}_1=1/4(m_1+m_2+m_3+m_4)=x_1+1/4\sum e_i$$

可见，此时误差为原误差的 1/4，即方差为 $\sigma^2/16$。

前述的单一称量可表述为（略去误差项）

$$\begin{bmatrix} m_1 \\ m_2 \\ m_3 \\ m_4 \end{bmatrix}=\begin{bmatrix} 1 & 0 & 0 & 0 \\ 0 & 1 & 0 & 0 \\ 0 & 0 & 1 & 0 \\ 0 & 0 & 0 & 1 \end{bmatrix}\begin{bmatrix} x_1 \\ x_2 \\ x_3 \\ x_4 \end{bmatrix} \tag{5-41}$$

即

$$\boldsymbol{m}=\boldsymbol{A}\boldsymbol{x} \tag{5-42}$$

$$\boldsymbol{x}=\boldsymbol{A}^{-1}\boldsymbol{m}=\boldsymbol{A}\boldsymbol{m} \tag{5-43}$$

在此 $A^{-1}=A$。这种计算固然十分简单，但每一样本只称量了一次，而前述经试验设计方案，同样略去误差项，可写为

$$\begin{bmatrix} m_1 \\ m_2 \\ m_3 \\ m_4 \end{bmatrix}=\begin{bmatrix} 1 & 1 & 1 & 1 \\ 1 & -1 & -1 & 1 \\ 1 & -1 & 1 & -1 \\ 1 & 1 & -1 & -1 \end{bmatrix}\begin{bmatrix} x_1 \\ x_2 \\ x_3 \\ x_4 \end{bmatrix} \tag{5-44}$$

式（5-44）右侧的矩阵称为 Hadamard 矩阵，记为 $\boldsymbol{H}$，则有

$$\boldsymbol{m}=\boldsymbol{H}\boldsymbol{x} \tag{5-45}$$

显然，$\boldsymbol{H}$ 的各元素 H_{mn} 的绝对值均为 1

$$|H_{mn}|=1$$

逆矩阵的计算同样简便：

$$\boldsymbol{H}^{-1}=\frac{1}{N}\boldsymbol{H} \tag{5-46}$$

这一称量试验设计思想，被用于光谱分析中的试验设计，传统的扫描方法测试光谱，每次测一个波长的光强度，如改为同时测定多个波长的光强度，若有 N 个波长的话，进行 N 次不同的组合测试，应能减少测试误差，或改善光谱测量的信噪比。按上述方法设计试验，要有+1 与−1 两种取值，如改为+1 与 0 两种取值，则技术上较易实现。实现这种测试光谱的具体方法，是将色散系统的入光狭缝或出光狭缝，由单个波长（或最小分辨）狭缝改为打开整个测试光域，但装置障板遮盖一部分波长，让其他波长处的光通过。设需测试 7 个波长处的光强度 ψ_j（$j=1, 2, \cdots, 7$），传统的方法是将色散系统转动使 ψ_1 到 ψ_7 依次通过一很窄的狭缝，每次测一个 ψ_j。而仿照称量试验设计装置的分光计，则可同时测定若干 ψ_j。如设计的障板在 ψ_j 处任其通过，记为 $1\times\psi_j$，如在 ψ_j 处有障板使光不能通过，记为 $0\times\psi_j$。这种 0-1 障板如有下列顺序 1001011，则测得的总光强为

$$\begin{aligned}\psi&=1\times\psi_1+0\times\psi_2+0\times\psi_3+1\times\psi_4+0\times\psi_5+1\times\psi_6+1\times\psi_7\\&=\psi_1+\psi_4+\psi_6+\psi_7\end{aligned}$$

只要能设计 7 个相互独立的测量组合，测出 7 个总 ψ 值，即可解出各 ψ_j。下述矩阵就是这种组合之一：

$$\boldsymbol{S}=\begin{bmatrix}1&0&0&1&0&1&1\\1&1&0&0&1&0&1\\1&1&1&0&0&1&0\\0&1&1&1&0&0&1\\1&0&1&1&1&0&0\\0&1&0&1&1&1&0\\0&0&1&0&1&1&1\end{bmatrix} \tag{5-47}$$

这一矩阵称为 Sylvester 矩阵，系从 Hadamard 矩阵导出。这个组合将第一行居最后的元素置于下行最前作第一元素，而 1～6 元素则右移一位排到第二行，余类推。一般来说，如需测量 N 个光谱单元，$\boldsymbol{S}$ 矩阵由元素 S_{ij} 组成，S_{ij} 取值为 0 或 1。共有 L 个组合，每个组合（$i=1, \cdots, L$）测得的光强将为 $\sum S_{ij}\psi_j$，加测量误差得

$$Y_i=\sum_{i=1}^{N}S_{ij}\psi_j+e_i \quad (i=1, \cdots, L) \tag{5-48}$$

这种测量方法可称为光谱测量的编码过程，这里用的是 Hadamard 编码，这样设计的光谱仪器称为 Hadamard 变换光谱。

借 Hadamard 编码构造光谱仪器并不需要制作 N 个这种不同组合的障板。例如 $N=3$

时，可构造一个（11011）的障板，其最左三个位置相当于 110，向右移动一位量测，得 101，再移一位，得 011。即得 $N=3$ 的 Hadamard 变换阵。这样，构造一个含（$2N-1$）狭缝的障板，可代替 N 个独立障板。对任意 $N=2r-1$（r 为正整数）均可实现这样的狭缝系列，得到例如

$$\begin{bmatrix} y_1 \\ y_2 \\ y_3 \end{bmatrix} = \begin{bmatrix} 1 & 1 & 0 \\ 1 & 0 & 1 \\ 0 & 1 & 1 \end{bmatrix} \begin{bmatrix} \psi_1 \\ \psi_2 \\ \psi_3 \end{bmatrix} \tag{5-49}$$

即

$$\boldsymbol{y} = \boldsymbol{S}\psi \tag{5-50}$$

$$\boldsymbol{\psi} = \boldsymbol{S}^{-1} y \tag{5-51}$$

$\boldsymbol{S}^{-1}$可通过将 $\boldsymbol{S}$ 中的 0 换成 -1 得到，式（5-51）$\boldsymbol{S}^{-1}$为：

$$\boldsymbol{S}^{-1} = \begin{bmatrix} -1 & 1 & -1 \\ 1 & -1 & 1 \\ -1 & -1 & 1 \end{bmatrix} \tag{5-52}$$

因此，解码过程是十分简便的。

Hadamard 编码使光谱分析信噪比提高 $(N+1)/2N^{1/2}$ 倍，在 N 很大时，约为 $N^{1/2}/2$ 倍。

这种光谱多重性效益，又称 Fellgett 效益，其原理与前面称量设计中说明的误差降低的情况相同，用 Hadamard 变换设计的红外光谱与常规红外光谱比较，确有改善信噪比的效果（见图 5-8）。

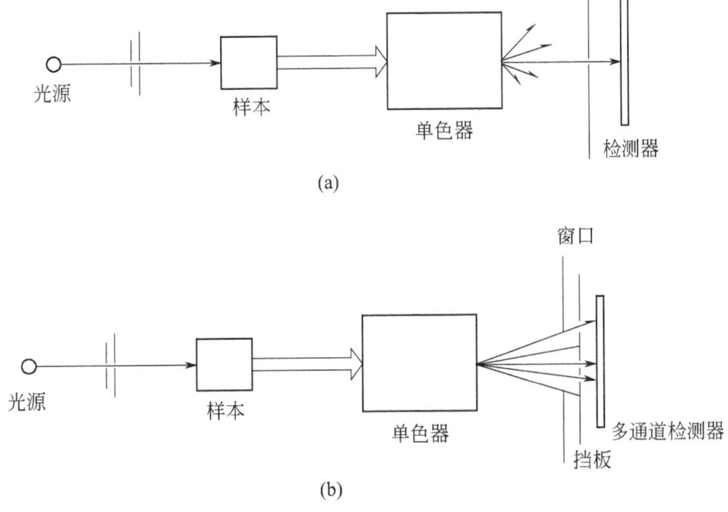

图 5-8　光谱多重性效益示意图

（a）普通光谱仪的示意图；（b）Hadamard 变换光谱仪示意图

Hadamard 变换与下节讨论的傅里叶变换的不同处在于它是基于方波型函数，而傅里叶变换则是以三角函数为基础的。除实现多重性效益外，Hadamard 变换还用于多重性分

析与数据变换，例如信号压缩、化学模式识别中特征参量抽取等。一般认为傅里叶变换是更强有力的分析信号处理的手段，但 Zupan 证明[10]，Hadamard 与傅里叶变换用于红外光谱信息的压缩效率相同，而 Hadamard 变换在运算速度上较傅里叶变换有一定优越性。与快速傅里叶变换比较，快速 Hadamard 变换由于只含加减运算，速度约为快速傅里叶变换的 8～10 倍。

三、傅里叶变换用于分析信号处理

任何随时间变化的性质均可以分解为其谐波组分，声波是最典型的例子。某种乐器的复杂声波可借多种音频振荡器组合将其重现出来。而反过来，人们聆听一个交响乐团演奏时，可分辨出单个乐器的声调和它们奏出的特定旋律，人耳在这里所做的工作实际就是本节要讨论的傅里叶变换。傅里叶变换这一强有力的数学工具的建立，本身就是人类认识自然能力的体现。19 世纪之初，J. B. J. Fourier（傅里叶）在其繁忙的社会活动及研究埃及文明，出版 21 卷巨著之余，在数学、物理学方面也做出了非凡的贡献。他研究热传导的分析理论，证明可用正弦与余弦组成的级数表达热传导过程，这就是熟知的数学分析中的傅里叶级数，傅里叶将这些概念推演到傅里叶积分。这些数学工具使人们习惯的时域波形可变换到频域进行考察。这样杰出的科学成就远远超出了傅里叶同时代的许多人所能理解接受的程度，直到傅里叶去世前两年（1828 年），仍有当时颇具有影响的数学家把某些“级数”贬为“魔鬼的创造”，认为用数学上这种异端邪说去推演自然现象是一种对科学的“羞辱”[11]。傅里叶理论的价值在他去世后一个多世纪才逐步为科学界所认识。

傅里叶级数得出的是离散频谱，是时域的波形变换中的信息。傅里叶级数可写成

$$x(t) = a_0 + \sum_{n=1}^{\infty} a_n \cos(nw_0 t) + b_n \sin(nw_0 t) \tag{5-53}$$

式中

$$w_0 = 2\pi f_0$$

$$f_0 = 1/t$$

a_0 代表了“直流项”，由 $x(t)$ 在一个周期（T）内的均值确定

$$a_0 = \frac{1}{T}\int_0^T X(t)\mathrm{d}t \tag{5-54}$$

其余系数 a_n，b_n 为

$$a_n = \frac{2}{T}\int_0^T x(t)\cos(nw_0 t)\mathrm{d}t$$

$$b_n = \frac{2}{T}\int_0^T x(t)\sin(nw_0 t)\mathrm{d}t \qquad (n = 1,2,3,\cdots)$$

因此傅里叶分析是频谱分析，这与用棱镜或光栅将化学光谱激发光源发生的光分解为不同波长的谱线是完全类同的。

傅里叶级数是研究周期函数的工具，而傅里叶积分则用于研究非周期函数。为了过渡到傅里叶积分，令 $\cos(2\pi n f_0 t)$ 表示为

$$\cos(2\pi n f_0 t) = \frac{\mathrm{e}^{j2\pi n f_0 t} + \mathrm{e}^{-j2\pi n f_0 t}}{2} \tag{5-55a}$$

$$\sin(2\pi n f_0 t)=\frac{e^{j2\pi n f_0 t}-e^{-j2\pi n f_0 t}}{2j} \tag{5-55b}$$

经变换,傅里叶级数可表示为

$$x(t)=\sum_{n=-\infty}^{\infty} C_n e^{j2\pi n f_0 t} \tag{5-56}$$

C_n 在 n 等于 $-\infty,\cdots,-1,0,1,2,\cdots,\infty$ 时取值

$$C_n=\frac{1}{T}\int_{-\frac{T}{2}}^{\frac{T}{2}} x(t)e^{-j2\pi n f_0 t}\,dt \tag{5-57}$$

对于每一个 n，C_n 将得出 $x(t)$ 具有频率 $f=nf_0$ 的谐波组分的振幅和相。有了这些基本概念，将直接给出傅里叶变换的定义。

设有时间函数 $x(t)$，其傅里叶变换表达式为

$$x(f)=\int_{-\infty}^{\infty} x(t)e^{-j2\pi f_0 t}\,dt \tag{5-58}$$

如对参量 f（频率变量）的每一个值，该积分都成立，则式（5-58）确定了 $x(t)$ 的傅里叶变换为 $X(f)$。这里按习惯将时间函数写为 $x(t)$，其傅里叶变换写作 $X(f)$。可以设想，在光谱化学分析中从物质的电磁波解码得到光谱，实质上就是求取这个电磁波的傅里叶变换，棱镜与光栅从某种意义上说，是强有力的傅里叶变换器。这一事实本身就决定了傅里叶变换这一数学工具对化学测量的特殊意义。但傅里叶变换不限于变换激发光源发生的波形为频谱，它能将各种不同的波形从时域变换到频域，而具有更广泛的意义，例如在电化学测量中的应用。

傅里叶逆变换定义为

$$x(t)=\int_{-\infty}^{\infty} X(f)e^{j2\pi f}\,df \tag{5-59}$$

借式（5-59）可由 $X(f)$ 反过来确定 $x(t)$，也就是说借上述式（5-58）、式（5-59）可在时域函数 $x(t)$ 与频域函数 $X(f)$ 之间进行任意交换，即：

$$X(t)\Leftrightarrow x(f) \tag{5-60}$$

在此值得特别提出的是，傅里叶变换就是将时域的任何谱信号变换到频域中来进行考察，从而得到很多不同信息，可解决很多信号处理中的难点问题。下面通过一个简单例子来加以说明。图 5-9（a）示出的是一个很普通的曲线，但它实际是由 3 个不同频率 sin 或 cos 函数合成的，图 5-9（b）示出的是该曲线傅里叶变换的结果，给出了 3 个频率，其大小也在图 5-9（c）中给出。

（一）傅里叶变换的基本性质

（1）线性加合性：

$$x(t)+y(t)\Leftrightarrow X(f)+Y(f) \tag{5-61}$$

（2）对称性：

$$x(t)\Leftrightarrow x(-f) \tag{5-62}$$

（3）时频伸缩性：

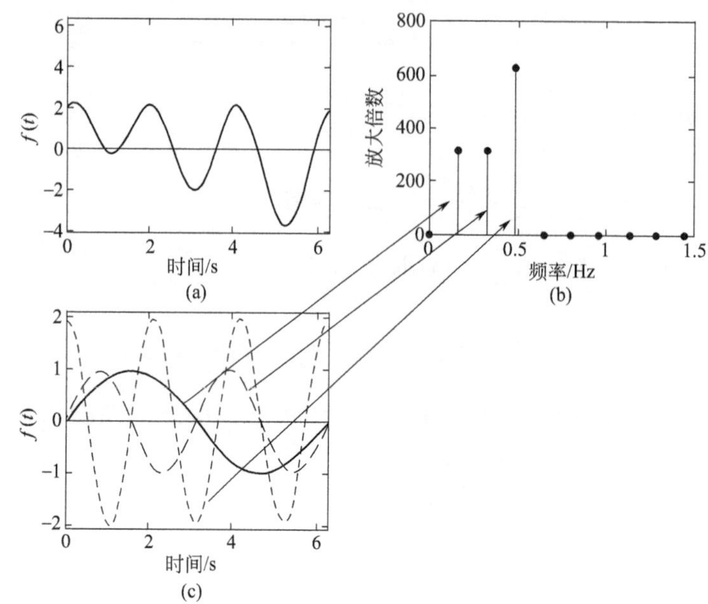

图 5-9 傅里叶变换将时域的谱信号变换到频域中的一个实例

$$x(at) \Longleftrightarrow \frac{1}{|a|} X\left(\frac{f}{a}\right) \tag{5-63}$$

$$\left|\frac{1}{a}\right| X\left(\frac{t}{a}\right) \Longleftrightarrow X(af) \tag{5-64}$$

（4）时移性与频移性：

$$x(t-t_0) \Longleftrightarrow X(f)\mathrm{e}^{-j2\pi f t_0} \tag{5-65a}$$

$$x(t)\mathrm{e}^{j2\pi f_0 t} \Longleftrightarrow X(f-f_0) \tag{5-65b}$$

（5）实偶奇函数变换特性：

对实偶函数：$x_e(t)=x_e(-t)$　　则　$x_e(t) \Longleftrightarrow X_e(f)$

对实奇函数：$x_0(t)=-x_0(-t)$　则　$x_0(t) \Longleftrightarrow jX_0(f)$

（二）离散傅里叶变换及光谱多重性效益

在化学信号预处理中，一般用到的是离散傅里叶变换，是化学量测如数字化光谱或电化学量测中常见的情况。如将 $x(t)$ 的各离散值在均匀时间间隔 Δ 进行记录，可得序列样本值：

$$x_n = x(n\Delta) \qquad n=\cdots,-3,-2,-1,0,1,2,3,\cdots$$

时间区间的倒数 $1/\Delta$ 称为采样速率，如 Δ 以秒计，则 $1/\Delta$ 是每秒记录的样本值个数。采样定理[11]还定义一特征的频率 f_0，称 Nyquist 临界频率：

$$f_0 = 1/2\Delta$$

例如，对一正弦波，临界采样频率是每周期在两点采样，根据采样定理，作为时间的函数 $x(t)$ 是分析信号，设其频率的最高值限于 f_0(Hz)，要确定在时间 T 内的状态，无须知道全部瞬时值，而仅需知道该分析信号函数在一些离散时刻的样值，这些样值一经确定，该分析信号的波形就可完全由这些采样值再现出来。通过在量测的周期内均匀等距采集 $2f_0T$ 个样，即可取得这一分析信号所包括的全部信息，这对设计数字化的分析仪器具有重要意义。

在此仅就有限个采样点读取的时域函数的离散傅里叶变换加以阐述。

设采集 N 个序贯样本值：

$$x_k = x(t_k);\quad t_k = k\Delta \qquad k = 0, 1, 2, \cdots, n-1$$

式中，采样区间是 Δ，为简化讨论，设 N 是偶数。

从 $x(t)$ 到 $X(f)$，在区间 $-f_0$ 至 f_0 内不谋求得到所有 f 下的 $X(f)$ 值，而只要求估计其中部分离散 f_n 下的 $X(f)$：

$$f_n = n/N\Delta \quad n = -2/N, \cdots, N/2 \tag{5-66}$$

式中，n 的最大最小取值对应于 Nyquist 临界频率所限定的频域上下限。现试以离散值之和近似表达的连续傅里叶变换：

$$X(f_n) = \int_{-\infty}^{+\infty} x(t) \mathrm{e}^{-j2\pi f_n t} \mathrm{d}t = \Delta \sum_{k=0}^{N-1} X_k \mathrm{e}^{-j2\pi f_n t_k} = \Delta \sum_{k=0}^{N-1} X_k \mathrm{e}^{-j2\pi \left(\frac{n}{N\delta}\right) k\delta}$$

$$= \Delta \sum_{k=0}^{N-1} X_k \mathrm{e}^{-j2\pi k \left(\frac{n}{N}\right)}$$

这就是所谓离散傅里叶变换（DFT），亦即

$$X(n) = \sum_{k=0}^{n-1} x(k) \mathrm{e}^{-j2\pi k \left(\frac{n}{N}\right)} \tag{5-67}$$

同理可得其逆变换为

$$X(k) = \frac{1}{N} \sum_{n=0}^{N-1} X(n)^{j2\pi k \left(\frac{n}{N}\right)} \tag{5-68}$$

从式（5-67）及式（5-68）可以看出，只要对时频信号（例如用宽光域的检测器）在 N 个等距时刻进行采样，得到 N 个时域内的数据点 $x(t_k)$ 或 $x(k)$，而每一个这样的数据点又可借 DFT 转换为频域的振幅序列 $X(f_n)$ 或 $X(n)$，这样，前小节讨论的光谱多重性效益，同样可借傅里叶变换来实现，对于 Hadamard 变换，$\boldsymbol{m} = \boldsymbol{H}\boldsymbol{x}$，可以采用由傅里叶变换编码组成的矩阵来实现光谱多重性效益，即

$$\boldsymbol{m} = \boldsymbol{F}\boldsymbol{x} \tag{5-69}$$

$\boldsymbol{F}$ 的元素 F_{mn} 为

$$F_{mn} = \exp(2\pi j mn/N) = \cos(2\pi mn/N) + j\sin(2\pi mn/N) \tag{5-70}$$

式中，$j = \sqrt{-1}$，易见 $|F_{mn}| = 1$。令 $N = 4$，将有

$$\begin{bmatrix} m_1 \\ m_2 \\ m_3 \\ m_4 \end{bmatrix} = \begin{bmatrix} 1 & 1 & 1 & 1 \\ 1 & j & -1 & j \\ 1 & -1 & 1 & -1 \\ 1 & -j & -1 & j \end{bmatrix} \begin{bmatrix} x_1 \\ x_2 \\ x_3 \\ x_4 \end{bmatrix}$$

值得提出的是，用 Hadamard 变换，每次只能量测一部分频率的信号，而 DFT 则可每次量测所有频率的信号，信噪比的改善将为 $N^{1/2}$。图 5-10 示出了傅里叶变换与 Hadamard 变换的区别，从图 5-10 可以看出，两种变换虽存在很多差别，但实质上它们还是有很多相通之处的。

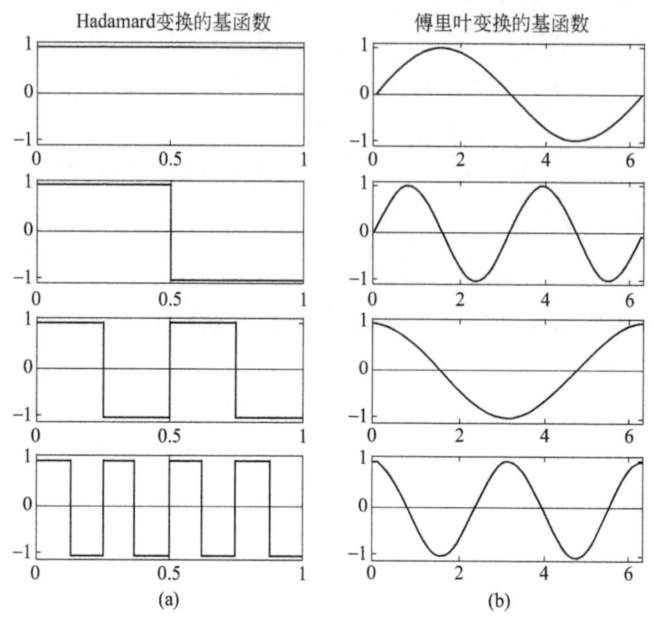

图 5-10 傅里叶变换与 Hadamard 变换的区别

(a) Hadamard 变换；(b) 傅里叶变换

（三）FFT 及其在光谱与电化学量测中的应用

前小节所述的离散傅里叶变换（DFT）适用于计算机运算。如定义 w 为一复数，

$$w = e^{-2\pi j/n} \tag{5-71}$$

则 DFT 的表达式改为：

$$X(n) = \sum_{k=0}^{N-1} x(k) w^{nk} \tag{5-72}$$

现考察一下，按式（5-72）来计算，将会遇到什么问题。对每一个 $X(n)$，需作 N^2 次乘法，$(N-1)$ 个复数加法。如此，即使使用计算机，计算量也十分大。

快速傅里叶变换（fast Fourier transform，FFT）的基本思路是分解式（5-72），以减少运算。在 N 是以 2 为底的幂次时（即 $N=2^a$，a 为正整数），这种分解十分方便，现以 $N=2^2=4$ 为例加以说明[12,13]，即

$$X(n) = \sum_{k=0}^{4-1} x_0(k) w^{nk} \qquad n=0,1,2,3 \tag{5-73}$$

这里记 $x(k)$ 为 $x_0(k)$，以表示在未简化计算前原始的 $x(k)$ 项，将式（5-73）展开，将有

$$\begin{cases} X(0) = x_0(0)w^0 + x_0(1)w^0 + x_0(2)w^0 + x_0(3)w^0 \\ X(1) = x_0(0)w^0 + x_0(1)w^1 + x_0(2)w^2 + x_0(3)w^3 \\ X(2) = x_0(0)w^0 + x_0(2)w^2 + x_0(2)w^4 + x_0(3)w^6 \\ X(3) = x_0(0)w^0 + x_0(1)w^3 + x_0(2)w^6 + x_0(3)w^9 \end{cases}$$

$$\begin{bmatrix}X(0)\\X(1)\\X(2)\\X(3)\end{bmatrix}=\begin{bmatrix}w^0 & w^0 & w^0 & w^0\\w^0 & w^1 & w^2 & w^3\\w^0 & w^2 & w^4 & w^6\\w^0 & w^3 & w^6 & w^9\end{bmatrix}\begin{bmatrix}x_0(0)\\x_0(1)\\x_0(2)\\x_0(3)\end{bmatrix} \tag{5-74}$$

或

$$\boldsymbol{x}(n)=\boldsymbol{W}^{nk}\boldsymbol{x}_0(k) \tag{5-75}$$

注意到 $w=\mathrm{c}^{-2\pi j/N}$ 即 $w^{nk}=\mathrm{e}^{-2\pi j(kn/N)}$，所以，当（$kn/N$）为 0 和 9 正整数 A 时

$$w^{nk}=\mathrm{e}^{-j(2\pi A)}=\mathrm{e}^{-j*0}=1$$

因为当 kn 不为 4 的整数倍数时，将只需对（$kn/4$）取余即可，也就说如 $kn=6$ 时，

$$w^6=\mathrm{e}^{-j2\pi6/4}=\mathrm{e}^{-j2\pi(4/4)}\mathrm{e}^{-j2\pi(2/4)}=\mathrm{e}^{-(j2\pi/4)2}=w^2$$

由此，式（5-74）可进一步简化为

$$\begin{bmatrix}X(0)\\X(1)\\X(2)\\X(3)\end{bmatrix}=\begin{bmatrix}1 & 1 & 1 & 1\\1 & w^1 & w^2 & w^3\\1 & w^2 & w^0 & w^2\\1 & w^3 & w^2 & w^1\end{bmatrix}\begin{bmatrix}x_0(0)\\x_0(1)\\x_0(2)\\x_0(3)\end{bmatrix} \tag{5-76}$$

再者，

$$w^1=\mathrm{e}^{-j2\pi(1/4)}=\mathrm{e}^{-j\pi/2}=\cos(\pi/2)-j\sin(\pi/2)=-j$$

$$w^3=\mathrm{e}^{-j2\pi(3/4)}=\mathrm{e}^{-j3\pi/2}=\cos(3\pi/2)-j\sin(3\pi/2)=j$$

$$w^2=\mathrm{e}^{-j2\pi(2/4)}=\mathrm{e}^{-j\pi}=\cos(\pi)-j\sin(\pi)=-1$$

故式(5-76)变为

$$\begin{bmatrix}X(0)\\X(1)\\X(2)\\X(3)\end{bmatrix}=\begin{bmatrix}1 & 1 & 1 & 1\\1 & -j & -1 & j\\1 & -1 & 1 & -1\\1 & j & -1 & -j\end{bmatrix}\begin{bmatrix}x_0(0)\\x_0(1)\\x_0(2)\\x_0(3)\end{bmatrix} \tag{5-77}$$

这就是前述的用傅里叶变换来实现光谱多重性效益的例子。如果再用二进制来替代复数运算，则可使傅里叶变换将乘法由 N^2 次降到 $\frac{N\alpha}{2}$ 次。在此，$N=2^\alpha$，亦即 $\alpha=\lg N$。如 $N=1024=2^{10}$，计算量由原先 1024^2 降到 $\frac{1024\times10}{2}$，从而大大加快了傅里叶变换速度。故有快速傅里叶变换之称。

对于光谱化学来说，FFT 提供了极其强有力的计算手段。根据有关红外谱图标准的要求，标准谱图元取 $2\mathrm{cm}^{-1}$ 分辨率，并至少在带宽 $3800\sim450\mathrm{cm}^{-1}$ 下摄制，如用 Michelson 干涉仪摄谱，每个干涉图片谱需采集 8192 个数据点，FFT 的计算量仅为一般离散傅里叶变换（DFT）的 1/1250。就是因为 FFT，才能使 FT-IR 仪器成为事实。

在电化学仪器设计中，广泛应用计算机联机处理数据[14]，FFT 是重要工具之一。在化学量测中，相关的频域是由直流到若干 MHz，较光谱化学的频率低得多，这时在时域直接

进行离散采样比光谱化学量测容易实现。Smith[15]在综述傅里叶变换用于电化学分析数据处理时，曾展望 FFT 的应用将像为化学工作者最熟悉的诸如对数据变换手段一样普及。现代电分析化学技术，基本上是一种张弛量测，即施加一定的扰动后，量测随时间变换的响应。这种扰动量施加在处于平衡或准平衡状态的电化学池上。施加的扰动一般是电扰动（电流、电位、电荷），但亦可能施加电磁波扰动（如光量子），观测的响应参量往往也是这些参量。施加的扰动与响应之间的关系，称为系统的转移函数。在动力学研究中，对施加的脉冲扰动得到的暂态响应，需要在 2～3 个数量级的时域内，采用 10～20 种不同选定的扰动（例如不同起始-最终电位阶跃）。如需要得到频域的响应，常规作法是变换 dc 电位进行正弦 ac 响应扫描（记录 ac 极谱），这样的试验至少要用 10～15 种不同输入频率以得到 2～3 个数量级范围内的量测响应谱。这种类型的试验比较费时，所以一般只用作基础性理论研究。常规化学分析测试中，只量测单一频率（基频和第二弦波交流极谱）、单一时间（脉冲极谱在汞滴最终时刻作直流极谱量测）或某种时间积分响应（直流极谱平均电流及计时库仑法），在做例行测试时亦不考虑电位-电流曲线的细节，只在某个单一电位（峰电位）进行量测，或在响应值不依赖于电位的电位区间内进行量测。用 FFT 技术可完全改变这一状态。在电化学分析中，例如微分脉冲极谱分析，可逆的扩散控制电化学响应通常最适合用作分析测试，但在分析实践中可能出现一系列问题。例如，系列偏离扩散控制过程将影响分析结果的重现性；试液背景干扰，如表面活性物存在、电极表面氧化剂存在等，均影响电极表面状态，甚至对固体电极表面作预处理亦不能解决问题。如能在分析过程中随时监控这些动力学变化因素，发现异常即采取措施，可减少其对分析结果的影响。FFT 导纳响应谱测定即能提供这种信息，可编制程序从这种导纳谱中提取有关电极过程动力学机理的信息，并采取相应对策进行必要的补偿，或至少提出有关问题的警告信息。

进行 FFT 电化学测量只需有标准的模拟式电化学仪器，通过模数转换与微机接口运行。FFT 计算本身是在微机上完成的，现在已有成套的含 FFT 数据处理功能的电化学测量系统，如 MODEI386 交流阻抗系统（AC IMPENDENCE SYSTEM PAR 公司），含有 FFT 软件，由用户给定基频、显示频率、数据周期、AC 振幅、DC 电位、电极表面积等量后，即可运行，并显示结果。此外，某些新型电分析技术，如半积分与半微分伏安法，如果用 FFT 将使仪器设计及数据处理大为简化。

值得提出的是，FFT 在 Matlab 上已有专门的指令，只需书写一条指令：

$$x = fft(y)$$

即可得出结果，从而使其用于分析信号处理时变得极为简单。

（四）傅里叶变换用于分析信号的平滑

由于傅里叶变换可将时域或空间域的信号转换为频域信号，所以它可用于分析信号的平滑预处理。其用于分析信号平滑处理的基本思想十分简单，实因在化学量测中，量测噪声一般可用零均的噪声表达。而零均的噪声大多频率很高，而分析信号一般在时域内皆为低频率信号。所以，在对分析信号进行时频域的傅里叶变换后只需将高频部分切去，再利用傅里叶反变换将留下的低频部分保留，即可达到平滑去噪的功效。下以具体例子加以说明。设有原始记录 0.05μg/g Ca 在 O_2-Hg 火焰中测得的 422.67nm 发射光谱［见图 5-11（a）］，图 5-11（b）是用傅里叶变换得到的实部，这曲线的右部是高频信号，主要来自误差的贡献。如用一截断函数（c）（即低频部分为 1，高频部分为 0），截断高频部分后得（d），继对（d）做傅里叶逆变换，即得平滑后的谱图（e）。

当然，截断函数的选取，即正确定义高频与低频是平滑结果好坏的关键，一般可根据实际信号的情况加以选择。

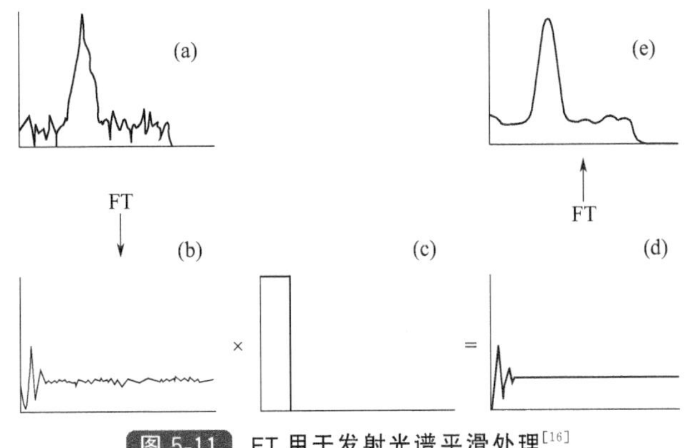

图 5-11 FT 用于发射光谱平滑处理[16]

(a) Ca 的原始发射光谱；(b)(a) 的 FT 变换实部；(c) 平滑函数；(d) 滤除噪声后的傅里叶图谱；(e) 逆变换后还原得平滑后的光谱

（五）傅里叶变换用于卷积与解卷积的运算

卷积与解卷积运算在电分析化学中有重要应用。Oldman[17~19] 的半积伏安法等价于求量测的电流中 $t^{1/2}$ 函数的卷积，故文献中有关方法有时称为卷积伏安法。卷积伏安法的导纳测定均是电化学数据处理中应用 FFT 成功的实例。

傅里叶变换用于卷积的解卷积运算主要基于以下的卷积定理：

$$f(x)\cdot h(y) \Leftrightarrow F(u)\cdot H(u) \tag{5-78}$$

式中，$F(u)$ 与 $H(u)$ 是对应于 $f(x)$ 与 $h(y)$ 的傅里叶变换。

由此定理，可利用下述计算步骤由原始波谱 $f(x)$ 与变宽函数 $h(x)$ 算出变宽的波谱（卷积运算）：

$$f(x) \xrightarrow{\text{FT}} F(x)$$

$$h(x) \xrightarrow{\text{FT}} H(u)$$

$$H(u)F(u) = G(u)$$

$$G(u) \xrightarrow{\text{逆 FT}} g(x)$$

反之，因 $F(u)=G(u)/H(u)$，继对 $F(u)$ 进行傅里叶逆变换就可得 $f(x)$，即解卷积方法可由测得的（变宽的）光谱 $g(x)$ 与变宽函数 $h(x)$，还原出原始波谱 $f(x)$ 来（解卷积运算）：

$$g(x) \xrightarrow{\text{FT}} G(u)$$

$$h(x) \xrightarrow{\text{FT}} H(u)$$

$$F(u) = \frac{G(u)}{H(u)}$$

$$F(u) \xrightarrow{\text{逆 FT}} f(x)$$

这种算法亦称逆滤波（inverse filtering）。这里完全忽略了误差的影响，实际量测的 $g(x)$ 除狭缝宽度影响外，还包括了量测误差（噪声）$n(x)$：

$$g(x)=f(x)\times h(x)+n(x)$$

考虑到傅里叶变换的加合性，$g(x)$ 的变换 $G(u)$ 为：

$$G(u)=F(u)\times H(u)+N(u)$$

$$\frac{G(u)}{H(u)}=F(u)+\frac{N(u)}{H(u)}$$

或：

$$\hat{F}(u)=F(u)+\frac{N(u)}{H(u)}$$

$F(u)$ 是未知的原始波谱的真实函数 $f(x)$ 的傅里叶变换，而 $\hat{F}(u)$ 是其估计值，实际运用卷积定理处理分析信号时，应考虑误差。

值得提出的是，作解卷积运算的必要条件是先确定变宽函数 $h(x)$，一般可取一很窄的波谱线［至多为 $h(x)$ 的 1/10 宽］，通过实验，确定 $h(x)$ 函数。此算法可用于对两个部分重叠峰的处理，还原出的原始峰形分辨情况较变宽后记录的谱图有显著改善，这是一种有用的重叠波谱分辨技术（见图 5-12）。

四、小波多分辨变换法及其用于分析信号处理

如前一小节所述，傅里叶变换的本质在于它通过三角函数将时域信号变换成频域信号，从而得到一系列有用信息，在平滑、波谱多重性效益及波谱量测方面得到了极其广泛的应用。然而，傅里叶变换也因为这一点而使其同样具有自己的局限性。正如著名数学家 Meyer 指出的那样：“当你记录了一小时信号，如果在最后五分钟出现了一些错误，那么这些错误就将殃及整个傅里叶变换谱。”因为傅里叶变换旨在将整个时域信号变换为频域信号，而失去了时域中的分辨率。为此出现了窗口傅里叶变换（WFT）或短时傅里叶变换（STFT）：

$$WFT_x(t,f)=\int_{-\infty}^{+\infty} x(t)h(t-t')\mathrm{e}^{-j2\pi ft}\,\mathrm{d}t \tag{5-79}$$

其物理意义如图 5-13 所示。从此图可见，虽然傅里叶变换（谱）不能明显表示频域分量的时间局域化，但这样一种局域化可通过对信号 $x(t)$ 适当预加窗得到。窗口傅里叶变换可视为一局部谱。也就是说，信号 $x(t)$ 在时间 t' 的窗口傅里叶变换就是信号 $x(t)$ 乘上一个以 t' 为中心的“分析窗”$h(t-t')$ 所做的傅里叶变换。$x(t)$ 称为基信号，由于乘上一个相当短的窗口 $h(t-t')$，等价于取出信号在分析点 $t=t'$ 附近的一个切片。所以，窗口傅里叶变换直接是信号 $x(t)$ 在“分析时间”t' 附近的“局部谱”。

然而，尽管采用窗口傅里叶变换可解决一些问题，但仍不是一种十分令人满意的方法。实因窗口愈小时，得到时域突变信号（如尖峰或非连续信号）的能力愈强，但却对该区的低频信号无法反应；反之，窗口太大时，突变或非连续信号就会对整个窗口的傅里叶变换谱产生影响。图 5-14 就示出了一个这样的例子。这说明，寻求一个全新的信号处理方法看来是很有必要的。

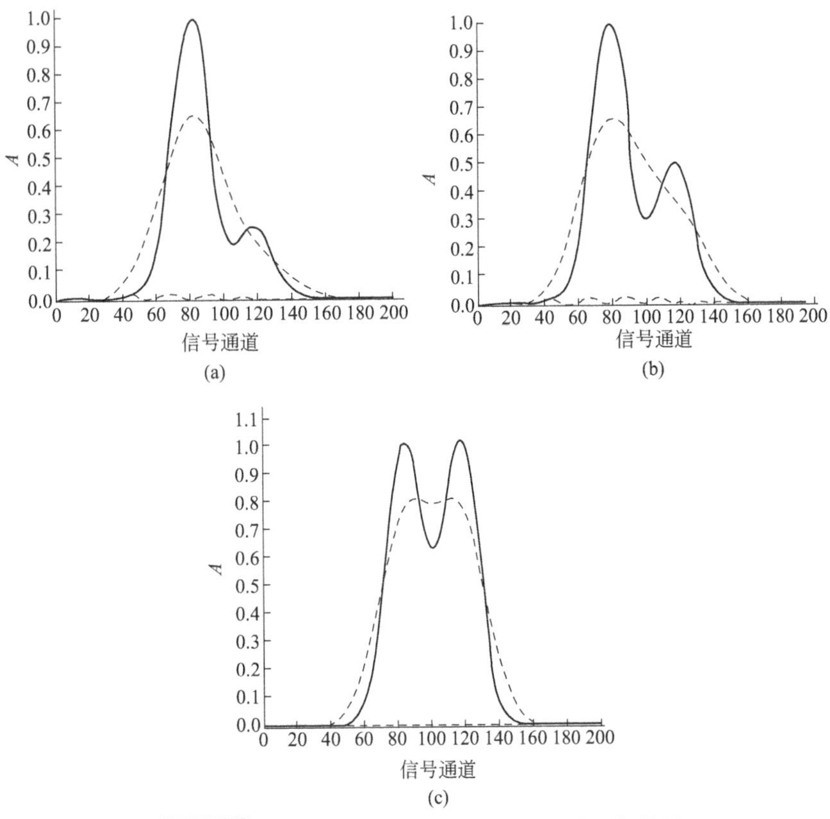

图 5-12 傅里叶变换去卷积用于分辨重叠分析信号

虚线峰：测得的峰；实线峰：去卷积复原的峰；靠近横轴的虚线：复原的峰与真实峰形之差

H 函数与信号半宽比为：(a)、(b) 1.25；(c) 1.0

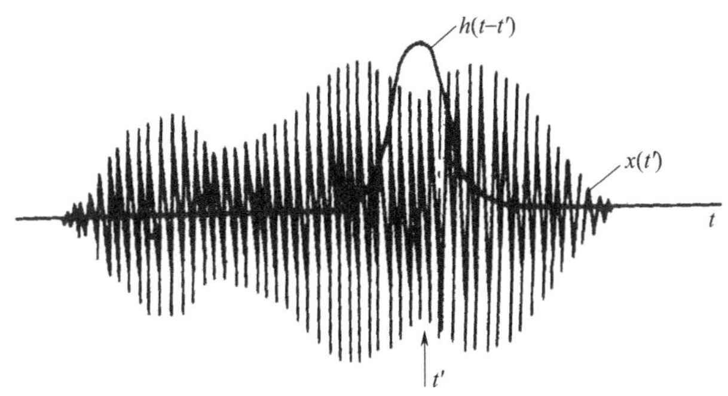

图 5-13 窗口傅里叶变换的示意图

小波变换就是这样一种全新信号处理的工具，可以说是近年来在应用数学领域中最独具魅力的成果。小波变换的概念最早是由法国地球物理学家 Morlet 于 20 世纪 80 年代初作为一种信号分析的数学工具而提出，很快就引起应用数学界的高度关注，并迅速在信号和图像分析、地球物理信号分析、计算机视觉与编码、语言的合成与分析、信号的奇异性检测与谱估计，甚至在分形与混沌理论中都获得广泛的应用[1]。在小波变换中，人们以不同的“标度”和“分辨率”同时在时域（或空间域）和频域中观察信号，这种观察信号的多分辨或多标度的方法是小波变换的基本点，其目的就在于“既要看到森林（信号的概貌），又要看到树木（信号的细节）。”

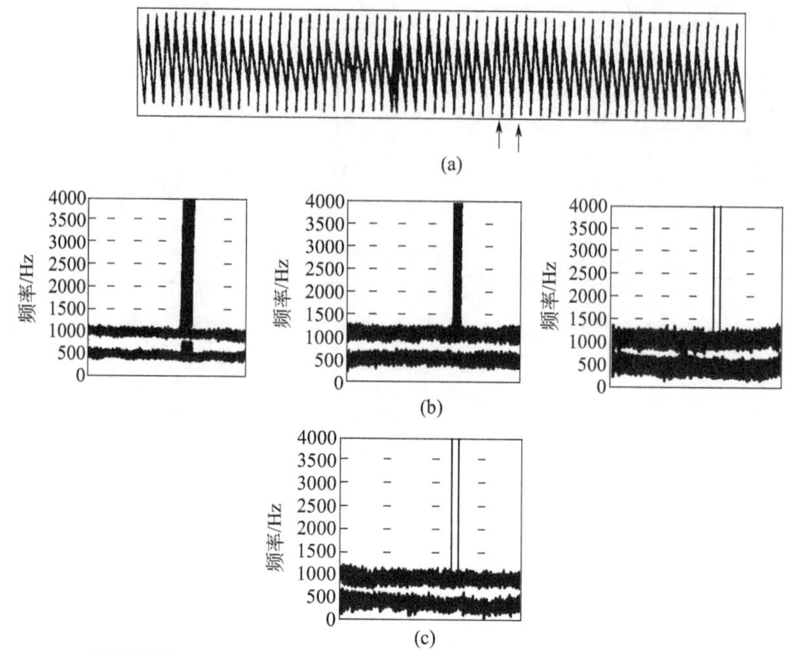

图 5-14 不同宽度的窗口傅里叶变换与小波变换结果的比较

(a) 在信号接收过程中在箭头处出现两个尖锐噪声；(b) 窗口傅里叶变换的结果（左：窗口宽度太大时，在频域方向的分辨结果很好，但在时域方向却无法分辨；中：窗口宽度中等时，在频域方向的分辨结果变差，但在时域方向仍无法分辨；右：窗口宽度很小时，在频域方向的分辨结果变得很差，但时域方向已可分辨）；(c) 小波变换结果（此时在频域方向的分辨结果可以接受，时域方向的分辨结果很好）

小波变换最早是由 Bos 等引入分析化学[20,21]，主要用于估计流动注射分析峰之强度及处理红外光谱数据。目前，此法在化学计量学界已引起广泛的关注，有关小波应用的文献逐年增多[22]，在我国有关小波变换在分析化学中的应用研究也得到了相当快的发展[23~28]。本小节将在介绍基本概念和算法的基础上，对小波变换在分析化学应用中的几个方面给出必要讨论。

小波变换的基本定义为：

$$WT_x(a,b)=\frac{1}{\sqrt{a}}\int_{-\infty}^{\infty}h\left(\frac{t-b}{a}\right)x(t)\mathrm{d}t \tag{5-80}$$

从式 (5-80) 可以看出，它与窗口傅里叶变换

$$WFT_x(t,\ f)=\int_{-\infty}^{\infty}x(t)h(t-t')\mathrm{e}^{-2j\pi ft}\mathrm{d}t$$

很相似，不同之点只在于小波变换少了一项三角函数变换项（$\mathrm{e}^{-2j\pi ft}$），但增加了一个伸缩参数 a。对于大的伸缩参数 a，基函数变成展宽的原像小波，是一个低频函数；而对于小的 a，基函数则成为缩小的小波，它是一个短的高频函数。正是这一伸缩参数，使小波具有多分辨的性质。小波变换的另一参数为平移参数 b，这就使它也同样具有前述窗口傅里叶变换可得到时域（或空间域）“局部谱”的特性。

另外，小波变换不像傅里叶变换只采用三角函数为其基底函数，其基函数 $h(\cdot)$ 是可改变而且可以是相互正交的。不同的基函数 $h(\cdot)$ 对应于不同的小波变换，最著名和常用的小波基函数有 Haar 基、Daubechies 基、Coiflet 基和 B-样条基等。正是因为有了这样一些特

点，小波变换成为了一种比傅里叶变换更灵活和更多样化的信号处理的数学新工具。

（一）离散小波变换

在分析信号的小波变换处理中，一般实际使用的是离散小波变换，如将前述的小波变换定义式中的小波基函数单独列出，则为

$$h_{a,b}(t)=(a^{-1/2})h[(t-b)/a] \tag{5-81}$$

继而将其平移和伸缩或尺度参数离散化，即

$$a=a_0^j$$

$$b=ka_0^jb_0 \qquad (k,\ j \text{ 为正整数})$$

可得：

$$WT_x(j,\ k)=a_0^{-j/2}\int_{-\infty}^{\infty}h(a_0^{-j}t-kb_0)x(t)\mathrm{d}t \tag{5-82}$$

特别有实用意义的是 $a_0=2$ 和 $b_0=1$ 时的小波函数，使得

$$h_{a,b}(t)\ =2^{-j/2}h\ (2^{-j}t-k) \tag{5-83}$$

式中，j，k 为任意整数。注意到，在此 j 是可由负无穷到正无穷的整数，故式（5-83）如写成

$$h_{a,b}(t)=2^{j/2}h(2^jt-k) \tag{5-84}$$

其意义是完全没变的。

如果有一离散信号 $x(t_i)=x_i$（$i=1,\cdots,n$），在不同的 j,k 下，其离散小波变换也就相当于

$$\begin{aligned}WT_x(j,k)&=\sum_{i=1}^{n}2^{-j/2}h(2^{-j}t_i-k)x_i\\&=\langle x_i,2^{-j/2}h(2^{-j}t_i-k)\rangle\end{aligned} \tag{5-85}$$

式中，$\langle\cdot,\cdot\rangle$ 表示内积，也就是投影，式（5-85）说明小波变换就相当于一种在小波基函数上的投影变换，同时注意到，不同的 j,k 代表不同的分辨率（尺度）和不同时域（平移）。而且，构成不同的小波基一般要求相互正交，即

$$\langle h_{j,k},h_{mn}\rangle=\delta_{jm}\delta_{kn}$$

$\langle\cdot,\cdot\rangle$ 表示内积，定义为

$$\langle x,y\rangle=\int x(t)y(t)\mathrm{d}t \tag{5-86a}$$

$$\langle x,y\rangle=\sum x(t_i)y(t_i) \tag{5-86b}$$

δ_{jm} 为 Kronecker δ 函数，即 $\delta_{jm}=1(j=m)$ 或 $\delta_{jm}=0(j\neq m)$。这说明，不同的 j,k 小波基函数是正交的。如果采用不同的分辨率的时空局域，可组成一组正交基，对任意信号进行小波变换，就相当于对该信号不同分辨率的局部时（空）域进行投影，可得到不同分辨率的局部时（空）域的变换结果，这正是小波变换的特殊之处。图 5-15 给出了不同 j,k 下 Daubechies 小波的例子。从此图可以看出，小波函数正是通过不同的 j,k 来调节不同的局部时域和不同的分辨率的。

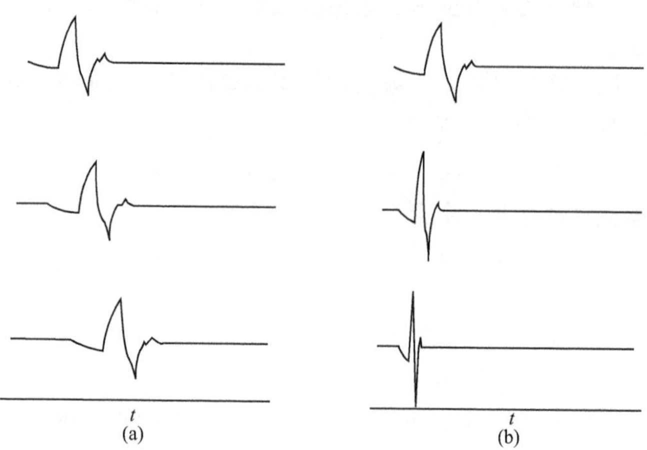

图 5-15 不同局部时域和分辨率的 Daubechies 小波

(a) 不同局部时域的（平移）；(b) 不同分辨率的（尺度）

（二）多分辨分析

如前所述小波变换的最显著特性就是它的多分辨特点。用多分辨函数来逼近任一函数的基本概念是由 Meyer 和 Mallat 提出的[29,30]，这相当于用显微镜来观察一个微生物，如果想要该微生物的全貌，则需将其调至较大视野（低频），而不在意该微生物各部位的细节；反之，如果想了解某一局部部位，则需聚焦以高分辨来观察细节。小波多分辨分析正是根据这一基本思路来进行设计的。它要求可将被解析的信号投影至一系列相互包含的空间之中，

$$\cdots \subset v_{-2} \subset v_{-1} \subset v_0 \subset v_1 \subset \cdots \subset L^2 \tag{5-87}$$

式中，L^2 表示平方可积的实数空间。

这暗示

$$v_{-\infty} = \{0\} \qquad v_{\infty} = L^2$$

因为上述空间的定义，上述空间自然需满足下述尺度条件：

$$h(t) \in v_j \Leftrightarrow h(2t) \in v_{j+1} \tag{5-88}$$

如果能用前节所用小波基函数的表达式 $\{2^{jk}h(2^j t - k)\}$，则有

$$h(t) = \sum_k \alpha_k \sqrt{2}\, h(2t - k) \tag{5-89}$$

式 (5-89) 说明，$h(t)$｛构成 v_j 的尺度基函数｝就是由 $h(2t-k)$｛构成 v_{j+1} 的尺度基函数｝线性组合而成。在此 $h(t)$ 称为尺度函数或尺度滤波、尺度向量，α_k 则称为尺度函数系数。另外，在多分辨分析中，为表示不同尺度空间中的区别，还定义了另一类小波函数 $\varphi_{jk}(t)$，并且要求它与同尺度的尺度函数正交，即

$$\langle \varphi_{jk}(t),\ h_{jl}(t) \rangle = \int \varphi_{jk}(t) h_{jl}(t)\,\mathrm{d}t = 0 \tag{5-90}$$

式中，l，j，k 都是整数。

因为 $v_0 \subset v_1 \subset v_2 \cdots \subset L$，所以，可以这样来定义小波函数的伸展空间，$w_j\ (j=0)$

$$v_1 = v_0 \oplus w_0 \tag{5-91}$$

式中，$\oplus$表示正交补（参见第十一章）。根据式（5-90）和式（5-91），还有

$$v_2=v_0\oplus w_0\oplus w_1=v_1\oplus w_1 \tag{5-92}$$

$$L^2=v_\infty=v_0\oplus w_0\oplus w_1\oplus w_2\oplus\cdots \tag{5-93}$$

据此，小波函数可由式（5-94）定义

$$\varphi(t)=\sum_k b_k\sqrt{2}h(2t-k) \tag{5-94}$$

式中，b_k 称为小波系数。图 5-16 给出了尺度函数与小波矢量空间的关系。

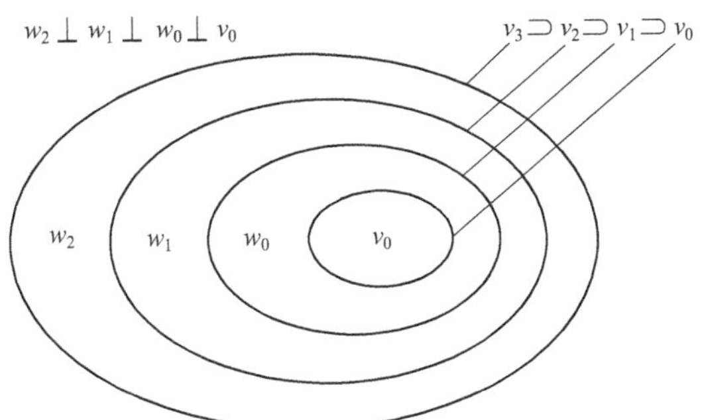

图 5-16　尺度函数与小波函数空间关系示意图

为帮助理解，下面将以 Haar 小波为例来具体说明小波多分辨分析中各类空间的具体组成[31]。

首先，Haar 小波尺度函数可定义为

$$h(t)=\begin{cases}1 & 0<t<1\\ 0 & \text{其他}\end{cases}$$

再根据

$$h(t)=\sum_k \alpha_k\sqrt{2}h(2t-k)$$

及

$$\Psi(t)=\sum_k b_k\sqrt{2}h(2t-k)$$

可组成不同的尺度函数与小波函数空间。在此，需指出的是，对于 Haar 小波，其尺度函数系数 α_k 只需取两个：$\alpha_0=1/\sqrt{2}$；$\alpha_1=1/\sqrt{2}$；而小波函数系数 b_k 也只需取两个：$b_0=1/\sqrt{2}$，$b_1=-1/\sqrt{2}$。所以，如果定义上面给出的 Haar 小波尺度函数组成的是 v_0 空间的话，则 v_1 空间的尺度函数为

$$\begin{aligned}h_1(t)&=\alpha_0\sqrt{2}h_0(2t)+\alpha_1\sqrt{2}h_0(2t-1)\\&=(1/\sqrt{2})\sqrt{2}h_0(2t)+(1/\sqrt{2})\sqrt{2}h_0(2t-1)\\&=h_0(2t)+h_0(2t-1)\\&=\begin{cases}1 & 0<t<1/2\\ 0 & \text{其他}\end{cases}\end{aligned}$$

而小波函数 φ_0

$$\begin{aligned}\Psi_0(t)&=\frac{1}{\sqrt{2}}\sqrt{2}h_0(2t)-\frac{1}{\sqrt{2}}\sqrt{2}h_0(2t-1)\\&=h_0(2t)-h_0(2t-1)\\&=\begin{cases}1 & 0<t<1/2\\-1 & 1/2<t<1\\0 & \text{其他}\end{cases}\end{aligned}$$

由此类推，可求出 v_2，w_1 各空间的 Haar 小波的尺度基函数和小波基函数。Haar 小波基的 v_0 与 v_1 空间基函数及 w_0 与 w_1 的空间基函数图像示于图 5-17。

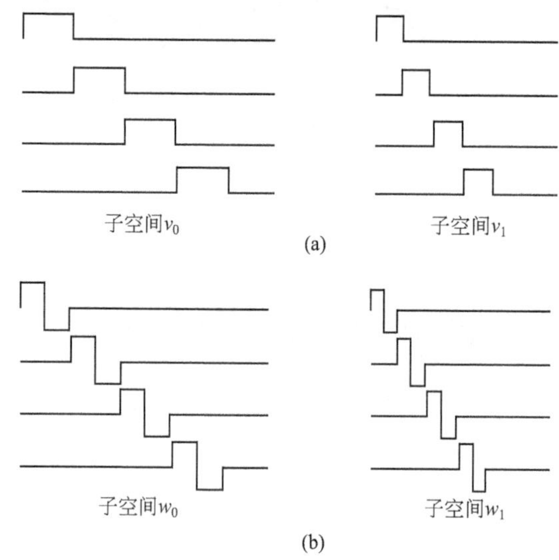

图 5-17 Haar 小波变换不同尺度与小波空间基函数图像

（三）多分辨信号分解算法

前面两小节给出了小波变换中最重要的基本概念，但实际上，小波变换的应用都是通过 Mallat[32] 提出的多分辨信号分解（MRSD）或塔式算法来实现的，其算法在小波变换中的地位就与快速傅里叶变换（FFT）在傅里叶变换中的地位一样重要。如果量测所得的离散分析信号可由 $c^{(0)}=[c_1{}^{(0)},c_2{}^{(0)},\cdots,c_N{}^{(0)}]$来表示，其中上标（0）表示分辨为零，即未进行任何小波变换的原始数据；N 为量测点数，不失一般性，可假设 $N=2^p$（p 为正整数），则

$$\begin{aligned}c(t_i)^{(0)}&=\sum c_k^{(j)}2^{j/2}h_{j,k}+\sum_{j=1}^{J}\sum_k d_k^{(j)}2^{j/2}\varphi_{j,k}\\&=\sum_k c_k^{(j)}2^{j/2}h(2^j t_i-k)+\sum_{j=1}^{J}\sum_k d_k^{(j)}2^{j/2}\varphi(2^j t_i-k)\end{aligned}\tag{5-95}$$

式中，J 表示最高分辨率；$t_i(i=1,\cdots,N)$ 表示在量测采样时间点；$c_k^{(j)}$，$d_k^{(j)}(j=1,\cdots,J)$ 分别表示在 j 水平分辨率下的小波变换的尺度函数和小波函数的系数；h_{jk}，φ_{jk} 则是对应的尺度基函数和小波函数。

可以证明，对于不同分辨水平的尺度函数系数 $c_k^{(j)}$ 和小波函数系数 $d_k^{(j)}$，可由递归式（5-96）算出[33]：

$$c_k^{(j)}=\sqrt{2}\sum_n c_n^{(j-1)} q_{n-2k} \tag{5-96a}$$

$$d_k^{(j)}=\sqrt{2}\sum_n c_n^{(j-1)} g_{n-2k} \tag{5-96b}$$

式中，q_k 与 g_k 分别表示低通滤波器 $\boldsymbol{Q}(Q=\{q_k\})$ 和高通滤波器 $\boldsymbol{G}(G=\{g_k\})$ 矩阵中的元素，它们应具有如下性质：

$$g_k=(-1)^k q_{1-k} \tag{5-97}$$

而且

$$\sum_k q_k=\sqrt{2};$$

$$\sum_k g_k=0$$

值得指出的是，上述这两种系数中，q_k 是主要的，只要 q_k 确定了，g_k 也就唯一确定了。而且 q_k 的取法有多种多样，不同的小波基函数就有不同的 q_k，最简单的就要算 Haar 小波了。

$$q_0=\frac{1}{\sqrt{2}}$$

$$q_1=\frac{1}{\sqrt{2}}$$

$$g_0=(-1)^0 q_{1-0}=q_1=\frac{1}{\sqrt{2}}$$

$$g_1=(-1)^1 q_{1-1}=-q_1=-\frac{1}{\sqrt{2}}$$

得到 q_k 和 g_k，利用前述递归式（5-96）即可算出各个分辨率下的尺度函数和小波函数的系数 $c_k^{(j)}$ 和 $d_k^{(j)}$ 来，小波多分辨信号分解也就逐步进行了。所以，如何得到不同的小波变换的 q_k，是小波多分辨信号分解的关键所在。有关如何确定 q_k 的方法，读者可参阅文献[19，33]。

下面给出多分辨信号分解（MRSD）的具体矩阵算法。

1. 低通滤波矩阵 $\boldsymbol{Q}$ 与高通滤波矩阵 $\boldsymbol{G}$ 的构造

不同的小波函数（如 Haar 小波、Daubechies 小波、Coiflet 小波等）有不同的 q_k，而且同一小波函数还有不同长度 $L(-L+1,\cdots,0,1,\cdots,L)$。如 Daubechies 小波就有长度为 2，4，6，8，…多种尺度函数的系数供选择，一旦确定了长度 L，就可根据下式来构造 $\boldsymbol{Q}$ 阵和 $\boldsymbol{G}$ 阵：

$$Q_{ij}=q_{j-2i} \tag{5-98a}$$

$$G_{ij}=g_{j-2i} \tag{5-98b}$$

现以 $L=2$（$D_{2\times 2}=D_4$），分析信号长度为 16 的 $\boldsymbol{Q}$ 阵和 $\boldsymbol{G}$ 阵的构造为例来加以具体说明。从式（5-98）可以看出 $\boldsymbol{Q}$ 阵和 $\boldsymbol{G}$ 阵均为（8×16）阶矩阵，故可令

$$\boldsymbol{T}=\begin{bmatrix}\boldsymbol{Q}\\ \boldsymbol{G}\end{bmatrix}_{16\times 16}$$

于是，

$$
\boldsymbol{T}=\begin{bmatrix}\boldsymbol{Q}\\ \boldsymbol{G}\end{bmatrix}=\begin{bmatrix}
q_{-1} & q_0 & q_1 & q_2 & 0 & 0 & \cdots & & & & & & \cdots & 0\\
0 & 0 & q_{-1} & q_0 & q_1 & q_2 & & & & & & & & \\
0 & 0 & 0 & 0 & q_{-1} & q_0 & q_1 & q_2 & & & & & & \\
0 & 0 & 0 & 0 & 0 & 0 & q_{-1} & q_0 & q_1 & q_2 & \cdots & & \cdots & 0\\
\vdots & \vdots & \vdots & \vdots & \vdots & \vdots & \vdots & \vdots & \vdots & \vdots & & & & \vdots\\
q_1 & q_2 & 0 & 0 & \cdots & \cdots & & & & & \cdots & 0 & q_{-1} & q_0\\
g_{-1} & g_0 & g_1 & g_2 & 0 & 0 & \cdots & \cdots & & & & & \cdots & 0\\
0 & 0 & g_{-1} & g_0 & g_1 & g_2 & 0 & 0 & 0 & \cdots & & & & 0\\
0 & 0 & 0 & 0 & g_{-1} & g_0 & g_1 & g_2 & 0 & 0 & \cdots & & & 0\\
0 & 0 & 0 & 0 & 0 & 0 & g_{-1} & g_0 & g_1 & g_2 & 0 & \cdots & & 0\\
\vdots & \vdots & \vdots & \vdots & & & & & & & & & & \vdots\\
g_1 & g_2 & 0 & 0 & 0 & \cdots & \cdots & & & & & 0 & g_{-1} & g_0
\end{bmatrix}
\tag{5-99}
$$

在构造这一矩阵时，如果 $Q_{ij}=q_{j-2i}$ 得到的（$j-2i$）超过 q_k 下标 k 的范围时就都置为 0，对于本例因为所取长度为 2，故只有 q_{-1}，q_0，q_1，q_2 有数值。而当 $k>2$ 或 $k<-1$ 时，Q_{ij} 皆等于零。另外，在矩阵 $\boldsymbol{Q}$ 和 $\boldsymbol{G}$ 的最后一列，即 $i=8$，$j=1$，2 时，$Q_{ij}=q_{j-2i}=q_{-17}$ 或 q_{-16} 都超出 q_{-1}，q_0，q_1，q_2 的范畴，应取为零，但上述矩阵仍取为 q_1，q_2 或 g_1，g_2，这是为了保持矩阵 $\boldsymbol{Q}$ 和 $\boldsymbol{G}$ 的正交性，属于特例。实因

$$
\boldsymbol{TT}^{\mathrm{t}}=\begin{bmatrix}\boldsymbol{Q}\\ \boldsymbol{G}\end{bmatrix}\begin{bmatrix}\boldsymbol{Q}^{\mathrm{t}} & \boldsymbol{G}^{\mathrm{t}}\end{bmatrix}=\boldsymbol{I}
\tag{5-100}
$$

矩阵 $\boldsymbol{Q}$ 及 $\boldsymbol{G}$ 的正交性可使得 MRSD 唯一。

2. 信号逐步分解

信号逐步分解，以得到不同分辨率及不同长度的分解信号矢量

$$
\begin{aligned}
\boldsymbol{c}_1&=\boldsymbol{Qc}_0\\
\boldsymbol{d}_1&=\boldsymbol{Gc}_0\\
\boldsymbol{c}_2&=\boldsymbol{Q}_1\boldsymbol{c}_1=\boldsymbol{Q}_1\boldsymbol{Qc}_0\\
\boldsymbol{d}_2&=\boldsymbol{G}_1\boldsymbol{c}_1=\boldsymbol{G}_1\boldsymbol{Qc}_0\\
&\vdots\\
\boldsymbol{c}_j&=\boldsymbol{Q}_{j-1}\cdots\boldsymbol{Q}_1\boldsymbol{Qc}_0\\
\boldsymbol{d}_j&=\boldsymbol{G}_{j-1}\cdots\boldsymbol{Q}_1\boldsymbol{Qc}_0
\end{aligned}
$$

这一分解过程可由图 5-18 形象地表示出。

从上述说明可以看出，每经过一次分解，原信号的分解水平增加 1，而信号矢量的长度减半，所以一般要求原信号矢量的长度为 $N=2^p$，当信号矢量的长度不等于 2^p 时，或丢弃两头信息量含量相对小的量测点，或增补一些量测点来满足这一要求。另外一般说来，由 $\boldsymbol{Q}$ 阵投影所得的 $\boldsymbol{c}^{(j)}$ 一般包含着原信号的低频信息，而由 $\boldsymbol{G}$ 阵投影得到的 $\boldsymbol{d}^{(j)}$ 一般包含原信号

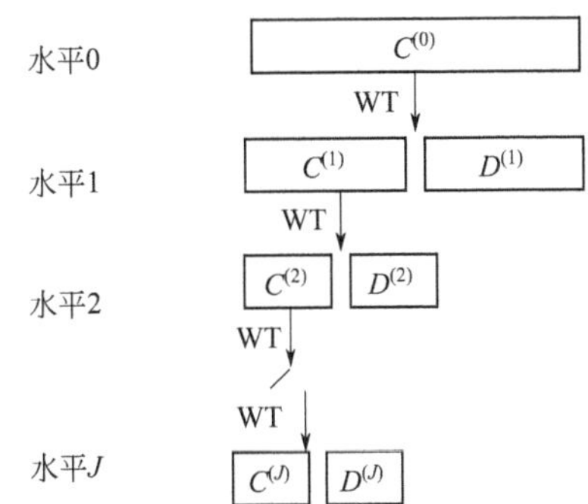

图 5-18　多分辨信号分解算法（塔式算法）示意图

的一些高频细节。值得指出的是，Q_1 阵行列数相对于 Q 阵缩小了一半，但构成原则仍同 Q 阵。

3. 信号的逐步复原

因为 $\boldsymbol{Q}^{+}=\boldsymbol{Q}^{t}$，$\boldsymbol{G}^{+}=\boldsymbol{G}^{t}$，所以得到的多分辨信号分解矢量可很容易还原。即

$$\boldsymbol{Q}_{j-1}^{t}\boldsymbol{c}_{j}=\boldsymbol{Q}_{j-1}^{t}\boldsymbol{Q}_{j-1}\cdots\boldsymbol{Q}_{1}\boldsymbol{Q}\boldsymbol{c}_{0}$$

$$\boldsymbol{c}_{j-1}=\boldsymbol{Q}_{j-2}\cdots\boldsymbol{Q}_{1}\boldsymbol{Q}\boldsymbol{c}_{0}$$

$$\boldsymbol{G}_{j-1}^{t}\boldsymbol{d}_{j}=\boldsymbol{G}_{j-1}^{t}\boldsymbol{G}_{j-1}\cdots\boldsymbol{Q}_{1}\boldsymbol{Q}\boldsymbol{c}_{0}$$

$$\boldsymbol{d}_{j-1}=\boldsymbol{G}_{j-2}\cdots\boldsymbol{Q}_{1}\boldsymbol{Q}\boldsymbol{c}_{0}$$

因 $\boldsymbol{Q}^{t}$ 及 $\boldsymbol{G}^{t}$ 就等于 $\boldsymbol{Q}^{+}$ 和 $\boldsymbol{G}^{+}$，这就为分解信号的复原带来很大的方便。小波变换就是利用这一特性，而具有很强的去噪功能。

（四）几个常用小波基尺度函数与小波函数系数表

如前所述，对于不同的小波基，都有不同的 q_k 和 $g_k(k=-L+1,\cdots,0,\cdots,L)$，而这些尺度函数和小波函数的系数是构成多分辨信号分解算法的关键。为方便读者，本小节将列出最常用的 3 个小波基即 Haar 小波、Daubechies 小波和 Coiflet 小波函数的系数表，以供读者使用（表 5-9、表 5-10）。

表 5-9　Daubechies 尺度及小波函数系数表

Daubechies（$L=4$）

k	q_k	g_k
−3	0.23037781330890	0.01059741078507
−2	0.71484657055292	0.03288301166689
−1	0.63088076792986	−0.03084138183556
0	−0.02798376941686	−0.18703481171909
1	−0.18703481171909	−0.02798376941686
2	−0.03084138183556	−0.63088076792986
3	0.03288301166689	−0.71484657055292
4	−0.01509740178507	−0.23037781330890

Daubechies（$L=3$）

k	q_k	g_k
−2	0.33267055295008	−0.03522629188571
−1	0.80689150931109	−0.08544127388203
0	0.45987750211849	0.13501102001025
1	−0.13501102001025	0.45987750211849
2	−0.08544127388203	−0.80689150931109
3	0.03522629188571	0.33267055295008

Daubechies($L=2$)

k	q_k	g_k
−1	0.48292691314453	0.12940952255126
0	0.83651630373781	0.22414386804201
1	0.22414386804201	−0.83651630373781
2	−0.12940952255126	0.48292691314453

Daubechies($L=1$)(或 Haar)

k	q_k	g_k
0	0.70710678118655	0.70710678118655
1	0.70710678118655	−0.70710678118655

表 5-10 Coiflet 尺度及小波函数系数表

Coiflet($L=3$)

k	q_k	g_k
−2	−0.07273261951285	0.01565572813546
−1	0.33789766245781	−0.07273261951285
0	0.85257202021226	−0.38486484686420
1	0.38486484686420	0.85257202021226
2	−0.07273261951285	−0.33789766245781
3	−0.01565572813546	−0.07273261951285

Coiflet($L=4$)

k	q_k	g_k
−3	0.04687500000000	−0.01565572813546
−2	−0.02116013576461	−0.07273261951285
−1	−0.14062500000000	−0.38486484686420
0	0.43848040729385	0.38486484686420
1	0.38486484686420	0.43848040729385
2	0.38486484686420	−0.14062500000000
3	−0.07273261951285	0.02116013576461
4	0.01565572813546	0.04687500000000

Coiflet($L=6$)

k	q_k	g_k	k	q_k	g_k
−5	0.16387336464	0.000720549446	1	−0.076488599078	0.417005184423
−4	−0.041464936781	−0.001823208870	2	−0.059434418646	−0.812723635449
−3	−0.067372554722	−0.005611434819	3	0.0236680171946	0.386110066823
−2	0.386110066823	0.0236680171946	4	0.005611434819	0.067372554722
−1	0.812723635449	0.059434418646	5	−0.001823208870	−0.041464936781
0	0.417005184423	−0.076488599078	6	−0.000720549446	−0.16387336464

(五)小波变换在分析信号处理中的应用

因为小波变换实际上是一种比傅里叶变换更有力的信号处理工具，所以，近年来，在分析化学中得到了非常广泛的应用，尤其是近年来，应用面越来越广，是一个很值得引起关注的研究领域[34]，下面将主要介绍几种已取得成功应用的方法。

1. 小波变换用于数据压缩

从前节多分辨信号分解算法（MRSD）可容易看出，每经过一次变换，分析信号的长度就被压缩一半，经过几次变换，信号就可以 2 的指数速率往下降，而且，采用逐步复原的策略，只需保留 $\boldsymbol{Q}$ 阵和 $\boldsymbol{G}$ 阵，又可很容易地将分析量测信号复原，这对于有些采样点较多的分析信号，如红外光谱、核磁共振谱等的保存，传输以及建立较大量测波谱数据库是非常有利的。逐步复原过程就是一个简单的矩阵乘法过程，恢复速度很快，所以这一压缩技术可望在分析化学中，特别是在分析化学波谱的构建中起到非常重要的作用。将小波交换用于紫外光谱压缩就是一个很成功的例子[34]。

另外，由于近年来联用技术的发展相当快，往往一个样本就产生 100 万个数据点，这就为从中提取信息和进行运算带来很多困难，将小波变换的压缩功能用于这些类数据的解析之上，也是一个很成功的例子[35]，实因经小波压缩后的数据，可得主要信息，而使数据量成倍减少。

2. 小波变换用于分析信号的背景扣除

如前所述，小波变换的一个最大特点就是靠两个矩阵即低通滤波矩阵 $\boldsymbol{Q}$ 和高通滤波矩

阵 G 对分析信号进行不同分辨率的投影运算，一般说来由低通滤波矩阵投影得到的为不同分辨率的低频信号，由高通滤波矩阵投影得到的为不同分辨率的高频信号细节，而由仪器分析所得的分析量测信号背景漂移一般可由最低频信号给出，借助分析人员的工作经验，不同分辨率所得之低频信号往往可很好地将背景与纯信号分离。文献［37］将此技术用于二维联用色谱的化学秩估计问题（见第五章）。将此法用于一维色谱的背景扣除亦是一个很好的例子[36]。

3. 小波变换用于平滑除噪

除噪（或平滑）在分析信号处理中是一个相当重要的任务，寻求一种很好的除噪方法，一直是化学计量学研究的问题。小波多分辨信号分解算法（MRSD）亦可用于除噪[32]，它一般可通过对高通滤波矩阵的投影信号（或称小波域）取阈值的方法来进行。数学家们在小波分析的这一领域中做了不少工作[37~39]。在此，仅给出一例来形象说明小波变换如何利用取阈值来进行除噪的过程。

图 5-19 给出的是一个用小波来对核磁共振谱进行除噪的例子。

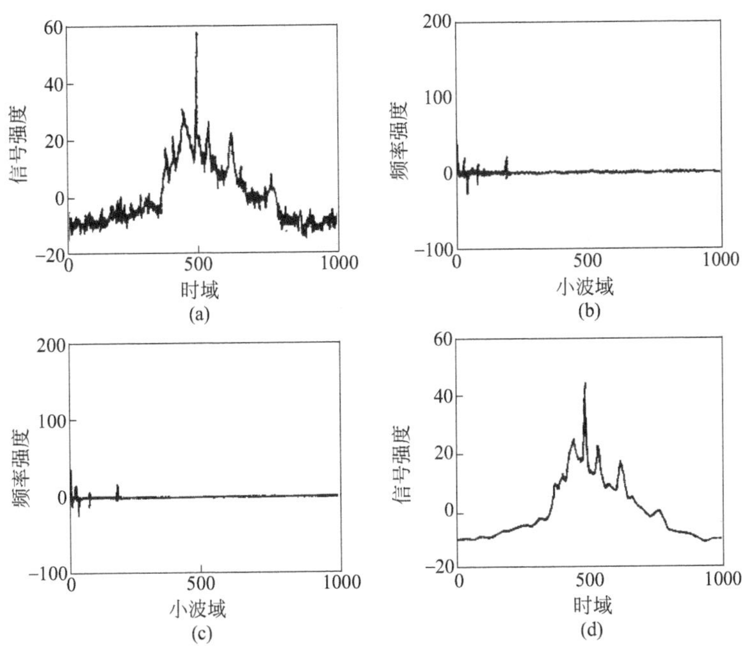

图 5-19　小波变换用于核磁共振谱除噪的一个例子

（a）原始核磁共振谱；（b）小波变换的细节矢量；

（c）去掉低于阈值以下元素的细节矢量；（d）去噪后的重构核磁共振谱

从这例子可以看出，小波用于除噪似乎与傅里叶变换除噪无本质区别，都是去掉变换谱中的一些值，傅里叶变换去掉的是高频部分。然而两者除噪的原理是很不相同的，值得提出的是，小波变换除噪后是有可能保存高频信号的，用于高频信号除噪要优于傅里叶变换。

4. 小波变换在分析化学其他方面的应用

实际小波变换还可用于其他方面，如图像处理[40,41]，因小波多分辨分析可容易拓广至二维，具有很大的灵活性。另外，小波多分辨信号分解（MRSD），可同时给出信号的全貌（低通部分）和细节（高通投影部分），而且信号的压缩又是同时进行的，所以可以预料，它可在模式识别的特征抽取（参见第七章）中得到广泛而有趣的应用[42~45]。由于小波变换本身还在不断发展，可以预计，它将在分析信号处理中得到更加广泛而又深入的应用。

第四节 分析信号的背景扣除方法

由于分析仪器受多种外界因素的影响，分析信号的背景漂移在分析过程中几乎是不可避免的。由于在中药分析普遍使用中药色谱指纹图谱来控制中药的质量，它们的背景漂移就成为中药及其他复杂体系分析的一个重要问题，因为色谱的背景漂移不仅淹没和污染真实的色谱峰的分析信号，而且还将对后续相似度的计算和模式识别与模式分析带来很不利的影响。本节将以色谱指纹图谱为例，来讨论其漂移背景的扣除方法。实际上，不只是色谱分析存在背景漂移，还有很多波谱、如复杂分析体系的拉曼光谱、核磁共振谱等也都存在背景漂移，本节讨论的方法对它们都是有效的。

一、自适应迭代加权惩罚最小二乘背景扣除方法

一般说来，色谱指纹图谱的背景扣除可采用多项式拟合来进行，但是，这些方法需要用户干涉，而且，当信号的信噪比（signal-to-noise ratio，S/N）较低时，它们易于受信号波动的影响。在本节中，将介绍一种基于自适应迭代加权惩罚最小二乘（adaptive iteratively reweighted penalized least squares，airPLS）的色谱指纹图谱的背景扣除方法。此法既不需要用户干涉，也无须预先进行色谱峰识别，它通过迭代式不断调整拟合的基线与原始信号之差的误差平方和的权重，从而达到一个平衡结果。该法可快速并灵活地估计基线，使用方便。同时有关此算法的 MATLAB 和 R 语言的源代码已在网络上（http：//code. google. com/p/airpls）开源公布，读者可自由从该网站下载。

惩罚最小二乘（penalized least squares algorithm）是一种设计巧妙的平滑方法，最早由 Whittaker 在 1922 年提出[46]。后由 Silverman[47,48]发展成为一种名为粗糙度惩罚的统计平滑方法（参见本章第一节四），并将其用于低信噪比的联用色谱数据的多元分辨方法之中[49]。Eilers 则将惩罚最小二乘方法拓广至一般的化学信号的平滑[50]、谱峰校准[51]和基线扣除[52]。注意到，在本章第一节“四”中导出了下式

$$\boldsymbol{f}=(\boldsymbol{I}+\alpha\boldsymbol{K})^{-1}\boldsymbol{x}$$

亦可将其符号改写成

$$(\boldsymbol{I}+\lambda\boldsymbol{D}'\boldsymbol{D})\boldsymbol{z}=\boldsymbol{x} \tag{5-101}$$

为构建基于惩罚最小二乘的背景扣除方法，Carlo[53]与张志敏等[54]将保真权重矢量引入，并使得色谱指纹图谱 $\boldsymbol{x}$ 中所有有峰处的权重为零，从而达到一个基线拟合平衡的结果。为此，保真度的目标函数应作如下修改

$$F=\sum_{i=1}^{m}w_i\ (x_i-z_i)^2=(\boldsymbol{x}-\boldsymbol{z})'\boldsymbol{W}(\boldsymbol{x}-\boldsymbol{z}) \tag{5-102}$$

式中，$\boldsymbol{W}$ 为权重矩阵，实际是一个对角矩阵，w_i 为其对角元素。

这样，式（5-101）将变为

$$(\boldsymbol{W}+\lambda\boldsymbol{D}'\boldsymbol{D})\boldsymbol{z}=\boldsymbol{W}\boldsymbol{x}$$

采用最小二乘解上述方程可得

$$\boldsymbol{z}=(\boldsymbol{W}+\lambda\boldsymbol{D}'\boldsymbol{D})^{-1}\boldsymbol{W}\boldsymbol{x}$$

自适应迭代加权过程与加权最小二乘和迭代重加权最小二乘的过程类似[55～57]，只是计算权重的方法有点不同，且在计算过程中加入了惩罚项，以控制拟合所得基线的平滑程度。在自适应迭代加权过程的每一步，实际都是对下述式子不断采用最小二乘求解：

$$Q^t = \sum_{i=1}^{m} w_i^t \mid x_i - z_i^t \mid^2 + \lambda \sum_{j=2}^{m} \mid z_j^t - z_{j-1}^t \mid^2$$

其中权重矢量 $\boldsymbol{w}$ 采用迭代方式不断自适应地进行修正。该权重矢量的初始设为 0，即 $\boldsymbol{w}^0=\boldsymbol{1}$，在后续的迭代步骤中，不断地使用下式进行修正：

$$w_i^t = \begin{cases} 0 & x_i \geqslant z_i^{t-1} \\ \mathrm{e}^{\frac{t(x_i - z_i^{t-1})}{\mid \boldsymbol{d}^t \mid}} & x_i < z_i^{t-1} \end{cases}$$

在此矢量 $\boldsymbol{d}^t$ 包含了原始色谱指纹图谱（$\boldsymbol{x}$）与迭代过程中的拟合矢量（$\boldsymbol{z}^{t-1}$）差值为负的所有元素。

在前（$t-1$）次的迭代中，拟合矢量（$\boldsymbol{z}^{t-1}$）实际就是背景估计的一个候选值。如果当前计算值大于此背景估计的一个候选值，它就被视为是处于峰的位置之中。此时它的权重就会置于零，而使其的影响在下一次的迭代中不起作用。在 airPLS 的算法过程中，迭代和重加权在不断地自动执行，这样，就可自动地、逐渐地消除处于峰的位置之中的数据点，而将背景点在权重矢量 $\boldsymbol{w}$ 中保留下来。

迭代的终止可由两种情况来控制，即如迭代次数大于某一特定值或是达到了迭代完成的标准。在此，定义迭代完成的标准如下：

$$\mid \boldsymbol{d}^t \mid < 0.001 \mid \boldsymbol{x} \mid$$

在此矢量 $\boldsymbol{d}^t$ 包含了原始色谱指纹图谱（$\boldsymbol{x}$）与迭代过程中的拟合矢量（$\boldsymbol{z}^{t-1}$）差值为负的所有元素。

有关自适应迭代加权惩罚最小二乘背景扣除方法（airPLS）的计算框图示于图 5-20。

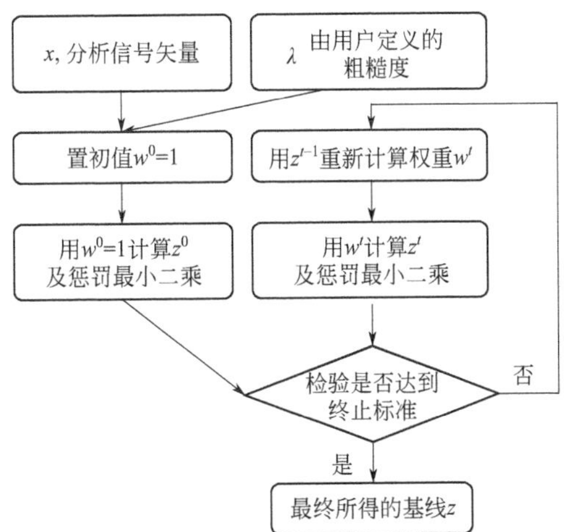

图 5-20 自适应迭代加权惩罚最小二乘背景扣除方法（airPLS）的计算框图

从图 5-20 可以看出，在进行背景扣除时，使用者须预先给定一个粗糙度惩罚值，然后，采用重加权的方法自适应地不断进行重加权处理，直至背景扣除。值得指出的是，airPLS 算法是一个很有用的背景扣除技术，如何深刻理解这个方法的原理是本节的一个重要知识点。读者须尽力理解在网上（http：//code.google.com/p/airpls）列出的原程序，想办法运行它，并在此基础上理解它的原理。

在此，还给出了几个实例以说明 airPLS 的有效性，同时，还将其与由 Carlos Cobas 提出的全自动背景扣除方法（fully automatic baseline-correction，FABC）[53] 和渐进最小二乘背景扣除法（asymmetric least squares baseline correction，ALS 算法）进行了比较。图 5-21 给出了采用 airPLS 算法处理色谱信号的例子。从图 5-21 可以看出，对于线性与曲线的背景漂移的两种情况，airPLS 算法仅经过几次迭代就可以完成。注意到，仿真的色谱是由已知的高斯函数构建而成，这样就可以直接比较背景漂移前后的情况，直接通过峰高来考察方法的效果。表 5-11 列出了 airPLS、FABC 及 ALS 算法三个方法所得结果的比较。从表 5-11 中所列结果可以看出，airPLS 算法得到了最好的结果，特别是对小峰，airPLS 给出了较好结果。

表 5-11 背景校正结构与期望值的对比

背景类型	峰编号	峰高				
		未校正值	期望值	FABC	ALS	airPLS
直线	1	94.45	79.78	79.71	77.83	79.97
	2	78.06	47.87	48.40	38.25	48.29
	3	34.73	17.09	6.077	10.89	17.42
曲线	1	95.10	79.78	79.59	77.83	79.55
	2	93.70	47.87	47.73	38.25	46.60
	3	93.38	17.09	6.505	10.89	16.26

注：相关参数设定：对于 FABC 方法，$a=10$，$\lambda=10$；对于 ALS 方法，$\lambda=10$，$p=0.001$，$d=2$；对于 airPLS 方法，$\lambda=10$。

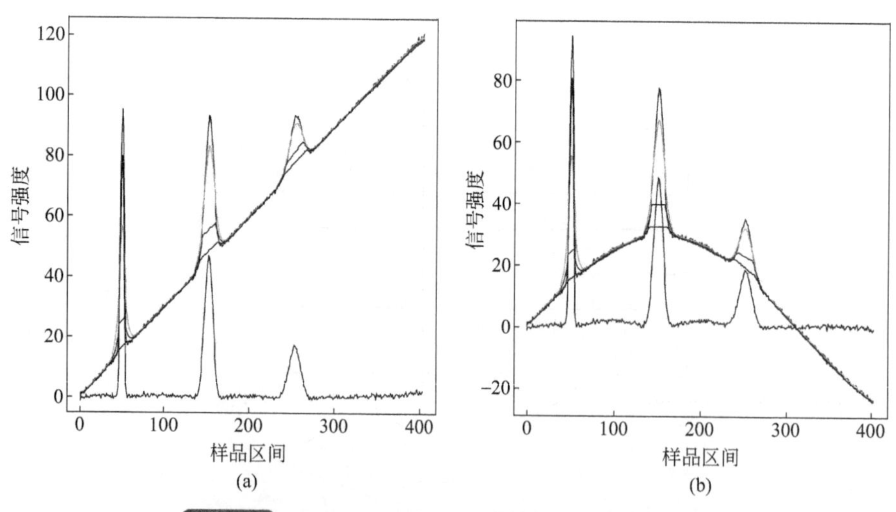

图 5-21 采用 airPLS 算法处理模拟色谱信号的结果

(a) 线性背景漂移的情况；(b) 曲线背景漂移的情况

(不同迭代次数的背景矢量用灰色线条给出)

本节所讨论的 airPLS 算法还可用于拉曼光谱和核磁共振波谱的背景扣除，并都取得较好结果。图 5-22 示出了 48 个药片的拉曼光谱图。从图 5-22 可以看出，这些拉曼光谱的荧光背景很强。图 5-23 示出了一个含有背景漂移的核磁共振波谱（NMR）。从图 5-23 可以看出，这些核磁共振波谱背景也可得到很好的扣除。

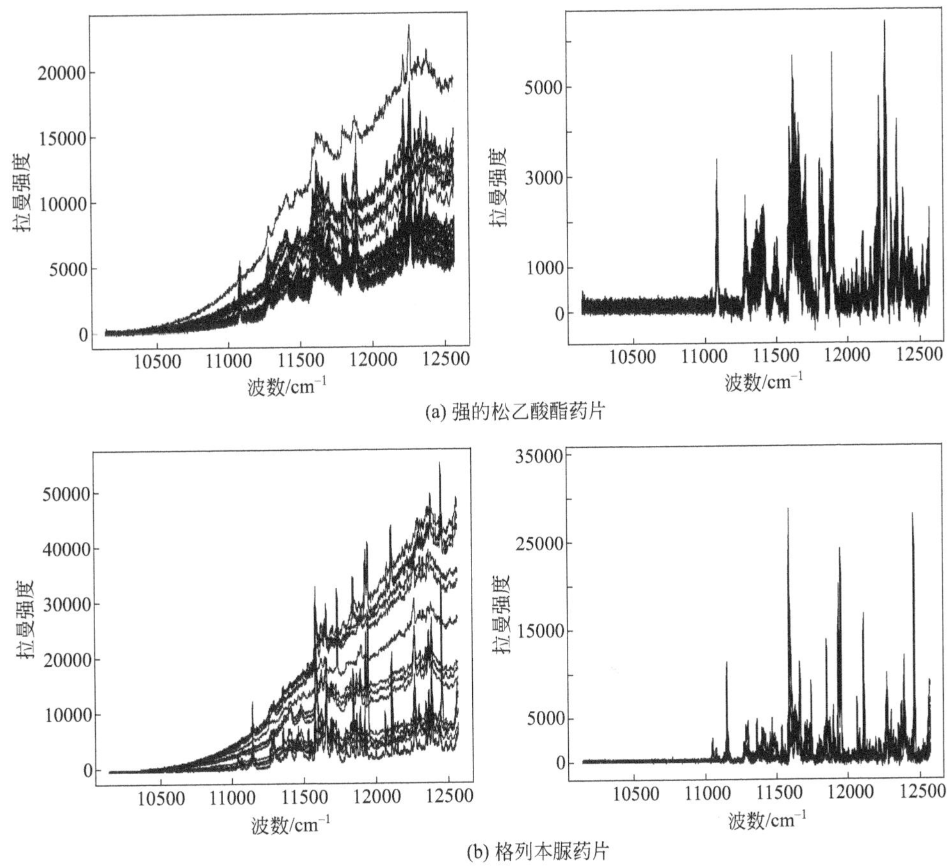

图 5-22 48 个药片的拉曼光谱荧光背景扣除前后的比较
（左图表示含有严重荧光背景的拉曼光谱，右图表示背景扣除的拉曼光谱）

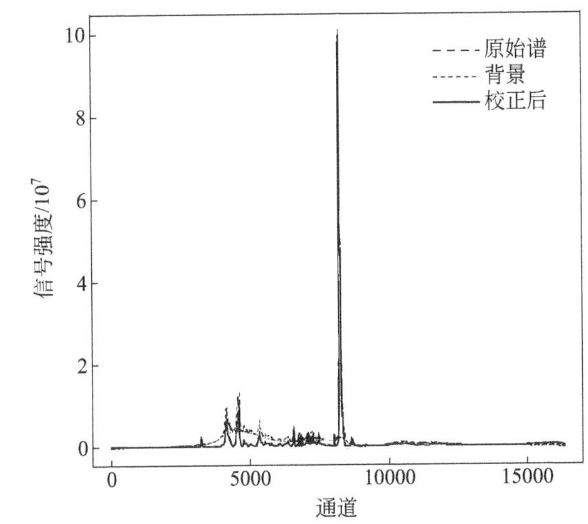

图 5-23 一个含有背景漂移的核磁共振波谱的背景扣除实例

二、分位数回归背景扣除算法

分位数回归算法实际是一种稳健的算法，是由 Koenker 与 Bassert 于 1978 年率先提出来的[58]。由于算法具有回归结果的稳健性，在数据的分析过程中它不会受到信号中异常值的干扰。相对于普通的最小二乘回归算法，分位数回归算法的一个主要优点是：当该算法用于响应值测量时，对于离群数据的估计处理会表现得更加稳健。该算法目前已经被广泛地应用于多种学科领域，特别地，分位数回归方法对于具有异方差性、拖尾和尖峰分布数据的独立变量是非常适合的。从本质上讲，分位数回归算法的实质是普通最小二乘回归算法的扩展，而在统计学应用中常见的中位数回归算法则是分位数回归算法的一种特殊情况。

虽然，早在 1978 年分位数回归算法就由 Koenker 和 Bassett 提出，然而，直到 2011 年分位数回归才被 Komsta 初次应用到基线信号的拟合中[60]。通过分位数回归算法的基线估计工作，其原理最开始是着眼于多项式拟合，在信号峰值区域很小的分位点上（采用值 0.01）拟合出一条未知基线。通过这种方式，无论是分位数回归还是多项式拟合，它们都获得最低的拟合值。因此对于拟合的基线效果来说，数据峰在基线上可以说几乎不会或者说完全不会产生影响。关于分位数回归算法更加详细、更加全面的描述与讨论可以参阅 Koenker 与 Hallock 的著作[59,61]。

由于最小二乘算法的作用是最小化平方误差总和的值，而所述的最小二乘回归方法同样也被称为样本均值回归。然而，分位数回归和最小二乘回归算法的根本区别在于，当 x 代表自变量 $\boldsymbol{X}$ 的值，与 y 相应值的任意分位点 $\boldsymbol{Q}(y, \tau)$，其值的分布应该遵循一分布函数 $\boldsymbol{X} \sim \boldsymbol{F}(x)$ 作为近似。与此同时，对应的估计方法所用到的规则则是寻找一个 ξ 值，使得不对称加权误差值的绝对值之和最小。总的来说，可以概括为计算式表示的内容。

$$\min_{\xi \in R} \sum_{i=1}^{n} \rho_\tau (y_i - \xi)$$

其中，$\rho_\tau(\mu) = \mu[\tau - \boldsymbol{I}(\mu < 0)]$，$\boldsymbol{I}(\cdot)$ 是一个简单指标函数。

令

$$\tau \sum_{i:\ y_i \geqslant \xi} |y_i - \xi| + (1-\tau) \sum_{i:\ y_i < \xi} |y_i - \xi| = l(Y, \tau, \xi)$$

则有

$$l(Y, \tau, \xi) = \begin{cases} \sum_{i=1}^{n} \tau y_{(i)} - n\tau\xi & \xi \leqslant y_{(1)} \\ \sum_{i=2}^{n} \tau y_{(i)} - (1-\tau) y_{(1)} - (n\tau - 1)\xi & y_{(1)} \leqslant \xi \leqslant y_{(2)} \\ \vdots & \vdots \\ \sum_{i=m+1}^{n} \tau y_{(i)} - \sum_{i=1}^{m} (1-\tau) y_{(i)} - (n\tau - m)\xi & y_{(m)} \leqslant \xi \leqslant y_{(m+1)} \\ \vdots & \vdots \\ n(1-\tau)\xi - \sum_{i=1}^{n} (1-\tau) y_{(i)} & \xi > y_{(n)} \end{cases}$$

其中 $y_{(1)}, y_{(2)}, \cdots, y_{(n)}$ 为样本 $y_1, y_2, \cdots, y_n$ 的次序统计量。因此，当 $n\tau > m$ 时，$\sum_{i=1}^{n} |y_i - \xi|$ 是 ξ 的严格递减函数；而当 $n\tau < m$ 时，$\sum_{i=1}^{n} |y_i - \xi|$ 是 ξ 的严格递增函数，从而样本 $y_1, y_2, \cdots, y_n$ 的 τ 分位数 $Q(y, \tau) = y_{([n\tau])}$ 为满足要求的 ξ。

作为一特殊情况，当 τ 取值为 $\frac{1}{2}$ 时，$\min\limits_{\xi \in R} \sum\limits_{i=1}^{n} |y_i - \xi|$，此时样本 $y_1, y_2, \cdots, y_n$ 的中位数 median(y) 为满足要求的 ξ，回归分析中采用 median(y/x) 取代 $E(y/x)$ 作为 $F(y/x)$ 的近似，此时的回归系数估计方法又被称为是最小一乘回归。

总的说来，最小二乘回归确定的是自变量 X 取值为 x 时，与之相应 Y 取值的均值为 $E(y/x)$；而对于分位数回归，其确定的是与之相应 Y 取值的各种 τ 分位数 $Q(y, \tau)$，换句话说，分位数回归算法可以给出当自变量 X 取值为 x 时，相应 Y 取值的各种分位点的估计，从而可以获得更多的信息，比如当自变量 X 取值为 x 时，相应 Y 取值的较大值（高分位点）或较小值（低分位点）与自变量相关关系的确定，即分位数回归结果具有稳健性和信息丰富性。

如前节所述，惩罚最小二乘是一种平滑算法，即

$$Q_2 = \sum_{i=1}^{m} (y_i - z_i)^2 + \lambda \sum_{i=2}^{m} (z_i - z_{i-1})^2$$

可用于背景漂移的消除，不过，最小化 Q_2 并非一个稳健的处理手段，尤其对于现实世界的实际信号这可能并不太理想。甚至来说，该算法的值还会通过平方化处理将其误差值放大。为利用分位数回归使结果具有稳健性，改变目标函数如式（5-103）所示：

$$Q_1 = \sum_{i=1}^{m} |y_i - z_i| + \lambda \sum_{i=2}^{m} |z_i - z_{i-1}| \tag{5-103}$$

采用绝对值的总和替代残差的平方和方法，这意味着 L_2 范数已被修改成 L_1 范数。同时，注意到式（5-103）的右边，它可以被视为关于 Y 的具有 $2m-1$ 个绝对值项的单一求和函数。因此，可以通过结合分位数回归的思想与线性规划策略，提出一种新的方法以适应数据集的拟合。

Koenker 和 Basset[62] 曾在 1984 年提出过以下问题：矢量 $\boldsymbol{y}$、回归基 $\boldsymbol{B}$ 和 n 阶回归系数 $\boldsymbol{\alpha}$。并随着参数 $\boldsymbol{\tau}$ 在 0 到 1 之间变化而取值，可用式（5-104）表示：

$$S(t) = \sum_{i} \rho_\tau \left(y_i - \sum_{j} b_{ij} \alpha_j \right) \tag{5-104}$$

式中，$\rho_\tau(\mu)$ 是校验函数，当 $\mu > 0$ 时，取值 $\tau\mu$；当 $\mu \leqslant 0$ 时，取值 $(\tau - 1)\mu$。在式（5-104）中，残差的加权绝对值将会通过它返回出来，τ 对应的是 $+1$ 而 $1-\tau$ 对应的则是 -1。当 $\tau = 0.5$ 时，权重值是独立于信号存在的。因此，解出方程的结果也就是等价于解决了方程 $Q_1 = \sum\limits_{i=1}^{m} |y_i - z_i| + \lambda \sum\limits_{i=2}^{m} |z_i - z_{i-1}|$，这种类推思想即常用的中位数回归思想。

Koenker 和 Portnoy 根据内点法线性规划过程将这种方法应用到了一种新的高效算法中[63]。这些方法都已通过 R® 和 MATLAB™ 编程语言实现并有相关的开源代码可供参考。然而，要应用于信号平滑和基线校正处理的程序还是要进行相应的修改。如式（5-105）所示：

$$\boldsymbol{y}^* = \begin{bmatrix} \boldsymbol{y} \\ 0 \end{bmatrix} \quad 和\ \boldsymbol{B} = \begin{bmatrix} \boldsymbol{I} \\ \lambda \boldsymbol{D} \end{bmatrix} \tag{5-105}$$

式中，$\boldsymbol{y}$ 代表原始数据集；$\boldsymbol{0}$ 是一个含有 $m-1$ 个零元素的 $\boldsymbol{0}$ 矢量；$\boldsymbol{I}$ 代表 $\boldsymbol{m} \times \boldsymbol{m}$ 的单位矩阵；$\boldsymbol{D}$ 也是一个矩阵，并有 $\boldsymbol{D}_z = \Delta_z$。因此，$\boldsymbol{D}$ 成为了一个 $(m-1) \times m$ 阶的调整矩阵，

其目标是将 z 转化为相邻元素的差值。理想情况下，$\boldsymbol{y}^*$ 向量和 $\boldsymbol{B}$ 基矩阵是用于下一步进行的最佳选择。

选择性迭代加权分位数回归算法（selective iteratively reweighted quantile regression，SirQR）[64]，其主要思想类似于加权最小二乘法算法[65]、迭代重加权最小二乘算法[66~68]和自适应迭代加权惩罚最小二乘算法[69]的思想。但是，它将采用完全不同的策略来计算权重值的大小，并利用加权调整项来控制拟合基线的平滑度。如式（5-106）所示：

$$S'(t)=\sum_{i}^{m}\omega_i\rho_\tau\left(y_i-\sum_{j}^{n}b_{ij}\alpha_j\right) \tag{5-106}$$

式中，ω_i 代表权重向量，通过使用迭代的方法选择性获取变化的权重值。在大量的实验测试和精准的计算下，ω_{i0} 的初始值在首步中被设定为 10^{-4}（从 0 到 10^{-10} 变化范围内选取）。数据初始化后，每个迭代步骤的 ω 值可以使用下列表达式获取：

$$w_i^t=\begin{cases}10^{-10} & d_i\geqslant d_m\\ \mathrm{e}^{\frac{t(x_i-z_i^{t-1})}{|d^t|}} & d_i<d_m\end{cases} \tag{5-107}$$

式中，$d_i=x_i-z_i^{t-1}$。矢量 $\boldsymbol{d}^t$ 的值由 x 和 z^{t-1} 差值的元素所组成，当 d_i 的值小于 $d_m=5.0\times10^{-5}$ 时，则在 t 次迭代过程后拟合效果已达到了要求。同时，为了能与原始信号数据集更好地拟合，d_m 的值可以通过用户选择性获取，而不仅仅只是 5.0×10^{-5} 的默认值。诸如多变量、大数量积数据，为了获得更好的趋近值，对应的 d_m 值应该被设定为大于默认值的数值。在前面的 $t-1$ 次迭代过程中，第 z^{t-1} 次的拟合值被认为是基线拟合的候选值。如果第 i 次的拟合点值要远大于候选基准值，则它就可以被看作峰值的一部分。所以，相应 ω 的权重值被设定为一个很小的值即 10^{-10}，用来在下一次迭代过程中做 0 值以近似忽略（考虑到分位数回归算法对于整个数据集的影响情况，因而不能将 ω 设为 0）。为了在权重向量 ω 中有效地获得峰值点，并逐步地消除它们以保持基线点的权重值，这种迭代与加权的思路被灵活地应用到了 SirQR 算法中。

对于整个迭代过程，其拟合终点可以是达到最大迭代次数 $i_{\max}$，也可以是达到拟合终止条件。终止控制条件被定义为下式：

$$|\boldsymbol{d}^t|<10^{-5}|\boldsymbol{x}|$$

为更加直观地阐述本章中所提出的基线校正算法，现将 SirQR 算法的框架流程结构图列于图 5-24。

下面以几个实例说明 SirQR 算法的有效性。

1. 高效液相色谱数据分析（HPLC-DAD）

首先，对取自 10 种不同地区的铁皮石斛的高效液相色谱数据进行分析。原始数据中的基线、噪声均未处理，现采用 SirQR 算法对已知数据的基线进行校正工作，参数设定为：$\lambda=1.25$；$\mu=0.03$。HPLC 谱图的原始数据与校正后的色谱数据均在下图 5-25 中展示出来，其中（a）图为未校正的原始数据，（b）图为校正后的结果图。对比两图后可明显看出，校正后基线影响作用大大降低，先前由于漂移所产生的巨大差异及其干扰成分亦被明显剔除。为更进一步地展示其校正作用的有效性与可靠性，采用两种不同的降维方法对均值中心化后的数据集进行进一步的分析。首先采用主成分分析（principle component analysis，PCA）方法分析，通过比较均值中心化后的原始数据集与相应的校正数据集的第一、二主成分表进行分析。第二种方法则是多维距离分析（multidimen sional scaling，MDS）方法[70~72]，它同样适用于该矩阵数据集，并包括了原始与校正后的均值中心标准化色谱信号。分析结果示于图 5-26。

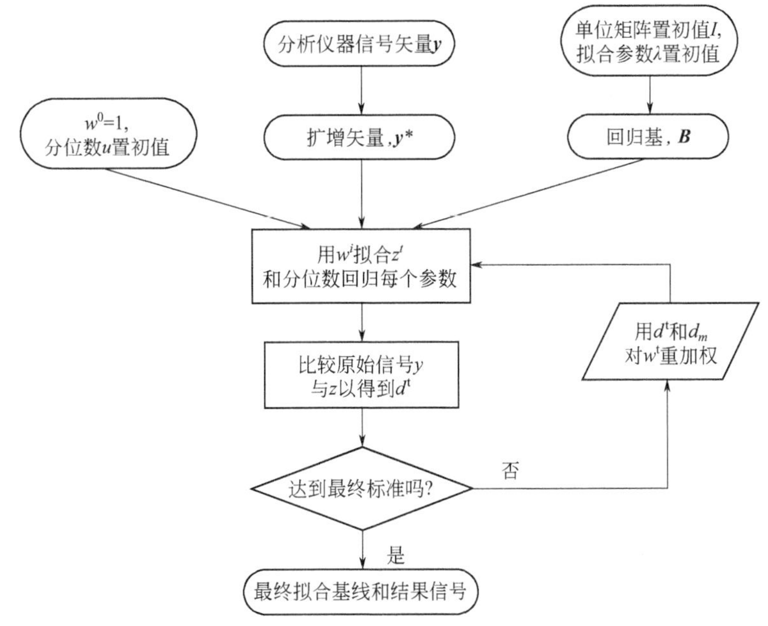

图 5-24　SirQR 算法的整体框架与运行流程图

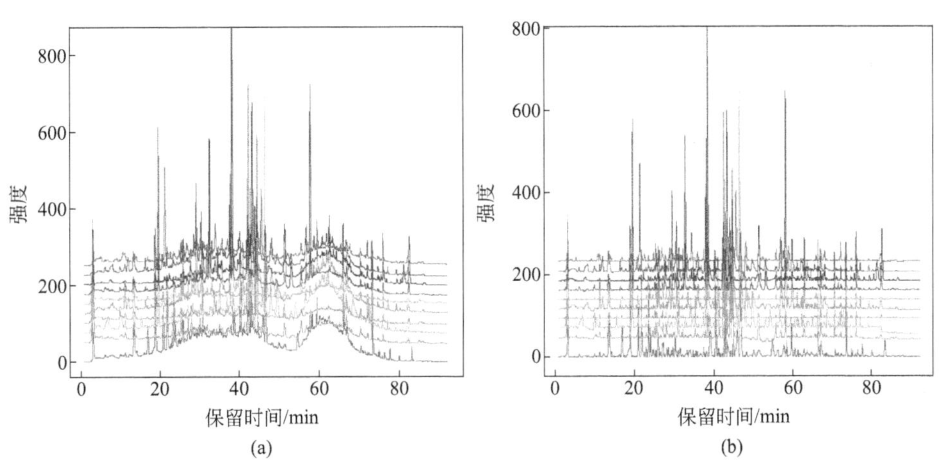

图 5-25　不同产地 10 种铁皮石斛的高效液相色谱数据（HPLC-DAD）

（a）未校正的原始数据；（b）经 SirQR 算法校正过的结果数据

从图 5-26 可以发现，分析数据的第一、二主成分的得分及方差大小均取得了较大的提高，而且其解释能力也更强，同时校正后的结果更加容易区分模型的差异和重心位置。在图 5-26（a）和（b）中，圆圈表示原始的色谱图而三角形则代表校正后相应的色谱图。很显然，从两图中的黑色实、虚线环可以清楚地看出，三角形的移动和聚集性是更加紧凑和密集的，表现在包含校正后所有样本点的圆环，其尺寸明显小于包含所有未校正原始数据点的圆环。注意到，由于第一、二主成分的方差比已占到了总量的 60%以上，则利用该主成分分析来做分类分析是比较可靠的。特别地，在图 5-26（b）中的多维距离（MDS）[73]分析方法，同样也利用了一种清晰的呈现手段将校正后数据的聚集趋势清晰地展示出来。从图 5-26

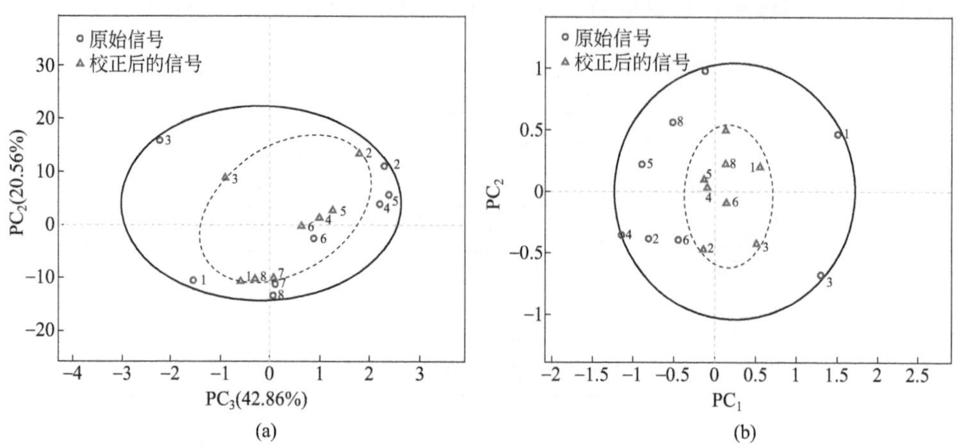

图 5-26 经 SirQR 算法校正后的 HPLC-DAD 数据与原始数据进行降维与聚类分析

(a) 使用主成分分析（PCA）方法分析；(b) 使用多维尺度分析（MDS）方法进行分析

(b) 中可以清楚地看到，通过 SirQR 算法校正后的数据模型其重心会明显地倾向于靠近中心点，正如图中所示的其主成分空间明显趋向于一个更加紧凑的窄小椭圆中（也即，包含所有原始数据的实线大环与包含所有校正数据的椭圆虚线小环）。此外，这些校正后的样本点其聚集程度也变得更加靠近标准中心点了。结合本小节中所用到的分析方法，PCA 和 MDS 分析图能够很好地展示出 SirQR 算法的正确性和可靠性。通过 SirQR 算法的处理，校正后的色谱图具有更加紧凑的空间模式，并且更接近于分析工作者所期望的谱图。然而，之所以能够使校正数据在聚类和分类结果上都得到明显提高，在一定程度上可以归因于主成分分布空间的紧凑性和密集性的提高。

2. 气相色谱飞行时间质谱联用数据分析（GC-TOF-MS）

对于烟草样本的 GC-TOF-MS 数据集，同样采用 SirQR 算法进行校正。首先，取出数据集的色谱图利用 SirQR 算法扣除其漂移的背景，再利用主成分（PCA）分析方法进行进一步的分析，与此同时，其分析结果也会与另外一种新颖的基线校正算法——MPLS[74] 算法相比较，对比两种算法的优劣。分析结果如图 5-27 所示，在图 5-27（a）与（b）中研究人员能清楚地看到校正前与校正后的对比数据，而该处理效果从另一方面也证实了 SirQR 算法对于去除背景漂移的足够灵活性，以至于一些变量数更大的数据集。此外，主成分分析方法同时也被用来测试 SirQR 算法的合理性。

在数据预处理当中，数值微分可以消除缓慢漂移的背景[75,76]。因此，将主成分分析方法应用于一阶数值微分预处理过的原始信号与校正信号，并进行合理性测试。在图 5-27（c）中，三角形代表原始色谱信号，而十字符号代表校正后的数据。不难发现，在主成分空间中校正前后的合理性匹配度非常高，这表明 SirQR 算法在校正数据后，不会消除原有色谱信号的重要信息。此外，由于所有的 8 个样品均为平行样本，从理论上来说，如果背景的影响可以忽略不计，那么校正前后的样本均应该位于彼此接近的主成分空间之中。在图 5-27（d），三角形表示在主成分空间中没有经过任何校正的原始色谱数据（包括 SirQR 算法和 MPLS 算法）；加号表示通过本章中提出的 SirQR 算法校正过的色谱信号；而菱形则代表由 MPLS 算法校正后的色谱信号。在第一主成分的方向上，数据集主要传递的是样本差异性信息，并且其第一主成分的方差值占到了总值的 92%。如果假设这些原始样本的色谱信号在第一主成分方向的分布范围为 L，那么可以很容易地获得同样在第一主成分方向的分布范围上经 SirQR 和 MPLS 算法校正的数据跨度值。测量比较后，可以得出通过 SirQR 方法校正

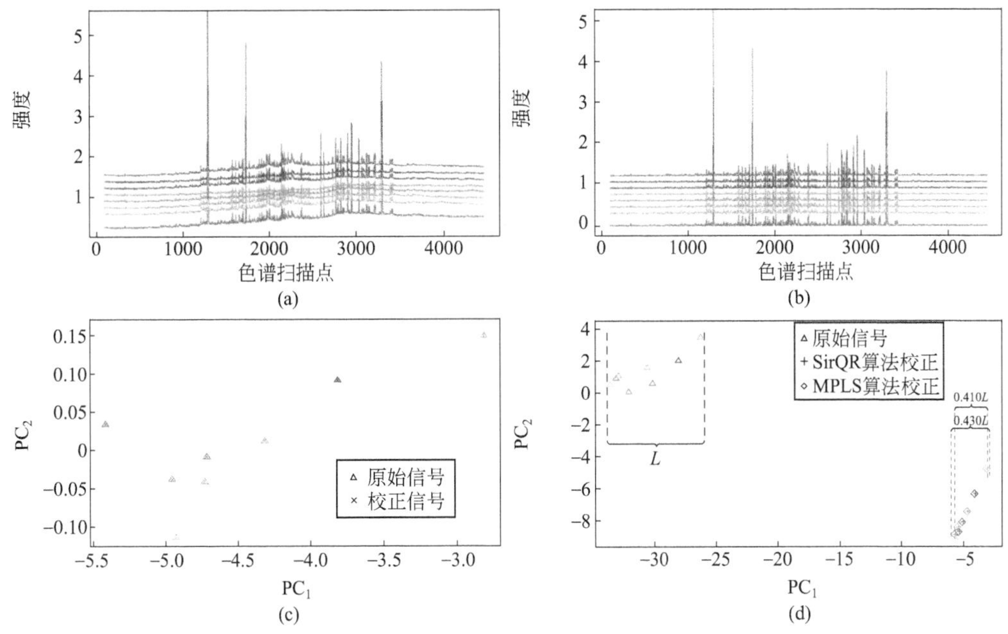

图 5-27 气相色谱质谱联用（GC-TOF-MS）数据分析结果

（a）不同背景值条件影响下的 8 个样本原始数据；（b）通过 SirQR 算法校正过的对应色谱数据；（c）通过 SirQR 算法校正前后的结果数据在数值一阶微分的预处理情况下的主成分分布；（d）通过 SirQR 算法校正前后的结果数据在主成分分析空间中的分布情况，同时对比 MPLS 算法的相同校正情况

的数据跨度为 $0.410L$，而经过 MPLS 方法处理的数据库跨度值为 $0.430L$，SirQR 算法相比 MPLS 算法在消除样本差异性的特点上会有略微的优势。同时，这些数据值也表明了 SirQR 算法能够扣除大部分源自背景的扰动，并且该算法不仅能达到 MPLS 算法处理的效果，在某些程度上甚至会优于 MPLS 算法。根据上述的分析过程，不难发现原始色谱数据在第一主成分方向上的较大变化可以主要归因于色谱与色谱之间的背景差异。而本章中所提出的 SirQR 算法则正是一种能在一系列的色谱数据中有效扣除背景干扰并不丢失重要数据信息的首选方法。

3. 核磁共振数据分析

核磁共振（NMR）信号取自人体纯化的血浆样本与尿液样本的质子信号。每个 NMR 数据信号包含了超过了四万个变量数。由于自变量的数量和信号的强度值非常大，原始信号与拟合值之间的差值（dm）可由研究者自行有选择性地改变。将差值设定为 $dm=2.5\times10^4$，同时，其他的参数值则按照默认条件设定为（$\lambda=1.25$，$\mu=0.03$）。在图 5-28（b）中，能观察到一个很好的校正结果，而达到这种比较理想的校正结果仅仅只需要三次迭代就能够完成，从另一面也说明了 SirQR 算法的强大之处。图 5-28（a）和（b）子图中，实线 1 代表校正前后的血浆数据，而实线 2 则代表校正前后的尿液信号。为了更清楚地看到每个样品的校正总过程，将这两个样品分别展示在两个不同的子图（c）和（d）中，其中每个图中包括了原始数据（实线 1）、拟合基线（实线 2）和校正后的信号（实线 3）。对于校正结果的差异性变化，校正后的线条 3 其重合度有一个明显的提高；从另一个角度来说，这表明同类物质的共性信息得到了明显提升，也有助于后期的分类分析和特征峰提取工作。

此外，对于这批核磁共振数据同样采用了 PCA 与 MDS 这类模式识别的方法进行测试，其结果如图 5-29 所示。在图 5-29（a）和（b）子图中，标号为 1～5 的五个样本代表着五个采自不同个体的尿液样本，其中圆圈表示原始数据，而三角形表示用 SirQR 校正过的结果

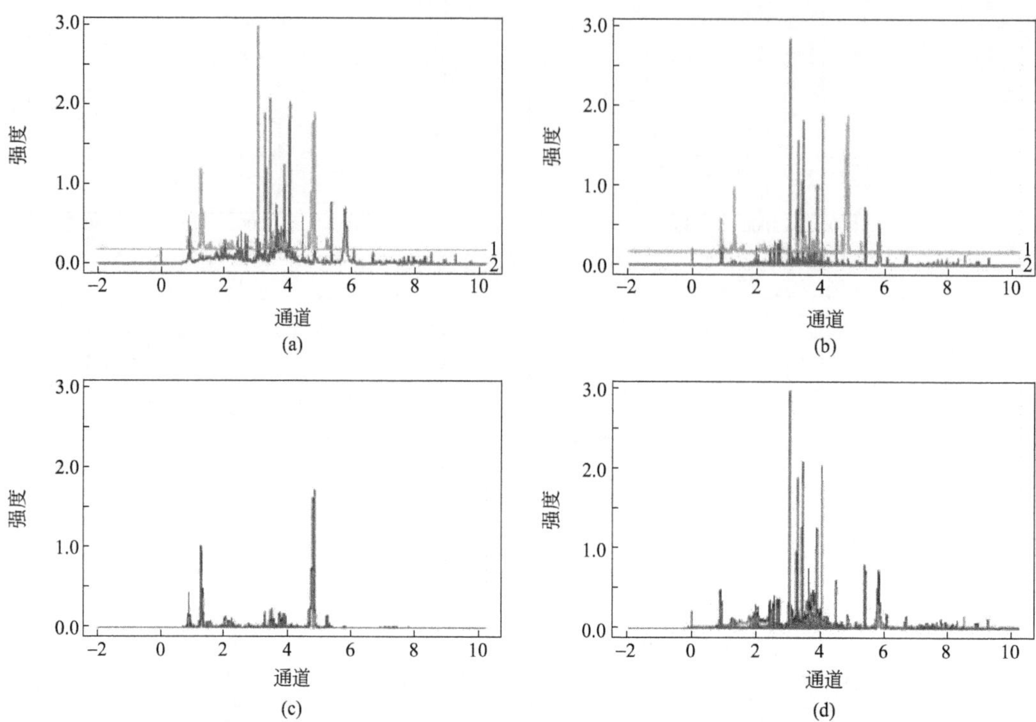

图 5-28 血浆和尿液样品核磁共振（NMR）数据的基线校正结果图

（a）一个血浆样品（下方线 2）和一个尿液样品（上方线 1）的原始 NMR 数据；（b）对应（a）图中数据校正后的血浆样品（下方线 2）和尿液样品（上方线 1）NMR 数据；（c）这一批尿液样本的原始数据（线 1）、拟合基准线（线 2）和校正的结果（线 3）；（d）这一批血浆样本的原始数据（线 1）、拟合基准线（线 2）和校正的结果（线 3）

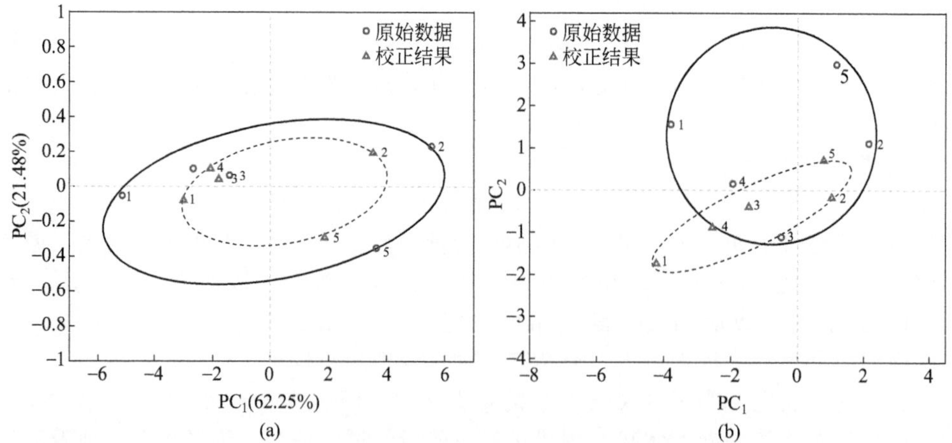

图 5-29 采用两种不同的分析方法（MDS 和 PCA），对五个尿液样本的 H NMR 原始数据和校正结果数据进行中心化和标准化后的第一、二主成分分布图

（a）使用经典的 PCA 方法，以及其方差值；（b）使用 MDS 方法

在这两张图片中，这些小圆圈表示原始的尿液 NMR 数据；三角形代表校正后的尿液 NMR 数据。实心大圆圈表示的原始采样点的紧凑性，虚线大圆表示校正后样品的紧凑性，两个黑圈之间的变化趋势也说明了经过 SirQR 算法校正后样本紧凑性的改善情况

数据，并且每一类数据均做了均值中心化的标准处理。而两个大圆环则是用来表示样本点的紧凑程度，外围的实线环表示原始样本点的紧密度，内部的虚线环则表示相应数据经校正后的数据紧密度。从图 5-29（a）和（b）中，均能看出实线圆环和虚线圆环在 PCA 和 MDS 的主成分空间内清晰的变化趋势和聚集程度。这种现象表明，尿液样品在校正之后获得了一个更好的聚类效果。在图 5-29（a）中，由于第一、二主成分分析的方差值已超过 80%，对于校正过程的模式识别处理和算法解释则是非常有说服力的。同时，三角形（即校正后的数据）很明显地显示出，通过 SirQR 算法的校正后第一、二主成分的影响已明显减小，同时数据样本的紧密度也被大大提高了。从图 5-29（b）中，可以很容易地观察到在多维距离空间中三角形点（校正后的样本点）的紧密度趋势变得更加清晰、更加明显了；同时也说明了第一、二维度的主成分扰动在通过 SirQR 算法的处理后得到了明显改善，并使得原先散乱的数据点趋向了一个近似的回归域。不难看出，从第一、二主成分空间获得的分析结果结合校正后数据集的聚集程度，从某种意义上说，是可以很好地满足这一大类分析过程及其应用的。总而言之，SirQR 算法也可以像处理计算机模拟数据一样，高效灵活地处理实际存在的高通量实验数据集。

三、自动双边指数平滑算法（ATEB）

指数平滑算法是一种非常有效的平滑技术手段，它被广泛地应用于各种不同类型的信号数据，特别是高信噪比数据。几乎所有真实的数字信号其本身就是一个噪声的观测序列，而所观察到的现象也可以认为实质上是一个随机的过程，或者说它们是潜在有序的只是一个有噪声存在的过程。然而，在单一移动均值的影响下，原始观测值被赋予均等的权重值，从而使得指数平滑算法给其相应信号随变量增加的步长指数递减的分配权重值。就如 Dave Hale 教授在其文章中所描述的一样[77]，指数平滑滤波器可以将权重值逐步标准化，而正因为这样，其权重值的和能慢慢趋近于 1。这就意味着，当该滤波器被应用到恒定输入值序列 x_i = 常数（已经平滑到终点），则输出值将是相同的常数 y_i = 常数。在图 5-30 中，展示了指数平滑算法与其他两种备选平滑算法，在具有可比性宽度情况下的权重值情况。

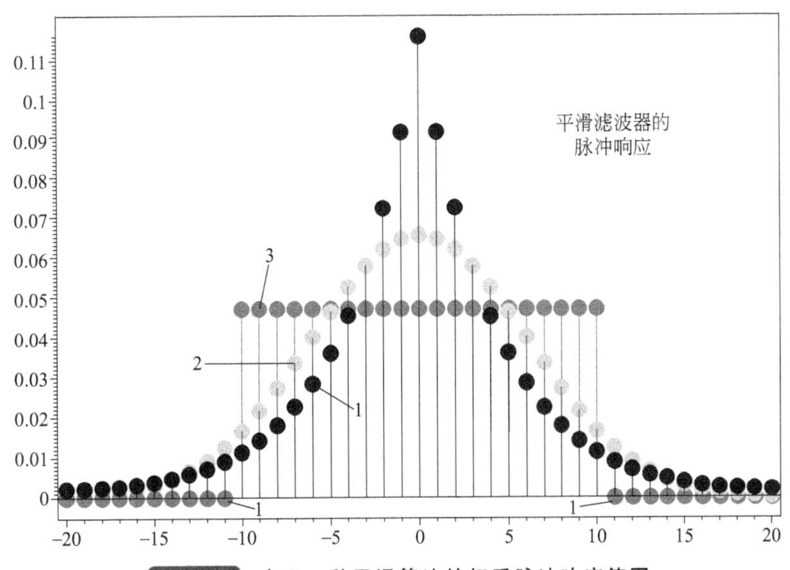

图 5-30 表示 3 种平滑算法的权重脉冲响应值图

图 5-30 中包括指数平滑（点 1），高斯平滑（点 2），车厢平滑（box-car，点 3）滤波器对于这些滤波器，每一个输出样本都是邻近样本的加权平均值，而此处展示的则是权重值图

事实上，指数平滑算法早在1956年由 Robert Goodell 首次提出，并通过电子计算机系统控制系统成功应用于需求库存数据的预测工作[78,79]，随之得到了 Charles C. Holt 的推广[80]。由 Robert 提出的指数平滑估计算法并没有获得统计学上的效率，但其计算效率还是很不错的。与此同时，Kalekar 提出一种霍尔特-温特斯指数平滑算法，并将其应用到两个季节性的时间序列数据模型的分析中[81]，两个模型包括乘积性季节模型和累加性季节模型。此外，La Viola 成功地提出了一种基于新型滤波器的预测跟踪算法——“双指数平滑”算法，并且能够为用户的位置和方向提供准确的跟踪与预测[82]。当该方法通过阶乘自由模型与卡尔曼滤波、扩展卡尔曼滤波预测器相比较，在产生具有同等表征的预测值时，该方法被证明实现起来更加简单、运行速度更加快速，其运算速度几乎是另外两种方法的135倍[83]。因此，将指数平滑算法应用到高通量数据的预处理中无疑是一个很好的思想，特别是对高分辨大型数据。

指数平滑（exponential smoothing）是一种可以应用到一系列数据的序列处理技术，它能用来产生平滑的数据，或者做出下一步的近似预测。通常，指数平滑适用于金融市场和经济数据的分析，但是，它可以在其他种类的复测离散数据集中使用。算法最简单的形式仅用于没有任何系统性趋势或者时令性成分的数据[84,85]。目前，普遍使用的指数平滑算法是由 Brown 演算出来的方程［见式（5-108）］，通常又将其称为“Brown 简单指数平滑”。该算法不仅普遍适用于统计学数据和数字信号处理，而且也可以应用于其他重测离散集。原始数据序列常用 $\{x_t\}$ 表示：通过指数平滑算法运算所输出的结果用 S_t 表示，它可以被看作是下一个 x 值的最佳估计。当平滑观测序列开始时，也即分析化学光谱数据的第一个变量数（即 $t=0$），设置初始值为：$s_0=x_0$。之后，指数平滑算法最简单的形式可如式（5-108）所示：

$$S_t=\alpha x_t+(1-\alpha)S_{t-1} \qquad (t>1) \tag{5-108}$$

式中，α 是平滑因子，其值为 $0<\alpha<1$。换句话说，平滑后的信号值 S_t 即为表征观测值 x_t 和前一次平滑元素 S_{t-1} 的简单加权平均值。α 的取值越大，对于数据平滑度的处理反而会越小，使其趋于原始数据序列。注意到，当平滑因子达到其极限值 $\alpha=1$ 时，其输出序列也就是其原始的数据集（但是，数据却有一个可变单元的滞后）。简单的指数平滑算法非常简洁，而且得到了广泛的推广，特别地，该算法只要两个可用观测值就能产生相应的平滑信号。

当 α 的值接近1时，它会产生较小的平滑效果并给数据序列中最近变化的数据赋予一个较大的权重值；相反，当 α 的值接近于0时，它有较大的平滑效果并且对于最近变化的数据结果不会产生太大的响应。为了优化平滑因子 α 与观测值 S_t 的估计程序，双边指数平滑算法被引入了下一步研究工作中。

双边指数平滑算法（two-side exponential smoothing），又称“双指数平滑”或者说“二阶指数平滑”算法[86,87]。在一般情况下，当处理的数据出现一定倾向的趋势时，简单指数平滑算法就显得有些力不从心了，在这种情况下，双边指数平滑算法则被设计出来了。其算法的基本思想是：引入一个可能的数据序列项，并用它来考虑整个数据变化的趋势。用于倾斜趋势的控制部分，其自身也会随着指数平滑过程更新。

同样，正如上述简单指数平滑算法的描述，观测值的原始数据序列仍然由 $\{x_t\}$ 表示，并以第一个谱图变量为起始值（即 $t=0$），相应的 S 代表指数平滑值。因此 $S_t^{(1)}$ 和 $S_t^{(2)}$ 分别代表，在 T 的数据区间内第一次指数平滑的结果值和第二次指数平滑的结果值。简言之，这种双边指数平滑算法的递归式可被书写为如下形式：

$$\begin{cases}S_t^{(1)}=\alpha x_t+(1-\alpha)S_{t-1}^{(1)}\\S_t^{(2)}=\alpha S_t^{(1)}+(1-\alpha)S_{t-1}^{(2)}\end{cases}\tag{5-109}$$

式中，α 也是数据值的平滑因子，并且其值的取值范围也是 $0<\alpha<1$。此外，不像传统的“双指数算法”，本文中将算法每边的初始估计值设置为：$S_1^{(1)}=x_0$，$S_n^{(2)}=S_n^{(1)}$。这样的处理，意味着该算法是在第一次平滑的前进方向上进行推进，并且在第二次平滑过程中该算法会反方向地修正并回溯以前的平滑结果。因此，它在第二次平滑过程开始时（即 $t=n$）会利用第一次平滑的最终结果 $S_t^{(1)}$。

注意到式（5-109）从本质上只与 x 的值有关，它可简化为只与 x 相关的式（5-110），即

$$\begin{cases}S_t^{(1)}=\alpha\sum_{i=0}^{t-1}(1-\alpha)^i x_{t-i}+\alpha(1-\alpha)^t x_0\\S_t^{(2)}=\alpha\sum_{i=0}^{t-1}(1-\alpha)^i S_{t-i}^{(1)}+\alpha(1-\alpha)^t S_0^{(2)}\end{cases}\tag{5-110}$$

由于第二平滑的初始值是式（5-111）的值：

$$S_n^{(2)}=S_{t=n}^{(1)}=\alpha\sum_{i=0}^{n-1}(1-\alpha)^i x_{n-i}+\alpha(1-\alpha)^n x_0\tag{5-111}$$

双边指数平滑结果可总结为计算式（5-112）：

$$\begin{aligned}S_t^{(2)}=&\alpha\sum_{i=0}^{t-1}(1-\alpha)^i\left[\alpha\sum_{j=0}^{t-i-1}(1-\alpha)^j x_{t-j}+\alpha(1-\alpha)^{t-i}x_0\right]\\&+\alpha(1-\alpha)^t\left[\alpha\sum_{i=0}^{n-1}(1-\alpha)^i x_{n-i}+\alpha(1-\alpha)^n x_0\right]\end{aligned}\tag{5-112}$$

通过上述方程，不难发现选用双边指数平滑的一个重要因素：在整个平滑过程中每个估计点的值均涉及了所有的原始数据点的值以及相应的权重值。

自动双边指数平滑算法（automatic two-side exponential algorithm baseline correction method，ATEB）应用于基线校正的方法包括以下两个步骤：首先，原始数据集通过迭代过程利用双边指数平滑算法逐渐平滑信号并拟合出基线；随后，当拟合结果达到预先的判定值或是校正终点，最终的校正基线将会自动确定并生成相应的返回值。

在该算法中，自动双边指数平滑基线校正算法将分析化学中的化学基线识别问题转变成了数字信号预处理问题。在拟合基线之前，首先在原始数据集中假定有两种类型的点值：即“噪声点”和“信号点”。同为原始信号，“噪声点”被定义为信号强度在 $x\leqslant(\mu-3\sigma)$ 的范围内的无规则毛刺点；而“信号点”则被定义为信号强度值在 $x>(\mu-3\sigma)$ 的范围内的大部分数值点。因此，剔除那些“噪声点”之后，处理过的信号将被双边指数算法平滑。在这个过程中，平滑因子 α 能够有效地控制该平滑程度，使得平滑结果趋近背景信号。在图 5-31 中，迭代平滑的趋近过程被清楚地展示出来了，实线 1 代表原始信号，实线 3 代表逐渐逼近的过程，而实线 2 则为最终的校正结果。此外，平滑因子 α 的值也可以由用户根据不同种类的数据集做出相应的调整，以达到更好的校正效果。

拟合终点的判定　如果峰值点（高强度）和噪声点（低和随机强度）可以被精确、稳健地识别，那么通过双边指数平滑算法的逐级迭代过程就能很好地拟合出背景基线和保留信

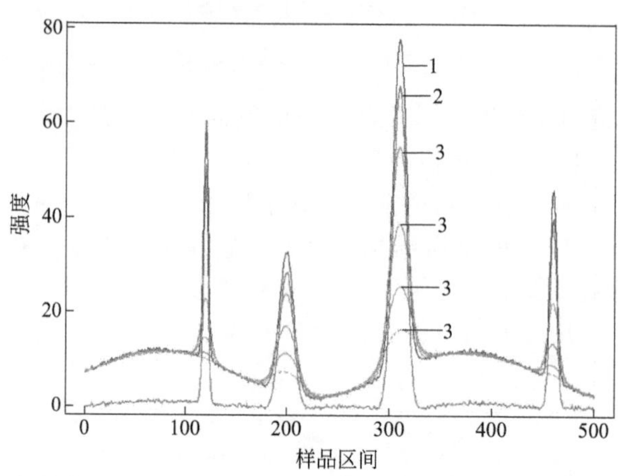

图 5-31 展示迭代平滑过程与 ATEB 算法的校正结果

1—未校正的原始信号；2—最终的校正结果；

3—随着迭代次数增加拟合基线逐次逼近的校正过程

号。因此，紧接在平滑处理的过程之后，利用信号的二阶导数剔除信号的峰值以到达峰识别的效果。同时，平滑结果的二阶导数在数学意义是函数峰的平缓程度，用在化学信号中正好可以表示背景信号的平滑程度。采用二阶导数的绝对值总和用来判定拟合的平滑终点，如下式所示：

$$
\begin{aligned}
d_s &= \sum |\Delta^2 x_i| = \sum |\Delta(\Delta x_i)| \\
&= \sum |(x_i - x_{i-1}) - (x_{i-1} - x_{i-2})| \\
&= \sum |x_i - 2x_{i-1} + x_{i-2}|
\end{aligned}
$$

随着拟合曲线逐步趋向一条平稳的基线，拟合背景的平滑度像一个递减函数一样越来越小，并慢慢趋近于一个稳定的数值。一旦递减函数的 d 值趋于一个基本稳定的数值时（d_{s-1}和 d_s之间的差值应该小于 5.0×10^{-5}），则可以判定整个处理过程已达到最后的终止点。正如图 5-32 所示，递减曲线表示拟合基线平滑度随迭代次数的变化趋势（亦即 d_s的值

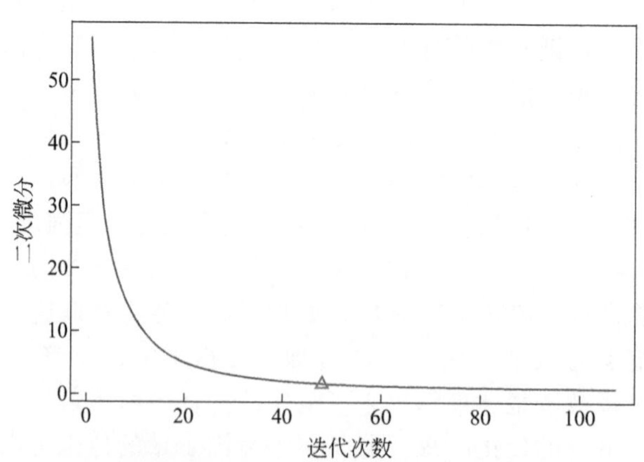

图 5-32 ATEB 算法拟合终点的确定

递减曲线表示：基线的平滑程度（即 d_s）随着拟合过程中迭代次数的变化而发生的相应变化；而三角形则表示 ATEB 算法的拟合终点

与迭代次数的关系)；而三角形代表拟合终点。相反，如果递减函数的值并不接近一个稳定的值而是变化较大的值，这就意味着该拟合基线并没有达到最终的平滑效果，而且其平滑程度也不能满足背景的需求。因此，程序将在上一次平滑结果的基础上，继续重复迭代先前的过程，直到达到较理想的平滑终点。更形象的表示，也就是在图 5-32 中的三角将向右偏移一定位置才为终点。

为方便读者能更好地理解本章中所提出的 ATEB 基线校正算法，现将 ATEB 算法的结构流程图附于本节的最后部分，如图 5-33 所示。

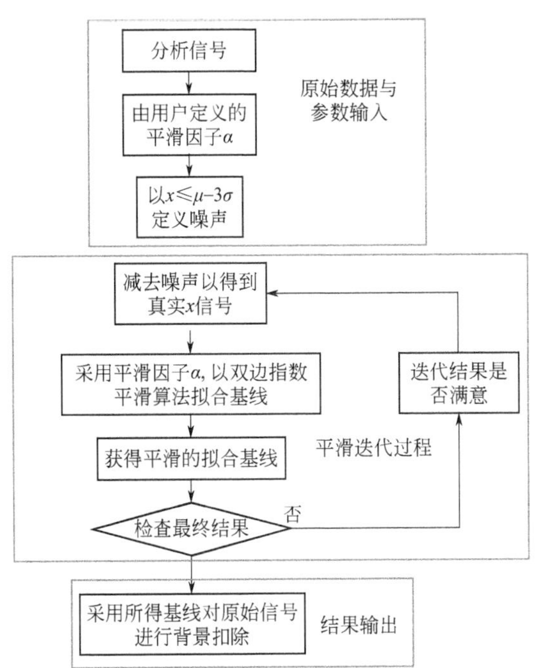

图 5-33　自动双边指数平滑基线校正算法（ATEB）的框架与程序流程图

1. 计算机模拟信号及 ATEB 算法与其他算法的比较

计算机模拟数据是一个人为设定基线与峰值的已知数据集，它不仅是用来测试算法可靠性与稳定性的有效测试集，同时也是用来比较算法优劣的目标已知集。对于 ATEB 算法的测试工作，采用包含 300 个变量数的线性基线和 600 个变量数的正交曲线基线数据集进行测试。通过 ATEB 算法校正后的结果如图 5-34（a）与（b）所示，在图中不管是线性基线数据还是曲线基线数据都被成功地扣去了背景基线，而这一点正好证明了该算法的广泛适用性。再结合图 5-31 中的逐次逼近过程，可清楚看出其迭代平滑过程：不管是在线性基线的处理过程还是正交曲线基线的处理过程中，ATEB 算法都只需要极少数的迭代次数就能拟合好预期的基线（详细数据可参见表 5-12 与表 5-14)。换言之，也可以表述为 ATEB 算法能够在一个非常短的处理时间内达到自动收敛的目的。又因为计算机模拟数据是人为预先设定的，其主要内容就是线性基线与曲线基线中的标准高斯峰，所以对于研究工作者来说，模拟数据信号峰的峰高也就是已知的，而这一点正好可以被用来测试算法的准确性。因此，采取将校正前后的同一信号峰的峰高值与已知预期的峰高进行比较的处理方法，达到测试算法准确性的目的，详细测试数据见表 5-12。

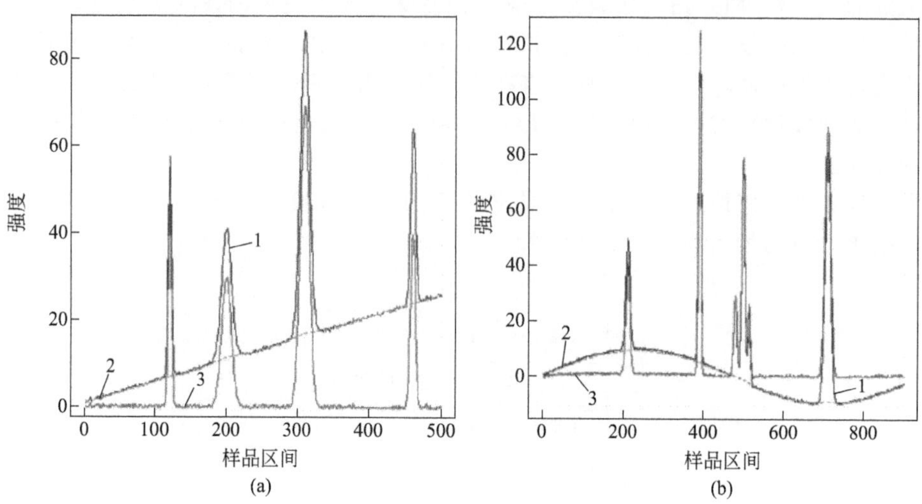

图 5-34 计算机模拟数据经过 ATEB 算法校正的结果

(a) 线性基线；(b) 曲线基线；
1—原始模拟数据，2—拟合基线，3—相应的校正结果

鉴于这些模拟数据的信号峰值预先已经知道，故可测试不同的基线校正算法，用以比较各种算法的优劣程度。这些算法不仅包括了 Cobas 提出的全自动基线校正程序(FABC)[88]、Eilers 提出的不对称最小二乘基线校正算法（ALS）[89~91]和 Z. Zhang 提出的自适应迭代加权惩罚最小二乘算法（airPLS）[92,93]，同时，还加入了由 Tinati 教授提出的小波变换基线漂移扣除算法（baseline drift cancellation using wavelet transform，Wavelet）[94]。在表 5-12 中，分别列出了包括：ALS 算法、FABC 算法、airPLS 算法、Wavelet 算法和 ATEB 算法对应的校正结果值。结合图 5-34 中的校正结果，能清楚地看到在线性基线与曲线基线的不同背景之下 ATEB 算法均能成功、准确地将背景干扰剔除掉，这也从侧面印证该型算法的灵活性。在线性基线的模拟数据中，ALS 算法和 airPLS 算法的拟合结果均明显不如 FABC 算法和 ATEB 算法所得出的结果，特别是在一些宽峰和大峰的处理上不能令人满意。又与 FABC 算法和 Wavelet 算法进行比较，不难发现，本章中的 ATEB 算法会在窄峰与尖峰处略胜一筹。同样，在曲线基线的处理条件下，ATEB 算法也体现出了其优秀的校正性能。表观上，ATEB 算法的校正效果要明显地优于 ALS 算法和 airPLS 算法的校正结果，特别是在重叠峰的细节处理上，如图 5-34 所示。根据表 5-12 的校正数据，可以简要概括为：在处理小峰的情况下 ATEB 算法与其他四种算法的处理能力旗鼓相当，但是在处理大峰与重叠峰的情况下 ATEB 算法就体现出其明显的优势了，而这一点正是线性基线与曲线基线干扰背景的主要影响因素，特别是实际应用中尤为明显，例如多元分析。

表 5-12 计算机模拟数据集经过不同算法的基线校正结果以及预测峰高值

基线类型	峰序号	峰高						
		未校正	期望值	ALS①	FABC②	airPLS③	Wavelet④	ATEB⑤
线性	1	57.01	50.00	50.55	50.44	50.36	50.45	50.34
	2	40.64	30.00	29.06	29.64	29.34	30.21	29.79
	3	86.29	70.00	68.42	69.86	68.17	69.01	60.31
	4	63.85	40.00	40.21	40.06	40.09	40.11	39.95

续表

基线类型	峰序号	峰高						
		未校正	期望值	ALS①	FABC②	airPLS③	Wavelet④	ATEB⑤
曲线	1	49.95	40.00	41.06	40.83	40.68	40.70	40.73
	2	124.50	120.00	119.23	119.08	119.68	119.75	119.70
	3	29.19	30.00	27.92	27.89	28.89	27.80	29.23
	4	77.89	80.00	77.21	76.23	78.89	77.85	79.13
	5	23.95	30.00	27.43	27.56	28.55	28.12	28.35
	5	80.83	90.00	90.08	88.88	90.15	89.02	90.16

① 对于 ALS 算法，相关参数设定为：$\lambda=10$，$p=10^{-5}$，$d=2$。

② 对于 FABC 算法，相关参数设定为：$\lambda=10$，$\alpha=10$。

③ 对于 airPLS 算法，惩罚系数设定为：$\lambda=8$。

④ 对于 Wavelet 算法，相关参数设定为：$h=10$，$l=8$。

⑤ 对于 ATEB 算法，参数平滑因子被设定为 $\alpha=0.923$。

因子分析法（factorial method）是一种常被应用于实验设计中的分析手段，在进行ATEB算法校正稳定性的测试中将其引入[95]。通过使用在不同分析因素变化情况下的标准纯模拟分析信号与校正后的结果数据进行相似度对比，从而判断校正后的结果是否具有合理性与稳定性。正如在表 5-13 中所列出的数据，能够清楚看到随着不同因子的变化其校正后的相似度值也随之发生变化。根据第 1 组与第 2 组的对比情况，可以看到随着信号峰的强度与高度的增加，ATEB 算法的校正效果越来越好了。

对比第 1 组与第 3 组、第 3 组与第 4 组、第 4 组与第 5 组的相似度值，不难发现噪声水平、模拟基线外形、峰高都会或多或少地影响到最终校正的效果。但是，由于这三个对比组（1 和 3，3 和 4，4 和 5）的绝对偏差非常小，在分析中还是可以被接受的。因此，可以做出简要的论述，信号通过 ATEB 算法的预处理后，来自噪声水平、模拟基线类型和峰高度的影响将在拟合、校正后的结果值中被准确、可靠地剔除掉，并不会产生明显的差异、限制校正的结果甚至影响分析信号的准确性。尤其是，考虑到标准组与所有变化因子均不同的差异组进行对比时（第 1 组为标准组与第 5 组对比），0.0024 的偏差值在高强度噪声水平、曲线背景基线和超过 1.5 倍峰高的情况下也是可以被接受的。总的说来，使用独立因子分析方法的稳定性测试工作可以证明出：ATEB 算法是一种非常有效、非常实用的数据预处理工具，即使是对于具有不同峰高、基线类型和噪声水平的信号，它都能灵活可靠地处理好。

表 5-13 因子分析法的相似度值

组号	$p(x)$①			$l(x)$②	$n(x)$③	相似度④
	峰 1	峰 2	峰 3			
1	50	30	70	线性	低	0.9989
2	80	50	120	线性	低	0.9991
3	50	30	70	线性	高	0.9968
4	50	30	70	曲线	高	0.9975
5	80	50	120	曲线	高	0.9965

① $p(x)$ 代表前三个纯高斯峰的峰高值。

② $l(x)$ 代表的计算机拟合的标准基线（包括线性背景和曲线背景）。

③ $n(x)$ 代表的计算机模拟背景的随机噪声强度水平（包括低强度水平和高强度水平）。

④ 表示在使用不同分析因子的情况下标准纯模拟信号与校正后的结果信号之间的相似度。

注：采用不同的峰高值、基线类型和噪声水平来进行生成信号与标准信号的相似度比较。

2. 基质辅助激光解吸电离飞行时间质谱校正谱图与分类（MALDI-TOF-MS）

为了验证文中的ATEB算法对于高通量大数据的处理能力，以及其对于高分辨数据的可靠性，将实验所得的MALDI-TOF-MS数据进行测试与分析。采用受到肝癌病毒感染和未受到肝癌病毒感染的肝细胞数据进行分析。经过ATEB算法的校正处理之后，所有46个不同个体肝细胞样本的光谱图均获得了有效校正。在此过程中，为保证不同数据类型同类样本校正的同一性，设定其所有待校正数据的校正参数均一致，并且设定平滑因子为 $\alpha=0.930$。在图5-35中，分别提取了46个样本中的2个不同类别的样本数据图作为各类代表进行展示。为了能更清楚地观察每个样品，将这两个代表样品的光谱图分别展示在图5-35（a）和（b）中，其中每个分隔图中都分别包含了两组原始信号和两组校正后的结果信号，图中下部的实线1代表受到肝癌病毒感染的肝细胞样本信号，而上方实线2代表未受到肝癌病毒感染的肝细胞样本信号。此外，人们还可以对比观察在图5-35（b）中两个对应相同样本的校正结果。为更进一步地分析并研究ATEB算法对校正结果分类能力的影响程度，我们采用了主成分分析（PCA）方法与随机森林（random forest，RF）算法，并进行更高一级的聚类分析。

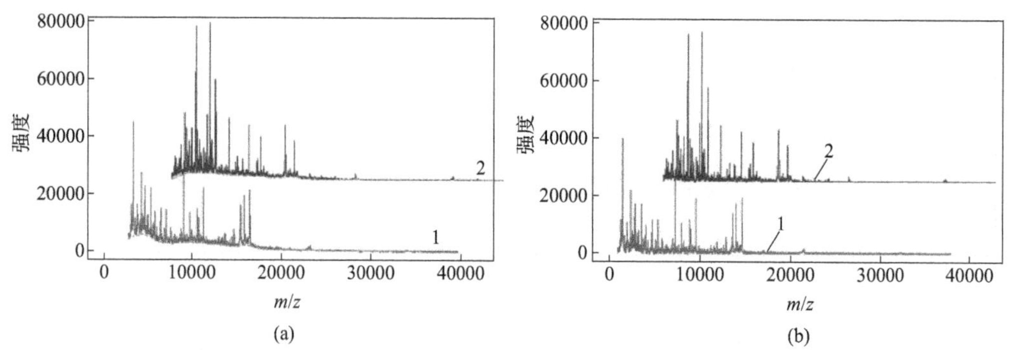

图5-35 肝细胞样本的MALDI-TOF-MS原始谱图数据及其校正结果

（a）未校正的原始谱图数据集（1表示受感染的样本及拟合基准线，2表示未受感染的样本）；
（b）在（a）图中对应数据校正后的结果谱图（1表示受感染的样本，2表示未受感染的样本）

（1）主成分分析法（PCA） 在进行主成分分析之前，首先将两类样本（受感染和未受感染）的原始数据集与校正后的数据集分别进行平均光谱的均值中心化处理，再用相应的最大值进行归一化处理。然后，将均值归一化后的两类原始数据合成一个组合矩阵进行主成分分析。并且提取其第一、二主成分的含量以及方差比，陈列于图5-36（a）中。在未作校正的数据分类图中，发现受感染的样本（○）和未受感染的样本（△）完全混合在了一起难以分辨，而这无疑是一种非常棘手的结果。同时，主成分分析法同样被应用到经均值中心化、归一化的校正数据中。在图5-36（b）中，展示了经过ATEB算法校正后的数据在主成分分析中的第一、二主成分分布图。能清晰地看到，在主成分模式空间中两类样本的分类情况得到了明显的提高，并且仅前两个空间组分的方差之和就达到了90%以上，足以表明使用PCA做模式识别的可靠性。其结果表明，在同一分类条件下得分值与方差值都获得显著性提高的校正结果可以更加清晰地解释两类样本的差异性，以及不同样本之间的分类特征。除此之外，对于分类模型重心的确定以及所需差异特征点的区分都会变得更加容易，而这主要归功于ATEB算法的灵活运用。

（2）随机森林分析法（RF） 考虑到高分辨大型数据在高维数据空间中的分类与聚类问题确实比较棘手，并且，为了能更加直接和更方便地观察到模式空间中的相似性矩阵，有

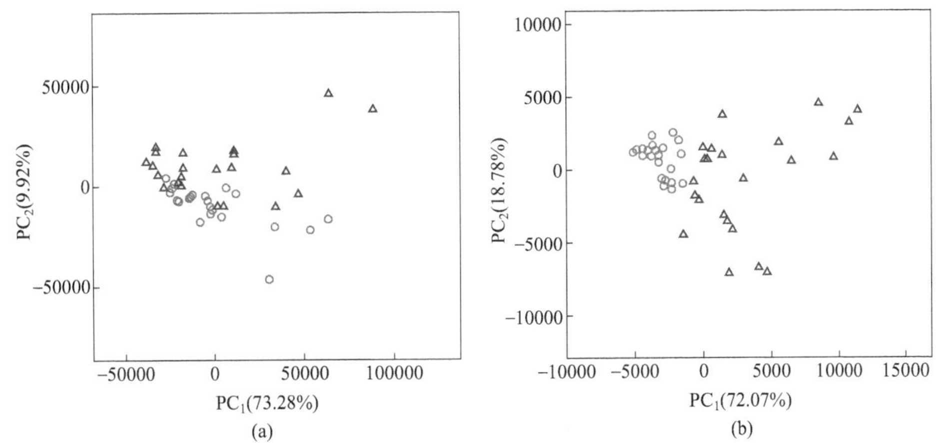

图 5-36 肝癌病症中肝细胞样本的 MALDI-TOF-MS 数据经过 PCA 的分类情况图

(a) 未经任何预处理过程，受感染（o）和未受感染（▲）样本的第一、二主成分图；

(b) 经过 ATEB 算法校正过后，同样是受感染（o）和未受感染（▲）样本的第一、二主成分图

监督的随机森林（Random forest，RF）算法[96~98]同样被应用到两类 46 个样本的 MALDI-TOF-MS 数据分类中。整个分析过程，首先优化了产生预测模型随机森林分类器的两个参数，包括期望分类树的数目（*ntree*）以及使得各棵树增长的变量数目（*mtry*）。其次，在确定了这两个参数后（*ntree*＝10000 与 *mtry*＝190），在 Matlab™中使用随机森林分类算法分别对原始信号与校正后两类数据样本的合矩阵进行分类分析，其他数据预处理的中心化和归一化方法跟主成分分析一样。正如图 5-37（a）所示，数字符号“1”代表着受感染的样本信号而数字符号“2”代表着未受感染的样本信号，能从中清楚地观察到受感染的样本数据和未受感染的样本数据在多维空间中产生了明显的混合，这意味着未经校正的原始数据完全达不到需要的分类效果。紧随上一步的分析过程，同样的有监督型模式识别算法——随机森林也应用到了通过 ATEB 算法校正背景后的结果数据中。在图 5-37（b）中，使用同样参数的聚类结果呈现出了经 ATEB 算法校正后数据的分类结果（*ntree*＝10000 & *mtry*＝190），能观察到两类样本（数字“1”代表受感染的样本，数字“2”代表未受感染样本）一个很好的分离效果，而这种分离效果是在校正之前完全达不到的。经过随机森林的分析过程，在多维空间技术的引导下，邻近矩阵的图形可视化研究呈现出一种非常清晰的分类状态，同时，两类样本之间的相似程度也能通过其分布距离进行有效的测定。因此可推断出，虽然在受感染的样本和未受感染的样本之间已经存在了一定的相关性，但是通过 ATEB 算法对大数据集进行预处理之后，其细小的差异也能被放大，从而被发现。

结合主成分分析方法和随机森林算法的两种分类效果图，不难得出 ATEB 算法确实具有很好的校正能力。通过 ATEB 算法的处理，校正后相同类型的谱图具有更好的紧凑性，也更靠近标准谱图。此外，主成分模式空间中紧密程度与聚合程度的提高在一定程度下，可以使得校正结果的聚类情况和分类情况获得相应的提高。总的来说，ATEB 算法能够有效地校正漂移的基线，并同时保存好其主要信息，不发生丢失，而这一点对于模式识别的高级分析方法来说具有极其重要的意义。

3. 核磁共振数据集的校正光谱和分析结果

核磁共振（NMR）数据同样作为高分辨、高通量数据一直充斥在各个学科的科学研究中。本节中，采集冠状动脉心脏疾病患者的血清样本，对其做核磁共振分析获得特征谱图进行 ATEB 算法的研究测试。与此同时，这些校正后的结果也采用无监督的主成分分析方法

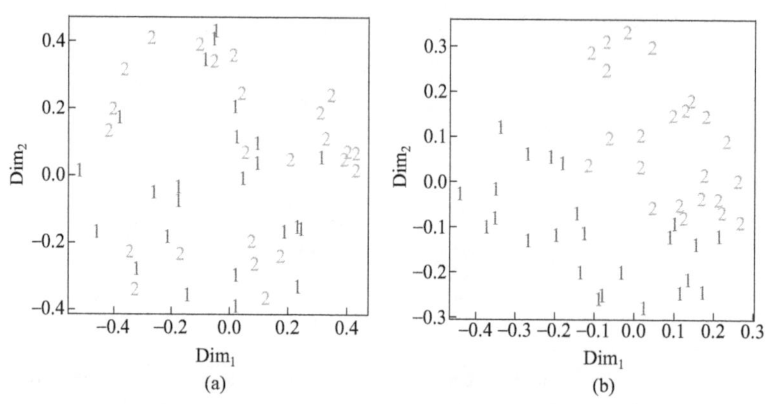

图 5-37 肝癌病症中肝细胞样本的 MALDI-TOF-MS 数据经过随机森林算法（RF）的分类情况图

（a）未经任何处理的数据；（b）经过 ATEB 算法校正的数据

图（a）与（b）均表示有监督的随机森林算法在参数为 $ntree=10000$，$mtry=190$ 的学习情况下，对受感染（数字符号 1）和未受感染（数字符号 2）样本的分类情况

进行进一步的分析，分析结果如图 5-38 所示。将图 5-38 中的（a）和（b）进行比较，能很清楚地观察到这些核磁谱图的原始数据和校正后的数据图，并且，其清晰的校正结果从另一方面也验证了即使是处理高分辨大型数据，ATEB 算法对于背景校正的灵活性与可靠性也能很好地表现出来。

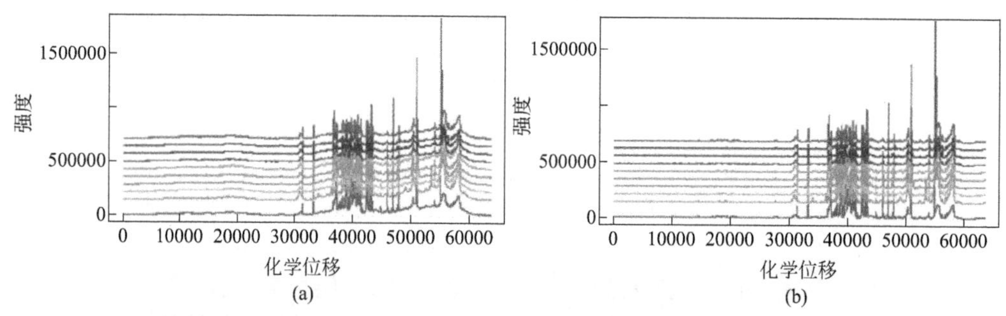

图 5-38 冠心病患者血浆样本的核磁共振（NMR）数据及其校正结果

（a）不同背景值影响下的 10 个原始 NMR 数据；（b）经过 ATEB 算法校正后与（a）图中对应的 NMR 数据

正如图 5-38（b）中所示，通过 ATEB 算法校正后，可以很容易地从这 10 个谱图中发现其相同类别特征吸收峰的相似性特点。此外，主成分分析方法也对校正后的结果进行了有效性评估，见图 5-39（a）。根据研究发现，常用的诸如数值微分的处理方法就能缓慢地扣除漂移背景的影响效果，并能很好地测试样本的可靠性。由于这些样品都是平行实验样本，理论上来说，如果忽略掉背景因素的影响，在主成分空间中它们各自将位于极其靠近的位置。因此，分别对原始的核磁数据和校正后的核磁数据进行一阶数值微分预处理工作，然后观察其处理结果在主成分空间中的分布情况确定其有效性。在图 5-39（a）中，三角形符号（▲）代表经一阶微分处理后的原始 1H NMR 信号，相应颜色的加号（+）表示经一阶微分处理后的校正数据。图中，通过一阶微分预处理方法在主成分空间中表现出来的良好匹配性也暗示着，ATEB 算法在校正数据的背景干扰时没有将原始数据中的重要信息丢失。此外，由于所有的这 10 个样品都是具有相似性的平行实验样本，因此研究工作将针对原始样本与校正样本之间的紧凑性和聚集性关系进行进一步分析。在图 5-39（b）中，同样三角形符号（▲）

代表未经 ATEB 算法处理过的原始 HNMR 信号在主成分空间中的分布，相应颜色的加号（+）则表示经 ATEB 算法校正后的结果数据。在第一主成分空间的分布方向上，其主要涵义是传递样本之间的差异性，而在图 5-39（a）中 PC_1 的样本总体方差值就达到了 94%，这足以表明在此类样本中其样本之间差异性对分析结果的影响之大。同时，在图 5-39（b）中还注意到，三角形与加号在主成分空间中表现出了显著的聚集程度，特别是在第一主成分分布空间上的位移程度，而这也意味着，通过 ATEB 算法的校正之后血清样本获得了更好的聚类效果。

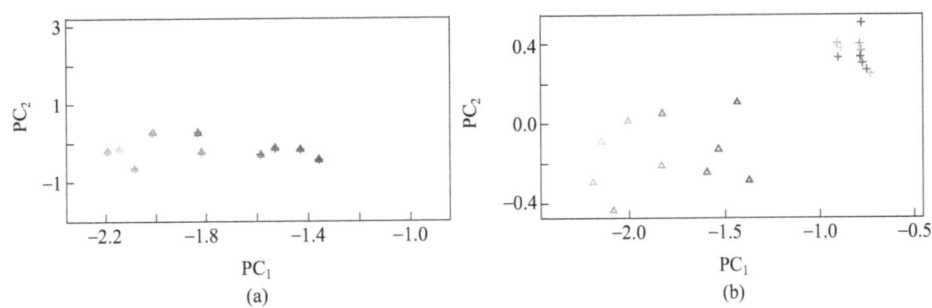

图 5-39　经 ATEB 算法校正前后冠心病患者血浆样本核磁共振（NMR）数据的分析情况

（a）经过 ATEB 算法校正前（△）、后（+），^{1}H NMR 数据在一阶微分预处理情况下的第一、二主成分分布图；（b）经 ATEB 算法校正前（△）、后（+）的 H NMR 数据，在主成分分析（PCA）过程中，第一、二主成分的分布情况

根据上述分析不难证实，在第一主成分空间方向上 NMR 原始信号的显著性变化，在很大程度上可以归因于谱图与谱图之间的背景干扰得到了明显的校正。而本文中所提出的 ATEB 算法则能够在一系列核磁数据中很好地剔除掉这种背景干扰，并保证重要、有效信息的完整性。

4. 调整 α 获得更好的拟合基线

实际上，为了在不同的实验数据之间获得更好的拟合基线，α 参数值的设定应该是能根据不同类型的光谱数据差异而被用户灵活调节的，而并非计算机程序（$\alpha=0.95$）中存在的初始默认值。这样一来，所获得的校正基线才更加具有合理性，也更加符合不同分析工作者的不同需求。由于 α 的变化范围只能是 0～1，早期提出的一般指数平滑算法将难以满足高通量数据基线拟合过程中的预处理工作，有些数据的处理效果甚至还不如一些经典算法。正如上文所述，Brown[99] 和 Holt[80] 在他们的研究工作中发现，在 0～1 之间搜索最佳平滑因子 α 的过程会对整个平滑效果产生极大的影响。如果平滑因子 α 过于接近 1，拟合基线将会超过期望值，过于平坦而丢失部分信息；相反，如果平滑因子 α 太接近 0，拟合基线将会过于灵活，包含几乎所有的信号峰（包括一些明显的干扰峰），达不到扣除干扰背景的效果。这一点正是为什么平滑因子 α 过大、过小的变化会产生校正基线如此显著性差异的原因，换句话来说，也正是这一点给了研究人员根据不同数据类型手动调整所需校正效果的条件。通常情况下，可以通过折半查找的方法查出相应类型数据的最优平滑因子。总的说来，ATEB 算法的参数值不仅可以由计算的默认设置自动控制，而且可以凭借分析工作者的直观经验来手动调节，而整个的这套过程完全不需要一些全局优化方法来优化，灵活便捷。

5. 处理速度与推广

正如上节中所述，将对包含不同变量数目的计算机模拟数据、MALDI-TOF-MS 数据、H NMR 数据和 GC-TOF-MS 数据进行 ATEB 算法的速度测试。与此同时，ATEB 算法将在相同数据集测试条件下与另外三种不同的算法进行速度对比，它们包括 ALS 算法、

FABC 算法和 airPLS 算法。通过不同变量数测试集测试，每种算法对应不同测试集的执行时间均被列于表 5-14 中。

表 5-14 不同算法与不同类型数据的处理执行时间 单位：s

算 法	模拟数据集（900 个变量）	色谱图（4000 个变量）	MALDI-TOF-MS 信号（36802 个变量）	H NMR 信号（63483 个变量）
ALS	0.0608	0.0885	0.5367	1.4529
FABC	0.0284	0.0669	0.3643	1.5160
airPLS	0.0213	0.0460	0.2413	0.5185
ATEB	0.0172	0.0296	0.2283	0.3662

注：使用不同变量数目的数据集（包括计算机模拟数据、GC-TOF-MS、MALDI-TOF-MS 和 H NMR 信号）对 ATEB 算法进行测试，同时通过四种不同算法（ALS、FABC、airPLS、ATEB）校正的执行时间进行比较。此外，从表格中的数据值也可以推断出，使用 ATEB 算法时变量数目和执行时间（s）之间的关系。

从表 5-14 可以看到，ATEB 算法要明显要快于其他的算法，特别是在较大的数据集中。注意到 ATEB 算法的执行速度的确相当惊人：仅仅消耗 0.3662s 就能将一个具有 63483 个变量数的数据校正完毕。同比其他算法在相应数据上所消耗的时间（例如，ALS 算法的 1.4529s，而 airPLS 达到 1.5160s），ATEB 算法的优势是显而易见的。尽管处理速度的细微优势（0.01～0.05s 的差距）在小型数据集中看似难以察觉，但是，一旦面临高分辨大型数据集的处理工作，该算法的优越性则立即得到体现。与此同时，根据表格 5-14 中的内容做了更进一步的研究，将变量个数与执行时间的相互关系进行了详细分析。发现变量个数与执行时间之间存在着非常好的线性关系，其线性相关度也达到了 99.93％的水平，详细情况示于图 5-40。很显然，随着变量数目的增加，相应的执行时间也会呈线性趋势的增加。变量数目与整个执行时间之间的精确线性关系，从另一方面也确保了即使 ATEB 算法面对更大变量数的数据集也能保持良好的执行性能。

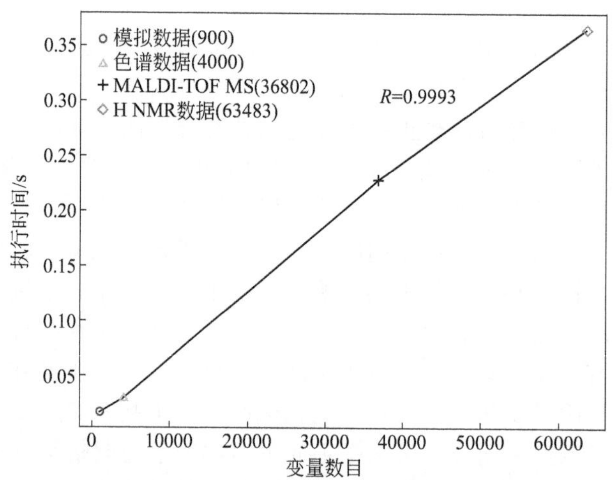

图 5-40 ATEB 算法的执行时间与测试数据不同变量数目之间的关系及其相应的拟合度

第五节 色谱分析信号的漂移校准方法

在色谱分析中，引起色谱峰保留时间漂移的原因多种多样，简单归纳起来可有如下几种：①在高效液相色谱中，由于固定相的降解，其中特别是硅胶的低稳定性，在高 pH 值情况下硅胶支撑的不稳定，以及由于水在极性流动相中引起C18柱键合相的裂解等，都可能引起色谱峰保留时间的漂移；② 由于温度和压力的变化引起的流动相中化学组成的微小变化；③检测器的波长的漂移；④色谱柱的过载及某些化合物的过量；⑤可能的分析物之间的相互作用；⑥仪器的本身的一些波动等。这些因素都可以引起不同样本和时间测出来的色谱指纹图谱中色谱峰产生保留时间的漂移。这样，不同实验时间、地点、仪器设备所测得的色谱指纹图谱往往会在一定程度上导致色谱峰发生一定的波动和色谱保留时间的漂移，这就给色谱指纹图谱的识别与鉴定带来不便，进而影响对色谱指纹图谱的进一步模式识别分析，如不做必要的仪器系统误差的校准，还可能导致错误结论[100]。在图5-41中示出了一个色谱指纹图谱进行色谱峰校准的例子。从图5-41可以看出，色谱峰校准实际就是将不同色谱指纹图谱中相同化合物一一对应起来。

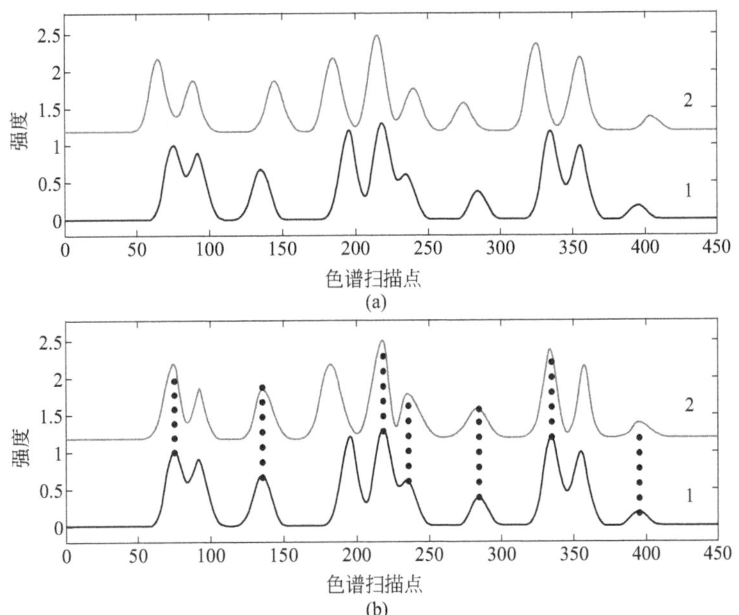

图5-41　色谱指纹图谱（1）和色谱指纹图谱（2）在采用谱峰校准前（a）和谱峰校准后（b）的比较

在过去的十几年中，针对色谱保留时间的校准，化学计量学发展了不少方法[101～113]。一些方法主要是利用加内标进行校准或是通过找到一些共同的标志化合物来进行[102～104]。在文献［105～107］中，则主要是通过优化方法，使目标色谱指纹图谱与待校的色谱指纹图谱的相关系数达到最大化而完成保留时间漂移的校准。一般说来，如果待校准的多个色谱指纹图谱较为相似，这类方法的计算效率将很高，且容易实现自动化。但是，如果待校准的多个色谱指纹图谱相差较大，这类仅基于使目标色谱指纹图谱与待校的色谱指纹图谱的相关系数达到最大化的方法有时可能产生错误结果，这也值得引起注意。最近，由于高通量检测在系统生物学的研究中得到快速发展，所以，有关色谱指纹图谱的校准算法的研究仍然很多[108～113]。

在新近发展的这些方法之中，可粗略地分为两类，一类仍是基于使目标色谱指纹图谱与待校的色谱指纹图谱的相关系数达到最大化，其主要对象是针对一维色谱信息的。这些方法在使相关系数达到最大的基础上，进一步有效利用方差特征分析、卡尔曼跟踪或是主成分分析结果的信息，使算法得到进一步改善[108～110]。这些方法已被应用于多种色谱数据，如HPLC、GC、CE等的色谱峰保留时间的校准，较易于实现自动谱峰校准；而另一类方法则主要是针对联用色谱而设计的，其主要思路是基于充分利用联用色谱中的光谱（UV 光谱）或波谱（质谱）的信息，同时利用同类色谱柱中色谱保留流出顺序和组分波谱信息，并结合化学计量学中多元分辨方法进行谱峰校准[112~114]，这类方法效果较好，但不易实现自动谱峰校准，计算量也随之增大。

本节将对这两类方法都给予必要介绍。

一、基于小波模式匹配及微分进化方法的自动色谱谱峰校准方法

如前所述，对于一些基于使目标色谱指纹图谱与待校的色谱指纹图谱的相关系数达到最大化且易实现自动谱峰校准的方法，主要是依赖优化方法进行。现已有较多方法提出，如 Isenhour 等在 20 年前就提出了时间径向校准（time warping）方法[115]，它可在色谱保留时间轴上进行舒展或压缩（stretch/squeeze）的谱峰校准。10 年后，两个较为实用的自动色谱谱峰校准方法相继提出，一个是基于动态规划的，名为动态时间径向校准法（dynamic time warping，DTW）[116]，一个名为相关优化径向校准法（correlation optimized warping，COW）[101]。Eilers 在此基础之上，对径向校准函数进行研究，也提出了一个名为参数时间径向校准法（parametric time warping，PTW）[117,10~37]。从一些对它们进一步改进或讨论的文章中可以看出，这三个方法在色谱分析中得到了较为广泛的应用[106]。

下面要介绍的是一个新近由梁逸曾研究小组提出的一个新方法，名为基于小波模式匹配及微分进化的自动色谱谱峰校准方法（aligns chromatograms by differential evolution，alignDE）。本法的思路是先经小波模式匹配，继利用微分进化优化法对谱峰漂移进行校准。为消除背景漂移、色谱肩峰和重叠色谱峰簇对色谱指纹图谱相关性的影响，对于它们也在算法中给予了特殊考虑。此外，为消除不同色谱仪器间采样时间点的差异，本法还特别对参考色谱（R）与待校准色谱（C）之间的保留时间点进行了基于线性插值的等长处理。alignDE 法的计算程序框图示于图 5-42。

从图 5-42 可以看出，本法首先是对待校准色谱（C）中色谱峰及其宽度进行小波模式识别，继对其进行背景扣除和肩峰和重叠色谱峰簇识别，在此基础上，对参考色谱（R）也进行背景扣除、肩峰和重叠色谱峰簇识别的处理，然后再进行对待校准色谱（C）与参考色谱（R）间的保留时间等长处理。完成这些步骤后，继采用微分进化的方法对它们之间的色谱峰进行谱峰校准，以达到它们之间相关系数的最大匹配。下面将对这些步骤进行详细介绍。

1. 色谱数据等长

由于采样间隔的不同，常会导致色谱数据采样点数的不相等。在本节中，用线性插值使不同的色谱数据具有相同的点数。首先从最简单的情况开始：两个由下列坐标定义的点 (x_1, y_1) 和 (x_2, y_2)。线性插值的点构成一条通过这两点的一条直线。由于直线通过这两个点，所以可以非常方便地导出直线的表达式：

$$y = y_1 + (x - x_1)\frac{y_2 - y_1}{x_2 - x_1}$$

将上述表达式泛化到一系列的数据点的插值中意味着将这些数据点两两插值的结果连接起来。假定参考色谱 R 的数据点数为 NR，而待校准色谱的数据点数为 NC。将 C 的保留时间等分为 NR 段，利用这 NR 个点两边的数据点和线性插值可得插值结果。

2. 基于小波匹配的谱峰识别

通过比较一些谱峰检测算法，选择了基于信噪比（S/N）和小波空间脊线的方法[118]来进行谱峰识别。该方法的主要思想在文献［119］中进行了详细的描述，文献［117］改进了

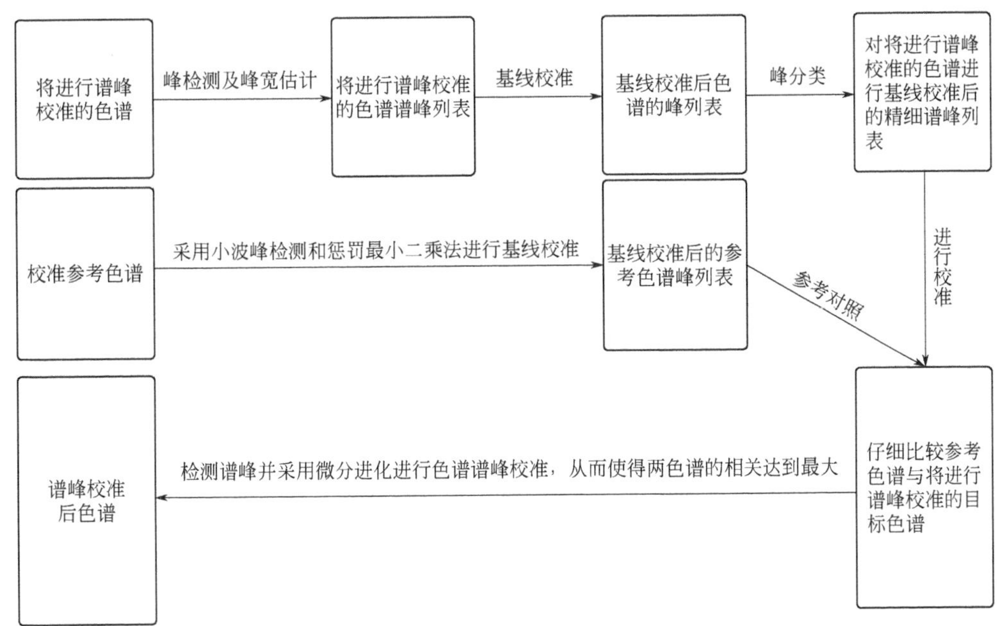

图 5-42 alignDE 法的计算程序框图

其在峰宽估计上的不足，提高了准确性。该方法之所以能准确地检测出峰的位置和峰宽，要归功于小波变换。小波变换可以分为离散小波变换和连续小波变换两大类。与有冗余且有效离散小波变换不同，连续小波变换允许任意缩放因子和平衡位置，这就使变换所得的小波系数包含了色谱谱峰的位置和尺度信息。因为连续小波变换的小波系数包含我们所需的信息，所以通过连续小波变换将色谱数据转换到小波空间，然后在小波空间检测出峰的位置和峰的宽度。连续小波变换可以定义为在所有时间内信号的缩放和位移的小波母函数乘积之和。在数学上，连续小波变换的过程可用式（5-113）表达：

$$
\begin{aligned}
C(a,b) &= \int_{-\infty}^{+\infty} s(t)\psi_{a,b}(t)\mathrm{d}t, \\
\psi_{a,b}(t) &= \frac{1}{\sqrt{a}}\psi\left(\frac{t-b}{a}\right),\ a \in R^{+},\ b \in R
\end{aligned}
\tag{5-113}
$$

式中，$s(t)$ 是信号函数；a 和 b 分别是小波母函数的缩放因子与平移位置；$\psi(t)$ 是小波母函数；$\boldsymbol{C}$ 是二维的小波系数矩阵。连续小波变换可以看作原始信号与小波母函数的一种卷积。如果要想利用小波变换找出色谱中的峰信息，小波母函数必须和色谱的峰相似。从一系列的小波母函数中选出墨西哥帽小波函数，该函数可以用如下数学公式描述：

$$
\psi(x) = \left(\frac{2}{\sqrt{3}}\pi^{-1/4}\right)(1-x^2)\,\mathrm{e}^{-x^2/2} \tag{5-114}
$$

式中，$\psi(x)$ 是墨西哥帽小波母函数；π 是圆周率；e 是欧拉常数（约等于 2.718281828）。

如果仔细观察色谱数据用连续小波变换得到的二维连续小波系数，能够发现在每一个尺度的小波系接近于峰的位置会有一个局部最大值，而且当缩放因子与色谱峰的大小相当时这些局部最大值达到最大。所以色谱峰的检测问题转化为在二维连续小波系数空间中找出脊线的问题。色谱峰可以在其二维连续小波系数空间中用如下三个步骤找出：①通过连接不同尺度相同位置的局部最大值找出脊线；②基于脊线找出色谱峰；③对色谱峰的参数估计进行精调。图 5-43 描述了基于连续小波进行峰匹配的步骤。图 5-43（a）是一条模拟的色谱，找出的色谱峰用圆圈在色谱上标出；小波变换的缩放因子参数设置为 1～56，图 5-43（b）是二维小波系数；图 5-43（c）是识别了的脊线。通过对比图 5-43（a）和图 5-43（c），能够明显看出主要色谱峰与脊线的对应关系。

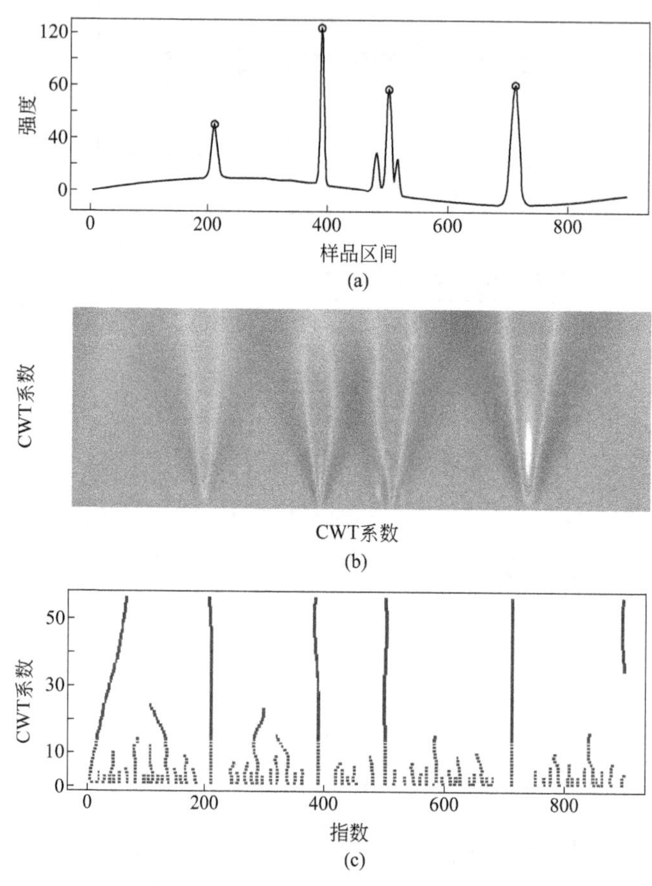

图 5-43 将杜等人的谱峰匹配算法应用到色谱中

（a）模拟色谱数据，色谱上的圆圈表示检测出的色谱峰；（b）二维小波系数图；（c）在二维小波系数中找出的脊线

利用墨西哥帽小波函数虽然能够准确检测出色谱峰的位置，但它常常低估了色谱峰的宽度。为准确地估计出色谱峰的宽度，张志敏等[117]提出了基于 Haar 小波母函数的求导方法的色谱峰宽估计方法，该方法能够准确找出色谱峰的流入点和流出点。该色谱峰宽估计方法基本上由如下 4 个步骤组成：①对色谱进行基于 Haar 小波母函数的连续波变换；②对获得的二维小波系数矩阵取绝对值；③对于每个已检测出位置的色谱峰，从第②步得到的矩阵中取出其最好匹配缩放因子对应的行，从峰位置开始向两端寻找局部最小值；④如果局部最小值存在，取该位置，如不存在，取原始信号某一范围内的最小值作为峰的流入或流出点。图 5-44 描述了基于 Haar 小波母函数的连续小波的色谱峰宽估计的步骤。图 5-44（a）为每个色谱峰的最好缩放因子的二维 Haar 连续小波变换系数取绝对值后所绘；在图 5-44（b），每段取出的小波系数都被其绝对值代替。每个峰的流入点和流出点都可以通过第③和④步找出，在图中星号表示流入和流出点，圆圈则表示色谱峰位置。

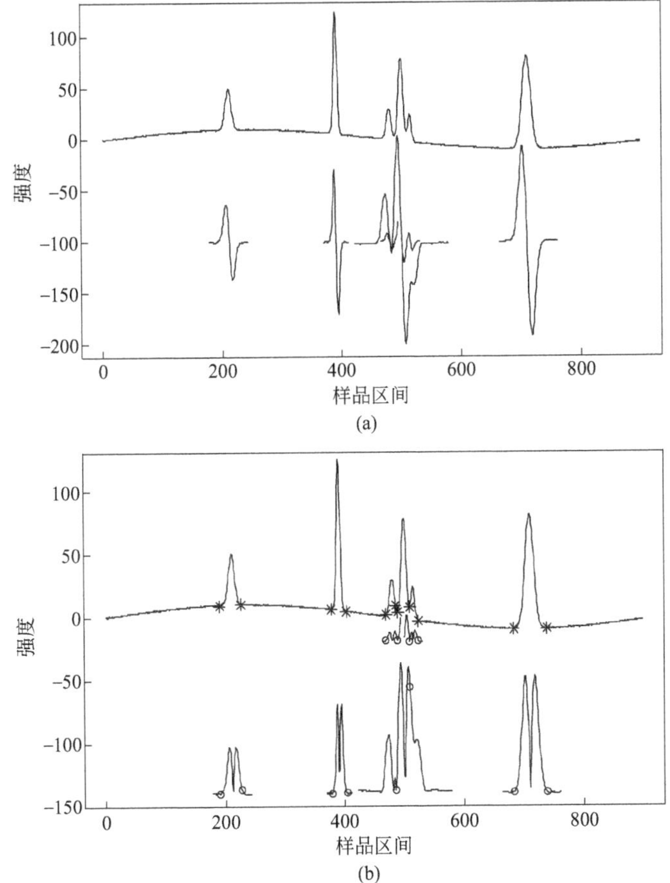

图 5-44 基于 Haar 母小波的连续小波变换用于色谱峰宽估计

(a) 从二维小波系数矩阵中取出并绘出每个已检测出的峰的最好匹配缩放因子对应的行；
(b) 对取出的行作绝对值，并找出其局部最小值，从而确定色谱峰的流入和流出点

3. 背景扣除

因为基线的存在会对相关系数的计算产生影响，所以必须在进行校准之前对基线漂移进行扣除。在应用 alignDE 算法做校准之前，利用张志敏等[117,120]提出的扣除算法扣除色谱中可能存在的基线。该基线漂移扣除算法具体步骤如下：①先利用合适的 λ 参数拟合出一条初步的基线；②再利用第①步拟合出的初步基线取代原始色谱，拟合出一条新的基线；③通过在前面获得的色谱峰位置和色谱峰宽度信息，对拟合出的基线进行调整以获取更准确的基线。

4. 色谱峰簇

对于比较特殊的色谱峰区域，如重叠峰，必须做一些特殊处理。在图 5-45 中，峰 3、峰 4 和峰 5 重叠得比较严重，难以准确确定每一个峰的流入和流出位置信息，但是峰 3 的流入和峰 5 的流出点却是可准确确定的。对于重叠峰，可给定一个阈值，即当相邻的两个峰的结束和开始位置之差小于该值时，则这两个峰被合并为一个峰簇。在进行校准时，一个色谱峰簇中的所有峰就可当作一个峰来处理。图 5-45 示出了一个色谱峰簇的例子。以 3 为阈值，在图 5-45 (a) 中四边形框内的 3 个峰被定义为一个峰簇。

5. 利用微分进化算法校准色谱峰

色谱的校准问题可以转化为以参考色谱和待校准色谱之间的相关性为目标函数的优化问题，所以必须选择一个易实现、可靠、快速的优化算法。该算法能够在可接收的时间内找到

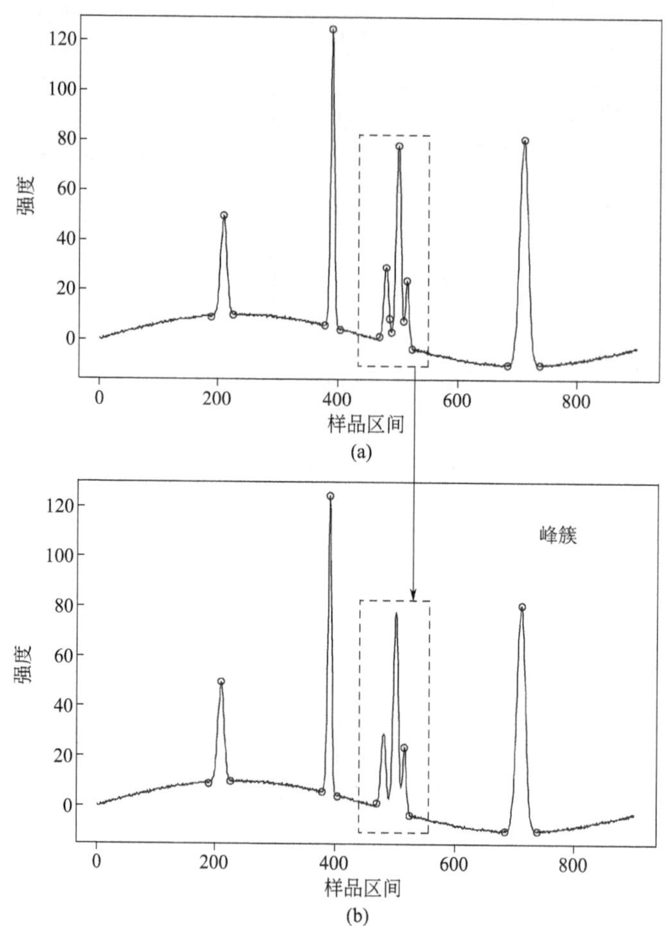

图 5-45 以 3 为阈值将重叠峰定义为峰簇

(a) 虚线框出的为合并为峰簇之前的重叠峰；(b) 虚线框出的为合并之后的峰簇

解，并以很大概率收敛到真正的最优解。微分进化算法[121~124]是一种满足上述要求的通用优化算法。它是一种基于种群的优化算法，通过利用个体之间的差异能以很好的概率智能地向真正的最优解进化。微分进化算法最初由 Kenneth Price 和 Rainer Storn[121]提出。通过利用在每一代种群中都有的 N_D 维参数向量，微分进化算法是一种易并行的直接的搜寻方法。

$$x_{j,G}, \quad j=1, 2, \cdots, N_D$$

微分进化的基本流程是初始化、突变、交换和选择。一旦初始化，可以不断地重复突变、交换和选择这三个步骤来寻找最优解。

(1) 初始化　第 0 代的种群必须用每个参数的上下界和一个随机数产生器用式 (5-115) 产生：

$$\begin{gathered} x_{j,i,0}=\mathrm{rand}_j(0, 1)\cdot(b_{j,U}-b_{j,L})+b_{j,L} \\ j=1, 2, \cdots, N_D; \quad i=1, 2, \cdots, N_P \end{gathered} \tag{5-115}$$

式中，$x_{j,i,0}$表示初始种群中第 i 个向量的第 j 个参数；$b_{j,U}$和$b_{j,L}$分别表示第 j 个参数的上界和下界；N_P则是种群的大小。

(2) 突变　微分进化加入缩放的、随机取样的两个向量之差到第三个向量之中，从而产生突变向量：

$$v_{i,g}=x_{r0,g}+F\cdot(x_{r1,g}-x_{r2,g})$$

$F\in(0, 1+)$ 是用来控制在进化中的突变率的缩放因子。r_0，r_1，$r_2\in\{1, 2, \cdots, N_P\}$ 是随机采样的样本编号。

(3) 交换　是与突变互补的一种搜索策略，微分进化按一定概率把参数向量与突变向量进行交换，该交换过程可用下式描述：

$$u_{i,g}=u_{j,i,g}=\begin{cases}v_{j,i,g} & \text{如果}(\text{rand}_j(0, 1)\leqslant Cr\text{ 或 }j=j_{\text{rand}})\\ x_{j,i,g} & \text{其他}\end{cases}$$

$Cr\in[0, 1]$ 是交换概率，用户可通过控制此参数来控制来自于突变向量参数值的比例。

(4) 选择　假设 $f(u_{i,g})$ 比 $f(x_{i,g})$ 小，在下一代种群中利用 $u_{i,g}$ 替代 $x_{i,g}$；否则 $x_{i,g}$ 保留。

$$x_{i,g}+1=\begin{cases}u_{i,g} & \text{如果 } f(u_{i,g})\leqslant f(x_{i,g})\\ x_{i,g} & \text{其他}\end{cases}$$

不断重复突变、交叉和选择的过程直到最优解已达到或者某一终止准则达到，如达到最大的种群代数。为了减小优化过程中搜寻的空间的大小，所有的色谱峰按它们的 4 个组成一组，然后用微分进化算法一组一组优化。微分进化算法用来在［－slack，＋slack］范围内同时调整每一组峰中的 4 个峰位置，同时用线性插值翘曲非峰部分使色谱峰的位置能够移动，保存下使待校色谱与参考色谱之间相关系数达最大的峰位置。当所有的色谱峰组都处理完之后，利用保存的色谱峰和线性插值对待校准色谱进行重建以获得校准好的色谱。

为验证 alignDE 方法的有效性，我们同时用模拟数据和真实的色谱数据进行了测试。

6. 模拟色谱数据

模拟色谱数据由高斯峰、正弦曲线的基线和随机噪声组成。参考色谱用 R 表示，加入的随机噪声的方差为 0.2。待校准的光谱用 C 表示，加入的随机噪声的方差为 1。色谱 R 中除了第 2 个峰之外，所有的峰都漂移 50 个点。R 和 C 的色谱数据都是用 R 编程语言产生的，图 5-46（a）是它们的色谱图。

对模拟色谱数据进行校准时所用的参数如下：SNR. Th＝3，ridge length＝5，$\lambda=100$，peak shape threshold＝0.3，gap＝5，slack＝100，$N_P=200$ 及 itermax＝150。合并之后的峰簇和背景扣除之后的结果见图 5-46（b），校准之后的色谱图可以在图 5-46（c）中看到。读者可清楚看到，图 5-46 所示的 R 和 C 色谱中的基线扣除结果令人满意；色谱峰的位置和宽度也由小波模式匹配准确地找出；所有漂移的色谱峰也很好地被校准了。这些结果说明了 alignDE 算法在有重叠峰存在且含有各种不同基线漂移和不同的噪声水平的情况下，都可准确对色谱峰的漂移进行有效的校准。

7. HPLC 数据校准结果

所用色谱数据来自于文献［101］。在检测时，DAD 参数为 200～600nm，带宽间隔为 4nm，故每一条 UV 光谱有 100 个数据点。数据的第一列，代表（202±2)nm，被选为测试数据用于评价 alignDE 校准算法在 HPLC 方面的性能。IBT11415 被用作参考色谱，而 IBT15670 则是待校准色谱。这些色谱见图 5-47（a）。

对 HPLC 色谱数据进行校准时所用的参数如下：SNR. Th＝3，ridge length＝5，$\lambda=100$，peak shape threshold＝0.3，gap＝5，slack＝100，$N_P=200$ 及 itermax＝150。由图 5-47（a）可见 IBT11415 和 IBT15670 确实存在漂移，在图 5-47（b）中读者可以看到漂移确实得到了校准。

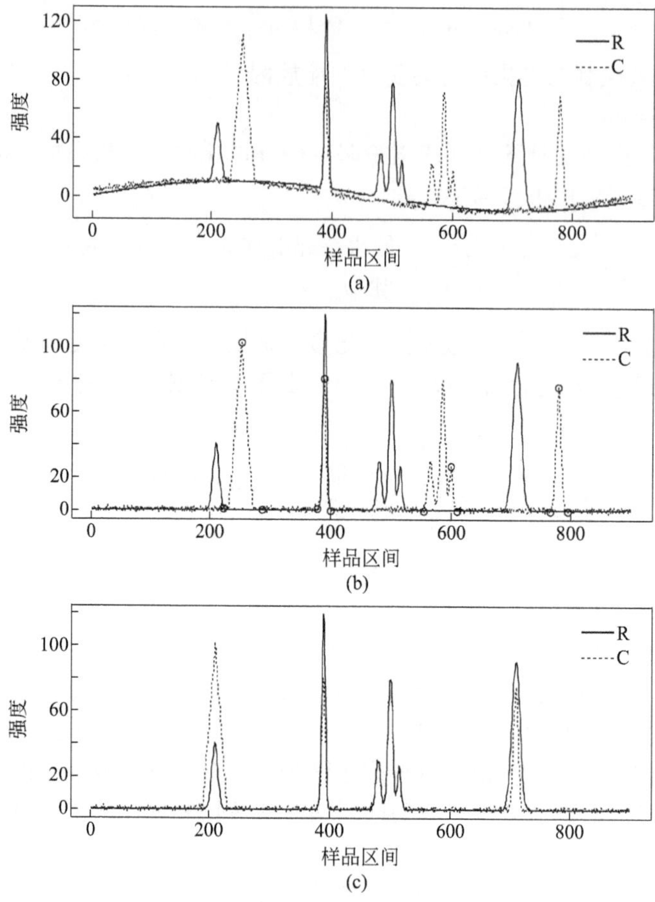

图 5-46 模拟色谱

（a）校准之前的色谱；（b）基线扣除和合并峰簇之后的色谱；（c）利用 alignDE 算法基线校准后的色谱（R 表示参考色谱，C 表示待校准色谱）

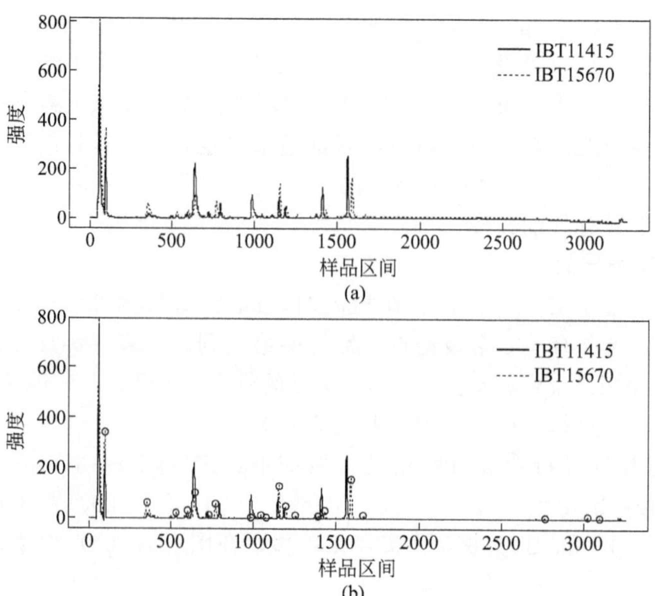

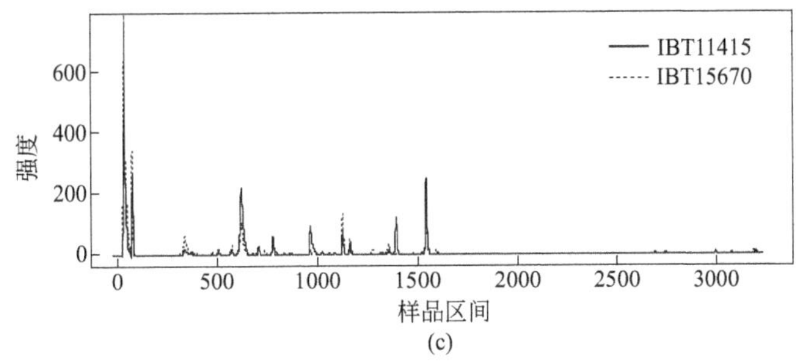

图 5-47 HPLC 数据

(a) 校准之前的谱；(b) 基线扣除和合并峰簇之后的色谱；(c) 校准之后的色谱（IBT11415，参考谱；IBT15670，待校谱）

8. alignDE 与 COW 的比较

本节中还比较了 alignDE 与 COW 方法[101]的性能。COW 方法的 segment 和 slack 利用网格搜索的方法进行优化。得到的比较结果列于表 5-15 中。以相关系数来看，alignDE 方法与 COW 方法所得的结果一样好。读者可以看到对于真实数据 COW 比 alignDE 的相关系数稍好，原因是 COW 方法在线性插值的过程中改变了色谱峰的形状。在参考光谱和待校准光谱相应的峰部分有一些差别时，COW 方法倾向于拉升或者压缩峰。这种现象可以在图 5-48 (c) 中看到。通过放大校准后的前两个峰，读者可以明显地看到峰 1 被明显地改变了。这也说明 COW 方法获得的高相关系数是以改变色谱峰的形状为代价的，并不可靠。用 alignDE 校准后的色谱绘图 5-48 (d)，读者可以看到得益于小波峰匹配的准确性和稳健性，alignDE 方法在校准过程中能够保证峰形、峰高和峰面积不变。

表 5-15 alignDE 与 COW 校准结果的比较

色　谱	基线	相关系数		
		初始值	COW①	alignDE②
模　拟	未校正	0.2401	0.6966	0.8059
	校正后	0.1181	0.7133	0.7821
HPLC(IBT)	未校正	0.8049	0.9287	0.9223
	校正后	0.7862	0.9222	0.9189

① 对于所有数据，segment=22，slack=16。
② 对于所有数据，slack=100，N_P=200，itermax=150。

9. 定量分析校准结果

赤芍的 HPLC 数据用于定量分析一些主要色谱峰在校准前和校准后的变化。共有 8 条赤芍色谱，其中 7 个赤芍的样本在中国的各个赤芍产区购买，还有一个购于中检所的标准赤芍样本。HPLC 在珠海科曼公司进行，然后把得到的赤芍色谱数据用 HP chemstations 转换为 ASCII 数据以便于数据处理。

首先，利用线性插值将色谱的等长为 4000 点。然后用 alignDE 和如下参数进行校准：SNR=1，ridge length=10，λ=100，peak shape threshold=0.3，gap=5，slack=5，N_P=30，itermax=300。色谱数据中几个主要色谱峰在校准前和校准后的峰位置被检测并列于表 5-16 中，这些色谱峰已在图 5-49 (b) 中用虚线框标出。通过对比表 5-16 中校准色谱峰与其相应的参考色谱峰的保留时间，可以看出 P_1，P_3 和 P_4 都被很好地校准了。但是校准后的 P_2 峰的保留时间与其参考峰的保留时间有点差异。主要原因是色谱峰是这些色谱中最大的峰，色谱峰 P_2 的最高点比较平，由多个值差不多的点构成。所以在校准的结果中因样本的变化，检测出的峰位置相应地有些小变化。

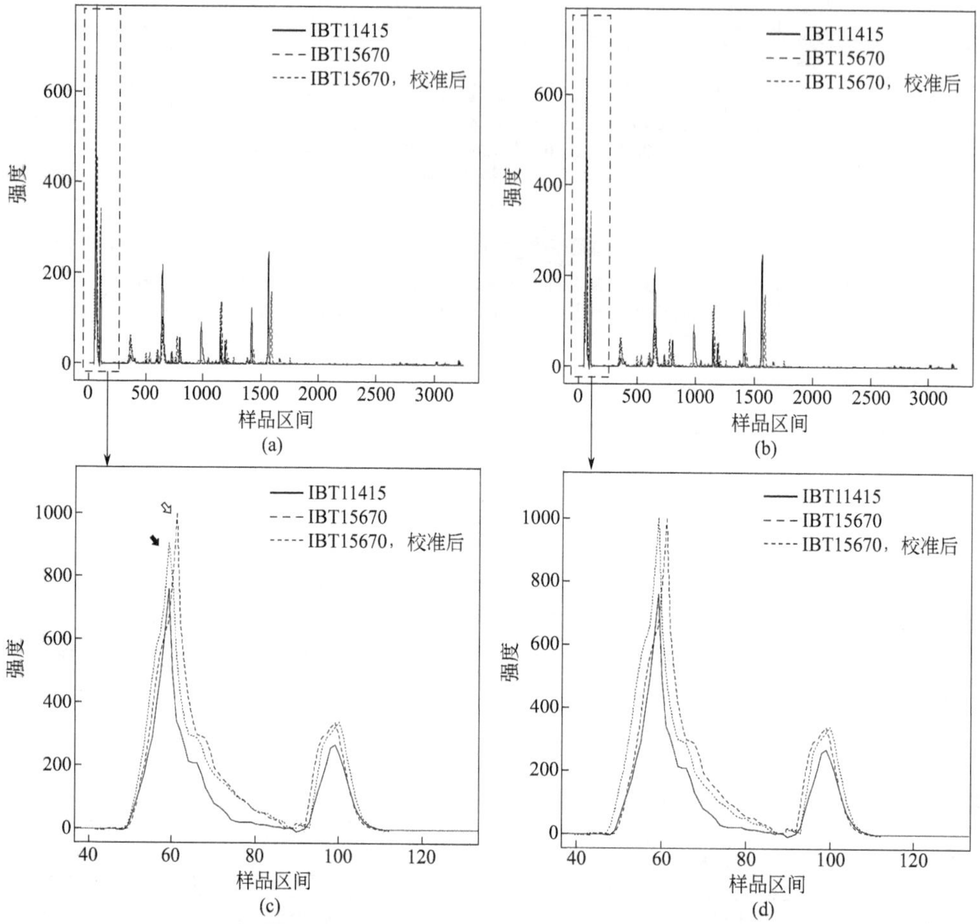

图 5-48 比较 alignDE 与 COW 对谱峰形状和面积的影响

(a) 由 COW 校准所获得的色谱；(b) 由 alignDE 校准所获得的色谱；
(c) 是对 (a) 中前两个峰放大的结果；(d) 是对 (b) 中前两个峰放大的结果

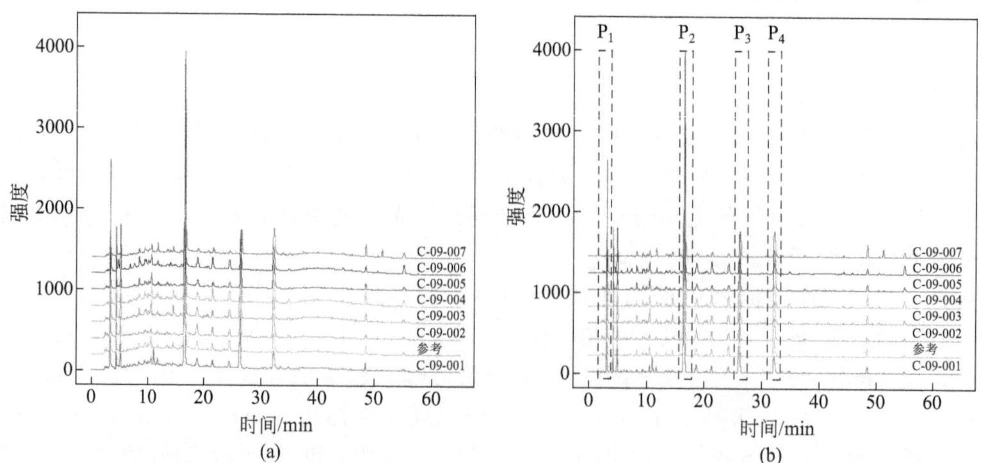

图 5-49 赤芍 HPLC 数据利用 alignDE 算法校准前 (a) 和校准后 (b) 的谱图

表 5-16　比较赤芍 HPLC 的部分峰在用 alignDE 校准前和校准后的保留时间

样品编号	校准	峰保留时间				相关系数
		P_1	P_2	P_3	P_4	
参考	否	3.275996	16.669344	26.242987	32.208229	1.0000
C-09-001	否	3.259742	16.685598	26.210479	32.208229	0.9743
	是	3.259742	16.701852	26.242987	32.208229	0.9809
C-09-002	否	3.275996	16.718106	26.259241	32.208229	0.9797
	是	3.275996	16.701852	26.242987	32.208229	0.9836
C-09-003	否	3.275996	16.701852	26.242987	32.191975	0.9794
	是	3.275996	16.701852	26.242987	32.208229	0.9795
C-09-004	否	3.275996	16.636836	26.291750	32.191975	0.9856
	是	3.275996	16.653090	26.242987	32.208229	0.9955
C-09-005	否	3.259742	16.685598	26.308004	32.191975	0.9868
	是	3.259742	16.701852	26.242987	32.224483	0.9901
C-09-006	否	3.275996	16.685598	26.291750	32.191975	0.9811
	是	3.275996	16.685598	26.242987	32.208229	0.9834
C-09-007	否	3.259742	16.685598	26.438036	32.256991	0.9625
	是	3.275996	16.669344	26.356766	32.224483	0.9788

二、多尺度色谱谱峰校准方法

多尺度色谱谱峰校准算法（multiscale peak alignment，MSPA）在校准过程中不会改变峰的形状。通过使用连续小波变换将色谱转换到小波空间，能够准确得到色谱峰的位置和峰宽。接下来计算每一个峰的香农信息含量，然后按信息含量将色谱峰分成小段。用快速傅里叶变换交叉相关计算每一段色谱候选移动点数。组合相邻色谱段候选移动点数，以最大化与参考谱的相关系数为目标函数，确定每一段的最佳移动点数。最后对无峰信号区间线性插值移动检测到的色谱峰。此校准过程迭代到每一个色谱段只有一个色谱峰且都校准好为止。可以看到 MSPA 方法逐步地从大到小对色谱峰进行校准，这也是多尺度色谱谱峰校准算法得名的原因。

MSPA 算法将快速傅里叶变换交叉相关系数中的局部最大值的索引作为校准时需移动的点数，此技术的运用保证了该校准算法的准确性和速度。因为是利用基于谱峰信息将色谱分段，然后再计算参考谱与待校谱之间相应段的交叉相关系数，所以 MSPA 算法还包括峰检测、峰宽估计、迭代分段及最优移动点数确定。图 5-50 中描述了 MSPA 算法的流程、架构与概要，MSPA 中的算法和理论方面的细节在后续小节中进行详细介绍。

分析信号中峰位置的检测和峰宽估计是一个很基础的问题。在本研究中采用基于连续小波变换求导方法检测峰的位置及估计峰的宽度[125]，然后用信噪比剔除一些假阳性的色谱峰。色谱信号中峰的尺度不一样。基于相关系数的校准方法在校准过程中大峰比小峰对相关系数的影响要大得多，也就是说大峰比小峰在校准过程中对相关系数影响大所以容易校准。所以说在校准过程中小峰比大峰更难以校准，校准过程中不确定性大。在信息论中[126]，香农信息含量是对不确定性很好的度量。在本研究中，香农信息含量用来衡量每个峰在校准过程中的难度，它可用式（5-116）计算：

$$\boldsymbol{h}_i = -\log_2 \boldsymbol{p}_i \tag{5-116}$$

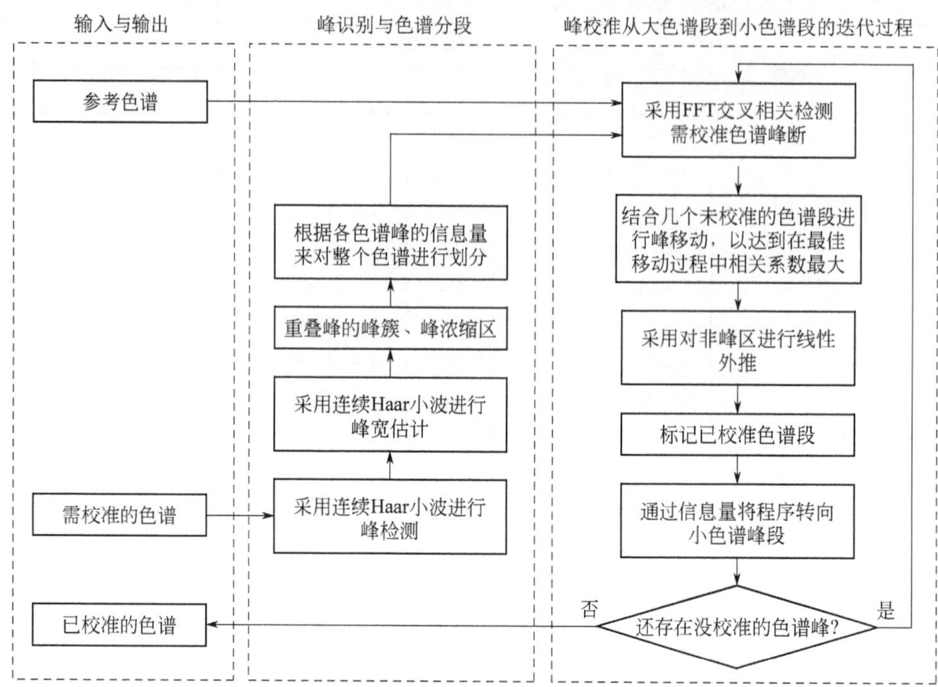

图 5-50 MSPA 校准算法流程图

式中，$\boldsymbol{p}_i$ 是某个分布的概率；$\boldsymbol{h}_i$ 为香农信息含量。将香农信息含量用于色谱中时，还需对式（5-116）进行适当修改[127]。先要将色谱中的色谱面积进行归一化，然后计算其信息含量：

$$\boldsymbol{h}_i = -\log_2 \frac{\boldsymbol{p}_i}{\sum \boldsymbol{p}_i} \tag{5-117}$$

式中，$\boldsymbol{p}_i$ 为第 i 个峰的面积；$\sum \boldsymbol{p}_i$ 为色谱中所有峰面积之和。色谱峰的香农信息含量值越小，说明该峰的不确定度小，峰的尺度较大。在以相关系数为准则的校准过程中，大峰必须给予较高的优先级。所以 MSPA 中将色谱中依据其香农信息含量，从大峰到小峰以一种迭代的方式逐步校准。图 5-51 展示了这种将色谱按其峰位置及其尺度信息迭代地分为小的色谱段的过程。

交叉相关是计算两个存在线性漂移的信号间相关系数与漂移点数的标准方法。它将一信号向某一方向不断移动，并计算与另一信号之间的相关系数。对于给定的两个连续函数 r 和 s，它们间相对移动 j 个点数之后的相关系数为：

$$c(j) = \int_{-\infty}^{+\infty} r(x)s(x+j)\mathrm{d}x$$

类似于两个连续函数的交叉相关，离散的色谱信号之间的交叉相关系数可按式（5-118）计算：

$$\boldsymbol{c}(j) = \frac{\sum_i [\boldsymbol{r}(i) - \bar{r}][\boldsymbol{s}(i+j) - \bar{s}]}{\sqrt{\sum_i [\boldsymbol{r}(i) - \bar{r}]^2} \sqrt{\sum_i [\boldsymbol{s}(i+j) - \bar{s}]^2}} \tag{5-118}$$

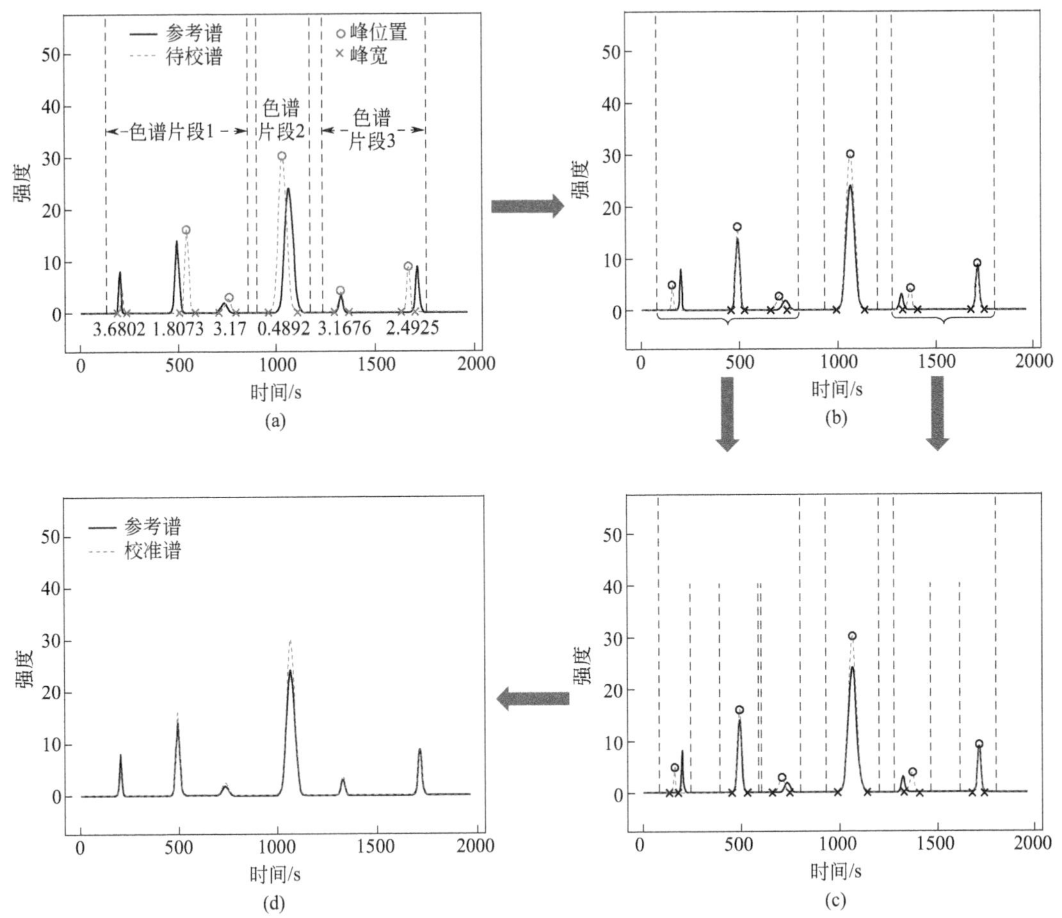

图 5-51　基于峰位置及其尺度信息迭代式分段技术

（a）峰、香农信息量及最初的分段；（b）采用 FFT 交叉相关和局部组合来校准；（c）将多个峰的片段再细分为更小的片段；（d）最终的校准结果

式中，$\boldsymbol{r}$ 是参考谱；$\boldsymbol{s}$ 是待校谱；向量 $\boldsymbol{c}$ 是交叉相关系数。

从式（5-118）可以看出，对于长度为 N 的色谱数据直接计算交叉相关系数需要 $O(N^2)$ 时间复杂度。色谱数据经常有上万个数据点，因此直接计算其交叉相关非常耗时间。非常幸运的是交叉相关可以通过快速傅里叶变换来计算以达到更快计算速度，它可以将其计算时间复杂度从 $O(N^2)$ 降低为 $O(N\log N)$。快速傅里叶变换是离散傅里叶变换的快速计算版本。为了阐明如何使用快速傅里叶变换计算交叉相关系数，本小节从离散傅里叶变换开始，离散傅里叶变换与其逆变化定义为：

$$X_k = \sum_{n=0}^{N-1} x_n \mathrm{e}^{-\frac{2\pi i}{N}kn} \quad k=0, \cdots, N-1$$

$$x_n = \frac{1}{N}\sum_{n=0}^{N-1} X_k \mathrm{e}^{\frac{2\pi i}{N}kn} \quad k=0, \cdots, N-1$$

式中，$\boldsymbol{X}$ 为傅里叶变换之后的数据。傅里叶变换与其逆变换可用 $\boldsymbol{X}=\boldsymbol{F}(\boldsymbol{x})$ 和 $\boldsymbol{x}=F^{-1}(\boldsymbol{X})$ 表示。如果 $\boldsymbol{R}$ 和 $\boldsymbol{S}$ 分别是 $\boldsymbol{r}$ 和 $\boldsymbol{s}$ 经过离散傅里叶变换后得到的数据，那么根据循环卷积和交叉相关定理，交叉相关系数可由式（5-119）计算：

$$\boldsymbol{c}=\boldsymbol{F}^{-1}\{\boldsymbol{R}\cdot\boldsymbol{S}^{*}\} \tag{5-119}$$

式中，向量 $\boldsymbol{c}$ 为 $\boldsymbol{r}$ 和 $\boldsymbol{s}$ 间的交叉相关系数；$\boldsymbol{S}^{*}$ 则是 $\boldsymbol{S}$ 的复共轭。

傅里叶交叉相关只能计算两信号之间的线性漂移，不同样本的色谱间保留时间漂移来说常常是非线性的。在 MSPA 方法中，为了能处理保留时间中非线性的漂移，将色谱信号利用其峰信息和峰尺度将其逐步分为小的色谱段。然后用傅里叶交叉相关的方法找出小的色谱段间所有可能的漂移点数。上述技巧能够解决色谱保留时间非线性漂移的问题。之前提出的基于快速傅里叶交叉相关的校准方法都只用到了交叉相关系数中最大值的索引作为最佳移动点数。有时以小段信号算出来的最佳移动点数在大点的尺度来看并非最佳。因此在 MSPA 方法中，用快速傅里叶变换交叉相关找出每一小段色谱所有可能的移动点数，然后与其相邻的小段色谱在更大范围内进行组合，以得到在大尺度范围内最优的移动点数。

下面是用快速傅里叶变换交叉相关去计算候选移动点数的简单例子。假设有两条色谱（用 $\boldsymbol{r}$ 和 $\boldsymbol{s}$ 来分别表示参考谱和待校谱），它们之间存在着一个未知的保留时间上的漂移。利用快速傅里叶变换，可非常高效地计算出 $\boldsymbol{r}$ 和 $\boldsymbol{s}$ 之间的交叉相关系数 $\boldsymbol{c}$，而候选移动点数则为交叉相关系数 $\boldsymbol{c}$ 的局部最大值对应的索引。该示例绘于图 5-52 中，候选移动点数 20 表示将待校信号向右移动 20 个点数可使两个信号间的相关系数达到一个极大值。

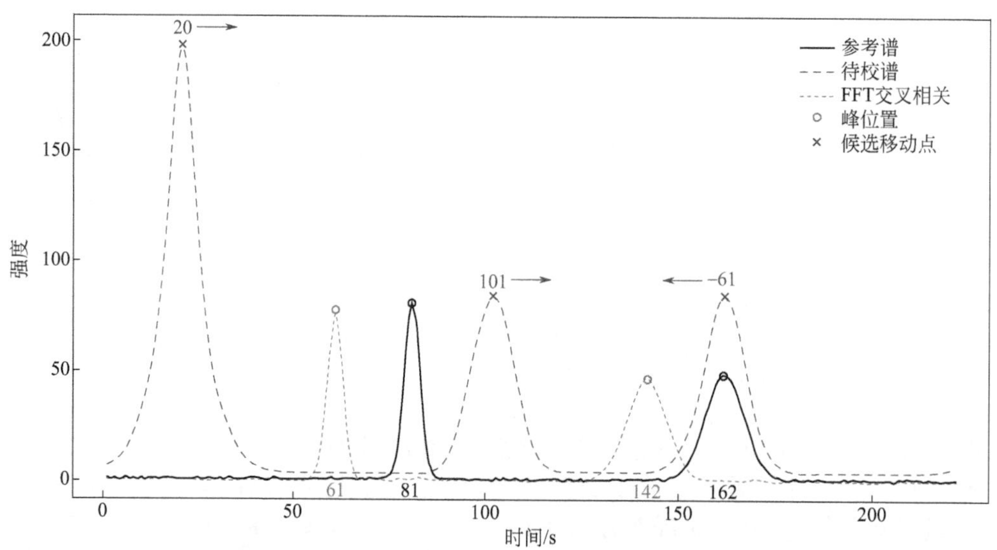

图 5-52 用快速傅里叶交叉相关计算色谱段候选移动点数

许多时候基于小的色谱段用傅里叶交叉相关系数中最大点索引在更大尺度上并非最优的选择。为了避免这种问题，可先在计算出的交叉相关系数中找出其所有局部最大值作为候选移动点数，然后对相邻的几个色谱段中的候选移动点数进行组合来最大化它们与参考谱之间的相关系数。图 5-53 为交叉相关系数中最大点索引并非最优移动点数的例子。通过提出的解决方案，MSPA 能够很好地解决上述问题。在图 5-53（a）中，以交叉相关系数中最大点索引作为最优移动点数，导致相邻两段色谱间的最移动优点数存在着冲突，从而导致校准后的色谱数据中有一个色谱峰消失了。通过利用候选移动点数和相邻段之间的组合等技巧，该问题被成功解决。从图 5-53（b）可以看出，对于每一个待校色谱中的峰，第 1 个峰移动 90 个点和第 2 个峰移动 −59 个点相冲突。所以通过每段的候选点之间组合，第 1 个峰移动 90 个点和第 2 个峰移动 120 个点被选为最佳移动点数，能够解决此冲突并得到理想的校准结果。

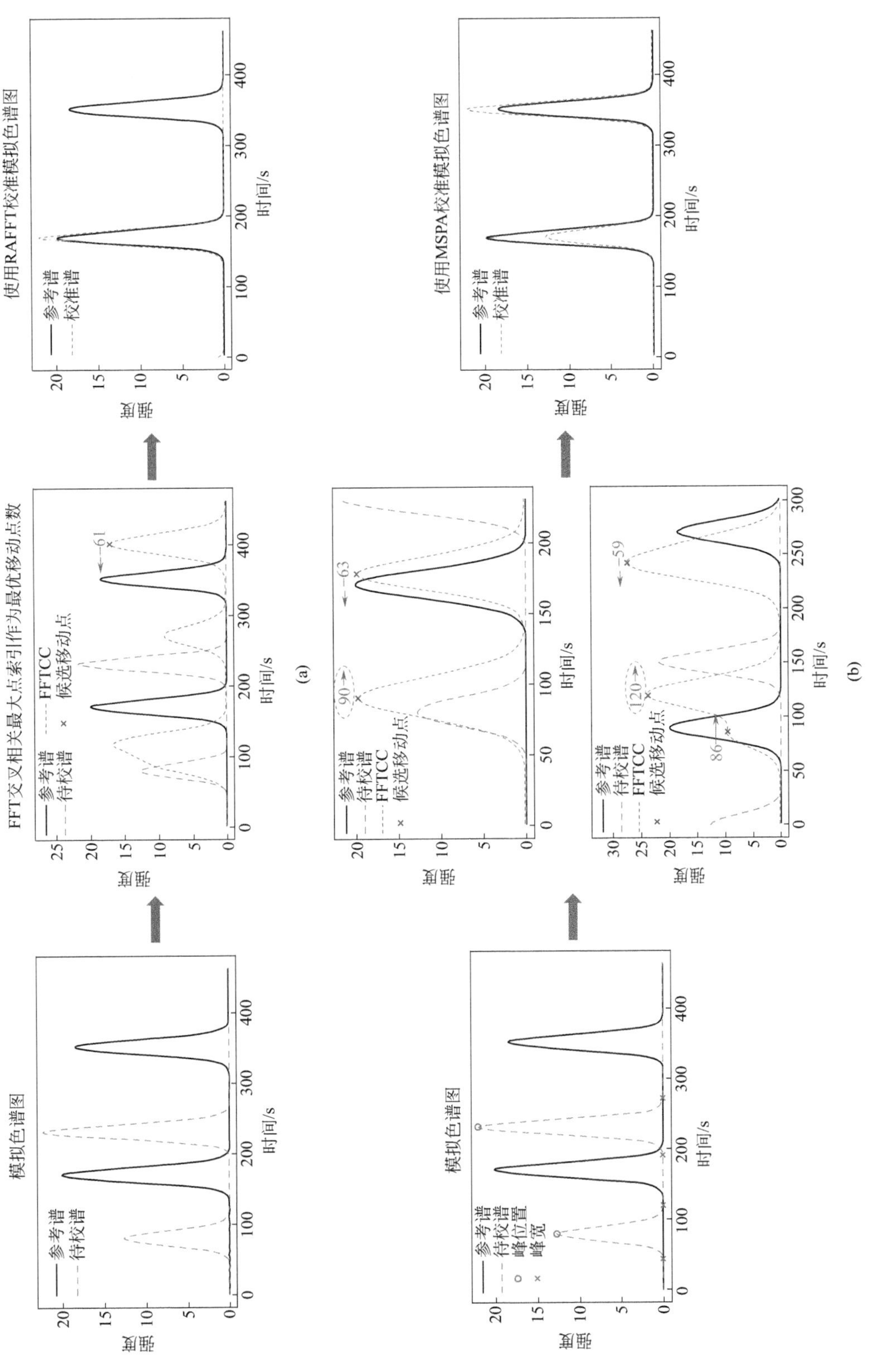

图5-53　组合相邻段之间的候选移动点来确定每段的最佳移动点数

通过对非峰部分进行线性插值来移动色谱峰，这样就可以在不改变峰的形状和面积的情况下校准色谱，而且能够减少引入缺陷数据。对于某些小到无法用本节提出的峰检测算法检测出的色谱峰，线性插值能尽量保持峰信息不变化。

本节中的所有算法均用 MATLAB 实现，编程和数据处理所用计算机为 Dell Inspiron 530，CPU 为 Intel® Core™ 2 Quad Q6600，内存为 2G。该方法能够在 http://code.google.com/p/mspa 下载。用户只需将参考谱、待校谱及几个直观参数给出，MSPA 算法就能够快速准确地校准色谱中存在的保留时间漂移。这几个参数分别为检测峰时的信噪比阈值、每段色谱的允许最大移动点数。用傅里叶交叉相关进行候选点检测时，每段色谱的允许移动点数不能过大，否则会产生过移动问题。

实验部分介绍了用于测试 MSPA 算法的实验数据。首先用于测试它的基本功能的模拟数据，然后用代谢组学和中药指纹图谱数据来检测 MSPA 在不同色谱数据中的效果。表 5-17 中为这三组数据的概要信息，包括样本数和色谱点数。

表 5-17 模拟、代谢组学和中药指纹图谱数据概要信息

概要信息	模拟数据	FFAs 数据	FAI 数据
样品个数	1	121	38
数据点数	900	3900	12000

模拟数据根据 Nielsen 的文章[128]产生，它由高斯色谱峰、正弦背景和随机噪声组成。两个模拟色谱之间的色谱峰位置、噪声水平和基线各不相同。在图 5-54（a）中实线是参考谱，虚线为待校谱，添加正态分布噪声的方差分别为 1 和 0.2。

血浆中游离脂肪酸样本（free fatty acids，FFAs）由中南大学湘雅医院采集于 121 个禁食过夜糖尿病患者。每个样品都在 3000*g* 下离心 10min，然后转移到微量离心管中。EDTA-Na_2作为抗凝血剂被加入到样品之中，并加入内标（25μl C17：0 和 25μl C17：0 脂肪酸甲酯）。酯类化合物用正己烷萃取出，酯化反应产生的甲酯化的游离脂肪酸被萃取入正己烷中，然后用 N_2进行富集。在进行色谱分析之前，在每个样本中均加入 100μl 的正己烷。使用仪器为日本岛津的 GC2010A 气相色谱和 GCMS-QP2010 联用质谱仪。每次进 1.0μl 血浆样到 DB-23 毛细管柱中（30m×0.25mm，膜厚 0.25μm），分流比为 1∶10。氦载气流速为 1.0mL/min。柱温程序升温为 70～220℃。离子源的电压为 70eV，其温度为 200℃。

共计 39 批次枳实（fructus aurantii immaturus，FAIs）样品收集自中国 19 个省市自治区，并从中国药检所购买其标准样。将样本进行粉碎，并过 60 目筛。称取 0.5g，置于 150ml 平底烧瓶之中，在室温下用 25ml 甲醇超声提取 10min 并进行过滤。实验所用高效液相色谱型号为 Agilent/HP 1100 系列。对每个样品，取 20μl 进样到 Sepax 色谱柱中（C18，5μm，250mm×4.6mm）。流动相由乙腈、甲醇和 0.05% 聚磷酸组成。流动相流速为 0.8ml/min，柱温保持在 30℃。紫外检测器检测波长为 284nm，获取的液相色谱由 HP chemstations（version A.09.01）工作站导出为 NetCDF 格式，并用 MSPA 方法进行校准。

上述三组数据被用来测试 MSPA 算法的性能，它们的校准结果见本小节。同时本节中还对 MSPA 算法和几种常用校准算法进行了比较。通过这些结果和比较，本节中还讨论了 MSPA 算法的优点、特性和使用技巧。

图 5-54 是模拟数据校准结果，其中图 5-54（a）为校准之前的模拟数据，峰检测和峰宽估计准确，而且峰与峰之间的保留时间漂移是非线性的。经 MSPA 校准的结果展示在图 5-54（b）中，可以看出色谱峰与峰之间的非线性漂移全部都被校准。MSPA 能够成功校准有重叠峰、基线和噪声存在的色谱数据。

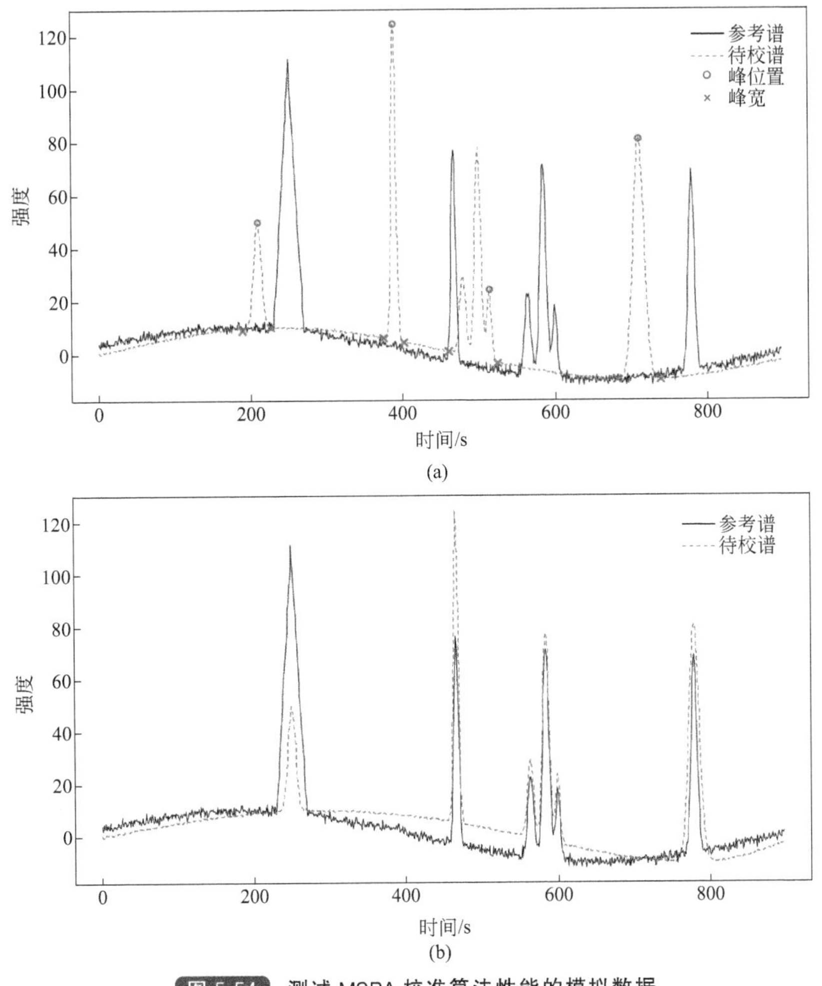

图 5-54 测试 MSPA 校准算法性能的模拟数据

(a) 模拟色谱图；(b) 用 MSPA 测试的待校模拟色谱

代谢组学的 FFAs 数据用于测试 MSPA 在校准代谢组学数据的效果。同时将校准之前和校准之后的色谱数据绘于图 5-55 中，在图 5-55 中有几个峰被放大从而以更清晰的方式展示校准结果。在没校准之前的放大图中，可以看到样本间色谱峰位置存在着差异。将校准后相同区域放大绘图，可以看出所有的色谱峰都已经校准好。在图 5-55 的下部，绘制两张色谱校准前后整体的效果图。从左边可以看出，校准之前代表峰的线是不规则的锯齿形，这也说明了样本和样本之间存在着保留时间上的差异。校准之后的整体效果图先前的不规则的锯齿形变为直线，说明 MSPA 方法能够消除样品色谱间保留时间的差异。通过对比被放大峰校准前后的峰形，可以看出 MSPA 不会在校准过程中改变色谱峰的形状，这就证实了 MSPA 算法能保证峰形不改变的优点。

以枳实高效液相指纹图谱数据校准为例，说明 MSPA 能够校准好中药色谱指纹图谱，改善中药质量控制效果。首先用小波检测出色谱峰，通过把所有色谱绘于图中，可估计最大漂移约为 280 个数据点，所以参数“maximum shift（最大移动点数）”设置为 285。没有校准的指纹图谱见图 5-56（a），校准后的指纹图谱见图 5-56（b）。与代谢组学数据例子相同，本例中也提供了放大的色谱峰和校准前后的整体效果。它们都说明 MSPA 算法能够成功地将枳实色谱指纹图谱中的保留时间漂移校准。

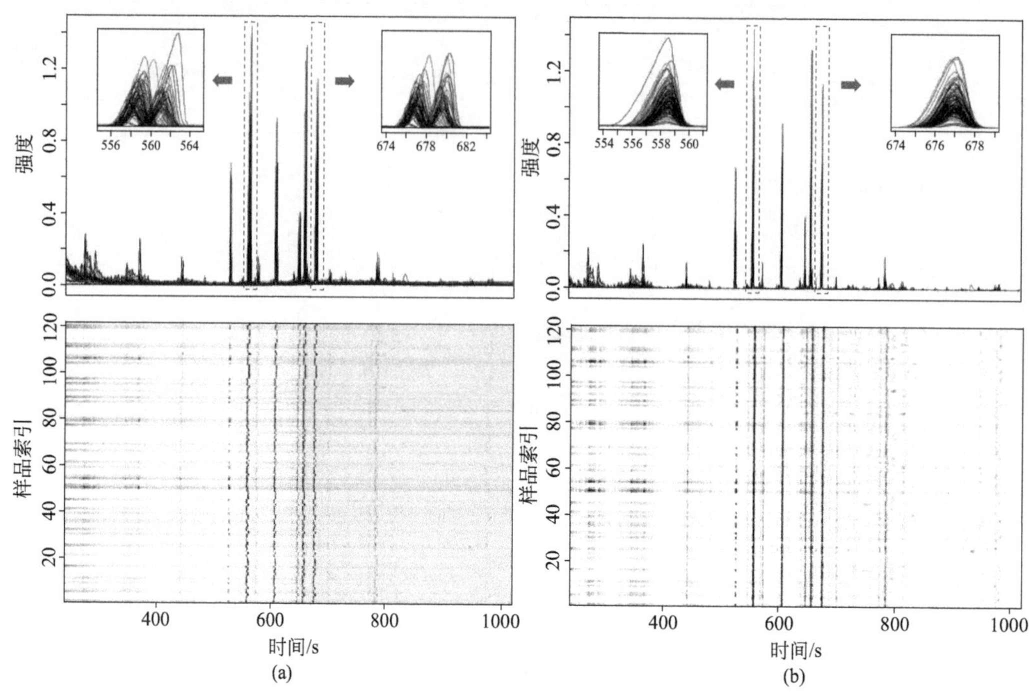

图 5-55 用 MSPA 方法校准代谢组学色谱数据结果

(a) 血浆中游离脂肪酸总离子流色谱图；(b) 使用 MSPA 对血浆中游离脂肪酸总离子流色谱的校正谱

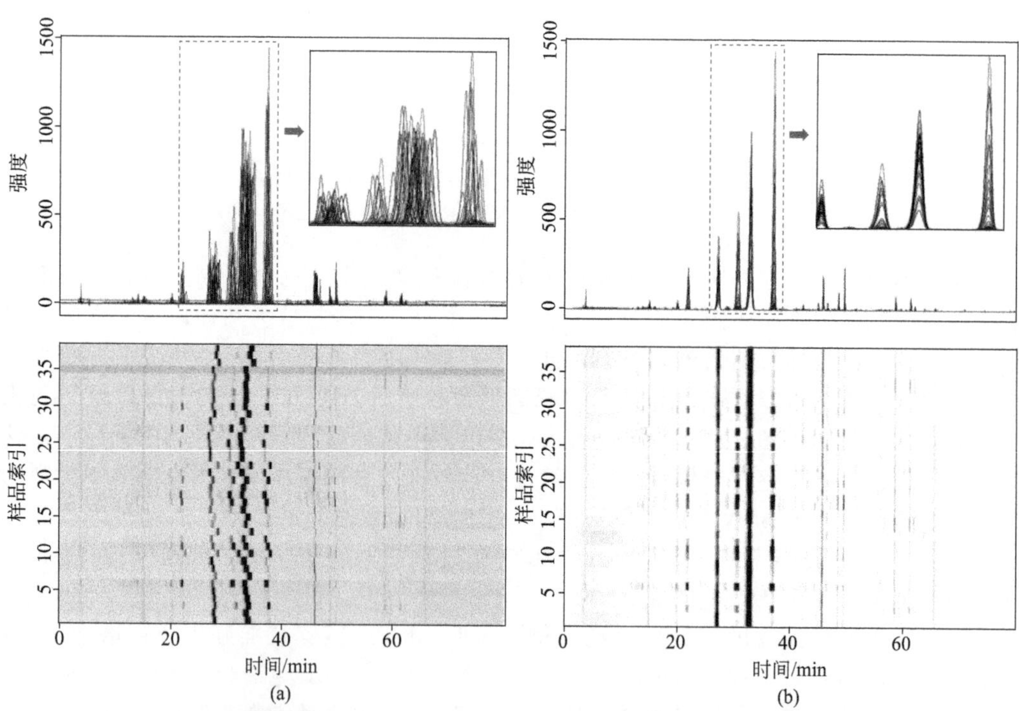

图 5-56 用 MSPA 方法校准中药色谱指纹图谱数据结果

(a) 枳实样品的 HPLC 指纹图谱；(b) 使用 MSPA 校准后的枳实样品的 HPLC 指纹图谱

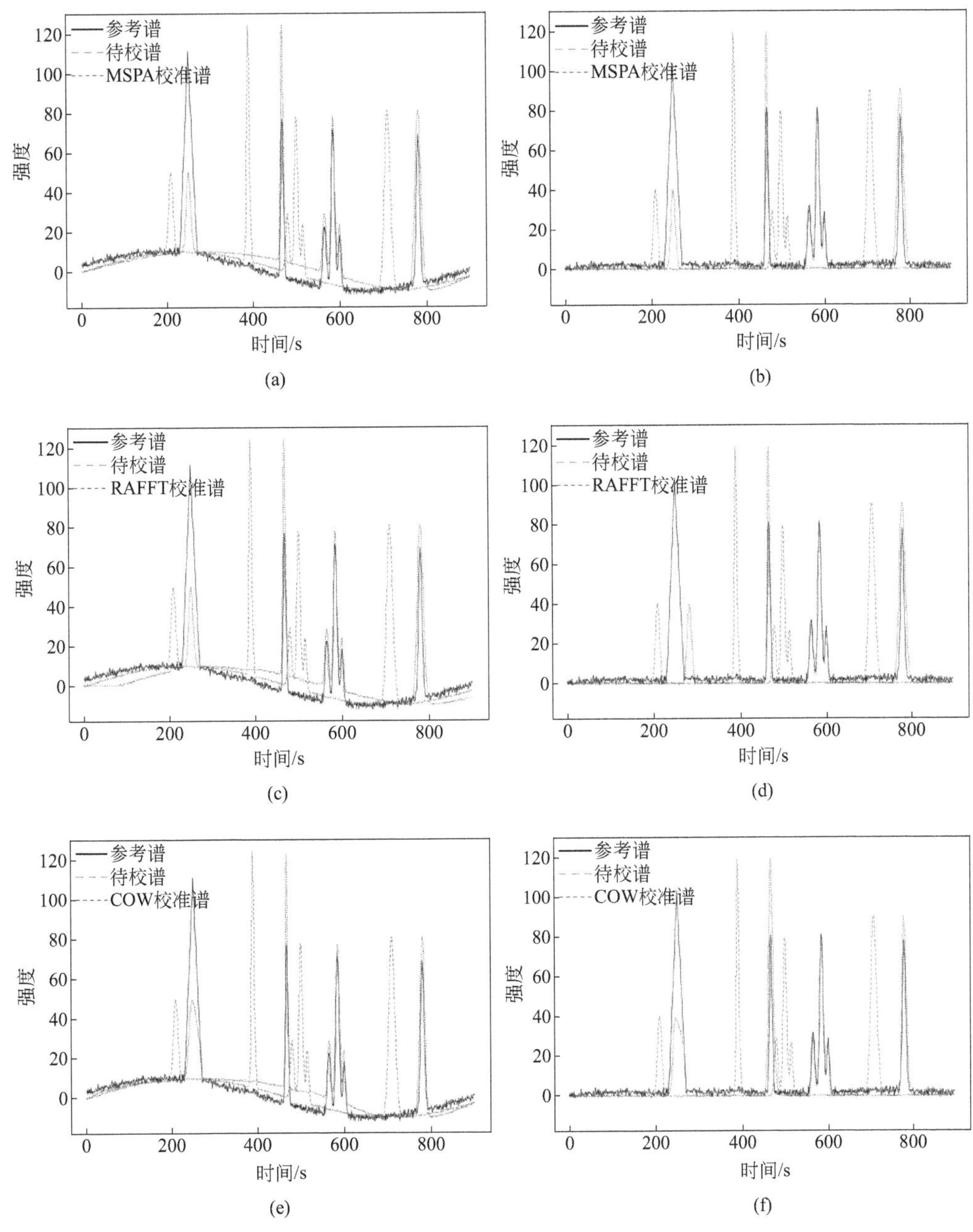

图 5-57 色谱基线对校准方法的影响

(a) 使用 MSPA 校准基线未校正的色谱图；(b) 使用 MSPA 校准有基线校正的色谱图；
(c) 使用 RAFFT 校准基线未校正的色谱图；(d) 使用 RAFF 校准有基线校正的色谱图；
(e) 使用 COW 校准基准未校正的色谱图；(f) 使用 COW 校准的有基线校正的色谱图

为了比较基线对 MSPA、RAFFT 和 COW 等校准方法的影响，本节中采用加入正弦基线的模拟色谱数据。用 MSPA 算法校准有基线和没有基线的数据，结果分别绘于图 5-57 (a) 和 (b) 中，可以看出无论基线是否存在，MSPA 算法都能校准好数据，所以 MSPA 方法不易受到色谱中基线的影响。RAFFT 算法也同样校正有基线和没有基线的两条模拟色谱，校准结果绘于图 5-57 (c) 和 (d) 中。RAFFT 能够校准好有基线存在的模拟色谱，但是如果将同样的参数用于没有基线存在的模拟色谱数据中，从图 5-57（d）中可以看到第 1 个峰没有校准好。这说明 RAFFT 算法受色谱基线的影响比较大。RAFFT 算法不好确定其 maximum shift 参数，通过枚举 85～10，当 maximum shift=70 时能够得到较好的效果。COW 方法用于校准此数据，segment 和 slack 参数用格点法搜索，segment=22 和 slack=16 时校准效果最好。COW 的校准结果见图 5-57（e）和（f）。虽然 COW 方法在校准过程同样也不受背景的影响，但可明显看出它校准之后峰的形状被改变了，而且它的 segment 和 slack 两个参数优化也非常耗时。因此在此数据上，MSPA 与 RAFFT 和 COW 方法相比有更稳健、不易受基线影响、不改变峰的形状及参数容易调节等优点。

枳实色谱指纹图谱数据由于植物样本间成分含量差异比较大，所以此数据难以校准。在本节中用枳实数据来评价 MSPA、RAFFT 和 COW 这三种校准方法的校准质量。评价标准是校准之后样本间的相关系数，相关系数大小用颜色来表示，颜色越接近红色相关系数越大，越接近蓝色则相关系数越小。样本间相关系数图见图 5-58。对比校准前后的相关系数图，颜色均变红，且 MSPA 方法处理后样本颜色最红。因此 MSPA 比 RAFFT 和 COW 这两种方法能够更加准确地校准色谱峰的位置。

校准结果还可以用校准后的色谱和参考谱相关系数的平均值（mcc）来衡量，该值可以用式（5-120）来计算：

$$mcc(\boldsymbol{r}, \boldsymbol{S})=\frac{1}{m}\sum_{i=1}^{m}\left(\frac{\sum_{j=1}^{n}(\boldsymbol{r}_j-\bar{\boldsymbol{r}})(\boldsymbol{S}_{i,j}-\bar{\boldsymbol{S}}_i)}{\sqrt{\sum_{j=1}^{n}(\boldsymbol{r}_j-\bar{\boldsymbol{r}})^2}\sqrt{\sum_{j=1}^{n}(\boldsymbol{S}_{i,j}-\bar{\boldsymbol{S}}_i)^2}}\right) \tag{5-120}$$

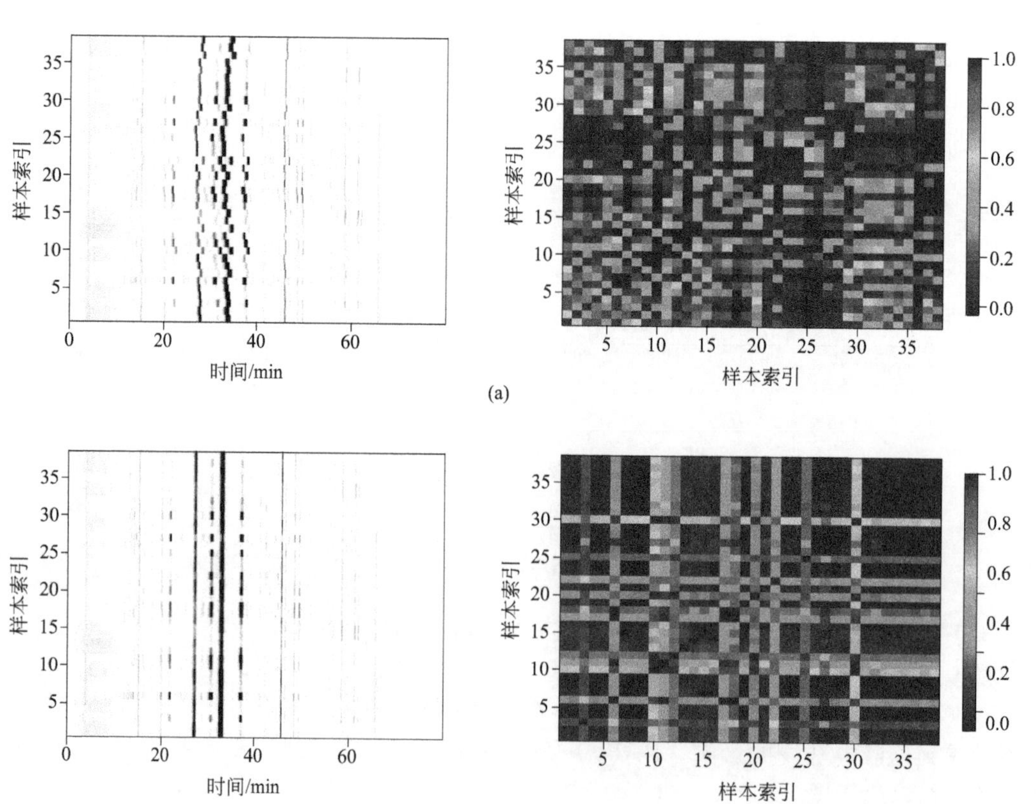

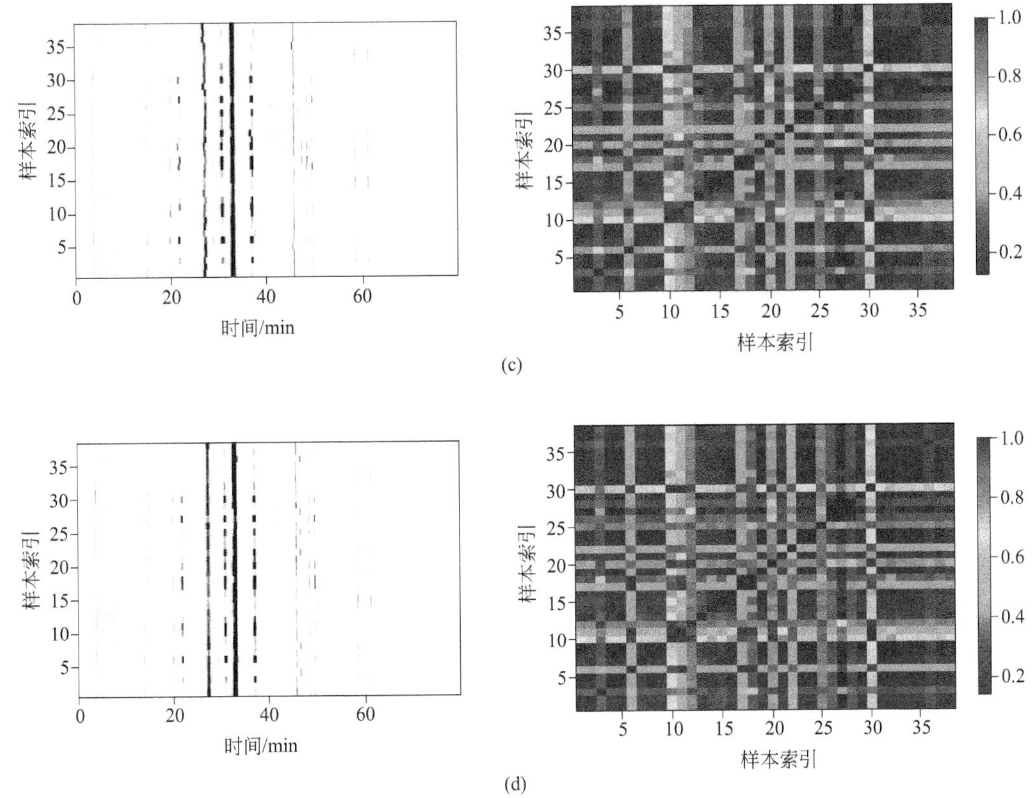

图 5-58 比较不同校准方法校准后样本间相关系数

(a) 待校准谱；(b) MSPA 校准；(c) RAFFT 校准；(d) COW 校准

式中，$\boldsymbol{r}$ 是参考信号；$\boldsymbol{S}$ 是待校色谱矩阵，每行一条色谱，$\bar{\boldsymbol{S}}_i$ 则是第 i 条色谱的平均值。

表 5-18 用 MSPA、RAFFT 和 COW 分别校准色谱数据的 *mcc*，*mrca* 和平均校准时间

数据集	校准方法	*mcc*	*mrca*/%	平均校准时间/s
模拟谱	未校准	0.0561	—	—
	MSPA	0.7764	0.16	0.0540
	RAFFT	0.6060	2.14	0.0036
	COW	0.8420	14.04	1.5582
FFA	未校准	0.5783±0.4137	—	—
	MSPA	0.9486±0.0279	0.11±0.21	0.2215±0.3681
	RAFFT	0.9382±0.0405	0.30±0.48	0.0058±0.0022
	COW	0.9375±0.0607	0.96±1.22	13.2554±0.0665
FAI	未校准	0.2871±0.3054	—	—
	MSPA	0.8859±0.1314	0.07±0.08	1.0428±0.4373
	RAFFT	0.8631±0.1325	0.26±0.40	0.0224±0.0057
	COW	0.8751±0.1285	4.46±4.08	160.6447±6.2072

在校准过程中，色谱峰的形状也会改变。这种变化也必须用一个参数来衡量，从而评价校准方法在校准过程中能够保存谱峰形状的能力。这可以用校准过程中相对峰面积改变（*mrca*）来衡量：

$$mrca = \frac{1}{m}\sum_{i=1}^{m}\left(\frac{\left|\sum_{j=1}^{n}\boldsymbol{A}_{i,j} - \sum_{j=1}^{n}\boldsymbol{S}_{i,j}\right|}{\sum_{j=1}^{n}\boldsymbol{S}_{i,j}}\right) \tag{5-121}$$

式中，$\boldsymbol{S}$ 为待校色谱矩阵，每行一条色谱；$\boldsymbol{A}$ 是校准之后的色谱矩阵。

现将 MSPA、RAFFT 和 COW 分别校准模拟、游离脂肪酸和枳实色谱数据的 *mcc*，*mrca* 和平均校准时间列于表 5-18 中来评价校准质量和速度。算法参数设置与优化过程与前几节相同。对于模拟色谱集，MSPA 校准结果远比 RAFFT 要好。虽然 MSPA 方法在模拟数据集中的 *mcc* 比 COW 方法稍小，但是 COW 和 MSPA 的 *mrca* 分别为 14.04% 和 0.16%。可以得出 COW 方法获得的高相关系数是以峰形状改变为代价的，是不可靠的。对于真实的色谱数据集游离脂肪酸和枳实，MSPA 方法的 *mcc* 和 *mrca* 均为三种方法中最好的。尽管 MSPA 的执行速度比 RAFFT 稍慢，但是对于上万个数据点的枳实数据集，MSPA 校准一条色谱的时间为 1s 左右，可以接受。不管是 MSPA 还是 RAFFT 方法均远快于 COW 方法。所以与 RAFFT 和 COW 方法相比，MSPA 有下面几个优点：①校准质量要比 COW 和 RAFFT 好；②RAFFT 校准速度最快，MSPA 的速度也可以接受，即使是几万个数据点的色谱；③COW 速度要远慢于 RAFFT 和 MSPA，且它会严重改变色谱峰的形状。可以看出，MSPA 似乎找到了校准质量与速度间的平衡点。

本节中所提出的 MSPA 算法能够准确快速地校准大批量的色谱数据。该方法参数据少且直观，易于调节。通过三组色谱数据的测试及与常用校准方法比较，可得出 MSPA 方法具有在校准过程中不改变峰形状与面积、可处理好非线性的保留时间漂移、能避免校准过程中局部最优问题及稳健、对噪声和背景不敏感等优点。由于笔者将该算法开源，能够让更多的研究者下载到 MSPA 算法并针对其特定的应用进行定制和改进。这些优点能够让 MSPA 算法解决代谢组学和中药质量控制等领域中大批量色谱数据校准难题，能够让研究者在可接受的时间内预处理好数据，从而能及时分析、解析和从数据中用统计学或化学计量学提取出有用信息。

三、基于组分波谱信息的色谱谱峰校准方法

前面讨论了基于使目标色谱指纹图谱与待校准的色谱指纹图谱的相关系数达到最大化的一个色谱峰校准方法。值得提出的是，这些方法的主要对象是针对一维色谱而言的，它们只使用了色谱保留的信息。其特点是易于实现自动谱峰校准，使用方便。随着近年来色谱仪器的飞速发展，联用色谱仪器，如 GC-MS，HPLC-DAD、HPLC-MS 以及色谱仪与多级质谱的联用（HPLC-MS/MS^n），大量进入中药色谱指纹图谱的分析。这些分析仪器的引入，使得所获得化学成分信息量大大提高，这样，如何有效地利用联用色谱提供的波谱（包括紫外光谱和质谱）信息来进行中药色谱指纹图谱的谱峰校准，也得到了较快的发展。这类方法主要是针对联用色谱而设计的，其主要思路是基于充分利用联用色谱中的光谱（UV 光谱）或波谱（质谱）的信息。由于这类方法充分利用了化学成分信息，其效果当然是更准确，但由于这类方法计算量大，所以不易实现自动谱峰校准，计算开销也随之增大。

在讨论这类方法之前，有必要先讨论一下此类方法引入的必要性。图 5-59 示出了一个

这样的例子。图 5-59 示出了两个各含 5 个色谱峰的模拟色谱。其中的数字分别表示不同的化合物。在图 5-59（a）中，可以看到，这两个色谱之间存在一定的漂移，需要进行谱峰校准。对于这两个色谱，正确的谱峰校准结果示于图 5-59（b）。然而，如采用使目标色谱指纹图谱与待校准的色谱指纹图谱的相关系数达到最大化方法，所得的校准结果却是不对的［参见图 5-59（c）］，得到这个结果的原因就在于，在第一个色谱中第 4 个化合物的谱峰较大而第 5 个化合物的谱峰较小，而在第二个色谱中却是第 4 个化合物的浓度较小而第 5 个化合物的浓度却较大。为应对在中药色谱指纹图谱中的这种情况，有必要发展新型的基于联用色谱数据的谱峰校准方法。

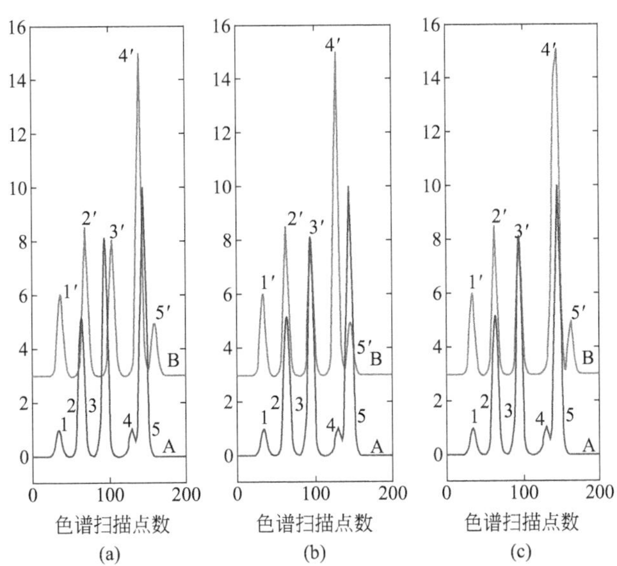

图 5-59　阐释化学组分的浓度与相关系数二者关系的一个示例

注意到不同的两个色谱曲线，虽对应的流出组分的保留时间可能存在差异和漂移，但它们的光谱（或质谱）却是十分稳定而保持不变的。所以，可以通过对所有不同流出时间点的光谱进行相关计算，即可得一个类似色谱的光谱相关系数曲线，在此，称为光谱相关色谱[129]。

一般说来，两个组分的光谱相关系数可由式（5-122）计算：

$$\boldsymbol{r}_{i,j}=\frac{(\boldsymbol{s}_i-\bar{s}_i)^{\mathrm{T}}(\boldsymbol{s}_j-\bar{s}_j)}{\|(\boldsymbol{s}_i-\bar{s}_i)\|\cdot\|(\boldsymbol{s}_j-\bar{s}_j)\|} \tag{5-122}$$

r 越大，表示组分 i 的光谱 $\boldsymbol{s}_i$ 与组分 j 的光谱 $\boldsymbol{s}_j$ 越相似。当 $r=1$ 时，两个组分就是相同的化学物质。实际上，由于量测误差的存在，r 最大值不可能等于 1，只能逼近于 1。其中上标 T 表示矢量的转置，$\bar{s}_i$ 和 $\bar{s}_j$ 分别表示光谱矢量 $\boldsymbol{s}_i$ 与 $\boldsymbol{s}_j$ 的均值，可通过式（5-123）求得，即

$$\bar{s}_i=\frac{s_{i1}+s_{i2}+\cdots+s_{in}}{n}\quad 或\quad \bar{s}_j=\frac{s_{j1}+s_{j2}+\cdots+s_{jn}}{n} \tag{5-123}$$

$\|\cdot\|$ 为 Frobenius 范数，可由式（5-124）计算，即

$$\|\boldsymbol{x}\|=(x_1+x_2+\cdots+x_n)^{1/2} \tag{5-124}$$

现设通过某种适当的方法，得到了一个由联用色谱仪，如 GC-MS 或 HPLC-DAD，测得的色谱指纹图谱中的某一个纯物质光谱，记为 $\boldsymbol{s}_i$。事实上，该纯物质光谱可通过对色谱峰进行纯度检验，或通过选择性区域的确定来获得。为进一步得到相对于另一色谱指纹图谱中该纯物质的光谱相关色谱，则可通过对另一个样本的二维色谱指纹图谱所包含的所有光谱，即其每一个保留时间点所对应的光谱，记为 $\boldsymbol{x}_j$ （$j=1$，…，m），来计算它们与该目标纯物质光谱的相似系数。这样，就可得到本文所定义的相对于该目标纯物质的光谱相关色谱。在实际的运算中，对二维色谱指纹数据矩阵的每一行 $\boldsymbol{x}_j$ （$j=1$，…，m）都计算出与该目标纯物质光谱的相似系数即可。将式（5-122）改写为：

$$r(i,\ j)=\frac{(\boldsymbol{s}_i-\overline{s}_i)^{\mathrm{T}}(\boldsymbol{x}_j-\overline{x}_j)}{\|(\boldsymbol{s}_i-\overline{s}_i)\|\cdot\|(\boldsymbol{x}_j-\overline{x}_j)\|}\quad (j=1,\ 2,\ \cdots,\ m) \tag{5-125}$$

根据光谱相关系数的大小，就可识别出不同实验条件下所得的中药色谱指纹图谱中同一化学物质对应的流出组分，而无须具体鉴定该组分为哪种化学物质。继结合目标纯物质光谱所在的原色谱峰簇的保留时间信息，正确判断其准确的峰位置，以实现中药色谱指纹图谱的仪器系统误差的校准。

图 5-60（a）中的虚线和实线分别示出了 样本 1 与样本 2 在波长 $\lambda=300$nm 的色谱流出曲线。值得指出的是，样本 1 与样本 2 为同一银杏提取中药样本在高效液相色谱二极管阵列联用仪器（HPLC-DAD）的不同色谱柱（一为 Agilent C18 柱，一为 Waters C18 柱）上测得的两组实际二维数据。从图可以看出，同一中药银杏样本在同一台仪器不同的色谱柱上所得的指纹图谱发生了一定程度的组分色谱保留时间的偏移，这将给中药色谱指纹图谱的识别、鉴定以及质量检测带来不便和困难。

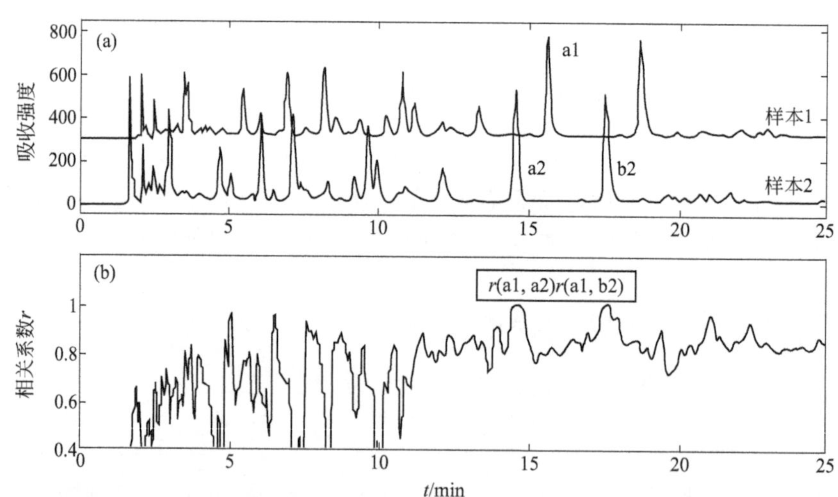

图 5-60 中药银杏样本的高效液相色谱指纹谱图与组分光谱相关色谱曲线

（a）样本 1 与样本 2 在波长 $\lambda=300$nm 的色谱图；（b）样本 1 的组分 a1 与样本 2 的组分的光谱相关色谱

a1—目标组分；a2—光谱相关组分；b2—干扰组分；

r(a1，a2)—组分 a1 与 a2 的相关系数；r(a1，b2)—组分 a1 与 b2 的相关系数

下面举例具体阐述光谱相关色谱，它可以较好地解决这个问题。首先，从数据中直接获得样本 1 中组分 a1 的光谱 $\boldsymbol{s}_{\mathrm{a1}}$。然后根据公式（5-125）计算样本 2 的每一色谱保留时间点对应光谱与 $\boldsymbol{s}_{\mathrm{a1}}$ 的相关系数。以相关系数 r 对保留时间 t 作图，图 5-60（b）为所得光谱相关色谱曲线。组分 a2 和 b2 对应的 r 值最大，分别为 r(a1，a2)＝0.9998、r(a1，b2)＝0.9940［见图 5-61（a）］。值得注意的是，两个相关系数都很大（大于 0.99），而样本 2 中不可能

存在完全相同的两个物质。究竟哪个物质与组分 a1 相同呢？根据相关系数大小可初步判断组分 a1 与 a2 是同一化学物质，虽然它们的色谱保留时间有些偏移。仪器背景和噪声以及化学物质光谱的相似性和细微差异，导致在没有获得“待检验的相关组分”纯光谱的情况下直接通过式（5-125）进行组分相关检验会有一定程度的误差。但这种方法的运算速度较快捷、方便实用。一般可初步判断在不同实验条件下得到的色谱指纹图谱相关组分的色谱保留时间。为进一步验证组分 a1 与 a2 是不是同一化学物质，再比较它们所在的局部色谱峰簇，并对比组分 a1 与组分 a2 、b2 的纯光谱。组分 a1 与组分 a2 、b2 所在的色谱峰簇（图 5-60 中标记样本 1 与样本 2 的色谱峰簇）形状以及强度非常相似，将组分 a2 、b2 所在的色谱峰簇右移得到的色谱峰簇（图 5-62 中虚线）与组分 a1 所在的色谱峰簇基本一致。由于光谱是物质定性分析的重要依据，从图 5-61（b）的光谱比较可看出，$\boldsymbol{s}_{a1}$ 与 $\boldsymbol{s}_{a2}$ 完全一致，而 $\boldsymbol{s}_{a1}$ 与 $\boldsymbol{s}_{b2}$ 有着明显差别。这都说明 a1 与 a2 是同一化学物质，同时，它们所在的局部色谱峰簇也很相似。

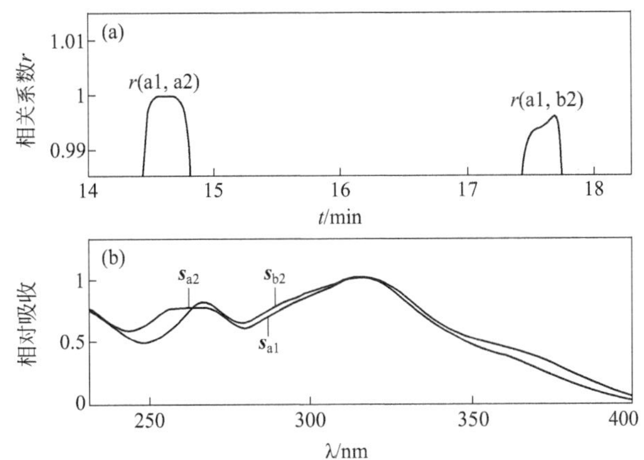

图 5-61 样本 1 的组分 a1 与样本 2 的组分 a2 和 b2 的相关色谱曲线以及它们的光谱

（a）组分 a1 与组分 a2 和 b2 在波长 λ＝300nm 的相关色谱曲线图；（b）组分 a1 、a2 、b2 的紫外光谱

$\boldsymbol{s}_{a1}$ 、$\boldsymbol{s}_{a2}$ 、$\boldsymbol{s}_{b2}$ 分别为组分 a1 、a2 、b2 的紫外光谱

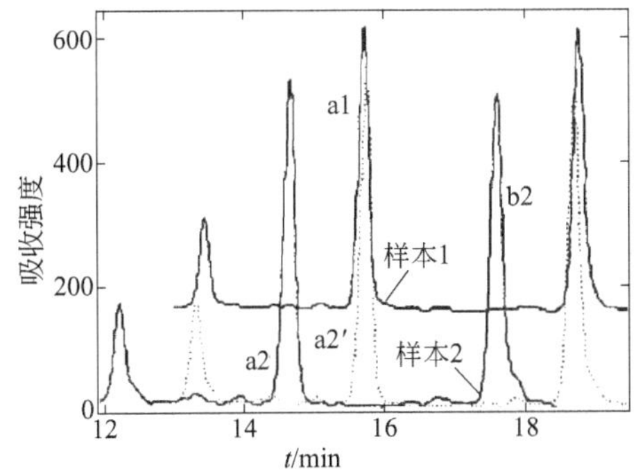

图 5-62 组分 a1 与组分 a2 和 b2 所在的局部色谱峰簇在波长 λ＝300nm 处的比较图

a2′为组分 a2 右移后所得的色谱峰。虚线色谱峰簇为组分 a2 和 b2 所在的色谱峰簇右移所得

图 5-63 是较为复杂的光谱相关色谱分析图（波长 λ＝260nm）。组分 b2 、g2 、a2 和 e2 与 b1 光谱相关系数都较大（见图 5-64），而组分 b2 与 b1 的相关系数最大。从组分光谱和色谱峰簇的角度出发，只有 b1 所在的峰簇（见图 5-65 中标记样本 1 的虚线）与 b2 所在的峰簇（见图 5-65 中标记样本 2 的实线）相吻合，组分 b2 与组分 b1 相对应，由此说明组分 b1

与 b2 所在的局部色谱峰簇光谱相关。依照这种原理，识别出样本 1 与样本 2 中比较显著的化学物质对应的组分色谱曲线，表 5-19 列出了它们的色谱保留时间。

表 5-19 中药银杏样本 1 与样本 2 的相关组分及对应的色谱保留时间

峰号	保留时间/min		峰号	保留时间/min	
	样本 1	样本 2		样本 1	样本 2
1	2.0820	1.7020	11	8.2620	7.2087
2	2.5287	2.1153	12	9.4220	8.3353
3	2.9953	2.4753	13	10.3487	9.2553
4	3.5553	2.9753	14	10.8887	9.7287
5	4.0553	3.4220	15	11.2820	10.0287
6	4.4087	3.6753	16	12.1953	10.9887
7	5.5287	4.7153	17	13.4153	12.2020
8	6.0820	5.1020	18	15.7020	14.6420
9	6.9953	6.1020	19	18.7620	17.6020
10	7.6620	6.5020	20	22.9687	21.7287

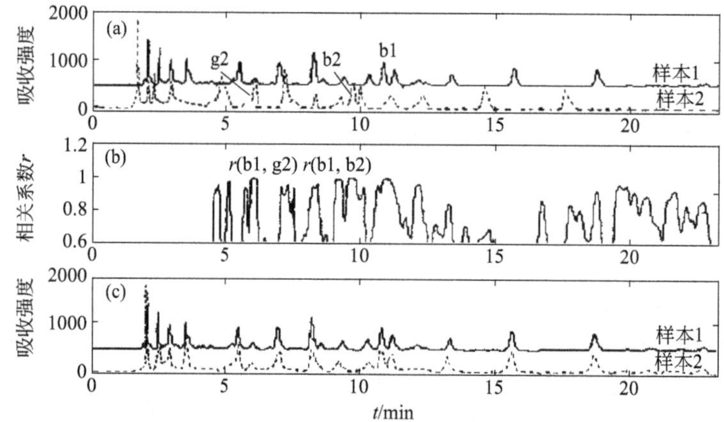

图 5-63 银杏样本的指纹图谱在校正前后的色谱图与组分光谱相关色谱曲线

(a) 样本 1 与样本 2 在波长 $\lambda=260$nm 的色谱图；(b) 样本 1 的组分 b1 与样本 2 的组分的光谱相关色谱；(c) 以样本 1 的指纹图谱组分的色谱保留时间为基准校正样本 2 的指纹图谱所得的色谱曲线

b1 表示目标组分；b2 表示光谱相关组分；g2 表示干扰组分；

r(b1，b2) 表示组分 b1 与 b2 的相关系数；r(b1，g2) 表示组分 b1 与 g2 的相关系数

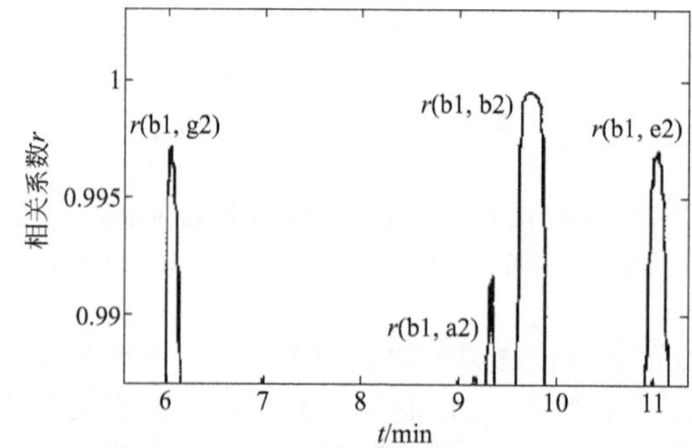

图 5-64 样本 1 的组分 b1 与样本 2 的组分 a2、b2、g2 和 e2 的相关色谱曲线

r(b1，b2)，r(b1，a2)，r(b1，g2)，r(b1，e2) 分别为它们的相关系数

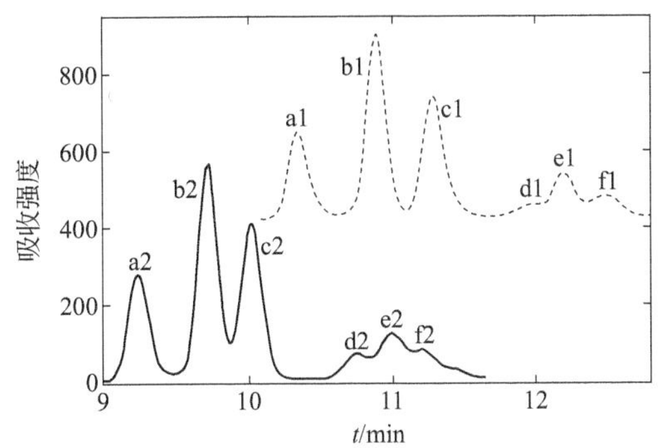

图 5-65 组分 b1 与组分 b2 所在的局部色谱峰簇在波长 λ＝260nm 的比较图

……样本 1；——样本 2

通过对上述不同实验条件下所得中药色谱指纹图谱的组分进行相关分析可知，样品在不同色谱柱中分离，各组分的色谱虽然存在偏移，而洗脱的次序基本不变，它们的色谱光谱相关。因而，可利用化学计量学校正的方法来解决指纹图谱的波动和组分色谱保留时间的偏移问题。图 5-63（a）是样本 1 与样本 2 校正前的在 λ＝260nm 波长的指纹色谱比较图，图 5-63（c）为校正后的指纹色谱比较图。这说明化学计量学方法处理中药色谱指纹图谱，完全有可能客观表征和评价特征指纹图谱。用光谱相关色谱，即组分的光谱和局部色谱峰簇相关，分析处理了很多中药色谱指纹图谱，都取得令人满意的结果。实践证明，光谱相关色谱分析方法为中药化学特征指纹图谱的整体模糊综合分析提供了实用、可靠的手段。自然，如何更有效且更快速进行联用色谱数据的谱峰校准仍有待进一步发展和完善。

四、质谱辅助色谱谱峰校准

近年来有多种二维色谱谱峰校准的方法被提出[130～134]。由于中药色谱指纹图谱[135]是一个复杂多组分体系，在实际分析中，被认为是一个比较困难的分析体系。在 2003 年，Gong 等[136]提出了一种结合化学计量学多元分辨和三次样条插值的校准方法，可以用来比较好地校准中药色谱指纹图谱。XCMS[130]为用户处理、分析和可视化联用仪器数据提供了系列工具。msalign2[131]是为 LC-MS 和 LC-MS/MS 数据校准提出的一种方法。但是以上这些方法在原理上都较为复杂且比较耗时。实际上，联用色谱仪器除了能提供分析体系的色谱分离数据之外，还可以提供各组分的质谱信息，如果能够充用利用这些信息，特别是色谱对应的质谱信息，将可以使色谱谱峰校准结果更加可靠。

在本节中，笔者提出了一种新的更快更精确的色谱谱峰校准方法，并称为 CAMS 算法（chromatogram alignment via mass spectra）[137]，即质谱辅助色谱谱峰校准法。这个方法的校准结果不改变峰的形状。该方法通过使用连续小波变换准确得到色谱峰的位置和峰宽，并利用快速傅里叶变换交叉相关计算每一段色谱候选峰移动点数。通过与参考峰相对应的质谱进行比对，确定每一段候选峰的最佳移动点数。最后对无信号区间进行线性插值和谱峰移动得到最终校准的色谱。

CAMS 算法充分利用联用色谱仪器产生的色谱和光谱信息。图 5-66 描述了 CAMS 算法的流程、架构与概要。

一般情况下，谱峰检测可以分成三个步骤：平滑、背景扣除和峰检测。信号中的谱峰检测是一个非常基础的问题，目前有大量的方法可供参考，如信噪比、信号强度阈值、峰的坡度、局部最大值、峰形比率、脊线、基于模型和峰宽等方法。本节采用的是张等人[138]提出的方法，该方法可以在不同的信噪比的情况下很好地估算出峰的位置和峰的宽度。

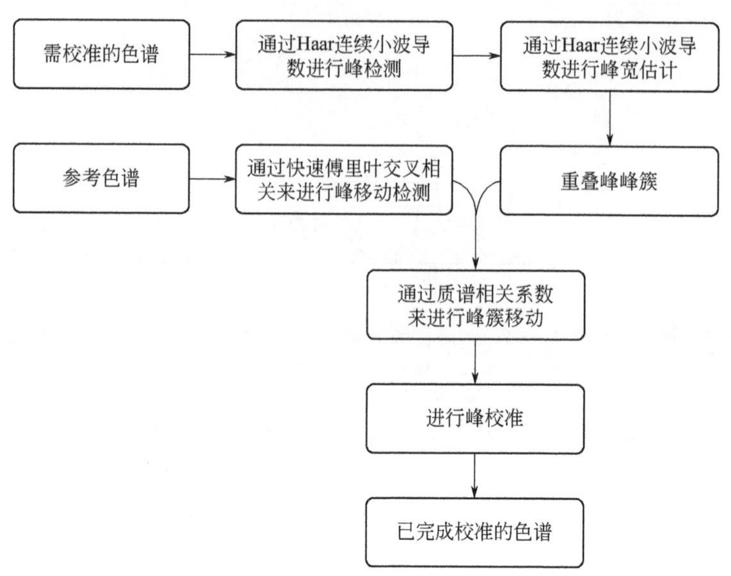

图 5-66 CAMS 谱峰校准算法流程图

在信号处理领域，交叉相关[139]常被用来表示两个信号间相似性的度量，通过与已知信号比较用于寻找未知信号中的特性。它是两个信号之间相对于时间的一个函数。对于给定的两个连续函数 $f(x)$ 和 $g(x)$，它们间相对移动 t 个点数之后的相关系数为：

$$(f * g)(t)=\int_{-\infty}^{+\infty} f^{*}(\tau) g(t+\tau) \mathrm{d} x \tag{5-126}$$

式中，$f^{*}(\tau)$ 函数是 $f(\tau)$ 的复数共轭函数。相似地，对于两个离散的信号，其交叉相关可以定义为：

$$(f * g)[n]=\sum_{m=-\infty}^{\infty} f *[m] g[n+m] \tag{5-127}$$

式中，f 是参考信号；g 是待校准的信号；$(f * g)$ 是所有变量的交叉相关。下面将使用快速傅里叶变换加快计算交叉相关的过程，离散傅里叶变换和逆变换可分别表示为：

$$X_{k}=\sum_{n=0}^{N-1} x_{n} \mathrm{e}^{-i 2 \pi \frac{k}{N} n} \quad k=0, \cdots, N-1 \tag{5-128a}$$

$$x_{n}=\frac{1}{N} \sum_{k=0}^{N-1} X_{k} \mathrm{e}^{+i 2 \pi \frac{k}{N} n} \quad k=0, \cdots, N-1 \tag{5-128b}$$

式中，$\boldsymbol{X}$ 表示时域采样后的连续傅里叶变换，傅里叶变换和其逆变换可分别用 $\boldsymbol{X}=F\{\boldsymbol{x}\}$ 和 $\boldsymbol{x}=F^{-1}\{\boldsymbol{X}\}$ 表示。如果 $\boldsymbol{F}$ 和 $\boldsymbol{G}$ 分别是函数 f 和 g 经过离散傅里叶变换后得到的数据，快速傅里叶变换交叉相关可表示为：

$$\boldsymbol{c}=\mathrm{real}(F^{-1}\{F\cdot G^{*}\}) \tag{5-129}$$

式中，G^* 是 G 的复数共轭函数。下面简要说明如何用快速傅里叶变换交叉相关计算候选移动点数。假设有两条色谱 f 和 g（f 和 g 分别表示参考谱和待校谱），这两个谱之间存在着保留时间上的漂移。利用快速傅里叶交叉相关进行窗口移动计算时，若参考谱和待校谱重叠时，可以得到一个局部最高的交叉相关系数，而候选移动点数则为交叉相关系数 c 的局部最大值相对应的索引值。在本节中，利用快速傅里叶进行交叉相关计算最大的好处是可以使算法的时间复杂度从原来的 $O(N^2)$ 降到 $O(N\log N)$，换句话说，利用快速傅里叶交叉相关可以在相同时间里处理更多的数据量。

下面以模拟数据为例进行说明，如图 5-67 所示。这里有两条色谱（黑色表示参考谱，红色表示待校谱），首先用 Haar 小波对待校谱进行谱峰检测，得到两个谱峰，然后依次对两个谱峰进行快速傅里叶交叉相关，可以得到一系列的候选移动点，结果如图 5-67 所示，其中，14 和 9 为两个谱峰最有可能的候选移动点，最终结果需要通过质谱信息对比后确定。

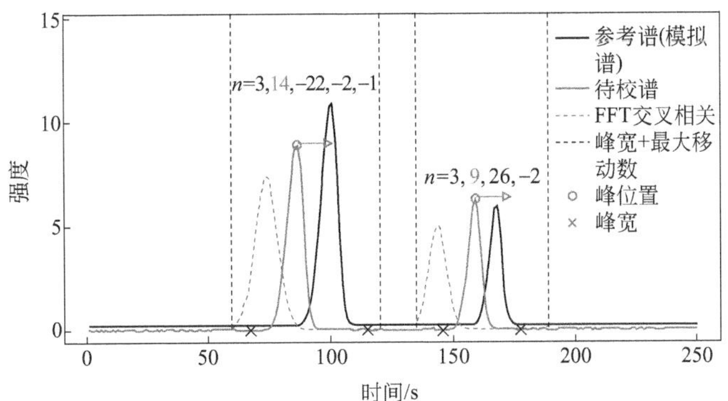

图 5-67 用快速傅里叶交叉相关计算谱峰候选移动点数（n）

在统计学中，相关系数常用表示两个随机变量之间的线性关系。一般情况下，两个变量间的相关系数可以用下式表示：

$$r=\frac{\sum_{i=1}^{n}(x_i-\overline{x})(y_i-\overline{y})}{\sqrt{\sum_{i=1}^{n}(x_i-\overline{x})^2\sum_{i=1}^{n}(y_i-\overline{y})^2}} \tag{5-130}$$

式中，x 和 y 表示两个变量；$\overline{x}$ 和 $\overline{y}$ 分别表示两个变量的均值。

相关系数的值在 $[-1, 1]$ 之间，当两个变量的线性关系增加时，相关系数趋于 1 或 −1，其中 1 表示两个变量为正相关，−1 表示两个变量为负相关，当两个变量相互独立时，其相关系数为 0[140]。但是，两个变量之间的相关系数并不是很稳健，而且易受奇异值影响。所以在本节中，采用的是矩阵相关系数来判断两个谱峰间质谱信息的相关性。矩阵相关系数可以被定义为：

$$r=\frac{\sum_{m}\sum_{n}(A_{mn}-\overline{A})(B_{mn}-\overline{B})}{\sqrt{\left(\sum_{m}\sum_{n}(A_{mn}-\overline{A})^2\right)\left(\sum_{m}\sum_{n}(B_{mn}-\overline{B})^2\right)}} \tag{5-131}$$

式中，$\boldsymbol{A}$ 和 $\boldsymbol{B}$ 是两个大小相同的矩阵；$\overline{A}$ 和 $\overline{B}$ 是矩阵 $\boldsymbol{A}$ 和 $\boldsymbol{B}$ 的均值。在本节中，矩阵的每行代表一个光谱数据，矩阵的列数代表色谱峰的点数。

下面以模拟数据为例进行说明，如图 5-68 所示，这里有两条色谱（1 表示参考谱，2 表示待校谱），首先用 Haar 小波对待校谱进行谱峰检测，并用快速傅里叶计算两个谱的交叉相关系数，得到一系列的漂移候选点，然后计算每个峰的峰顶与参考谱峰顶的质谱之间的矩阵相关系数，当待校谱的峰与参考谱的峰重叠且质谱数据一致时，其对应的漂移候选点数为最佳的漂移点，结果如图 5-68 所示。

经过谱峰检测和快速傅里叶交叉相关等步骤确定了每个谱峰的漂移点数后，对谱峰进行相应的移动，对于非峰部分，通过线性插值来移动色谱峰，这样可以确保在不改变谱峰形状和面积的情况下校准好色谱，而且能够减少引入缺陷数据。同时，对于很微小的色谱峰，线性插值能最大量地保持峰信息不发生变化。谱峰移动的过程如图 5-69 所示。

本节中所有的算法实现所在的平台为 Dell Inspiron 580s 台式机，其 CPU 为 Intel® Core™ 2i3，RAM 为 2G。CAMS 算法均采用 MATLAB 实现，并可在 github 网站（http://www.github.com/matchcoder/CAMS）免费下载和使用。

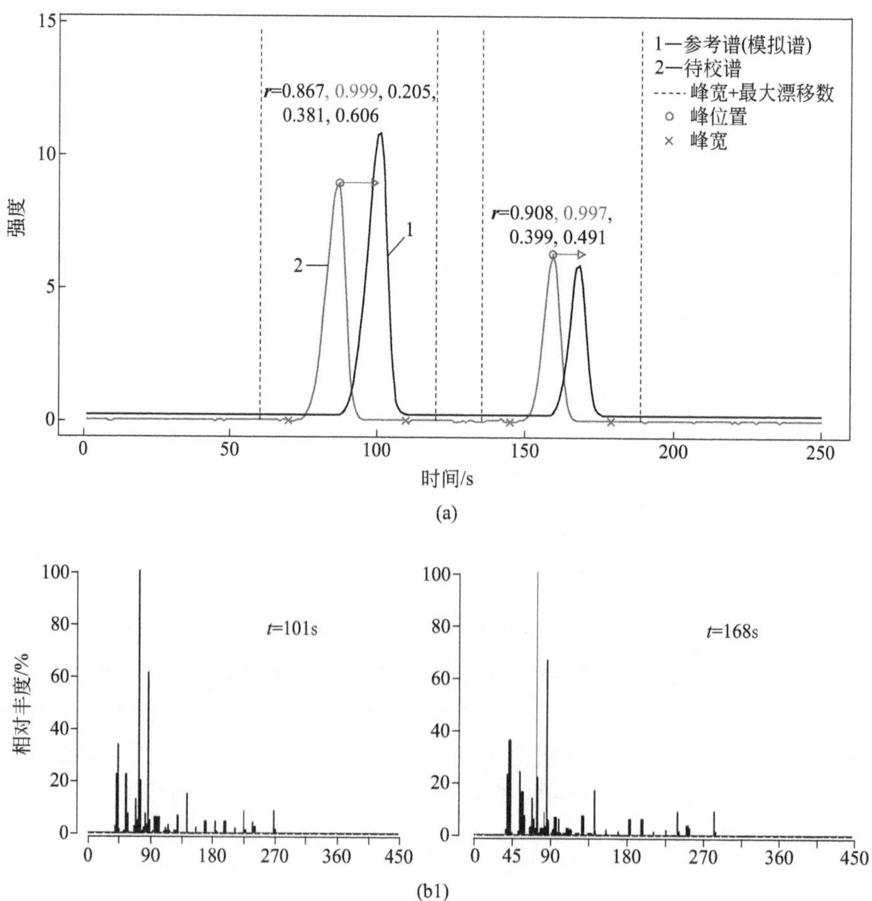

(a)

(b1)

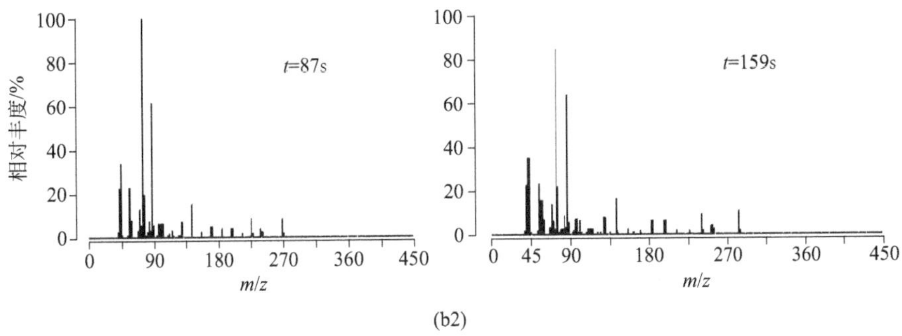

(b2)

图 5-68 利用质谱信息确定色谱谱峰最佳的漂移点数

(a) 模拟色谱；(b1) 模拟谱中候选移动点数处的质谱；(b2) 目标谱中候选移动点数处的质谱

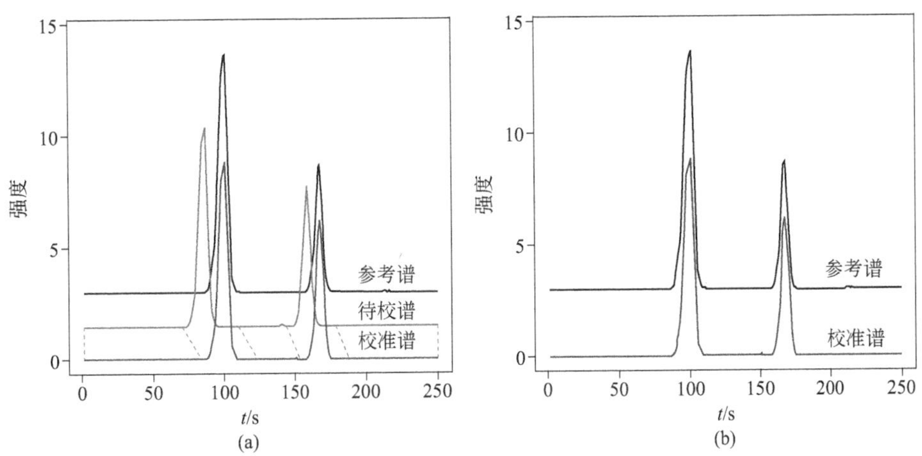

图 5-69 根据最佳漂移点数移动谱峰至正确位置

(a) 模拟色谱；(b) 校准后的模拟色谱

模拟色谱数据采用真实的 GC-MS 数据剪切和拼接而成。使用仪器为日本岛津的 GC2010A 气相色谱和 GCMS-QP2010 联用质谱仪。采用经剪切后的简单模拟色谱数据可以更好地阐述 CAMS 算法的流程。图 5-70 (a) 是原始的模拟数据，1 表示参考谱，2 代表待校谱。在谱峰检测和计算快速傅里叶交叉相关系数后，可以得到每个谱峰的所有候选漂移点数，结果如图 5-70 (b) 所示，例如第一个谱峰的候选漂移点数为 [3, 9, −17, −2]，其中−17 为交叉相关系数局数最大值数组里的最大值。图 5-70 (c) 分别表示检测出的三个谱峰的交叉相关曲线。经过对每个谱峰的峰顶与每个谱峰的候选漂移点对应的质谱进行对比，可以充分确定模拟数据里的每个谱峰的最佳漂移点数分别是−17、−18 和 8，最后校准后的色谱示于图 5-70 (f)。

原始的 GC-MS 数据采用的是 16 组禁食过夜糖尿病人的血浆样本，采用的仪器为日本岛津的 GC2010A 气相色谱和 GCMS-QP2010 联用质谱仪。图 5-71 (a) 为经过 airPLS 算法[141] ($\lambda=10^4$，order=2) 扣除背景之后的色谱数据。经过 CAMS 算法校准后的结果示于图 5-71 (b)，从图中的局部放大图可以看到更清晰的校准结果，在未校准的谱峰中，可以很明显地看到样本之间的谱峰存在明显的漂移，在校准后的相同区域局部放大图中，可以明显地看到所有的谱峰都已被校准好。图 5-71 的下部是色谱校准前后的整体灰度图，

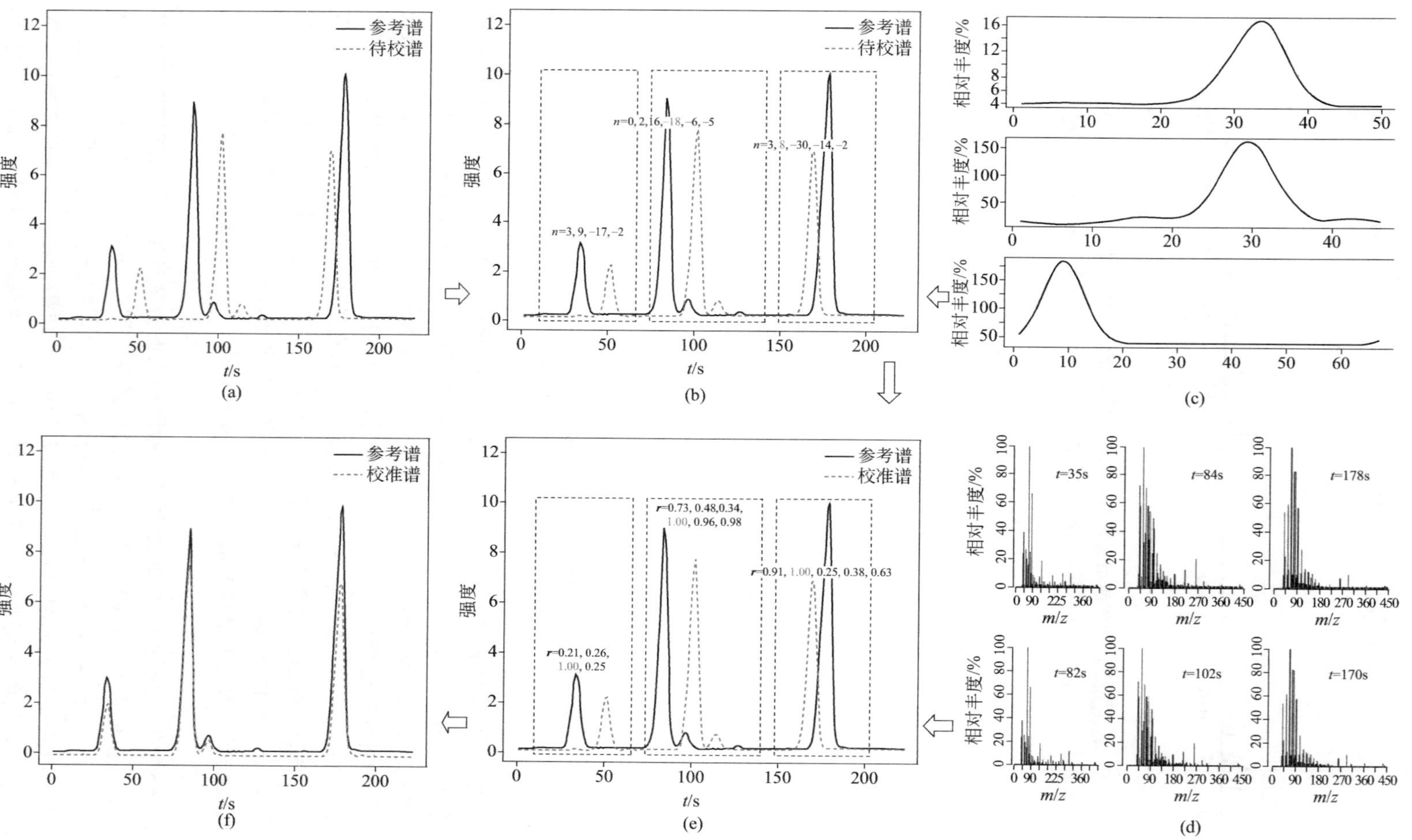

图 5-70　模拟数据谱峰校准过程

（a）原始色谱数据；（b）通过快速傅里叶交叉相关系数得到的候选漂移点数（n）；（c）三个图分别对应于三个色谱谱峰对应的交叉相关系数；（d）、（e）利用质谱信息准确判断谱峰漂移点数（n）；（f）利用漂移点数准确进行谱峰移动

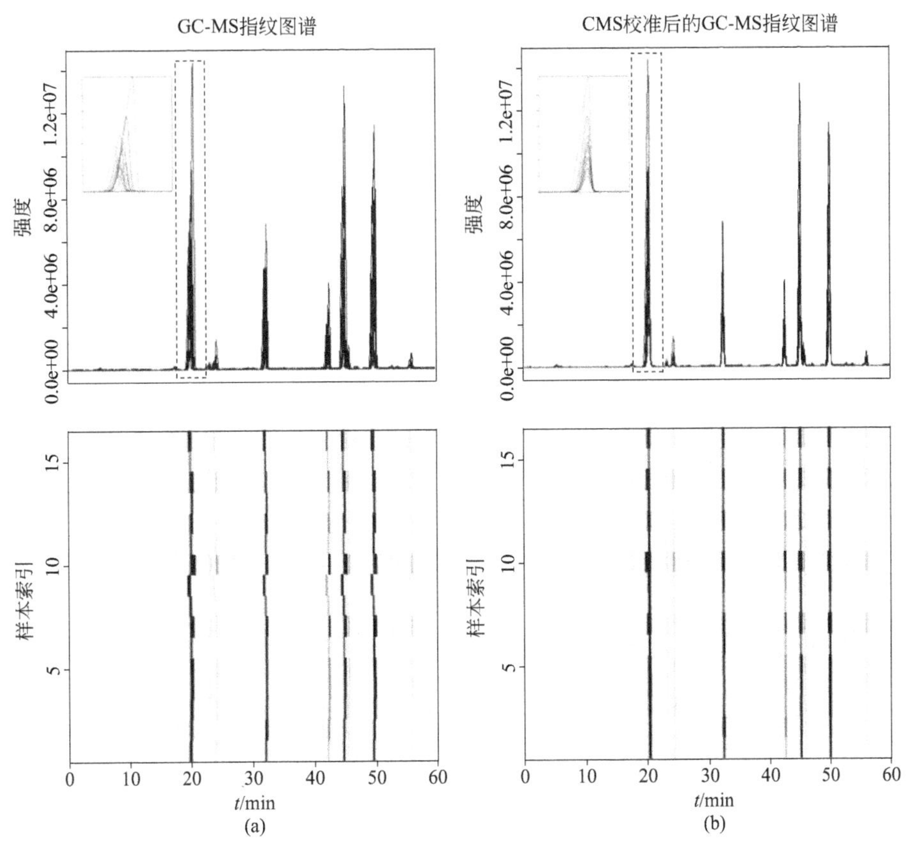

图 5-71　利用 CAMS 算法校准 GC-MS 色谱数据的结果

从图 5-71（a）下半部可以明显看到未经校准的色谱峰参差不齐，显示为不规则的线。校准之后的整体效果示于图 5-71（b），先前的不规则线已变为直线，说明此时各个样本的谱峰已得到很好的校准。

LC-MS 数据采用的是 A. Saghatelian 提供的 R 开源包 faahKO 里的数据[142]。其原始数据示于图 5-72（a），可以明显看到两条色谱的数据随着时间的变化而发生漂移。利用 CAMS 算法校准后的效果如图 5-72（b）所示，可以看到校准后的色谱图明显得到改善。

模拟色谱数据采用真实的 GC-MS 数据剪切和拼接而成。使用仪器为日本岛津的 GC2010A 气相色谱和 GCMS-QP2010 联用质谱仪。采用经剪切后的简单模拟色谱数据可以更好地阐述 CAMS 算法的校准结果。原始数据示于图 5-73（a），其中 1 表示参考谱，2 代表待校谱。经过计算可以得到，待校谱上第一个谱峰与参考谱第一个谱峰的相似度和漂移点分别是 0.9746 和 42，然而待校谱上第一个谱峰与参考谱第二个谱峰的相似度和漂移点分别是 0.9819 和 39。如果从谱峰相似度的角度考虑的话，其两者的相关系数都很接近，且更有可能被校准到参考谱的第二个谱峰，图 5-73（d）是用相关最优化规整 COW 算法（Seg=50，Slack=30）得到的结果，从图可以看到，COW 算法将待校谱的第一个谱峰校准到参考谱的第一个谱峰，COW 算法校准的结果在没有质谱信息比对的情况下是比较难估计其准确性的。通过谱峰和质谱信息对比，得到待校谱第一个谱峰的质谱与参考谱的第一谱峰矩阵相似度为 0.208，而待校谱第一个谱峰的质谱与参考谱的第二谱峰的矩阵相似度为 0.999。因而

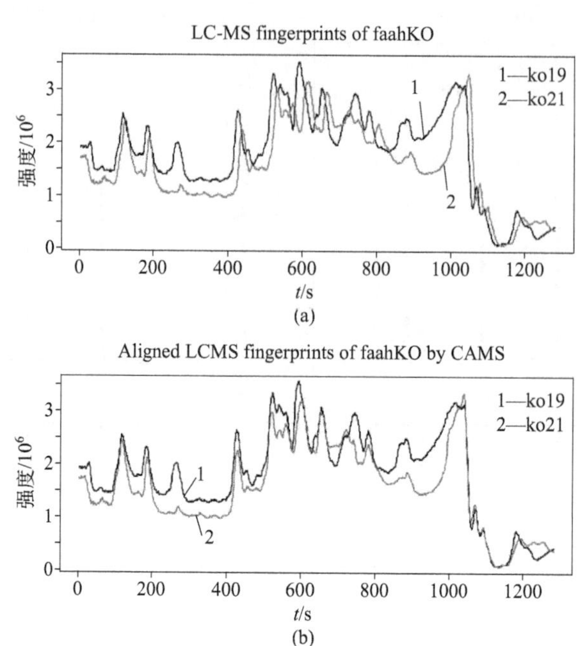

图 5-72 利用 CAMS 算法校准 LC-MS 色谱数据结果

正确的校准应该是待校谱的第一个谱峰与参考谱的第二个谱峰对齐，CAMS 算法校准的结果如图 5-73（c），由于充分利用了联用仪器的质谱信息，CAMS 算法得到的校准结果更加精确和可靠。

在本节中，利用矩阵相似性来评价待校谱的谱峰和参考谱谱峰之间的质谱相似性。在色谱的谱峰段中，其峰顶处相对应的质谱拥有最好的信噪比，因而取峰顶周围几个点的质谱进行相似度计算得到的结果最好。本节对同一个谱峰所对应的质谱取不同的点数进行比较，结果示于表 5-20。可以看出采用矩阵相似度计算得到的结果较采用两变量相似度计算得到的结果更好，而且矩阵相似度计算的结果较为稳健。由表 5-20 可以得到，建议采用的色谱窗口大小为 3 或 5。在本节的算法中，采用的窗口大小为 3。

表 5-20 色谱窗口大小对质谱相似度的影响

窗口大小	1	3	5	7
r	0.9761	0.9886	0.9886	0.9885

在本节中，将 CAMS 算法与目前流行的色谱校准算法进行比较，以进一步讨论 CAMS 算法特性。在色谱校准算法的比较中，一般采用平均相似度来评价校准的结果。在本节中，CAMS 算法与目前常用的 COW（segment＝80，slack＝30）算法和 RAFFT（shift＝80）算法进行比较，采用的数据是上文的 GC-MS 数据。比较的结果如表 5-21 所示，从表 5-21 可以得到以下结论：①由于 CAMS 充分利用了质谱信息，其校准得到的色谱相似度最好；②在三种算法的所用的时间中，RAFFT 运算速度最快，但 CAMS 算法由于采用快速傅里叶计算交叉相关，所以其速度也是可以接受的；③由于 CAMS 利用 Haar 小波进行谱峰检测并利用质谱信息确定最佳的漂移候选点数，所以其不会更改色谱的谱峰形状。

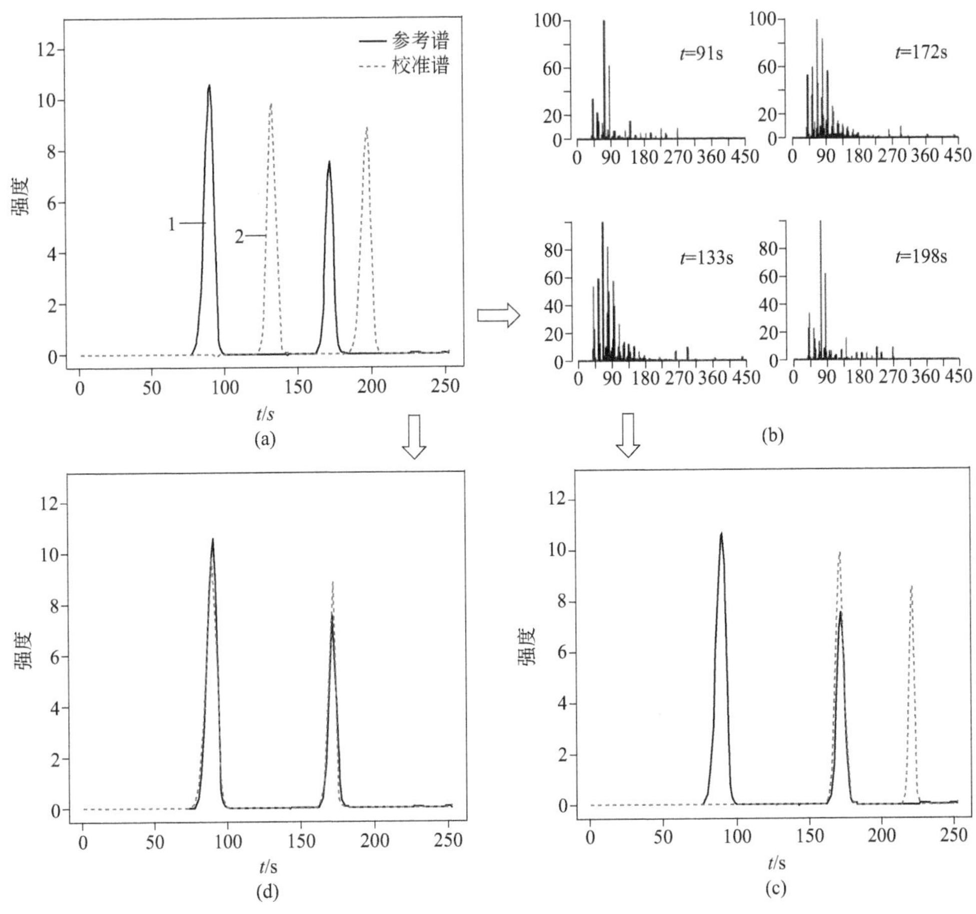

图 5-73 CAMS 算法和 COW 算法校准结果比较

(a) 模拟色谱图；(b) 候选漂移点数位置的质谱；(c) CAMS 校准；(d) COW 校准

表 5-21 三种校准算法的比较

算法	r	计算时间/s
COW	0.9283	3.2625±0.0366
RAFFT	0.9564	0.0038±0.000
CAMS	0.9586	0.0620±0.0007

结合 Haar 小波变换、快速傅里叶交叉相关和质谱信息，提出了一种简单实用、快速可靠的色谱校准 CAMS 算法。通过模拟色谱数据、GC-MS 数据和 LC-MS 数据的测试，CAMS 算法具有快速、准确和可靠等优点。通过与多种目前流行的校准算法比较，CAMS 算法不会改变谱峰形状并且可以很好地处理色谱谱峰非线性漂移问题。由于 CAMS 算法使用了质谱信息以确定谱峰的漂移点数，因而可以保证得到较为准确可靠的结果。

参考文献

[1] 张贤达. 现代信号处理. 北京：清华大学出版社，1995.

[2] 俞汝勤. 化学计量学导论. 长沙：湖南教育出版社，1991.

[3] Savitzky A, Golay M J E. Anal Chem, 1964, 36: 1627.

[4] Steinier J, Termonia. Y, Deltour J. Anal Chem, 1972, 44: 1906.

[5] Gorry P A. Anal Chem, 1990, 62: 570.

[6] Green P J, Silverman B W. Nonparametric Regression and Generalized Linear Models: A Roughness Penalty Approach. Chapman & Hall, 1994.

[7] Massart D L, Vandeginste B G M, Deming S N, Michotte Y, Kanfman L. Chemometrics: A textbook. Amsterdam: Elsevier, 1989.

[8] Marshall A G, Comisarow M B. Multichannel methods in Spectroscopy in Transform Techniques in chemistry//Griffiths P R. New York: Plenum Press, 1978.

[9] Zupan J, Bohance S, Razinger M, Novic M. Anal Chim Acta, 1988, 210: 63.

[10] Ramirez R W. The FFT fundamentals and concepts. NJ: Prentice-Hall, 1985.

[11] Cooper J W. Data Handling in Fourier Transform Spectroscopy, in Transform Techniques in Chemistry//Griffiths P R. New York: Plenum Press, 1978.

[12] Brigham E O. The Fast Fourier Transform. NJ: Prentice-Hall, Englewood Cliffs, 1974.

[13] Griffiths P R, De Haseth J A. Fourier Transform Infrared Spectroscopy. New York: John Wiley & Sons, 1986.

[14] 高小霞. 电分析化学导论. 北京: 科学出版社, 1986.

[15] Smith D E. Anal Chem, 1973, 45: 39.

[16] Horlick G. Anal Chem, 1972, 44: 943.

[17] Oldman K B. Anal Chem, 1973, 45: 39.

[18] Goto M, Oldman K B. Anal Chem, 1973, 45: 2043.

[19] Goto M, Oldman K B. Anal Chem, 1974, 46: 1522.

[20] Bos M, Hoogendan E. Anal Chim Acta, 1992, 267: 73.

[21] Bos M, Vrielink J A M. Chemom Intell Lab Sys, 1994, 23: 115.

[22] Leung A K M, Chau F T. Chemome Intell Lab Sys, 1998, 43: 165.

[23] Shao X, Cai W. Chemometrics, 1998, 12: 85.

[24] 阎丽, 莫金垣. 科学通报, 1995, 40: 2567.

[25] Yu X, Mo J. Analyst, 1996, 121: 1099.

[26] 邹学广, 孙培艳, 蔡文生. 分析化学, 1997, 25: 671.

[27] Shen H L, Liang Y Z. Chemometr Intell Lab Systems, 1997, 37: 261.

[28] 沈海林, 梁逸曾. 高等技术化学学报, 1997, 16: 530.

[29] Mayer Y. Ondeletles et Operafeurs, Tome 1, Ondeletles, Hermann, Paris: 1990.

[30] Mallat S. A theory for multiresolution signal decomposition. IEEE Trans, Pattern Anal, Machine Intell, 1989, 11: 674.

[31] Burrus C S, Gopinath R A, Guo H T. Introdution to Wavelets and Wavelet Transforms. New Jersey: Prentice Hall, 1998.

[32] Mallat S. Trans, Amer Math Soc, 1989, 315: 69.

[33] Daubechies I. IEEE Trans, Information Theory, 1990, 36: 961.

[34] Walczak B, Massart D L. Trends in Analytical Chemistry, 1997, 16: 451.

[35] Chau F T, Shih T M, Gao J B, Chan C K. Appl Spectr, 1996, 50: 339.

[36] 陈洁, 仲红波, 潘忠孝, 张懋森. 分析化学, 1996, 24: 1002.

[37] Johnstone I M, Silverman B V. Wavelet threshold estimations for data with correlated noise. http//playfair. Stanford. edu.

[38] David L, Donoho. De-noising by thresholding. IEEE Trans, On Information Theory, 1995, 41: 613.

[39] Donoho D L, Johnstone I M, Statist J R. Soc B, 1995, 57: 301.

[40] Beylkin G, Coifman R, Rokhlin V. Comm Pure Appl Math, 1991, 44: 141.

[41] Devore R, Jawerth B, Lucier B. IEEE Trans Inf Theory, 1992, 38: 719.

[42] Walczak B, Massart D L. Chemometr Intell Lab Systems, 1997, 38: 39.

[43] Bos M, Vrielink J A M. Chemometr Intell Lab Systems, 1994, 23: 115.

[44] Walczak B, Bogaet B V D, Massart D L. Anal Chem, 1996, 86: 1742.

[45] Leung A K M, Chau F T, Gao J B, et al. Anal Chem, 1998, 70: 5222.

[46] Whittaker E T P. Edinburgh Math Soc, 1922, 41: 63.

[47] Green P J, Silverman B W. Nonparametric regression and generalized linear models: a roughness penalty approach. London: Chapman & Hall/CRC, 1994.

[48] Ramsay J O, Silverman B W. Functional data analysis. New York: Springer, 1998.

[49] Liang Y Z, Leung A K M, Chau F T. J Chemom, 1999, 13: 511.

[50] Eilers P H C. Anal Chem, 2003, 75: 3631.
[51] Eilers P H C. Anal Chem, 2004, 76: 404.
[52] Eilers, P H C, Boelens H F M. 2005, http: //www. science. uva. nl/~ hboelens/publications/draftpub/Eilers _ 2005. pdf.
[53] Carlos Cobas J, Bernstein M A, Mart Pastor M, Tahoces P G. J Magn Reson, 2006, 183: 145.
[54] Zhang Z M, Chen S, Liang Y Z, Liu Z X, Zhang Q M, Ding L X, Ye F, Zhou H. J Raman Spectrosc, 2009. http: //dx. doi. org/10. 1002/jrs. 2500.
[55] Holland P W, Welsch R E. Commun Stat-Theor M, 1977, 6: 813.
[56] Rubin D B. Iteratively reweighted least squares. New York: Wiley, 1983.
[57] Green P J. J R Stat Soc Ser B Stat Methodol, 1984: 149.
[58] Koenker R, Bassett G Jr. Econometrica: Journal of the Econometric Society, 1978: 33.
[59] Koenker R. Quantile regression. Cambridge University Press, 2005.
[60] Komsta L. Chromatographia, 2011, 73: 721.
[61] Koenker R. Quantile regresssion. Encyclopedia of Environmetrics, 2001.
[62] Koenker R W, Bassett G W. The American Statistician, 1984, 38: 209.
[63] Portnoy S, Koenker R. Statistical Science, 1997, 12: 279.
[64] Liu X, Zhang Z, Sousa P F, Chen C, Ouyang M, Wei Y, Liang Y, Chen Y, Zhang C. Analytical and Bioanalytical Chemistry, 2014, 406: 1985.
[65] Holland P W, Welsch R E. Communications in Statistics-Theory and Methods, 1977, 6: 813.
[66] Green P J. Series B (Methodological), 1984: 149.
[67] Wolke R, Schwetlick H. SIAM Journal on Scientific and Statistical Computing, 1998, 9: 907.
[68] O'Leary D P. SIAM Journal on Matrix Analysis and Applications, 1990, 11: 466.
[69] Zhang Z M, Chen S, Liang Y Z. Analyst, 2010, 135: 1138.
[70] Torgerson W S. Theory and Methods of Scaling, 1958.
[71] McCune B, Grace J B, Urban D L. Analysis of ecological communities. Oregon: MjM Software Design Gleneden Beach, 2002.
[72] Green P E. The Journal of Marketing, 1975: 24.
[73] Kruskal J B. Psychometrika, 1964, 29: 1.
[74] Li Z, Zhan D J, Wang J J, Huang J, Xu Q S, Zhang Z M, Zheng Y B, Liang Y Z, Wang H. Analyst, 2013, 138: 4483.
[75] Leger M N, Ryder A G. Applied Spectroscopy, 2006, 60: 182.
[76] Zhang D, Ben-Amotz D. Applied Spectroscopy, 2000, 54: 1379.
[77] Luo S, Hale D. Matrix, 2011, 11: t13.
[78] Brown R G. Courier Corporation, 2004.
[79] Brown R G. Exponential Smoothing for Predicting Demand. Cambridge: Mass., Arthur D. Little, in, Inc, 1956.
[80] Holt Charles C. International Journal of Forecasting, 1957, 20: 5.
[81] Kalekar P S. Time series forecasting using Holt-Winters exponential smoothing. Kanwal Rekhi School of Information Technology, 4329008, 2004: 1-13.
[82] La Viola J J. ACM, 2003: 199.
[83] Lee J H, Ricker N L. Industrial & Engineering Chemistry Research, 1994, 33: 1530.
[84] Chatfield C, Yar M. The Statistician, 1988, 129.
[85] Yar M, Chatfield C. International Journal of Forecasting, 1990, 6: 127.
[86] Natrella M. NIST/SEMATECH e-Handbook of Statistical Methods, 2010.
[87] Dong Z, Yang D, Reindl T, Walsh W M. Energy, 2013, 55: 1104.
[88] Cobas J C, Bernstein M A, Martín-Pastor M, Tahoces P G. Journal of Magnetic Resonance, 2006, 183: 145.
[89] Eilers P H. Analytical Chemistry, 2003, 75: 3631.
[90] Eilers P H, Goeman J J. Bioinformatics, 2004, 20: 623.
[91] Eilers P H, Boelens H F. Baseline correction with asymmetric least squares smoothing. Leiden University Medical Centre Report, 2005.
[92] Zhang Z M, Chen S, Liang Y Z. Analyst, 2010, 135: 1138.
[93] Zhang Z M, Chen S, Liang Y Z, Liu Z X, Zhang Q M, Ding L X. Ye F, Zhou H. Journal of Raman Spectroscopy, 2010, 41: 659.
[94] Tinati M A, Mozaffary B. International Journal of Biomedical Imaging, 2006, 105.
[95] Leonard W R, Galloway V A, Ivakine E. American Journal of Physical Anthropology, 1997, 103: 443.
[96] Breiman L. Machine Learning, 2001, 45: 5.
[97] Liaw A, Wiener M. R News, 2002, 2: 18.
[98] Ai F, Bin J, Zhang Z, Huang J, Wang J, Liang Y, Yu L, Yang Z. Food Chemistry, 2014, 143: 472.

[99] Brown R G. Smoothing, forecasting and prediction of discrete time series. Courier Corporation, 2004.

[100] William J W, Wangkan L, Samuel H T, Elizabeth C, Radu D, Michael S C. Anal Chem, 1996, 68: 3473.

[101] Nielsen, N P V, Carstensen J M, Smedsgaard J. J Chromatogr A 1998, 805: 17.

[102] Pino J A, McMurry J E, Jurs P C, Lavine B K, Harper A M. Anal Chem, 1985, 57: 295.

[103] Parrish M E, Good B W, Hsu F S, Hatch F W, Ennis D M, Douglas D R, Shelton J H, Watson D C. Anal Chem, 1981, 53: 826.

[104] Johnson K J, Wright B W, Jarman K H, Synovec R E. J Chromatogr A, 2003, 996: 141.

[105] Malmquist G, Danielsson R. J Chromatogr A, 1994, 687: 71.

[106] Bylund D, Danielsson R, Malmquist G, Markides K E. J Chromatogr A, 2002, 961: 237.

[107] Hamalainen M D, Liang Y Z, Kvalheim O M, Andersson R. Anal Chim Acta, 1993, 271: 101.

[108] Yao W F, Yin X Y, Hu Y Z. J Chromatogr A , 2007, 1160: 254.

[109] Krebs M D, Tingley R D, Zeskind J E, Holmboe M E, Kang J M, Davis C E. Chemom Intell Lab Syst, 2006, 81: 74.

[110] Pierce K M, Hope J L, Johnson K J, Wright B W, Synovec R E. J Chromatogr A, 2005, 1096: 101.

[111] Watson N E, VanWingerden M M, Pierce K M, Wright B W, Synovec R E. J Chromatogr A, 2006, 1129: 111.

[112] Aberg K M, Torgrip R J O, Kolmert J, Schuppe-Koistinen I, Lindberg J. J Chromatogr A, 2008, 1192: 139.

[113] Xu C J, Liang Y Z, Chau F T, Heyden Y V. J Chromatogr A, 2006, 1134: 253.

[114] Gong F, Liang Y Z, Chau F T, Heyden Y V. J Chromatogr A, 2006, 1134: 253.

[115] Wang C P, Isenhour T L. Anal Chem, 1987, 59: 649.

[116] Athanassios K, John F M, Paul A T. AIChE Journal, 1998, 44: 864.

[117] Zhang Zhi M, Chen S, Liang Y Z. Talanta, 2011.

[118] Yang C, He Z Y, Yu W C. BMC Bioinformatics, 2009, 4 (10).

[119] Du P, Kibbe W A, Lin S M. Bioinformatics, 2006, 22: 2059.

[120] Zhang Z M, Chen S, Liang Y Z. Analyst, 2010, 135: 1138.

[121] Storn R, Price K. J Global Optim, 1997, 11: 341.

[122] Price K V, Storn R M, Lampinen J A. Differential evolution: a practical approach to global optimization, New York: Springer, 2005.

[123] Feoktistov V. Differential evolution: in search of solutions. New York: Springer, 2006.

[124] Ardia D. DEoptim: Differential Evolution Optimization in R. 2007.

[125] Shao X, Pang C, Su Q. Fresenius' Journal of Analytical Chemistry, 2000, 367: 525. doi: 10.1007/s002160000404.

[126] Shannon C E, Weaver W. The mathematical theory of communication. University of Illinois Press, 1949: 2-3.

[127] Gong F, Liang Y Z, Xie P S, Chau F T. Journal of Chromatography A, 2003. 1002: 25. doi: 10.1016/s0021-9673 (03) 00648-4.

[128] Nielsen N P V, Carstensen J M, Smedsgaard J. Journal of Chromatography A. 1998, 805: 17.

[129] 李博岩，梁逸曾，谢培山，俞汝勤. 分析化学，2003，31 (7)：799.

[130] Smith C A, Want E J, O'Maille G, Abagyan R, Siuzdak G. Analytical Chemistry, 2006, 78: 779. doi: 10.1021/ac051437y.

[131] Nevedomskaya E, Derks R, Deelder A, Mayboroda O, Palmblad M. Analytical and Bioanalytical Chemistry, 2009, 395: 2527. doi: 10.1007/s00216-009-3166-1.

[132] Pluskal T, Castillo S, Villar-Briones A, Orešič M. BMC Bioinf ormatics, 2010, 11: 1. doi: 10.1186/1471-2105-11-395.

[133] Chae M, Reis R, Thaden J. BMC Bioinformatics, 2008, 9: S15.

[134] Oh C, Huang X, Regnier F E, Buck C, Zhang X. Journal of Chromatography A, 2008, 1179: 205. doi: 10.1016/j.chroma.2007.11.101.

[135] Liang Y Z, Xie P, Chan K. Journal of Chromatography B, 2004, 812: 53. doi: 10.1016/j.jchromb.2004.08.041.

[136] Gong F, Liang Y Z, Fung Y S, Chau F T. Journal of Chromatography A, 2004, 1029: 173. doi: 10.1016/j. chroma. 2003. 12. 049.

[137] Zheng Y B, et al. Journal of Chromatography A, 2013, 1286: 175. doi: http: // dx.doi. org/10.1016/j. chroma. 2013. 02. 063.

[138] Zhang Z M, et al. Journal of Chromatography A, 2012, 1223: 93. doi: 10. 1016/j. chroma. 2011. 12. 047.

[139] Wong J W H, Durante C, Cartwright H M. Application of Fast Fourier Transform Cross-Correlation for the Alignment of Large Chromatographic and Spectral Datasets. Analytical Chemistry, 2005, 77: 5655. doi: 10.1021/ac050619p.

[140] http: //en. wikipedia. org/wiki/Cross-correlation.

[141] Zhang Z M, Chen S, Liang Y Z. Analyst, 2010. 135: 1138.

[142] Saghatelian A, et al. Biochemistry, 2004, 43: 14332. doi: 10.1021/bi0480335.

第六章　多元校正与多元分辨

第一节　概　　论

图 6-1 给出了一个由德国著名分析化学家 Danzer 教授描绘的化学量测的全过程的示意图[1]。从图可以看出，化学量测的全过程实际就是一个解决实际分析问题的全过程。它从采样和选择分析方法开始，经化学量测的试验设计、量测过程的控制和优化、分析仪器所得信号的处理、各类分析仪器数据的定性定量分析，再到分析数据的评价与解释、分析结果的统计推断、分析信息对研究目标的解释，直至对解决问题的有用决策信息的提取。所以，化学量测过程是一个很复杂而且内涵极其丰富的过程，它每一步的有效完成实际都包括了相当丰富的内容，需要有很多关于化学、数学和物理的基础知识。如果说经典的分析化学主要是以“溶液平衡”为基础，那么，现代分析化学则是一门包括如何有效地进行各种化学试样的处理（包括不同化学物质的提取、分离和纯化等化学基础）、各种有关分析仪器及其各种零部件的作用和意义的理解所需的物理和电子学知识（物理基础）和结构化学知识（如各种波谱的定性定量及结构解析），以及怎样进行最优采样、设计实验或选择最优化学量测方法，并通过解析化学量测数据以最大限度地获取化学及其相关信息（数学基础，化学计量学）的一门综合性极强的化学分支学科。

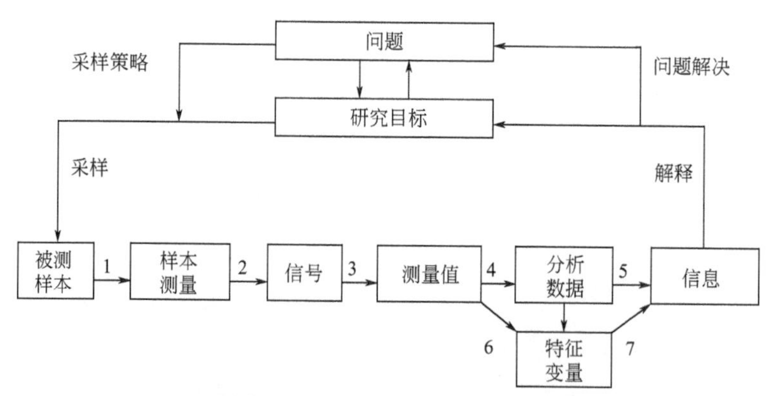

图 6-1　分析化学的化学量测过程

1—样本制备；2—测量；3—信号效验；4—评价/校正；5—数据评价与解释；6,7—化学计量学

进行化学量测的基本目的是获取有关物质系统的化学成分的定性定量以及被测物质的结构方面的信息，更为重要的是，它还得为解决问题提供有用的决策信息，故凯塞尔（Kaiser）在有关分析方法基础的专著中[2]，界定分析化学学科的内涵为取得所研究的物质的组成知识的有计划的信息过程。卡特曼（Kateman）等[3]从三个方面阐述分析化学的任务：①利用已有的分析方法，提供关于物质化学成分的信息——日常例行分析工作；②研究利用不同学科的原理、方法取得有关物质系统的相关化学信息的过程——分析化学的科学研究工作；研究利用现有分析方法取得关于物质系统的信息的策略——分析实验的组织工作。

柯瓦尔斯基（Kowalski）在一篇题为“分析化学作为信息科学”的论文[4]中，指出分析化学发展史正经历极为重要的时期。这个时期对分析化学学科的重要性，是与现代科学与社会发生的一系列重大变化相关联的。这种重大变化首先源于计算机科学与信息科学的发展。该文援引美国科学基金会的报告，认为信息已成为美国社会的极重要组成部分，约半数的劳动力从事与信息相关的工作，挣取一半以上的劳动收入。在这样一个信息具有如此重要的地位的社会中，分析化学起什么作用？该文作者认为，分析化学现在是，而且过去也一直是一门信息科学。在化学的各个分支学科中，分析化学担负的任务与其他分支学科的不同之处，就在于分析化学的研究对象，不是直接提供某种具体的信息，例如无机材料和有机材料，而是提供与这些材料的化学成分和结构相关的信息，研究获取这些信息的最优方法与策略。当然，分析化学工作者是与其他化学工作者分工而又合作，共同去完成生产与科研向化学提出的使命的。不但分析化学与无机化学、有机化学等传统的化学分支学科的关系如此，分析化学与一些新兴的边缘学科如环境化学的关系亦是如此。例如，在 IUPAC 第 30 届学术大会上关于“环境的挑战”的学术讨论中，出现这样的学术报告题目：“分析数据的生物学意义——所有环境课题都源于分析化学家!”[5]。将分析化学认作通过化学测量而获取数据，且继续提炼化学信息的科学，并不是说分析化学发展到今天才具有这种性质，也并不完全是由于信息对当代社会的重要性，人们才有意强调这一事实。然而，在分析化学得到飞速发展的今天，重新认识分析化学作为通过化学量测来提供化学信息的科学这一性质，反映了分析化学的新发展，而且这一新发展可能还是质的飞跃。那就是，分析化学工作者已不仅是单纯的分析数据的提供者，而是解决实际问题的有用化学信息的提供者。

一、现代分析化学面临的机遇与挑战

分析化学学科正经历着巨大的变革[6~9]。众所周知，由于近年来物理学、电子学、信息科学、生命科学的飞速发展，各种新型分析仪器相继问世，昔日的以化学分析为主的经典分析化学已发展成为一门包括众多仪器分析（色谱分析，电化学分析，光化学分析，波谱分析，质谱分析，化学生物传感、热分析，放射分析，表面分析，结构分析，芯片分析等）为主的现代分析化学。正因为分析手段的不断扩展，广大分析化学家们亦感到以“溶液平衡”为基础的经典分析化学已很难满足现代分析化学学科发展的需求，致使 Leihaisky 的“不管你喜欢不喜欢，化学正在走出分析化学”的名言曾经广为流传。基于这些情况，近年来，在世界范围内，科学界和分析化学界开展了“化学正在走出分析化学”“化学仍留在分析化学”和所谓“分析物理”“分析科学”的热烈议论。1983 年 11 月和 1989 年 10 月，在维也纳还分别召开了第一次和第二次“国际分析化学的哲学和历史会议”，探讨了分析化学哲学的某些基本问题。为更好地理解分析化学，1992 年，欧洲分析化学家在德国《Fresennius》分析化学杂志上还专门组织了一次以“分析化学——今天的定义和解释”为题的一次讨论[10]。所有这些现象都在雄辩地告诉人们，分析化学学科正处在一个急剧分化的高速发展时期。

然而，无论这种分析手段上的分化发展如何迅猛，有一点十分明确，即分析化学学科所研究的对象（化学样本）及其目的（结构定性和组分定量）始终未变。其原始定义“分析化学是人们获得物质化学组成和结构信息的科学”[6]仍然十分明白和准确。不管是从事电化学分析、波谱分析、光化学分析还是从事色谱或其他仪器分析的研究工作的分析化学工作者，都得与样本打交道，都得通过样本进行化学预处理、继而进行测量和数据解析来获得该试样的化学组成（包括不同形态）和结构的定性定量信息。从这一视点来看，分析化学作为一门化学分支学科仍为一完整整体，是化学研究领域中的一个分支学科。诚然，由于采用不同的分析手段，使用不同仪器的分析工作者所需知识结构不尽相同，研究内容亦存在差异，可在整个的分析过程中，却始终存在着共同的基础与目标。这种情况正如美国《分析化学》的主编 Murray 在题为《化学量测科学》一文中指出：“用拓展的眼光来看待今天的分析化学是有益和有帮助的，它的发展已使之成为一门创造和应用新概念，新原理和仪器的策略来测量化学体系及其组分的学科，简言之，分析化学已成为一门化学量测科学。”[11]。最近，Danzer 在其题为《分析化学——理论及其量测基础》一书中给出了一个更为精确的定义：“分析化学是一门化学量测学科。其主要目标是研究分析信号的产生、处理和评价，从而获得有关物质的化学组成和结构的信息”[12]。同时，Danzer 还认为，与物理中有关长度、质量等直接测量不同，分析化学中所遇到的化学量测大都是通过复杂仪器的测量而间接获得，所得数据的解析和化学信息的提取将比物理中的直接量测要难。我国化学界前辈徐寿先生认为，分析化学为“考质求数之学，乃格物之大端，而为化学之极致也”。所谓考质，即定性分析；所谓求数，即定量分析。徐寿认为，对物质进行定性与定量分析是格物——今日的“物质科学”(physical science) 的主体，是化学的最高目标。所以分析化学实质上是一门综合性极强的化学分支学科。随着物理学、电子学、信息科学、生命科学的飞速发展，分析化学家如何更有效地发展和充分运用好手中的各类新型分析仪器，以满足社会发展的各种需求，当是分析化学家目前值得思考的一个重要问题。

图 6-2 示出了 Danzer 在其《分析化学——理论及其量测基础》书中的一幅分析化学发展示意图，其中标出了近年来分析化学由于社会需求和挑战而面临的新任务而产生出来的一些新分支。从图可以看出，随着科学技术的发展，对分析化学的要求越来越高，各种类型的新型分析仪器也在不断出现，以满足社会的需求和挑战。从 20 世纪 80 年代起，此图中提出的需求和挑战都与复杂多组分体系的仪器分析分不开，如有机微量分析、物种鉴别分析（色谱分析、色谱指纹图谱技术）、无损分析（近红外光谱为其代表）、基因与蛋白分析（毛细管电泳、液相色谱与串联质谱等、蛋白组学）、高通量分析（蛋白组学、代谢组学、中药植物药分析、香精香料分析等），而这些都正是本书要进行讨论的问题。另外，如果我们遵循着“分析化学是一门化学量测学科”的思路，就可以发现，分析化学学科当今的变革不是“化学正在走出分析化学”，而是“基于物理、生物原理，但能产生化学信号的各类新仪器”正在走进分析化学，从而使分析化学家手中拥有更多的化学量测工具和手段，为分析化学家解决各学科发展所面临的复杂的分析难题提供了更有力的武器。如何更有效地使用分析仪器，并有效地通过这些复杂的化学量测工具和手段，获取样本中科学家们和从事各类研究所需的

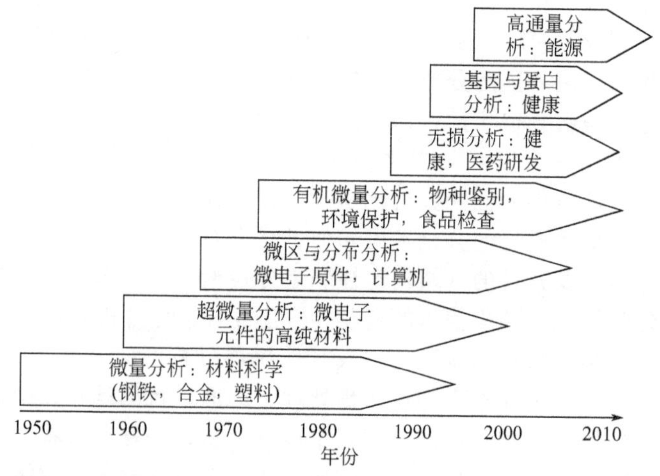

图 6-2 由经济和社会需求和刺激而产生出来的一些分析化学新分支

有关的化学组成和结构信息，以及样本中包含的其他各种有用的化学信息，也是目前分析化学家急需解决的一个新问题。

本书作者就试图从这一角度出发，在讨论不同分析仪器所产生信息的共同特性的基础上，力图找到可供从事不同分析化学分支学科研究的科学研究工作者共同使用的一类“抽象”的样本定性定量解析及模式分析和识别的新方法，以解决复杂多组分分析体系的定性定量和结构解析，以及各种样本定性识别及分类的难点问题。可以预期，随着分析仪器的不断发展，获得样本化学信息的方式也将变得更为直接和方便，在此基础上，将其更有效地用于各种不同领域的决策信息的开发分析（exploiting analysis），也必将成为分析化学发展的新趋势。

二、化学计量学的多变量解析思路

经典分析化学的基点是以单点数据（标量）为基础，如某一物理和化学的信号与分析体系中某一待测物质存在某种对应的数量关系（一般为线性关系），分析工作者就可借此对该化学物质进行定性定量分析。值得指出的是，本书所论及的多变量方法与上述经典方法在概念上已有了本质区别，它不只是用几个相应测量点来求解的传统多组分同时测定的简单推广，而是有一个从标量校正向矢量、矩阵，甚至是张量数据解析的概念性飞跃。由于矢量（或矩阵、张量）数据比标量（单点数据）所含信息丰富得多，借助近年来数学、统计学和计算机科学的新发展，由此就可能产生很多新的分析方法，它们可解决很多在标量分析中被认为是不可能，甚至难以想象的分析化学问题，为分析工作者开辟了一个崭新的研究领域。可以说，多元校正与多元分辨是化学计量学研究中的最主要任务，也是分析化学计量学中的最有创造性的一部分内容。更为重要的是，借助化学计量学的多变量解析方法，从这些分析仪器中不仅可以得到化学数据，还可得到很多有关解析化学结构的信息，如将这些方法与化学计量学中发展的多元分辨的方法结合起来，甚至可望无须特殊分离而直接在线对复杂混合体系进行定性定量和结构解析（参见图 6-3 和图 6-6）；此外，采用多变量解析方法，结合分析仪器，可获得表征样本特征的所需信息（参见图 6-4 和图 6-5），还可望对这些化学波谱或色谱信息直接进行样本定性分析（这些任务实际已逐步开始成为分析化学的主要任务，如中药质量控制、香精香料识别与质量控制等）；实际上，在获得这些有关体系的化合物的定性定量和结构信息以及样本定性信息之后，还可望对这些化学波谱或色谱信息直接进行模式分析和模式识别，采用化学模式识别、人工神经网络及多种新近发展的机器学习和推理的方法，如支持向量机方法等，还可继续对这些所获化学信息（包括通过多元校正和多元分辨所得的定性定量信息）进行直接有利于决策的开发分析（exploiting analysis），从而将分析化学家的工作与直接提供有用的决策信息联系起来，可望改变分析化学家长期被认作只是单纯提供定性定量数据的地位。

为此，有必要首先来考察一下现代分析化学的仪器分析的基本特征。近几十年来，大量新型仪器（如色谱，光谱，波谱，极谱，芯片等）相继问世，尽管其具体内容存在多种差别，但都是为分析化学家提供一个“谱”（多变量数据），而且这个谱包含有关分析化学样本的定性（含结构）与定量信息。用数学语言来说，大多数的分析仪器提供的是矢量类型的数据。随着分析仪器的不断进化以及联用技术的采用，很多仪器还可产生矩阵（或张量）类型的数据信息（如 GC-MS、GC-IR、HPLC-DAD、荧光分析的激发发射光谱、多维核磁共振谱等）。经典分析化学的校正方法只以单点数据（标量）为基点，如光谱以最大吸收峰的光吸收、色谱以面积等来解析仪器数据，这样势必要丢失很多有用信息；对于产生矩阵类型数据的仪器，经典分析化学方法则更是无能为力了。这也向分析化学工作者提出了一个新问题，即从这些矢量或矩阵形式的数据中，是否能抽取出比单点数据更多的，而对分析化学工作者来说，又是十分重要的化学信息呢？在以后的讨论中我们即将看到，近年来迅速发展的化学计量学对此给出了肯定的回答。

化学计量学的多变量解析思路 一般说来，常用的波谱（包括紫外-可见光谱、红外光谱、质谱和核磁共振谱）包含了化学物种的结构信息。不同的化学物质一般都有不同的波谱，而这些差别将为以多变量分析为基础的化学计量学提供新的机遇。图 6-3 对矢量与单点数据的信息差别给出了简要说明。从图可以看到，如果只对波谱数据取峰值（即单点数据），是无法区别混合信号的。但是，如采用矢量数据，从矢量的角度来处理波谱，它们不但是可以区分的，而且还各自提供了不同的结构信息，为复杂的多组分混合体系分析提供了新的定性定量分析思路，为纯化合物的定性或混合物体系的结构解析提供了新的信息，为分析化学的发展提供了新的机遇。

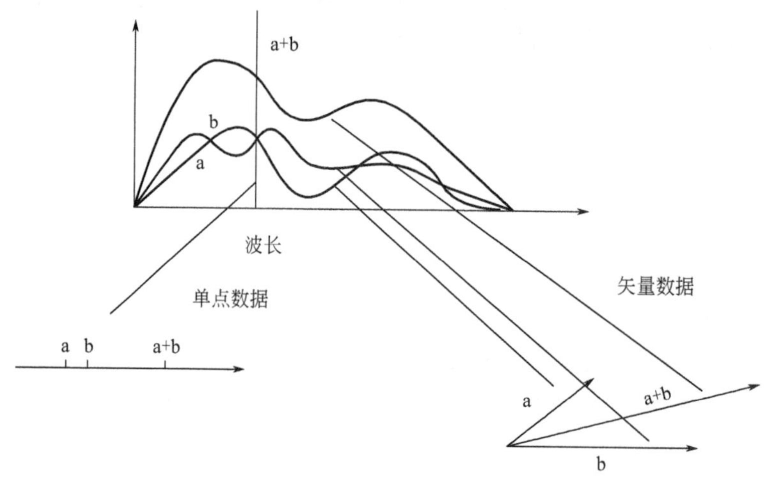

图 6-3 单点数据与矢量数据的信息差别

更为重要的是，这些谱矢量，特别是色谱，还可用来表征不同的复杂样本（参见图 6-4 和图 6-5），借助于这些色谱矢量，人们还可能对不同的中药进行区分，这就为复杂样本的样本定性分析奠定了基础，为复杂体系的剖析和模式分析和识别提供了新思路。

从图 6-4 示出的色谱指纹图谱中可以清楚地看出，广东肇庆、广西玉林、越南和云南（从上至下）四个不同产地的肉桂皆具有十分相似的化学组分，明显地表现出了植物等效性；而图 6-5 示出的不同药材（厚朴和陈皮）的气相色谱指纹图谱显示，它们具有明显不同的化学组分，可以采用化学分析将它们清楚地进行区分和识别。

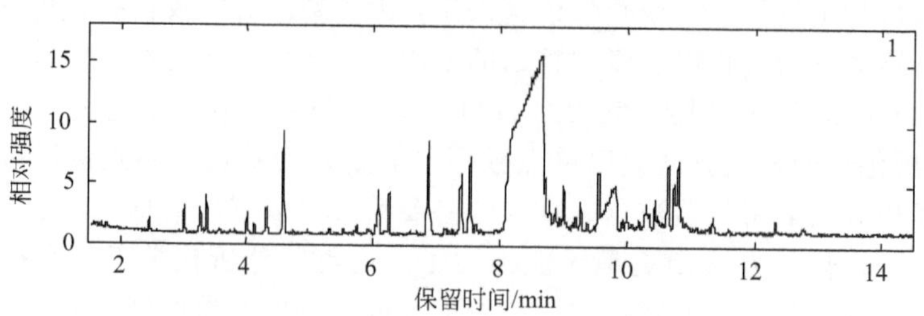

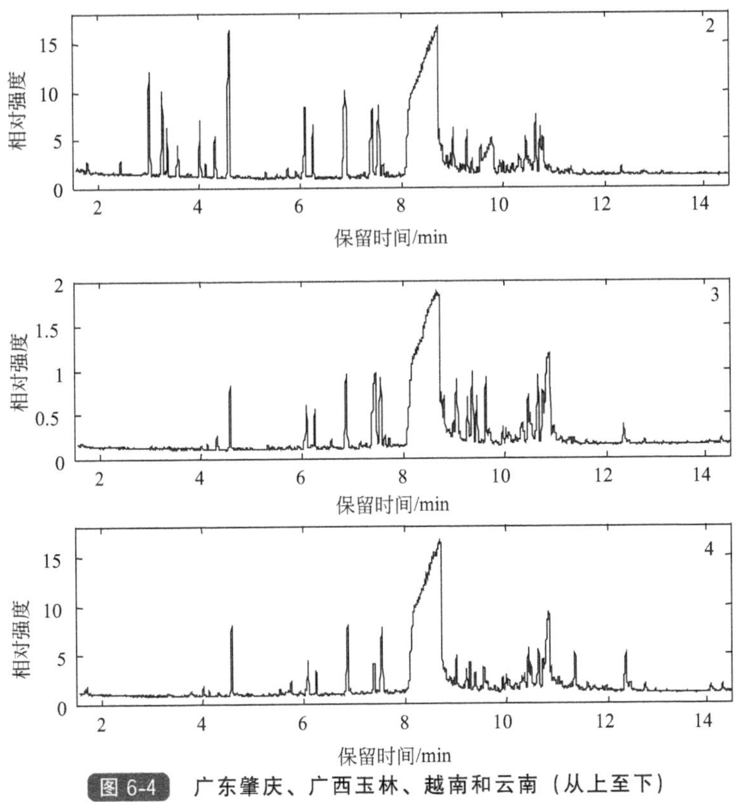

图 6-4　广东肇庆、广西玉林、越南和云南（从上至下）四个不同产地的肉桂挥发油气相色谱指纹图谱

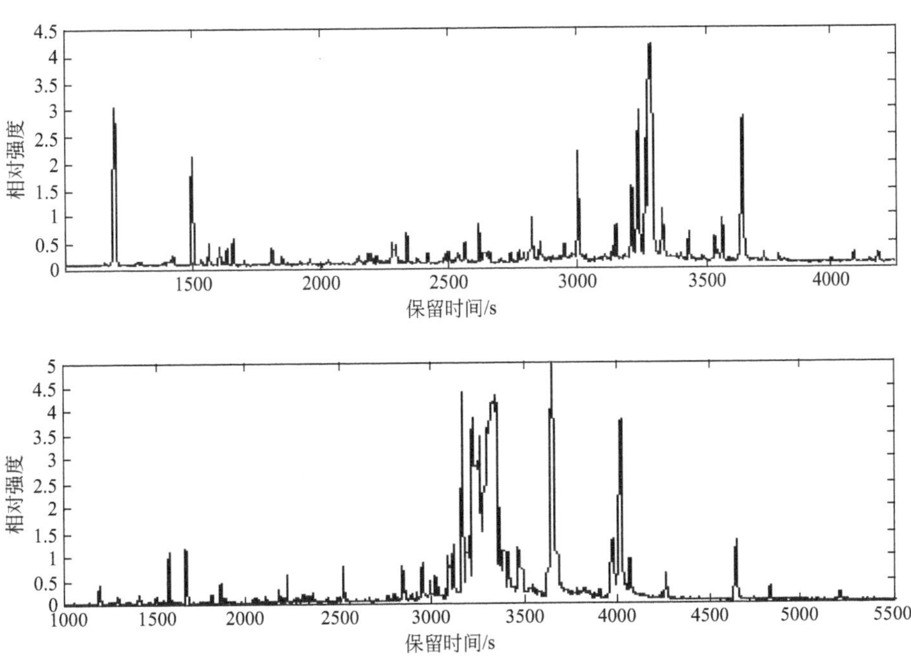

图 6-5　厚朴和陈皮（从上至下）的挥发油气相色谱（GC-MS）指纹图谱

联用色谱仪器（包括 GC-MS、GC-IR、HPLC-DAD、HPLC-MS/MS、HPLC-NMR）产生的数据通常为矩阵类型的数据（参见图 6-6）。这种数据通常包含了两方面的信息，即波谱和色谱信息。正如图 6-6 所示，量测所得的数据矩阵 $\boldsymbol{X}$ 的每一列都表示不同检测通道上的色谱流出信息，每一行都表示不同色谱流出时间上的波谱响应信息。采用联用色谱，一个样本可得到一个很大的数据矩阵，通常都有几十至上百兆字节的信息。由于这些仪器产生的数据量太大，一般的分析化学实验室由于缺乏有效的相应解析方法，大都对它们采用简单处理或丢弃方法，造成大量有用信息的浪费。下面将可以看到，就是这些由联用色谱仪器产生的矩阵数据，包含了复杂样本的定性定量解析所需信息，使得直接对复杂样本进行定性定量分析成为可能，甚至还为复杂混合体系的在线结构解析提供了坚实基础。

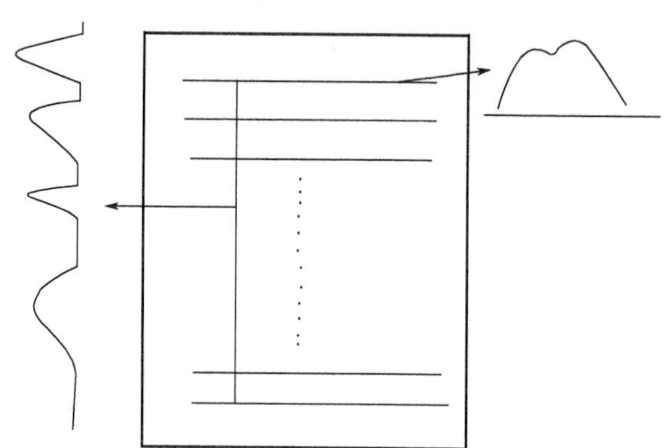

图 6-6 联用色谱仪器产生的矩阵类型数据的示意图

下面将较为详细地讨论联用色谱仪器产生的矩阵类型数据的几个主要的数学特征：

（1）由于联用色谱仪器产生的是矩阵类型的数据，所以，它具有一些一般波谱或色谱产生出的一维数据不具备的数学特征。首先，量测矩阵的秩与体系的化学组分数存在着一一对应的数量关系。矩阵的秩是一个纯数学概念，通常是指矩阵的最大线性无关行或列数。由朗伯-比耳定律和分析化学中其他相应定律，有如下等式成立：

$$\boldsymbol{X}=\boldsymbol{C}\boldsymbol{S}^{\mathrm{t}}=\sum_{i=1}^{A}\boldsymbol{c}_i\boldsymbol{s}_i^{\mathrm{t}} \tag{6-1}$$

式中，$\boldsymbol{X}$ 为联用色谱仪器产生的数据矩阵，它的每一列表示不同检测通道（可以是紫外-可见光谱的波长，也可以是质谱中的质荷比，等）上的色谱，每一行则表示不同色谱流出时间上的响应波谱。在上式中，A 为体系的化学组分数（如不考虑仪器的量测误差，且假设体系中不同化学组分都具有不同的波谱，则可直接通过求该矩阵的秩来求得体系的组分数）。式中的 $\boldsymbol{c}_i$ 和 $\boldsymbol{s}_i$（$i=1, 2, \cdots, A$）表示的是该体系不同化学组分的纯物质色谱与波谱，它们的解出将对该体系的定性定量分析带来最有用的信息。有关这一方面的详细讨论，将在复杂黑色分析体系的解析中给出。值得指出的是，这种对应关系不仅体现在整体上，而且还体现在不同保留时间的局部上，即不同子体系组分数与该体系的秩也相等。这种局部秩的概念为数据的解析提供了方便，这是因为色谱能将一个很复杂的分析体系沿保留时间方向分解为多个相对简单的子体系。这样，采用局部主成分分析，渐进地分别处理这些相对简单的体系或子矩阵数据，成为解析该类型数据的主要思路。一般说来，由于该数据矩阵太大，直接用数学方法来简单解析整个矩阵实际上是不可行的。正是这些特点，使解析复杂黑色分析体系成为可能。

（2）联用色谱产生的是矩阵类型的数据，所以，数据同时包含了波谱空间与色谱空间的信息，即该量测矩阵列向量生成的是体系的波谱空间，矩阵行向量生成的是体系的色谱空间。也就是说，对于联用色谱产生的二维数据，可同时从波谱空间和色谱空间来研究样本，也可分别从这两个空间对体系进行详细研究，为直接利用这样的仪器进行复杂的多组分化学体系的定性定量分析和结构解析提供了难得的机会。

（3）由联用色谱仪器产生的矩阵类型的数据，还可能部分提高色谱的分离度。此点表面上看来似乎很可笑，但如果仔细考察此类数据的特点，就可发现这确实是此类数据的一个不可忽略的优势。联用色谱仪器产生的矩阵类型数据增强色谱分离能力的功效可由图 6-7 形象表示出。

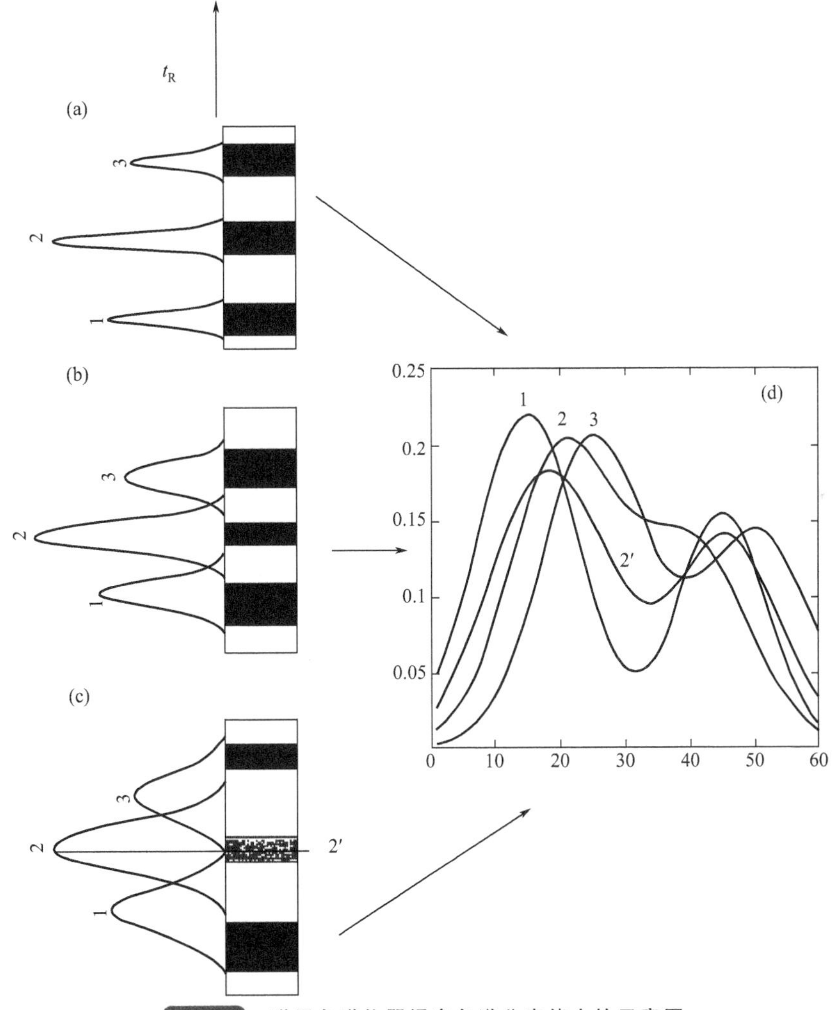

图 6-7　联用色谱仪器提高色谱分离能力的示意图

（a）色谱峰完全基线分离；（b）相邻色谱峰部分重叠；（c）相邻色谱峰严重重叠

从上图可以看出，尽管在图 6-7（b）中相邻色谱峰发生了部分重叠，但是，由于每一个化学组分都存在所谓的纯组分流入流出区域，通过化学计量学多变量色谱峰纯度检验方法，可容易地直接得到与图 6-7（a）中完全一致的纯组分光谱［即图 6-7（d）中光谱曲线 1、2 与 3］，进而很容易地通过解 $\boldsymbol{X}=\boldsymbol{C}\boldsymbol{S}^{\mathrm{t}}=\sum_{i=1}^{A}\boldsymbol{c}_i\boldsymbol{s}_i^{\mathrm{t}}$ ，得到三个组分的纯色谱曲线。因此，借助多变量的光谱分析方法，图 6-7（b）与图 6-7（a）示出的这两种情形下的分离程度可以视为完全一致，即利用联用色谱仪器可以显著提高色谱的分离能力，而这种能力的提高是常规一维色谱检测不可能具备的。对于图 6-7（c）中的情形，由于不存在第二个化学组分的所谓纯组分区域，那么就不能得到该组分的纯光谱，进而直接得不到各自的纯色谱曲线。这类重叠色谱峰的分辨，已在本书第五章展开了详细讨论。有关此论点的详细说明和讨论，读者可参考文献［13］。

从以上讨论可以看到，通过现代化学量测空间的高维技术，包括各种分离仪器和波谱仪器的联用技术等，化学计量学可为化学样本空间的各类复杂样本快速进行定性定量分析、物质结构解析、直至最终决策信息的抽取提供各种不同的方法，从而展现了现代分析化学的广阔前景。

三、化学计量学中的软模型和硬模型

一般说来，有关分析化学中单个化合物的定性定量分析，采用常用的单变量最小二乘回归和标样比对皆可解决问题，所以，在传统的分析化学的课程学习中，数学要求是很低的，一般认为学到对数就够了。然而，随着分析仪器的不断普及，对复杂体系的直接分析的需求越来越高，特别是近年来化学计量学的发展，在分析化学中引入了多变量的解析方法，使得分析化学学科对数学的要求陡然提升，而且也为分析化学的发展带来了不少新的机遇。就是由于多变量的解析方法的引入，特别是主成分回归和偏最小二乘方法的出现，使得分析化学中的多组分同时定量分析变得十分简单；原由统计学中发展的因子分析技术由 Malinowski 于 20 世纪 70 年代引入化学，借助线性代数中秩的概念，使得对混合体系中组分数的确定成为可能，这就为随后的灰色和黑色体系的分析奠定了理论基础；从 20 世纪 90 年代起，由于计算机科学、统计学以及应用数学的飞速发展，大量的机器学习新方法、数据发掘新方法引入化学和分析化学，使得复杂体系的模式分析和识别、谱学的直接定量分析、波谱的结构解析以及定量结构性能关系等方面的研究得到长足发展，大大拓展了分析化学学科发展的研究方向。

由于化学计量学的发展主要依赖于多变量的解析思路，所以，化学计量学的新方法研究也大都依赖于数学建模，实际上，在化学计量学的几十年的发展中，一直存在着两种建模的方法，按著名统计学家 Breiman 的说法，在统计建模中，存在着两种不同的文化[14]，从化学计量学的多元校正研究的角度来说，很多分析化学中的问题，就是通过化学测量，获得自变量数据 $\boldsymbol{X}$（或称为预测变量）和因变量数据 $\boldsymbol{y}$（或称为响应值），通常在化学计量学研究中，自变量数据 $\boldsymbol{X}$ 为一个矩阵，其中每一行为样本的基本特征，通常为一个测量谱（或称为预测变量），而因变量（或称为响应值）数据 $\boldsymbol{y}$ 为一个与自变量数据 $\boldsymbol{X}$ 相对应的矢量数据，其中每一个元素，就代表了样本的一个化学或生物测量值，然后通过数学模型将两者联系起来，即

$$\text{响应值}(\boldsymbol{y}) = f(\text{预测变量，随机噪声，模型参数}) = f(\boldsymbol{X}) \tag{6-2}$$

这种情况可由图 6-8 形象表出：

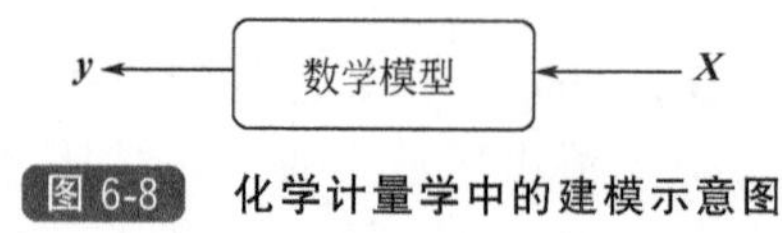

图 6-8 化学计量学中的建模示意图

在式（6-2）中，$f(.)$ 表示抽象的函数关系，取决于图中采用的数学模型，一般说来，在目前化学计量学的研究中存在着两种情况，一种称为软模型（soft modeling），一种称为

硬模型（solid modeling）。虽然两种情况都是建模，但是，在实际建模时，这两种情况在处理思路、模型校验和结果评价方面，差距却很大，值得引起注意。下面将对这两种建模情况在处理思路、模型校验和结果评价方面进行必要讨论，这将对理解本书后续内容有好处。

首先，讨论硬模型的情况。对于分析化学中的这种模型，因所发展的相应的分析方法大都基于分析仪器中的组分加合定律，如紫外-可见光谱的朗伯-比耳定律、质谱加合原理、红外吸收加合定律等，具有严格的化学物理意义，一般说来，对于多元校正模型，只要所得结果的拟合效果好，即 R^2（模型解释的方差）高，所得模型残差与量测误差相当，就可认为所得结果是可取的；对于多元分辨模型，除先考察结果的拟合效果外，还须考察分辨所得波谱与实际波谱的相似程度，以确定所得结果的可靠性。对本书而言，在本章第三节到第五节讨论的解析方法，大都属于硬模型的解析情况，并多属于线性体系，所以，对于这些方法，线性代数中的知识为其主体，统计学基础知识主要用于误差分析。对于硬模型（solid modeling）的分析思路，图 6-9 给出了一个简要说明。

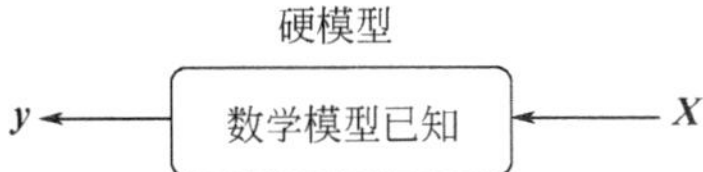

处理思路：谨慎使用分析化学中的各类线性加和定理；
模型校验：考察模型的拟合结果，并与已有的实际波谱进行比较；
结果评价：分析实际量测误差，并与模型残差进行比较

图 6-9　化学计量学中的硬模型建模特点示意图

但是，对于“软模型”多变量解析方法，由于这些方法面临的复杂分析体系，如对不同种类的中药材（或植物物种的化学分类与鉴别）的分类与真伪鉴别，不同疾病患者的代谢组学分析、蛋白组学分析，粮食或烟草中的蛋白质、脂肪、糖类的总量分析方法，能源化学中汽油的辛烷值（或油品标号）测定，等，可以说，对于这些体系的分析一般都不存在具有严格的化学物理意义的定理和理论基础，是一类具有很多模糊信息的体系。同时还应注意到，这类样本的分析并不仅是对某种化合物的定量分析，还是多种化学物质的综合效应，是一种样本整体性质的定性分析，故其校正模型不确定（线性或非线性未知，没有类似朗伯-比耳定律作为其分析校正基础）；同时，波谱中的响应变量在定量分析或模式分析与识别中亦不能确定，且有时还需要用原先传统化学或物理方法所得定量数据作为标杆方法建模，虽化学计量学采用了多变量分析的思路，借统计学和计算机科学中发展的模式识别和机器学习的多种方法，可以对此类分析系统进行解析，但所得结果却特别容易发生“过拟合”（overfitting）危险（参见本章中第六节和第七节以及第七章、第九章采用的建模方法）。所以，如仍采用前述硬模型的解析方法，容易出现误导情况，应特别小心。

实际上，这类样本的仪器分析实质是一种更高层次的复杂多组分体系的分析，在本书中，将它们称为“广义灰色体系”。所以，对于这些体系的解析建模，其处理思路、模型校验和结果评价将与硬模型的解析大不相同，由于式（6-2）中的函数关系 $f(.)$ 实际是未知的，函数关系（线性或非线性）无法确定，所以，其重点将主要集中于考察模型的预测效果，强调后续的模型预测性能，模型评价和校验将不是模型的拟合，即 R^2（模型解释的方差），而是所得模型的预测误差，即 Q^2（模型在预测中能解释的方差）。如有可能与数据量测误差进行比较，也不应该采用模型残差（model residual），而应该采用模型的预测误差。对本书而言，在本章第六节和第七节以及第七章、第九章采用的建模方法，大都属于软模型的解析情况。所以，对于这些方法，除最简单，也是化学计量学中最通用的主成分回归

(principal component regression，PCR）和偏最小二乘（partial least squares，PLS）外，还将注重介绍一些目前在统计学和计算机科学中发展的新型模式识别和机器学习的方法，如支持向量机（support vector machines，SVMs）、分类回归树（classification and regression trees，CART)、boosting 建模（boosting modeling)、随机森林（radom forests）及模型融合等。在这里，统计学、线性代数及优化方法的知识将成为其主体基础，涉及面也较为广泛，是本书的一个难点。对于软模型的分析思路，图 6-10 给出了一个简要说明。

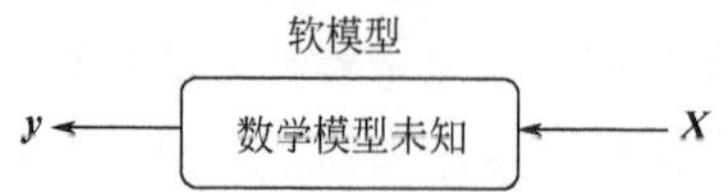

处理思路：尽量采用多种现有解析方法进行必要比较研究；
模型校验：主要考察模型的预测结果，最好能采用模型分布式方法进一步校验；
结果评价：分析实际量测误差，并与预测误差进行比较

图 6-10 化学计量学中的软模型建模特点示意图

特别值得说明的是，对此类体系的分析问题尚未完全解决，目前还有很多问题有待进一步研究。

第二节　分析化学中的校正理论

一、张量校正理论

张量校正理论主要由 Lorber[15] 和 Kowalski 等[16] 提出，这可看作构成分析化学第二层次的基础理论的重要组成部分[17]。简言之，校正理论就是分析化学中的定量分析理论，它将常用的经典分析化学中的灵敏度、选择性、信噪比、检测下限以及结果可靠性评价等已为广大分析化学工作者广泛接受的基本概念，拓广至矢量甚至张量数据，为分析工作者针对不同分析体系，选择正确定量校正方法及评价分析结果的可靠性提供理论依据。

表 6-1 给出了该理论提出的零阶到二阶张量校正的基本公式，在此，我们只对这些公式的意义加以适当说明，而有关矢量校正公式的详细推导，请参阅本章多元校正的分析化学品质因数和可靠性分析一节，有兴趣的读者还可进一步参阅文献［18～22］。

表 6-1 零阶到二阶张量校正理论的基本公式

零阶张量	一阶张量		二阶张量
	直接校正	间接校正	
$r=cb+e$	$\boldsymbol{r}=\boldsymbol{Kc}+\boldsymbol{e}$	$\boldsymbol{c}=\boldsymbol{Rb}+\boldsymbol{e}$	$\boldsymbol{M\Psi}=\boldsymbol{N\Psi\lambda}$
$c=r/b$	$\boldsymbol{c}=(\boldsymbol{K}^{t}\boldsymbol{K})^{-1}\boldsymbol{K}^{t}\boldsymbol{r}$	$\boldsymbol{b}=\boldsymbol{R}^{+}\boldsymbol{c}$	$NAR_N=\mathrm{rank}(\boldsymbol{M})-\mathrm{rank}(\boldsymbol{M}\mid\boldsymbol{N})$
	$\boldsymbol{NAS}_i=(\boldsymbol{I}-\boldsymbol{K}_i\boldsymbol{K}_i^{+})\boldsymbol{r}$	$\Vert\boldsymbol{NAS}\Vert=1/\Vert\boldsymbol{b}\Vert$	$\boldsymbol{NAS}_N=\boldsymbol{c}_N\boldsymbol{xy}^{t}$
	$SEL_i=\Vert\boldsymbol{NAS}_i\Vert/\Vert\boldsymbol{r}\Vert$	$SEL=\Vert\boldsymbol{NAS}\Vert/\boldsymbol{r}$	$SEL_N=\Vert\boldsymbol{NAS}_N\Vert/\Vert\boldsymbol{N}\Vert=1$
$SEN=(\Delta r/\Delta c)=b$	$SEN_i=\Vert\boldsymbol{k}_i^{*}\Vert$	$SEN=\Vert\boldsymbol{NAS}\Vert$	$SEN=\Vert\boldsymbol{NAS}_N\Vert$
	$\varepsilon_r=\Vert(\boldsymbol{I}-\boldsymbol{K}_i\boldsymbol{K}_i^{+})\boldsymbol{r}\Vert$		$\varepsilon_r=\Vert\boldsymbol{E}\Vert$

续表

零阶张量	一阶张量		二阶张量
	直接校正	间接校正	
$S/N=r/\varepsilon_r$	$S/N=\varepsilon_r/\Vert \mathbf{NAS}_i \Vert$		
$LOD=k\varepsilon_r/b$	$LOD_i=k\varepsilon_r/SENi$	$LOD=k\varepsilon_r\Vert \mathbf{b}\Vert$	$LOD=k\varepsilon_r/\Vert \mathbf{NAS}_N\Vert$

对于零阶张量，亦即标量，校正模型很简单，$r=cb+e$，其中 r 表示仪器响应量，c 表示待测物的浓度，e 表示量测误差，ε_r 为其估计量。对于这样的量测模型，一般用简单最小二乘法即可求解。对此校正模型，IUPAC 给出了分析化学家常用的灵敏度、选择性、信噪比和检测下限。选择性一般是相对于共存干扰而言，对一含有 n 个被测物种体系，如某物种 i 的灵敏度为较大正数，其余物种的灵敏度均等于零或为接近噪声的响应，则称该分析方法对物种 i 具有完全选择性，反之，该法对物种 i 的选择性差。显然，对于标量校正模型 $r=cb+e$，一般要求最好是具有完全选择性，否则，待测物的定量就不准确了。

然而，对于一阶张量校正模型，情况就发生了变化。首先考察一下直接校正模型 $\mathbf{r}=\mathbf{Kc}+\mathbf{e}$，其中，$\mathbf{r}$ 表示混合物量测矢量，$\mathbf{K}$ 表示该混合体系所含物种的所有纯物种量测谱，也称校正矩阵，$\mathbf{c}$ 表示待求的混合物各物种的浓度矢量，$\mathbf{e}$ 为量测误差矢量。对于这样的校正模型，可容易地用多元最小二乘回归法直接求出，即 $\mathbf{c}=(\mathbf{K}^{\mathrm{t}}\mathbf{K})^{-1}\mathbf{K}^{\mathrm{t}}\mathbf{r}$ 。这就是说，对于一阶张量校正模型，其选择性将大大提高，即在定性已知干扰存在下，仍可定量测定待求物种 i 的浓度。当然，为此需要先求出该物种的所谓的纯分析信号矢量 $\mathbf{NAS}_i$（net analytical signal），即 $\mathbf{NAS}_i=(\mathbf{I}-\mathbf{K}_i\mathbf{K}_i^{+})\mathbf{r}$，其中，$\mathbf{K}_i$ 表示删去了该混合体系待求物种的纯物种量测谱 $\mathbf{k}_i$ 的校正矩阵，$\mathbf{K}_i^{+}$ 表示它的广义逆（参见第十一章）。求得纯分析信号矢量 $\mathbf{NAS}_i$ 后，直接校正模型 $\mathbf{r}=\mathbf{Kc}+\mathbf{e}$ 即可化为零阶张量模型，继而用表 6-1 所列公式可求得所有的分析工作者常用的灵敏度、选择性、信噪比、检测下限（详细推导参见本章第三节）。值得指出的是，如果各纯物质量测谱相互严重重叠或相似，就可能导致对该物种定量分析的准确度下降，甚至导致该分析体系成为“病态”体系而难以准确定量（参见本章第三节），所以其选择性还未达到完全选择。（对于间接校正模型，也可求得所有的分析化学家常用的灵敏度、选择性、信噪比、检测下限）

如果可更进一步得到二阶张量，即矩阵形式的量测数据，例如激发发射二维荧光光谱，则可在存在未知干扰的存在下直接对待测物种进行定量解析。二阶张量的校正模型为 $\mathbf{M\Psi}=\mathbf{N\Psi\lambda}$，在此，$\mathbf{M}$ 表示混合物量测矩阵数据，$\mathbf{N}$ 表示待测物种的标准量测矩阵，$\mathbf{\Psi}$ 为特征向量矩阵，$\mathbf{\lambda}$ 为其相对应的特征值矩阵，这在数学上是一个广义特征值问题（参见第十一章）。对于这样的校正模型，可首先得到待测物种的纯分析物种的秩，即 NAR_N（net analyte rank），$NAR_N=\mathrm{rank}(\mathbf{M})-\mathrm{rank}(\mathbf{M}\mid\mathbf{N})$，其中 $\mathrm{rank}(\mathbf{M}\mid\mathbf{N})$ 表示在 $\mathbf{M}$ 中除去 $\mathbf{N}$ 的秩。注意到此二阶张量校正模型的选择性 $SEL_N=\Vert \mathbf{NAS}_N\Vert/\Vert \mathbf{N}\Vert=1$，说明此类模型具有完全选择性，故可在存在未知干扰的情况下直接对待求物种进行定量解析。所以说，随着数据维数的增加，待测物种的定量选择性也随之增加，这被称为维数优势。

这三类校正模型的优缺点见表 6-2。

表 6-2　三类校正模型的优缺点

数据阶数	零阶张量校正模型	一阶张量校正模型	二阶张量校正模型
所需选择性	完全选择性	纯分析信号	纯分析物矩阵的秩

续表

数据阶数	零阶张量校正模型	一阶张量校正模型	二阶张量校正模型
最大可分析物种数	1	分析信号通道数	分析信号通道数
干扰	不能检测 结果有偏差	能检测 部分情况结果有偏差	能检测 分析结果准确
信号平均	不能	$\sqrt{I}$（I 为分析通道数）	$\sqrt{I \times J}$（$I \times J$ 为二维分析通道数的乘积）
统计性质	简单，很清楚	复杂，已基本清楚	还需继续研究

在分析化学的发展实际中，现今能够得到二阶张量数据，即矩阵形式的量测数据，严格说来还只有激发发射二维荧光光谱仪，如果说联用色谱可产生有条件约束的二阶张量数据，也只有 HPLC-DAD 和 GC-MS 可满足此条件，而在植物化学和药物分析、代谢组学、蛋白组学中大量使用的各种联用色谱仪器，如 LC-MS、LC-NMR 仪器，原则上都很难满足二阶张量的双线性条件。所以，张量校正理论在 20 世纪末提出后，尽管由此产生了很多的三维分辨与校正的算法，但在实际应用中却步履极难，很难实际解决代谢组学、蛋白组学、植物化学和药物分析中的难点问题，但在近十多年，已取得较好进步。

二、黑、白、灰多组分体系及仪器分析策略

前面一节介绍的零阶到二阶张量校正理论是从分析仪器提供的数据维数进行思考和讨论的，其视点主要集中在如何看待已有的分析手段。实际上，如果将分析化学看作一门化学量测科学，而化学量测的全过程本身也就是一个解决社会需求的过程，那么，考察一下分析化学家面对的研究目标——形形色色样本的重要特征，可以得到一些有用的思路。黑、白、灰多组分体系的分类正是从这一视点出发，以帮助人们根据不同样本和所需解决分析问题的不同特性，来选择仪器分析的策略和不同化学计量学的解析方法而提出的一个对样本分类的理论思考。

如前所述，由于生物学、生命科学、药物化学、环境科学、食品化学、农业化学等学科的迅猛发展，对分析化学亦提出了较高要求，即要求对复杂混合物体系，特别是复杂有机混合物体系给出快速定性定量分析，正是这一要求，使得近年来色谱分析得到飞速发展。可以这样认为，纯品的定性定量分析在现代分析化学已不构成特殊困难，困难就在于混合物体系的直接快速分析。这样形形色色的多组分体系是否也存在某种特征，针对这些特征分析化学家是否有相应策略与之对应？在分析化学的实际分析工作中，针对分析化学须对混合物体系中的各类化学物质进行定性定量分析的目的，可将在实际仪器分析测量中碰到的混合物体系，大致地分为以下三种类型，即：①对某些混合体系，其定性组成均已知，分析目的只在于对各种物种（或物种的不同形态）或部分物种进行定量分析，这样的试样包括已知药物片剂分析和某些已知有机反应的过程的分析样本。因该体系的定性组成已完全清楚，我们将其称之为“白色分析体系”，在以后的讨论中，可以看到，除少数非线性和所谓“病态体系”外，只要采用可产生矢量数据的分析仪器，分析化学计量学均可对“白色分析体系”的定性定量分析给出令人满意的解析结果。②对于毫无验前信息的分析试样，即其物种数、化学物种组成及浓度范围皆不清楚，分析工作的任务首先是确定其物种数，进而解析出各纯物种的谱图（可以是光谱、波谱等），即先将其转化为白色分析体系，然后进行定量分析。这类分析体系是分析化学中较难的一类体系，因其像个黑匣子，故我们称之为“黑色分析体系”。在以后的讨论中将看到，分析化学计量学家们已研究出了不少基于矩阵数据结构和张量数据结构的化学计量学解析方法，尤其是对于色谱联用仪器，如 GC-MS、GC-IR、HPLC-DAD

产生的矩阵数据，已发展了一系列解析新方法，可望解决黑色分析体系的快速定性定量分析问题。③除以上讨论的“白色”与“黑色”分析体系外，还有一类样本中，其基本特征为：已知待测物存在于待分析的样本中，但是否存在别的未知干扰却不清楚，分析目的是在存在未知干扰的情况下，直接对感兴趣的待测物进行定量分析。此类分析体系可以说是分析化学家碰到的最多的一类体系，因其定性组成只部分已知，介于“白色”与“黑色”分析体系之间，故将其称之为“灰色”分析体系。对于这类分析体系，可以证明，只要可通过仪器分析获得矩阵类型的数据，一般说来，采用分析化学计量学方法可望获得有物理意义的唯一解[23,24]。

值得指出的是，上述分类主要还是从完成经典的分析化学任务——化学组分的定性定量分析而提出的，所发展的相应的分析方法也都是基于分析仪器中的组分加合定律，如紫外-可见光谱朗伯-比耳定律、质谱加合原理、红外吸收加合定律等，具有严格的化学物理意义，可以说是基于所谓“硬模型”的分析方法。实际上，在近二十几年的化学计量学的发展中，另外一些有关复杂多组分体系的分析方法也得到了长足发展，可以解决一些特殊的复杂体系的分析问题，而这些分析方法，一般不存在具有严格的化学物理意义的硬模型，可以说是一类基于“软模型”的分析方法。对于此类分析体系，由于化学计量学采用了多变量分析的思路，借助统计学和计算机科学中发展的模式识别和机器学习的多种方法，可以解决此类分析系统的分析问题。实际上，化学计量学的核心就在于它的多变量分析，采用多变量模式分析与识别及多元校正的分析手段，可解决这些特殊的复杂体系的定性定量问题。在此，主要讨论以下两种情况。

（1）样本的多变量定性分析　这样的例子就是不同种类的中药材（或植物物种的化学分类与鉴别）的分类与真伪鉴别，天然香精香料提取物的分类与鉴别，不同疾病患者的代谢组学分析、蛋白组学分析等。对于这些样本的分析，人们不在乎是否能对其进行穷尽的化学组分定性定量分析，主要追求样本之间整体性（包括共同性与差异性）分析，可对不同样本进行区分，进而找到区分样本的主要化学因素（或特征变量，或生物化学标志物），化学计量学为此提供了相应的基于多变量的解析方法，这些方法亦将是本书主要讨论的复杂体系的分析方法。

（2）谱学的多变量定量分析　这样的例子最早来自农业化学，对于农业产品中的不同种类的粮食或烟草中的蛋白质、脂肪、糖类的总量分析，原先大都采用化学分析方法来完成，耗时耗力；另外，在分析化学的发展中，还存在一种情况，即人们往往不是对样本中某种化学物质的定量分析感兴趣，而是关注该样本的某一性质和特质，如能源化学中汽油的辛烷值（或油品标号）、食品化学中的某种感官定量指标、不同的塑料制品的鉴别等。诚然，这些都有一些传统的方法进行测量，亦大都存在耗时耗力或主观性太强的弱点。值得提出的是，一般像这样的化学分析，其结果都是由很多因素共同形成，而不是由某单个化合物决定。随着仪器分析进入实验室，人们都趋向于采用一些既无损且简便的方法来替代原有分析方法，就是由于化学计量学中主成分回归（PCR）和偏最小二乘（PLS）多变量解析方法的引入，使得对这些样本的快速分析成为可能。人们采用多变量的波谱分析（主要是近红外光谱、红外光谱、拉曼光谱等）来替代原先的传统分析方法，继采用 PCR、PLS 或其他多变量解析方法（包括支持向量机、人工神经网络）来校正建模，以达到快速分析的目的。注意到，这类样本的分析并不只局限于对某种化合物的定性定量分析，它们是多种化学物质的综合效应，故其校正模型不确定（线性或非线性未知，没有类似朗伯-比耳定律作为其分析校正基础），波谱中的响应变量亦不能确定，并且它还需要用原先传统化学或物理方法所得定量数据来作为标杆建模，这类样本实质上也是一种复杂多组分体系。在本书中，我们将它们称为“广义灰色体系”。

第三节　白色分析体系的多元校正方法

如前所述，本书第三节至第五节讨论的黑白灰复杂多组分体系分析方法皆为硬模型分析，都是基于朗伯-比耳定律或其他分析仪器信号的加合原理而构建的。本节所要讨论的白色分析体系的多元校正方法是其中最简单的，其特征在于构成此体系的化合物的定性组成均已知，是分析化学中常见的一种分析体系，分析目的是对试样中各种物种（或物种的不同形态）或部分物种进行定量分析。这样的试样包括已知药物片剂和某些已知有机反应的过程的分析样本。对于分析仪器产生的矢量数据（即每个样本相当于一个矢量，一个波谱），白色分析体系的定量分析，除少数非线性和所谓"病态体系"外，分析化学计量学均可给出令人满意的解析结果。

一般说来，对于白色分析体系，我们只须对混合样本及其所含纯物质样本进行相应的矢量型的光谱或波谱（包括紫外-可见光谱、红外或近红外光谱、质谱、核磁共振谱）测量或色谱测量，根据朗伯-比耳定律或其他分析仪器信号的加合原理，都可用下列线性加合数学模型表出：

$$\boldsymbol{y}=c_1\boldsymbol{x}_1+c_2\boldsymbol{x}_2+\cdots+c_n\boldsymbol{x}_n+\boldsymbol{e} \tag{6-3}$$

式中，$\boldsymbol{y}$ 表示混合物的量测矢量（或为光谱，或为其他谱）；$\boldsymbol{x}_i(i=1, 2, \cdots, n)$ 为纯物质的量测矢量（或为纯光谱，或为其他纯物质谱）；$\boldsymbol{e}$ 为量测误差矢量，一般假设为服从正态分布的等方差白噪声误差；$\boldsymbol{n}$ 为混合体系的共存物种数；$c_i(i=1, 2, \cdots, n)$ 为未知待估参数，一般可看成为相对浓度（相对于纯物质样本的浓度，在此所有纯物质样本的浓度都假设为单位浓度谱）。如采用矩阵表示，式（6-3）可改写为：

$$\boldsymbol{y}=\boldsymbol{Xc}+\boldsymbol{e} \tag{6-4}$$

这是因为，

$$\boldsymbol{y}=\begin{bmatrix} y_1 \\ y_2 \\ \vdots \\ y_m \end{bmatrix}=c_1\begin{bmatrix} x_{11} \\ x_{21} \\ \vdots \\ x_{m1} \end{bmatrix}+c_2\begin{bmatrix} x_{12} \\ x_{22} \\ \vdots \\ x_{m2} \end{bmatrix}+\cdots+c_n\begin{bmatrix} x_{1n} \\ x_{2n} \\ \vdots \\ x_{mn} \end{bmatrix}=\begin{bmatrix} x_{11} & x_{12} & \cdots & x_{1n} \\ x_{21} & x_{22} & \cdots & x_{2n} \\ \vdots & \vdots & \cdots & \vdots \\ x_{m1} & x_{m2} & \cdots & x_{mn} \end{bmatrix}\begin{bmatrix} c_1 \\ c_2 \\ \vdots \\ c_n \end{bmatrix}=\boldsymbol{Xc}$$

式中，m 是测量点数或波长数；$\boldsymbol{X}=[\boldsymbol{x}_1, \boldsymbol{x}_2, \cdots, \boldsymbol{x}_n]$，可称为敏感度矩阵；$\boldsymbol{c}=(c_1, c_2, \cdots, c_n)$，为未知待估参数矢量，或称为待测浓度矢量。

对由上面三式表出的多组分白色分析体系的数学模型，分析化学计量学根据不同的实验条件和不同仪器产生数据的不同特性，已有不少方法进行解析，本章将以直接校正法、间接校正法、通用标准加入法为线索，分别加以介绍和讨论。

一、直接校正方法

直接校正方法根据采用的不同数学方法，可分为多元线性回归方法（MLR），Kalman 滤波方法（KF）和加权最小二乘回归法（WLSR），下面将分别给予介绍。

（一）多元线性回归方法

【基本思路】

多元线性回归方法为一常规的统计解析方法，适用于对式（6-4）中的未知参数的估计。

此法直观简单，而且具有良好的统计特性，故在分析化学计量学中得到了广泛的应用。

注意到由式（6-4）示出的关系式中均含有一随机量测误差 $\boldsymbol{e}$，为使所估量测矢量与实际量测矢量的误差最小，一般采用最小二乘法，即构建一个目标函数 $f(\boldsymbol{c})$，使得 $f(\boldsymbol{c})=(\hat{\boldsymbol{y}}-\boldsymbol{y})^{\mathrm{t}}(\hat{\boldsymbol{y}}-\boldsymbol{y})=\boldsymbol{e}^{\mathrm{t}}\boldsymbol{e}$ 趋于最小，即

$$f(\boldsymbol{c})=(\hat{\boldsymbol{y}}-\boldsymbol{y})^{\mathrm{t}}(\hat{\boldsymbol{y}}-\boldsymbol{y})=(\hat{\boldsymbol{y}}-\boldsymbol{X}\boldsymbol{c})^{\mathrm{t}}(\hat{\boldsymbol{y}}-\boldsymbol{X}\boldsymbol{c})=\boldsymbol{e}^{\mathrm{t}}\boldsymbol{e}=\sum e_i^2$$

上式中只有 $\boldsymbol{c}$ 为未知量，故可对其求导而获得 $f(\boldsymbol{c})$ 的最小值。

因为

$$\begin{aligned}f(\boldsymbol{c})&=(\boldsymbol{y}-\boldsymbol{X}\boldsymbol{c})^{\mathrm{t}}(\boldsymbol{y}-\boldsymbol{X}\boldsymbol{c})=\boldsymbol{y}^{\mathrm{t}}\boldsymbol{y}-\boldsymbol{y}^{\mathrm{t}}(\boldsymbol{X}\boldsymbol{c})-(\boldsymbol{X}\boldsymbol{c})^{\mathrm{t}}\boldsymbol{y}+(\boldsymbol{X}\boldsymbol{c})^{\mathrm{t}}(\boldsymbol{X}\boldsymbol{c})\\&=\boldsymbol{y}^{\mathrm{t}}\boldsymbol{y}-\boldsymbol{y}^{\mathrm{t}}\boldsymbol{X}\boldsymbol{c}-\boldsymbol{c}^{\mathrm{t}}\boldsymbol{X}\boldsymbol{y}+\boldsymbol{c}^{\mathrm{t}}\boldsymbol{X}^{\mathrm{t}}\boldsymbol{X}\boldsymbol{c}\\&=\boldsymbol{y}^{\mathrm{t}}\boldsymbol{y}-2\boldsymbol{y}^{\mathrm{t}}\boldsymbol{X}\boldsymbol{c}+\boldsymbol{c}^{\mathrm{t}}\boldsymbol{X}^{\mathrm{t}}\boldsymbol{X}\boldsymbol{c}\end{aligned}\tag{6-5}$$

在上式的推导中，因 $\boldsymbol{y}^{\mathrm{t}}\boldsymbol{X}\boldsymbol{c}$ 为一标量，故有 $\boldsymbol{y}^{\mathrm{t}}\boldsymbol{X}\boldsymbol{c}=\boldsymbol{c}^{\mathrm{t}}\boldsymbol{X}\boldsymbol{y}$，对上式求导可得（参见第十一章的“矢量求导”）

$$\mathrm{d}f(\boldsymbol{c})/\mathrm{d}\boldsymbol{c}=-2\boldsymbol{X}^{\mathrm{t}}\boldsymbol{y}+2\boldsymbol{X}^{\mathrm{t}}\boldsymbol{X}\boldsymbol{c}\tag{6-6}$$

令上式等于零，即可得

$$\boldsymbol{X}^{\mathrm{t}}\boldsymbol{X}\boldsymbol{c}=\boldsymbol{X}^{\mathrm{t}}\boldsymbol{y}$$

亦即

$$\hat{\boldsymbol{c}}=(\boldsymbol{X}^{\mathrm{t}}\boldsymbol{X})^{-1}\boldsymbol{X}^{\mathrm{t}}\boldsymbol{y}$$

上式所求解一般称为最小二乘解。只要由式（6-4）确定的数学模型中的假设成立，即量测误差的确服从高斯正态分布且具有零均等方差的噪声，则上式给出的解具有很多良好的统计性质。在此假设（$\boldsymbol{X}^{\mathrm{t}}\boldsymbol{X}$）是满秩的，其前提就是要求矩阵 $\boldsymbol{X}$ 包含的每一列，即 $\boldsymbol{x}_i$（$i=1, 2, \cdots, n$）所表征的纯物质的量测矢量（或为纯光谱，或为其他纯物质谱）线性无关。一般说来，只要此混合体系中不存在化学反应，该条件容易满足。但是，对于某些量测光谱，尤其是紫外-可见光谱，由于其主要反映分子共轭体系的信息，有些化合物的光谱是十分相近的，由于光谱相似度过高，可造成矩阵 $\boldsymbol{X}$ 接近亏秩而使上述最小二乘法不稳定，成为病态体系。有关病态体系的分析，本章将进行专门讨论。

值得指出的是，因 $\boldsymbol{X}$ 和 $\boldsymbol{y}$ 均为已知量，所以如果采用 Matlab 编程，只需一个语句即可算得结果，即

$$\boldsymbol{c}=\mathrm{inv}(\boldsymbol{X}'\boldsymbol{X})*\boldsymbol{X}'*\boldsymbol{y}$$

所以，在此对多元线性回归不给出基本算法了。

【基本性质】

多元线性回归给出的解具有很多良好的统计特性，对此将给出较为详细的讨论（这对理解该法的实用性和合理地评价所得分析结果的可靠性很有帮助）。

（1）最小二乘估计 $\hat{\boldsymbol{c}}$ 是未知浓度矢量 $\boldsymbol{c}$ 的无偏估计。

记 $\hat{\boldsymbol{c}}$ 的数学期望（可近似看成平均值）为

$$E(\hat{\boldsymbol{c}})=E\begin{bmatrix}\hat{c}_1\\ \hat{c}_2\\ \vdots\\ \hat{c}_n\end{bmatrix}=\begin{bmatrix}E(\hat{c}_1)\\ E(\hat{c}_2)\\ \vdots\\ E(\hat{c}_n)\end{bmatrix}$$

于是有

$$E(\hat{\boldsymbol{c}})=E[(\boldsymbol{X}^{\mathrm{t}}\boldsymbol{X})^{-1}\boldsymbol{X}^{\mathrm{t}}\boldsymbol{y}]=(\boldsymbol{X}^{\mathrm{t}}\boldsymbol{X})^{-1}\boldsymbol{X}^{\mathrm{t}}E(\boldsymbol{y})=(\boldsymbol{X}^{\mathrm{t}}\boldsymbol{X})^{-1}\boldsymbol{X}^{\mathrm{t}}E(\boldsymbol{X}\boldsymbol{c}+\boldsymbol{e})$$
$$=(\boldsymbol{X}^{\mathrm{t}}\boldsymbol{X})^{-1}\boldsymbol{X}^{\mathrm{t}}\boldsymbol{X}\boldsymbol{c}+E(\boldsymbol{e})$$

在直接校正模型中有关量测误差服从高斯正态分布且具有零均等方差的噪声，即

$$E(\boldsymbol{e})=\boldsymbol{0}$$

和

$$\mathrm{Cov}(\boldsymbol{e})=\sigma^2\boldsymbol{I}$$

于是

$$E(\hat{\boldsymbol{c}})=(\boldsymbol{X}^{\mathrm{t}}\boldsymbol{X})^{-1}\boldsymbol{X}^{\mathrm{t}}\boldsymbol{X}\boldsymbol{c}=\boldsymbol{c} \tag{6-7}$$

此式结果就说明最小二乘估计 $\hat{\boldsymbol{c}}$ 是未知浓度矢量 $\boldsymbol{c}$ 的无偏估计，从统计意义上说明了该法结果的准确性。

（2）最小二乘估计 $\hat{\boldsymbol{c}}$ 的方差阵为

$$\mathrm{Cov}(\hat{\boldsymbol{c}})=\sigma^2(\boldsymbol{X}^{\mathrm{t}}\boldsymbol{X})^{-1}$$

因为 $E(\boldsymbol{y})=E(\boldsymbol{X}\hat{\boldsymbol{c}}+\boldsymbol{e})=E(\boldsymbol{X}\hat{\boldsymbol{c}})+E(\boldsymbol{e})=\boldsymbol{X}\boldsymbol{c}$
这是因为 $\boldsymbol{X}$ 可以视为常数矩阵，即

$$E(\boldsymbol{X}\hat{\boldsymbol{c}})+E(\boldsymbol{e})=\boldsymbol{X}E(\hat{\boldsymbol{c}})+0=\boldsymbol{X}\boldsymbol{c}$$

随机变量

$$\mathrm{Cov}(\boldsymbol{y})=E\{[\boldsymbol{y}-E(\boldsymbol{y})][\boldsymbol{y}-E(\boldsymbol{y})]^{\mathrm{t}}\}$$
$$=E[(\boldsymbol{y}-\boldsymbol{X}\hat{\boldsymbol{c}})(\boldsymbol{y}-\boldsymbol{X}\hat{\boldsymbol{c}})^{\mathrm{t}}]$$
$$=E(\boldsymbol{e}\boldsymbol{e}^{\mathrm{t}})=\sigma^2\boldsymbol{I}$$

所以

$$\hat{\boldsymbol{c}}-\boldsymbol{c}=(\boldsymbol{X}^{\mathrm{t}}X)^{-1}\boldsymbol{X}^{\mathrm{t}}\boldsymbol{y}-\boldsymbol{c}=(\boldsymbol{X}^{\mathrm{t}}\boldsymbol{X})^{-1}\boldsymbol{X}^{\mathrm{t}}(\boldsymbol{X}\boldsymbol{c}+\boldsymbol{e})-\boldsymbol{c}=(\boldsymbol{X}^{\mathrm{t}}\boldsymbol{X})^{-1}\boldsymbol{X}^{\mathrm{t}}\boldsymbol{e}$$

$$\mathrm{Cov}(\hat{\boldsymbol{c}})=\mathrm{Cov}[(\boldsymbol{X}^{\mathrm{t}}\boldsymbol{X})^{-1}\boldsymbol{X}^{\mathrm{t}}\boldsymbol{y}]=(\boldsymbol{X}^{\mathrm{t}}\boldsymbol{X})^{-1}\boldsymbol{X}^{\mathrm{t}}\mathrm{Cov}(\boldsymbol{y})\boldsymbol{X}(\boldsymbol{X}^{\mathrm{t}}\boldsymbol{X})^{-1}$$
$$=(\boldsymbol{X}^{\mathrm{t}}\boldsymbol{X})^{-1}\boldsymbol{X}^{\mathrm{t}}\sigma^2\boldsymbol{I}\boldsymbol{X}(\boldsymbol{X}^{\mathrm{t}}\boldsymbol{X})^{-1}=\sigma^2(\boldsymbol{X}^{\mathrm{t}}\boldsymbol{X})^{-1}$$

（3）如定义 $s^2=(\hat{\boldsymbol{y}}-\boldsymbol{y})^{\mathrm{t}}(\hat{\boldsymbol{y}}-\boldsymbol{y})/(m-n)$，则 s^2 为 σ^2 的无偏估计。在这里，m 是测量点数或波长数，n 是混合体系的组分数，s^2 可称为残余方差。

在给出证明之前，先介绍一条引理。

引理：设 $\boldsymbol{g}$ 为 n 维随机矢量。$E(\boldsymbol{g})=\boldsymbol{f}$，$\mathrm{Cov}(\boldsymbol{g})=\boldsymbol{V}$，又 $\boldsymbol{A}$ 为一 n 阶常数方阵，则

$$E(\boldsymbol{g}^{\mathrm{t}}\boldsymbol{A}\boldsymbol{g})=\boldsymbol{f}^{\mathrm{t}}\boldsymbol{A}\boldsymbol{f}+\mathrm{tr}(\boldsymbol{A}\boldsymbol{V})$$

特别地，当 $\mathrm{Cov}(\boldsymbol{g})=\sigma^2\boldsymbol{I}_{n\times n}$，有

$$E(\boldsymbol{g}^{\mathrm{t}}\boldsymbol{A}\boldsymbol{g})=\boldsymbol{f}^{\mathrm{t}}\boldsymbol{A}\boldsymbol{f}+\sigma^2\mathrm{tr}(\boldsymbol{A})$$

证明：利用公式 $\mathrm{tr}(\boldsymbol{AB})=\mathrm{tr}(\boldsymbol{BA})$，并令

$$\boldsymbol{g}=\boldsymbol{f}+\boldsymbol{e}_0$$

其中，$\boldsymbol{f}$ 为随机矢量 $\boldsymbol{g}$ 的均值，为常量矢量，$\boldsymbol{e}_0$ 为一均值为零的随机矢量，则有 $E(\boldsymbol{e}_0\boldsymbol{e}_0^{\mathrm{t}})=\mathrm{Cov}(\boldsymbol{e}_0)=\boldsymbol{V}$，所以

$$\begin{aligned}E(\boldsymbol{g}^{\mathrm{t}}\boldsymbol{A}\boldsymbol{g})&=E[(\boldsymbol{f}+\boldsymbol{e}_0)^{\mathrm{t}}\boldsymbol{A}(\boldsymbol{f}+\boldsymbol{e}_0)]\\&=\boldsymbol{f}^{\mathrm{t}}\boldsymbol{A}\boldsymbol{f}+2\boldsymbol{f}^{\mathrm{t}}\boldsymbol{A}E(\boldsymbol{e}_0)+E(\boldsymbol{e}_0^{\mathrm{t}}\boldsymbol{A}\boldsymbol{e}_0)\\&=\boldsymbol{f}^{\mathrm{t}}\boldsymbol{A}\boldsymbol{f}+E[\mathrm{tr}(\boldsymbol{e}_0^{\mathrm{t}}\boldsymbol{A}\boldsymbol{e}_0)]=\boldsymbol{f}^{\mathrm{t}}\boldsymbol{A}\boldsymbol{f}+E[\mathrm{tr}(\boldsymbol{A}\boldsymbol{e}_0\boldsymbol{e}_0^{\mathrm{t}})]\\&=\boldsymbol{f}^{\mathrm{t}}\boldsymbol{A}\boldsymbol{f}+\mathrm{tr}[\boldsymbol{A}E(\boldsymbol{e}_0\boldsymbol{e}_0^{\mathrm{t}})]=\boldsymbol{f}^{\mathrm{t}}\boldsymbol{A}\boldsymbol{f}+\mathrm{tr}(\boldsymbol{A}\boldsymbol{V})\end{aligned}$$

证毕。

在上述推导过程中，用到了求迹运算与求数学期望（或称求均值）运算可交换的原理。利用以上引理，不难证明 s^2 为 σ^2 的无偏估计。

因为

$$\begin{aligned}E[s^2]&=E[(\boldsymbol{y}-\hat{\boldsymbol{y}})^{\mathrm{t}}(\boldsymbol{y}-\hat{\boldsymbol{y}})/(m-n)]\\&=1/(m-n)E[(\boldsymbol{y}-\boldsymbol{X}\hat{\boldsymbol{c}})^{\mathrm{t}}(\boldsymbol{y}-\boldsymbol{X}\hat{\boldsymbol{c}})]\\&=1/(m-n)E[(\boldsymbol{y}-\boldsymbol{X}(\boldsymbol{X}^{\mathrm{t}}\boldsymbol{X})^{-1}\boldsymbol{X}^{\mathrm{t}}\boldsymbol{y})^{\mathrm{t}}(\boldsymbol{y}-\boldsymbol{X}(\boldsymbol{X}^{\mathrm{t}}\boldsymbol{X})^{-1}\boldsymbol{X}^{\mathrm{t}}\boldsymbol{y})]\\&=1/(m-n)E[\boldsymbol{y}^{\mathrm{t}}(\boldsymbol{I}_{m\times m}-\boldsymbol{X}(\boldsymbol{X}^{\mathrm{t}}\boldsymbol{X})^{-1}\boldsymbol{X}^{\mathrm{t}})^{\mathrm{t}}(\boldsymbol{I}_{m\times m}-\boldsymbol{X}(\boldsymbol{X}^{\mathrm{t}}\boldsymbol{X})^{-1}\boldsymbol{X}^{\mathrm{t}})\boldsymbol{y}]\end{aligned}$$

式中 $(\boldsymbol{I}_{m\times m}-\boldsymbol{X}(\boldsymbol{X}^{\mathrm{t}}\boldsymbol{X})^{-1}\boldsymbol{X}^{\mathrm{t}})^{\mathrm{t}}(\boldsymbol{I}_{m\times m}-\boldsymbol{X}(\boldsymbol{X}^{\mathrm{t}}\boldsymbol{X})^{-1}\boldsymbol{X}^{\mathrm{t}})$ 就相当于一个常数矩阵，而

$$E(\hat{\boldsymbol{y}})=E(\boldsymbol{X}\hat{\boldsymbol{c}})=\boldsymbol{X}E(\hat{\boldsymbol{c}})=\boldsymbol{X}\boldsymbol{c}$$

另外，$(\boldsymbol{I}_{m\times m}-\boldsymbol{X}(\boldsymbol{X}^{\mathrm{t}}\boldsymbol{X})^{-1}\boldsymbol{X}^{\mathrm{t}})$ 为一对称幂等矩阵，故有

$$\begin{aligned}&(\boldsymbol{I}_{m\times m}-\boldsymbol{X}(\boldsymbol{X}^{\mathrm{t}}\boldsymbol{X})^{-1}\boldsymbol{X}^{\mathrm{t}})^{\mathrm{t}}(\boldsymbol{I}_{m\times m}-\boldsymbol{X}(\boldsymbol{X}^{\mathrm{t}}\boldsymbol{X})^{-1}\boldsymbol{X}^{\mathrm{t}})\\=&\boldsymbol{I}_{m\times m}-2(\boldsymbol{X}(\boldsymbol{X}^{\mathrm{t}}\boldsymbol{X})^{-1}\boldsymbol{X}^{\mathrm{t}})^{\mathrm{t}}+(\boldsymbol{X}(\boldsymbol{X}^{\mathrm{t}}\boldsymbol{X})^{-1}\boldsymbol{X}^{\mathrm{t}})^{\mathrm{t}}(\boldsymbol{X}(\boldsymbol{X}^{\mathrm{t}}\boldsymbol{X})^{-1}\boldsymbol{X}^{\mathrm{t}})^{\mathrm{t}}\\=&\boldsymbol{I}_{m\times m}-(\boldsymbol{X}(\boldsymbol{X}^{\mathrm{t}}\boldsymbol{X})^{-1}\boldsymbol{X}^{\mathrm{t}})\end{aligned}$$

利用前述引理，可得

$$\begin{aligned}&(\boldsymbol{X}\boldsymbol{c})^{\mathrm{t}}(\boldsymbol{I}_{m\times m}-\boldsymbol{X}(\boldsymbol{X}^{\mathrm{t}}\boldsymbol{X})^{-1}\boldsymbol{X}^{\mathrm{t}})(\boldsymbol{X}\boldsymbol{c})\\=&\boldsymbol{c}^{\mathrm{t}}\boldsymbol{X}^{\mathrm{t}}(\boldsymbol{I}-\boldsymbol{X}(\boldsymbol{X}^{\mathrm{t}}\boldsymbol{X})^{-1}\boldsymbol{X}^{\mathrm{t}})\boldsymbol{X}\boldsymbol{c}\\=&\boldsymbol{c}^{\mathrm{t}}(\boldsymbol{X}^{\mathrm{t}}\boldsymbol{X}-\boldsymbol{X}^{\mathrm{t}}\boldsymbol{X}(\boldsymbol{X}^{\mathrm{t}}\boldsymbol{X})^{-1}\boldsymbol{X}^{\mathrm{t}}\boldsymbol{X})\boldsymbol{c}\end{aligned}$$

$$=\boldsymbol{c}^{\mathrm{t}}(\boldsymbol{X}^{\mathrm{t}}\boldsymbol{X}-\boldsymbol{X}^{\mathrm{t}}\boldsymbol{X})\boldsymbol{c}$$

$$=\boldsymbol{c}^{\mathrm{t}}(\boldsymbol{0})\boldsymbol{c}=0$$

$$\mathrm{tr}(\boldsymbol{I}_{m\times m}-\boldsymbol{X}(\boldsymbol{X}^{\mathrm{t}}\boldsymbol{X})^{-1}\boldsymbol{X}^{\mathrm{t}})$$

$$=\mathrm{tr}(\boldsymbol{I}_{m\times m})-\mathrm{tr}(\boldsymbol{X}(\boldsymbol{X}^{\mathrm{t}}\boldsymbol{X})^{-1}\boldsymbol{X}^{\mathrm{t}})$$

$$=\mathrm{tr}(\boldsymbol{I}_{m\times m})-\mathrm{tr}((\boldsymbol{X}^{\mathrm{t}}\boldsymbol{X})^{-1}\boldsymbol{X}^{\mathrm{t}}\boldsymbol{X})$$

$$=\mathrm{tr}(\boldsymbol{I}_{m\times m})-\mathrm{tr}(\boldsymbol{I}_{n\times n})=m-n$$

结合上述两式可得

$$E[s^2]=1/(m-n)\times(0+(m-n)\sigma^2)=\sigma^2$$

（4）只要有关量测误差服从高斯正态分布且具有零均等方差的噪声的假设成立，最小二乘估计为相合估计，即

$$\mathrm{lim}\mathrm{Cov}(\hat{\boldsymbol{c}})=\mathrm{lim}\sigma^2(\boldsymbol{X}^{\mathrm{t}}\boldsymbol{X})^{-1}=\mathrm{lim}\,\frac{\sigma^2}{m}[(\boldsymbol{X}^{\mathrm{t}}\boldsymbol{X}/m)^{-1}]$$

$$=\mathrm{lim}\sigma^2/m(\boldsymbol{F})=0$$

这是因为上式中 $\boldsymbol{F}$ 矩阵为一平均协方差阵，可近似认为是常数矩阵。这一关系说明，只有有关假设成立，量测点越多，估计浓度的方差越小。

（5）只要有关量测误差服从高斯正态分布且具有零均等方差噪声的假设成立，则在全部线性无偏估计类中，最小二乘估计是唯一的方差一致最小估计（Gauss-Markov 定律）。因 Gauss-Markov 定律的证明须用到一些不常用的统计学定理，在此从略。

从以上讨论可以看出，最小二乘估计的确具有很好的统计学特性。故此方法虽很古老，还仍在分析化学计量学中得到广泛的应用[25~27]。因其是直接用纯物质谱来进行混合体系的浓度校正，故有直接校正之称。

在分析化学计量学的多元校正方法中，最优量测点（在紫外-可见光谱分析中为波长）的选择一直是一个研究课题。在分析化学中，为测定多组分，亦常用多波长方法。原则上说，在线性代数中，几个未知数的求解只需要几个线性方程就够了，而在本节介绍的最小二乘估计法，其线性方程的数目（m）是远远大于未知组分浓度的数目（n）的。现在根据上述讨论的最小二乘估计的性质，不妨对此问题进行分析。

在最优量测点的选择标准中，最著名的有以下三种：①估计值的均方差标准[28,29]，$MSE=\sigma^2\mathrm{tr}(\boldsymbol{X}^{\mathrm{t}}\boldsymbol{X})^{-1}$；②敏感度矩阵行列式标准[30,31]，$S=\det(\boldsymbol{X}^{\mathrm{t}}\boldsymbol{X})$；③敏感度矩阵条件数标准[32]，$\mathrm{Cond}(\boldsymbol{X})=\mathrm{Cond}(\boldsymbol{X}^{\mathrm{t}}\boldsymbol{X})$，在此 Cond(.) 表示条件数。这三个标准有一定内在联系，只须进行简单代数运算即可得

$$MSE=\sigma^2\mathrm{tr}(\boldsymbol{X}^{\mathrm{t}}\boldsymbol{X})^{-1}=\sigma^2\mathrm{tr}(\boldsymbol{Q}^{\mathrm{t}}\boldsymbol{Q}\boldsymbol{X}^{\mathrm{t}}\boldsymbol{X})^{-1}=\sigma^2\mathrm{tr}(\boldsymbol{Q}^{\mathrm{t}}\boldsymbol{X}^{\mathrm{t}}\boldsymbol{X}\boldsymbol{Q})^{-1}=\sigma^2\sum_{i=1}^{n}\frac{1}{\lambda_i}$$

式中，$\boldsymbol{Q}$ 为一正交矩阵；λ_i 为（$\boldsymbol{X}^{\mathrm{t}}\boldsymbol{X}$）经正交变换所得对角矩阵的第 i 个对角元素，常称为特征值（参阅第十一章）。

$$S=\det(\boldsymbol{X}^{\mathrm{t}}\boldsymbol{X})=\det(\boldsymbol{Q}^{\mathrm{t}}\boldsymbol{Q})\det(\boldsymbol{X}^{\mathrm{t}}\boldsymbol{X})=\det(\boldsymbol{Q}^{\mathrm{t}})\det(\boldsymbol{Q})\det(\boldsymbol{X}^{\mathrm{t}}\boldsymbol{X})$$

$$=\det(\boldsymbol{Q}^{\mathrm{t}})\det(\boldsymbol{X}^{\mathrm{t}}\boldsymbol{X})\det(\boldsymbol{Q})=\det(\boldsymbol{Q}^{\mathrm{t}}\boldsymbol{X}^{\mathrm{t}}\boldsymbol{X}\boldsymbol{Q})=\prod\lambda_i$$

$$\mathrm{Cond}(\boldsymbol{X})=\mathrm{Cond}(\boldsymbol{X}^{\mathrm{t}}\boldsymbol{X})=\frac{\max(\lambda_i)}{\min(\lambda_i)}$$

上式是条件数的定义，其中λ_i（$i=1$，2，…，n）的意义同前。

从以上三式可以看出，三个数值标准都可用敏感度矩阵 $\boldsymbol{X}$ 的协方差阵的特征值表出，说明它们的确具有某些共同特性。值得提出的是，这三个标准都对最小的特征值很敏感，说明了它们与敏感度矩阵 $\boldsymbol{X}$ 的共线性有关。图 6-11 给出了这三个标准用于两个实际分析体系的数值变化与量测点数的关系，可以看出，估计值均方差标准和敏感度矩阵行列式标准的数值都随着量测点数的增加而减少，具有相近的特性。这与前面讨论的最小二乘估计的性质（4）是吻合的。敏感度矩阵条件数标准却不具备这一统计学特性[29]。从这些结果可以看出，只要有关量测误差确为高斯正态分布且具有零均等方差，则量测点越多，估计浓度的方差越小。也就是说，在一般情况下，只要不引进非线性量测点，应该是量测点越多越好。而且，从图 6-11 也可以看出，对于二组分和三组分分析体系，当只取两个或三个量测点来校正时，估计值均方差标准和敏感度矩阵行列式标准的数值都较大，即估计值均方差较大，直到量测点数目大于 10，变化才趋于平稳，这说明最好能多取些量测点来进行校正。从这一角度看，经典分析化学中用多波长方法测定多组分很难保证估计浓度的方差最小，随着计算技术的发展，应该用多元校正取代之。图 6-12 示出的三个分析体系的分析结果与波长数的关系也确实支持这一结论。

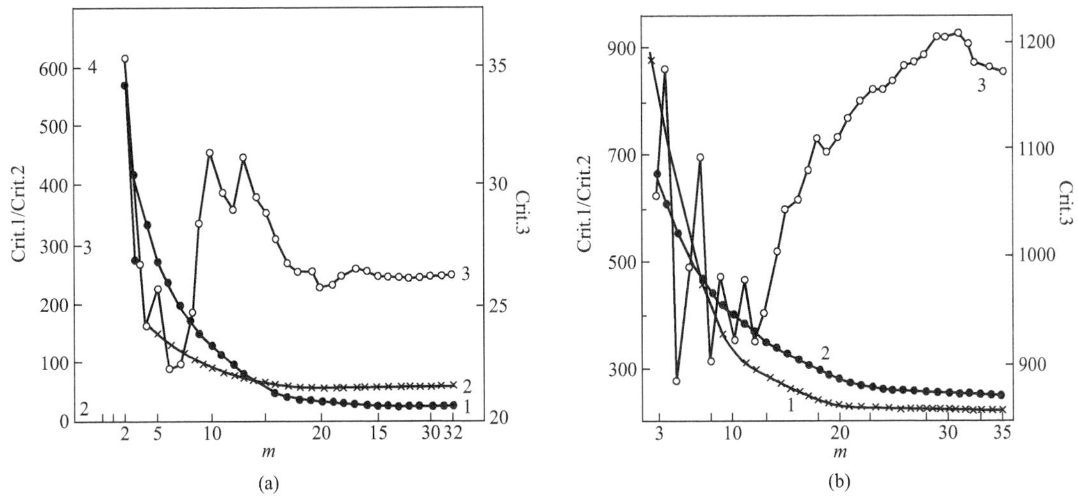

图 6-11 波长点数（m）与三个标准的关系

波长点数按最优方法选出：(a) 苯酚与间苯二酚二组分体系；(b) 对甲酚、邻甲酚、间甲酚三组分体系

1——$\log[\det(\boldsymbol{X}^{\mathrm{t}}\boldsymbol{X})]$；2—$\mathrm{tr}(\boldsymbol{X}^{\mathrm{t}}\boldsymbol{X})^{-1}$；3—$\mathrm{cond}(\boldsymbol{X}^{\mathrm{t}}\boldsymbol{X})$

注：本节讨论的波长点选择是基于硬模型分析而得出的，与本章第七节中近红外光谱定量分析讨论的波长选择是具有不同含义的。

根据 Gauss-Markov 定律，在全部线性无偏估计类中，最小二乘估计是唯一的方差一致最小估计［见特性（5）］，通常也把这个定理作为最小二乘估计优越性的一个重要论据。但是在此值得提出的是，在承认这一点的同时也应当注意到：①此定理是在量测误差服从高斯正态分布且具有零均等方差的假设的前提下才成立，而在一个具体场合下，此假设是否合理是可以讨论的，并非自然成立。②此定理中“方差最小”的结论，是在“无偏”的限制下得

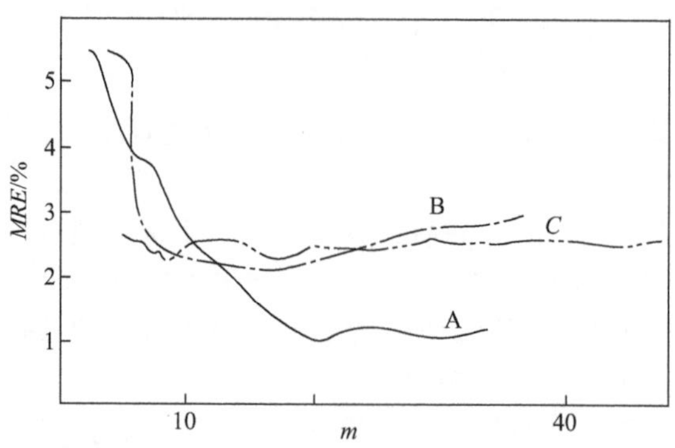

图 6-12 波长点数（m）与均方相对误差标准的关系

波长点序列按最优方法选出：A—二组分体系；B—三组分体系；C—四组分体系

到的。如果不局限于无偏估计，可否找到另一些估计，在某种意义上优于最小二乘估计？这也是可以讨论的问题。事实上，在以后的讨论中，可以看到，对于所谓的“病态”分析体系，有偏估计就具有某些优越性。

（二）Kalman 滤波法

Kalman 滤波为信号处理中一种最优线性递推滤波方法，因其是一种递推算法，具有计算速度快且所需计算机内存少的特点，故在工程实践中，特别在航空空间技术中得到广泛应用。Kalman 滤波首先由 Rutan 等引入化学计量学[33,34]，很快在分析化学计量学的多元校正中得到应用。递推运算是 Kalman 滤波方法的一个重要特点，在讨论 Kalman 滤波方法前，有必要对递归运算给出简要介绍。

递归运算的基本思想是有效地利用已经得到的结果和最新的观察值来进行计算，以避免不必要的重复。这种递归运算的特征，可以均值的计算为例来很好地加以说明。均值运算一般采用下式

$$\bar{x}=\sum_{i=1}^{n}\frac{x_i}{n}$$

在测得一个新的 $x_i(i=n+1)$ 后，如用上式计算就必须一切从头算起，原始的 n 个观察值都必须存储在计算机中，试用递归方式运算，则可得到下列算式，它只与前一次的结果有关，而无须再一次计算原始的 n 个观察值

$$\bar{x}_n=\bar{x}_{n-1}+(x_n-\bar{x}_{n-1})/n \tag{6-8}$$

这种方式显然比非递归方法快且所需内存少，特别适应实时运算，这正是 Kalman 滤波方法相对于上述非递归多元线性回归方法的一个重要优点。

【基本思路】

Kalman 滤波算法在化学中可用于很多方面，如化学动力学的速度常数的测定[35]，非平衡状态的电位滴定[36]，多组分化学体系的直接校正等。在 Kalman 滤波算法中，首先定义了两个模型，一个是系统模型，另一个是量测模型。因本文只讨论在直接校正中应用的 Kalman 滤波算法，即将其看成一种递归型的线性状态估计方法，用来估计体系组分浓度，故在此只给出其简要形式，并力争与前文讨论的多元线性回归方法使用的符号一致。Kalman 滤波算法的系统模型和量测模型分别由式（6-9）和式（6-10）给出

$$\boldsymbol{c}(k)=\boldsymbol{F}(k,\ k-1)\boldsymbol{c}(k-1)+\boldsymbol{w}(k) \tag{6-9}$$

$$z(k)=\boldsymbol{x}(k)^{\mathrm{t}}\boldsymbol{c}(k-1)+e(k) \tag{6-10}$$

式中，变量 k 代表一个量测点，它可以是时间、分析通道如波长等或其他变量；$\boldsymbol{c}(k)$ 代表系统在量测点 k 的状态，在此为分析体系的浓度矢量；$\boldsymbol{F}(k,\ k-1)$ 称为系统的转移矩阵，它表达了系统如何由 $k-1$ 点的状态过渡到 k 点的状态，因静态分析体系的浓度矢量在整个分析过程中不发生变化，故在此它实际为一单位矩阵；$\boldsymbol{w}(k)$ 代表系统的动态随机误差，因本书只讨论静态分析体系的多组分校正，故其也可认为近似等于一零矢量；$\boldsymbol{x}(k)$ 代表量测函数矢量，它与前文讨论的多元线性回归中的敏感度矩阵 $\boldsymbol{X}$ 的第 k 行相对应；$z(k)$ 为混合体系在 k 点的量测值，与上节讨论的多元线性回归中的混合物量测矢量中的第 k 点相对应；$e(k)$ 为混合体系在 k 点的量测误差，与前文讨论的多元线性回归模型的假设相同，为一服从高斯正态分布且具有零均等方差的空白噪声系列。

Kalman 滤波方法用于多元校正是采用递归运算进行的，即利用系列点的量测值进行体系浓度估计，直至得到稳定的、最优的浓度估计值。它的核心递推估计方程如下

$$\boldsymbol{c}(k)=\boldsymbol{c}(k-1)+\boldsymbol{g}(k)[z(k)-\boldsymbol{x}(k)^{\mathrm{t}}\boldsymbol{c}(k-1)] \tag{6-11}$$

式中，$\boldsymbol{c}(k)$ 表示由 k 个量测点估计出的浓度矢量，而 $\boldsymbol{c}(k-1)$ 则表示由（$k-1$）个量测点估计出的浓度矢量；可以看出，$[z(k)-\boldsymbol{x}(k)^{\mathrm{t}}\boldsymbol{c}(k-1)]$ 实际就表示在 k 点混合体系的量测值与估计值之差，只不过此估计值由 $\boldsymbol{c}(k-1)$ 算出，即是只基于（$k-1$）个量测点而估计出的；式（6-11）中最重要的是 $\boldsymbol{g}(k)$，它称为 Kalman 滤波中的增益矢量，如果把此式与式（6-8）比较，可以看出此增益矢量与式（6-8）中的 $1/n$ 是相对应的。从式（6-11）还可以看到，Kalman 滤波在第 k 点对 $\boldsymbol{c}(k)$ 做出的估计，是建立在第（$k-1$）点以前的量测所得浓度矢量 $\boldsymbol{c}(k-1)$ 估计的基础上，再考虑新的第 k 点的量测值与按原估计的浓度矢量 $\boldsymbol{c}(k-1)$ 计算应有的响应值的差异乘上增益矢量而得。Kalman 滤波增益矢量的计算由下式给出

$$\boldsymbol{g}(k)=\boldsymbol{P}(k-1)\boldsymbol{x}(k)[\boldsymbol{x}(k)^{\mathrm{t}}\boldsymbol{P}(k-1)\boldsymbol{x}(k)+r(k)]^{-1} \tag{6-12}$$

式中，$r(k)$ 是量测噪声 $e(k)$ 的方差，是标量。$\boldsymbol{P}(k-1)$ 是从前（$k-1$）个量测点估计所得的系统协方差矩阵，其自身在第 k 点的估计可由下式给出

$$\boldsymbol{P}(k)=[\boldsymbol{I}-\boldsymbol{g}(k-1)\boldsymbol{x}(k)^{\mathrm{t}}]\boldsymbol{P}(k-1)[\boldsymbol{I}-\boldsymbol{g}(k-1)\boldsymbol{x}(k)^{\mathrm{t}}]^{\mathrm{t}}+\boldsymbol{g}(k-1)r(k)\boldsymbol{g}(k-1)^{\mathrm{t}} \tag{6-13}$$

式中，$\boldsymbol{I}$ 为单位矩阵。

【基本算法】

从以上对 Kalman 滤波算法的介绍可以看出，只要给出 $\boldsymbol{c}(k)$ 和 $\boldsymbol{P}(k)$ 的初始值，即 $\boldsymbol{c}(0)$ 和 $\boldsymbol{P}(0)$，就可按式（6-12）计算其增益矢量，然后按式（6-11）和式（6-13）计算下一个 $\boldsymbol{c}(k)$ 和 $\boldsymbol{P}(k)$，直至收敛。所以，Kalman 滤波具体算法可由下列步骤组成。

（1）置初值

$$\boldsymbol{c}(0)=\boldsymbol{0},\ \boldsymbol{P}(0)=\sigma^2\boldsymbol{I}$$

一般可取 $\boldsymbol{c}(0)=\boldsymbol{0}$，$\boldsymbol{P}(0)=\sigma^2\boldsymbol{I}$ 。这里 $\boldsymbol{I}$ 为单位矩阵，σ^2 为初始估计的量测方差，此值可按下述经验式估出

$$\sigma^2 = a\{r(1)/[\boldsymbol{x}(1)^{\mathrm{t}}\boldsymbol{x}(1)]\}^{1/2}$$

式中，a 为一与计算机精度相关的因子，一般可取 10～100。值得提出的是，$\boldsymbol{P}(0)$ 取值太小，可导致有偏估计，如取值太大，尽管参量的估计值是无偏的，但由于量测点数不够大，$\boldsymbol{P}(0)$ 的最终估计值仍会偏大。

（2）启动计算

$$\boldsymbol{g}(k) = \boldsymbol{P}(k-1)\boldsymbol{x}(k)[\boldsymbol{x}(k)^{\mathrm{t}}\boldsymbol{P}(k-1)\boldsymbol{x}(k) + r(k)]^{-1}$$

$$\boldsymbol{c}(k) = \boldsymbol{c}(k-1) + \boldsymbol{g}(k)[z(k) - \boldsymbol{x}(k)^{\mathrm{t}}\boldsymbol{c}(k-1)]$$

$$\boldsymbol{P}(k) = [\boldsymbol{I} - \boldsymbol{g}(k-1)\boldsymbol{x}(k)^{\mathrm{t}}]\boldsymbol{P}(k-1)[\boldsymbol{I} - \boldsymbol{g}(k-1)\boldsymbol{x}(k)^{\mathrm{t}}]^{\mathrm{t}} + \boldsymbol{g}(k-1)r(k)\boldsymbol{g}(k-1)^{\mathrm{t}}$$

式中，$r(k)$ 是量测噪声 $e(k)$ 的方差，可根据实际量测噪声方差具体确定。重复此步计算直至浓度估计值趋于稳定。

【重要性质】

在 Kalman 滤波算法中，新息系列是一个很重要的概念，它可提供关于滤波结果是否可靠的信息。新息系列可由下式表示出

$$v(k) = z(k) - \boldsymbol{x}(k)^{\mathrm{t}}\boldsymbol{c}(k-1)$$

可以看出，新息系列实际就表示在 k 点的量测值与估计值之差，相当于多元线性回归中 k 点的残差。如果滤波进行正常，新息系列应为一零均白噪声系列，如果滤波不正常，新息系列将成为相关的（参见图 6-13），这说明或是体系存在背景，或是体系存在未知干扰物，Kalman 滤波的结果不可靠[37]。

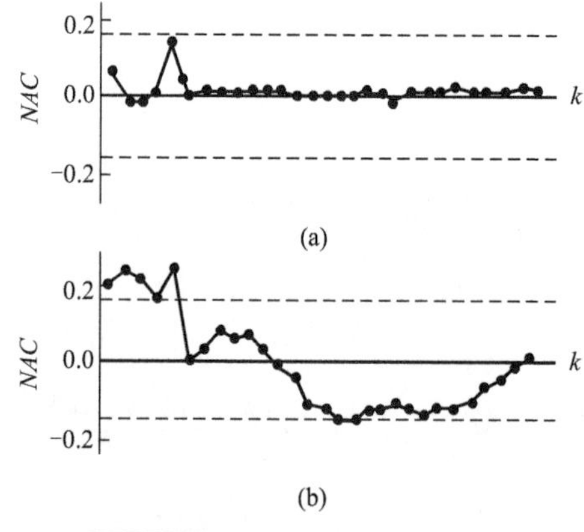

图 6-13 滤波新息系列（*NAC*）

（a）正常滤波；（b）存在干扰物质

有关式（6-8）的推导：

因为

$$\bar{x}_n = \bar{x}_{n-1} + (x_n - \bar{x}_{n-1})/n$$

$$= \sum_{i=1}^{n-1}\frac{x_i}{n-1} + \left(x_n - \sum_{i=1}^{n-1}\frac{x_i}{n-1}\right)\Big/ n$$

$$=\sum_{i=1}^{n-1}\frac{x_i}{n-1}+\frac{nx_n-\sum_{i=1}^{n}x_i}{(n-1)n}$$

$$=\sum_{i=1}^{n-1}\frac{x_i}{n-1}+\frac{x_n}{(n-1)}-\frac{\sum_{i=1}^{n}x_i}{(n-1)n}$$

$$=\sum_{i=1}^{n-1}\frac{x_i}{n-1}+\frac{x_n}{(n-1)}-\frac{\bar{x}_n}{(n-1)}$$

亦即

$$\bar{x}_n=\sum_{i=1}^{n}\frac{x_i}{n-1}-\frac{\bar{x}_n}{(n-1)}$$

对上式两边同乘（$n-1$）即得

$$(n-1)\bar{x}_n=\sum_{i=1}^{n}x_i-\bar{x}_n \qquad 即 \qquad \bar{x}_n=\sum_{i=1}^{n}\frac{x_i}{n}$$

（三）加权最小二乘回归法

在前两节的讨论中，一般都假设量测误差是服从零均等方差的正态分布，然而，在分析化学的量测中，有时这一假设并不可能满足。在这一节中，将讨论当量测误差为不等性方差时，多元校正采用什么方法来进行浓度估计的。加权最小二乘回归法就是这样一种方法。

【基本思路】

在式 $f(\boldsymbol{c})=\sum e_i^2$ 中，每个误差值 $e_i^2(i=1，2，\cdots，m)$ 的系数都是1，即在最小二乘法的目标函数中每个误差值都是“等权”的。然而，这就暗示此法只有在各量测误差都相同的情况下才是合理的。事实上，在分析化学的量测中，量测值在不同的量测范围内，量测精度往往不同，因而量测误差也不尽相同。这种情况在光谱分析中很常见。合理的方法是对不同的误差项 e_i^2 加不同的权，即把式 $f(\boldsymbol{c})=\sum e_i^2$ 改写成

$$f(\boldsymbol{c})=\sum_{i=1}^{n}w_i e_i^2$$

当量测值的精度高时，w_i 大，反之，w_i 小。这样可以使拟合的曲线非常接近于精度高的点，保证拟合的准确度高。

如果用矩阵的表示方法，$f(\boldsymbol{c})$ 可以写成

$$f(\boldsymbol{c})=\sum_{i=1}^{n}w_i e_i^2=\boldsymbol{e}^{\mathrm{t}}\boldsymbol{W}\boldsymbol{e}=(\boldsymbol{y}-\hat{\boldsymbol{y}})^{\mathrm{t}}\boldsymbol{W}(\boldsymbol{y}-\hat{\boldsymbol{y}})=(\boldsymbol{y}-\boldsymbol{X}\boldsymbol{c})^{\mathrm{t}}\boldsymbol{W}(\boldsymbol{y}-\boldsymbol{X}\boldsymbol{c})$$

在这里，$\boldsymbol{W}$ 为一 $m\times m$ 对角矩阵，其对角元素就是 $w_i(i=1，2，\cdots，m)$，称为加权矩阵。

上式中，只有 $\boldsymbol{c}$ 为未知量，当将 $w_i(i=1，2，\cdots，m)$ 看成常数时，$f(\boldsymbol{c})$ 为矢量 $\boldsymbol{c}$ 的二次型，故可对其直接求导而获得 $f(\boldsymbol{c})$ 的最小值，即

$$f(\boldsymbol{c})=(\boldsymbol{y}-\boldsymbol{X}\boldsymbol{c})^{\mathrm{t}}\boldsymbol{W}(\boldsymbol{y}-\boldsymbol{X}\boldsymbol{c})$$

$$= \boldsymbol{y}^{t}\boldsymbol{W}\boldsymbol{y} - \boldsymbol{y}^{t}\boldsymbol{W}(\boldsymbol{X}\boldsymbol{c}) - (\boldsymbol{X}\boldsymbol{c})^{t}\boldsymbol{W}\boldsymbol{y} + (\boldsymbol{X}\boldsymbol{c})^{t}\boldsymbol{W}(\boldsymbol{X}\boldsymbol{c})$$

$$= \boldsymbol{y}^{t}\boldsymbol{W}\boldsymbol{y} - 2\boldsymbol{y}^{t}\boldsymbol{W}\boldsymbol{X}\boldsymbol{c} + \boldsymbol{c}^{t}\boldsymbol{X}^{t}\boldsymbol{W}\boldsymbol{X}\boldsymbol{c}$$

对其求导可得

$$\mathrm{d}f(\boldsymbol{c})/\mathrm{d}\boldsymbol{c} = -2\boldsymbol{X}^{t}\boldsymbol{W}\boldsymbol{y} + 2\boldsymbol{X}^{t}\boldsymbol{W}\boldsymbol{X}\boldsymbol{c}$$

令上式等于零，即得

$$\boldsymbol{X}^{t}\boldsymbol{W}\boldsymbol{X}\boldsymbol{c} = \boldsymbol{X}^{t}\boldsymbol{W}\boldsymbol{y}$$

亦即

$$\hat{\boldsymbol{c}} = (\boldsymbol{X}^{t}\boldsymbol{W}\boldsymbol{X})^{-1}\boldsymbol{X}^{t}\boldsymbol{W}\boldsymbol{y}$$

这就是加权最小二乘的计算公式。在上述推导中，完全没有考虑到随机变量的统计特性。为比较加权最小二乘估计与多元线性回归之间的关系，可假定

$$E(\boldsymbol{e}) = \boldsymbol{0}$$

和

$$\mathrm{Cov}(\boldsymbol{e}) = E(\boldsymbol{e}\boldsymbol{e}^{t}) = \boldsymbol{V}$$

在此没有要求量测误差（$\boldsymbol{e}$）服从正态分布，而且量测误差的协方差阵也不是一个常数对角阵，即不相关且具等方差的量测误差。

【基本性质】

有关 $\boldsymbol{W}$ 的选择问题在后面讨论。现先讨论 $\boldsymbol{W}$ 为一般矩阵时的加权最小二乘估计的一些基本性质。

（1）加权最小二乘估计 $\hat{\boldsymbol{c}}$ 是未知浓度矢量 $\boldsymbol{c}$ 的无偏估计

$$E(\hat{\boldsymbol{c}}) = E[(\boldsymbol{X}^{t}\boldsymbol{W}\boldsymbol{X})^{-1}\boldsymbol{X}^{t}\boldsymbol{W}\boldsymbol{y}] = (\boldsymbol{X}^{t}\boldsymbol{W}\boldsymbol{X})^{-1}\boldsymbol{X}^{t}\boldsymbol{W}E(\boldsymbol{y})$$

$$= (\boldsymbol{X}^{t}\boldsymbol{W}\boldsymbol{X})^{-1}\boldsymbol{X}^{t}\boldsymbol{W}E(\boldsymbol{X}\boldsymbol{c} + \boldsymbol{e})$$

$$= (\boldsymbol{X}^{t}\boldsymbol{W}\boldsymbol{X})^{-1}\boldsymbol{X}^{t}\boldsymbol{W}\boldsymbol{X}\boldsymbol{c} + E(\boldsymbol{e})$$

因仍有量测误差具有零均的性质，即 $E(\boldsymbol{e}) = \boldsymbol{0}$，所以有

$$E(\hat{\boldsymbol{c}}) = (\boldsymbol{X}^{t}\boldsymbol{W}\boldsymbol{X})^{-1}\boldsymbol{X}^{t}\boldsymbol{W}\boldsymbol{X}\boldsymbol{c} = \boldsymbol{c}$$

（2）加权最小二乘估计 $\boldsymbol{c}$ 的方差阵

$$\mathrm{Cov}(\hat{\boldsymbol{c}}) = \sigma^{2}(\boldsymbol{X}^{t}\boldsymbol{W}\boldsymbol{X})^{-1}$$

因为

$$\hat{\boldsymbol{c}} - \boldsymbol{c} = (\boldsymbol{X}^{t}\boldsymbol{W}\boldsymbol{X})^{-1}\boldsymbol{X}^{t}\boldsymbol{W}\boldsymbol{y} - \boldsymbol{c}$$

$$= (\boldsymbol{X}^{t}\boldsymbol{W}\boldsymbol{X})^{-1}\boldsymbol{X}^{t}\boldsymbol{W}(\boldsymbol{X}\boldsymbol{c} + \boldsymbol{e}) - \boldsymbol{c}$$

$$= (\boldsymbol{X}^{t}\boldsymbol{W}\boldsymbol{X})^{-1}\boldsymbol{X}^{t}\boldsymbol{W}\boldsymbol{e}$$

$$\mathrm{Cov}(\hat{\boldsymbol{c}}) = E[(\hat{\boldsymbol{c}} - \boldsymbol{c})(\hat{\boldsymbol{c}} - \boldsymbol{c})^{t}]$$

$$= \mathrm{Cov}[(\boldsymbol{X}^{t}\boldsymbol{W}\boldsymbol{X})^{-1}\boldsymbol{X}^{t}\boldsymbol{W}\boldsymbol{e}]$$

$$=(\boldsymbol{X}^{t}\boldsymbol{W}\boldsymbol{X})^{-1}\boldsymbol{X}^{t}\boldsymbol{W}\mathrm{Cov}(\boldsymbol{e})\boldsymbol{W}\boldsymbol{X}(\boldsymbol{X}^{t}\boldsymbol{W}\boldsymbol{X})^{-1}$$

$$=(\boldsymbol{X}^{t}\boldsymbol{W}\boldsymbol{X})^{-1}\boldsymbol{X}^{t}\boldsymbol{W}\boldsymbol{V}\boldsymbol{W}\boldsymbol{X}(\boldsymbol{X}^{t}\boldsymbol{W}\boldsymbol{X})^{-1}$$

如果取 $\boldsymbol{W}=\boldsymbol{V}^{-1}$，则上式可变为

$$\begin{aligned}\mathrm{Cov}(\hat{\boldsymbol{c}})&=(\boldsymbol{X}^{t}\boldsymbol{V}^{-1}\boldsymbol{X})^{-1}\boldsymbol{X}^{t}\boldsymbol{V}^{-1}\boldsymbol{V}\boldsymbol{V}^{-1}\boldsymbol{X}(\boldsymbol{X}^{t}\boldsymbol{V}^{-1}\boldsymbol{X})^{-1}\\&=(\boldsymbol{X}^{t}\boldsymbol{V}^{-1}\boldsymbol{X})^{-1}\boldsymbol{X}^{t}\boldsymbol{V}^{-1}\boldsymbol{X}(\boldsymbol{X}^{t}\boldsymbol{V}^{-1}\boldsymbol{X})^{-1}\\&=(\boldsymbol{X}^{t}\boldsymbol{V}^{-1}\boldsymbol{X})^{-1}\end{aligned}$$

下面来证明，如取 $\boldsymbol{W}=\boldsymbol{V}^{-1}$，可使估计误差的方差为最小，因而 $\boldsymbol{W}=\boldsymbol{V}^{-1}$ 是最优的加权矩阵。利用许瓦茨不等式

$$\boldsymbol{A}^{t}\boldsymbol{A}>(\boldsymbol{A}^{t}\boldsymbol{B})(\boldsymbol{B}^{t}\boldsymbol{B})^{-1}(\boldsymbol{B}^{t}\boldsymbol{A})$$

令 $\boldsymbol{V}=\boldsymbol{C}^{t}\boldsymbol{C}$，实因 $\boldsymbol{V}$ 为一对称矩阵；再令 $\boldsymbol{A}=\boldsymbol{C}\boldsymbol{W}\boldsymbol{X}(\boldsymbol{X}^{t}\boldsymbol{W}\boldsymbol{X})^{-1}$ ，$\boldsymbol{B}=(\boldsymbol{C}^{t})^{-1}\boldsymbol{X}$ ，则

$$\begin{aligned}\boldsymbol{A}^{t}\boldsymbol{A}&=(\boldsymbol{X}^{t}\boldsymbol{W}\boldsymbol{X})^{-1}\boldsymbol{X}^{t}\boldsymbol{W}\boldsymbol{C}^{t}\boldsymbol{C}\boldsymbol{W}\boldsymbol{X}(\boldsymbol{X}^{t}\boldsymbol{W}\boldsymbol{X})^{-1}\\&=(\boldsymbol{X}^{t}\boldsymbol{W}\boldsymbol{X})^{-1}\boldsymbol{X}^{t}\boldsymbol{W}\boldsymbol{V}\boldsymbol{W}\boldsymbol{X}(\boldsymbol{X}^{t}\boldsymbol{W}\boldsymbol{X})^{-1}\end{aligned}$$

又有

$$\begin{aligned}&(\boldsymbol{A}^{t}\boldsymbol{B})(\boldsymbol{B}^{t}\boldsymbol{B})^{-1}(\boldsymbol{B}^{t}\boldsymbol{A})\\&=(\boldsymbol{X}^{t}\boldsymbol{W}\boldsymbol{X})^{-1}\boldsymbol{X}^{t}\boldsymbol{W}\boldsymbol{C}^{t}(\boldsymbol{C}^{t})^{-1}\boldsymbol{X}\left[\boldsymbol{X}^{t}(\boldsymbol{C}^{t})^{-1}\boldsymbol{C}^{-1}\boldsymbol{X}\right]^{-1}\boldsymbol{X}^{t}\left[(\boldsymbol{C}^{t})^{-1}\right]^{t}\boldsymbol{C}\boldsymbol{W}\boldsymbol{X}(\boldsymbol{X}^{t}\boldsymbol{W}\boldsymbol{X})^{-1}\\&=(\boldsymbol{X}^{t}\boldsymbol{W}\boldsymbol{X})^{-1}\boldsymbol{X}^{t}\boldsymbol{W}\boldsymbol{X}\left[\boldsymbol{X}^{t}(\boldsymbol{C}^{-1})^{t}\boldsymbol{C}^{-1}\boldsymbol{X}\right]^{-1}\boldsymbol{X}^{t}\boldsymbol{W}\boldsymbol{X}(\boldsymbol{X}^{t}\boldsymbol{W}\boldsymbol{X})^{-1}\\&=(\boldsymbol{X}^{t}\boldsymbol{W}\boldsymbol{X})^{-1}\boldsymbol{X}^{t}\boldsymbol{W}\boldsymbol{X}\left[\boldsymbol{X}^{t}\boldsymbol{V}^{-1}\boldsymbol{X}\right]^{-1}\boldsymbol{X}^{t}\boldsymbol{W}\boldsymbol{X}(\boldsymbol{X}^{t}\boldsymbol{W}\boldsymbol{X})^{-1}\\&=\left[\boldsymbol{X}^{t}\boldsymbol{V}^{-1}\boldsymbol{X}\right]^{-1}\end{aligned}$$

所以

$$(\boldsymbol{X}^{t}\boldsymbol{W}\boldsymbol{X})^{-1}\boldsymbol{X}^{t}\boldsymbol{W}\boldsymbol{V}\boldsymbol{W}\boldsymbol{X}(\boldsymbol{X}^{t}\boldsymbol{W}\boldsymbol{X})^{-1}>\left[\boldsymbol{X}^{t}\boldsymbol{V}^{-1}\boldsymbol{X}\right]^{-1}$$

这就说明了采用加权最小二乘时，加权阵 $\boldsymbol{W}$ 取为 $\boldsymbol{V}^{-1}$ 所得的估计误差的方差阵为最小，有时特别把加权阵 $\boldsymbol{W}$ 取为 $\boldsymbol{V}^{-1}$ 的加权最小二乘估计，即

$$\hat{\boldsymbol{c}}=(\boldsymbol{X}^{t}\boldsymbol{V}^{-1}\boldsymbol{X})^{-1}\boldsymbol{X}^{t}\boldsymbol{V}^{-1}\boldsymbol{y}$$

称为马尔柯夫估计。故一般在实际运算中就选择 $\boldsymbol{V}^{-1}$ 作为加权矩阵 $\boldsymbol{W}$。

二、间接校正方法

从上述讨论可以看到，直接校正方法直观且计算简单，易于在计算机上实现。但是，这种方法不太利于实验设计，而且对某些存在轻微非线性的分析体系，其浓度估计的可靠性会有所下降。因对很多分析试样人们一般可得到它们的大致浓度变化区间，如此时直接用一些已知浓度的混合物试样，继而采用某些实验设计方法，如正交设计或因子设计，来构成某种校正训练集的话，所得估计效果当有所提高。这就产生了要在这节讨论的多元校正中的所谓间接校正方法。

间接校正方法的基本思路是用一些已知浓度的混合物经某种实验设计方法首先构成一校

正矩阵$\boldsymbol{Y}$，然后，利用该校正矩阵来找到这些混合物量测谱所对应的各组分纯物种的量测谱（$\boldsymbol{K}$-矩阵法），或是利用它找到混合物量测谱与各混合物浓度的一种线性关系（$\boldsymbol{P}$-矩阵法），这样一类方法因其不直接采用纯物种的标准量测谱来进行校正，故统称为间接校正方法。因间接校正方法是用混合物量测谱来直接估计或校正未知混合物量测谱的各组分浓度，所以有一定减轻非线性因素的功效。但是，因间接校正方法仍是采用线性模型，对于非线性严重的分析体系仍不可能得到令人满意的结果。对于间接校正方法，其一般数学模型可由下面两式给出：

$$\boldsymbol{Y}=\boldsymbol{KC} \qquad (\boldsymbol{K}\text{- 矩阵法})$$

$$\boldsymbol{C}=\boldsymbol{PY} \qquad (\boldsymbol{P}\text{- 矩阵法})$$

式中，矩阵$\boldsymbol{Y}$为（$m\times p$）阶的校正矩阵，它由p个混合物量测谱分别在m个分析通道（可为波长或别的分析通道）量测而得，它的每一列就代表一个混合物的量测谱；矩阵$\boldsymbol{C}$为（$n\times p$）阶的浓度矩阵，它由p个混合物的n个组分的浓度构成，它的每一列表示一个混合物对应的组分浓度矢量；对于式$\boldsymbol{Y}=\boldsymbol{KC}$，矩阵$\boldsymbol{K}$为（$m\times n$）阶的标准量测谱矩阵，它设为$n$个纯组分在$m$个分析通道量测所得，它的每一列代表一个纯物质的量测谱；在$\boldsymbol{C}=\boldsymbol{PY}$中矩阵$\boldsymbol{Y}$和矩阵$\boldsymbol{C}$的意义同前；但矩阵$\boldsymbol{P}$为（$n\times m$）阶的回归系数矩阵，一般要求$m>p$和$m>n$，因为所用分析通道数必须大于或至少等于纯组分数和用作校正的混合物量测谱数，否则无法求解。当然，这样的条件一般很容易满足。就是通过对上述两式的解析，尤其是对式$\boldsymbol{C}=\boldsymbol{PY}$的解析，产生了著名的偏最小二乘法（PLS）和主成分回归法（PCR），下面将对这些间接校正方法做出较详细的讨论。

（一）$\boldsymbol{K}$-矩阵法

【基本思路】

$\boldsymbol{K}$-矩阵法首先由 Brown 引入分析化学计量学[38,39]。此方法的主要思路是先通过混合物的校正矩阵借最小二乘法求得各组分的纯物质谱，然后再利用纯物质谱求得待测混合物各组分的浓度，这样做有以下两个好处：

① 因各组分的纯物质谱是由混合物的校正矩阵求得，故有一定的抗非线性功效；②因校正矩阵可由自己确定，故可很方便地进行实验设计，这样由实验设计估计的未知样本的各组分浓度可望更准确，亦可排除一些意外样本（奇异样本）的影响。$\boldsymbol{K}$-矩阵法的基本数学模型由$\boldsymbol{Y}=\boldsymbol{KC}$表出，为一线性模型，如在光谱定量分析中，就可看成是朗伯-比耳定律，$\boldsymbol{Y}=\boldsymbol{KC}$中的$\boldsymbol{K}$实际上就是纯物质的标准光谱量测矩阵，它的每一列就是一个物质的标准谱。

【基本算法】

$\boldsymbol{K}$-矩阵法的计算步骤如下：

（1）用最小二乘法求出$\boldsymbol{K}$，即

$$\boldsymbol{K}=\boldsymbol{YC}^{\mathrm{t}}(\boldsymbol{CC}^{\mathrm{t}})^{-1}$$

或者

$$\boldsymbol{K}^{\mathrm{t}}=(\boldsymbol{CC}^{\mathrm{t}})^{-1}\boldsymbol{CY}^{\mathrm{t}}$$

（2）用求得的$\boldsymbol{K}$借最小二乘法求出未知混合体系的浓度矢量$\boldsymbol{c}_{未知}$或浓度矩阵$\boldsymbol{C}_{未知}$

$$\boldsymbol{c}_{未知}=(\boldsymbol{K}^{\mathrm{t}}\boldsymbol{K})^{-1}\boldsymbol{K}^{\mathrm{t}}\boldsymbol{y}_{未知}$$

或

$$\boldsymbol{C}_{未知}=(\boldsymbol{K}^{t}\boldsymbol{K})^{-1}\boldsymbol{K}^{t}\boldsymbol{Y}_{未知}$$

这第二步实际就是在上一节讲的直接校正的多元回归方法。从上述计算步骤可以看出 **K**-矩阵法要进行两次最小二乘，即需两次求逆，这样就难免使得计算误差变大。如果同样采用间接校正的方法，但想只求一次逆以减少误差的传递扩大，这就产生了所谓的 **P**-矩阵法[40]。

(二) **P**-矩阵法

P-矩阵法以式以 $\boldsymbol{C}=\boldsymbol{PY}$ 为其数学模型，直接以校正矩阵的浓度阵为预测目标，求得回归系数矩阵 $\boldsymbol{P}^{t}$，直接从混合物量测矩阵就可求出混合物的组分浓度，这样就避免了两次求逆过程，简化了 **K**-矩阵法。

【基本算法】

P-矩阵法的计算过程如下：

(1) 用最小二乘法求出 $\boldsymbol{P}^{t}$

$$\boldsymbol{P}_{(n\times m)}=\boldsymbol{C}_{(n\times p)}\boldsymbol{Y}_{(m\times p)}{}^{t}(\boldsymbol{Y}_{(m\times p)}\boldsymbol{Y}_{(m\times p)}{}^{t})^{-1}$$

或者

$$\boldsymbol{P}_{(n\times m)}{}^{t}=(\boldsymbol{Y}_{(m\times p)}\boldsymbol{Y}_{(m\times p)}{}^{t})^{-1}\boldsymbol{Y}_{(m\times p)}\boldsymbol{C}_{(n\times p)}{}^{t}$$

(2) 用求得的系数矩阵 **P** 直接计算未知混合体系的浓度矢量 $\boldsymbol{c}_{未知}$ 或浓度矩阵 $\boldsymbol{C}_{未知}$

$$\boldsymbol{c}_{未知}=\boldsymbol{P}_{(n\times m)}\boldsymbol{y}_{未知}$$

或

$$\boldsymbol{C}_{未知}=\boldsymbol{P}_{(n\times m)}\boldsymbol{Y}_{未知}$$

这样类似于 **K**-矩阵法的计算过程似乎不存在问题。可是，**P**-矩阵法却不同于 **K**-矩阵法，上述过程对 **K**-矩阵法行得通，但对于 **P**-矩阵法的确存在问题。因 **K**-矩阵法是对浓度矩阵的协方差阵（$\boldsymbol{CC}^{t}$）求逆，此协方差阵是一个 $n\times n$ 阶的矩阵，是满秩矩阵。然而，**P**-矩阵法是对混合物量测矩阵的协方差阵（$\boldsymbol{YY}^{t}$）求逆，它是一个 $m\times m$ 阶的矩阵，因在进行多元校正时，要求所用分析通道数 m 必须大于或至少等于纯组分数 n，致使其在很多情况下将为一奇异矩阵。解决的办法是从 m 个分析通道（或为波长点）中选出 n 个组成新的混合物量测矩阵 **Y**，以保证其协方差阵（$\boldsymbol{YY}^{t}$）满秩。这样做不仅有可能丢失很多有用信息，而且，这 n 个分析通道亦很难选出（有关这样的最佳波长选取方法可参见文献［29］）。正如对多元线性回归进行讨论时指出的那样，只要有关量测误差确为高斯正态分布且具有零均等方差，则量测点越多，估计浓度的方差越小。也就是说，在一般情况下，只要不引进非线性量测点，应该是量测点越多越好。所以，以上讨论的有关 **P**-矩阵法的这一局限是一个很值得研究的弱点，就是对这一弱点的克服才产生了著名的主成分回归法和偏最小二乘法。

(三) 主成分回归法

【基本思路】

主成分回归法实际上可以看作对 **P**-矩阵法的一种改进。它不但尽可能多地保持有用信息，即保留所有的线性量测点，而且还保持了 **P**-矩阵法的既可进行实验设计又可一步求解的优点。它采用多元统计中的主成分分析方法，先对混合物量测矩阵 **Y** 直接进行分解，然后只取其中的主成分进行回归分析，故有主成分回归之称。对 **Y** 矩阵进行直接分解在数学上有几种方法。在化学计量学中一般采用的方法是非线性迭代偏最小二乘算法（NIPALS）[41]。这种方法实际上是源于 Von Mises 的乘幂法[42]。另一种方法是线性代数中常用的奇异值分解法（SVD），由于此法思路清晰，便于理解。下面将以 SVD 为主要讨论对象对主成分回归进行介绍。

首先，奇异值分解法可将任意阶实数矩阵分解为三个矩阵的积，即

$$\boldsymbol{Y}_{m\times p}=\boldsymbol{USV}^{\mathrm{t}}$$

式中，$\boldsymbol{S}$ 为对角矩阵，它收集了 $\boldsymbol{Y}$ 矩阵的特征值；$\boldsymbol{U}$ 和 $\boldsymbol{V}^{\mathrm{t}}$ 分别为标准列正交和标准行正交矩阵，即 $\boldsymbol{U}^{\mathrm{t}}\boldsymbol{U}=\boldsymbol{I}$ 或 $\boldsymbol{V}^{\mathrm{t}}\boldsymbol{V}=\boldsymbol{I}$。而且，$\boldsymbol{U}$ 和 $\boldsymbol{V}^{\mathrm{t}}$ 分别收集了 $\boldsymbol{S}$ 矩阵中的特征值对应的列特征矢量和行特征矢量，即 $\boldsymbol{U}=[\boldsymbol{u}_1, \boldsymbol{u}_2, \cdots, \boldsymbol{u}_p]$ 和 $\boldsymbol{V}=[\boldsymbol{v}_1, \boldsymbol{v}_2, \cdots, \boldsymbol{v}_m]$，在化学计量学及多元统计的主成分分析中，一般被称为得分（score）矩阵和荷载（loadings）矩阵。主成分分析的数学与几何意义见图 6-14。现在，来看看 $\boldsymbol{P}$-矩阵的数学模型 $\boldsymbol{C}=\boldsymbol{PY}$，如果可求得量测矩阵 $\boldsymbol{Y}$ 的广义逆 $\boldsymbol{Y}^{+}$，那么，$\boldsymbol{P}$ 矩阵可以直接求出，即 $\boldsymbol{P}=\boldsymbol{CY}^{+}$。

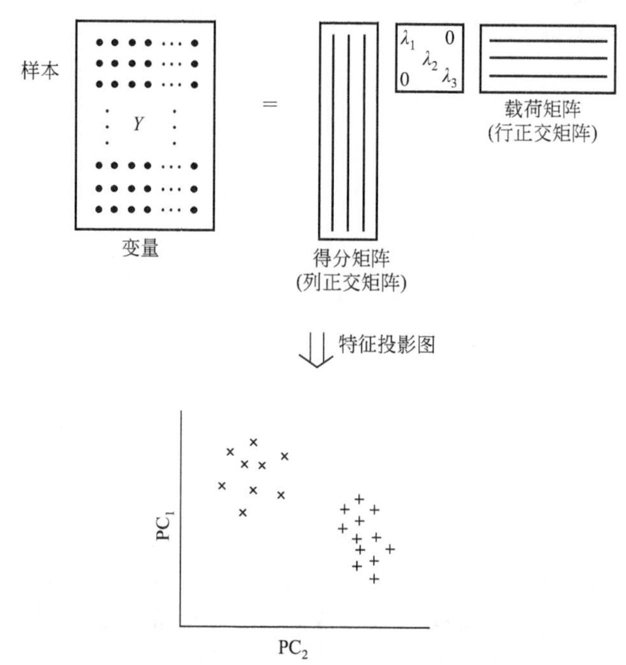

图 6-14 主成分分析数学与几何意义示意图

事实上，利用奇异值分解方法，很容易得到任意实数矩阵的广义逆。任何量测过程都存在量测误差，所以混合物量测矩阵可以表示为

$$\boldsymbol{Y}=\boldsymbol{Y}^{0}+\boldsymbol{E}$$

式中，$\boldsymbol{Y}^{0}$ 表示只含混合物的量测值和一部分植入误差的矩阵（参见本章的主成分分析的误差理论）；$\boldsymbol{E}$ 表示误差矩阵，它是被舍弃的即很小的奇异值代表的那部分特征列矢量和特征行矢量的乘积，有时也称为主成分模型误差。注意，这部分量测误差是与 $\boldsymbol{Y}^{0}$ 正交的，它与实际量测误差不完全统一。

已设 n 是体系的组分数，这样，如果体系确为线性体系，则这种情况下的体系主成分数应为 n，即此时由奇异值分解算法所得的收集了 $\boldsymbol{Y}$ 矩阵的特征值对角矩阵，应是前 n 个特征值即奇异值的平方显著大于其余的特征值，它们已包括该矩阵的全部的化学信息，实因混合体系中化学物种数就等于该混合物量测矩阵的秩。一般说来，只须取前 n 个奇异值的平

方值和特征矢量作为主成分（有非线性因素存在时，主成分数可大于 n，在化学计量学中一般用交叉效验方法确定所需主成分数），其余部分可看成误差而丢弃。如记只取前 n 个特征值的 $\boldsymbol{S}$ 矩阵为 $\boldsymbol{S}^*$，只取前 n 个相对应的特征矢量的得分矩阵 $\boldsymbol{U}$ 为 $\boldsymbol{U}^*$，荷载矩阵 $\boldsymbol{V}$ 为 $\boldsymbol{V}^*$，那么有

$$\boldsymbol{Y}^0=\boldsymbol{U}^*\boldsymbol{S}^*\boldsymbol{V}^{t*}$$

对此式可以直接求出剔除了主成分模型误差的重构混合物量测矩阵 $\boldsymbol{Y}^0$ 的广义逆

$$\boldsymbol{Y}^{0+}=\boldsymbol{V}^*(\boldsymbol{S}^*)^{-1}\boldsymbol{U}^{t*}$$

容易证明，$\boldsymbol{Y}^{0+}$ 的确满足广义逆定义的四个条件（参见第十一章）。

求得剔除了误差的量测矩阵 $\boldsymbol{Y}^0$ 的广义逆 $\boldsymbol{Y}^{0+}$，主成分回归法的计算过程就不难说明了。

【基本算法】

下面将介绍两种算法。

（1）算法Ⅰ

1）用奇异值分解法，由式（6-48）求出量测矩阵的广义逆 $\boldsymbol{Y}^{0+}$，然后用它求出回归系数矩阵 $\boldsymbol{P}$

$$\boldsymbol{P}=\boldsymbol{C}\boldsymbol{Y}^{0+}=\boldsymbol{C}\boldsymbol{V}^*(\boldsymbol{S}^*)^{-1}U^{t*}$$

2）用求得的系数矩阵 $\boldsymbol{P}$ 直接就可计算 $\boldsymbol{c}_{未知}$ 或 $\boldsymbol{C}_{未知}$，即

$$\boldsymbol{c}_{未知}=\boldsymbol{P}\boldsymbol{y}_{未知}$$

或

$$\boldsymbol{C}_{未知}=\boldsymbol{P}\boldsymbol{Y}_{未知}$$

从上述讨论中可以看到，主成分回归法既保持了 $\boldsymbol{P}$-矩阵法的可进行实验设计和一步计算的优点，又克服了 $\boldsymbol{P}$-矩阵法要丢失大部分量测信息及损失估计准确性的弱点，确为一很好的间接校正方法，近年来在化学计量学中得到了广泛的应用[43]。

（2）算法Ⅱ

1）对混合物量测矩阵 $\boldsymbol{Y}$ 进行正交分解，即

$$\boldsymbol{Y}=\boldsymbol{U}\boldsymbol{S}\boldsymbol{V}^{t}=\boldsymbol{U}^*\boldsymbol{S}^*\boldsymbol{V}^{t*}=\boldsymbol{U}^*\boldsymbol{G}^{t*}$$

在这里 $\boldsymbol{U}^*$，$\boldsymbol{S}^*$，$\boldsymbol{V}^{t*}$ 的意义同前，实际上，这一正交分解就相当于主成分重构，并且有 $\boldsymbol{S}^*\boldsymbol{V}^{t*}=\boldsymbol{G}^{t*}$，而且 $\boldsymbol{G}^{t*}$ 仍为一行正交矩阵，只是不是标准行正交矩阵而已。

2）用 $\boldsymbol{G}^{t*}$ 对浓度矩阵 $\boldsymbol{C}$ 进行回归可得回归系数阵 $\boldsymbol{R}$，即对 $\boldsymbol{C}=\boldsymbol{R}\boldsymbol{G}^{t*}$ 式进行最小二乘运算：

$$\begin{aligned}\boldsymbol{R}&=\boldsymbol{C}\boldsymbol{G}^*(\boldsymbol{G}^{t*}\boldsymbol{G}^*)^{-1}=\boldsymbol{C}(\boldsymbol{V}^*\boldsymbol{S}^*)(\boldsymbol{S}^*\boldsymbol{V}^{t*}\boldsymbol{V}^*\boldsymbol{S}^*)^{-1}=\boldsymbol{C}(\boldsymbol{V}^*\boldsymbol{S}^*)(\boldsymbol{S}^*\boldsymbol{S}^*)^{-1}\\&=\boldsymbol{C}(\boldsymbol{V}^*\boldsymbol{S}^*)(\boldsymbol{S}^{*2})^{-1}=\boldsymbol{C}\boldsymbol{V}^*(\boldsymbol{S}^*)^{-1}\end{aligned}$$

3）预测未知样本量测矩阵 $\boldsymbol{Y}_{未知}$，因为

$$\boldsymbol{Y}_{未知}=\boldsymbol{U}^*\boldsymbol{G}^{t*}_{未知}$$

所以

$$\boldsymbol{G}^{t*}_{未知}=\boldsymbol{U}^{*t}\boldsymbol{Y}_{未知}$$

再利用$C_{未知}=RG^{t*}_{未知}$，可得

$$C_{未知}=RG^{t*}_{未知}=RU^{*t}Y_{未知}$$

事实上，

$$\begin{aligned}C_{未知}&=RU^{*t}Y_{未知}=CV^{*}(S^{*})^{-1}U^{*t}Y_{未知}\\&=CY^{0+}Y_{未知}\\&=PY_{未知}\end{aligned}$$

可见，这两种计算过程殊途同归。

（四）偏最小二乘法

【基本思路】

主成分回归法的主要思想是直接对混合物量测矩阵Y进行正交分解，继而用浓度矩阵C对被分解的正交主成分进行回归。偏最小二乘法则更进一步，它不但对混合物量测矩阵Y进行正交分解，而且在分解Y的同时将浓度矩阵C也进行正交分解，这样浓度矩阵的主成分也被分离出来：

$$Y=USV^{t}=U^{*}S^{*}V^{t*}+E_{Y}=T^{*}V^{*t}+E_{Y}$$

$$C=PGQ^{t}=P^{*}G^{*}Q^{*t}+E_{C}=R^{*}Q^{t*}+E_{C}$$

这里，由混合物量测矩阵Y分解得到的矩阵T^{*}以及由浓度矩阵C分解得到的矩阵R^{*}，代表了除去大部分噪声后的响应和浓度的信息。而且，在同时进行分解时，考虑了矩阵T^{*}和矩阵R^{*}之间应有的线性关系，这就构成了偏最小二乘法不同于主成分回归法的主要之处，即在分解矩阵Y时考虑矩阵C的因素，而在分解矩阵C时考虑矩阵Y的因素，交互效验相互影响，通过迭代时交换迭代矢量而使两个分解过程合二为一。

偏最小二乘法的迭代过程是通过由 H. Wold 提出的非线性迭代偏最小二乘算法（NIPALS）而完成的。具体计算步骤如下：

1）取浓度阵C的某一列，记为r，作分解的初始迭代矢量。

2）以r代替T^{*}矩阵的分解矢量t来计算v^{t}（V^{t*}矩阵的一行）：

$$v^{t}=r^{t}Y/(r^{t}r)$$

注意：以上两步等于是用浓度阵C的某一列作为初始迭代矢量来进行Y矩阵的正交分解，即分解Y矩阵时利用浓度阵C的信息。

3）对所求矢量v^{t}进行标准化（归一化）处理：

$$v^{t}_{新}=v^{t}_{旧}/\|v^{t}_{旧}\|$$

4）由v^{t}来计算矢量t（T^{*}矩阵的一列）：

$$t=Yv/(v^{t}v)。$$

5）以t代替R^{*}矩阵的分解矢量r来计算q^{t}（Q^{t*}矩阵的一行）：

$$q^{t}=t^{t}C/(t^{t}t)$$

注意：这一步等于是用Y矩阵的分解矢量t作为C矩阵的正交分解矢量r，以得到其另一正交分解矩阵（Q^{t*}矩阵）的一行。这说明分解浓度阵C时也利用了矩阵Y的信息。

6）对所求矢量q^{t}进行标准化（归一化）处理：

$$\boldsymbol{q}_{新}^{t}=\boldsymbol{q}_{旧}^{t}/\|\boldsymbol{q}_{旧}^{t}\|$$

7）由 $\boldsymbol{q}^t$ 来计算矢量 $\boldsymbol{r}$（$\boldsymbol{R}^*$ 矩阵的一列）：

$$\boldsymbol{r}=\boldsymbol{X}\boldsymbol{q}/(\boldsymbol{q}^t\boldsymbol{q})$$

8）判断 $\boldsymbol{t}$ 是否收敛，即 $\|\boldsymbol{t}_{前一轮}-\boldsymbol{t}_{后一轮}\|$ 是否小于某一给定常数 θ。如收敛则开始下一步主因子分解（参见下文），否则，返回到第二步，继续进行主因子分解迭代。注意，此时返回第二步应利用第七步所求的矢量 $\boldsymbol{r}$ 来计算。

因这样计算出来的 $\boldsymbol{t}$ 值已失去正交性质，可以引入补充的计算环节使之保持正交，但这对本书所讨论的多元校正的问题无关紧要。上述计算得到的 $\boldsymbol{q}$、$\boldsymbol{v}^t$ 应予保留，供下一步测试时用。如要求在测试时检验校正模型是否正确，则 $\boldsymbol{r}$、$\boldsymbol{t}$ 也须保留。

下一步计算 $\boldsymbol{r}$ 与 $\boldsymbol{t}$ 之间的内部关系，进行回归运算：

$$b=\boldsymbol{r}^t\boldsymbol{t}/(\boldsymbol{t}^t\boldsymbol{t})$$

以上计算过程可用图 6-15 表示。值得指出的是，以上计算的各分解矢量均对应第一个主因子，即 $\boldsymbol{r}_1$、$\boldsymbol{q}_1^t$、$\boldsymbol{t}_1$、$\boldsymbol{v}_1^t$，为简洁起见，在上述过程中下标均略去。下一步计算残差阵：

$$\boldsymbol{E}_{Y,1}=\boldsymbol{Y}-\boldsymbol{t}_1\boldsymbol{v}_1^t$$

$$\boldsymbol{E}_{C,1}=\boldsymbol{C}-\boldsymbol{r}_1\boldsymbol{q}_1^t=\boldsymbol{C}-b_1\boldsymbol{t}_1\boldsymbol{q}_1^t$$

以 $\boldsymbol{E}_{Y,1}$ 代替 $\boldsymbol{Y}$，以 $\boldsymbol{E}_{C,1}$ 代替 $\boldsymbol{C}$。返回上述的主因子迭代过程，计算下一个主因子，得 $\boldsymbol{r}_2$、$\boldsymbol{q}_2^t$、$\boldsymbol{t}_2$、$\boldsymbol{v}_2^t$，又可计算下一步残差阵 $\boldsymbol{E}_{Y,2}$ 和 $\boldsymbol{E}+_{C,2}$，依此类推，直至找出 $\boldsymbol{Y}$ 和 $\boldsymbol{C}$ 的全部主因子为止。主因子的数目可用交互效验法或方差比较来决定。

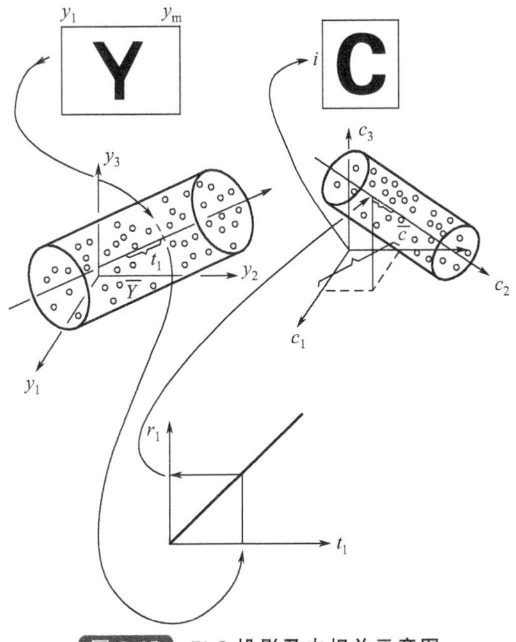

图 6-15 PLS 投影及内相关示意图

对于未知试样，由其量测的矢量 $\boldsymbol{y}_{未知}$ 或其量测的矩阵 $\boldsymbol{Y}_{未知}$，利用 $\boldsymbol{Y}=\boldsymbol{T}^{*}\boldsymbol{V}^{t*}$ 的关系及在校正步骤中存储的 $\boldsymbol{V}^{t*}$，可算出 $\boldsymbol{t}_{未知}$，继由 $\boldsymbol{t}$ 与 $\boldsymbol{r}$ 的关系可求出 $\boldsymbol{r}_{未知}$，由存储的 $\boldsymbol{Q}^{t*}$ 即可

求出 $\boldsymbol{c}_{未知}$。

从上述讨论可知，间接校正的 ***K***-矩阵法、***P***-矩阵法、主成分回归法以及偏最小二乘法是一脉相通、相互连贯的，从中可以明显地看出一个逐步发展的过程。***P***-矩阵法克服了 ***K***-矩阵法要求两次逆而引起误差扩大的缺点；主成分回归法则克服了 ***P***-矩阵法不满秩求逆或丢失光谱信息的弱点，采用主成分分解 ***Y*** 矩阵（量测矩阵）以得其广义逆，从而显著地改善了 ***P***-矩阵法；偏最小二乘法不但立足于分解 ***Y*** 矩阵，而且还同时分解 ***C*** 矩阵（浓度校正矩阵），并且在分解 ***Y*** 矩阵时考虑 ***C*** 矩阵的因素，在分解 ***C*** 矩阵时考虑 ***Y*** 矩阵的因素，加强双方回归对应计算的关系，以求获得最佳回归预测的效果。

由于主成分回归法与偏最小二乘回归法对 ***K***-矩阵法和 ***P***-矩阵法给出了显著性的改进，故近年来得到了相当广泛的应用，而且，在方法本身的理解和改进上，广大化学计量学家也进行了大量的工作，其中较著名的有 Hoskuldsson 对偏最小二乘法的解释和说明，他证明了偏最小二乘法本质上是对 $\boldsymbol{Y}^{t}\boldsymbol{C}\boldsymbol{C}^{t}\boldsymbol{Y}$ 或 $\boldsymbol{C}^{t}\boldsymbol{Y}\boldsymbol{Y}^{t}\boldsymbol{C}$ 的分解[44]，Manne[45] 从算法的角度说明了，相对于主成分回归的是对 ***Y*** 矩阵进行对角分解，则 PLS1 就相当于对 ***Y*** 矩阵进行二对角分解，PLS2 相当于对 ***Y*** 矩阵进行三对角分解。

将多元间接校正方法的计算公式分列于表 6-3，以更简洁的形式说明它们之间的关系。

表 6-3 间接多元校正方法的矩阵计算比较

项目	***K***-矩阵法	***P***-矩阵法
数学模型	$\boldsymbol{Y}=\boldsymbol{K}\boldsymbol{C}$	$\boldsymbol{C}=\boldsymbol{P}\boldsymbol{Y}$
校正	$\boldsymbol{K}=\boldsymbol{Y}\boldsymbol{C}^{t}(\boldsymbol{C}\boldsymbol{C}^{t})^{-1}$	$\boldsymbol{P}=\boldsymbol{C}\boldsymbol{Y}^{t}(\boldsymbol{Y}\boldsymbol{Y}^{t})^{-1}$
	$\boldsymbol{K}^{t}=(\boldsymbol{C}\boldsymbol{C}^{t})^{-1}\boldsymbol{C}\boldsymbol{Y}^{t}$	$\boldsymbol{P}^{t}=(\boldsymbol{Y}\boldsymbol{Y}^{t})^{-1}\boldsymbol{Y}\boldsymbol{C}$
预测	$\boldsymbol{c}_{未知}=(\boldsymbol{K}^{t}\boldsymbol{K})^{-1}\boldsymbol{K}^{t}\boldsymbol{y}_{未知}$	$\boldsymbol{c}_{未知}=\boldsymbol{P}_{(n\times m)}\boldsymbol{y}_{未知}$
	$\boldsymbol{C}_{未知}=(\boldsymbol{K}^{t}\boldsymbol{K})^{-1}\boldsymbol{K}^{t}\boldsymbol{Y}_{未知}$	$\boldsymbol{C}_{未知}=\boldsymbol{P}_{(n\times m)}\boldsymbol{Y}_{未知}$
PCR	**PLS2**	**PLS1**
$\boldsymbol{Y}=\boldsymbol{U}^{*}\boldsymbol{S}^{*}\boldsymbol{V}^{*t}$	$\boldsymbol{Y}=\boldsymbol{U}\boldsymbol{R}\boldsymbol{W}^{t}$	$\boldsymbol{Y}=\boldsymbol{U}\boldsymbol{R}\boldsymbol{W}^{t}$
$\boldsymbol{Y}^{+}=\boldsymbol{V}^{*}(\boldsymbol{S}^{*})^{-1}\boldsymbol{U}^{*t}$	$\boldsymbol{Y}^{+}=\boldsymbol{W}\boldsymbol{R}^{-1}\boldsymbol{U}^{t}$	$\boldsymbol{Y}^{+}=\boldsymbol{W}\boldsymbol{R}^{-1}\boldsymbol{U}^{t}$
$\boldsymbol{P}=\boldsymbol{C}\boldsymbol{Y}^{+}$	$\boldsymbol{P}=\boldsymbol{C}\boldsymbol{Y}^{+}$	$\boldsymbol{P}=\boldsymbol{C}\boldsymbol{Y}^{+}$
$\boldsymbol{S}^{*}$：对角矩阵	$\boldsymbol{R}$：三对角矩阵	$\boldsymbol{R}$：二对角矩阵

三、通用标准加入法

经典分析化学中经常采用标准加入法，以克服基体或底液对分析校正的影响。事实上，标准加入的方法同样可推广到多元校正的情况。前两节讨论的多元线性回归和 Kalman 滤波算法都是首先获得校正所需的敏感度矩阵或是各物种的标准谱，如果事先无法获得标准谱，即由于待测样本的基体条件不清楚，无法找到标准谱的量测条件时，可采用通用标准加入法[46,47]来进行多元校正。

【基本思路】

通用标准加入法的实质是在待测多组分体系中直接加入多种待测标准物，以构成一个新的量测矩阵，再从这新的量测矩阵求得在此基体溶液中的各标准物的标准量测谱，继而用求得的标准谱对待测多组分体系进行直接校正，即可求得此多组分体系的各组分的浓度。

【基本算法】

设有一待测试样 $\boldsymbol{y}_0$，其 n 个组分的浓度矢量为 $\boldsymbol{c}_0$，向此试样进行 m 次标准加入（未作

加入的原始试样认作加入量为零的试样)，可得一新的量测矩阵 $\boldsymbol{Y}$，有

$$\boldsymbol{Y}_{p\times m}=\boldsymbol{X}_{p\times n}\boldsymbol{C}_{n\times m}+\boldsymbol{E}_{p\times m} \tag{6-14}$$

在此

$$\boldsymbol{Y}=[\boldsymbol{y}_1,\ \boldsymbol{y}_2,\ \cdots,\ \boldsymbol{y}_m]=\begin{bmatrix} y_{11} & y_{21} & \cdots & y_{m1} \\ y_{12} & y_{22} & \cdots & y_{m2} \\ \vdots & \vdots & \vdots & \vdots \\ y_{1p} & y_{2p} & \cdots & y_{mp} \end{bmatrix}$$

式中，$\boldsymbol{y}_i$（$i=1,\ 2,\ \cdots,\ m$）表示第 i 次加入时对混合物进行量测所得的量测矢量，每次量测都是在 p 个分析通道或波长上进行的。一般要求 $m>n$。值得注意的是浓度阵 $\boldsymbol{C}$，在此

$$\boldsymbol{C}=\boldsymbol{C}_0+\Delta\boldsymbol{C}=\begin{bmatrix} c_1 & c_1 & \cdots & c_1 \\ c_2 & c_2 & \cdots & c_2 \\ \vdots & \vdots & \vdots & \vdots \\ c_n & c_n & \cdots & c_n \end{bmatrix}+\begin{bmatrix} \Delta c_{11} & \Delta c_{21} & \cdots & \Delta c_{m1} \\ \Delta c_{12} & \Delta c_{22} & \cdots & \Delta c_{m2} \\ \vdots & \vdots & \vdots & \vdots \\ \Delta c_{1n} & \Delta c_{2n} & \cdots & \Delta c_{mn} \end{bmatrix}$$

式中，Δc_{ij} 表示第 i 次对第 j 个待测组分加入的浓度。在加入时，必须使原待测样本溶液的体积保持不变（即加入小体积的较浓标准溶液）或采用稀释至相同体积的方法，这样，$\boldsymbol{C}_0$ 可看作一个每列相同的矩阵，即每列都由 $\boldsymbol{c}_0$ 构成。式（6-14）中的 $\boldsymbol{X}$ 矩阵仍为标准谱矩阵，它的每一列皆由体系中各组分的标准量测谱构成，即

$$\boldsymbol{X}=[\boldsymbol{x}_1,\ \boldsymbol{x}_2,\ \cdots,\ \boldsymbol{x}_n]=\begin{bmatrix} x_{11} & x_{21} & \cdots & x_{n1} \\ x_{12} & x_{22} & \cdots & x_{n2} \\ \vdots & \vdots & \vdots & \vdots \\ x_{1p} & x_{2p} & \cdots & x_{np} \end{bmatrix}$$

如果用 $\boldsymbol{y}_0$ 来组成一个与 $\boldsymbol{Y}$ 相同大小的矩阵 $\boldsymbol{Y}_0$，即

$$\boldsymbol{Y}_0=[\boldsymbol{y}_0,\ \boldsymbol{y}_0,\ \cdots,\ \boldsymbol{y}_0]=\begin{bmatrix} y_{01} & y_{01} & \cdots & y_{01} \\ y_{02} & y_{02} & \cdots & y_{02} \\ \vdots & \vdots & \vdots & \vdots \\ y_{0p} & y_{0p} & \cdots & y_{0p} \end{bmatrix}$$

矩阵 $\boldsymbol{Y}_0$ 中包括 m 列相同的矢量 $\boldsymbol{y}_0$，则有

$$\Delta\boldsymbol{Y}_{p\times m}=\boldsymbol{Y}-\boldsymbol{Y}_0=\boldsymbol{X}(\boldsymbol{C}_0+\Delta\boldsymbol{C})-\boldsymbol{X}(\boldsymbol{C}_0)=\boldsymbol{X}_{p\times n}\Delta\boldsymbol{C}_{n\times m}$$

上式中矩阵 $\Delta\boldsymbol{Y}_{p\times m}$ 和 $\Delta\boldsymbol{C}_{n\times m}$ 皆为已知，采用最小二乘法即可容易求出 $\boldsymbol{X}_{p\times n}$，

$$\boldsymbol{X}=\Delta\boldsymbol{Y}\Delta\boldsymbol{C}^{\mathrm{t}}(\Delta\boldsymbol{C}\Delta\boldsymbol{C}^{\mathrm{t}})^{-1}$$

求得标准谱矩阵 $\boldsymbol{X}$，该体系的未知浓度矢量 $\boldsymbol{c}_0$ 就可用下式求得

$$\boldsymbol{c}_0=(\boldsymbol{X}^{\mathrm{t}}\boldsymbol{X})^{-1}\boldsymbol{X}^{\mathrm{t}}\boldsymbol{y}_0$$

在此值得提出的是，$\Delta\boldsymbol{C}$ 是分析过程中人为作 m 次加入的标准物浓度构成的矩阵，这个矩阵可以由分析者进行设计。合理的设计当使各次加入的标准浓度线性无关，为此可采用因子或正交设计来实现。

四、广义内标法

内标法在经典分析化学中是一种常用方法，用来克服基体或底液及仪器漂移对分析校正的影响，在发射光谱和色谱分析中得到了广泛的应用。Lorber 等将内标法拓广至多元校正领域，并称之为广义内标法[48,50]。他们着重对等离子原子发射光谱（inductively coupled plasma atomic emission spectrometry，ICPAES）的广义内标法进行了详细的讨论。根据 Winefordner 等的研究结果[49]，将光谱量测中的噪声分为两类：一类为杂散噪声（shot noise），由光电子的统计性质决定；另一类为低频噪声，或称之为波动噪声（fluctuation or flicker noise），它们主要由分析物进样速率的漂移和光源漂移所引起。在分析化学中，一般采用内标法来降低非随机波动噪声[50]，Barnett，Fassel 和 Kniseley 对发射光谱的内标法进行了系统的研究，而且还提出了多条使用内标法时必须给予特别注意的事项[51,52]。值得提出的是，对于这些实验，他们是在直流电或火花光源的发射光谱中做的，此时经典内标法确实可以降低非随机的波动噪声，但是对于等离子发射光源却作用有限[51,52]。为此，Lorder 等提出了广义内标法，其主要目的在于克服仪器的漂移。此法可拓广至任何多通道同时测定仪器分析方法。与经典内标法相反，广义内标法是同时利用来自具有不同物理参数的多通道的信息来进行非随机波动噪声校正的。

如图 6-16 所示，广义内标法的计算步骤包括三步：①将 p 个内标物的光谱线的波动信息转换成 r 个仪器的漂移参数；②用所得的 r 个仪器的漂移参数来计算已知浓度的分析信号（或称为训练集）的漂移程度；③用所得的分析信号（或称为训练集）的漂移程度对未知分析物的分析信号进行浓度校正。下面将就此三个计算步骤分别加以具体说明。

下面介绍计算 r 个仪器的漂移参数的方法。

假设第 i 个分析信号的波动漂移用 z_i 表示，而且它是 r 个仪器的漂移参数（$r<p$）的线性组合。这样就可以用以下线性方程组来表示这一关系：

$$\begin{cases} z_1=u_{11}d_1+u_{12}d_2+u_{13}d_3+\cdots+u_{1r}d_r \\ z_2=u_{21}d_1+u_{22}d_2+u_{23}d_3+\cdots+u_{2r}d_r \\ \vdots \quad \vdots \quad \vdots \quad \vdots \quad \vdots \quad \vdots \\ z_p=u_{p1}d_1+u_{p2}d_2+u_{p3}d_3+\cdots+u_{pr}d_r \end{cases}$$

如果用矩阵形式表述，可得

$$z = Ud$$

用最小二乘容易求得 d

$$d = (U^{t}U)^{-1}U^{t}z$$

式中，U 是一个（$p \times r$）阶矩阵；d 是一个含 r 个仪器的漂移参数的矢量；z 则是含 p 个分析信号的波动漂移值的矢量。

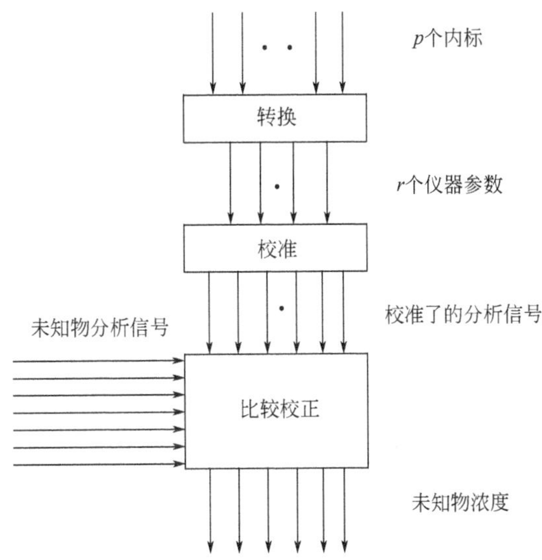

图 6-16 广义内标法的计算步骤流程图

在以后的讨论中将看到，由上面几个式子示出的广义内标法的线性模型只是一个简单的近似模型。要真正描述信号的波动不能简单把它看成多种系统波动的一种加合。为了建立起一个适当波动模型的基础，有必要先给出一些有用的定义。因为等离子体（ICP）是一个用得很普遍的原子发射光谱仪的光源（AES），所以，在这里就以它来说明化合物分析过程中的概念。图 6-17 为 ICP 的化合物量测体系的示意图，在图中显示了系统怎样将样本（输入信号）转变成光谱输出信号。在此光谱检测体系及电子读数系统没有考虑，实因它们对信号的影响仅限于杂散噪声，而这些杂散噪声相对于低频噪声是完全可以忽略的。在图 6-17 中，每个系统都由一种函数形式给出，其输出信号的大小应该由图中右边的系统参数来决定，最终输出信号则是这些转换函数信号的乘积。

根据系统理论，一个化合物量测体系的脉冲响应 $[h(t)]$ 是一个线性系统。如果脉冲响应是已知的，则最终输出信号 $\xi(t)$ 能由输入信号 $\chi(t)$ 与脉冲响应 $[h(t)]$ 的卷积算出[53]

$$\xi(t) = \int h(r)\chi(t-r)\mathrm{d}r = h(t) * \chi(t)$$

如果每个子系统的脉冲响应都已知，则整个体系的输出信号可由图 6-17 所示的 3 个子系统的脉冲函数的卷积表出

$$\xi(t) = \int h(r)\chi(t-r)\mathrm{d}r = h_1(r) * h_2(r) * h_3(r) * \chi(t)$$

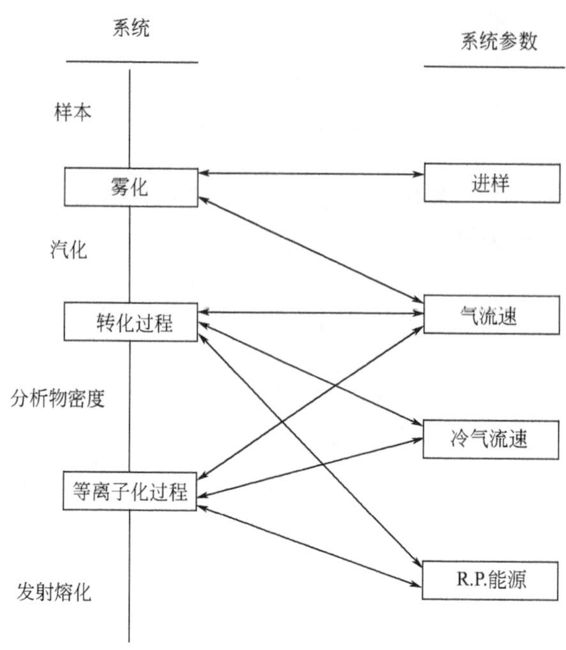

图 6-17 等离子发射光谱量测过程示意图

然而，由于各子系统的脉冲响应在实际的分析过程中是很难测得的，所以，在实际的分析过程中，人们总是根据各子系统的输入参数来代替各子系统的脉冲响应。一般说来，从各子系统的输入参数转换到系统脉冲响应的函数是未知的。然而，只要以下的条件满足，就可以用输入参数来描述系统的输入和输出信号。这些条件是：①影响输出信号的系统输入参数都被考虑；②系统输入参数是互不相关的；③每个系统转换的函数关系 g_i 与分析体系设置的系统参数值 φ_j 之间的关系可以从实验估出。

在变化子系统的参数时可以看到输出信号的变化，从而得到它们的函数关系，由于各子系统是互不相关的，所以，整个系统的输出信号将是各子系统函数转换值的乘积。

注意到从进样到信号输出所需的时间相对于积分时间来说是短的，故可以忽略时间因素。这样，可以得到以下的简化关系式

$$\xi = \prod g_i(\phi)\chi \tag{6-15}$$

此式的乘积将包括所有的子系统参数和输入信号，它可以是在任一时间单位中的积分值。

由式（6-15）示出的输出信号表达式实际上给出了等离子发射光谱系统模型的精确度的限制。为了得到高的精确度，就要求对子系统输入参数能精密控制，其精密度最好能与输出的光信号相当，而这一般难以做到，另一个办法是用与该分析体系具有相当精密度的传感器来对这些子系统输入参数进行测量，然而这也不现实。但采用内标法（IRM）可以达到同样的效果。

所谓内标法（internal reference method，IRM），是指已知通过量测与分析样本时具有完全相同的系统参数信号来进行系统波动校正的方法。

以后，就用 I_i（$i=1, \cdots, s$）来代表输出信号，信号中的偏差就由一相对信号 I_i^{R} 来表出，它实际上相当于即时的分析信号对系统参数设置值的比值。

参考信号为一内标信号，它可作为量测系统参数在一特定时期内的积分值。参考信号 $I_{\text{ref}}^{\text{R}}$是 r 个参考信号 I_i^{R} 的乘积。而 $I_{\text{ref},j}^{\text{R}}$ 则表示第 j 个系统参数发生变化，而其他系统参数都不变时的内标输出信号，即

$$I_{\text{ref},\ j}^{\text{R}} = I_{\text{ref},\ j}^{\text{R}}(\phi_j) \quad \text{（其余 } \phi_i \neq \phi_j \text{ 都保持不变）}$$

而且，整的参考信号 I_i^{R} 等于

$$I_{\text{ref}}^{\text{R}} = \prod I_{\text{ref},\ j}^{\text{R}} \tag{6-16}$$

通过如此定义的内部参考信号，很明显，可以通过单个的参考信号来代替仪器的参数，而且，由式（6-16）示出的化合物的参考信号与式（6-15）示出的输出信号与系统参数的作用是统一的，从而克服了分析信号直接与系统参数联系的困难。对于一个单独的内标，其分析信号就相当于给出了一个参考信号。

由图 6-17 所示的内标法的计算过程如下：利用下述方程组，在测得 p 个内标信号（$p>r$）的基础上，用它们来计算单个参考信号

$$\begin{cases} I_{\text{ref}}^{\text{R}} = \prod I_{\text{ref},\ j}^{\text{R}} \\ I_2^{\text{R}} = \prod I_{2,\ j}^{\text{R}} \\ \vdots \qquad \vdots \\ I_i^{\text{R}} = \prod I_{i,\ j}^{\text{R}} \\ \vdots \qquad \vdots \\ I_p^{\text{R}} = \prod I_{p,\ j}^{\text{R}} \end{cases}$$

其余的描述函数关系的方程可由下式来求得

$$I_{i,\ j}^{\text{R}} = \phi_j(I_{\text{ref},\ j}^{\text{R}}) \quad \text{（其余 } \phi_i \neq \phi_j \text{ 都保持不变）} \tag{6-17}$$

这样，就可利用求得的单个参数的参考信号来计算分析信号 $I_i^{*\text{R}}$ 了，在此，i 表示第 i 个分析信号（$i=q$，…，s）。所谓的计算分析信号是通过固定被分析的化合物的浓度而测得的。这样的计算方程由下式表示出，

$$\begin{cases} I_q^{*\text{R}} = \prod \phi_{q,\ j}(I_{\text{ref},\ j}^{\text{R}}) \\ \vdots \\ I_i^{*\text{R}} = \prod \phi_{i,\ j}(I_{\text{ref},\ j}^{\text{R}}) \\ \vdots \\ I_s^{*\text{R}} = \prod \phi_{s,\ j}(I_{\text{ref},\ j}^{\text{R}}) \end{cases} \tag{6-18}$$

如果分析物的浓度不变，比率 $I_i^{\mathrm{R}}/I_i^{*\mathrm{R}}$ 应该为一个单位量，所以，任何浓度的变化可以从这一比率的变化中求得，即

$$c_j=\phi_j(I_i^{\mathrm{R}}/I_i^{*\mathrm{R}}) \tag{6-19}$$

式中，ϕ_j 是分析的校正函数。如果把分析物的浓度看作输入信号，那么式（6-19）就应有像式（6-15）那样的作用。

在以下的讨论中，将说明式（6-17）、式（6-18）和式（6-19）可从 3 种不同的复杂程度上解出：①通过假设 $I_i^{\mathrm{R}}=I_{\mathrm{ref},i}^{*\mathrm{R}}$ 来解式（6-19）；②通过假设对所有单个系统参数 $I_i^{*\mathrm{R}}$ 都是一样的来解式（6-18）和式（6-19）；③一般情况下，同时解上述三个方程组。

（1）线性比率内标法（line ratio internal reference method，LRIRM） 这就是大家都知道的 IRM，这个方法是最简单的一个。让式（6-17）的两边对所有的分析信号都相等，即 $I_i^{*\mathrm{R}}=I_{\mathrm{ref},i}^{\mathrm{R}}$，不管系统参数的波动，把这一关系代入式（6-19）即得

$$c_j=\phi_j(I_i^{\mathrm{R}}/I_{\mathrm{ref}}^{\mathrm{R}}) \tag{6-20}$$

这一方法显示了对所有的分析线都具有同样的依赖性，因为参考线来自一个化合物，其物理解释为：分析信号的变化来自化合物体系，而与任何特殊的系统或相应的系统参数无关。

（2）分析物-内标参考相关法（analyte-internal reference correlated method，AIRCM） 此法假设每个计算的分析信号是与参考信号相关的，即

$$I_i^{*\mathrm{R}}=\phi_j(I_{\mathrm{ref}}^{\mathrm{R}}) \tag{6-21}$$

采用这样一个假设，可以看到，对于一个化合物量测体系同样不可能分为系统和它的系统参数。式（6-21）比式（6-20）有一定的优越性，实因它将分析信号与系统参数的关系通过参考信号联系起来。这些函数关系只能通过实验测出，并且有时还得到负相应。目前，有两种这样的实验方法用以找到式（6-20）所示的关系。第一种方法是随机地将分析信号与参考信号取出，继而采用某种回归方法算出它们的关系；第二种方法是通过预先设定系统参数的变化来求它们之间的关系。这两种方法都有各自的优越性和局限性。第一种方法优越于第二种方法的地方在于它求相关关系时是基于进行化学量测时系统的波动被同时考虑了，然而，它却不能保证这些波动是由系统的哪个参数的变化而造成的。第二种方法的优越性表现在它是通过变化系统参数来求得的。然而，它的缺点是它把系统参数都看作具有同样的作用而没加以区别。

（3）广义内标法（generalized internal reference method，GIRM） 广义内标法力争对式（6-17）、式（6-18）和式（6-19）都来求解，其基本假设是：系统函数关系 ϕ_j 可由一系列多项式表出，即

$$y_{ij}=a_{ij}x_j+a_{ij}x_j^2+a_{ij}x_j^3+a_{ij}x_j^4+\cdots$$

式中，y_{ij} 表示第 i 个信号由于第 j 个系统参数变化而引起的相对信号变化；x_j 则表示参考信号在第 j 个系统参数变化时的波动，波动项将与相对信号通过下式联系起来

$$y_i=I_i^{*\mathrm{R}}-1$$

$$x_j=I_{\mathrm{ref},\,j}^{\mathrm{R}}-1$$

这样，式（6-17）中的每个方程就变为

$$I_i^{R}=\prod(1+a_{ij}x_j+a_{ij}x_j^2+a_{ij}x_j^3+a_{ij}x_j^4+\cdots) \tag{6-22}$$

上式是一个非线性方程。然而，相对于分析信号，系统波动较小，故可假设高次项可以忽略。这样可将上式变为

$$y_i=\sum a_{ij}x_j$$

从上式可以看出，通过这样的变换，就将信号中的波动与参考信号中每个系统参数的变化联系起来了。这样，式（6-17）、式（6-18）可一起表示为

$$\begin{bmatrix} 1 & 1 & 1 & \cdots & 1 & \cdots & 1 \\ a_{21} & a_{22} & a_{23} & \cdots & a_{2j} & \cdots & a_{2r} \\ a_{31} & a_{32} & a_{33} & \cdots & a_{3j} & \cdots & a_{3r} \\ a_{41} & a_{42} & a_{43} & \cdots & a_{4j} & \cdots & a_{4r} \\ \vdots & \vdots & \vdots & \vdots & \vdots & \vdots & \vdots \\ a_{r1} & a_{r2} & a_{r3} & \cdots & a_{rj} & \cdots & a_{rr} \\ \vdots & \vdots & \vdots & \vdots & \vdots & \vdots & \vdots \\ a_{p1} & a_{p2} & a_{p3} & \cdots & a_{pj} & \cdots & a_{pr} \\ a_{q1} & a_{q2} & a_{q3} & \cdots & a_{qj} & \cdots & a_{qr} \\ \vdots & \vdots & \vdots & \vdots & \vdots & \vdots & \vdots \\ a_{s1} & a_{s2} & a_{s3} & \cdots & a_{sj} & \cdots & a_{sr} \end{bmatrix} \begin{bmatrix} x_1 \\ x_2 \\ x_3 \\ x_4 \\ \vdots \\ x_r \end{bmatrix} = \begin{bmatrix} y_1 \\ y_2 \\ y_3 \\ y_4 \\ \vdots \\ y_r \\ \vdots \\ y_p \\ y_q \\ \vdots \\ y_s \end{bmatrix} \tag{6-23}$$

采用这样的线性近似的理由主要有两点：①这种方法提供了一种解决 GIRM 的简易算法，而且这样线性解可以作为式（6-17）的一种近似解，这种近似解可以看作对式（6-17）的一种逼近，为以后解非线性的式（6-17）提供一个初始值；②这还可以看作一种选择内标的新标准及估价该法的误差传递的新途径。

采用矩阵表示法，可以将式（6-23）写成

$$\boldsymbol{Ax}=\begin{pmatrix}\boldsymbol{y}_1\\ \boldsymbol{y}_2\end{pmatrix}$$

式中，$\boldsymbol{A}$ 是一个 $s\times p$ 的矩阵，它的元素就是 a_{rj}；$\boldsymbol{x}$ 则是含有 r 个参考信号的波动的矢量；$\boldsymbol{y}_1$ 是一个含有内标波动量测值的矢量；$\boldsymbol{y}_2$ 则是含（$s-r$）个元素的计算的分析信号的波动值。同样，矩阵 $\boldsymbol{A}$ 也可以分成两个子矩阵 $\boldsymbol{A}_1$ 和 $\boldsymbol{A}_2$，第一个子矩阵 $\boldsymbol{A}_1$ 包含了内标信号的系数，第二个子矩阵 $\boldsymbol{A}_2$ 则包含了分析信号的系数。GIRM 的计算过程如下：

（1）求系统波动矢量 x：

$$\boldsymbol{x}=(\boldsymbol{A}_1^{\mathrm{t}}\boldsymbol{A}_1)^{-1}\boldsymbol{A}_1^{\mathrm{t}}\boldsymbol{y}_1$$

（2）求分析信号的波动矢量 $\boldsymbol{y}_2$：

$$\boldsymbol{y}_2=\boldsymbol{A}_2\boldsymbol{x}=\boldsymbol{A}_2(\boldsymbol{A}_1^{\mathrm{t}}\boldsymbol{A}_1)^{-1}\boldsymbol{A}_1^{\mathrm{t}}\boldsymbol{y}_1$$

对于式（6-17）的更精确求解可以通过考虑 x_j 的高阶项来实现。例如，将 x_j 的二阶项加以考虑，则式 $y_i=\sum a_{ij}x_j$ 变成

$$y_i=\sum a_{ij}x_j+\sum b_{ij}x_j^2+\sum a_{ij}a_{ik}x_jx_k \tag{6-24}$$

这样，因为高阶项被包括其中，所以它的解法得采用迭代方式来进行，读者可以从文献［54］中找到这样的算法，在此不再详述。

通过实验来确定式（6-22）中系数 a_{ij} 的方法有如下两种：一种是通过分别变动每个系统参数求得；另一种则是通过同时变动几个系统参数求得。一般说来，同时变动几个参数需要搞好实验设计，并且计算比较困难，而每次变动一个参数容易计算些，而且，每次变动一个系统参数的方法误差传递比较小，故 Lorber 等推荐采用第一种方法来求得系数 a_{ij}。

在简单的内标法中，选择标准主要可从物理上考虑。而对广义内标法（GIRM），由于信号都直接与系统参数相关，物理的选择标准就不显得那么重要了，只是要注意到，所选的内标分析通道的信号如果太小，就会造成随机误差对内标影响太大。除开物理标准，Lorber 还提出了几个供参考的数学要求：①系数矩阵 $\boldsymbol{A}$ 必须是一个满秩矩阵，以免求逆时带来较大误差；②内标信号数必须大于或等于所要考虑的系统参数数目；③ 内标的信号通道必须选择那些误差传递比较小的通道。有关广义内标法的应用可参阅 Lorber 的另一篇文章[55]，在此不再赘述。

五、非线性体系的校正方法

在分析化学中，一般都假设被研究体系为线性加合体系，如在光谱分析中就要服从朗伯-比耳定律，这样就可用前述的多元校正法，即直接校正法、间接校正法和广义标准加入法来进行校正，一般说来，只要体系确实是线性加合体系，都可得到满意的结果。然而，一般分析工作者都知道，Lambert-Beer 定律是有条件的，其中最重要的一个条件就是它有一个浓度适应范围，超出这一浓度适应范围，Lambert-Beer 定律就不成立了。另外，在波谱量测中还经常出现部分非线性的情况，即在有些波长点出现不符合线性加合性的情况。这就向化学工作者提出了新问题，即怎样进行非线性多元校正。对于部分非线性问题，一般也可以采用稳健方法（参见本章第七节）来进行校正，即把那些非线性的量测点看成是异常值处理，但是一般要求这样的非线性量测点最好不超过 30%。在分析化学中还存在很多的非线性现象，而且，对于这些非线性的体系一般还很难找到适当的数学模型。近年来，非线性多元校正成了分析化学计量学研究的一个热点，出现了不少的非线性校正方法，如非线性偏最小二乘法等。这些方法大都是在线性模型里引进非线性项，以补偿体系中的非线性，在此不准备详细介绍，有兴趣的读者可参阅文献［56］。

（一）人工神经网络法

人工神经网络研究是从 20 世纪 50 年代末、60 年代初开始的，代表性工作是 Rosenblattd 的感知器（perceptron）和 Widrow 的自适应线性元（adalnei）[57]。80 年代以来，以 Hopfield 等[58,59]的联想记忆网络模型、制约优化网络模型、Rumelhart 等[60]的多层前传网

络误差反传算法（BP 算法）等为代表的一批优秀工作的出现，掀起了人工神经网络研究的热潮。人工神经网络因具有很强的非线性映射能力而受到化学计量学家们的普遍关注。本节只对人工神经网络的基本概念及多层前传网络误差反传算法（BP 算法）做出介绍，以期读者对其有一个初步认识。

人工神经网络的基本思路是基于人脑细胞（神经元）的工作原理来模拟人类思维方式，以建立模型来进行分类与预测的。图 6-18（a）给出了一个神经元的示意图，从图中可以看到，神经元通过神经纤维或突触与别的神经元相联系，用以接受来自别的神经元的信息，并将信息继续传给别的神经元。一个典型的神经元可与 10^3 个别的神经元相连，所以人的大脑是一个相当复杂的系统。实际上，人工神经网络方法只是简单地借用神经元来表示一个计算单元［参见图 6-18（b）］，它也可以像神经元一样通过网络与别的计算单元相连，只是被叫作输入和输出。

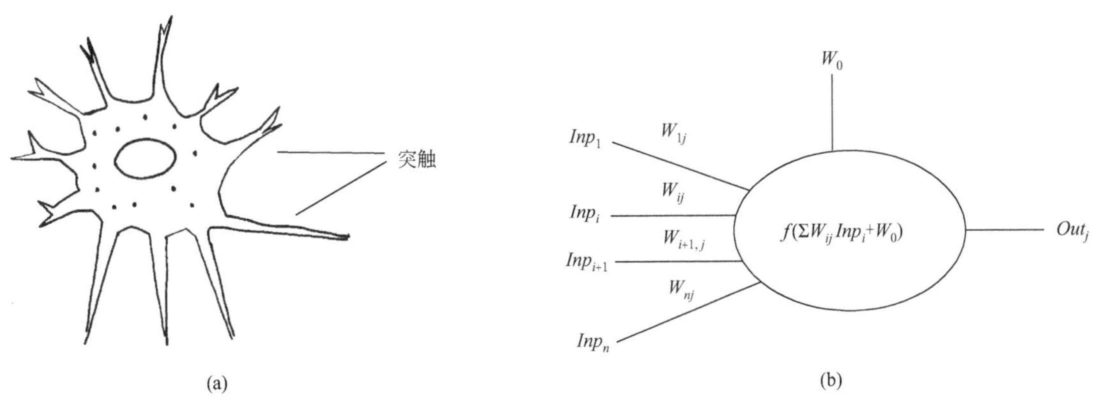

图 6-18 真实神经元的示意图（a）和人工神经网络的计算单元（b）

图 6-19 示出了一个典型的基于误差反传算法的三层前传网络，从下至上分别称为输入层、隐蔽层和输出层。在人工神经网络的计算中，输入层一般表示为 ***Inp***，它的每一个计算单元将代表 ***Inp*** 中的一个元素，它们通过连接权重 w_{ij}^{me} 由下式与隐蔽层的计算单元 y^{me} 相连接。

$$y_j^{\text{me}}=f(\sum w_{ij}^{\text{me1}} Inp_i+w_0^{\text{me1}})$$

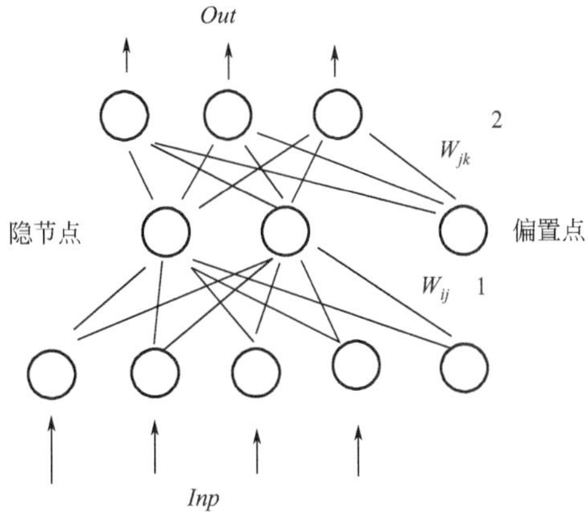

图 6-19 三层前传人工神经网络示意图

式中的 $f(.)$ 称为活性函数，一般可取以下几种形式：

(1) $f(u)=\mathrm{sgn}(u)=f_h(u)$ 符号函数，当 u 为正数时，取 1，否则取 −1，此函数用于处理模式识别时很有用。

(2) $f(u)=(1+\mathrm{e}^{-u})^{-1}=f_s(u)$ s 型非线性函数，其输出值介于 0～1，进行非线性校正或预测时很有用。

(3) $f(u)=\tanh(u)$ 非线性反正弦函数，其输出值在 +1 和 −1 之间，对模式识别和非线性回归或预测都可用。

另外，w_0^{me1} 称为偏置点，根据不同的情况可取不同的值。隐蔽层 $\boldsymbol{y}^{\mathrm{me}}$ 以同样的方式，即通过连接权重来与输出层 $\boldsymbol{Out}$ 相连。

所以，整个三层前传人工神经网络可由下式表出

$$
\begin{aligned}
Out_k &= f(\sum w_{ki}^{\mathrm{me2}} y_j^{\mathrm{me}} + w_0^{\mathrm{me2}}) \\
&= f(\sum w_{ki}^{\mathrm{me2}} (f(\sum w_{ij}^{\mathrm{me1}} Inp_i + w_0^{\mathrm{me1}})_i) + w_0^{\mathrm{me2}})
\end{aligned}
$$

从上式可以看出，三层前传人工神经网络实际是通过一个相当复杂的非线性函数将输入矢量 $\boldsymbol{Inp}$ 与输出矢量 $\boldsymbol{Out}$ 连在一起的。实际上，这样的前传神经网络还可以多于三层，亦即四层或五层，其结构可依此类推。从此式还可以看出，前传神经网络的确定实质上就是连接权重的确定，因为在此式中，$f(.)$、$\boldsymbol{Inp}$ 和 $\boldsymbol{Out}$ 都是可预先确定的，只要权重确定了，整个网络也就唯一确定了。

人们对多层前传网络解析能力的认识首先来源于大量的模拟实验和工程实践的感性认识。在应用多层前传网络解决模式识别问题的研究中，Lippmann 通过大量的仿真实验得出结论[61,62]：采用三层网络可以形成若干个复杂的决策域；采用四层网络则可以形成任意复杂的决策域。Wieland 和 Leighton 则通过一个具体的例子说明三层网络具有把指定空间分解成为若干个子空间的能力[63]。因此，大量的仿真结果很自然地给人们一种启示，多层前向网络可能具有实现任意复杂非线性映射的能力。

为了建立人工神经网络模型，亦即确定连接权重，Rumelhart 等[60]提出了多层前传网络误差反传算法（BP 算法）。也正是这一算法的提出，使得人工神经网络的研究又形成了一个热潮。这一算法在模式识别及非线性回归方面得到了非常广泛的应用。所谓误差反传的基本思路就是定义一个误差函数作为训练网络的目标函数，然后采用一种方法根据误差反馈过来的情况以调节网络的连接权重，从而达到优化目的。一般来说，都是采用最小二乘函数来作为目标函数，即

$$
\mathrm{Min}:\ E=1/2\ [\sum\ (Out_k-Exp_k)^2]
$$

式中，Exp_k（$k=1, \cdots, L$）为期望所得到的输出值；L 为输出矢量的元素个数。

BP 算法将由以下几步构成：

(1) 数据预处理。大都采用 s 型非线性函数为其活性函数，即 $f(u)=(1+\mathrm{e}^{-u})^{-1}$。因其输出值都介于 0～1，所以一般都需要对网络的输出的数值进行预处理，使之同样落入 0～1。注意到这样的预处理不会影响问题的一般性。

(2) 随机选取网络之间的连接权重 w_{ki}^{me1} 和 w_{ij}^{me1}（$j=1, \cdots, n$；$i=1, \cdots, m$；$k=1, \cdots, l$），其中 n 为输入矢量的节点数（或称输入矢量的维数）；m 为隐节点数；l 为输出节点数。一般就用（−0.3～0.3）的均匀分布的随机函数产生。

（3）设 $\alpha=1, \cdots, A$，重复迭代进行以下步骤，直至收敛：

① 前传计算：按照

$$y_j^{\mathrm{me}}=f(\sum w_{ij}^{\mathrm{me1}} Inp_i + w_0^{\mathrm{me1}})$$

和

$$\begin{aligned} Out_k &= f(\sum w_{ki}^{\mathrm{me2}} y_j^{\mathrm{me}} + w_0^{\mathrm{me2}}) \\ &= f(\sum w_{ki}^{\mathrm{me2}} (f(\sum w_{ij}^{\mathrm{me1}} Inp_i + w_0^{\mathrm{me1}})_i) + w_0^{\mathrm{me2}}) \end{aligned}$$

来计算 Out，并与期望得到的数值比较，计算出误差函数 E。

② 反传调节：计算出目标函数对连接权重的一阶导数，并以此来调节连接权重 w_{ki}^{me2} 和 w_{ij}^{me1}。因在此只介绍最陡梯度法，所以用的是一阶导数，别的优化算法同样是可行的。

$$\Delta w_{ij}=\rho\delta_i u_j$$

式中，ρ 为步长因子，可在 0～1 取值；u_j 为第 j 节点上的抽象变量，一般视其是在输出层还是隐蔽层，就分别等于 $f(\sum w_{ij}^{\mathrm{me1}} Inp_i + w_0^{\mathrm{me1}})$ 或者 $f(\sum w_{ki}^{\mathrm{me2}} y_j^{\mathrm{me}} + w_0^{\mathrm{me2}})$；$\delta_i$ 为梯度因子，对于不同层，它有不同表达式：

$$\delta_i=\begin{cases}(u_i-Exp_i)(u_i)(1-u_i) & \text{如果 } u_i \text{ 为输出节点} \\ (\sum w_{ij}^{\mathrm{me1}}\delta_k)(u_i)(1-u_i) & \text{如果 } u_i \text{ 为隐蔽层节点}\end{cases}$$

在这里 $u(1-u)=u'$。这是因为

$$u=f(\sum w_{ij}^{\mathrm{me1}} Inp_i + w_0^{\mathrm{me1}})=f(x)=1/(1+\mathrm{e}^{-x})$$

所以有

$$\begin{aligned} u' &= f'(x)=[1/(1+\mathrm{e}^{-x})]/\mathrm{d}x=-(1+\mathrm{e}^{-x})^{-2}(\mathrm{e}^{-x})(-1) \\ &= [1/(1+\mathrm{e}^{-x})]\{1-[1/(1+\mathrm{e}^{-x})]\}=u(1-u) \end{aligned}$$

步长因子 ρ 的取值大小对收敛速度有很大的影响，如取值太大，则可能引起迭代过程的振荡；反之，取值太小会导致权重调节的迭代过程收敛太慢。一般说来，为了加快迭代过程且防止迭代过程的振荡，一般是在 $\Delta w_{ij}=\rho\delta_i u_j$ 中引入一个惯量因子 λ

$$\Delta w_{ij}(\alpha+1)=\rho\delta_i u_j+\lambda\Delta w_{ij}(\alpha)$$

以保证迭代收敛速度。

人工神经网络具有很强的非线性映照能力，可在非线性多元校正中起到重要作用，是一个值得重视的非线性多元校正的方法。荧光分析中因存在荧光湮灭现象，多组分混合时存在着非线性，而且其数学模型不清楚，从而为荧光分析的多元校正带来困难。对一个含罗丹明 B、丁基罗丹明 B 和曙红 B 的三组分荧光混合体系进行了调查[64]，所得结果示于图 6-20，从图可以看出，此三组分体系的确存在严重非线性，用偏最小二乘（PLS）的分析结果示于

表 6-4，说明 PLS 不具有很好的预测能力，这是因为 PLS 实质上还是一种基于线性的数学模型，而采用基于误差反传的前向三层的人工神经网络进行分析的结果却是令人满意的，结果示于表 6-5。将人工神经网络用于化学研究的例子可参阅文献［65,66］。

尽管人工神经网络的研究已取得令人兴奋的进展，但是，总的说来对它的研究无论在理论还是应用上都还处于初期阶段，还存在很多问题值得探讨，如网络训练速度、过拟合、全局寻优、网络结构与网络能力等问题都存在未知因素，值得进一步研究。有兴趣的读者可参阅文献［67～70］。

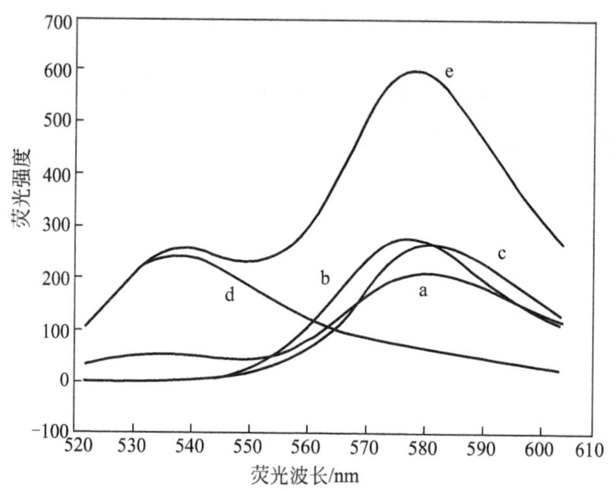

图 6-20 三组分非线性荧光分析体系荧光光谱图

曲线：a 为三组分混合体系实测荧光强度曲线；b、c、d 分别为罗丹明 B、丁基罗丹明 B、曙红 B 单组分测荧光强度曲线；e 为将曲线 b、c、d 按线性加和计算所得加和曲线

表 6-4 PLS 对试样各组分浓度预测的相对误差 %

试样编号	罗丹明 B	丁基罗丹明 B	曙红 B	试样编号	罗丹明 B	丁基罗丹明 B	曙红 B
1	4.841	12.809	14.652	17	−8.286	−23.076	−28.202
2	4.866	−1.514	−6.683	18	−0.660	−9.675	−1.278
3	−7.982	2.611	22.768	19	8.076	−0.221	−2.668
4	27.961	31.952	42.056	20	2.866	−11.133	−15.747
5	−0.372	0.839	−4.028	21	−8.277	−23.468	−24.575
6	10.816	4.502	3.898	22	−22.460	0.366	−4.781
7	0.439	1.580	1.759	23	−17.494	−21.628	−26.986
8	−2.948	10.271	7.699	24	−21.502	−14.432	−16.078
9	4.732	7.281	7.638	25	−6.821	9.258	10.737
10	26.259	4.587	18.773	26	2.345	11.987	10.670
11	−58.106	−26.017	−44.797	27	10.335	7.050	14.199
12	0.500	−13.927	−11.580	28	−4.557	3.902	3.219
13	−7.042	−0.099	6.747	29	−13.466	6.116	−12.01
14	−24.314	−3.130	−6.833	30	−4.315	2.311	14.686
15	−45.164	36.420	29.213	绝对值平均	12.871	10.247	14.058
16	−28.326	−5.238	−6.770				

表 6-5 BP-ANN 对试样作为未知集时各组分浓度预测的相对误差

试样编号	罗丹明 B			丁基罗丹明 B			曙红 B		
	c_0/(μg/ml)	c_p/(μg/ml)	e_p/%	c_0/(μg/ml)	c_p/(μg/ml)	e_p/%	c_0/(μg/ml)	c_p/(μg/ml)	e_p/%
1	2.994	3.030	1.213	1.892	1.832	−3.164	5.971	5.635	−5.621
2	3.368	3.119	−7.392	2.648	2.618	−1.144	5.598	5.450	−2.644
3	1.871	1.787	−4.488	1.892	1.906	0.785	6.344	6.182	−2.552
4	1.871	1.917	2.442	2.648	2.650	0.053	6.717	7.052	4.981
5	2.994	2.931	−2.111	3.405	3.494	2.615	7.090	7.317	3.196
6	3.368	3.518	4.449	3.027	2.957	−2.311	7.464	7.301	−2.175
7	4.117	4.105	−0.287	3.405	3.305	−2.947	9.703	9.926	2.304
8	4.865	4.620	−5.041	4.162	4.115	−1.133	10.822	10.453	−3.416
9	4.491	4.486	−0.119	3.784	3.695	−2.346	10.076	9.923	−1.518
10	2.994	3.171	5.902	5.297	5.116	−3.420	9.330	9.501	1.833
11	2.245	2.068	−7.914	1.513	1.603	5.951	3.732	3.634	−2.611
12	4.491	4.433	−1.292	3.027	3.061	1.126	10.076	9.814	−2.601
13	2.620	2.719	3.774	1.892	1.770	−6.446	5.224	5.316	1.752
14	1.871	1.988	6.262	2.270	2.147	−5.436	4.478	4.440	−0.848
15	1.497	1.497	0.050	1.513	1.667	10.18	4.105	4.302	4.814
16	2.245	2.224	0.931	1.892	1.822	−3.695	4.478	4.468	−0.216
17	1.871	2.038	8.899	3.027	3.073	1.534	4.851	5.154	6.252
18	1.492	1.659	10.82	2.648	2.718	2.644	4.478	5.007	11.82
19	4.117	4.512	9.592	4.162	4.124	−0.917	11.196	11.379	1.638
20	3.743	3.878	3.630	3.784	3.601	−4.836	11.569	11.375	−1.672
21	2.994	3.214	7.345	5.676	5.217	−8.072	11.942	11.777	−1.380
22	5.614	5.169	−7.919	4.540	4.700	3.518	11.569	10.963	−5.237
23	3.368	3.442	2.186	4.162	4.245	1.996	11.196	10.708	−4.357
24	4.491	4.339	−3.386	5.297	5.271	−0.487	11.912	11.731	−1.770
25	3.743	3.508	−6.268	4.162	4.098	−1.525	7.464	6.978	−6.499
26	4.491	4.158	−7.424	2.648	2.806	5.943	8.583	8.016	−6.604
27	3.743	3.954	5.643	3.027	2.845	−6.004	7.837	7.908	0.905
28	4.117	4.135	0.449	3.784	3.745	−1.013	9.330	9.740	4.403
29	2.620	2.798	6.802	3.405	3.741	9.862	7.464	7.137	−4.373
30	4.491	4.679	4.173	3.784	3.730	−1.425	8.210	9.078	10.57
平均			4.696			3.418			3.685

注：c_0 为组分实际浓度；c_p 为组分预测浓度；e_p 为未知集浓度预测相对误差。

（二）支持向量机

支持向量机（support vector machines，SVM）是 Vapnik 等[71,72]基于统计学习理论

(statistical learning theory，SLT) 提出的一种新的基于核函数的机器学习算法。此前的大多数机器学习算法采用经验风险最小化 (empirical risk minimization，ERM) 准则，要得到一个具有好的泛化能力的模型，往往需要大量的样本，若样本量小，则容易出现过拟合，降低了模型的预测能力。在此介绍的支持向量机，非常适合小样本学习的优秀的算法，它以核函数为基础，以结构风险最小化 (structural risk minimization，SRM) 为建模目标，采用优化算法训练得到一个具有最大边界 (margin) 的分类模型，提高了分类模型的泛化能力。其算法的基本思想是：①利用选定的核函数将训练数据集从输入空间非线性地映射到一个高维特征空间；②在此特征空间中构造线性判别函数，并定义此判别函数的边界；③采用优化算法，如标准二次规划，计算具有最大边界的线性判别函数，即支持向量分类机 (support vector classification machines，SVC)。实际上，支持向量机还可拓广至回归分析，以构成支持向量回归机 (support vector regression machines，SVR)，与支持向量分类机 (SVC) 类似，首先是将原始数据非线性地映射到高维特征空间，然后采用一个线性函数来近似地回归原始数据，即 $\boldsymbol{X}$ 和 $\boldsymbol{y}$ 在特征空间的相关关系。值得指出的是，SVM 模型是唯一的。下面对 SVM 原理和支持向量回归机做出简要介绍。建议读者先阅读第七章有关支持向量分类机的描述部分，因为支持向量机主要是为分类模型设计的，而支持向量回归机只是支持向量分类机的一种拓广，理解了支持向量分类机，对支持向量回归机的理解就非常容易了。

1. 支持向量机的基本要素

图 6-21 示出了支持向量机构建的基本要素示意图。从图可以看出，支持向量机的构建首先就是要获得一个核函数，借助它，就可能将原始样本投影到更高维的特征空间中，继而采用优化的方法来构建支持向量分类或回归机。

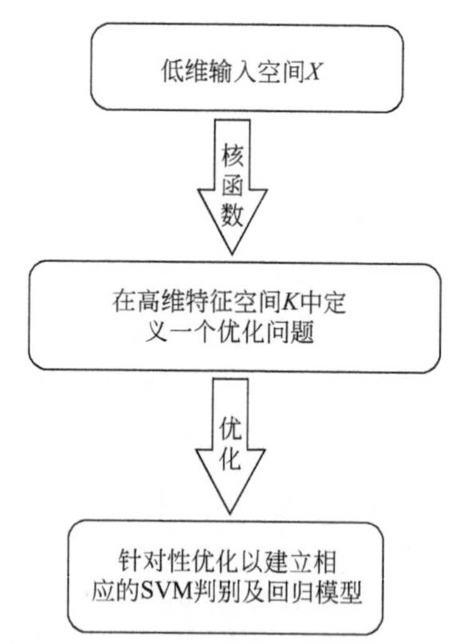

图 6-21 支持向量机的基本要素示意图

2. 核函数

引入核函数[73,74]的概念，就可使一些线性不可分的数据达到线性分离的目的。首先，将所有原始样本投影到更高维的特征空间之中，解决问题的机会就越多。但是，应如何将数据投影到一个具有更高维度的空间? 核函数确实为此提供了一个巧妙的解决方案[75]。它不但可作为一个维度增加的技术，还可进一步将线性不可分割的数据转换成线性可分。此外，核函数的数学技巧就是通过计算得到特征空间中的内积，即支持向量机的训练过程中的重要一步。要理解这一点，看一个由图 6-22 示出的实例。该图显示了一个二维空间中线性不可分的情形。一般说来，对于这样的情况，需要采用一个复杂的非线性判别方法来求解，如人工神经网络，耗时且不易处理。对此，另一解决方法可以通过简单增加维数来进行。对此例，可以通过定义第三维，即 $(x_1, x_2) \mapsto (z_1, z_2, z_3) := (x_1^2, \sqrt{2}x_1, x_2, x_2^2)$ 就变成了三维空间的样本，从而完成非线性映射的过程，亦即完成从原始的二维空间向三维空间的映射。图 6-22 就示出了经此特征映射后，由原先线性不可分而在高维特征空间可得到线性分开的情况。

$$\Phi: \mathscr{R}^2 \rightarrow \mathscr{R}^3$$

$$(x_1, x_2) \mapsto (z_1, z_2, z_3) := (x_1^2, \sqrt{2}x_1x_2, x_2^2)$$

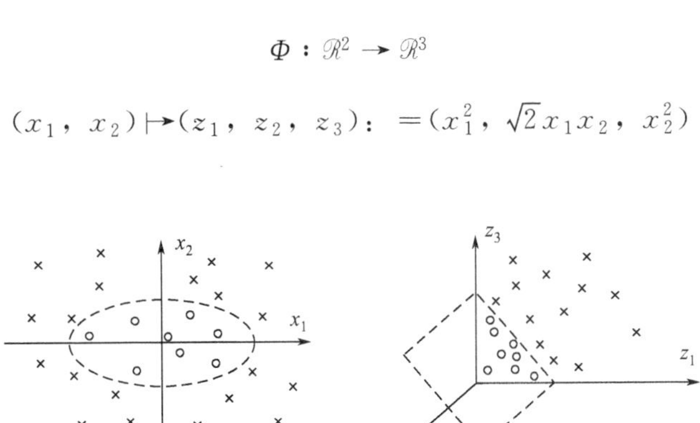

图 6-22 原先在低维空间线性不可分的样本在高维特征空间可得到线性分开的一个实例

令人惊讶的是，内积是一个测量的相似性，在高维特征空间，可以直接在原始输入空间通过引入内核函数计算。式 $K[\varphi(x_i), \varphi(x_j)] = [D(x_i, x_j)]^2 = (x_i^{\mathrm{t}}x_j)^2$ 就是一个多项式核函数。多项式核具有的一般形式如下。

$$K(x_i, x_j) = (ax_i^{\mathrm{t}}x_j + b)^n$$

式中，a 和 b 是常量；n 表示多项式的次数。它已被证明，任何满足 Mercer 条件的都可以作为核函数。其他常用的内核是：

线性核函数：$K(x_i, x_j) = ax_i^{\mathrm{t}}x_j + b$

RBF 核函数：$K(x_i, x_j) = \exp(-\gamma \| x_i - x_j \|^2)$

Sigmoid 核函数：$K(x_i, x_j) = \tanh(ax_i^{\mathrm{t}}x_j + b)$

对于线性核和 Sigmoid 核，a 和 b 是常量；对于 RBF（radial basis function）核，γ 是参数整定控制的核函数的宽度。一个 $m \times m$ 核矩阵 K 必须首先计算其元素 $K_{ij} = K(x_i, x_j)$，利用核函数的支持向量机的模型构建。如前所述，K_{ij} 是在高维特征空间中的 i 和 j 样本的相似性测量。显然，内核转换的数据并没有单独代表，而是通过一组成对比较。此外，这表示不依赖分析对象的性质，任何物体，如图像、分子、蛋白质序列等，都可以用这种方式表示。而且，核函数技术并不是支持向量机独有的技术，它也可以与其他方法相结合，形成相应的内核。例如，核技术可以被纳入 PLS，以生成内核 PLS（KPLS）[76,77]，能够描述数据在一定程度上的非线性。此外，核 Fisher 判别分析也用于人脸检测[78]。

在特征空间中，核函数为内积的计算提供了一种有效的方法。更有趣的是，借用核函数的功能，当将数据投影到一个新的特征空间时，甚至没有必要知道非线性映射函数集 $\phi(x)$ 的数学形式。也就是说，选择一个内核函数就是选择具体的映射函数集，这无疑与核有关。

一般来说，要了解内核的本质，需要掌握至少两个基本点：①它将原始数据导入空间，通过添加额外的维度至更高的维度；②它同时提供了一种有效的计算特征空间中的内积的方法。

3. 支持向量回归机

支持向量机早先主要为模式识别而设计，现已经扩展到解决回归问题。对于一给定的数据集 $D=\{(x_i, y_i)\}$，$i=1, \cdots, N$，其中 x_i 表示样本向量，y_i 为对应的响应，N 为样本总数。支持向量回归机（SVR）中有两个重要概念：一是 ε-带，另一个是 ε 不敏感损失函数[1,51,71,79,80]。像支持向量分类机（SVC），原始数据是一非线性映射到高维特征空间，然后一个线性函数拟合近似 $\boldsymbol{X}$ 和 y 之间的特征函数。

4. ε-带与ε不敏感损失函数

以一个单变量函数为例来说明 ε-带的含义［参见图 6-23（a）］。ε-带是指两虚线之间的区域。这个区域可通过在上下 ε 之间移动实线而得。在这里，ε 是一个预定义的正数。如将此图与图 7-27 进行比较，就会发现它们十分相像，ε-带就相当于支持向量机模型的边界，ε-带代表的其实就是具有最大边界的支持向量机的分类模型。

通过 ε-带概念的引入，就可以直接将 SVC 的算法用于回归分析。图 6-23（b）就形象地说明了如何将回归问题转换为支持向量机的分类问题。对于在训练集中须回归数据的每一个样本 x_i［图 6-23（b）中的“+”点］，对应加一个正数 d，使其成为一个新的样本 (x_i, y_i^1) 属于 1 类；同理，亦可减去一个相同的正数 d，产生另一个新的样本 (x_i, y_i^{-1}) 属于−1 类。重复这个过程，N 个须回归的样本就增加了一倍，并被分为 2 类。这样，回归问题就转化为二元分类问题。因此，支持向量分类机的算法就可以直接应用于解决回归问题。

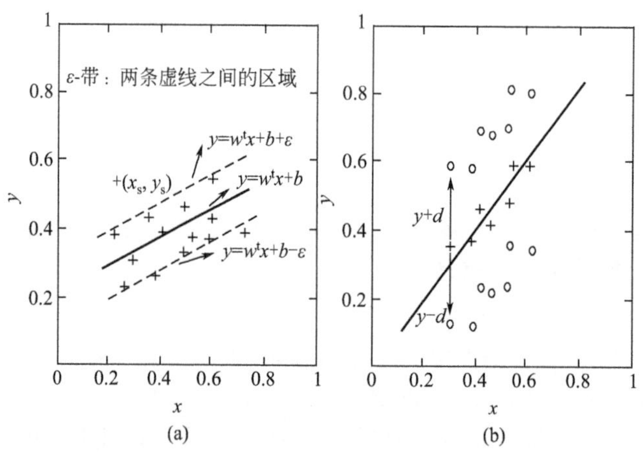

图 6-23 预定义的ε单变量函数ε-带的图形表达；图形化说明如何将回归问题转换成为分类问题

此外，ε-不敏感损失函数具有以下的分段形式：

$$L[y-f(x), \varepsilon]=\begin{cases}|y-f(\boldsymbol{x})|-\varepsilon, & |y-f(\boldsymbol{x})|\geqslant\varepsilon \\ 0, & \text{其他}\end{cases}$$

也就是说，只有在 ε-带外的数据点，如在图 6-23（a）中的 $(\boldsymbol{x}_s, y_s)$，将造成损失。此损失函数的曲线如图 6-24 所示。

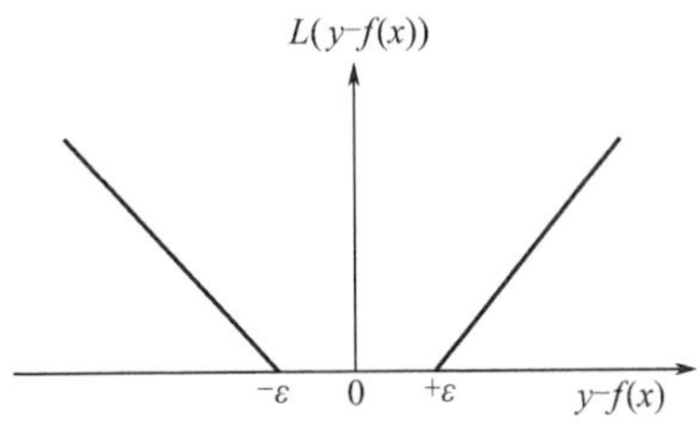

图 6-24　ε-不敏感损失函数曲线

5. 线性 ε-SVR

为解决回归问题，科尔特斯等曾巧妙地将回归问题转化为分类问题（参见图 6-23）。然后，回归函数可以使用 SVC 相同的算法计算。处理回归问题的第一步是将其转换为一个分类问题，如图 6-23（b）所示。给定的训练数据 $D=\{(\boldsymbol{x}_i, y_i)\}$，$i=1, \cdots, N$。线性 ε-SVR 算法旨在理论上解决优化问题，可以写在下面的 ε-不敏感损失项：

$$\min: \frac{1}{2}\|w\|^2+\frac{C}{N}\sum_{i=1}^{N}L(y_i-f(\boldsymbol{x}_i), \varepsilon)$$

式中，C 是一个预定义的正则化参数。上述最小化问题如通过松弛变量 $\xi_i^{(*)}$ 的引入，可以进一步表示为以下形式

$$\min: L(w, b, \xi^{(*)})=\frac{1}{2}\|w\|^2+\frac{C}{N}\sum_{i=1}^{N}(\xi_i+\xi_i^*)$$

$$\text{subject to:} (w^{t}x_i+b)-y_i\leqslant\varepsilon+\xi_i, \ i=1, 2, \cdots, N$$

$$y_i-(w^{t}x_i+b)\leqslant\varepsilon+\xi_i, \ i=1, 2, \cdots, N$$

$$\xi_i^{(*)}\geqslant 0, \ i=1, 2, \cdots, N$$

借助拉格朗日乘子法（Lagrange multiplier method）（参见本书第三章）和 QP 算法（参见文献［80］中附录 B），可得到以下回归函数：

$$f(\boldsymbol{x})=\sum_{i=1}^{N}(\alpha_{i,f}^*-\alpha_{i,f})(x_i^{t}x)+b_f$$

$$b_f=y_j-\sum_{i=1}^{N}(\alpha_{i,f}^*-\alpha_{i,f})(x_i^{t}x_j)+\varepsilon$$

式中，$\alpha_{i,f}^*$ 和 $\alpha_{i,f}$ 为优化的拉格朗日乘子。

6. 基于核函数的 ε-SVR

众所周知，非线性才是在现实中出现最多的情况。因此，将线性 ε-SVR 拓展至非线性回归很有必要。通过引入核函数，输入第一个非线性映射到特征空间，并导致 ε-SVR 变得非常灵活，它可以用来处理化学中复杂的非线性回归问题。作为最后决定函数的导出过程与线性情况非常相似，在此只给出最终的数学形式，即

$$f(x)=\sum_{i=1}^{N}(\alpha_{i,f}^{*}-\alpha_{i,f})K(x_i, x)+b_f$$

$$b_f=y_j-\sum_{i=1}^{N}(\alpha_{i,f}^{*}-\alpha_{i,f})K(x_i, x_j)+\varepsilon$$

式中，$\alpha_{i,f}^{*}$和$\alpha_{i,f}$为优化的拉格朗日乘子。应该指出的是，ν-SVR($\nu\in[0, 1]$) 是一个原始版本的ε-SVR 基于核函数的修改版本[80~82]。在 ν-SVR 中，ν 是稀疏性参数。选定了 ν，ε 值则由算法自动调整。这里 ν 是支持向量样本总数的比例的下界，而同时又是错误的分数的上界[83]。下面以两个实际例子对支持向量回归机的回归效果加以实际说明。

7. 近红外数据集

此数据集[84]收集近红外光谱的 246 个柴油样品中有 20 个异常值。响应值是在 50%回收率时的沸点（BP50)。这一数据是从美国西南研究院（SWRI)[85]的一个由美国军方资助项目中获得。在这种情况下，只有 226 个正常样本用于构建模型。它们的一阶差分谱如图 6-25 所示。226 个样本随机分为训练集和测试集以评价支持向量回归机（SVR）模型的效果。

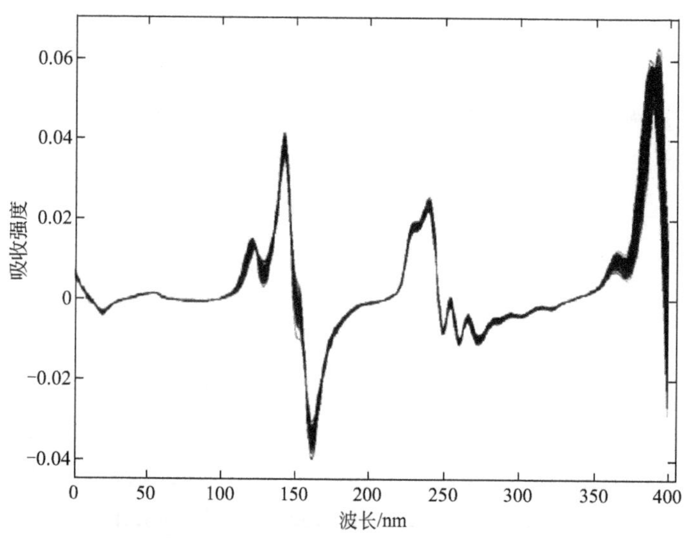

图 6-25 226 个柴油样本近红外的一阶微分光谱

偏最小二乘（BBX〗*PLS*）是一个基本的和应用最广泛的化学计量学建模工具，它可应用于 $\boldsymbol{X}$ 和 $\boldsymbol{y}$ 之间的线性关系的描述，亦可在一定程度上抵抗非线性。在此，PLS 作为一个参考方法，来与 SVR 进行比较，以得到这两种方法的主要特点及其区别。在偏最小二乘回归和 SVR 模型构建之前，$\boldsymbol{X}$ 和 $\boldsymbol{y}$ 都被调整至 [0，1] 区间。在 PLS 建模中，采用 10 折交叉校验来确定主成分的数量。预测的均方根误差（root mean squared error of prediction，RMSEP)，即 $\mathrm{RMSEP}=\sqrt{\frac{1}{N}\sum_{i=1}^{N}(y_i-\hat{y}_i)^2}$，与主成分数的关系示于图 6-26。从图可以看出，选择 12 个主成分来构建 PLS 模型是有道理的。然后，一个独立的测试集被用来评估所获得模型的预测能力。

在此，采用 ν-SVR 来构建回归模型，RBF 为其核函数，RBF 核函数中的 γ 参数采用了 LIBSVM 软件的默认值。在训练前，2 个参数，即正则化因子 C 和稀疏性参数 ν 是预先设定

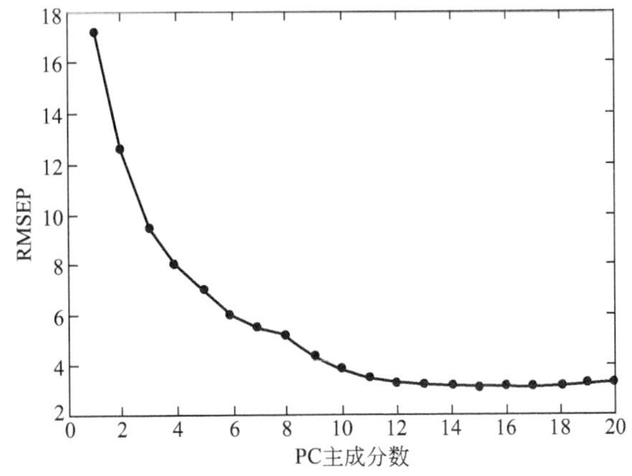

图 6-26　近红外数据中 RMSEP 值对 10 折交叉效验结果作图

的。继而采用全局最优的遗传算法（GA）来优化两个参数 C 和 ν，最终所得数分别为 59.69 和 0.3292（参见表 6-6）。最后，利用训练集和两个优化的参数建立 SVR 模型。

表 6-6　近红外与模拟数据的 PLS 和 SVR 的 RMSEP 比较结果①

项目	近红外数据				模拟数据			
	训练集	测试集	训练集②	R^2	训练集	测试集	训练集②	R^2
PLS	2.3397	2.9431	3.2571	0.9757	0.0103	0.0213	0.0167	0.9973
SVMs	1.8209	2.6621	3.2417	0.9835	0.0073	0.0199	0.0186	0.9979

①SVR 两个参数的最优值：近红外数据，$C=59.69$、$\nu=0.3292$；模拟数据，$C=8.09$、$\nu=0.9881$。在 PLS 和 SVR 的构建过程中，原先的 y 值都被调整至 [0，1] 之间，但在此表中进行比较时将 y 值又调整回原始值了。

② RMSEP 值通过 10 折交叉效验所得。

通过 PLS 和 SVR 获得的回归结果示于表 6-6。相比于 PLS，对于训练集和测试集，SVR 的 RMSEP 分别降低了 22.1% 和 9.5%，这是一个明显的改善。对整个数据集，SVR 和 PLS 的相关系数平方值分别为 0.9835 和 0.9737，这一结果也进一步说明了 SVR 具有较好的预测能力。两种方法的预测值与实验值拟合结果示于图 6-27。从图 6-27 可容易看出，SVR 的确给出了较好的拟合和预测结果。由此可以得出结论，SVR 不仅有能力描述 $\boldsymbol{X}$ 和 $\boldsymbol{y}$ 之间的线性关系，还可以把握现实世界中存在的非线性数据。但 PLS 建模方法，因其本质上是一种线性建模方法，这使得它不可能很好地解释数据的非线性部分。应当指出，SVR 在处理光谱数据集时亦有其局限性。首先，因 SVR 是非线性的，这使得研究结果难以解释，即对哪个近红外波带区域或不同波带的结合模式是否有意义的问题无法回答；此外，相比 PLS，SVR 参数优化是一个比较耗时的任务，这有可能会限制其应用。但总而言之，SVR 可以被看作是一个竞争性的和有前途的非线性近红外光谱数据的建模方法。

8. 紫外模拟数据

依照下列算式，得到一个模拟紫外的四组分的混合体系[86~90]。

$$\begin{cases} X = SC \\ X = X + 0.5X^2 - X^3 \\ y = X\beta + e \end{cases}$$

式中，$\boldsymbol{S}$ 是一个由四个化合物组成 30×4 的纯光谱矩阵。$\boldsymbol{C}$ 是一个 60×4 含有 60 个样品的浓度矩阵（参见表 6-7）。每个化合物的浓度是随机产生的。收集了 60 个混合物的光

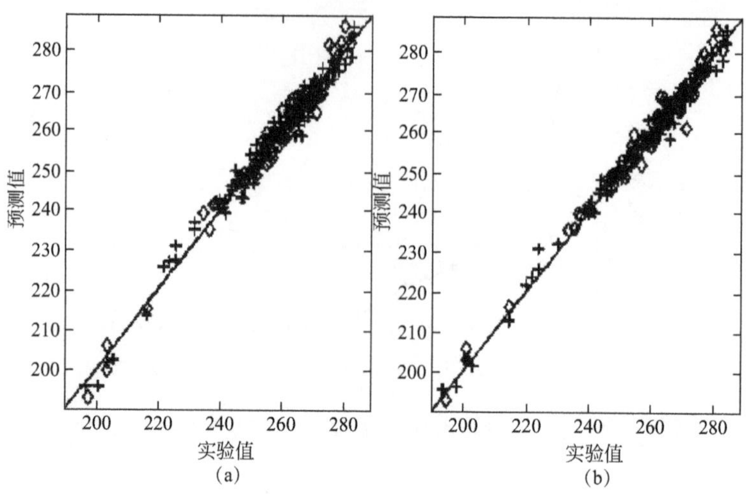

图 6-27 近红外数据的预测值对实验值作图 (a) PLS；(b) SVMs
“+”代表训练集；“◇”代表测试集

谱。纯光谱和混合光谱如图 6-28 所示。考虑非线性和不可避免的现实情况下的噪声，非线性项和白噪声（σ=0.004）添加到 $\boldsymbol{X}$ 的第四化合物的浓度作为响应值 $\boldsymbol{y}$，随机选择 40 个样本作为训练集，剩下的 20 个样本作为测试集（用星号标注的，参见表 6-7）。

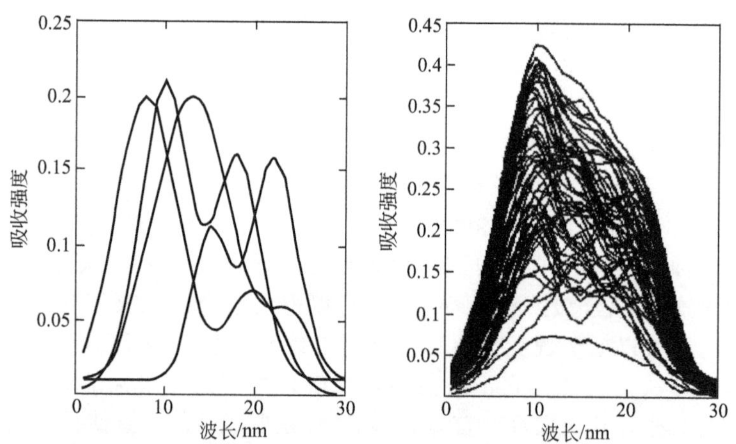

图 6-28 模拟数据中 4 个纯物质的光谱 (a) 和模拟数据中 60 个样本的光谱 (b)，光谱中加入了白噪声（σ=0.004）

表 6-7 模拟数据中四个组分的浓度值

编号	c_1	c_2	c_3	c_4
1	0.5657	0.9214	0.0225	0.4422
2	0.7400	0.9078	0.2609	0.4409
3	0.6915	0.6683	0.7931	0.4814
4	0.2965	0.0789	0.7459	0.4528
5	0.0525	0.8934	0.2700	0.5769
6	0.4727	0.9601	0.0599	0.5075

续表

编号	c_1	c_2	c_3	c_4
7	0.2407	0.8774	0.9091	0.4346
8	0.4549	0.8809	0.0179	0.8595
9	0.6501	0.7897	0.6694	0.6157
10	0.5109	0.1756	0.4735	0.1220
11	0.4391	0.6362	0.8745	0.6751
12	0.0208	0.4424	0.7048	0.5099
13	0.9753	0.1074	0.4777	0.7757
14	0.4504	0.1314	0.3505	0.3542
15	0.4017	0.2685	0.0966	0.9114
16	0.5835	0.4053	0.9836	0.1370
17	0.1308	0.5498	0.3813	0.2273
18	0.4500	0.7789	0.2542	0.6168
19	0.7422	0.2594	0.7904	0.8245
20	0.0421	0.4651	0.4990	0.6553
21	0.1779	0.1718	0.6382	0.8919
22	0.3127	0.2658	0.0210	0.8143
23	0.7659	0.7430	0.1497	0.7531
24	0.4678	0.6592	0.6211	0.1433
25	0.5578	0.0766	0.1792	0.5776
26	0.1663	0.7410	0.7674	0.9662
27	0.7053	0.3715	0.5696	0.5696
28	0.5431	0.2417	0.7763	0.5161
29	0.6212	0.8690	0.0093	0.7661
30	0.0744	0.2327	0.1080	0.9115
31	0.5306	0.6271	0.3381	0.8873
32	0.8746	0.6413	0.0518	0.8824
33	0.0979	0.5208	0.3760	0.6813
34	0.2903	0.8737	0.9073	0.2327
35	0.9136	0.1651	0.4943	0.7467
36	0.0833	0.5848	0.2900	0.5901
37	0.1047	0.5334	0.0262	0.4668
38	0.0548	0.5026	0.5671	0.0291
39	0.4734	0.6079	0.9063	0.4022
40	0.5176	0.1942	0.4162	0.0717
41*	0.3636	0.1690	0.7846	0.4263
42*	0.1064	0.0335	0.7697	0.3478
43*	0.5245	0.6052	0.9714	0.0265
44*	0.9423	0.1422	0.1787	0.4900
45*	0.3766	0.2595	0.8397	0.0284
46*	0.4216	0.7994	0.7938	0.6937
47*	0.3080	0.9669	0.0584	0.1227

续表

编号	c_1	c_2	c_3	c_4
48*	0.2388	0.8193	0.3193	0.8909
49*	0.4750	0.0428	0.1750	0.9163
50*	0.9378	0.6055	0.0385	0.3354
51*	0.0622	0.9020	0.1227	0.8151
52*	0.0223	0.1799	0.1649	0.1221
53*	0.5607	0.4189	0.7959	0.7982
54*	0.4692	0.6208	0.0051	0.3348
55*	0.1742	0.5462	0.2037	0.8420
56*	0.9613	0.0680	0.8002	0.1954
57*	0.6535	0.8603	0.5352	0.2860
58*	0.5511	0.9023	0.7720	0.7245
59*	0.8989	0.5951	0.5034	0.3346
60*	0.3936	0.0260	0.5781	0.0012

注：* 表示用于测试集的样本。

为了进一步证实上述结论，特以上述非线性的紫外模拟数据加以进一步验证。在建立回归模型之前，样本矩阵 $\boldsymbol{X}$ 和 $\boldsymbol{y}$ 的浓度都缩放到［0，1］区间。再次使用 PLS 作为参考方法来进行比较分析。10 折交叉验证也被用来选择 PC 主成分数（见图 6-29）。从图 6-29 可以观察到，RMSEP 值在 10 个主成分选择后开始增加，所以采用 10 个主成分来建立 PLS 模型。SVR 模型采用 RBF 核函数来建立。RBF 核函数参数 γ 也同样设置为 LIBSVM 软件中的默认值。然后，采用遗传算法全局优化方法来对两个关键参数 C 和 ν 进行优化。通过优化参数，SVR 模型使用训练集计算获得。这两种方法获得的结果示于表 6-6。从表 6-6 可以看出，SVR 对训练和测试集的预测误差均低于 PLS。预测浓度和实验浓度的关系也显示于图 6-30。结果表明，SVR 方法所得预测浓度更准确，其原因可能是基于核函数的 SVR 具有处理非线性数据的能力。研究结果表明，SVR 的确是对一些非线性数据进行回归分析的一个很好的选择。因此，可以得出结论，SVR 在捕捉潜在的数据结构和未知的非线性建模方面更强大。从这一点来看，SVR 似乎是固有的非线性模拟真实世界的数据的一种有效方法。

在此值得指出的是，有关使用的支持向量机的软件[88]及遗传算法（GA Toolbox v1.2)[89]都可免费得到，特此说明。

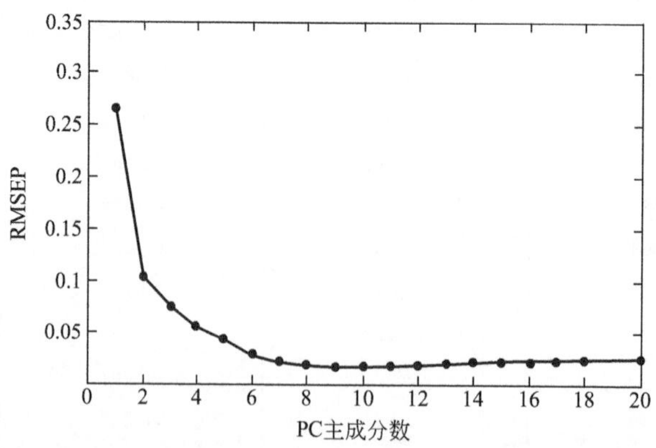

图 6-29 模拟紫外数据中 RMSEP 值对 10 折交叉效验结果作图

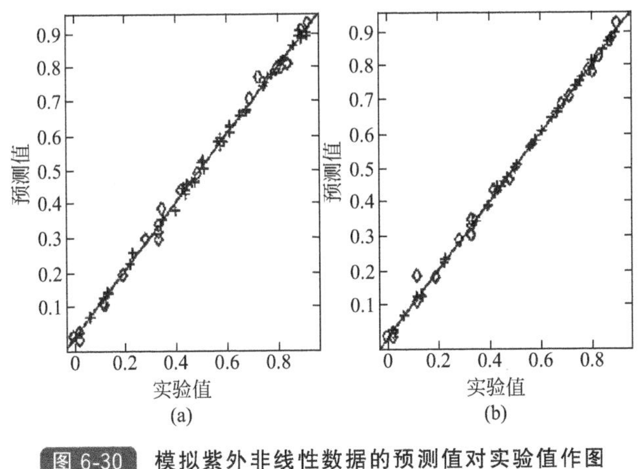

图 6-30　模拟紫外非线性数据的预测值对实验值作图

(a) PLS；(b) SVMs

"+" 代表训练集；"◊" 代表测试集

六、病态体系和有偏估计方法

在由式 $\boldsymbol{y}=c_1\boldsymbol{x}_1+c_2\boldsymbol{x}_2+\cdots+c_n\boldsymbol{x}_n+\boldsymbol{e}$ 所表述的直接多元校正的模型中，$\boldsymbol{x}_i$（$i=1, 2, \cdots, n$）为纯物质的量测矢量（或为纯光谱，或为其他纯物质谱），注意到在此模型中还隐含着一个假设，即不同的化学物质的量测谱是不同的，用数学语言来说，就是纯物质的量测纯光谱 $\boldsymbol{x}_i$（$i=1, 2, \cdots, n$）是线性不相关的，即校正矩阵 $\boldsymbol{X}$ 必须是一个满秩矩阵。可是，在分析化学的实际情况中往往存在着这样的情况，在某些光谱（如最常用的紫外可见谱）的量测中，一些不同的化学物质却具有很相似的光谱，如某些具有相同共轭体系结构的紫外可见谱和某些异构体的质谱，虽然它们的波谱多少有些不同，但却非常相似，这就会使校正矩阵 $\boldsymbol{X}$ 接近亏秩，从而使满秩条件很难保证，或者说纯物质谱之间的差别已与量测误差相近，这样的情况在数学上称之为病态，统计学中称之为共线性（collinearity）。由于校正矩阵 $\boldsymbol{X}$ 接近亏秩，亦即存在着共线性关系，在常用最小二乘的求逆时将带来很大误差，从而使由此估计出来的相对浓度 c_i（$i=1, 2, \cdots, n$）不可靠。为解决由存在着共线性而致矩阵 $\boldsymbol{X}$ 接近亏秩而带来的问题，近年来统计学家们提出了所谓的有偏估计方法，其中最著名的是岭回归方法。在本节中，将对岭回归方法做出介绍，并讨论岭回归可在什么程度上改善病态体系的相对浓度估计。

与最小二乘估计（即 $c=(\boldsymbol{X}^t\boldsymbol{X})^{-1}\boldsymbol{X}^t\boldsymbol{y}$）不同，岭回归是一种有偏统计回归算法，其基本公式

$$\hat{\boldsymbol{c}}(k)=(\boldsymbol{X}^t\boldsymbol{X}+k\boldsymbol{I})^{-1}\boldsymbol{X}^t\boldsymbol{y} \tag{6-25}$$

式中，$\boldsymbol{X}$ 的意义同前，为直接校正矩阵；$\boldsymbol{y}$ 为混合物的量测矢量；$\hat{\boldsymbol{c}}(k)$ 为混合物的浓度估计矢量；$\boldsymbol{I}$ 为（$n\times n$）阶单位矩阵；k 为可调参数。由于 k 的引入，岭回归失去了最小二乘回归所具有的无偏估计的特点，故称为有偏估计。

岭回归与经典最小二乘回归本质的不同点在于它不是以 $(\hat{\boldsymbol{y}}-\boldsymbol{y})^t(\hat{\boldsymbol{y}}-\boldsymbol{y})$，即残差平方和趋于最小为其目标，而是使 $(\hat{\boldsymbol{c}}-\boldsymbol{c})^t(\hat{\boldsymbol{c}}-\boldsymbol{c})$，即估计参数趋于最小，这正是分析工作的目的。对于最小二乘估计参数的估计准确度，可由估计值均方差标准（MSE）给出：

$$MSE(\boldsymbol{c})=E\{(\hat{\boldsymbol{c}}-\boldsymbol{c})^{\mathrm{t}}(\hat{\boldsymbol{c}}-\boldsymbol{c})\}=E\{\|\hat{\boldsymbol{c}}-\boldsymbol{c}\|^2\}$$

式中，$E\{.\}$ 表示数学期望，从 MSE 的推导，即

$$MSE=\sigma^2\mathrm{tr}(\boldsymbol{X}^{\mathrm{t}}\boldsymbol{X})^{-1}=\sigma^2\mathrm{tr}(\boldsymbol{Q}^{\mathrm{t}}\boldsymbol{X}^{\mathrm{t}}\boldsymbol{X}\boldsymbol{Q})^{-1}=\sigma^2\sum 1/\lambda_i$$

可知，$MSE=\sigma^2\sum_{i=1}^{n}\frac{1}{\lambda_i}$，其中 σ^2 为量测误差的方差，λ_i 为（$\boldsymbol{X}^{\mathrm{t}}\boldsymbol{X}$）的第 i 个特征值。这一关系说明，最小二乘估计的均方差由 λ_i 决定，特别是由最小的特征值所决定。当组分纯光谱（或称纯物质量测谱）的相似程度（即重叠程度）很严重，即校正矩阵中存在共线性关系时，校正矩阵协差阵的特征值的最小值就会很小，此时体系处于“病态”情况，由最小二乘估计出的 $\hat{\boldsymbol{c}}$ 的均方差就会很大。对于岭回归，有

$$MSE(\boldsymbol{c})=\sigma^2\sum_{i=1}^{n}\frac{1}{k+\lambda_i}$$

从而使估计值的均方差减小，准确度提高。具体来说，可期望找到某个 $k>0$，使得 $\boldsymbol{c}(k)$ 的均方差比 $\boldsymbol{c}$ 的小，即

$$E\{\|\hat{\boldsymbol{c}}(k)-\boldsymbol{c}\|^2\}<E\{\|\hat{\boldsymbol{c}}-\boldsymbol{c}\|^2\}$$

对于 k 值的确定，一般可采用岭迹图法，即根据式（6-25），用 $\hat{\boldsymbol{c}}(k)$ 对 k 直接作图。文献［90］给出了一个简易计算方法，有兴趣的读者可以参阅。但对于有 MatLab 软件的读者，直接用式（6-25）计算也很容易。

为验证此法的功效，用它对三个不同的分析体系进行了分析，并与经典最小二乘回归及 Kalman 滤波方法进行了比较，发现对于病态体系，岭回归方法确实优于上述两法。这三个分析体系为：①间甲酚、对甲酚、邻甲酚三元混合体系；②苯酚、间甲酚、对甲酚、邻甲酚四元混合体系；③苯酚、间甲酚、对甲酚、邻甲酚、水杨酸五元混合体系，它们的标准纯物质光谱示于图 6-31。从图可以看到，它们的重叠和相似程度是严重的，体系存在共线性关系，为病态分析体系，用常规最小二乘回归和 Kalman 滤波方法均难取得准确估计结果。表 6-8 列出了岭回归、常规最小二乘回归和 Kalman 滤波方法的比较结果，从表可以看出，岭回归的分析结果明显优于最小二乘回归和 Kalman 滤波方法。当体系的“病态”情况更严重时（五组分混合体系），最小二乘回归和 Kalman 滤波方法皆出现“负”的估计浓度，这说明对于严重病态体系，上述两种方法所得结果的可靠性很差。

从 3 个混合体系中各取一岭迹图作为实例示于图 6-32。从图可以看出，当 k 从 0 开始变大时，各个浓度估计值就产生显著变化，这等价于只须在校正矩阵的元素上施加很小的微扰，就使最小二乘估计值发生显著变化（当 $k=0$ 时，岭回归就退化成最小二乘回归），说明病态体系的最小二乘估计很不稳定；随着 k 值的增大，岭回归浓度估计值很快趋于平稳，这时微扰对解几乎不产生影响，说明岭回归的浓度估计是比较稳定的。在此值得指出的是，在少数情况下岭迹图并不完全趋于平稳，此时 k 值较难确定，这说明对此分析病态体系，岭回归亦难给出满意结果，此时，对这样的体系仍须再用别的有偏估计方法（如广义岭回归、主成分回归、偏最小二乘等）继续证实所估浓度的可靠程度。

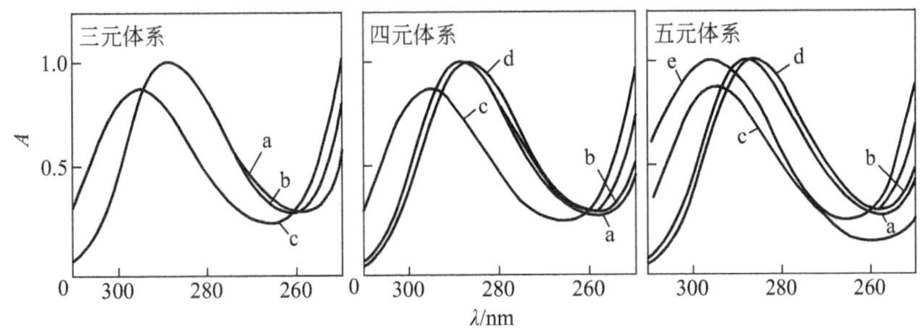

图 6-31 三个标准体系的标准光谱图

a—邻甲酚；b—间甲酚；c—对甲酚；d—苯酚；e—水杨酸

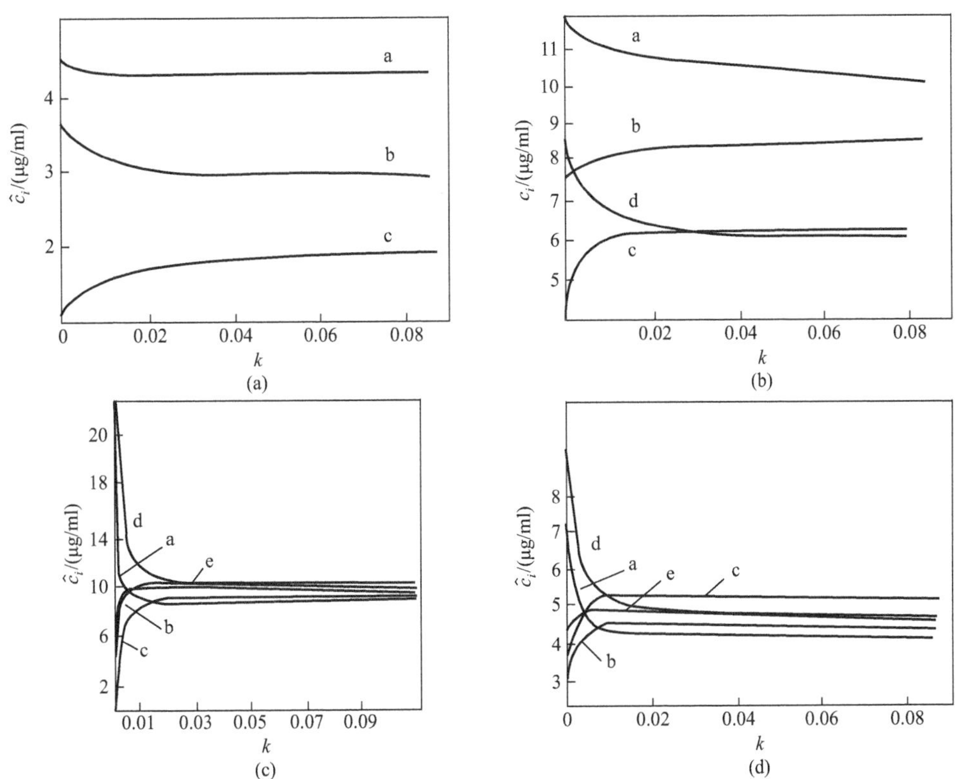

图 6-32 三个多组分体系的岭迹图

a—对甲酚；b—间甲酚；c—邻甲酚；d—苯酚；e—水杨酸

各组分的实际浓度：(a) a—4μg/ml；b—3μg/ml；c—2μg/ml；(b) a—10μg/ml；b—9μg/ml；c—7μg/ml；d—6μg/ml；(c) 皆为 10μg/ml；(d) 皆为 5μg/ml

表 6-8 不同方法分析结果比较

体系	浓度/(μg/ml)	最小二乘回归	MRPE/%	卡尔曼滤波法	MRPE/%	岭回归	MRPE/%
三元体系	a:10.0	10.5	13.2	10.2	7.25	10.1	2.29
	b:10.0	8.08		8.85		9.72	
	c:10.0	11.1		10.5		9.74	

续表

体系	浓度/(μg/ml)	最小二乘回归	MRPE/%	卡尔曼滤波法	MRPE/%	岭回归	MRPE/%
三元体系	a:10.0 b:5.0 c:8.0	10.8 4.86 7.45	7.32	10.9 4.93 7.37	7.84	10.6 4.99 7.27	7.12
	a:4.0 b:2.0 c:3.0	4.44 1.29 3.68	20.3	4.92 2.10 2.66	18.3	4.25 1.85 2.91	5.67
	a:10.0 b:8.0 c:10.0	11.0 8.23 8.90	9.31	10.0 5.53 12.5	21.4	10.6 7.40 9.82	5.19
四元体系	a:10.0 b:10.0 c:10.0 d:10.0	11.6 7.71 6.25 14.5	32.5	9.69 4.21 11.6 14.0	36.1	10.0 9.84 9.55 9.81	2.57
	a:10.0 b:10.0 c:10.0 d:10.0	12.7 8.42 5.46 14.0	34.1	12.7 8.22 5.50 14.2	34.7	9.71 11.0 9.23 10.0	6.63
	a:10.0 b:6.0 c:9.0 d:7.0	11.6 4.33 7.88 8.87	19.6	11.7 3.32 8.26 9.59	25.4	10.7 6.25 8.62 6.24	6.88
	a:9.0 b:9.0 c:8.0 d:10.0	11.4 6.90 5.59 13.0	27.8	11.5 2.71 7.22 16.0	50.26	10.4 8.35 7.73 9.99	8.70
五元体系	a:10.0 b:10.0 c:10.0 d:10.0 e:10.0	13.9 3.11 3.84 24.2 8.53	74.9	12.0 3.12 4.60 20.8 9.21	62.9	8.59 9.06 10.7 10.1 9.78	8.29
	a:5.0 b:5.0 c:5.0 d:5.0 e:5.0	5.97 3.24 2.34 8.93 4.58	46.2	5.37 3.30 3.69 7.86 4.77	32.2	4.44 4.67 5.47 5.09 4.93	7.27
	a:3.0 b:7.0 c:3.0 d:8.0 e:8.0	4.94 4.56 1.50 13.9 7.28	49.1	2.74 4.87 3.40 9.89 7.98	20.7	2.57 5.66 3.74 8.87 8.01	13.0
	a:15.0 b:5.0 c:0.0 d:10.0 e:9.0	17.4 1.07 −6.20 18.8 8.11	56.5	16.5 1.08 −4.16 17.2 8.39	57.1	14.2 2.86 0.08 11.7 9.12	14.5

注：a—对甲酚；b—邻甲酚；c—间甲酚；d—苯酚；e—水杨酸；$MRPE=(\sum(c_i-\hat{c}_i)^2/\sum c_i^2)^{1/2}\times100$。

七、多元校正的分析化学品质因数和可靠性分析

分析方法的品质因数，如灵敏度、选择性、检测下限等，在分析化学中是非常重要的概念，借此可对分析结果的可靠性和适应性给出合理估价，亦可作为选择方法和优化实验条件的目标函数。所以，将传统标量校正中常用的有关分析方法的品质因数拓广至多元校正就具有十分重要的意义。多元校正实质是用矢量分析（多变量）替代标量（单变量）分析，是传统标量分析的拓广。从前几节的讨论可以看出，经此拓广，可获得很多传统标量分析所不能得到的重要信息。值得提出的是，多元校正同样可给出传统标量校正中常用的有关分析方法的品质因数[91]。在讨论多元校正的有关分析方法的品质因数之前，有必要先对传统标量校正中常用的有关分析方法的品质因数进行简单回顾。

传统标量校正的模型一般可由下式给出

$$y = cx + e \tag{6-26}$$

式中，y 为量测值；c 为浓度；x 为仪器的灵敏度[92]，或称为响应系数；e 为量测误差，一般假设为零均等方差的正态分布随机变量，根据 IUPAC 建议，检测下限由下式定义[93]

$$c = 3\sigma/x$$

式中，σ 为量测误差的标准差。选择性一般是相对于共存干扰而言，对一含有 n 种被测物种体系，如某物种 i 的灵敏度 x_i 为较大正数，其余 x_j（$j=1, 2, \cdots, i-1, i+1, \cdots, n$）均等于零或为接近噪声的响应，则称该分析方法对物种 i 具有完全选择性，反之，该法对物种 i 的选择性差。

对于多元校正方法，上述品质因数亦可导出，只是表示方法由矢量取代了标量。多元校正的矢量表示模型可由下式给出

$$\boldsymbol{y} = c_1\boldsymbol{x}_1 + c_2\boldsymbol{x}_2 + \cdots + c_n\boldsymbol{x}_n + \boldsymbol{e}$$

式中，$\boldsymbol{y}$ 为混合物在 m 个不同分析通道（如光谱则为不同波长或波数）上所测值组成的矢量；$\boldsymbol{x}_i$ 为物种 i 在相应分析通道测得的标准物量测矢量；c_i 为物种 i 在混合物中的浓度；$\boldsymbol{e}$ 为一等方差正态分布的误差矢量。对上式，可用构造正交投影矩阵方法进行解析，先按下式构成正交投影矩阵 $\boldsymbol{P}_i$

$$\boldsymbol{P}_i = (\boldsymbol{I}_{m\times m} - \boldsymbol{X}_i\boldsymbol{X}_i^{+})$$

式中，$\boldsymbol{X}_i = (\boldsymbol{x}_1, \boldsymbol{x}_2, \cdots, \boldsymbol{x}_{i-1}, \boldsymbol{x}_{i+1}, \cdots, \boldsymbol{x}_n)$，即不含 $\boldsymbol{x}_i$ 的校正矩阵，$\boldsymbol{X}_i^{+}$ 为其广义逆，又称 Moore-Penrose 逆，在此 $\boldsymbol{X}_i^{+} = (\boldsymbol{X}_i^{t}\boldsymbol{X}_i)^{-1}\boldsymbol{X}_i^{t}$（有关广义逆和投影阵可参见第十一章的相应部分）；$\boldsymbol{P}_i$ 为一对称幂等矩阵，故有投影阵之称。将投影阵 $\boldsymbol{P}_i$ 作用于混合物量测矢量 $\boldsymbol{y}$ 之上，即将其投影至其正交补空间上，则可把 x_j（$j=1, 2, \cdots, i-1, i+1, \cdots, n$）的影响扣除，即

$$\boldsymbol{y}_i^{*} = \boldsymbol{P}_i\boldsymbol{y} = \boldsymbol{P}_i(c_1\boldsymbol{x}_1 + c_2\boldsymbol{x}_2 + \cdots + c_n\boldsymbol{x}_n + \boldsymbol{e}) = c_i\boldsymbol{x}_i^{*} + \boldsymbol{e}^{*}$$

这是因为投影阵 $\boldsymbol{P}_i$ 具有一优良特性

$$\boldsymbol{P}_i\boldsymbol{x}_j=(\boldsymbol{I}_{m\times m}-\boldsymbol{X}_i\boldsymbol{X}_i^{+})\boldsymbol{x}_j=\boldsymbol{x}_j-\boldsymbol{X}_i\boldsymbol{X}_i^{+}\boldsymbol{x}_j$$
$$=\boldsymbol{x}_j-\boldsymbol{x}_j=\boldsymbol{0}\quad(j=1,2,\cdots,i-1,i+1,\cdots,n)$$

在此利用了广义逆的 $\boldsymbol{X}_i\boldsymbol{X}_i^{+}\boldsymbol{X}_i=\boldsymbol{X}_i$ 的性质。

为对前式求解 $\boldsymbol{c}_i$，只须对方程两边左乘 $\boldsymbol{x}_i^{*\mathrm{t}}$，可得

$$\boldsymbol{x}_i^{*\mathrm{t}}\boldsymbol{y}_i^{*}=\|\boldsymbol{x}_i^{*}\|\cdot\|\boldsymbol{y}_i^{*}\|\cos(\theta)$$

式 $\boldsymbol{y}_i^{*}=c_i\boldsymbol{x}_i^{*}+\boldsymbol{e}^{*}$ 中 $\boldsymbol{y}_i^{*}$ 与 $\boldsymbol{x}_i^{*}$ 只相差一误差矢量，故二者之间的夹角 $\theta\approx0°$，即 $\cos(\theta)\approx1$，于是有

$$\boldsymbol{x}_i^{*\mathrm{t}}\boldsymbol{y}_i^{*}\approx\|\boldsymbol{x}_i^{*}\|\cdot\|\boldsymbol{y}_i^{*}\|\approx c_i\boldsymbol{x}_i^{*\mathrm{t}}\boldsymbol{x}_i^{*}+\boldsymbol{x}_i^{*\mathrm{t}}\boldsymbol{e}^{*}$$
$$\approx c_i\|\boldsymbol{x}_i^{*}\|\cdot\|\boldsymbol{x}_i^{*}\|+\boldsymbol{e}^{*}$$

对上式两边同时除以 $\|\boldsymbol{x}_i^{*}\|$ 得

$$\|\boldsymbol{y}_i^{*}\|\approx c_i\|\boldsymbol{x}_i^{*}\|+\boldsymbol{e}^{*}/\|\boldsymbol{x}_i^{*}\|$$
$$\approx c_i\|\boldsymbol{x}_i^{*}\|+\boldsymbol{e}^{**}\tag{6-27}$$

将上式与式（6-26）比较，二者有完全一致的表达形式，唯上式用矢量模替代了式（6-26）中的单变量信号。

1. 灵敏度

从式（6-27）可知，$\|\boldsymbol{x}_i^{*}\|$ 与式（6-26）中的 x 相对应，因此 $\|\boldsymbol{x}_i^{*}\|$ 可称为多元校正中对物种 i 的灵敏度，它表示在单位浓度下多组分共存体系中物种 i 的纯矢量分析信号大小，即扣除了共存组分影响后的物种 i 的纯分析信号，其量纲与式（6-26）完全一样。

2. 选择性

对于多组分共存体系，原由式（6-26）示出的标量校正模型应变为

$$y=c_1x_1+c_2x_2+\cdots+c_nx_n+e$$

此时仅有一个方程，却存在 n 个未知浓度 c_i（$i=1,2,\cdots,n$），除非有“完全选择性”（见上文），否则无法求解。而由式（6-27）示出的矢量校正模型无此局限，仍可得标量式解，这说明多元校正模型可提高分析方法的选择性，是其优于传统标量校正模型的基本特征。在多元校正的模型中，可供直接分析用的并非标准量测谱 $\boldsymbol{x}_i$ 本身，而是经投影矩阵 $\boldsymbol{P}_i$ 作用后，与其余共存物标准量测谱的正交部分——投影矢量 $\boldsymbol{x}_i^{*}$。值得提出的是，有时 $\boldsymbol{x}_i$ 经投影后得 $\boldsymbol{x}_i^{*}$，其模缩小很多，即 $\|\boldsymbol{x}_i^{*}\|/\|\boldsymbol{x}_i\|$ 很小。此时用式（6-27）估计浓度，会因 $\boldsymbol{e}^{**}$ 的存在而带来较大误差。这是由于共存物种标准量测谱之间严重重叠所致，通常称为“病态”分析体系，如仍采用最小二乘回归、Kalman 滤波等一般多元校正方法，结果将很不可靠[90]。因此，$\|\boldsymbol{x}_i^{*}\|/\|\boldsymbol{x}_i\|$ 可视为组分 i 与其他共存组分的标准量测谱之间重叠程度的度量。Lorber[91]建议将其作为组分 i 的选择性指标。然而，笔者认为该指标只定性地反映了组分量测谱的重叠趋势，且其可在（0，1）区间变动，对确定某组分是否具有定量分

析所需选择性未给出具体指标，很难应用于实际。从式（6-27）可知，多元校正分析的单组分模型，除该被测组分的贡献外只与 e^{**} 有关。也就是说，对于多元校正模型，其选择性可参照单组分模型的定量测定限来考虑，不对必须用投影矢量 $\boldsymbol{x}_i^*$ 的模，即所谓标准谱的纯分析信号 $\|\boldsymbol{x}_i^*\|$ 来考虑，实因标准谱的纯分析信号 $\|\boldsymbol{x}_i^*\|$ 已经扣除了共存诸组分的共存影响。根据 Currie[94] 提出的“定量测定限”的定义，当信噪比大于 10 时，该组分的分析信号能用于可靠定量测定。综合上述讨论，建议将多元校正的组分选择性定义如下：

$$\mathrm{SEL}_i=\|\boldsymbol{x}_i^*\|/e^{**}=\|\boldsymbol{x}_i^*\|/(r\|\boldsymbol{x}_i\|)=(\|\boldsymbol{x}_i^*\|/\|\boldsymbol{x}_i\|)/r \tag{6-28}$$

值得提出的是，由上式定义的多元校正模型的选择性指标，表面上看是一个标准谱的信噪比，但实际上它与一般信噪比不同。不同之处在于它是建立在由式（6-27）定义的单组分模型之上的。这是一个经数学变换扣除了共存诸组分的影响后的单组分模型，所以实际上反映了共存诸组分对组分 i 的定量测定的影响。另外，式（6-28）中 r 为仪器量测的相对误差，这是考虑到分析工作者一般都知道一些仪器的量测相对误差，将其引入可方便选择性指标的运算。对于紫外可见光谱，仪器的标准谱的量测相对误差一般可设为 2%[95]。

根据 Currie 标准，当 $\mathrm{SEL}_i\geqslant10$ 时，该物种能由一般多元校正方法可靠定量测定，具有同时测定所需的选择性；当 $3\leqslant\mathrm{SEL}_i\leqslant10$ 时，因为是定性纯度保证范围，其选择性只满足半定量测定要求；当 $\mathrm{SEL}_i\leqslant3$ 时，说明该物种经扣除共存组分影响后的纯分析信号与误差相差不到三倍，有被误差淹没的可能，此时该组分的选择性不能满足定量分析要求。注意到，由式（6-28）定义的组分选择性可方便地在解析前对待分析混合试样进行选择性估价，只须用投影阵 $\boldsymbol{P}_i$ 对 $\boldsymbol{x}_i$ 进行投影运算而得到 $\boldsymbol{x}_i^*$，由此可计算出 $\|\boldsymbol{x}_i^*\|/\|\boldsymbol{x}_i\|$，继而与仪器的量测相对误差比较，即可知该体系能否准确定量了。

3. 检测下限

对应式（6-26），可定义多元校正的组分检测下限

$$LOD_i=3\sigma/SEN_i=3\sigma/\|\boldsymbol{x}_i^*\|$$

式中，σ 为量测误差标准差，建议使用多个在相同条件所得估计值的均值较为可靠。如 σ 已知，则用实际经验估计的更为合适。

4. 准确度

根据误差传递理论，结果的相对误差（$\Delta c_{i,\mathrm{total}}/c_i$）来自两个方面，即混合物量测相对误差（$\Delta c_{i,y}/c_i$）和标准物量测误差（$\Delta c_{i,X}/c_i$），可由下式表示出

$$\Delta c_{i,\ \mathrm{total}}/c_i=\Delta c_{i,\ y}/c_i+\Delta c_{i,\ X}/c_i \tag{6-29}$$

式中，$c_{i,X}$ 为组分 i 标准量测谱所含浓度。在多组分共存时，在混合物量测中对于组分 i 的信噪比应为混合量测谱中的该组分的纯分析信号 $\|\boldsymbol{y}_i^*\|$ 与噪声标准差 σ 的比值。从式 $\boldsymbol{x}_i^{*\mathrm{t}}\boldsymbol{y}_i^*\approx c_i\|\boldsymbol{x}_i^*\|.\|\boldsymbol{x}_i^*\|+\boldsymbol{e}^*$ 可知

$$c_i\approx\boldsymbol{x}_i^{*\mathrm{t}}\boldsymbol{y}_i^*/(\|\boldsymbol{x}_i^*\|\cdot\|\boldsymbol{x}_i^*\|)$$

代入式 $\|\boldsymbol{y}_i^*\|\approx c_i\|\boldsymbol{x}_i^*\|+\boldsymbol{e}^{**}$ 可得

$$\|\boldsymbol{y}_i^*\|\approx(\boldsymbol{x}_i^{*\mathrm{t}}\boldsymbol{y}_i^*/\|\boldsymbol{x}_i^*\|\cdot\|\boldsymbol{x}_i^*\|)\|\boldsymbol{x}_i^*\|+\boldsymbol{e}^{**}$$

$$\approx \boldsymbol{x}_i^{*\mathrm{t}} \boldsymbol{y}_i^* / \| \boldsymbol{x}_i^* \|$$

即

$$\| \boldsymbol{y}_i^* \| / \sigma = \boldsymbol{x}_i^{*\mathrm{t}} \boldsymbol{y}_i^* / (\| \boldsymbol{x}_i^* \| \sigma)$$

因 $\Delta c_{i,y}/c_i$ 与在混合物量测中对于组分 i 的信噪比呈倒数关系，则有

$$\begin{aligned}\Delta c_{i,\,y}/c_i &= \sigma \| \boldsymbol{x}_i^* \| / (\boldsymbol{x}_i^{*\mathrm{t}} \boldsymbol{y}_i^*) = \sigma \| \boldsymbol{x}_i^* \| \| \boldsymbol{y} \| / [\| \boldsymbol{y} \| (\boldsymbol{x}_i^{*\mathrm{t}} \boldsymbol{y}_i^*)] \\ &= [\| \boldsymbol{x}_i^* \| \| \boldsymbol{y} \| / (\boldsymbol{x}_i^{*\mathrm{t}} \boldsymbol{y}_i^*)](\sigma / \| \boldsymbol{y} \|) = \boldsymbol{\kappa}_{i,\,y}(\sigma / \| \boldsymbol{y} \|)\end{aligned}$$

式中，$\boldsymbol{\kappa}_{i,y}$ 称为混合物量测谱中物种 i 的误差传递数。对于标准物量测谱物种 i 的误差传递数可完全仿此进行，只须将 $\boldsymbol{y}_i^*$ 换成 $\boldsymbol{x}_i^*$，即

$$\begin{aligned}\Delta c_{i,\,X}/c_i &= \sigma \| \boldsymbol{x}_i^* \| \| \boldsymbol{y} \| / [\| \boldsymbol{y} \| (\boldsymbol{x}_i^{*\mathrm{t}} \boldsymbol{x}_i^*)] \\ &= [\| \boldsymbol{x}_i^* \| \| \boldsymbol{y} \| / (\boldsymbol{x}_i^{*\mathrm{t}} \boldsymbol{x}_i^*)](\sigma / \| \boldsymbol{y} \|) = \boldsymbol{\kappa}_{i,\,X}(\sigma / \| \boldsymbol{y} \|)\end{aligned}$$

于是式（6-29）可写成

$$\begin{aligned}\Delta c_{i,\,\mathrm{total}}/c_i &= \Delta c_{i,\,y}/c_i + \Delta c_{i,\,X}/c_i = \boldsymbol{\kappa}_{i,\,y}(\sigma / \| \boldsymbol{y} \|) + \boldsymbol{\kappa}_{i,\,X}(i / \| \boldsymbol{y} \|) \\ &= (\boldsymbol{\kappa}_{i,\,y} + \boldsymbol{\kappa}_{i,\,X})(\sigma / \| \boldsymbol{y} \|) = \boldsymbol{\kappa}_{i,\,\mathrm{total}}(\sigma / \| \boldsymbol{y} \|)\end{aligned}$$

在此只假设了标准量测谱与混合物量测谱的量测误差标准差 σ 相等。$\boldsymbol{\kappa}_{i,\mathrm{total}}$ 称为组分 i 的误差传递数，其大小将说明分析结果的误差大小。

第四节　灰色分析体系的多元校正方法

灰色分析体系的基本特征为：已知待测物存在于待分析的样本中，但是否存在别的未知干扰却不清楚，分析目的是在未知干扰存在下，直接对感兴趣的待测物进行定量分析。此类分析体系可以说是分析化学家碰到得最多的一类体系，因其定性组成只部分已知，介于白色与黑色分析体系之间，故将其称为灰色分析体系。

灰色分析体系的校正算法将以矢量校正方法和矩阵校正方法为线索逐步展开。从理论上说，如没有特殊条件，基于矢量校正的方法，如本书将要介绍的迭代目标转换因子分析法（ITTFA）、自适应 Kalman 滤波法（AKF）、局部曲线拟合法（LCF）等，一般只能给出可能解，虽其实用性受到一定限制，但对一些情况仍有一定参考价值，而且，因其对以后的进一步研究具有启发作用，故本书仍给出了详细的介绍。矩阵校正方法是分析化学计量学研究的难点和热点，近年来取得了较大成果。其中著名的有广义秩消失因子分析法（GRAFA）、残差双线性分解法（RBL）和约束背景双线性分解法（CBBL）。从纯数学的角度看，这些方法一般皆可给出有物理意义的唯一解，但在实际分析化学的应用中，还存在着一些具体困难值得进一步研究。

一、矢量校正方法

矢量校正方法是用于矢量类型数据模型的一类算法。它们只适应可产生矢量数据的一类

仪器，常见的有紫外可见光谱、红外光谱、拉曼光谱、质谱、色谱及某些电化学谱，其基本数学模型可由下式给出

$$\boldsymbol{y}=\sum c_i x_i+\boldsymbol{r}+\boldsymbol{e}=\boldsymbol{X}\boldsymbol{c}+\boldsymbol{r}+\boldsymbol{e} \tag{6-30}$$

式中，$\boldsymbol{y}$ 是混合物的量测矢量，一般假设在 k 个分析通道（可以是波长、波数等）上量测所得；$\boldsymbol{x}_i$（$i=1, 2, \cdots, n$）是待测物的纯谱矢量；c_i（$i=1, 2, \cdots, n$）为待测物的浓度；$\boldsymbol{r}$ 为干扰矢量；$\boldsymbol{e}$ 是量测误差，仍假设为服从正态分布的零均等方差且不相关的白噪声误差。一般说来，有 $k>n$ 的要求，否则无法求解。另外，值得提出的是，上式中的 $\boldsymbol{r}$ 可以是几个干扰物的线性组合，即

$$\boldsymbol{r}=\sum c_j \boldsymbol{x}_j$$

式中，$\boldsymbol{x}_j$（$j=1, 2, \cdots, m$）为干扰物的纯物种标准谱；c_j（$j=1, 2, \cdots, m$）为其相应的干扰物的浓度。值得注意的是，从式（6-30）给出的模型可以看出，不管干扰物是由多少物种构成的，它总被看成为一个背景矢量，这样可简化模型，但是，这也给求有物理意义的唯一解带来了困难。这在以后的讨论中将逐步展开。

（一）投影算法和多元校正模型的检验

因灰色分析体系的基本特征是已知待测物存在于待分析的样本中，但是否存在别的未知干扰不清楚，故首先确定该分析体系是否确实存在未知干扰就十分重要了。可以说，这是解析灰色分析体系的第一步。如果该体系经检验确实存在干扰物，此时，如用前一节中讨论过的白色分析体系的解析方法，如多元线性回归、Kalman 滤波、偏最小二乘等，将不能获得准确解，必须采用可排除干扰的新方法。投影算法就是一种这样的多元校正模型的检验方法，其基本思路是：如混合样品中确实只含有待测的几种物质，则混合物光谱矢量必可由这几种已知的待测物光谱矢量线性表出，换言之，它必然落在由这几种标准物纯光谱矢量为基矢量所构成的线性空间之中，只须用这几个纯物种光谱组成一正交投影矩阵，对其进行投影运算，即可得一零矢量，也就是说，其正交补空间为一零矢量空间。反之，如混合样品中含有未知干扰物，则其正交补空间不为零，检验正交补空间不为零就构成了该法的数学基础。

要对由式（6-30）表示的灰色体系数学模型进行检验，关键是要找到一个正交投影矩阵来对混合物量测矢量进行投影运算。在构造正交投影矩阵之前，有必要对投影矩阵给出必要的介绍。所谓投影矩阵，是一类对称幂等阵（参见第十一章）。对于由式（6-30）示出的校正模型，作为检验用的正交投影校正可由下式给出

$$\boldsymbol{P}=(\boldsymbol{I}-\boldsymbol{X}\boldsymbol{X}^{+})$$

式中，$\boldsymbol{I}$ 为 $k\times k$ 阶单位阵；$\boldsymbol{X}=[\boldsymbol{x}_1, \boldsymbol{x}_2, \cdots, \boldsymbol{x}_n]$，即由已知待测物标准谱为列矢量所构成的矩阵；$\boldsymbol{X}^{+}$ 则为其广义逆，亦称 Moore-Penrose 逆，一般就是最小二乘逆，即

$$\boldsymbol{X}^{+}=(\boldsymbol{X}^{\mathrm{t}}\boldsymbol{X})^{-1}\boldsymbol{X}^{\mathrm{t}}$$

根据广义逆的定义（参见第十一章），易知 $\boldsymbol{P}$ 确实为一幂等对称阵，

$$\boldsymbol{P}^{\mathrm{t}}=(\boldsymbol{I}-\boldsymbol{X}\boldsymbol{X}^{+})^{\mathrm{t}}=\boldsymbol{I}^{\mathrm{t}}-(\boldsymbol{X}\boldsymbol{X}^{+})^{\mathrm{t}}=\boldsymbol{I}-\boldsymbol{X}\boldsymbol{X}^{+}=\boldsymbol{P} \qquad (\text{对称})$$

$$PP=(I-XX^+)(I-XX^+)=I-2XX^+ + XX^+ XX^+ = I-XX^+ = P \quad (幂等)$$

如将由上式定义的正交投影阵作用在由式（6-30）给出的混合物量测矢量上，则有

$$\begin{aligned} y^* &= Py=(I-XX^+)(Xc+r+e) \\ &= Xc-XX^+ Xc+(I-XX^+)r+(I-XX^+)e \\ &= (I-XX^+)r+(I-XX^+)e=r^*+e^* \end{aligned}$$

从上式的推导过程可以看出，如果上式给出的混合物量测矢量中没有背景干扰矢量这一项，则经这样的投影运算后，就只剩下误差项，在此 e^* 应仍为一具有零均等方差的随机矢量；反之，若体系中含有未知干扰，则除此误差项外，还有一项 r^*，除非 r 可由 $X=[x_1, x_2, \cdots, x_n]$ 线性表出。因有 r^* 的存在，y^* 就不是一零均等方差的误差矢量了。

根据以上分析，可建立如下的模型检验方法。首先，用 t 分布检验 y^* 是否为一零均的随机矢量，即原假设 $H_0: E(y_i)=0$，令统计量 T 为

$$T=(E(y_i)-0)\times\sqrt{k-1}/S_k$$

式中，$S_k=\sqrt{\sum[y_i-E(y_i)]^2/k}$；$E(y_i)=\sum y_i/k$。如 $|T|>t_{\alpha/2}$，则否定假设 H_0。$t_{\alpha/2}$ 可由 t 分布表查得。

仅对 $y^*=(y_1, y_2, \cdots, y_k)^t$ 进行均值检验尚不充分，还须检验 y^* 的模，即所谓二范数 $\|y^*\|$，是否显著大于量测误差，光度分析的量测误差一般在1%～2%之间，故可假设其方差由下式估计

$$\sigma^2=0.01\times\|y\|^2$$

如 $\|y^*\|^2/\sigma^2=\|y^*\|^2/(0.01\times\|y\|^2)>3$，即此时的信噪比大于3，根据分析化学中的检测下限定义[96]，此时可认为体系中存在未知干扰物，不能认为 y^* 是一随机误差矢量。综上所述，如果 $|T|>t_{\alpha/2}$ 且 $\|y^*\|^2/\sigma^2>3$，则可认为校正模型不正确，体系确实存在有未知干扰物，此时不能直接使用白色分析体系的校正方法来进行校正，必须先排除背景干扰。表6-9给出了一些具体实例[97]。

表 6-9 校正模型的检验结果

编号	体系实际存在的物种	校正模型包含的物种	t 检验结果	信噪比	检验结果
1	Cr^{3+}, Ni^{2+}	Cr^{3+}	1.901	28.6	存在干扰
2	Cr^{3+}, Ni^{2+}	Cr^{3+}, Ni^{2+}	−0.0168	0.38	模型正确
3	Cr^{3+}, Ni^{2+}, Co^{2+}	Cr^{3+}, Ni^{2+}	1.883	15.4	存在干扰
4	Cr^{3+}, Ni^{2+}, Co^{2+}	Cr^{3+}, Ni^{2+}, Co^{2+}	0.347	0.754	模型正确
5	蒽		29.3	59.4	存在干扰
6	蒽	蒽	0.964	3.12	模型正确
7	苯并芘、荧蒽	苯并芘、荧蒽	10.48	3.18	存在干扰
8	苯并芘、荧蒽	苯并芘、荧蒽	0.763	0.968	模型正确
9	氨基比林、安替比林、巴比妥	氨基比林、安替比林	0.436	4.79	存在干扰
10	氨基比林、安替比林、巴比妥	氨基比林、安替比林、巴比妥	0.029	0.462	模型正确

表 6-10 计算结果比较

编号①	实际浓度	未经模型检验的分析结果	模型校正后的分析结果
1	Cr^{3+},3.20mg/ml	Cr^{3+},7.46mg/ml	Cr^{3+},3.30mg/ml
	Ni^{2+},2.20mg/ml		Ni^{2+},2.21mg/ml
3	Cr^{3+},6.40mg/ml	Cr^{3+},10.3mg/ml	Cr^{3+},6.40mg/ml
	Ni^{2+},2.20mg/ml	Ni^{2+},1.70mg/ml	Ni^{2+},2.21mg/ml
	Co^{2+},1.73mg/ml		Co^{2+},1.77mg/ml
7	苯并芘,0.7mg/L		苯并芘,0.673mg/L
	荧蒽,0.10mg/L	荧蒽,0.367mg/L	荧蒽,0.107mg/L
9	氨基比林,10.0mg/L	氨基比林,16.4mg/L	氨基比林,10.0mg/L
	巴比妥,1.80mg/L	巴比妥,1.41mg/L	巴比妥,1.79mg/L
	安替比林,4.0mg/L		安替比林,3.91mg/L

① 此表的编号同表 6-9。

从上面的结果可以看出，如不经校正模型检验，对于校正模型不确定的分析体系，直接使用常规的白色分析体系的解析方法，如最小二乘回归，进行多组分同时测定，所得结果是不可靠的。值得特别指出的是，对于校正模型的检验，只用 t 检验是不够的，这从表 6-10 中的第 9 号样本所得结果就可以看出。

关于排除干扰可分为两种情况：一种是已知可能存在干扰物种的大致范围，此时可分别记录各可能干扰物种的标准量测谱，并同时对其进行投影运算，继用检索方式以确定干扰物的种类，然后只须将其代入式（6-30），继用白色分析体系的解析方法，即可求出待测物的浓度，有关例子可参见文献 [97]；另一种情况是有关未知干扰物的信息一无所知，这种情况的处理比较复杂，在下文即将对这种情况进行详细讨论。

（二）标准加入迭代目标转换因子分析法

由 Malinowaski 提出的目标转换因子分析法曾用于含已知干扰组分的混合物同时测定[98]，但此法实际是很难用于含未知干扰物的多组分体系分析的，因为目标转换须设定实验光谱矢量。在组分干扰未知的情况下，实验矢量无从选择；另一方面，因子分析法要求 l 个各组分浓度不同的混合试样以构成数据矩阵，且 l 应大于待测组分数目 n，而分析工作中通常只有一份含未知干扰的多组分混合试样，除非借助另外的分离手段。

标准加入迭代目标转换因子分析法[99]，其主要思路是将标准加入、矩阵投影运算及迭代目标转换等技术结合起来，构成一个新算法，先完成未知干扰背景的检出，从而使其转化为简单的白色分析体系，再用本章第三节的直接校正方法即可进行单个或多个待测组分的定量分析测定。

对于由式（6-30）示出的灰色分析体系的校正模型，借前一节已讨论过的广义标准加入法，分别对混合试样加入标准待测组分，从而得到一组标准加入系列溶液的量测矢量 $\boldsymbol{y}^i$ ($i=1, 2, \cdots, l-1$)，构成一量测矩阵：$\boldsymbol{Y}=[\boldsymbol{y}^0, \boldsymbol{y}^1, \cdots, \boldsymbol{y}^{l-1}]$，注意，在这里要求 $l>n$，而且，$\boldsymbol{y}^0$ 就是由式（6-30）示出的原始量测矢量。继对矩阵 $\boldsymbol{Y}$ 进行主成分分解（奇异值分解）可得

$$\boldsymbol{Y}=\boldsymbol{USV}^{\mathrm{t}}=\boldsymbol{UT}^{\mathrm{t}}$$

式中，$\boldsymbol{U}$ 和 $\boldsymbol{V}$ 分别为两个正交标准化矩阵；$\boldsymbol{S}$ 为 ($l\times l$) 阶对角矩阵。显然，如果体系中存在未知干扰背景，则 $\boldsymbol{Y}$ 矩阵的秩应为 ($n+1$)，否则，其秩为 n。因本节只讨论体系确

实存在未知干扰背景的情况，故须取（$n+1$）个对应于较大特征值（即 $\boldsymbol{S}$ 矩阵中的对角元素之值）的特征矢量来构成主因子阵 $\bar{\boldsymbol{U}}$，并根据朗伯-比耳定律，有

$$\boldsymbol{Y}=\boldsymbol{X}\boldsymbol{C}^{t}=\bar{\boldsymbol{U}}\boldsymbol{R}\boldsymbol{R}^{-1}\boldsymbol{T}^{t} \tag{6-31}$$

式中，$\boldsymbol{X}=[\boldsymbol{x}^1, \boldsymbol{x}^2, \cdots, \boldsymbol{x}^n, \boldsymbol{r}]$，即由已知待测物标准光谱为列矢量加上未知背景干扰光谱矢量所构成的矩阵，另外，

$$\boldsymbol{C}^{t}=\boldsymbol{C}_0^{t}+\Delta\boldsymbol{C}^{t}$$

其中，

$$\boldsymbol{C}_0^{t}=\begin{bmatrix} c_1 & c_1 & \cdots & c_1 \\ c_2 & c_2 & \cdots & c_2 \\ \vdots & \vdots & \vdots & \vdots \\ c_n & c_n & \cdots & c_n \\ 1 & 1 & \cdots & 1 \end{bmatrix}$$

$$\Delta\boldsymbol{C}^{t}=\begin{bmatrix} 0 & \Delta c_{11} & \Delta c_{21} & \cdots & \Delta c_{l-1,1} \\ 0 & \Delta c_{12} & \Delta c_{22} & \cdots & \Delta c_{l-1,2} \\ \vdots & \vdots & \vdots & \vdots & \vdots \\ 0 & \Delta c_{1n} & \Delta c_{2n} & \cdots & \Delta c_{l-1,n} \\ 0 & 0 & 0 & 0 & 0 \end{bmatrix}$$

在此 Δc_{ij} 表示 i 次对第 j 个待测组分加入的浓度，而且在加入时使背景干扰的浓度实际保持不变。在实际标准加入时，为保持这一条件，可采用加入小体积的较浓标准溶液或采用稀至相同体积的方法。另外，在式（6-31）中，矩阵 $\boldsymbol{R}$ 称为转换矩阵，它将抽象波谱因子矩阵 $\boldsymbol{U}$（或称得分矩阵）和抽象浓度因子矩阵 $\boldsymbol{T}^{t}$ 转换成为有物理意义的真实标准量测谱矩阵 $\boldsymbol{X}$ 和真实浓度矩阵 $\boldsymbol{C}^{t}$。

根据因子分析目标转换法，采用已知的 n 个待测物标准量测矢量，即可求出 $\boldsymbol{R}$ 矩阵的 n 列 $\boldsymbol{r}_i(i=1,2,\cdots,n)$，这是因为 $\boldsymbol{X}\boldsymbol{C}^{t}=\boldsymbol{U}\boldsymbol{T}^{t}=\boldsymbol{U}\boldsymbol{R}\boldsymbol{R}^{-1}\boldsymbol{T}^{t}$，亦即

$$\boldsymbol{X}=\boldsymbol{U}\boldsymbol{R}$$

实际上，如果将上式写成矢量式，则有

$$\boldsymbol{x}_i=\boldsymbol{U}\boldsymbol{r}_i \quad (i=1,2,\cdots,n)$$

因为上式中 $\boldsymbol{x}_i$ 为已知矢量，用最小二乘法解此方程，立即可得

$$\boldsymbol{r}_i=(\boldsymbol{U}^{t}\boldsymbol{U})^{-1}\boldsymbol{U}^{t}\boldsymbol{x}_i \quad (i=1,2,\cdots,n)$$

因 $\boldsymbol{U}$ 为一正交矩阵，所以 $(\boldsymbol{U}^{t}\boldsymbol{U})^{-1}$ 的求逆很容易，实际上就是对角特征值矩阵的倒数阵。利用上式可以求得 $\boldsymbol{R}$ 矩阵的 n 列。但是，因对背景干扰量测矢量事先无任何已知信息，只可采用迭代法来求解。

迭代法包括以下步骤。

(1) 迭代初始矢量的选择　迭代初始矢量的选择将决定迭代能否收敛至正确值，这就要求迭代初始矢量含有背景干扰矢量的基本信息，而其他待测组分量测矢量的影响则应尽量扣除，迭代结果方可朝背景量测矢量收敛，这是解决问题的关键所在。在这里采用待测组分的标准量测矢量构成投影矩阵

$$\boldsymbol{P}=(\boldsymbol{I}-\boldsymbol{X}\boldsymbol{X}^{+})$$

式中，$\boldsymbol{I}$ 为 $(k\times k)$ 阶单位阵；$\boldsymbol{X}=(\boldsymbol{x}_1,\boldsymbol{x}_2,\cdots,\boldsymbol{x}_n)$，即由已知待测物标准谱为列矢量所构成的矩阵；$\boldsymbol{X}^{+}$ 为其广义逆，亦称 Moore-Penrose 逆，一般就是最小二乘逆，即

$$\boldsymbol{X}^{+}=(\boldsymbol{X}^{t}X)^{-1}\boldsymbol{X}^{t}$$

用此矩阵 $\boldsymbol{P}$ 对混合物量测矢量 $\boldsymbol{y}^{0}$ 进行投影运算，所得的投影矢量 $\boldsymbol{y}^{0*}$ 就具有上述所需性质。而且，值得提出的是，投影矢量 $\boldsymbol{y}^{0*}$ 与所有待测量测矢量都正交，即

$$\boldsymbol{y}^{0*t}\boldsymbol{x}_i=0\quad(i=1,2,\cdots,n)$$

这是因为

$$\begin{aligned}
\boldsymbol{y}^{0*t}\boldsymbol{x}_i&=\boldsymbol{y}^{0*t}\boldsymbol{x}_i\\
&=\boldsymbol{y}^{0t}\boldsymbol{P}^{t}\boldsymbol{P}\boldsymbol{x}^{i}\\
&=\boldsymbol{y}^{0t}\boldsymbol{P}^{t}(\boldsymbol{I}-\boldsymbol{X}\boldsymbol{X}^{+})x_i\\
&=\boldsymbol{y}^{0t}\boldsymbol{P}^{t}(\boldsymbol{x}_i-\boldsymbol{X}\boldsymbol{X}^{+}\boldsymbol{x}_i)\\
&=\boldsymbol{y}^{0t}\boldsymbol{P}^{t}(\boldsymbol{0})\\
&=0\quad(i=1,2,\cdots,n)
\end{aligned}$$

注意到，在上述推导中，利用了投影矩阵的对称幂等和广义逆矩阵的 $\boldsymbol{X}\boldsymbol{X}^{+}\boldsymbol{X}=\boldsymbol{X}$，亦即 $\boldsymbol{X}\boldsymbol{X}^{+}\boldsymbol{x}_i=\boldsymbol{x}_i$ 的性质。正是由于投影矢量 $\boldsymbol{y}^{0*}$ 与所有待测量测矢量都是正交的，所以，可以说，这样选出来的初始迭代矢量 $\boldsymbol{y}^{0*}$ 已将各已知待测组分对混合物量测矢量的贡献全部扣除。

(2) 迭代过程　用上述方法得到初始迭代矢量 $\boldsymbol{y}^{0*}$ 后，将其作为背景干扰矢量的初始估计 $\boldsymbol{f}^{0}$，并用其取代式 $\boldsymbol{x}_i=\boldsymbol{U}\boldsymbol{r}_i$ 中的 $\boldsymbol{x}_i$，由 $\boldsymbol{r}_i=(\boldsymbol{U}^{t}\boldsymbol{U})^{-1}\boldsymbol{U}^{t}\boldsymbol{x}_i$ 求出 $\boldsymbol{r}_i$ 后，继用式 $\boldsymbol{x}_i=\boldsymbol{U}\boldsymbol{r}_i$ 求新的背景干扰矢量 $\boldsymbol{f}^{1}$，仿此可得 $\boldsymbol{f}^{2}$，如此循环迭代，直至收敛，即 $\|\boldsymbol{f}^{d+1}-\boldsymbol{f}^{d}\|$ 小于某一给定正值时，终止迭代，此时所得最终矢量则为可能的背景干扰矢量。值得指出的是，此法求出的背景干扰只是一种可能解，当背景干扰谱与待测物种的量测矢量的重叠度不大时，用此法求得的背景干扰矢量十分接近真实的背景干扰，但是当背景干扰谱与待测物种的量测矢量的重叠度很大时，一般很难得到真实解。

(三)自适应 Kalman 滤波法

自适应 Kalman 滤波法可用于求解灰色分析体系问题[100,101]，实际上就是利用了新息系

列的特征。

首先，将常规 Kalman 滤波算法方程总结列于表 6-11。

表 6-11 常规 Kalman 滤波算法方程

状态估计模型	$\boldsymbol{c}(k)=\boldsymbol{I}\boldsymbol{c}(k-1)$
量测模型	$y(k)=\boldsymbol{x}(k)^{\mathrm{t}}\boldsymbol{c}(k)+r(k)$
Kalman 增益	$\boldsymbol{k}(k)=\boldsymbol{P}(k)\boldsymbol{x}(k)[\boldsymbol{x}(k-1)^{\mathrm{t}}\boldsymbol{P}(k)\boldsymbol{x}(k-1)+r(k)]^{-1}$
误差协方阵估计	$\boldsymbol{P}(k)=[\boldsymbol{I}-\boldsymbol{g}(k-1)\boldsymbol{x}(k)^{\mathrm{t}}]\boldsymbol{P}(k-1)[\boldsymbol{I}-\boldsymbol{g}(k-1)\boldsymbol{x}(k)^{\mathrm{t}}]^{\mathrm{t}}+\boldsymbol{g}(k-1)r(k)\boldsymbol{g}(k-1)^{\mathrm{t}}$
状态估计递推	$\boldsymbol{c}(k)=\boldsymbol{c}(k-1)+\boldsymbol{k}(k)[y(k)-\boldsymbol{x}(k)^{\mathrm{t}}\boldsymbol{c}(k)]$

在表 6-11 中，$\boldsymbol{c}(k)$ 为量测体系在第 k 个量测点上的浓度估计矢量；$\boldsymbol{x}(k)$ 表示在第 k 个量测点上的系数矢量，即通常所说的敏感系数，可以是摩尔吸光系数等；$y(k)$ 为在第 k 个量测点上混合物的量测值；$r(k)$ 为在第 k 个量测点上的量测误差；$\boldsymbol{k}(k)$ 为第 k 个量测点上的 Kalman 增益矢量；$\boldsymbol{P}(k)$ 为在第 k 个量测点上的量测协方差阵的估计。新息系列的定义是：$v(k)=y(k)-\boldsymbol{x}(k)^{\mathrm{t}}\boldsymbol{c}(k)$，实际上就是第 k 个量测点上的估计残差，这个信息对调节递归的动态模型很有用，故在 Kalman 算法中占有十分重要的地位。自适应 Kalman 滤波就是建立在这一概念之上。首先来看看，当校正模型不正确时，亦即当混合物测矢量中含有未知干扰时，新息系列是怎样变化的。

如果校正模型正确，新息系列应该为一具有零均不相关的白噪声系列，实因 $v(k)$ 就是第 k 个量测点上的估计残差。估计残差是一个很有用的指标，如果估计残差比较大且具有一定的相关性，就说明用于校正的模型存在问题，被估计的参数当然也不正确。因此，正如第三节中讨论的那样，新息系列是一个很好的检验校正模型的指标，在此，将给出一个例子来说明。图 6-33（a）示出了一个由三个 Guass 峰模三个组分（a，b，c）构成的混合物光谱，如果只用两个组分（a，b）来构成校正模型，所得新息系列如图 6-33（b）所示。在第三个组分（c）还没有出现之前，Kalman 滤波的新息系列明显是具有白噪声性质的，这说明校正模型在已被滤波的这一段是正确的。然而，一旦第三组分开始有吸收时，信息系列开始变大且具相关性质，这说明校正模型已不正确了，在这样错误校正模型下估计的浓度亦将不准确了。从上述结果可以看出，因为 Kalman 滤波是递归进行的，当校正模型正确时，新息系列给出模型正确的信息，如果模型发生错误，新息系列马上发生变化，给出模型错误的信息。这就提示我们，只要能利用新息系列所提供的这些信息，就有可能将 Kalman 滤波技术用于灰色分析体系的解析，这就是下面将要讨论的自适应 Kalman 滤波方法。

为了防止模型错误而导致 Kalman 滤波算法估计失败的情况，人们可采用自适应技术。一般的 Kalman 滤波都是用不变的 $r(k)$ 来进行计算，而自适应 Kalman 滤波方法就是通过在滤波过程中调节 $r(k)$ 来抵制模型错误，它的估计可以由下式给出[101]

$$r(k)=1/m\left[\sum v(k-j)v(k-j)\right]-\boldsymbol{x}(k)^{\mathrm{t}}\boldsymbol{P}(k)\boldsymbol{x}(k)$$

式中，m 是新息系列求和的窗口大小。上式通过前 m 次获得的新息序列来估计 $r(k)$ 的大小，而 $r(k)$ 的大小对滤波算法的影响可由表 6-11 列出的 Kalman 增益估计式看出。当校正模型正确时，$r(k)$ 就很小，这时表 6-11 列出的状态估计式对新的量测信息很敏感，新息序列的变化相应也很小。当模型出现错误时，$r(k)$将很快变大，从而使 Kalman 增益变小，使得由表 6-11 列出的状态估计式对新的量测信息不敏感。这样通过估计 $r(k)$如此进行的自适应调整，使得 Kalman 滤波算法甚至在模型错误的条件下，亦即在有未知干扰存在的灰色分析体系的情况下，也可较正确地估计体系待测物种的浓度。

自适应 Kalman 滤波算法除能得到准确的浓度估计以外，通过自适应调整，它还可能在量测过程中得到正确的校正模型。因为 $r(k)$ 实际上是一计算的方差，而该方差正好代表了在第k 量测点上的模型误差。这样，一个新的校正矢量 $\boldsymbol{x}(k)$ 可以通过 $r(k)$ 计算出来，对于本节讨论的含未知干扰的校正模型，无非是要找到背景干扰的量测系数，即在原模型的校正矢量 $\boldsymbol{x}(k)$ 中增加一个新分量

$$\boldsymbol{x}(k)_{n+1}=b(k)[r(k+m/2)]^{1/2} \qquad (当\ b(k)>0\ 时) \tag{6-32a}$$

$$\boldsymbol{x}(k)_{n+1}=0 \qquad (当\ b(k)<0\ 时) \tag{6-32b}$$

式中，n 为原校正模型的组分数，所以 $\boldsymbol{x}(k)_{n+1}$ 实际就是背景干扰的量测系数。式中用 $r(k+m/2)$ 实际上就是要利用第 k 量测点附近的 m 个新息序列数据来进行调节，另外，式中的 $b(k)$ 定义如下：

$$b(k)=1 \qquad (当\sum v(k-j+m/2)/m>0\ 时)$$

$$b(k)=-1 \qquad (当\sum v(k-j+m/2)/m<0\ 时)$$

上两式的目的是为了决定校正模型偏差的符号，而这符号是由 m 个新息系列的数据的平均值来决定的。式（6-32）的采用是因为一般的多组分校正模型量测系数都是正值，即组分浓度的响应一般都是与浓度成正比的。

从以上对自适应 Kalman 滤波的介绍可以看出，误差协方差阵 $\boldsymbol{P}(k)$的初始值的选择与常规 Kalman 滤波算法是相同的。只要给出 $\boldsymbol{c}(k)$和 $\boldsymbol{P}(k)$的初始值，即 $\boldsymbol{c}(0)$和 $\boldsymbol{P}(0)$，就可按 $\boldsymbol{k}(k)=\boldsymbol{P}(k)\boldsymbol{x}(k)[\boldsymbol{x}(k-1)^{\mathrm{t}}\boldsymbol{P}(k)\boldsymbol{x}(k-1)+r(k)]^{-1}$ 计算其增益矢量，然后按式 $\boldsymbol{c}(k)=\boldsymbol{c}(k-1)+\boldsymbol{k}(k)[y(k)-\boldsymbol{x}(k)^{\mathrm{t}}\boldsymbol{c}(k)]$ 和 $\boldsymbol{P}(k)=[\boldsymbol{I}-\boldsymbol{g}(k-1)\boldsymbol{x}(k)^{\mathrm{t}}]\boldsymbol{P}(k-1)[\boldsymbol{I}-\boldsymbol{g}(k-1)\boldsymbol{x}(k)^{\mathrm{t}}]^{\mathrm{t}}+\boldsymbol{g}(k-1)r(k)\boldsymbol{g}(k-1)^{\mathrm{t}}$ 计算下一个 $\boldsymbol{c}(k)$和 $\boldsymbol{P}(k)$，当到一定步骤(递归次数至少大于 m 时)，用式(6-32a)或式(6-32b)来计算背景干扰$\boldsymbol{x}(k)_{n+1}$。所以，自适应 Kalman 滤波具体算法可由下列步骤组成。

（1）置初值　$\boldsymbol{c}(0)=\boldsymbol{0}$，$\boldsymbol{P}(0)=\gamma^2\boldsymbol{I}$[矢量 $\boldsymbol{c}(0)$ 中的零元素个数与待测组分个数相同]，这里 $\boldsymbol{I}$ 为单位矩阵，γ^2 为初始估计的量测方差，此值按下述经验式估出，

$$\gamma^2=a\{r(1)/[\boldsymbol{x}(1)^{\mathrm{t}}x(1)]\}^{1/2}$$

式中，a 为一与计算机精度相关的因子，一般可取 10～100。值得提出的是，$\boldsymbol{P}(0)$ 取值太小，可导致有偏估计，如取值太大，尽管参量的估计值是无偏的，但由于量测点数不够大，$\boldsymbol{P}(0)$ 的最终估计值仍会偏大。

（2）确定 m，一般定在 10～20 之间均可。

（3）启动计算：

$$\boldsymbol{g}(k)=\boldsymbol{P}(k-1)\boldsymbol{x}(k)[\boldsymbol{x}(k)^{\mathrm{t}}\boldsymbol{P}(k-1)\boldsymbol{x}(k)+r(k)]^{-1}$$

$$\boldsymbol{c}(k)=\boldsymbol{c}(k-1)+\boldsymbol{g}(k)[z(k)-\boldsymbol{x}(k)^{\mathrm{t}}\boldsymbol{c}(k-1)]$$

$$\boldsymbol{P}(k)=[\boldsymbol{I}-\boldsymbol{g}(k-1)\boldsymbol{x}(k)^{\mathrm{t}}]\boldsymbol{P}(k-1)[\boldsymbol{I}-\boldsymbol{g}(k-1)\boldsymbol{x}(k)^{\mathrm{t}}]^{\mathrm{t}}+$$

$$\boldsymbol{g}(k-1)r(k)\boldsymbol{g}(k-1)^{\mathrm{t}}$$

式中，$r(k)$ 是量测噪声 $e(k)$ 的方差，可根据实际量测噪声方差具体确定。重复此步计算直至递归次数大于 m。

(4) 利用下述计算式浓度估计未知干扰谱

$$\boldsymbol{x}(k)_{n+1}=b(k)[r(k+m/2)]^{1/2} \qquad (\text{当 } b(k)>0 \text{ 时})$$

$$\boldsymbol{x}(k)_{n+1}=0 \qquad (\text{当 } b(k)<0 \text{ 时})$$

其中

$$b(k)=1 \qquad (\text{当} \sum v(k-j+m/2)/m>0 \text{ 时})$$

$$b(k)=-1 \qquad (\text{当} \sum v(k-j+m/2)/m<0 \text{ 时})$$

将未知干扰谱包括于 $\boldsymbol{x}(k)$ 中，重复上述各步计算，直至达到稳定，即 $\boldsymbol{P}(k)$ 阵的对角元素在一段计算步骤中皆为很小，此时得到的 $\boldsymbol{c}(k)$ 即为所求。

在自适应 Kalman 滤波算法中，误差协方差阵 $\boldsymbol{P}(k)$ 的初始值的选择与常规 Kalman 滤波算法是相同的。值得注意的是，在自适应 Kalman 滤波算法中，$\boldsymbol{P}(k)$ 阵的计算受 $\boldsymbol{r}(k)$ 的影响很大（参见表 6-11 列出的 Kalman 增益估计式和误差协方差阵估计式）。当模型误差很小时，$r(k)$ 是减小的，这将使 Kalman 增益变大，从而导致 $\boldsymbol{P}(k)$ 阵对角元素变小。因为 $r(k)$ 值直接与模型的质量相关，所以，自适应滤波的 $\boldsymbol{P}(k)$ 阵的对角元素应该是浓度参数最终估计质量好坏的一个有用指标。

在自适应 Kalman 滤波算法用于灰色分析体系（图 6-33）的解析中，存在两个重要的先决条件：①自适应 Kalman 方法用于分析时，在开始滤波时必须有一段过程校正模型是正确的，亦即在这一过程中，每一个已知存在的待测组分都必须有响应，而背景干扰却无响应。②对于式（6-32）给出的模型错误校正项，只有当背景干扰是一单组分时，$\boldsymbol{x}(k)_{n+1}$ 才是该组分的量测矢量，但是，因为背景干扰一般来说很难确定其组成，所以，$\boldsymbol{x}(k)_{n+1}$ 一般只能看作未包括在校正模型内的整个背景干扰的量测系数。在以上两个先决条件中，第一条为一很强的条件，这是因为灰色分析体系的背景干扰实际上是未知的，不能保证在开始滤波时必须有一段过程校正模型是正确的，这就限制了该算法在实际中的应用。

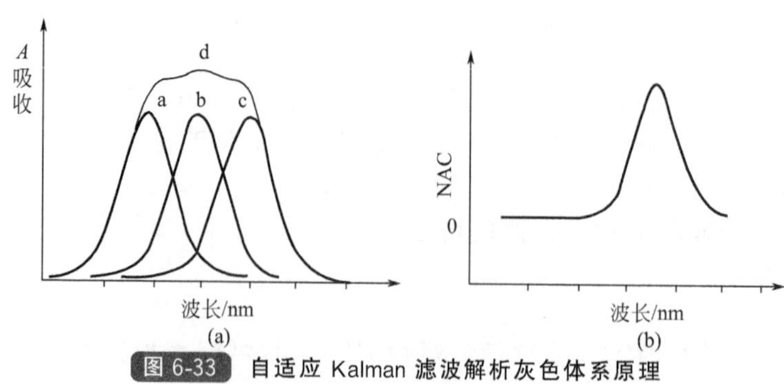

图 6-33 自适应 Kalman 滤波解析灰色体系原理

(a) 三组分体系的光谱图，a，b，c 为三个组分的纯组分光谱，其中 c 为未知干扰光谱，d 为混合物光谱；(b) 只考虑了 a，b 两组分校正模型的 Kalman 滤波的新息系列

（四）局部曲线拟合法

局部曲线拟合法由 Karstang 和 Kvalheim 提出[102]，其主要思路是利用背景光谱的极大值来进行校正，因为如对光谱进行微分后，背景光谱的极大值处将为零，即在这一波长点上背景干扰将不对待测物的定量测定带来影响，从而达到消除未知背景干扰的效果。问题是因背景干扰是完全未知的，怎样通过已知条件来正确确定背景光谱的极大值的波长位置将是该法成功与否的关键。

对于一般的灰色分析体系的矢量数学模型，均可简化为以下只含一个待测分析物的情况，即

$$\boldsymbol{y}=c_1\boldsymbol{x}_1+\boldsymbol{r}^{\mathrm{s}}+\boldsymbol{e}$$

式中，$\boldsymbol{y}$ 为含未知干扰的混合物光谱量测矢量，$\boldsymbol{x}_1$ 为待测分析物的标准光谱，c_1 为该待测分析物的相对浓度，$\boldsymbol{r}^{\mathrm{s}}$ 为一假设的未知干扰的量测光谱。必须指出的是，$\boldsymbol{r}^{\mathrm{s}}$ 这一假设的未知干扰的量测光谱实际上是其他的待测物的量测矢量与实际未知背景干扰量测光谱矢量之和，即

$$\boldsymbol{r}^{\mathrm{s}}=\sum_{i=2}^{n}c_i\boldsymbol{x}_i+\boldsymbol{r}$$

这样，一般的灰色分析体系的数学模型就转化为只含一个待测分析物的灰色分析体系模型。注意到这样的变换并没有改变问题的实质，可以通过不断地改变不同的分析物以达到为每一个待测组分定量的目的。以下将只对只含一个待测分析物的情况进行讨论，其他分析物的定量可完全参照此例同样进行。

由于 $\boldsymbol{y}$ 是一个量测光谱矢量，所以，它是一个波长的函数，如果对其进行波长方向的微分，可得

$$\mathrm{d}\boldsymbol{y}/\mathrm{d}\lambda=c_1\mathrm{d}\boldsymbol{x}_1/\mathrm{d}\lambda+\mathrm{d}\boldsymbol{r}^{\mathrm{s}}/\mathrm{d}\lambda$$

式中，$\mathrm{d}\boldsymbol{y}/\mathrm{d}\lambda=\begin{bmatrix}\mathrm{d}y_1/\mathrm{d}\lambda\\ \mathrm{d}y_2/\mathrm{d}\lambda\\ \vdots\\ \mathrm{d}y_m/\mathrm{d}\lambda\end{bmatrix}$；$\mathrm{d}\boldsymbol{x}_1/\mathrm{d}\lambda=\begin{bmatrix}\mathrm{d}x_{11}/\mathrm{d}\lambda\\ \mathrm{d}x_{12}/\mathrm{d}\lambda\\ \vdots\\ \mathrm{d}x_{1m}/\mathrm{d}\lambda\end{bmatrix}$；$\mathrm{d}\boldsymbol{r}^{\mathrm{s}}/\mathrm{d}\lambda=\begin{bmatrix}\mathrm{d}r_1^{\mathrm{s}}/\mathrm{d}\lambda\\ \mathrm{d}r_2^{\mathrm{s}}/\mathrm{d}\lambda\\ \vdots\\ \mathrm{d}r_m^{\mathrm{s}}/\mathrm{d}\lambda\end{bmatrix}$；$m$ 是量测光谱的波长点数。

设在假设的未知干扰的量测光谱存在有一个极大点，记为第 k 点，则有

$$\mathrm{d}y_k/\mathrm{d}\lambda=c_1\mathrm{d}x_{1k}/\mathrm{d}\lambda+\mathrm{d}r_k^{\mathrm{s}}/\mathrm{d}\lambda$$

因 $\mathrm{d}r_k^{\mathrm{s}}/\mathrm{d}\lambda$ 在极大点为零，所以有

$$c_1=(\mathrm{d}y_k/\mathrm{d}\lambda)/(\mathrm{d}x_{1k}/\mathrm{d}\lambda)$$

也就是说，只要找到了未知干扰的量测光谱的一个极大点的波长位置，就可利用这一点来求得待测物的相对浓度。问题是怎样正确估计出未知干扰的量测光谱极大点的波长位置。该法的几何含义示于图 6-34。

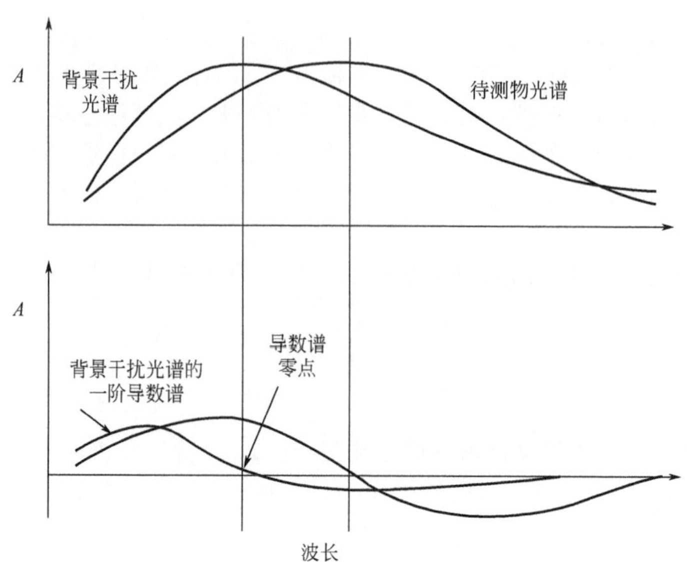

图 6-34 利用一阶导数求待测物浓度示意图

在文献［102］中，Karstang 介绍了一种基于同时利用一阶导数和三阶导数来估计未知干扰的量测光谱极大点的波长位置方法，在此将介绍一种基于迭代目标因子分析法来估计未知干扰的量测光谱极大点波长位置的方法，找到这个极大点后，继而用式 $c_1=(\mathrm{d}y_k/\mathrm{d}\lambda)/(\mathrm{d}x_{1k}/\mathrm{d}\lambda)$ 即可求得待测物的相对浓度。

从上面介绍的基本思路可知，局部曲线拟合法具体可由以下步骤来实现。

（1）用 $\boldsymbol{x}_1$ 构成一个正交投影矩阵 $\boldsymbol{P}$

$$\boldsymbol{P}=(\boldsymbol{I}-\boldsymbol{x}_1(\boldsymbol{x}_1^{\mathrm{t}}x_1)^{-1}x_1^{\mathrm{t}}$$

式中，$\boldsymbol{I}$ 为一（$m\times m$）阶的单位矩阵。

（2）用正交投影矩阵 $\boldsymbol{P}$ 对混合物量测光谱进行投影，得到一与 $\boldsymbol{x}_1$ 正交的，即属于 $\boldsymbol{x}_1$ 矢量零空间的一个矢量 $\boldsymbol{y}^*$，该矢量已将 $\boldsymbol{x}_1$ 的影响全部扣除，主要反映了未知干扰的量测光谱的信息。

$$\begin{aligned}\boldsymbol{Py}&=[\boldsymbol{I}-\boldsymbol{x}_1(\boldsymbol{x}_1^{\mathrm{t}}\boldsymbol{x}_1)^{-1}\boldsymbol{x}_1^{\mathrm{t}}]\boldsymbol{y}\\&=[\boldsymbol{I}-x_1(\boldsymbol{x}_1^{\mathrm{t}}\boldsymbol{x}_1)^{-1}\boldsymbol{x}_1^{\mathrm{t}}](c_1\boldsymbol{x}_1+\boldsymbol{r}^{\mathrm{s}})\\&=[\boldsymbol{I}-x_1(\boldsymbol{x}_1^{\mathrm{t}}\boldsymbol{x}_1)^{-1}\boldsymbol{x}_1^{\mathrm{t}}]\boldsymbol{r}^{\mathrm{s}}=\boldsymbol{y}^*\end{aligned}$$

（3）用 $\boldsymbol{x}_1$ 和 $\boldsymbol{y}$ 构成一个矩阵 $\boldsymbol{Y}$，即 $\boldsymbol{Y}=[\boldsymbol{y},\ \boldsymbol{x}_1]$，并对其进行主成分分解

$$\boldsymbol{Y}=\boldsymbol{USV}^{\mathrm{t}}=\boldsymbol{UT}^{\mathrm{t}}$$

式中，$\boldsymbol{T}=\boldsymbol{SV}^{\mathrm{t}}$，常称为因子载荷矩阵；$\boldsymbol{U}$ 则称为因子得分矩阵。继用它构成迭代用投影矩阵，对 $\boldsymbol{y}^*$ 进行迭代运算：

令 $\boldsymbol{r}^{(0)}=\boldsymbol{y}^*$，$k=1,\ 2,\ \cdots$

$$\boldsymbol{r}^{(k)}=\boldsymbol{UU}^{\mathrm{t}}\boldsymbol{r}^{(k-1)}$$

在每次迭代时，先将 $\boldsymbol{r}^{(k-1)}$ 中的负元素都置为零，然后再进行投影运算，这样的迭代过程一直迭代到 $\|\boldsymbol{r}^{(k)}-\boldsymbol{r}^{(k-1)}\|$ 小于某一给定值。这样迭代求得的背景矢量将会很靠近真实的背景，此时，再找到该背景的极大值的波长位置，用式 $c_1=(\mathrm{d}y_k/\mathrm{d}\lambda)/(\mathrm{d}x_{1k}/\mathrm{d}\lambda)$ 来求得待测分析物的相对浓度。

一般说来，该法求出的待测分析物的相对浓度，在背景光谱与分析物光谱重叠度不大时结果将与实际值比较靠近，因此时背景光谱极大值的波长位置估计将比较准确，然而，如果背景光谱与分析物光谱重叠度很大时结果将不太可靠了。从这一角度来看，虽用式 $c_1=(\mathrm{d}y_k/\mathrm{d}\lambda)/(\mathrm{d}x_{1k}/\mathrm{d}\lambda)$ 可得到唯一解，但背景光谱极大值的波长位置估计是否准确仍受到其他因素的制约。为了得到较精确解，一般需要采用内插法来求真正极大点的位置，实因极大点的位置可能落在两个量测波长点之间，这也是为什么将其称为局部曲线拟合方法的原因。综上所述，实际上此法仍只能说是得到了一个可能解，真正的严格唯一解还需用下一节讨论的二维数据的化学计量学方法才能得到。

二、矩阵（非迭代类二阶张量）校正方法

从前一节的讨论中可以看到，用矢量校正模型来进行灰色分析体系的解析，都存在很强的先决条件，如果这些先决条件不能满足，则很难保证求得的解是有物理意义的真实解。可以认为，这样的困难主要是来自对未知干扰背景谱知之甚少，它可以由任意的很多未知干扰所组成，对于这样的背景干扰根本无法从一个矢量中确定其组分数。先来看一个最简单的灰色分析体系的例子，即在这样的灰色分析体系中，定性已知的待测组分只有一个，其数学模型为

$$\boldsymbol{y}=c_1\boldsymbol{x}_1+\boldsymbol{r}+e$$

在此模型中，代求的参数只有 c_1。当然，背景干扰量测谱 $\boldsymbol{r}$ 还是未知的。这可以说是灰色分析体系中一种最简单的情况。在这里，除可以测得该混合物试样的量测矢量 $\boldsymbol{y}$（包括矢量的方向和长度）外，还可得到待测物的标准光谱 $\boldsymbol{x}_1$ 的形状（即标准组分光谱矢量的方向），而 $\boldsymbol{x}_1$ 在量测矢量 $\boldsymbol{y}$ 中的贡献（即标准组分光谱矢量的长度）应由 c_1 来确定，这种情况的几何意义可由图 6-35 来表出。

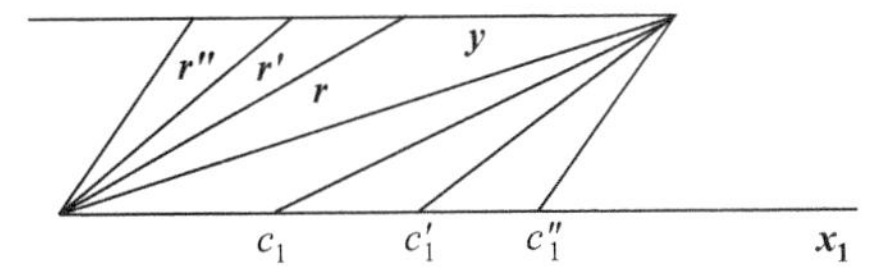

图 6-35 不同待测物的浓度的不同未知背景干扰谱的矢量示意图

图中 c_1，c_1'，c_1'' 分别表示不同的待测物的浓度，$\boldsymbol{r}$，$\boldsymbol{r}'$，$\boldsymbol{r}''$ 分别表示由此而得的不同的未知背景干扰光谱矢量，它们都可以与 $\boldsymbol{x}_1$ 很好地拟合混合物光谱 $\boldsymbol{y}$

从图 6-35 可以看出，由于背景干扰量测谱 $\boldsymbol{r}$ 和 c_1 皆为未知，c_1 和 $\boldsymbol{r}$ 又互为函数，对应不同的 c_1 就可得到不同的背景干扰量测谱 $\boldsymbol{r}$，只要可保持 c_1 和 $\boldsymbol{r}$ 皆为非负值就都是可能解。值得指出的是，在这种情况下，任何拟合技术都是没有意义的，拟合度的好坏不能成为评价结果的标准。图 6-36 给出了一个这种情况的具体计算机模拟例子。从图 6-36 可以看出，随着 c_1 的变化，背景干扰谱也在不断地变化，注意，用这样不同的 c_1 和 $\boldsymbol{r}$ 都可以把混合试样的量测矢量 $\boldsymbol{y}$ 拟合好。

如果采用矩阵类型的数据，情况将发生显著的变化。对于灰色分析体系，矩阵校正的数学模型可由下式表示

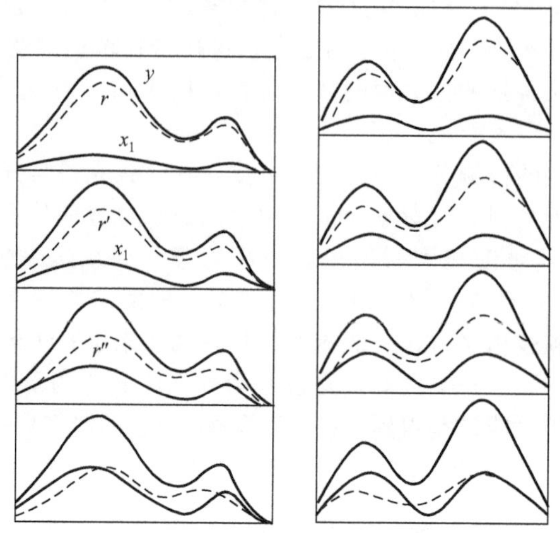

图 6-36 由图 6-35 所示最简单灰色体系的计算机模拟示例
其中虚线代表背景光谱

$$\boldsymbol{Y}=c_1\boldsymbol{X}_1+c_2\boldsymbol{X}_2+\cdots+c_n\boldsymbol{X}_n+\boldsymbol{R}+\boldsymbol{E}$$

式中，$\boldsymbol{Y}$ 表示混合物的量测矩阵（可为二维荧光光谱或色谱联用仪产生的二维数据）；$\boldsymbol{X}_i(i=1,2,\cdots,n)$ 为待测组分纯物种的量测矩阵。值得提出的是，像 $\boldsymbol{X}_i(i=1,2,\cdots,n)$ 这样的矩阵，一般为双线性矩阵，即它们可由两个矢量的外积表示

$$\boldsymbol{X}_i=\boldsymbol{s}_i\boldsymbol{c}_i^{\mathrm{t}}$$

从此式可知，$\boldsymbol{X}_i$ 的秩为 1，二维荧光光谱或色谱联用仪产生的二维数据均可满足这一条件。矩阵校正的数学模型中 $\boldsymbol{E}$ 为量测误差矩阵，一般仍假设为服从正态分布的等方差白噪声误差；n 为混合体系中的待测物种数；c_i（$i=1, 2, \cdots, n$）为未知待估参数，一般可看作相对浓度；$\boldsymbol{R}$ 为未知背景干扰矩阵，它亦可以是多个未知干扰物的量测矩阵的线性加合，即

$$\boldsymbol{R}=d_1\boldsymbol{B}_1+d_2\boldsymbol{B}_2+\cdots+d_m\boldsymbol{B}_m$$

式中，$\boldsymbol{B}_i(i=1,2,\cdots, m)$ 为干扰纯物质的量测矩阵；m 为干扰物种数；$d_i(i=1,2,\cdots, m)$ 为干扰物的相对浓度。注意到双线性矩阵的特点，即纯物质的量测矩阵的秩为 1，而背景干扰量测矩阵的秩就代表它的组分数，也就是这一特点，使得灰色分析体系的矩阵校正方法成为近年来分析化学计量学研究的热点和难点，并已取得较大的成果，其中著名的有广义秩消失因子分析法（GRAFA）、残差双线性分解法（RBL）和约束背景双线性分解法（CBBL），从纯数学的角度看，因为二维数据提供了矩阵秩的新信息，这些方法一般皆可给出有物理意义的唯一解。当然，在实际应用中，还存在一些具体困难。本节将对这些方法的基本思路和基本算法做出较详细的介绍。

（一）秩消失因子分析法

秩消失因子分析法首先由 C.-N. Ho，Christian 和 Davidson 于 1978 年针对二维荧光光谱的定量分析而提出[103~105]。该方法的基本原理就是利用纯物种二维荧光光谱是一个双线性矩阵，且其秩为 1 的特点来进行的。

【基本思路】

设已测得被分析物的纯物种二维谱，将其作为标准，进而对含未知干扰的混合体系的二维荧光光谱进行消去该标准的运算。设未进行消去运算前，含未知干扰的混合体系的量测矩阵的秩为 k，那么，当被消去的标准正好等于其存在于混合体系中的该物种的浓度大小时，此时未知干扰的混合体系的量测矩阵的秩就会减少 1 而成为（$k-1$），据此即可对该被分析物进行定量。

设含未知干扰的混合体系的量测矩阵为 $\boldsymbol{Y}$，为不失一般性，设本章论及的灰色分析体系，可简化为如下的数学模型

$$\boldsymbol{Y}=c_1\boldsymbol{X}_1+\boldsymbol{R}+\boldsymbol{E}=c_1\boldsymbol{p}_1\boldsymbol{q}_1^{\mathrm{t}}+\boldsymbol{R}+\boldsymbol{E}$$

即先只考虑其中一个感兴趣的分析物，而把其他分析物都归于未知干扰。这样的简化不影响一般性的原因是可连续地将不同的分析物当成待分析物，直至所有的分析物都被测定。式中，$\boldsymbol{X}_1$ 即为该纯物种双线性的量测矩阵，$\boldsymbol{p}_1$ 为其纯物质荧光激发谱（对于色谱联用仪器则为纯物种色谱）；$\boldsymbol{q}_1^{\mathrm{t}}$ 为其纯物质荧光发射谱（对于色谱联用仪器则为纯物种的相应光谱）；c_1 为相对浓度；$\boldsymbol{R}$ 为未知背景干扰，与式 $\boldsymbol{Y}=c_1\boldsymbol{X}_1+c_2\boldsymbol{X}_1+\cdots+c_n\boldsymbol{X}_n+\boldsymbol{R}+\boldsymbol{E}$ 不同的地方是在此处的未知背景干扰是把其他分析物亦加入未知干扰物的量测矩阵 $\boldsymbol{R}$ 而成；$\boldsymbol{E}$ 为二维数据阵的量测误差矩阵，一般仍设为白噪声。

首先，考察一下秩消失因子分析法的一个最主要方程

$$\boldsymbol{F}=\boldsymbol{Y}-\beta\boldsymbol{X}_{\mathrm{S}}$$

式中，$\boldsymbol{X}_{\mathrm{S}}$ 为定性已知的与 $\boldsymbol{X}_1$ 相对应的待测分析物的标准物量测矩阵，它可以表示为

$$\boldsymbol{X}_{\mathrm{S}}=c_{\mathrm{S}}\boldsymbol{p}_{\mathrm{S}}\boldsymbol{q}_{\mathrm{S}}^{\mathrm{t}}$$

为以后讨论方便，还假设 $\boldsymbol{p}_{\mathrm{S}}$ 和 $\boldsymbol{q}_{\mathrm{S}}^{\mathrm{t}}$ 分别是标准化的矢量，即满足 $\sum p_{\mathrm{S}k}^2=1$（$k=1$，2，…，w），（在此 w 为激发谱的量测波长点数或色谱保留时间点数）和 $\sum q_{\mathrm{S}l}^2=1$（$l=1$，2，…，r），（在此 r 为发射谱的量测波长点数或与色谱联用的相应光谱的量测波长点数）；秩消失因子分析法的主要目的就在于找到 β，即找到 $\beta=c_1/c_{\mathrm{S}}$，从而使此时矩阵 $\boldsymbol{F}$ 的秩比原矩阵 $\boldsymbol{Y}$ 的秩少 1。这也就是秩消失因子分析法的主要思路。因当时计算矩阵秩的变化还不十分容易，故 C.-N. Ho，Christian 和 Davidson 采用了一种迭代方法来实现这一计算的。

【基本算法】

该法的算法由以下步骤组成。

（1）对 $\boldsymbol{Y}$ 矩阵进行主成分分析（即奇异值分解）

$$\boldsymbol{Y}=\boldsymbol{U}\boldsymbol{S}\boldsymbol{V}^{\mathrm{t}}$$

式中，$\boldsymbol{U}$ 矩阵收集了 $\boldsymbol{Y}$ 矩阵的所有非噪声左特征矢量；$\boldsymbol{V}^{\mathrm{t}}$ 矩阵收集了 $\boldsymbol{Y}$ 矩阵的所有非噪声的右特征矢量。一般说来，$\boldsymbol{Y}$ 矩阵中所含的化学物种数为多少就得收集多少个特征矢量。如设 $\boldsymbol{Y}$ 矩阵中所含的化学物种数为 n，则 $\boldsymbol{U}$ 和 $\boldsymbol{V}$ 分别为（$w\times n$）阶和（$n\times r$）阶矩阵。因 $\boldsymbol{Y}$ 矩阵的阶数是由激发谱的量测波长点数（w）和发射谱的量测波长点数（r）来决定的，所以，其维数（w 或 r）一般都要大大地大于 $\boldsymbol{Y}$ 矩阵中所含的化学物种数 n。

（2）由式 $\boldsymbol{F}=\boldsymbol{Y}-\beta\boldsymbol{X}_{\mathrm{S}}$ 定义的 $\boldsymbol{F}$ 矩阵是 β 的函数，所以，秩消失因子分析法的秩运算是针对 $\boldsymbol{F}$ 矩阵来进行的。然而，因 $\boldsymbol{F}$ 矩阵一般都比较大，故由 C.-N. Ho，Christian 和 Davidson 提出的秩消失法实际上是针对下述两矩阵来进行的。设

$$\boldsymbol{G}_1=\boldsymbol{V}^{\mathrm{t}}\boldsymbol{F}^{\mathrm{t}}\boldsymbol{F}\boldsymbol{V}$$

或

$$\boldsymbol{G}_2=\boldsymbol{U}^{\mathrm{t}}\boldsymbol{F}\boldsymbol{F}^{\mathrm{t}}\boldsymbol{U}$$

这样，就可将矩阵 $\boldsymbol{F}$ 的维数从 w（或 r）降到与 $\boldsymbol{Y}$ 矩阵中所含的化学物种数（n）一样大，从而大大地减少了计算量。这样进行简化是有理由的，因为 $\boldsymbol{U}$ 与 $\boldsymbol{Y}$ 的列矢量张成同一线性空间，而 $\boldsymbol{V}^{\mathrm{t}}$ 与 $\boldsymbol{Y}$ 的行矢量张成同一线性空间，这样的主成分投影降低了数据的维数，但却不丢失任何有用的信息。

（3）变化式 $\boldsymbol{F}=\boldsymbol{Y}-\beta\boldsymbol{X}_{\mathrm{S}}$ 中 β 的值，变化一般是从零开始向正方向变化。对不同的 β 计算 $\boldsymbol{G}_1$（或 $\boldsymbol{G}_2$）矩阵的特征值，一般说来当其中最小的那个特征值达到极小（亦即靠近零）时，此时对应的 β 值就是要求的值。

（4）因为 $\beta=c_1/c_{\mathrm{S}}$，而 c_{S} 是标准物的量测矩阵的相对浓度，是已知的，所以，c_1 就等于 βc_{S}。

因这一方法巧妙地利用了二维数据的秩的信息，为分析化学中灰色体系的直接快速分析提供了一条新的途径，受到了化学计量学家们的普遍关注，并将其拓广至联用色谱二维数据的解析[106,107]。利用该法求得 β 的过程可从图 6-37 清楚看出，随着 β 的不断增大，第二个特征值正好在 c_1/c_{S} 点处出现一个极小值，说明在此点上，矩阵的秩为 1，然而，随着 β 的继续增大，第二个特征值又回升，说明此时矩阵的秩又回复到 2。

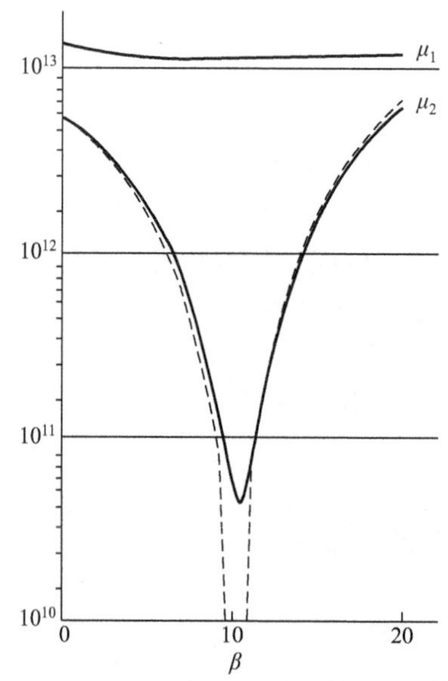

图 6-37 作为 β 的函数的第一特征值（μ_1）和第二特征值（μ_2）变化图

该体系为两组分分析体系，其中一个为分析物，另一个为未知干扰物

C.-N. Ho，Christian 和 Davidson 提出秩消失法的同时，还提出了 Bessel 不等式的概念，以检验在含未知干扰的混合体系的量测矩阵 $\boldsymbol{Y}$ 中是否确实含有待测标准物，似有必要在本节也做出介绍。

因为 $\boldsymbol{U}$ 与 $\boldsymbol{Y}$ 的列矢量张成同一线性空间，所以，$\boldsymbol{p}_{\mathrm{S}}$ 应可由 $\boldsymbol{U}$ 矩阵的列矢量线性表出，

亦即

$$\boldsymbol{p}_{\mathrm{S}}=\sum a_k\boldsymbol{u}_k \qquad (k=1,2,\cdots,n)$$

同理，因为 $\boldsymbol{V}^{\mathrm{t}}$ 与 $\boldsymbol{Y}$ 的行矢量张成同一线性空间，所以，$\boldsymbol{q}_{\mathrm{S}}$ 应可由 $\boldsymbol{V}$ 矩阵的列矢量线性表出，亦即

$$\boldsymbol{q}_{\mathrm{S}}=\sum b_k\boldsymbol{v}_k \qquad (k=1,2,\cdots,n)$$

因 $\boldsymbol{U}$ 与 $\boldsymbol{V}$ 都是正交归一化矩阵，即有 $\boldsymbol{U}^{\mathrm{t}}\boldsymbol{U}=\boldsymbol{I}$ 和 $\boldsymbol{V}^{\mathrm{t}}\boldsymbol{V}=\boldsymbol{I}$ 成立，所以

$$a_k=\boldsymbol{u}_k^{\mathrm{t}}\boldsymbol{p}_{\mathrm{S}} \qquad (k=1,2,\cdots,n)$$

及

$$b_k=\boldsymbol{v}_k^{\mathrm{t}}\boldsymbol{q}_{\mathrm{S}} \qquad (k=1,2,\cdots,n)$$

如果把 a_k（$k=1,2,\cdots,n$）和 b_k（$k=1,2,\cdots,n$）写成矢量的形式，则有

$$\boldsymbol{a}=\boldsymbol{U}^{\mathrm{t}}\boldsymbol{p}_{\mathrm{S}}$$

及

$$\boldsymbol{b}=\boldsymbol{V}^{\mathrm{t}}\boldsymbol{q}_{\mathrm{S}}$$

于是有

$$\begin{aligned}\sum a_k^2&=\boldsymbol{a}^{\mathrm{t}}\boldsymbol{a}=\boldsymbol{p}_{\mathrm{S}}^{\mathrm{t}}\boldsymbol{U}\boldsymbol{U}^{\mathrm{t}}\boldsymbol{p}_{\mathrm{S}} \qquad (k=1,\ \cdots,\ n)\\&=\boldsymbol{p}_{\mathrm{S}}^{\mathrm{t}}\boldsymbol{p}_{\mathrm{S}}\\&=\sum p_{\mathrm{S}i}^2=1 \qquad (i=1,\ 2,\ \cdots,\ w)\end{aligned}$$

在上式推导的第三步中，利用了投影矩阵 $\boldsymbol{U}\boldsymbol{U}^{\mathrm{t}}$ 的特性，即 $\boldsymbol{U}\boldsymbol{U}^{\mathrm{t}}\boldsymbol{p}_{\mathrm{S}}=\boldsymbol{p}_{\mathrm{S}}$，这是因为 $\boldsymbol{U}^{\mathrm{t}}$ 就是 $\boldsymbol{U}$ 的广义逆，即 $\boldsymbol{U}\boldsymbol{U}^{\mathrm{t}}\boldsymbol{U}=\boldsymbol{U}$，这样，$\boldsymbol{U}\boldsymbol{U}^{\mathrm{t}}$ 就构成了一个包含 $\boldsymbol{p}_{\mathrm{S}}$ 矢量的投影矩阵（参见第十一章）。同时因为 $\sum p_{\mathrm{S}i}^2=1$ 的条件，所以，有 $\sum a_k^2=1$ 的结论成立。同理，因为

$$\begin{aligned}\sum b_k^2&=\boldsymbol{b}^{\mathrm{t}}\boldsymbol{b}=\boldsymbol{q}_{\mathrm{S}}^{\mathrm{t}}\boldsymbol{V}\boldsymbol{V}^{\mathrm{t}}\boldsymbol{q}_{\mathrm{S}} \qquad (k=1,\cdots,n)\\&=\boldsymbol{q}_{\mathrm{S}}^{\mathrm{t}}\boldsymbol{q}_{\mathrm{S}}\\&=\sum q_{\mathrm{S}i}^2=1 \qquad (i=1,\cdots,r)\end{aligned}$$

再利用 $\sum {q_{\mathrm{S}i}}^2=1$（$i=1,\cdots,r$）的条件，也有 $\sum b_k^2=1$ 的结论成立。

也就是利用了式 $\sum a_k^2=1$ 和 $\sum b_k^2=1$，得到了所谓的 Bessel 不等式。

$$\left(\sum a_k^2\right)\leqslant 1$$

或

$$(\sum b_k^2) \leqslant 1$$

在此，将$\sum b_k^2 = \sum q_{Si}{}^2 = 1$改成上述两不等式，其理由在于$\boldsymbol{U}$和$\boldsymbol{V}$只是取了主成分，没有将量测误差考虑在内。所以，在化学量测的实际情况中，成立的只是不等式，因为在实际情况中，$\boldsymbol{UU}^{\mathrm{t}}\boldsymbol{p}_{\mathrm{S}}$只能近似地等于$\boldsymbol{p}_{\mathrm{S}}$。

根据以上讨论，可以得出这样的结论，即（$\sum a_k^2$）或（$\sum b_k^2$）越是靠近 1，就说明$\boldsymbol{X}_{\mathrm{S}}$的确存在于含未知干扰的样本量测矩阵$\boldsymbol{Y}$之中。利用 Bessel 不等式，可检验在含未知干扰的混合体系的量测矩阵$\boldsymbol{Y}$中是否确实含有待测标准物。

因以上讨论的秩消失因子分析法实质上是一种需要多次或迭代的算法，故 Lorber 对此方法作了改进，他在引入奇异值分解算法的基础上，提出一种非迭代式的秩消失因子分析法。Lorber 的非迭代式的秩消失因子分析法[108]的主要思路就是将以上讨论的秩消失因子分析法转化成为一个特征方程的问题，即将式$\boldsymbol{F} = \boldsymbol{Y} - \beta\boldsymbol{X}_{\mathrm{S}}$转化成为以下的特征方程

$$\boldsymbol{X}^* \boldsymbol{z} = \lambda \boldsymbol{z}$$

的形式，从而使秩消失因子分析法的计算变得简单明了。因 Lorber 的非迭代方法实际上就是将要介绍的广义秩消失因子分析法的第一种情况，所以，此方法在此暂不做介绍，留到下一节一并讨论。

（二）广义秩消失因子分析法

广义秩消失因子分析法由 Sanchez 和 Kowalski 于 1986 年提出[109]，其主要思路是将秩消失因子的计算问题转变为广义特征方程求解的问题，从而使得秩消失因子分析法不再局限于一次只能测一个待测分析物的约束，此外，该法还可拓广至其他类型的情况。下面将对该法做出详细介绍。

1. 广义秩消失因子分析法的基本公式和不同的四种类型

任一双线性数据矩阵$\boldsymbol{Y}$都能表示为它含的n个纯物种双线性数据矩阵$\boldsymbol{X}_i$的线性组合，即

$$\begin{aligned} \boldsymbol{Y} &= \lambda_1 \boldsymbol{X}_1 + \lambda_2 \boldsymbol{X}_2 + \cdots + \lambda_n \boldsymbol{X}_n + \boldsymbol{E} \\ &= \lambda_1 \boldsymbol{p}_1 \boldsymbol{q}_1^{\mathrm{t}} + \lambda_2 \boldsymbol{p}_2 \boldsymbol{q}_2^{\mathrm{t}} + \cdots + \lambda_n \boldsymbol{p}_n \boldsymbol{q}_n^{\mathrm{t}} + \boldsymbol{E} \\ &\approx \boldsymbol{P}\lambda\boldsymbol{Q}^{\mathrm{t}} \end{aligned}$$

在此

$$\boldsymbol{P} = [\boldsymbol{p}_1, \boldsymbol{p}_2, \cdots, \boldsymbol{p}_n]$$

$$\lambda = \begin{pmatrix} \lambda_1 & 0 & \cdots & 0 & 0 & \cdots & 0 \\ 0 & \lambda_2 & \cdots & 0 & 0 & \cdots & 0 \\ \vdots & \vdots & \vdots & \vdots & \vdots & \vdots & \vdots \\ 0 & 0 & \cdots & \lambda_d & 0 & \cdots & 0 \\ 0 & 0 & \cdots & 0 & \lambda_{d+1} & \cdots & 0 \\ \vdots & \vdots & \vdots & \vdots & \vdots & \vdots & \vdots \\ 0 & 0 & \cdots & 0 & 0 & \cdots & \lambda_n \end{pmatrix}$$

$$Q^{t}=\begin{pmatrix} q_1^t \\ q_2^t \\ \vdots \\ q_{n-1}^t \\ q_n^t \end{pmatrix}$$

一般说来，对于秩消失因子分析法存在两个矩阵，一个为上式表出的含未知干扰的$\boldsymbol{Y}$数据矩阵，另一个则是含定性已知的标准分析物的$\boldsymbol{X}$矩阵，它也可表示为

$$\begin{aligned}\boldsymbol{X}&=\xi_1\boldsymbol{X}_1+\xi_2\boldsymbol{X}_2+\cdots+\xi_n\boldsymbol{X}_n+\boldsymbol{E}\\&=\xi_1\boldsymbol{p}_1\boldsymbol{q}_1^t+\xi_2\boldsymbol{p}_2\boldsymbol{q}_2^t+\cdots+\xi_n\boldsymbol{p}_n\boldsymbol{q}_n^t+\boldsymbol{E}\\&\cong\boldsymbol{P}\xi\boldsymbol{Q}^t\end{aligned}$$

在此

$$\boldsymbol{P}=[\boldsymbol{p}_1,\ \boldsymbol{p}_2,\ \cdots,\ \boldsymbol{p}_n]$$

$$\xi=\begin{pmatrix} \xi_1 & 0 & \cdots & 0 & 0 & \cdots & 0 \\ 0 & \xi_2 & \cdots & 0 & 0 & \cdots & 0 \\ \vdots & \vdots & \vdots & \vdots & \vdots & \vdots & \vdots \\ 0 & 0 & \cdots & \xi_d & 0 & \cdots & 0 \\ 0 & 0 & \cdots & 0 & \xi_{d+1} & \cdots & 0 \\ \vdots & \vdots & \vdots & \vdots & \vdots & \vdots & \vdots \\ 0 & 0 & \cdots & 0 & 0 & \cdots & \xi_n \end{pmatrix}$$

$$\boldsymbol{Q}^{t}=\begin{pmatrix} \boldsymbol{q}_1^t \\ \boldsymbol{q}_2^t \\ \vdots \\ \boldsymbol{q}_{n-1}^t \\ \boldsymbol{q}_n^t \end{pmatrix}$$

值得提出的是，由上述两式示出的矩阵$\boldsymbol{Y}$和$\boldsymbol{X}$似乎完全一样，可实际上却是不同的，它们不同的地方在于λ和ξ。Sanchez 和 Kowalski 将它们分成四种不同情况来分别处理，为了保持该方法的原始性，分别对这四种情况进行讨论，必要时对它们加以相应的说明。

(1) 在定性已知的标准分析物的$\boldsymbol{X}$矩阵中只有一种物质，而且，该物质是含未知干扰的样本数据矩阵$\boldsymbol{Y}$中的一个，即

$$\text{Diag}(\xi)=(\xi_1, 0, \cdots, 0)$$

$$\text{Diag}(\lambda)=(\lambda_1, \lambda_2, \cdots, \lambda_n)(n>1)$$

这种情况也就是在前一节中讨论的那种情况。

（2）在定性已知的标准分析物的 **X** 矩阵中含有几种物质，而且，这些物种都存在于样本数据矩阵 **Y** 中，即

$$\text{Diag}(\xi)=(\xi_1, \cdots, \xi_m, 0, \cdots, 0)$$

$$\text{Diag}(\lambda)=(\lambda_1, \lambda_2, \cdots, \lambda_n)(n>m)$$

这种情况也就是在本书中定义的灰色分析体系的一般情况。

（3）在定性已知的标准分析物的 **X** 矩阵中含有 n 种物质，但是，这些物质不一定都存在于样本数据矩阵 **Y** 中，即

$$\text{Diag}(\xi)=(\xi_1, \cdots, \xi_m, \cdots, \xi_n)$$

$$\text{Diag}(\lambda)=(\lambda_1, \cdots, \lambda_m, 0, \cdots, 0)(m<n)$$

这种情况实质上相当于在本书中定义的白色分析体系的一种特殊情况，即校正矩阵中已包含了所有待测物的信息，与在白色分析体系中讨论的情况的不同之点在于此时还多包含了其他化学物质的标准谱信息，且这些物质在样本量测矩阵中不存在，此时原则上是可采用矢量数据的校正方法来直接求解的，文献［110～112］提供了几种可能解法，有兴趣的读者可参阅这些文献。值得提出的是，对于这样的情况，如果简单采用多元线性回归的方法来求解，会出现负浓度值的问题，从而使最小二乘估计结果不可靠。一般说来，如果此时采用带约束回归分析方法，即约束所估参数值（在多元校正中即为化学物种的浓度值）不为负数，这样即可直接求出（λ_1，…，λ_m）来，无须采用本节将要介绍的须采用二维数据的广义特征问题的求解方法，亦即采用广义秩消失因子分析法来解决此类问题。

（4）在 **X** 矩阵中含有 k 种物质，但是，这些物种不一定都存在于数据矩阵 **Y** 中，而且，在数据矩阵 **Y** 中所含的物种也不一定都存在于数据矩阵 **X** 中，即

$$\text{Diag}(\xi)=(\xi_1, \cdots, \xi_m, \cdots, \xi_k, 0, \cdots, 0) \quad (k<n)$$

$$\text{Diag}(\lambda)=(0, \cdots, 0, \lambda_r, \cdots, \lambda_n) \quad (r>1)$$

这种情况，因 **X** 矩阵本身还包含了一些含未知干扰样本中不存在的物质，所以，很难把它定义为前三种情况中的定性已知的标准矩阵，同时，**Y** 矩阵亦包含了未知干扰，所以，它实质上应相当于在本书中定义的黑色分析体系的一种特殊情况。值得指出的是，Sanchez 和 Kowalski 提出的广义秩消失因子分析法确可对此求解，说明广义秩消失因子分析法实质上是一种黑色分析体系的解析方法，关于这一点，将在讨论广义秩消失因子分析法的具体解法中给出必要说明。关于广义秩消失因子分析法解析黑色分析体系的具体算法，将在本章第五节详细介绍。

根据式 $\boldsymbol{Y} \cong \boldsymbol{P}\lambda\boldsymbol{Q}^{t}$ 和式 $\boldsymbol{X} \cong \boldsymbol{P}\xi\boldsymbol{Q}^{t}$，对此两方程同时右乘 $\boldsymbol{Q}^{t}$ 的广义逆 $(\boldsymbol{Q}^{t})^{+}$，可得

$$\boldsymbol{P}\lambda=\boldsymbol{Y}(\boldsymbol{Q}^{t})^{+} \text{ 和 } \boldsymbol{P}\xi=\boldsymbol{X}(\boldsymbol{Q}^{t})^{+}$$

因为 λ 和 ξ 都是对角矩阵，其矩阵乘法是可以交换的，因而有 $\boldsymbol{P}\lambda\xi=\boldsymbol{P}\xi\lambda$，所以可得

$$\boldsymbol{Y}(\boldsymbol{Q}^{t})^{+}\xi=\boldsymbol{X}(\boldsymbol{Q}^{t})^{+}\lambda$$

令 $(\boldsymbol{Q}^{t})^{+}=\boldsymbol{Z}$，则广义秩消失因子分析法的主要方程可变为

$$\boldsymbol{XZ}\lambda=\boldsymbol{YZ}\xi \tag{6-33}$$

对于上述方程，已知 $\boldsymbol{X}$ 和 ξ，而且也测得了 $\boldsymbol{Y}$，所以要求解此方程，必须先求得 $\boldsymbol{Z}$ 和 λ。由方程（6-33）定义的问题实质上就相当于线性代数中的广义特征值问题（参见第十一章）。对于广义特征值，目前只能用 QZ 算法求解 $\boldsymbol{XZ}$ 和 $\boldsymbol{YZ}$ 都是方阵的情况[113]，所以，对于它们的求解将针对不同的情况具体进行。

2. 四种不同类型的算法

（1）广义秩消失因子分析法对第一种情况的求解方法　首先，对样本矩阵 $\boldsymbol{Y}$ 进行主成分分析（奇异值分解），即

$$\boldsymbol{Y}=\boldsymbol{USV}^{t}$$

式中，$\boldsymbol{U}$ 矩阵收集了 $\boldsymbol{Y}$ 矩阵的所有非噪声的左特征矢量，$\boldsymbol{V}^{t}$ 矩阵收集了 $\boldsymbol{Y}$ 矩阵所有的非噪声的右特征矢量。一般说来，$\boldsymbol{Y}$ 矩阵中所含的化学物种数为多少就得收集多少个特征矢量。如设 $\boldsymbol{Y}$ 矩阵中所含的化学物种数为 n，则 $\boldsymbol{U}$ 和 $\boldsymbol{V}$ 分别为（$w\times n$）阶和（$n\times r$）阶矩阵。

这样，式（6-33）可变为

$$\boldsymbol{XZ}\lambda=\boldsymbol{USV}^{t}\boldsymbol{Z}\xi$$

令 $\boldsymbol{Z}=\boldsymbol{VS}^{-1}\boldsymbol{Z}^{*}$，这样，$\boldsymbol{Z}^{*}=\boldsymbol{SV}^{t}\boldsymbol{Z}$，所以，上式可变为

$$\boldsymbol{XVS}^{-1}\boldsymbol{Z}^{*}\lambda=\boldsymbol{USV}^{t}\boldsymbol{Z}\xi=\boldsymbol{USV}^{t}\boldsymbol{VS}^{-1}\boldsymbol{Z}^{*}\xi=\boldsymbol{UZ}^{*}\xi$$

上述推导中使用了 $\boldsymbol{V}$ 矩阵的正交性质，即 $\boldsymbol{V}^{t}\boldsymbol{V}=\boldsymbol{I}$，再对上式左乘 $\boldsymbol{U}^{t}$ 得

$$\boldsymbol{U}^{t}\boldsymbol{XVS}^{-1}\boldsymbol{Z}^{*}\lambda=\boldsymbol{U}^{t}\boldsymbol{UZ}^{*}\xi=\boldsymbol{Z}^{*}\xi$$

继续对上式右乘 λ^{-1}，可得

$$\boldsymbol{U}^{t}\boldsymbol{XVS}^{-1}\boldsymbol{Z}^{*}\lambda\lambda^{-1}=\boldsymbol{Z}*\xi\lambda^{-1*}$$

亦即

$$\boldsymbol{X}^{*}\boldsymbol{Z}^{*}=\boldsymbol{Z}^{*}\gamma$$

式中，$\boldsymbol{X}^{*}=\boldsymbol{U}^{t}\boldsymbol{XVS}^{-1}$，从上式可以看出，由式（6-33）表出的广义特征值问题被转换为一般特征值问题，而且，$\boldsymbol{X}^{*}$ 矩阵还是一个方阵。对于第一种情况，$\boldsymbol{X}$ 是一个秩为 1 的矩阵，所以 $\boldsymbol{X}^{*}$ 也是一个秩等于 1 的矩阵。对于一个秩为 1 的矩阵，其唯一的不为零的特征值就是这个矩阵的迹，如果记 $\boldsymbol{U}^{t}\boldsymbol{p}_{1}$ 为 $\boldsymbol{a}$，$\boldsymbol{q}_{1}^{t}\boldsymbol{V}$ 为 $\boldsymbol{b}$，则矩阵 $\boldsymbol{X}^{*}$ 的迹可表示为

$$\gamma=\mathrm{Trace}(\boldsymbol{X}^{*})$$

$$=\mathrm{Trace}(\boldsymbol{U}^{\mathrm{t}}\boldsymbol{XVS}^{-1})$$

同时，注意到$\xi\lambda^{-1*}=\gamma$，亦即$\gamma=\xi_1/\lambda_1$，在此γ就是那个唯一的不为零的特征值，实因其余的γ均因ξ_i（$i=2$，…，n）为零而全为零。所以，求得γ后，就立即可以求出，即

$$\lambda_1=\xi_1/\gamma$$

这也就是要求的含未知干扰样本中的待测物的相对浓度。

值得在此指出的是，上述方法也就是Lorber提出的非迭代式秩消失因子分析法[114]。

（2）广义秩消失因子分析法对第二种情况的求解方法　这种情况与第一种情况的不同之点就在于校正矩阵包含的物种数，第一种情况只含一种物质，而第二种情况是含多种物质。

同样利用式（6-33），并对此方程的两边右乘λ^{-1}，可得

$$\boldsymbol{XZ}\lambda\lambda^{-1}=\boldsymbol{XZ}=\boldsymbol{YZ}\xi\lambda^{-1}=\boldsymbol{YZ}\beta$$

即

$$\boldsymbol{XZ}=\boldsymbol{YZ}\beta$$

将式$\boldsymbol{Y}=\boldsymbol{USV}^{\mathrm{t}}$代入上式，得

$$\boldsymbol{XZ}=\boldsymbol{USV}^{\mathrm{t}}\boldsymbol{Z}\beta$$

令$\boldsymbol{Z}=\boldsymbol{VS}^{-1}\boldsymbol{Z}^*$，这样，$\boldsymbol{Z}^*=\boldsymbol{SV}^{\mathrm{t}}\boldsymbol{Z}$，所以，上式可变为

$$\boldsymbol{XVS}^{-1}\boldsymbol{Z}^*=\boldsymbol{USV}^{\mathrm{t}}\boldsymbol{Z}\beta=\boldsymbol{USV}^{\mathrm{t}}\boldsymbol{VS}^{-1}\boldsymbol{Z}^*\beta=\boldsymbol{UZ}^*\beta$$

继对此式两边左乘$\boldsymbol{U}^{\mathrm{t}}$，得

$$\boldsymbol{U}^{\mathrm{t}}\boldsymbol{XVS}^{-1}\boldsymbol{Z}^*=\boldsymbol{Z}^*\beta$$

注意到由式$\boldsymbol{U}^{\mathrm{t}}\boldsymbol{XVS}^{-1}\boldsymbol{Z}^*=\boldsymbol{Z}^*\beta$示出的是一个典型的特征值问题，与第一种情况不同的是，在此存在m个而不只是一个非零特征值，即（β_1，…，β_m），为了确定哪一个特征值对应哪一个化学物质，在此需要用到相应的特征向量。利用所得的特征向量，可求出相应的$\boldsymbol{p}_i$和$\boldsymbol{q}_i^{\mathrm{t}}$，即相应的激发与发射光谱，因为

$$\boldsymbol{Z}^*=\boldsymbol{SV}^{\mathrm{t}}\boldsymbol{Z}=\boldsymbol{SV}^{\mathrm{t}}(\boldsymbol{Q}^{\mathrm{t}})^+$$

$$\boldsymbol{Q}^{\mathrm{t}}=(\boldsymbol{VS}^{-1}\boldsymbol{Z}^*)^+$$

求得$\boldsymbol{Q}^{\mathrm{t}}$后，不难求出相应的$\boldsymbol{P}\lambda$来，因$\boldsymbol{Y}=\boldsymbol{P}\lambda\boldsymbol{Q}^{\mathrm{t}}=\boldsymbol{USV}^{\mathrm{t}}$，所以

$$\boldsymbol{P}\lambda=\boldsymbol{Y}(\boldsymbol{Q}^{\mathrm{t}})=\boldsymbol{USV}^{\mathrm{t}}\boldsymbol{VS}^{-1}\boldsymbol{Z}^*=\boldsymbol{UZ}^*$$

从上述讨论中可以看出，广义秩消失因子分析法可直接得到相应的激发与发射光谱，即具有分辨的功效，关于这一点，将在第五章给出详细讨论。另外，因为$\xi\lambda^{-1}=\beta$，所以求得了$\beta=$（β_1，…，β_m），也就相当于求得了一系列的相对浓度的比值（ξ_1/λ_1，…，ξ_m/λ_m），

因为（ξ_1，…，ξ_m）均为已知，所以，（λ_1，…，λ_m）就很容易求出了。

（3）广义秩消失因子分析法对第三种情况的求解方法　这种情况与第二种情况的不同之点就在于校正矩阵包含的物种数大于样本数据矩阵包含的物种数，此时如果将 $\boldsymbol{X}$ 和 $\boldsymbol{Y}$ 的位置对换一下，即此时是对 $\boldsymbol{X}$ 而不是对 $\boldsymbol{Y}$ 进行奇异值分解，继用第二种情况的解法来解第三种情况，即可求出 $\boldsymbol{Y}$ 矩阵各组分的相对浓度。因以下所有求解的步骤都与第二种情况一样，在此不再赘述。

（4）广义秩消失因子分析法对第四种情况的求解方法　这种情况是一种特殊情况。校正矩阵包含的物种没全被样本矩阵所含物种包含，反之，样本矩阵包含的物种也没全被校正矩阵所含物种包含，与第二种情况和第三种情况都不同。为使一个矩阵所含物种能包含另一个矩阵的全部物种，采用的方法是将校正矩阵 $\boldsymbol{X}$ 和样本矩阵 $\boldsymbol{Y}$ 相加，以得到一个新矩阵 $\boldsymbol{M}$。这样，这一新得到的矩阵 $\boldsymbol{M}$ 所含物种既包含了 $\boldsymbol{X}$ 矩阵的全部物种又包含了 $\boldsymbol{Y}$ 矩阵的全部物种，用第二种情况中介绍的方法即可求解。具体解法如下。

① $\boldsymbol{M}=\boldsymbol{X}+\boldsymbol{Y}$。

② 对矩阵 $\boldsymbol{M}$ 进行主成分分解

$$\boldsymbol{M}=\boldsymbol{U}_M\boldsymbol{S}_M\boldsymbol{V}_M^{\mathrm{t}}$$

③ 构造以 $\boldsymbol{M}$ 矩阵为基底的特征值方程，即

$$(\boldsymbol{U}_M^{\mathrm{t}}\boldsymbol{Y}\boldsymbol{V}_M\boldsymbol{S}_M^{-1})\boldsymbol{Z}_{M^*}=\boldsymbol{Z}_{M^*}\beta$$

④ 求得 $\boldsymbol{Z}_{M^*}$ 后，再分别用下式求得 $\boldsymbol{P}$ 和 $\boldsymbol{Q}^{\mathrm{t}}$

$$\boldsymbol{P}(\xi+\lambda)=\boldsymbol{U}_M\boldsymbol{Z}_{M^*}$$

$$\boldsymbol{Q}^{\mathrm{t}}=(\boldsymbol{V}_M\boldsymbol{S}_M^{-1}\boldsymbol{Z}_{M^*})^+$$

对于广义秩消失因子分析法用于灰色分析体系的解析，第一种和第二种情况最重要，其他两种情况只是第二种情况的一种拓展。另外，无论是哪种情况，在具体求解之前，都有必要进行一些必要的检验，即检验要求的分析物是否确实存在于样本矩阵之中，在此，将介绍一种基于投影矩阵的简便方法。当然，用前一节讨论的 Bessel 不等式同样也可进行类似检验。

在讨论灰色分析体系的基于矢量校正的算法中，曾多次采用过投影矩阵（参见第十一章）来进行运算，这是因为投影矩阵具有以下很有用的性质，即

$$\boldsymbol{X}\boldsymbol{X}^+\boldsymbol{x}_i=\boldsymbol{x}_i$$

式中，$\boldsymbol{X}=[\boldsymbol{x}_1, \cdots, \boldsymbol{x}_i, \cdots, \boldsymbol{x}_n]$。上式的物理意义为：如果 $\boldsymbol{x}_i$ 包含于 $\boldsymbol{X}$ 之中，则由 $\boldsymbol{X}$ 构成的投影矩阵 $\boldsymbol{X}\boldsymbol{X}^+$ 作用于 $\boldsymbol{x}_i$ 之上，$\boldsymbol{x}_i$ 将不变，这样，就可以采用投影的办法来检验某一物种 $\boldsymbol{x}_i$ 是否确实包含于某一混合物的量测矩阵 $\boldsymbol{X}$ 之中。投影也可以通过下式进行，

$$\boldsymbol{U}\boldsymbol{U}^{\mathrm{t}}\boldsymbol{x}_i=\boldsymbol{x}_i$$

式中，$\boldsymbol{U}$ 矩阵是 $\boldsymbol{X}$ 矩阵的主成分分解的左特征向量矩阵，即

$$\boldsymbol{X}=\boldsymbol{U}\boldsymbol{S}\boldsymbol{V}^{\mathrm{t}}$$

式 $\boldsymbol{U}\boldsymbol{U}^{\mathrm{t}}\boldsymbol{x}_i=\boldsymbol{x}_i$ 之所以成立，是因为

$$\boldsymbol{XX}^{+}=\boldsymbol{USV}^{t}(\boldsymbol{USV}^{t})^{+}=\boldsymbol{USV}^{t}\boldsymbol{VS}^{-1}\boldsymbol{U}^{t}=\boldsymbol{UU}^{t}$$

在此利用了 $\boldsymbol{U}$ 矩阵的正交性质，即 $\boldsymbol{UU}^{t}\boldsymbol{U}=\boldsymbol{U}$，也就是说，$\boldsymbol{U}^{t}$ 就是 $\boldsymbol{U}$ 矩阵的广义逆。上式说明，任一与 $\boldsymbol{X}$ 矩阵张成同一线性空间或包含了 $\boldsymbol{X}$ 矩阵的矩阵来进行投影操作，其效果与直接由 $\boldsymbol{X}$ 矩阵构成的投影矩阵的效果一样。下面还将看到这一性质可直接拓广至对双线性矩阵进行投影的情况。

设 $\boldsymbol{X}=\boldsymbol{P}\xi\boldsymbol{Q}^{t}$，且 $\boldsymbol{X}=\boldsymbol{USV}^{t}$，则有

$$\boldsymbol{UU}^{t}\boldsymbol{XVV}^{t}=\boldsymbol{X}$$

这是因为，$\boldsymbol{UU}^{t}\boldsymbol{X}=\boldsymbol{UU}^{t}\boldsymbol{P}\xi\boldsymbol{Q}^{t}=\boldsymbol{P}\xi\boldsymbol{Q}^{t}$，在此利用了 $\boldsymbol{UU}^{t}\boldsymbol{P}=\boldsymbol{P}$，实因 $\boldsymbol{U}$ 与 $\boldsymbol{P}$ 构成的是同一个线性空间；同理，$\boldsymbol{XVV}^{t}=\boldsymbol{P}\xi\boldsymbol{Q}^{t}\boldsymbol{VV}^{t}=\boldsymbol{P}\xi\boldsymbol{Q}^{t}$，这是因为 $\boldsymbol{V}$ 与 $\boldsymbol{Q}^{t}$ 构成的是同一个线性空间。结合以上讨论的两点，可得

$$\boldsymbol{UU}^{t}\boldsymbol{XVV}^{t}=(\boldsymbol{UU}^{t}\boldsymbol{P})\xi(\boldsymbol{Q}^{t}\boldsymbol{VV}^{t})=\boldsymbol{P}\xi\boldsymbol{Q}^{t}=\boldsymbol{X}$$

广义秩消失因子分析法提出后，被广泛地应用于二维荧光光谱数据和液相色谱与光谱联用数据的定量分析[115~118]。

（三）残差双线性分解法

残差双线性分解法由 Öhman，Geladi 和 Wold 共同提出[119,120]，其基本思路仍是利用双线性纯组分矩阵秩为一的基本原理，先是把含未知干扰的样本矩阵按式 $\boldsymbol{Y}=c_1\boldsymbol{X}_1+c_2\boldsymbol{X}_2+\cdots+c_n\boldsymbol{X}_n+\boldsymbol{R}+\boldsymbol{E}$ 所示那样分成两部分，一部分为待测的分析物（$\boldsymbol{X}_i$，$i=1, 2, \cdots, n$），另一部分为未知干扰背景 $\boldsymbol{R}$，继交替对数据进行两步分析，首先在固定背景的基础上对分析物进行校正，然后固定得到校正的分析物相对浓度，对干扰背景进行主成分分解，不断交替进行上述两个过程的迭代，直至背景干扰的分解可在已知主成分数的基础上完全分解，且校正的分析物相对浓度达到收敛。这一算法的提出，为灰色分析体系的直接解析又提供了一种新思路，在本节将对这一算法给出详细的介绍。

对于式 $\boldsymbol{Y}=c_1\boldsymbol{X}_1+c_2\boldsymbol{X}_2+\cdots+c_n\boldsymbol{X}_n+\boldsymbol{R}+\boldsymbol{E}$ 所示的灰色分析体系数学模型，如直接采用第二节所述方法进行校正的话，由于干扰背景矩阵 $\boldsymbol{R}$ 的存在，所得校正结果必然是不佳的，然而如果利用双线性纯组分矩阵秩为一的条件，经过对样本矩阵的秩分析，就可预先知道该含未知干扰的样本矩阵中含有多少物种，从而也可算得在 $\boldsymbol{R}$ 矩阵中所含的物种数。$\boldsymbol{R}$ 矩阵中所含的物种数（或称 $\boldsymbol{R}$ 矩阵的主成分数），是一个非常重要的信息，也就是有了这样的一个重要信息，才使得灰色分析体系的唯一解成为可能。残差双线性分解法的目标就在于，在给定的含未知干扰样本矩阵 $\boldsymbol{Y}$，校正矩阵 $\boldsymbol{X}_i(i=1, \cdots, n)$，以及背景干扰 $\boldsymbol{R}$ 矩阵中所含的物种数 m 的前提下，正确估计式中的 $c_i(i=1, \cdots, n)$。

残差双线性分解的基本算法，按以下步骤进行。

（1）直接用 $\boldsymbol{X}_i(i=1, \cdots, n)$ 对样本矩阵 $\boldsymbol{Y}$ 进行校正，得 $c_i^{(0)}(i=1, \cdots, n)$。

（2）对所得 $(\boldsymbol{Y}-c_1^{(0)}\boldsymbol{X}_1+c_2^{(0)}\boldsymbol{X}_2+\cdots+c_n^{(0)}\boldsymbol{X}_n)$ 进行主成分分解，并取前 m 个主成分构成背景干扰矩阵，即 $\boldsymbol{R}^{(1)}=\boldsymbol{U}^{(1)}\boldsymbol{V}^{(1)t}$，在此 $\boldsymbol{U}^{(1)}$ 和 $\boldsymbol{V}^{(1)t}$ 为主成分分解前 m 个因子得分与因子荷载。

（3）对于 $k=1, 2, \cdots$，进行下述迭代。

① 计算 $(\boldsymbol{Y}-\boldsymbol{U}^{(k)}\boldsymbol{V}^{(k)t})$，并用 $\boldsymbol{X}_i(i=1\cdots n)$ 来对 $(\boldsymbol{Y}-\boldsymbol{U}^{(k)}\boldsymbol{V}^{(k)t})$ 进行校正，得 $c_i^{(k)}(i=1, \cdots, n)$。

② 对 $(\boldsymbol{Y}-c_1^{(k)}\boldsymbol{X}_1+c_2^{(k)}\boldsymbol{X}_2+\cdots+c_n^{(k)}\boldsymbol{X}_n)$ 进行主成分分解，并取前 m 个主成分构成

背景干扰矩阵，即 $\boldsymbol{R}^{(k+1)}=\boldsymbol{U}^{(k+1)}\boldsymbol{V}^{(k+1)\mathrm{t}}$，在此 $\boldsymbol{U}^{(k+1)}$ 和 $\boldsymbol{V}^{(k+1)\mathrm{t}}$ 为主成分分解前 m 个因子得分与因子荷载。

③ 计算 $(\boldsymbol{Y}-c_1^{(k)}\boldsymbol{X}_1+c_2^{(k)}\boldsymbol{X}_2+\cdots+c_n^{(k)}\boldsymbol{X}_n-\boldsymbol{U}^{(k+1)}\boldsymbol{V}^{(k+1)\mathrm{t}})$ 的方差，如果它们大于量测误差方差则转向①继续迭代，否则，停止迭代。

在此值得提出的是，以上算法只能说是残差双线性分解法的基本算法，其原始算法中的一个加速过程在本节中没有介绍。该加速过程虽有一定功效，但却有失烦琐和干扰对主要算法的理解，所以在此省略，有兴趣的读者可直接参阅文献 [119]。

另外，对于第一步和迭代过程中的第①步，也没有给出具体的方法，原则上，简单地采用第二章中介绍的直接校正方法（即 MLR 方法）来计算就可以了。当然用 PLS 方法也是可行的，在残差双线性分解法原始文献中就是采用 PLS 来进行校正的，有兴趣的读者可直接参阅文献 [119]。

Öhman，Geladi 和 Wold 将上述讨论的残差双线性分解法用于联用色谱（HPLC-DAD）数据的解析，并与广义秩消失因子分析法进行了比较研究，所得结果示于表 6-12。

值得提出的是，在残差双线性分解法的原始文献中，编者还对算法中第三步的迭代过程的收敛给出了一个证明，该证明对此法的理解很有帮助，所以，也将在下面给出介绍。

在第三步的迭代过程中，不断地更新 $c_i^{(k)}(i=1,\cdots,n)$、$\boldsymbol{U}^{(k)}$ 和 $\boldsymbol{V}^{(k)\mathrm{t}}$，每一次更新就相当于一次新的逼近，这样，有

$$\|\boldsymbol{Y}-\sum c_i^{(k)}\boldsymbol{X}_i-\boldsymbol{U}^{(k+1)}\boldsymbol{V}^{(k+1)\mathrm{t}}\| \leqslant \|\boldsymbol{Y}-\sum c_i^{(k-1)}\boldsymbol{X}_i-\boldsymbol{U}^{(k)}\boldsymbol{V}^{(k)\mathrm{t}}\|$$

在此给出证明如下。

因为 $c_i^{(k)}$ $(i=1,\cdots,n)$ 是从对 $(\boldsymbol{Y}-\boldsymbol{U}^{(k)}\boldsymbol{V}^{(k)\mathrm{t}})$ 进行基于最小二乘最优意义的校正所得（在这一点上，MLR 和 PLS 是等同的），所以，有

$$\|\boldsymbol{Y}-\sum c_i^{(k)}\boldsymbol{X}_i-\boldsymbol{U}^{(k)}\boldsymbol{V}^{(k)\mathrm{t}}\| \leqslant \|\boldsymbol{Y}-\sum t_i\boldsymbol{X}_i-\boldsymbol{U}^{(k)}\boldsymbol{V}^{(k)\mathrm{t}}\|$$

式中，t_i $(i=1,\cdots,n)$ 为任一其他可能非最小二乘意义的估计或包括 $c_i^{(k-1)}$ $(i=1,\cdots,n)$ 在内的任意估计。另一方面，$\boldsymbol{U}^{(k+1)}\boldsymbol{V}^{(k+1)\mathrm{t}}$ 为 $(\boldsymbol{Y}-\sum c_i^{(k)}\boldsymbol{X}_i)$ 的主成分分解所得的前 m 个因子得分与因子荷载，所以，从最小二乘意义上来说（实因主成分分析亦为一基于最小二乘原理的方法），有

$$\|\boldsymbol{Y}-\sum c_i^{(k)}\boldsymbol{X}_i-\boldsymbol{U}^{(k+1)}\boldsymbol{V}^{(k+1)\mathrm{t}}\| \leqslant \|\boldsymbol{Y}-\sum c_i^{(k)}\boldsymbol{X}_i-\boldsymbol{H}\boldsymbol{G}^{\mathrm{t}}\| \leqslant$$
$$\|\boldsymbol{Y}-\sum c_i^{(k)}\boldsymbol{X}_i-\boldsymbol{U}^{(k)}\boldsymbol{V}^{(k)\mathrm{t}}\|$$

这是因为式中 $\boldsymbol{H}$ 和 $\boldsymbol{G}^{\mathrm{t}}$ 为任意其他矩阵的前 m 列或前 m 行，当然也包括 $\boldsymbol{U}^{(k)}$ 和 $\boldsymbol{V}^{(k)\mathrm{t}}$ 在内。这也正是要证明的结果。

表 6-12　残差双线性分解法与广义秩消失因子分析法解析结果的预测误差比较表

序号	样本组成①				RBL		GRAFA	
	A	B	C	D	A	B	A	B
1	2	2	0	0	0.033	0.036	0.049	0.460
2	2	2	0	0	0.022	0.030	−1.233	−1.433
3	2	2	0	0	−0.008	−0.003	−0.722	0.267

续表

序号	样本组成①				RBL		GRAFA	
	A	B	C	D	A	B	A	B
4	2	2	0	0	0.020	0.064	0.022	−1.077
5	2	0	0	0	−0.313	0.007	0.110	−0.143
6	2	0	2	0	−0.030	0.007	−0.082	−0.393
7	2	0	0	2	0.122	−0.143	0.163	−0.180
8	2	0	2	2	0.147	0.090	0.293	0.907
9	0	2	0	0	0.018	0.037	−0.013	0.093
10	0	2	2	0	−0.004	0.064	−0.020	0.183
11	0	2	0	2	−0.002	−0.116	−0.022	−0.132
12	0	2	2	2	0.003	0.046	−0.202	−0.040
13	2	2	2	0	−0.012	−0.068	−0.337	3.387
14	2	2	0	2	−0.233	−0.131	−0.233	−0.832
15	2	2	2	2	−0.169	−0.339	−0.603	−0.690
16	1	0	3	3	−0.043	0.099	−0.130	−0.323
17	0	1	3	3	0.041	0.178	−0.170	0.0
18	3	0	1	1	−0.039	−0.744	0.043	−0.113
19	0	3	1	1	1.33	−10.17	0.043	2.017
20	2	2	2	2	−0.196	−0.411	−0.082	−0.372
21	2	2	2	2	−0.060	0.047	−0.317	−1.163
22	2	2	2	2	−0.027	0.284	−0.112	−0.763
23	0	0	2	0	−0.073	−0.100	−0.060	−0.017
24	0	0	0	2	−0.014	0.036	−0.243	−0.127

① 其中组分 A 和 B 为分析物；C 和 D 为背景干扰；预测误差＝估计值－实际值。A—二苯胺；B—二苯酮；C—联苯酰；D—丁二酸二酯。

（四）约束背景双线性分解

从上一节的讨论可以看到，残差双线性分解法实质上相当于一个不断逼近过程，此法通过交替调整待测分析物的浓度估计值和干扰背景的主成分估计来不断逼近一个目标函数（$\boldsymbol{Y}-\sum c_i\boldsymbol{X}_i-\boldsymbol{U}\boldsymbol{V}^{\mathrm{t}}$），使其达到量测噪声水平。所以，残差双线性分解法有可能转化成一优化问题。

现在，来具体考察一下灰色分析体系的数学模型

$$\boldsymbol{Y}=c_1\boldsymbol{X}_1+c_2\boldsymbol{X}_2+\cdots+c_n\boldsymbol{X}_n+\boldsymbol{R}+\boldsymbol{E}$$

从上式可以看到，这里已知量是样本量测矩阵 $\boldsymbol{Y}$ 和校正矩阵 $\boldsymbol{X}_i$（$i=1$，…，n）；另一方面，似还可得到一个隐含在纯组分量测矩阵都是双线性矩阵的假设之下的已知量。可以预先求出 $\boldsymbol{Y}$ 矩阵的秩，继用求得的 $\boldsymbol{Y}$ 矩阵的秩减去待测组分数目，又可得未知干扰背景矩阵的秩，从而得到了 $\boldsymbol{R}$ 矩阵中所含未知干扰的物种数。注意到这一信息是一非常重要的信息，也就是利用了这一信息，才使双线性二维数据的灰色分析体系的解析可得到有物理意义的唯一解。

利用样本量测矩阵 $\boldsymbol{Y}$、校正矩阵 $\boldsymbol{X}_i$（$i=1$，…，n）和未知干扰背景矩阵的秩这些已知条件，梁逸曾、Manne 和 Kvalheim 将灰色分析体系的解析问题转化为一个优化问题，提出了约束背景双线性分解法[121]。

【基本思路】

将灰色分析体系的数学模型改写成为

$$\boldsymbol{Y}=\sum c_i\boldsymbol{X}_i+\boldsymbol{R}+\boldsymbol{E}$$

$$=\sum c_i\boldsymbol{X}_i+\sum \boldsymbol{u}_j\boldsymbol{v}_j^{\mathrm{t}}+\boldsymbol{E}\qquad(i=1,\cdots,n;\ j=1,\cdots,m)$$

式中，$\boldsymbol{u}_j$ 和 $\boldsymbol{v}_j^{\mathrm{t}}(j=1,\cdots,m)$ 分别为对 $\boldsymbol{R}$ 矩阵进行主成分分析所得的因子得分和因子载荷。从上式可以看出，假设先估计 c_i，如果 $c_i(i=1,\cdots,n)$ 的估计不正确，过高或过低，都将使（$\boldsymbol{Y}-\sum c_i\boldsymbol{X}_i$）中还包含了校正矩阵 $\boldsymbol{X}_i(i=1,\cdots,n)$ 的信息，这就导致不可能只用 m 个主因子对 $\boldsymbol{R}$ 矩阵，亦即（$\boldsymbol{Y}-\sum c_i\boldsymbol{X}_i$）矩阵进行完全分解，也就是说，此时（$\boldsymbol{Y}-\sum c_i\boldsymbol{X}_i-\sum \boldsymbol{u}_i\boldsymbol{v}_i^{\mathrm{t}}$）中还包含了未扣尽的 $\boldsymbol{X}_i(i=1,\cdots,n)$ 的信息，当然，其方差也就大于量测误差了。当且仅当 $c_i(i=1,\cdots,n)$ 被正确估计时，才能用 m 个主因子对（$\boldsymbol{Y}-\sum c_i\boldsymbol{X}_i$）矩阵进行完全分解，也只有此时（$\boldsymbol{Y}-\sum c_i\boldsymbol{X}_i-\sum \boldsymbol{u}_j\boldsymbol{v}_j^{\mathrm{t}}$）的方差才与量测误差相当。这样由上式定义的灰色分析体系的定量校正问题就转化为一个以 $\|\boldsymbol{Y}-\sum c_i\boldsymbol{X}_i-\sum \boldsymbol{u}_j\boldsymbol{v}_j^{\mathrm{t}}\|^2$ 为目标函数的优化问题。即在给定的 $\boldsymbol{X}_i(i=1,\cdots,n)$ 和 m 的条件下，对 $c_i(i=1,\cdots,n)$ 的估计进行寻优，当目标函数 $\|\boldsymbol{Y}-\sum c_i\boldsymbol{X}_i-\sum \boldsymbol{u}_j\boldsymbol{v}_j^{\mathrm{t}}\|^2$ 达到最小时，$c_i(i=1,\cdots,n)$ 的估计即为要寻找的待测物的相对浓度。

如果对 $c_i(i=1,\cdots,n)$ 估计的寻优须在（$-\infty$，$+\infty$）全空间进行搜索的话，这一最优化问题的求解仍不是一件易事。幸而在此要求的是相对浓度，它们不可能为负数，同时，还可以看到，利用一些别的已知条件，可以把寻优搜索空间约束在一个（0，a）空间中进行，这也是为什么称之为约束背景双线性分解法的原因。

【基本过程】

约束背景双线性分解法由以下几步构成。

(1) $c_i(i=1,\cdots,n)$ 估计的约束界　因要求的是相对浓度值，所以，它们不可能为负数，即

$$c_i\geqslant 0\qquad(i=1,\cdots,n)$$

此为 $c_i(i=1,\cdots,n)$ 估计的下界。

另外，利用光谱量测值不为负的约束，即光谱的量测值 R_{kj} 和 X_{ikj} 不可能为负的条件，可以导出 $c_i(i=1,\cdots,n)$ 估计的上界。在此，R_{kj} 和 X_{ikj} 分别表示 $\boldsymbol{R}$ 矩阵和 $\boldsymbol{X}_i$ 矩阵中第 k 行第 j 列的元素。

设量测误差矩阵中的所有元素 $E_{kj}(k=1,\cdots,w;\ j=1,\cdots,r)$ 的绝对值都小于某一常数，即

$$|E_{kj}|\leqslant E$$

因为量测值 R_{kj} 不可能为负，所以有

$$R_{kj}=Y_{kj}-\sum c_iX_{ikj}\geqslant -E$$

或

$$\sum c_i X_{ikj} \leqslant Y_{kj} + E$$

同时，注意到 c_i 和 X_{ikj} 都不能为负的条件

$$c_i = c_i X_{ikj}/X_{ikj} \leqslant \sum c_i X_{ikj}/X_{ikj} \leqslant (Y_{kj} + E)/X_{ikj}$$

或者可写为，对于所有的 $k=1, \cdots, w$；$j=1, \cdots, r$，

$$c_i \leqslant \mathrm{Max}(c_i) = \min[(Y_{kj} + E)/X_{ikj}] \qquad (i=1, \cdots, n)$$

将式 $c_i \geqslant 0$ 和上式连起来，就得到了浓度估计的约束界。

（2）背景干扰矩阵的秩估计　因为 $\boldsymbol{Y}$ 矩阵的秩减去待测组分数目就可得未知干扰背景矩阵的秩，即

$$m = \mathrm{rank}(\boldsymbol{R}) = \mathrm{rank}(\boldsymbol{Y}) - n$$

所以，正确估计 $\boldsymbol{Y}$ 矩阵的秩也是本方法能否成功的一个关键。估计矩阵的秩的方法很多，但大多是基于主成分分析的方法来完成的，有关这一点我们将在第五节详细讨论。另外，如果 $m=0$，说明 $\boldsymbol{R}$ 矩阵实际不存在，此时即可直接采用前一节讨论的白色分析体系的解析方法进行解析。

（3）优化方法　在目标函数 $\|\boldsymbol{Y} - \sum c_i \boldsymbol{X}_i - \sum \boldsymbol{u}_j \boldsymbol{v}_j^{\mathrm{t}}\|^2$ 中，$\boldsymbol{u}_j$ 和 $\boldsymbol{v}_j^{\mathrm{t}}$ 也是 $c_i(i=1, \cdots, n)$ 的函数，因 $\boldsymbol{u}_j$ 和 $\boldsymbol{v}_j^{\mathrm{t}}$ 也是主成分分解的因子得分和因子载荷，对目标函数直接求导几乎不可能，所以，须采用无须依靠求导的优化方法，如单纯形优化方法[122]或 Powell 方法[123,124]。因此问题是一个约束优化问题，如采用单纯形优化方法须在每步都计算一次边界条件，所以在文献［121］中是采用 Powell 方法来进行的。具体算法步骤如下。

① 选择一个落在约束区间的初始估计浓度矢量点 $\boldsymbol{c}^{1,0} = \{c_1^0, c_2^0, \cdots, c_n^0\}$ 和任一组张成约束区间的正交基矢量 $\{\boldsymbol{v}^{k,1}, \boldsymbol{v}^{k,2}, \cdots, \boldsymbol{v}^{k,n}\}$。

② $k=1, 2, 3\cdots$

③ i 从 1 到 n，计算

$$\boldsymbol{c}^{k,i} = \boldsymbol{c}^{k,i} + \theta^{k,i} \boldsymbol{v}^{k,i}$$

在此 $\theta^{k,i}$ 使下列包含 θ 的函数取得极小值

$$\phi(\theta) = f(\boldsymbol{c}^{k,i-1} + \theta \boldsymbol{v}^{k,i}, \boldsymbol{u}_j, \boldsymbol{v}_j^{\mathrm{t}})$$

④ 令 $\boldsymbol{v}^{k,n+1} = (\boldsymbol{c}^{k,n} - \boldsymbol{c}^{k,i}) / \|\boldsymbol{c}^{k,n} - \boldsymbol{c}^{k,i}\|$，并且计算

$$\boldsymbol{c}^{k,n+1} = \boldsymbol{c}^{k,n} + \theta^{k,n+1} \boldsymbol{v}^{k,n+1}$$

在此 $\theta^{k,n+1}$ 使下列包含 θ 的函数取得极小值

$$\phi(\theta) = f(\boldsymbol{c}^{k,n} + \theta \boldsymbol{v}^{k,n+1}, \boldsymbol{u}_j, \boldsymbol{v}_j^{\mathrm{t}})$$

⑤ i 从 1 到 n，计算

$$\Delta_{\pi}=\max[f(\boldsymbol{c}^{k,i-1},\boldsymbol{u}_j,\boldsymbol{v}_j^{t})-f(\boldsymbol{c}^{k,i},\boldsymbol{u}_j,\boldsymbol{v}_j^{t})]$$

在此，下标 π 表示 Δ 是在第 π 步获得的极大值，$1\leqslant\pi\leqslant n$。

⑥ 如果

$$|\theta^{k,n+1}|\leqslant\{[f(\boldsymbol{c}^{k,0},\boldsymbol{u}_j,\boldsymbol{v}_j^{t})-f(\boldsymbol{c}^{k,n+1},\boldsymbol{u}_j,\boldsymbol{v}_j^{t})]/\Delta_{\pi}\}^{1/2}$$

那么，i 从 1 到 n，令

$$\boldsymbol{v}^{k+1,i}=\boldsymbol{v}^{k,i}$$

并转向第⑦步，否则令

$$\boldsymbol{v}^{k+1,i}=\boldsymbol{v}^{k,i}\quad(i=1,2,\cdots,\pi-1)$$

$$\boldsymbol{v}^{k+1,i}=\boldsymbol{v}^{k,i+1}\quad(i=\pi,\pi+1,\cdots,n-1)$$

$$\boldsymbol{v}^{k+1,n}=\boldsymbol{v}^{k,n+1}$$

转向第⑦步。

⑦ 如果

$$f(\boldsymbol{c}^{k,i},\boldsymbol{u}_j,\boldsymbol{v}_j^{t})/(wr-n)\leqslant 2E$$

或者是，对于 $i=1,2,\cdots,n$，都有

$$c_j^{k+1}-c_j^{k}\leqslant 0.0003$$

则停止计算，否则令 $k=k+1$，转向第③步。

在此值得提出的是，由上式给出的 0.0003 是一个终止指标，即如果前后两次迭代的浓度差值小于 0.0003 时则认为已达到要求。对于不同的分析仪器，应该有不同的终止指标。值得提出的是，该算法的第④步到第⑥步保证搜索方向 $\{\boldsymbol{v}^{k,1},\boldsymbol{v}^{k,2},\cdots,\boldsymbol{v}^{k,n}\}$ 总能线性无关[122]，另外，在上述算法的第③和第④步的一维搜索优化算法，在本文是采用了 0.618 法，或称黄金分割法来进行的。

(4) 优化搜索区间的确定　上述讨论的 Powell 方法实质上是一种无约束优化方法，在优化过程中，只给出了优化的方向而没有给出优化搜索的区间，所以，在此将对优化的搜索区间的确定进行必要的讨论。

对于给定的初始矢量 $\boldsymbol{c}^0$ 和寻优搜索方向 $\boldsymbol{v}$，可以构成一个直线方程

$$\boldsymbol{c}^0+\beta\boldsymbol{v}=\boldsymbol{c}$$

式中，β 就是要确定的一个实数，确定了 β 的变化区间也就等于确定了优化的搜索区间。实际上，搜索区间是由下式决定的，即

$$0\leqslant c_i\leqslant\max(c_i)\qquad(i=1,2,\cdots,n)$$

将式 $c^0+\beta\boldsymbol{v}=c$ 代入上式，则有

$$0 \leqslant c_i^0 + \beta v_i \leqslant \max(c_i) \qquad (i=1,2,\cdots,n)$$

这样，对于矢量 $\boldsymbol{c}$ 的每一个元素，β 都可以找到一对边界。现分三种不同情况加以讨论。

① 当 $v_i>0$ 时

$$-c_i^0/v_i \leqslant \beta \leqslant (\max(c_i)-c_i^0)/v_i \quad (i=1,2,\cdots,n)$$

② 当 $v_i<0$ 时

$$-c_i^0/v_i \geqslant \beta \geqslant (\max(c_i)-c_i^0)/v_i \quad (i=1,2,\cdots,n)$$

③ 当 $v_i=0$ 时

$$0 \leqslant \beta \leqslant \max(c_i) \quad (i=1,\ 2,\ \cdots,\ n)$$

由上述式子确定的是一组边界，对于下界应取其中的最大值，对于上界应取其最小值。确定寻优搜索边界的几何意义示于图 6-38。

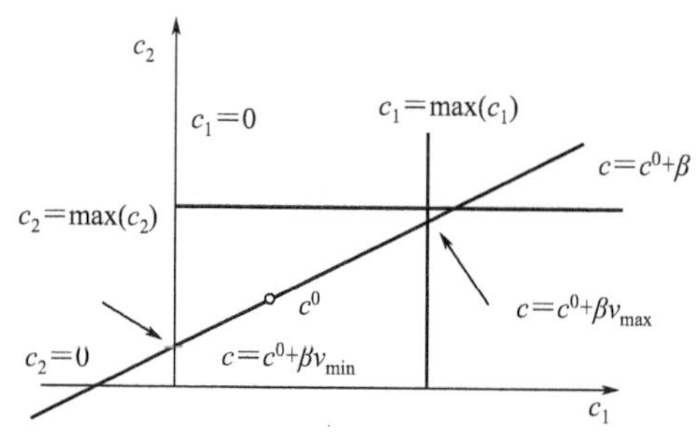

图 6-38 确定寻优搜索边界的几何示意图

图中 β_{min} 为下界点，β_{max} 为上界点

这里的初始矢量 $\boldsymbol{c}^0$ 是一个具有相对意义的初始矢量，即每一个方向得到的最优点实际上就是下一次搜索中的初始矢量。

约束背景双线性分解法实质上是把灰色分析体系的校正问题转换为一个约束优化问题。前一节讨论的残差双线性分解法实质上也相当于一个不断优化逼近过程，不同的是，该法是通过交替调整待测分析物的浓度估计值和干扰背景的主成分估计来不断逼近的，而且，此逼近过程的初始点就是不考虑背景干扰的简单对校正矩阵的回归结果，可以想象，如果背景干扰严重时，此点离真实最优点是很远的，如果在交替逼近过程中存在着局部最优点的话，就有可能落入局部最优的危险，这一点从表 6-13 所列的结果似乎也可以看出。残差双线性分解法的结果除少数几个外一般都比较好，只有第 32 号为一非常坏的结果，这就有可能是落入了局部最优，不然，此结果无法解释，实因由式 $\|\boldsymbol{Y}-\sum c_i^{(k)}\boldsymbol{X}_i-\boldsymbol{U}^{(k+1)}\boldsymbol{V}^{(k+1)\mathrm{t}}\| \leqslant \|\boldsymbol{Y}-\sum c_i^{(k-1)}\boldsymbol{X}_i-\boldsymbol{U}^{(k)}\boldsymbol{V}^{(k)\mathrm{t}}\|$ 给出的逼近过程总是会使目标函数（$\boldsymbol{Y}-\sum c_i\boldsymbol{X}_i-\boldsymbol{U}\boldsymbol{V}^{\mathrm{t}}$）不断变小，所以此解只可能是局部最优解，即虽然此解离真实解很远，但目标函数（$\boldsymbol{Y}-\sum c_i\boldsymbol{X}_i-\boldsymbol{U}\boldsymbol{V}^{\mathrm{t}}$）的值在该领域可能是最小的。

为探讨残差双线性分解法的局部最优解的情况，对其进行了计算机模拟实验。图 6-39 示出了模拟双线性体系的色谱和光谱图。表 6-13 给出了两种方法的计算结果，从表中结果可以看出，残差双线性分解法确实存在局部最优解。为了进一步证实这一结论，我们算出了几个体系的响应曲面（参见图 6-40），从图可以看出，此响应曲面类似鞍形，如初始点远离真实解时，是有可能落入局部最优的。

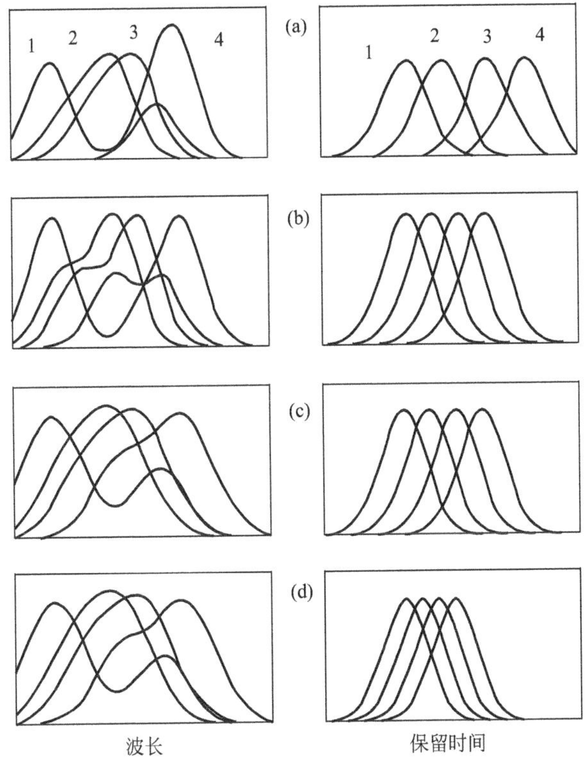

图 6-39　模拟体系的纯组分色谱和光谱图

虽然约束背景双线性分解法是用浓度估计的约束来减小落入局部最优的危险的，但是，因该法在此使用的 Powell 算法仍是一个局部最优方法，所以还不能保证对任何情况都不落入局部最优。随着化学计量学的深入研究，近年来出现了几个全局最优算法，著名的有模拟退火[125,126]和遗传算法[127,128]。谢玉珑等用模拟退火方法研究了约束背景双线性分解法的局部最优情况[129]，最近，陈文灿等也用遗传算法对此进行了类似研究[130]，均得到满意结果。

表 6-13　图 6-39 所示模拟体系的残差双线性分解法（RBL）与约束背景双线性分解法（CBBL）结果比较①

分析体系	分析物	未知干扰	RBL 估计		CBBL 估计	
a	1,2	3,4	0.9998	1.002	0.9999	1.00004
	1,3	2,4	0.9993	1.002	1.0001	1.0003
	2,3	1,4	1.0003	1.0003	0.99996	0.99997
	1,4	2,3	1.0004	1.0003	1.0000	0.99999
b	1,2	3,4	0.9999	1.003	0.99997	1.0000
	1,3	2,4	0.9993	1.004	1.0000	1.0000
	2,3	1,4	0.9999	1.013	0.99997	1.0000
	1,4	2,3	0.9982	1.003	1.0000	1.0000
c	1,2	3,4	0.9998	1.002	0.99999	1.00004
	1,3	2,4	2.026	1.041	1.0001	1.003
	2,3	1,4	0.9993	1.008	0.99996	0.99997
	3,4	1,2	2.818	1.1002	1.0000	0.99999

续表

分析体系	分析物	未知干扰	RBL 估计		CBBL 估计	
d	1,2	3,4	1.0061	0.923	1.0000	1.0003
	1,3	2,4	0.9869	1.138	1.0000	1.0003
	2,3	1,4	1.024	0.9833	0.99996	0.99997
	1,4	2,3	1.338	1.090	1.0000	1.00004
	2,4	1,3	1.146	0.9633	1.0002	0.99992
	3,4	1,2	2.088	1.111	0.9997	1.00008

① 表中的体系和组分编号皆由图 6-39 给出。

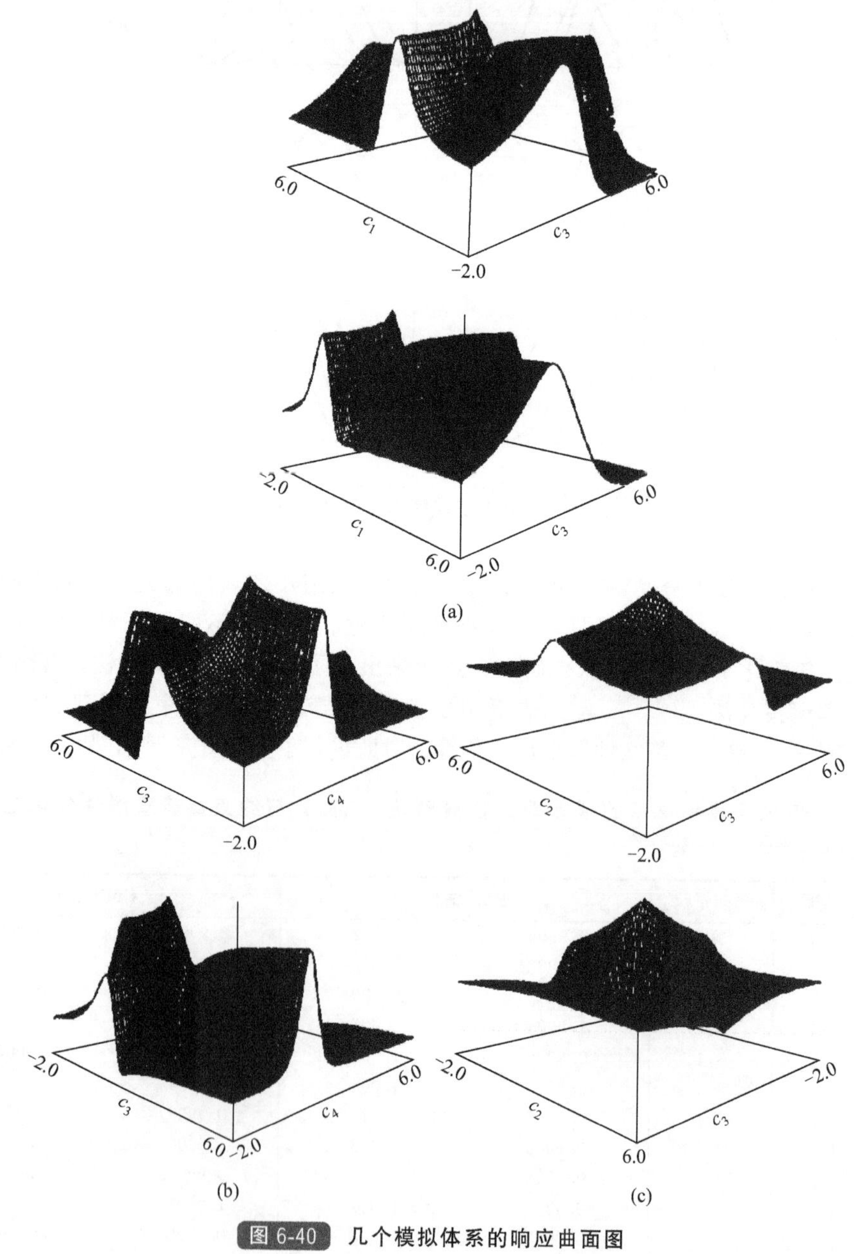

图 6-40 几个模拟体系的响应曲面图

从本节对灰色分析体系的矩阵校正的分析方法的讨论可以看到，如果采用矩阵数据，从数学意义上来说，是可以得到唯一解，可是，在实际应用中还存在一些困难。首先，在灰色分析体系的矩阵校正的方法中，实际上都隐含着一个假设，就是能准确地获得任一矩阵的秩的正确估计，然而，在实际数据中实现这一点却很不容易，尤其是当样本中的未知背景干扰比较复杂时更是如此，实因在矩阵秩估计中，影响因素很多，如纯组分波谱的重叠程度、组分数目、纯组分之间浓度的相对比例、噪声的形状（如等方差噪声与非等方差噪声）等都直接影响矩阵秩的正确估计，从这一角度来说，本章讨论的灰色分析体系的校正方法对过于复杂的体系的直接解析还存在一些问题，不可认为上述方法对于任一灰色分析体系均可得到很准确的唯一解，是随样本的复杂程度而变化的。其次，对于上述方法应用于分析化学的实际问题解决中，还存在的另一类困难来源于实际分析仪器产生数据的局限，对于二维荧光光谱仪产生的二维双线性谱一般不存在问题。但是，对于另一类可产生二维双线性数据的色谱-波谱联用的分析仪器，因色谱的条件难于控制，使色谱在保留时间的方向难以保证准确无误的重现性，所以也给上述讨论的方法带来困难。如何根据实际情况对联用仪器产生的二维数据进行适当的预处理，使之合乎灰色分析体系矩阵校正方法的基本要求和假设，仍是化学计量学家们需要继续研究的一个重要课题。

三、三维（迭代类二阶张量）校正方法

三维校正方法（二阶张量校正方法）正日益成为解决分析挑战的普遍工具。三维校正方法的主要优势是，在复杂体系中，即使在未校正的光谱干扰存在的情况下，也可以实现直接、快速和准确的定量分析，这是分析化学领域具有重大意义的发现。这种创新型分析策略被化学计量学家称为“数学分离”，是一种完全不同于传统物理分离和化学分离的绿色分析策略。

在使用三维校正方法之前，一般不需要预先对分析体系进行物理或者化学分离。基于数学分离，可以极大简化甚至直接省去预处理步骤，从而节约分析时间、人力劳动和资源消耗。并且，在真实样本的分析中，极大简化甚至直接省去预处理步骤，可以避免待分析物在预处理阶段的损失，从而避免在定量分析结果中产生系统性偏差。另外，作为一种基于数学分离的绿色分析策略，三维校正方法可以实现复杂体系中的实时、原位分析，使其在过程分析和生物原位分析等领域具有重要的应用意义和广阔的应用前景。同时，三维校正方法一次可以分析多个待分析物。并且，在校正样本和预测样本之间，背景或者说基线不需要保持恒定，因为三线性成分模型可以使用额外的组分来拟合变化的背景。

基于三线性成分模型的三维校正方法的数学模型规范、数学原理严谨并且用于实现该方法的多个软件包已经被化学计量学家开发出来。而且，其适用的数据在现代仪器分析中已经比较普遍，例如激发发射矩阵荧光（EEM）、高效液相色谱联用二极管阵列检测器（HPLC-DAD）和液相色谱联用质谱（LC-MS）等测量的二阶张量数据。由于二阶优势带来的创新型分析策略，三维校正方法在分析化学领域的应用越来越广泛，已经成为定量分析的创新型解决方案。

（一）三维数据术语

基于张量代数理论，Sánchez 和 Kowalski 对实验过程中获得的量测数据进行过简单的分类[131]。可用图 6-41 来形象地描述张量数据从最简单的零阶（zero-order）发展到复杂的二阶（second-order）乃至三阶（third-order）或者更高阶的自然发展过程，并区分了数据的“阶（order）”和“维（way）”这两个概念。“阶”和“维”分别代表单个样本信号和由多个性质相似的样本信号堆叠而成的数据阵的维数。当已知仪器针对一个实验样本只产生

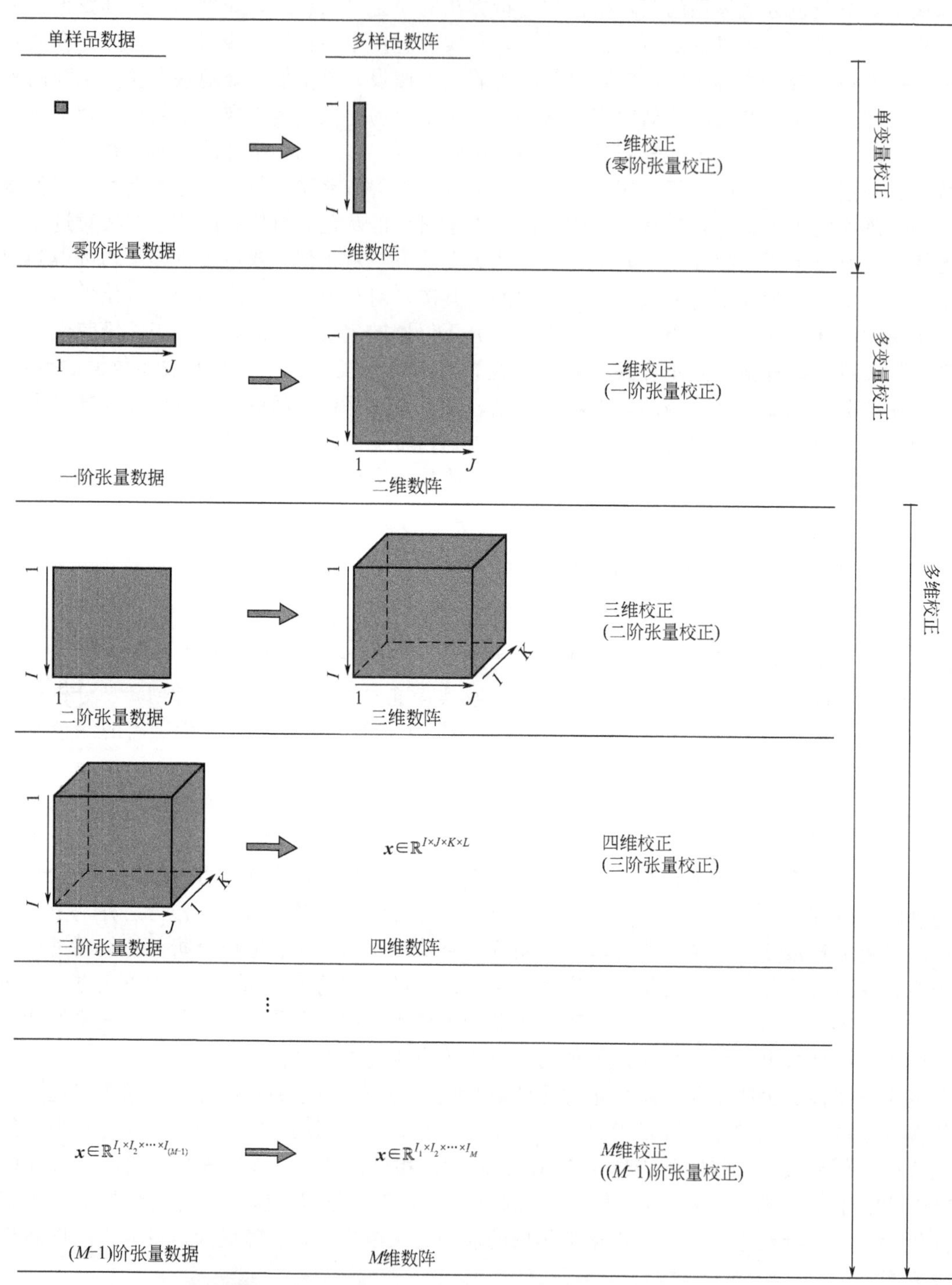

图 6-41 校正方法中的“阶（order）”和“维（way）”的含义

一个响应值时，该数据为一标量，即零阶张量（zero-order tensor）。产生该类数据的仪器通常被称为零阶仪器，如 pH 计、单波长光度计等。当使用一阶仪器（如紫外-可见分光光度计、荧光分光光度计、红外或近红外光谱仪以及核磁共振等各类光谱仪、单通道 HPLC、电化学扫描仪或传感器阵列等）量测一个实验样本时，获得的是矢量类型的数据，即一阶张量

(first-order tensor) 数据。随着现代分析仪器制造技术的持续快速发展，针对一个实验样本可产生矩阵数据的二阶分析仪器不断涌现并迅速普及。这些二阶仪器主要包括三维 EEM 荧光光谱仪、伴有化学反应动力学过程或 pH 值变化的二极管阵列分光光度计等单一仪器，或 HPLC-DAD、GC-GC、GC-MS、MS-MS 等联用仪器，它们产生的矩阵响应数据即为二阶张量 (second-order) 数据，同时量测多个样本可以获得多个矩阵，这些矩阵组合起来就可以得到一个三维数据阵（简称三维数阵）。近年来，随着分析仪器的进一步发展，仪器的复杂化和智能化程度更加高，使得能够产生三阶张量 (third-order) 数据的分析仪器也涌现出来，例如全二维液相色谱二极管阵列联用仪 (LC-LC-DAD)、全二维液相色谱质谱联用仪 (LC-LC-MS) 等。对于这样的三阶分析仪器，单个样本在单次量测过程中产生的是一个三维响应数阵，测量多个样本即可获得多个三维数阵，堆叠起来就可以得到一个四维数阵。当然，使用 EEM 等二阶仪器并通过引入 pH 值或反应时间以增加一个维数，也可以获得四维（三阶张量）数据。

此外，标量、矢量和矩阵的传统符号都会被采用。一个固定值的标量，如模型的因子数目，用斜体大写字母 N 表示；一个斜体小写字母，如第 n 个因子，可以表示一个可为任意值的标量。所有的矢量都是指列矢量，用粗体斜体小写字母表示，如 $\boldsymbol{a}$。矩阵都是用粗体大写字母表示的，如 $\boldsymbol{A}$。三维数阵用粗体加下划线表示，如 $\underline{\boldsymbol{X}}$。下标表示一个高阶张量的特定元素，具体的三维校正术语见表 6-14。

表 6-14 三维校正的术语

$\underline{\boldsymbol{X}}(I\times J\times K)$	三维数据阵
$\underline{\boldsymbol{E}}(I\times J\times K)$	三维残差阵
x_{ijk}	$\underline{\boldsymbol{X}}(I\times J\times K)$的第 ijk 个元素
e_{ijk}	$\underline{\boldsymbol{E}}(I\times J\times K)$的第 ijk 个元素
I,J,K	$\underline{\boldsymbol{X}}(I\times J\times K)$三个维度的大小
$\boldsymbol{A}_{I\times N},\boldsymbol{B}_{J\times N},\boldsymbol{C}_{K\times N}$	$\underline{\boldsymbol{X}}(I\times J\times K)$的三个潜在轮廓矩阵，大小分别为 $I\times N,J\times N,K\times N$
a_{in},b_{jn},c_{kn}	$\boldsymbol{A}$、$\boldsymbol{B}$ 和 $\boldsymbol{C}$ 三个潜在轮廓矩阵的第 in、jn 和 kn 的元素
$\boldsymbol{a}_{(i)},\boldsymbol{b}_{(j)},\boldsymbol{c}_{(k)}$	$\boldsymbol{A}$、$\boldsymbol{B}$ 和 $\boldsymbol{C}$ 三个潜在轮廓矩阵的第 i、j 和 k 的向量
$\mathrm{diag}(\boldsymbol{a}_{(i)}),\mathrm{diag}(\boldsymbol{b}_{(j)}),\mathrm{diag}(\boldsymbol{c}_{(k)})$	$\boldsymbol{a}_{(i)}$、$\boldsymbol{b}_{(j)}$ 和 $\boldsymbol{c}_{(k)}$ 向量对角化
$\boldsymbol{X}_{i..},\boldsymbol{X}_{.j.},\boldsymbol{X}_{..k}$	分别表示三维数据阵 $\underline{\boldsymbol{X}}(I\times J\times K)$的第 i 个水平切片矩阵，第 j 个侧面切片矩阵和第 k 个正面切片矩阵
$\boldsymbol{E}_{i..},\boldsymbol{E}_{.j.},\boldsymbol{E}_{..k}$	分别表示三维数据阵 $\underline{\boldsymbol{E}}(I\times J\times K)$的第 i 个水平切片矩阵，第 j 个侧面切片矩阵和第 k 个正面切片矩阵

（二）三线性成分分解模型

20 世纪 60 年代初期 L. R. Tucker 等[132]提出了 Tucker3 主成分模型，对三相因子分析 (three-mode factor analysis) 做了大量的工作，获得了后来者的高度评价。而后 Kroonenberg 和 de Leeuw 等[133]进一步完善了这一理论。70 年代初期，Harshman[134]以及 Carroll 和 Chang[135]几乎同时提出了三维数阵的三线性模型及分解问题，前者称之为平行因子分析 (parallel factor analysis)，后者称之为典型分解 (canonical decomposition)。在化学计量学领域，常把它们简称为 PARAFAC 模型。PARAFAC 模型和 Tucker3 模型的建立，对三维数据阵分析方法打下了扎实的基础。

1. 三线性成分模型的数学表达

(1) 三线性成分模型的标量表述　按照三线性成分模型，三维数据阵 $\underline{\boldsymbol{X}}$ 的每个元素

x_{ijk}可以表达如下

$$x_{ijk}=\sum_{n=1}^{N}a_{in}b_{jn}c_{kn}+e_{ijk}\text{，}(i=1,2,\cdots,I;j=1,2,\cdots,J;k=1,2,\cdots,K) \tag{6-34}$$

式中，x_{ijk}为三维数据阵$\underline{\boldsymbol{X}}$的一个元素；$e_{ijk}$为三维残差阵$\underline{\boldsymbol{E}}$的一个元素；$a_{in}$、$b_{jn}$和$c_{kn}$为模型参数，$c_{kn}$为第$n$个组分在第$k$个样本中的相对浓度，$a_{in}$和$b_{jn}$可表示为第$n$个组分在第$i$通道和$j$通道下的相对响应信号。式（6-34）为三线性模型的元素表述形式，其还可以写成向量、切片和扩展矩阵形式。

（2）三线性成分模型的向量表述

$$\boldsymbol{X}_{ij.}=\boldsymbol{b}_{(j)}\text{diag}(\boldsymbol{a}_{(i)})\boldsymbol{C}^{\mathrm{T}}+\boldsymbol{E}_{ij.},(i=1,2,\cdots,I,j=1,2,\cdots,J) \tag{6-35a}$$

$$\boldsymbol{X}_{.jk}=\boldsymbol{c}_{(k)}\text{diag}(\boldsymbol{b}_{(j)})\boldsymbol{A}^{\mathrm{T}}+\boldsymbol{E}_{.jk},(j=1,2,\cdots,J,k=1,2,\cdots,K) \tag{6-35b}$$

$$\boldsymbol{X}_{i.k}=\boldsymbol{a}_{(i)}\text{diag}(\boldsymbol{c}_{(k)})\boldsymbol{B}^{\mathrm{T}}+\boldsymbol{E}_{i.k},(i=1,2,\cdots,I,k=1,2,\cdots,K) \tag{6-35c}$$

（3）三线性成分模型切片（slice）矩阵表述　按照三线性成分模型，虽然理论上切片矩阵表述有 6 种等价的表述，但是由于其中 3 个实际上分别是另外 3 个的转置矩阵，因此只需用 3 个矩阵就可以完全表述，即共有$C_3^2=\dfrac{3(3-1)}{2}=3$种。表述如下

$$\boldsymbol{X}_{i..}=\boldsymbol{B}\text{diag}(\boldsymbol{a}_{(i)})\boldsymbol{C}^{\mathrm{T}}+\boldsymbol{E}_{i..}\quad(i=1,2,\cdots,I) \tag{6-36a}$$

$$\boldsymbol{X}_{.j.}=\boldsymbol{C}\text{diag}(\boldsymbol{b}_{(j)})\boldsymbol{A}^{\mathrm{T}}+\boldsymbol{E}_{.j.}\quad(j=1,2,\cdots,J) \tag{6-36b}$$

$$\boldsymbol{X}_{..k}=\boldsymbol{A}\text{diag}(\boldsymbol{c}_{(k)})\boldsymbol{B}^{\mathrm{T}}+\boldsymbol{E}_{..k}\quad(k=1,2,\cdots,K) \tag{6-36c}$$

（4）三线性成分模型的扩展（stretch）矩阵表述　对于三线性成分模型，根据数学上排列原理，该模型的扩展矩阵等价表述应该有 6 种，即总共有$P_3^3=3\times2=6$种，常用的 3 种等价表达如下

$$\boldsymbol{X}_{I\times JK}=\boldsymbol{A}(\boldsymbol{C}\odot\boldsymbol{B})^{\mathrm{T}}+\boldsymbol{E}_{I\times JK} \tag{6-37a}$$

$$\boldsymbol{X}_{J\times KI}=\boldsymbol{B}(\boldsymbol{A}\odot\boldsymbol{C})^{\mathrm{T}}+\boldsymbol{E}_{J\times KI} \tag{6-37b}$$

$$\boldsymbol{X}_{K\times IJ}=\boldsymbol{C}(\boldsymbol{B}\odot\boldsymbol{A})^{\mathrm{T}}+\boldsymbol{E}_{K\times IJ} \tag{6-37c}$$

式中，$\odot$代表矩阵计算中的 Khatri-Rao 乘积。

2. 三线性成分模型的图形表述

近年来，为了能够清晰、直观地表述三线性成分模型，许多科研工作者做了不懈的努力，并为模型的图形表述做出了不可磨灭的贡献[136~140]。然而遗憾的是，这些表述方法或多或少地存在一些缺陷，不能很贴切地表述模型的真正涵义。由于目前存在的图形表述方法形式各异，对模型的理解很是不利，因而有必要提出一套统一的、更为标准和贴切的、更易让人理解的图解表述。吴等提出的三线性成分模型的图形表述如图 6-42 所示[141,142]。

为了进一步理解模型图形表述的数学意义，可以通过三步逆过程对该模型进行量测数据阵的还原，具体步骤如下。

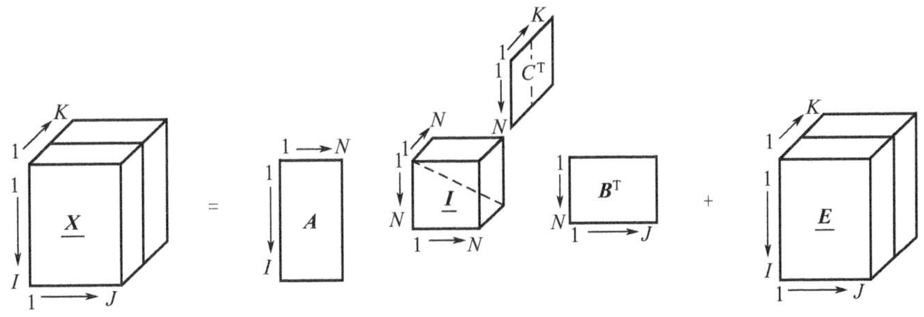

图 6-42 三线性成分模型

第一步

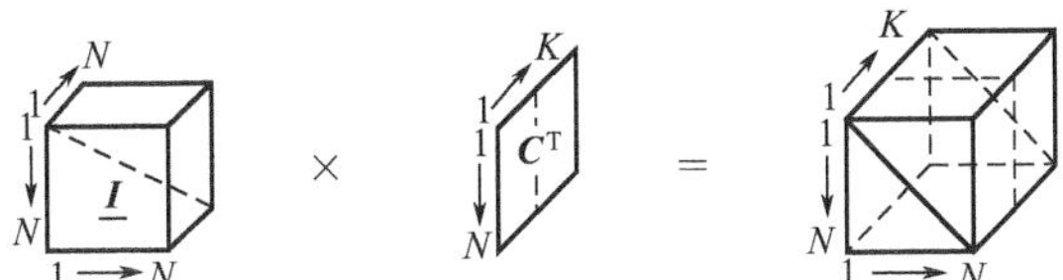

第二步

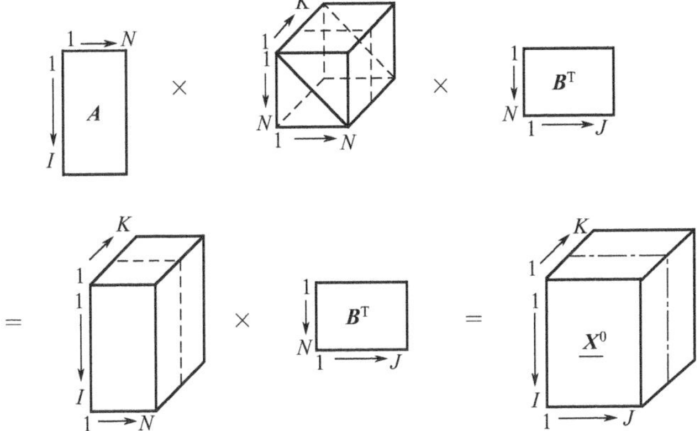

第三步

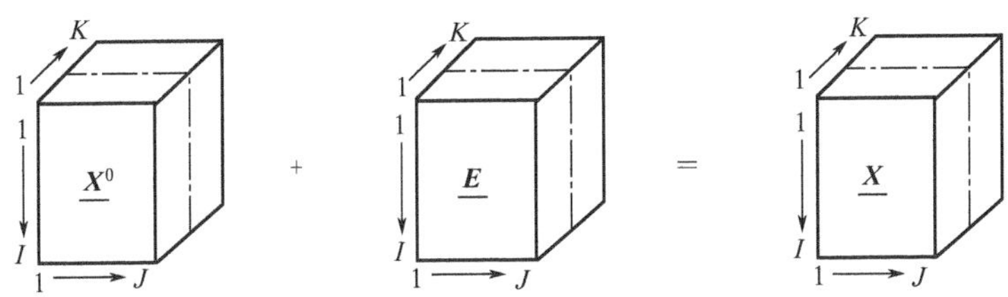

3. 三线性成分模型的循环对称性

在 1998 年和之后的系列研究工作中，吴等创新性地发现并且总结了三线性成分模型中存在的内在三维循环对称性规律[141~145]。三维循环对称特性为三线性模型一个很重要的内在属性，此属性的可视化见图 6-43。

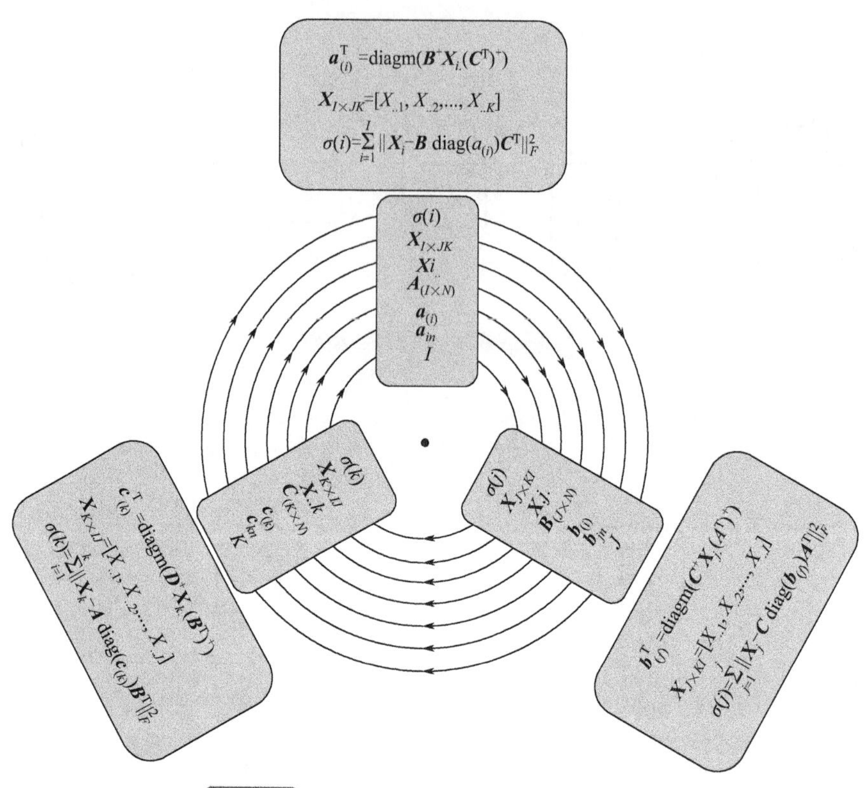

图 6-43 三线性成分模型的三维循环对称性

4. 三线性成分模型的化学背景及其三线性分解的唯一性

三线性成分模型在分析化学中应用广泛，备受青睐，其中一个重要原因就是它与分析化学中的朗伯-比耳定律是一致的。以三维荧光分析为例，假设第 k 个混合样本在激发波长 i、发射波长 j 处的荧光强度值 x_{ijk} 等于混合样本中所有 N 个组分的浓度 c_{kn} 与各组分在激发波长 i 处的荧光强度值 a_{in}、在发射波长 j 处的荧光强度值 b_{jn} 乘积的总和（当然还应加上测量误差）：

$$x_{ijk}=a_{i1}b_{j1}c_{k1}+a_{i2}b_{j2}c_{k2}+\cdots+a_{iN}b_{jN}c_{kN}+e_{ijk}$$

这与三线性成分模型是一致的，因而三线性成分模型有其相应的化学背景基础。

另一个最为重要的原因就是基于三线性成分模型的算法分解唯一性。它与双线性分解时存在的旋转不确定性问题不同，只要对三维数据 $\underline{\mathbf{X}}$ 中的成分数 N（即化学组分数）估计正确，且体系满足 $k_{\mathbf{A}}+k_{\mathbf{B}}+k_{\mathbf{C}}\geqslant 2N+2$（$k_{\mathbf{A}}$、$k_{\mathbf{B}}$ 和 $k_{\mathbf{C}}$ 分别为三个载荷矩阵 **A**、**B** 和 **C** 的 k 秩[137]），则矩阵 **A**、**B**、**C** 是唯一确定的[140]（不考虑矩阵 **A**、**B** 和 **C** 中列的位置顺序及其相对大小变化）。以三维荧光为例，对于量测三维数据阵 $\underline{\mathbf{X}}$ 来说，只要体系中各组分的激发或发射荧光光谱不完全相同，光谱之间线性相关程度较低，且各个样本中组分浓度不存在共线性问题，一般就能够满足条件 $k_{\mathbf{A}}+k_{\mathbf{B}}+k_{\mathbf{C}}\geqslant 2N+2$，其基于三线性成分模型的分解就是唯一的。三线性成分分解的这种唯一性给化学家带来了很多令人惊喜的优势。

首先分析工作者不必再像在二维数据分析中那样花费大量的时间与精力去确定组分的零浓度区及选择性区域，也不必再考虑未知物对待测物定量的干扰问题，如在二维色谱数据阵中严重困扰化学计量学家的大色谱峰包小色谱峰的问题，也能很容易地被解决了。值得指出的是，当 $k_A + k_B + k_C \geqslant 2N+2$ 时，基于三线性成分模型的分解就只能是部分唯一了，因为它不能对每一个成分都能得到唯一的解，只能得到某个或几个成分的唯一解。这种情况在二阶校正中并不少见。仍以荧光为例，假设要测定体液中的某种药物，体液贡献给模型的成分数为二个成分，药物为一个成分，这样就可以用三个成分来分解这个三维量测立方阵。k_A 对应激发阵，k_B 对应发射阵，k_C 对应浓度矩阵。一般情况下，分辨后获得的激发光谱矩阵 $\boldsymbol{A}$ 与发射光谱矩阵 $\boldsymbol{B}$ 的 k 秩是满秩的，因此 $k_A=3$，$k_B=3$。对于浓度阵，如果体液各组分的构成比例是恒定的，那么 $k_C=1$。这样 $k_A+k_B+k_C=7<8$（$2\times3+2$），不满足唯一性条件。然而，即使分解是部分唯一的，也不会影响二阶校正在实际体系中的应用，因为在进行二阶校正时，三线性数据的分解对感兴趣的成分分解是唯一的。至于不感兴趣的成分（理解为干扰）是不是唯一，因为不影响对感兴趣组分的测定，可以不必关注。

（三）平行因子分析（PARAFAC）算法

PARAFAC 由 Harshman 于 1970 年提出[134]，并由 Bro 于 1997 年做出简单的总结[148]。PARAFAC 采用样本矩阵方程表示，每一个样本都以 $\boldsymbol{X}_{..k}$ 表示，k 为每个样本的编号

$$\boldsymbol{X}_{..k}=\boldsymbol{A}\,\mathrm{diag}(\boldsymbol{c}_{(k)})\boldsymbol{B}^{\mathrm{T}}+\boldsymbol{E}_{..k}\quad(k=1,\cdots,K)\tag{6-38}$$

在这个模型中，样本间组信号强度与组分数目的差异由对角阵 $\mathrm{diag}(\boldsymbol{c}_{(k)})$ 控制，矩阵 $\boldsymbol{A}$、$\boldsymbol{B}$ 包含了数据中全部组分的定性信息。利用残差平方和最小（最小二乘）求解 $\boldsymbol{A}$、$\boldsymbol{B}$ 及 $\boldsymbol{C}$

$$\boldsymbol{A}=\left(\sum_{k=1}^{K}\boldsymbol{X}_{..k}\boldsymbol{B}\,\mathrm{diag}(\boldsymbol{c}_{(k)})\right)\left(\sum_{k=1}^{K}\mathrm{diag}(\boldsymbol{c}_{(k)})\boldsymbol{B}^{\mathrm{T}}\boldsymbol{B}\,\mathrm{diag}(\boldsymbol{c}_{(k)})\right)^{-1}\tag{6-39}$$

$$\boldsymbol{B}=\left(\sum_{k=1}^{K}\boldsymbol{X}_{..k}^{\mathrm{T}}\boldsymbol{A}\,\mathrm{diag}(\boldsymbol{c}_{(k)})\right)\left(\sum_{k=1}^{K}\mathrm{diag}(\boldsymbol{c}_{(k)})\boldsymbol{A}^{\mathrm{T}}\boldsymbol{A}\,\mathrm{diag}(\boldsymbol{c}_{(k)})\right)^{-1}\tag{6-40}$$

但与求解 $\boldsymbol{A}$、$\boldsymbol{B}$ 的方式不同，求解 $\boldsymbol{C}$ 时对其每一行进行更新，循环 K 次以更新整个矩阵

$$\boldsymbol{c}_{(k)}=(((\boldsymbol{A}^{\mathrm{T}}\boldsymbol{A})\cdot(\boldsymbol{B}^{\mathrm{T}}\boldsymbol{B}))^{-1}\mathrm{diagm}(\boldsymbol{A}^{\mathrm{T}}\boldsymbol{X}_{..k}\boldsymbol{B}))^{\mathrm{T}}\tag{6-41}$$

在原始的文献中，$\boldsymbol{c}_{(k)}$ 的求解依据下式进行

$$\boldsymbol{c}_{(k)}=\{(\boldsymbol{B}^{\mathrm{T}}\boldsymbol{B})*(\boldsymbol{A}^{\mathrm{T}}\boldsymbol{A})\}^{-1}\{(\boldsymbol{A}^{\mathrm{T}}\boldsymbol{X}_{..k}\boldsymbol{B})*\boldsymbol{I}\}\boldsymbol{1}\qquad(k=1,\cdots,K)\tag{6-42}$$

实际上式（6-41）、式（6-42）这两个式子等价。从数学角度看，式（6-39）、式（6-40）可以表示为

$$\boldsymbol{A}=\left(\sum_{k=1}^{K}\boldsymbol{X}_{..k}\boldsymbol{B}\,\mathrm{diag}(\boldsymbol{c}_{(k)})\right)((\boldsymbol{B}^{\mathrm{T}}\boldsymbol{B})*(\boldsymbol{C}^{\mathrm{T}}\boldsymbol{C}))^{-1}\tag{6-43}$$

$$\boldsymbol{B}=\left(\sum_{k=1}^{K}\boldsymbol{X}_{..k}^{\mathrm{T}}\boldsymbol{A}\,\mathrm{diag}(\boldsymbol{c}_{(k)})\right)((\boldsymbol{C}^{\mathrm{T}}\boldsymbol{C})*(\boldsymbol{A}^{\mathrm{T}}\boldsymbol{A}))^{-1}\tag{6-44}$$

上述式子中，当矩阵病态甚至是亏秩时 PARAFAC 的最终解析结果容易受到误差因素的影响，而在实际的程序运算中，以 Matlab 为例，多以广义逆的形式实现 $\boldsymbol{A}$、$\boldsymbol{B}$、$\boldsymbol{C}$ 的更

新。具体的迭代过程如下。

(1) 确定体系的组分数 N。

(2) 初始化矩阵 $\boldsymbol{A}$、$\boldsymbol{B}$。

(3) 根据式 (6-41) 或式 (6-42) 计算 $\boldsymbol{C}$。

(4) 根据式 (6-39) 或式 (6-43) 计算矩阵 $\boldsymbol{A}$ 并对其进行逐列归一化。

(5) 根据式 (6-40) 或式 (6-44) 计算矩阵 $\boldsymbol{B}$ 并对其进行逐列归一化。

(6) 由 $\boldsymbol{A}$ 和 $\boldsymbol{B}$ 根据式 (6-41) 或式 (6-42) 计算矩阵 $\boldsymbol{C}$。

(7) 重复 (4) 到 (6) 步，直至收敛标准

$$SSR^{(m)}=\sum_{k=1}^{K}\|\boldsymbol{X}_{..k}-\boldsymbol{A}^{(m)}\mathrm{diag}(\boldsymbol{c}_{(k)})^{(m)}(\boldsymbol{B}^{\mathrm{T}})^{(m)}\|_{\mathrm{F}}^{2},\quad\left|\frac{SSR^{(m)}-SSR^{(m-1)}}{SSR^{(m-1)}}\right|\leqslant\varepsilon$$

成立。SSR (sum squares of residual error) 表示残差平方和，m 为迭代次数。

PARAFAC 算法对矩阵 $\boldsymbol{A}$ 和 $\boldsymbol{B}$ 的初始值估计敏感。不准确的初始值估计可能导致算法陷入局部极小，从而不能收敛到全局最优的最小二乘解。对于矩阵 $\boldsymbol{A}$ 和 $\boldsymbol{B}$ 的初始值可以由随机数生成器、直接三线性分解算法 (DTLD) 或者待测分析物峰形的先验知识提供。当使用随机初始值时，应当考虑用多个初始值进行多次计算，尽管这些努力会明显地增加分析时间。虽然，不同的初始值得到的解可能会有些差异，但是，当得到的大多数解都相似，就可以安全地认为 PARAFAC 已经收敛于全局最优解附近。PARAFAC 的收敛时间可以通过使用一些接近最优解的猜测值作为初始值进行计算而得以改善。这些猜测值可来自 DTLD 计算或者数据集中已知的物质的标准光谱。当使用 DTLD 的解作为初始值时，要注意到 DTLD 算法产生的虚组分会影响 PARAFAC 的计算[132]。

PARAFAC 算法的两个常用收敛标准基于如下两点：①在连续的两次迭代之间，残差变化或者未建模数据的改变；②在连续的两次迭代之间，预测峰形的变化。在第一种情况下，当连续两次迭代之间的残差均方根小于绝对容差或者相对容差时，算法停止迭代。虽然基于这种拟合的收敛标准在概念上比较直观，但是，决定收敛的一个更快方法基于在连续迭代之间的 $\boldsymbol{A}$ 维、$\boldsymbol{B}$ 维和 $\boldsymbol{C}$ 维预测峰形的相关性。当 $\boldsymbol{A}$ 维、$\boldsymbol{B}$ 维和 $\boldsymbol{C}$ 维中连续迭代之间预测峰形的余弦值的乘积接近 1，例如将“接近”规定为 10^{-6} 以内，算法停止迭代。在 $\boldsymbol{A}$ 维中的余弦通过将 IXN 的矩阵 $\boldsymbol{A}_{\mathrm{old}}$ 和 $\boldsymbol{A}_{\mathrm{new}}$ 展开成列矢量 a_{old} 和 a_{new} 而计算得到。余弦定义为

$$\cos\theta_a=\frac{a_{\mathrm{old}}a_{\mathrm{new}}}{\sqrt{(a_{\mathrm{old}}a_{\mathrm{old}})(a_{\mathrm{new}}a_{\mathrm{new}})}}$$

$\cos\theta_b$ 和 $\cos\theta_c$ 的定义与 $\cos\theta_a$ 类似。当 $\cos\theta_a * \cos\theta_b * \cos\theta_c > 1-10^{-6}$ 时，迭代过程收敛，表明在三个方向中连续迭代之间的相关度至少为 $1-10^{-6}$。

PARAFAC 在每一步的迭代优化过程中采用严格意义上的最小二乘以保证其经每一步的迭代循环后残差逐步降低。因此当算法收敛后，PARAFAC 能够给出最佳的拟合。但这种迭代优化策略也使得 PARAFAC 的收敛速度较慢，容易受到组分间共线性的影响而陷入计算沼泽，甚至产生并不理想的局部最优解。此外，PARAFAC 对预估计组分数较为敏感，在实际数据解析时需要预先估出准确的组分数。

(四) 交替三线性分解 (ATLD) 算法

ATLD 算法由吴海龙等于 1996 年提出[145]，相较于传统 PARAFAC 算法，是一种无约束交替迭代分解三维数据的算法。该算法基于交替最小二乘原理，借助基于奇异值分解

(SVD) 的摩尔-彭若斯 (Moore-Penrose) 广义逆计算。当数据符合三线性模型结构，即使样品中存在着未知干扰，ATLD 也能获得优异的分解结果。

三维数阵基于切片矩阵形式交替分解，由于三线性数据的内在循环对称性，三个数学表达形式是完全等同的。根据三线性模型的切片形式，最小化损失函数即为残差矩阵的元素平方和，如下所示

$$\sigma(\boldsymbol{a}_{(i)})=\sum_{i=1}^{I}\|\boldsymbol{X}_{i..}-\boldsymbol{B}\,\mathrm{diag}(\boldsymbol{a}_{(i)})\boldsymbol{C}^{\mathrm{T}}\|_{\mathrm{F}}^{2} \tag{6-45}$$

$$\sigma(\boldsymbol{b}_{(j)})=\sum_{j=1}^{J}\|\boldsymbol{X}_{..j}-\boldsymbol{C}\,\mathrm{diag}(\boldsymbol{b}_{(j)})\boldsymbol{A}^{\mathrm{T}}\|_{\mathrm{F}}^{2} \tag{6-46}$$

$$\sigma(\boldsymbol{c}_{(k)})=\sum_{k=1}^{K}\|\boldsymbol{X}_{..k}-\boldsymbol{A}\,\mathrm{diag}(\boldsymbol{c}_{(k)})\boldsymbol{B}^{\mathrm{T}}\|_{\mathrm{F}}^{2} \tag{6-47}$$

ATLD 算法通过最小化损失函数交替迭代以上方程式，$\boldsymbol{A}$、$\boldsymbol{B}$ 和 $\boldsymbol{C}$ 的更新基于最小二乘原则，从而得到

$$\boldsymbol{a}_{(i)}^{\mathrm{T}}=\mathrm{diagm}(\boldsymbol{B}^{+}\boldsymbol{X}_{i..}(\boldsymbol{C}^{\mathrm{T}})^{+})\qquad(i=1,2,\cdots,I) \tag{6-48}$$

$$\boldsymbol{b}_{(j)}^{\mathrm{T}}=\mathrm{diagm}(\boldsymbol{C}^{+}\boldsymbol{X}_{.j.}(\boldsymbol{A}^{\mathrm{T}})^{+})\qquad(j=1,2,\cdots,J) \tag{6-49}$$

$$\boldsymbol{c}_{(k)}^{\mathrm{T}}=\mathrm{diagm}(\boldsymbol{A}^{+}\boldsymbol{X}_{..k}(\boldsymbol{B}^{\mathrm{T}})^{+})\qquad(k=1,2,\cdots,K) \tag{6-50}$$

式中，diagm(•) 表示方阵中 $\boldsymbol{n}$ 矢量的对角元素一列。在每次迭代循环中，$\boldsymbol{A}$ 和 $\boldsymbol{B}$ 矩阵按列实现单位长度。通过分辨相应矩阵，对 $\boldsymbol{C}$ 中相应列对应的每个分析物的相对浓度和真实浓度进行线性回归即可获得分析物的浓度。

ATLD 进行更新时以切片为单位，占有的计算内存比较小，每次迭代后都使结果更加符合三线性，使得收敛的速度很快，通常几次就能完成。矩阵对角元素的提取和广义逆的使用两者结合，使得 ATLD 算法对组分数不敏感，只要所选取的组分数不少于实际的组分数，均能给出满意的结果。但是由于该算法包含了取对角元素的操作，因而一切能够影响对角元素的因素均能影响解析结果，而且取对角元素受的影响要大于对整体矩阵求逆的影响，因此相对基于整体矩阵求逆的算法来说，ATLD 对噪声比较敏感。

交替三线性分解 (ATLD) 及其衍生方法的计算过程可以简要概括如下。

(1) 确定体系的组分数 N。

(2) 随机初始化矩阵 $\boldsymbol{A}$、$\boldsymbol{B}$。

(3) 根据式 (6-50) 计算 $\boldsymbol{C}$。

(4) 根据式 (6-48) 计算矩阵 $\boldsymbol{A}$ 并对其进行逐列归一化。

(5) 根据式 (6-49) 计算矩阵 $\boldsymbol{B}$ 并对其进行逐列归一化。

(6) 由 $\boldsymbol{A}$ 和 $\boldsymbol{B}$ 根据式 (6-48) 或式 (6-49) 计算矩阵 $\boldsymbol{C}$。

(7) 重复 (4) 到 (6) 步，直至达到收敛标准。

(8) 后处理，对 $\boldsymbol{A}$、$\boldsymbol{B}$ 和 $\boldsymbol{C}$ 进行符号变换。

(9) 对每个感兴趣组分在未知样本中的浓度进行预测。

ATLD 算法的停止准则如下

$$SSR^{(m)} = \sum_{k=1}^{K} \| \boldsymbol{X}_{..k} - \boldsymbol{A}^{(m)} \mathrm{diag}(\boldsymbol{c}_{(k)})^{(m)} (\boldsymbol{B}^{\mathrm{T}})^{(m)} \|_{\mathrm{F}}^{2}$$

$$\left| \frac{SSR^{(m)} - SSR^{(m-1)}}{SSR^{(m-1)}} \right| \leqslant \varepsilon$$

式中，SSR 为残差平方和；m 为迭代次数；阈值 $\varepsilon = 10^{-6}$；为了避免因陷入异常而导致的慢收敛（如陷入“沼泽”），设置最大迭代数为 3000。图 6-44 为 ATLD 及其衍生方法的流程图。

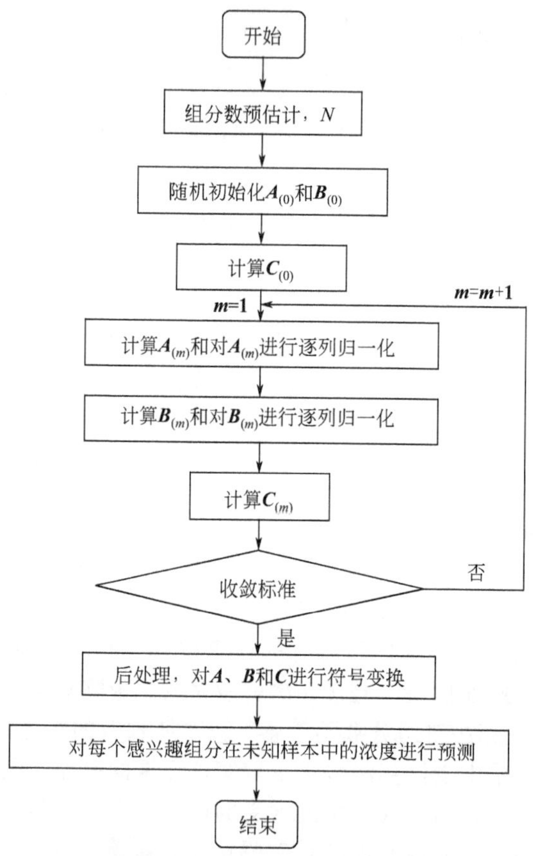

图 6-44 ATLD 及其衍生方法的流程图

ATLD 算法具有对过量的组分数不敏感、迭代速度快、占用计算机内存小并能克服轻微的偏线性问题的优点，在二阶校正中发挥着重要作用。首先，ATLD 和常用的仪器如三维荧光光谱仪（EEM）、高效液相色谱-二极管阵列（HPLC-DAD）和高效液相色谱-质谱（HPLC-MS）等相结合，能够对生物样品、食品、环境、药学等复杂体系中感兴趣组分准确定量。其次，ATLD 算法能同时对存在多种基质干扰样品中的一种或多种感兴趣组分进行检测，相较于传统的方法更加省时快速。此外，ATLD 算法与快速测定相结合能用于工业过程分析，而由于工业生产的复杂性，传统方法几乎不可能实现。

（五）自加权交替三线性分解（SWATLD）算法

SWATLD 由陈增萍等提出[147]，作者从改进优化目标函数的角度出发，在 ATLD 的基础上提出了自加权交替三线性分解算法。该算法成功克服了 PARAFAC 对过量组分数敏感、收敛速度慢等缺点，并在三维数据的解析中取得了满意的结果。该算法对 ATLD 所采用的目标函数做出修正，获得下面的一些方程

$$\boldsymbol{B}^{+}\boldsymbol{X}_{i..}=\mathrm{diag}(\boldsymbol{a}_{(i)})\boldsymbol{C}^{\mathrm{T}}+\boldsymbol{B}^{+}\boldsymbol{E}_{i..}$$

$$\boldsymbol{X}_{i..}(\boldsymbol{C}^{+})^{\mathrm{T}}=\boldsymbol{B}\mathrm{diag}(\boldsymbol{a}_{(i)})+\boldsymbol{E}_{i..}(\boldsymbol{C}^{+})^{\mathrm{T}},\qquad (i=1,2,\cdots,I)\tag{6-51}$$

$$\boldsymbol{C}^{+}\boldsymbol{X}_{.j.}=\mathrm{diag}(\boldsymbol{b}_{(j)})\boldsymbol{A}^{\mathrm{T}}+\boldsymbol{C}^{+}\boldsymbol{E}_{.j.}$$

$$\boldsymbol{X}_{.j.}(\boldsymbol{A}^{+})^{\mathrm{T}}=\boldsymbol{C}\mathrm{diag}(\boldsymbol{b}_{(j)})+\boldsymbol{E}_{.j.}(\boldsymbol{A}^{+})^{\mathrm{T}},\qquad (j=1,2,\cdots,J)\tag{6-52}$$

$$\boldsymbol{A}^{+}\boldsymbol{X}_{..k}=\mathrm{diag}(\boldsymbol{c}_{(k)})\boldsymbol{B}^{\mathrm{T}}+\boldsymbol{A}^{+}\boldsymbol{E}_{..k}$$

$$\boldsymbol{X}_{..k}(\boldsymbol{B}^{+})^{\mathrm{T}}=\boldsymbol{A}\mathrm{diag}(\boldsymbol{c}_{(k)})+\boldsymbol{E}_{..k}(\boldsymbol{B}^{+})^{\mathrm{T}},\qquad (k=1,2,\cdots,K)\tag{6-53}$$

该算法的三个新的目标函数通过引入一些合理的权重项来构建，如下所示

$$S(\boldsymbol{A})=\sum_{i=1}^{I}((\|\boldsymbol{B}^{+}\boldsymbol{X}_{i..}-\mathrm{diag}(\boldsymbol{a}_{(i)})\boldsymbol{C}^{\mathrm{T}})^{\mathrm{T}}\times\mathrm{diag}(\mathrm{sqrt}(\boldsymbol{1}./\mathrm{diagm}(\boldsymbol{C}^{\mathrm{T}}\boldsymbol{C})))\|_{\mathrm{F}}^{2}+$$
$$\sum_{i=1}^{I}\|(\boldsymbol{X}_{i..}(\boldsymbol{C}^{\mathrm{T}})^{+}-\boldsymbol{B}\mathrm{diag}(\boldsymbol{a}_{(i)}))\times\mathrm{diag}(\mathrm{sqrt}(\boldsymbol{1}./\mathrm{diagm}(\boldsymbol{B}^{\mathrm{T}}\boldsymbol{B})))\|_{\mathrm{F}}^{2}\tag{6-54}$$

$$S(\boldsymbol{B})=\sum_{j=1}^{J}((\|\boldsymbol{C}^{+}\boldsymbol{X}_{.j.}-\mathrm{diag}(\boldsymbol{b}_{(j)})\boldsymbol{A}^{\mathrm{T}})^{\mathrm{T}}\times\mathrm{diag}(\mathrm{sqrt}(\boldsymbol{1}./\mathrm{diagm}(\boldsymbol{A}^{\mathrm{T}}\boldsymbol{A})))\|_{\mathrm{F}}^{2}+$$
$$\sum_{j=1}^{J}\|(\boldsymbol{X}_{.j.}(\boldsymbol{A}^{\mathrm{T}})^{+}-\boldsymbol{C}\mathrm{diag}(\boldsymbol{b}_{(j)}))\times\mathrm{diag}(\mathrm{sqrt}(\boldsymbol{1}./\mathrm{diagm}(\boldsymbol{C}^{\mathrm{T}}\boldsymbol{C})))\|_{\mathrm{F}}^{2}\tag{6-55}$$

$$S(\boldsymbol{C})=\sum_{k=1}^{K}((\|\boldsymbol{A}^{+}\boldsymbol{X}_{..k}-\mathrm{diag}(\boldsymbol{c}_{(k)})\boldsymbol{B}^{\mathrm{T}})^{\mathrm{T}}\times\mathrm{diag}(\mathrm{sqrt}(\boldsymbol{1}./\mathrm{diagm}(\boldsymbol{B}^{\mathrm{T}}\boldsymbol{B})))\|_{\mathrm{F}}^{2}+$$
$$\sum_{k=1}^{K}\|(\boldsymbol{X}_{..k}(\boldsymbol{B}^{\mathrm{T}})^{+}\boldsymbol{A}\mathrm{diag}(\boldsymbol{c}_{(k)}))\times\mathrm{diag}(\mathrm{sqrt}(\boldsymbol{1}./\mathrm{diagm}(\boldsymbol{A}^{\mathrm{T}}\boldsymbol{A})))\|_{\mathrm{F}}^{2}\tag{6-56}$$

基于最小二乘的原则，可分别得到 **A**、**B** 和 **C** 三个矩阵

$$\boldsymbol{a}_{(i)}=\frac{1}{2}(\mathrm{diagm}(\boldsymbol{B}^{+}\boldsymbol{X}_{i..}\boldsymbol{C})./\mathrm{diagm}(\boldsymbol{C}^{\mathrm{T}}\boldsymbol{C}))+\frac{1}{2}(\mathrm{diagm}(\boldsymbol{C}^{+}\boldsymbol{X}_{i..}^{\mathrm{T}}\boldsymbol{B})/\mathrm{diagm}(\boldsymbol{B}^{\mathrm{T}}\boldsymbol{B}))\tag{6-57}$$

$$\boldsymbol{b}_{(j)}=\frac{1}{2}(\mathrm{diagm}(\boldsymbol{C}^{+}\boldsymbol{X}_{.j.}\boldsymbol{A})./\mathrm{diagm}(\boldsymbol{A}^{\mathrm{T}}\boldsymbol{A}))+\frac{1}{2}(\mathrm{diagm}(\boldsymbol{A}^{+}\boldsymbol{X}_{.j.}^{\mathrm{T}}\boldsymbol{C})/\mathrm{diagm}(\boldsymbol{C}^{\mathrm{T}}\boldsymbol{C}))\tag{6-58}$$

$$\boldsymbol{c}_{(k)}=\frac{1}{2}(\mathrm{diagm}(\boldsymbol{A}^{+}\boldsymbol{X}_{..k}\boldsymbol{B})./\mathrm{diagm}(\boldsymbol{B}^{\mathrm{T}}\boldsymbol{B}))+\frac{1}{2}(\mathrm{diagm}(\boldsymbol{B}^{+}\boldsymbol{X}_{..k}^{\mathrm{T}}\boldsymbol{A})/\mathrm{diagm}(\boldsymbol{A}^{\mathrm{T}}\boldsymbol{A}))\tag{6-59}$$

SWATLD 是 ATLD 的衍生类方法，其计算过程与 ATLD 方法类似。

由于其独特的优化策略，SWATLD 比某些算法更有效。不仅继承了 ATLD 对组分数不敏感、收敛速度快等优势，同时，SWATLD 还具备了对噪声水平不敏感的特征。但 SWATLD 在抵抗共线性程度方面的能力较 ATLD 略有降低。

（六）交替惩罚三线性分解（APTLD）算法

交替惩罚三线性分解方法同样是基于 PARAFAC 模型，由夏等提出[148]。此方法交替

使用约束函数来作为 PARAFAC 误差函数的惩罚项，然后最小化三个基于最小二乘原理构成的目标函数。

通过切片形式的三线性模型可以得到如下残差函数

$$\boldsymbol{E}_I(\boldsymbol{A},\boldsymbol{B},\boldsymbol{C})=\sum_{i=1}^{I}\|\boldsymbol{X}_{i..}-\boldsymbol{B}\mathrm{diag}(\boldsymbol{a}_{(i)})\boldsymbol{C}^{\mathrm{T}}\|_{\mathrm{F}}^2 \tag{6-60}$$

$$\boldsymbol{E}_J(\boldsymbol{A},\boldsymbol{B},\boldsymbol{C})=\sum_{j=1}^{J}\|\boldsymbol{X}_{.j.}-\boldsymbol{C}\mathrm{diag}(\boldsymbol{b}_{(i)})\boldsymbol{A}^{\mathrm{T}}\|_{\mathrm{F}}^2 \tag{6-61}$$

$$\boldsymbol{E}_K(\boldsymbol{A},\boldsymbol{B},\boldsymbol{C})=\sum_{k=1}^{K}\|\boldsymbol{X}_{..K}-\boldsymbol{A}\mathrm{diag}(\boldsymbol{c}_{(k)})\boldsymbol{B}^{\mathrm{T}}\|_{\mathrm{F}}^2 \tag{6-62}$$

根据最小二乘原理，对于一个三线性成分模型 $\boldsymbol{X}_{i..}=\boldsymbol{B}\mathrm{diag}\ (\boldsymbol{a}_{(i)})\ \boldsymbol{C}^{\mathrm{T}}+\boldsymbol{E}_{i..}$ $(i=1,2,\cdots,I)$，可得如下等式

$$\boldsymbol{B}^{+}\boldsymbol{X}_{i..}=\mathrm{diag}(\boldsymbol{a}_{(i)})\boldsymbol{C}^{\mathrm{T}},\ \boldsymbol{X}_{i..}(\boldsymbol{C}^{\mathrm{T}})^{+}=\boldsymbol{B}\mathrm{diag}(\boldsymbol{a}_{(i)})\quad (i=1,2,\cdots,I) \tag{6-63}$$

相似地

$$\boldsymbol{C}^{+}\boldsymbol{X}_{.j.}=\mathrm{diag}(\boldsymbol{b}_{(j)})\boldsymbol{A}^{\mathrm{T}},\ \boldsymbol{X}_{.j.}(\boldsymbol{A}^{\mathrm{T}})^{+}=\boldsymbol{C}\mathrm{diag}(\boldsymbol{b}_{(j)})\quad (j=1,2,\cdots,J) \tag{6-64}$$

$$\boldsymbol{A}^{+}\boldsymbol{X}_{..k}=\mathrm{diag}(\boldsymbol{c}_{(k)})\boldsymbol{B}^{\mathrm{T}},\ \boldsymbol{X}_{..k}(\boldsymbol{B}^{\mathrm{T}})^{+}=\boldsymbol{A}\mathrm{diag}(\boldsymbol{c}_{(k)})\quad (k=1,2,\cdots,K) \tag{6-65}$$

交替使用以上等式作为限制条件并与残差函数（6-63）～式（6-65）结合，可得如下三个约束问题。

问题 1：$\min \boldsymbol{E}_I\ (\boldsymbol{A},\boldsymbol{B},\boldsymbol{C})$

$$\text{s. t.}\quad \sum_{k=1}^{K}\|\mathrm{diag}(\mathrm{sqrt}(\boldsymbol{1}./\mathrm{diagm}(\boldsymbol{C}^{\mathrm{T}}\boldsymbol{C})))(\boldsymbol{A}^{+}\boldsymbol{X}_{..K}-\mathrm{diag}(\boldsymbol{c}_{(k)})\boldsymbol{B}^{\mathrm{T}})\|_{\mathrm{F}}^2=0$$

$$\sum_{i=1}^{I}\|(\boldsymbol{X}_{i..}(\boldsymbol{C}^{\mathrm{T}})^{+}-\boldsymbol{B}\mathrm{diag}(\boldsymbol{a}_{(i)}))\mathrm{diag}(\mathrm{sqrt}(\boldsymbol{1}./\mathrm{diagm}(\boldsymbol{A}^{\mathrm{T}}\boldsymbol{A})))\|_{\mathrm{F}}^2=0 \tag{6-66}$$

问题 2：　$\min \boldsymbol{E}_J\ (\boldsymbol{A},\boldsymbol{B},\boldsymbol{C})$

$$\text{s. t.}\quad \sum_{i=1}^{I}\|\mathrm{diag}(\mathrm{sqrt}(\boldsymbol{1}./\mathrm{diagm}(\boldsymbol{A}^{\mathrm{T}}\boldsymbol{A})))(\boldsymbol{B}^{+}\boldsymbol{X}_{i..}-\mathrm{diag}(\boldsymbol{a}_{(i)})\boldsymbol{C}^{\mathrm{T}})\|_{\mathrm{F}}^2=0$$

$$\sum_{j=1}^{J}\|(\boldsymbol{X}_{.j.}(\boldsymbol{A}^{\mathrm{T}})^{+}-\boldsymbol{C}\mathrm{diag}(\boldsymbol{b}_{(j)}))\mathrm{diag}(\mathrm{sqrt}(\boldsymbol{1}./\mathrm{diagm}(\boldsymbol{B}^{\mathrm{T}}\boldsymbol{B})))\|_{\mathrm{F}}^2=0 \tag{6-67}$$

问题 3：　$\min \boldsymbol{E}_K\ (\boldsymbol{A},\boldsymbol{B},\boldsymbol{C})$

$$\text{s. t.}\quad \sum_{j=1}^{J}\|\mathrm{diag}(\mathrm{sqrt}(\boldsymbol{1}./\mathrm{diagm}(\boldsymbol{B}^{\mathrm{T}}\boldsymbol{B})))(\boldsymbol{C}^{+}\boldsymbol{X}_{.j.}-\mathrm{diag}(\boldsymbol{b}_{(j)})\boldsymbol{A}^{\mathrm{T}})\|_{\mathrm{F}}^2=0$$

$$\sum_{k=1}^{K}\|(\boldsymbol{X}_{..k}(\boldsymbol{B}^{\mathrm{T}})^{+}-\boldsymbol{A}\mathrm{diag}(\boldsymbol{c}_{(k)}))\mathrm{diag}(\mathrm{sqrt}(\boldsymbol{1}./\mathrm{diagm}(\boldsymbol{C}^{\mathrm{T}}\boldsymbol{C})))\|_{\mathrm{F}}^{2}=0 \tag{6-68}$$

这里 s. t. 表示约束条件；min 表示最小化；./表示数除，如假设 $\boldsymbol{x}=(x_i)$，$\boldsymbol{y}=(y_i)$，则 $\boldsymbol{x}./\boldsymbol{y}=(x_i/y_i)$；sqrt 表示平方根操作；$\boldsymbol{1}$ 表示维数为 N 的向量，其所有元素均为 1；diagm 表示列向量，其元素等于方阵的对角元素。

为了将以上三个约束的问题转化为无约束问题，APTLD 把对应的约束条件转化为惩罚项并将其与等式（6-63）～式（6-65）相结合，构建三个目标函数。然后，通过交替最小化以下目标函数（AP 误差）来分解模型。

$$S(\boldsymbol{A})=\sum_{k=1}^{K}(\|\boldsymbol{X}_{..k}-\boldsymbol{A}\mathrm{diag}(\boldsymbol{c}_{(k)})\boldsymbol{B}^{\mathrm{T}}\|_{\mathrm{F}}^{2}+q(\sum_{j=1}^{J}\|\mathrm{diag}(\mathrm{sqrt}(\boldsymbol{1}./\mathrm{diagm}(\boldsymbol{B}^{\mathrm{T}}\boldsymbol{B})))$$
$$(\boldsymbol{C}^{+}\boldsymbol{X}_{.j.}-\mathrm{diag}(\boldsymbol{b}_{(j)})\boldsymbol{A}^{\mathrm{T}}))\|_{\mathrm{F}}^{2}+\sum_{k=1}^{K}\|(\boldsymbol{X}_{..k}(\boldsymbol{B}^{\mathrm{T}})^{+}-\boldsymbol{A}\mathrm{diag}(\boldsymbol{c}_{(k)}))$$
$$\mathrm{diag}(\mathrm{sqrt})(\boldsymbol{1}./\mathrm{diagm}(\boldsymbol{C}^{\mathrm{T}}\boldsymbol{C})))\|_{\mathrm{F}}^{2}) \tag{6-69}$$

$$S(\boldsymbol{B})=\sum_{i=1}^{I}(\|\boldsymbol{X}_{i..}-\boldsymbol{B}\mathrm{diag}(\boldsymbol{a}_{(i)})\boldsymbol{C}^{\mathrm{T}}\|_{\mathrm{F}}^{2}+r(\sum_{k=1}^{K}\|\mathrm{diag}(\mathrm{sqrt}(\boldsymbol{1}./\mathrm{diagm}(\boldsymbol{C}^{\mathrm{T}}\boldsymbol{C})))$$
$$(\boldsymbol{A}^{+}\boldsymbol{X}_{..k}-\mathrm{diag}(\boldsymbol{c}_{(k)})\boldsymbol{B}^{\mathrm{T}}))\|_{\mathrm{F}}^{2}+\sum_{i=1}^{I}\|(\boldsymbol{X}_{i..}(\boldsymbol{C}^{\mathrm{T}})^{+}-\boldsymbol{B}\mathrm{diag}(\boldsymbol{a}_{(k)}))$$
$$\mathrm{diag}(\mathrm{sqrt}(\boldsymbol{1}./\mathrm{diagm}(\boldsymbol{A}^{\mathrm{T}}\boldsymbol{A})))\|_{\mathrm{F}}^{2}) \tag{6-70}$$

$$S(\boldsymbol{C})=\sum_{j=1}^{J}(\|\boldsymbol{X}_{.j.}-\boldsymbol{C}\mathrm{diag}(\boldsymbol{b}_{(j)})\boldsymbol{A}^{\mathrm{T}}\|_{\mathrm{F}}^{2}+p(\sum_{j=1}^{J}\|\mathrm{diag}(\mathrm{sqrt}(\boldsymbol{1}./\mathrm{diagm}(\boldsymbol{A}^{\mathrm{T}}\boldsymbol{A})))$$
$$(\boldsymbol{B}^{+}\boldsymbol{X}_{i..}-\mathrm{diag}(\boldsymbol{a}_{(i)})\boldsymbol{C}^{\mathrm{T}}))\|_{\mathrm{F}}^{2}+\sum_{j=1}^{J}\|(\boldsymbol{X}_{.j.}(\boldsymbol{A}^{\mathrm{T}})^{+}-\boldsymbol{C}\mathrm{diag}(\boldsymbol{b}_{(j)}))$$
$$\mathrm{diag}(\mathrm{sqrt}(\boldsymbol{1}./\mathrm{diagm}(\boldsymbol{B}^{\mathrm{T}}\boldsymbol{B})))\|_{\mathrm{F}}^{2}) \tag{6-71}$$

这里 r、p 和 q 为惩罚因子。

附：惩罚因子 p、q、r 值的选取

在进行 APTLD 操作之前，首先要确定惩罚因子 p、q 和 r 的值。对不同 p、q 和 r 值下的 APTLD 性能进行了详细的研究。表 6-15 显示，当选取的 p、q 和 r 很小时（$p=q=r=10^{-3}$或 0），使用 APTLD 获得最终结果时需要大量的迭代次数以及对多余成分数敏感与 PARAFAC 的情况是相似的。另外，在 p、q 和 r 都小于或等于 1，$N=5$ 的情况下，所得结果的变化很大。另一方面，即使其残差的平方和相同，不同的运行也会导致不同的收敛结果。当选取较大的 p、q 和 r 值（如 $p=q=r=10^4$），会让 APTLD 对拟合因子不敏感，并且收敛速度加快。进一步增加 p、q 和 r 的值，会使 APTLD 在不同测试和计算负荷下，性能表现更好。但 p、q 和 r 值从 10^4 升到 10^{20} 时，没有发现在定量方面有明显变化。一系列计算结果表明，当 p、q 和 r 都大于或等于 10^4 时，APTLD 很难在性能上有所突破。由于惩罚因子本身的意义，在理论上，应该取无穷大，因而在实际应用中，一般情况下，赋予惩罚因子很大的数值就可以了，不必花太多时间去选择惩罚因子的值，比如 $p=q=r=10^{20}$。

表 6-15 APTLD 算法中惩罚因子（p，q，r）的选择对模拟样本（7 个样本中任选 1 个）的回收率及算法收敛迭代数的影响

惩罚因子	IND①	N=4					N=5				
		1	2	3	4	IT①	1	2	3	4	IT
$p=q=r=0$	Max①	1.0032②	0.9948	1.0002	1.0254	1038					
	Min①	1.0031	0.9936	0.9929	0.9950	833					
$p=q=r=10^{-3}$	Max	1.0033	0.9948	1.0001	1.0258	1054					
	Min	1.0029	0.9935	0.9928	0.9955	750					
$p=q=r=1$	Max	1.0030	0.9974	0.9925	1.0553	342	1.0029	0.9969	0.9897	1.0710	350
	Min	1.0028	0.9960	0.9856	1.0252	214	1.0006	0.8992	0.9812	0.8987	128
$p=1,q=r=10^4$	Max	1.0052	1.0059	0.9925	1.0131	121	1.0058	1.0060	0.9934	1.0137	291
	Min	1.0052	1.0059	0.9925	1.0131	56	1.0054	1.0059	0.9923	1.0076	59
$P=q=r=10^2$	Max	1.0041	1.0037	0.9906	1.0289	171	1.0049	1.0079	0.9900	1.0260	155
	Min	1.0041	1.0036	0.9898	1.0253	70	1.0048	1.0076	0.9890	1.0230	50
$p=q=r=10^4$	Max	1.0046	1.0067	0.9923	1.0185	55	1.0063	1.0131	0.9922	1.0135	105
	Min	1.0046	1.0067	0.9912	1.0141	36	1.0052	1.0062	0.9907	1.0095	59
$p=10^4,q=r=10^8$	Max	1.0046	1.0067	0.9913	1.0184	59	1.0063	1.0131	0.9911	1.0104	141
	Min	1.0046	1.0067	0.9912	1.0181	30	1.0063	1.0059	0.9908	1.0094	21
$p=q=r=10^8$	Max	1.0046	1.0067	0.9924	1.0182	52	1.0063	1.0131	0.9911	1.0200	128
	Min	1.0046	1.0067	0.9913	1.0138	30	1.0048	1.0059	0.9908	1.0106	28
$p=10^8,q=r=10^4$	Max	1.0046	1.0067	0.9913	1.0185	72	1.0063	1.0130	0.9922	1.0135	99
	Min	1.0046	1.0067	0.9912	1.0183	56	1.0052	1.0062	0.9908	1.0098	63
$p=q=r=10^{20}$	Max	1.0046	1.0067	0.9913	1.0184	64	1.0063	1.0131	0.9910	1.0106	79
	Min	1.0046	1.0067	0.9912	1.0181	27	1.0063	1.0130	0.9908	1.0095	51

① IND，IT，Max，Min 分别表示指数、迭代次数、最大回收率和最小回收率。

② 1.0032 表示回收率。

APTLD 算法能够有效避免双因子退化的问题，能够缓解 PARAFAC 算法收敛缓慢的缺点，并且它也对过量估计的成分数不敏感，这些都非常有利于分析化学工作者在实际工作中使用。

（七）交替耦合两个不等残差函数（ACTUF）算法

ACTUF 算法通过最小化的量测残差和参数残差来求解参数矩阵[149]，具有综合的性能。首先，基于两个不等的残差函数，ACTUF 可以从复杂数据中充分提取分析物信息，并具有较强的抗噪性能。类似于 ATLD 算法，ACTUF 具有收敛速度快和对过量因子数不敏感的优点。另外，ACTUF 还能克服严重的共线性问题。

根据切片矩阵形式的三线性模型可以得到两个残差阵，其中测量残差阵

$$\boldsymbol{X}_{.j.}-\boldsymbol{C}\mathrm{diag}(\boldsymbol{b}_{(j)})\boldsymbol{A}^{\mathrm{T}}=\boldsymbol{E}_{.j.}\quad (j=1,\ 2,\ \cdots,\ J) \tag{6-72}$$

参数残差阵

$$\boldsymbol{X}_{.j.}^{\mathrm{T}}(\boldsymbol{C}^{\mathrm{T}})^{+}-\boldsymbol{A}\mathrm{diag}(\boldsymbol{b}_{(j)})=\boldsymbol{E}_{.j.}^{\mathrm{T}}(\boldsymbol{C}^{\mathrm{T}})^{+}=\widetilde{\boldsymbol{E}}_{.j.}^{\mathrm{T}}\quad (j=1,\ 2,\ \cdots,\ J) \tag{6-73}$$

ACTUF 通过最小化的量测残差和参数残差来求解参数矩阵，依据最小二乘原理，可以构建如下两个不等的目标函数

$$\sigma(\boldsymbol{A}, \boldsymbol{B}) = \sum_{j=1}^{J} \| \widetilde{\boldsymbol{E}}_{.j.}^{\mathrm{T}} \|_{\mathrm{F}}^{2} = \sum_{j=1}^{J} \| \boldsymbol{X}_{.j.}^{\mathrm{T}} (\boldsymbol{C}^{\mathrm{T}})^{+} - \boldsymbol{A}\operatorname{diag}(\boldsymbol{b}_{(j)}) \|_{\mathrm{F}}^{2} \tag{6-74}$$

$$\sigma(\boldsymbol{C}) = \sum_{j=1}^{J} \| \widetilde{\boldsymbol{E}}_{.j.} \|_{\mathrm{F}}^{2} = \sum_{j=1}^{J} \| (\boldsymbol{X}_{.j.} - \boldsymbol{C}\operatorname{diag}(\boldsymbol{b}_{(j)}\boldsymbol{A}^{\mathrm{T}}) \|_{\mathrm{F}}^{2} \tag{6-75}$$

这里 $\|\cdot\|_{\mathrm{F}}$ 表示 Frobenius 范数。

通过最小化残差平方和可以从这两个目标函数中求解出 $\boldsymbol{A}$、$\boldsymbol{B}$ 和 $\boldsymbol{C}$：

$$\boldsymbol{A} = \left[\sum_{j=1}^{J} \boldsymbol{X}_{.j.}^{\mathrm{T}} (\boldsymbol{C}^{\mathrm{T}})^{+} \operatorname{diag}(\boldsymbol{b}_{(j)})\right] \left[\sum_{j=1}^{J} \operatorname{diag}(\boldsymbol{b}_{(j)})\operatorname{diag}(\boldsymbol{b}_{(j)})\right]^{+} \tag{6-76}$$

$$\boldsymbol{B} = \left[\sum_{i=1}^{I} \boldsymbol{X}_{i..} (\boldsymbol{C}^{\mathrm{T}})^{+} \operatorname{diag}(\boldsymbol{a}_{(i)})\right] \left[\sum_{i=1}^{I} \operatorname{diag}(\boldsymbol{a}_{(i)})\operatorname{diag}(\boldsymbol{a}_{(i)})\right]^{+} \tag{6-77}$$

$$\boldsymbol{C} = \left[\sum_{j=1}^{J} \boldsymbol{X}_{.j.} \boldsymbol{A}\operatorname{diag}(\boldsymbol{b}_{(j)})\right] \left[\sum_{j=1}^{J} \operatorname{diag}(\boldsymbol{b}_{(j)})\boldsymbol{A}^{\mathrm{T}}\boldsymbol{A}\operatorname{diag}(\boldsymbol{b}_{(j)})\right]^{+} \tag{6-78}$$

实际上，该算法属于不对称算法，可以看出，矩阵 $\boldsymbol{A}$ 和 $\boldsymbol{B}$ 是由等式（6-75）计算得到的，矩阵 $\boldsymbol{C}$ 是由等式（6-74）计算得到的。正因为新算法是不对称算法，所以当赋予 $\boldsymbol{C}$ 不同的物理意义矩阵时，可能会使 ACTUF 获得不同的分析结果，尽管这些结果是非常相似的。在实际应用中，可以选具有低条件数的物理矩阵为 $\boldsymbol{C}$，这样可以克服一定的数据共线性。

（八）算法组合策略（ACM）算法

ACM 算法由于等[150]提出，是一种组合类型的算法。首先，作者对目前常用的四种三线性分解算法 PARAFAC、ATLD、SWATLD 及 APTLD 算法做了较系统的比较，并对目标函数-性能间的关系做了一些简单尝试性研究。随后利用模拟数据以及实际数据对算法进行多次平行测试，获得了这些方法的一些重要特征（见表 6-16）。由表 6-16 可以看出，PARAFAC、SWATLD 及 ATLD 算法性能之间似乎存在着一定的互补性，即这些方法之间可以实现优势互补。因此，作者根据迭代过程中算法损失函数的变化对整个过程做了划分，并提出了三线性迭代方法组合实现优势互补的算法组合方法（algorithm combination methodology，ACM）。

表 6-16　ATLD、SWATLD 及 PARAFAC 算法特征

算　法	特　　征
ATLD	(1)当噪声水平较低时，ATLD 对组分数及共线性不敏感 (2)收敛速度快
SWATLD	(1)对组分数及初始值不敏感，对噪声水平不太敏感 (2)合理收敛时解析结果较为稳健 (3)数据共线性合理时收敛速度快
PARAFAC	(1)当数据中共线性始终且组分数估计准确时，结果最为稳健 (2)基于最小二乘原始使其对数据拟合程度最佳 (3)收敛速度较慢

根据三线性模型，能得到其损失函数，依据损失函数（$\sum_{i=1}^{I}\sum_{j=1}^{J}\sum_{k=1}^{K}\left(x_{ijk} - \sum_{n=1}^{N} a_{in}b_{jn}c_{kn}\right)^{2}$）的变化，然后对三线性分解算法的迭代优化过程进行分析。图 6-45 示出损失函数随迭代次

数增加的变化情况。从该图中可以看出，从对算法赋予随机初值开始，到收敛于具有物理意义的解析结果，这一过程大体可划分为三个部分：初始值优化过程、算法优化过程和算法收敛过程。

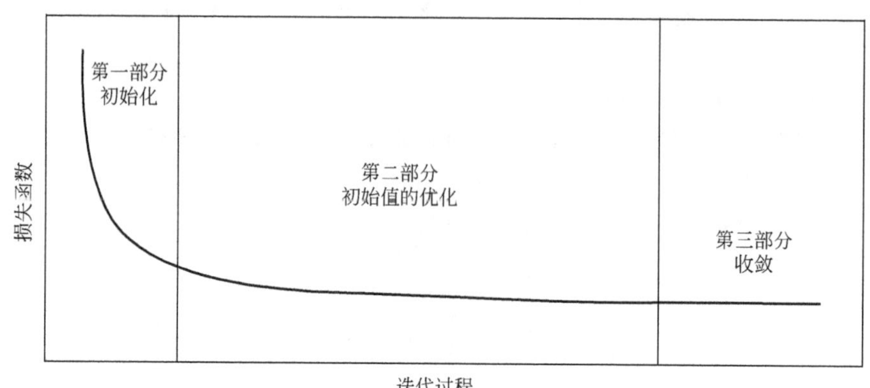

图 6-45 将三线性迭代优化过程划分为三个步骤示意图

通过比对 SWATLD、PARAFAC 和 ATLD 算法的性能与之前对迭代过程的划分，可以看出三种算法重于优化迭代过程的不同部分。因此，可将上述三种算法用于对应的部分，实现各算法间优势互补，甚至有可能获得额外的优势。首先采用 ATLD 对随机初始值进行优化，然后采用 SWATLD 对 ATLD 收敛所得结果进行进一步优化，最后利用 PARAFAC 对 SWATLD 所得结果优化，从而实现数据的三线性分解。

ACM 整个流程展示于图 6-46。可以看出，ACM 将 ATLD 所得结果作为 SWATLD 的初始值，并将后者的解析结果作为 PARAFAC 的初始值。此外 ACM 方法可将 ATLD 或是 SWALTD 的解析结果直接作为最终解析结果输出。根据 ACM 中对迭代过程的定义，GPARAFAC 与 DPARAFAC 可视为第一部分（见图 6-45）与第三部分（见图 6-45）的一种组合。由于这样的一种组合不能保证 GRAM 或 DTLD 所得初始值的质量，而 PARAFAC 对初始值又较为敏感，因而以 GRAM 作初始值的 PARAFAC 算法（GPARAFAC）与以 DTLD 作初始值的 PARAFAC 算法（DPARAFAC）所得结果虽有一定改善，但处理较为复杂的实际数据时仍有可能存在一定困难，甚至产生错误的解析结果。引入第二部分（见图 6-45）SWATLD 后，则可以实现初始值的进一步优化，从而改善最终所得结果。

理论上，ACM 具有以下优势。

（1）解析结果可唯一确定，从而实现感兴趣组分的分析。

（2）较之于 ATLD、SWATLD 及 PARAFAC，ACM 可以组合上述算法的优势，优于任意一种单独算法。

（3）ACM 能够克服较高噪声水平的影响，此外该方法还对共线性及组分数不敏感。

（4）ACM 可依据数据结构自动判断数据解析收敛于何种算法（ATLD、SWATLD 还是 PARAFAC），使得解析过程更加高效。

ACM 具有的上述优势可以缓解二阶校正过程中确定适合组分数及选择适当算法解析数据等难题，从而使得该算法具有更广的适用范围。

（九）算法比较

目前已有大量的三线性分解的算法，比较著名的有广义秩消失因子分析（GRAM）[152～155]、直接三线性分解算法（DTLD）[131,156]、平行因子分析（PARAFAC）[134,146]、交替三线性分

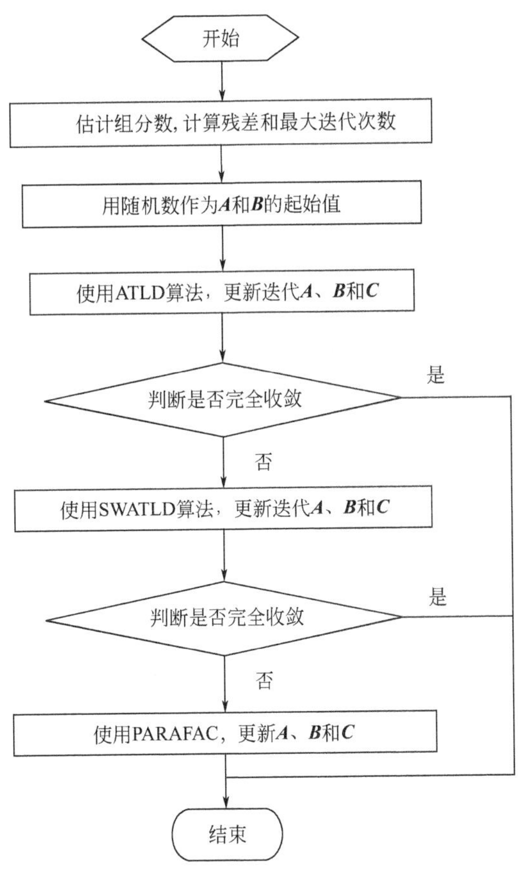

图 6-46 组合算法 ACM 的数据分析流程图

解算法（ATLD）[145]、自加权交替三线性分解算法（SWATLD）[147]、交替惩罚三线性分解算法（APTLD）[148]、多元曲线分辨交替最小二乘（MCR-ALS）[157]、双线性最小二乘结合残差双线性（BLLS/RBL）[158,159]、展开偏最小二乘结合残差双线性（U-PLS/RBL）[160～162]等。

由于上述各算法的目标函数不同，算法在数据解析时具有不同的特性。当样本构成较为简单时，各算法解析所得结果并无明显差异，然而由于实际分析体系的复杂性，这些算法在解析复杂样本时给出的结果不可避免地会存在差异，甚至有可能提供不同的解析结果。简单来说，GRAM 与 DTLD 收敛速度快，但受噪声水平的影响较大、MCR-ALS 需要分析物具有选择性区间[163]、PARAFAC 对组分数比较敏感等[164,165]。目前，已有文献对上述几种算法进行了比较[166～171]。

吴等人在 20 世纪 90 年代末，对 GRAM、DTLD、PARAFAC 和 ATLD 四种算法进行了比较[151]，四种算法的关系如图 6-47 所示。GRAM 也许可以应用于多组分系统，但是仅限于分析一个标准样本和一个混合样本；DTLD 或许可以分析多样本数据，但也仅限于当第一主成分的累积方差贡献率在样本空间中被人为地限制为 2 时才有效；PARAFAC 可以用于多组分系统的多样本数据分析，然而在算法设计上缺乏真正的三线性感；ATLD 方法包括了 GRAM、DTLD 和 PARAFAC 方法的优点，同时有效地克服了这些方法的缺点。因而，ATLD 可以认为是一个通用的三维三线性数据的分解方法以及通用的二阶校正方法。该方法适用于未校正干扰共存的多样本系统中多组分的同时分析。

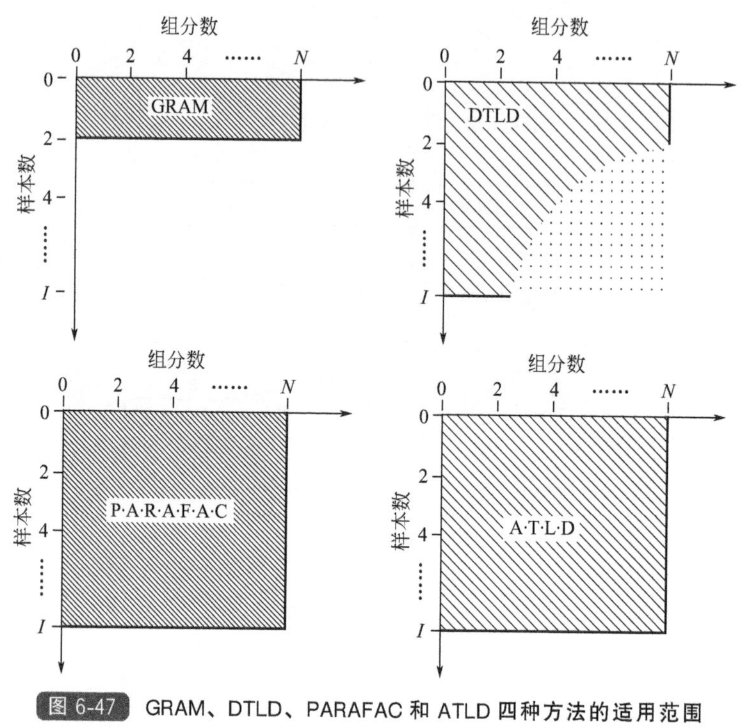

图 6-47 GRAM、DTLD、PARAFAC 和 ATLD 四种方法的适用范围

Faber 等人[170]比较了几种不同的算法拟合 PARAFAC 模型的结果。这些算法包括 PARAFAC-ALS、DTLAD、ATLD、SWATLD、PALS、ACOVER、ASD 和 ACOMAR 等。正如文献所述：①PARAFAC-ALS 相对其他算法提供了较高质量的解，遗憾的是，当进行过因子拟合的时候，该算法计算非常缓慢。②DTLD 方法，尽管计算非常快速，拟合 PARAFAC 模型的效果却最差。③当需要一个更快速的算法，修正后的 ASD 也许是一个比较好的替代 ALS 的算法。这个工作的目的仅仅是针对不同算法拟合 PARAFAC 模型的比较，并没有考虑到这些算法是否具有二阶优势，和早期统计学领域讨论 PCR 和 PLS 方法是有偏还是无偏拟合的情形有些类似。

于等人比较了几种知名的二阶校正方法（PARAFAC、ATLD、SWATLD 和 APTLD），并提出了解决复杂定量分析问题的方案[172]。基于不同的输入参数（噪声水平、初始值、预估的组分数以及模拟数据和真实数据的共线性），对这些方法的性能从以下四个方面进行评估：预测能力、解析光谱与真实光谱的相似度、拟合程度和收敛速度。四种算法对于同一数据的性能就像一个秋千，如图 6-48 所示。ATLD 和 PARAFAC 算法在秋千两端的位置，而 APTLD 与 SWATLD 算法在秋千中间的位置。该研究结合模拟数据与真实数据得出如下结论，ATLD 能够克服数据中的共线性因素，具有收敛速度快、对组分数不敏感等优势，但对仪器噪声较为敏感。PARAFAC 的策略使其具有优良的收敛特性，但存在收敛速度慢、容易陷入双因子退化中等缺陷。APTLD 与 SWATLD 在这些方法中最为稳健，能够克服 ATLD 对噪声水平敏感的问题，又兼具对组分数不敏感的优势。但这两种算法在克服共线性程度方面要略差于 ATLD。总体来讲，ATLD 与 PARAFAC 是当前三线性分解算法中性能迥异的两大类算法的代表，APTLD 与 SWATLD 则可视为最为稳健的分解算法。

结合最终的比较结果与使用经验，该研究总结出以下几点建议。

（1）当数据结构简单时，各算法的解析结果基本一致。

（2）若解析数据为荧光数据，且背景较为简单，建议首选 PARAFAC，其次为 APTLD、SWATLD 及 ATLD。

（3）若数据中的共线性较为严重，但信噪比较高时，建议选择 ATLD、SWATLD 或 APTLD。

（4）组分数估计的方法在解析复杂数据时并不能保证给出准确的结果。因而在实际的应用中需要选择较大的组分数以考察是否存在小组分信息遗漏的情况。

（5）在实际的数据解析中，选择较好的初始值有助于最终的解析结果，可选择 DTLD 做初始值。

（6）计算拟合值的方式可用于判断算法的解析结果是否合理，并能判断算法是否对组分数敏感。

（7）虽然数学模型中严格意义上的最小二乘能够保证模型的严谨性，但在实际的应用中，更应该注重算法的定量分析能力，未来的算法研究中应更加注重于数据中有效信息的提取。

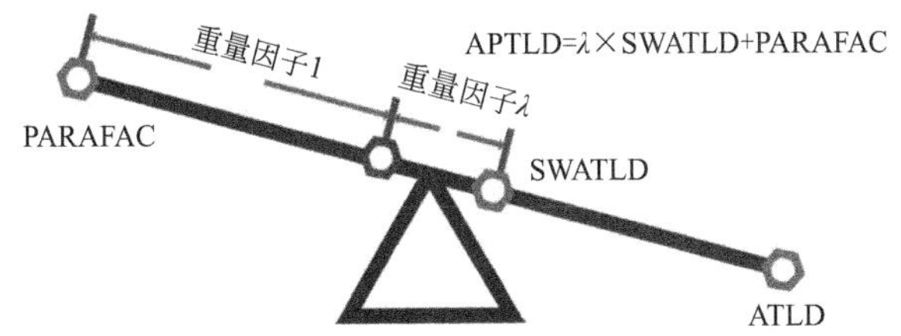

图 6-48 基于二阶校正的四种三线性分解算法的关系示意图

最近，张等人提出了基于矩阵微分分析的算法分析工具，对不同的三线性分解算法（PARAFAC-ALS、ATLD、SWATLD 和 APTLD）进行了深度讨论[173]。矩阵微分分析可以清楚地阐明算法的优化策略，并且直观地判断解空间的情况。对各个算法的微分分析有助于梳理高效算法程序开发的思路。在微分分析结果中，如果算法的目标函数的形状是“凸”的，则对应的算法就对超估计组分数敏感；如果算法的目标函数的形状是“严格凸”的，则对应的算法对超估计组分数不敏感。同时还提出了“解集”概念，进一步完善了关于三线性分解“唯一性与不唯一性”的理论。即使组分数超估计，客观解依然在目标函数的可行解当中，并且有可能是全局最小。为什么有一部分算法能够在组分数超估计的情况下依然能到达客观解，另外一部分则不能，矩阵微分分析都给出了有效的解答。

四、四维校正（三阶校正）

在化学计量学中，四维校正（三阶张量校正），简称三阶校正。它处理的数据对象是一个四维数阵（三阶张量）。目前对单个样本测量直接得到三阶张量数据的仪器并不多，主要有全二维液相色谱-质谱联用仪（LC×LC-MS）、全二维气相色谱-质谱联用仪（GC×GC-MS）和液相色谱-三维荧光联用仪（HPLC-EEM）等多级联用仪器；将多个样本的测量数据进行组合就可以得到一个四维数阵 $\underline{\boldsymbol{X}}_{q(I\times J\times K\times L)}$。与三维数阵的构建类似，四维数阵还可以通过加入时间或 pH 值等维度与能产生二阶张量数据的仪器结合来构建。基于四线性成分模型的四维校正方法首先通过合适的四线性分解算法计算模型四个方向上的轮廓矩阵，然后基于校正集使用分解的相对浓度和真实浓度建立回归模型，从而预测未知样本中对应待分析物的性质（一般为浓度）。

在非常复杂的分析体系中，特别是当高度共线性存在的时候，三维校正方法或许不能给出合适的三线性分解结果和准确的定量预测结果。在这种情况下，可以考虑使用更先进的四维校正方法。理论上，四维校正方法不仅具有三维校正的二阶优势，还具有一些额外优势，例如更高的灵敏度和更强的分辨力，一般将四维校正具有的优势统称为“三阶优势”。在复杂体系中，即使在未校正的光谱干扰存在的情况下，四维校正方法也可以实现直接、快速和准确的定量分析[174]。

所以，在使用四维校正方法之前，一般不需要预先对分析体系进行物理或者化学分离。基于数学分离，可以极大简化甚至直接省去预处理步骤，从而可以节约分析时间、人力劳动和资源消耗。并且，在真实样本的分析中，极大简化甚至直接省去预处理步骤，可以避免待分析物在预处理阶段的损失，从而避免在定量分析结果中产生系统性偏差。另外，作为一种基于数学分离的绿色分析策略，四维校正方法可以实现复杂体系中的实时、原位分析，使其在过程分析和生物原位分析等领域具有重要的应用意义和广阔的应用前景。

基于四线性成分模型的四维校正方法的数学模型规范、数学原理严谨并且用于实现该方法的多个软件包已经被化学计量学家开发出来。而且，其适用的数据在现代仪器分析中已经可以得到，例如全二维液相色谱-二极管阵列检测器联用仪器和全二维液相色谱-质谱联用仪器等测量的三阶张量数据，以及作为反应时间的函数测量的一系列激发发射矩阵荧光数据排列组成的激发-发射-时间三阶张量数据[175]。由于三阶优势带来的创新型分析策略，四维校正方法在分析化学领域已经得到越来越大的关注，可以为高度复杂体系中的定量分析提供创新型解决方案。

（一）四线性成分模型

三线性成分模型可以自然地拓展至四线性成分模型。在四线性成分模型中，四维数阵 $\underline{\boldsymbol{X}}_{q(I\times J\times K\times L)}$ 中的每一个元素 x_{ijkl} 可以如下表示

$$x_{ijkl}=\sum_{n=1}^{N}a_{in}b_{jn}c_{kn}d_{ln}+e_{ijkl} \qquad (i=1,2,\cdots,I;j=1,2,\cdots,J;k=1,2,\cdots,K;l=1,2,\cdots,L) \tag{6-79}$$

式中，a_{in}、b_{jn}、c_{kn} 和 d_{ln} 分别是四维数阵 $\underline{\boldsymbol{X}}_{q(I\times J\times K\times L)}$ 的潜在轮廓矩阵 $\boldsymbol{A}_{I\times N}$、$\boldsymbol{B}_{J\times N}$、$\boldsymbol{C}_{K\times N}$ 和 $\boldsymbol{D}_{L\times N}$ 中的第 in、jn、kn 和 ln 个元素；N 代表模型中有信号响应的组分数，包括变化的背景；e_{ijkl} 是四维残差阵列 $\underline{\boldsymbol{E}}_{q(I\times J\times K\times L)}$ 中的元素。因为 x_{ijkl} 中建模的部分对于参数 a_{in}、b_{jn}、c_{kn} 和 d_{ln} 具有线性关系，所以这个四维数阵就构成一个四线性成分模型，上述表达方式基于标量形式。

四线性分解将一个四维数阵（四阶张量数据）分解为秩为 1 的成分张量之和。基于外积形式，四线性成分模型可以如下表示

$$\underline{\boldsymbol{x}}_{q(I\times J\times K\times L)}=\sum_{n=1}^{N}\boldsymbol{a}_n\circ\boldsymbol{b}_n\circ\boldsymbol{c}_n\circ\boldsymbol{d}_n+\underline{\boldsymbol{E}}_{q(I\times J\times K\times L)} \tag{6-80}$$

式中，$\circ$ 表示矢量外积；$\boldsymbol{a}_n$、$\boldsymbol{b}_n$、$\boldsymbol{c}_n$ 和 $\boldsymbol{d}_n$ 分别是潜在轮廓矩阵 $\boldsymbol{A}_{I\times N}$、$\boldsymbol{B}_{J\times N}$、$\boldsymbol{C}_{K\times N}$ 和 $\boldsymbol{D}_{L\times N}$ 的第 n 列。

基于切面的切片矩阵形式，四线性成分模型可以如下表示

$$\boldsymbol{X}_{..kl}=\boldsymbol{A}\mathrm{diag}(\boldsymbol{d}_{(l)})\mathrm{diag}(\boldsymbol{c}_{(k)})\boldsymbol{B}^{\mathrm{T}}\boldsymbol{E}_{..kl} \qquad (k=1,2,\cdots,K;l=1,2,\cdots,L) \tag{6-81}$$

$$X_{i..l}=B\operatorname{diag}(a_{(i)})\operatorname{diag}(d_{(l)})C^{\mathrm{T}}+E_{i..l} \quad (l=1,2,\cdots,L;i=1,2,\cdots,I) \tag{6-82}$$

$$X_{ij..}=C\operatorname{diag}(b_{(j)})\operatorname{diag}(a_{(i)})D^{\mathrm{T}}+E_{ij..} \quad (i=1,2,\cdots,I;j=1,2,\cdots,J) \tag{6-83}$$

$$X_{.jk.}=D\operatorname{diag}(c_{(k)})\operatorname{diag}(b_{(j)})A^{\mathrm{T}}+E_{.jk.} \quad (j=1,2,\cdots,J;k=1,2,\cdots,K) \tag{6-84}$$

基于完全拓展矩阵形式，四线性成分模型可以如下表示

$$X_{I\times JKL}=A(D\odot C\odot B)^{\mathrm{T}}+E_{I\times JKL} \tag{6-85}$$

$$X_{J\times KLI}=B(A\odot D\odot C)^{\mathrm{T}}+E_{J\times KLI} \tag{6-86}$$

$$X_{K\times LIJ}=C(B\odot A\odot D)^{\mathrm{T}}+E_{K\times LIJ} \tag{6-87}$$

$$X_{L\times IJK}=D(C\odot B\odot A)^{\mathrm{T}}+E_{L\times IJK} \tag{6-88}$$

基于部分拓展矩阵形式,四线性成分模型可以如下表示

$$X_{..l}=A\operatorname{diag}(d_{(l)})(C\odot B)^{\mathrm{T}}+E_{...l} \tag{6-89}$$

$$X_{i...}=B\operatorname{diag}(a_{(i)})(D\odot C)^{\mathrm{T}}+E_{i...} \tag{6-90}$$

$$X_{.j..}=C\operatorname{diag}(b_{(j)})(A\odot D)^{\mathrm{T}}+E_{.j..} \tag{6-91}$$

$$X_{..k.}=D\operatorname{diag}(c_{(k)})(B\odot A)^{\mathrm{T}}+E_{..k.} \tag{6-92}$$

式中，⊙代表 K-R 积；+表示 Moore-Penrose 广义逆；diag 是生成对角矩阵的操作，其对角元等于括号内对应矢量的元素。由于四线性模型的内在循环对称性[141,178]，每种形式的四个表达式在数学意义上都彼此等价。四线性模型循环对称性的可视化见图 6-49。

如果忽略尺度化和列顺序，只要满足条件 $k_A+k_B+k_C+k_D\geqslant 2N+3$，其中 k_A、k_B、k_C和k_D分别是轮廓矩阵 **A**、**B**、**C** 和 **D** 的 k 秩，那么四线性成分模型的分解将是唯一的[176,178]。这里的分解唯一性可以确保分解出的轮廓具有物理意义。例如，一个荧光激发-发射-pH-样本四线性成分模型可以通过四线性分解得到四个方向上潜在的激发光谱、发射光谱、pH 轮廓和相对浓度轮廓。四线性成分模型分解的图形表达如图 6-50 所示。

(二) 四维平行因子分析（four-way PARAFAC）算法

平行因子分析算法一般通过交替最小二乘来实现[134,146]。对于四维，通过基于完全拓展矩阵的四线性模型，可以获得以下四个损失函数

$$\sigma(A)=\|X_{I\times JKL}-A(D\odot C\odot B)^{\mathrm{T}}\|_{\mathrm{F}}^{2} \tag{6-93}$$

$$\sigma(B)=\|X_{I\times JKL}-B(A\odot D\odot C)^{\mathrm{T}}\|_{\mathrm{F}}^{2} \tag{6-94}$$

$$\sigma(C)=\|X_{K\times LIJ}-C(B\odot A\odot D)^{\mathrm{T}}\|_{\mathrm{F}}^{2} \tag{6-95}$$

$$\sigma(D)=\|X_{L\times IJK}-D(C\odot B\odot A)^{\mathrm{T}}\|_{\mathrm{F}}^{2} \tag{6-96}$$

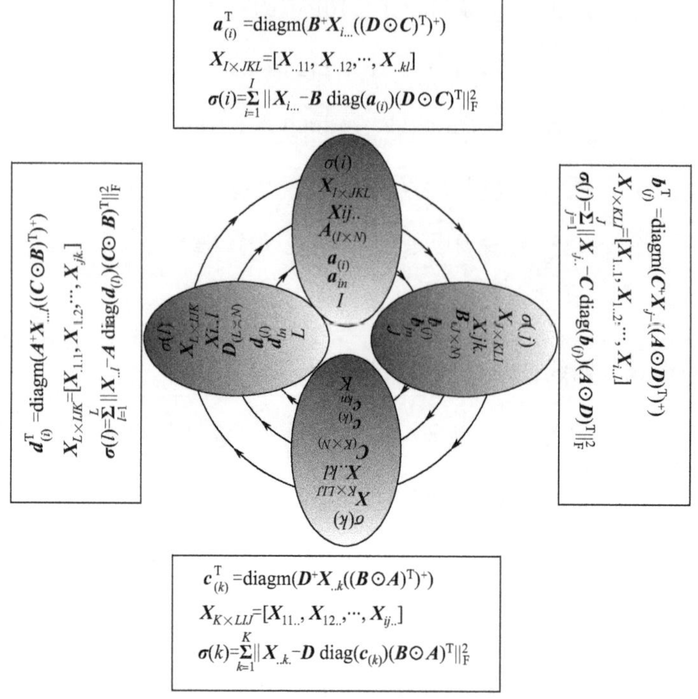

图 6-49 四线性模型循环对称性的可视化

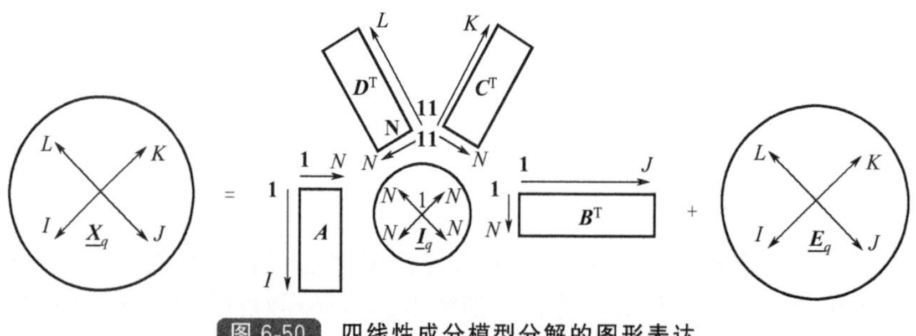

图 6-50 四线性成分模型分解的图形表达

可以用交替最小二乘法获得以下四个等式

$$\boldsymbol{A}=\boldsymbol{X}_{I\times JKL}[(\boldsymbol{D}\odot\boldsymbol{C}\odot\boldsymbol{B})^{T}]^{+} \tag{6-97}$$

$$\boldsymbol{B}=\boldsymbol{X}_{J\times KLI}[(\boldsymbol{A}\odot\boldsymbol{D}\odot\boldsymbol{C})^{T}]^{+} \tag{6-98}$$

$$\boldsymbol{C}=\boldsymbol{X}_{K\times LIJ}[(\boldsymbol{B}\odot\boldsymbol{A}\odot\boldsymbol{D})^{T}]^{+} \tag{6-99}$$

$$\boldsymbol{D}=\boldsymbol{X}_{L\times IJK}[(\boldsymbol{C}\odot\boldsymbol{B}\odot\boldsymbol{A})^{T}]^{+} \tag{6-100}$$

从而一个典型的四维平行因子分析算法的迭代过程可以简单概述如下

（1）估计因子数，N；

（2）随机初始化 $\boldsymbol{A}$、$\boldsymbol{B}$ 和 $\boldsymbol{C}$；

（3）使用等式（6-100）计算 $\boldsymbol{D}$；

（4）使用等式（6-97）计算 $\boldsymbol{A}$；

（5）使用等式（6-98）计算 $\boldsymbol{B}$；

（6）使用等式（6-99）计算 $\boldsymbol{C}$；

（7）逐列归一化 $\boldsymbol{A}$、$\boldsymbol{B}$ 和 $\boldsymbol{C}$；

（8）使用等式（6-100）计算 $\boldsymbol{D}$；

（9）重复步骤（4）～（8）直到满足一个停止准则。

算法的停止准则如下

$$\left|\frac{SSR^{(m)}-SSR^{(m-1)}}{SSR^{(m-1)}}\right|<\varepsilon \tag{6-101}$$

这里 $SSR^{(m)}=\|\underline{\boldsymbol{E}}_q\|_Q^2$；$m$ 是迭代数；$\|\underline{\boldsymbol{E}}_q\|_Q=\left(\sum_i^I\sum_j^J\sum_k^K\sum_l^L e_{ijkl}^2\right)^{1/2}$。通常 $\varepsilon=10^{-6}$，为了避免因陷入异常而导致的慢收敛（如陷入“沼泽”），设置最大迭代数为 3000。

（三）交替惩罚四线性分解（APQLD）算法

交替惩罚四线性分解算法可以看作交替惩罚三线性分解算法的扩展[177]。对于交替惩罚三线性分解算法的详细情况可以参阅文献［148］。按照交替惩罚三线性分解算法的理论，可以把它扩展到四维。这样，可以获得以下四个目标函数

$$\begin{aligned}S(\boldsymbol{A})=&\sum_{k=1}^K\sum_{l=1}^L\|\boldsymbol{X}_{..kl}-\boldsymbol{A}\mathrm{diag}(\boldsymbol{d}_{(l)})\mathrm{diag}(\boldsymbol{c}_{(k)})\boldsymbol{B}^{\mathrm{T}}\|_{\mathrm{F}}^2+\\&q\Big(\sum_{k=1}^K\sum_{l=1}^L\|(\boldsymbol{X}_{..kl}(\boldsymbol{B}^{\mathrm{T}})^{+}-\boldsymbol{A}\mathrm{diag}(\boldsymbol{d}_{(l)})\mathrm{diag}(\boldsymbol{c}_{(k)}))\|_{\mathrm{F}}^2\\&+\sum_{j=1}^J\sum_{k=1}^K\|\mathrm{sqrt}(\boldsymbol{W}_{\boldsymbol{D}})(\boldsymbol{D}^{+}\boldsymbol{X}_{jk..}-\mathrm{diag}(\boldsymbol{c}_{(k)})\mathrm{diag}(\boldsymbol{b}_{(j)})\boldsymbol{A}^{\mathrm{T}})\|_{\mathrm{F}}^2\Big)\end{aligned} \tag{6-102}$$

$$\begin{aligned}S(\boldsymbol{B})=&\sum_{l=1}^L\sum_{i=1}^I\|\boldsymbol{X}_{i..l}-\boldsymbol{B}\mathrm{diag}(\boldsymbol{a}_{(i)})\mathrm{diag}(\boldsymbol{d}_{(l)})\boldsymbol{C}^{\mathrm{T}}\|_{\mathrm{F}}^2+\\&r\Big(\sum_{l=1}^L\sum_{i=1}^I\|(\boldsymbol{X}_{i..l}(\boldsymbol{C}^{\mathrm{T}})^{+}-\boldsymbol{B}\mathrm{diag}(\boldsymbol{a}_{(i)})\mathrm{diag}(\boldsymbol{d}_{(l)}))\|_{\mathrm{F}}^2\\&+\sum_{k=1}^K\sum_{l=1}^L\|\mathrm{sqrt}(\boldsymbol{W}_{\boldsymbol{A}})(\boldsymbol{A}^{+}\boldsymbol{X}_{..kl}-\mathrm{diag}(\boldsymbol{d}_{(l)})\mathrm{diag}(\boldsymbol{c}_{(k)})\boldsymbol{B}^{\mathrm{T}})\|_{\mathrm{F}}^2\Big)\end{aligned} \tag{6-103}$$

$$\begin{aligned}S(\boldsymbol{C})=&\sum_{i=1}^I\sum_{j=1}^J\boldsymbol{X}_{ij..}-\boldsymbol{C}\mathrm{diag}(\boldsymbol{b}_{(j)})\mathrm{diag}(\boldsymbol{a}_{(i)})\boldsymbol{D}^{\mathrm{T}}\|_{\mathrm{F}}^2+\\&s\Big(\sum_{i=1}^I\sum_{j=1}^J\|(\boldsymbol{X}_{ij..}(\boldsymbol{D}^{\mathrm{T}})^{+}-\boldsymbol{C}\mathrm{diag}(\boldsymbol{b}_{(j)})\mathrm{diag}(\boldsymbol{a}_{(i)}))\|_{\mathrm{F}}^2\\&+\sum_{l=1}^L\sum_{i=1}^I\|\mathrm{sqrt}(\boldsymbol{W}_{\boldsymbol{B}})(\boldsymbol{B}^{+}\boldsymbol{X}_{i...l}-\mathrm{diag}(\boldsymbol{a}_{(i)})\mathrm{diag}(\boldsymbol{d}_{(l)})\boldsymbol{C}^{\mathrm{T}})\|_{\mathrm{F}}^2\Big)\end{aligned} \tag{6-104}$$

$$S(\boldsymbol{D})=\sum_{j=1}^J\sum_{k=1}^K\|\boldsymbol{X}_{.jk.}-\boldsymbol{D}\mathrm{diag}(\boldsymbol{c}_{(k)})\mathrm{diag}(\boldsymbol{b}_{(j)})\boldsymbol{A}^{\mathrm{T}}\|_{\mathrm{F}}^2+$$

$$p\left(\sum_{j=1}^{J}\sum_{k=1}^{K}\|(\boldsymbol{X}_{.jk.}(\boldsymbol{A}^{\mathrm{T}})^{+}-\boldsymbol{D}\mathrm{diag}(\boldsymbol{c}_{(k)})\mathrm{diag}(\boldsymbol{b}_{(j)}))\|_{\mathrm{F}}^{2}\right.$$

$$\left.+\sum_{i=1}^{I}\sum_{j=1}^{J}\|\mathrm{sqrt}(\boldsymbol{W_C})(\boldsymbol{C}^{+}\boldsymbol{X}_{ij..}-\mathrm{diag}(\boldsymbol{b}_{(j)})\mathrm{diag}(\boldsymbol{a}_{(i)})\boldsymbol{D}^{\mathrm{T}})\|_{\mathrm{F}}^{2}\right) \tag{6-105}$$

这里 diag（•）表示把矢量变成以矢量元素为对角元素的矩阵；diagm（•）表示对矩阵取对角元素而变为矢量；sqrt 表示平方根操作。

$$\boldsymbol{W_A}=\mathrm{diag}(\boldsymbol{1}./\mathrm{diagm}(\boldsymbol{A}^{\mathrm{T}}\boldsymbol{A}))$$

$$\boldsymbol{W_B}=\mathrm{diag}(\boldsymbol{1}./\mathrm{diagm}(\boldsymbol{B}^{\mathrm{T}}\boldsymbol{B}))$$

$$\boldsymbol{W_C}=\mathrm{diag}(\boldsymbol{1}./\mathrm{diagm}(\boldsymbol{C}^{\mathrm{T}}\boldsymbol{C}))$$

$$\boldsymbol{W_D}=\mathrm{diag}(\boldsymbol{1}./\mathrm{diagm}(\boldsymbol{D}^{\mathrm{T}}\boldsymbol{D}))$$

按照以上的目标函数，可以利用交替最小二乘原理，即固定 $\boldsymbol{A}$、$\boldsymbol{B}$ 和 $\boldsymbol{C}$，最小化 $\boldsymbol{S}(\boldsymbol{D})$ 而获 $\boldsymbol{D}$；固定 $\boldsymbol{B}$、$\boldsymbol{C}$ 和 $\boldsymbol{D}$，最小化 $\boldsymbol{S}(\boldsymbol{A})$ 而获 $\boldsymbol{A}$；固定 $\boldsymbol{C}$、$\boldsymbol{D}$ 和 $\boldsymbol{A}$，最小化 $\boldsymbol{S}(\boldsymbol{B})$ 而获 $\boldsymbol{B}$；固定 $\boldsymbol{D}$、$\boldsymbol{A}$ 和 $\boldsymbol{B}$，最小化 $\boldsymbol{S}(\boldsymbol{C})$ 而获 $\boldsymbol{C}$。从而可以获得以下四个等式

$$\boldsymbol{D}=\left(\sum_{j=1}^{J}\sum_{k=1}^{K}\boldsymbol{X}_{.jk.}(\boldsymbol{A}+p(\boldsymbol{A}^{+})^{\mathrm{T}}\boldsymbol{W_A})\mathrm{diag}(\boldsymbol{b}_{(j)})\mathrm{diag}(\boldsymbol{c}_{(k)})+\right.$$

$$\left.p\sum_{i=1}^{I}\sum_{j=1}^{J}\boldsymbol{X}_{ij..}^{\mathrm{T}}(\boldsymbol{C}^{+})^{\mathrm{T}}\boldsymbol{W_C}\mathrm{diag}(\boldsymbol{a}_{(i)})\mathrm{diag}(\boldsymbol{b}_{(j)})\right)$$

$$=\left(\sum_{j=1}^{J}\sum_{k=1}^{K}\mathrm{diag}(\boldsymbol{b}_{(j)})\mathrm{diag}(\boldsymbol{c}_{(k)})(\boldsymbol{A}^{\mathrm{T}}\boldsymbol{A}+p\boldsymbol{W}_A)\mathrm{diag}(\boldsymbol{b}_{(j)})\mathrm{diag}(\boldsymbol{c}_{(k)})+\right.$$

$$\left.p\sum_{i=1}^{I}\sum_{j=1}^{J}\boldsymbol{W_C}(\mathrm{diag}(\boldsymbol{a}_{(i)})\mathrm{diag}(\boldsymbol{b}_{(j)}))^{2}\right)^{+} \tag{6-106}$$

$$\boldsymbol{A}=\left(\sum_{k=1}^{K}\sum_{l=1}^{L}\boldsymbol{X}_{..kl}(\boldsymbol{B}+q(\boldsymbol{B}^{+})^{\mathrm{T}}\boldsymbol{W_B})\mathrm{diag}(\boldsymbol{c}_{(k)})\mathrm{diag}(\boldsymbol{d}_{(l)}))+\right.$$

$$\left.q\sum_{j=1}^{J}\sum_{k=1}^{K}\boldsymbol{X}_{.jk.}^{\mathrm{T}}(\boldsymbol{D}^{+})^{\mathrm{T}}\boldsymbol{W_D}\mathrm{diag}(\boldsymbol{b}_{(j)})\mathrm{diag}(\boldsymbol{c}_{(k)})\right)$$

$$=\left(\sum_{k=1}^{K}\sum_{l=1}^{L}\mathrm{diag}(\boldsymbol{c}_{(k)})\mathrm{diag}(\boldsymbol{d}_{(l)})(\boldsymbol{B}^{\mathrm{T}}\boldsymbol{B}+q\boldsymbol{W_B})\mathrm{diag}(\boldsymbol{c}_{(k)})\mathrm{diag}(\boldsymbol{d}_{(l)})+\right.$$

$$\left.q\sum_{j=1}^{J}\sum_{k=1}^{K}\boldsymbol{W_D}(\mathrm{diag}(\boldsymbol{b}_{(j)})\mathrm{diag}(\boldsymbol{c}_{(k)}))^{2}\right)^{+} \tag{6-107}$$

$$\boldsymbol{B}=\left(\sum_{l=1}^{L}\sum_{i=1}^{I}\boldsymbol{X}_{i..l}(\boldsymbol{C}+r(\boldsymbol{C}^{+})^{\mathrm{T}}W_{C})\mathrm{diag}(\boldsymbol{d}_{(l)})\mathrm{diag}(\boldsymbol{a}_{(i)}))+\right.$$

$$\left.r\sum_{k=1}^{K}\sum_{l=1}^{L}\boldsymbol{X}_{..kl}^{\mathrm{T}}(\boldsymbol{A}^{+})^{\mathrm{T}}\boldsymbol{W_A}\mathrm{diag}(\boldsymbol{c}_{(k)})\mathrm{diag}(\boldsymbol{d}_{(l)})\right)$$

$$=\left(\sum_{l=1}^{L}\sum_{i=1}^{I}\text{diag}(\boldsymbol{d}_{(l)})\text{diag}(\boldsymbol{a}_{(i)})(\boldsymbol{C}^{\text{T}}\boldsymbol{C}+r\boldsymbol{W}_{\boldsymbol{C}})\text{diag}(\boldsymbol{d}_{(l)})\text{diag}(\boldsymbol{a}_{(i)})+\right.$$
$$\left.r\sum_{k=1}^{K}\sum_{l=1}^{L}\boldsymbol{W}_{\boldsymbol{A}}(\text{diag}(\boldsymbol{c}_{(k)})\text{diag}(\boldsymbol{d}_{(l)}))^2\right)^{+} \tag{6-108}$$

$$\boldsymbol{C}=\left(\sum_{i=1}^{I}\sum_{j=1}^{J}\boldsymbol{X}_{ij..}(\boldsymbol{D}+s(\boldsymbol{D}^{+})^{\text{T}}\boldsymbol{W}_{\boldsymbol{D}})\text{diag}(\boldsymbol{a}_{(i)})\text{diag}(\boldsymbol{b}_{(j)}))+\right.$$
$$\left.s\sum_{l=1}^{L}\sum_{i=1}^{I}\boldsymbol{X}_{i..l}^{\text{T}}(\boldsymbol{B}^{+})^{\text{T}}\boldsymbol{W}_{\boldsymbol{B}}\text{diag}(\boldsymbol{d}_{(l)})\text{diag}(\boldsymbol{a}_{(i)})\right)$$
$$=\left(\sum_{i=1}^{I}\sum_{j=1}^{J}\text{diag}(\boldsymbol{a}_{(i)})\text{diag}(\boldsymbol{b}_{(j)})(\boldsymbol{D}^{\text{T}}\boldsymbol{D}+s\boldsymbol{W}_{\boldsymbol{D}})\text{diag}(\boldsymbol{a}_{(i)})\text{diag}(\boldsymbol{b}_{(j)})+\right.$$
$$\left.s\sum_{l=1}^{L}\sum_{i=1}^{I}\boldsymbol{W}_{\boldsymbol{B}}(\text{diag}(\boldsymbol{d}_{(l)})\text{diag}(\boldsymbol{a}_{(i)}))^2\right)^{+} \tag{6-109}$$

APQLD算法的迭代过程同四维PARAFAC算法相似。不同的是APQLD算法还需要在第一步给惩罚因子p、q、r和s赋以数值。从理论上讲，惩罚因子的数值应当要赋以无穷大，因而可以对它们取以非常大的值，而不必过多考虑这些参数的选择。一般选择$p=q=r=s=10^{20}$。

（四）交替加权残差约束四线性分解（AWRCQLD）算法

交替加权残差约束四线性分解算法，以四线性模型的不完全扩展矩阵形式出发进行算法构建，通过设计一种独特而合理的加权残差函数作为四线性模型损失函数的约束项，并选取合适的约束系数使目标函数既能兼顾四维平行因子具有强的噪声容忍能力的优势，又能兼顾交替惩罚四线性分解算法的收敛速度快和对组分数不敏感的优点[179]。算法构建具体如下，基于四线性模型的不完全扩展的矩阵形式，可以获得以下四个新的残差函数

$$\sigma(\boldsymbol{A})=\sum_{l=1}^{L}\|\boldsymbol{X}_{..l}-\boldsymbol{A}\text{diag}(\boldsymbol{d}_{(l)})(\boldsymbol{C}\odot\boldsymbol{B})^{\text{T}}\|_{\text{F}}^{2}+$$
$$\lambda_{\boldsymbol{A}}\sum_{l=1}^{L}\|(\boldsymbol{X}_{..l}((\boldsymbol{C}\odot\boldsymbol{B})^{\text{T}})^{+}-\boldsymbol{A}\text{diag}(\boldsymbol{d}_{(l)}))\boldsymbol{W}_{\boldsymbol{D}}\|_{\text{F}}^{2} \tag{6-110}$$

$$\sigma(\boldsymbol{B})=\sum_{i=1}^{I}\|\boldsymbol{X}_{i..}-\boldsymbol{B}\text{diag}(\boldsymbol{a}_{(i)})(\boldsymbol{D}\odot\boldsymbol{C})^{\text{T}}\|_{\text{F}}^{2}+$$
$$\lambda_{\boldsymbol{B}}\sum_{i=1}^{I}\|(\boldsymbol{X}_{i...}((\boldsymbol{D}\odot\boldsymbol{C})^{\text{T}})^{+}-\boldsymbol{B}\text{diag}(\boldsymbol{a}_{(i)}))\boldsymbol{W}_{\boldsymbol{A}}\|_{\text{F}}^{2} \tag{6-111}$$

$$\sigma(\boldsymbol{C})=\sum_{j=1}^{J}\|\boldsymbol{X}_{.j..}-\boldsymbol{C}\text{diag}(\boldsymbol{b}_{(j)})(\boldsymbol{A}\odot\boldsymbol{D})^{\text{T}}\|_{\text{F}}^{2}+$$
$$\lambda_{\boldsymbol{C}}\sum_{j=1}^{J}\|(\boldsymbol{X}_{.j..}((\boldsymbol{A}\odot\boldsymbol{D})^{\text{T}})^{+}-\boldsymbol{C}\text{diag}(\boldsymbol{b}_{(j)}))\boldsymbol{W}_{\boldsymbol{B}}\|_{\text{F}}^{2} \tag{6-112}$$

$$\sigma(\boldsymbol{D})=\sum_{k=1}^{K}\|\boldsymbol{X}_{..k.}-\boldsymbol{D}\text{diag}(\boldsymbol{c}_{(k)})(\boldsymbol{B}\odot\boldsymbol{A})^{\text{T}}\|_{\text{F}}^{2}+$$

$$\lambda_{\boldsymbol{D}}\sum_{k=1}^{K}\|(\boldsymbol{X}_{..k.}((\boldsymbol{B}\odot\boldsymbol{A})^{\mathrm{T}})^{+}-\boldsymbol{D}\operatorname{diag}(\boldsymbol{c}_{(k)}))\boldsymbol{W}_{\boldsymbol{C}}\|_{\mathrm{F}}^{2} \tag{6-113}$$

式中，$\boldsymbol{W}_{\boldsymbol{D}}=\operatorname{diag}(\operatorname{sqrt}(\mathbf{1}./\operatorname{diagm}(\boldsymbol{D}^{\mathrm{T}}\boldsymbol{D})))$；$\boldsymbol{W}_{\boldsymbol{A}}=\operatorname{diag}(\operatorname{sqrt}(\mathbf{1}./\operatorname{diagm}(\boldsymbol{A}^{\mathrm{T}}\boldsymbol{A})))$；$\boldsymbol{W}_{\boldsymbol{B}}=\operatorname{diag}(\operatorname{sqrt}(\mathbf{1}./\operatorname{diagm}(\boldsymbol{B}^{\mathrm{T}}\boldsymbol{B})))$；$\boldsymbol{W}_{\boldsymbol{C}}=\operatorname{diag}(\operatorname{sqrt}(\mathbf{1}./\operatorname{diagm}(\boldsymbol{C}^{\mathrm{T}}\boldsymbol{C})))$；$\lambda_{\boldsymbol{A}}$，$\lambda_{\boldsymbol{B}}$，$\lambda_{\boldsymbol{C}}$ 和 $\lambda_{\boldsymbol{D}}$ 是约束系数，用以平衡构建的新的加权残差函数和四不完全扩展矩阵形式的四线性模型的损失函数两个部分的特性。根据交替最小二乘原理，通过交替优化以上四个目标函数，可以获得如下的最终结果

$$\boldsymbol{A}=\Big(\sum_{l=1}^{L}\boldsymbol{X}_{...l}((\boldsymbol{C}\odot\boldsymbol{B})+\lambda_{\boldsymbol{A}}((\boldsymbol{C}\odot\boldsymbol{B})^{\mathrm{T}})^{+}\boldsymbol{W}_{\boldsymbol{D}}\boldsymbol{W}_{\boldsymbol{D}})\operatorname{diag}(\boldsymbol{d}_{(l)})\Big)\times$$
$$\Big(\sum_{l=1}^{L}\operatorname{diag}(\boldsymbol{d}_{(l)})((\boldsymbol{C}\odot\boldsymbol{B})^{\mathrm{T}}(\boldsymbol{C}\odot\boldsymbol{B})+\lambda_{\boldsymbol{A}}\boldsymbol{W}_{\boldsymbol{D}}\boldsymbol{W}_{\boldsymbol{D}})\operatorname{diag}(\boldsymbol{d}_{(l)})\Big)^{+} \tag{6-114}$$

$$\boldsymbol{B}=\Big(\sum_{i=1}^{I}\boldsymbol{X}_{i...}((\boldsymbol{D}\odot\boldsymbol{C})+\lambda_{\boldsymbol{B}}((\boldsymbol{D}\odot\boldsymbol{C})^{\mathrm{T}})^{+}\boldsymbol{W}_{\boldsymbol{A}}\boldsymbol{W}_{\boldsymbol{A}}\Big)\operatorname{diag}(\boldsymbol{a}_{(i)}))\times$$
$$\Big(\sum_{i=1}^{I}\operatorname{diag}(\boldsymbol{a}_{(i)})((\boldsymbol{D}\odot\boldsymbol{C})^{\mathrm{T}}(\boldsymbol{D}\odot\boldsymbol{C})+\lambda_{\boldsymbol{B}}\boldsymbol{W}_{\boldsymbol{A}}\boldsymbol{W}_{\boldsymbol{A}})\operatorname{diag}(\boldsymbol{a}_{(i)})\Big)^{+} \tag{6-115}$$

$$\boldsymbol{C}=\Big(\sum_{j=1}^{J}\boldsymbol{X}_{.j..}((\boldsymbol{A}\odot\boldsymbol{D})+\lambda_{\boldsymbol{C}}((\boldsymbol{A}\odot\boldsymbol{D})^{\mathrm{T}})^{+}\boldsymbol{W}_{\boldsymbol{B}}\boldsymbol{W}_{\boldsymbol{B}}\Big)\operatorname{diag}(\boldsymbol{b}_{(i)}))\times$$
$$\Big(\sum_{j=1}^{J}\operatorname{diag}(\boldsymbol{b}_{(j)})((\boldsymbol{A}\odot\boldsymbol{D})^{\mathrm{T}}(\boldsymbol{A}\odot\boldsymbol{D})+\lambda_{\boldsymbol{C}}\boldsymbol{W}_{\boldsymbol{B}}\boldsymbol{W}_{\boldsymbol{B}})\operatorname{diag}(\boldsymbol{b}_{(j)})\Big)^{+} \tag{6-116}$$

$$\boldsymbol{D}=\Big(\sum_{k=1}^{K}\boldsymbol{X}_{..k.}((\boldsymbol{B}\odot\boldsymbol{A})+\lambda_{\boldsymbol{D}}((\boldsymbol{B}\odot\boldsymbol{A})^{\mathrm{T}})^{+}\boldsymbol{W}_{\boldsymbol{C}}\boldsymbol{W}_{\boldsymbol{C}}\Big)\operatorname{diag}(\boldsymbol{c}_{(k)}))\times$$
$$\Big(\sum_{k=1}^{K}\operatorname{diag}(\boldsymbol{c}_{(k)})((\boldsymbol{B}\odot\boldsymbol{A})^{\mathrm{T}}(\boldsymbol{B}\odot\boldsymbol{A})+\lambda_{\boldsymbol{D}}\boldsymbol{W}_{\boldsymbol{C}}\boldsymbol{W}_{\boldsymbol{C}})\operatorname{diag}(\boldsymbol{c}_{(k)})\Big)^{+} \tag{6-117}$$

该算法拥有同时具备对组分数不敏感、收敛速度快以及对噪声容忍能力强的优势。

第五节　黑色分析体系的多元分辨方法

对于分析试样毫无验前信息，即有关其物种数、哪几种化学物种及其浓度范围皆不清楚，分析化学的任务是首先确定其物种数，进而解析出各纯物种的谱图（可以是光谱、波谱等），即将其首先转化成为白色分析体系，然后进行定量分析。这类分析体系是分析化学中最难的一类体系，因其像个黑匣子，故我们称之为“黑色分析体系”。这类分析体系，在分析化学实践中不少见，很多中药样本就可以视为黑色分析体系。但我们需注意到，在此讨论的体系实际上还只局限于那些已经过适当预处理，可以直接进样的样本。事实上，任何分析仪器，尤其是色谱分析仪，其前处理是分析是否成功的关键步骤，此情况正如我国色谱前辈卢佩章院士所言，色谱分析的要点就是要求其“流得出，分得开”，如结合这里所讨论的化学计量学方法，所谓对“黑色分析体系”的解析，就是在“分得开”这方面做文章，以提高

色谱的分辨能力。所以，这里所讨论的黑色分析体系的解析方法，又可称为多元分辨方法。

分析化学计量学家们已研究出了不少基于高维分析仪器的多元分辨方法，包括矩阵数据结构和张量数据结构的化学计量学的多元分辨解析方法，尤其是对于色谱联用仪器，如液相色谱与二极管阵列联用仪（HPLC-DAD）、气相色谱与质谱联用仪（GC-MS）、气相色谱与红外光谱联用仪（GC-IR）等所产生的矩阵数据，已发展了一系列解析新方法，如结合色谱保留指数定性，在线质谱解析和智能数据库技术，可望解决黑色分析体系的快速定性定量分析问题。

黑色分析体系的分辨算法将以矩阵分辨算法和张量分辨算法为线索展开。从理论上说，基于矩阵分辨的方法从纯数学角度来说，应难以得到有物理意义的唯一解。但是，如果存在一些具有特殊条件的数据，其中特别是色谱联用仪器所产生的二维数据，情况就发生了变化。这些仪器包括液相色谱与二极管阵列联用仪（HPLC-DAD）、气相色谱与质谱联用仪（GC-MS）、气相色谱与红外光谱联用仪（GC-IR）、液相色谱与二极管阵列联用仪（HPLC-DAD）等。因这些数据不但同时包含了光谱和色谱的信息，而且色谱还具备很强的分离特性，可使一个很复杂的混合体系分解成为相对简单的子系统，并且这些子系统还同时具有一些别的有用特征，这就为分析化学计量学家们提供了机会。近十几年来，基于自模式曲线分辨法，分析化学计量学家们提出了很多的新算法，对于一般的色谱重叠峰，均可给出令人满意的结果，如渐进因子分析法、窗口因子分析法、直观推导式演进特征投影法、正交投影分辨法、子窗口因子分析法等。

一、基于主成分分析的体系组分数确定方法

借主成分分析确定体系独立组分数的有关理论和方法，是黑色分析体系解析的至关重要的第一步。多年来有关此方面已有较多研究[180～185]，Malinowski 对此进行了全面系统的研究，提出了因子分析（主成分分析）的误差理论[186]，并给出了几种确定化学混合体系物种数的判别标准，下面将对这些内容给出较详细的介绍。

所谓主成分分析（principal component analysis），又称因子分析（factor analysis），这两种方法在数学上就是对数据量测矩阵的协方差阵进行正交变换，以找到量测矩阵的协方差阵的特征值和特征向量，继而确定体系的主成分或主因子，对于这里将要讨论的黑色分析体系，实际就是该化学混合体系的纯物种数。利用化学混合体系的量测数据矩阵直接进行组分数的确定，一直是化学计量学研究的热点问题，它在物理化学和分析化学中有着十分重要的应用，如不可分离的平衡体系中及联用仪器所产生的二维数据中的物种数的确定等。

设 $\boldsymbol{X}$ 为化合物光谱的量测矩阵。其中 x_{ij} 为第 i 个混合物在第 j 个波长（或更一般地称为敏感通道 i）的量测值，在此对混合物样本有一限制，即每个混合物中各组分的相对浓度应不尽相同或对应成比例，用矩阵可具体表示为：

$$\boldsymbol{X}=\begin{bmatrix} x_{11} & x_{12} & \cdots & x_{1n} \\ x_{21} & x_{22} & \cdots & x_{2n} \\ \vdots & \vdots & & \vdots \\ x_{m1} & x_{m2} & \cdots & x_{mn} \end{bmatrix}$$

式中，m 为混合物波谱数目；n 为波长（分析通道）数目。一般要求 m 和 n 都大于体系实际存在的独立组分数（即体系的纯物种数）。

显然，如不存在量测误差，则 $\boldsymbol{X}$ 矩阵的秩就代表体系中存在的独立组分数，这是因为矩阵的秩就代表此矩阵中线性无关的向量的个数，为一纯数学秩。确定矩阵秩的方法有几种，本章主要介绍主成分分析的方法。

先求出量测矩阵 $\boldsymbol{X}$ 的协方差阵 $\boldsymbol{Z}$，

$$\boldsymbol{Z}=\boldsymbol{X}^{t}\boldsymbol{X} \tag{6-118}$$

协方差阵 $\boldsymbol{Z}$ 为对称正定矩阵，这样就可采用正交变换的方法来求出它的特征值和特征向量，不为零的特征值的个数就是矩阵的秩。如设 $\boldsymbol{X}^*$ 为不含任何误差的数阵，则有

$$\boldsymbol{Q}^{*t}\boldsymbol{X}^{*t}\boldsymbol{X}^{*}\boldsymbol{Q}^{*}=\begin{bmatrix} \lambda_1^* & 0 & \cdots & 0 & 0 & \cdots & 0 \\ 0 & \lambda_2^* & \cdots & 0 & 0 & \cdots & 0 \\ \vdots & \vdots & \vdots & \vdots & \vdots & \vdots & \vdots \\ 0 & 0 & \cdots & \lambda_d^* & 0 & \cdots & 0 \\ 0 & 0 & \cdots & 0 & 0 & \cdots & 0 \\ \vdots & \vdots & \vdots & \vdots & \vdots & \vdots & \vdots \\ 0 & 0 & \cdots & 0 & 0 & \cdots & 0 \end{bmatrix} \tag{6-119}$$

式中，d 为独立组分数，且 $\lambda_i^* > \lambda_{x+1}^*$；$\boldsymbol{Q}^*$ 为 $\boldsymbol{X}^*$ 所对应的正交特征向量矩阵。然而，实际上任何量测都存在误差，即

$$\boldsymbol{X}=\boldsymbol{X}^{*}+\boldsymbol{E} \tag{6-120}$$

式中，$\boldsymbol{E}$ 为误差矩阵。如果直接对量测矩阵 $\boldsymbol{X}$ 的协方差阵 $\boldsymbol{Z}$ 进行正交分解，一般可得

$$\boldsymbol{Q}^{t}\boldsymbol{X}^{t}\boldsymbol{X}\boldsymbol{Q}=\begin{bmatrix} \lambda_1 & 0 & \cdots & 0 & 0 & \cdots & 0 \\ 0 & \lambda_2 & \cdots & 0 & 0 & \cdots & 0 \\ \vdots & \vdots & \vdots & \vdots & \vdots & \vdots & \vdots \\ 0 & 0 & \cdots & \lambda_d & 0 & \cdots & 0 \\ 0 & 0 & \cdots & 0 & \lambda_{d+1} & \cdots & 0 \\ \vdots & \vdots & \vdots & \vdots & \vdots & \vdots & \vdots \\ 0 & 0 & \cdots & 0 & 0 & \cdots & \lambda_n \end{bmatrix}$$

原先那些为零的特征值因误差的影响都转变成非零，仍然有 $\lambda_i > \lambda_{i+1}$。这样，探讨体系中的独立组分数（主因子数）的问题，就转换成在误差的影响之下，式（6-119）右边对角阵中原为零的特征值将会怎样转化为非零，以及如何来确定存在误差的矩阵 $\boldsymbol{X}$ 的独立组分数的问题。

（一）误差扰动下的协方差阵特征值变化限制

令 $\boldsymbol{Z}^*=\boldsymbol{X}^{*t}\boldsymbol{X}^*$，由式（6-118）和式（6-120），可求得

$$Z = X^t X = (X^* + E)^t (X^* + E)$$
$$= X^{*t} X^* + X^{*t} E + E^t X^* + E^t E$$
$$= Z^* + \delta Z$$

Z^* 在 δZ 扰动的影响下，其特征值会发生什么样的变化，变化的幅度受什么限制？在此，可采用形式求变分的方法，并略去二阶以上的小量，即可求出特征值 λ_i^* （$i=1, 2, \cdots, d$）的变化情况。根据特征值与特征向量的性质，式 $Q^{*t} X^{*t} X^* Q^* = [\lambda_i^*]$ 可写成如下形式：

$$Z^* q_j^* = \lambda_j^* q_j^*$$

式中，q_j 为矩阵 Q^* 中第 j 个列向量；λ_j^* 为其相对应特征向量的特征值，当 $j>d$ 时，皆为零。对上式微分得：

$$\delta(Z^*) q_j^* + Z^* \delta q_j^* = \lambda_j^* \delta(q_j^*) + \delta(\lambda_j^*) q_j^*$$

两边对相应特征向量 q^{*t} 作内积

$$q_j^{*t} \delta(Z^*) q_j^* + q_j^{*t} Z^* \delta q_j^* = \lambda_j^* q_j^{*t} \delta(q_j^*) + \delta(\lambda_j^*) q_j^{*t} q_j^*$$

因 Z^* 为一对称阵，即有

$$q_j^{*t} Z^* = (\lambda_j^* q_j^*)^t = \lambda_j^* q_j^{*t}$$

这样，就可将前式左边的第二项和右边的第一项略去，所以有

$$q_j^{*t} \delta(Z^*) q_j^* = \delta(\lambda_j^*) q_j^{*t} q_j{}^*$$

即得

$$\delta(\lambda_j^*) = q_j^{*t} \delta(Z^*) q_j^* / (q_j^{*t} q_j^*)$$

对上式取模得

$$|\delta(\lambda_j^*)| = \| q_j^* \| \| \delta(Z^*) \| \| q_j^* \| / \| q_j^* \|^2$$

式中，$\|\cdot\|$ 表示任意一种矩阵范数。

因 Q^* 为一正交矩阵，所以有 $\| q_j^* \|^2 = 1$，亦即 $\| q_j^* \| = 1$，于是，上式可化为

$$|\delta(\lambda_j^*)| \leqslant \| \delta(Z^*) \| \tag{6-121}$$

从式（6-121）可以看出，所有实对称矩阵的特征值问题是良态的，它仅与 $\delta(Z^*)$ 的范数有关，而主成分分析中所遇到的数据协方差阵 Z 均系实对称矩阵，这就为借主成分分析来确定体系独立组分数提供了理论依据。

仍从式（6-121）可以看出，$|\delta(\lambda_j^*)| < \| \delta(Z^*) \|$，如采用极大范数，则 $|\delta(\lambda_j^*)|$ 要小于 $\delta(Z^*)$ 矩阵的最大特征值，这提示我们如按（$X^{*t}E + E^t X^* + E^t E$）构成 $\delta(Z^*)$ 矩阵，再求出它的特征值，即可得出 $|\delta(\lambda_j^*)|$ 的上限，据此即可判断体系中至少含有多少个独立组分数。

（二）因子分析的误差理论

由于实验误差，任何数据量测矩阵皆可表示为两部分，即

$$x_{ij}=x_{ij}^{*}+e_{ij} \tag{6-122}$$

实际上，此式也就是如式（6-120）的标量式。另外，根据 $\boldsymbol{Q}^{\mathrm{t}}\boldsymbol{X}^{\mathrm{t}}\boldsymbol{XQ}$，并令 $\boldsymbol{U}=\boldsymbol{XQ}$，则有

$$\boldsymbol{X}=\boldsymbol{UQ}^{\mathrm{t}}$$

注意到在此我们利用了 $\boldsymbol{Q}$ 矩阵是正交矩阵的性质。根据矩阵乘法法则可得

$$x_{ij}=\sum_{k=1}^{n}u_{ik}q_{kj} \tag{6-123}$$

而根据 $\boldsymbol{Q}^{*\mathrm{t}}\boldsymbol{X}^{*\mathrm{t}}\boldsymbol{X}^{*}\boldsymbol{Q}^{*}$ 式，并令 $\boldsymbol{X}^{*}=\boldsymbol{U}^{*}\boldsymbol{Q}^{*\mathrm{t}}$，则有

$$x_{ij}^{*}=\sum_{k=1}^{d}u_{ik}^{*}q_{kj}^{*} \tag{6-124}$$

上述两式说明，$\boldsymbol{X}$ 可由 n 个相互正交的向量 $\boldsymbol{q}_j$（$j=1$，2，…，n）线性表示，而 $\boldsymbol{X}^{*}$ 则可由 d 个相互正交的向量 $\boldsymbol{q}_j^{*}$（$j=1$，2，…，d）线性表出，因误差阵 $\boldsymbol{E}$ 包括在量测矩阵 $\boldsymbol{X}$ 之中，所以有

$$e_{ij}=\sum_{k=1}^{d}\sigma_{ik}^{+}q_{kj}+\sum_{k=d+1}^{n}\sigma_{ik}^{\circ}q_{kj} \tag{6-125}$$

即，误差矩阵 $\boldsymbol{E}$ 也可以根据量测矩阵 $\boldsymbol{X}$ 所求得的正交矩阵 $\boldsymbol{Q}$ 来线性表示，在此，我们有意将其分成两部分，第一部分 $\sum\sigma_{ik}^{+}q_{kj}$，它包含前 d 个大特征值所对应的特征向量 $\boldsymbol{q}_j$（$j=1$，2，…，d），Malinowski 将这 d 个特征向量称为主轴；第二部分为 $\sum\sigma_{ik}^{\circ}q_{kj}$，属于纯粹由量测误差而引出的那部分特征向量 $\boldsymbol{q}_j$（$j=d+1$，$d+2$，…，n），一般说来它们所对应的特征值都很小，Malinowski 将它们称为次轴[8]。

将式（6-122）用式（6-124）和式（6-125）来表示，可得

$$x_{ij}=\sum_{k=1}^{d}(u_{ik}^{*}q_{kj}^{*}+\sigma_{ik}^{+}q_{kj})+\sum_{k=d+1}^{n}\sigma_{ik}^{\circ}q_{kj} \tag{6-126}$$

对照式（6-123），令 $u_{ik}=u_{ik}^{*}q_{kj}^{*}/q_{kj}+\sigma_{ik}^{+}$，那么，式（6-126）可写成

$$x_{ij}=\sum_{k=1}^{d}(u_{ik}q_{kj})+\sum_{k=d+1}^{n}\sigma_{ik}^{\circ}q_{kj}$$

如写成矩阵的形式，则有

$$\boldsymbol{X}=\boldsymbol{U}^{*}\boldsymbol{Q}^{\mathrm{t}}+\Delta\boldsymbol{Q}^{\mathrm{t}} \tag{6-127}$$

上式中的 $\boldsymbol{Q}$ 即为式 $\boldsymbol{X}=\boldsymbol{UQ}^{\mathrm{t}}$ 中的特征向量阵，而

$$\boldsymbol{U}^* = \begin{bmatrix} u_{11}^* & \cdots & u_{1d}^* & 0 & \cdots & 0 \\ u_{21}^* & \cdots & u_{2d}^* & 0 & \cdots & 0 \\ \vdots & \vdots & \vdots & \vdots & \vdots & \vdots \\ u_{m1}^* & \cdots & u_{md}^* & 0 & \cdots & 0 \end{bmatrix} \tag{6-128}$$

$$\boldsymbol{\Delta} = \begin{bmatrix} 0 & \cdots & 0 & \sigma_{1,\ d+1}^{\mathrm{o}} & \cdots & \sigma_{1,\ n}^{\mathrm{o}} \\ 0 & \cdots & 0 & \sigma_{2,\ d+1}^{\mathrm{o}} & \cdots & \sigma_{1,\ n}^{\mathrm{o}} \\ \vdots & \vdots & \vdots & \vdots & \vdots & \vdots \\ 0 & \cdots & 0 & \sigma_{m,\ d+1}^{\mathrm{o}} & \cdots & \sigma_{1,\ n}^{\mathrm{o}} \end{bmatrix} \tag{6-129}$$

式（6-127）右边分成了两部分，即

$$\boldsymbol{X} = \boldsymbol{X}^+ + \boldsymbol{X}^{\mathrm{o}}$$

其中

$$\boldsymbol{X}^+ = \boldsymbol{U}^* \boldsymbol{Q}^{\mathrm{t}} \tag{6-130}$$

$$\boldsymbol{X}^{\mathrm{o}} = \Delta \boldsymbol{Q}^{\mathrm{t}} \tag{6-131}$$

在此，$\boldsymbol{X}^+$ 为主轴（即主因子）所构成的矩阵，它包含了量测矩阵 $\boldsymbol{X}$ 的主要信息，而 $\boldsymbol{X}^{\mathrm{o}}$ 则为次轴所构成的矩阵，它主要反映了量测误差的信息。

根据正交变换不改变矩阵的迹的原理（参见第十四章），依照式 $\boldsymbol{Q}^{\mathrm{t}}\boldsymbol{X}^{\mathrm{t}}\boldsymbol{X}\boldsymbol{Q} = \mathrm{diag}(\lambda)$，有

$$\mathrm{tr}(\boldsymbol{X}^{\mathrm{t}}\boldsymbol{X}) = \sum_{i=1}^{m}\sum_{j=1}^{n} x_{ik}^2 = \mathrm{tr}(\boldsymbol{Q}^{\mathrm{t}}\boldsymbol{X}^{\mathrm{t}}\boldsymbol{X}\boldsymbol{Q}) = \mathrm{tr}(\boldsymbol{U}^{\mathrm{t}}\boldsymbol{U})$$

$$= \mathrm{trace}\begin{bmatrix} \lambda_1 & 0 & \cdots & 0 & 0 & \cdots & 0 \\ 0 & \lambda_2 & \cdots & 0 & 0 & \cdots & 0 \\ \vdots & \vdots & \vdots & \vdots & \vdots & \vdots & \vdots \\ 0 & 0 & \cdots & \lambda_d & 0 & \cdots & 0 \\ 0 & 0 & \cdots & 0 & \lambda_{d+1} & \cdots & 0 \\ \vdots & \vdots & \vdots & \vdots & \vdots & \vdots & \vdots \\ 0 & 0 & \cdots & 0 & 0 & \cdots & \lambda_n \end{bmatrix} = \sum \lambda_i$$

这些特征值亦可分成两组，一组由主因子阵给出，而另一组则由误差引出，即

$$\mathrm{tr}(\boldsymbol{X}^{+\mathrm{t}}\boldsymbol{X}^+) = \sum_{i=1}^{m}\sum_{j=1}^{n} x_{ij}^{+\,2} = \mathrm{tr}(\boldsymbol{Q}^{\mathrm{t}}\boldsymbol{X}^{+\mathrm{t}}\boldsymbol{X}^+\boldsymbol{Q})$$

$$=\mathrm{tr}(\boldsymbol{Q}^{\mathrm{t}}\boldsymbol{Q}\boldsymbol{U}^{*\mathrm{t}}\boldsymbol{U}^{*}\boldsymbol{Q}^{\mathrm{t}}\boldsymbol{Q})=\mathrm{tr}(\boldsymbol{U}^{*\mathrm{t}}\boldsymbol{U}^{*})$$

$$=\sum_{i=1}^{m}\sum_{j=1}^{n}u_{ij}^{*2}$$

$$=\mathrm{trace}\begin{bmatrix}\lambda_1 & 0 & \cdots & 0 & 0 & \cdots & 0\\ 0 & \lambda_2 & \cdots & 0 & 0 & \cdots & 0\\ \vdots & \vdots & \vdots & \vdots & \vdots & \vdots & \vdots\\ 0 & 0 & \cdots & \lambda_d & 0 & \cdots & 0\\ 0 & 0 & \cdots & 0 & 0 & \cdots & 0\\ \vdots & \vdots & \vdots & \vdots & \vdots & \vdots & \vdots\\ 0 & 0 & \cdots & 0 & 0 & \cdots & 0\end{bmatrix}=\sum_{i=1}^{d}\boldsymbol{\lambda}_i$$

在上述推导中，多次运用到正交矩阵的正交特性和矩阵求迹的一些法则（参见第十四章），而且还利用了式（6-130）和式（6-131）表示的关系及式（6-128）和式（6-129）表示的矩阵的正交特性。以后，为以示区别，特地在前 d 个特征值上标一标记“+”，即 $\lambda_i^{+}(i=1, 2, \cdots, d)$，以表示它们是来自主因子阵；而在后（$n-d$）个特征值上标以“o”，即记为 $\lambda_i^{\circ}(i=1, 2, \cdots, d)$，来表示它们皆来自误差。这样，则有

$$\sum_{i=1}^{n}\lambda_i=\sum_{i=1}^{d}\lambda_i^{+}+\sum_{i=d+1}^{n}\lambda_i^{\circ}$$

用式 $\mathrm{tr}(\boldsymbol{X}^{\mathrm{t}}\boldsymbol{X})=\sum_{i=1}^{n}\lambda$ 减去式 $\mathrm{tr}(\boldsymbol{X}^{+\mathrm{t}}\boldsymbol{X}^{+})=\sum_{i=1}^{d}\lambda_i$，可得

$$\sum_{i=1}^{m}\sum_{j=d+1}^{n}(x_{ij}^{2}-x_{ij}^{+2})=\sum_{i=d+1}^{n}\lambda_i^{\circ}=\sum_{i=1}^{m}\sum_{j=d+1}^{n}\sigma_{ij}^{\circ 2}$$

此式说明，只要主因子数 d 能正确确定，则后（$n-d$）个所剩的特征值 $\lambda_i^{\circ}(i=1,2,\cdots,d)$ 之和实际上是完全由误差的平方和所构成。

仿此可定义由式（6-125）所表示的纯误差在整个因子空间 $[\boldsymbol{q}_i(i=1,2,\cdots,n)]$ 上的特征值之和：

$$\sum_{i=1}^{n}\lambda_i^{\mathrm{e}}=\sum_{i=1}^{d}\lambda_i^{\mathrm{e}+}+\sum_{i=d+1}^{n}\lambda_i^{\mathrm{eo}} \tag{6-132}$$

在此，以上角标 e 来表示来自误差。所以

$$\sum_{i=1}^{d}\lambda_i^{\mathrm{e}+}=\sum_{i=1}^{m}\sum_{i=1}^{d}(\sigma_{ij}^{+})^2 \tag{6-133}$$

$$\sum_{j=1}^{d}\lambda_i^{\mathrm{eo}}=\sum_{i=1}^{m}\sum_{j=d+1}^{n}(\sigma_{ij}^{\circ})^2 \tag{6-134}$$

这是因为在进行正交变换时，误差的协方差阵的迹也是不变的。结合式（6-132）～式

(6-134)，又因

$$\sum_{i=1}^{m}\sum_{j=1}^{n}(e_{ij})^2=\sum_{j=1}^{d}\lambda_i{}^e$$

于是有

$$\sum_{i=1}^{m}\sum_{j=1}^{n}(e_{ij})^2=\sum_{i=1}^{m}\sum_{j=1}^{d}(\sigma_{ij}^{+})^2+\sum_{i=1}^{m}\sum_{j=d+1}^{n}(\sigma_{ij}^{\circ})^2 \tag{6-135}$$

此式左边为量测误差平方和，它同样可表示为误差在 n 个全因子空间的投影平方和，其中第一项代表量测误差在主因子轴上的投影平方和，它在因子分析中不能被除去；第二项代表量测误差在次因子轴上的投影平方和，它在因子分析过程中可以被剔除。这三项都与所谓的剩余标准偏差有关，即

$$mn(RSD)^2=\sum_{i=1}^{m}\sum_{j=1}^{n}(e_{ij})^2 \tag{6-136}$$

$$md(RSD)^2=\sum_{i=1}^{m}\sum_{j=1}^{d}(\sigma_{ij}^{+})^2 \tag{6-137}$$

$$m(n-d)(RSD)^2=\sum_{i=1}^{m}\sum_{j=d+1}^{n}(\sigma_{ij}^{\circ})^2=\sum_{i=d+1}^{n}\lambda_i^{\circ} \tag{6-138}$$

这三个表达式告诉我们，可以从不同的途径来求 RSD。将上述三式代入式（6-135），并两边同除以 nm 得，

$$(RSD)^2=(d/n)(RSD)^2+[(n-d)/n](RSD)^2$$

这一重要的恒等式就总结了上述的误差理论。在因子分析中，RSD 可被分为两项：置入误差（IE）和抽出误差（XE）。换言之，剩余标准误差（RSD），即真实误差（RE），可由一勾股定理的方式表出：

$$(RE)^2=(IE)^2+(XE)^2$$

在此

$$RE=RSD$$

$$IE=\sqrt{d/n}(RSD)$$

$$XE=\sqrt{(n-d)/n}(RSD)$$

式（6-138）十分重要，是它将 RSD（或 RE）与可通过计算机运算求得的特征值 λ_j（$j=1,2,\cdots,n$）联系起来。这说明只需算出协方差阵的特征值，就可将 RE、IE、XE 都分别求出来，为确定体系的独立组分数 d 奠定了基础。

（三）主因子数确定方法

由于存在量测误差，要精确确定未知混合体系中的独立组分数（主因子数）的确是一个

相当困难的任务。为解决这一问题，已提出很多种方法，它们可分为两大类：①基于量测误差大小已知的方法；②对量测误差大小无可估计，只根据计算所得结果来作出近似判断的方法。

基于量测误差大小已知的方法：这些方法的基点是假设量测误差已知，然后与算出的量测数据矩阵 **X** 的特征值，并根据某一原则取某个主因子数所求出的误差大小进行比较，如该算出的真实误差（*RE*）落入了已知量测误差的范围，则据此可确定主因子即体系的独立组分数。剩余标准偏差法即属于这种方法。

量测误差大小未知的方法：这些方法毋需已知量测误差，但因一般可设量测误差为零均等方差且服从正态分布的不相关白噪声，故可据此设计一些经验函数来估计主因子数。Malinowski 设计的因子指示函数法[187]和 Fisher 方差比[9]就是这样的例子，可用于在量测误差未知时确定主因子即体系中的独立组分数。

1. 剩余标准偏差法（真实误差法，*RE* 法）

该法由 Malinowski 提出，其计算式由下式给出，即

$$m(n-d)(RSD)^2=\sum_{i=1}^{m}\sum_{j=d+1}^{n}(\delta_{ij}^{\circ})^2=\sum_{i=d+1}^{n}\lambda_i^{\circ}$$

RSD 与真实误差（*RE*）是同一的，从式（6-136）可以看出，它们的大小就代表了 e_{ij} 均方差的大小，将上式重新排列可得：

$$RE^2=RSD^2=\sum_{i=d+1}^{n}\lambda_i^{\circ}/[m(n-d)] \tag{6-139}$$

上式为我们提供了一个很好的确定主因子数的标准，其判别过程如下：

首先先把最大特征值所对应的特征向量看成主因子轴（主轴），其余的都看成次要因子（次轴）而包括在上式中来计算 *RSD*，并将此计算值与已知的量测误差进行比较。如果 *RSD* 大于已知的量测误差，那么则说明主因子数目就等于 1，该因子空间是一维的。仿此可继续考虑第二大的特征值，如此时 *RSD* 仍然大于已知量测误差，则需继续考虑第三个特征值所对应的特征向量，如此下去直至当取到某个特征值所对应的特征向量，它所对应的 *RSD* 已与所知量测误差近似相等，这时所有包含的主轴中的特征向量的个数即为体系中所含独立组分的个数。

2. 因子指示函数法（IND 法）

因量测误差未知，不可能像上述方法那样采用比大小方法来确定主因子轴，所以 IND 法是利用某一原则来构造一个因子数的函数，随着主因子数的变化这个函数将在某一点上达到极小，此时，该极小点所对应的就是主因子数。为此，定义了如下的 IND 函数：

$$\mathrm{IND}=RSD/(n-k)^2$$

利用这一 IND 指示函数，可从 n 个特征值 $\lambda_i(i=1,2,\cdots,d)$ 中，逐一计算不同的 k 所对应的 IND 值，即按式（6-139）定义的 *RSD* 代入上式。当 k 为真实的主因子数时，IND 函数将出现最小值，此最小值所对应的 k 即为我们要求的主因子数（混合体系的独立组分数）。值得指出的是，对于一般纯组分光谱重叠不严重的体系，且量测误差确为零均等方差且不相关白噪声时，此法确可得到正确的主因子数，但是当体系纯组分光谱重叠严重时，或量测误差为不等方差的噪声时，此法难以得到正确答案。表 6-17 示出了一个用 IND 函数来判别主因子数的实例。

表 6-17　体系中组分数的 IND 法确定

j	λ_j	RSD	IND×10^3
1	19.193396	0.013461	24.16
2	0.368079	0.003208	6.33
3	0.009063	0.002110	3.86
4	0.004414	0.000960	3.83
5	0.000294	0.000889	3.36
6	0.000260	0.000787	8.74
7	0.000141	0.000760	19.0
8	0.000132	0.000704	70.4
9	0.000099		

3. Fisher 方差比法

由前述因子分析的误差理论可知，特征值 $\lambda_i(j=1,2,\cdots,n)$ 就代表量测矩阵的方差，所以，它们的比值就可相当于 Fisher 方差比；另一方面，从统计意义上讲，主轴和次轴所对应的特征值代表了不同的意义，即分别代表了组分光谱信息和量测误差的信息，故这两种特征值应存在显著性差异，Fisher 方差比法的基本原理就在于此。值得提出的是，Fisher 方差比计算要求被判断的样本相互独立且服从正态分布，因所有的因子轴（即特征向量）是相互正交的，故独立性这一条件完全满足，而数据的残差一般都服从正态分布，所以，特征值比检验对上述的两个统计条件是基本上满足的。根据式 $\mathrm{tr}(\boldsymbol{X}^{\mathrm{ot}}\boldsymbol{X}^{\mathrm{o}})=\sum_{i=1}^{m}\sum_{j=1}^{d}\Delta_{ij}^{\mathrm{o}2}=\sum_{j=d+1}^{n}\lambda_j$，可将误差特征值（次轴）对应方差表述为：

$$\mathrm{Var}(0)=\sum_{j=k+1}^{n}\lambda_j/(n-k)$$

对应于主轴的特征值主要来自组分量测谱的贡献，因显著地大于误差特征值（次轴）对应的方差，可记为 Var（k）。由于特征值一般都是按大小顺序排列，因而可以这样来构造 Fisher 检验：

$$F(1,\ n-k)=\mathrm{Var}(k)/\mathrm{Var}(0)=\lambda_k(n-k)/\sum_{\lambda=k+1}^{n}\lambda_i$$

式中，1 和（$n-k$）分别表示 Fisher 方差比检验的自由度，这是因为每一个特征值对应于一个自由度。将 k 从 n 取起，对应不同的 k 值，都进行一次 Fisher 方差比检验，直至所取的 k 得到了具有显著性差异结果为止。

值得指出的是，以上的主因子数的确定方法都是从用整个矩阵的特征值（它们反映了整个协方差阵的方差）来考虑的，对于这样的方法，常被称为全局因子分析法。在以后的讨论中我们可以看到，对于一些组分量测光谱重叠不严重且组分相对浓度相差不大的混合物体系，这类方法一般可以得到真实解。但是，对于一些组分量测光谱重叠严重且组分相对浓度相差很大的混合物体系，此类方法就一般不可靠了，此时宜用局部因子分析法来估计体系的独立主因子数。有关这一结论的论述，将在以后的讨论中逐步展开。

另外，因为特征向量，其中特别是载荷矢量就反映了组分量测谱的综合信息，所以主因子数的确定方法也可以从特征向量的角度来考虑，此法的要点就是直接观察特征矢量，那些只包含误差信息的特征向量应该就对应于次轴。有关这一点的论述，也将在以后的讨论中逐步展开，并给出实例加以说明。

4. 子空间比较法

实际上，利用化学混合体系的量测数据矩阵直接进行组分数的确定，一直是化学计量学研究的难点问题，它在物理化学和分析化学中有着十分重要的应用，如不可分离的平衡体系中及联用仪器所产生的二维数据中的物种数的确定等。为此，人们进行了大量的研究[188~193]。一般说来，采用前述的主成分分析方法对数据矩阵进行分解，即比较特征值的因子指示函数法（IND 法）或 Fisher 方差比法或目视特征向量来确定即可。然而，当数据中组分量测谱相似度较高或含有不等性方差相关噪声时，基于方差分析的主成分分析法较难得到正确结果。子空间比较法由笔者研究小组提出[194]。该法的思路虽很简单，可它对一些采用因子指示函数法（IND 法）或 Fisher 方差比法难于得到正确结果的数据，一般都能给出正确答案，是一个很有效的方法。它通过不同主因子分解方法所提取的关键向量为基，继比较所张成的子空间的差异。该法在体系量测谱相似度高等复杂情况下，仍能正确确定体系的组分数。

对于给定数据阵，可通过不同方法确定其主成分向量。如奇异值分解（参见第十四章）、正交投影法（orthogonal projection approach，OPA）[195]，Simplisma[196] 和简化的 Borgen 方法（simplified Borgen method，SBM）[197] 等。因所选主成分向量皆来自同一分析体系，所张成的主要因子空间是一致的，应可相互线性表示。但若包含多余的来自噪声的因子时，由于噪声是随机的，选出的主成分向量就会因方法而异，而使两个子空间不能相互线性表示，通过设计适当空间差异函数，则可用来估计体系组分数。

设通过不同方法已获得两组主成分基向量，经 Schmidt 标准正交化后，一组记为 $\boldsymbol{F}=[\boldsymbol{f}_1,\boldsymbol{f}_2,\cdots,\boldsymbol{f}_A]$，另一组记为 $\boldsymbol{G}=[\boldsymbol{g}_1,\boldsymbol{g}_2,\cdots,\boldsymbol{g}_A]$。$\boldsymbol{F}$，$\boldsymbol{G}$ 中第 i，j 个向量分别记为 $\boldsymbol{f}_i$，$\boldsymbol{g}_j$，子空间 $\boldsymbol{F}$，$\boldsymbol{G}$ 的维数为 $\boldsymbol{A}$。若以 $\{\boldsymbol{g}_j\}$ 为基表示 f_i 可得

$$\boldsymbol{f}_i=\sum_{j=1}^{A}(\boldsymbol{g}_j^{\mathrm{t}}\boldsymbol{f}_i)\boldsymbol{g}_j+\boldsymbol{e}_i$$

向量 $\boldsymbol{e}_i$ 为 $\boldsymbol{f}_i$ 中未能被 $\{\boldsymbol{g}_j\}$ 表示的部分，正交于 $\{g_j\}$，对上式向量 $\boldsymbol{f}_i$ 取模平方可得

$$1=f_i^{\mathrm{t}}f_i=\sum_{j,\ k}^{A}(g_j^{\mathrm{t}}f_i)(g_j^{\mathrm{t}}g_k)(g_k^{\mathrm{t}}f_i)+(e_i^{\mathrm{t}}e_i)=\sum_{j=1}^{A}(f_i^{\mathrm{t}}g_i)^2+(e_i^{\mathrm{t}}e_i)$$

由上式可知，$\sum_{j=1}^{A}(f_i^{\mathrm{t}}g_i)^2<1$ 当 f_i 在 $\boldsymbol{G}$ 张成的空间中时，$\sum_{j=1}^{A}(f_i^{\mathrm{t}}g_i)^2=1$。若 $\boldsymbol{F}$，$\boldsymbol{G}$ 张成的主成分子空间相同，意味着所有 f_i 均在 $\boldsymbol{G}$ 中；同理，所有 g_j 亦在 $\boldsymbol{F}$ 中，故可通过定义下式来衡量 $\boldsymbol{F}$ 在 $\boldsymbol{G}$ 中的程度：

$$T(A)=\sum_{j=1}^{A}(f_i^{\mathrm{t}}g_i)^2=\mathrm{Tr}(\boldsymbol{F}^{\mathrm{t}}\boldsymbol{G}\boldsymbol{G}^{\mathrm{t}}\boldsymbol{F})(i=1,2,\cdots,A;j=1,2,\cdots,A)$$

Tr(•) 表示对矩阵求迹，即矩阵（$\boldsymbol{F}^{\mathrm{t}}\boldsymbol{G}\boldsymbol{G}^{\mathrm{t}}\boldsymbol{F}$）对角元素之和。显然 $0<T(A)<A$，故可通过下式衡量子空间的差异程度：

$$D(A)=A-T(A)$$

式中，$D(A)$ 称为子空间差异函数。

令 $F_i=[f_1，f_2，\cdots，f_i]$，$G_i=[g_1，g_2，\cdots，g_i]$，$T(i)=\mathrm{Tr}(G_iF_i)$，$D(i)=i-T(i)$，若 F 和 G 几乎相同时，即当引入因子数为体系组分时，$D(i)$ 将接近于零，但如继续

将误差向量包含其中时，则子空间差异函数 $D(i)$ 会明显变大，即从接近于零（或接近误差水平）变成显著大于零，据此就可确定该体系组分数。但需注意，在有不等性方差存在时，误差向量作为主成分基向量只会影响其方差，而对其向量的形态影响不大，故此法在不等性方差存在时将仍然有效。如上所述，可通过多种算法确定主成分基向量，在此我们仅采用奇异值分解和简化的 Borgen 法[197]得到的主成分基向量作为例子。简化的 Borgen 法也是首先对数据阵进行奇异值分解，然后通过一定的指标确定数据的主成分关键行或关键列，这些主成分关键行或列构成数据的一组主成分基向量。另一组为由奇异值分解所得的主成分基向量。

下面我们将以两个实际例子来说明本法的实际效果。一组数据是关于通过流动注射分析研究铋离子在盐酸溶液中的络合行为，由 134 条光谱组成，试验条件见文献 [198]。在盐酸溶液中，铋与氯离子络合可形成如下 6 种离子：$BiCl^{2+}$、$BiCl_2^+$、$BiCl_3$、$BiCl_4^-$、$BiCl_5^{2-}$、$BiCl_6^{3-}$。样品液滴随载液流动过程中两侧与 HCl 发生反应，从外到内可依次生成 $BiCl_6^{3-}$、$BiCl_5^{2-}$、$BiCl_4^-$、$BiCl_3$、$BiCl_2^+$、$BiCl^{2+}$，最中间为未反应的 Bi^{3+}。因此量测的数据可分为前后两部分，每部分的组分数为 7。从表 6-18 的奇异值大小来看，前 5 个因子占相应部分奇异值总和的 99%左右，似乎体系的组分数为 5，但这主要是由于各个络合物的光谱相似程度较高引起的。在实际分析中，不同体系的光谱相似程度噪声水平差别较大，因此通过基于方差分析的比较奇异值或其平方大小的方法皆难于判断体系的组分数。图 6-51 显示了子空间比较法所得结果。在 A 为 7 时，子空间差异仍很小，过此点则差异显著增大，故试验中体系的组分数为 7，结果与实际过程相吻合。

表 6-18 流动注射分析数据的奇异值及通过 SBM 法确定的关键行

序号		1	2	3	4	5	6	7	8	9
行号		66	30	17	41	24	51	10	1	3
第 1 部分	奇异值	6.922	2.287	1.729	0.566	0.252	0.063	0.018	0.004	0.003
	百分比	58.31	77.58	92.15	96.91	99.04	99.57	99.72	99.75	99.77
	行号	69	83	101	77	88	74	133	129	102
第 2 部分	奇异值	7.271	2.709	1.727	0.606	0.282	0.086	0.034	0.009	0.004
	百分比	56.99	78.22	91.76	96.51	98.73	99.40	99.66	99.73	99.76

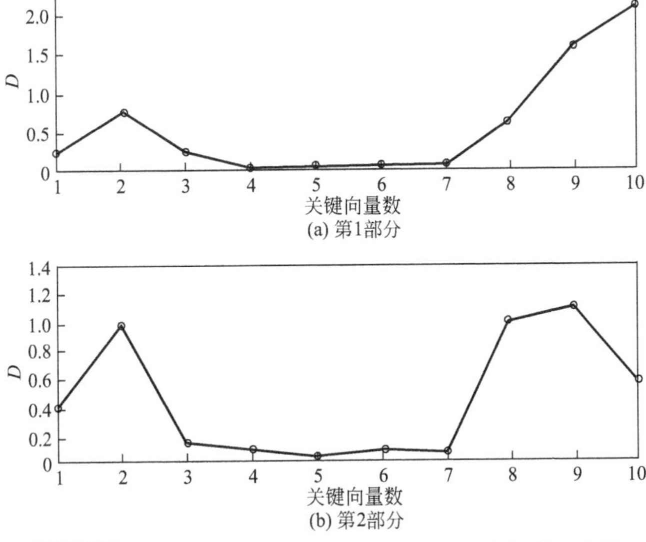

图 6-51 子空间差异函数确定流动注射分析数据的组分数

了解聚合行为对研究反应机理等过程有重要的意义。醇在溶液中通过氢键聚合。在羟基光谱区，聚合体的 OH 键对应的光谱响应与单体的 OH 键的光谱有一定的差异。醇的聚合为一动态过程，随溶液中醇浓度变化而变化，因此，通过分析不同浓度的醇溶液的光谱可推测醇的聚合行为。在此，另一例子就是采用近红外光谱法来研究醇在非极性溶剂 CCl_4 中的聚合行为。

采用带有光纤探头的 Perstorp Analytical 6500 近红外透射反射光谱仪为检测仪器，以四氯化碳为溶剂，用微量注射器依次加入醇，包括正丙醇、正丁醇、正戊醇、正己醇和正庚醇，然后记录光谱。光谱量测范围为 1100～2500nm，光谱间隔为 2nm，醇的浓度变换范围为 0.01～1.00mol/L。其中，羟基的组频区在扣除光谱背景后用于进一步分析。

图 6-52 示出了正庚醇的三维图。在溶液中，不同聚合形式的光谱相似，通过常规基于奇异值大小的方法较难确定化学秩。表 6-19 列出了不同醇数据的奇异值，显然，只前两个奇异值显著。图 6-53（a）标示了 SBM 所选的关键向量在平均光谱上的位置，第 4、5 关键向量的位置在基线附近，应为噪声，从选择的关键向量上看似乎体系的化学秩为 3。图 6-53（b）示出了利用子空间差异函数来估计化学秩的结果。当有 3 个主成分关键向量时，子空间差异很小；而主成分关键向量为 4 时，差异明显增大；再后，子空间差异函数不断增加。这表明第 4 及其后的向量主要是噪声的影响，故子空间比较法确定体系的化学秩为 3。图 5-4 列出了其他醇的子空间差异分析图。这些醇均在关键向量数为 3 时，子空间差异较小。因此，子空间比较法确定体系的化学秩为 3。此结果与用中红外谱所测结论一致。可以解释为醇在溶液中以不同的聚合度结合，通过氢键可形成二聚体、三聚体等多种形式。当醇分子形成多聚体时，可形成开链的多聚体，也可能形成环状多聚体。即溶液中单体多聚体的羟基根据其聚合模式可分为 3 类：①单体上的羟基；②开链多聚体上的羟基；③成环多聚体上的羟基。聚合体随其聚合模式不同对近红外光谱的贡献而不同。因此，本文体系中化学秩对应于聚合的模式数。Brink 等[11]通过测量环已烷溶液中乙醇的介电常数表明：溶液在较低浓度时偶极矩较大，而在溶液浓度较高时，溶液的偶极矩较小。据此，可推断在低浓度时，近红外光谱主要是来自单体及开链多聚体上的羟基的作用。随着醇浓度的增加，越来越多的环状多聚体形成。这一试验间接验证了用子空间比较法确定化学秩的合理性。文中的例子表明，子空间比较法在体系组分含量低且光谱相似很高等复杂情况下，仍可确定体系的化学秩，具有较高的应用价值。

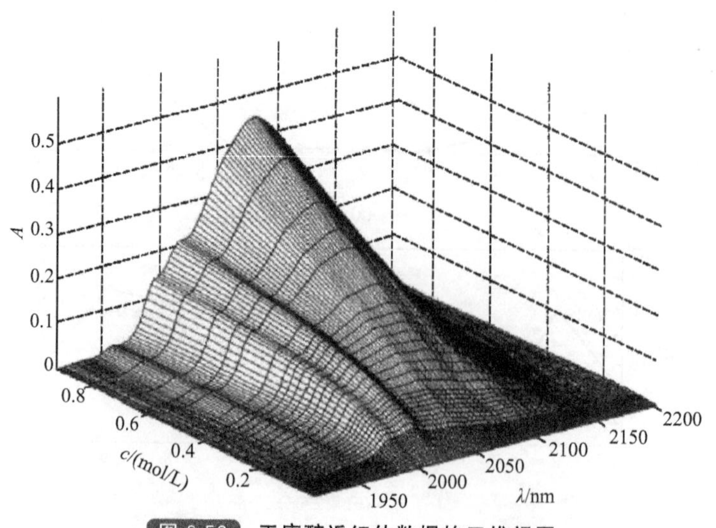

图 6-52 正庚醇近红外数据的三维视图

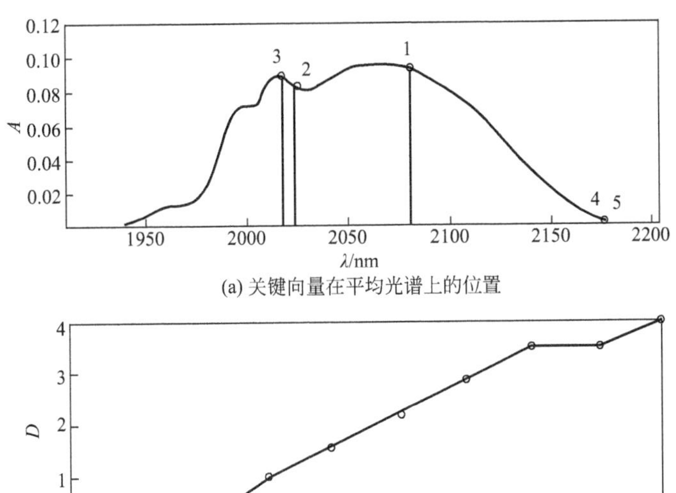

(a) 关键向量在平均光谱上的位置

(b) 子空间差异函数确定庚醇数据的化学秩

图 6-53 子空间比较法确定庚醇数据的化学秩

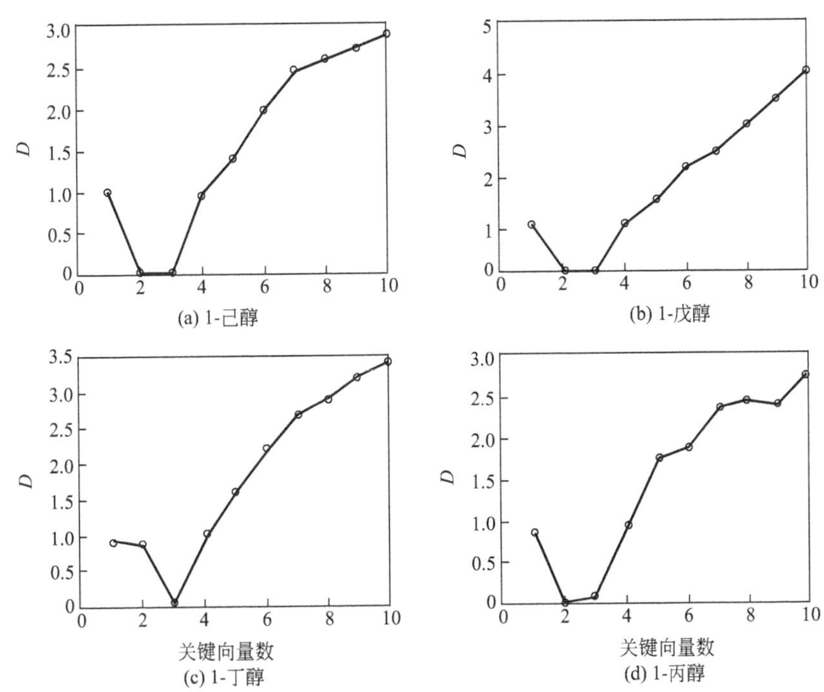

图 6-54 子空间差异函数确定体系的化学秩

表 6-19 不同醇近红外光谱数据奇异值分析结果

序号	庚 醇		己 醇		戊 醇		丁 醇		丙 醇	
	奇异值	比例/%	奇异值	比例/%	奇异值	比例/%	奇异值	比例/%	奇异值	比例/%
1	6.149	84.58	7.318	86.58	8.008	86.17	9.536	88.50	8.412	88.16
2	1.034	14.22	1.058	12.52	1.191	12.82	1.168	10.84	1.075	11.27

续表

序号	庚醇		己醇		戊醇		丁醇		丙醇	
	奇异值	比例/%	奇异值	比例/%	奇异值	比例/%	奇异值	比例/%	奇异值	比例/%
3	0.051	0.70	0.045	0.53	0.052	0.56	0.027	0.25	0.028	0.30
4	0.014	0.19	0.013	0.15	0.012	0.13	0.017	0.15	0.008	0.08
5	0.0091	0.12	0.0078	0.09	0.009	0.11	0.011	0.10	0.006	0.07

二、矩阵分辨方法

在确定了体系的独立组分数以后，对黑色分析体系的解析的下一步就是分辨出纯物种的光谱了。最早提出光谱分辨基本思想的是自模式曲线分辨法（SMCR）[199]。根据朗伯-比耳定律，本节所讨论的混合物量测谱矩阵 $\boldsymbol{X}$，实际上可表为两个矩阵的乘积，即

$$\boldsymbol{X}=\boldsymbol{C}\boldsymbol{S}^{\mathrm{t}}+\boldsymbol{E} \tag{6-140}$$

式中，$\boldsymbol{C}$ 称为浓度分布矩阵，它是由每个不同纯组分的浓度矢量构成，为一（$m\times d$）阶的矩阵；$\boldsymbol{S}$ 由纯组分的量测光谱所组成，为一（$n\times d$）阶矩阵。对黑色分析体系进行分辨的主要目的就在于求得浓度分布矩阵和纯组分的量测光谱矩阵。自模式曲线分辨法的主要思路就是先求出纯物种的光谱，亦即纯组分的量测光谱矩阵 $\boldsymbol{S}$，也就是先将黑色分析体系“白化”，继而利用最小二乘法即可求得浓度分布矩阵 $\boldsymbol{C}$，以完成对黑色分析体系的同时定性定量解析。

因在本书将要讨论的黑色分析体系的分辨方法大都源出于自模式曲线分辨法，所以我们首先将对此法进行详细的介绍。另外，基于自模式曲线分辨法而发展的很多方法也主要是基于矩阵类型的数据，即式（6-140），所以，我们将它们都统称为矩阵分辨方法，而与基于张量数据的分辨方法加以区别。

（一）自模式曲线分辨法

自模式曲线分辨法主要基于主成分分析（PCA），其基本假设只有两条：①混合物量测谱符合线性加合性；②波谱量测值只能为正值。因这两条假设要求条件对一般波谱仪器所产生的数据皆可成立，故其适用性较广。该法最早由 Lawton 和 Sylvester 提出[199]，他们以两组分混合物体系的纯物种光谱解析为其目标，以得到它们的可行解，后被拓广至三组分或三组分以上的混合体系。因随着组分数目的增加，纯组分光谱的可行解域确定的困难显著增加，为叙述方便，本书将其分成两步加以介绍。

1. 两组分体系的纯组分波谱辨析

【基本思路】

对于任一两组分混合物波谱，根据朗伯-比耳定律，可表示为

$$\boldsymbol{x}_i^{\mathrm{t}}=c_{i1}\boldsymbol{s}_1^{\mathrm{t}}+c_{i1}\boldsymbol{s}_2^{\mathrm{t}} \qquad (i=1,2,\cdots,m) \tag{6-141}$$

式中，$\boldsymbol{s}_j^{\mathrm{t}}(j=1,2)$ 为未知组分的纯物种波谱矢量，由在某特定波长区域所测得的波谱非负量测值组成，且满足 $s_{ij}=1$，在此，n 为波谱量测点数；c_{i1} 和 c_{i2} 分别表示两纯物种的相对浓度，且满足 $c_{i1}\neq kc_{i2}$，k 为任意比例常数，此条件说明各混合物中的相对浓度应不尽对应成比例；m 为混合样本个数。一般要求 m 和 n 都要大于体系的纯组分数（此例为 2）。

总的说来，自模式曲线分辨法的第一步是对数据矩阵 $\boldsymbol{X}$ 进行主成分分析，然后，通过前述的两个约束条件来求出 $\boldsymbol{s}_j^{\mathrm{t}}(j=1,2)$ 的可行解域。

【基本算法】

两组分体系自模式曲线分辨法的具体计算步骤如下。

(1) 计算混合样本组成的量测矩阵的协方差阵，继对其进行正交变换，分别求出其特征值和特征向量，即

$$\boldsymbol{Q}^{\mathrm{t}}\boldsymbol{X}^{\mathrm{t}}\boldsymbol{X}\boldsymbol{Q}=\begin{bmatrix}\lambda_1 & 0 & \cdots & 0 & 0 & \cdots & 0\\ 0 & \lambda_2 & \cdots & 0 & 0 & \cdots & 0\\ \vdots & \vdots & \vdots & \vdots & \vdots & \vdots & \vdots\\ 0 & 0 & \cdots & \lambda_d & 0 & \cdots & 0\\ 0 & 0 & \cdots & 0 & \lambda_{d+1} & \cdots & 0\\ \vdots & \vdots & \vdots & \vdots & \vdots & \vdots & \vdots\\ 0 & 0 & \cdots & 0 & 0 & \cdots & \lambda_n\end{bmatrix}$$

式中，$\boldsymbol{Q}$ 为列向量相互正交的特征向量矩阵；λ_i 为相应的特征值，并设 $\lambda_i \geqslant \lambda_{i+1}(i=1,2,\cdots,n-1)$。从上一节讨论的结果可知，对于二组分混合体系，矩阵 $\boldsymbol{X}$ 的秩为 2，即除 λ_1 和 λ_2 外，其余特征值都会接近于零。取 λ_1、λ_2 所对应的两个特征向量 $\boldsymbol{q}_1$、$\boldsymbol{q}_2$ 组成新的特征向量矩阵 $\boldsymbol{Q}^*$，即

$$\boldsymbol{Q}^*=[\boldsymbol{q}_1\ \boldsymbol{q}_2]$$

正交矩阵 $\boldsymbol{Q}^*$ 是一个（$n\times2$）阶的矩阵，它的每一列都含有 n 个元素，即相当于波长的量测点数目，在因子分析中常被称为载荷矢量，在多元分辨中也常称为抽象量测谱。

从线性代数的知识可知（参见第十四章），由 $\boldsymbol{s}_1$、$\boldsymbol{s}_2$ 所张成的线性空间 $\psi(\boldsymbol{s})$ 与由 $\boldsymbol{q}_1$、$\boldsymbol{q}_2$ 所张成的线性空间 $\psi(\boldsymbol{q})$ 相等，即 $\psi(\boldsymbol{s})=\psi(\boldsymbol{q})$，它们可以相互线性表出，

$$\boldsymbol{s}_j^{\mathrm{t}}=t_{j1}\boldsymbol{q}_1^{\mathrm{t}}+t_{j2}\boldsymbol{q}_2^{\mathrm{t}}\quad (j=1,\ 2) \tag{6-142}$$

再从式（6-141）可知

$$\begin{aligned}\boldsymbol{x}_i^{\mathrm{t}}&=c_{i1}\boldsymbol{s}_1^{\mathrm{t}}+c_{i2}\boldsymbol{s}_2^{\mathrm{t}}\\&=c_{i1}(t_{11}\boldsymbol{q}_1^{\mathrm{t}}+t_{12}\boldsymbol{q}_2^{\mathrm{t}})+c_{i2}(t_{21}\boldsymbol{q}_1^{\mathrm{t}}+t_{22}\boldsymbol{q}_2^{\mathrm{t}})\\&=(c_{i1}t_{11}+c_{i2}t_{21})\boldsymbol{q}_1^{\mathrm{t}}+(c_{i1}t_{12}+c_{i2}t_{22})\boldsymbol{q}_2^{\mathrm{t}}\\&=u_{i1}\boldsymbol{q}_1^{\mathrm{t}}+u_{i2}\boldsymbol{q}_2^{\mathrm{t}}\qquad (i=1,\ 2,\ \cdots,\ m)\end{aligned}$$

因 $\boldsymbol{q}_1^{\mathrm{t}}$，$\boldsymbol{q}_2^{\mathrm{t}}$ 及 $\boldsymbol{x}_i^{\mathrm{t}}$ 都为已知，且 $\boldsymbol{q}_1^{\mathrm{t}}$，$\boldsymbol{q}_2^{\mathrm{t}}$ 相互正交，故可容易求出 u_{i1}、u_{i2} 来：

$$\begin{aligned}\boldsymbol{x}_i^{\mathrm{t}}\boldsymbol{q}_1&=u_{i1}\boldsymbol{q}_1^{\mathrm{t}}\boldsymbol{q}_1+u_{i2}\boldsymbol{q}_2^{\mathrm{t}}\boldsymbol{q}_1\\&=u_{i1}\boldsymbol{q}_1^{\mathrm{t}}\boldsymbol{q}_1\end{aligned}$$

则有

$$u_{i1}=\boldsymbol{x}_i^{\mathrm{t}}\boldsymbol{q}_1/\boldsymbol{q}_1^{\mathrm{t}}\boldsymbol{q}_1=\boldsymbol{x}_i^{\mathrm{t}}\boldsymbol{q}_1$$

同理可得

$$u_{i2}=\boldsymbol{x}_i^{\mathrm{t}}\boldsymbol{q}_2/\boldsymbol{q}_2^{\mathrm{t}}\boldsymbol{q}_2=\boldsymbol{x}_i^{\mathrm{t}}\boldsymbol{q}_2$$

在此我们利用了正交矩阵的性质：$\boldsymbol{q}_2=0$ 和 $\boldsymbol{q}_i=1$ ($i=1$，2)。

(2) 约束条件的计算

① 波谱量测值只能为正值之约束条件的计算。从式（6-142）可知

$$\boldsymbol{s}_{ji}=t_{j1}\boldsymbol{q}_{1i}+t_{j2}\boldsymbol{q}_{2i}\geqslant 0\quad (j=1,2;\ i=1,2,\cdots,n)$$

亦即

$$t_{j2}\geqslant -\min|q_{1i}/q_{2i}|t_{j1}，\text{当 } q_{2i}>0 \tag{6-143}$$

$$t_{j2}\leqslant \max|q_{1i}/q_{2i}|t_{j1}，\text{当 } q_{2i}<0 \tag{6-144}$$

上述不等式之所以成立，是因为用主成分分析方法所得的第一特征矢量 $\boldsymbol{q}_1$ 的每一元素 q_{1i} $(i=1,2,\cdots,n)$皆大于或等于零。

② 组分浓度值只能为正值之约束条件的计算。仍从式（6-142）出发，有

$$\boldsymbol{s}_1=t_{11}\boldsymbol{q}_1+t_{12}\boldsymbol{q}_2$$

$$\boldsymbol{s}_2=t_{21}\boldsymbol{q}_1+t_{22}\boldsymbol{q}_2$$

如采用矩阵的表示形式，上式可变为：

$$\begin{bmatrix}\boldsymbol{s}_1\\ \boldsymbol{s}_2\end{bmatrix}=\begin{bmatrix}t_{11} & t_{12}\\ t_{21} & t_{22}\end{bmatrix}\begin{bmatrix}\boldsymbol{q}_1\\ \boldsymbol{q}_2\end{bmatrix} \tag{6-145}$$

另外，根据 $\boldsymbol{x}_i^{\mathrm{t}}=c_{i1}\boldsymbol{s}_1^{\mathrm{t}}+c_{i2}\boldsymbol{s}_2^{\mathrm{t}}$ ($i=1$，2，…，m)，有

$$\boldsymbol{x}_i=[c_{i1}\quad c_{i2}]\begin{bmatrix}\boldsymbol{s}_1\\ \boldsymbol{s}_2\end{bmatrix}=[u_{i1}u_{i2}]\begin{bmatrix}\boldsymbol{q}_1\\ \boldsymbol{q}_2\end{bmatrix}$$

将式（6-145）代入上式可得：

$$\boldsymbol{x}_i=[c_{i1}c_{i2}]\begin{bmatrix}t_{11} & t_{12}\\ t_{21} & t_{22}\end{bmatrix}\begin{bmatrix}\boldsymbol{q}_1\\ \boldsymbol{q}_2\end{bmatrix}=[u_{i1}u_{i2}]\begin{bmatrix}\boldsymbol{q}_1\\ \boldsymbol{q}_2\end{bmatrix}$$

所以有

$$[c_{i1} c_{i2}]\begin{bmatrix} t_{11} & t_{12} \\ t_{21} & t_{22} \end{bmatrix}=[u_{i1} u_{i2}]$$

即

$$\begin{bmatrix} t_{11} & t_{12} \\ t_{21} & t_{22} \end{bmatrix}\begin{bmatrix} c_{i1} \\ c_{i2} \end{bmatrix}=\begin{bmatrix} u_{i1} \\ u_{i2} \end{bmatrix}$$

$$\begin{bmatrix} c_{i1} \\ c_{i2} \end{bmatrix}=\begin{bmatrix} t_{11} & t_{12} \\ t_{21} & t_{22} \end{bmatrix}^{-1}\begin{bmatrix} u_{i1} \\ u_{i2} \end{bmatrix}=\frac{1}{t_{11}t_{22}-t_{12}t_{21}}\begin{bmatrix} t_{22} & -t_{21} \\ -t_{12} & t_{11} \end{bmatrix}\begin{bmatrix} u_{i1} \\ u_{i2} \end{bmatrix}$$

对于 $t_{12}t_{21}>t_{11}t_{22}$ 的情况，有

$$\begin{bmatrix} t_{22} & -t_{21} \\ -t_{12} & t_{11} \end{bmatrix}\begin{bmatrix} u_{i1} \\ u_{i2} \end{bmatrix}\leqslant 0$$

写成标量形式则有：

$$t_{12} \geqslant -\max|u_{i2}/u_{i1}|t_{11}$$

$$1 \leqslant i \leqslant n \tag{6-146}$$

$$t_{22} \leqslant \min|u_{i2}/u_{i1}|t_{21}$$

$$1 \leqslant i \leqslant n \tag{6-147}$$

表 6-20　5 个混合物的吸收光谱曲线

x_1	x_2	x_3	x_4	x_5
0.924	2.478	1.239	0.413	2.774
4.406	8.006	6.845	5.075	11.920
5.488	9.009	10.110	6.393	18.392
6.530	11.900	11.586	9.009	20.969
4.977	9.422	10.307	7.475	16.681
4.898	8.419	8.242	6.452	13.907
3.875	6.432	6.845	4.839	10.878
3.600	6.157	6.255	4.485	10.032
3.501	4.780	5.272	3.796	8.439
4.878	5.429	5.724	4.917	7.534
9.992	9.953	9.678	8.950	9.068
16.739	16.601	17.762	15.815	12.845
27.341	27.715	28.521	26.653	20.083
40.146	44.041	42.566	42.015	33.321
52.735	62.570	58.085	55.155	48.752

续表

x_1	x_2	x_3	x_4	x_5
54.801	72.995	66.858	62.944	70.262
51.260	80.155	72.405	66.701	88.633
46.775	81.512	73.448	66.937	98.350
39.832	74.962	68.353	60.623	97.800
30.272	64.950	57.613	52.676	88.240
22.463	51.496	45.969	39.969	72.799
15.795	34.875	34.442	30.154	55.352
11.350	25.728	25.079	21.303	41.189
7.947	17.900	17.703	15.087	30.135
4.760	11.271	11.684	9.796	20.103
2.813	7.317	7.140	5.842	13.632
2.065	4.485	4.544	3.698	8.065
1.593	2.813	2.655	2.419	5.134
0.964	1.436	1.318	1.259	2.833
0.669	0.472	0.079	0.138	0.551

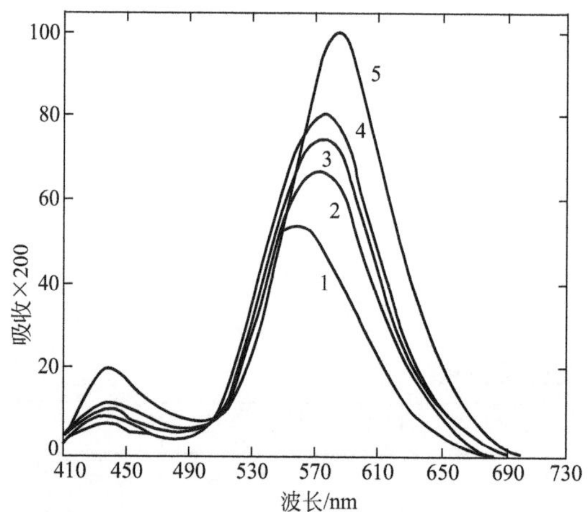

图 6-55 五个两组分混合物的可见吸收光谱图

(3) 可行解域的图像表示　从上述讨论可以看出，纯物种波谱 $\boldsymbol{s}_j^{\mathrm{t}}(j=1,2)$ 及混合物波谱矢量 $\boldsymbol{x}_i^{\mathrm{t}}(i=1,2,\cdots,n)$ 皆可由它们在 $\boldsymbol{q}_1$，$\boldsymbol{q}_2$ 组成的二维空间坐标表出，而不等式（6-143）和式（6-144）及式（6-146）和式（6-147）又可由 $\boldsymbol{q}_1$、$\boldsymbol{q}_2$ 组成的二维空间平面中的直线表出。借计算机图像显示功能，即可在二维平面上将纯物种波谱 $\boldsymbol{s}_j^{\mathrm{t}}(j=1,2)$ 的可行解域表示出来，只要确定了 $\boldsymbol{s}_j^{\mathrm{t}}(j=1,2)$ 在此二维平面上的坐标（t_{j1}，t_{j2}），即可根据式 $\boldsymbol{s}_j^{\mathrm{t}}=t_{j1}\boldsymbol{q}_1^{\mathrm{t}}+t_{j2}\boldsymbol{q}_2^{\mathrm{t}}$ 求出的可能波谱形态。下面以 Lawton 给出的一个实例对上述计算过程加以具体说明。

表 6-21 主成分分析所得的两个特征向量 q_1 和 q_2

q_1	q_2	q_1	q_2
0.009	0.015	0.349	−0.302
0.041	0.048	0.389	−0.074

续表

q_1	q_2	q_1	q_2
0.056	0.103	0.402	0.094
0.068	0.103	0.377	0.218
0.055	0.080	0.327	0.284
0.047	0.058	0.261	0.285
0.037	0.045	0.191	0.243
0.034	0.041	0.140	0.192
0.029	0.030	0.100	0.150
0.031	−0.004	0.065	0.109
0.050	−0.078	0.042	0.085
0.082	−0.169	0.026	0.044
0.134	−0.291	0.016	0.025
0.210	−0.400	0.009	0.014
0.290	−0.477	0.002	−0.002

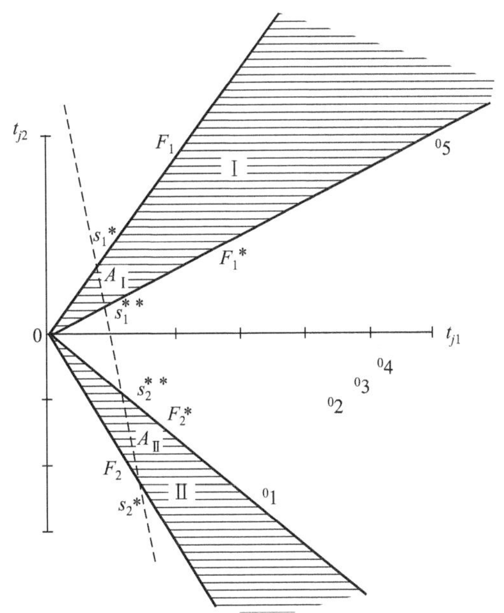

图 6-56　由抽象谱 q_1-q_2 组成的平面投影图

阴影部分Ⅰ和Ⅱ分别表示两个组分的可行解域，其中直线 A_{I} 和 A_{II} 分别为两个组分 s_1 和 s_2 的可行解域

由图 6-55 所示的 5 条可见吸收光谱曲线是对两种染料的混合样本量测所得，它们的具体吸收光谱矢量是由从 410～700nm 每隔 10nm 读取量测数据而得（表 6-20），组成混合样本量测矩阵 $\boldsymbol{X}$，继而对它的协方差阵进行正交分解，取两个对应于最大特征值的特征向量，由式 $u_{i1}=\boldsymbol{x}_i^{\mathrm{t}}\boldsymbol{q}_1/\boldsymbol{q}_1^{\mathrm{t}}\boldsymbol{q}_1=\boldsymbol{x}_i^{\mathrm{t}}\boldsymbol{q}_1$ 及 $u_{i2}=\boldsymbol{x}_i^{\mathrm{t}}\boldsymbol{q}_2/\boldsymbol{q}_2^{\mathrm{t}}\boldsymbol{q}_2=\boldsymbol{x}_i^{\mathrm{t}}\boldsymbol{q}_2$ 可分别算得混合物波谱矢量在 $\boldsymbol{q}_1$、$\boldsymbol{q}_2$组成的二维空间上的坐标，它们分别为 $\boldsymbol{x}_1^{\mathrm{t}}$(123.7，−33.4)、$\boldsymbol{x}_2^{\mathrm{t}}$(201.7，−6.6)、$\boldsymbol{x}_3^{\mathrm{t}}$(186.3，−13.2)、$\boldsymbol{x}_4^{\mathrm{t}}$(169.3，−13.2)、$\boldsymbol{x}_5^{\mathrm{t}}$(233.4，39.3)。按此计算的结果可得由 $\boldsymbol{q}_1$、$\boldsymbol{q}_2$（表 6-21）组成的二维平面图示于图 6-56，用式（6-143）和式（6-144）可得两个组分的可行解域的外约束界 F_1和 F_2；用式（6-146）和式（6-147）可得两个组分的可行解域的内约束界 F_1^* 和 F_2^*。

因 $\sum_{i=1}^{n}\sum \boldsymbol{s}_{ij}^{t}=1$，利用这一条件，由 $\boldsymbol{s}_j^{t}=t_{j1}\boldsymbol{q}_1^{t}+t_{j2}\boldsymbol{q}_2^{t}$ 可得

$$\sum_{i=1}^{n}\boldsymbol{s}_{ij}^{t}=t_{j1}\sum_{i=1}^{n}\boldsymbol{q}_{1i}+t_{j2}\sum_{i=1}^{n}\boldsymbol{q}_{2i}=1 \quad (j=1,2)$$

令 $\sum \boldsymbol{q}_{1i}=a, \sum \boldsymbol{q}_{2i}=b$ 则有

$$t_{j1}a+t_{j2}b=1$$

这说明，正规化为 1 的 $\boldsymbol{s}_j^{t}$（$j=1$，2）必然落在由 $\boldsymbol{q}_1$、$\boldsymbol{q}_2$ 组成的二维空间上的一条直线上，它就是图 6-56 中的 A_{I} 和 A_{II} 所表示的线段。因 A_{I} 和 A_{II} 分别落在可行解域中，所以，$\boldsymbol{s}_j^{t}$（$j=1$，2）也就必然落在 A_{I} 和 A_{II} 表示的可行解域中。

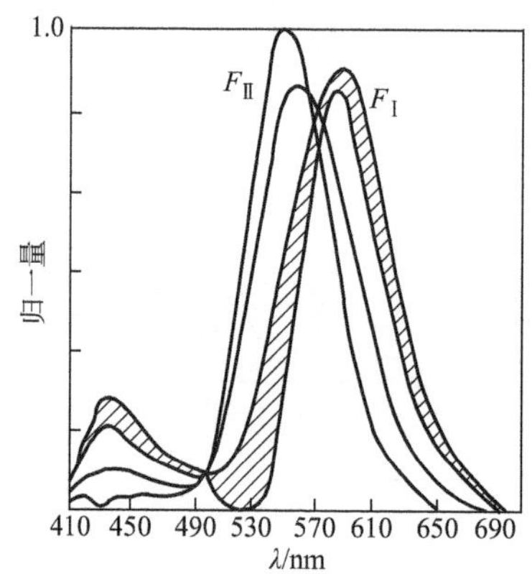

图 6-57 两个纯组分光谱的可行解域

求得 $\boldsymbol{s}_j^{t}$（$j=1$，2）在 $\boldsymbol{q}_1$、$\boldsymbol{q}_2$ 组成的二维空间中的坐标，就可容易地由式 $\boldsymbol{s}_j^{t}=t_{j1}\boldsymbol{q}_1^{t}+t_{j2}\boldsymbol{q}_2^{t}$ 算得它们的可行解域来。图 6-57 所示的 F_{I} 和 F_{II} 就将它们具体表示出来。

【讨论】

这一方法提出后，由 Kowalski 等将其用于气相色谱-质谱[200]及高效液相色谱-紫外可见光谱数据的解析[201]，分别分析了 α-蒎烯和蒎烷及烟酸胺和核黄素的重叠色谱峰，获得满意结果。说明用此法可分辨用色谱法也难以很好分离的两组分体系。

Kawata 等[202]又分别研究了实际量测数据所含误差对可行边界确定的影响以及在可行解域中确定最可能纯组分光谱的问题，提出用最小熵的方法找到纯组分光谱的最可能解。Koenig[203]等对在分辨时常可碰到的一种特殊情况，即某一组分在一段波长范围内有其自身特殊的吸收峰的两组分分辨情况，这在红外光谱指纹区很是多见，提出一种直接确定纯组分唯一解的方法。下面还将对这些内容分别加以介绍。

（1）噪声对可行解域边界确定的影响及其克服方法　在前文的讨论中，没有考虑噪声的影响，而在实际上量测误差的存在必将影响到抽象量测谱中的元素的数值，这种误差即为在前节因子分析误差理论中曾讨论过的置入误差。从式（6-143）和式（6-144）可以看出，它将影响到可行解域边界的确定，有时甚至可将真实解排除出可行解域之内。为此，Kawata 将滤波的方法引入，以排除 q_{i1}（$i=1$，2，…，n）中小于噪声的那些数值，即对 q_{i1} 用下式进行重新计算：

$$q'_{i1}=(q_{i1}^2+\sigma_n^2)/q_{i1}\quad (i=1,\ 2,\ \cdots,\ n)$$

其中 σ_n 为一常数。它可由下式给出

$$\sigma_n=\sqrt{\left[(1/n)\sum_{i=1}^{n}(q_{i1})^2\right]/(p_s/p_n)}$$

其中，(p_s/p_n) 的定义为

$$(p_s/p_n)=\lambda_1/[\sum_{k=1}^{n}\lambda_k/(n-2)]$$

式中，$\lambda_k(k=1,2,...,n)$为主成分分析所求得的特征值，且有 $\lambda_k\geqslant\lambda_{k+1}$。图 6-58 示出了 q'_{i1}与 q_{i1}之间的关系。从图可以看出，如果 q_{i1}小于σ_n 则被滤掉，并以 σ_n 代之，这样也就消除了噪声对可行解域边界确定的影响。

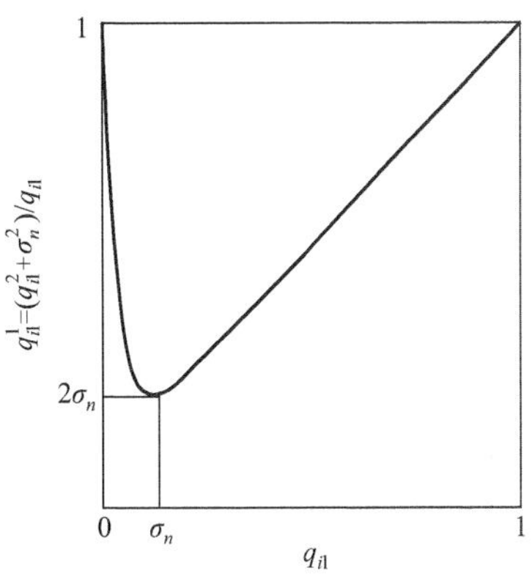

图 6-58　q'_{i1}与 q_{i1}之间的关系

（2）最小熵确定纯组分光谱　此前述讨论中可知，Lawton 和 Sylvestre 提出的自模式曲线分辨法只能求得各组分的可行解域。试想如果能依照某一原则在可行解域中找到一个合理的唯一解，这将对自模式曲线分辨法的实际运用具有重要意义。为此，Kawata 等引入了最小熵的概念，即用组分光谱自身所具有的特性来确定最可能的纯组分光谱唯一解。他们在实验中发现，在所有纯光谱的可行解域中，那些不是实际纯组分光谱的可行光谱实际是由纯组分光谱与另一纯组分光谱的线性组合而成，从而导致纯组分的导数光谱的混合程度（即熵）增加，故提出用导数光谱的熵来确定唯一解。其具体求解过程如下：

$$H_j=-\sum_{i=1}^{n}p_{ij}\lg p_{ij}\rightarrow \text{极小}\qquad (j=1,\ 2)$$

式中，p_{ij}为第 j 个不纯组分光谱在波长点 i 处的二阶或一阶导数，并经下式正规化：

$$p_{ij}=|s'_{ij}|\,|\sum_{i=1}^{n}s'_{ij}|\qquad (i=1,2,\cdots,n)$$

式中，s'_{ij} 表示可行解域中第 j 个不纯组分光谱 s_j 在波长点 i 处的二阶或一阶导数，经此正规化处理，p_{ij} 就具有概率函数的性质了。

从图 6-56 可知，$\boldsymbol{s}_1$ 和 $\boldsymbol{s}_2$ 的可行解域 A_{I} 和 A_{II} 可由下式表出，即

$$\boldsymbol{s}_1 = \boldsymbol{s}_1^* + (1-\gamma_1)\boldsymbol{s}_1^* \qquad (0 \leqslant \gamma_1 \leqslant 1)$$

$$\boldsymbol{s}_2 = \boldsymbol{s}_2^{**} + (1-\gamma_1)\boldsymbol{s}_2^{**} \qquad (0 \leqslant \gamma_1 \leqslant 1)$$

借一维寻优的黄金分割法（亦称 0.618 法），以 $H_j = -\sum p_{ij} \lg p_{ij}$ 作为目标函数即可求出 $\boldsymbol{s}_1$ 和 $\boldsymbol{s}_2$ 的唯一解来。

Kawata 等用上述方法对甲基橙和溴甲酚绿的两组分体系进行解析，同时还对噪声影响可行解域及用最小熵求唯一解也作了探讨，所得结果分别示于图 6-59～图 6-61。从图 6-60 可以看出，如果不考虑噪声的影响，的确可能将真正纯组分光谱排除在可行解域之外，图中溴甲酚绿纯组分光谱的可行解域就正是这种情况。在图 6-61 中，在考虑了噪声的影响，并用前述滤波方法对其进行滤波后，确实克服了噪声的影响。另外从图 6-61 中可以看到，用最小熵方法所找到的纯组分光谱与图 6-59 中的实际光谱的确吻合较好，说明用最小熵为目标函数寻优的方法具有一定实际意义。

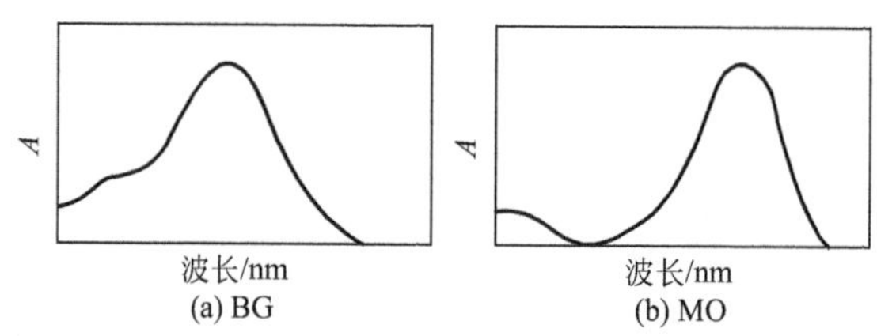

图 6-59 溴甲酚绿（BG）和甲基橙（MO）的标准光谱图

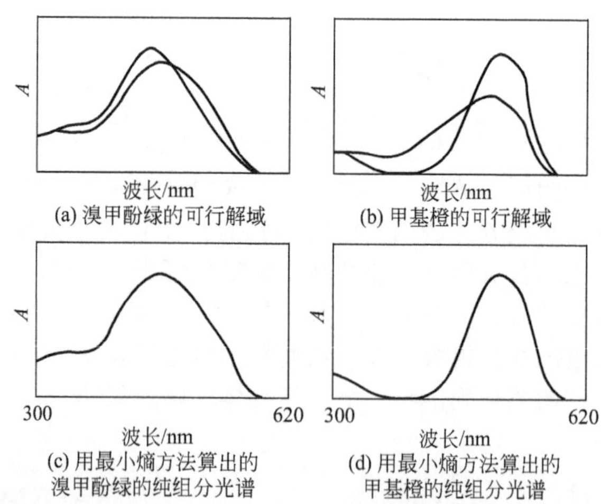

图 6-60 没进行噪声滤波的可行解域和计算所得的各组分的光谱图

2. 三组分体系的纯组分波谱辨析

最早用自模式曲线分辨法来进行三组分体系的纯物种波谱解析的要首推 M. Ohta[204]，他以蓝青色、洋红色和黄色这三种用于彩色照相中的染料作为分辨对象，用自模式曲线分辨法找到了这三种纯组分光谱的可行解域，并用 Monte-Carlo 方法找到了一组可能组分光谱。

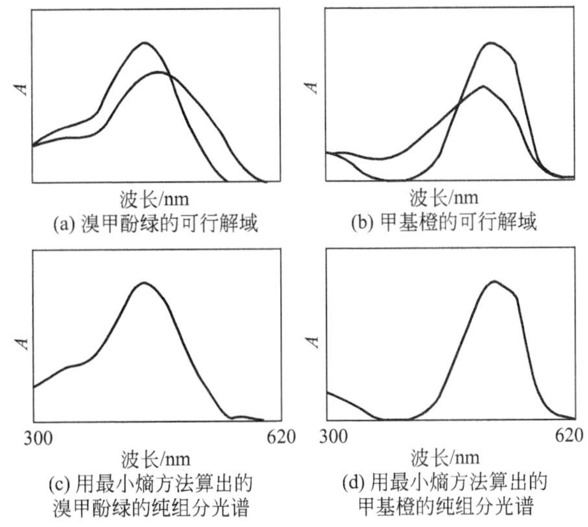

图 6-61 进行噪声滤波后的可行解域和计算所得的各组分的光谱图

Sharaf[205]在此基础上对三组分体系的纯组分光谱的自模式分辨进行了进一步的研究，并对其可行解域的降维表示技术和定量分析进行了阐述。

与二组分体系的纯组分波谱辨析的思路类似，自模式曲线分辨法对三组分体系解析的第一步仍是对数据矩阵 $\boldsymbol{X}$ 进行主成分分析，然后，通过两个约束条件来求出 $\boldsymbol{s}_j^{\mathrm{t}}$（$j=1,2,3$）的可行解域。

对混合样本组成的量测矩阵的协方差阵进行正交变换，分别求出其特征值和特征向量，对三组分混合体系，我们知道矩阵 $\boldsymbol{X}$ 的秩为 3，就取 λ_1、λ_2 和 λ_3 所对应的 3 个特征向量 $\boldsymbol{q}_1$、$\boldsymbol{q}_2$ 和 $\boldsymbol{q}_3$ 组成新的特征向量矩阵 $\boldsymbol{Q}^*$，即

$$\boldsymbol{Q}^*=[\boldsymbol{q}_1,\ \boldsymbol{q}_2,\ \boldsymbol{q}_3]$$

在因子分析中 $\boldsymbol{Q}^*$ 被称为载荷矢量矩阵，亦称抽象量测谱矩阵。

与前节内容相仿，有

$$\boldsymbol{s}_j^{\mathrm{t}}=t_{j1}\boldsymbol{q}_1^{\mathrm{t}}+t_{j2}\boldsymbol{q}_2^{\mathrm{t}}+t_{j3}\boldsymbol{q}_3^{\mathrm{t}} \qquad (j=1,2,3) \tag{6-148}$$

和

$$\boldsymbol{x}_i^{\mathrm{t}}=c_{i1}\boldsymbol{s}_1^{\mathrm{t}}+\boldsymbol{c}_{i2}\boldsymbol{s}_2^{\mathrm{t}}+c_{i3}\boldsymbol{s}_3^{\mathrm{t}} \tag{6-149}$$

将式（6-148）代入式（6-149），可得

$$\begin{aligned}\boldsymbol{x}_i^{\mathrm{t}}&=c_{i1}(t_{11}\boldsymbol{q}_1^{\mathrm{t}}+t_{12}\boldsymbol{q}_2^{\mathrm{t}}+t_{13}\boldsymbol{q}_3^{\mathrm{t}})+c_{i2}(t_{21}\boldsymbol{q}_1^{\mathrm{t}}+t_{22}\boldsymbol{q}_2^{\mathrm{t}}+t_{23}\boldsymbol{q}_3^{\mathrm{t}})+\\&\quad c_{i3}(t_{31}\boldsymbol{q}_1^{\mathrm{t}}+t_{32}\boldsymbol{q}_2^{\mathrm{t}}+t_{33}\boldsymbol{q}_3^{\mathrm{t}})\\&=(c_{i1}t_{11}+c_{i2}t_{21}+c_{i3}t_{31})+(c_{i1}t_{12}+c_{i2}t_{22}+c_{i3}t_{32})+\\&\quad(c_{i1}t_{13}+c_{i2}t_{23}+c_{i3}t_{33})\\&=u_{i1}\boldsymbol{q}_1^{\mathrm{t}}+u_{i2}\boldsymbol{q}_2^{\mathrm{t}}+u_{i3}\boldsymbol{q}_3^{\mathrm{t}} \qquad (i=1,2,\cdots,m)\end{aligned} \tag{6-150}$$

与前节对二组分体系的纯组分波谱自模式辨析的叙述不同，在这一节将对降维技术给出介绍。从式（6-150）可以看出，

$$u_{i1}=c_{i1}t_{11}+c_{i2}t_{21}+c_{i3}t_{31}$$

$$u_{i2}=c_{i1}t_{12}+c_{i2}t_{22}+c_{i3}t_{32}$$

$$u_{i3}=c_{i1}t_{13}+c_{i2}t_{23}+c_{i3}t_{33}$$

如记 $\boldsymbol{u}_i=[u_{i1},\ u_{i2},\ u_{i3}]^{\mathrm{t}}$，$\boldsymbol{t}_1=[t_{11},\ t_{12},\ t_{13}]^{\mathrm{t}}$，$\boldsymbol{t}_2=[t_{21},\ t_{22},\ t_{23}]^{\mathrm{t}}$，$\boldsymbol{t}_3=[t_{31},\ t_{32},\ t_{33}]^{\mathrm{t}}$，则上述方程组就可变为：

$$\boldsymbol{u}_i^{\mathrm{t}}=c_{i1}\boldsymbol{t}_1^{\mathrm{t}}+c_{i2}\boldsymbol{t}_2^{\mathrm{t}}+c_{i3}\boldsymbol{t}_3^{\mathrm{t}} \tag{6-151}$$

将式（6-151）与式（6-149）比较，就可发现两式有类似的形式。不同的是，式（6-149）为任一混合物量测光谱由 n 维纯组分光谱空间 $\{\boldsymbol{s}_1,\ \boldsymbol{s}_2,\ \boldsymbol{s}_3\}$ 的线性组合的表示方式，而式（6-151）则为该混合物波谱在 n 维正交因子空间 $\{\boldsymbol{q}_1,\ \boldsymbol{q}_2,\ \boldsymbol{q}_3\}$ 的坐标组成的向量 $\boldsymbol{u}_i=[u_{i1},u_{i2},u_{i3}]^{\mathrm{t}}$ 在一三维空间$\{\boldsymbol{t}_1,\boldsymbol{t}_2,\boldsymbol{t}_3\}$的线性组合的表示方式。然而，值得提出的是，它们的线性组合系数是同一的，这说明任一混合物量测光谱在经主成分分析后，实际是可由一三维线性空间来表示的，而且这一关系在三维空间中还具有相同形式。以下我们还将证明，当满足一定条件时，混合物光谱在因子空间中完全落在一个平面上，这样，三组分混合体系的可行解域就可在一平面上表出，从而使得三组分混合体系的可行解域的确定将与前节所述的二组分混合体系的一样容易。

对于式(6-149)，当满足下述条件时，

$$c_{i1}+c_{i2}+c_{i3}=1 \qquad (i=1,2,\cdots,m) \tag{6-152}$$

则混合物光谱（$i=1$，2，…，m）在因子空间的坐标点集（u_{i1}，u_{i2}，u_{i3}），（$i=1$，2，…，m）必落在由三个纯组分光谱在因子空间的坐标点，即（t_{11}，t_{12}，t_{13}），（t_{21}，t_{22}，t_{23}），（t_{31}，t_{32}，t_{33}）所构成的平面上。

由解析几何知识可知，三点决定一个平面，设由点（t_{11}，t_{12}，t_{13}），（t_{21}，t_{22}，t_{23}），（t_{31}，t_{32}，t_{33}）构成的平面方程如下：

$$\alpha x+\beta y+\gamma z=d$$

显然有

$$\alpha t_{11}+\beta t_{12}+\gamma t_{13}=d \tag{6-153a}$$

$$\alpha t_{21}+\beta t_{22}+\gamma t_{23}=d \tag{6-153b}$$

$$\alpha t_{31}+\beta t_{32}+\gamma t_{33}=d \tag{6-153c}$$

所谓混合物光谱 $\boldsymbol{x}_i^{\mathrm{t}}$($i=1$，2，…，$m$）在因子空间的坐标点集（$u_{i1}$，$u_{i2}$，$u_{i3}$)($i=1$，2，…，$m$)，必落在由（$t_{11}$，$t_{12}$，$t_{13}$），（$t_{21}$，$t_{22}$，$t_{23}$），（$t_{31}$，$t_{32}$，$t_{33}$）所构成的平面之上，实质上就是要满足：

$$\alpha u_{i1}+\beta u_{i2}+\gamma u_{i3}=d \tag{6-154}$$

根据式（6-148）和式（6-149），将（u_{i1}，u_{i2}，u_{i3}）所对应的值代入式（6-154）的左边，可得

$$\begin{aligned}
&\alpha(c_{i1}t_{11}+c_{i2}t_{21}+c_{i3}t_{31})+\beta(c_{i1}t_{12}+c_{i2}t_{22}+c_{i3}t_{32})+\gamma(c_{i1}t_{13}+c_{i2}t_{23}+c_{i3}t_{33})\\
&=c_{i1}(\alpha t_{11}+\beta t_{12}+\gamma t_{13})+c_{i2}(\alpha t_{21}+\beta t_{22}+\gamma t_{23})+c_{i3}(\alpha t_{31}+\beta t_{32}+\gamma t_{33})\\
&=c_{i1}d+c_{i2}d+c_{i3}d\\
&=(c_{i1}+c_{i2}+c_{i3})d\\
&=d
\end{aligned}$$

在上述推导中利用了式（6-153）以及式（6-152）的条件。到此，唯一的问题就是由式（6-152）示出的条件在实际中怎样来实现。其实，对于由式（6-152）示出的条件是容易在实际中做到的，即只需对混合物量测谱 $\boldsymbol{x}_i^{\mathrm{t}}(i=1，2，\cdots，m)$ 和纯组分量测谱 $\boldsymbol{s}_i^{\mathrm{t}}(i=1，2，3)$ 进行归一化处理就立即可以得到。即令

$$\sum_{j=1}^{n}x_{ij}=1，\sum_{j=1}^{n}s_{ij}=1 \qquad (i=1，2，\cdots，m；j=1，2，\cdots，n)$$

由式（6-149），对混合物量测谱 $\boldsymbol{x}_i^{\mathrm{t}}$ 的所有元素求和可得：

$$\sum_{j=1}^{n}x_{ij}^{\mathrm{t}}=c_{i1}\sum_{j=1}^{n}s_{1j}+c_{i2}\sum_{j=1}^{n}s_{2j}+c_{i3}\sum_{j=1}^{n}s_{3j}$$

根据 $\sum x_{ij}=1$，$\sum s_{ij}=1$ 的条件，立即可得

$$1=c_{i1}+c_{i2}+c_{i3}$$

这就是由式（6-152）示出的条件。

值得提出的是，由于纯组分光谱 $\boldsymbol{s}_t^{\mathrm{t}}(i=1，2，3)$ 是待求的，所以这一平面方程实际是通过由混合物光谱 $\boldsymbol{x}_i^{\mathrm{t}}(i=1，2，\cdots，m)$ 在因子空间的坐标点集来得到的。从上述讨论可知，经归一化处理后的混合物光谱 $\boldsymbol{x}_i^{\mathrm{t}}(i=1，2，\cdots，m)$ 在因子空间的坐标点集（u_{i1}，u_{i2}，u_{i3}）$(i=1，2，\cdots，m)$ 皆落在一个平面上，故可任取其中三点，如（u_{i1}，u_{i2}，u_{i3}），（u_{j1}，u_{j2}，u_{j3}），（u_{k1}，u_{k2}，u_{k3}）来构成这一平面，在此下角标 i、j、k 是属于下角标集（$i=1，2，\cdots，m$）中的任一不相同的三个下角标，继用下式可得由式（6-153）所定义的平面方程，即

$$\begin{bmatrix} u_{i1}-x & u_{i2}-y & u_{i3}-z \\ u_{i1}-u_{j1} & u_{i2}-u_{j2} & u_{i3}-u_{j3} \\ u_{i1}-u_{k1} & u_{i2}-u_{k2} & u_{i3}-u_{k3} \end{bmatrix}=0 \tag{6-155}$$

Sharaf 等就是用此法对两个三组分混合体系进行了解析。其中一个是正己烷、环己烷和戊烯醇构成的三组分混合体系的纯组分质谱解析，另一个是 Cr^{3+}、Co^{2+}、Ni^{2+} 构成的三组分混合体系的纯组分紫外可见光谱解析。这两个体系的各组分浓度及它们的混合物量测波谱在三维因子空间的坐标和在二维平面的坐标分别示于表 6-22 和表 6-23，它们在二维平面的投影图分别示于图 6-62 和图 6-63。

表 6-22 10 个模拟质谱混合体系的组成、因子得分（a_{i1}，a_{i2}，a_{i3}）和计算所得的二维平面坐标及纯物种质谱

混合物编号	组分相对浓度/%			因子得分			二维平面坐标	
	Ⅰ	Ⅱ	Ⅲ				x	y
1	10	10	80	123.924	−49.112	−14.726	74.813	110.723
2	80	10	10	122.785	45.947	42.892	20.306	13.841
3	10	80	10	120.969	48.754	−44.676	107.938	13.841
4	50	50	0	121.585	61.131	1.805	62.594	0.000
5	0	50	50	122.398	−6.768	−40.071	101.528	69.202
6	50	0	50	123.695	−8.774	22.477	38.934	69.203
7	40	0	60	123.858	−22.354	14.246	46.721	83.043
8	30	0	70	124.021	−35.934	6.015	54.507	96.884
9	30	10	60	123.598	−21.953	1.736	59.240	83.043
10	40	50	10	123.436	−8.373	9.967	51.453	69.203
计算所得的纯物种质谱								
Ⅰ	100	0	0	122.882	59.126	63.633	0.000	0.000
Ⅱ	0	100	0	120.287	63.136	−61.464	125.188	0.000
Ⅲ	0	0	100	124.509	−76.674	−18.679	77.868	138.405

表 6-23 紫外光谱混合体系的组成、因子得分（a_{i1}，a_{i2}，a_{i3}）和计算所得的二维平面坐标及纯物种光谱

混合物编号	组分相对浓度/%			因子得分			二维平面坐标	
	Ⅰ	Ⅱ	Ⅲ				x	y
1	10	10	80	2.790	0.033	0.248	0.174	2.405
2	80	10	10	0.895	−0.397	−0.261	0.098	0.398
3	10	80	10	0.751	0.389	−0.294	0.898	0.392
4	50	50	0	0.530	−0.014	−0.350	0.542	0.096
5	50	0	50	2.025	−0.262	0.023	0.024	1.568
6	0	50	50	1.930	0.302	0.004	0.579	1.573
7	35	25	40	1.709	−0.043	−0.061	0.298	1.286
计算所得的纯物种质谱								
Ⅰ	100	0	0	0.534	−0.564	−0.358	0.000	0.000
Ⅱ	0	100	0	0.331	0.593	−0.406	1.176	0.000
Ⅲ	0	0	100	23.776	−3.545	5.832	−7.198	23.143

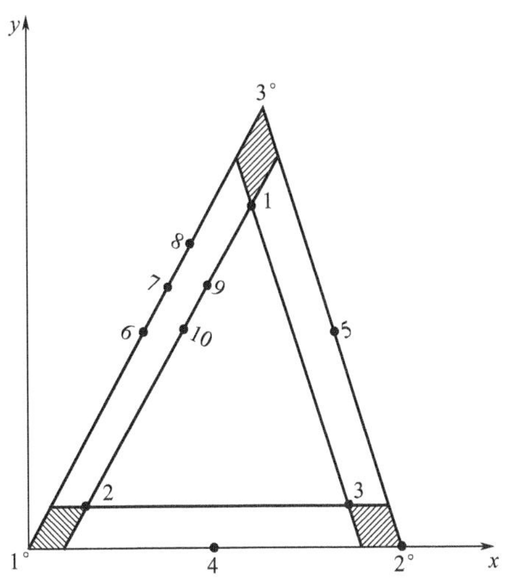

图 6-62　10 个质谱的二维表示

点 1，2，3 表示内界，1°，2°，3°表示外界；
图中的阴影部分表示组分质谱的可行解域

表 6-22 和表 6-23 中的因子空间坐标（$\boldsymbol{u}_{i1}$，$\boldsymbol{u}_{i2}$，$\boldsymbol{u}_{i3}$），（$i=1, 2, \cdots, m$）可由式（6-148）和式（6-149）联合求出，这是因为因子空间 $\{\boldsymbol{q}_1, \boldsymbol{q}_2, \boldsymbol{q}_3\}$ 是相互正交的。

$$\boldsymbol{q}_1=u_{i1}\boldsymbol{q}_1+u_{i2}\boldsymbol{q}_1+u_{i3}\boldsymbol{q}_1 \quad (i=1, 2, \cdots, m)$$

由正交性，我们有 $\boldsymbol{q}_2^{\mathrm{t}}\boldsymbol{q}_1=0$，$\boldsymbol{q}_3^{\mathrm{t}}\boldsymbol{q}_1=0$，以及 $\boldsymbol{q}_2^{\mathrm{t}}\boldsymbol{q}_3=0$，
所以

$$u_{i1}=\boldsymbol{x}_i^{\mathrm{t}}\boldsymbol{q}_1/\boldsymbol{q}_1^{\mathrm{t}}\boldsymbol{q}_1$$

$$u_{i2}=\boldsymbol{x}_i^{\mathrm{t}}\boldsymbol{q}_2/\boldsymbol{q}_2^{\mathrm{t}}\boldsymbol{q}_2$$

$$u_{i3}=\boldsymbol{x}_i^{\mathrm{t}}\boldsymbol{q}_3/\boldsymbol{q}_3^{\mathrm{t}}\boldsymbol{q}_3$$

至于怎样由因子空间坐标（u_{i1}，u_{i2}，u_{i3}），（$i=1, 2, \cdots, m$）化为二维平面坐标，则可根据方程式（6-155）来进行，或是通过坐标旋转，使 xy 平面与由式（6-155）所定义的平面重合即可得到，在此不再详述。

从图 6-62 可以看出，由点 1°、2°、3°决定的三角形是由质谱量测值非负这一约束条件而得到的，而由点 1、2、3 决定的三角形则是由浓度非负这一约束条件而得到的。图中的阴影部分就表示 3 个纯组分质谱的可行解域。图 6-63 可类似解释。有关多组分可行解域的确定在下一节还将进行更一般的介绍，在此不多讨论了。

从以上讨论可以看出，自模式曲线分辨法的关键就是如何从一组混合物量测光谱中找到各个纯组分波谱的可行解域，而且三组分混合体系的解析与两组分混合体系的解析并无本质区别，只是在降维处理上更加复杂些而已。

3. 自模式曲线分辨的通用降维处理和可行解域的确定

1983 年 Borgen 和 Kowalski 对此问题进行了研究[206]，对含 p 组分的混合物体系的分辨提出了统一的降维处理方法，说明含 p 组分的混合物体系纯组分波谱分辨的可行解域总

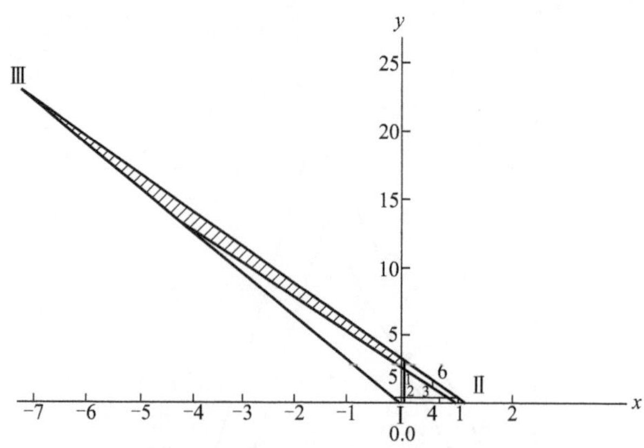

图 6-63 7 个紫外光谱的二维表示

点 1，2，3 表示内界；Ⅰ，Ⅱ，Ⅲ表示外界；
图中的阴影部分表示组分光谱的可行解域

可以在（$p-1$）维超平面上表出。此外，该文还详细讨论了三组分体系之可行解域确定的一般性原则和方法。下面拟对这些内容分别加以介绍。

（1）降维处理变换　设对所得混合物量测波谱矩阵 $\boldsymbol{X}$ 进行了第一步的主成分分析，即通过对量测矩阵的协方差阵正交分解后，找到了 p 个抽象波谱矢量 $\{\boldsymbol{q}_1, \boldsymbol{q}_2, \cdots, \boldsymbol{q}_p\}$，并且还设已对所有的混合物量测波谱 $\boldsymbol{x}_i^{\mathrm{t}}(i=1, 2, \cdots, m)$ 和纯组分量测谱 $\boldsymbol{s}_i^{\mathrm{t}}(i=1,2,\cdots,p)$ $(p<m)$进行了归一化处理，即

$$\sum_{j=1}^{n} x_{ij}=1 \quad (i=1,2,\cdots,m;j=1,2,\cdots,n)$$

$$\sum_{j=1}^{n} s_{ij}=1 \quad (i=1,2,\cdots,m;j=1,2,\cdots,n)$$

下面我们将看到，只需通过适当变换，就可将混合物量测波谱和纯组分量测谱中元素非负的约束条件在（$p-1$）维的超平面上表出。

首先我们来看看在此体系的任一向量（包括混合物量测矢量和我们要找的纯组分波谱矢量）怎样用（$p-1$）维超平面表出的情况。因属于该体系的量测波谱矢量皆可由 p 个抽象波谱矢量线性表出，即

$$\boldsymbol{s}_j^{\mathrm{t}}=t_{j1}\boldsymbol{q}_1^{\mathrm{t}}+t_{j2}\boldsymbol{q}_2^{\mathrm{t}}+\cdots+t_{jp}\boldsymbol{q}_p^{\mathrm{t}}(j=1, 2, \cdots, p) \tag{6-156}$$

和

$$\boldsymbol{x}_i^{\mathrm{t}}=u_{i1}\boldsymbol{q}_1^{\mathrm{t}}+u_{i2}\boldsymbol{q}_2^{\mathrm{t}}+\cdots+u_{ip}\boldsymbol{q}_p^{\mathrm{t}}(i=1, 2, \cdots, m) \tag{6-157}$$

再根据条件 $\sum x_{ij}=1$，对的各元素求和得

$$\sum_{j=1}^{n} x_{ij}^{\mathrm{t}}=u_{i1}\sum_{j=1}^{n} q_{ij}+u_{i2}\sum_{j=1}^{n} q_{2j}+\cdots+u_{ip}\sum_{j=1}^{n} q_{pj}$$

令 $\sum_{j=1}^{n} q_{kj} = d_k$ ，则有

$$\sum_{k=1}^{p} u_{ik} d_k = 1$$

因第一正交抽象波谱矢量 $\boldsymbol{q}_1$ 的各元素总是非负，所以 d_1 非负，再将上式变形为

$$u_{i1} + (1/d_1)\sum_{k=2}^{p} u_{ik} d_k = 1/d_1$$

可得

$$u_{i1} = \left(1 - \sum_{k=2}^{p} u_{ik} d_k\right)/d_1 \tag{6-158}$$

对于由式（6-156）表示的 $\boldsymbol{s}_j^{\mathrm{t}}$（$j=1, 2, \cdots, p$），上述推导亦同样成立，只需将 u_{ij} 改成 t_{ij} 即可，

$$t_{i1} = \left(1 - \sum_{k=2}^{p} t_{ik} d_k\right)/d_1 \tag{6-159}$$

上式说明，只要由归一化条件，就可将 u_{i1} 及 t_{i1} 由其余的 $u_{ik}(k=2,\cdots,p)$ 和 $t_{ik}(k=2,\cdots,p)$ 而求出，这就将 p 维空间降至了 $(p-1)$ 维。

（2）波谱数值非负约束（第一约束，FIRPOL）因所求纯组分波谱的强度值皆不可为负，此条件可用下式表出，

$$s_{ij} \geqslant 0 \qquad (j=1, 2, \cdots, p;\ i=1, 2, \cdots, n)$$

又因为

$$\boldsymbol{s}_j^{\mathrm{t}} = t_{j1}\boldsymbol{q}_1^{\mathrm{t}} + t_{j2}\boldsymbol{q}_2^{\mathrm{t}} + \cdots + t_{jp}\boldsymbol{q}_p^{\mathrm{t}} \qquad (j=1, 2, \cdots, p)$$

亦即

$$s_{ij} = t_{j1} q_{1i} + t_{j2} q_{2i} + \cdots + t_{jp} q_{pi} \geqslant 0$$

再将式（6-159）代入此式，可得

$$\begin{aligned} s_{ij} &= \left[\left(1 - \sum_{k=2}^{n} t_{ik} d_k\right)/d_1\right] q_{1i} + t_{j2} q_{2i} + \cdots + t_{jp} q_{pi} \\ &= q_{1i}/d_1 - (q_{1i}/d_1)\sum_{k=2}^{n} t_{jk} d_k + \sum_{k=2}^{n} t_{jk} q_{ki} \\ &= q_{1i}/d_1 + \sum_{k=2}^{n} [q_{ki} - (q_{1i} d_k)/d_1] t_{jk} \geqslant 0 \end{aligned}$$

因 $q_{1i}/d_1 \geqslant 0$，而第一特征向量的每一元素都大于零，所以对上式两边同除以 q_{1i}/d_1，不等式不变号，得

$$1+\sum_{k=2}^{n}[(q_{ki}/q_{1j})d_1-d_k]t_{jk}\geqslant 0$$

令 $[(q_{ki}/q_{1i})d_1-d_k]=f_{ki}$，上式则变为

$$1+\sum_{k=2}^{n}f_{ki}t_{jk}\geqslant 0 \tag{6-160}$$

上式中 f_{ki} 为一已知量，这是因为 q_{ki}（$k=2$，…，p，$i=1$，2，…，n）可由主成分分析而得到，而且 $d_k=\sum_{i=1}^{n}q_{ki}$，式中的未知变量就只有 t_{kj}（$k=2$，…，p，$j=2$，…，p），为 $(p-1)$ 维超平面的约束条件。至此就完成了第一约束条件的降维处理。

(3) 浓度非负约束（第二约束，INNPOL）从式（6-157）可知，任一该体系的混合物波谱 $\boldsymbol{x}_i^{\mathrm{t}}$ 在正交的抽象波谱空间 $\{\boldsymbol{q}_1^{\mathrm{t}}, \boldsymbol{q}_2^{\mathrm{t}}, \cdots, \boldsymbol{q}_p^{\mathrm{t}}\}$ 中可由点集（u_{i1}，u_{i2}，…，u_{ip}）（$i=1$，2，…m）来表示，再考虑式（6-158），因 u_{i1} 是（u_{i2}，…，u_{ip}）的线性组合，只要（u_{i2}，…，u_{ip}）已知，u_{i1} 就可唯一确定，亦即混合物波谱实际就可由（u_{i2}，…，u_{ip}）构成的 $(p-1)$ 维超平面唯一确定。由混合物波谱点集（u_{i2}，…，u_{ip}）（$i=1$，2，…m）在 $(p-1)$ 维超平面所围成的区域，就构成了浓度非负的约束区域，Borgen 等将其称为 INNPOL。

如采用这一统一降维技术，就可使二组分混合体系的可行解域落在一条直线之上，而使三组分混合体系的可行解域落在一二维平面之上。

对于二组分混合体系，根据式（6-160），有

$$1+f_{2i}t_{j2}\geqslant 0$$

亦即由

$$t_{j2}\geqslant -1/f_{2i} \qquad (j=1, 2)$$

来确定，这几条直线就构成了波谱数值非负的约束条件，而 m 个混合物波谱也可由 u_{i2}（$i=1$，2，…，m）来表示出。这样，我们在本章讨论的两组分体系变成一条直线（图 6-56)，可由图 6-64 示意表示出。

对于三组分混合体系，式（6-160）变成

$$1+f_{2i}t_{j2}+f_{3i}t_{j3}\geqslant 0 \quad (i=1, 2, \cdots, n)$$

即由下式表出的 n 条直线：

$$1+f_{2i}t_{j2}+f_{3i}t_{j3}=0 \quad (i=1, 2, \cdots, n)$$

构成第一约束条件的区域（FIRPOL)，而 m 个混合物波谱向量则可由 m 个点集（u_{i2}，u_{i3}）（$i=1$，2，…，m）来表示，由此可得到第二约束条件的区域（INNPOL)，图 6-65 示意地

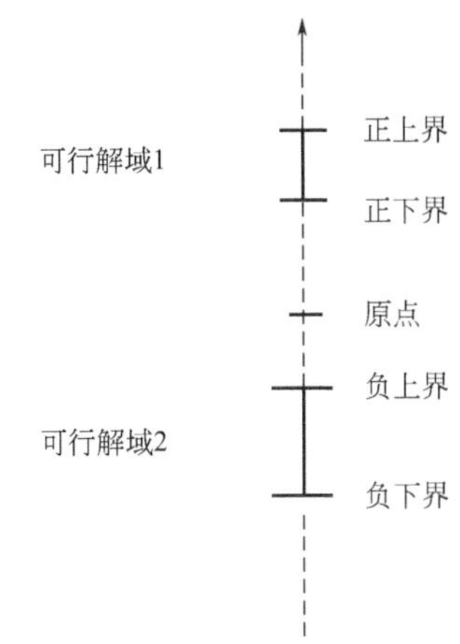

图 6-64　两组分体系约束界示意图

- - -禁界；——可行解域

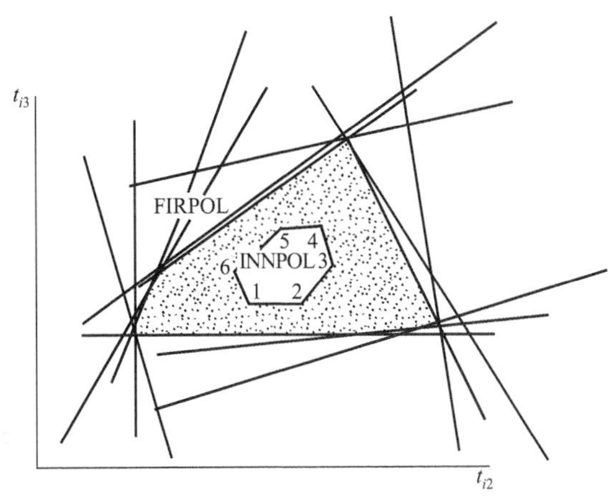

图 6-65　三组分含 6 个混合物波谱体系的纯组分可行解域确定示意图

阴影部分为纯组分波谱的可行解域

表示出了这一情况。

从上述讨论可知，通过如此降维处理，可将 p 组分体系降至（$p-1$）维空间来进行图像表征，以获得 p 个组分的可行解域。Borgen 等还对四组分混合体系的情况进行了讨论[207]，得到了三维的可行域图像，但是，计算和相应的图像表征也变得更加复杂。如果体系的组分数大于 3，即使经如此降维处理亦难用图像表征出来；而且，即使求得了体系纯组分光谱的可行解域，仍未得到具有真实物理意义的唯一解。可以想象，如果遵循这一思路继续研究下去，恐怕一时还难以得到可为广大分析工作者易于接受、易于理解且又令人振奋的结果，似有必要开辟新的研究途径。

随着分析实验室中的色谱联用仪器的出现和普及，使这样的设想成为可能。下面将对近年来专门针对二维色谱联用仪所产生的二维数据进行矩阵分辨的方法给出详细的介绍。可以这么说，以下将要介绍的黑色分析体系的矩阵分辨解析方法实际上都是基于本节所讨论的自模式曲线分辨法，唯一不同的地方在于它们更多地使用了二维色谱联用仪所产生的二维数据的特点，其中最重要的是色谱的分离特性，而不只是局限于浓度非负、光谱非负的约束，使得直接快速解析复杂未知的黑色分析体系出现了新局面，同时，由于使用了二维色谱联用仪所产生的二维数据的其他化学特点，也使得获得具有真实物理意义的唯一解成为可能，取得了令人振奋的新结果，为直接快速地解析复杂未知的黑色分析体系提供了一条崭新途径。

（二）迭代目标转换因子分析法

【基本思路】

迭代目标转换因子分析法（ITTFA）由 Gemperline 和 Vanteginste 分别独立提出[208,209]，其主要思路是利用主成分分解的抽象矩阵来进行迭代，以求得一个逼近的可能解。因将 $\boldsymbol{X}$ 矩阵分解后，可以得到两个抽象正交矩阵 $\boldsymbol{T}$ 和 $\boldsymbol{P}^{t}$，分别构成了正交且又与纯浓度谱和纯光谱张成的空间为同一线性空间，这样，用抽象正交空间来替代纯浓度谱和纯光谱张成的空间，对一初始矢量来进行迭代逼近，以求得一个逼近可能解。其实，由 Gemperline 和 Vanteginste 分别提出迭代目标转换因子分析法的区别仅在于他们所取的初始迭代矢量不同。本节将较详细地介绍和讨论这个方法。

【基本算法】

设我们已通过某种量测方法获得了一个二维数据矩阵 $\boldsymbol{X}$，并假设此二维数据矩阵是双线性的，即 $\boldsymbol{X}$ 的每一列都表示一个浓度分布（对于色谱数据就是色谱），每一行都表示一个混合光谱。采用主成分分析方法先对此二维数据矩阵 $\boldsymbol{X}$ 进行分解，于是得到

$$\boldsymbol{X}=\boldsymbol{T}\boldsymbol{P}^{t}+\boldsymbol{E}$$

式中，$\boldsymbol{T}$ 和 $\boldsymbol{P}^{t}$ 为两个正交矩阵，其中 $\boldsymbol{T}$ 是列正交矩阵，而 $\boldsymbol{P}^{t}$ 为一行正交矩阵，有时也把它们分别称之为抽象色谱阵和抽象光谱阵；$\boldsymbol{E}$ 为残差矩阵。另外，根据朗伯-比耳定律可知，

$$\boldsymbol{X}=\boldsymbol{C}\boldsymbol{S}^{t}+\boldsymbol{E}$$

式中，$\boldsymbol{C}$ 为（$m\times n$）阶的真实浓度分布阵（对于色谱数据就是色谱）；$\boldsymbol{S}^{t}$ 为（$n\times l$）阶的真实纯物种光谱阵。在这里 m 为色谱在保留时间轴上的采样点数，l 为光谱的波长点数，n 为混合体系的独立组分数。对照上述两式可以看到

$$\boldsymbol{C}\boldsymbol{S}^{t}=\boldsymbol{T}\boldsymbol{P}^{t}=\boldsymbol{T}\boldsymbol{R}\boldsymbol{R}^{-1}\boldsymbol{P}^{t}$$

即

$$\boldsymbol{C}=\boldsymbol{T}\boldsymbol{R}$$

和

$$\boldsymbol{S}^{t}=\boldsymbol{R}^{-1}\boldsymbol{P}^{t}$$

在此，$\boldsymbol{R}$ 为一（$n\times n$）的满秩旋转矩阵，它可以将抽象浓度和抽象光谱阵转换成为有物理意义的真实的浓度分布阵和真实的纯物种光谱阵，而这正是我们所要求的。其实，很多基于自模式曲线分辨方法的算法，其目的也就在于找到这个转换矩阵 $\boldsymbol{R}$。如果将式 $\boldsymbol{C}=\boldsymbol{T}\boldsymbol{R}$（在此我们只讨论浓度分布阵的情况，对于纯光谱阵如 $\boldsymbol{S}^{t}=\boldsymbol{R}^{-1}\boldsymbol{P}^{t}$ 所示出的情况与此类似，可以照推）写成矢量式，即

$$\boldsymbol{c}_{i}=\boldsymbol{T}\boldsymbol{r}_{i}$$

式中，下角标 i 表示真实的浓度分布阵的第 i 列。设我们已通过某一方法得到了 c_i，就可以很容易地采用最小二乘方法求出转换矩阵的第 i 列来，

$$\boldsymbol{r}_i=(\boldsymbol{T}^{\mathrm{t}}\boldsymbol{T})^{-1}\boldsymbol{T}^{\mathrm{t}}\boldsymbol{c}_i$$

$\boldsymbol{T}$ 为一列正交的矩阵，所以（$\boldsymbol{T}^{\mathrm{t}}\boldsymbol{T}$）的求逆很容易。在此的问题是：$\boldsymbol{c}_i$ 其实是未知的，是我们最终要求得的。如前所述，迭代目标转换因子分析的主要思路是利用迭代来解决这一矛盾。先找到一个初始迭代矢量 $\boldsymbol{c}_i^0$，由 $\boldsymbol{r}_i=(\boldsymbol{T}^{\mathrm{t}}\boldsymbol{T})^{-1}\boldsymbol{T}^{\mathrm{t}}\boldsymbol{c}_i$ 算出一个相应的 r_i^0，再由式 $\boldsymbol{c}_i=\boldsymbol{T}\boldsymbol{r}_i$ 就可得到一个新的浓度分布矢量，记为 $\boldsymbol{c}_i^1$，就此循环使用上述两式，直到 $\|\boldsymbol{c}_i^{k+1}-\boldsymbol{c}_i^k\|$ 小于某一给定常数，即停止迭代，由此得到的也就是我们要求的可能解。众所周知，由迭代法所求解时，初始迭代矢量的选择具有决定性意义。如前所述，由 Gemperline 和 Vanteginste 分别提出迭代目标转换因子分析法的区别就在于他们所取的初始迭代矢量不同，在此只介绍 Gemperline 的方法，对 Vanteginste 的方法不作详细介绍，只因他是采用因子分析中的最大方差旋转法来寻找初始迭代矢量，较为复杂，但物理意义不明确，有兴趣的读者可参阅文献[209]。Gemperline 的方法主要基于如下事实，即利用纯物种的浓度分布（尤其是对色谱而言）有一个且只有一个极大值的特点，所以他选择的初始迭代矢量为 $\boldsymbol{c}_i^0=(0\ 0\ \cdots 0\ 1\ 0\ 0\ \cdots 0)^{\mathrm{t}}$，即一个所含元素皆为零，其中只有一个元素是 1 的矢量为其初始迭代矢量，以引导迭代朝某一纯物种的浓度分布收敛。此外，在迭代过程中，每得到一个迭代的浓度分布都要进行修正，即利用浓度分布中的每一元素不可能为负数的条件，把迭代所得的浓度分布矢量中的负元素全部置成零，然后再继续迭代。这一步相当重要，它可促进迭代朝真实纯物种浓度分布逼近。

【讨论】

对于纯物种浓度分布的重叠程度不严重的混合体系，该法的确可以收敛至真实的纯物种浓度分布[210]，但当纯物种浓度分布的重叠程度严重时，一般难以得到真实解，只可能是一种可能解。当然，怎样找到更有利的初始迭代矢量仍是一个值得研究的问题，笔者在此方面亦做过一些探讨，有兴趣的读者可参阅文献[211]。

在此，我们认为有必要分析一下该法的物理意义，这样对正确使用该法和理解该法的适用性有帮助。该法的基础在于它利用了两个抽象正交矩阵 $\boldsymbol{T}$ 和 $\boldsymbol{P}^{\mathrm{t}}$ 分别构成与纯浓度谱阵 $\boldsymbol{C}$ 和纯光谱 $\boldsymbol{S}^{\mathrm{t}}$ 张成的空间为同一线性空间的事实，所以，用正交矩阵 $\boldsymbol{T}$ 来代替纯浓度谱阵 $\boldsymbol{C}$ 以进行迭代逼近，是可能求得一个逼近可能解的。整个迭代过程示意地由图 6-66 表出，以帮助读者对该法的理解。

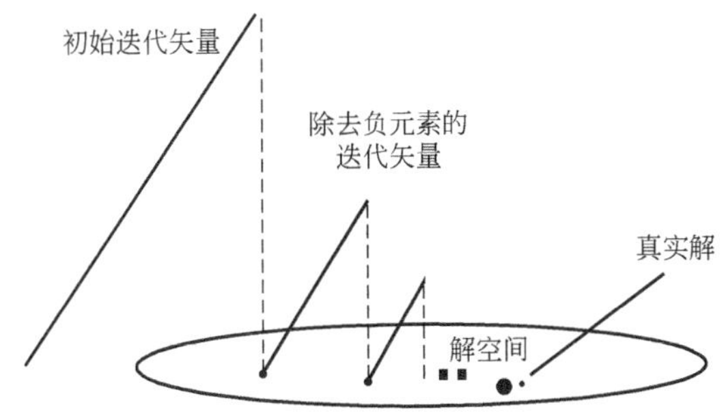

图 6-66　迭代目标转换因子分析法的迭代逼近几何示意图

为帮助理解，在此我们给出一个简单实例来说明一下迭代目标转换因子分析法（ITTFA）的解析分辨的具体过程。图 6-67 示出了一个高效液相色谱与二极管阵列检测器联用仪（HPLC-DAD）所得的二维数据阵 $\boldsymbol{X}$ 的三维显示图［图 6-67（a）］，该系统的标准色谱阵 $\boldsymbol{C}$［图 6-67（b）］和标准光谱阵 $\boldsymbol{S}^{t}$［图 6-67（c）］。图 6-68 示出的是 ITTFA 法的迭代分辨过程。首先选择初始迭代矢量为 $\boldsymbol{c}_i^0=(0\ 0\ \cdots 0\ 1\ 0\ 0\ \cdots 0)^{t}$（亦称针式搜索，needle search），然后进行迭代，图中从上到下是 4 个不同组分，而从左至右是每个组分的迭代过程，从图可以看出，开始迭代的时候，所得的纯组分色谱还都含有负元素，经非负处理，迭代的确是该纯物种的色谱浓度分布在不断靠近，直至收敛。在图 6-68 的右部，如已获得了所有组分的纯色谱浓度分布，继而采用最小二乘，对 $\boldsymbol{X}=\boldsymbol{CS}^{t}$ 直接求解，即可获得所有组分的纯光谱 $\boldsymbol{S}^{t}$。

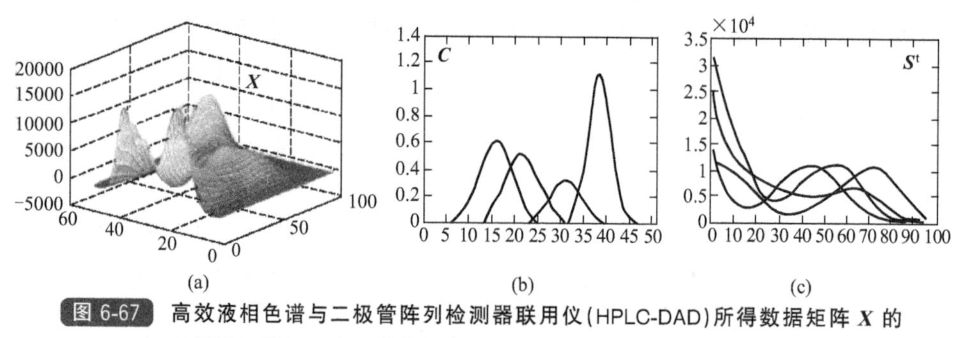

图 6-67　高效液相色谱与二极管阵列检测器联用仪（HPLC-DAD）所得数据矩阵 $\boldsymbol{X}$ 的三维显示图(a)，该系统的标准色谱阵 $\boldsymbol{C}$(b)和标准光谱阵 $\boldsymbol{S}^{t}$(c)

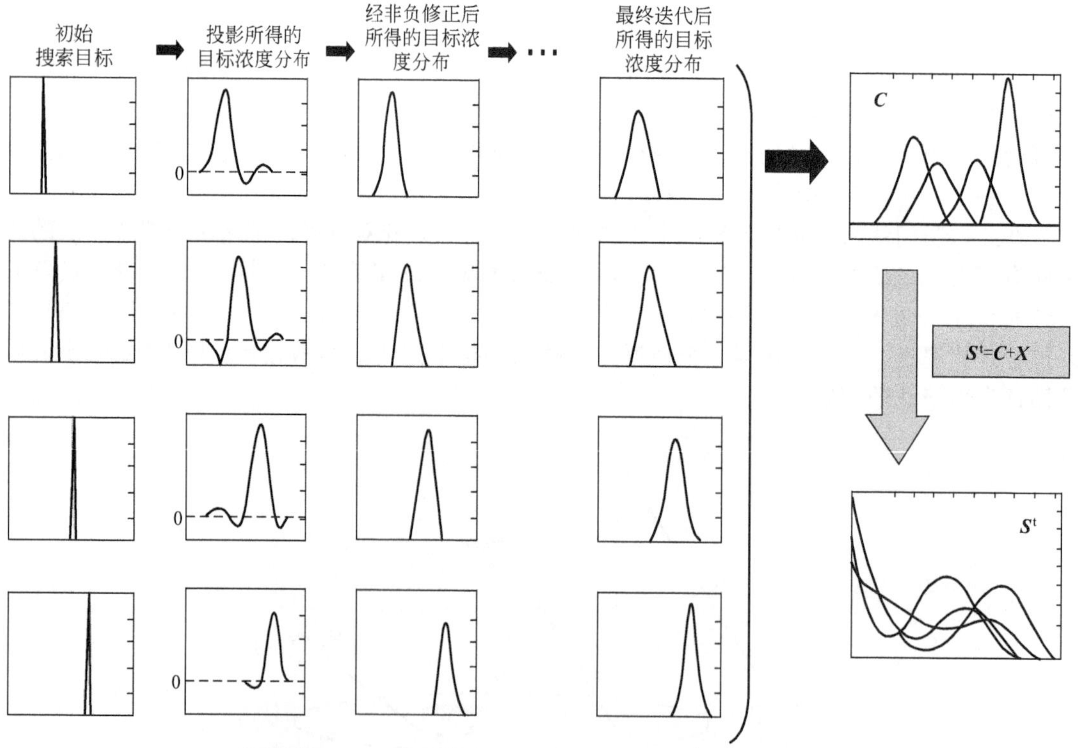

图 6-68　迭代目标转换因子分析法（ITTFA）的迭代分辨过程

从上到下显示 4 个不同组分，从左至右显示每个组分的迭代过程（左部）；获得所有组分的纯色谱浓度分布后，采用最小二乘可获所有组分的纯光谱 $\boldsymbol{S}^{t}$（右部）

（三）渐进因子分析法及其相关方法

渐进因子分析法的主要思路在于它较精彩地利用了二维数据的一个重要化学特点，即化学物质在很多情况中的依次出现特性，具有这样特性的二维数据包括联用色谱（如 GC-IR，HPLC-DAD，GC-MS 等）数据、滴定光谱数据（如在不同 pH 值的光谱）、动力学光谱数据等。渐进因子分析法最初由 Zubbuhler 和 Maeder 等提出[212]，主要用来解决光谱滴定数据的问题，后由 Maeder 进一步拓展[213~215]，可用于色谱分辨。渐进因子分析法的思路很简单，它利用主成分分析所得特征值为其基本出发点，不同之处只是它不是常规式对整个矩阵一次分解，而是逐步渐进地延拓至整个矩阵，从而得到各物种在该数据矩阵中的出现点和消失点。

其具体算法将通过图 6-69 来解释。从图可以看出，它的计算是由两大部分组成，第一部分叫前向计算，从矩阵的前两行开始（这是因为进行主成分分析至少要两行）继采用逐步增大计算的矩阵来进行，即首先它计算只含有两行的子矩阵的主成分，可得两个特征值，然后计算含有三行的子矩阵的主成分，得三个特征值，仿此依次增大子矩阵的行数，直至计算完整个矩阵；第二部分叫反向计算，从矩阵的最后两行开始，仿第一部分的思路然后计算含有三行的子矩阵的主成分，依次增大子矩阵的行数，直至计算完整个矩阵。这样它就得到一系列的特征值，如果体系的组分数为 n，就把（$n+4$）或者是（$n+3$）个大的特征值的对数对保留时间作图，而得到各物种在该数据矩阵中的出现点和消失点。当然，在做此分析之前，组分数为 n 一般是未知的，所以一般是多取几个，以免丢失有用信息。

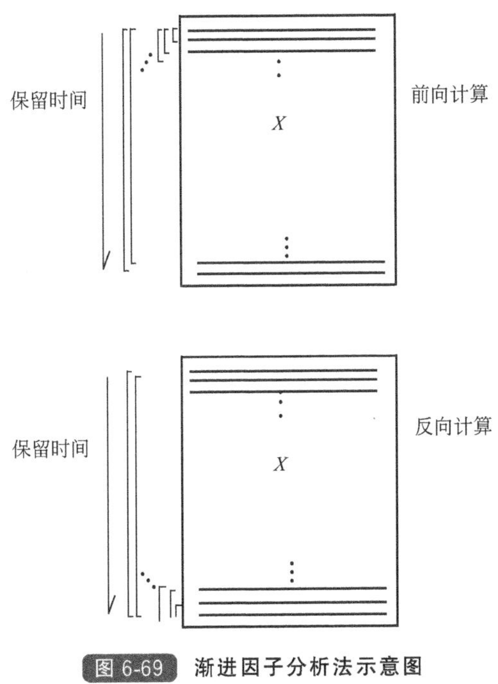

图 6-69　渐进因子分析法示意图

仍以联用色谱的二维数据为例，图 6-70 示出了一个三组分体系的渐进因子分析的结果图，从图可以看出，渐进因子分析的结果在理想的情况下是确实能为我们确定体系物种数，及确定各物种在该数据矩阵中的出现点和消失点提供重要信息。以后我们可以看到，有了这样的信息，将对下一步的纯光谱和纯色谱的分辨提供很大方便。

渐进因子分析法虽能给出这些有用的信息，但是它的计算量是比较大的，如要完成一个

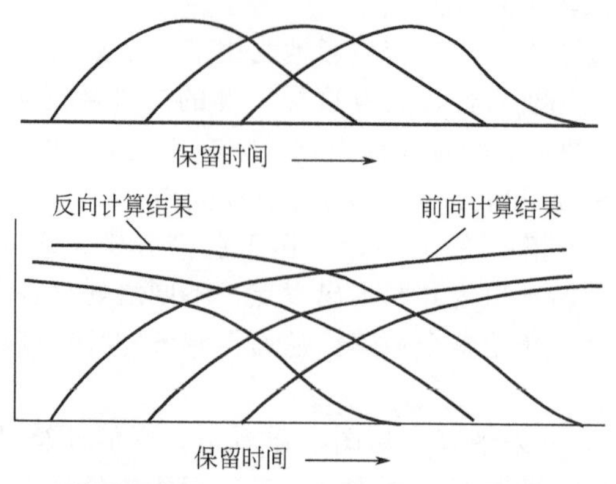

图 6-70 渐进因子分析法结果示意图

100×60 阶矩阵的计算，大约需要几小时，因随着矩阵的增大，主成分分析所需时间增加很多，而且，它的计算是分两个方向进行的，那么是否存在一种方法，它既可得到渐进因子分析法所能得到的信息，又能在几分钟之内完成呢？答案是肯定的，这就是我们将要介绍的固定尺寸移动窗口渐进因子分析法。

固定尺寸移动窗口渐进因子分析法　该法是由 Keller 和 Massart 提出[216]。其思路相当简单，反渐进因子分析法逐步扩大主成分分析窗口的做法，它却固定一个窗口的尺寸，只是不断将此窗口从二维数据的起点移向终点，从而得到一个特征值的对数值对保留时间的作图，以得到二维色谱数据在保留时间方向的信息。该法的基本算法和所得到的信息将图示于图 6-71。从图 6-71 (a) 可以看出，该法的计算过程为：①先选择一个窗口的尺寸，一般为 7，即选择七个行矢量组成一个子矩阵；②用这样的尺寸来做主成分分析，可得七个特征值；③如图 6-71 (a) 所示，依次移动这个窗口，如先算 1～7 行所组成的子矩阵，然后，计算 2～8 行所组成的子矩阵，直到计算到最后 7 行所组成的子矩阵，这样就可以得到一含 7 个特征值的系列，将其对相应的保留时间数据点作图将得到如图 6-71 (b) 所示的结果图。Keller 和 Massart 提出该法的初衷主要是要进行二维色谱峰的纯度检验，就如图 6-71 (b) 所示那样，如果该色谱峰不纯，在 FSMFEFA 的特征值对数图中就会出现一个小峰，这个小峰的存在就说明存在着另一种化学物质。因在此图中第一个特征值表示主要化学物质的存

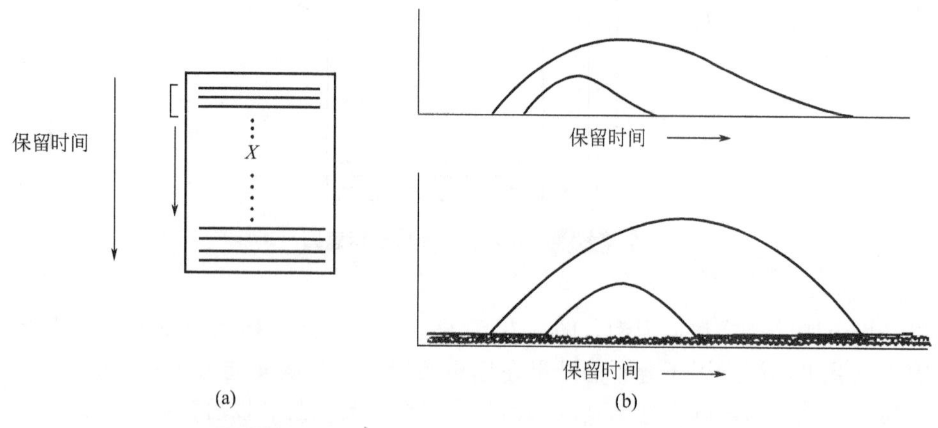

图 6-71 固定尺寸移动窗口渐进因子分析法示意图

(a) 方法的主要思路示意；(b) 方法的结果示意

在，而第二个特征值大于噪声就表示在它出现的区域还存在着第二个物种，否则，这个色谱峰始终只会有第一个特征值很大，而其余的特征值都接近于噪声。

然而，在使用这一技术来进行二维色谱峰纯度检验时，有一点是特别值得注意的，即所谓不等性方差噪声的影响问题，由于这种噪声的存在，常常不能得到正确的结论，具体的例子可参见文献[217]。由于在实际量测数据中经常存在不等性方差噪声的情况，即量测噪声随分析信号大小而变化，例如在紫外可见光谱的量测中，量测噪声的绝对值在一定范围中随量测信号而增大，但量测的相对误差却相对稳定，Keller 和 Massart 对此在 HPLC-DAD 仪器上进行实验研究的结果证实了这一结论。主成分分析有关判别信号和噪声的区别是基于特征值的绝对值的大小，而且主成分分析模型也是建立在等性方差噪声的假设之上的，所以，在有这种不等性方差噪声存在时，主成分分析就很难奏效了。为此我们提出了一个对二维色谱数据的一种预处理方法，以克服不等性方差噪声所造成的困难。此预处理方法的基本思路很简单，即对那些处于色谱峰的光谱（就是那些光谱积分值大于某一给定值 α 时）进行降幅处理，而这种处理又不影响数据原有的线性结构，不至于影响下一步的主成分分析，它可由下式表出

$$x'_{ij}=(x_{ij}/\sum x_{ij})\alpha \qquad 如果\sum x_{ij}>\alpha$$

式中，x_{ij} 为原始二维数据矩阵中第 i 行第 j 列的元素；x'_{ij} 则为处理后的数据。所以，在进行了这样预处理后的数据 x'_{ij} 的光谱积分就为 α。经这样处理后，不等性方差噪声就可以消除了。图 6-72 示出了这样的实例。经这样的预处理，我们对一药物体系进行纯度检验的结果表明，用 FSMWEFA 可检出 0.7%的异构不纯物。详细的讨论请参看文献［217］。

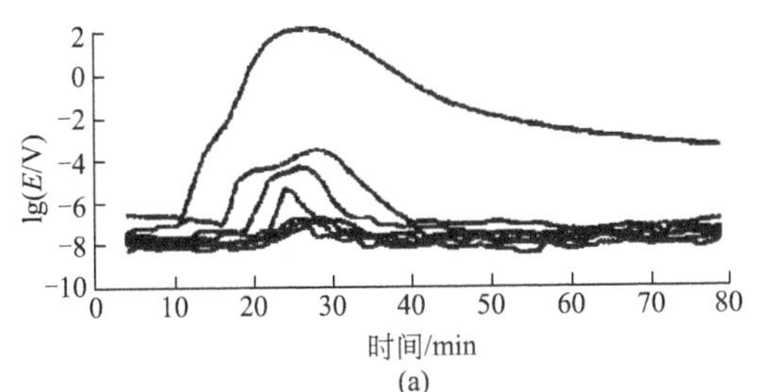

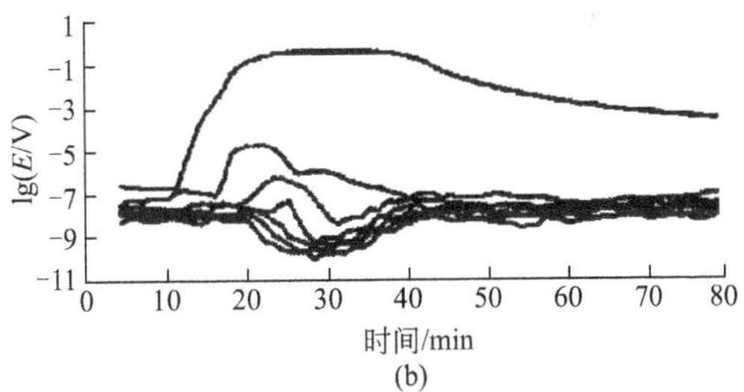

图 6-72　两个药物异构体混合体系（两色谱峰的分离度为 0.5；含量少的部分为含量高组分的 0.7%）之特征值对保留时间变化图

(a) 原始数据的特征值的对数对保留时间变化图，从图可以看出有四个特征值大于基线水平；(b) 数据经本节讨论的降幅预处理后的特征值的对数对保留时间变化图，从图可以看出只有两个特征值大于基线水平，可检测出 0.7%的异构不纯物

还有一点在此提出的是，实际上 FSMWEFA 不只限于二维色谱峰的纯度检验，它也可像渐进因子分析法那样用于一般的多组分体系，这在本章后面还会详细地进行讨论。这样的一种改进看起来很一般，可是，它却把整个计算的时间大大缩短，因为它的主成分分析（就用 MatLab 软件所提供奇异值分解算法可直接计算）计算始终是针对一个很小的子矩阵，这样，完成一个二维色谱数据的计算一般只需要几分钟，从以后的讨论还可以看到，它不但可以得到和渐进因子分析法（EFA）同样的信息，而且从某种角度来说，是更准确、更可靠的信息，因该法实质上用的是一种局部主成分分析的方法。

（四）窗口因子分析法

窗口因子分析法（window factor analysis，WFA）由 Malinowski 提出[218]，其主要思路是利用一个只有（$n-1$）个物种的“窗口”，从而求出那第 n 个物种的纯色谱来，此思路可由图 6-73 简要示出。

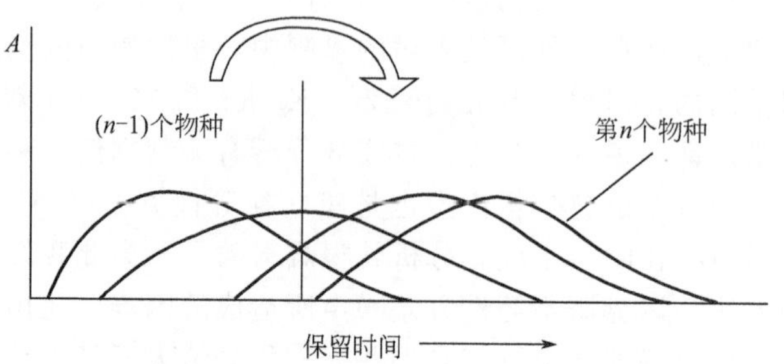

图 6-73 窗口因子分析法主要思路示意图

为便于理解，在此我们仍采用前面所采用的符号，即二维数据矩阵为 $\boldsymbol{X}$，用主成分分析方法对此二维数据矩阵 $\boldsymbol{X}$ 进行分解可得到

$$\boldsymbol{X}=\boldsymbol{TP}^{\mathrm{t}}+\boldsymbol{E}=\sum_{i=1}^{n}t_i p_i^{\mathrm{t}}+\boldsymbol{E}$$

另外，根据朗伯-比耳定律可知，

$$\boldsymbol{X}=\boldsymbol{CS}^{\mathrm{t}}+\boldsymbol{E}=\sum_{i=1}^{n}c_i s_i^{\mathrm{t}}+\boldsymbol{E}$$

其中 n 为体系的组分数。因为 $\boldsymbol{T}$ 和 $\boldsymbol{C}$、$\boldsymbol{P}^{\mathrm{t}}$ 和 $\boldsymbol{S}^{\mathrm{t}}$ 张成同一线性空间，所以，我们有

$$\boldsymbol{c}_i=\sum_{j=1}^{n}\beta_{ij}\boldsymbol{t}_j \quad 或 \quad \boldsymbol{s}_i^{\mathrm{t}}=\sum_{j=1}^{n}\alpha_{ij}\boldsymbol{p}_j^{\mathrm{t}} \tag{6-161}$$

在此 β_{ij} 和 α_{ij} 分别为线性组合系数。

现设 $\boldsymbol{\chi}$ 为只含（$n-1$）个组分的二维数据矩阵 $\boldsymbol{X}$ 的一个子矩阵，为方便起见，就为只含了前（$n-1$）个组分，经主成分分析可得到（$n-1$）正交矢量，即

$$\boldsymbol{\chi}=\boldsymbol{T}^{\mathrm{o}}\boldsymbol{P}^{\mathrm{ot}}+\boldsymbol{E}=\sum_{i=1}^{n-1}\boldsymbol{t}_i^{\mathrm{o}}\boldsymbol{p}_i^{\mathrm{ot}}+\boldsymbol{E}$$

式中用上标 o 来表示这些正交矢量，是说明 $\boldsymbol{t}_i^{\mathrm{o}}$ 与 $\boldsymbol{t}_i$ 不同。同式（6-161），有

$$\boldsymbol{c}_i=\sum_{j=1}^{n-1}\eta_{ij}\boldsymbol{t}_j^{\mathrm{o}} \quad 或 \quad \boldsymbol{s}_i^{\mathrm{t}}=\sum_{j=1}^{n-1}\gamma_{ij}\boldsymbol{p}_j^{\mathrm{ot}} \tag{6-162}$$

在此与式（6-161）不同的是，上式表出的只是一个（$n-1$）维的 $\boldsymbol{X}$ 的子空间，即只能将那包括在此区域内的（$n-1$）个物种。事实上，式（6-162）可以拓广至 n 维空间，即通过找到一个与 $\boldsymbol{p}_j^{\mathrm{o}}$（$j=1$，…，$n-1$）正交的矢量 $\boldsymbol{p}_n^{\mathrm{o}}$，则有

$$\boldsymbol{p}_i^{\mathrm{t}} = \sum_{i=1}^{n} \kappa_{ij} \boldsymbol{p}_j^{\mathrm{ot}} \tag{6-163}$$

因为 $\boldsymbol{p}_j^{\mathrm{ot}}$ 的正交性，κ_{ij} 很容易求出，即

$$\kappa_{ij} = \boldsymbol{p}_i^{\mathrm{t}} \boldsymbol{p}_j^{\mathrm{o}}$$

问题是如何来求出 $\boldsymbol{p}_n^{\mathrm{o}}$？对式（6-163）中的 $\boldsymbol{p}_i^{\mathrm{t}}$ 求和，则有

$$\sum_{i=1}^{n} \boldsymbol{p}_i^{\mathrm{t}} = \sum_{i=1}^{n} \Big(\sum_{j=1}^{n} \kappa_{ij} \boldsymbol{p}_j^{\mathrm{ot}} \Big) = \sum_{j=1}^{n} \Big(\sum_{i=1}^{n} \kappa_{ij} \Big) \boldsymbol{p}_j^{\mathrm{ot}} \tag{6-164}$$

对式（6-164）进行重写，可得

$$\sum_{i=1}^{n} \boldsymbol{p}_i^{\mathrm{t}} = \sum_{i=1}^{n} \Big(\sum_{j=1}^{n} \kappa_{ij} \boldsymbol{p}_j^{\mathrm{ot}} \Big) = \sum_{j=1}^{n-1} \Big(\sum_{i=1}^{n} \kappa_{ij} \Big) \boldsymbol{p}_j^{\mathrm{ot}} + \Big(\sum_{i=1}^{n} \kappa_{in} \Big) \boldsymbol{p}_n^{\mathrm{ot}}$$

于是有

$$\Big(\sum_{i=1}^{n} \kappa_{in} \Big) \boldsymbol{p}_n^{\mathrm{ot}} = \sum_{i=1}^{n} \boldsymbol{p}_i^{\mathrm{t}} - \sum_{j=1}^{n-1} \Big(\sum_{i=1}^{n} \kappa_{ij} \Big) \boldsymbol{p}_j^{\mathrm{ot}} \tag{6-165}$$

实际上，式（6-165）就给出了一个求得 $\boldsymbol{p}_n^{\mathrm{ot}}$ 的方法，因该式右边的所有量都为已知量或是可求出量，而左边的（$\sum \kappa_{in}$）则只是一个正规化常量。

这样得到的由（$n-1$）维子空间拓广而得的正交空间 $\boldsymbol{p}_j^{\mathrm{ot}}(j=1,\cdots,n)$，因其与原始的 n 维正交空间 $\boldsymbol{p}_j^{\mathrm{t}}(j=1,\cdots,n)$可以相互线性表出，所以它们实际上张成同一空间。于是，无论是采用 $\boldsymbol{p}_j^{\mathrm{ot}}(j=1,\cdots,n)$还是 $\boldsymbol{p}_j^{\mathrm{t}}(j=1,\cdots,n)$来表示该体系的纯物种光谱都是可行的。所以，有

$$\boldsymbol{s}_i^{\mathrm{t}} = \sum_{j=1}^{n} \gamma_{ij} \boldsymbol{p}_j^{\mathrm{ot}} \tag{6-166}$$

将式（6-166）代入式 $\boldsymbol{X} = \sum_{i=1}^{n} c_i \boldsymbol{s}_i^{\mathrm{t}}$ 可得

$$\boldsymbol{X} = \sum_{i=1}^{n} \boldsymbol{c}_i \Big(\sum_{j=1}^{n} \gamma_{ij} \boldsymbol{p}_j^{\mathrm{ot}} \Big) = \sum_{i=1}^{n} \sum_{j=1}^{n} \gamma_{ij} \boldsymbol{c}_i \boldsymbol{p}_j^{\mathrm{ot}}$$

上式中已经忽略了量测误差矩阵项。对上式两边同乘 $\boldsymbol{p}_n^{\mathrm{o}}$，则有

$$\boldsymbol{X}\boldsymbol{p}_n^{\mathrm{o}} = \Big(\sum_{i=1}^{n} \sum_{j=1}^{n} \gamma_{ij} \boldsymbol{c}_i \boldsymbol{p}_j^{\mathrm{ot}} \Big) \boldsymbol{p}_n^{\mathrm{o}}$$

由于 $\boldsymbol{p}_n^{\circ}$ 与 $\boldsymbol{p}_j^{\circ}$（$j=1$，…，$n-1$）都正交，即 $\boldsymbol{p}_j^{\circ t}\boldsymbol{p}_n^{\circ}=0$（$j=1$，…，$n-1$），所以有

$$\boldsymbol{X}\boldsymbol{p}_n^{\circ}=\left(\sum_{i=1}^{n}\gamma_{in}\boldsymbol{c}_i\right)\boldsymbol{p}_n^{\circ t}\boldsymbol{p}_n^{\circ}$$

因为当 $\boldsymbol{s}_i^{t}$ 中的 $i<n$，即纯物种被包括在那（$n-1$）个之中时，$\boldsymbol{s}_i^{t}$ 都可以由前（$n-1$）个 $\boldsymbol{p}_j^{\circ t}$ 来线性表出［参见式（6-162）］，此时就有 γ_{in} 对除 n 外的所有 i 来说都等于零，只有 $\boldsymbol{s}_n^{t}$ 需要 $\boldsymbol{p}_n^{\circ}$ 的线性组合得到，同时，注意到是可以归一化的，这样

$$\boldsymbol{X}\boldsymbol{p}_n^{\circ}=\gamma_{nn}\boldsymbol{c}_n \tag{6-167}$$

即将归一化后的 $\boldsymbol{p}_n^{\circ}$ 左乘整个矩阵 $\boldsymbol{X}$ 时，就可以得到 $\boldsymbol{c}_n$ 与一常数因子 γ_{nn} 的乘积，也就是说，我们得到了纯物种 n 的纯色谱，将其归一化即可得到归一化的色谱了。仿此对其他（$n-1$）个物种同样处理，只要我们都可以找到一个只含不包括要找的色谱在内的其他（$n-1$）个物种存在的区域，或称窗口，就可以得到这 n 组分体系的唯一的分辨结果。

从上述讨论可知，窗口因子分析法（WFA）的具体算法可由下述几步组成。

（1）确定只含（$n-1$）个组分的二维数据矩阵 $\boldsymbol{X}$ 的一个子矩阵。一般可用前面讨论的固定尺寸移动窗口渐进因子分析法或特征结构跟踪分析，更准确地得到在保留时间方向上的化学秩图来确定。

（2）用式（6-165），即

$$\left(\sum_{i=1}^{n}\kappa_{in}\right)\boldsymbol{p}_n^{\circ t}=\sum_{i=1}^{n}\boldsymbol{p}_i^{t}-\sum_{j=1}^{n-1}\left(\sum_{i=1}^{n}\kappa_{ij}\right)\boldsymbol{p}_j^{\circ t}$$

求得 $\boldsymbol{p}_n^{\circ t}$；

（3）用式（6-167），即

$$\boldsymbol{X}\boldsymbol{p}_n^{\circ}=\gamma_{nn}\boldsymbol{c}_n$$

即可求得 $\boldsymbol{c}_n$ 来。

（4）重复步骤（1）～（3），直至求得所有的 $\boldsymbol{c}_i$（$i=1$，2，…，n），继而用最小二乘法求得各纯物质光谱，即

$$\boldsymbol{S}^{t}=(\boldsymbol{C}^{t}\boldsymbol{C})^{-1}\boldsymbol{C}^{t}\boldsymbol{X}$$

Malinowski 将 WFA 对 Gemperline 和 Hamilton 所做的一套流动注射分析的有关 7 种不同铋络合离子数据[219]进行了分辨，得到满意的结果，有兴趣的读者可参阅文献［219］。

（五）直观推导式演进特征投影法

从前面的讨论中可以看到，迭代目标转换因子分析法（ITTFA）、渐进因子分析法（EFA）、固定尺寸移动窗口渐进因子分析法（FSMWEFA）以及窗口因子分析法（WFA）这些方法都是在利用二维色谱的某些化学特征来进行解析，实际上它们都没有把二维色谱数据的化学特征用透，而直观推导式演进特征投影法（HELP）方法则旨在充分利用二维色谱数据的所有化学特征。所以，在讨论 HELP 方法之前，似有必要对二维色谱数据的所有化

学特征进行一下剖析，以便于读者对该法的理解。

二维色谱数据因其具有以下对分析化学特别有用的 6 个主要化学特征，所以它可为分析化学家们提供机会，从而使得用二维色谱数据解析最困难的黑色分析体系成为可能。以下将对它们一一加以详细讨论。

(1) 二维色谱数据同时包含了光谱与色谱信息。一般说来光谱（如质谱、红外光谱、紫外可见光谱等）能提供化学物质的大量定性信息，而色谱则能提供定量信息，如果条件控制得好，化学物质的保留时间对化学物质的定性也是很有帮助的，这说明二维数据与通常的一维数据相比，可多提供很多新信息，为分析化学家提供了新的机遇，也就是说，可以同时在光谱或色谱空间来研究我们的样本，为我们直接用这样的仪器来解析复杂的多组分分析化学体系提供了机会。

(2) 色谱仪器具有很强的分离能力，它可将一个很复杂的分析体系分解成为多个相对简单的子体系，这样，也就为分析化学工作者提供一种很有用的将复杂体系变为简单体系的工具和思路，使我们有可能只需直接处理这些相对简单的体系或子矩阵，而毋需直接用数学方法来解析复杂的多组分分析化学体系。

(3) 纯化学物种的色谱峰有一个也只有一个最大峰值，这一化学数据的特点，可为我们在进行数据处理和分析时带来有用信息。

(4) 在色谱流出时，不同的化学物质是依照某种化学规律依次流出和依次消失的，这一特点，就像我们在前面讨论的那样，为我们确定某一物质的色谱保留时间存在区间带来很大方便。

(5) 在二维色谱数据中，经常很容易找到所谓的零组分区，即在一段保留时间区域内没有任何化学物质流出，正是这样的零组分区域，为我们直接提供了在这一样本运行条件下的仪器噪声或仪器背景的有用信息，这一信息将为我们确定体系的化学组分数，即将分析信号与噪声的分离和区别，提供重要信息，此外，如果体系存在某种背景，零组分区域的信息，也将直接为我们提供有用的仪器背景信息。

(6) 一般二维色谱数据都是非负实数，像在本章第一节中看到的，这一条件将为我们提供很有用的约束条件，从而大大缩小了我们的搜索空间。

有了这样的前提，再来看一看黑色分析体系的数学模型，即

$$\boldsymbol{X}=\boldsymbol{C}\boldsymbol{S}^{\mathrm{t}}+\boldsymbol{E}$$

在此我们所知的只有二维数据量测矩阵 $\boldsymbol{X}$，而对于 $\boldsymbol{C}$ 和 $\boldsymbol{S}^{\mathrm{t}}$ 一无所知，此外，就是对 $\boldsymbol{C}$ 和 $\boldsymbol{S}^{\mathrm{t}}$ 中各有多少行与多少列，即 n 为几也是未知的。这样的问题在数学上称为矩阵反问题，一般说来是不可能存在唯一解的，除非预先有一定特殊条件，这在讨论自模式曲线分辨方法时其实就已经看到，如果只用到浓度非负和波谱量测值非负的条件，最多就只能得到可能解。从这一角度来看，上述提出的二维色谱数据的化学特征就显得十分重要了。

直观推导式演进特征投影法（HELP）由笔者与 Kvalheim 共同提出[220,221]，它是采用一种逐步的推导式方式来解析二维色谱数据，与自模式曲线分辨法仅基于全局主成分分析的思路相反，它主要基于局部主成分分析[222]，以尽量利用色谱的分离特性来获得各子矩阵的有用信息，其中最重要的是所谓选择性信息，在此基础上，它试图根据色谱流出数据特性来获得在色谱保留时间方向上的所谓“秩图”，实际上就是色谱保留时间方向上组分分布图；然后根据秩图和所得的选择性信息来对重叠的色谱或光谱进行满秩分解，以获得唯一解。下面将对 HELP 方法提出的一些基本概念和解析手段作出较详细的讨论。

【基本概念和基本过程】

（一）演进特征投影图和选择性信息

所谓演进特征投影图实际就是主成分投影图。首先，对二维色谱数据进行主成分分析（或就是进行奇异值分解分析）；然后从两个空间，即所谓的色谱空间和光谱空间，用第一主成分对第二主成分作图，这样就可以得到很多的有用信息。在讨论这些有用信息之前，有必要首先来讨论一下二维色谱数据的特点以及此时采用特征投影图的矢量代数的基础和整体优越性。二维色谱数据实际上是由两个高维的坐标，即光谱的波长空间坐标和色谱的保留时间空间坐标来决定，联用色谱二维数据的每一个光谱点，即二维数据中的每一行都是一个在某一保留时间点的光谱，都可由波长坐标空间的一个矢量来决定，不同化学物质的光谱在此波长坐标空间都具有不同的位置。一般说来，任一高维空间的矢量可完全由其在该空间的方向和大小来唯一确定，这为用矢量来讨论二维色谱数据提供了很大方便，也就是说，只要知道了该矢量的大小和方向也就完全确定了该矢量。同理，对于联用色谱二维数据的每一个色谱点，即二维数据中的每一列都是一个在某一波长的色谱，都可由保留时间坐标空间的一个矢量来决定，不同色谱在此保留时间坐标空间都具有不同的位置。这一情况可由图 6-74 形象表示。这样，对于二维色谱数据，采用矢量来讨论它们之间的关系将有助于对其内在结构的理解，这也就是我们运用特征投影图来帮助解析二维色谱数据的初衷。

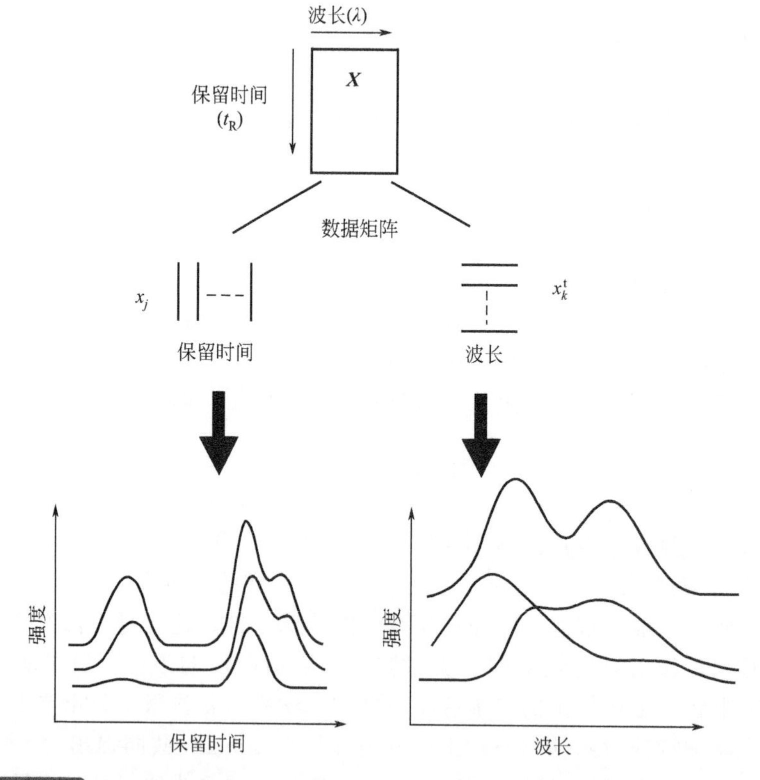

图 6-74 二维色谱数据在波长空间与色谱保留时间空间所提供信息的示意图

二维色谱数据矩阵中列矢量都是一个在某一波长的色谱；

二维色谱数据矩阵中行矢量都是一个在某一保留时间点的光谱

另外，在矢量空间中，一个矢量的决定因素在于其方向，即如果它的方向已经确定，它就可唯一地在此高维空间中被确定，或者用化学的语言来说，就是同一种化学物质，它的光谱在高维波长空间中就主要由其方向来确定，方向定了光谱也就唯一确定了，其大小只反映该物种的浓度。所以，如果该空间只存在一个化学物质，其光谱矢量在波长空间中就始终在一条通过原点的直线中变化，因其方向始终不变。如果把这些矢量都看成是高维波长空间的一系列点而连起来，它们将是一条通过原点的直线段。这样的结论对色谱保留时间空间也是同样适用的，所以，我们可以从两个方向来讨论二维色谱数据。图 6-75 和图 6-76 分别示出了在波长空间和色谱保留时间空间存在选择性信息的情况。

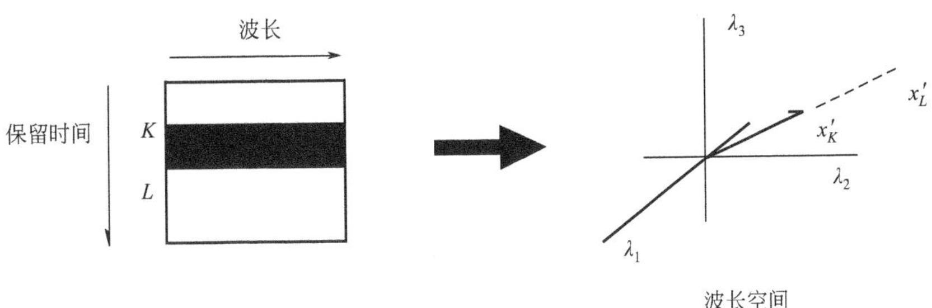

图 6-75 光谱波长空间的选择性信息

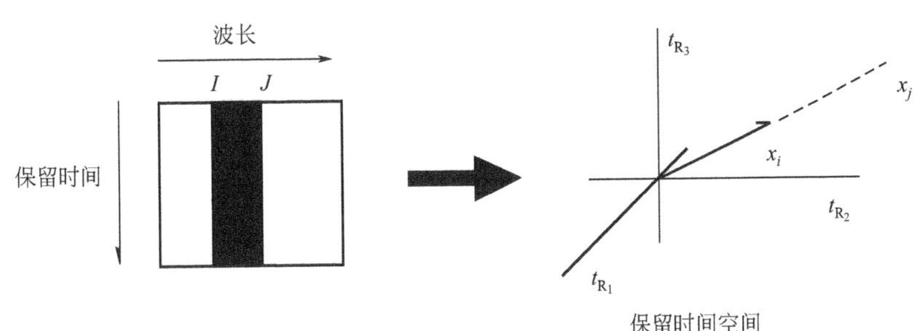

图 6-76 色谱保留时间空间的选择性信息

如前所述，所谓演进特征投影图实际就是主成分投影图，在此我们将就主成分投影图怎样反映上述高维空间的矢量特性来进行必要的说明。所谓主成分分析，实质上就是对二维数据进行奇异值分解（参见第十四章），即

$$\boldsymbol{X}=\boldsymbol{UGP}^{\mathrm{t}}=\boldsymbol{TP}^{\mathrm{t}}$$

式中，$\boldsymbol{U}$ 为一列正交矩阵，称为得分矩阵；$\boldsymbol{T}$ 为 $\boldsymbol{U}$ 和 $\boldsymbol{G}$ 的乘积，实际上它的性质与 $\boldsymbol{U}$ 基本一致；$\boldsymbol{G}$ 为一对角矩阵，收集了 $\boldsymbol{X}$ 矩阵的特征值，如与前述特征值对应的话，是 $\boldsymbol{X}$ 矩阵的协方差阵所得特征值的平方根；$\boldsymbol{P}^{\mathrm{t}}$ 为一行正交矩阵，也称为载荷矩阵。根据 $\boldsymbol{P}^{\mathrm{t}}$ 的正交性对上式两边同时右乘 $\boldsymbol{P}$，则可得

$$\boldsymbol{XP}=\boldsymbol{T} \quad 或 \quad \boldsymbol{x}_i^{\mathrm{t}}\boldsymbol{P}=\boldsymbol{t}_i^{\mathrm{t}} \tag{6-168}$$

实际上，式 (6-168) 即表示将矩阵 $\boldsymbol{X}$ 的每一个行矢量（或者说每一个光谱）投影到正交载荷矩阵 $\boldsymbol{P}$ 之上，就得到了得分矩阵，所以得分矩阵实际上就反映了光谱之间的相互关系。同理，根据 $\boldsymbol{T}$ 的正交性对上式两边同时左乘 $\boldsymbol{T}^{\mathrm{t}}$，则可得

$$T^{t}X = P^{t} \quad 或 \quad T^{t}x_i = p_i \tag{6-169}$$

即表示将矩阵 X 的每一个列矢量 x_i（或者说每一个色谱）投影到正交得分矩阵 T^{t} 之上，即得到载荷矩阵，所以，载荷矩阵实际上就反映了色谱之间的相互关系。这样，就可以在低维空间来直接观察高维光谱和色谱之间的相互关系了。在演进特征投影图中，一般只需取两个特征矢量来作图就够了，当然，如果能用三维的特征投影图应可得到更形象的信息。

在此特别提出的是，由于色谱依次流出的性质，而使得二维色谱数据具有一个很重要的特点，即如果用曲线将这些投影点列连起来，就可以很容易地得到在二维色谱数据中的各化学物种依次流出的信息，这也是我们将其称为演进特征投影图的初衷。总的说来，利用演进特征投影图，可以很容易地得到以下有用信息。

（1）色谱和光谱空间的选择性信息　特征投影图中经延长可通过原点的直线（基于最小二乘意义的），就代表色谱和光谱空间的选择性信息，用化学的语言来说就是所谓单组分区。得分投影图中显示的通过原点的直线段就表示在色谱（保留时间方向）空间中存在着选择性信息，亦即在保留时间的某一区域是纯组分区，从这里取出的光谱一定是某一种化学物质的纯光谱；同理，载荷投影图中显示的通过原点的直线段就表示在光谱（波长方向）空间中存在着选择性信息，亦即在波长的某一区域是纯组分区，从这些波长中取出的色谱一定是某一种化学物质的纯色谱。图 6-77 和图 6-78 分别示出了一个两组分体系和三组分体系的特征投影图的例子。这样的特征投影图很重要，据此可以很容易地找到色谱和光谱的选择性信息，也就是说，我们在此充分地利用了二维色谱数据的分离性质。

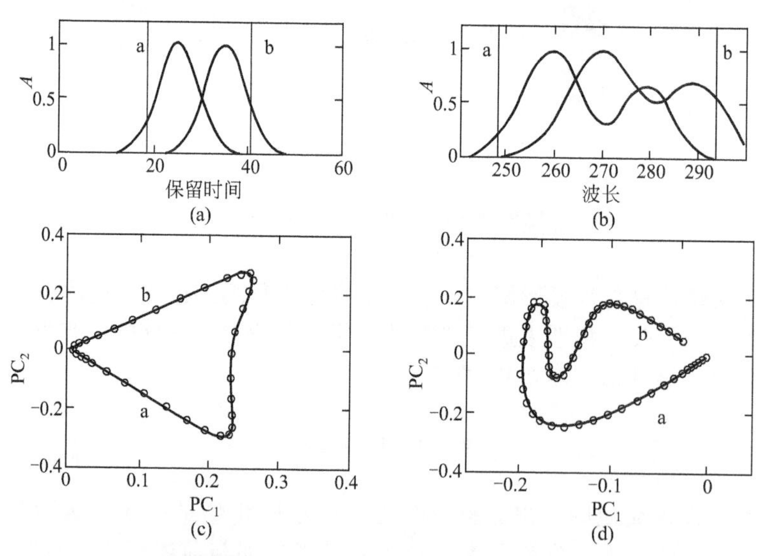

图 6-77　模拟两组分体系及其特征投影图

(a) 模拟体系两个纯组分的色谱；(b) 模拟体系两个纯组分的光谱；(c) 波长空间的特征投影图；(d) 保留时间空间的特征投影图图中标出的 a，b 部分为体系的选择性信息。从图中可以看出，这样的选择性信息可由特征投影图中的指向原点的直线段中找出

（2）体系中各组分流出情况及其数目的确定信息　不同的化学物种在演进特征投影图中都具有不同位置（或不同方向），所以，当一种新的化学物种出现的时候，如果它为第一个，则为一从原点出发而不断增大的直线，而当此物种是第二或更后才流出来的，则会在演进特征投影图上与第一物种的点列形成各种曲线，从而为我们提供体系各物种依次流出的信息（参见图 6-77 和图 6-78）。这种信息不但对体系的组分数确定具有十分重要的意义，而且，

它还可以用来区别不同的流出模式，这样的例子示于图 6-79，这也是我们将此特征投影图称为演进特征投影图的原因。

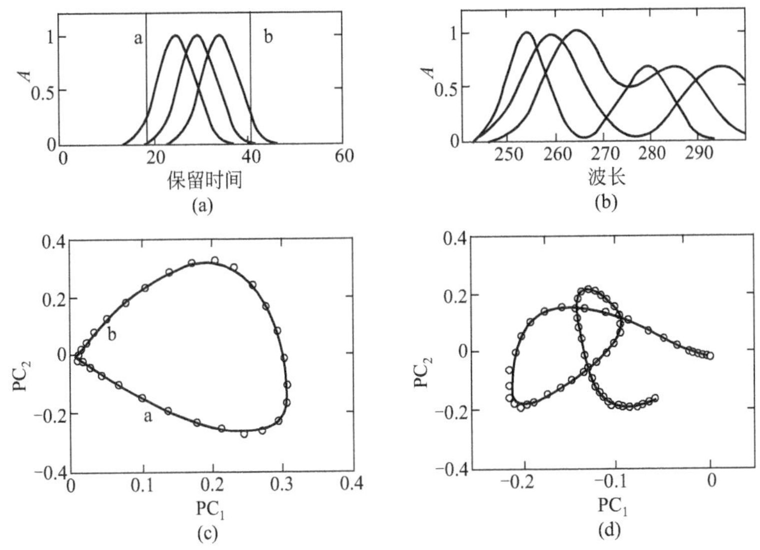

图 6-78　模拟三组分体系及其特征投影图

（a）模拟体系三个纯组分的色谱；（b）模拟体系三个纯组分的光谱；（c）波长空间的特征投影图；（d）保留时间空间的特征投影图图中标出的 a，b 部分为体系的选择性信息。从图中可以看出，与两组分体系相比，三组分体系因光谱重叠比两组分体系严重，已难以找到选择性信息

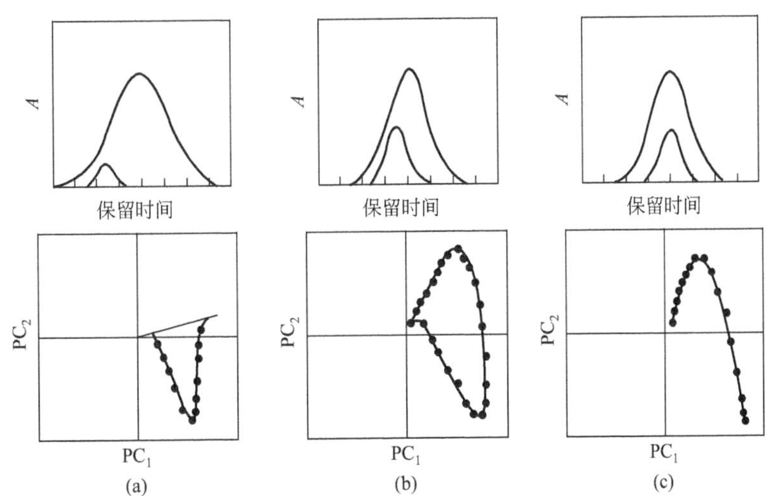

图 6-79　3 种不同的大色谱峰包小色谱峰之模式及其相应特征投影图

（3）二维色谱数据的背景信息　如果二维数据中不存在有背景，则零组分区的投影点应收敛于投影图中的原点，反之，如果零组分区的投影点不收敛于原点，则说明数据中存在着背景，在做进一步的分析之前必须想法扣除背景的影响（详见以后的讨论）。在图 6-80 中示出了这样的一个例子。这是因为如果零组分区的光谱为很小的服从正态分布的误差矢量，则其投影点相对于含有某种结构的光谱所代表的投影点一定在数值很小且随机的收敛于原点。所以，这样的特征投影图就为我们提供了一个方便的检测在二维色谱数据中是否存在背景的工具。

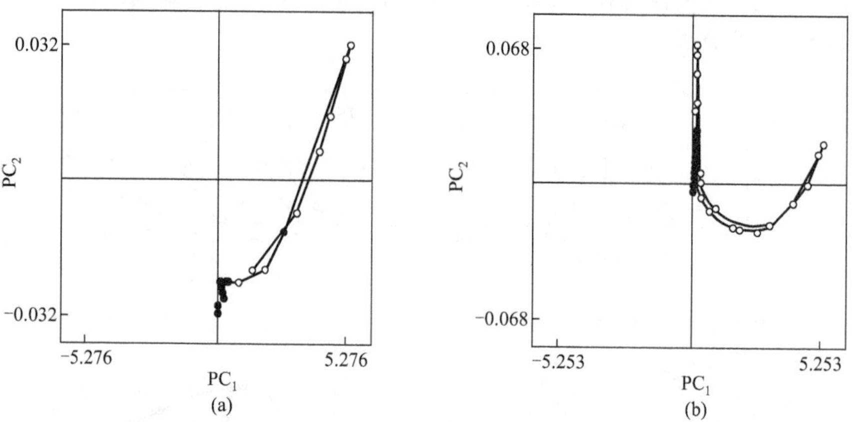

图 6-80 叶绿素 a 降解混合物的背景扣除前后的特征投影图比较

(a) 叶绿素 a 降解混合物的背景扣除前的特征投影图零组分区的光谱投影远离投影图原点；
(b) 叶绿素 a 降解混合物的背景扣除后的特征投影图零组分区的光谱投影皆收敛于投影图原点

(二) 特征结构跟踪分析与秩图

特征结构跟踪分析[223]实际上是对固定尺寸移动窗口渐进因子分析法（FSMWEFA）的一种拓广。如前所述，FSMWEFA 可明显提高 EFA 的运算速度，且可同样提供我们所需要的各组分在保留时间方向上的分布信息，但是，有一点必须指出的是，固定窗口的尺寸选取还存在着一些问题。当然，如果只将 FSMWEFA 用于色谱峰的纯度检验时，固定窗口的尺寸并不重要，但是如果想通过这一技术来获取各化学组分在保留时间方向上的分布信息的话，窗口大小的选取就十分重要了。实际上，可以这样认为，移动窗口的大小是与其检测的敏感度和选择性息息相关的，一般说来，如移动窗口尺寸大一些，它的检测第二组分的敏感度也相对高一些，而其检测单组分区（选择性区域）的选择性则越小。如一个单组分区仅含两个保留时间点，用包含三个保留时间的移动窗口就会将此有用的单组分区域漏掉。这样的例子示于图 6-81。如果说选择性信息对二维色谱数据的分辨具有很重要的意义的话（这一点将于以后给予详细讨论），那么从最小可能的窗口来使用这一技术就十分重要了。特征结构跟踪分析（ETA）的提出就正是建立在这一基础之上，它从窗口等于 2 个保留时间点开始进行移动计算，然后增大窗口尺寸为 3，再进行一次移动计算，一般说来，只要窗口尺寸的大小与该体系中重叠峰中的组分数相当时，计算即可停止。在此，移动窗口的大小选择还与

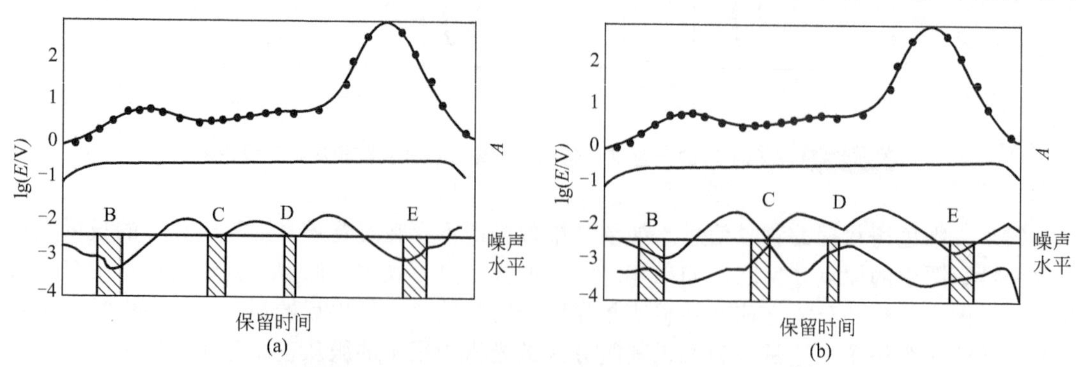

图 6-81 叶绿素 a 降解混合物的特征结构跟踪分析图

(a) 窗口尺寸为 2 的特征结构跟踪分析图，从图可见，B，C，D，E 皆为选择性区域；
(b) 窗口尺寸为 3 的特征结构跟踪分析图，其中 D 区明显不是选择性区域了

色谱分辨率或色谱采样点的疏密有关，所以，窗口尺寸的大小还需根据具体数据情况而定，切不可简单使用一个尺寸。由此我们将可得到一各组分在保留时间方向上的分布信息图，我们称之为“化学秩图”，我们据此可将整个保留时间轴上的按重叠的化学组分数分成不同的区域。这样产生出来的秩图将示例于图 6-82。这样得到的秩图很重要，据此我们可以充分利用色谱的分离特性（二维色谱数据的第二特点）。

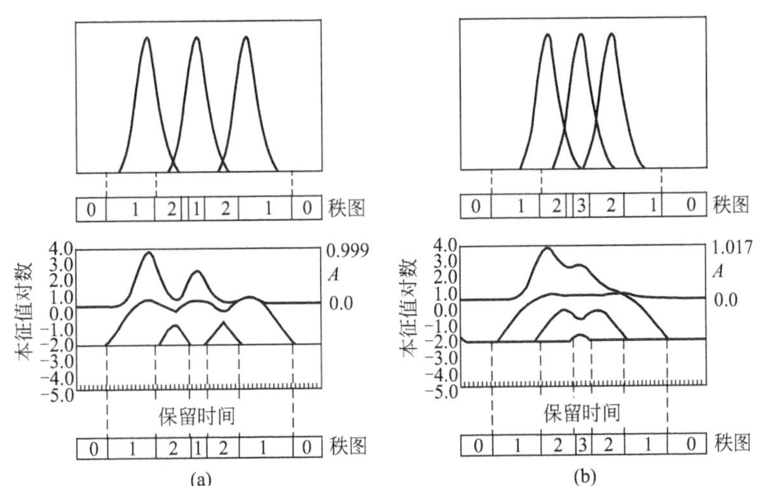

图 6-82 借特征结构跟踪分析技术所得的两个三组分分析体系在色谱保留时间轴上的秩图

(a) 为一两两重叠的色谱峰，局部秩最高为 2；(b) 三组分重叠色谱峰，局部秩最高为 3

(三) 零组分区和二维色谱数据的背景扣除

零组分区在二维色谱数据中十分重要，可是，这一重要的信息一般都被忽视，所以，我们认为有必要在这里特别提出来讨论。零组分区的重要意义可表现在以下两方面：①如果二维色谱数据不存在背景，则零组分区可直接提供就在这一次量测中的仪器噪声情况，这样直接提供的仪器量测噪声对用主成分分析中的主成分的正确确定将带来很大方便，这一点在本章第一节就进行了说明。另外，即便是同一种仪器，不同的运行情况，噪声的特性亦有不同，所以如果我们对同一仪器总是假设它们具有同一噪声水平也是不严格的。从这一角度来看，二维色谱数据中零组分区提供的同一次量测中的仪器噪声情况就具有特殊意义了。怎样有效地利用零组分区的噪声信息来决定体系的噪声水平，文献［224］中作出了较详细的讨论，有兴趣的读者可参阅该文献，在此不再赘述。②如果在二维色谱数据存在背景，零组分区则可直接提供就在这一次量测中的仪器所产生的背景情况，就利用这一信息我们可以对二维色谱数据的背景进行扣除。在此有必要指出的是，背景的存在将对主成分分析带来很大的影响，它不但影响体系组分数的正确确定（如果是具有色谱漂移的背景一般可将体系的秩增加 2，有关详细讨论读者可参阅文献［225］），而且，它的存在对二维色谱数据的分辨亦影响很大。所以，在对二维色谱数据进行解析之前，如没对存在的背景进行扣除，必将得到很差甚至是错误的结果。我们根据零组分区信息提出了一种二维色谱数据的背景扣除方法[226]，以下对该法作出简要介绍。

该法的基本点就是充分地利用零组分区的信息，因在零组分区中没有化学物质存在，所以，如果在零组分区存在某种具有规律性的信号，就实质上应该是反映了仪器的背景情况。该法的基本思路是比较一个色谱峰簇的流出前和流出后的局部主成分分析所得的载荷矢量

(有时亦称抽象光谱)，计算它们的相合系数，即此两个矢量的点积，如果它们的相合系数等于1或十分接近于1的话，就说明在此色谱峰附近存在同一的仪器背景，应该且能被有效的扣除。此思路可由图6-84示意表出。

设我们所得到的二维色谱数据为$\boldsymbol{X}$，如果还考虑到仪器的背景，似可以把此矩阵分成两部分，即

$$\boldsymbol{X}=\boldsymbol{X}_{\mathrm{c}}+\boldsymbol{X}_{\mathrm{b}}+\boldsymbol{E}$$

式中，$\boldsymbol{X}_{\mathrm{c}}$表示二维色谱数据的主要信息，它们来自体系存在的化学物质；$\boldsymbol{E}$为随机误差；而$\boldsymbol{X}_{\mathrm{b}}$则表示来自仪器的背景，因在考虑光谱背景的同时还需考虑色谱方向的漂移，所以它可由下式表出，

$$\boldsymbol{X}_{\mathrm{b}}=\boldsymbol{t}\boldsymbol{1}^{\mathrm{t}}+\boldsymbol{1}\boldsymbol{s}^{\mathrm{t}}$$

在此我们将仪器的色谱漂移和光谱背景分别用$\boldsymbol{t}$和$\boldsymbol{s}^{\mathrm{t}}$来表示，式中的$\boldsymbol{1}^{\mathrm{t}}$和$\boldsymbol{1}$为所有元素皆为1的矢量，其维数由二维色谱数据的列数和行数来决定。从上式可以看出，$\boldsymbol{X}_{\mathrm{b}}$为秩为2的矩阵。

为讨论方便，将在以下的叙述中将随机误差忽略，则有，

$$\boldsymbol{X}=\boldsymbol{X}_{\mathrm{c}}+\boldsymbol{t}\boldsymbol{1}^{\mathrm{t}}+\boldsymbol{1}\boldsymbol{s}^{\mathrm{t}} \tag{6-170}$$

即

$$\boldsymbol{X}_{ij}=\boldsymbol{X}_{\mathrm{c},\mathrm{ij}}+\boldsymbol{t}_{i}+\boldsymbol{s}_{i}$$

如果通过用特征投影图检出了在原始数据中存在背景信息，背景扣除就可以根据以下步骤来进行(参见图6-83)。

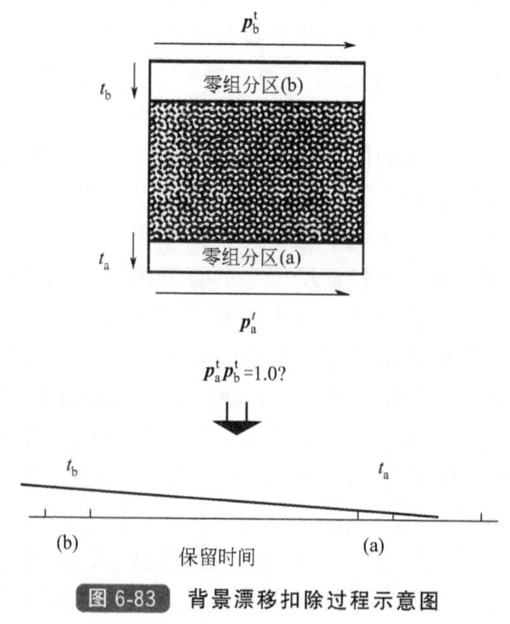

图6-83 背景漂移扣除过程示意图

① 采用局部主成分分析方法对色谱峰流出前和流出后的零组分区部分进行主成分分析，分别取出两个部分第一个的载荷矢量进行相合比较，即

$$\boldsymbol{p}_b^t \boldsymbol{p}_a \approx 1$$

在此 $\boldsymbol{p}_b$ 和 $\boldsymbol{p}_a$ 分别表示色谱峰流出前和流出后的第一个载荷矢量，如果它们的相合系数接近于 1，这说明我们找到了背景光谱，也就是说找到了式（6-170）中的 $\boldsymbol{s}^t$。

② 采用上述主成分分析所得的两个部分第一个得分矢量，或一有代表性的波长段，来对整段保留时间点进行最小二乘拟合，以得到式（6-170）中的 $\boldsymbol{t}$。

③ 用如此得到的 $\boldsymbol{s}^t$ 和 $\boldsymbol{t}$ 来进行背景扣除，即

$$\boldsymbol{X}_c = \boldsymbol{X} - (\boldsymbol{t}\boldsymbol{1}^t + \boldsymbol{1}\boldsymbol{s}^t)$$

因为本文所述的方法是由直线最小二乘求出的，所以，对于一个较复杂的二维色谱数据，需要采用分段扣除的办法，这一情况可由图 6-84 表出。

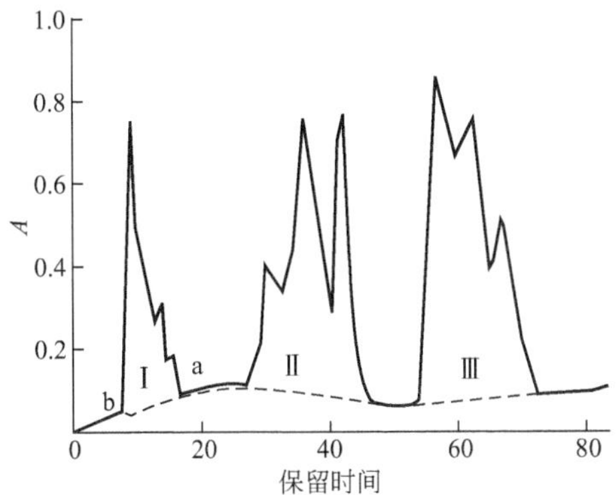

图 6-84　分段背景漂移扣除过程示意图

我们采用此法对几个不同的二维色谱体系进行了背景漂移的扣除，皆得到较好结果，其中最有代表性的是对叶绿素 a 降解体系的解析，有兴趣的读者可参阅文献［224］的图 9 和图 10。在背景扣除的方法中，经常有人提到双中心化方法，在文献［224］中我们对双中心化方法也进行了较详细的讨论，发现该法的确可以消除二维色谱数据的背景的影响，但是，它却引起 $\boldsymbol{X}_c$ 各局部区域的秩发生变化，尽管它可保持整个矩阵的秩不发生变化。此外，它还将破坏二维色谱数据的非负性，使经双中心化校正后的矩阵出现负元素，而不利于下一步的分辨解析。

另外，此法只讨论了色谱方向漂移为直线的情况，因此，可以说只能适用于一些漂移不严重的二维色谱数据的背景扣除，对于某些色谱漂移很严重的体系，色谱方向漂移可能不是直线，而且，光谱背景也可能因为色谱的梯度洗脱等原因而发生改变，对于这样的体系，如何进行有效的背景扣除仍为一值得研究的重要课题。希望能引起广大同行的关注。

（四）选择性信息与满秩分辨

正如前面所讨论的，选择性信息对于二维色谱数据具有重要意义，它可使一些常见的重叠模式得到唯一解，这就是我们以下将要讨论的满秩分辨方法。

从前面的讨论可知，借特征结构跟踪分析（ETA）和特征投影图可以找到选择性信息，即单组分的纯组分光谱或色谱区域，这些选择性信息找出对二维色谱数据的分辨将带来很有

用的信息。回忆我们在讨论目标转换迭代因子分析法（ITTFA）时曾指出，如果我们找到了一个满秩旋转矩阵 $\boldsymbol{R}$，也就可以将主成分分析所得到的抽象光谱和抽象色谱转换成为体系的纯光谱和纯色谱，所以，很多二维色谱数据的分辨方法的目的也就在于找到这个转换矩阵 $\boldsymbol{R}$。下面将会看到，HELP 方法的满秩分辨是怎样利用选择性信息来唯一求得这一转换矩阵 $\boldsymbol{R}$ 的，对于各组分浓度分布矢量的情况，有

$$\boldsymbol{c}_i=\boldsymbol{T}\boldsymbol{r}_i$$

从此式可以看出，因为 $\boldsymbol{T}$ 矩阵可由主成分分析求出，如果我们知道 $\boldsymbol{c}_i$（$i=1, \cdots, n$）的某些已知信息，就可以利用这些信息来求得 $\boldsymbol{r}_i$，求得 $\boldsymbol{r}_i$ 以后，再利用此式算出整个 $\boldsymbol{c}_i$ 来。问题的关键是我们怎样来利用所谓的“某些已知信息”？

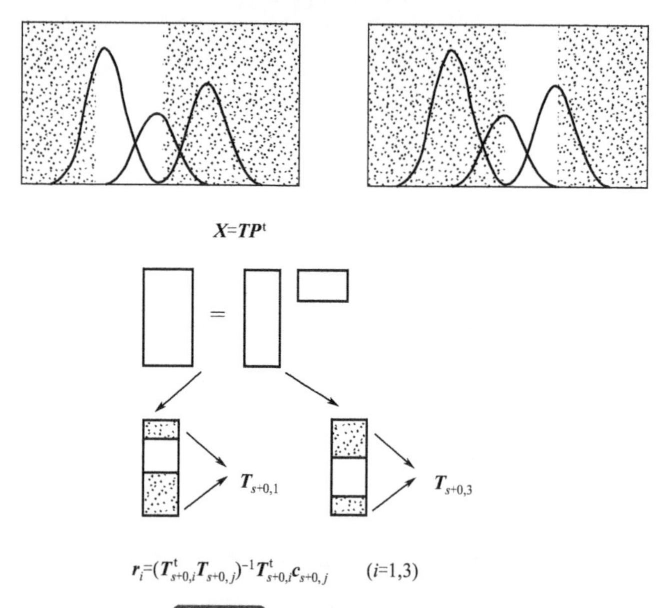

图 6-85 满秩分辨过程示意图

从前面的讨论可知，利用演进特征投影图和特征结构跟踪分析方法，可以得到某些组分的选择性信息和秩图，对于图 6-85 所示出的三组分体系，可以很容易地找到第一流出组分和第三流出组分的选择性区域和它们的零浓度区域（参见图 6-85 的阴影部分），现以第一流出组分为例来说明 HELP 方法的满秩分辨过程。首先找到它的选择性区域，记为 $\boldsymbol{c}_{s,1}$，然后找到它的零浓度区域，记为 $\boldsymbol{c}_{0,1}$。因为在第一流出组分的选择性区域里，只有它一个组分存在，所以，此时的色谱就是该组分的纯色谱浓度分布，此外，在该组分的零浓度区域中，很明显，$\boldsymbol{c}_{0,1}$ 的每一个元素都等于零，把这两部分合起来（参见图 6-85 的下面部分），并把它记为 $\boldsymbol{c}_{0+s,1}$，这样，我们就找到了第一流出组分的“某些已知信息”。于是，我们就可把上式改写成

$$\boldsymbol{c}_{0+s,1}=\boldsymbol{T}_{0+s}\boldsymbol{r}_1$$

式中，$\boldsymbol{T}_{0+s}$ 表示得分矩阵 $\boldsymbol{T}$ 中的与第一流出组分的选择性区域和零浓度区域的相对应部分（参见图 6-85）。因选择性区域包含了第一流出组分的信息，而零浓度区域又包含了其余两个组分的信息，所以，这样得到的 T_{0+s} 虽说只是 $\boldsymbol{T}$ 矩阵的一个子矩阵，但它实际上已

包含了3个组分的信息，为一满秩矩阵，故可求得唯一解。当然，由于只为$\boldsymbol{T}$矩阵一部分，它就不能保持$\boldsymbol{T}$矩阵的正交性了。因为$\boldsymbol{T}_{0+s}$为一满秩矩阵，而$\boldsymbol{c}_{0+s,1}$又是已知的，这样就可以很容易地利用最小二乘方法来对上式求解了，即

$$\boldsymbol{r}_1=(\boldsymbol{T}_{0+s}^{\mathrm{t}}\boldsymbol{T}_{0+s})^{-1}\boldsymbol{T}_{0+s}^{\mathrm{t}}\boldsymbol{c}_{0+s,1}$$

求得$\boldsymbol{r}_1$后，再利用式$\boldsymbol{c}_1=\boldsymbol{T}\boldsymbol{r}_1$即可求得整个$\boldsymbol{c}_1$来。对于$\boldsymbol{c}_3$可采用同样的方法，先找到它的选择性区域和零浓度区域以得到相应的$\boldsymbol{T}$矩阵子矩阵，同样采用$\boldsymbol{c}_3=\boldsymbol{T}\boldsymbol{r}_3$式即可求得$\boldsymbol{c}_3$。

求出$\boldsymbol{c}_1$和$\boldsymbol{c}_3$后，在选择性区域中可得到$\boldsymbol{s}_1^{\mathrm{t}}$和$\boldsymbol{s}_3^{\mathrm{t}}$，利用下式即可得到组分2的二维色谱矩阵，

$$\boldsymbol{X}_2=\boldsymbol{X}-(\boldsymbol{c}_1\boldsymbol{s}_1^{\mathrm{t}}+\boldsymbol{c}_3\boldsymbol{s}_3^{\mathrm{t}})$$

因$\boldsymbol{X}_2$为一单组分的二维色谱矩阵，为一双线性矩阵，对其直接分解即可求得它的纯组分光谱和色谱来。上述满秩分解算法是可以推广到多于三组分的混合体系的，我们将此推广称为组分剥离过程，这一过程可由图6-86形象表出，有关详细的讨论读者可参阅文献[226]。

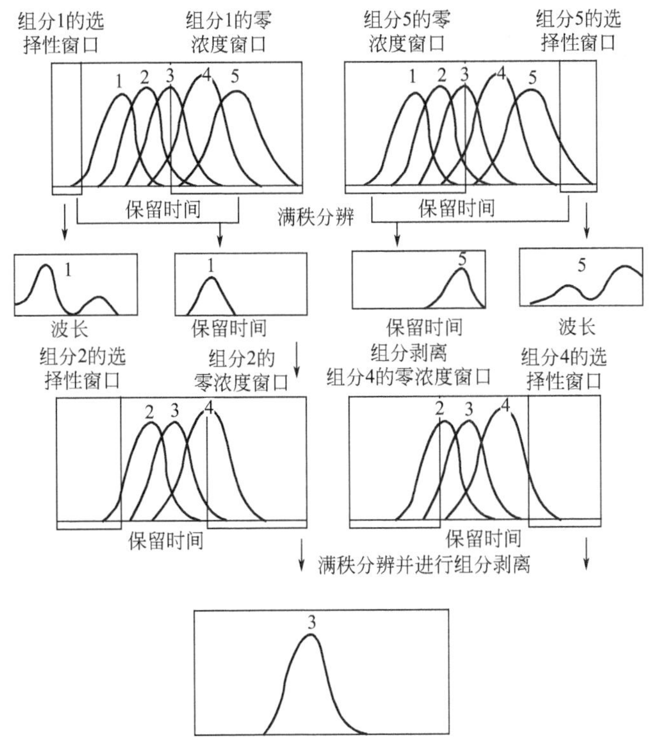

图6-86 组分剥离过程示意图

首先对已知选择性信息和零浓度区的组分1和组分5进行满秩分辨，可得它们的纯色谱及纯光谱，然后消除它们的影响，使该体系成为一个3组分体系，继续使用此法，可将此5组分体系全部分解

【基本解析步骤】

(1) 背景的检测和扣除　利用演进特征投影图对要分辨的数据进行分析，如果零组分区域的光谱投影点没有集中于原点，则表示存在背景，然后利用零组分区域的信息来扣

除背景。

(2) 数据预处理与体系组分数的确定　对于存在有不等性方差噪声的数据，在用特征结构跟踪分析（ETA）来确定体系的秩图之前，有必要进行预处理。另外，在决定体系的组分数时，同样有必要利用演进特征投影图，因此图对各组分的依次流出将给出很重要的信息，以帮助证实体系的组分数。

(3) 选择性信息和零浓度区的确定　同时利用演进特征投影图和特征结构跟踪分析所得的秩图来确定选择性区域以及该组分的零浓度区域。

(4) 纯组分光谱和色谱的满秩分辨　利用满秩分辨技术对已知选择性信息和零浓度区域的组分进行分辨，求得其转换矢量以获得该组分的纯光谱和纯色谱。对于组分数大于 3 的多组分体系，可采用组分剥离技术来逐步进行。

(5) 对分辨所得结果进行证实　将分辨所得的各纯光谱与纯色谱乘积的线性加合结果与实际数据进行比较，以进一步确证所得结果的可靠性。

从以上所讨论的这五步可以看出，直观推导式演进特征投影法（HELP）是以逐步推导的方式，层层深入地来解析二维色谱数据，从背景的检出和扣除、不等性方差噪声的预处理、选择性信息的确定、秩图和色谱流出模式的确定一直到最后的满秩分辨，每一步都是从直观的特征投影图、局部因子分析和特征结构跟踪分析的所得的形象结果来进行的，这也是我们将此法称之为直观推导式方法的原因。

在此还需指出，我们在此讨论的渐进因子分析法（EFA）、固定尺寸移动窗口渐进因子分析法（FSMWEFA）以及本节讨论的直观推导式演进特征投影法（HELP）与前一节中讨论的用主成分分析法直接对整个矩阵进行体系组分数确定的方法（在本书以后我们就直接称之为全局主成分分析法）的最大不同之点就在于它们是着眼于局部的信息。由于色谱具有分离特性，所以，对于具有一定特性的联用色谱的二维数据，一般说来，这些渐进的、窗口的分析方法要明显优于那些一次性的、全局的分析方法，而使得一些具有特定的二维色谱数据可以得到唯一解，为黑色分析体系的精确解析提供了可能性。这是因为这些渐进的、窗口的分析方法很充分地利用了色谱的分离特性，将一个较复杂的多组分体系首先化解成若干个相对简单的子体系，而将一些影响分辨结果的重要因素，如光谱和色谱的重叠性、组分之间的相对浓度比、噪声水平的确定等降低到尽可能的低水平。当然，对于一般的黑色分析体系的唯一精确解仍是化学计量学研究的一个热点问题，这在以后的讨论中还会逐步展开。

由于 HELP 法具有从原始数据的背景扣除一直到色谱重叠峰的最后分辨的所有解析步骤，所以近年来得到了广泛应用，它被应用于药物纯度的直接检验、光化学研究中的叶绿素 a 的降解分析[227]、红外光谱分辨解析[228]、复杂的环境分析中空气实际样本的多环芳烃的定性定量分析[229]等，取得了令人兴奋的成果，是一个值得重视的研究新领域，以下我们将以环境分析中空气实际样本的多环芳烃的定性定量分析为例来对 HELP 方法解析的全过程给出较详细的说明，以求读者对 HELP 方法有一个整体印象。

(五) 应用实例

多环芳烃是一类广泛存在于人类环境中的有机污染物的统称。在一千多种能使动物致癌的物质中，多环芳烃占三分之一以上，因此，对多环芳烃的研究在理论和实际上都有重要意义。我们用 HELP 方法进行了香港城市大气颗粒物中多环芳烃化合物的定性定量解析，解析结果说明，在该样本中存在 47 种化学成分，其中有 18 种为多环芳烃化合物及其衍生物，分辨结果与毛细管气相色谱与质谱联用仪所得结果一致。

图 6-87 分别示出了该空气样本在 234nm、260nm 和 310nm 上测得的色谱图。从图可以看出，每个图中都只有不足 20 个色谱峰。用 HPLC-DAD 所带的常规标准光谱库搜索发现，

只有 3～4 个色谱峰位置的光谱与标准光谱匹配程度较高，这表明样本的实际组成可能很复杂，所得的色谱峰可能大多为未完全分离的重叠峰。用 HELP 方法对此样本的解析结果示于图 6-88，发现此样本确实含有 47 种化学成分，其中有 18 种为多环芳烃化合物及其衍生物（参见图 6-88 中由数字表出的色谱峰）。下面我们仅以保留时间分别为 20.47～24.33min 和 12.00～16.00min 的两段峰簇为例来说明样本的解析全过程［参见图 6-87（a）中标出部分］。

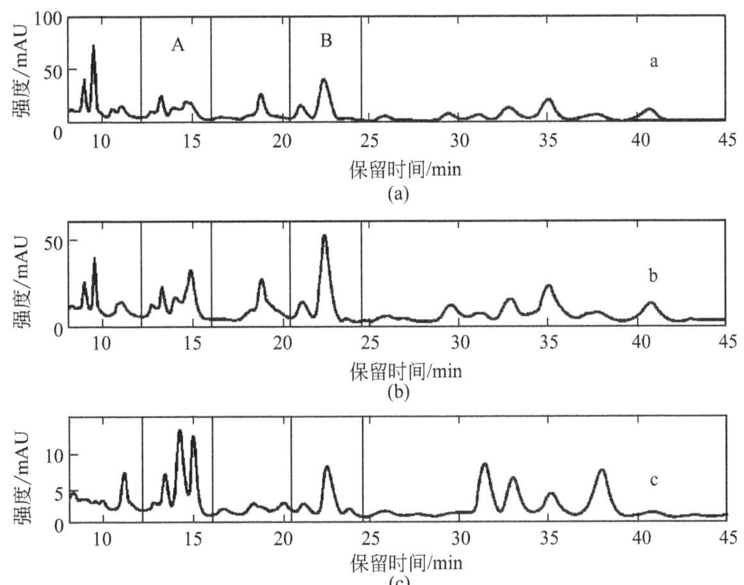

图 6-87 香港城市空气样本在 234nm(a)、260nm(b)及 310nm(c)上测得的色谱流出曲线

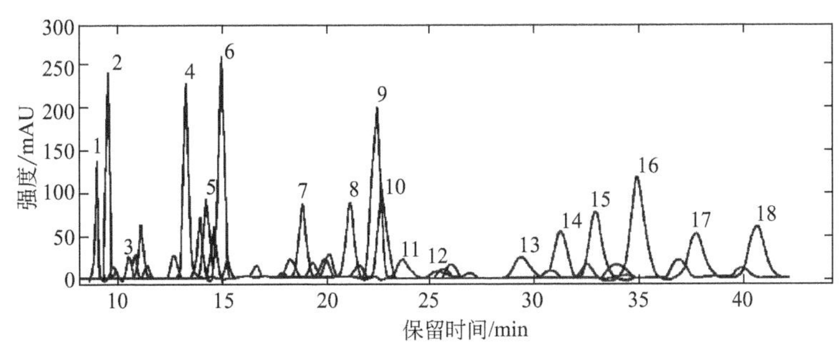

图 6-88 香港城市空气样本的解析结果[图中数字表示已确认的多环芳烃(PAH)]

因实际样本的量测一般都存在基线漂移，所以，在进行分辨以前，首先要扣除漂移背景。对保留时间 20.47～24.33min 所示的峰簇前后的两个零组分区进行局部主成分分析所得结果示于图 6-89，所得的两个第一载荷矢量的相合系数为 0.9943，显然，体系存在背景漂移，须用前述方法进行背景扣除。需指出的是，以后对该样本的其他色谱峰都是采用此法来预先进行背景扣除而后再进行分辨的。

背景扣除后，进一步就要确定峰簇中组分数和选择性信息。建议采用特征投影图和特征结构跟踪分析（ETA）两种技术共同来确定峰簇中的组分数和选择性信息，因只有当两种技术所得结果相一致时，所得最终分辨结果才可靠。图 6-90 示出了保留时间 20.47～24.33min 区域的峰簇特征结构跟踪分析所得的秩图（ETA 图）。从图可以看出，此峰簇为

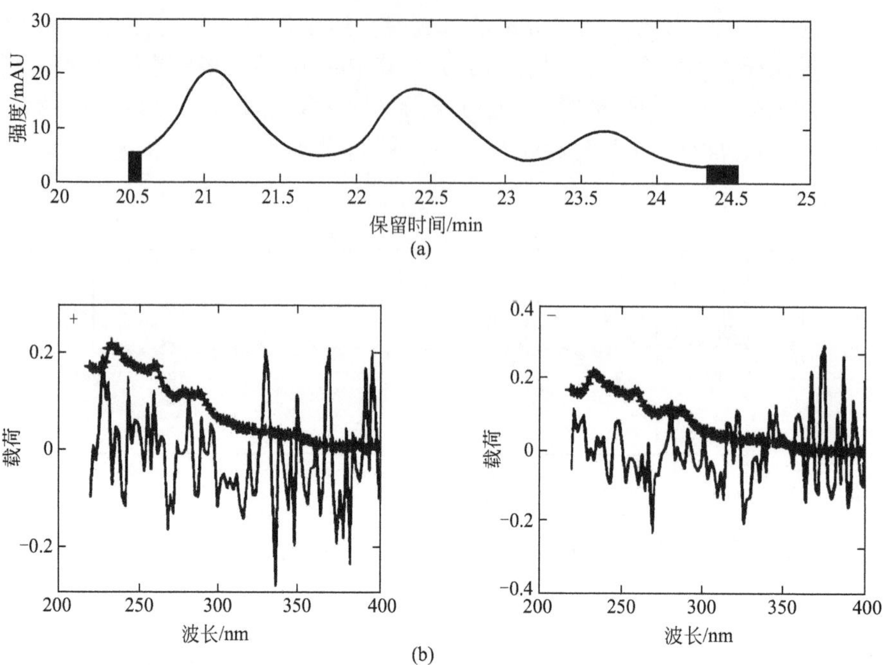

图 6-89 保留时间 20.47～24.33min 的峰簇的背景扣除过程图

（a）峰簇在 230nm 的色谱流出曲线（阴影部分表示零组分区）；
（b）对峰簇两端的零组分区进行局部主成分分析所得的前两个载荷矢量
＋：第一个载荷矢量；－：第二个载荷矢量

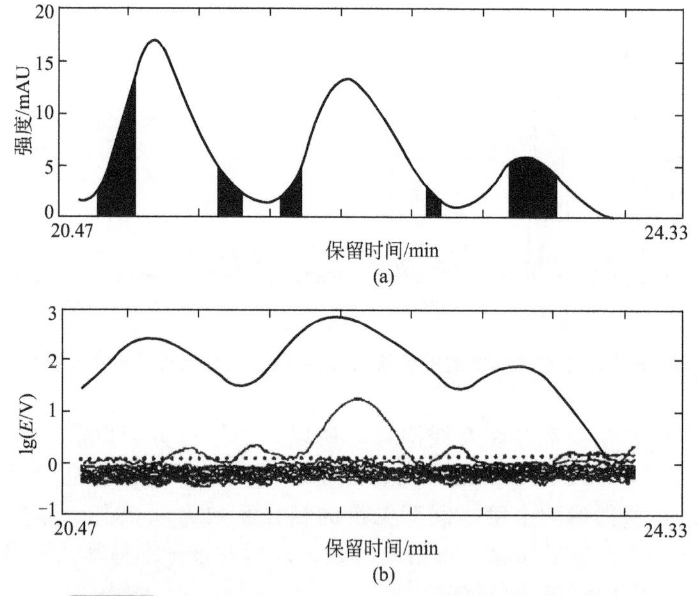

图 6-90 保留时间 20.47～24.33min 区域的峰簇的解析

（a）保留时间 20.47～24.33min 区域的峰簇在 230nm 的色谱流出曲线（图中阴影部分表示选择性区域）；
（b）峰簇的特征结构跟踪分析所得的秩图（ETA 图）

一五组分体系，且五个组分都存在选择性区域。从各个选择性区域中可容易地获得各组分的纯物种光谱，即对各选择性区域作局部主成分分析，取其第一个载荷矢量。因为已经取得所有组分的纯物种光谱，所以直接用最小二乘方法即可得它们的相应纯组分色谱。图 6-91 示出了该峰簇的分辨结果，经与 PAH 的标准光谱比较可知，体系中的组分 1、3、4、5 分别为环戊二烯并苯、䓛、苯并［a］蒽、芘的衍生物，解析所得光谱与标准光谱吻合很好。

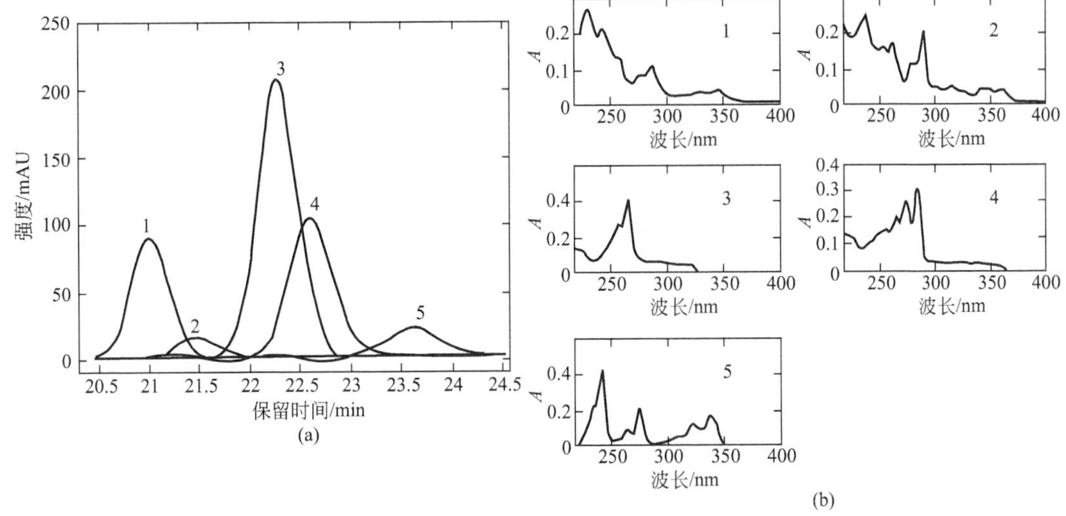

图 6-91　解析所得各组分的纯色谱流出曲线（a）和各组分的纯光谱（b）

表 6-24　对 12.00～16.00min 的峰簇进行 PCA 所得的特征值

序号	1	2	3	4	5	6	7	8	9
特征值	2.17	0.69	0.40	0.23	0.06	0.04	0.02	0.02	0.01

与上例相比，对保留时间 12.00～16.00min 区域所包括的峰簇的定性分辨就较为困难。首先就是该峰簇的组分数难于确定。表 6-24 和图 6-92 分别示出了对该峰簇进行主成分分析所得的特征值和特征向量的结果。从表 6-24 看来，似乎该体系为一四组分体系，因从第五个特征值以后变化就很小了；而从特征向量的结果（图 6-92）看来，似乎该体系又是一个五组分体系，因第 6 个特征向量就很像噪声的形状了。但实际上该峰簇是一个七组分体系！图 6-93 给出了它的 ETA 图和特征投影图，两个图都指出该峰簇存在有 5 个选择性区域，即图 6-93（a）所示的 A、B、C、F 和 G 区，与其相对应，图 6-93（b）给出了它们在特征投影图的直线段｛图中标出的 a、b、c、d［对应于图 6-93（a）中的 F］、e［对应于图 6-93（a）中的 G］｝，而且这些直线段经延长都通过原点。注意到图 6-93（a）中的 D 和 E 所指示的两组分重叠区，说明该峰簇至少为一七组分体系，同时，从图 6-93（b）给出的演进特征投影图来分析，从 c 段到 d 段，投影曲线改变方向两次也证实了这一点。根据以上结果，我们可以初步确定该峰簇至少存在 7 个组分，有 ETA 图得到的各组分选择性信息和它们的零浓度区域，采用前述的满秩分辨技术，可先将这 5 个具有选择性信息的组分分辨出来，然后采用组分剥离技术将它们在此峰簇的贡献减去，继续对剩余部分进行特征结构跟踪分析。对剩余部分进行特征结构跟踪分析的结果示于图 6-94，从图可以看出，所剩部分确为一两组分体系。该峰簇的总的分辨结果示于图 6-95。 在此峰簇的 7 个组分中，第 2、3 组分分别为荧蒽

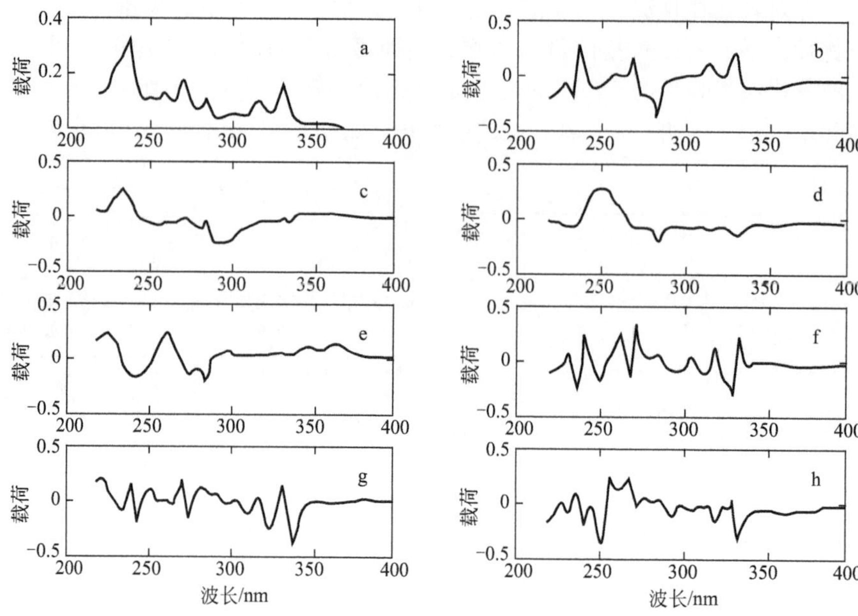

图 6-92 保留时间 12.00～16.00min 区域所包括的峰簇进行全局主成分分析所得的前 8 个特征向量（a～h）

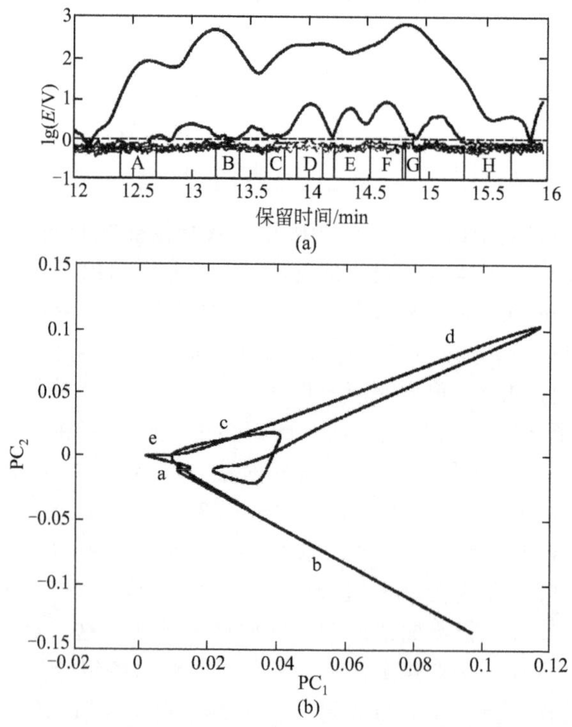

图 6-93 HELP 方法确定保留时间 12.00～16.00min 区域所包括的峰簇的组分数

(a) 体系的 ETA 图（虚线为噪声水平）；(b) 体系的演进特征投影图

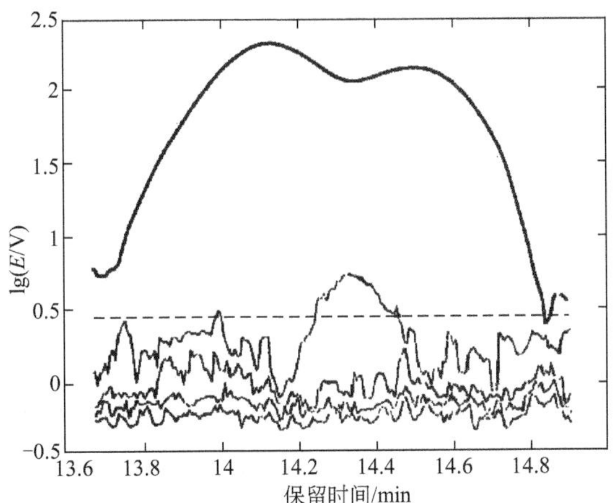

图 6-94　通过满秩分辨消去保留时间 12.00～16.00min 区域所包括峰簇的选择性区域的 5 个组分后的峰簇剩余部分的 ETA 图

（虚线为噪声水平）

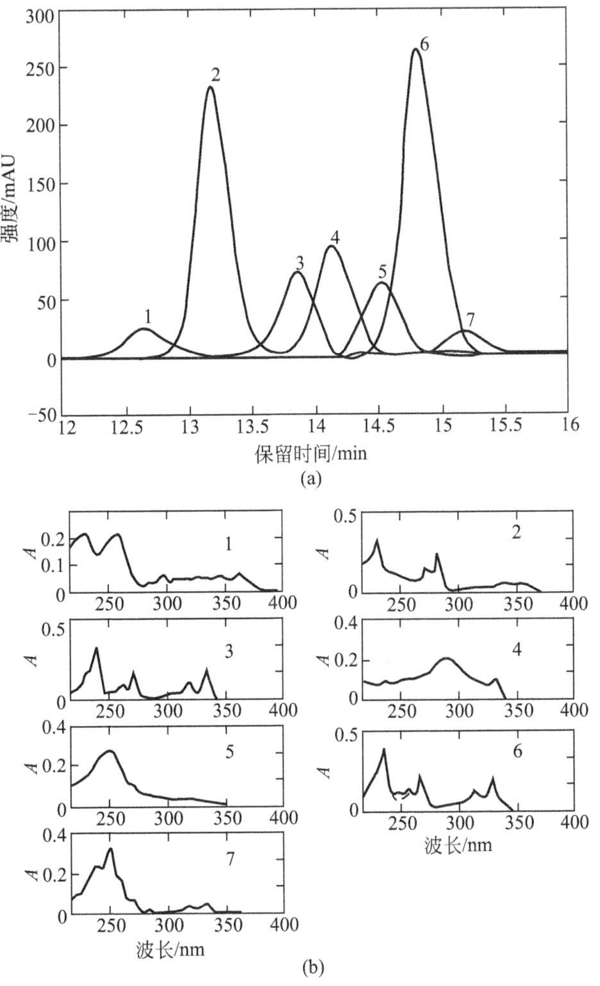

图 6-95　保留时间 12.00～16.00min 区域所包括峰簇的解析结果

（a）各组分的纯色谱流出曲线；（b）各组分的纯光谱

和芘，第 6 组分的纯光谱与芘的纯光谱很相似，可认为是芘的衍生物。为验证上述所得结果，我们还做了毛细管色谱质谱联用分析，从其总离子流色谱中可得该样本有四十几个峰，对 PAH 的定性分析结果也与用 HELP 方法解析所得结果相一致，从而进一步说明了 HELP 方法的可靠性。

未知复杂样本如生物样本、天然药物、环境样本等的分析在生物化学、药物化学、环境化学等领域有着极其重要的地位，对这些样本的直接快速的定性定量分析可以说是当前分析化学的热点和难点，从上例看来，化学计量学近年来发展的黑色分析体系的解析方法，其中特别是 HELP 方法为这些未知复杂样本的直接快速分析提供了一个崭新的途径，是一类极有发展前途的分析方法，本书将它们介绍出来，希望引起广大分析工作者的重视。

（六）正交投影分辨法

【基本思路】

正交投影分辨算法（OPR）是基于 Lorber 提出的正交投影[230]的基本思路而提出，在结构上与 Malinowski 提出的窗口因子分析法（WFA）类似，它也是利用已知的体系中含 $n-1$ 个物种的窗口来对第 n 个物种进行正交投影以求得其色谱流出信息。最简单的例子是在小色谱峰完全被大色谱峰覆盖的情况中，利用已经知道的大色谱峰相对应的纯物种光谱来求得小色谱峰的形状[231]。实际上，这一算法可容易地拓广至一般色谱重叠情况的分辨，对于最常见的三组分体系分辨的基本思路图示于图 6-96，在以后我们还可以看到，正交投影技术还可用于来诊断不同的色谱重叠模式，从这一角度来说，它明显优于 EFA[232]。下面将对正交投影分辨算法给出介绍。

【基本算法】

正交投影分辨算法就由以下几个步骤构成。

① 利用秩图来定义体系中不同的含（$n-1$）个物种的窗口（参见图 6-96）。

② 对已定义的（$n-1$）个物种的窗口所对应的子矩阵进行主成分分解，以得到（$n-1$）个标准化的且相互正交的载荷矢量（或称为抽象光谱）。

③ 构成由这（$n-1$）个载荷矢量组成的投影矩阵 $\boldsymbol{M}_k$

$$\boldsymbol{M}_k=(\boldsymbol{I}-\boldsymbol{P}_k^{(n-1)}\boldsymbol{P}_k^{(n-1)\mathrm{t}})$$

式中，$\boldsymbol{M}_k$（$k=1,2,\cdots,n$）为对第 k 个组分求其浓度分布（或色谱）的投影矩阵；$\boldsymbol{P}_k^{(n-1)}=\boldsymbol{p}_{1k},\boldsymbol{p}_{2k},\cdots,\boldsymbol{p}_{(n-1)k}$ 则表示由对已定义的不包括第 k 物种的（$n-1$）个物种的窗口所对应的子矩阵进行主成分分解而得到的（$n-1$）个标准正交的载荷矢量；$\boldsymbol{I}$ 为一相应大小的单位矩阵。

④ 对于不同的组分，用不同的投影矩阵 $\boldsymbol{M}_k$（$k=1,2,\cdots,n$）对混合物量测矩阵 $\boldsymbol{X}$ 的每一条光谱矢量进行投影运算

$$\begin{aligned}\boldsymbol{x}_j^{\mathrm{t}*}&=\boldsymbol{x}_j^{\mathrm{t}}\boldsymbol{M}_k=(\boldsymbol{c}_1\boldsymbol{s}_1+\cdots+\boldsymbol{c}_k\boldsymbol{s}_k+\cdots\boldsymbol{c}_n\boldsymbol{s}_n)_j^{\mathrm{t}}(\boldsymbol{I}-\boldsymbol{P}_k^{(n-1)}\boldsymbol{P}_k^{(n-1)\mathrm{t}})\\&=(\boldsymbol{c}_k\boldsymbol{s}_k)_j^{\mathrm{t}}\boldsymbol{M}_k=(\boldsymbol{c}_k\boldsymbol{s}_k^*)_j^{\mathrm{t}}\end{aligned}\tag{6-171}$$

式中，下标 j 表示混合物量测矩阵 $\boldsymbol{X}$ 的第 j 条光谱，关于上式的证明我们将放在本节的最后。

⑤ 因为光谱矢量 $\boldsymbol{x}_j^{\mathrm{t}}$ 经投影运算之后得到的 $\boldsymbol{x}_j^{\mathrm{t}*}$ 是只剩下 $\boldsymbol{c}_k$ 和 $\boldsymbol{s}_k^*$ 信息，所以，如果对式（6-171）两边同时进行取模运算，立即可得

$$\| \boldsymbol{x}_j{}^{t*} \| = \| (\boldsymbol{c}_k \boldsymbol{s}_k^*)_j^t \|$$

即

$$\| \boldsymbol{x}_j^{t*} \| = (\boldsymbol{c}_k)_j \| (\boldsymbol{s}_k^*)^t \| \quad (j=1, \cdots, m)$$

在此，m 为光谱的波长点数。式左边的 $\| \boldsymbol{x}_j^{t*} \|$ 为已知，而右边的 $(\boldsymbol{c}_k)_j \| (\boldsymbol{s}_k^*)^t \|$ 则是我们要求的。需指出的是，对于 $\| (\boldsymbol{c}_k)_j (\boldsymbol{s}_k^*)^t \|$ 中的 $\| (\boldsymbol{s}_k^*)_j^t \|$ 我们略去了下标 j，这是因为对于不同的光谱矢量 $\boldsymbol{x}_j^t$ 中的 $\boldsymbol{s}_k$ 是同一的，故 $\boldsymbol{s}_k^*$ 也是同一的。

如果将 m 个数 $\| \boldsymbol{x}_j^{t*} \| (j=1,\cdots,m)$ 收集起来成为一个矢量，则得到矢量$(\| \boldsymbol{x}_1^{t*} \|,\cdots, \| \boldsymbol{x}_m^{t*} \|)$，再根据式(6-171)，有

$$\begin{aligned}&(\| \boldsymbol{x}_1^{t*} \|,\cdots,\| \boldsymbol{x}_m^{t*} \|)\\&=[(\boldsymbol{c}_k)_1 \| (\boldsymbol{s}_k^*)_1^t \|,\cdots,(\boldsymbol{c}_k)_m \| (\boldsymbol{s}_k^*)_m^t \|]\\&= \| (\boldsymbol{s}_k^*)_1^t \| [(\boldsymbol{c}_k)_1,\cdots,(\boldsymbol{c}_k)_m]\end{aligned}$$

即要求的第 k 组分的浓度分布乘上一个常数 $\| (\boldsymbol{s}_k^*)_1^t \|$，因为 $\boldsymbol{s}_k$ 是未知的，所以这个常数 $\| (\boldsymbol{s}_k^*)_1^t \|$ 亦为未知。因此，上式得到的浓度分布并不是实际的第 k 组分的浓度分布，而是它与一未知常数的乘积。

⑥ 重复第③步和第④步，求得每个物种的浓度分布模式，即可用最小二乘技术算出纯物种的光谱来，即

$$\boldsymbol{S}^t = (\boldsymbol{C}^t \boldsymbol{C})^{-1} \boldsymbol{C}^t \boldsymbol{X}$$

在此 $\boldsymbol{C}$ 矩阵虽不是实际的浓度分布，但并不影响纯光谱矩阵 $\boldsymbol{S}^t$ 的求得，因这样求得的 $\boldsymbol{S}^t$ 只是在大小上与实际的 $\boldsymbol{S}^t$ 不同，只需将它们进行标准化处理就行了。

以上讨论的用正交投影方法来进行黑色分析体系解析的过程基本与 Malinowski 提出的窗口因子分析法类似，整个过程可由图 6-96 形象地表示出。

式（6-171）的证明（在此只给出 k 等于 n 时的情况，其余可类推）：

设 $\boldsymbol{X}^{(n-1)}$ 为一只含（$n-1$）个物种的子矩阵，$\boldsymbol{X}^{(n-1)+}$ 是它的广义逆（Moore-Penrose 逆），根据广义逆的性质（参见第十四章），有

$$\boldsymbol{X}^{(n-1)} \boldsymbol{X}^{(n-1)+} \boldsymbol{X}^{(n-1)} = \boldsymbol{X}^{(n-1)}$$

如果写成矢量形式，则有

$$\boldsymbol{x}_i{}^{(n-1)t} \boldsymbol{X}^{(n-1)+} \boldsymbol{X}^{(n-1)} = \boldsymbol{x}_i{}^{(n-1)t}$$

式中，$\boldsymbol{x}_i^{(n-1)t}$ 为矩阵 $\boldsymbol{X}^{(n-1)}$ 中的第 i 行。

据此可以构造一个正交投影矩阵

$$\boldsymbol{M} = [\boldsymbol{I} - \boldsymbol{X}^{(n-1)+} \boldsymbol{X}^{(n-1)}]$$

上式所示的正交投影矩阵实际上就是前述所示的正交投影矩阵。对矩阵 $\boldsymbol{X}^{(n-1)}$ 进行主成分

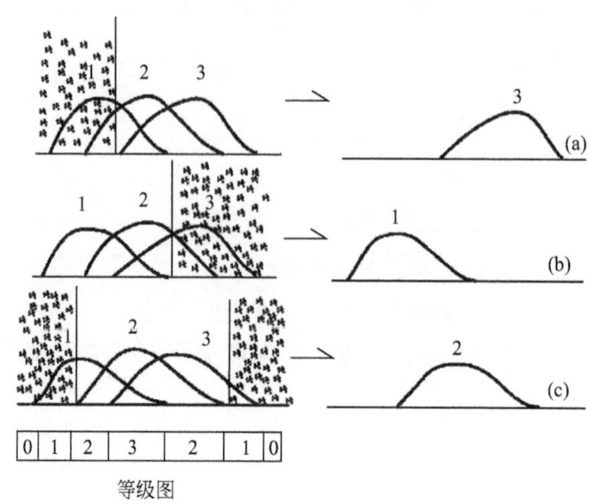

图 6-96 正交投影算法分辨常见三组分重叠体系的示意图

先采用特征结构跟踪分析法（ETA）得到体系的化学秩图，继找到一个 2 组分区域以构成正交投影矩阵，以得到相应未包括在内组分的纯色谱

（a）以第一和第二组分信息构成正交投影矩阵，求得第三个组分的纯色谱；

（b）以第二和第三组分信息构成正交投影矩阵，求得第一个组分的纯色谱；

（c）以第一和第三组分信息构成正交投影矩阵，求得第二个组分的纯色谱

分解，可得

$$\boldsymbol{X}^{(n-1)}=\boldsymbol{U}^{(n-1)}\boldsymbol{G}^{(n-1)}\boldsymbol{P}^{(n-1)\mathrm{t}}$$

式中，$\boldsymbol{U}$ 为一列正交矩阵，即所谓得分矩阵；$\boldsymbol{G}$ 为一对角矩阵，收集了 $\boldsymbol{X}$ 矩阵的非噪声特征值，如与本章第一节所说的特征值对应的话，是 $\boldsymbol{X}$ 矩阵的协方差阵所得特征值的平方根；$\boldsymbol{P}^{\mathrm{t}}$ 为一行正交矩阵，即所谓载荷矩阵，对上式求广义逆，则可得

$$(\boldsymbol{X}^{(n-1)})^{+}=(\boldsymbol{U}^{(n-1)}\boldsymbol{G}^{(n-1)}\boldsymbol{P}^{(n-1)\mathrm{t}})^{-1}=\boldsymbol{P}^{(n-1)}(\boldsymbol{G}^{(n-1)})^{-1}\boldsymbol{U}^{(n-1)\mathrm{t}}$$

亦即

$$\begin{aligned}(\boldsymbol{X}^{(n-1)})^{+}\boldsymbol{X}^{(n-1)}&=\boldsymbol{P}^{(n-1)}(\boldsymbol{G}^{(n-1)})^{-1}\boldsymbol{U}^{(n-1)\mathrm{t}}\boldsymbol{U}^{(n-1)}\boldsymbol{G}^{(n-1)}\boldsymbol{P}^{(n-1)\mathrm{t}}\\&=\boldsymbol{P}^{(n-1)}\boldsymbol{P}^{(n-1)\mathrm{t}}\end{aligned}$$

$\boldsymbol{x}_i^{(n-1)\mathrm{t}}$ 可表示为（$n-1$）个纯组分光谱 $\boldsymbol{s}_i^{\mathrm{t}}$（$i=1, 2, \cdots, n-1$）的线性组合。即

$$\boldsymbol{x}_i^{(n-1)\mathrm{t}}=(\boldsymbol{c}_1\boldsymbol{s}_1+\cdots+\boldsymbol{c}_{n-1}\boldsymbol{s}_{n-1})_j^{\mathrm{t}}$$

而对于一个含 n 个物种的量测矩阵 $\boldsymbol{X}$，它的每一行 $\boldsymbol{x}_i^{\mathrm{t}}$ 可表示为 n 个纯组分光谱 $\boldsymbol{s}_i^{\mathrm{t}}$（$i=1, 2, \cdots, n$）的线性组合，即

$$\begin{aligned}\boldsymbol{x}_i^{\mathrm{t}}&=(\boldsymbol{c}_1\boldsymbol{s}_1+\cdots+\boldsymbol{c}_{n-1}\boldsymbol{s}_{n-1}+\boldsymbol{c}_n\boldsymbol{s}_n)_j^{\mathrm{t}}\\&=(\boldsymbol{x}_i^{(n-1)}+\boldsymbol{c}_n\boldsymbol{s}_n)_j^{\mathrm{t}}\end{aligned}$$

所以，式（6-171）可表示为

$$\begin{aligned} \boldsymbol{x}_j^{t^*} &= \boldsymbol{x}_j{}^{t}\boldsymbol{M} = (\boldsymbol{c}_1\boldsymbol{s}_1 + \cdots + \boldsymbol{c}_{n-1}\boldsymbol{s}_{n-1} + \boldsymbol{c}_n\boldsymbol{s}_n)_j^{t}(\boldsymbol{I} - \boldsymbol{P}^{(n-1)}\boldsymbol{P}^{(n-1)t}) \\ &= (\boldsymbol{x}_i^{(n-1)} + \boldsymbol{c}_n\boldsymbol{s}_n)_j^{t}(\boldsymbol{I} - \boldsymbol{P}^{(n-1)}\boldsymbol{P}^{(n-1)t}) \\ &= \boldsymbol{x}_i^{(n-1)t} - \boldsymbol{x}_i^{(n-1)t}\boldsymbol{P}^{(n-1)}\boldsymbol{P}^{(n-1)t} + (\boldsymbol{c}_n\boldsymbol{s}_n)_j^{t}(\boldsymbol{I} - \boldsymbol{P}^{(n-1)}\boldsymbol{P}^{(n-1)t}) \\ &= \boldsymbol{x}_i^{(n-1)t} - \boldsymbol{x}_i^{(n-1)t}\boldsymbol{X}^{(n-1)} + (\boldsymbol{x}^{(n-1)})^{+}\boldsymbol{X}^{(n-1)} + (\boldsymbol{c}_n\boldsymbol{s}_n)_j^{t}(\boldsymbol{I} - \boldsymbol{P}^{(n-1)}\boldsymbol{P}^{(n-1)t}) \\ &= \boldsymbol{x}_i{}^{(n-1)t} - \boldsymbol{x}_i{}^{(n-1)t} + (\boldsymbol{c}_n\boldsymbol{s}_n)_j^{t}(\boldsymbol{I} - \boldsymbol{P}^{(n-1)}\boldsymbol{P}^{(n-1)t}) \\ &= (\boldsymbol{c}_n\boldsymbol{s}_n)_j^{t}\boldsymbol{M} = (\boldsymbol{c}_n\boldsymbol{s}_n^*)_j^{t} \end{aligned}$$

在此只需把下标 n 改为 k 就变成式（6-171），证毕。

在此值得提出的是，实际上我们还可以证明本节介绍正交投影分辨法与 Malinowski 提出的窗口因子分析法是同一的，有兴趣的读者可参阅文献［233］。

（七）子窗口因子分析法

【基本思路】

前述分辨方法，如渐近因子分析法、窗口因子分析法及正交投影分辨法，都是以分辨纯组分色谱为其目标，而在此介绍的子窗口因子分析法却是以分辨纯组分光谱为其目标。该法由 Manne 等提出[234]，其主要思路是利用在色谱方向上不同子窗口所含有一个且只含有一个相同纯物质光谱的特性，从而将该纯物质光谱分辨出来。这样的子窗口可由图 6-97 简要示出。

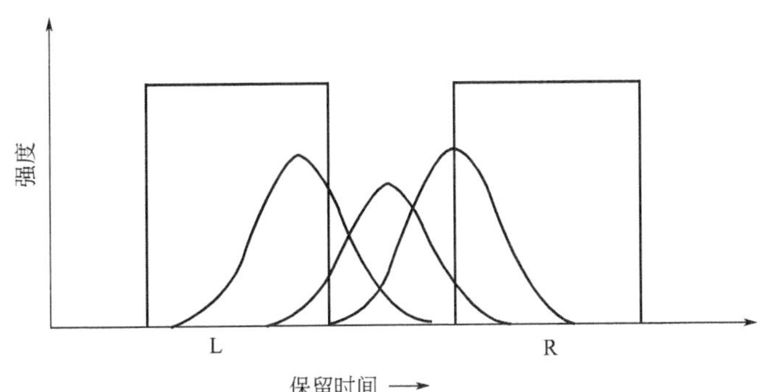

图 6-97　色谱方向的子窗口示意图

共同组分为中间的流出的组分；L：中间组分的左窗口；R：中间组分的右窗口

【基本算法】

子窗口因子分析算法可由以下几个步骤构成：

① 利用秩图来定义体系中不同的含有一个且只含有一个相同纯物质的两个不同子窗口（参见图 6-97）。

② 对已定义的两个子窗口所对应的子矩阵分别进行主成分分解，以得到两组标准正交基 $\boldsymbol{E}=\{\boldsymbol{e}_1, \boldsymbol{e}_2, \cdots, \boldsymbol{e}_m\}$ 和 $\boldsymbol{D}=\{\boldsymbol{d}_1, \boldsymbol{d}_2, \cdots, \boldsymbol{d}_n\}$，其中 m 和 n 分别表示两个子窗口所对应的子矩阵的组分数。设该同时含于两个子矩阵的纯光谱为 $\boldsymbol{s}$，因可被两组正交基同时线性表示，则有

$$s = \sum_{i=1}^{m} \alpha_i e_i = \sum_{j=1}^{n} \beta_j d_j$$
$$= E\alpha = D\beta$$

式中，$\alpha_i(i=1, 2, \cdots, m)$ 和 $\beta_j(j=1, 2, \cdots, n)$ 分别为线性组合系数。而且，有

$$\alpha = E^t s, \ \beta = D^t s$$

③ 构建一个目标函数 N，因 $E^tE = I_m$；$D^tD = I_n$，有

$$N = \| E\alpha - D\beta \|^2 = \alpha^t E^t E\alpha + \beta^t D^t D\beta - 2\alpha^t E^t D\beta$$
$$= 2 - 2\alpha^t E^t D\beta$$
$$= 2 - 2f_1$$

其中 $f_1 = \alpha^t E^t D\beta$。

④ 对上述目标函数求极小，实际上相当于对 $f_1 = \alpha^t E^t D\beta$ 求极大。因为

$$\alpha = E^t s = E^t D\beta = E^t DD^t s = E^t DD^t E\alpha$$
$$\beta = D^t s = D^t E\alpha = D^t EE^t s = D^t EE^t D\beta$$

所以，α、β 分别为 E^tDD^tE 和 D^tEE^tD 的特征值为 1 的特征向量（参见第十四章）。同时

$$g = E\alpha = D\beta$$

即无论是求得 α 或 β，就可算出该同时含于两个子矩阵的纯光谱 s 来。

⑤ 只要没有含大峰包小峰的情况，就可为任一组分找到相应的两个子窗口，而依次得到其纯光谱 s_i（$i=1, 2, \cdots, A$），在此 A 为体系组分数。求得所有的纯组分的光谱即用下式可求得各组分的纯色谱来

$$C = XS(S^tS)^{-1}$$

【讨论】

因本法与前述分辨方法不同的地方在于它不是求纯组分的色谱而以求组分物质的纯光谱为目标，所以，可为联用色谱的二维数据的解析带来新内容，将此法与前述的正交投影分辨法结合起来，就可直接同时求得任意感兴趣组分的纯光谱和纯色谱，从而可对该组分直接进行定性定量分析，而不必对所有组分进行全部分辨。这样的情况对那些含有大峰包小峰的分析体系特别有用，因对那些含有大峰包小峰的分析体系目前还很难精确求解（参见下一节），致使不可能求得所有纯组分色谱。有关这样的具体例子读者可参阅文献［235］。另外，由于该同时含于两个子矩阵的纯光谱 s 可以通过两种途径（$s=E\alpha$ 或 $s=D\beta$）而求得，这样我们可以对这两个所得结果进行比较，如这两个结果完全一样，说明所得结果可靠，反之，如所得结果相差大，则说明结果的可靠性不高，从而提供了一个检验分辨结果可靠性的工具。

（八）二维色谱的一阶微分矩阵顺序秩分析方法

【基本思路】

在色谱数据中，经常出现小色谱峰完全被大色谱峰覆盖的情况，由于缺乏必要的信息，

一般说来，是不能求得唯一解的，除非可以找到另外一些特殊条件。对于一般二维色谱数据分辨可求得唯一解的必要条件，Manne 给出了较详细的讨论，有兴趣的读者可参阅文献[236]。在此将要讨论的二维色谱的一阶微分矩阵顺序秩分析方法，关键就在于它利用了色谱峰局部对称的约束条件，引入微分色谱，才使得小色谱峰完全被大色谱峰覆盖的情况有可能得到唯一解，对于色谱峰局部不对称的体系，此法是有一定困难的。

对于小色谱峰完全被大色谱峰覆盖的二维色谱数据，其情况大致不外由图 6-98 所示的三种情况，在此三种情况中，所讨论的算法只适用于第二种情况［图 6-98（b）］，即小峰的极大点与大峰的极大点不重合，而且在大峰的极大点处，小峰还未完全消失。在此三种情况中，第一种情况［图 6-98（a）］因大小峰的极大点完全重合，故本法不适用；而对于第三种情况［图 6-98（c）］，则因在大峰的极大点处，小峰已完全消失，本法亦不适用，当然，当在大峰的极大点处小峰还未出现的情况与第三种情况类似，亦不可采用此法。因本法的基本思路就是要利用色谱峰有且只有一个极大点和在对极大点进行微分时其值为零的特点。

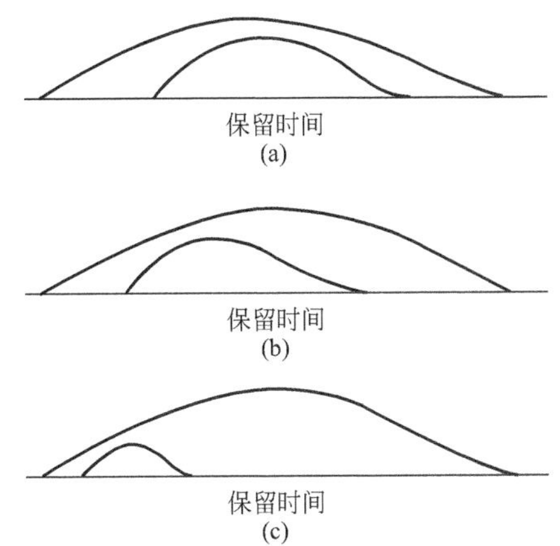

图 6-98 大色谱峰包小色谱峰的三种不同模式

对于一大色谱峰包小色谱峰的二维色谱数据矩阵 $\boldsymbol{X}$，根据朗伯-比耳定律，可写成如下形式：

$$\boldsymbol{X}=\boldsymbol{c}_1\boldsymbol{s}_1^{\mathrm{t}}+\boldsymbol{c}_2\boldsymbol{s}_2^{\mathrm{t}}+\boldsymbol{E}$$

式中，$\boldsymbol{c}_i(i=1,\ 2)$和 $\boldsymbol{s}_i^{\mathrm{t}}(i=1,\ 2)$分别表示未知的两个组分的色谱和光谱；$\boldsymbol{E}$ 表示量测误差。这样的二维色谱分别是保留时间（t）和波长（w）的函数，所以，其中的每个元素 x_{ij} 都可写成如下形式：

$$x_{ij}(t,\ w)=c_1(t)s_1(w)+c_2(t)s_2(w)+e_{ij}$$

即每个元素都是保留时间（t）和波长（w）的函数，对它们可以从两个方向来进行微分，如略去误差项，两个方向的微分式可分别表示为

$$\mathrm{d}x_{ij}(t,\ w)/\mathrm{d}t=s_1(w)\mathrm{d}c_1(t)/\mathrm{d}t+s_2(w)\mathrm{d}c_2(t)/\mathrm{d}t \qquad (6\text{-}172\mathrm{a})$$

或

$$\mathrm{d}x_{ij}(t, w)/\mathrm{d}w = c_1(t)\mathrm{d}s_1(w)/\mathrm{d}w + c_2(t)\mathrm{d}s_2(w)/\mathrm{d}w \tag{6-172b}$$

因为二维色谱数据矩阵的每一行就是一个光谱，而每一列就是一个色谱，所以也可以将上述微分式写成矢量形式，即

$$\mathrm{d}\boldsymbol{x}_i^{\mathrm{t}}(t, w)/\mathrm{d}t = \boldsymbol{s}_1^{\mathrm{t}}(w)\mathrm{d}c_1(t)/\mathrm{d}t + \boldsymbol{s}_2^{\mathrm{t}}(w)\mathrm{d}c_2(t)/\mathrm{d}t \quad (i=1, \cdots, n) \tag{6-173a}$$

或

$$\mathrm{d}\boldsymbol{x}_j(t, w)/\mathrm{d}w = \boldsymbol{c}_1(t)\mathrm{d}s_1(w)/\mathrm{d}w + \boldsymbol{c}_2(t)\mathrm{d}s_2(w)/\mathrm{d}w \quad (j=1, \cdots, m) \tag{6-173b}$$

在此，$\{\mathrm{d}\boldsymbol{x}_i^{\mathrm{t}}(t, w)/\mathrm{d}t, (i=1, \cdots, n)\}$ 表示二维色谱数据对时间方向的微分矩阵 $\mathrm{d}\boldsymbol{X}/\mathrm{d}t$ 的每一行，而 $\{\mathrm{d}\boldsymbol{x}_j(t, w)/\mathrm{d}w, (j=1, \cdots, m)\}$ 则表示二维色谱数据对波长方向的微分矩阵 $\mathrm{d}\boldsymbol{X}/\mathrm{d}w$ 的每一列，此外，上式中隐含了一个十分重要的关系，即分别在两个纯组分色谱的极大点处，也就是说 $\mathrm{d}c_1(t)/\mathrm{d}t=0$ 或 $\mathrm{d}c_2(t)/\mathrm{d}t=0$ 的时候，可以很容易地分别得到两个物种的纯光谱，亦即

$$\mathrm{d}\boldsymbol{x}_i^{\mathrm{t}}(t, w)/\mathrm{d}t = \boldsymbol{s}_2^{\mathrm{t}}(w)\mathrm{d}c_2(t)/\mathrm{d}t \tag{6-174a}$$

和

$$\mathrm{d}\boldsymbol{x}_i^{\mathrm{t}}(t, w)/\mathrm{d}t = \boldsymbol{s}_1^{\mathrm{t}}(w)\mathrm{d}c_1(t)/\mathrm{d}t \tag{6-174b}$$

同理，在两个纯组分光谱的极大点处，也就是说 $\mathrm{d}s_1(t)/\mathrm{d}t=0$ 或 $\mathrm{d}s_2(t)/\mathrm{d}t=0$ 的时候，可以很容易地分别得到两个物种的纯色谱，亦即

$$\mathrm{d}\boldsymbol{x}_j(t, w)/\mathrm{d}w \mid \mathrm{d}\boldsymbol{s}_1(t)/\mathrm{d}w=0 = \boldsymbol{c}_2(t)\mathrm{d}\boldsymbol{s}_2(w)/\mathrm{d}w \tag{6-175a}$$

和

$$\mathrm{d}\boldsymbol{x}_j(t, w)/\mathrm{d}w \mid \mathrm{d}\boldsymbol{s}_2(t)/\mathrm{d}w=0 = \boldsymbol{c}_1(t)\mathrm{d}\boldsymbol{s}_1^{\mathrm{t}}(w)/\mathrm{d}w \tag{6-175b}$$

因为本法的基本思路就是要利用色谱峰有且只有一个极大点的特点，所以在以后的讨论中，我们将只讨论对时间方向的微分矩阵 $\mathrm{d}\boldsymbol{X}/\mathrm{d}t$ 的情况。而对时间方向的微分矩阵 $\mathrm{d}\boldsymbol{X}/\mathrm{d}t$ 的每一行仍是存在于体系中的两个光谱的线性组合［参见式（6-173）］，这样，经此微分以后，此矩阵的秩仍是等于2，而且它的线性关系仍然是保持不变的，当然，式中的系数不再是非负的了。另外，再根据式（6-174），只要找到了两个纯组分的极大点，就可以得到两个纯物种的光谱。现在的问题是怎样才能找到这两点的位置，确定了这两点的位置，就等于找到了两个物种的纯光谱，这就是本法要解决的关键问题。

对于时间方向的微分矩阵 $\mathrm{d}\boldsymbol{X}/\mathrm{d}t$，在某一个纯物种的色谱极大点处，即 $t_{\max,i}$（$i=1$，2），有 $\mathrm{d}\boldsymbol{c}_i(t)/\mathrm{d}t=0$。不失一般性，可以先讨论 $i=1$ 的情况，即第一个色谱极大点的情况，因为此时 $\mathrm{d}\boldsymbol{c}_1(t)/\mathrm{d}t=0$，所以有

$$\mathrm{d}\boldsymbol{x}_i^{\mathrm{t}}(t, w)/\mathrm{d}t \mid_{t_{\max, i}} = [\mathrm{d}c_2(t)/\mathrm{d}t]\boldsymbol{s}_2^{\mathrm{t}}(w) = \boldsymbol{\beta}\boldsymbol{s}_2^{\mathrm{t}}(w) \tag{6-175c}$$

即可得到第二组分的纯光谱，如果在第一组分色谱极大点的附近色谱峰是近似对称的，则有

$$\mathrm{d}c_1(t)/\mathrm{d}t\ |_{t\,\max-1,\ 1} = -\mathrm{d}c_1(t)/\mathrm{d}t\ |_{t\,\max+1,\ 1} \tag{6-176}$$

利用上式所提供的条件，如果将微分矩阵 $\mathrm{d}\boldsymbol{X}/\mathrm{d}t$ 在第一组分色谱极大点的前一点和后一点的两个光谱相加，可以得到

$$\begin{aligned}
&\mathrm{d}\boldsymbol{x}_i^{\mathrm{t}}(t,\ w)/\mathrm{d}t\ |_{t\,\max-1,\ 1} + \mathrm{d}\boldsymbol{x}_i^{\mathrm{t}}(t,\ w)/\mathrm{d}t\ |_{t\,\max+1,\ 1} \\
&= \{\boldsymbol{s}_1^{\mathrm{t}}(w)\mathrm{d}c_1(t)/\mathrm{d}t + \boldsymbol{s}_2^{\mathrm{t}}(w)\mathrm{d}c_2(t)/\mathrm{d}t\}\ |_{t\,\max-1,\ 1} + \\
&\quad \{(w)\mathrm{d}c_1(t)/\mathrm{d}t + (w)\mathrm{d}c_2(t)/\mathrm{d}t\}\ |_{t\,\max+1,\ 1} \\
&= [\mathrm{d}c_1(t)/\mathrm{d}t\ |_{t\,\max-1,\ 1} + \mathrm{d}c_1(t)/\mathrm{d}t\ |_{t\,\max+1,\ 1}]\boldsymbol{s}_1^{\mathrm{t}} + \\
&\quad [\mathrm{d}c_2(t)/\mathrm{d}t\ |_{t\,\max-1,\ 1} + \mathrm{d}c_2(t)/\mathrm{d}t\ |_{t\,\max+1,\ 1}]\boldsymbol{s}_2^{\mathrm{t}} \\
&= [\mathrm{d}c_2(t)/\mathrm{d}t\ |_{t\,\max-1,\ 1} + \mathrm{d}c_2(t)/\mathrm{d}t\ |_{t\,\max+1,\ 1}]\boldsymbol{s}_2^{\mathrm{t}} \\
&= \mu\boldsymbol{s}_2^{\mathrm{t}}
\end{aligned} \tag{6-177}$$

在此利用了式（6-176）所提供的在第一组分色谱极大点的附近色谱峰是近似对称的条件。如果将由式（6-175）和式（6-177）所得的两个光谱组成一个子矩阵，亦即 $[\beta\boldsymbol{s}_2^{\mathrm{t}},\ \mu\boldsymbol{s}_2^{\mathrm{t}}]$，则此子矩阵的秩为 1。

【基本算法】

根据以上讨论的这些结果，可以很容易地构造一个算法来确定二维微分色谱（对时间方向的）中两个纯组分的色谱极大点的位置。该算法可由以下几个步骤来完成：

① 在对于时间方向的微分矩阵 $\mathrm{d}\boldsymbol{X}/\mathrm{d}t$ 中选择第一个行矢量，即 $\mathrm{d}\boldsymbol{x}_i^{\mathrm{t}}/\mathrm{d}t$；

② 第二个行矢量就将该矢量的前一个和后一个行矢量，即 $\mathrm{d}\boldsymbol{x}_{i-1}^{\mathrm{t}}/\mathrm{d}t$ 和 $\mathrm{d}\boldsymbol{x}_{i+1}^{\mathrm{t}}/\mathrm{d}t$，相加而成；

③ 将这两个行矢量组成一个矩阵，并对它进行主成分分析以得到两个特征值；

④ 从微分矩阵 $\mathrm{d}\boldsymbol{X}/\mathrm{d}t$ 第二个行矢量开始，不断地重复上述①～③步，一直到该微分矩阵 $\mathrm{d}\boldsymbol{X}/\mathrm{d}t$ 的倒数第二个行矢量，这样，就可以得到一系列的特征值；

⑤ 将由此得到的一系列特征值对保留时间方向作图，在图上找到的第二个特征值曲线中出现的两个最小点的位置，也就是两个纯组分色谱的极大点的位置，这两点所代表的微分矩阵 $\mathrm{d}\boldsymbol{X}/\mathrm{d}t$ 的行矢量，也就是两个物种的纯光谱。

【讨论】

此算法的构成基本思路和期望所得到的结果形象地示于图 6-99。如果在纯色谱峰的附近的确是对称的，则此法可以得到很理想的结果如图 6-100 所示。图 6-100 示出的是一个用对称的高斯峰来模拟色谱峰的二组分体系的结果。另外，因此法只适用于图 6-98 所示三种情况的第二种，所以，在进行分辨之前，似有必要先确定我们碰到的情况是否的确属于图 6-98 所示的第二种情况。对于这三种情况的判别，可采用特征投影图，对于上述的三种不同情况，它们的特征投影图示于图 6-101。从图可以看出，对于这三种情况，它们的特征投影图都不同，而且各具特色，很容易区别。

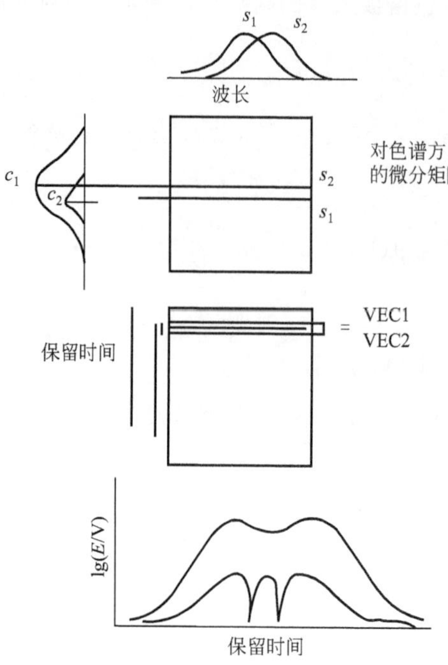

图 6-99 一阶微分矩阵顺序秩分析方法原理示意图

对原始二维色谱量测矩阵微分后，在两个色谱极大值处可得该两个组分的纯物质光谱（s_1和s_2）；继用顺序秩分析方法可对该微分矩阵进行分析，可得图下部的秩分析结果。图中的两个极小点即为两个纯物质光谱的所在点

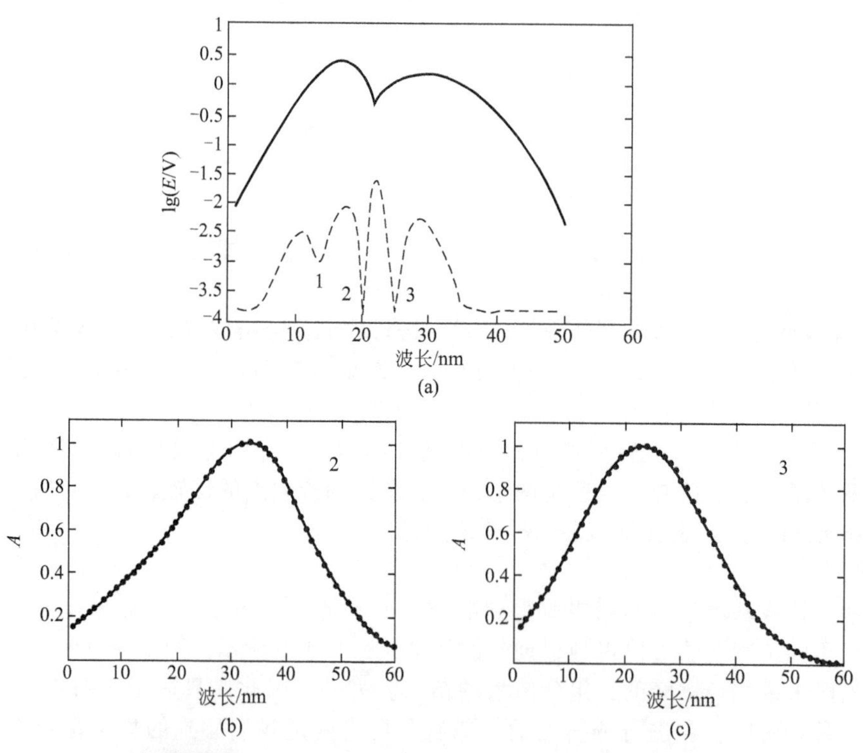

图 6-100 一个大峰包小峰模拟体系的顺序秩分析结果图

(a) 为秩分析图，图中可见三个极小点（1，2，3），其中第 2、第 3 点处的秩等于 1，应为相对应的两个纯物质光谱所在位置，根据此两点所得的纯光谱与真实纯光谱的比较示于图（b）和图（c）

…表示估计光谱，—表示实际纯组分光谱；从图可以看出，估计值与实际值吻合甚好

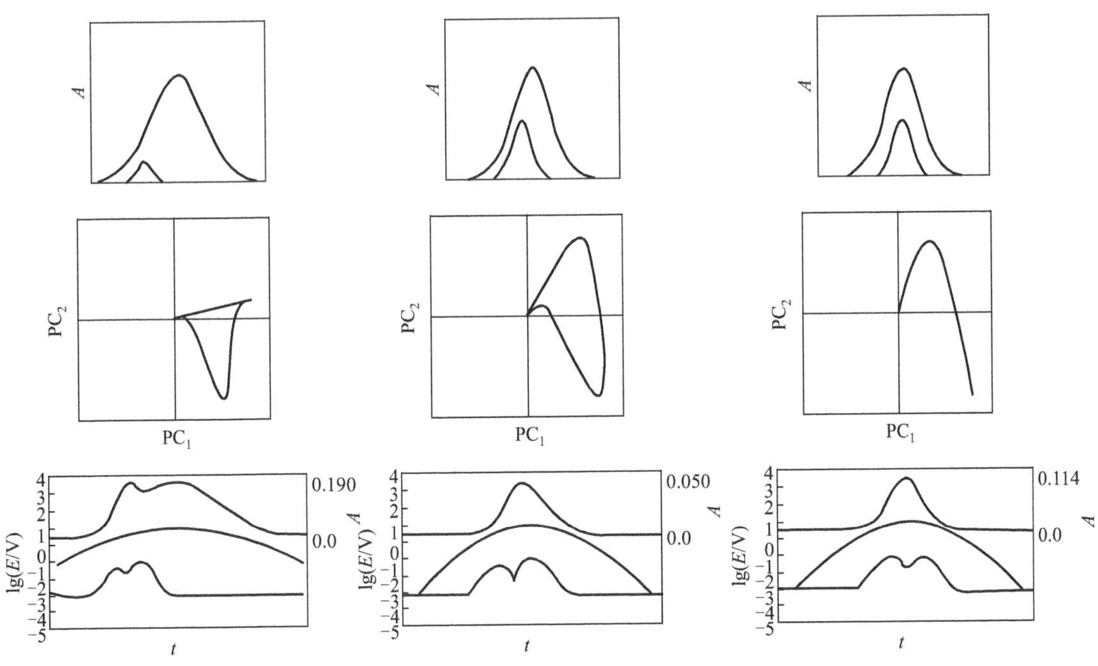

图 6-101 三种不同模式的大峰包小峰情况的特征投影图与特征结构跟踪分析（ETA）结果

然而，在很多情况下，在纯色谱峰附近的对称这一点前提很难满足，这就使该法的适用性受到很大限制。对此，该法是否有相应的解决办法呢？这是我们将要继续讨论的一点。

因为一般的色谱峰都不同程度地存在着拖尾情况，当拖尾情况存在时，纯色谱峰附近的对称这一点前提就很难保证，在此，我们用两个对称的高斯峰来组成一个色谱峰，使模拟体系的色谱具有拖尾现象。这样组成的两个大峰包小峰的二组分模拟体系示于表 6-25。对于由这样具有拖尾色谱体系用顺序秩分析方法所得结果示于图 6-102。从图可以看出，我们得到的不是两个，而是 3 个或者 4 个极小点，而且这些极小点都还没有达到噪声水平，这时，我们应该用什么方法来确定两个纯色谱峰的极大点呢？

对于这样的情况，可以借助特征投影图来帮助决定两个纯色谱峰的极大点。从本章第一节的讨论可知，如果将一两组分的混合体系的光谱都标准化成具有总和皆等于某一常数的光谱，它们在主成分投影图的投影点就为一条直线，混合物光谱的点都应落在两个纯物种光谱的投影点之间，这样就可以利用这一特点来决定两个纯色谱峰的极大点，因如果在顺序秩分析方法所得的几个最小点为纯光谱，它们必须会将处于直线的两端，反之，它们就会落在混合物的光谱之中。基于这一推断，我们可以这样来构造一个新矩阵，首先将原始矩阵 $\boldsymbol{X}$ 都标准化成具有总和为一常量的光谱，然后将由顺序秩分析方法所得的几个最小点也同样标准化组成一个新矩阵，继将它们进行主成分特征投影，如果所得的几个最小点中有一个是处在投影图的端点，而其他几个在中间，则这一处于端点的就可能是最靠近纯物种的光谱点。对表 6-25 的两个模拟例子（图 6-102）的计算结果示于图 6-103，它们与实际纯物种光谱的比较示于图 6-104，从图可知，这样所得的结果是很靠近实际结果的。所以，采取这样的方法有可能得到一个很靠近实际的近似解，不失为一个补救策略，对于该法的更详细讨论可参阅文献［237］。当然，继续研究如何得到在色谱峰附近不对称的分辨算法仍是具有重要意义的。

表 6-25 模拟拖尾色谱的参数

项目	大高斯峰			小高斯峰		
	峰位置	标准差	峰高	峰位置	标准差	峰高
大色谱峰	30	6.44	1.0	40	7.07	0.3
	30	6.44	1.0	40	7.07	0.4
小色谱峰	25	3.54	0.5	29	3.87	0.1
	25	3.54	0.5	29	3.87	0.2

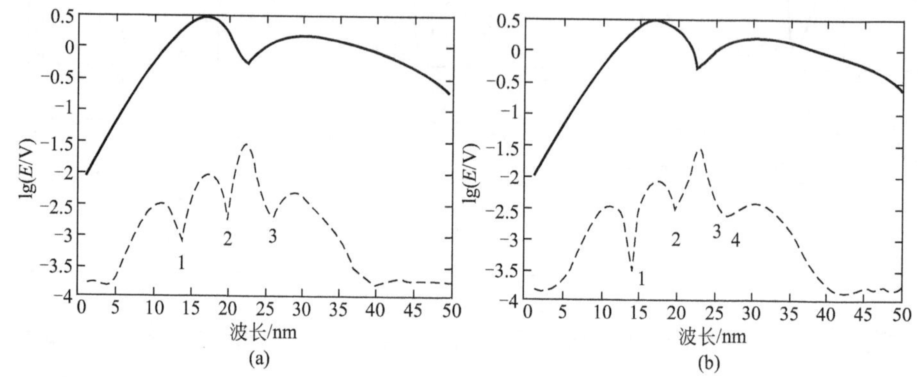

图 6-102 由表 6-25 所示的两个不对称大色谱峰包小色谱峰情况的一阶微分顺序秩分析结果图

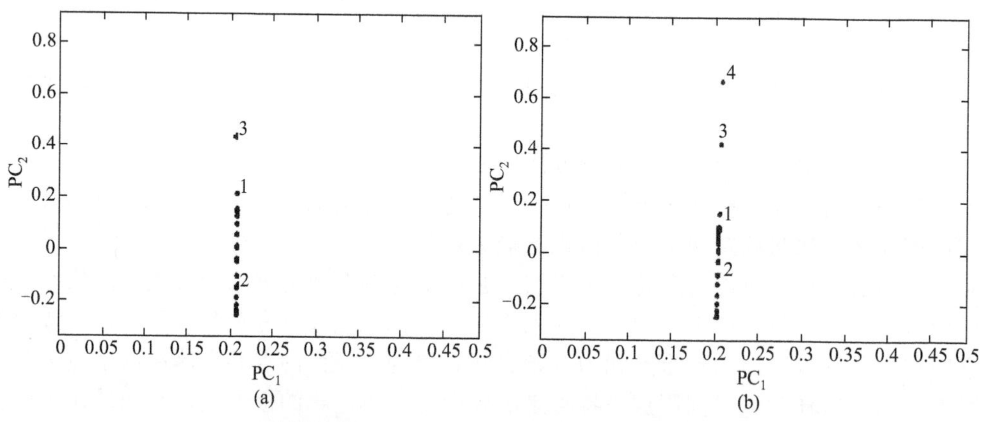

图 6-103 由图 6-102 所对应的主成分投影图

(a) 对应于图 6-102 (a) 所示情况；(b) 对应于图 6-102 (b) 所示情况

三、张量分辨方法

正如在前面所讨论的，对于黑色分析体系的解析，要获得唯一解，需要三维，即张量类型的数据。在这一节中将详细讨论张量分辨的两种主要方法，通过对这两种方法的讨论，我们将可以更清楚地看到，只有这样的基于张量类型数据的分辨方法才能在任何没有附加的约束条件下，获得唯一解。

在此值得指出的是，张量分辨方法在化学中还将是一类很有前途的方法，因在众多的分析化学所用的仪器中，如在前一节中讨论的联用仪器已成为一般分析化学实验室中的常用仪

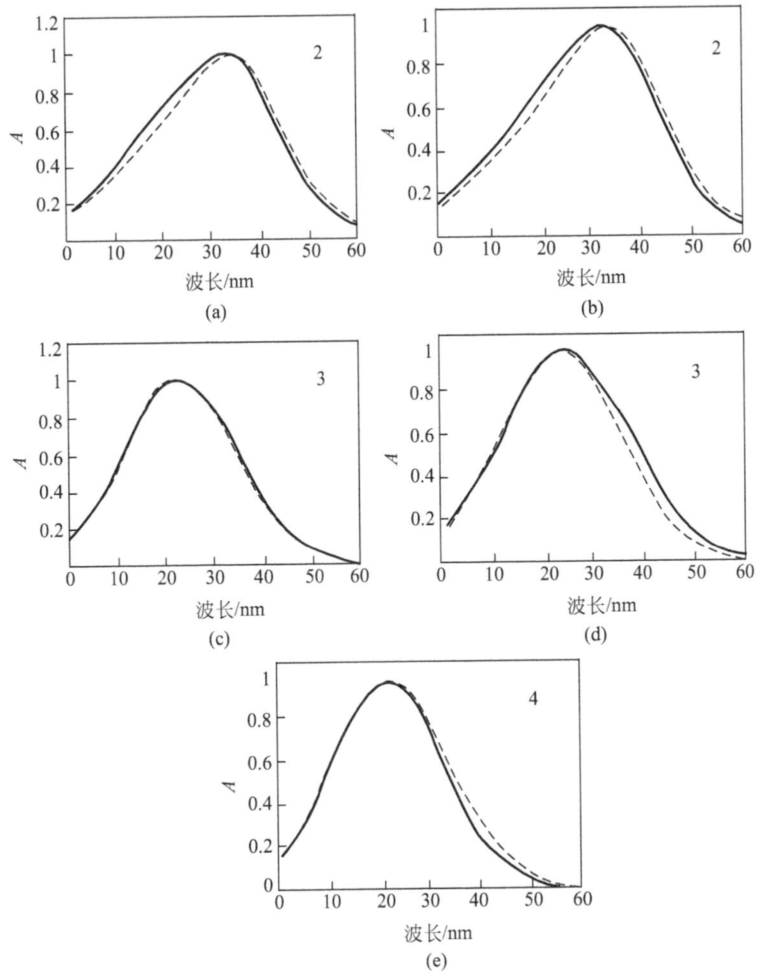

图 6-104 两个模拟拖尾体系的纯光谱估计比较图

…估计光谱；—实际纯组分光谱；图（a）、（c）中的编号 2、3 与图 6-103（a）中表示的点相对应；
图（b）、（d）、（e）中的编号 2、3、4 与图 6-103（b）中表示的点相对应

器，如高效液相色谱与二极管阵列检测器联用仪（HPLC-DAD）、气相色谱与质谱联用仪（GC-MS）、气相色谱与红外光谱联用仪（GC-IR）、高效液相色谱与质谱联用仪（HPLC-MS）、质谱与质谱联用仪（MS-MS）、荧光发射光谱与激发光谱仪（EX-EM）等，而且这种联用的趋势还在不断扩大，Hirschfeld 为此列出了一个可能被联用的分析仪器的一览表[238,239]，据 Hirschfeld 所列表来估计，在这些联用仪中，大约 60%可产生双线性数据，可以相信，这种联用趋势还将不断扩大。注意到将几个不同样本所测得的双线性数据合在一块就成了三线性的数据，所以，本章将要讨论的张量分辨方法将会成为很有用的分析方法。其实，现在就已经存在一些可产生三维数据的分析仪器，如三维核磁共振仪、相分辨荧光光谱仪（phase-resolved fluorescene spectroscopy，PRFS），本身就可以产生三维数据。从这一角度考虑，本节所要介绍的方法可能很快就将成为分析化学的常用方法。

在详细讨论张量分辨方法之前，先一般化地讨论一下张量分辨的数学模型。以下将采用黑花体来表示三维张量，如$\mathscr{A}$、$\mathscr{B}$、$\mathscr{C}$ 等，对于一个三线性的量测张量，一般可用下式表示，

$$\mathscr{A} = \boldsymbol{x} \otimes \boldsymbol{y} \otimes \boldsymbol{z} + \boldsymbol{E} \tag{6-178}$$

式中，$\otimes$表示矢量间的外积，即 $x \otimes y = xy^{\mathrm{t}}$；$\boldsymbol{E}$ 表示与量测张量$\mathscr{A}$相对应的量测误差张量。

（一）投影旋转因子分析法

【基本思路】

投影旋转因子分析法（PRFA）是由 Burdick 等针对相分辨荧光光谱仪（PRFS）所产生的三维数据的解析而提出的[240]。其主要思路仍是基于因子分析法，不同的是它巧妙地利用了张量数据的性质来进行投影旋转，而获得有物理意义的唯一解。下面我们将对此法进行详细的介绍。

由相分辨荧光光谱仪（PRFS）所产生的数据可用下式表示：

$$\boldsymbol{M}_f = \sum \boldsymbol{x}_k \boldsymbol{y}_k^{\mathrm{t}} d_{k,\ f} = \boldsymbol{X}\boldsymbol{D}_f \boldsymbol{Y}^{\mathrm{t}} \tag{6-179}$$

式中，$\boldsymbol{M}_f$ 为在频率 f 下所产生的二维荧光光谱；$\boldsymbol{x}_k$ 和 $\boldsymbol{y}_k(k=1,\ 2,\ \cdots,\ n)$ 分别表示第 k 物种的荧光激发光谱和发射光谱矢量；$d_{k,\ f} = \alpha_k \cos[\tan^{-1}(\omega_k \tau_k)]\cos[\phi_{\mathrm{D}} - \tan(\omega_k \tau_k)]$；$\alpha_k$ 为一依赖于荧光物质浓度、荧光量子效率、分子摩尔吸光系数及仪器因素的常数；τ_k 是第 k 物种的荧光寿命，ϕ_{D} 为检测器的相角；$\boldsymbol{X} = [\boldsymbol{x}_1,\ \boldsymbol{x}_2,\ \cdots,\ \boldsymbol{x}_n]$；$\boldsymbol{Y} = [\boldsymbol{y}_1,\ \boldsymbol{y}_2,\ \cdots,\ \boldsymbol{y}_n]$；$\boldsymbol{D}_f$ 为一对角矩阵，它的第 k 个对角元素即为 $d_{k,f}$。相分辨荧光光谱仪就是通过调节不同的频率来得到具有不同频率的二维荧光光谱，以构成一个三维数据阵

$$\boldsymbol{G} = \sum \boldsymbol{x}_k \otimes \boldsymbol{y}_k \otimes \boldsymbol{z}_k$$

式中，$\boldsymbol{z}_k = [d_{k,1}, d_{k,2}, \cdots, d_{k,f}]$；$f$ 为不同频率的数目。这样的三维数据还可表达成

$$G_{ijf} = \sum (\boldsymbol{x}_k)_i (\boldsymbol{y}_k)_j d_{k,\ f}$$

式中，$(\boldsymbol{x}_k)_i$ 表示荧光发射光谱 $\boldsymbol{x}_k$ 中的第 i 个元素；$(\boldsymbol{y}_k)_i$ 表示荧光发射光谱 $\boldsymbol{y}_k$ 中的第 j 个元素。注意到在此 $i=1,\ 2,\ \cdots,\ L$，即 L 个激发波长点；$j=1,\ 2,\ \cdots,\ M$，即 M 个发射波长点；$f=1,\ 2\cdots,\ F$，即 F 个不同调制频率，所以 $\boldsymbol{G}$ 是一个（$L \times M \times F$）的三维数据阵。

黑色分析体系的分辨算法的目的就在于直接从量测三维数据 $\boldsymbol{G}$ 出发，分辨出纯组分的荧光激发光谱 $\boldsymbol{x}_k(k=1,\ 2,\ \cdots,\ n)$，荧光发射光谱 $\boldsymbol{y}_k(k=1,\ 2,\ \cdots,\ n)$ 以及与组分浓度有关的 $d_{k,f}(k=1,\ 2,\ \cdots,\ n)$ 来。投影旋转因子分析法（PRFA）的解析思路是首先通过多维尺度分析的 TUCKALS2 方法[241]求得不同 $\boldsymbol{M}_f$ 的共同列矢量空间 $\boldsymbol{U}$ 及其共同行矢量空间 $\boldsymbol{V}^{\mathrm{t}}$，然后通过适当的投影和旋转技术，即可得到分辨的唯一解。以下将对其投影旋转过程给出详细介绍。

【基本算法】

投影旋转因子分析法解析的基本过程可由下述几步构成。

(1) 投影运算过程　用共同行矢量空间 $\boldsymbol{U}$ 和共同列矢量空间 $\boldsymbol{V}$ 对不同 $\boldsymbol{M}_f$ 进行投影，即

$$\begin{aligned} \boldsymbol{M}_f &= \boldsymbol{U}(\boldsymbol{U}^{\mathrm{t}}\boldsymbol{U})^{-1}\boldsymbol{U}^{\mathrm{t}}\boldsymbol{M}_f\boldsymbol{V}(\boldsymbol{V}^{\mathrm{t}}\boldsymbol{V})^{-1}\boldsymbol{V}^{\mathrm{t}} \\ &= \boldsymbol{U}\boldsymbol{C}_f\boldsymbol{V}^{\mathrm{t}} \end{aligned} \tag{6-180}$$

从上式可以看出 $\boldsymbol{C}_f$ 是一个（$n\times n$）阶的方阵。

（2）旋转分辨过程　因为 $\boldsymbol{U}$ 矩阵的列向量与 $\boldsymbol{X}$ 矩阵的列向量张成同一线性空间，且 $\boldsymbol{V}^{\mathrm{t}}$ 矩阵的行向量与 $\boldsymbol{Y}^{\mathrm{t}}$ 矩阵的行向量张成同一线性空间，所以，我们总可以找到两个（$n\times n$）阶的满秩方阵 $\boldsymbol{P}$ 和 $\boldsymbol{Q}$，使得

$$\boldsymbol{X}=\boldsymbol{UP} \text{ 和 } \boldsymbol{Y}=\boldsymbol{VQ} \tag{6-181}$$

将式（6-181）代入式（6-179），得

$$\boldsymbol{M}_f=\boldsymbol{UPD}_f\boldsymbol{Q}^{\mathrm{t}}\boldsymbol{V}^{\mathrm{t}}$$

继与式（6-180）比较，即 $\boldsymbol{M}_f=\boldsymbol{UC}_f\boldsymbol{V}^{\mathrm{t}}=\boldsymbol{UPD}_f\boldsymbol{Q}^{\mathrm{t}}\boldsymbol{V}^{\mathrm{t}}$，所以有

$$\boldsymbol{C}_f=\boldsymbol{PD}_f\boldsymbol{Q}^{\mathrm{t}}$$

对上式的两边分别左乘 $\boldsymbol{P}^{-1}$ 及右乘 $(\boldsymbol{Q}^{\mathrm{t}})^{-1}$，立即可得

$$\boldsymbol{D}_f=\boldsymbol{P}^{-1}\boldsymbol{C}_f(\boldsymbol{Q}^{\mathrm{t}})^{-1}$$

一般说来，$\boldsymbol{P}$ 与 $\boldsymbol{Q}$ 可通过对 $\boldsymbol{C}_i$ 或通过对 $\boldsymbol{C}_j$ 的正交分解来得到，即

$$\boldsymbol{P}^{-1}\boldsymbol{C}_i\boldsymbol{C}_j^{-1}\boldsymbol{P}=\boldsymbol{D}_i\boldsymbol{D}_j^{-1} \tag{6-182a}$$

或

$$\boldsymbol{Q}^{\mathrm{t}}\boldsymbol{C}_i^{-1}\boldsymbol{C}_j(\boldsymbol{Q}^{\mathrm{t}})^{-1}=\boldsymbol{D}_i^{-1}\boldsymbol{D}_j \tag{6-182b}$$

这是因为

$$\begin{aligned}\boldsymbol{D}_i\boldsymbol{D}_j^{-1}&=\boldsymbol{P}^{-1}\boldsymbol{C}_i(\boldsymbol{Q}^{\mathrm{t}})^{-1}[\boldsymbol{P}^{-1}\boldsymbol{C}_j(\boldsymbol{Q}^{\mathrm{t}})^{-1}]^{-1}\\&=\boldsymbol{P}^{-1}\boldsymbol{C}_i(\boldsymbol{Q}^{\mathrm{t}})^{-1}\boldsymbol{Q}^{\mathrm{t}}\boldsymbol{P}=\boldsymbol{P}^{-1}\boldsymbol{C}_i\boldsymbol{C}_j^{-1}\boldsymbol{P}\end{aligned} \tag{6-183}$$

这就是式（6-182a），同理，式（6-182b）亦可依此推出。得到 $\boldsymbol{D}_i^{-1}\boldsymbol{D}_j$ 或 $\boldsymbol{D}_i\boldsymbol{D}_j^{-1}$ 后，再利用进行正交分解时得到的 $\boldsymbol{P}$ 与 $\boldsymbol{Q}$ 根据式（6-181）即可求出荧光激发光谱 X 或荧光发射光谱 $\boldsymbol{Y}$ 来。

（3）求取共同列矢量空间 U 及共同行矢量空间 V^{t} 的多维尺度分析过程　在投影旋转因子分析法中，求得不同 $\boldsymbol{M}_f$ 的共同列矢量空间 $\boldsymbol{U}$ 及其共同行矢量空间 $\boldsymbol{V}^{\mathrm{t}}$ 的多维尺度分析的 TUCKALS2 方法实质上是一种交替式最小二乘法，此法主要由以下步骤所组成：

① 先求出共同列矢量空间 $\boldsymbol{U}$ 或共同行矢量空间 $\boldsymbol{V}^{\mathrm{t}}$ 的初始解，在此，不失一般性，先求出共同列矢量空间 $\boldsymbol{U}$ 的初始解，即对 $\sum\boldsymbol{M}_f\boldsymbol{M}_f^{\mathrm{t}}$ 进行主成分分解，以求得其 n 个最大特征值所对应的 n 个特征向量来组成初始 $\boldsymbol{U}^{(0)}$。

② 以下为一交替迭代过程，即利用所得的 $\boldsymbol{U}$ 来求 $\boldsymbol{V}$，然后，再利用所得的 $\boldsymbol{V}$ 来求新的 $\boldsymbol{U}$，如此循环，直至收敛。

即对于 $s=1$，2，…，

a. 令 $\boldsymbol{P}_U^{(s)}=\boldsymbol{U}^{(0)}(\boldsymbol{U}^{(0)\mathrm{t}}\boldsymbol{U}^{(0)})^{-1}\boldsymbol{U}^{(0)\mathrm{t}}$，对 $\sum\boldsymbol{M}_f^{\mathrm{t}}\boldsymbol{P}_U^{(s)}\boldsymbol{M}_f$ 进行主成分分解，以求得其 n 个最

大特征值所对应的 n 个特征向量来组成 $\boldsymbol{V}^{(s)}$；

b. 令 $\boldsymbol{P}_V^{(s)}=\boldsymbol{V}^{(s)}(\boldsymbol{V}^{(s)t}\boldsymbol{V}^{(s)})^{-1}\boldsymbol{V}^{(s)t}$，对 $\sum\boldsymbol{M}_f\boldsymbol{P}_V^{(s)}\boldsymbol{M}_f^t$ 进行主成分分解，以求得其 n 个最大特征值所对应的 n 个特征向量来组成 $\boldsymbol{U}^{(s)}$；

c. 如果所求得的 $\|\boldsymbol{U}^{(s+1)}-\boldsymbol{U}^{(s)}\|$ 小于某一给定值则停止迭代，否则转向 a 步。

在上述交替式迭代过程中收敛是很快的，因在每步的求解特征值和特征向量的过程中就相当于是对 trace [$(\sum\boldsymbol{M}_f^t\boldsymbol{P}_U^{(s)}\boldsymbol{M}_f)$ $\boldsymbol{P}_V^{(s)}$] 或者 trace[$(\sum\boldsymbol{M}_f\boldsymbol{P}_V^{(s)}\boldsymbol{M}_f^t)$ $\boldsymbol{P}_U^{(s)}$] 的不断极大化过程，而 trace $(\sum\boldsymbol{M}_f^t\boldsymbol{M}_f)$ 或 trace $(\sum\boldsymbol{M}_f\boldsymbol{M}_f^t)$ 就分别是这一极大化过程的收敛点。

由上述迭代过程求出共同列矢量空间 $\boldsymbol{U}$ 或共同行矢量空间 $\boldsymbol{V}^t$后，即可利用它们来进行分辨了。这样的一个过程，也是一个不断摈除噪声的过程，这一点我们在本章开头讨论主成分分析误差理论时就进行过详细的介绍，在此不再赘述。

（二）广义秩消失因子分析法

关于三线性分解的广义秩消失因子分析法是 Sanchez 和 Kowalski[242] 提出的。其基本思路仍与广义秩消失因子分析法大致相同，即利用广义特征值和特征向量的方法来求解三维分辨问题。在此，它将不局限于只像前一章所讨论的广义秩消失因子分析法仅用两个矩阵来进行求解，而将其拓广至多个矩阵进行直接分解。实际上，早在 20 世纪 70 年代，心理计量学的研究者就指出，对于三维数据，在无任何附加条件下因子分析法就可能求得唯一解[243,244]，得到唯一分解的必要条件是此数据应为一个三线性数据，即

$$\boldsymbol{G}=\sum\boldsymbol{x}_k\otimes\boldsymbol{y}_k\otimes\boldsymbol{z}_k$$

在三维数据的研究领域中，特别是在心理计量学的研究领域中，一般都把上式称为 PARAFAC-CANDECOMP 模型。PARAFAC-CANDECOMP 模型对上式求解是通过一个交替最小二乘过程来完成的，即 ALS 先在设已得到 $\{\boldsymbol{x}_k\}$ 和 $\{\boldsymbol{y}_k\}$ 的基础上去求 $\{\boldsymbol{z}_k\}$，然后在设已得到 $\{\boldsymbol{y}_k\}$ 和 $\{\boldsymbol{z}_k\}$ 的基础上去求 $\{\boldsymbol{x}_k\}$，再在设已得到 $\{\boldsymbol{z}_k\}$ 和 $\{\boldsymbol{x}_k\}$ 的基础上去求 $\{\boldsymbol{y}_k\}$，如此重复，直至收敛。在此 $\{\boldsymbol{x}_k\}$、$\{\boldsymbol{y}_k\}$ 和 $\{\boldsymbol{z}_k\}$ 都是表示一组向量，即 $\{\boldsymbol{x}_k\}$ 表示 $\{\boldsymbol{x}_1, \boldsymbol{x}_2, \cdots, \boldsymbol{x}_n\}$，其中 n 为体系的组分数。Deligny 等首先将上述迭代 ALS 三线性分解法用于估计色谱柱参数与色谱保留时间的关系[245]；Appellof 和 Davidson 将另一三线性分解法，或所谓的 Tucker-1 法用于分析化学的色谱/激发/发射之三维数据[246]；Wold 等也将 Tucker-1 法用于其他的化学数据，如化学模式识别等[247]。关于这些三维数据的处理方法在文献 [242] 中也有简要介绍，有兴趣的读者可直接阅读此文。下面将主要介绍 Sanchez 和 Kowalski 提出的三线性分解的广义秩消失因子分析法，介绍分成两部分。

1. 三维张量是由两个同样大小的矩阵 $\boldsymbol{M}_1$和 $\boldsymbol{M}_2$所组成时的三线性分解的广义秩消失因子分析法。

【基本思路】

最简单的三维张量是由两个同样大小的矩阵 $\boldsymbol{M}_1$ 和 $\boldsymbol{M}_2$ 所组成，不失一般性，设式 $\boldsymbol{G}=\sum\boldsymbol{x}_k\otimes\boldsymbol{y}_k\otimes\boldsymbol{z}_k$ 中的 $\{\boldsymbol{z}_k\}$ 张成张量的第三维，对于这最简单的情况，此三线性模型可表示为

$$\boldsymbol{M}_1=z_{k1}\boldsymbol{x}_k\otimes\boldsymbol{y}_k \tag{6-184a}$$

$$\boldsymbol{M}_2=z_{k2}\boldsymbol{x}_k\otimes\boldsymbol{y}_k \tag{6-184b}$$

在此，n 为体系的组分数。可以看出，$z_k=(z_{k1}, z_{k2})$。对于黑色分析体系，我们的目的就在

于求得 $\{x_k\}$ 和 $\{y_k\}$。求得 $\{x_k\}$ 和 $\{y_k\}$ 后，就相当于求得了各纯物种的标准激发与发射荧光光谱或是纯物种的标准色谱和光谱，它们的相对浓度即可从 $\{z_k\}$ 中得到。下面将详细讨论广义秩消失因子分析法是怎样来求得 $\{x_k\}$ 和 $\{y_k\}$ 的。

不失一般性，设 $\{y_k\}$ 是一组线性无关的矢量，则可以找到一个这样的矢量 y^r，使得

$$y_k^t y^r = \delta_{kr}$$

式中，δ_{kr} 为 Kronecker 符号，即当 $k=r$ 时，$\delta_{kr}=1$，而当 $k \neq r$ 时，$\delta_{kr}=0$。这样的 y^r 在张量代数中被称为 $\{y_k\}$ 这组基的第 r 个协变矢量。如果 $Y=[y_1, y_2, \cdots, y_n]$ 这样一个矩阵，那么，$Y^r=[y^1, y^2, \cdots, y^n]^t$，即是一个由 n 个协变矢量 $\{y^r\}$ 为其行所构成的矩阵，则此时 Y^r 可看成是 Y 矩阵的一个广义逆，因，$Y^rY=I$，I 为一单位矩阵。如果将协变矢量 y^r 右乘式（6-184）的两边，立即可得

$$M_1 y^r = z_{r1} x_r$$

$$M_2 y^r = z_{r2} x_r$$

将上述两式合并，有

$$M_1 y^r z_{r2} = M_2 y^r z_{r1} \tag{6-185}$$

式（6-185）实际上是一个广义特征值-特征向量问题，对于这样的问题，因涉及同时将对角化问题，目前有效的算法是 QZ 算法，然而，从现有的计算数学发展的情况看，只有当 M_1 和 M_2 都是方阵 QZ 算法方能求解，所以，广义秩消失因子分析法的重要步骤首先就是将 M_1 和 M_2 都预先转换成为方阵。

将 M_1 和 M_2 都转换成为方阵而又不丢失信息的方法一般可以采用同时主成分分解来实现。实际上，使用我们讨论过的多维尺度分析的 TUCKALS2 方法也是可以实现将 M_1 和 M_2 都转换成为方阵而又不丢失信息，但为保持介绍广义秩消失因子分析法的原始性，这里将 Sanchez 和 Kowalski 提出的算法给出详细介绍。

【基本算法】

此算法将由下述两步过程构成。

(1) 降维过程　此降维过程是通过求得该两矩阵的共同列向量或行向量空间的基向量继用投影而完成的。下面将分别给予简要介绍。

① 求取共同列向量和行向量空间的基向量过程　因为 $M_i = \sum z_{ki} x_k \otimes y_k = \sum z_{ki} x_k y_k^t$，在此 $i=1, 2$，即只有两个同样大小的矩阵，所以，如果想要求得与 $\{x_k\}$ 张成同一空间的一组正交基 $\{u_k\}$，可将 M_1 和 M_2 列进行扩展，即令

$$M = [M_1 \mid M_2]$$

也就是说，如果 M_1 和 M_2 分别都是一个 $(L \times M)$ 的阶的矩阵的话，那么，M 矩阵就是一个 $(L \times 2M)$ 阶的矩阵，这种方法在线性代数中称为展开方法。此时如果对 M 进行奇异值分解的话，就可以取其得分矢量以得到与 $\{x_k\}$ 张成同一空间的一组正交基 $\{u_k\}$，即

$$M = USV^t$$

此时 $\{\boldsymbol{u}_k\}$ 将与 $\{\boldsymbol{x}_k\}$ 张成同一空间。同理我们也可将 $\boldsymbol{M}_1$ 和 $\boldsymbol{M}_2$ 从另一个方向进行展开，即令

$$\boldsymbol{M}=\begin{bmatrix}\boldsymbol{M}_1\\ \vdots\\ \boldsymbol{M}_2\end{bmatrix}$$

也就是说，如果 $\boldsymbol{M}_1$ 和 $\boldsymbol{M}_2$ 是分别都是一个（$L\times M$）的阶的矩阵的话，那么，$\boldsymbol{M}$ 矩阵就是一个（$2L\times M$）阶的矩阵。这样，我们就可对 $\boldsymbol{M}$ 进行奇异值分解后取其载荷矢量以得到与 $\{\boldsymbol{y}_k\}$ 张成同 空间的 组正交基 $\{\boldsymbol{v}_k\}$。

② 投影降维过程 采用如此得到的正交基 $\{\boldsymbol{u}_k\}$ 和 $\{\boldsymbol{v}_k\}$ 所构成的矩阵 $\boldsymbol{U}$ 和 $\boldsymbol{V}$ 来对 $\boldsymbol{M}_1$ 和 $\boldsymbol{M}_2$ 进行投影运算，即可得到相应的不丢失任何信息的方阵，具体可依下式进行

$$\boldsymbol{M}_{1p}=\boldsymbol{U}^{\mathrm{t}}\boldsymbol{M}_1\boldsymbol{V} \tag{6-186a}$$

及

$$\boldsymbol{M}_{2p}=\boldsymbol{U}^{\mathrm{t}}\boldsymbol{M}_2\boldsymbol{V} \tag{6-186b}$$

在此，$\boldsymbol{M}_{1p}$ 和 $\boldsymbol{M}_{2p}$ 分别为 $\boldsymbol{M}_1$ 和 $\boldsymbol{M}_2$ 在正交基 $\{\boldsymbol{u}_k\}$ 和 $\{\boldsymbol{v}_k\}$ 所构成的矩阵 $\boldsymbol{U}$ 和 $\boldsymbol{V}$ 的投影之下所得到的两个方阵，这是因为 $\boldsymbol{U}$ 矩阵是一个（$L\times n_a$）阶矩阵，而 $\boldsymbol{V}$ 矩阵则是一个（$M\times n_a$）阶矩阵，n_a 在此表示我们在用正交基 $\{\boldsymbol{u}_k\}$ 和 $\{\boldsymbol{v}_k\}$ 构成矩阵 $\boldsymbol{U}$ 和 $\boldsymbol{V}$ 时所取的主成分的个数，所以，$\boldsymbol{M}_{1p}$ 和 $\boldsymbol{M}_{2p}$ 分别为两个（$n_a\times n_a$）阶方阵。值得指出的是，为不丢失原始矩阵 $\boldsymbol{M}_1$ 和 $\boldsymbol{M}_2$ 的信息，一般可将 n_a 取大点，即大于分析体系的实际组分数，以保证在以后的广义特征值-特征向量问题求解的 QZ 算法可顺利进行。另外，细心的读者可能会提出，既然上述所得的正交基 $\{\boldsymbol{u}_k\}$ 和 $\{\boldsymbol{v}_k\}$ 分别与 $\{\boldsymbol{x}_k\}$ 和 $\{\boldsymbol{y}_k\}$ 构成同一线性子空间，那么，$\boldsymbol{M}_{1p}$ 和 $\boldsymbol{M}_{2p}$ 会不会就成为对角矩阵？由对 $\boldsymbol{M}_1$ 和 $\boldsymbol{M}_2$ 分别直接进行奇异值分解方法所得的正交基也是与 $\{\boldsymbol{x}_k\}$ 和 $\{\boldsymbol{y}_k\}$ 构成同一线性子空间，而那样所得的正交基是可以用式（6-186）分别将 $\boldsymbol{M}_1$ 和 $\boldsymbol{M}_2$ 对角化的，不同在什么地方，留给读者自己去仔细思考。

（2）QZ 分辨过程 将 $\boldsymbol{M}_{1p}$ 和 $\boldsymbol{M}_{2p}$ 分别代替式 $\boldsymbol{M}_1\boldsymbol{y}^r z_{r2}=\boldsymbol{M}_2\boldsymbol{y}^r z_{r1}$ 中的 $\boldsymbol{M}_1$ 和 $\boldsymbol{M}_2$，然后进行 QZ 算法计算，即可得 $\boldsymbol{y}^r$ 和 z_{r1}/z_{r2}，为求得纯物种的标准化的激发光谱 $\{\boldsymbol{x}_k\}$，可参考式 $\boldsymbol{M}_1\boldsymbol{y}^r=z_{r1}\boldsymbol{x}_r$；$\boldsymbol{M}_2\boldsymbol{y}^r=z_{r2}\boldsymbol{x}_r$，亦即

$$\boldsymbol{x}_r=\boldsymbol{M}_1\boldsymbol{y}^r/\|\boldsymbol{M}_1\boldsymbol{y}^r\|$$

同理，如果我们对 $\boldsymbol{M}_1^{\mathrm{t}}$ 和 $\boldsymbol{M}_2^{\mathrm{t}}$ 进行上述过程，即可求出纯物种的标准化的激发光谱 $\{\boldsymbol{y}_k\}$ 来，这是因为像式(6-185)一样，可得下式

$$\boldsymbol{x}^r z_{r2}=\boldsymbol{x}^r z_{r1} \tag{6-187}$$

【讨论】

以上已将三线性分解的广义秩消失因子分析法对最简单的张量分辨的情况作出了介绍。它虽与我们在灰色分析体系中讨论的广义秩消失因子分析法有相似的地方，但已知条件和求解的目标是不同的。对于灰色分析体系中讨论的广义秩消失因子分析法，它的重点在于定量，即在于求 $z_k(k=1,2,\cdots,n)$，然而，在本节所讨论三线性分解的广义秩消失因子分析法，因对 $\{\boldsymbol{x}_k\}$ 和 $\{\boldsymbol{y}_k\}$ 一无所知，其重点首先就在于定性，即在于求纯物种的标准激发光谱 $\{\boldsymbol{x}_k\}$ 和标准发射光谱 $\{\boldsymbol{y}_k\}$，从这个意义来说，它们又是不同的，当然，解题的思

路也不同了。

另外，在此还值得强调指出的是，虽然三线性分解的广义秩消失因子分析法并没有什么特殊假设，但是，该法仍存在一些约束条件，这对于正确使用该法将十分重要，所以在这里有必要给出介绍。

① 对于由式（6-185）和式（6-187）所给出的无约束广义特征值-特征向量的问题，有可能出现成对的复数特征值，而这在本文所论及的校正和分辨的领域中是没有意义的，需要作出相应变换，转成实数解。Li 和 Gemperline 对此进行了详细研究，有兴趣的读者可参阅文献［248］。

② 从式（6-185）和式（6-187）所给出的广义特征值-特征向量的问题可以看出，凡属于 $\boldsymbol{M}_1$ 和 $\boldsymbol{M}_2$ 的零空间的任何向量 $\boldsymbol{e}$ 都能以任意特征值满足上述两式，因此时有 $\boldsymbol{M}_2\boldsymbol{e}=\boldsymbol{0}$。如果得到了这样的解，必须除去才行。可以采用下式来检验所得的解是否属于 $\boldsymbol{M}_1$ 和 $\boldsymbol{M}_2$ 的零空间矢量，如果

$$\boldsymbol{M}_2\boldsymbol{y}^r \approx \boldsymbol{0}$$

则说明所得的解为 $\boldsymbol{M}_1$ 和 $\boldsymbol{M}_2$ 的零空间的向量，必须除去。同时，也可以采用前述的主成分投影方法来避免所得的解落入 $\boldsymbol{M}_1$ 和 $\boldsymbol{M}_2$ 的零空间和降低噪声影响。

③ 三线性分解的广义秩消失因子分析法虽对于数据无特殊要求，但为求得有真实物理意义的解，它仍要求 $\boldsymbol{M}_1$ 和 $\boldsymbol{M}_2$ 都是双线性矩阵以及矢量集 $\{\boldsymbol{x}_k\}$ 和 $\{\boldsymbol{y}_k\}$ 为线性无关矢量。

④ 对于三线性数据的浓度矢量 $\boldsymbol{z}_k(k=1, 2, \cdots, n)$，广义秩消失因子分析法要求它们不能对应成比例，即它们不能是指向同一方向的矢量，亦即必须有 $\boldsymbol{z}_k^t\boldsymbol{z}_s \leqslant |\boldsymbol{z}_k\|\boldsymbol{z}_s|$。如果这一条件不能满足，它将导致所得结果不可靠。

2. 三维张量是由 D 个同样大小的矩阵 $\boldsymbol{M}_k$ 所组成时的三线性分解的广义秩消失因子分析法

【基本思路】

此时，将有 D 个双线性矩阵，即

$$\boldsymbol{M}_1 = z_{k1}\boldsymbol{x}_k \otimes \boldsymbol{y}_k \tag{6-188a}$$

$$\boldsymbol{M}_2 = z_{k2}\boldsymbol{x}_k \otimes \boldsymbol{y}_k \tag{6-188b}$$

$$\vdots \qquad\qquad \vdots$$

$$\boldsymbol{M}_D = z_{kD}\boldsymbol{x}_k \otimes \boldsymbol{y}_k \tag{6-188c}$$

式中，$\boldsymbol{z}_k=(z_{k1}, z_{k2}, \cdots, z_{kD})$，$(k=1, 2, \cdots, n)$。这样，我们可以得到 $D(D-1)/2$ 个广义特征值-特征向量的求解问题，即

$$\boldsymbol{M}_1\boldsymbol{y}^r z_{r2} = \boldsymbol{M}_2\boldsymbol{y}^r z_{r1}$$

$$\boldsymbol{M}_1\boldsymbol{y}^r z_{r3} = \boldsymbol{M}_3\boldsymbol{y}^r z_{r1}, \quad \boldsymbol{M}_2\boldsymbol{y}^r z_{r3} = \boldsymbol{M}_3\boldsymbol{y}^r z_{r2}$$

$$\vdots \qquad \vdots \qquad \vdots \qquad \vdots$$

$$\boldsymbol{M}_1\boldsymbol{y}^r z_{r2} = \boldsymbol{M}_D\boldsymbol{y}^r z_{r1}, \quad \boldsymbol{M}_2\boldsymbol{y}^r z_{rD} = \boldsymbol{M}_D\boldsymbol{y}^r z_{r2}, \quad \cdots, \quad \boldsymbol{M}_{D-1}\boldsymbol{y}^r z_{r2} = \boldsymbol{M}_D\boldsymbol{y}^r z_{rD-1}$$

对于由上述式子所表出的广义特征值-特征向量的求解问题，由于量测噪声的存在，很难找到一个像前述只含两个矩阵的那种简单情况的单个 $\boldsymbol{y}^r$ 来直接求解 $D(D-1)/2$ 个广义特征

值-特征向量问题的，而且，对于这样多个广义特征值-特征向量的求解问题，还不能保证其中任意两个矩阵都存在共同的矢量集 $\{\boldsymbol{x}_k\}$ 和 $\{\boldsymbol{y}_k\}$。因此，对于由上述式子表出的广义特征值-特征向量的求解问题需另辟新径。

反前述只单纯从两个矩阵来考虑广义特征值-特征向量问题求解的思路，我们可以找两个可代表所有 D 个矩阵的新矩阵，即它们的线性组合来解决这一问题。令

$$\boldsymbol{S}_p=\sum_{k=1}^{D}w_{pk}\boldsymbol{M}_k \tag{6-189a}$$

式中，$p=1$，2，所以，$\boldsymbol{S}_p$ 为两个与原来 D 个 $\boldsymbol{M}_k$（$k=1$，2，…，D）矩阵相同大小，但是它们所有矩阵的线性组合而成的矩阵，w_{pk}（$p=1$，2；$k=1$，2，…，D）为其线性组合系数，它们的正确选定将成为多个广义特征值-特征向量求解问题的广义秩消失因子分析法的关键，因将式（6-189a）展开可得

$$\begin{aligned}\boldsymbol{S}_p&=\sum_{k=1}^{D}w_{pk}\boldsymbol{M}_k=\sum_{k=1}^{D}w_{pk}\sum_{r=1}^{n}z_{rk}\boldsymbol{x}_r\otimes\boldsymbol{y}_r\\&=\boldsymbol{x}_r\otimes\boldsymbol{y}_r\sum_{k=1}^{D}w_{pk}z_{rk}\end{aligned}$$

令 $a_{pr}=\sum w_{pk}z_{rk}=\boldsymbol{w}_p{}^{\mathrm{t}}\boldsymbol{z}_r$，则有

$$\boldsymbol{S}_p=\sum_{r=1}^{n}\boldsymbol{x}_r\otimes\boldsymbol{y}_r\sum_{k=1}^{D}w_{pk}z_{rk}=a_{pr}\left(\sum_{r=1}^{n}\boldsymbol{x}_r\otimes\boldsymbol{y}_r\right) \tag{6-189b}$$

从上式可以看出，a_{pr}（$p=1$，2；$r=1$，2，…，n）最好都不为零方可使 $\boldsymbol{S}_p$ 能成为所有 $\sum\boldsymbol{x}_r\otimes\boldsymbol{y}_r$ 的线性组合。Sanchez 和 Kowalski 提出的三线性分解的广义秩消失因子分析法是通过下述方法来求得 w_{pk}（$p=1$，2；$k=1$，2，…，D）的。

从图 6-105 可以看出，任意一个三线性张量可以从三个方向进行展开，下面将用展开的方法来求 w_{pk}($p=1$，2；$k=1$，2，…，D)。先将由 D 个相同大小矩阵 $\boldsymbol{M}_k$($k=1$，2，…，D)按 y 方向进行展开，这样可得一个($D\times ML$)阶的矩阵，将其记为 $\boldsymbol{M}_D$，对其进行主成分分析后取其两个对应于最大特征值的得分矢量来作为 $\boldsymbol{w}_p$($p=1$，2)，这样取得的 $\boldsymbol{w}_p$($p=1$，2)可满足 $\boldsymbol{z}_k\neq0$ 的条件，以保证可将由 n 个相同大小矩阵 $\boldsymbol{x}_r\otimes\boldsymbol{y}_r$($r=1$，2，…，$n$)的信息都包括在 $\boldsymbol{S}_p$ 中。当然，求 $\boldsymbol{w}_p$($p=1$，2)不局限于这一种方法，别的方法也是可行的。只要能将 n 个相同大小矩阵 $\boldsymbol{x}_r\otimes\boldsymbol{y}_r$($r=1$，2，…，$n$)的信息都包括在 $\boldsymbol{S}_p$ 中即可。

【基本算法】

由 D 个同样大小的矩阵 $\boldsymbol{M}_k$ 所组成张量的三线性分解广义秩消失因子分析法的具体算法由如下步骤构成：

（1）用Tucker-3 模型将一个阶数为（$L\times M\times D$）的三维张量 $\mathbf{M}=\sum\boldsymbol{x}_k\otimes\boldsymbol{y}_k\otimes\boldsymbol{z}_k$ 转化成为两个（$n\times n$）阶的矩阵 $\boldsymbol{M}_1$ 和 $\boldsymbol{M}_2$。在此，L 为激发光谱的波长数；M 为发射光谱的波长数；D 为不同样本的量测所得的二维光谱矩阵的个数；n 为体系化学组分数（实际上它是未知的）。

① 将三维张量 $\mathbf{M}$ 按 z 方向展开（参见图 6-106），得到一个（$L\times MD$）阶矩阵后，对其进行主成分分解，继而取其中 n 个得分矢量构成一个与矢量集 $\{\boldsymbol{x}_k\}$ 张成同一线性子空

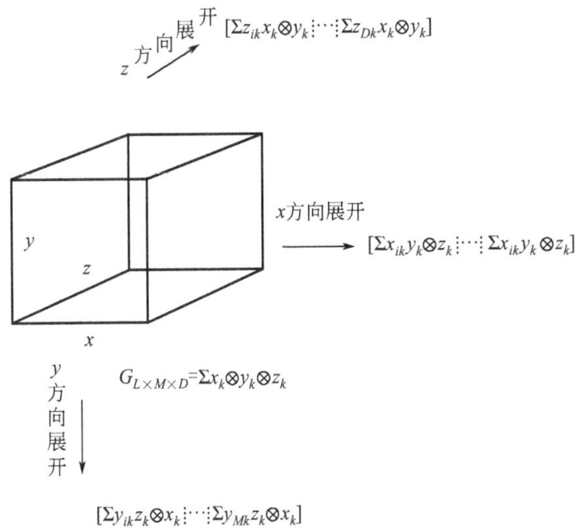

图 6-105 三线性张量的三个方向展开示意图

间的矩阵 $\boldsymbol{U}$：

$$[\boldsymbol{M}_1 \mid \cdots \mid \boldsymbol{M}_D]=\boldsymbol{U}_1\boldsymbol{S}_1\boldsymbol{V}_1{}^{\mathrm{t}}，\text{并令}\quad \boldsymbol{U}=\boldsymbol{U}_1(L\times n)$$

在此 $\boldsymbol{U}$ 为一（$L\times n$）阶矩阵，它收集了前 n 个得分矢量。

② 将三维张量 **M** 按 x 方向展开（参见图 6-106），得到一个（$M\times LD$）阶矩阵后，对其进行主成分分解，继而取其中 n 个得分矢量构成一个与矢量集 $\{\boldsymbol{y}_k\}$ 张成同一线性子空间的矩阵 **V**：

$$[\boldsymbol{M}_1^{\mathrm{t}} \mid \cdots \mid \boldsymbol{M}_D^{\mathrm{t}}]=\boldsymbol{U}_2\boldsymbol{S}_2\boldsymbol{V}_2^{\mathrm{t}}\quad \text{并令}\quad \boldsymbol{V}=U_2(L\times n)$$

在此 **V** 为一（$M\times n$）阶矩阵，它收集了前 n 个得分矢量。

③ 将三维张量 **M** 按 y 方向展开（参见图 6-106），得到一个（$D\times ML$）阶矩阵后，对其进行主成分分解，继而取其中两个得分矢量构成一个与矢量集 $\{\boldsymbol{z}_k\}$ 张成同一线性子空间的矩阵 $\boldsymbol{W}$：

$$[\sum \boldsymbol{y}_{1k}\boldsymbol{z}_k \otimes \boldsymbol{x}_k \mid \cdots \mid \sum \boldsymbol{y}_{1k}\boldsymbol{z}_k \otimes \boldsymbol{x}_k]=\boldsymbol{U}_3\boldsymbol{S}_3\boldsymbol{V}_3{}^{\mathrm{t}}\quad \text{并令}\quad \boldsymbol{W}=\boldsymbol{U}_3(D\times 2)$$

在此，$\boldsymbol{W}$ 为一（$D\times 2$）阶矩阵，它收集了前两个得分矢量。

④ 将三维张量 **M** 投影于 {$\boldsymbol{U}$，**V**，$\boldsymbol{W}$} 为基的特征空间之上，以得到两个（$n\times n$）阶的矩阵 $\boldsymbol{M}_1$ 和 $\boldsymbol{M}_2$，

$$\boldsymbol{M}_1=\sum_{k=1}^{D} w_{pk}(\boldsymbol{U}^{\mathrm{t}}\boldsymbol{M}_k\boldsymbol{V})，\boldsymbol{M}_2=\sum_{k=1}^{D} w_{pk}(\boldsymbol{U}^{\mathrm{t}}\boldsymbol{M}_k\boldsymbol{V})$$

(2) 对两个（$n\times n$）阶的矩阵 $\boldsymbol{M}_1$ 和 $\boldsymbol{M}_2$ 来进行广义特征值——特征向量问题求解

① 使用 QZ 算法以得到满足下式的特征向量 $\boldsymbol{x}^r$，

$$\boldsymbol{M}_1\boldsymbol{x}^r\lambda_{2r}=\boldsymbol{M}_2\boldsymbol{x}^r\lambda_{1r}$$

② 将所得的 n 个特征向量 $\boldsymbol{x}^r$（$r=1,2,\cdots,n$）收集以构成一个矩阵，继而求得它的逆，记为 $\widetilde{\boldsymbol{X}}$。

③ 使用 QZ 算法以得到满足下式的特征向量 $\boldsymbol{y}^r$，

$$\boldsymbol{M}_1^{\mathrm{t}}\boldsymbol{y}^r\lambda_{2r}=\boldsymbol{M}_2^{\mathrm{t}}\boldsymbol{y}^r\lambda_{1r}$$

④ 将所得的 n 个特征向量 $\boldsymbol{y}^r$（$r=1,2,\cdots,n$）收集以构成一个矩阵，继而求得它的逆，记为 $\widetilde{\boldsymbol{Y}}$。

（3）求纯物种的激发光谱 $\{\boldsymbol{x}_r\}$ 和发射光谱 $\{\boldsymbol{y}_r\}$ 及其相对浓度 $\{z_r\}$

① $\boldsymbol{X}=\boldsymbol{U}\widetilde{\boldsymbol{X}}$ 在此 $\boldsymbol{X}$ 矩阵收集了 n 个矢量 $\{\boldsymbol{x}_r\}$；

② $\boldsymbol{Y}=\boldsymbol{V}\widetilde{\boldsymbol{Y}}$ 在此 $\boldsymbol{Y}$ 矩阵收集了 n 个矢量 $\{\boldsymbol{y}_r\}$；

③ 用求得的激发光谱 $\{\boldsymbol{x}_r\}$ 和发射光谱 $\{\boldsymbol{y}_r\}$ 来求相对浓度 $\{z_r\}$，即对 D 个二维量测谱 $\boldsymbol{M}_k$（$k=1,2,\cdots,D$）进行回归运算：

$$\boldsymbol{M}_k=z_{k1}\boldsymbol{x}_1\otimes\boldsymbol{y}_1+\cdots+z_{kn}\boldsymbol{x}_n\otimes\boldsymbol{y}_n \qquad (k=1,2,\cdots,D)$$

以求得 $\{\boldsymbol{z}_r\}$。

【讨论】

Sanchez 和 Kowalski 用广义秩消失因子分析法对一个模拟的三组分荧光二维光谱体系进行了计算，他们模拟的三个样本分别含不同浓度的蒽、䓛和荧蒽，它们的相对含量分别为：样本 A 为（1，1，2）；样本 B 为（2，1，2）；样本 C 为（1，1，1）。三个样本的二维荧光光谱图分别示于图 6-106。在每个二维荧光光谱中均加入了 1% 的正态分布的量测误差。

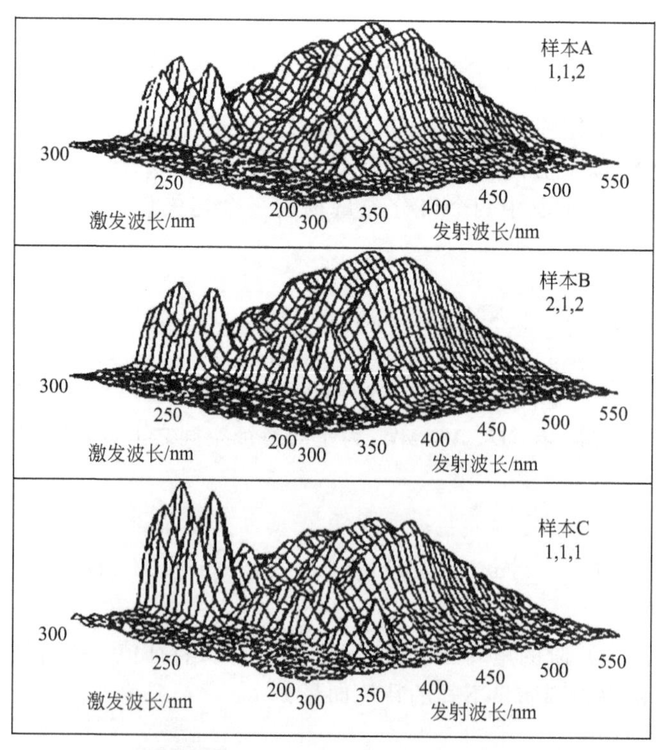

图 6-106 三个模拟体系的二维光谱图

图 6-107 示出了从三线性直接分辨的广义秩消失因子分析法，即采用全部样本的二维荧光光谱之线性组合的计算方法的所得结果，从图可以看出，所得结果是相当令人满意的。图 6-108 示出了只用样本 A 和 B 来计算的广义秩消失因子分析法的计算结果，因为两个样本的相对浓度比 A/B 为（0.5，1，1），即和荧蒽的相对浓度比例是相同的，所以，此时的广义秩消失因子分析法的计算结果对于这两种物种是不令人满意的。

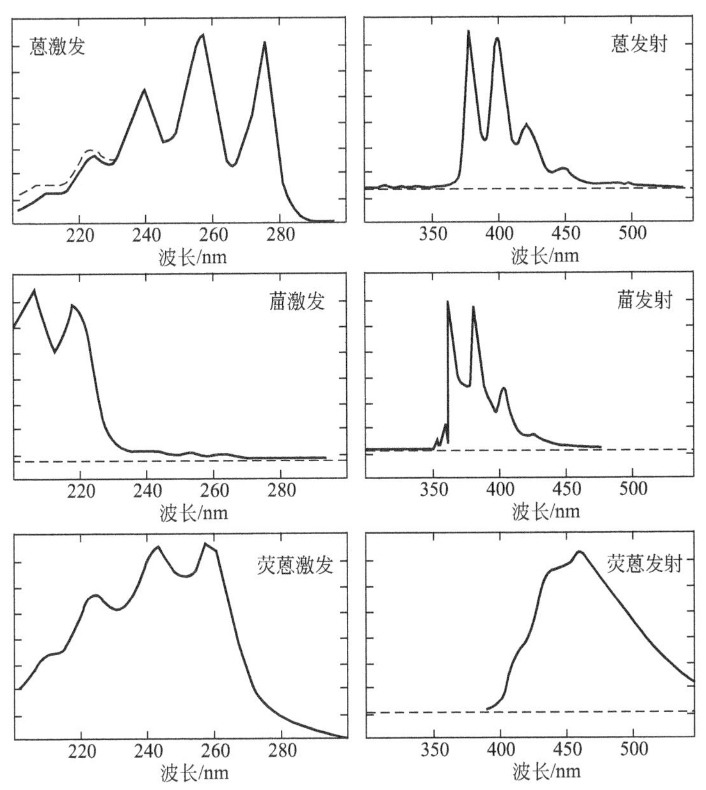

图 6-107 采用全部样本的二维荧光光谱之线性组合的广义秩消失因子分析法的计算所得结果

此外，在广义秩消失因子分析法的计算中，对于组分数的估计也是一个十分重要的步骤，从 Sanchez 和 Kowalski 的经验，对组分数的估计过多对结果影响不大，多估计的组分所对应的是噪声谱，很容易甄别，但是，如果对组分数估计不够，即小于体系实际组分数时，对结果影响很大，而致使所得结果不可靠。

在此还值得提出的是，近年来，有关三线性分解的算法有了较快的发展，这在 Malinowski 新版的《化学中的因子分析》（2002 版）给出了较为详细的介绍，该书新增的讲述三线性分解方法的章节中，介绍了多种新方法，包括了平行因子分析（PARAllel FACtor analysis，PARAFAC）[249]、交替三线性分解方法（alternating trilinear decomposition ATLD）[250]、交替同时对角化方法（alternating slicewise diagonalization）[251]、伪交替最小二乘方法（pseudo alternating least squares）[252]、自加权交替三线性分解（self weighting alternating trilinear decomposition，SWATLD）[253]等。Malinowski 指出，传统方法对于三线性模型化学秩估计过于敏感。如三线性模型化学秩估计不当，传统方法将陷入计算滞缓区，产生无化学意义的解，而交替同时对角化方法却具有化学秩估计的稳定性，它不仅克服了传统方法所涉及的两因子退化问题，且收敛大大加速。伪交替最小二乘方法是交替三线性分解的进一步改进，它免除了交替三线性分解对三个方向对称性的要求。自加权交替三线性分解（SWATLD）则不要求预知体系中组分数。此法具有收敛快、对计算用的组分数不敏感等优点，是一个很好的三线性方法。

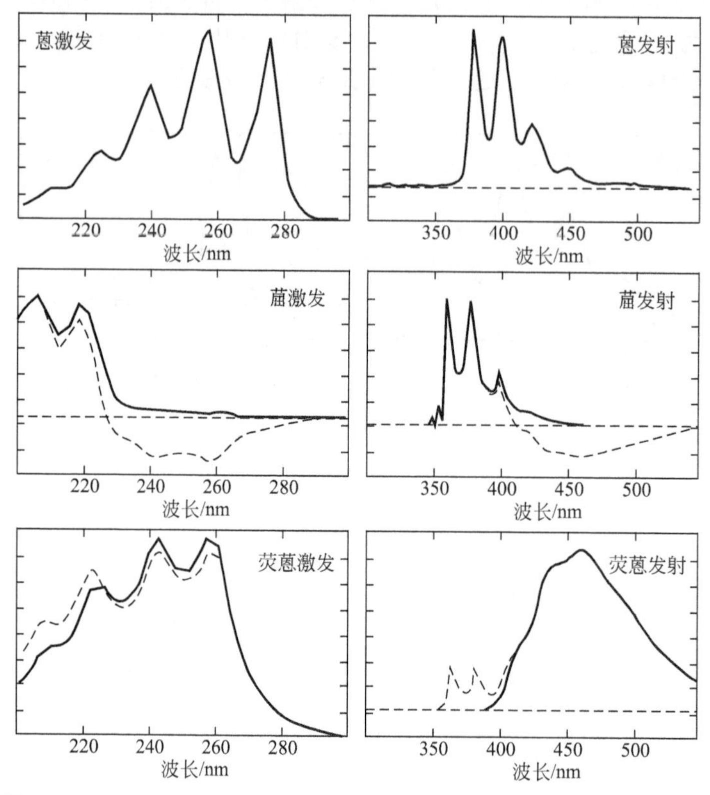

图 6-108 只采用样本 A 和 B 的二维荧光光谱来计算的广义秩消失因子分析法的结果

第六节　广义灰色分析体系的多元校正模型

一、近红外光谱与广义灰色分析体系

早在 1800 年左右，近红外光谱就被发现，但因其定性功能特异性不强，起初被认为是没有用的光谱[254]，直到 20 世纪 60 年代中期，近红外光谱，作为一种分析技术，才被应用到实际分析之中。近红外光谱所在的波长范围为 780～2526nm（波数为 12820～3959cm^{-1}）[254～256]，其主要是由于分子的振动以及分子中的一些基本的—XH 键的振动产生，其中 X 可以是碳原子 C、氮原子 N、氧原子 O 或硫原子 S，而且主要是倍频与组合频，与中红外光谱相比较，由于其特异性不强，故定性能力有限。

在 20 世纪 50 年代，对于农产品中水分、蛋白质和油分含量的快速定量测定的要求日益增大，当时在美国农业部工作的 Kari Norris 负责解决小麦中部分成分测定的问题。他选择了近红外光谱（NIR）技术。1968 年，BenGera 和 Norris 发表了使用多元线性回归（MLR）解决农产品分析中的校准问题的报道。到 20 世纪 70 年代，美国成立了多个 NIR 光谱分析的实验部门。特别是近 20 年来，由于近红外仪器的改进、光纤技术的发展、计算机性能的提升和新的化学计量学数据处理方法的开发，使得近红外光谱仪器不仅广泛地应用于制药工业[256]中，而且广泛地应用于其他工业，如食品工业[257]、农业[258]、高分子、纺织业、化学[259]、石油[260]中。近年来，近红外光谱分析技术一直是 PITTCON 会议的热点。其应用领域已包括食品、农业、石化、纺织、制药、生物医学、生命科学等，已成为分析化学中一个不能忽视的发展领域。

特别指出的是，由于红外光谱仪器具有快速和非损坏性检测、操作成本低、无需复杂的样本预处理等特点，特别是它与化学计量学方法相结合，非常适合制药工业的过程分析技术(process analytical technology，PAT)[261~266]。而且，PAT 使近红外光谱仪器在制药工业的生产过程中的每个阶段都发挥了越来越重要的作用。原材料或一些中间体中的一些性质，如微粒大小、密度和形态对现代制药工业的生产过程中最后的产品质量有着极其重要的影响，因此，需要对原材料的这些性质也进行定量或定性检测，近红外光谱仪器结合化学计量学在此起到了至关重要的作用[261,267~271]。同时，使用近红外光谱仪器还可对原材料或药品中间体的其他性质，如水分[272,273]、微粒尺寸[274,275]、表面积[276]、形态分布和非结晶[277,278]等进行检测和过程控制。由于使用了近红外光谱对制药工业生产过程中的重要的物理的或化学的参数进行定量分析，从而优化了工艺参数，提高了产品质量[279~283]。Kamat 使用近红外光谱仪器对一系列药品产品中的残留水分进行检测，从而对药品的稳定性进行了研究[284]。Arnold 等使用近红外光谱数据对制药工业中的生产泰乐菌素抗生素的发酵过程进行实时在线控制[285]。Cho 等的研究显示，近红外光谱具有潜在的对药剂中药物活性成分的均匀性进行分析的能力[286]。在制药生产过程中，近红外光谱仪器还可应用于对后续的药片或胶囊的生产或最终药品的在线监测[287,288]。药品的干燥是制药工业中生产药品的一个重要步骤，Sukowski 和 Ulmschneider 通过使用近红外光谱仪器对最终产品中的水分测定，实现了干燥过程的精确在线控制[289]。Févotte 通过近红外光谱仪器对制药工业中的结晶化生产过程进行过程控制[290]。药品的包裹厚度直接影响药品中药物活性成分的释放效果，通过近红外光谱仪器使用光纤探头，可对药片的包裹过程进行在线控制[291]。制药工业生产过程中的最后一步是包装，可以利用近红外光谱仪器对最后的包装过程进行控制，以确保 100%的包装成功率[292]。因此，在 2002 年，美国食品和药品管理局（FDA）提出了一种新的过程控制方法，其主要内容是“用一个可以设计、分析和控制生产过程的系统，通过对最终产品质量有重要影响的原材料，生产过程中的物料和生产过程进行实时检测和控制，从而确保最终产品的质量”[293]。美国食品和药品管理局鼓励在制药工业的生产过程中设计和开发实时的连续的控制方法（包含对生产过程中的重要中间步骤和关键点进行在线多维检测），通过增加对生产过程的理解，从而确保在生产过程的最后获得预期的产品质量。需注意的是，PAT 不仅适用于制药工业，同时也适用于石化和食品工业等[294,295]。

尽管由于红外光谱仪器自身的特点，其广泛应用于工业生产过程中的过程或质量控制，但是近红外光谱仪器同样也有一些缺陷，如响应强度低即吸收系数低，其光谱中的不同组分的吸收峰较宽并且可能重叠，获得大量高度线性相关光谱信号，从而使得获得的红外光谱数据难以解释，很难对光谱中的不同物质的光谱峰信号进行直接区分等。因此，急需开发新的、稳健的数学或多元校正模型（新型化学计量学方法）来获得制药工业生产过程或其他工业生产过程中的真实信息。与其他工业生产过程一样，在制药工业的生产过程中应用近红外光谱仪器进行过程控制的成功与否取决于稳健、精确和可靠的数据或信号处理程序。因此，化学计量学方法在 PAT 中发挥了十分重要的作用。

二、广义灰色分析体系的模型校验方法

在讨论广义灰色分析体系的模型校验方法之前，先来看一个有关广义灰色分析体系建模的有趣实例。2004 年，在巴黎举行了一次国际化学计量学会议，会议期间，组委会在其网

站（http：//lib. stat. cmu. edu/datasets/tecator）上公开了一套近红外光谱数据，数据包含一个校正集和两个不知结果的检验集（在分析化学中俗称“盲样”）。会议期间，代表被邀请采用各自的方法来进行建模，并对两个独立且未知的检验集进行预报。组委会最后收到 9 份答案（参见表 6-26），其中第 10 号为组委会的预测结果，故以星号表出以示区别。

表 6-26　评判组根据 RMSEP 结果对参与者的排名

参与者编号	评判组最终排名	RMSEP(检验集 1)	检验集 1 的排名	RMSEP(检验集 2)	检验集 2 的排名
1	5	4.06	3	2.44	7
2	9	35.55	9	8.44	9
3	3	3.39	2	1.48	4
4	8	9.50	7	2.13	6
5	4	6.19	6	1.37	3
6	1	5.16	4	0.72	1
7	7	5.4	5	1.29	2
8	6	10.00	8	2.67	8
9	1	3.26	1	1.81	5
10*	—	1.24	—	0.75	—

从表中所示结果可以看出，所得预测结果大相径庭，令人吃惊。预测误差的均方根（root of mean square of errors of prediction，RMSEP）随方法不同而差别巨大，最大的可达 35.55，而最小的却只有 1.24。这些结果说明，对广义灰色分析体系的校正建模的结果并非显而易见，其中还有很多为未知部分，不可等闲视之。

值得提出的是，参与者用了许多方法，包括线性的回归方法和非线性方法、全局的方法和局部的方法等，依照组织者的观点，首先，近红外光谱的预处理方法十分重要，但参与竞赛者用得不多，另外，他们还认为，立足于局部校正和非线性校正的方法似明显好于全局线性方法，除非之前已对样本进行了分类处理等。当然，组织者的这些观点并不一定就绝对正确，但这个问题的提出是值得引起我们深思的。在笔者看来，如何有效地选择较好模型以及如何对模型进行有效评价至今还应是一个未得到很好解决的问题。

（一）模型过拟合与潜变量回归模型

在讨论模型过拟合与潜变量回归模型之前，似有必要讨论一下我们所面临的广义灰色校正模型的基本特点。我们用近红外或拉曼光谱对校正集样本进行快速的光谱测量得矩阵 $\boldsymbol{X}$，在所测光谱与标杆分析方法所得分析结果 $\boldsymbol{y}$ 之间建立一个数学模型，即

$$\boldsymbol{y}=f(\boldsymbol{X}) \tag{6-191}$$

由于我们对 $f(.)$ 这一函数关系知之较少，它是线性还是非线性不清楚，并没有类似朗伯-比耳定律作为其分析校正基础，而且，波谱中的响应变量亦不能确定。所以，在前几章所讨论的方法和标准都不太适应在此讨论的广义灰色校正模型。此外，近红外或拉曼光谱数据的背景影响不明显，目前还无一规定统一的前处理方法。更为重要的是，一般说来，一个近红外或拉曼光谱大都有上千个波长或波数点，此数目一般都比样本数要多，致使矩阵 $\boldsymbol{X}^{t}\boldsymbol{X}$ 严重亏秩，很难使用常规最小二乘来求解。这些原因都导致广义灰色校正模型求解困难，并且还使得模型的评价变得更为困难，可以说目前对此还没有统一标准，是一个值得深入研究的重要课题。

对于式（6-191）所示的模型，一般首先都采用较为简单的线性模型来处理，假设其可

用下式来近似表出，即

$$y = X\beta + e \tag{6-192}$$

式中，β 是回归系数矢量；X 是样本的量测谱矩阵；e 为随机误差，仍假设服从均值为零，方差为 σ^2 的正态分布；y 为响应变量。对上述线性模型的最小二乘估计为：

$$\hat{\beta}_{LS} = (X'X)^{-1}X'y$$

但是，对于近红外或拉曼光谱数据，由于样本个数远远小于变量（波长点）个数，更一般地，样本矩阵 X 的秩小于 $q=\min(m, n)$，致使矩阵 X^tX 严重亏秩，强行求逆运算将导致最小二乘估计不稳定。究其原因，就是因为这些光谱变量之间存在非常严重的共线性，在模型共线性和变量数多于样本数的情况下建模，对训练集的样本而言，拟合误差可以降至为零，即模型可以通过训练集的每一个数据点，模型的复杂度可以很高（如引入过多的变量或采用高次函数），此时，训练集数据点的误差可无限减小，但是，在这种情况下所求得的 β 将由于模型太复杂而导致预测精度的严重下降，这种情况，在统计学中被称为过拟合(over-fitting)。图 6-109 示出了一个回归模型过拟合的示意例子。从图可以看出，由实线构成的模型较为简单（一条简单曲线），但它实际上已可较好地描述实验所得数据点，虽训练集数据点到模型都还存在一些误差，但误差并不太大，也可以说是基本服从正态分布的随机误差；而由点线（虚线）构成的模型复杂得多（一条多项式复杂曲线），它拟合得确实很好，几乎通过了所有训练集的数据点，使得这些训练集的数据点到模型曲线的距离接近于零（如按传统拟合优度来说已是很好的模型），但是，一旦来了一些新的数据点（即预测集数据点），此模型所得的预测误差却很大，可这些预测集数据点与实线构成的简单模型的预测误差却与该简单模型（一条简单曲线）的拟合误差相当。此时，宁可要拟合误差较大的简单模型，而不能要拟合误差很小的复杂模型，因它的预测误差太大了，而致使模型的泛化能力太弱（或称模型推广效应低）。这些事实告诉我们，采用预测误差来评价广义灰色校正模型是一个较为合理的模型评价标准。

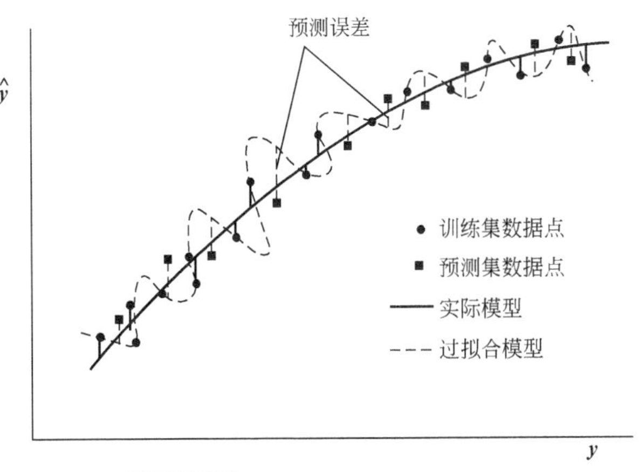

图 6-109　回归模型过拟合示意图

对于这样的共线性问题，统计学中是有些方法来处理的，典型的就是采用第三章介绍的岭回归解析方法。而在化学计量学中，采用最普遍的方法还是所谓潜变量（latent variable, LV）方法，主要包括主成分回归（PCR）和偏最小二乘（PLS）回归。潜变量是这两种方法的共同特点，即通过原始的变量的重新组合成新的潜变量（PCR或PLS组分），继而建立响应与潜变量的回归模型。

主成分回归[296,297]是一种最简单的潜变量回归模型。现就以它来说明潜变量回归模型的建立过程。首先将光谱信号或数据矩阵 $\boldsymbol{X}$ 进行奇异值分解，分解成一系列正交的变量，即得分矩阵 $\boldsymbol{T}$、对角矩阵（特征值）$\boldsymbol{S}$ 和载荷矩阵 $\boldsymbol{V}^{\mathrm{T}}$，如我们令 $\boldsymbol{SV}^{\mathrm{T}}=\boldsymbol{P}^{\mathrm{T}}$，即得，

$$\boldsymbol{X}=\boldsymbol{TSV}^{\mathrm{T}}+\boldsymbol{E}=\boldsymbol{TP}^{\mathrm{T}}+\boldsymbol{E}$$

式中，$\boldsymbol{E}$ 代表光谱数据矩阵 $\boldsymbol{X}$ 主成分分解后的残差矩阵。所谓主成分回归，就是我们只取其主成分，即取大特征值所对应的特征得分矢量 $\boldsymbol{T}_\alpha$（具体取多少，即取几个主成分将在下面讨论）来替代原始数据矩阵 $\boldsymbol{X}$，继而直接以 $\boldsymbol{T}_\alpha$ 代替数据矩阵 $\boldsymbol{X}$ 进行回归分析，以获得回归向量 $\boldsymbol{\beta}_{\mathrm{PCR}}$，即

$$\boldsymbol{\beta}_{\mathrm{PCR}}=(\boldsymbol{T}_\alpha^{\mathrm{T}}\boldsymbol{T}_\alpha)^{-1}\boldsymbol{T}_\alpha^{\mathrm{T}}y \tag{6-193}$$

式中，$\boldsymbol{y}$ 为响应变量。

注意到经此变换后有几个优点：①采用大特征值对应的特征得分矢量 $\boldsymbol{T}_\alpha$ 来替代原始数据矩阵 $\boldsymbol{X}$ 就相当于对原始数据矩阵 $\boldsymbol{X}$ 进行了降维处理，只用主成分而弃去了误差变量的影响；②因 $\boldsymbol{T}_\alpha$ 所收集的特征得分矢量都相互正交，后引入的变量不受已引入变量相关性影响，可依次引入；③由于只采用大特征值对应的特征得分矢量 $\boldsymbol{T}_\alpha^{\mathrm{T}}$ 来替代原始数据矩阵 $\boldsymbol{X}$，求逆也只是对（$\boldsymbol{T}_\alpha^{\mathrm{T}}\boldsymbol{T}_\alpha$）来进行，从而避免了对严重亏秩矩阵 $\boldsymbol{X}^{\mathrm{t}}\boldsymbol{X}$ 的求逆问题，使过拟合风险大大降低，最终克服多元线性回归方法中的局限，使得多元校正得以进行。

然而，在此还有一个问题，就是我们得选多少个主成分进入模型最好呢？在前几章的讨论中，特别是在讨论白色分析体系的间接校正时，也采用主成分回归，但那是根据体系的组分数来选主成分数。可对广义灰色体系，我们对体系的组分数无任何信息，显然这种方法不能使用。那么，我们将采用什么方法来进行主成分数的选择呢。这正是我们在下面将要讨论的问题。

（二）模型复杂度与预测标准的提出

从上述讨论可知，对于广义灰色分析体系模型，由于其模型的不确定性，其处理思路、模型校验和结果评价将与前三章讨论的硬模型的解析方法大不相同，由于式（6-191）中的函数关系 $f(\cdot)$ 实际是未知的，函数关系（线性或非线性）无法确定，我们之所以采用线性模型，只是想用这一简单模型来逼近 $f(\cdot)$，并非有一个保证其确实是线性模型的物理或化学定律作为回归建模的基础。所以，对于广义灰色分析体系，其重点就将主要是集中于考察模型的预测效果，强调后续的模型预测性能和泛化能力；模型的评价和校验也将不用前三章讨论的模型拟合标准，即 R^2（模型所解释的方差），而是所得模型的预测误差，即 Q^2（模型在预测中所能解释的方差）。如有可能与数据量测误差进行比较，也将不应该采用模型残差（model residual），而应该是模型的预测误差（predictive errors）。所以，对于广义灰色分析体系模型，主成分数的选择也应建立在模型的预测能力的基础之上。

实际上，对于这样模型未知分析系统的回归分析，是目前统计学和机器学习研究中的重点和难点问题，统计学家们和计算机科学研究工作者对此进行了较为详细的研究[298]。对于此问题，一般比较公认的结论是，回归建模需在模型复杂度方面找到一个平衡点，既要防止模型拟合不够，又不能让模型过于复杂（参见图6-110）。对于前面讨论的潜变量回归模型，主成分数的选择就是这样一个问题，当主成分数目太小时，此时因模型的复杂度过小，模型

会发生欠拟合（underfitting），即拟合不好的情况，这时，β 的潜变量回归模型估计的偏（bias）较大，造成模型误差偏大；反之，如果模型中潜变量过多，即模型过于复杂，模型会产生前述的过拟合现象，这时，虽然 β 的潜变量回归模型估计的偏较小，模型拟合得很好，但方差较大，使得模型的预测误差也大（参见图 6-110）。因此，回归建模既要防止过于简单的回归模型，又不能让回归模型过于复杂。如何找到这样一个平衡点，使得此点所对应的潜变量回归模型的潜变量数目就为最佳主成分数。从图 6-110 我们可以看到，模型的预测误差的最小点正好可能相当于模型偏和模型过拟合综合效应的最小点，故在化学计量学和统计学中，一般都采用模型的预测误差来决定潜变量回归模型的最佳主成分数。

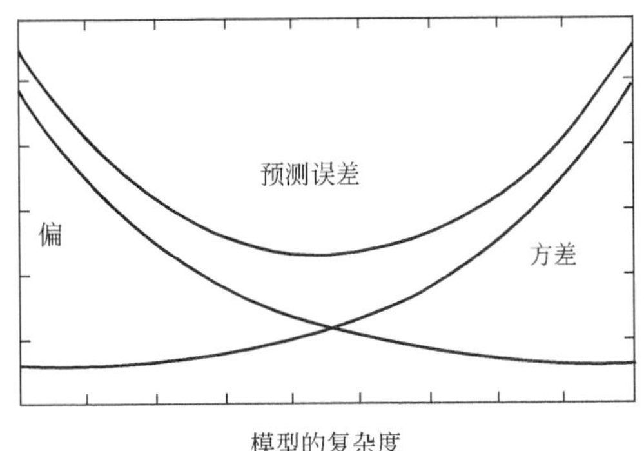

图 6-110 广义灰色体系的回归的模型复杂度与模型预测误差的关系示意图

在此，我们还只是比较抽象地讨论了广义灰色体系的回归的模型复杂度与模型预测误差的关系，有关如何更深入地讨论模型的偏和模型方差的具体形式，我们将在后续的介绍中具体展开。

（三）检验集的构造与模型交叉校验

由于模型预测误差的估算对广义灰色体系的建模具有十分重要的意义，所以，如何构造预测或校验集，以有理且有效地获得预测误差，也是目前广义灰色体系建模研究的一个重要问题。

一般说来，如果所有的样本足够多，最好是将数据分为三组，一个训练集，一个校验集和一个预测集。训练集的数据用来训练计算机，建立模型；校验集的数据则用来校验所得模型，即估计预测误差和进行模型选择；预测集数据则最好在建模及模型校验过程中始终不介入计算，待模型最终选定后再用它们来评价所建模型的实际预测误差以确定其泛化能力。对于这三个数据集大小的选择，目前亦无定论，文献［298］的建议是，训练集占 50%，校验集占 25%，预测集也占 25%。

然而，在化学或生物的科研实践中，样本的收集一般不太容易，而且样本数一般都还小于变量数，要做到将数据分为三组的做法显然难以实现。所以，现在一般是将数据分为两组，一组训练集，一组预测集。这样的分法实际也不容易，一般是训练集的样本占 75%，因为如训练集样本太少，将致使训练出来的模型难于真正代表样本中所含信息，也容易导致模型的过拟合或不准确，图 6-111 就示出了这样一个例子。从图可以看出，当样本数不够时，估计模型与实际模型很容易产生偏或是过拟合。所以，如何来有理且有效地进行训练集和预测集的劈分是一个值得研究的问题。如何挑选具有代表性的样本构成训练集（有时亦称校正集）来建立模型，即训练集样本的代表性问题，是该技术的核心问题[299]。有代表性的校正集样本对广义灰色校正模型的影响主要体现在模型的适应性和预测性能，以及模型的精简程度。简约的模型不仅可以节约投入成本，而且有利于不同仪器之间的模型传递。以下我们将对训练集和预测集的劈分方法给出简要介绍。

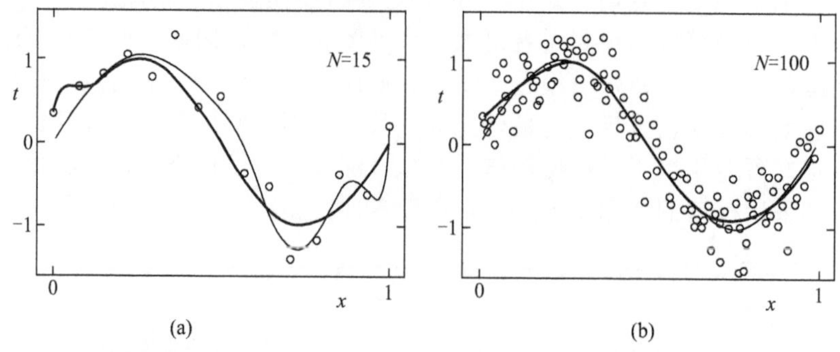

图 6-111 训练集样本数不够造成模型过拟合或不准确的一个示例

（a）其中粗线为样本数为 15 所得的回归模型，细线为真实模型；

（b）其中粗线为样本数为 100 所得的回归模型，细线为真实模型

1. 随机选择法

随机选择法（random selection，RS 法）即随机选取一定数量的样本（一般选 75%）组成训练集[300~302]。这种选取完全是根据随机选择的原则来选择训练集，目的就在于使所选取的训练集样本具有整体代表性。这种训练集组成方法简单，只遵循随机采样原则，不需要采用特别方法进行数据挑选。但是，这种方法一般要求样本量较大，且样本分布较为均匀才行。

2. KS 法

KS（Kennard-Stone）法是把所有的样本都看作训练集候选样本，依次从中挑选部分样本进入训练集[303,304]。首先，选择欧氏距离最远的两个向量对进入训练集；定义 d_{ij} 为从第 i 个样本向量到 j 样本向量的欧氏距离，假设已有 k 个样本向量被选进训练集，这里 k 小于样本总数 n，针对第 v 个待选样本向量，定义最小距离：

$$D_{kv}=\min(d_{1v}, d_{2v}, \cdots, d_{kv}) \tag{6-194}$$

所有待选样本向量的 D_{kv} 最大值：$D_{mkv}=\max(D_{kv})$，拥有最大最小距离 D_{mkv} 的那个待选样本进入训练集。依此类推，达到要求的训练集样本的数目。其余样本用作预测或校验集。

该方法优点是能保证训练库中样本按照空间距离分布均匀，缺点是需要进行数据转换和计算样本两两空间距离，计算量大。

3. 基于联合 *X-Y* 距离的样本劈分法

基于联合 X-Y 距离的样本劈分法（SPXY 法）由 Galvão 等首先提出[305]，它是在 KS 法的基础上发展而来的，实验证明，SPXY 法能够有效地覆盖多维向量空间，从而可改善所建模型的预测能力。SPXY 法在样品间的距离计算时将 x 变量和 y 变量同时考虑在内，其距离公式如下：

$$d_x(p,q)=\sqrt{(x_p-x_q)^2}=|x_p-x_q| \quad p,q\in[1,N]$$

$$d_y(p,q)=\sqrt{(y_p-y_q)^2}=|y_p-y_q| \quad p,q\in[1,N]$$

SPXY 法的逐步选择的过程和 KS 法相似，但用 $d_{xy(p,q)}$ 代替了 $d_{x(p,q)}$，同时为了确保样本在 x 和 y 空间具有相同的权重，将 $d_{x(p,q)}$ 和 $d_{y(p,q)}$ 分别除以它们在数据集中的最大值，因此标准化的 xy 的距离公式为：

$$d_{xy}(p,q)=\frac{d_x(p,q)}{\max_{p,q\in[1,N]} d_x\ (p,q)}+\frac{d_y(p,q)}{\max_{p,q\in[1,N]} d_y\ (p,q)}\quad p,q\in[1,N]$$

在此值得指出的是，上述样本劈分法一般要求样本量较大，如果样本量很小，所得结果并不十分可靠。所以，为了最有效地使用所得的样本，统计学家们又提出了交叉校验的方法[53]。这正是我们将要讨论的问题。

(四) 交叉校验的几种方法

如前所述，交叉校验的目的就是要最有效地使用所得的样本，其主要目标就是要充分利用样本所得信息，即不必预先将样本进行训练集和预测集的劈分，而是在进行建模的同时进行样本校验，主要目的是据此以获得最佳回归模型。这类方法在潜变量建模中的选择最佳潜变量数中得到了十分广泛的应用。

1. 留一交叉检验法与多折交叉校验

(1) 留一交叉校验法（leave-one-out-cross-validation）　最早提出留一交叉校验法的是 Stone[306,307]。此法的主要思路就是充分利用所得样本的信息，在训练样本的同时也同步进行样本预测，以多次建模来代替一次建模，使建模与预测校验得以交叉进行，故有交叉校验之称。图 6-112 给出了留一交叉校验法的计算过程示意图。从图可以看出，对于有 n 个样本的数据，在第一次建模时，先只用前（$n-1$）个样本建模，将第 n 个样本留出作预测用，这样就得到了第一个预测误差，记为 $\hat{e}_n$；在第二次建模时，则用前（$n-2$）个样本再加上第 n 个样本建模［同样为用（$n-1$）个样本建模］，将第（$n-1$）个样本留出作预测用，这

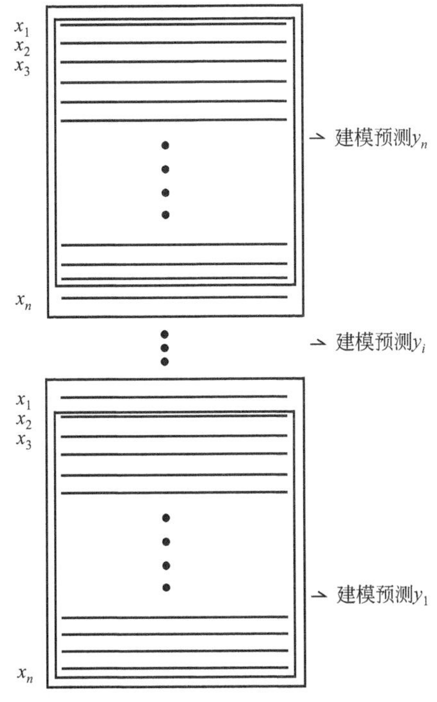

图 6-112　留一交叉校验法的计算过程示意图

样就得到了第二个预测误差，记为 $\hat{e}_{n-1}$；如此逐步进行，直到做到 n 次，则用后（$n-1$）个样本建模，将第 1 个样本留出作预测用，这样就得到了第 n 个预测误差，记为 $\hat{e}_1$。这样，就对所有样本都做了一次预测，然后，计算出该数据集的预测误差均方根（root of mean square of errors of prediction，RMSEP），即 $\sqrt{\dfrac{\sum_{i=1}^{n}\hat{e}_i{}^2}{n}}$，为最佳潜变量数的选择备用。

下面，我们将讨论如何采用留一交叉校验法来进行主成分回归中最佳潜变量数目的运算。如前讨论可知，因得分矩阵 $\boldsymbol{T}$ 所收集的特征得分矢量都相互正交，后引入的变量不受已引入变量相关性影响，可按其对应特征值大小（特征值越大所对应该潜变量的所含信息越多）依次引入。这样就使主成分回归的潜变量选择变得十分方便。具体过程如下：如该数据集含 m 个变量，则取 $i=1$，…，m；逐步进行下述的循环运算。

① $i=1$，先取一个具有最大特征值的潜变量来建模，采用留一法交叉校验法来进行预测误差的计算，得出该数据集的预测误差，即 $\left(\sqrt{\dfrac{\sum_{i=1}^{n}\hat{e}_i{}^2}{n}}\right)_{i=1}$，并记录留用。

② $i=2$，继续取两个具有最大特征值的潜变量来建模，采用留一法交叉校验法来进行预测误差的计算，并求出该数据集的预测误差，即 $\left(\sqrt{\dfrac{\sum_{i=1}^{n}\hat{e}_i{}^2}{n}}\right)_{i=2}$，并记录留用；继续进行循环运算，直至 $i=m$。

③ 用主成分数对预测误差作图，并找到最低点，该点所对应的潜变量个数就是我们需求得的最佳主成分数（参见图 6-113）。

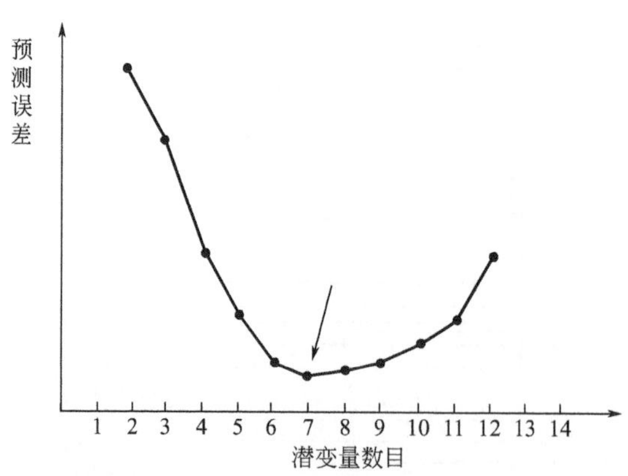

图 6-113 交叉校验确定最佳主成分数的示意图

一般说来，采用交叉校验确定最佳主成分数都可以找到一个最小点，这说明在对广义灰色体系建立校正模型时的确存在过拟合情况。但有时也会出现多个极小和别的情况，这也说明广义灰色体系建模有时并不简单。

（2）多折交叉校验（multifold-cross-validation） 由于留一交叉校验法需对每一个留出的样本都要建一个模型，计算有多少个样本就需建多少个模型，计算量不小；同时，每次建模所用样本量为（$n-1$），而被预测的样本只一个，还有训练集样本过多之嫌，故有人提出了多折交叉校验法[308～312]。

此法的主要思路就是先将样本集分成几个小组，每次留出一个小组的样本不参加建模，仅为计算预测误差所用，而只用其余样本建模，这样就既可增加预测样本的个数，又达到减小计算量的效果。图 6-114 给出了多折交叉校验的计算过程示意图。从图可以看出，对于有 n 个样本的数据，先将其按某种原则等分成为 k 组，在第一次建模时，先只用前（k-1）组样本建模（在图中用粗线框标出），而将第 k 组的样本留出作预测用，这样可得到了第 k 组每个样本的预测误差并对其平方求和，记为 $\sum_{i=1}^{n/k}\hat{e}_i^{\,2}$；在第二次建模时，则用前（$k-2$）个样本组再加上第 k 组的样本建模［同样为用（$k-1$）个组样本建模］，将第（$k-1$）组的样本留出作预测用，这样就得到了第二组所有样本的预测误差；如此逐步进行，直到做到 k 次，则用后（$k-1$）个组的样本建模，将第 1 组的所有样本留出作预测用，这样就得到了第 1 组所有样本的预测误差。这样，就对所有样本都做了一次预测，然后，计算出该数据集的预测误差，即 $\sqrt{\dfrac{\sum_{i=1}^{n}\hat{e}_i^{\,2}}{n}}$，为最佳潜变量数的选择备用。

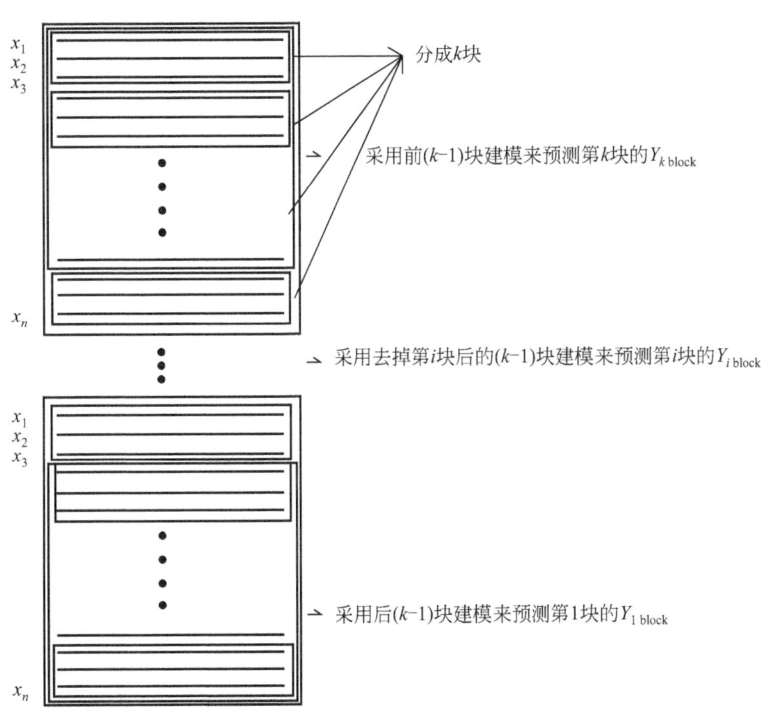

图 6-114　多折交叉校验法的计算过程示意图

有关如何采用多折交叉校验法来进行主成分回归中最佳潜变量数目的运算，与留一交叉校验法相同，在此不再重复讨论。多折交叉校验法由统计学家提出，现已在化学计量学和生物信息学中得到了广泛的应用。实际上，对于只有几十个或几百个样本的体系，一般大都采用五折至十折的交叉校验办法来进行最佳潜变量数目的选择。值得提出的是，采用多折交叉校验时，虽每个样本都被遍历了，但样本的分布是有偏的。例如，我们有 100 个样本，如果采用十折交叉校验办法，此时每折的样本数为 10 个，而从 100 个样本抽取 10 个样本进行校

验的抽取方式将有 $C_{100}^{10}=\frac{100\times 99\times 98\times 97\times 96\times 95\times 94\times 93\times 92\times 91}{1\times 2\times 3\times 4\times 5\times 6\times 7\times 8\times 9\times 10}$ 这么多种，而十折交叉校验办法只做了这么多种情况中的 10 种情况，很容易引起有偏的校验结果，值得引起注意。

另外，对于多折交叉校验法，折数的选择也是一个重要参数，但笔者认为更重要的应该是分组方法，如果分组方法不当，将会引起一些有偏的校验结果，特别如果在样本集中还含有一些奇异点时，分组将更为困难，有关这些问题，将在适当的时候逐步加以阐述。为克服多折交叉校验法的有偏校验结果，Monte-Carlo 交叉校验似是一个不错的交叉校验的方法，这正是下面将要讨论的问题。

2. Monte-Carlo 交叉校验

Martens 曾指出[313]，留一交叉校验法经常有可能引起过拟合，它对预测误差的估计通常是不够的。同时，很多化学计量学者也感受到了留一交叉校验法的类似问题[314,315]。因此，在使用留一交叉校验法时需要特别小心，而且有些化学计量学者还对留一交叉校验法进行了一些改进[316,317]。事实上，留一交叉校验法（CV_1）选择的模型被证明是渐近不正确的[318~320]。它倾向选择一个比正确模型变量要多的模型，因此常常导致模型的过拟合。粗略而又直观地说，CV_1有这样的缺陷原因在于它似乎强调得更多的是校正而非预测。对于每一次的分划，多达（$n-1$）个样本用于训练校正，仅有一个样本用于预测，训练校正对 CV_1的影响远远大于预测对 CV_1的影响，这样 CV_1选择模型更多体现的是训练校正的特点。众所周知，对于校正，变量越多模型拟合越好，这就造成 CV_1易于选择变量多的模型。为改善这种状况，自然想到的就是增加校验样本的个数，如取 2 个校验样本或更多，这样能不能改进交叉校验法的效果呢？

解决这样的问题似乎很简单，即我们可以采用留多点样本来进行校验，如每次建模时留 2 个、3 个或更多来就可解决问题。然而，事情并非如此简单。在此，将以留 3 个样本方法为例加以说明。假设有 100 个样本，如果采用留 3 法来做，即每次建模时留 3 个样本进行交叉校验。但是，这里存在两个问题：①样本如何留，是随机取还是有规律地取？②需要建模多少次，来保证校验样本的遍历性？对于留 3 法，每次建模时留 3 个样本进行交叉校验，此时从 100 个样本抽取 3 个样本进行校验的抽取方式将有 $C_{100}^{3}=\frac{100\times 99\times 98}{1\times 2\times 3}=161700$ 多种，这就意味着如果我们想要保证对所有 3 个校验样本的遍历性，我们需要建模 161700 次。对于 100 个样本的情况，多留一个都会使建模次数呈指数形式增加。显然，保证校验样本的遍历性对于留多法不现实。

为解决这样的问题，采用 Monte-Carlo 交叉校验（MCCV）可能是一种简单而又有效的途径[321]。MCCV 的思路很简单，即对于有 n 个样本的情况，在每次建模时，随机地将样本分为两个部分，分为一个校正集［$\boldsymbol{S}_c(i)$］和一个校验集［$\boldsymbol{S}_v(i)$］。校正集［$\boldsymbol{S}_c(i)$］有 n_c 个样本，校验集［$\boldsymbol{S}_v(i)$］有 n_v 个样本，一般说来，$n_c>n_v$，并使得 $n_c+n_v=n$，这样重复建模 N（$i=1, 2, \cdots, N$）次。由于采用了 Monte-Carlo 采样，则可以保证采样的代表性和无偏性。当然，建模次数在此是一个很重要的参数，一般认为，如能保证建模次数在 $N=n^2$ 即可。这样，通过 Monte-Carlo 采样，既解决了采样代表性和无偏性的问题，又避免了建模次数以指数形式增长的问题。

根据以上讨论，MCCV 算法可采用如下步骤实现。

（1）对于每个主成分的引入，取 $N=n^2$，重复下述①、②两步，并计算 N 次：

① 将 n 个样本随机取一定百分比的样本作为校正集，余下为校验集；

② 用训练集样本建模，用校验集样本来计算该模型的预测误差均方根。

(2) 经 N 次重复建模并计算出校验集的预测误差后，MCCV 模型选择的准则可定义如下：

$$\mathrm{MCCV}_{n\mathrm{v}}(k)=\frac{1}{N_{n\mathrm{v}}}\sum_{i=1}^{N}\|y_{S\mathrm{v}}(i)-\hat{y}_{S\mathrm{v}(i)k}\|^{2}$$

MCCV 就是从 k 个具有不同主成分数的模型中选出 MCCV(k) 达到最小的那个，记为 k^*，k^* 就是模型应该含有的 PCR 或 PLS 的组分数。

需注意的是，MCCV 借助于 Monte-Carlo 采样，使得留多交叉校验法的计算量有了根本性的减少。另外，从理论上讲，用于检验的样本越多，所需重复的次数也应相应增加，而 $N=n^2$ 足以保证 MCCV 选择的模型与遍历的留多交叉校验法（$\mathrm{CV}_{n_\mathrm{v}}$）选择得一样好。同时，Shao[66] 还证明了在 $n_\mathrm{c}\rightarrow\infty$ 和 $n_\mathrm{v}/n\rightarrow1$ 的条件下，$\mathrm{CV}_{n_\mathrm{v}}$ 选择正确模型的概率趋于 1。正是在这个意义下，$\mathrm{CV}_{n_\mathrm{v}}$ 准则是渐近相合的。对于一个样本有限的数据，在一定范围内每次划分用于检验的样本数增加时，选到正确模型的概率也会增加。

3. 重复双重交叉校验

无论是多折交叉校验或是 Monte-Carlo 交叉校验（MCCV），为了最大限度地利用有限的样本，我们只是将数据分为训练集和校验集。这样在选择模型的同时就得到了预测误差的估计，但是或多或少都会造成对预测误差的低估[313,322]。解决这一问题的策略就是使用双重交叉校验（double cross-validation）方法[306,323]，也就是将模型的选择与预测误差的估计分开进行，下面首先介绍最简单的重复双重交叉校验方法——留一重复双重交叉校验法的实施过程。

对于有 n 个样本的数据，在第一次建模时，先将第 n 个样本留出作预测用，用前（$n-1$）个样本做交叉校验，得到最优的模型参数后用于第 n 个样本的预测，这样就得到了第一个预测误差，记为 $\hat{e}_n$；在第二次建模时，则用前（$n-2$）个样本再加上第 n 个样本做交叉校验并得出最优模型参数，然后用于将第（$n-1$）个样本的预测，这样就得到了第二个预测误差，记为 $\hat{e}_{n-1}$；如此逐步进行，直到做到 n 次，则用后（$n-1$）个样本做交叉校验并优化模型，然后用于第 1 个样本的预测，这样就得到了第 n 个预测误差，记为 $\hat{e}_1$。最后，就可以计算出该数据集的预测误差均方根，即 $\sqrt{\dfrac{\sum_{i=1}^{n}\hat{e}_i^{\,2}}{n}}$。

按照同样的过程，可以将多折交叉校验改造为多折双重交叉校验。而将 Monte-Carlo 交叉校验与双重交叉校验融合到一起后得到的重复双重交叉校验[324]，综合了两种方法的优势，能够给出详细的有关预测误差的信息。

重复双重交叉校验采用如下步骤实现：

① 首先将 n 个样本随机划分为校正集和测试集（参见图 6-115）；

② 再将校正集划分为训练集和校验集，用训练集建立不同复杂度的模型，用校验集验证模型并选取最优模型，确定最优模型参数；

③ 采用最优模型参数所建模型来预测测试集样本，给出预测值并计算预测误差均方根；

④ 重复步骤①至③N 次，给出预测误差均方根的分布；

⑤ 根据 N 次重复所得的最优模型主成分数的最高频度值最终确定模型主成分数。

注意到重复双重交叉校验法是随机做了 N 次，故采用重复双重交叉校验法得到的是预测误差均方根的分布图（参见图 6-116）。由图可知，相比于简单的交互检验，此方法可以得到更加详细而全面的预测误差估计信息，当然，此法带来的问题就是计算开销的增大，对于样本较多的情况，所需时间有时太长。

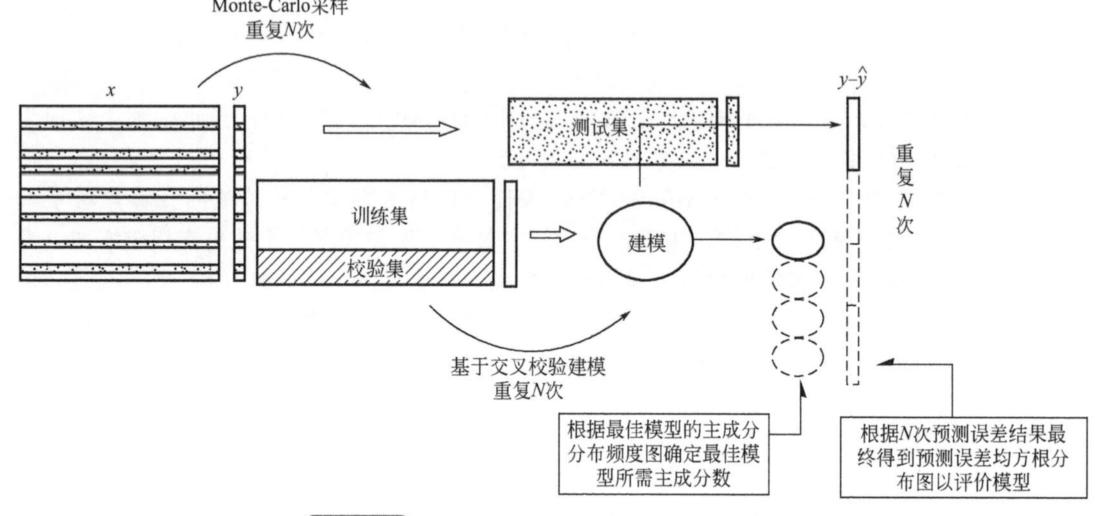

图 6-115 重复双重交叉校验的计算过程示意图

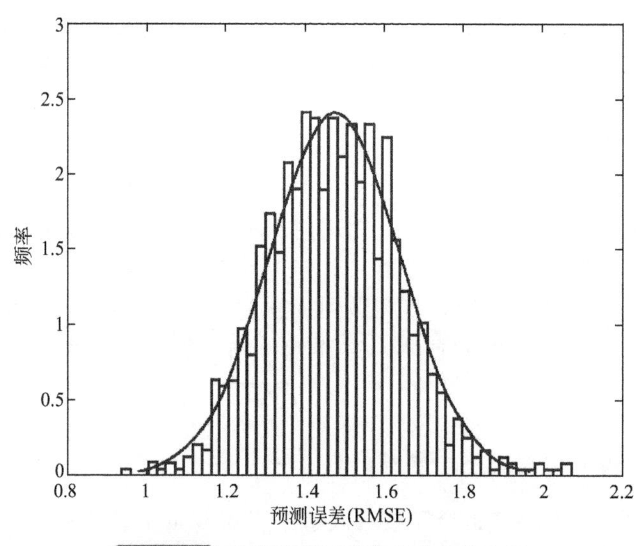

图 6-116 典型的预测误差均方根分布图

三、广义灰色分析体系的常用多元校正方法

在正式进入方法的讨论之前，似还有必要对我们面临的所需分析的数据特性给出更明确的说明。图 6-117 示出了一个典型的近红外光谱数据集，图中的每一个光谱都代表了不同的样本。在分析之前，粗看这些不同样本的光谱就明显可知，它们不但相似度很高，而且每个样本所对应的变量数，即光谱的波长数目（或波数点数）都大大超过样本数，即 m（变量数）$\gg n$（样本数）。对于这些特点，我们可以简单地得出两个结论：①光谱相似度很高，即这些光谱的共线性很严重，其化学秩很难准确确定；②模型变量数大大超过样本数，其过

拟合风险很高。正是这两个特点，使得对图 6-117 示出了近红外光谱量测体系的多元校正变得十分困难，因此时校正矩阵的协方差阵（$\boldsymbol{X}^{\mathrm{t}}\boldsymbol{X}$）将严重亏秩，不可能直接采用我们在白色分析体系解析的最小二乘法求解，需采用岭回归或潜变量回归方法。同时，由于广义灰色分析体系的模型，即 $\boldsymbol{y}=\boldsymbol{f}(\boldsymbol{X})$ 中的 $f(.)$ 未知，线性模型 $\boldsymbol{y}=\boldsymbol{X}\beta$ 只是一种线性逼近，所以，在介绍广义灰色分析体系的多变量校正方法时，非线性校正方法也十分重要，其中特别是近年来在机器学和统计学中发展的一些新方法也应成为介绍的主要对象。

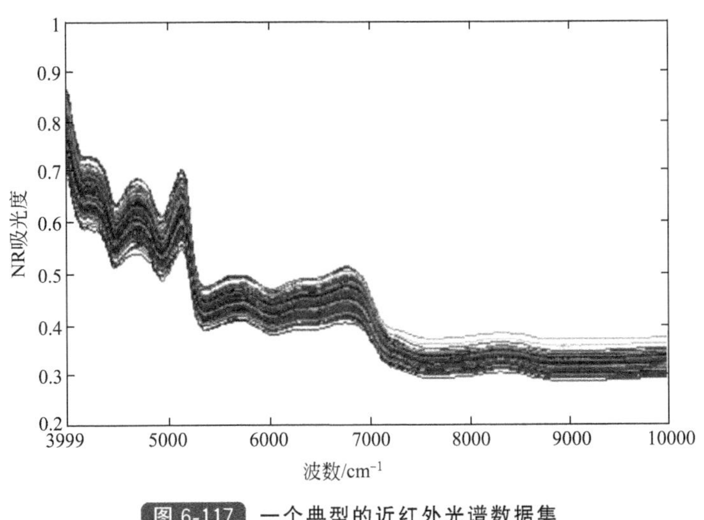

图 6-117　一个典型的近红外光谱数据集

所以，本节我们将以主成分回归与偏最小二乘回归为起点，并在此基础上，相继介绍可解决非线性问题的人工神经网络校正方法，使读者对广义灰色分析体系的多变量校正方法先有一个基本了解。

（一）主成分与偏最小二乘回归

主成分分析的方法由 Hotelling 于 1933 年提出，1965 年，Massy 根据主成分分析的思想提出了主成分回归方法。如今主成分回归方法已经被广泛采用，成为回归分析中较有影响的估计方法[325]。

主成分回归首先将光谱信号或数据矩阵 $\boldsymbol{X}$ 进行奇异值分解，分解成一系列正交的变量，即得，

$$\boldsymbol{X}=\boldsymbol{U}\boldsymbol{S}\boldsymbol{V}^{\mathrm{T}}+\boldsymbol{E}=\boldsymbol{T}\boldsymbol{P}^{\mathrm{T}}+\boldsymbol{E} \tag{6-195}$$

式中，$\boldsymbol{E}$ 代表光谱数据矩阵 $\boldsymbol{X}$ 主成分分解后的残差矩阵；$\boldsymbol{U}\boldsymbol{S}=\boldsymbol{T}$，$\boldsymbol{V}=\boldsymbol{P}$。

所谓主成分回归，就是我们只取其主成分，即取大特征值所对应的特征得分矢量 $\boldsymbol{T}_\alpha$，具体取多少主成分将采用本章前述的交叉校验方法来定。然后，用 $\boldsymbol{T}_\alpha$ 替代原始数据矩阵 $\boldsymbol{X}$，并直接以 $\boldsymbol{T}_\alpha$ 代替数据矩阵 $\boldsymbol{X}$ 进行回归分析，以获得回归向量 $\boldsymbol{\beta}_{\mathrm{PCR}}$，即

$$\boldsymbol{\beta}_{\mathrm{PCR}}=(\boldsymbol{T}_\alpha^{\mathrm{T}}\boldsymbol{T}_\alpha)^{-1}\boldsymbol{T}_\alpha^{\mathrm{T}}y \tag{6-196}$$

式中，y 为响应变量。在新样的光谱数据或信号 x_{new} 上应用此回归向量预测新样本的目标分析物性质的结果：

$$\hat{y}_{\text{new}}=x_{\text{new}}b_{\text{PCR}}$$

主成分回归通过对光谱或数据矩阵进行分解，从而确保分解后的数据不再是奇异的，最终克服多元线性回归方法中的亏秩的局限，使得多元校正得以进行。然而，由于在进行 PCA 分解时没有考虑到光谱数据 $\boldsymbol{X}$ 和目标分析物性质 $\boldsymbol{y}$ 之间的关系，其中心目的是将数据降维，将原变量进行变换，使少数几个新变量是原变量的线性组合，同时，这些变量要尽可能多地表征原变量的数据特征而不丢失信息。但是主成分回归方法也存在不足，即其与因变量 $\boldsymbol{y}$ 之间的关系不直接，而偏最小二乘法就是基于以上思想提出的。

为了克服 PCR 多元校正中的缺陷，偏最小二乘回归（PLS）作为化学计量学中应用最广泛的一种多元校正方法，可以被用来捕获光谱数据 $\boldsymbol{X}$ 和目标分析物性质 $\boldsymbol{y}$ 之间的最大方差，在对光谱或数据矩阵进行分解的同时考虑数据与目标分析物性质之间的关系。值得提出的是，近年来对 PLS 算法研究很多，Martin[326] 对常见的九种 PLS 算法比较中，改进核偏最小二乘算法以良好的算法稳定性和快速的计算速度而被强烈推荐使用。在此将主要介绍改进核偏最小二乘算法（improved kernel partial least squares），其整个计算过程如下。

在此我们只考虑 PLS1 算法。在经典的偏最小二乘算法中，$\boldsymbol{X}$ 矩阵和 $\boldsymbol{y}$ 向量都要减去计算出的主因子向量，以得到计算下一个主因子的残差阵。Lindgren[327] 等提出了核偏最小二乘算法，利用 $\boldsymbol{y}$ 向量减去计算出的主因子向量是可选的，只从 $\boldsymbol{X}$ 矩阵中减去计算出的主因子向量，这样加快了计算的速度。Dayal[328] 等则进一步证明 $\boldsymbol{X}$ 矩阵和 $\boldsymbol{y}$ 向量中只要有一个减去计算出的主因子向量即可，得到了一种改进核偏最小二乘算法。为了在后面算法中表述方便，假定 $\boldsymbol{X}$ 矩阵和 $\boldsymbol{y}$ 向量都已进行过列中心化处理。

改进核偏最小二乘算法具体计算步骤如下：

① 计算协方差矩阵 $\boldsymbol{X}^{\mathrm{T}}\boldsymbol{y}$。

② 令 $\boldsymbol{w}_a=\boldsymbol{X}^{\mathrm{T}}\boldsymbol{y}$，并对 $\boldsymbol{w}_a$ 进行标准化（归一化）处理：$\boldsymbol{w}_a=\boldsymbol{w}_a/\|\boldsymbol{w}_a\|$。

③ 按下式计算能从原始矩阵 $\boldsymbol{X}$ 中直接算出得分矩阵的权重矩阵 $\boldsymbol{R}$ 的一列 $\boldsymbol{r}_a$：

$$\boldsymbol{r}_1=\boldsymbol{w}_1 \tag{6-197}$$

$$\boldsymbol{r}_a=\boldsymbol{w}_a-\boldsymbol{p}_1^{\mathrm{T}}\boldsymbol{w}_a\boldsymbol{r}_1-\boldsymbol{p}_2^{\mathrm{T}}\mathrm{w}_a\boldsymbol{r}_2-\cdots-\boldsymbol{p}_a^{\mathrm{T}}\boldsymbol{w}_a\boldsymbol{r}_{a-1}\quad a>1$$

④ 由 $\boldsymbol{r}_a$ 计算得分矢量 $\boldsymbol{t}_a$（$\boldsymbol{X}$ 的得分矩阵 $\boldsymbol{T}$ 的一列）：$\boldsymbol{t}_a=\boldsymbol{X}\boldsymbol{r}_a$。

⑤ 由 $\boldsymbol{t}_a$ 计算矢量 $\boldsymbol{p}_a$（$\boldsymbol{X}$ 的载荷矩阵 $\boldsymbol{P}$ 的一列）：$\boldsymbol{p}_a=\boldsymbol{X}^{\mathrm{T}}\boldsymbol{t}_a/(\boldsymbol{t}_a^{\mathrm{T}}\boldsymbol{t}_a)$。

⑥ 由 $\boldsymbol{r}_a$ 和 $\boldsymbol{t}_a$ 计算 $\boldsymbol{q}_a$（$\boldsymbol{q}$ 向量的第 a 个值）：$\boldsymbol{q}_a=(\boldsymbol{X}^{\mathrm{T}}\boldsymbol{y})/(\boldsymbol{t}_a^{\mathrm{T}}\boldsymbol{t}_a)$。

⑦ 更新协方差矩阵 $(\boldsymbol{X}^{\mathrm{T}}\boldsymbol{y})_{a+1}=(\boldsymbol{X}^{\mathrm{T}}\boldsymbol{y})_a-\boldsymbol{p}_a\boldsymbol{q}_a(\boldsymbol{t}_a^{\mathrm{T}}\boldsymbol{t}_a)$，返回到第②步计算下一个主因子。

⑧ 计算完所有主因子，可以通过下式得到回归系数：

$$\boldsymbol{\beta}_{\text{PLS}}=Rq \tag{6-198}$$

部分重要证明介绍如下。

① 证明 $\boldsymbol{X}$ 矩阵和 $\boldsymbol{y}$ 矩阵中只须有一个减去计算出的主因子向量即可。

要证明此结果，须得到如下表达式

$$\boldsymbol{X}_{a+1}^{\mathrm{T}}\boldsymbol{y}_{a+1}=\boldsymbol{X}_a^{\mathrm{T}}\boldsymbol{y}_{a+1}=\boldsymbol{X}_{a+1}^{\mathrm{T}}\boldsymbol{y}_a$$

将 $\boldsymbol{X}_{a+1}^{\mathrm{T}}\boldsymbol{y}_{a+1}$ 展开可以得到如下结果

$$\begin{aligned}\boldsymbol{X}_{a+1}^{\mathrm{T}}\boldsymbol{y}_{a+1}&=(\boldsymbol{X}_a-\boldsymbol{t}_a\boldsymbol{p}_a^{\mathrm{T}})^{\mathrm{T}}(\boldsymbol{y}_a-\boldsymbol{t}_a\boldsymbol{q}_a^{\mathrm{T}})\\&=\boldsymbol{X}_a^{\mathrm{T}}\boldsymbol{y}_a-\boldsymbol{X}^{\mathrm{T}}\boldsymbol{t}_a\boldsymbol{q}_a^{\mathrm{T}}-\boldsymbol{p}_a\boldsymbol{t}_a^{\mathrm{T}}\boldsymbol{y}_a+\boldsymbol{p}_a\boldsymbol{q}_a^{\mathrm{T}}\boldsymbol{t}_a^{\mathrm{T}}\boldsymbol{t}_a\end{aligned}\tag{6-199}$$

$\boldsymbol{p}_a$ 和 $\boldsymbol{q}_a$ 可以按下式计算

$$\boldsymbol{X}_a^{\mathrm{T}}\boldsymbol{p}_a=\boldsymbol{t}_a/\boldsymbol{t}_a^{\mathrm{T}}\boldsymbol{t}_a\tag{6-200}$$

$$\boldsymbol{y}_a^{\mathrm{T}}\boldsymbol{q}_a=\boldsymbol{t}_a/\boldsymbol{t}_a^{\mathrm{T}}\boldsymbol{t}_a\tag{6-201}$$

由式（6-200）和式（6-201）可以得到

$$\boldsymbol{X}_a^{\mathrm{T}}\boldsymbol{t}_a=(\boldsymbol{t}_a^{\mathrm{T}}\boldsymbol{t}_a)\boldsymbol{p}_a\tag{6-202}$$

$$\boldsymbol{t}_a^{\mathrm{T}}\boldsymbol{y}_a=\boldsymbol{q}_a^{\mathrm{T}}(\boldsymbol{t}_a^{\mathrm{T}}\boldsymbol{t}_a)\tag{6-203}$$

将式（6-202）代入式（6-199）中

$$\begin{aligned}\boldsymbol{X}_{a+1}^{\mathrm{T}}\boldsymbol{y}_{a+1}&=\boldsymbol{X}_a^{\mathrm{T}}\boldsymbol{y}_a-\boldsymbol{p}_a\boldsymbol{q}_a^{\mathrm{T}}(\boldsymbol{t}_a\boldsymbol{t}_a^{\mathrm{T}})-\boldsymbol{p}_a\boldsymbol{t}_a^{\mathrm{T}}\boldsymbol{y}_a+\boldsymbol{p}_a\boldsymbol{q}_a^{\mathrm{T}}\boldsymbol{t}_a^{\mathrm{T}}\boldsymbol{t}_a\\&=\boldsymbol{X}_{a+1}^{\mathrm{T}}\boldsymbol{y}_a-\boldsymbol{p}_a\boldsymbol{t}_a^{\mathrm{T}}\boldsymbol{y}_a=(\boldsymbol{X}_a^{\mathrm{T}}-\boldsymbol{p}_a\boldsymbol{t}_a^{\mathrm{T}})\boldsymbol{y}_a=(\boldsymbol{X}_a-\boldsymbol{t}_a\boldsymbol{p}_a^{\mathrm{T}})^{\mathrm{T}}\boldsymbol{y}_a\\&=\boldsymbol{X}_a^{\mathrm{T}}\boldsymbol{y}_a\end{aligned}\tag{6-204}$$

将式（6-203）代入式（6-199）中

$$\begin{aligned}\boldsymbol{X}_{a+1}^{\mathrm{T}}\boldsymbol{y}_{a+1}&=\boldsymbol{X}_a^{\mathrm{T}}\boldsymbol{y}_a-\boldsymbol{X}^{\mathrm{T}}\boldsymbol{t}_a\boldsymbol{q}_a^{\mathrm{T}}-\boldsymbol{p}_a\boldsymbol{q}_a^{\mathrm{T}}(\boldsymbol{t}_a^{\mathrm{T}}\boldsymbol{t}_a)+\boldsymbol{p}_a\boldsymbol{q}_a^{\mathrm{T}}\boldsymbol{t}_a^{\mathrm{T}}\boldsymbol{t}_a\\&=\boldsymbol{X}_a^{\mathrm{T}}\boldsymbol{y}_a-\boldsymbol{X}_a^{\mathrm{T}}\boldsymbol{t}_a\boldsymbol{q}_a^{\mathrm{T}}\\&=\boldsymbol{X}_a^{\mathrm{T}}(\boldsymbol{y}_a-\boldsymbol{t}_a\boldsymbol{q}_a^{\mathrm{T}})\\&=\boldsymbol{X}_a^{\mathrm{T}}\boldsymbol{y}_{a+1}\end{aligned}\tag{6-205}$$

由式（6-204）和式（6-205）可得

$$\boldsymbol{X}_{a+1}^{\mathrm{T}}\boldsymbol{y}_{a+1}=\boldsymbol{X}_a^{\mathrm{T}}\boldsymbol{y}_{a+1}=\boldsymbol{X}_{a+1}^{\mathrm{T}}\boldsymbol{y}_a$$

② 推导从原始矩阵 $\boldsymbol{X}$ 中直接算出得分矩阵 $\boldsymbol{T}$ 的权重矩阵 $\boldsymbol{R}$ 公式。

$$\boldsymbol{T}=\boldsymbol{X}\boldsymbol{R}\tag{6-206}$$

$\boldsymbol{R}$ 可以由下列公式表示：

$$\boldsymbol{R}=\boldsymbol{W}(\boldsymbol{p}^{\mathrm{T}}\boldsymbol{W})^{-1}\tag{6-207}$$

通过定义，$\boldsymbol{R}$ 矩阵的每一列可以按顺序由如下公式算出：

$$t_1=X_1w_1=Xw_1$$

$$t_2 = X_2 w_2 = X(I - w_1 \boldsymbol{p}_1^{\mathrm{T}}) w_2 \tag{6-208}$$
$$\vdots$$
$$t_A = X(I - w_1 \boldsymbol{p}_1^{\mathrm{T}})(I - w_2 \boldsymbol{p}_2^{\mathrm{T}}) L (I - w_{A-1} \boldsymbol{p}_{A-1}^{\mathrm{T}}) w_A$$

所以有：

$$r_1 = w_1$$
$$r_2 = (I - w_1 \boldsymbol{p}_1^{\mathrm{T}}) w_2 \tag{6-209}$$
$$\vdots$$
$$r_A = (I - w_1 \boldsymbol{p}_1^{\mathrm{T}})(I - w_2 \boldsymbol{p}_2^{\mathrm{T}}) L (I - w_{A-1} \boldsymbol{p}_{A-1}^{\mathrm{T}}) w_A$$

上述关系可以用下式来表达

$$r_i = B_i w_i \tag{6-210}$$

而 $\boldsymbol{B}$ 可以通过递归的形式给出

$$B_{i+1} = B_i (I - w_i \boldsymbol{p}_i^{\mathrm{T}}) = B_i - B_i w_i \boldsymbol{p}_i^{\mathrm{T}} = B_i - r_i \boldsymbol{p}_i^{\mathrm{T}} \tag{6-211}$$

由式（6-210）和式（6-211）我们可以将 r_i 的计算方法以递归形式给出

$$r_1 = w_1 \tag{6-212}$$

在利用 PCR 和 PLS 进行多元校正时，具有适合高维数据、共线性严重和样本数量小于变量数量的数据、实质上对每个变量进行加权处理等的优点，但是同时具有以下一些缺陷：模型的建立取决于验证步骤；任何意外的因素都将降低多元校正的预测效果；不能自动区分和去除光谱或数据中的不良变量等。因此，对 PLS 或 PCR 多元校正方法进行改进，提高多元校正的预测效果，是化学计量学研究中的一个热点。

（二）人工神经网络

人工神经网络（ANN）是在模拟生物神经网络的基础上构建的一种信息处理系统，它是由大量的神经元按某种方式连接形成的智能仿生网络。作为新一代的智能型算法，它不依赖于精确的数学模型，具有并行性、容错性、非线性和自适应处理能力等特点，现已广泛地应用于化学各个分支领域。1943 年，法国心理学家 McCulloch 和 Pitts 发表的一篇关于神经系统的机能的文章被认为是人工神经网络研究的起点。1957 年，Rosenblatt 首次提出感知机模型，并将自组织和自学习的思想引入到智能系统，这一贡献对 30 年后 ANN 的崛起埋下了伏笔。到了 20 世纪 80 年代，由于计算机技术的高速发展，加上 Hopfield 反馈互联网络的提出，神经网络的发展达到一个新的高度。尤其是误差反传（error backforward propagation，EBP）网络得到了广泛应用（参见第三章）。在此基础上，又派生出了若干前馈网络，如径向基函数网络（radical base function net，RBFN）。最近的研究认为，RBFN 具有收敛速度快，对含高噪声的数据显示出更强的稳健性，能避免混沌行为而且结构简单等优点。这样的特点使得 RBFN 成为很有应用前景的神经网络[329～331]。在这里，我们仅以图 6-118为例，对 RBFN 神经网络的基本构成和原理作简明扼要的介绍。

图 6-118 给出的是一个包含有输入层（input layer）、隐层（hidden layer）和输出层（output layer）的三层 RBF 神经网络。第一层为输入层，由输入节点组成，输入层不处理信息，只负责向隐层输入一个 p 维样本向量 $\boldsymbol{x}$；第二层为隐层，可含有 $Q(Q>0)$ 个节点，每个节点为一信息处理单元，利用高斯函数 $f(X)=\exp-\frac{|x-c|^2}{2\sigma^2}$（给定中心 c 和宽度 σ）将输入向量 $\boldsymbol{x}$ 转化为一实值输出。图 6-118 所示神经网络含有 4 个隐节点，每个隐节点具有不同的 c 值。因此，输入向量 x 经过隐层 4 个神经元的映射后，转化成为一个 1×4 维的向量 $h=[h_1h_2h_3h_4]$。此 4 维向量通过权向量 $\boldsymbol{w}=[\boldsymbol{w}_1\boldsymbol{w}_2\boldsymbol{w}_3\boldsymbol{w}_4]^{t}$ 与输出层相连。最后，对于输入向量 $\boldsymbol{x}$，RBF 网络的计算结果为隐层输出 $\boldsymbol{h}$ 的线性组合 $\boldsymbol{hw}$。

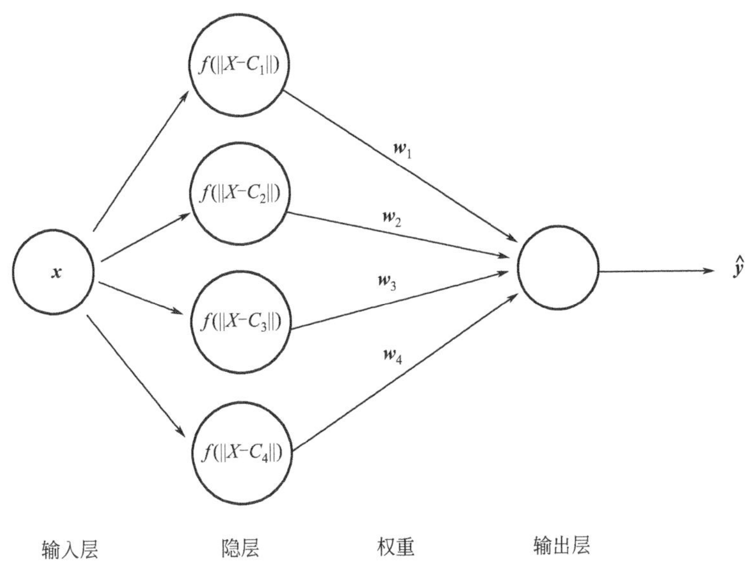

图 6-118 RBF 神经网络结构示意图

在了解了 RBF 网络的基本情况之后，下面来看看如何根据已有数据 $\{\boldsymbol{x}_i, \boldsymbol{y}_i\}(i=1, 2, \cdots, n)$ 训练一个神经网络呢？事实上，RBF 神经网络的训练指的是如何确定连接隐层和输出层的权向量 $\boldsymbol{w}$，因为隐层神经元的中心 c 和宽度 σ 需要人为给定或者采用某个算法给出（如我们可以采用 K 均值聚类确定隐层中心 c_i，$i=1, 2, \cdots, Q$）。这里我们介绍最简单的求取 $\boldsymbol{w}$ 的广义逆法。

假设隐层节点数 Q 取 4，在给定了高斯函数的参数 c 和 σ 后，对于每一个样本 x，可以将其转化为一个 4 维行向量。因此，n 个样本经隐层神经元处理后，将会得到一个 $n\times4$ 的矩阵 $\boldsymbol{H}$。另外，这 n 个样本的实际量测值为 $n\times1$ 的向量 $\boldsymbol{y}$。为了使训练误差达到最小，我们可以建立矩阵方程 $\boldsymbol{Hw}=\boldsymbol{y}$，进而采用求广义逆法或者最小二乘计算出神经网络的权向量 $\boldsymbol{w}=\boldsymbol{H}^{+}\boldsymbol{y}$。在神经网络训练完成之后，亦即得到 $\boldsymbol{w}$ 之后，就能够采用神经网络对新样本的性质预测。

值得提出的是，由于回归与分类可以进行转换，所以近年来在机器学习和数据发掘中发展了很多新方法，如支持向量机、分类和回归树（CART）、Boosting 建模、随机森林（RF）等，因这些方法都是将回归与分类一起进行的，所以，有关这些新方法的介绍，我们将在第七章中介绍，有兴趣的读者可参阅第七章的相关部分，在此，就不作重复介绍了。

第七节　回归建模中的稳健方法

稳健方法是统计学研究中的一个重要分支，同时也是目前化学计量学研究中的一个重要问题。本书将其在此节介绍，是因为它对于本章讨论的广义灰色分析体系中的多元校正方法特别重要。对于白色分析体系的多元校正，y 方向上的奇异点或奇异值主要反映在量测的波长点之上，这样的奇异点很容易被检测出来（参见本章 $\boldsymbol{M}$ 估计的实例），但是，对于广义灰色分析体系中的多元校正的建模，由于每个 y 方向上的奇异点或奇异值都对应于一个样本点，即校正矩阵 $\boldsymbol{X}$ 的每一行，这种奇异点就较难以检出，特别还由于广义灰色分析体系中的函数关系 $f(\cdot)$ 是非线性还是线性都难以确定，一些非线性点与奇异点的区分就更是增加了校正稳健建模的困难，正是因为广义灰色分析体系多元校正建模和化学研究中定量结构与活性关系（QSAR）的需求，近年来，稳健方法的研究在化学计量学得到了较快的发展。

在之前讨论的几种多元校正的模型中一般都假设化学的量测误差都是服从正态分布的等方差白噪声，但是在实际分析工作中这一假设不一定满足。Clancey 对 250 次量测包括 50000 个金属化学分析的误差分布进行调查的结果表明，其中只有 10%～15%可以看成是服从正态分布[332]，在对血样的调查也给出了相类似的结果[333]。出现这样的调查结果的原因可归结为两个原因：①化学量测的误差本来就不一定服从正态分布；②在量测过程中存在有奇异点。所谓奇异点是指远离分布整体的量测值。产生奇异点的原因很多，它可以是过失差错，也可能是样本点没有落在实验设计的范围之内，也可能就是极少数就来自此分布的奇异点。Barnett 和 Lewis 对此作出了较详细的讨论[334]。稳健多元分析的方法正是为消除或减轻奇异点影响和直接对非正态分布数据进行解析而设计的。

很多用于化学数据解析的方法都是基于最小二乘估计(LS)，如主成分分析(PCA)、多元线性回归(MLR)、主成分回归(PCR) 和偏最小二乘(PLS) 方法都属于此类方法。然而，最小二乘方法是不稳健的，这可能是由其目标函数是用残差的平方和所决定的：

$$\min\sum r_i^2=\min\sum\ (y_i-\alpha_1 x_{i1}-\alpha_2 x_{i2},\ \cdots,\ -\alpha_m x_{im})^2$$

式中，r_i是第 i 点的残差；y_i（$i=1,\ 2,\ \cdots,\ n$）为第 i 点的量测值（因变量）；x_{ij}（$i=1,\ 2,\ \cdots,\ n$；$j=1,\ 2,\ \cdots,\ m$）为第 i 点量测点上的第 j 个自变量；α_j（$j=1,\ 2,\ \cdots,\ m$）为第 j 个最小二乘估计值。从此式可以看出，如某一个量测值 y_i为一奇异点，它的残差很大，再经平方运算，则对最小二乘估计将产生很大影响。故稳健估计的第一步首先是由 Edgeworth[335] 在 1887 年提出的最小一乘估计，即

$$\min\sum\ |\ r_i\ |$$

然而，最小一乘估计只对 $\boldsymbol{y}_i$的奇异点稳健，而对另一类奇异点，亦称为坏杠杆点的值非常敏感。所谓杠杆点在回归分析中称为强影响点[336]，有关这类奇异点的例子可参阅文献[337]。为评价方法的稳健性，Hodges[338] 引入了崩溃点的概念，这一概念的更一般的计算公式则由 Hampel[339] 给出。一般说来，崩溃点的概念可解释为强烈影响估计偏离其“实际”情况的最小的奇异点数与估计时所包含点数的比值。最小二乘估计的崩溃点是 $1/n$，这就是说，只要在 n 个量测点中有一个是奇异点，它就可以完全破坏最小二乘估计。值得提出的是，如果存在坏杠杆点，最小一乘的崩溃点也是 $1/n$！图 6-119 示出了这样一个由奇异点对简单

最小二乘估计影响的实例。从图可以看出一个奇异点就对最小二乘估计影响十分大，它将完全破坏最小二乘估计。

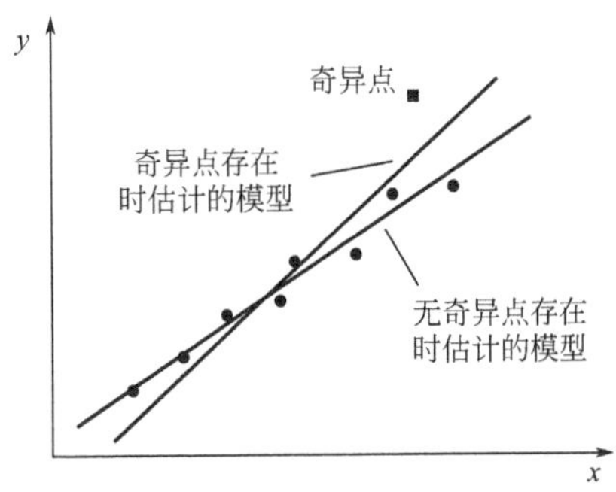

图 6-119 由一个奇异点对简单最小二乘估计影响示意图

在统计学中，一般用两种方法来处理含奇异点和非正态分布的数据，即诊断方法和稳健估计方法。如 Rousseeuw 和 Leory 指出的那样[340]，这两种方法虽处理顺序完全相反，但却殊途同归，具有相同目的。诊断方法是着重于首先找出奇异点，在剔除这些奇异点后继用经典估计方法处理；而稳健估计方法则是在解析过程中找到数据分布的主体，构造稳健估计模型，同时使数据中的奇异点不对估计产生影响（尽管这些奇异点有很大的残差）。在实际的应用中，两种方法几乎产生同样的结果，选择哪种方法来进行稳健估计无关紧要。在这里我们对近年来在统计学和化学计量学中出现的稳健方法进行讨论，使读者对多元分析中的稳健方法有一全面性了解。

一、回归诊断方法（regression diagnostic methods）

诊断方法主要是研究那些对最小二乘估计有较大影响的奇异点的特性，旨在找到一种作图或计算方法来直接将这些奇异点或强影响点检出，以消除它们对回归参数估计的影响。下面将对两类诊断方法，即所谓经典诊断方法和稳健诊断方法，进行较详细的讨论。

（一）经典诊断方法（classic diagnostics methods）

经典诊断方法主要是基于一些非稳健估计，如最小二乘估计模型和它的残差、均值及协方差矩阵的分析之上。在此我们首先介绍最小二乘估计的投影帽子矩阵 $\boldsymbol{H}$，因为很多诊断方法源出于此。

在化学计量学中称为直接校正的多元线性回归模型可写成如下的矩阵形式：

$$\boldsymbol{y}=\boldsymbol{X\alpha}+\boldsymbol{e}$$

其中

$$\boldsymbol{X}=\begin{pmatrix} x_{11} & x_{12} & \cdots & x_{1m} \\ x_{21} & x_{22} & \cdots & x_{2m} \\ \vdots & \vdots & \vdots & \vdots \\ x_{n1} & x_{n2} & \cdots & x_{nm} \end{pmatrix}$$

帽子矩阵可定义为

$$\boldsymbol{H}=\boldsymbol{X}(\boldsymbol{X}^{\mathrm{t}}\boldsymbol{X})^{-1}\boldsymbol{X}^{\mathrm{t}}$$

这个（$n\times n$）阶矩阵之所以称为帽子矩阵是因为它可直接将量测矢量转换成为最小二乘的估计值，即

$$\hat{\boldsymbol{y}}=\boldsymbol{H}\boldsymbol{y}=\boldsymbol{X}(\boldsymbol{X}^{\mathrm{t}}\boldsymbol{X})^{-1}\boldsymbol{X}^{\mathrm{t}}\boldsymbol{y}=\boldsymbol{X}\boldsymbol{\alpha}$$

容易证明，帽子矩阵为一幂等对称矩阵，即

$$\boldsymbol{H}\boldsymbol{H}=\boldsymbol{H}$$

$$\boldsymbol{H}=\boldsymbol{H}^{\mathrm{t}}$$

而且 $\mathrm{tr}(\boldsymbol{H})=m$

实因

$$\begin{aligned}\mathrm{tr}(\boldsymbol{H})&=\mathrm{tr}[\boldsymbol{X}(\boldsymbol{X}^{\mathrm{t}}\boldsymbol{X})^{-1}\boldsymbol{X}^{\mathrm{t}}]\\&=\mathrm{tr}[\boldsymbol{X}^{\mathrm{t}}\boldsymbol{X}(\boldsymbol{X}^{\mathrm{t}}\boldsymbol{X})^{-1}]=\mathrm{tr}(\boldsymbol{I}_m)=m\end{aligned}$$

在这里 tr（•）表示矩阵的迹。从帽子矩阵为一幂等对称矩阵的事实还意味着

$$\begin{aligned}\boldsymbol{H}_{ii}&=(\boldsymbol{H})_{ii}=(\boldsymbol{H}\boldsymbol{H})_{ii}=\sum(h_{ij}h_{ji})=\sum(h_{ij}h_{ij})=\sum(h_{ij}^2)\\&=h_{ii}^2+\sum_{i\neq j}(h_{ij})\end{aligned}$$

上式说明 $0<h_{ii}<1$。注意到

$$\partial\hat{y}_i/\alpha y_i=h_{ii}$$

说明 h_{ii} 可看成是第 i 个量测值对其预测值的影响程度的一种度量。这样，如果 h_{ii} 很大（靠近 1），即说明变量 i 对最小二乘估计有很大的影响。以下将依据帽子矩阵所得信息来进一步讨论回归分析中几个值得引起注意的问题。

（1）回归残差与高杠杆点　从式 $\hat{\boldsymbol{y}}=\boldsymbol{H}\boldsymbol{y}$ 和 $\hat{\boldsymbol{y}}-\boldsymbol{y}=\boldsymbol{\varepsilon}$ 可知，

$$\varepsilon=\hat{y}-Hy=(I-H)y=(I-H)(X\beta+e)=(I-H)e$$（参见文献[341]）

在此 e 为模型误差，它服从均值为零、方差为 σ^2 的正态分布，而 ε 为模型实际残差，从上式可知，它将同样服从均值为零、但方差为（$I-H$）σ^2 的正态分布，因为有，

$$E(\varepsilon)=0 \tag{6-213}$$

及

$$\mathrm{var}(\varepsilon)=(I-H)\sigma^2 \tag{6-214}$$

如果校正集样本的数目较大，即此时 $n \gg m$ 时，h_{ij}（$i \neq j$）将都会趋近于零，此时 $e_i \approx \varepsilon_i$，残差与模型误差相当。同时，从式（6-214）可以看出，每个残差的方差不同，它们的分布依赖于它们在回归空间点的位置，即 h_{ii} 的大小：

$$\mathrm{var}(\varepsilon_i) = (1 - h_{ii})\sigma^2$$

在回归分析中，靠近数据中心的点的 h_{ii} 一般都比较小，它们的方差 $\mathrm{var}(e_i)$ 也很接近于 σ^2，但是对于一些 $\boldsymbol{X}$ 空间的边界点，其 h_{ii} 都较大，此时它们的方差 $\mathrm{var}(e_i)$ 较小，这就意味着这些点的残差较小，模型明显偏向它们，所以它们就构成了对模型有显著影响的点，故称为强影响点，也称高杠杆点（leverage points）。一般说来，当 h_{ii} 大于它的平均值（m/n）的两倍或三倍时，可认为第 i 个量测值所对应的 $\boldsymbol{x}_i$ 是一个强影响或称为高杠杆点。由于模型明显偏向强影响或称为高杠杆点，而致使它们的残差将明显偏小，从而使得仅基于残差来诊断奇异点就较为困难了。

PCR 和 PLS 建模中的高杠杆点诊断类似于常规最小二乘建模中的高杠杆点的诊断，只是 PCR 和 PLS 是针对参与建模的潜变量空间而不是针对 $\boldsymbol{X}$ 来进行而已，

$$h_{ii} = 1/I + t_i^{\mathrm{t}}(\boldsymbol{T}^{\mathrm{t}}\boldsymbol{T})^{-1}t_i \text{（参见文献[342]）}$$

$1/I$ 项就代表截距的贡献，而 t_i^{t}（$\boldsymbol{T}^{\mathrm{T}}\boldsymbol{T}$）$^{-1}t_i$ 项则代表高杠杆点的贡献。注意到 PCR 和 PLS 的潜变量空间是相互正交的，即（$\boldsymbol{T}^{\mathrm{T}}\boldsymbol{T}$）为一对角矩阵，所以，上式可以简化为，

$$h_{ii} = 1/I + \sum_{a=1}^{A} \frac{t_{i,a}^2}{t_a^{\mathrm{t}} t_a}$$

（2）奇异点的类型　一般说来，奇异点就是一些远离数据主体的数据点。在回归模型中，奇异点可以从两方面来看，一种是一些与回归模型不相合（常称为 y 方向的奇异点），而另一种则是远离校正矩阵中其余点的数据点的奇异点（常称为 X 方向的奇异点，亦即前述的高杠杆点）。此外，我们还可见到一些奇异点，它们是以上两种奇异性质的结合，同时既是 X 方向又是 y 方向的奇异点。图 6-120 示出了这三种奇异点的类型在简单单变量回归模型的情况。从图可以看出，不同类型的奇异点对模型的影响是不同的。

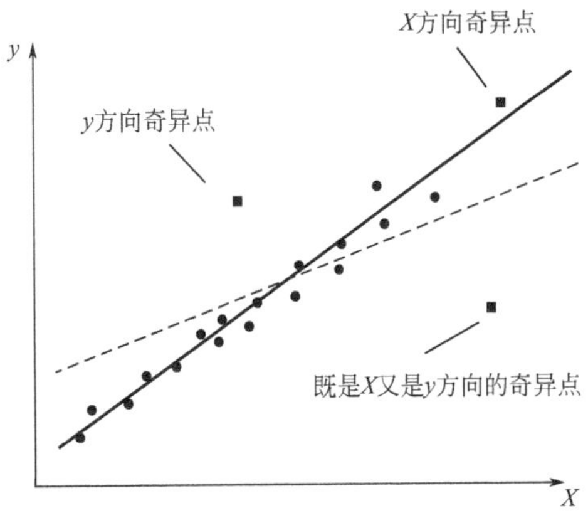

图 6-120　三种奇异点类型在简单单变量回归模型时的情况

实线：不包含奇异点的回归模型；点线：包含奇异点的回归模型；
圆点：正常样本；方点：不同类型的奇异点

在此值得指出的是，奇异点在不同数据集中时所起的作用是不同的，一般说来，在训练集的奇异点将主要是影响所建的模型参数估计（此点我们将在下面给出讨论），而在校验集的奇异点则将影响所建的模型的选择，即影响交叉校验的结果，它将使得交叉校验的结果不稳定。而且，在校验集的奇异点影响所建的模型选择还未得到足够的重视，此点我们将在适当的时候给予讨论。在测试集的奇异点将会影响最后模型的评价，这一点也还未得到足够重视，希望引起读者的注意。下面我们将先主要讨论在训练集中的奇异点对模型建立的影响，以及如何将它们诊断出来。

还有一点需注意，在图 6-120 中显示的奇异点的示意图是针对单变量回归模型而言的，但在广义灰色体系的校正回归模型中，大多是多变量回归模型，所以它们的诊断并不容易。图 6-121 示出了这样一个由两个自变量所构成的回归模型例子。本例是一个含 10 个样本的木樑强度数据，它的两个自变量为相对密度和湿固化量（moisture content）[343]。图 6-121 示出的是相对密度对湿固化量的点图。从图可以看出，两个自变量（x_1和 x_2）似乎都在一定的范围之内，没有远离中心的数值，如采用单变量方法来检查奇异点，将看不出任何奇异点来。但如果从整体来看，就可以看到图中的第四点（点 4）可能就是一个 X 方向的奇异点，实因，这十个样本的两个自变量有一定相关关系，而第四点（点 4）却破坏了这种相关关系。

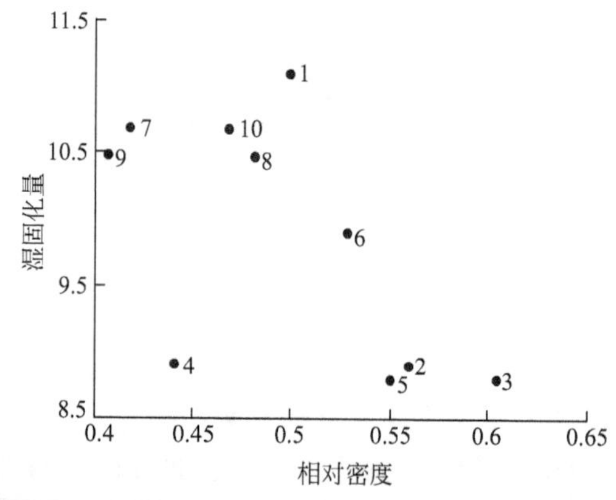

图 6-121 木樑强度数据中的相对密度对湿固化量的点图[343]

（3）内学生化残差（internally studentized y-residuals） 内学生化残差的定义如下：

$$r_i = \frac{\varepsilon_i}{s\sqrt{1-h_{ii}}}$$

内学生化残差也称为学生化残差或称为标准化残差。内学生化残差它具有均值为零和单位化方差的特点（证明参见文献［341］）。内学生化残差的表达式中的分子与分母是相互不独立的，这是因为分母中的标准差（s）是由残差（ε_i）算出。这样，如果点 i 为一奇异点，则点 i 的残差（ε_i）将较大，也将影响到标准差（s）的估计，从而影响内学生化残差的估计。

（4）外学生化残差（externally studentized y-residuals） 外学生化残差的定义如下：

$$r_i^* = \frac{\varepsilon_i}{s_i\sqrt{1-h_{ii}}}$$

外学生化残差也称为刀切法残差（Jackknife residual）[344]或学生化残差（R-student）[345]。从上式可以看出，外学生化残差与内学生化残差的主要差别就在标准差（s）的计算上。外学生化残差的标准差是采用（s_{-i}），即为剔除点 i 后建模所得的残差来计算标准差的，故其与残差（ε_i）无关，它们是相互独立的，不会影响外学生化残差的估计。所以一般都认为，外学生化残差比内学生化残差敏感，是一个较好的稳健诊断指标。

（5）拟合影响指数（influence on the fitted value，DFFITS）　拟合影响指数亦称 Welsch-Kuh 距离，主要考察奇异点对模型拟合的影响，其定义如下（文献[346]）：

$$\text{DFFITS}_i = \frac{\hat{y}_i - \hat{y}_{-i}}{s_{-i}\sqrt{h_{ii}}}$$

式中，$\hat{y}_i$ 表示包括了第 i 点所建模型在第 i 点上的拟合值；$\hat{y}_{-i}$ 表示剔除了第 i 点所建模型在第 i 点上的预测值。所以，通过 DFFITS_i 可以看得出第 i 点对回归拟合模型的影响。可以证明（[345]），DFFITS_i 还可以写成如下形式，

$$\text{DFFITS}_i = \left|\frac{h_{ii}}{1-h_{ii}}\right|^{1/2} r_i^*$$

有关 DFFITS 的几何意义可由图 6-122 示出。

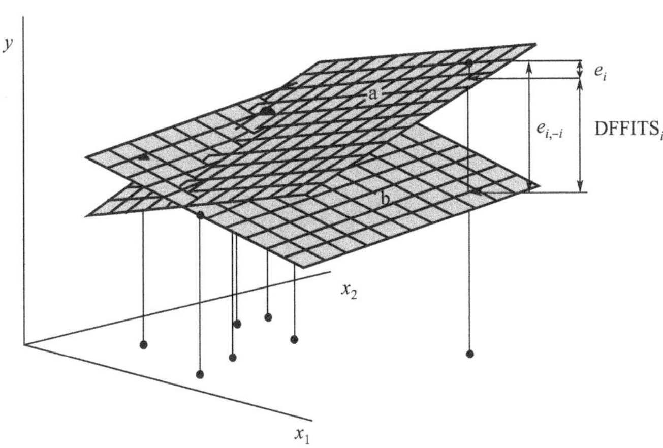

图 6-122　DFFITS 的统计几何意义

其中：模型 a 为将所有点都包含在内的回归模型，e_i 为其模型的残差；
模型 b 为将奇异点去除后所建的回归模型，$e_{i,-i}$ 为其模型的预测误差；
DFFITS_i 实际反映了两个模型之间的差异

（6）马氏距离（Mahananobis distance）　在统计学和化学计量学中，马氏距离是另一个常用的诊断工具，主要用来诊断 X 方向的奇异点。其定义式如下：

$$MD_i = (x_i - \bar{x})C^{-1}(x_i - \bar{x})^{\mathrm{t}}$$

在这里 $\boldsymbol{C}$ 是 $\boldsymbol{X}$ 矩阵的协方差阵，而则是 $x_i(i=1,2,\cdots,n)$ 的均值矢量。可以证明：

$$MD_i = (n\text{-}1)[(h_{ii} - 1)/n]$$

从上式可以看出，马氏距离与帽子矩阵有类似功效，因它本身就是的 h_{ii} 函数。

(7) Cook 距离 (Cook distance) 单独使用帽子矩阵和马氏距离不足以找到在回归分析中的全部奇异点和强影响点，另一个原因可能是由于它们都没有用到量测矢量 **y** 的信息。为了估价在量测矢量中第 i 个量测点的影响，似乎有必要在进行回归分析时比较包括第 i 个量测点或不包括第 i 个量测点时的回归参数的结果，这就导致了 Cook 的平方距离[347,348]：

$$CD_i^2=\{[\hat{\beta}-\hat{\beta}(i)]^{\mathrm{t}}M[\hat{\beta}-\hat{\beta}(i)]\}/c$$

可以证明，CD_i 还可表示为下式，即

$$CD_i^2=\frac{(\hat{y}-\hat{y}_{-i})^{\mathrm{T}}(\hat{y}-\hat{y}_{-i})}{ms^2}$$

在上述方程中，$\hat{\beta}$ 是 β 的最小二乘估计，而 $\hat{\beta}(i)$ 则是 β 的在没包括第 i 个量测点时对 $\beta\alpha$ 的最小二乘估计。如果选择 $\boldsymbol{M}=\boldsymbol{X}^{\mathrm{t}}\boldsymbol{X}$ 和 $c=ms^2=m[\sum r_i^2/(n-m)]$，由上式求得的 C 很大，这就说明第 i 个量测点对回归参数的估计有很大的影响。

值得指出的是，前述的多种诊断方法对于单个的奇异点或杠杆点都有一定作用，但是，由于奇异点或杠杆点具有很强的相互掩蔽效应 (masking or swamping effect)，以致造成很多假象而掩蔽了真正的奇异点和杠杆点。这种现象已成为目前回归诊断中的一个难点问题。注意到 Cook 的平方距离还可推广到诊断多个奇异点的情况[341]：

$$CD(I)^2=\{[\hat{\beta}-\hat{\beta}(I)]^{\mathrm{t}}M[\hat{\beta}-\hat{\beta}(I)]\}/c$$

在这里，I 代表对应于一个量测点子集的标号，别的都与前式中的意义相同。然而，怎样选择包括 I 的子集却的确不容易。而且，由于掩蔽效应，很可能有些奇异或强影响点在单独存在时影响不大，但如果它们协同作用时影响就大了。这样，各种可能的子集构成都必须加以考虑才行，由此导致的将是计算的实际困难。可以想象，如果我们必须计算所有可能的子集集合，即所有的 $C_n^p(p=1,2,\cdots,n/2)$，这就是所谓组合爆炸问题，恐怕是目前已有计算机都难胜任的大工作量任务。所以，如何有效地诊断多个奇异点共存而不受奇异点的掩蔽效应影响的问题实际上还是一个未完全解决的问题。

(二) 稳健诊断方法 (robust diagnostic methods)

为了克服奇异点的掩蔽效应，Rousseeuw 等提出了一个稳健距离[340]：

$$RD_i=[x_i-T(x)]C(X)^{-1}[x_i-T(x)]^{\mathrm{t}}$$

如果将此式与 $MD_i=(\mathrm{x_i}-\overline{\mathrm{x}})\mathrm{C}^{-1}(\mathrm{x_i}-\overline{\mathrm{x}})^{\mathrm{t}}$ 进行比较，容易发现，此式与其的主要差别在于用 $\boldsymbol{T}(x)$ 和 $\boldsymbol{C}(X)$ 分别代替了其中的不稳健的均值矢量 $\overline{\boldsymbol{x}}$ 和协方差阵 $\boldsymbol{C}$。在这里，$\boldsymbol{T}(x)$ 和 $\boldsymbol{C}(X)$ 为所谓的最小体积椭球估计 (MVE)[349]。它们可以通过下述迭代加权过程而得到：

$$\boldsymbol{T}(x)^k=\sum w_i^k\boldsymbol{x}_i/\sum w_i^k$$

$$\boldsymbol{C}(X)^k=\sum w_i^k[x_i-T(x)^k]^{\mathrm{t}}[x_i-T(x)^k]^k/(\sum w_i^k-1)$$

在这里的迭代权重因子 w_i^k 由前一次的稳健距离确定：

$$w_i^k = \begin{cases} 1 \\ 0 \end{cases}$$

Rousseeuw 等用此稳健距离，结合最小中位方差估计（LMS）来同时检出在 X 和 y 中的奇异点。然而 Cook 和 Hawkins 指出这一过程有可能过量检出奇异值，算法参数的很小变化，有时却能显著地改变稳健距离的检出结果。最近，Atkinson 和 Mulira 提出一种新的稳健诊断方法，即所谓的“钟乳石图”来消除多变量奇异点[350]。他们不改变马氏距离中的均值和协方差阵，而是采用逐步扩大计算子集并逐步剔除奇异点的方法来克服多个奇异点的掩蔽效应。

在化学计量学中，Hu 和 Massart 比较研究了几种稳健方法，如单个中位数法、重复中位数法、最小中位方差估计法（LMS）和模糊校正方法的检出奇异点的能力[351]。他们的结论是：在有奇异点存在的情况下，最小二乘估计难于获得正确结果，而稳健方法和模糊校正方法的估计结果一般是可接受的。陈文灿等提出一种基于所谓的“钟乳石图”算法基础的稳健诊断的新算法，可用于多个样本量测矢量的奇异点的同时检出。在有奇异点存在的情况下明显优于最小二乘估计[352]。

二、稳健回归方法

如前所述，在统计学中，可用两种方法来处理含奇异点的数据，即诊断方法和稳健估计方法。这两种方法具有相同目的。诊断方法是着重于首先找出奇异点，在剔除这些奇异点后继用经典估计方法处理；而稳健估计方法则是在解析过程中找到数据分布的主体，构造稳健估计模型，同时使数据中的奇异点不对估计产生影响（尽管这些奇异点有很大的残差）。在此，我们仅介绍几种常用稳健回归方法（robust regression methods）。

（一）最小一乘法

最小一乘法（least absolute method）首先是由 Edgeworth[353] 在 1887 年提出，其目标函数为 $\mathrm{Min}\sum|r_i|$，以减小最小二乘由于对残差进行平方运算而增大异常点对拟合的影响，从而达到稳健的效果。由于绝对值的计算不便于微分，最小一乘很难得到像最小二乘那样的简洁解析解，一般需采用优化方法求解，本文介绍的是一种基于数论的序贯全局优化方法[354]，主要还是应用于白色分析体系的直接校正方法。该优化方法采用数论方法在搜索区间均匀布点，继序贯收缩地搜索空间，故有序贯数论优化算法（SNTO）之称。与其他全局优化算法比，SNTO 具有原理清晰明了、算法易于实现等特点。当然，最小一乘法也可用线性规划的方法来求解[355,356]，有兴趣的读者可参阅文献[357]。SNTO 算法的第一步就是确定搜索区间，继在搜索区间均匀布点，序贯收缩以达到最优点的估计。

(1) 直接校正浓度估计的约束区间　从化学知识可知，浓度估计值 c_i ($i=1$，…，n) 都大于零，即 SNTO 算法的搜索下界为 $a=(0，\cdots，0)$，另从式 $y=c_1x_1+\cdots+c_nx_n+e$ 可知，

$$y_i = c_1x_{i1} + \cdots + c_nx_{in} + e_i$$

对于任一组分 k，有

$$y_i > c_kx_{ik} + e_i$$

亦即

$$c_k \leqslant (y_i+\alpha)/x_{ik} \leqslant \max[(y_i+\alpha)/x_{ik}](k=1,\cdots,n)$$
$$i \subset \{1,\cdots,m\}$$

式中，m 为量测点数（波长数）；α 为一正数，以替代误差的作用，其余符号意义同前。所以，多元校正的搜索区间的上界为：

$$b=\{\max[(y_i+\alpha)/x_{i1}],\cdots,\max[(y_i+\alpha)/x_{in}]\}$$

（2）n 维实数空间中的长方体域$[a,b]$ 时的 SNTO 算法　令 $a=(0,\cdots,0)$，$b=\{\max[(y_i+\alpha)/x_{i1}],\cdots,\max[(y_i+\alpha)/x_{in}]\}$，以及 $x=(x_1,\cdots,x_s)$，SNTO 的过程如下。

① 初始化。令 $t=0$，$\boldsymbol{D}^{(0)}=\boldsymbol{D}$，$a^{(0)}=a$ 以及 $b^{(0)}=b$。

② 产生 NT-net。用好格子点（good lattice point，GLP）集产生在 $\boldsymbol{D}^{(t)}=[a^{(t)},b^{(t)}]$ 上均匀分布含 n_t 点的点集 $\rho^{(t)}$。

③ 计算近似最优点。确定满足下式的 $x^{(t)}\in\rho^{(t)}\cup\{x^{(t-1)}\}$ 和 $\boldsymbol{M}^{(t)}$：

$$M^{(t)}=\mathrm{obj}(x^{(t)})=\sum|\,|\leqslant \mathrm{obj}(x),\forall x\in\rho^{(t)}\cup\{x^{(t-1)}\}$$

式中，$x^{(t-1)}$ 是空集；$x^{(t)}$ 和 $M^{(t)}$ 是到目前为止 x^* 和 M 的最佳近似。

④ 终止准则。令 $h^{(t)}=(b^{(t)}-a^{(t)})/2$。如果 $\max(h^{(t)})<\delta$，δ 为一预置的较小数，则可认为 $D^{(t)}$ 收缩到足够小，终止算法并接受 $x^{(t)}$ 和 $M^{(t)}$。否则，执行下一步。

⑤ 收缩搜索域。构造新的搜索域 $D^{(t+1)}=[a^{(t+1)},b^{(t+1)}]$：

$$a_i^{(t+1)}=\max(x_i^{(t)}-\gamma c_i^{(t)},a_i)$$

且

$$b_i^{(t+1)}=\min(x_i^{(t)}+\gamma c_i^{(t)},b_i)$$

式中，γ 是一预置的收缩因子。令 $t=t+1$，转到第②步。

方开泰等建议选取 $n_1>n_2=n_3=\cdots$并使用 $\gamma=0.5$。此外，虽然以上算法是为长方体搜索域中的优化问题而设计的，但可很容易地将它推广至一般的搜索域中。

（二）M 估计法（M-estimation method）

M 估计是极大似然估计的一种简称[358]。其主要思路也是改变估计的目标函数。反最小二乘估计用残差平方和为目标函数的做法，它重新定义了一个目标函数

$$\min\sum\rho(r_i)$$

式中，$\rho(.)$ 为一偶函数，即 $\rho(-t)=\rho(t)$，且在 t 等于零时具有唯一的最小值。对上式的回归参数求导可得

$$\sum \psi(r_i/s)x_i = 0$$

式中，$\psi(.)$ 为 $\rho(.)$ 的导函数；s 是残差 r_i 的分散度的估计值。式中的两个矢量的定义分别为：$x_i=(x_{i1}, x_{i2}, \cdots, x_{im})^t$ 和 $0=(0, 0, \cdots, 0)^t$。如果我们选 $\rho(r_i)=1/2$，则由式 $\min\sum\rho(r_i)$ 定义的 M 估计就是经典的最小二乘估计。

实际上，M 估计是直接从构造 ψ 函数而不是构造 ρ 函数出发，不同的 M 估计有着不同的 ψ 函数。在这里我们只给出一个例子来加以说明。Andrews[359]定义了如下的 ψ 函数：

$$\psi(z)=\begin{cases}\sin(z/c) & |z|<c \\ 0 & |z|>c\end{cases}$$

在这里 c 是一个截断参数。因 z 可以是残差也可以是残差的函数，所以 ψ 可以看成是回归参数 $\alpha_j(j=1, 2, \cdots, m)$ 的函数，这样，只要得到了 α_j，就可以得到 ψ。因此，M 估计在实际的计算中是一个迭代过程[360]。

① 最小二乘估计得到回归参数的初始估计：$\alpha=(\boldsymbol{X}^t\boldsymbol{X})^{-1}\boldsymbol{X}^t y$；然后，用下式对所得初始残差进行处理，目的在于降低大残差对下一步回归参数 $\alpha_j(j=1, 2, \cdots, m)$ 估计的影响：

$$r_{i新}=\begin{cases}1.5\times \text{median}(r_i)\times \text{sign}(r_i) & |r_i|>1.5\times\text{median}(r_i) \\ r_i & |r_i|<1.5\times\text{median}(r_i)\end{cases}$$

式中，median(r_i) 表示取残差的中位数，它是一个替代均值估计的稳健指标。回归参数的初始估计即可由下式得到：

$$\alpha^{\text{ini}}=\alpha+\Delta\alpha$$

在这里

$$\Delta\alpha=(\boldsymbol{X}^t\boldsymbol{X})^{-1}\boldsymbol{X}^t r$$

② 迭代过程：令

$$(w_i^{(k+1)})^2=\Psi(r_i^{(k)}/s^{(k)})/(r_i^{(k)}/s^{(k)})$$

在这里

$$s^{(k)}=\text{median}(|r_i^{(k)}|)$$

这样，方程 $\sum\Psi(r_i/s)x_i=0$ 可变为，

$$\sum[\mathrm{r}_i^{(k)}\Psi(\mathrm{r}_i^{(k)}/\mathrm{s}^{(k)})\boldsymbol{x}_i/r_i^{(k)}]s^{(k)}=\boldsymbol{0}s^{(k)}$$

将上式换成用 $w_i^{(k+1)}$ 而不用 $\Psi(r_i^{(k)}/s^{(k)})$ 来表示，即得

$$\sum[r_i^{(k)}\Psi(r_i^{(k)}/s^{(k)})\boldsymbol{x}_i/r_i^{(k)}]s^{(k)}=\sum\Psi[(r_i^{(k)}/s^{(k)})\boldsymbol{x}_i/(r_i^{(k)}/s^{(k)})]$$

$$=\sum r_i^{(k)}[\Psi(r_i^{(k)}/s^{(k)})/(r_i^{(k)}/s^{(k)})]\boldsymbol{x}_i=\sum r_i^{(k)}[(w_i^{(k+1)})^2]\boldsymbol{x}_i$$

$$=\sum\{(w_i^{(k+1)})[y_i-(\boldsymbol{\alpha}^{(k+1)})^{\mathrm{t}}\boldsymbol{x}_i]\}(w_i^{(k+1)})\boldsymbol{x}_i$$

$$=\sum(w_i^{(k+1)})[y_i-(\boldsymbol{\alpha}^{(k+1)})^{\mathrm{t}}\boldsymbol{x}_i]=\mathbf{0}$$

解上式可得

$$\boldsymbol{\alpha}^{(k+1)}=[\boldsymbol{X}^{\mathrm{t}}(\boldsymbol{W}^{(k+1)})^2\boldsymbol{X}]^{-1}\boldsymbol{X}^{\mathrm{t}}(\boldsymbol{W}^{(k+1)})^2\boldsymbol{y}$$

上式实际就是加权最小二乘估计的解析解，在这里 $(\boldsymbol{W}^{(k+1)})^2$ 为一对角矩阵，其对角元素就是 $\Psi(r_i^{(k)}/s^{(k)})/(r_i^{(k)}/s^{(k)})$。所以，在实际的计算过程中，就是通过 $[w_i^{(k+1)}]^2=\Psi[r_i^{(k)}/s^{(k)}]/[r_i^{(k)}/s^{(k)}]$ 得到 $w_i^{(k+1)}$，然后用上式得到 $\alpha^{(k+1)}$，再求得新的残差以开始下一轮迭代。重复此迭代过程，直至 $\alpha^{(k+1)}$ 与 $\alpha^{(k)}$ 的差值的模小于某一给定值。表 6-27 给出了一个这样的计算例子。从这一例子我们可以看到，M 估计的收敛速度很快。由 M 估计定义的初始残差和初始回归参数估计就可在迭代过程中排除了三个奇异点的影响（即表中的三个用下划线标明的数值：1.704，1.792 和 2.372）。在迭代过程中，第二次迭代就找到了还余下的那个奇异点（$y_i=1.006$，其残差在第二次迭代中为 0.2778）。在第三次的迭代过程中，它的影响亦被消除。注意到此时除四个奇异点外，所有的权因子都变成了 1。

表 6-27 M 估计迭代过程

迭代次数			第一次		第二次		第三次	
原始数据			α_1 1.336	α_2 −0.3981	α_1 0.7033	α_2 0.2086	α_1 0.5005	α_2 0.4000
y	x_1	x_2	残差	权重	残差	权重	残差	权重
0.5266	0.5207	0.6640	0.0933	0.9986	0.0218	0.9999	0.0004	1.000
0.6596	0.6640	0.8185	0.0985	0.9984	0.0219	0.9999	−0.0001	1.000
0.8001	0.8185	0.9766	0.0955	0.9984	0.0207	0.9999	−0.0001	1.000
0.9399	0.9766	1.129	0.0842	0.9988	0.0175	0.9999	−0.0003	1.000
1.107	1.129	1.265	0.0675	0.9992	0.0129	1.000	−0.0001	1.000
1.183	1.265	1.375	0.0392	0.9997	−0.0012	1.000	0.0004	1.000
1.268	1.375	1.449	0.0068	1.000	−0.107	1.000	−0.0002	1.000
1.318	1.449	1.482	−0.0286	0.9999	−0.0004	1.000	−0.0004	1.000
1.329	1.482	1.469	0.0663	0.9993	−0.0283	0.9999	0.0001	1.000
1.299	1.469	1.409	−0.1037	0.9982	−0.0361	0.9998	−0.0003	1.000
1.227	1.409	1.307	−0.1351	0.9970	−0.0411	0.9997	0.0002	1.000
1.122	1.307	1.169	−0.1598	0.9958	−0.0440	0.9997	0.0003	1.000
0.9890	1.169	1.009	−0.1704	0.9952	0.0115	0.9997	0.0000	1.000
0.8396	1.009	0.8370	−0.1732	0.9950	−0.0428	0.9998	0.0004	1.000
<u>1.006</u>	0.8370	0.6671	0.1513	0.9939	0.2778	0.000	0.3199	0.000

续表

迭代次数			第一次		第二次		第三次	
原始数据			α_1 1.336	α_2 −0.3981	α_1 0.7033	α_2 0.2086	α_1 0.5005	α_2 0.4000
y	x_1	x_2	残差	权重	残差	权重	残差	权重
0.5378	0.6671	0.5100	−0.1486	0.9963	0.0378	0.9998	−0.0001	1.000
1.704	0.5100	0.3735	1.137	0.000	1.268	0.000	1.299	0.000
1.792	0.3735	0.2618	1.369	0.000	1.474	0.000	1.500	0.000
2.372	0.2618	0.1754	2.071	0.000	2.151	0.000	2.171	0.000
0.1328	0.1754	0.1122	−0.0924	0.9991	0.0139	1.000	0.0002	1.000

在化学计量学的研究中，Philips 和 Eyring 最早将 M 估计用于回归分析[361]。他们对 38 套至少含 10 个数据点以上的数据来估计一元回归参数，即回归直线的斜率和截距，发现 M 估计优于或至少与经典最小二乘估计相当。Wolters 和 Kateman 应用另一种 M 估计方法通过 Monte-Carlo 模拟不同误差分布对参数估计的影响作出了详细的研究[362]。他们的结论是：对于所含数据点大于 10 的数据，M 估计一般都优于最小二乘估计。魏万之等用 Andrews 所提函数的 M 估计来进行多组分体系解析[363]，他们的研究结果表明，如果误差分布不属于正态分布，则稳健估计明显优于最小二乘估计。谢玉珑等[364]用几种 M 估计方法来处理多元校正中的部分非线性问题，那些偏离线性模型的波长点就作为奇异点看待，他们的结果表明稳健方法对消除部分非线性数据有显著效果。

（三）最小中位平方法（least median of squares，LMS）

一般说来，如果存在坏杠杆点，最小一乘的崩溃点是 $1/n$，而 M 估计的崩溃点难以大于 30%。为了得到具有高崩溃点的稳健估计，Rousseeuw 提出了最小中位方差估计（LMS）[365]。它的目标函数是：

$$\min \text{median}(r_i^2)$$

在这里 median（r_i^2）表示残差平方的中位数。LMS 估计的崩溃点可以达到 50%，这是稳健估计方法的可能达到的最高值。另外，LMS 估计对量测值的奇异点和高杠杆点都是稳健的，这样的例子可参见文献[336]。然而，LMS 估计的收敛速率较慢。一般说来，LMS 方法的计算时间与量测样本的点数（n）的立方成正比。为此，Steiger 和 Steel 提出了一个改进算法，其计算速度与 $[n\lg(n)]^2$ 成正比[366]。Massart 等首次将 LMS 估计引入化学计量学[367]。Rutan 等将 LMS 估计与自适应 Kalman 滤波方法用于消除一维数据的奇异点的情况进行了比较[368]。Ukkelberg 和 Borgen 为检出奇异点基于 LMS 估计提出了一种稳健的交替回归方法[369]。

该算法与前述的最小一乘完全一致，只需将最小一乘的目标函数 $\text{Min}\sum|r_i|$ 改为 Min median（）即可。

（四）最小修剪平方法（least trimmed squares，LTM）

为克服 LMS 估计的较慢收敛速率之不足，Rousseeuw[340] 提出了最小方差修剪估计，其目标函数为：

$$\min \sum_{i=1}^{h} (r_i^2)_{i:n}$$

在这里 $(r_i^2)_{1:n} < (r_i^2)_{2:n} < \cdots < (r_i^2)_{n:n}$。从上式可以看出，此法与最小二乘类似，不同的

地方只是LTS估计只取了一部分残差较小的来进行回归［即从$(r_i^2)_{1:n}$到$(r_i^2)_{h:n}$］。当取h为n的一半时，LTS估计的崩溃点也可达到50%，但是它的收敛速率明显加快。

该算法亦可使用前述的优化方法来实现，只需将目标函数改为$\min\sum_{i=1}^{h}(r_i^2)_{i:n}$即可，故此从略。

（五）稳健主成分回归法（robust principal component analysis）

由Walczak和Massart提出了一个稳健主成分回归法（RPCR），旨在构造一种奇异点的稳健检出方法[370]。他们的方法主要基于椭球多变量修剪法[371]（MVT）和最小中位方差估计（LMS）法。MVT法主要用于得到一个稳健的离差矩阵，继在此无奇异点干扰的离差矩阵上进行主成分分析以检出$\boldsymbol{X}$矩阵的奇异点，构成此稳健主成分回归法的第一步。接着，采用最小中位方差估计（LMS）法所得的标准化残差来检出量测矢量$\boldsymbol{y}$中的奇异值。

（六）稳健偏最小二乘法（robust partial least squares）

偏最小二乘估计（PLS）为化学计量学中的一最常用方法。由Wakeling和Macfie将其稳健化[372]。他们将PLS方法中的对$\boldsymbol{X}$和$\boldsymbol{Y}$矩阵的荷载矢量$\boldsymbol{w}$和$\boldsymbol{c}$的估计过程稳健化，研究结果表明，对于$\boldsymbol{Y}$矩阵中的奇异点此算法是有效的。这稳健化的代价是有关荷载矢量$\boldsymbol{w}$之间的正交关系难以保持。此算法是为对$\boldsymbol{X}$和$\boldsymbol{Y}$矩阵的奇异点进行独立地消除而设计的，其中的稳健步骤是采用了由Beaton和Tukey提出的双加权法[373]。

（七）降维处理的稳健方法（robust methods of dimensional reduction）

降维处理方法是化学计量学中的一个常用的分析方法，它可将化学量测中得到的高维数据转变成为易于观察的低维数据，在多元校正与分辨及模式识别中得到了广泛的应用。在这里我们将对近年来出现的一些稳健降维方法作出简要的介绍。

1. 投影寻踪法

如果一个化学量测的m维数据可看成是m维空间的一个点，则一组这样的化学量测数据可看成是m维空间的一簇点云。降维处理技术的目的就是找到一种方法，将这些高维数据点在低维空间中描述出来而尽量做到不改变这些高维点云的基本结构。近年来在多元统计研究中发展起来的投影寻踪法（PP）就是这样一种降维技术。它首先定义一种投影指标，然后，找到一种最优方法来实现这种投影。不同的投影指标就定义了不同的投影寻踪方法。Huber对PP方法进行了很好的评述[374]。Friedman和Stuetzle则将PP技术加以拓广，提出了投影寻踪回归[375]、投影寻踪分类[376]和投影寻踪密度估计[377]。

实际上，化学计量学中常用的主成分分析（PCA）本身就是一种特殊的PP过程。如把化学量测矩阵$\boldsymbol{X}$看成是包括n个m维数据点的点集，即量测矩阵$\boldsymbol{X}$中每一个行矢量$\{\boldsymbol{x}_{ii}=(\boldsymbol{x}_{i1},\boldsymbol{x}_{i2},\boldsymbol{x}_{i3},\cdots,\boldsymbol{x}_{im}),i=1,2,\cdots,\mathrm{n}\}$看成是一个数据点，同时记量测矩阵$\boldsymbol{X}$的协方差阵为$\boldsymbol{V}$，有$\boldsymbol{V}=\boldsymbol{X}^{\mathrm{t}}\boldsymbol{X}$。用$\lambda_1$，$\lambda_2$，…，$\lambda_m$表示协方差阵$\boldsymbol{V}$的特征值，则第一主成分轴$\boldsymbol{a}_1$就是将量测矩阵$\boldsymbol{X}$向其投影所得的方差最大的方向，即

$$\lambda_1=\max(\boldsymbol{a}_1^{\mathrm{t}}\boldsymbol{V}\boldsymbol{a}_1)=\max(\boldsymbol{a}_1^{\mathrm{t}}\boldsymbol{X}^{\mathrm{t}}\boldsymbol{X}\boldsymbol{a}_1)\ \|\boldsymbol{a}_1\|=1$$

$$\lambda_2=\max(\boldsymbol{a}_2^{\mathrm{t}}\boldsymbol{V}\boldsymbol{a}_2)=\max(\boldsymbol{a}_2^{\mathrm{t}}\boldsymbol{X}^{\mathrm{t}}\boldsymbol{X}\boldsymbol{a}_2)\ \|\boldsymbol{a}_2\|=1\qquad \text{并且}(\boldsymbol{a}_2\perp\boldsymbol{a}_1)$$

$$\vdots\qquad\vdots\qquad\qquad\vdots$$

$$\lambda_m=\max(\boldsymbol{a}_m^{\mathrm{t}}\boldsymbol{V}\boldsymbol{a}_m)=\max(\boldsymbol{a}_m^{\mathrm{t}}\boldsymbol{X}^{\mathrm{t}}\boldsymbol{X}\boldsymbol{a}_m)\ \|\boldsymbol{a}_m\|=1\quad \text{并且}(\boldsymbol{a}_m\perp\boldsymbol{a}_1,\ \cdots,\ \boldsymbol{a}_{m-1})$$

实际上，$\{\boldsymbol{a}_1,\boldsymbol{a}_2,\cdots,\boldsymbol{a}_m\}$就是协方差阵$\boldsymbol{V}$的对应于特征值$\lambda_i(i=1,2,\cdots,m)$的特征矢量。另

一方面，如果协方差阵**V**的主成分已知，则协方差阵**V**可以由主成分重构：

$$\boldsymbol{V}=\sum\lambda_i\boldsymbol{a}_i\boldsymbol{a}_i^t$$

从上两式可以看出，经典主成分分析因采用最大方差为其投影指标，故对奇异值很敏感，所以它是不稳健的。这暗示如果我们选择稳健的投影指标，就有可能得到稳健主成分分析。有趣的是在稳健回归与投影寻踪存在着密切关系[340]，正如Roosseeuw评论的那样，用投影寻踪来构造高崩溃点的稳健方法是在人意料之中的。

2. 稳健主成分分析和稳健奇异值分解法

李国英和陈忠链提出了一种基于投影寻踪的稳健主成分分析算法，他们将Huber的M估计的分散度作为投影指标[378]。谢玉珑等也提出了一个基于投影寻踪和模拟退火技术的稳健主成分分析算法，最小中位矢量作为其投影指标[379]。计算机的数值模拟结果显示出此稳健主成分分析方法对非正态分布数据和奇异值具有很强的抵御能力。同样是基于投影寻踪，Ammann[380]提出了一种新的稳健奇异值分解方法（RSVD）。此方法由两步迭代过程所构成：①对数据矩阵进行最小二乘回归拟合，继而将其向回归超平面进行旋转；②通过稳健的广义M估计得到协方差矩阵的特征值和特征矢量从而找到描述该数据阵的稳健协方差阵和期望值。此稳健奇异值分解方法（RSVD）可以成为很多多元分析方法的基础，如稳健多元回归、稳健多元判别分析和主成分分析等。

近年来，在统计学和化学计量学的研究中，稳健方法的研究日益受到重视，并取得了显著成果。其发展的动因主要来自对科学和工业研究的实际数据解析的需要，实因在实际数据中，奇异值和非正态数据经常遇到，而量测数据的正态性却又经常是很多现存多元分析方法的数学假设基础，这就使结果的可靠性受到影响。为克服这种假设与实际存在差异的矛盾，稳健方法就应运产生，而且特别是近年来得到飞速发展。化学计量学家们应跟上这一形势的发展，重视稳健方法的研究和在化学数据解析中的实际应用，特别地，对适合于化学数据特征的新的化学计量学稳健方法的研究应该得到应有的重视。

参考文献

[1] Danzer K. Anal Bioanal Chem，2004，380：376.

[2] Kaiser H. Foundations for the Critical Discussion of Analytical Methods//Korte F. Methodicum Chimicum v. 1 Analytical Methods，Part A，P. 2. New York：Academic Press，1974.

[3] Kateman G，Dijkstra Z A. Anal Chem，1979，247：249.

[4] Kowalski B R. Trends in Analytical Chemistry，1981，1（3）：71.

[5] Mellanby K. The Biological Significance of Analytical Data—All Enviromental Problems are Caused by Analytical Chemists！//Lecture Presented on 30th IUPAC Congress. Manchester，1983.

[6] Latinen H A. Anal Chem，1980，32：606A.

[7] 中国科学院长春应用化学研究所. 现代分析化学规划. 1986.

[8] 高鸿. 分析化学现状与未来//〈分析化学前沿〉主题报告. 北京：科学出版社，1991.

[9] 国家自然科学基金委员会. 自然科学学科发展战略调研报告//分析化学，北京：科学出版社，1991.

[10] Fresenius J Anal Chem，1992：343.

[11] MurrayA. Anal Chem，1991，63：271A.

[12] Danzer K. Analytical Chemistry，Theoretical and Metrological Fundamentals. Springer，2007.

[13] Gong F，Liang Y Z，Xu Q S，et al. Anal Chim Acta，2001，450：99.

[14] Breiman Leo. Statistical Science，2001，16（3）：199.

[15] Lorber A. Anal Chem，1986，58：1167.

[16] Booksh K S. Kowalski B R. Anal Chem，1994，66：762A.

[17] 俞汝勤. 化学计量学与现代分析化学//张焘. 科学前沿与未来. 第2集. 北京：科学出版社，1996：198.

[18] Sachez E，Kowalski B R. J Chemometr，1990，2：247.

[19] Sachez E，Kowalski B R. J Chemometr，1990，2：265.

[20] Faber K，Lorber A，Kowalski B R. J Chemometr，1997，11：419.

[21] Lorber A, Faber K, Kowalski B R. Anal Chem, 1997, 69: 1620.

[22] FaberK, Kowalski B R. J Chemometr, 1997, 11: 181.

[23] Liang Y Z, Kvalheim O M, Manne R. Chemommetr Intell Lab Syst, 1993, 18: 233.

[24] 梁逸曾. 白、灰、黑复杂分析体系及其化学计量学算法. 长沙: 湖南科技出版社, 1996.

[25] Junker A, Bergmann G. Fresennius′Z Anal Chem, 1976, 278: 191.

[26] ThijssenP C, Kateman G, Smit H C. Anal Chim Acta, 1984, 157: 99.

[27] ThijssenP C, Vogels L J P, Smit H C. Kateman G. Fresennius′Z Anal Chem, 1985, 320: 531.

[28] Sasaki K, Kawata S, Minami S. Appl Spectr, 1986, 40: 185.

[29] LiangY Z, Xie Y L, Yu R Q. Anal Chim Acta, 1989, 222: 347.

[30] Junker A, Bergmann G. Fresennius′Z Anal Chem, 1974, 272: 267.

[31] KaiserH. Fresennius′Z Anal Chem, 1972, 260: 252.

[32] OttoM, Wegscheider W. Anal Chim Acta, 1986, 180: 445.

[33] RutanS. Chemometri Intell Lab Syst, 1989, 6: 191.

[34] Brown S D. Anal Chim Acta, 1986, 181: 1.

[35] Kin-WaiMok, Foo-Tim Chau. Trends in Analytical Chemistry, 1996, 15: 170.

[36] 王柯敏, 李洁, 俞汝勤. 高等学校化学学报, 1989, 10: 356.

[37] Liu Y M, Yu R Q. Tananta, 1988, 35: 707.

[38] Brown C W, Lynch P F, Obermski R J, Lavery D S. Anal Chem, 1982, 54: 1472.

[39] Kisner H J, Brown C W, Kavernos G J. Anal Chem, 1982, 54: 1479.

[40] Brown C W, Lynch P F, Obermski R J, Lavery D S. Anal Chem, 1983, 55: 1703.

[41] Dief A S, Advanced Matrix Theory for Scientists and Engineers. Tunbridge Wells & London: Abacus Press, 1982: 93.

[42] StewartG W. Introduction to Matrix Computations. New York: Academic Press, 1973: 340.

[43] 俞汝勤. 化学计量学导论. 长沙: 湖南教育出版社, 1991: 94.

[44] Hoskuldsson A. J Chemometr, 1988, 2: 211.

[45] Manne R. Chemometr Intell Lab Syst, 1987, 2; 257; Martin T. Neas H. Multivariate Calibration. Chichester: Wiley, 1989.

[46] Saxbery B E H, Kowalski B R. Anal Chem, 1979, 51: 1038.

[47] Sharaf M A, Illman D L, Kowalski B R. Chemometrics. New York: John Willey & Sons, 1986: 139.

[48] Lorber A, Goldbart Z. Anal Chem, 56: 37.

[49] Winefordner J D, Avril R, et al. Spectrochim Acta, Part B, 37B, 1979: 1.

[50] Soumans P W J M. Theory of Spectrochemical Excitation. London: Hilger & Walts, 1966: 2-26.

[51] Barnett W B, Fassel V A, Kniseley R N. Spectrochim Acta, Part B, 23B. 1968: 643.

[52] Barnett W B, Fassel V A, Kniseley R N. Spectrochim Acta, Part B, 25B. 1970: 613.

[53] Duursma R P J, Smit H C, Maessen F J M J. Anal Chim Acta, 1981, 133: 393.

[54] Camahan B, Luther H A. Wilks J O. Applied Numerical Methods. London: Demic Press, 1972.

[55] Lorber A, Goldbart Z, Eldan M. Anal Chem, 1984, 56: 43.

[56] Frank I E. Chemom Intell Lab Syst, 1995, 27: 1.

[57] Widrow B, Hoff M E. WESCON Convention Record, Part 4. 1960, 8: 99.

[58] Hopfield J J. Proc Natl Acad Sci U S A, 1982, 79: 2554; 1984, 81: 3088.

[59] Hopfield J J, Tank D W. Biol Cybern, 1985, 52: 141.

[60] Rumelhart D E, MeClelland J L, et al. Parallel distributed processing: explorations in the microstructure of cognition. Cambridge M A: MIT press, 1986.

[61] Lippmann R P Proc. 1987 IEEE International Conference on Neural Networks. San Diago, 1989: 417.

[62] LippmannR P. Neural Commun, 1989, 1: 1.

[63] Wieland A, Leighton R. IEEE First International Conference on Neural Networks. 1987, 3: 385.

[64] 刘平, 梁逸曾, 王素国, 等. 化学学报, 1997, 54: 386.

[65] 宋新华, 陈苗, 俞汝勤. 中国科学 (B 辑), 1993, 23: 245.

[66] Simits J R M, Melssen W J, Buydens L M C, Katman G. Chemometr Intell Lab Syst, 1994, 23: 267.

[67] 史忠福. 神经计算. 北京: 电子工业出版社, 1993.

[68] Simits J R M, Melssen W J, Buydens L M C, Katman G. Chemom Intell Lab Syst, 1994, 22: 165.

[69] 张承福. 力学进展, 1994, 24: 186.

[70] 焦李成. 神经网络计算. 西安: 西安电子科技大学出版社, 1993.

[71] Vapnik V: The Nature of Statistical Learning Theory. Second Edition edn. New York: Springer, 1999.

[72] VapnikV. Statistical Learning Theory. New York: Wiley, 1998.

[73] Bruzzone L, Prieto D F. IEEE Trans. Geosci Remote, 1999, 37: 1179.

[74] Roussas G G, Stat Probab Lett, 2000, 50: 1.

[75] Nobal W S. Nat Biotechnol, 2006, 24: 1565.

[76] Walczak B, Massart D L. Anal Chim Acta, 1996, 331: 187.
[77] Walczak B, Massart D L. Anal Chim Acta, 1996, 331: 177.
[78] Kurita T, Taguchi T. IEICE Trans Inf Syst, 2005, E88-D: 628.
[79] Wang S T, Chung K F L, Deng Z H, et al. Appl Soft Comput, 2007, 7: 577.
[80] Li H D, Liang Y Z, Xu Q S. Chemometr Intell Lab, 2009, 95: 188.
[81] Schölkopf B, Smola A J, Williamson R, Bartlett P, Neural Comput, 2000, 12: 1207.
[82] Zhu D Z, Ji B P, Meng C Y, et al. Anal Chim Acta, 2007, 598: 227.
[83] Chalimourda A, Schölkopf B, SmolaA J. Neural Netw, 2004, 17: 127.
[84] http: //software. eigenvector. com/Data/SWRI/index. html.
[85] http: //www. swri. org/.
[86] Wang Y D, Veltkamp D J, Kowalski B R. Anal Chem, 1991, 63: 2750.
[87] Xu Q S, LiangY Z. Chemometr Intell Lab Syst, 2001, 56: 1.
[88] Chang C C, Lin C J. LIBSVM : a library for support vector machines, 2001 (Software available at http: //www. csie. ntu. edu. tw/~cjlin/libsvm).
[89] http://www. shef. ac. uk/acse/research/ecrg/getgat. html.
[90] 梁逸曾, 卢志强, 俞汝勤. 高等学校化学学报, 1989, 10: 704.
[91] Lober S A. Anal Chem, 1986, 58: 1167.
[92] Kateman G, Pijpers F W. Quality Control in Analytical Chemistry. Wiley, 1981: 79.
[93] CorreyW P, Kowalski R B. Anal Chem, 1986, 58: 3077.
[94] Currie L A. Anal Chem, 1968, 40: 586.
[95] Zscheble F P, Murray H C, Baker G A, Peddicord R G. Anal Chem, 1962, 34: 1776.
[96] Lorbor A. Anal Chem, 1983, 37: 2397.
[97] 梁逸曾, 谢玉珑, 俞汝勤. 高等学校化学学报, 1990, 16: 34.
[98] Malinowaski E R, Howery D G. Factor Analysis in Chemistry. New York: Wiley, 1980.
[99] 梁逸曾, 谢玉珑, 俞汝勤. 科学通报, 1989, 34: 1333.
[100] Rutan S C, Brown S D. Anal Chim Acta, 1984, 160: 99.
[101] RutanS C, Brown S D. Anal Chim Acta, 1985, 167: 23.
[102] Karstang, Kvalheim O M. Anal Chem, 1991, 63: 767.
[103] Ho C N, Christian G D, Davidson E R. Anal Chem, 1978, 30: 1108.
[104] Ho C N, Christian G D, Davidson E R. Anal Chem, 1980, 32: 1071.
[105] Ho C N, Christian G D, Davidson E R. Anal Chem, 1981, 33: 92.
[106] McCue M, Malinowski E D. J Chromtogr Sci, 1983, 21: 229.
[107] Burns D H, Callis J B, ChristianC D. Anal Chem, 1986, 38: 2803.
[108] Lorber A. Anal Chim Acta, 1984, 164: 164.
[109] Sanchez E, Kowalski B R. Anal Chem, 1986, 38: 499.
[110] 梁逸曾, 谢玉珑, 俞汝勤. 化学学报, 1990, 48: 472.
[111] Xie Y L, Liang Y Z, Yu R Q. Anal Chim Acta, 1993, 272: 61.
[112] Xie Y L, Liang Y Z, Yu R Q. Anal Chim Acta, 1993, 276: 233.
[113] 格罗布 G H, 万罗安 C F. 矩阵计算. 大连: 大连理工大学出版社, 1988.
[114] Lorbor A. Analytical Chemistry, 1984, 36: 1004.
[115] Malinowski E R, Howery D G. Factor Analysis in Chemistry. New York: Wiley, 1980.
[116] Sanchez E, Ramos L S, Kowalski B R. J Chromatogr, 1987, 383: 131.
[117] Ramos L S, Sanchez E, Kowalski B R. J Chromatogr, 1987, 383: 163.
[118] Wilson B E, Sanchez E, Kowalski B R. J Chemometr, 1989, 3: 493.
[119] ÖhmanJ, Geladi P, Wold S. J Chemometr, 1990, 4: 79.
[120] Öhman J, Geladi P, Wold S. J Chemometr, 1990, 4: 133.
[121] Liang Y Z, Manne R, Kvalheim O M. 大连, 1992, 14: 173.
[122] Burton K W C, Nickness O. Chemom Intell Lab Syst, 1987, 1: 133.
[123] Himmelblau D M. Applied Nonlinear Optimization. New York: McGraw-Hill, 1972.
[124] Avriel M. Nonlinear programming: Analysis and Method. Prentice-Hall, Englewood Cliffs, NJ. 1976.
[125] KirkpatrickS, Gelatt C D, Vecchi M P. Science, 1983, 220: 671.
[126] Bohachevsky I O, Johnson M E, Sein M L. Techmometrics, 1986, 28: 209.
[127] Holland J H. Adaptation in Natural and Artificial Systems. University of Michigan Press, Ann Arbor, MI. 1973.
[128] David L. Handbook of genetic Algorithm. New

York: Van Nostrand Reinhold, 1991.
[129] Xie Y L, Liang Y Z, Yu R Q. J Chemometr, 1993, 7: 369.
[130] 陈文灿，陈增萍，许静，崔卉，莫文莉，梁逸曾. 化学学报，1996，33：693.
[131] Sánchez E, Kowalski B R. J Chemometr, 1990, 4 (1): 29.
[132] Tucker L R. Psychometrika, 1966, 31 (3): 279.
[133] Kroonenberg P M, Leeuw de J. Psychometrika, 1980, 45 (1): 69.
[134] Harshman R A. UCLA Working Papers in Phonetics, 1970, 16 (1): 1.
[135] Carroll J D, Chang J J. Psychometrika, 1970, 35 (3): 283.
[136] SmildeA K. Chemometr Intell Lab Syst, 1992, 15 (2-3): 143.
[137] Kruskal J B, Harshman R A, Lundy M E. // Coppi R, Bolasco S (eds) Multiway Data Analysis. Amsterdam: Elsevier, 1989, 7-18.
[138] Louwerse D J, Smilde A K, Kiers H A L. J Chemometr, 1999, 13 (5): 491.
[139] KennethS, Dahl A, Michael J, et al. Chemometr Intell Lab Sys, 1999, 46 (2): 161.
[140] SmildeA K, Bro R, Geladi P. New York: Wiley, 2004, 23.
[141] WuH L, Nie J F, Yu Y J, Yu R Q. Anal Chim Acta, 2009, 650: 131.
[142] Wu H L, Li Y, Yu R Q. J Chemometr, 2014, 28: 476.
[143] Wu H L, Kang C, Li Y, et al. Chapter 4: Practical Analytical Applications of Multiway Calibration Methods Based on Alternating Multilinear Decomposition// Olivieri A C, Escandar G M, Goicoechea H C, Muñoz de la Peña A (Eds.). Fundamentals and Analytical Applications of Multi-way Calibration. Amsterdam, the Netherlands: Elsevier, 2015.
[144] Wu H L, Li Y, Kang C. et al. Chapter 3: Multiway Calibration Based on Alternating Multilinear Decomposition// Olivieri A C, Escandar G M, Goicoechea H C, Muñoz de la Peña A (Eds.). Fundamentals and Analytical Applications of Multi-way Calibration. Amsterdam, the Netherlands: Elsevier, 2015.
[145] Wu H L, Shibukawa M, Oguma K. J Chemometr, 1998, 12: 1.
[146] Bro R. Chemometr Intell Lab Syst, 1997, 38 (2): 149.
[147] Chen Z P, Wu H L, Jiang J H, Li Y, Yu R Q. Chemometr Intell Lab Syst , 2000, 52: 75.
[148] Xia A L, Wu H L, Fang D M. et al. J Chemometr, 2005, 19 (2): 65.
[149] Li Y, Wu H L, Nie C C, et al. Anal Methods, 2014, 6: 6322.
[150] Yu Y J, Wu H L, Kang C, et al. J Chemometr, 2012, 26: 197.
[151] Wu H L. Studies on Chemometric algorithms for multivariate calibration based on singular value decomposition [Dissertation] (supervisor: Koichi Oguma). Chiba University, 1998. Collected in Tokyo: NIPPON Kokuritsu Kokka Toshukan, National Diet Library.
[152] Sanchez E, Kowalski B R. Anal Chem, 1986, 58 (2): 496.
[153] Li S, Hamilton J C, Gemperline P J. Anal Chem, 1992, 64 (6): 599.
[154] Faber N, Buydens L, Kateman G. J Chemometr, 1994, 8 (2): 147.
[155] Faber N K M. J Chemometr, 2001, 15 (9): 743.
[156] Wilson B E, Sanchez E, Kowalski B R. J Chemometr, 1989, 3 (3): 493.
[157] Tauler R, Chemometr Intell Lab Syst, 1995, 30 (1): 133.
[158] Linder M, Sundberg R. Chemometr Intell Lab Syst, 1998, 42 (1): 159.
[159] ValderramaP, Poppi R J. Anal Chim Acta, 2008, 623 (1): 38.
[160] Olivieri A C. J Chemometr, 2005, 19 (4): 253.
[161] Gil D B, De La Peña A M, Arancibia J A, et al. Anal Chem, 2006, 78 (23): 8051.
[162] BortolatoS A, Arancibia J A, Escandar G M, et al. J Chemometr, 2007, 21 (12): 557.
[163] De Juan A, Tauler R A. Critical Rev Anal Chem, 2006, 36 (3-4): 163.
[164] AndersenC M, Bro R. J Chemometr, 2003, 17 (4): 200.
[165] Bro R, Kiers H a L. J Chemometr, 2003, 17 (5): 274.
[166] Mitchell B C, Burdick D S. Chemometr Intell Lab Syst, 1993, 20 (2): 149.
[167] Rayens W S, Mitchell B C. Chemometr Intell Lab Syst, 1997, 38 (2): 173.
[168] Hopke P K, Paatero P, Jia H, et al. Chemometr Intell Lab Syst, 1998, 43 (1): 25.
[169] De Juan A, Tauler R. J Chemometr, 2001, 15 (10): 749.
[170] FaberN K M, Bro R, Hopke P K. Chemometr Intell Lab Syst, 2003, 65 (1): 119.
[171] Tomasi G, Bro R. Comput Stat Data Anal, 2006, 50 (7): 1700.

[172] Yu Y J, Wu H L, Nie J F, et al. Chemometr Intell Lab Syst, 2011, 106: 93.

[173] Zhang S R, Wu H L, Yu R Q. J Chemometr, 2014, 29: 179.

[174] Olivieri A C, Arancibia J A A Muñoz de la Peña, et al. Anal Chem, 2004, 76 (19): 5657.

[175] Kang C, Wu H L, Yu Y J, et al. Anal Chim Acta, 2013, 758 (3): 45.

[176] Kruskal J B. Linear Algebra and Its Applications, 1977, 18: 95.

[177] Xia A L, Wu H L, Li S F, et al. J Chemometr, 2007, 21 (3-4): 133.

[178] Sidiropoulos N D, Bro R. J Chemometr, 2000, 14: 229.

[179] Fu H Y, Wu H L, Yu Y J, et al. J Chemometr, 2011, 25 (8): 408.

[180] Bulmer, Shurvell H F. J Phys Chem, 1973, 77: 236.

[181] Battlett M S, Psychol Br J. Stat Seet, 1930, 3: 77.

[182] ZZ Hugus Jr, El-Awady A A. J Phys Chem, 1971, 73: 2934.

[183] Kankare J J. Anal Chem, 1970, 42: 1322.

[184] Cattell R B. Educ Psych Meas, 1938, 18: 791.

[185] Cochran R N, Horne F H. Anal Chem, 1977, 49: 846.

[186] Malinowski E R. in Bruce Kowalski Ed. Chemometrics: Theory and Application, ACS Symp. Ser 32. Washington D C.: American Chemical Society, 1977.

[187] Malinowski E R, Howery D G. Factor Analysis in Chemistry. New York: Wiley-Interscience, 1980.

[188] Malinowski E R. J Chemometrics, 1988, 3: 49.

[189] Luck W A P. Structure of Water and Aqueous Solutions. Weinheim: Verlag Chemie, 1974.

[190] Brink G, Glasser L. J Phys Chem, 1978, 82: 1000.

[191] Forland G M, Liang Y Z, Kvalheim O M, et al. J Phys Chem B, 1997, 101: 6960.

[192] Liang Y Z, Kvalheim O M, Rahmani A, et al. J Chemometr, 1993, 7: 15.

[193] 沈海林，梁逸曾，俞汝勤，等. 中国科学（B辑），1997，27：336.

[194] 沈海林，李晓宁，梁逸曾. 科学通报，2000，45：578.

[195] CuestaS F, Toft J, van den Bogaert B, et al. Anal Chem, 1996, 68: 79.

[196] Windig W, Guilment J. Anal Chem, 1991, 63: 1425.

[197] Grande B V, Manne R. Chemometr Intell Lab Syst, 1999, 50: 19.

[198] Gemperline P J, Hamilton J C. J Chemometr, 1989, 3: 455.

[199] Lawton W E, Sylvester E A. Technometric, 1971, 13: 617.

[200] Osten D W, Kowalski B R. Anal Chem, 1984, 36: 991.

[201] Sharaf M A, Kowalski B R. Anal Chem, 1982, 34: 1291.

[202] KawataS, Komeda H, Sasaki K, Minami S. Appl Spectrosc, 1983, 39: 610.

[203] Gillette P C, Lando J B, Koenig J L. Anal Chem, 1983, 33: 630-633.

[204] Ohta M. Anal Chem, 1973, 43: 333.

[205] Sharaf M A. Anal Chem, 1986, 38: 3084.

[206] Borgen O S, Kowalski B R. Anal Chim Acta, 1983, 174: 1.

[207] Borgen O S, Davidson N, Mingyang Z, Øyen O. Mikrochim Acta, 1986, 2: 63.

[208] GemperlineP J. J Chem Inf Comput Sci, 1984, 24: 206.

[209] Vanteginste B G M, Esser T, Bosman T, et al. Anal Chem, 1983, 37: 971.

[210] XuJ, Liang Y Z, Yu R Q. J Chemometr, 1993, 10: 63.

[211] 梁逸曾，谢玉珑，俞汝勤. 化学学报，1991，49：394.

[212] Gampp H, Maeder M, Meyer C J, Zubbuhler A D. Tananta, 1985, 32: 1133.

[213] Maeder M, Zubbuhler A D. Anal Chim Acta, 1986, 181: 287.

[214] Maeder M. Anal Chem, 1987, 39: 327.

[215] MaederM, Zilian A. Chemometr Intell Lab Syst, 1988, 3: 203.

[216] Keller H R, Massart D L. Anal Chim Acta, 1991, 246: 279.

[217] Keller H R, Massart D L, Liang Y Z, Kvalheim O M. Anal Chim Acta, 1992, 263: 123.

[218] Malinowski E R. Journal of Chemometrics, 1992, 6: 29.

[219] Gemperline P J, Hamilton J C. J Chemometr, 1989, 3: 433.

[220] Kvalheim O M, Liang Y Z. Anal Chem, 1992, 64: 936.

[221] Liang Y Z, Kvalheim O M, Keller H R, et al. Anal Chem, 1992, 64: 946.

[222] Geladi P, Wold S. Chemometr Intell Lab Syst, 1987, 2: 273.

[223] LiangY Z, Kvalheim O M, Rahmani A, Brereton R G. J Chemometr, 1993, 7: 13.

[224] Liang Y Z, Kvalheim O M, Rahmani A, Brereton

R G. Chemometr Intell Lab Syst，1993，18：263.
[225] Liang Y Z，Kvalheim O M，Hoskulsson A. J Chemometr，1993，7：277.
[226] Liang Y Z，Kvalheim O M. Chemometrics and Intelligent Laboratory Systems，1993，20：113.
[227] Brereton R G，Rahmani A，Liang Y Z，Kvalheim O M. Photochem Boichem，1994，39：99.
[228] Libnau F O，Toft J，Christy A A，Kvalheim M O. J Ame Chem Soc，1994，116：8311-8316.
[229] 沈海林，梁逸曾，俞汝勤，等. 中国科学（B辑），1997，27：336.
[230] Lorber A. Analytical Chemistry，1986，38：1167.
[231] LiangY Z，Kvalheim O M. Anal Chim Acta，1994，276：423.
[232] Liang Y Z，Kvalheim O M. Anal Chim Acta，1994，292：3.
[233] Xu Q-S，Liang Y Z. Chemometr Intell Lab Syst，1999，45：335.
[234] Manne R，Shen H-L，Liang Y Z. Chemometr Intell Lab Syst，1999，43：171.
[235] ShenH-L，Liang Y Z，Manne R. Chemometr Intell Lab Syst，1999，43：323.
[236] ManneR. Chemometr Intell Lab Syst，1993，27：89.
[237] LiangY Z，Manne R，Kvalheim O M. Chemometr Intell Lab Syst，1994，22：229.
[238] Hirschfeld T. Anal Chem，1980，32：297A.
[239] Hirschfeld T. Science，1983：230.
[240] Burdick D S，Tu X M，McGown L B，Millican D W. J Chemometrics，1990，4：13.
[241] Kroonenberg P M，Leeuw J de. Psychometrika，1980，43：69.
[242] Sanchez E，Kowalski B R. J Chemometr，1990，4：29.
[243] Harshman R A. UCLA Working papers in phonetics，1970，16：1.
[244] Carroll J D，Chang J J. Psychometrika，1970，33：283.
[245] De ligny C L，Spanjer M C，Van Houwelingen J C，Weesie H M. J Chromatogr，1984，301：311.
[246] Appellof C J，Davidson E R. Anal Chem，1981，33：2033.
[247] Wold S，Geladi P，Esbensen K，Ohman J. J Chemometr，1987，1：41.
[248] Li，Gemperline. Analyt Chem，1992，64：399.
[249] Bro R. Chemom Intell Lab Syst，1997，38：149.
[250] Wu H L，Shibukawa M，Oguma K. J Chemom，1998，12：1.
[251] Jiang JH，Wu HL，Li Y，et al. J Chemometr，2000，14（1）：15.
[252] Chen Z P，Li Y，Yu R Q. J Chemometr，2001，15（3）：149.
[253] Chen Z P，Wu H L，Jiang J H，et al. Chemometr Intell Lab Syst，2000，52：75.
[254] Norris K H. History of NIR. J Near Infrared Spectroscopy，1996，64：31-37.
[255] ReichG. Adv Drug Deliv Rev，2005，7：1109.
[256] Koehler Ⅳ F. W，Lee E，Kidder L H，et al. Spectroscopy，2002，14（3）：12-19.
[257] Williams P，Norris K. Near-Infrared Technology in the Agricultural and Food Industries，USA，1987.
[258] Roggo Y，Duponchel L，Huvenne J P. J Agr Food Chem，2004，52：1051.
[259] Larrechi M S，Callao M P. Trends in Anal Chem，2003，22（10）：634.
[260] Blanco M，Maspoch S，Villarroya I，et al. Appl Spectr，2001，55（7）：834-839.
[261] SwarbrickB. Vibr Spectr，2007，44：171.
[262] Miller C E. Chemometr Intell Lab Syst，1994，30：11.
[263] BlancoM，Alcal M. Anal Chim Acta，2006，557：353.
[264] Roggo Y，Chalus P and Maurer L，et al. J Pharm Biomed Anal，2007，44：683.
[265] Luypaert J，Massart D L，Vander Heyden Y. Talanta，2007，72：865.
[266] Blanco M，Coello J，Iturriaga H，et al. Analyst，1998，123：135.
[267] Cort P，Savini L，Dreassi E，et al. Pharm Acta Helv，1992，67：57.
[268] UlmschneiderM，Barth G，Reder B，et al. Pharm Ind，2000，62：301.
[269] UlmschneiderM，Barth G，Trenke E. Pharm Ind，2000，62：374.
[270] KrämerK，Ebel S. Anal Chim Acta，2000，420：155.
[271] Beckenkamp K，Ohm M，Molt K，et al. Eur Pharm Rev，2001：28.
[272] Zhou X，Hines P，Borer M E. J Pharm Biomed Anal，1998，17：219.
[273] Dziki W，Bauer J F，Szpylman J J，et al. J Pharm Biomed Anal，2000，22：829.
[274] FrakeP，Gill I，Luscombe C N，et al. Analyst，1998，123：2043.
[275] O'NeilA J，Jee R D，Moffat A C. Analyst，1999，124：33.
[276] StorzE，Steffens K J. Pharm Ind，2002，64：398.
[277] RØsanen E，Rantanen J，Jargensen A，et al. J Pharm Sci，2001，90：389.
[278] Jaergensen A，Rantanen J，Karjaleinen M，et al.

Pharm Res, 2002, 19: 1285.

[279] Freitas M P, Sabadin A, Silva L M, et al. J Pharm Biomed Anal, 2005, 39: 17.

[280] Findlay W P, Peck G R, Morris K R. J Pharm Sci, 2005, 94: 604.

[281] Berntsson O, Zackrisson G, Ostling G. J Pharm Biomed Anal, 1997, 15: 895.

[282] Broad N W, Jee R D, Moffat A C, et al. Analyst, 2000, 125: 2054.

[283] Plumb A P, Rowe R C, York P, et al. Eur J Pharm Sci, 2002, 16: 281.

[284] Kamat M S, Lodder R A, DeLuca P P. Pharm Res, 1989, 6: 961.

[285] Arnold S A, Crowley J, Vaidyanathan S, et al. Enzyme Microb Technol, 2000, 27: 691.

[286] Cho J, Gemperline P J, Aldridge P K, et al. Anal Chim Acta, 1997, 348: 303.

[287] Rantanen J, Rasanen E, Tenhunen J, et al. Eur J Pharm Biopharm, 2000, 50: 271

[288] Rantanen J, Rasanen E, Antikainen O, et al. Chemom Intell Lab Syst, 2001, 56: 51.

[289] Sukowski L, Ulmschneider M. Pharm Ind, 2005, 67: 830.

[290] Févotte G, Calas J, Puel F, et al. Int J Pharm, 2004, 273: 159.

[291] Andersson M, Folestad S, Gottfries J, et al. Anal Chem, 2000, 72: 2099.

[292] Herkert T, Prinz H, Kovar K A. Eur J Pharm Biopharm, 2001, 51: 9.

[293] FDA.Guidance for Industry PAT-A Framework for Innovative Pharmaceutical Development, Manufacturing, and Quality Assurance, Sep 2004. http: //www. fda. gov/ (accessed May 2009).

[294] Baughman E. in: Process Analytical Technology. Bakeev K A Ed. Oxford UK: Blackwell Publishing, 2005: 1-10.

[295] Sahni N S, Isaksson T, Naes T. Chemometr Intell Lab Syst, 2001, 56: 105.

[296] Howard M. in: Burns D A, Ciurczak E W, Eds. Data analysis: multilinear regression and principal component analysis. Handbook of Near-Infrared Analysis. 2nd edition. New York/Basel: Marcel Dekker Inc, 2001: 129-184.

[297] Wold S, Esbensen K and Geladi P. Chemometr Intell Lab Syst, 1987, 2: 37.

[298] Hastie T, Tibshirani R, Friedman J. The Elements of Statistical Learning—Data Mining, Inference, and Prediction. Second Edition. Berlin: Springer, 2008.

[299] 陆婉珍，袁洪福，徐广通. 现代 NIR 分析技术. 北京：中国石化出版社，2000.

[300] Su Z Q, Tong W D, Shi L M, et al. Anal Lett, 2006 (39): 2073.

[301] Asikainen A, Ruuskanen J, Tuppurainen K. Env Sci Technol, 2004, 38: 6724.

[302] Tong W D, Hong H X, Fang H, et al. J Chem Inf Comput Sci, 2003 (43): 525.

[303] Kennard R W, Stone L A. Technometr, 1969, 11: 137.

[304] PravdovaV, Walczak B, Massart D L, et al. Anal Chim Acta, 2001, 450: 131.

[305] Galvão R K H, Araujo M C U, Jose G E, et al. Talanta, 2005, 67: 736.

[306] Stone M. J Roy Statist, 1974, 36: 111.

[307] Wold S. Technometrics, 1978, 20: 397.

[308] GeisserS. J Am Stat Assoc, 1975, 70: 320.

[309] Herrzberg G, Tsukanov S. Utilitas Mathematics, 1986, 29: 109.

[310] Burman P. Biometrika, 1989, 76: 503.

[311] Breiman L, Friedman J H, Olshen R A, Stone C. Classification and Regression Trees, Wadsworth, Belmont, CA, 1984.

[312] Zhang P. Ann Stat, 1993, 21: 299.

[313] Martens H A, Dardenne P. Chemom Intell Lab Syst, 1998, 44: 91.

[314] Næs T. Chemom Intell Lab Syst, 1989, 5: 155.

[315] Hoskudsson A. Chemom Intell Lab Syst, 1996, 32: 37.

[316] Unscrambler for Windows, User' s Guide, CAMO 1996. Trondheim, Norway.

[317] Indahl U G, Næs T. J Chemometrics, 1998, 12: 261.

[318] EfronB. J Am Stat Assoc, 1986, 81: 461.

[319] Shao J. J Am Stat Assoc, 1993, 88: 486.

[320] Stone M. J R Stat Soc, 1977, B 39: 44.

[321] Xu Q S, Liang Y Z. Chemometr Intell Lab Syst, 2001, 56: 1.

[322] Xu Q S, Liang Y Z, Du Y P. J Chemometr, 2004, 18: 112.

[323] Hardy A J, Maclaurin P, Haswell S J, et al. Chemometr Intell Lab Syst, 1996, 34: 117.

[324] Filzmoser P, Liebmann B, Varmuza K. J Chemometr, 2009, 23: 160.

[325] Tian Y, Zhang J, Morris J. Ind Eng Chem Res, 2001, 40 (21): 4525.

[326] Martin A. J Chemometr, 2009, 23: 518.

[327] Lindgren F, Geladi P, Wold S. J Chemometr, 1993, 7: 45.

[328] Dayal B S, MacGregor J F. J Chemometr, 1997, 11: 73.

[329] Chen S, Cowan C F N, Grant P M. IEEE Transactions on Neural Networks, 1991, 2 (2): 302.
[330] ChenS, Wu Y, Luk B L. Ieee Transactions on Neural Networks, 1999, 10 (5): 1239.
[331] Er M J, Wu S Q, Lu J W, Toh H L. Ieee Transactions on Neural Networks, 2002, 13 (3): 697.
[332] ClanceyV J. Nature, 1947, 159: 339.
[333] HarrisE K, DeMets D L. Clin Chem, 1972, 18: 605.
[334] Barnett V, Lewis T. Outlier in Statistical data. 3rd edn. Chichester: Wiley, 1993.
[335] Edgeworth F Y. Hermathena, 1887, 6: 279.
[336] Rousseeuw P J. J Chemometr, 1991, 5: 1.
[337] 王松桂. 近代回归分析. 上海: 上海科技出版社, 1988.
[338] Hodges J L. Efficiency in normal samples and tolerance of extreme values for some estimates of location. Proc Fifth Berkeley Symp Math Stat Probab, 1967, 1: 163-168.
[339] Hampel H R. A general qualitative definition of robustness. Ann Math Stat, 1971, 42: 1887.
[340] Rousseeuw P J, Leory A M. Robust regression and outlier detection. New York: John Wiey & Sons, 1987.
[341] Cook R D, Weisberg S. Residuals and Influence in Regression. London NY: Chapman & Hall, 1982.
[342] Martens H, Naes T. Multivariate Calibration. New York: Wiley & Sons, 1991: 276.
[343] Draper N R, Stoneman D M. Technometrics, 1966, 8: 695.
[344] Meloun M, Militky J. Detection of Single Influential Points in OLS Regression Model Building. Anal Chim Acta, 2001, 439: 169.
[345] Myers R H. Classical and Modern Regression with Applications. 2nd ed. Belmont: Duxbury Press, 1990.
[346] Belsley D A, Kuh E, Welsch R E. Regression Diagnostics: Identifying Influential Data and Sources of Collinearity. New York: Wiley & Sons, 1980.
[347] Hocking R R. Technometrics, 1983, 25: 219.
[348] Cook R D. Technometrics, 1977, 19: 15.
[349] Rousseeuw P J, van Zomeren B C, Am J Statist Assoc, 1990, 85: 633.
[350] Atkinson A C, Mulira H-M. Statistics and Computing, 1993, 3: 27.
[351] Hu Y Z, Smeyyers-verberk J, Massart D L. Chemom Intell Lab Ssystems, 1990, 9: 31.
[352] 陈文灿, 崔卉, 梁逸曾. 高等学校化学学报, 1995, 16: 1349.
[353] Edgeworth F Y. Hermathena, 1887, 6: 279.
[354] Liang Y Z, Fang K T. Analyst, 1996, 121: 1025.
[355] Wagner H M. J Am Statist Assoc, 1959, 54: 206.
[356] Barrodle I, Roberts F D K. SIAM J Number Anal, 1973, 10: 839.
[357] 王继红. 稳健化学计量学算法几种 [D]. 长沙: 湖南大学, 1994.
[358] Huber P J. Robust Statistics. New York: John Wiley & Sons, 1981.
[359] Andrews. Technometric, 1974, 16: 523.
[360] Holland P W, Welsch R E. Commun Stat (Theory and Methods), 1977, 6: 813.
[361] Philips G R, Eyring E R. Anal Chem, 1983, 55: 1134.
[362] Wolters R, Kateman G. J Chemometrics, 1989, 3: 329.
[363] Wei W Z, Zhu W H, Yao S. Chemometr Intell Lab Syst, 1993, 18: 17.
[364] Xie Y L, Liang Y Z, Wang J H, Yu R Q. Anal Chim Acta, 1995, 311: 185.
[365] Rousseeuw.J Am Stat Assoc, 1984, 79: 871.
[366] Steel J M, Steiger W L. Discrete Applied Mathematics, 1986, 14: 93.
[367] Massart D L, Kaufman L, Rousseeuw P J, Leroy A. Anal Chim Acta, 1985, 187: 171.
[368] Rutan, et al. Anal Chim Acta, 1988, 215: 131.
[369] Ukkelberg A, Borgen O S. Anal Chim Acta, 1993, 277: 489.
[370] Walczak B, Massart D L. Chemometr Intell Lab Syst, 2001, 58.
[371] DevlinJ S, Gnanadesikan R, Kettenring J R. J Am Statist Assoc, 1981, 76: 354.
[372] Wakeling I N, Macfie H J H. J Chemometr, 1992, 6: 189.
[373] Beaton A E, Tukey J W. Technometrics, 1974, 16: 147.
[374] Huber P J. Projection pursuit. The Annals of Statistics, 1985, 13: 435.
[375] Friedman J H, Stuetzle W. Projection pursuit classification. Unpublished manuscript, 1980.
[376] Friedman J H, Stuetzle W. J Am Statist Assoc, 1981, 76: 817.
[377] FriedmanJ H, Stuetzle W. J Am Statist Assoc, 1984, 79: 599.
[378] Li G Y, Chen Z L. J Am Statist Assoc, 1985, 80: 759.
[379] Xie Y L, Wang J H, Liang Y Z, et al. J Chemometr, 1993, 7: 527.
[380] Ammann L P. J Am Statist Assoc, 1994, 88: 505.

第七章　化学模式识别

化学模式分析与模式识别一直是化学计量学研究中的一个十分重要的内容，它从化学量测数据（包括由多元校正和多元分辨取得的定性定量成分数据）出发，进一步揭示物质的隐含性质，为分析化学家提供了十分有用的决策性信息。模式分析与模式识别的计算过程总的说来可有如下步骤：根据实验得来的一批多变量数据，构成训练点集，参照化学（或生物、物理）模型或经验规律提出一批特征量，在此基础上，进一步进行特征抽取和必要的数据预处理，以求得合适的特征量——张成模式空间或特征空间，继而通过机器学习的方法（模式分析与识别）进行训练和分类，并采用相应办法对所得模式进行校验，以确定模型的可用性和可用范围，得到根据训练或分类所得的模式判据，即可对未知样本进行分析和判别（或称计算机预报）。此过程可用图 7-1 表示：

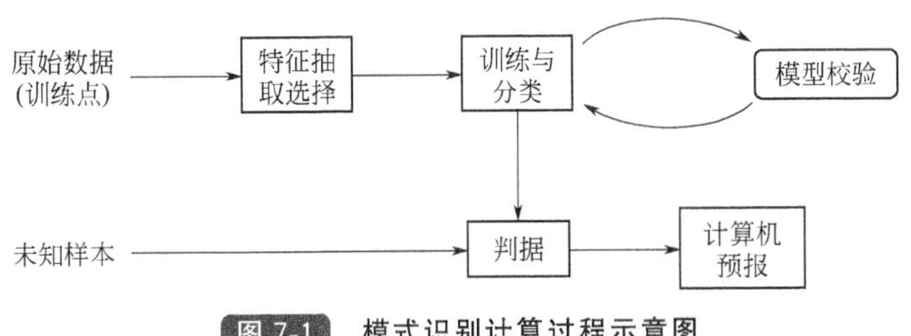

图 7-1　模式识别计算过程示意图

本章将对这几个步骤分别进行介绍。在介绍了模式空间的几种距离与相似性度量、特征抽取方法及模式分析与识别的数据预处理方法的基础上，对目前在模式分析与识别中的有监督的模式识别方法（判别分析）、无监督的模式分析方法（聚类分析）及基于特征投影的降维显示方法（既可用于有监督的又可用于无监督的模式识别）都给出详细的介绍。另外，对于近年来在机器学习的研究基础上提出的新型模式分析与识别的方法，如人工神经网络、基于全局最优算法的分类方法、分类回归树、集群式分析方法、助推法（boosting）等，本章亦将作出必要介绍。

第一节　模式空间的几种距离与相似性度量

一、化学模式空间

任何一个化学样本、生物样本或化工过程皆可用一组参量（或矢量 $\boldsymbol{x}_i$）来表征，即 $\boldsymbol{x}_i=[x_{i1},x_{i2},\cdots,x_{in}]^{\mathrm{t}}$，在模式分析和模式识别的文献中，这种参量值又称特征或样本变量。在许多情况下，这些参量实际上就是原始化学量测数据。这样的一组 n 个参量就构成了化学模式识别空间的一个点，即一个 n 维的化学模式。由这样的化学或生物模式所构成的 n 维空间，称为化学模式空间，或简称模式空间。一般说来，因高维模式空间提供了更多的信息，故有可能解决一些低维空间中难以解决的问题。这种情况通过图 7-2 可容易说明。从图中可以看出，在一维空间，即沿 x_1 轴或 x_2 轴，单用 x_1 或 x_2 均无法区分 A 或 B，但在二维模式空间，我们可以由一条直线对 A 和 B 加以区分。一般而言，仅增加一个参量，难有如此显著的改善，但由一维空间（化学家最熟悉的）过渡到 n 维空间，n 越大，改善程度越大，这是普遍的规律。如可找到单变量（选择性变量）即可区分不同样本，当是分析化学的最高境界，然而，实际中的样本复杂多变，采用多变量来表征样本似乎更加合理，这样不但可更全面地描述和表征样本，直接对样本进行定性分析，而且还可进一步采用中药的色谱指纹图谱来控制药材及产品质量；对于化工生产过程，通过对其参数进行模式分析与识别，还可发现化工生产过程各参数变量之间的相互协同效应，以找到控制化工过程优化的关键节点；对于系统生物学，通过对各种组学数据进行模式分析和数据发掘，则可发现表征不同生物样本的生物标志模式或生物化学标志物，以达到诊断疾病、发现生物化学反应途径等目的，为系统生物学中的基因组学、代谢组学和蛋白组学的研究提供科学依据。

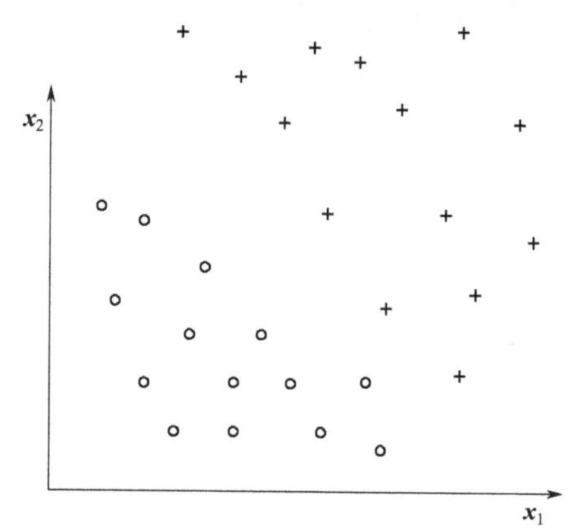

图 7-2 在二维空间可能区分一维空间不可分的二类样本

二、模式空间的距离与相似性度量

化学模式识别的基本假设是相似的样本在模式空间处于相近的位置，如何度量两个样本在模式空间的远近？这里可应用在几何学中的距离的概念，它在模式识别中是作为与“相似性”相反的“相异性”的度量使用的，任何满足下述三个条件的“相异性”均可定义为模式空间的距离：

① $D_{ij} \geqslant 0$；如 $\boldsymbol{x}_i = \boldsymbol{x}_j$，$D_{ij} = 0$。

② $D_{ij} = D_{ji}$。

③ $D_{ik} + D_{jk} \geqslant D_{ij}$。

条件①和条件②表明距离应取正值且是对称的，条件③是“度量”距离与“非度量”距离的差异。在欧氏空间中，两点间的直线距离恒小于或等于其他路径的长度。

下面介绍几种在化学模式识别中常用的模式距离。

（1）Minkowski 距离　Minkowski 距离是一种广义距离，对于 n 维空间的两个模式矢量 $\boldsymbol{x}_i$ 与 $\boldsymbol{x}_j$，定义为：

$$D_{ij,\mathrm{Minkowski}} = \left[\sum (x_{ik} - x_{jk})^d\right]^{1/d} \tag{7-1}$$

特殊地，当 $d=2$ 时，即得我们常用的欧氏距离（Euclidian 距离）：

$$\mathrm{D}_{\mathrm{ij},Minkowski} = \left[\sum (\mathrm{x_{ik}} - \mathrm{x_{jk}})^2\right]^{1/2} \tag{7-2}$$

(2) Manhatten 距离

$$D_{ij,\ \text{Minkowski}} = \sum \mid x_{ik} - x_{jk} \mid \tag{7-3}$$

(3) Haming 距离

$$D_{ij,\ \text{Haming}} = \sum \text{XOR}(x_{ik} - x_{jk}) \tag{7-4}$$

(4) Tanimoto 距离

$$D_{ij,\ \text{Tanimoto}} = 1 - [\sum \text{AND}(x_{ik} - x_{jk}) / \sum \text{OR}(x_{ik} - x_{jk})] \tag{7-5}$$

上述式中，AND、OR 和 XOR 分别为逻辑操作的“与”、“或”和“排斥”。所以，Haming 距离和 Tanimoto 距离一般多用于定性数值，即 0，1 数据类型之中。

(5) Mahalanobis 距离　如果样本是服从多元正态分布的，一般还可采用 Mahalanobis 距离，习惯上称为马氏距离。其定义为：设 $\boldsymbol{x}_i$，$\boldsymbol{x}_j$ 是均值为 $\boldsymbol{\mu}$、协方差阵为 $\boldsymbol{V}$ 的母体 G 中的样本，则它们之间的 Mahalanobis 距离为

$$D_{ij,\ \text{Mahalanobis}} = (\boldsymbol{x}_i - \boldsymbol{x}_j)^t \boldsymbol{V}^{-1} (\boldsymbol{x}_i - \boldsymbol{x}_j) \tag{7-6}$$

而 $\boldsymbol{x}_i$ 与母体 G 的距离则为它与均值 $\boldsymbol{\mu}$ 的距离，

$$D_{ij,\ \text{Mahalanobis}} = (\boldsymbol{x}_i - \boldsymbol{\mu})^t \boldsymbol{V}^{-1} (\boldsymbol{x}_i - \boldsymbol{\mu})$$

值得指出的是，马氏距离在判别分析中的距离判别中具有十分重要的作用。图 7-3 示出了马氏距离的几何意义。从图可以看出，如果样本落在同一分布之中，则其与整体分布的马氏距离将很小；如果样本落在分布之外，则其与整体分布的马氏距离将很大，分布的方差在马氏距离的定义中起到至关重要的作用。

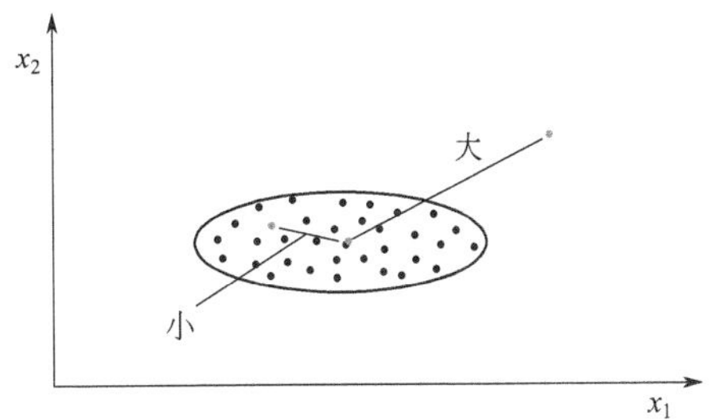

图 7-3　马氏距离的几何意义示意图

除作为“相异性”度量的距离外，还可以定义在此基础上的“相似性”度量。模式矢量 $\boldsymbol{x}_i$ 与 $\boldsymbol{x}_j$ 的“相似性”度量 S_{ij} 可定义为：

$$S_{ij} = 1 - [D_{ij,\ \text{Minkowski}} / \max(D_{\text{Minkowski}})] \tag{7-7}$$

式中，$\text{Max}(D_{\text{Minkowski}})$ 是所有被研究的数据中相距最远的两个模式矢量之间的距离。显然，对于同一模式矢量，$S_{ij}=1$，即它们完全相似，实因 $D_{ji}=0$；对于该数据集中相距最远的两个模式矢量，$S_{jk}=0$，即最不相似，实因 $D_{jk}=\max(D)$ 。

另外，常用的还有夹角余弦和相关系数。

夹角余弦的定义为：

$$\cos(\alpha_{ij})=\frac{\sum_{k=1}^{n}x_{ik}x_{jk}}{\sqrt{\sum_{k=1}^{n}x_{ik}^2}\sqrt{\sum_{k=1}^{n}x_{jk}^2}}$$

如进行谱图比较时，此夹角余弦是一个很好的相似性度量指标。

相关系数的定义为：

$$r_{ij}=\frac{\sum_{k=1}^{n}(x_{ik}-m_i)(x_{jk}-m_j)}{\sqrt{\sum_{k=1}^{n}(x_{ik}-m_i)^2}\sqrt{\sum_{k=1}^{n}(x_{jk}-m_j)^2}}$$

式中，m_i 和 m_j 分别表示第 i 个和第 j 个样本的均值，即 $m_i=(\sum x_{ik})/n$，$k=1$，2，…，n。

文献［1］对各种距离和相似系数作了一个汇总介绍，有兴趣对此研究的读者可参阅该文献。

第二节　特征抽取方法

选取合适的特征量（张成合适的特征空间），是模式识别工作成败的关键，特征量的选取标准可分为化学（或物理）的和数学的两方面。化学（或物理）的选取标准基于对所处理的信息的本质或主要因子的理解。这方面因其依赖具体问题的实际情况，在此无法指出普遍有效的方法。由于对所处理的信息了解不深，而且往往许多因素之间的相关关系及程度亦不能肯定，因此人们通常是先根据化学（或物理）的选取标准尽可能把一切可能有关，又易于获得的因素（特征量）都提出来，然后借助于数学方法，筛选出对分类作用大的特征量（张成合适的特征空间）供分析使用。在实际的计算中，人们总是力图抛弃那些对分类作用不大的特征量，使特征量的数目（在保证良好的分类效果的前提下）减到最少。这是因为：①多余的特征量不但没有益处，而且可能干扰分类过程；②为了保证样本数和模式空间维数的比值大于 3（最好是大于 10），最好使模式空间维数（特征量数）降至最小。

上述特征抽取的说法似乎与前节中讨论的维数越高，模式识别方法的识别能力越强之说相悖。实际上，在这里有一个特征变量本身的判别能力和它们之间存在相关的问题。可以这样说，如果每个特征变量都具有一定的判别能力且是独立的，这时维数提高模式识别方法的识别能力将增强之说是正确的，因为每增加一维就增加了新的信息；然而，如果特征变量相互相关，此时，多余的特征量不但没有益处，而且可能干扰分类过程，这是由于增加特征变量并未增加判别信息，而只是增加了运算量，还可带来不必要的过拟合风险。也正是因为这一点，特征抽取是模式识别工作成败的一个关键。因篇幅所限，在此不能给出更多的讨论，有兴趣的读者可参阅文献［2］。下面介绍两种单变量的特征抽取方法。

设原始的模式矢量含有 n 个参量，即 $\boldsymbol{x}_i=(x_{i1},x_{i2},\cdots,x_{in})$。在所有的样本中，方差较大的参量，即不同样本取值差异较大的参量，对分类应当贡献较大。反之，如果某一变量的方差很小（极端的情况下是该变量对所有的样本取相同数值，方差为零），这种变量对于分类而言显然无意义。因此可以将变量 i 的方差 V_j 作为权因子，来度量变量 i 的重要性。

$$V_j=\frac{\sum(x_{ij}-m_j)^2}{n-1} \tag{7-8}$$

其中 m_j 为变量 i 的均值

$$m_j = \frac{\sum (x_{ij,\ \mathrm{old}})}{n}$$

在选择变量时，将 V_j 小的变量优先弃去。

对于训练集包含已知分类的样本，在这里介绍一种简单有效的特征抽取的方法，它可以容易辨别出特征变量对分类的贡献大小。这种评估特征变量的标准称为 Fisher 权重：

$$F_i = \frac{(m_{j1} - m_{j2})^2}{V_{j1} + V_{j2}} \tag{7-9}$$

式中，m_{j1}和 m_{j2}分别是训练集中类 1 和类 2 的 i 参量的均值；V_{j1}与 V_{j2}是这两类样本计算出的 i 变量的方差。权重大，表明该变量 i 对两个类而言差别大，应优先选用。

第三节　模式识别的数据预处理方法

在初步选取特征变量之后，模式识别分类计算之前，有几种应该采取的预处理方法，使模式空间样本代表点分布结构改变，变得更有利于作分类运算。例如，各特征变量取了不同量纲的数值时，如果有的变量取的绝对值很大，而另外一些变量的绝对值很小，则在分类过程中不利于获得最佳结果，因此应当用标度化方法使各变量的变化幅度处于同一水平上。下面介绍几种这样的标度化方法。

（1）范围标度化

$$x_{ij,\ \mathrm{new}} = (x_{ij,\ \mathrm{old}} - x_{ij,\ \mathrm{min}})/(x_{ij,\ \mathrm{max}} - x_{ij,\ \mathrm{min}}) \tag{7-10}$$

式中，$x_{ij,\mathrm{old}}$代表第 i 个样本的原有的第 j 分量；$x_{ij,\mathrm{new}}$代表第 i 个样本经换算后的第 j 分量；$x_{ij,\mathrm{max}}$代表原有的第 j 分量的最大值；$x_{ij,\mathrm{min}}$则代表原有的第 j 分量的最小值。范围标度化的一个缺点是，若数值集合中有一个数值很大，则其余各值都会相差不大。

（2）自标度化

$$x_{ij,\ \mathrm{new}} = (x_{ij,\ \mathrm{old}} - m_j)/V_j \tag{7-11}$$

式中，V_j 为变量 j 的方差；m_j 为变量 j 的均值。自标度化是一个很好的方法，经此变换后，各变量在分类过程中影响程度相同。

（3）标准化预处理　标准化预处理的方法很多，对不同的仪器有不同的方法，如在色谱数据中常采用面积归一化预处理的方法，以减小进样误差的影响，即

$$x_{ij,\ \mathrm{new}} = x_{ij,\ \mathrm{old}} / \sum (x_{ij,\ \mathrm{old}}) \tag{7-12}$$

对于质谱数据则常采用最大归一化预处理的方法，即

$$x_{ij,\ \mathrm{new}} = x_{ij,\ \mathrm{old}} / \max(x_{ij,\ \mathrm{old}}) \tag{7-13}$$

（4）变换法　在化学模式识别中，还常采用变换方法来对数据进行预处理。常用

$$x_{ij,\ \mathrm{new}} = \sqrt{x_{ij,\ \mathrm{old}}} \tag{7-14}$$

$$x_{ij,\ \mathrm{new}} = \lg(x_{ij,\ \mathrm{old}}) \tag{7-15}$$

以达到改变数据标度的目的。

(5) 组合法 根据不同的情况，将原来的变量，按照一定的方式，如变量相加、变量相减或变量相比等进行组合以产生新的变量。

总之，对于不同的情况可以采用不同的预处理方法，这不但需要正确理解各种预处理方法的物理意义，同时也必须结合不同问题的具体化学经验来对原始数据进行预处理，不可统而论之。

第四节 有监督的模式识别方法——判别分析法

有监督的模式识别的分类方法很多，这类方法的总体思路都是用一组已知类别的样本作为训练集，即用已知的样本进行训练，让计算机向这些已知样本"学习"，这种求取分类器的模式识别方法称为"有监督的学习"或"有老师的学习"，这里训练集就是老师，并由这个训练集得到判别模型。这类方法一般可分为参数法和非参数法两类，其中参数法一般由统计学家提出，其判别效果的好坏依赖于样本是否符合假设的统计分布，而非参数判别分析法多由实验科学家或计算机模式识别专家提出，对样本分布没有特殊要求。下面将介绍几种最常用的方法，包括几种经典的参数方法，如距离判别分析法、Fisher 判别分析法、Beayes 判别分析法、逐步判别分析法，以及几种非参数方法，如线性学习机、K 邻域判别法、势函数判别法、人工神经网络判别法。

为检测所得判别模型的判别能力，还常用另外一组已知类别的样本组成测试集。在训练中所得的正确判别率称为识别率，而用测试集所得的正确判别率则称为预测率，一般说来，预测率对模型好坏的判别比识别率更重要些。

一、距离判别法

【基本思路】

判别问题用统计学家的语言来说就是，有 k 个总体 G_1，G_2，…，G_k，它们的分布函数分别是 $F_1(\boldsymbol{x})$，…，$F_k(\boldsymbol{x})$，其中 $\boldsymbol{x}$ 为 n 维的样本矢量。对给定的一个样本 $\boldsymbol{x}$，判别分析法的目的就是要判决它来自哪个母体。一个最直观的方法就是计算样本 $\boldsymbol{x}$ 到 G_1，G_2，…，G_k 的距离 $\mathrm{d}(\boldsymbol{x}, G_1)$，$\mathrm{d}(\boldsymbol{x}, G_2)$，…，$\mathrm{d}(\boldsymbol{x}, G_k)$，然后根据样本 $\boldsymbol{x}$ 到它们的距离来确定样本的归宿，即

$$\boldsymbol{x} \in G_i，如\ \mathrm{d}(\boldsymbol{x}, G_i)=\min\{\mathrm{d}(\boldsymbol{x}, G_1), \mathrm{d}(\boldsymbol{x}, G_2), \cdots, \mathrm{d}(\boldsymbol{x}, G_k)\}$$

这也就构成了距离判别的基本思路。

下面，我们将以两个总体的情况来具体说明。设有两个正态分布总体 G_1 和 G_2，它们的均值分别为 $\boldsymbol{\mu}^{(1)}$ 和 $\boldsymbol{\mu}^{(2)}$，协方差阵分别为 $\boldsymbol{V}_1$ 和 $\boldsymbol{V}_2$。对给定的一个样本 $\boldsymbol{x}$，距离判别的方法就是根据它到母体的距离来判决它来自 G_1 还是 G_2，即，

$$\begin{cases} \boldsymbol{x} \in G_1, & 如\ \mathrm{d}(\boldsymbol{x}, G_1) < \mathrm{d}(\boldsymbol{x}, G_2) \\ \boldsymbol{x} \in G_2, & 如\ \mathrm{d}(\boldsymbol{x}, G_1) > \mathrm{d}(\boldsymbol{x}, G_2) \end{cases}$$

此时，问题是该采用什么样的距离来定义样本到母体的距离。对于这样具有分布函数的母体，前节讨论的 Mahalanobis 距离比较合适。下面将简要介绍距离判别的基本算法。

【基本算法】

(1) 设有两个正态分布总体 G_1 和 G_2，它们的均值分别为 $\boldsymbol{\mu}^{(1)}$ 和 $\boldsymbol{\mu}^{(2)}$，协方差阵相等，

即都为 $\mathbf{V}$ 的情况。

① 计算任意样本 $\boldsymbol{x}$ 到母体 G_1 和 G_2 的 Mahalanobis 距离。样本 $\boldsymbol{x}$ 到母体 G_1 和 G_2 的距离实际上是通过样本 $\boldsymbol{x}$ 到该母体的均值矢量 $\boldsymbol{\mu}^{(1)}$ 和 $\boldsymbol{\mu}^{(2)}$ 的 Mahalanobis 距离来实现的，即

$$\mathrm{d}^2(\boldsymbol{x},G_1)=(\boldsymbol{x}-\boldsymbol{\mu}^{(1)})^{\mathrm{t}}\mathbf{V}^{-1}(\boldsymbol{x}-\boldsymbol{\mu}^{(1)})$$

$$\mathrm{d}^2(\boldsymbol{x},G_2)=(\boldsymbol{x}-\boldsymbol{\mu}^{(2)})^{\mathrm{t}}\mathbf{V}^{-1}(\boldsymbol{x}-\boldsymbol{\mu}^{(2)})$$

② 计算 $\mathrm{d}^2(\boldsymbol{x},G_1)-\mathrm{d}^2(\boldsymbol{x},G_2)$，即

$$\begin{aligned}\mathrm{d}^2(\boldsymbol{x},G_1)-\mathrm{d}^2(\boldsymbol{x},G_2)&=(\boldsymbol{x}-\boldsymbol{\mu}^{(1)})^{\mathrm{t}}\mathbf{V}^{-1}(\boldsymbol{x}-\boldsymbol{\mu}^{(1)})-(\boldsymbol{x}-\boldsymbol{\mu}^{(2)})^{\mathrm{t}}\mathbf{V}^{-1}(\boldsymbol{x}-\boldsymbol{\mu}^{(2)})\\&=-2[\boldsymbol{x}-(\boldsymbol{\mu}^{(1)}+\boldsymbol{\mu}^{(2)})/2]^{\mathrm{t}}\mathbf{V}^{-1}(\boldsymbol{\mu}^{(1)}-\boldsymbol{\mu}^{(2)})\end{aligned}$$

令 $\mathrm{d}^2(\boldsymbol{x},G_1)-\mathrm{d}^2(\boldsymbol{x},G_2)=\omega(\boldsymbol{x})$，$(\boldsymbol{\mu}^{(1)}+\boldsymbol{\mu}^{(2)})/2=\boldsymbol{\mu}$，即有

$$\begin{aligned}\omega(\boldsymbol{x})&=-2[\boldsymbol{x}-(\boldsymbol{\mu}^{(1)}+\boldsymbol{\mu}^{(2)})/2]^{\mathrm{t}}\mathbf{V}^{-1}(\boldsymbol{\mu}^{(1)}-\boldsymbol{\mu}^{(2)})\\&=-2(\boldsymbol{x}-\boldsymbol{\mu})^{\mathrm{t}}\mathbf{V}^{-1}(\boldsymbol{\mu}^{(1)}-\boldsymbol{\mu}^{(2)})\end{aligned}$$

③ 建立相应判别准则，即

$$\begin{cases}\boldsymbol{x}\in G_1, & \text{如 } \omega(\boldsymbol{x})<0\\ \boldsymbol{x}\in G_2, & \text{如 } \omega(\boldsymbol{x})>0\end{cases}$$

对于母体协方差阵相等的情况，距离判别函数是线性的。

(2) 设有两个正态分布总体 G_1 和 G_2，它们的均值分别为 $\boldsymbol{\mu}^{(1)}$ 和 $\boldsymbol{\mu}^{(2)}$，协方差阵不等，即分别为 $\mathbf{V}_1$ 和 $\mathbf{V}_2$ 的情况。

① 计算任意样本 $\boldsymbol{x}$ 到母体 G_1 和 G_2 的 Mahalanobis 距离：

$$\mathrm{d}^2(\boldsymbol{x},G_1)=(\boldsymbol{x}-\boldsymbol{\mu}^{(1)})^{\mathrm{t}}\mathbf{V}_1{}^{-1}(\boldsymbol{x}-\boldsymbol{\mu}^{(1)})$$

$$\mathrm{d}^2(\boldsymbol{x},G_2)=(\boldsymbol{x}-\boldsymbol{\mu}^{(2)})^{\mathrm{t}}\mathbf{V}_2{}^{-1}(\boldsymbol{x}-\boldsymbol{\mu}^{(2)})$$

② 建立相应判别准则，即

$$\begin{cases}\boldsymbol{x}\in G_1, & \text{如 } \mathrm{d}^2(\boldsymbol{x},G_1)<\mathrm{d}^2(\boldsymbol{x},G_2)\\ \boldsymbol{x}\in G_2, & \text{如 } \mathrm{d}^2(\boldsymbol{x},G_1)>\mathrm{d}^2(\boldsymbol{x},G_2)\end{cases}$$

对于母体协方差阵不等的情况，判别函数将是非线性的。

上述算法很容易拓广至多个母体判别。

二、Bayes 判别法

Bayes 判别法的主要思路是建立在条件概率和统计判决理论的 Bayes 定理之上（参见第四章）。在介绍 Bayes 判别法之前，先给出一个有关空间划分的定义。

定义：令 $D_1,D_2,\cdots,D_k$ 是 n 维实数空间的子集，如果它们互不相交，且它们的和就是整个 n 维实数空间，则称 $D_1,D_2,\cdots,D_k$ 是此 n 维实数空间的一个划分。前节讨论的距离判别法，实质上也是建立了这样的一种划分。

【基本思路】

设有 k 个母体 $G_1,G_2,\cdots,G_k$，它们的分布密度函数分别是 $f_1(\boldsymbol{x})$、$\cdots$、$f_k(\boldsymbol{x})$（不一定是正态分布），其中 $\boldsymbol{x}$ 为 n 维的样本矢量。另外，还假定这 k 个母体出现的验前概率为

q_1，q_2，…，q_k，$L(i, j)$ 表示样本 $\boldsymbol{x}$ 来自 G_i 而误判为 G_j 的损失，则对给定的一个样本 $\boldsymbol{x}$，Bayes 判别法的核心就是找到一个划分，使得在此划分的基础上计算样本 $\boldsymbol{x}$ 被误判的平均损失达到最小，即使得由式（7-16）表出的平均损失达到最小：

$$g(D_1,D_2,\cdots,D_k)=\sum_{i=1}^{k}q_i\sum_{j=1}^{n}L(i,j)p(j\mid i,D_1,D_2,\cdots,D_k) \tag{7-16}$$

式中，$p(j|i,D_1,D_2,\cdots,D_k)$表示样本 $\boldsymbol{x}$ 来自 G_i 而误判为 G_j 的概率，即

$$p(j|i,D_1,D_2,\cdots,D_k)=\int_{D_j}f_i(\boldsymbol{x})\mathrm{d}\boldsymbol{x} \tag{7-17}$$

它表示 $f_i(\boldsymbol{x})$在划分 D_j 上的积分，即来自 G_i 的样本 $\boldsymbol{x}$ 出现于划分 D_j 中的误判概率。下面以$k=2$，即两类判别情况来加以具体说明。

【基本算法】

Bayes 判别可通过以下步骤来实现。

（1）根据经验确定两个母体出现的验前概率为 q_1,q_2。

（2）根据判别要求确定误判损失函数 $L(i,j)$ 值（$i=1,2;j=1,2$），如无特殊要求，一般设

$$L(i,j)=\delta_{ij}$$

即，如 $\boldsymbol{x}\in G_2,L(1,2)=0;\boldsymbol{x}\in G_2,L(1,2)=1$。

（3）计算 Bayes 判别函数 $\omega_i(\boldsymbol{x})(i=1,2)$：

$$\omega_1(\boldsymbol{x})=q_1L(1,2)f_1(\boldsymbol{x}) \tag{7-18a}$$

$$\omega_2(\boldsymbol{x})=q_2L(2,1)f_2(\boldsymbol{x}) \tag{7-18b}$$

如果 $\omega_1(\boldsymbol{x})<\omega_2(\boldsymbol{x})$，则样本 $\boldsymbol{x}$ 属于G_1，反之，样本 $\boldsymbol{x}$ 属于 G_2。由这样的判别函数，可以得到一个划分 D_1,D_2。

在上述 Bayes 判别中，因存在一个分布密度函数 $f_i(\boldsymbol{x})$，它是不确定的，一般都假设每一类的样本服从多元正态分布，所以，在介绍 Bayes 判别的书和文献中，一般都是以多元正态分布密度函数代入上式来进行计算的，即

$$f_1(\boldsymbol{x})=\{1/[(2\pi)^{n/2}|\boldsymbol{V}_1|^{1/2}]\}\exp\{-[(\boldsymbol{x}-\boldsymbol{\mu}^{(1)})^{\mathrm{t}}\boldsymbol{V}_1^{-1}(\boldsymbol{x}-\boldsymbol{\mu}^{(1)})]/2\} \tag{7-19a}$$

$$f_2(\boldsymbol{x})=\{1/[(2\pi)^{n/2}|\boldsymbol{V}_2|^{1/2}]\}\exp\{-[(\boldsymbol{x}-\boldsymbol{\mu}^{(2)})^{\mathrm{t}}\boldsymbol{V}_2^{-1}(\boldsymbol{x}-\boldsymbol{\mu}^{(2)})]/2\} \tag{7-19b}$$

式中，$\boldsymbol{V}_1$、$\boldsymbol{V}_2$ 分别表示第一类和第二类的协方差阵，$\boldsymbol{\mu}^{(1)}$，$\boldsymbol{\mu}^{(2)}$ 分别表示第一类和第二类的均值向量。这样，前述的 Bayes 判别函数 $\omega_i(\boldsymbol{x})$（$i=1$，2）可表述为

$$\omega_1(\boldsymbol{x})=q_1L(1,2)\{1/[(2\pi)^{n/2}|\boldsymbol{V}_1|^{1/2}]\}$$
$$\exp\{-[(\boldsymbol{x}-\boldsymbol{\mu}^{(1)})^{\mathrm{t}}\boldsymbol{V}_1^{-1}(\boldsymbol{x}-\boldsymbol{\mu}^{(1)})]/2\} \tag{7-20a}$$

$$\omega_2(\boldsymbol{x})=q_2L(2,1)\{1/[(2\pi)^{n/2}|\boldsymbol{V}_2|^{1/2}]\}$$
$$\exp\{-[(\boldsymbol{x}-\boldsymbol{\mu}^{(2)})^{\mathrm{t}}\boldsymbol{V}_2^{-1}(\boldsymbol{x}-\boldsymbol{\mu}^{(2)})]/2\} \tag{7-20b}$$

又因为 $L(i,j)=\delta_{ij}$，所以 $L(1,2)$和 $L(2,1)$都为 1，故上式变为

$$\omega_1(\boldsymbol{x})=q_1\{1/[(2\pi)^{n/2}|\boldsymbol{V}_1|^{1/2}]\}$$

$$\exp\{-[(\boldsymbol{x}-\boldsymbol{\mu}^{(1)})^{t}\mathbf{V}_1^{-1}(\boldsymbol{x}-\boldsymbol{\mu}^{(1)})]/2\} \tag{7-21a}$$

$$\omega_2(\boldsymbol{x})=q_2\{1/[(2\pi)^{n/2}|\mathbf{V}_2|^{1/2}]\}$$

$$\exp\{-[(\boldsymbol{x}-\boldsymbol{\mu}^{(2)})^{t}\mathbf{V}_2^{-1}(\boldsymbol{x}-\boldsymbol{\mu}^{(2)})]/2\} \tag{7-21b}$$

如果 $\omega_1(\boldsymbol{x})<\omega_2(\boldsymbol{x})$，即

$$q_1|\mathbf{V}_1|^{1/2}\exp\{-[(\boldsymbol{x}-\boldsymbol{\mu}^{(1)})^{t}\mathbf{V}_1{}^{-1}(\boldsymbol{x}-\boldsymbol{\mu}^{(1)})]/2\}<$$

$$q_2|\mathbf{V}_2|^{1/2}\exp\{-[(\boldsymbol{x}-\boldsymbol{\mu}^{(2)})^{t}\mathbf{V}_2{}^{-1}(\boldsymbol{x}-\boldsymbol{\mu}^{(2)})]/2\}$$

或

$$\frac{q_1}{q_2}<\frac{|\mathbf{V}_2|^{1/2}\exp\{-(\boldsymbol{x}-\boldsymbol{\mu}^{(2)})^{t}\mathbf{V}_2^{-1}(\boldsymbol{x}-\boldsymbol{\mu}^{(2)})\}}{|\mathbf{V}_1|^{1/2}\exp\{-(\boldsymbol{x}-\boldsymbol{\mu}^{(1)})^{t}\mathbf{V}_1^{-1}(\boldsymbol{x}-\boldsymbol{\mu}^{(1)})\}}$$

则样本 $\boldsymbol{x}$ 属于 G_1。一般说来，q_1/q_2 可看成常数，如设为 c，则上式可变为

$$\frac{|\mathbf{V}_2|^{1/2}\exp\{-[(\boldsymbol{x}-\boldsymbol{\mu}^{(2)})^{t}\mathbf{V}_2{}^{-1}(\boldsymbol{x}-\boldsymbol{\mu}^{(2)})]/2\}}{|\mathbf{V}_1|^{1/2}\exp\{-[(\boldsymbol{x}-\boldsymbol{\mu}^{(1)})^{t}\mathbf{V}_1^{-1}(\boldsymbol{x}-\boldsymbol{\mu}^{(1)})]/2\}}>c \tag{7-22}$$

如再对此式加一假设，即设第一类和第二类的协方差阵为等协方差阵，此时有

$$\mathbf{V}_2=\mathbf{V}_1=\mathbf{V}$$

则式(7-22)还可简化为

$$\frac{\exp\{-[(\boldsymbol{x}-\boldsymbol{\mu}^{(2)})^{t}\mathbf{V}^{-1}(\boldsymbol{x}-\boldsymbol{\mu}^{(2)})]/2\}}{\exp\{-[(\boldsymbol{x}-\boldsymbol{\mu}^{(1)})^{t}\mathbf{V}^{-1}(\boldsymbol{x}-\boldsymbol{\mu}^{(1)})]/2\}}>c \tag{7-23}$$

亦即

$$\exp\{-(\boldsymbol{x}-\boldsymbol{\mu}^{(2)})^{t}\mathbf{V}^{-1}(\boldsymbol{x}-\boldsymbol{\mu}^{(2)})+(\boldsymbol{x}-\boldsymbol{\mu}^{(1)})^{t}\mathbf{V}^{-1}(\boldsymbol{x}-\boldsymbol{\mu}^{(1)})\}>c \tag{7-24}$$

对式(7-24)两边取对数

$$\{-(\boldsymbol{x}-\boldsymbol{\mu}^{(2)})^{t}\mathbf{V}^{-1}(\boldsymbol{x}-\boldsymbol{\mu}^{(2)})+(\boldsymbol{x}-\boldsymbol{\mu}^{(1)})^{t}\mathbf{V}^{-1}(\boldsymbol{x}-\boldsymbol{\mu}^{(1)})\}>\lg(c) \tag{7-25}$$

亦即

$$[\boldsymbol{x}-(\boldsymbol{\mu}^{(1)}+\boldsymbol{\mu}^{(2)})/2]^{t}\mathbf{V}^{-1}(\boldsymbol{\mu}^{(1)}-\boldsymbol{\mu}^{(2)})>\lg(c)$$

当两类样本的验前概率相等时，即 $q_1=q_2$，$\lg(c)=0$，此时 Bayes 判别与前节讨论的距离判别完全一致。这说明当两母体验前概率相等，且误判损失函数为常数时，距离判别与 Bayes 判别是完全等价的。

三、Fisher 判别法

Fisher 判别法是借助方差分析的思想来导出判别函数的。它力争找到一个最佳线性投影方向，使得沿此方向投影，可使类间方差与类内方差的比值达到最大，故 Fisher 判别法一般是采用线性判别函数来进行判别的。

【基本思路】

Fisher 判别法的基本思路是先计算出不同类别的样本的组间方差和组内方差，而后构造一个组间方差和组内方差的比值。显然，如能找到一个分类方法，可使得组间方差和组内方

差的比值达到最大，当然也就找到了一个最佳的判别方法。

设有 k 个母体G_1，G_2，…，G_k，它们的相应均值和协方差阵分别为分布密度函数分别是 $\boldsymbol{\mu}^{(1)},\boldsymbol{\mu}^{(2)},\cdots,\boldsymbol{\mu}^{(k)};\mathbf{V}_1,\mathbf{V}_2,\cdots\mathbf{V}_k$。任给一个样本矢量 $\boldsymbol{x}$，它的一个线性函数由 $u(\boldsymbol{x})=\boldsymbol{u}^{\mathrm{t}}\boldsymbol{x}$ 表出，则母体 G_i 的均值和方差的线性函数可表示为：

$$e_i=\mathrm{E}[u(\boldsymbol{x})|G_i]=\boldsymbol{u}^{\mathrm{t}}\boldsymbol{\mu}^{(i)}\qquad(i=1,2,\cdots,k)$$

$$v_i{}^2=\mathrm{Var}[u(\boldsymbol{x})|G_i]=\boldsymbol{u}^{\mathrm{t}}\mathbf{V}_i\boldsymbol{u}\quad(i=1,2,\cdots,k)$$

记

$$B_0=\sum_{i=1}^{k}[e_i-\sum_{i=1}^{k}(e_i)/k]^2 \tag{7-26}$$

$$E_0=\sum_{i=1}^{k}v_i{}^2=\sum_{i=1}^{k}\boldsymbol{u}^{\mathrm{t}}\mathbf{V}_i\boldsymbol{u} \tag{7-27}$$

因 e_i 和 v_i^2 都是标量，所以 B_0 就相当于一元方差分析中的组间方差总和，E_0 就相当于组内方差的总和。如选择一个 $\boldsymbol{u}$ 使

$$\Delta(\boldsymbol{u})=B_0/E_0 \tag{7-28}$$

达到极大，这个 $\boldsymbol{u}$ 就是要寻找的最佳投影方向。令

$$\boldsymbol{\Theta}^{\mathrm{t}}=[\boldsymbol{\mu}^{(1)},\ \boldsymbol{\mu}^{(2)},\ \cdots,\ \boldsymbol{\mu}^{(k)}]=\begin{bmatrix}\mu_1{}^{(1)} & \mu_1{}^{(2)} & \cdots & \mu_1{}^{(k)}\\ \mu_2{}^{(1)} & \mu_2{}^{(2)} & \cdots & \mu_2{}^{(k)}\\ \vdots & \vdots & & \vdots\\ \mu_n{}^{(1)} & \mu_n{}^{(2)} & \cdots & \mu_n{}^{(k)}\end{bmatrix}$$

则

$$\boldsymbol{B}=\boldsymbol{\Theta}^{\mathrm{t}}[\boldsymbol{I}-(1/k)\boldsymbol{J}]\boldsymbol{\Theta} \tag{7-29}$$

式中，$\boldsymbol{I}$ 为 k 阶单位矩阵，$\boldsymbol{J}$ 为 k 阶纯 1 矩阵，即

$$\boldsymbol{J}=[\mathbf{1},\ \mathbf{1},\ \cdots,\ \mathbf{1}]=\begin{bmatrix}1 & 1 & \cdots & 1\\ 1 & 1 & \cdots & 1\\ \vdots & \vdots & & \vdots\\ 1 & 1 & \cdots & 1\end{bmatrix}$$

此时，有

$$\begin{aligned}B_0&=\boldsymbol{u}^{\mathrm{t}}\boldsymbol{B}\boldsymbol{u}=\boldsymbol{u}^{\mathrm{t}}\boldsymbol{\Theta}^{\mathrm{t}}[\boldsymbol{I}-(1/k)\boldsymbol{J}]\boldsymbol{\Theta}\boldsymbol{u}\\ &=\boldsymbol{u}^{\mathrm{t}}\boldsymbol{\Theta}^{\mathrm{t}}\boldsymbol{\Theta}\boldsymbol{u}-(1/k)\boldsymbol{u}^{\mathrm{t}}\boldsymbol{\Theta}^{\mathrm{t}}\boldsymbol{J}\boldsymbol{\Theta}\boldsymbol{u}\\ &=[\boldsymbol{u}^{\mathrm{t}}\boldsymbol{\mu}^{(1)},\ \boldsymbol{u}^{\mathrm{t}}\boldsymbol{\mu}^{(2)},\ \cdots,\ \boldsymbol{u}^{\mathrm{t}}\boldsymbol{\mu}^{(k)}]\begin{bmatrix}\mu^{(1)\mathrm{t}}-\mu\\ \mu^{(2)\mathrm{t}}-\mu\\ \vdots\\ \mu^{(k)\mathrm{t}}-\mu\end{bmatrix}-(1/k)\boldsymbol{u}^{\mathrm{t}}\boldsymbol{\Theta}^{\mathrm{t}}\boldsymbol{J}\boldsymbol{\Theta}\boldsymbol{u}\end{aligned}$$

$$=\sum_{i=1}^{k}[e_i-\sum_{i=1}^{k}(e_i)/k]^2$$

在上述计算时，利用的是方差平方和的分解性质，即其平方和的交叉项等于零的性质。另外，令

$$E=\sum_{i=1}^{k}V_i$$

则

$$E_0=\sum_{i=1}^{k}v_i^2=\sum_{i=1}^{k}\boldsymbol{u}^{\mathrm{t}}\boldsymbol{V}_i\boldsymbol{u}=\boldsymbol{u}^{\mathrm{t}}\boldsymbol{E}\boldsymbol{u} \tag{7-30}$$

于是

$$\Delta(\boldsymbol{u})=B_0/E_0=(\boldsymbol{u}^{\mathrm{t}}\boldsymbol{B}\boldsymbol{u})/(\boldsymbol{u}^{\mathrm{t}}\boldsymbol{E}\boldsymbol{u})$$

对 $\Delta(\boldsymbol{u})$求导，即求 $\partial[\Delta(\boldsymbol{u})]/\partial\boldsymbol{u}=0$，此时，有

$$|\boldsymbol{B}-\lambda\boldsymbol{E}|=0 \tag{7-31}$$

亦即 $\Delta(\boldsymbol{u})$的极大值为上述方程的最大特征根，而此最大特征根所对应的特征向量即为最佳投影方向。下面将以两类判别情况来说明 Fisher 判别法的基本算法，拓广至多类判别是显然的。

【基本算法】

对于两类来自不同母体的样本，$\boldsymbol{x}_1^{(1)},\boldsymbol{x}_2^{(1)},\boldsymbol{x}_3^{(1)},\cdots,\boldsymbol{x}_{n_1}^{(1)}$ 和 $\boldsymbol{x}_1^{(2)},\boldsymbol{x}_2^{(2)},\boldsymbol{x}_3^{(2)},\cdots,\boldsymbol{x}_{n_2}^{(2)}$，其中 $\boldsymbol{x}_j^{(i)}(i=1,2;j=1,2,\cdots,n_1$ 或 $n_2)$表示第 i 类第 j 个样本，$\boldsymbol{\mu}^{(1)},\boldsymbol{\mu}^{(2)}$ 和 $\boldsymbol{V}_1,\boldsymbol{V}_2$ 分别表示此两类样本的均值向量和协方差阵。Fisher 判别可通过以下步骤来实现。

(1) 计算此两个母体样本的类间方差 $\boldsymbol{B}$ 与类内方差 $\boldsymbol{E}$：

$$\boldsymbol{B}=(1/2)(\boldsymbol{\mu}^{(1)}-\boldsymbol{\mu}^{(2)})(\boldsymbol{\mu}^{(1)}-\boldsymbol{\mu}^{(2)})^{\mathrm{t}}$$

$$\boldsymbol{E}=\boldsymbol{V}_1+\boldsymbol{V}_2$$

则此时有

$$\Delta(\boldsymbol{u})=\frac{\boldsymbol{u}^{\mathrm{t}}\boldsymbol{B}\boldsymbol{u}}{\boldsymbol{u}^{\mathrm{t}}\boldsymbol{E}\boldsymbol{u}}=\frac{(1/2)\boldsymbol{u}^{\mathrm{t}}(\boldsymbol{\mu}^{(1)}-\boldsymbol{\mu}^{(2)})(\boldsymbol{\mu}^{(1)}-\boldsymbol{\mu}^{(2)})^{\mathrm{t}}\boldsymbol{u}}{\boldsymbol{u}^{\mathrm{t}}(\boldsymbol{V}_1+\boldsymbol{V}_2)\boldsymbol{u}}$$

(2) 计算 $\partial[\Delta(\boldsymbol{u})]/\partial\boldsymbol{u}$，并令其等于零，可得

$$(\boldsymbol{V}_1+\boldsymbol{V}_2)\boldsymbol{u}=\boldsymbol{\mu}^{(1)}-\boldsymbol{\mu}^{(2)} \tag{7-32}$$

即

$$\boldsymbol{u}=(\boldsymbol{V}_1+\boldsymbol{V}_2)^{-1}(\boldsymbol{\mu}^{(1)}-\boldsymbol{\mu}^{(2)}) \tag{7-33}$$

(3) 计算 Fisher 判别函数 $\omega(\boldsymbol{x})$：

$$\omega(\boldsymbol{x})=\boldsymbol{u}^{\mathrm{t}}(\boldsymbol{x}-\boldsymbol{\mu})$$

式中，$\boldsymbol{\mu}=(1/2)(\boldsymbol{\mu}^{(1)}-\boldsymbol{\mu}^{(2)})$。如果 $\omega(\boldsymbol{x})<0$，则样本 $\boldsymbol{x}$ 属于 G_1，反之，样本 $\boldsymbol{x}$ 属于 G_2。由这样的判别函数，可以得到一个划分 D_1,D_2。

$$D_1=\{\boldsymbol{x}:\boldsymbol{u}^{\mathrm{t}}(\boldsymbol{x}-\boldsymbol{\mu})>0\},\qquad D_2=\{\boldsymbol{x}:\boldsymbol{u}^{\mathrm{t}}(\boldsymbol{x}-\boldsymbol{\mu})\leqslant 0\}$$

在此是从母体分布并假设它们的均值向量和协方差阵已知来讨论的，而在实际的应用中，这些参数如均值向量和协方差阵都是通过样本估计而得，如设样本均值向量和样本协方差阵分别为 $\overline{\boldsymbol{x}}_i$ 和 $\boldsymbol{S}_i$ $(i=1,2)$，则有

$$\boldsymbol{V}_1=[1/(n_1-1)]\boldsymbol{S}_1 \tag{7-34a}$$

$$\boldsymbol{V}_2=[1/(n_2-1)]\boldsymbol{S}_2 \tag{7-34b}$$

所以，

$$(\boldsymbol{V}_1+\boldsymbol{V}_2)=[1/(n_1-1)]\boldsymbol{S}_1+[1/(n_2-1)]\boldsymbol{S}_2 \tag{7-35}$$

将式(7-35)代入式(7-33)，另外，再以 $\overline{\boldsymbol{x}}_1$ 和 $\overline{\boldsymbol{x}}_2$ 代替 $\boldsymbol{\mu}^{(1)}$，$\boldsymbol{\mu}^{(2)}$，即可得到实际样本的判别函数。

实际上，Fisher 判别法的计算很简单，即只需计算出相应不同类别样本的均值向量和协方差阵，就可容易得到 Fisher 判别函数。

四、逐步判别分析法

如在特征抽取中讨论所述，在实际的判别分析中，人们总是力图抛弃那些相互相关而对分类作用不大的特征变量，使特征变量的数目（在保证良好的分类效果的前提下）减到最少。这是因为：①多余的特征变量不但没有益处，而且可能干扰分类过程；②为了保证样本数和模式空间维数的比值大于 3（最好是大于 10），最好使模式空间维数（特征量数）降至最小。本节要讨论的逐步判别分析法就是这样一种方法。

为检验所含特征变量对判别效果的显著性，有必要在此先介绍关于判别检验的两个统计量及其检验方法。

1. T^2 统计量

T^2 统计量一般可用来检验两类样本之间的判别效果。T^2 统计量本质上是用来进行均值向量的检验的，它可用于检验两个均值向量是否具有显著性差异，即检验是否有

$$\overline{\boldsymbol{x}}^{(1)}=\overline{\boldsymbol{x}}^{(2)}$$

试想如果两个均值向量不具有显著性差异，则很难认为它们是来自两个不同母体；反之，如果两个均值向量确实存在显著性差异，则可肯定它们不是来自一个母体。用 T^2 统计量来检验两类样本所包含的各个变量的判别效果就基于上述事实。

$$T^2=\frac{n_1n_2}{n_1+n_2}(\overline{\boldsymbol{x}}_1-\overline{\boldsymbol{x}}_2)^{\mathrm{t}}\boldsymbol{S}^{-1}(\overline{\boldsymbol{x}}_1-\overline{\boldsymbol{x}}_2) \tag{7-36}$$

式中，$\overline{\boldsymbol{x}}_1$ 和 $\overline{\boldsymbol{x}}_2$ 分别为两类样本的样本均值向量；n_1、n_2 分别为第一类和第二类样本的个数；$\boldsymbol{S}=\dfrac{1}{n_1+n_2-2}\sum_{i=1}^{2}\sum_{k=1}^{n_i}(\boldsymbol{x}_{ki}-\overline{\boldsymbol{x}})(\boldsymbol{x}_{ki}-\overline{\boldsymbol{x}})^{\mathrm{t}}$

由于

$$F=\frac{n_1+n_2-n-1}{(n_1+n_2-2)\ n}T^2$$

遵从自由度为 n 和（n_1+n_2-n-1）的 $F(n,\ n_1+n_2-n-1)$ 分布。其中 n 是样本向量所含变量数，即其维数。当 $F>F_\alpha$ 时，则表明两个母体的均值有显著性差异，亦即样本的 n 个变量可以区分这两个母体，对它们的判别效果显著。

2. Wilks 统计量

Wilks 统计量是用来检验多类样本的估计均值向量是否存在显著性差异的，所以它可用于多母体之间的判别效果。即检验是否有

$$\overline{\boldsymbol{x}}^{(1)}=\overline{\boldsymbol{x}}^{(2)}=\overline{\boldsymbol{x}}^{(3)}=\cdots=\overline{\boldsymbol{x}}^{(k)}$$

设从 k 个母体 $G_1,G_2,\cdots,G_k$ 分别得到如下样本，

$$\begin{matrix} \boldsymbol{x}_1^{(1)}, & \boldsymbol{x}_2^{(1)}, & \boldsymbol{x}_3^{(1)}, & \cdots, & \boldsymbol{x}_{n_1}^{(1)} \\ \boldsymbol{x}_1^{(2)}, & \boldsymbol{x}_2^{(2)}, & \boldsymbol{x}_3^{(2)}, & \cdots, & \boldsymbol{x}_{n_2}^{(2)} \\ \vdots & \vdots & \vdots & & \vdots \\ \boldsymbol{x}_1^{(k)}, & \boldsymbol{x}_2^{(k)}, & \boldsymbol{x}_3^{(k)}, & \cdots, & \boldsymbol{x}_{n_k}^{(k)} \end{matrix}$$

其中，$\boldsymbol{x}_j^{(i)}$（$i=1,\ 2,\ \cdots,\ k$；$j=n_1,\ n_2,\ \cdots,\ n_k$）表示第 i 类第 j 个样本，它们都是 m 维向量，即含有 m 个变量的向量，各个母体的相应均值向量和协方差阵分别为 $\boldsymbol{\mu}^{(1)}$，$\boldsymbol{\mu}^{(2)}$，$\cdots$，$\boldsymbol{\mu}^{(k)}$；$\boldsymbol{V}_1$，$\boldsymbol{V}_2$，$\cdots$，$\boldsymbol{V}_k$。令

$$n=\sum_{i=1}^{k}n_i;\quad \boldsymbol{X}_\alpha=[\boldsymbol{x}_1^{(\alpha)}\boldsymbol{x}_2^{(\alpha)}\boldsymbol{x}_3^{(\alpha)}\cdots\boldsymbol{x}_{n_\alpha}^{(\alpha)}]\qquad \alpha=1,\ 2,\ \cdots,\ k$$

$$\boldsymbol{X}=[\boldsymbol{X}_1^{\mathrm{t}}\boldsymbol{X}_2^{\mathrm{t}}\cdots\boldsymbol{X}_k^{\mathrm{t}}]^{\mathrm{t}}$$

则总体的估计均值 $\overline{\boldsymbol{x}}$ 及每类的估计均值 $\overline{\boldsymbol{x}}^{(\alpha)}$ 分别为

$$\overline{\boldsymbol{x}}=(1/n)\sum_{\alpha=1}^{k}\sum_{i=1}^{n_\alpha}\boldsymbol{x}_i^{(\alpha)}$$

$$\overline{\boldsymbol{x}}^{(\alpha)}=(1/n_\alpha)\sum_{i=1}^{n_\alpha}\boldsymbol{x}_i^{(\alpha)}\qquad(\alpha=1,2,\cdots,k)$$

同时令估计总方差阵为 $\boldsymbol{W}$，即

$$\boldsymbol{W}=(1/n)\sum_{\alpha=1}^{k}\sum_{i=1}^{n_\alpha}(\boldsymbol{x}_i^{(\alpha)}-\overline{\boldsymbol{x}})(\boldsymbol{x}_i^{(\alpha)}-\overline{\boldsymbol{x}})^{\mathrm{t}}=\boldsymbol{X}^{\mathrm{t}}(\boldsymbol{I}_n-(1/n)\boldsymbol{J})\boldsymbol{X}\qquad(7\text{-}37)$$

式中，$\boldsymbol{I}_n$ 为 n 阶单位矩阵，$\boldsymbol{J}$ 为 n 阶纯 1 矩阵。将其进行平方和分解，可得

$$\begin{aligned}\boldsymbol{W}&=\sum_{\alpha=1}^{k}\sum_{i=1}^{n_\alpha}(\boldsymbol{x}_i^{(\alpha)}-\overline{\boldsymbol{x}})(\boldsymbol{x}_i^{(\alpha)}-\overline{\boldsymbol{x}})^{\mathrm{t}}\qquad(7\text{-}38)\\&=\sum_{\alpha=1}^{k}\sum_{i=1}^{n_\alpha}(\boldsymbol{x}_i^{(\alpha)}-\overline{\boldsymbol{x}}^{(\alpha)})(\boldsymbol{x}_i^{(\alpha)}-\overline{\boldsymbol{x}}^{(\alpha)})^{\mathrm{t}}+\sum_{\alpha=1}^{k}n_\alpha(\overline{\boldsymbol{x}}^{(\alpha)}-\overline{\boldsymbol{x}})(\overline{\boldsymbol{x}}^{(\alpha)}-\overline{\boldsymbol{x}})^{\mathrm{t}}\end{aligned}$$

即上式中的第一项为类内方差，记为 $\boldsymbol{E}$，而第二项表示类间方差，记为 $\boldsymbol{B}$，则

$$\boldsymbol{W}=\boldsymbol{E}+\boldsymbol{B}$$

而在多元方差分析中著名的 Wilks 统计量可定义为

$$\Lambda=|\boldsymbol{E}|/|\boldsymbol{E}+\boldsymbol{B}|=|\boldsymbol{E}|/|\boldsymbol{W}|\qquad(7\text{-}39)$$

式中，$|\cdot|$表示行列式值。其自由度参数分别为 m，$n-k$，$k-1$，服从 Wilks 分布，

记为 $\Lambda(m, n-k, k-1)$。

3. 附加信息检验

所谓附加信息检验就是对另增加的一些变量进行检验，检验它们是否能提供新的信息，亦称附加信息。设从 k 个母体 G_1，G_2，…，G_k 分别得到如下样本，

$$\begin{matrix} \boldsymbol{x}_1^{(1)}, & \boldsymbol{x}_2^{(1)}, & \boldsymbol{x}_3^{(1)}, & \cdots, & \boldsymbol{x}_{n_1}^{(1)} \\ \boldsymbol{x}_1^{(2)}, & \boldsymbol{x}_2^{(2)}, & \boldsymbol{x}_3^{(2)}, & \cdots, & \boldsymbol{x}_{n_2}^{(2)} \\ \vdots & \vdots & \vdots & & \vdots \\ \boldsymbol{x}_1^{(k)}, & \boldsymbol{x}_2^{(k)}, & \boldsymbol{x}_3^{(k)}, & \cdots, & \boldsymbol{x}_{n_k}^{(k)} \end{matrix}$$

其中，$\boldsymbol{x}_j{}^{(i)}(i=1,2,\cdots,k;j=n_1,n_2,\cdots,n_k)$表示第 i 类第 j 个样本，它们都是 m 维向量，即含有 m 个变量的向量，如通过某个步骤已选中了 r 个变量，要检验另外（$m-r$）个指标对区分母体是否提供附加信息，为了书写方便，不妨设选中的变量是前 r 个变量，记

$$\boldsymbol{x}_i^{(\alpha)}=\begin{bmatrix} \boldsymbol{x}_{i1}^{(\alpha)} \\ \\ \boldsymbol{x}_{i2}^{(\alpha)} \end{bmatrix}\begin{matrix} r \\ \\ m-r \end{matrix} \quad (\alpha=1,2\cdots,k;\ i=1,2\cdots,n_\alpha) \tag{7-40}$$

样本的均值和协方差阵也作相应部分

$$\overline{\boldsymbol{x}}^{(\alpha)}=\begin{bmatrix} \overline{\boldsymbol{x}}_1^{(\alpha)} \\ \\ \overline{\boldsymbol{x}}_2^{(\alpha)} \end{bmatrix}\begin{matrix} r \\ \\ m-r \end{matrix} \quad (\alpha=1,2\cdots,k)$$

$$\boldsymbol{E}=\begin{bmatrix} \boldsymbol{E}_{11} & \boldsymbol{E}_{12} \\ \boldsymbol{E}_{21} & \boldsymbol{E}_{22} \end{bmatrix} \quad \boldsymbol{B}=\begin{bmatrix} \boldsymbol{B}_{11} & \boldsymbol{B}_{12} \\ \boldsymbol{B}_{21} & \boldsymbol{B}_{22} \end{bmatrix}$$

$$\boldsymbol{W}=\boldsymbol{B}+\boldsymbol{E}=\begin{bmatrix} \boldsymbol{W}_{11} & \boldsymbol{W}_{12} \\ \boldsymbol{W}_{21} & \boldsymbol{W}_{22} \end{bmatrix}$$

为了检验后（$m-r$）个变量是否提供附加信息，不能简单检验

$$\overline{\boldsymbol{x}}_2^{(1)}=\overline{\boldsymbol{x}}_2^{(2)}=\overline{\boldsymbol{x}}_2^{(3)}=\cdots=\overline{\boldsymbol{x}}_2^{(k)}$$

因为这么做是将前 r 个变量与后（$m-r$）个变量完全孤立起来，而没有考虑到它们之间的相互作用，比较合理的做法是从后（$m-r$）个变量中将前 r 个变量与它们的线性相关部分扣除，继而检验剩下部分的均值是否相等，也就是说在给定前 r 个变量的条件下，来检验后（$m-r$）个变量的条件均值是否相等。

记 $\overline{\boldsymbol{x}}_{2\cdot 1}^{(\alpha)}$为在给定前 r 个变量的条件下后（$m-r$）个变量的条件均值，则要检验的假设是

$$\overline{\boldsymbol{x}}_{2\cdot 1}^{(1)}=\overline{\boldsymbol{x}}_{2\cdot 1}^{(2)}=\overline{\boldsymbol{x}}_{2\cdot 1}^{(3)}=\cdots=\overline{\boldsymbol{x}}_{2\cdot 1}^{(\alpha)}$$

根据第十章关于条件协占差阵的公式，上述检验可通过下述统计量来进行[3]，

$$\Lambda_{(m-r)\cdot(r)}=|\boldsymbol{E}_{22}-\boldsymbol{E}_{21}\boldsymbol{E}_{11}{}^{-1}\boldsymbol{E}_{12}|/|\boldsymbol{W}_{22}-\boldsymbol{W}_{21}\boldsymbol{W}_{11}{}^{-1}\boldsymbol{W}_{12}|$$

又因为

$$\boldsymbol{E}=|\boldsymbol{E}_{11}||\boldsymbol{E}_{22}-\boldsymbol{E}_{21}\boldsymbol{E}_{11}{}^{-1}\boldsymbol{E}_{12}|$$

$$W=|W_{11}||W_{22}-W_{21}W_{11}^{-1}W_{12}|$$

故

$$\Lambda_{(m)}=|E|/|W|=(|E_{11}|/|W_{11}|)(|E_{22}-E_{21}E_{11}^{-1}E_{12}|/|W_{22}-W_{21}W_{11}^{-1}W_{12}|)$$

记

$$\Lambda_{(r)}=|E_{11}|/|W_{11}|$$

它是检验前 r 个变量构成的样本的均值向量是否有显著性差异的 Wilks 统计量，即检验假设

$$\bar{x}_1^{(1)}=\bar{x}_1^{(2)}=\bar{x}_1^{(3)}=\cdots=\bar{x}_1^{(\alpha)}$$

的统计量，所以有

$$\Lambda_{(m)}=\Lambda_{(r)}\Lambda_{(m-r)\cdot(r)} \tag{7-41}$$

式（7-41）很像条件概率的公式，由于 Wilks 统计量有这个好的性质，在逐步判别中使用它将是非常方便的。

另外，Wilks 统计量 $\Lambda_{(m)}$ 还有如下的递推公式：

$$\Lambda_{(m)}=\Lambda_1\Lambda_{2\cdot 1}\Lambda_{3\cdot 1,2}\cdots\Lambda_{m\cdot 1,2,\cdots,(m-1)} \tag{7-42}$$

如记 $E=(e_{ij})$，$W=(w_{ij})$，则式（7-42）还可写成

$$\Lambda_{(m)}=(e_{11}/w_{11})(e_{22\cdot 1}/w_{22\cdot 1})\cdots(e_{mm\cdot 1,2,\cdots,(m-1)}/w_{mm\cdot 1,2,\cdots,(m-1)}) \tag{7-43}$$

这在逐步判别中使用起来更为方便。

【基本思路】

逐步判别法的基本思路与逐步回归基本是相同的，每一步选一个判别能力显著的特征变量进入判别函数，然后，对已选出的特征变量逐个进行检验，检验它们是否对正确判别有显著性意义，如其中有某个变量由于新变量的引入而变得不重要，即对正确判别无显著性意义，则将其剔除，直到判别函数中包含的所有变量的判别能力都显著时为止。

本节下面将讨论的逐步判别法，文献［4］对其作出了详细介绍并附有程序。

【基本算法】

逐步判别分析的算法将由下述步骤组成。

(1) 设在样本 $x_i^{(\alpha)}(i=1,2,\cdots,n_\alpha;\alpha=1,2,\cdots,k)$ 中含有 m 个变量，先从中选出一个变量，计算它的 Wilks 统计量

$$\Lambda_{(i)}=e_{ii}/w_{ii}\quad(i=1,2,\cdots,m)$$

使之为此 m 个变量中的最小变量。为叙述方便又不失一般性，设所挑选的变量是按应选的次序来进行的，即第 r 步正好选中变量 r。第一步选中变量 1，则

$$\Lambda_{(1)}=\min_{1\leqslant i\leqslant m}\Lambda_{(i)}=(e_{ii}/w_{ii})\quad(i=1,2,\cdots,m)$$

考察 $\Lambda_{(1)}$ 是否落入接受域，即该变量是否对判别有显著意义，如不显著，则表明一个变量也选不中，不能用判别分析来区分它们；如显著，则进入下一步。

(2) 在未选中的变量中，计算它们与已选中的变量 1 配合的 Λ 值

$$\Lambda_{(1i)}=\begin{vmatrix}e_{11}&e_{12}\\e_{i1}&e_{i2}\end{vmatrix}\Bigg/\begin{vmatrix}w_{11}&w_{12}\\w_{i1}&w_{i2}\end{vmatrix}\quad(2\leqslant i\leqslant m)$$

选择 $\Lambda_{(1i)}$ 达到极小的作为第二个变量，注意到因 $\Lambda_{(1i)}=\Lambda_{(1)}\Lambda_{i\cdot(1)}$，使 $\Lambda_{(1i)}$ 达到极小等价于使 $\Lambda_{i\cdot(1)}$ 达到极小。

仿此，如已选入了 r 个变量，不妨设为前 r 个变量，则在未选中的变量中逐次选一个与它们配合，计算

$$\Lambda_{(12\cdots rl)}=\begin{vmatrix} e_{11} & \cdots & e_{1r} & e_{1l} \\ e_{21} & \cdots & e_{2r} & e_{1l} \\ \vdots & & \vdots & \vdots \\ e_{r1} & \cdots & e_{rr} & e_{rl} \\ e_{l1} & \cdots & e_{lr} & e_{rl} \end{vmatrix} \Bigg/ \begin{vmatrix} w_{11} & \cdots & w_{1r} & w_{1l} \\ w_{21} & \cdots & w_{2r} & w_{1l} \\ \vdots & & \vdots & \vdots \\ w_{r1} & \cdots & w_{rr} & w_{rl} \\ w_{l1} & \cdots & w_{lr} & w_{ll} \end{vmatrix} \quad (r\leqslant l\leqslant m)$$

选择 $\Lambda_{(12\cdots rl)}$ 达到极小的作为第 $r+1$ 个变量，由于 $\Lambda_{(12\cdots rl)}=\Lambda_{(12\cdots r)}\Lambda_{l\cdot(12\cdots r)}$，使 $\Lambda_{(12\cdots rl)}$ 达到极小等价于使 $\Lambda_{l\cdot(12\cdots r)}$ 达到极小。在此基础上，继续检验新选的第 $r+1$ 个变量能否提供附加信息，如不能则转入（4），否则转入（3）。

（3）在已选入的 r 个变量中，要考虑较早选中的变量其重要性有没有较大的变化，应及时把不能提供附加信息的变量剔除。剔除的原则同于引进的原则，如在已选入的 r 个变量中考察变量 $j(1\leqslant j\leqslant r)$ 是否需要剔除，就是要计算 $\Lambda_{j\cdot(12,j-1,j+1\cdots r)}$，选择达到极小的 j，并检验是否显著，如不显著则将该变量剔除，仍进行（3），继续考察余下的变量是否需要剔除，如显著则回到（2）。

（4）这时既不能选进新变量，又不能剔除已选进的变量，将已选中的变量建立判别函数，前述的 Fisher 或 Bayes 判别函数都可以。

从上述算法可以看出，因为每步都要计算一些行列式，似有必要建立一套既经济又方便的计算方法，下面将介绍一种在逐步回归中常用的消去变换法。

如记 $\boldsymbol{E}^{(0)}$ 为没被变换的类内方差矩阵，对它进行一次消去变换后的矩阵记作 $\boldsymbol{E}^{(1)}=(e_{ij}^{(1)})$，再作一次消去变换后的矩阵记作 $\boldsymbol{E}^{(2)}=(e_{ij}^{(2)}),\cdots$，对类间方差矩阵也有类似的记号。另外，如记第 $r+1$ 次的消去变换为 T_{kk}（即进行以处于第 k 行第 k 列的元素为变换中心元素的消去变换，要求 e_{kk}，w_{kk} 不为零，对于所讨论的类内方差矩阵和类间方差矩阵，因它们均为正定矩阵，此条件自然满足），则有

$$T_{kk}(\boldsymbol{E}^{(r)})=\boldsymbol{E}^{(r+1)}=(e_{ij}^{(r+1)})=\begin{cases} e_{kj}^{(r)}/e_{kk}^{(r)} & j\neq k \\ e_{ik}^{(r)}/e_{kk}^{(r)} & i\neq k \\ 1/e_{kk}^{(r)} & i=j=k \\ e_{ij}^{(r)}-e_{ik}^{(r)}e_{kj}^{(r)}/e_{kk}^{(r)} & i\neq k,j\neq k \end{cases} \tag{7-44a}$$

$$T_{kk}\boldsymbol{W}^{(r)}=\boldsymbol{W}^{(r+1)}=(w_{ij}^{(r+1)})=\begin{cases} w_{kj}^{(r)}/w_{kk}^{(r)} & j\neq k \\ w_{ik}^{(r)}/w_{kk}^{(r)} & i\neq k \\ 1/w_{kk}^{(r)} & i=j=k \\ w_{ij}^{(r)}-w_{ik}^{(r)}w_{kj}^{(r)}/w_{kk}^{(r)} & i\neq k,j\neq k \end{cases} \tag{7-44b}$$

上述消去变换法具有以下三条十分有用的性质，而使之在逐步回归或逐步判别分析中使用起来特别方便。

① $T_{ij}(T_{ij}(\boldsymbol{X}))=\boldsymbol{X}$。即对 $\boldsymbol{X}$ 连续施行两次相同的消去变换，其结果是 $\boldsymbol{X}$ 不变，这很容易直接验证。

② 若 $i \neq k$，$j \neq l$，则 $T_{ij}(T_{kl}(\boldsymbol{X}))=T_{kl}(T_{ij}(\boldsymbol{X}))$。这表明消去变换在某种意义下的可交换性。此性质也很容易直接验证。

③ 消去变换过程中的子逆阵和子行列式计算性质：如记 $\boldsymbol{E}_r$ 为 r 阶正定矩阵，因为 $\boldsymbol{E}^{(1)}=T_{11}(\boldsymbol{E}^{(0)})$，$\boldsymbol{E}^{(2)}=T_{22}(\boldsymbol{E}^{(2)})$，…，$\boldsymbol{E}^{(r)}=T_{rr}(\boldsymbol{E}^{(r-1)})$，则 $\boldsymbol{E}_r$ 的行列式值为

$$|\boldsymbol{E}_r|=\prod_{j=1}^{r} e_{jj}^{(j-1)}$$

$$\boldsymbol{E}_r^{-1}=\boldsymbol{E}^{(r)}$$

表 7-1 给出了更清楚的结果。

表 7-1 消去变换过程中的子逆阵和子行列式计算结果

步数	逆矩阵	行列式值	所含变量
1	$e_{11}^{(1)}$	e_{11}	1
2	$e_{11}^{(2)}\quad e_{12}^{(2)}$ $e_{21}^{(2)}\quad e_{22}^{(1)}$	$e_{11}e_{22}^{(1)}$	1,2
	$\vdots\quad\quad\vdots$		
l	$e_{11}^{(l)}\cdots e_{1l}^{(l)}$ $\vdots\quad\quad\vdots$ $e_{l1}^{(l)}\cdots e_{ll}^{(l)}$	$e_{11}e_{22}^{(1)}\cdots e_{ll}^{(l-1)}$	$1,2,\cdots,l$
$r=l+1$	$e_{11}^{(l+1)}\cdots e_{1l}^{(l+1)}e_{1r}^{(l+1)}$ $\vdots\quad\quad\vdots$ $e_{l1}^{(l+1)}\cdots e_{ll}^{(l+1)}e_{1r}^{(l+1)}$ $e_{r1}^{(l+1)}\cdots e_{rl}^{(l+1)}e_{rr}^{(l+1)}$	$e_{11}e_{22}^{(1)}\cdots e_{ll}^{(l-1)}e_{rr}^{(l)}$	$1,2,3,\cdots,l,r$

同时，在上述讨论的消去变换过程中的子逆阵和子行列式计算性质，可得出下述结果：

$$\Lambda_{(i)}=e_{ii}^{(0)}/w_{ii}^{(0)}=e_{ii}/w_{ii} \qquad i=1,\ 2,\ \cdots,\ m$$

$$\Lambda_{(i)\cdot 1}=e_{ii}^{(1)}/w_{ii}^{(1)} \qquad i=2,\ \cdots,\ m$$

$$\Lambda_{(i)\cdot 12}=e_{ii}^{(2)}/w_{ii}^{(2)} \qquad i=3,\ \cdots,\ m$$

$$\vdots \qquad \vdots$$

从上述讨论的消去变换的三个性质可以看出，如在逐步判别中采用消去变换，将使前面讨论的有关逐步判别的算法变得既简单又方便，这是因为消去变换对加入变量和剔除变量是同样适用的。并且因为 $T_{ij}(T_{ij}(\boldsymbol{X}))=\boldsymbol{X}$，如果一个变量引进作了消去变换，随后又将它剔除时还可作同样的消去变换，即对 $\boldsymbol{X}$ 连续施行两次相同的消去变换，矩阵又回到该变量未加入前的情况。再由性质 $T_{ii}(T_{jj}(\boldsymbol{X}))=T_{jj}(T_{ii}(\boldsymbol{X}))(i\neq j)$ 可知，如果选进了 r 个变量，则 $\boldsymbol{E}^{(r)}$ 与这些变量选进的先后次序是无关的。另外，因为如果经 f 次消去变换后，最后选中了 r 个变量，不失一般性仍假定是前 r 个变量，通过消去变换还可以计算出逆矩阵，即 $\boldsymbol{E}_r^{-1}=\boldsymbol{E}^{(r)}$，所以可以用它来计算 Fisher 或 Bayes 判别函数来。

另外，以 Wilks 统计量 Λ 的值作为目标函数，用上述逐步选变量的方法求得 Wilks 统计量 Λ 的值的极小不是全局最小，只是一种局部最优解，对变量选择的全局最优解的求法也只能用我们在第四章讨论的模拟退火法、遗传算法或基于数论方法的序贯优化法来求得，当然，代价就是计算更复杂、计算时间更长。

以上讨论的几种方法都是经典的参数方法，下面还将介绍几种非参数方法，如线性学习机、K-最近邻法、势函数判别法、人工神经网络判别法。

五、线性学习机

【基本思路】

线性学习机又称线性判别函数法。设在训练集中有两类样本，记为 ω^1 和 ω^2，线性判别函数法的目标是找到一个矢量 $\boldsymbol{w}$，如果它们是线性可分的，则总可找到一个矢量 $\boldsymbol{w}$，使得

$$\boldsymbol{x}_k \in \omega^1, \quad \boldsymbol{w}^t \boldsymbol{x}_k > 0$$

$$\boldsymbol{x}_k \in \omega^2, \quad \boldsymbol{w}^t \boldsymbol{x}_k < 0$$

试考察一个二维模式空间线性可分的例子（见图 7-4），ω^1 和 ω^2 可借判决面分开，在本例中，判决面是一条直线，这条直线是通过原点的，这一点总是可通过坐标旋转与平移达到。判决面可借与之正交并通过原点的权矢量 $\boldsymbol{w}$ 来表述。试计算相应的点积 s，

$$s = \boldsymbol{w}^t \boldsymbol{x}_k = \| \boldsymbol{w} \| \| \boldsymbol{x}_k \| \cos(\alpha) \tag{7-45}$$

式中，α 是二矢量间的夹角。显然，如 s 是正值，$\boldsymbol{x}_k$ 属 ω^1 类；如 s 是负值，$\boldsymbol{x}_k$ 属 ω^2 类，所以判决面是一个“分类器”。

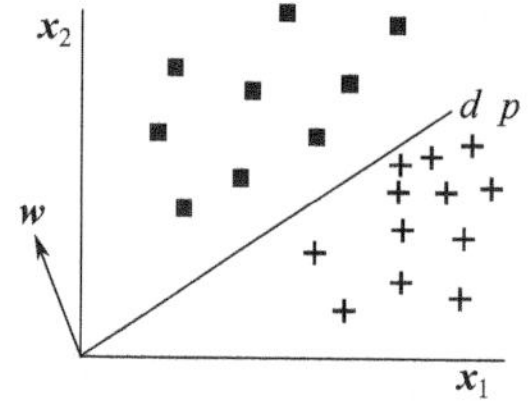

图 7-4 线性分类器示意图

从这个简单的例子出发，可探求如何求出判决面，即找到一个线性分类器。求判决面的过程，是借助已知的 ω^1 类和 ω^2 类样本进行的，这一过程就称为训练过程，这些已知样本称为训练集。设一组已知分类的样本集，可将其随机分为两部分，一部分作训练集（或称学习集、参比集）用于计算判决面；另一部分作预测集（或称检验集）用于考察找出的判决面能否用来正确地预测训练集以外的样本。

【基本算法】

线性学习机是一种有监督的学习类型的简单线性判别函数的迭代算法，可通过以下步骤来实现。

（1）随机选取一个与样本矢量具有相同维数的矢量作为 $\boldsymbol{w}$。

（2）对每个样本都进行计算（$k=1, \cdots, n$）：

如果 $\boldsymbol{x}_k \in \omega^1$，而且 $\boldsymbol{w}^t \boldsymbol{x}_k > 0$，则 $\boldsymbol{w}_{\text{new}} = \boldsymbol{w}_{\text{old}}$（判决矢量保持不变）；

反之，如果 $\boldsymbol{w}^t \boldsymbol{x}_k < 0$，则 $\boldsymbol{w}_{\text{new}} = \boldsymbol{w}_{\text{old}} - \lambda \boldsymbol{x}_k$（修正判决矢量）；

如果 $\boldsymbol{x}_k \in \omega^2$，而且 $\boldsymbol{w}^t \boldsymbol{x}_k < 0$，则 $\boldsymbol{w}_{\text{new}} = \boldsymbol{w}_{\text{old}}$（判决矢量保持不变）；

反之，如果 $\boldsymbol{w}^t \boldsymbol{x}_k > 0$，则 $\boldsymbol{w}_{\text{new}} = \boldsymbol{w}_{\text{old}} - \lambda \boldsymbol{x}_k$（修正判决矢量）；

这里 $\lambda = 2(\boldsymbol{w}_{\text{old}}^t \boldsymbol{x}_k) / \| \boldsymbol{x}_k \|^2$

（3）重复第二步，直至所有的样本都正确分类。

以上算法是对于线性可分的情况而设计的，对于线性不可分的情况，则规定重复次数，到了规定次数还不能完全将训练集分开，则认为属于线性不可分的。

另外，本算法中的修正判决矢量的计算，实际上是将当前的不能正确分类的判决矢量进行反射，这是因为

$$\begin{aligned}\boldsymbol{w}_{\text{new}}^{\text{t}}\boldsymbol{x}_k &= (\boldsymbol{w}_{\text{old}}-\lambda\boldsymbol{x}_k)^{\text{t}}\boldsymbol{x}_k \\ &= \boldsymbol{w}_{\text{old}}^{\text{t}}\boldsymbol{x}_k - 2(\boldsymbol{w}_{\text{old}}^{\text{t}}\boldsymbol{x}_k)(\boldsymbol{x}_k^{\text{t}}\boldsymbol{x}_k)/\|\boldsymbol{x}_k\|^2 \\ &= -\boldsymbol{w}_{\text{old}}^{\text{t}}\boldsymbol{x}_k\end{aligned}$$

也就是说，经过这样的修正以后，原来不能正确分类的现在可以分类正确了。一般说来这样的重复次数在二十次左右就足够了。

六、K-最近邻法

【基本思想】

K-最近邻法（K-NN 法）是一种直接以模式识别的基本假设——同类样本在模式空间相互较靠近——为依据的分类方法。图 7-5 示出了 K-最近邻法的主要思路，从图可以清楚看到，该法就是计算在最近邻域中 k 个已知样本到未知的待判别样本的距离，即使所研究的体系线性不可分，此法仍可适用。K-最近邻法从算法上讲极为直观，这种方法，实际上是要将训练集的全体样本数据存储在计算机内，对每一个待判别的未知样本，逐一计算与各训练集样本之间的距离，找出其中最近的 K 个进行判别。

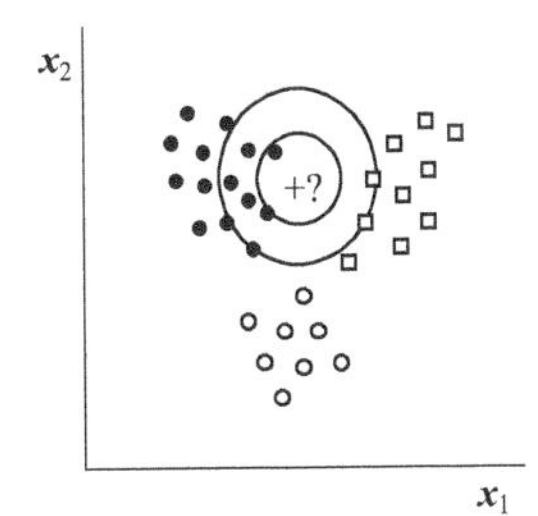

图 7-5 K-最近邻法主要思路的示意图

+表示待分类样本；□，○，● 表示属于不同类别的样本

如 $K=1$，很自然这一个最近邻样本属于哪一类，未知样本即判属该类。如 $K>1$，则这 K 个最近邻样本不一定都属于一类。采用“表决”的办法，对这 K 个最近邻样本的归属情况，按少数服从多数进行判决。一个近邻相当于一票，但应考虑对各票进行加权，对距离最近的近邻的类属，应予以较重的权。例如按式（7-46）计算：

$$V_{\text{未知}}=\sum V_i/D_i \tag{7-46}$$

式中，如果 $\boldsymbol{x}_i\in\omega^1$，则取 $V_i=1$；如果 $\boldsymbol{x}_i\in\omega^2$，则取 $V_i=-1$；D_i 是待判别的样本与近邻的距离。这样，如果求得的 $V_{\text{未知}}$ 为正，则可认为 $\boldsymbol{x}_i$ 属于 ω^1，反之，$\boldsymbol{x}_i$ 属于 ω^2，即，

$$\text{当 } V_{\text{未知}}>0\text{，则 } \boldsymbol{x}_{\text{未知}}\in\omega^1\text{；}$$

$$\text{当 } V_{\text{未知}}<0\text{，则 } \boldsymbol{x}_{\text{未知}}\in\omega^2$$

D_i 的作用相当于一个权因子，即如果近邻 j 与样本 $\boldsymbol{x}_i$ 的距离很小时，它权值就大，而

那些距离大的近邻权值较小。

【基本算法】

K-最近邻法（K-NN 法）算法相当简单，可由以下步骤来完成。

(1) 取一个未知样本，记为 $\boldsymbol{x}_{未知}$，计算该样本到训练集各样本的距离 $D_i(i=1,2,\cdots,n)$，在此 n 为所有训练集样本的总数。

(2) 取出 k 个距离最短的训练集样本，计算它们的权值和：

$$V_{未知}=\sum V_i/D_i \quad (i=1,2,\cdots,k)$$

如果 $\boldsymbol{x}_i\in\omega^1$，则取 $V_i=1$；如果 $\boldsymbol{x}_i\in\omega^2$，$V_i=-1$；$D_i$ 是待判别的样本与近邻的距离。

(3) 建立判别标准，即当

$V_{未知}>0$，则 $\boldsymbol{x}_{未知}$ 判为第一类 ω^1；

反之，$V_{未知}<0$，则 $\boldsymbol{x}_{未知}$ 判为第二类 ω^2。

对于此法中 k 值取多少，文献中多有讨论[5]，但很难有一定论，一般还是靠经验来定。此外，有人还提出了一种交替 K-NN（alternative K-NN）方法，有兴趣的读者可参阅文献[6～8]。

七、势函数判别法

【基本思想】

势函数分类法实际上是 K-最近邻法（K-NN 法）的一种很有效的拓广变种。它把每一个已知种类样本的代表点都看成某种“势场”的源，例如一个电场源即一个点电荷。在距某点距离为 D 处的场强 $V(D)$ 可用下列一类公式表示：

$$V(D)=1/D \tag{7-47}$$

$V(D)$ 也可采用更复杂的形式，如

$$V(D)=1/(1+qD^2) \tag{7-48a}$$

或

$$V(D)=\mathrm{e}^{-D^2/q} \tag{7-48b}$$

式中，q 为可调参数。

所有点的场均分布于整个空间且互相重叠。对于未知点属于哪一类的判断基于这样一个原则：未知点属于在该点有最大势场强度的那一类，即用下列判据：

$$V_{样本}=(1/n_1)\sum V(\boldsymbol{x}_{j1})-(1/n_2)\sum V(\boldsymbol{x}_{j2}) \tag{7-49}$$

式中，$V(\boldsymbol{x}_{j1})$ 和 $V(\boldsymbol{x}_{j2})$ 分别代表第一类点和第二类点对未知样本点处施加的势场；n_1、n_2 分别为第一、第二类点数目；$V_{样本}$ 为未知点处两类点平均作用势的差值。当 $V_{样本}>0$，则 $\boldsymbol{x}_{样本}\in\omega^1$；而当 $V_{样本}<0$，则 $\boldsymbol{x}_{样本}\in\omega^2$。$V_{样本}=0$ 时为分界面，一般为复杂的不连续的曲面。图 7-6 表示出了这类分界面的示意图。

【基本算法】

势函数分类法算法也很简单，可由以下步骤来完成。

(1) 取一个未知样本，记为 $\boldsymbol{x}_{未知}$，计算该样本在已知训练集场中的场强 $V_{未知}(D)$，即

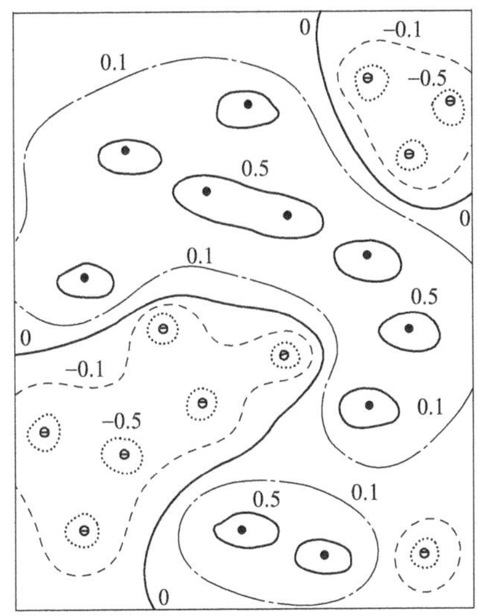

图 7-6 势函数分类法示意图

$$V_{未知}(D)=\sum 1/(1+q_iD_i^2) \quad (i=1,2,\cdots,n) \tag{7-50}$$

式中，n 为所有训练集样本的总数；D_i^2 为该样本到训练集各样本的距离；q_i 为预置常数，当训练集样本 i 属于第一类时取正值，而当训练集样本 i 属于第二类时取负值。

(2) 建立判别标准，即当

$V_{未知}(D)>0$，则 $\boldsymbol{x}_{未知}$ 判为第一类 ω^1；

反之，$V_{未知}(D)<0$，则 $\boldsymbol{x}_{未知}$ 判为第二类 ω^2。

势函数法的一个较简单的变种是只考虑一批近邻的势的方法，例如，可只考虑 K 个近邻，取判别函数为：

$$V_{未知}(D)=\sum 1/(1+q_iD_i^2) \quad (i=1,2,\cdots,k) \tag{7-51}$$

这就与 K-最近邻法相似了。

八、人工神经网络判别法

【基本思想】

人工神经网络方法在前一章的非线性校正方法已作出了一般性的介绍，在此只对其在化学模式识别中的应用给出必要的补充介绍。人工神经网络由于其具有非线性映照的能力，用于化学模式识别应该说是有一定优势的，近年来在化学模式识别中得到了相当广泛的应用[9~11]，本节仍以多层前传网络误差反传算法为主来作出介绍。

人工神经网络用于化学模式识别的基本思路与前述的判别分析方法是相同的，它也是通过对已知类别的训练集的拟合，来建立模型来进行分类与预测的。它与第五章中讨论的非线性校正方法的区别仅在于校正方法的拟合为连续变化函数，而化学模式识别则是以 0，1 或−1、+1 为输出来进行拟合建模的。

【基本算法】

用于化学模式识别的误差反传算法算法将由以下几步构成。

(1) 随机选取网络之间的连接权重 $w_{ki}^{m_2}$ 和 $w_{ij}^{m_1}$ ($j=1,\cdots,n;i=1,\cdots,m;k=1,\cdots,L$)，其中 n 为输入矢量的节点数（或称输入矢量的维数）；m 为隐节点数；L 为输出节点数。一

般就用（−0.5～0.5）的均匀分布的随机函数产生。

（2）设 $\alpha=1$，…，A，重复迭代进行以下步骤，直至收敛：

① 前传计算：按照下面两式来计算 $\boldsymbol{O}$，

$$\begin{aligned}\boldsymbol{O}_k &= f(\sum w_{ki}^{m_2} y_j^m + w_0^{m_2}) \\ &= f(\sum w_{ki}^{m_2}[f(\sum w_{ij}^{m_1}\ \mathrm{In}p_i + w_0^{m_1})_i] + w_0^{m_2})\end{aligned} \tag{7-52}$$

式中，$y_j^m = f(\sum w_{ij}^{m_1}\ \mathrm{In}p_i + w_0^{m_1})$，活性函数或取符号函数，即 $f(u)=\mathrm{sgn}(u)=f_h(u)$，或取非线性反正弦函数 $f(u)=\tanh(u)$。与所期望得到的数值比较，按式（7-53）计算出误差函数 E。

$$E=1/2[\sum(O_k-E_k)^2] \tag{7-53}$$

② 反传调节：计算出由上式表出的目标函数对连接权重的一阶导数，并以此来调节连接权重 $w_{ki}^{m_2}$ 和 $w_{ij}^{m_1}$（因在此只介绍最陡梯度法，所以用的是一阶导数，别的优化算法同样是可行的）。

$$\Delta w_{ij}=\rho\delta_i u_j \tag{7-54}$$

式中，ρ 为一步长因子，可在（0～1）之间取值；u 为第 j 节点上的抽象变量，一般视其是在输出层还是隐蔽层，就分别等于 $f(\sum w_{ij}^{m_1}\ \mathrm{In}p_i + w_0^{m_1})$ 或者 $f(\sum w_{ki}^{m_2} y_j^m + w_0^{m_2})$；$\delta$ 为梯度因子，对于不同层，它有不同表达式：

$$\delta_i=\begin{cases}(u_i-E_i)(u_i)(1-u_i) & \text{如果 } u_i \text{ 为输出节点} \quad (7\text{-}55\mathrm{a}) \\ (\sum w_{ij}^{m_1}\delta_k)(u_i)(1-u_i) & \text{如果 } u_i \text{ 为隐蔽层节点} \quad (7\text{-}55\mathrm{b})\end{cases}$$

在这里 $u(1-u)=u'$。实因

$$u=f(\sum w_{ij}^{m_1}\ \mathrm{In}p_i + w_0^{m_1})=f(x)=1/(1+\mathrm{e}^{-x}) \tag{7-56}$$

所以有

$$\begin{aligned}u'=f''(x)&=[1/(1+\mathrm{e}^{-x})]/\mathrm{d}x=-(1+\mathrm{e}^{-x})^{-2}(\mathrm{e}^{-x})(-1) \\ &=[1/(1+\mathrm{e}^{-x})]\{1-[1/(1+\mathrm{e}^{-x})]\}=u(1-u)\end{aligned}$$

式（7-54）中步长因子 ρ 的取值大小对收敛速度有很大的影响，如果取值太大，则可能引起迭代过程的振荡；反之，若取值太小则会导致权重调节的迭代过程收敛太慢。一般说来，为了加快迭代过程且防止迭代过程的振荡，一般是在式中引入一个惯量因子 λ，

$$\Delta w_{ij}(\alpha+1)=\rho\delta_i u_j+\lambda\Delta w_{ij}(\alpha) \tag{7-57}$$

以保证迭代收敛速度。

尽管人工神经网络的研究已取得令人兴奋的进展，但是，总的说来对它的研究无论在理论还是应用上都还处于初期阶段，存在很多问题值得探讨，如网络训练速度、过拟合、全局寻优、网络结构与网络能力等问题都存在未知因素，值得进一步研究。有兴趣的读者可参阅文献［12～15］。深度学习算法是对人工神经网络的发展，在近期赢得了很多关注，特别是百度也开始发力深度学习后，更是在国内引起了很多关注。在计算能力变得日益廉价的今天，深度学习试图建立大得多也复杂得多的神经网络。很多深度学习的算法是半监督式学习算法，用来处理存在少量未标识数据的大数据集。常见的深度学习算法包括：受限玻尔兹曼

机（restricted boltzmann machine，RBN）、Deep Belief Networks（DBN）、卷积网络（convolutional network）、堆栈式自动编码器（stacked auto-encoders）。

第五节　无监督的模式识别方法——聚类分析法

聚类分析是多元统计中的一种实用性很强的方法，其主要思路就是利用同类样本应彼此相似，即常说的“物以类聚”，相类似的样本在多维空间中彼此的距离应小些，而相似的样本在多维空间中彼此的距离应大些。聚类分析即为如何使相似的样本“聚”在一起，从而达到分类的目的。一般说来，聚类分析方法可分为凝聚法与分离法两类[16]，凝聚法开始时将每个样本认作一个类，然后由这些类逐步凝聚成较大的类，下面将讨论的系统聚类法就是凝聚法的例子；而分割法则与之相反，开始时将所有的样本认作一个大类，再逐步分割为较小的类，以后将介绍的一分为二法是分割法的一个例子。

一、系统聚类法

【基本思想】

系统聚类法亦称谱系聚类法，是一种很常用的凝聚法方法，其基本思想是：先将 n 个样本各自看成一类，然后规定样本之间的距离和类与类之间的距离。开始，因每个样本自成一类，类与类之间的距离与样本之间的距离是等价的，选择距离最小的一对并成一个新类，计算新类与其他类的距离，再将距离最小的两类并成一类，这样每次减少一类，直至所有的样本都成为一类为止。

类与类之间的距离有许多定义的方法[17]，它与前述样本与样本之间的距离是有区别的，例如定义类与类之间的距离为两类之间样本中的最近的距离，或者定义类与类之间的距离为两类重心之间的距离等等。不同的定义就产生了系统聚类的不同方法，本节将对常用的 8 种定义类与类之间距离的不同方法进行简要介绍。为区别样本之间的距离和类与类之间的距离，在以后的讨论中，凡是用小写字母 d 表示的为样本之间的距离，而用大写字母 D 表示的为类与类之间的距离。

1. 最短距离法

最短距离法定义类 G_i 与 G_j 之间的距离为

$$D_{ij}=\min_{\boldsymbol{x}_k\in G_i,\boldsymbol{x}_l\in G_i}\{d_{kl}\} \tag{7-58}$$

式中，d_{kl} 是样本 $\boldsymbol{x}_k$ 与 $\boldsymbol{x}_l$ 的距离，即类与类之间的距离为两类之间最近的样本之间的距离。

【基本算法】

定义了上述的类与类之间的距离，基于最短距离的系统聚类法的算法可由下述计算步骤组成。

（1）规定样本之间的距离（可为前述的欧氏距离或其他距离），计算样本两两距离的对称阵，记为 $D_{(0)}$，开始每个样本自成一类，这时显然 $D_{pq}=d_{pq}$。

（2）选择 $D_{(0)}$ 的最小元素，设为 D_{pq}，则将 G_p 和 G_q 合并成一新类，记为 G_r，则 $G_r=\{G_p,G_q\}$。将 $D_{(0)}$ 中 p、q 行及 p、q 列并成一个新行新列，新行新列对应 G_r，所得的矩阵记作 $D_{(1)}$。

（3）计算新类与其他类的距离

$$D_{rk}=\min_{x_i\in G_r,x_j\in G_k}\{d_{ij}\}=\min\{\min_{x_i\in G_p,x_j\in G_k}\{d_{ij}\},\min_{x_i\in G_q,x_j\in G_k}\{d_{ij}\}=\min(D_{pk},D_{qk})$$

(4) 对$D_{(1)}$重复上述对$D_{(0)}$的计算得$D_{(2)}$，如此下去直到所有的元素成为一类为止。

2. 最长距离法

最长距离法定义类G_i与G_j之间的距离为

$$D_{ij}=\max_{x_k\in G_i,x_l\in G_i}\{d_{kl}\} \tag{7-59}$$

式中，d_{kl}是样本$\boldsymbol{x}_k$与$\boldsymbol{x}_l$的距离，即类与类之间的距离为两类之间最远的样本之间的距离。

最长距离法的基本算法与最短距离法是完全类似的，所以，在此只给出计算新类与其他类的递推公式：

$$D_{rk}=\max_{x_i\in G_r,x_j\in G_k}\{d_{ij}\}=\max\{\max_{x_i\in G_p,x_j\in G_k}\{d_{ij}\},\max_{x_i\in G_q,x_j\in G_k}\{d_{ij}\}\}=\max(D_{pk},D_{qk}) \tag{7-60}$$

3. 中间距离法

从上述对最短距离法和最长距离法的讨论可知，它们的差别只在于两点：①类与类之间距离的定义不同；②计算新类与其他类的距离所用的递推公式不同。下面将介绍的其他系统聚类法之间的差异也都在这两方面，故下述讨论将主要将介绍新类与其他类距离的递推公式。

中间距离法定义的类与类之间的距离既不采用两类中样本之间的最短距离，也不采用两类中样本之间的最长距离，而是采用最近和最远之间的距离。

如果在某一步将类G_p与G_q合并为G_r，任一类G_i与G_r之间距离的取法可由如下三角形说明（参见图 7-7）。如果用最短距离法，D_{ir}等于D_{ip}和D_{iq}中短的一边；如果用最长距离法，D_{ir}等于D_{ip}和D_{iq}中长的一边。而在中间距离法中，D_{ir}既不取D_{ip}也不取D_{iq}，D_{ir}取的是夹在中间的三角形中线，由初等几何知

$$\text{三角形中线}=[(1/2)D_{ip}^2+(1/2)D_{iq}^2-(1/4)D_{pq}^2]$$

故可取

$$D_{ir}^2=[(1/2)D_{ip}^2+(1/2)D_{iq}^2-\beta D_{pq}^2] \quad (-1/4\leqslant\beta\leqslant0) \tag{7-61}$$

当$\beta=-1/4$时，D_{ir}就是上述的三角形中线。式（7-61）也就是中间距离法的递推公式。

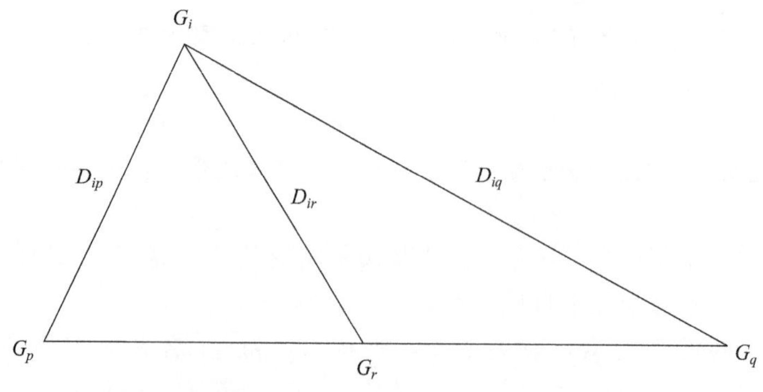

图 7-7 中间距离法类距离定义示意图

4. 重心法

从物理的观点看，一个类用它的重心（该类样本的均值向量）作代表比较合理，类与类之间的距离就用重心之间的距离来代表。设 G_p 与 G_q 的重心分别为 $\overline{\boldsymbol{x}}_p$ 和 $\overline{\boldsymbol{x}}_q$，$G_p$ 与 G_q 的距离为

$$D_{pq}=d_{\overline{\boldsymbol{x}}_p\overline{\boldsymbol{x}}_q} \tag{7-62}$$

对应于这种定义的系统聚类法叫重心法。

设某一步将类 G_p 与 G_q 合并为 G_r，它们各含有 n_p，n_q，$n_r(n_r=n_p+n_q)$个样本，则此种方法的递推公式为

$$D_{ir}^2=[(n_p/n_r)D_{ip}^2+(n_q/n_r)D_{iq}^2-(n_pn_q)/(n_r^2)D_{pq}^2] \tag{7-63}$$

5. 类平均法

重心法虽有很好的代表性，但未充分利用各样本的信息，有人建议将两类之间的距离定义为这两类元素所有样本两两之间的平均平方距离，即

$$D_{pq}^2=\frac{1}{n_pn_q}\sum_{\boldsymbol{x}_i\in G_p,\boldsymbol{x}_j\in G_q}\sum d_{\boldsymbol{x}_i\boldsymbol{x}_j}^2 \tag{7-64}$$

式中，n_p 和 n_q 分别为类 G_p 与 G_q 中的样本数。容易导出[3]此种方法的递推公式为

$$D_{ir}^2=[(n_p/n_r)D_{ip}^2+(n_q/n_r)D_{iq}^2] \tag{7-65}$$

有人认为类平均法是系统聚类法中比较好的方法之一。

6. 可变类平均法

因在类平均法的递推公式中没有反映 D_{pq}^2 的影响，故有人建议将递推公式（7-65）改为

$$D_{ir}^2=[(n_p/n_r)(1-\beta)D_{ip}^2+(n_q/n_r)(1-\beta)D_{iq}^2+\beta D_{pq}^2] \tag{7-66}$$

式中，$\beta<1$，对应于这个递推公式的系统聚类法叫做可变类平均法。

7. 可变法

如将上述讨论的递推公式改为

$$D_{ir}^2=[(1-\beta)/2](D_{ip}^2+D_{iq}^2)+\beta D_{pq}^2 \tag{7-67}$$

式中，$\beta<1$，那么，对应于这个递推公式的系统聚类法叫做可变法。

可变类平均法和可变法的分类效果与 β 的选择关系极大，有一定的人为任意性，因此在实际使用不太多见。

8. 方差平方和法

这个方法是由 Ward 提出，故也有 Ward 法之称。该方法的主要思想是来源于方差分析，即如果类分得正确，同类样本的方差平方和应当较小，类与类之间的方差平方和应当较大。

设有 n 个样本拟分成 k 类 $G_1,G_2,\cdots,G_k$，$\boldsymbol{x}_{ti}$ 表示 G_t 中的第 i 个样本，每个样本都是一个 m 维向量，n_i 表示 G_i 中的样本个数，$\overline{\boldsymbol{x}}^{(t)}$ 为 $G_t(t=1,2,\cdots,k)$的重心，亦即该类的均值向量，则 G_t 的样本方差平方和为

$$S_t=\sum_{i=1}^{n_t}(\boldsymbol{x}_{ti}-\overline{\boldsymbol{x}}^{(t)})^{\mathrm{t}}(\boldsymbol{x}_{ti}-\overline{\boldsymbol{x}}^{(t)})$$

$$S=\sum_{t=1}^{k}\sum_{i=1}^{n_t}(\boldsymbol{x}_{ti}-\overline{\boldsymbol{x}}^{(t)})^{\mathrm{t}}(\boldsymbol{x}_{ti}-\overline{\boldsymbol{x}}^{(t)})=\sum_{t=1}^{k}S_t$$

当 k 固定时，要选择使 S 达到极小的分类。n 个样本，分成 k 类，一切可能的分法可由下式给出，

$$R(n,k)=(1/k!)\sum_{i=0}^{k}(-1)^{k-i}\begin{bmatrix}k\\i\end{bmatrix}i^n \tag{7-68}$$

有关此式的证明可参阅文献［3］。上式说明，此类优化问题为组合优化问题，求全局最优解是很困难的一个问题，Ward 法给出的是一个局部最优解。其基本思路为：先将 n 个样本各自成一类，此时 S 最小，然后每次缩小一类，因每缩小一类后总方差平方和 S 就要增大，选择使 S 增加最小的两类进行合并，直至所有的样本归为一类为止。

从上述讨论中看出，方差平方和法与前面介绍的 7 种系统聚类法有较大的差异，其实可以证明，方差平方和法的类距离计算的递推公式为

$$D_{ir}^2=[(n_i+n_p)/(n_i+n_r)]D_{ip}^2+[(n_i+n_q)/(n_i+n_r)]D_{iq}^2-[(n_i)/(n_i+n_r)]D_{pq}^2 \tag{7-69}$$

上述 8 种系统聚类法，并类的原则和步骤是完全一样的，所不同的是类与类之间的距离有不同的定义，从而得到不同的递推计算公式。Wishart[18] 发现它们的递推公式可以统一起来，它们统一的形式为

$$D_{ir}^2=\alpha_p D_{ip}^2+\alpha_q D_{iq}^2+\beta D_{pq}^2+r\,|D_{ip}^2-D_{iq}^2| \tag{7-70}$$

方法不同，式中的 α_p、α_q、β 和 r 的取值也不同，表 7-2 列出了上述 8 种系统聚类法 4 个参数的取值。递推公式的统一使 8 种方法的共性完全统一起来了，为编制计算机统一程序提供了极大的方便，文献[19]给出了这样的程序。

表 7-2 系统聚类法参数表

方　法	α_p	α_q	β	r
最短距离法	1/2	1/2	0	−(1/2)
最长距离法	1/2	1/2	0	1/2
中间距离法	1/2	1/2	−(1/2)	0
重心法	n_p/n_r	n_q/n_r	$(n_p n_q)/(n_r^2)$	0
类平均法	n_p/n_r	n_p/n_r	0	0
可变类平均法	$(1-\beta)/2$	$(1-\beta)/2$	β	0
可变法	$(1-\beta)n_p/n_r$	$(1-\beta)n_q/n_r$	β	0
方差平方和法	$(n_i+n_p)/(n_i+n_r)$	$(n_i+n_p)/(n_i+n_r)$	$-(n_i)/(n_i+n_r)$	0

【示例】

现以一个最简单的例子来说明上述系统聚类法的聚类过程。表 7-3 给出了一个薄层色谱的 5 个溶剂系统（分别记为 A、B、C、D、E）分离 4 种物质（记为 a、b、c、d）的保留时间 $hR_{\mathrm{f}}(R_{\mathrm{f}}\times100)$值数据。

表 7-3 5 个 TLC 体系的 hR_f 值

分离物质＼溶剂体系	A	B	C	D	E
a	100	80	80	40	50
b	80	60	70	20	10
c	70	50	40	20	20
d	60	40	50	10	10

今欲将 TLC 体系分类，如欲找出 $A \sim E$ 诸溶剂中哪些是相似的，哪些是不相似的，这种信息对选择适宜的溶剂体系进行二维 TLC 分离有意义。首先将 A、B、C、D、E 各认作独立的类，由表 7-3 可计算距离阵，在此采用的是欧氏距离，结果示于表 7-4。

表 7-4 TLC 溶剂体系的欧氏距离

溶剂体系	A	B	C	D	E
A	0				
B	40	0			
C	38.7	17.3	0		
D	110.4	70.7	78.1	0	
E	111.4	72.1	80.6	14.1	0

如采用最短距离法，这五类之间的最小距离为 DE，即 D 与 E 是最相似的溶剂体系。可先将 DE 合并为一类，记为 D^*，表 7-5 列出了 DE 聚为一类 D^* 后的欧氏距离，从表可以看出，当前类与类间最小的距离为 BC，将它们再聚为一类，并记为 B^*，其欧氏距离表示于表 7-6，最后将 A 与 B^* 合并为一类 A^*，其类间距离表示于表 7-7。

表 7-5 最短距离法 DE 聚为一类 D^* 后的欧氏距离

溶剂体系	A	B	C	D^*
A	0			
B	40	0		
C	38.7	17.3	0	
D^*	110.4	70.7	78.1	0

表 7-6 最短距离法 DE、BC 聚类后的欧氏距离

溶剂体系	A	B^*	D^*
A	0		
B^*	38.7	0	
D^*	110.4	70.7	0

表 7-7 最短距离法 A 与 B^* 聚类后的欧氏距离

溶剂体系	A^*	D^*
A^*	0	
D^*	70.7	0

上述结果可绘成谱系图（见图 7-8），由谱系图可得到 TLC 体系的自然分类，这对研究 TLC 的作用机制有一定意义。如欲将溶剂体系分为两类，以便设计一个二维 TLC 系统，可从两类溶剂中分别取一种于垂直的两个方向展开，将最高的连接线切断，即 A、B、C 是一类，D、E 是另一类。

同理，可对此 TLC 溶剂体系用其他的系统聚类的方法来进行分析，下面列出最长距离法、重心法、方差平方和法的结果和聚类谱系图，以便读者理解这些方法的运算过程。

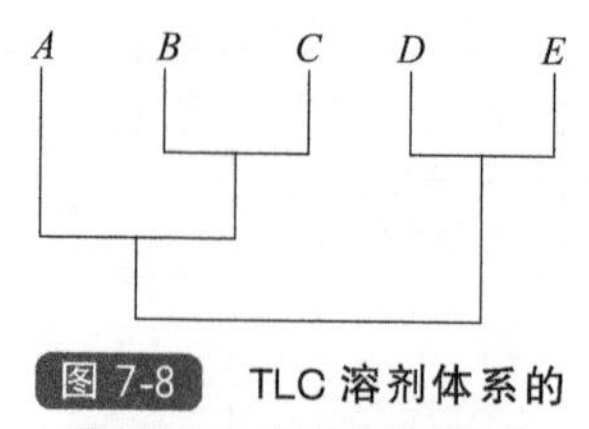

图 7-8 TLC 溶剂体系的最短距离法聚类谱系图

对于最长距离法，首先因为这五类之间的最小距离为 DE，即 D 与 E 是最相似的溶剂体系，也是将 DE 合并为一类，记为 D^*，表 7-8 列出了 DE 聚为一类 D^* 后的欧氏距离，从此表可以看出，当前类与类间最小的距离为 BC，将它们再聚为一类，并将记为 B^* 后的欧氏距离表示于表 7-9，最后将 A 与 B^* 合并为一类 A^*，其类间距离表示于表 7-10。

表 7-8 最长距离法 DE 聚为一类 D^* 后的欧氏距离

溶剂体系	A	B	C	D^*
A	0			
B	40	0		
C	38.7	17.3	0	
D^*	111.4	72.1	80.6	0

表 7-9 最长距离法 DE、BC 聚类后的欧氏距离

溶剂体系	A	B^*	D^*
A	0		
B^*	40	0	
D^*	111.4	72.1	0

表 7-10 最长距离法 A 与 B^* 聚类后的欧氏距离

溶剂体系	A^*	D^*
A^*	0	
D^*	111.4	0

上述结果可绘成谱系图（见图 7-9），此结果与最短距离法是完全一致的，只是类间距离有所不同。

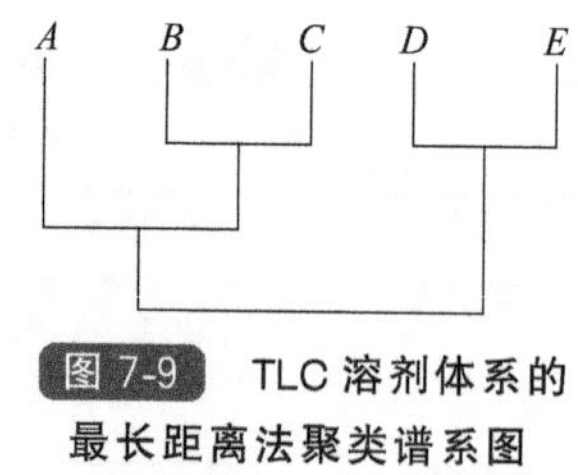

图 7-9 TLC 溶剂体系的最长距离法聚类谱系图

对于重心法，首先也是将 DE 并为一类，记为 D^*，表 7-11 列出了 DE 聚为一类 D^* 后的欧氏距离。

在表 7-11 中，C 点与新类 D^* 间的距离，是原 CD 与 CE 间距离的均值。聚类过程继续进行，从此表可以看出，当前类与类间最小的距离为 BC，将它们再聚为一类，并记为 B^* 后的欧氏距离示于表 7-12，最后将 A 与 B^* 合并为一类 A^*，其类间欧氏距离示于表 7-13。

表 7-11 重心法 DE 聚为一类 D^* 后的欧氏距离

溶剂体系	A	B	C	D^*
A	0			
B	40	0		
C	38.7	17.3	0	
D^*	110.9	71.4	79.3	0

表 7-12 重心法 DE、BC 聚类后的欧氏距离

溶剂体系	A	B^*	D^*
A	0		
B^*	39.3	0	
D^*	110.9	75.3	0

表 7-13 重心法 A 与 B^* 聚类后的欧氏距离

溶剂体系	A^*	D^*
A^*	0	
D^*	93.1	0

上述结果可绘成谱系图（见图 7-10），此结果与前述方法也是完全一致的。

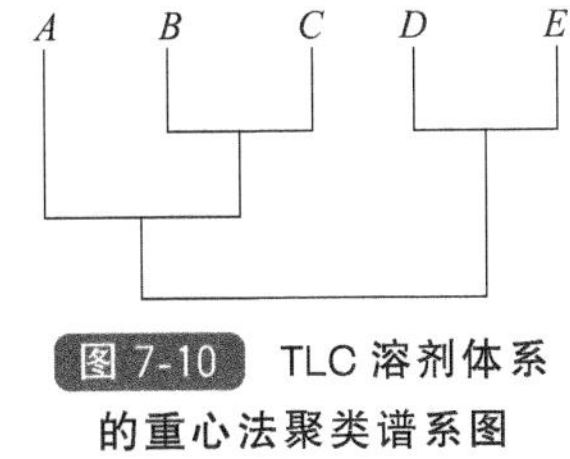

图 7-10 TLC 溶剂体系的重心法聚类谱系图

方差平方和法的步骤与上述方法略有不同，其过程如下：首先将 A、B、C、D、E 仍看成五类，此时总方差 $S=0$，然后将其中任意两类合并，并计算它们合并后的方差平方和，例如将 A、B 合并，所得的方差平方和为

$$S_{AB}=\sum_{i=1}^{2}(\boldsymbol{x}_{AB,i}-\overline{\boldsymbol{x}}^{(AB)})^{\mathrm{t}}(\boldsymbol{x}_{AB,i}-\overline{\boldsymbol{x}}^{(AB)}) \tag{7-71}$$

式中

$$\overline{\boldsymbol{x}}^{(AB)}=\begin{bmatrix}(100+80)/2\\(80+60)/2\\(70+50)/2\\(60+40)/2\end{bmatrix}=\begin{bmatrix}90\\70\\60\\50\end{bmatrix}$$

$$\boldsymbol{x}_{AB,1}=\begin{bmatrix}100\\80\\70\\60\end{bmatrix} \qquad \boldsymbol{x}_{AB,2}=\begin{bmatrix}80\\60\\50\\40\end{bmatrix}$$

$$S_{AB}=400+400=800$$

如将 B、C 合并，所得 $S_{BC}=150$，一切可能两两并类增加的方差平方和列于表 7-14，以 ED 合并 S 增加最少，故可将它们合并，然后，再计算 ED 与其他没并类的 A、B、C 进行并类，发现所增加的方差较多，而将 BC 并类使方差增加较少，故可先将 BC 并类，然后再考虑所有可能的并类，重复上述步骤，直至所有样本归为一类为止。对 TLC 溶剂体系的方差平方和法并类情况示于表 7-15，它很类似于其他系统聚类的方法，所得结果也相同。从上述讨论可知，在此介绍的八种系统聚类方法的确是具有一定共性的。

表 7-14 两两并类后 S 的增加量

溶剂体系	S_{AX}	S_{BX}	S_{CX}	S_{DX}	S_{EX}
A	0				
B	800	0			
C	750	150	0		
D	6010	2500	1425	0	
E	6200	2600	3250	100	0

表 7-15 TLC 溶剂体系的方差平方和法并类情况

分类数目	类	S	分类数目	类	S
5	A、B、C、D、E	0	2	ABC、DE	1233.3
4	A、B、C、DE	100	1	$ABCDE$	10200
3	A、BC、DE	250			

二、一分为二法

系统聚类是使类由多到少，另一种分类的思想是分解法，是使类由少到多，开始全体样本全为一类，然后分成两类、三类、…直至所有的样本各自成一类。一分为二法就是这样一种分解方法。

【基本思路】

一分为二法是将某一类分解成为两子类的方法，然后对其子类又可一分为二。其基本思路是在不断的分解过程中，使得类间方差保持最大。如设某类 G 中有 n 个样本，它的两个子类 G_1 和 G_2 各有 n_1 和 n_2 个样本，两类的重心，即均值向量分别为，$\bar{\boldsymbol{x}}^{(1)}$ 和 $\bar{\boldsymbol{x}}^{(2)}$，而类 G 的重心为 $\bar{\boldsymbol{x}}$，则类 G、G_1 和 G_2 的方差平方和分别为

$$S=\sum_{k=1}^{2}\sum_{i=1}^{n_k}(\boldsymbol{x}_{ki}-\bar{\boldsymbol{x}})^{\mathrm{t}}(\boldsymbol{x}_{ki}-\bar{\boldsymbol{x}})$$

$$S_k=\sum_{i=1}^{n_k}(\boldsymbol{x}_{ki}-\bar{\boldsymbol{x}}^{(j)})^{\mathrm{t}}(\boldsymbol{x}_{ki}-\bar{\boldsymbol{x}}^{(j)})\qquad k=1,2$$

式中，$\boldsymbol{x}_{ki}(k=1,2,i=1,2,\cdots,n_k)$为样本向量，$S$、$S_1$ 和 S_2 分别为类 G 和它的两个子类 G_1 和 G_2 的方差平方和。如果类分解得合理，应使 S_1+S_2 尽可能的小，或使$(S-S_1-S_2)$尽可能的大。如记 $E=(S-S_1-S_2)$，则 E 是此一分为二的分解过程中的目标函数，根据方差分解定理，可得

$$E=(S-S_1-S_2)=[(n_1n_2)/n](\bar{\boldsymbol{x}}^{(1)}-\bar{\boldsymbol{x}}^{(2)})^{\mathrm{t}}(\bar{\boldsymbol{x}}^{(1)}-\bar{\boldsymbol{x}}^{(2)})$$

或者

$$E=(S-S_1-S_2)=[(nn_1)/n_2](\bar{\boldsymbol{x}}^{(1)}-\bar{\boldsymbol{x}})^{\mathrm{t}}(\bar{\boldsymbol{x}}^{(1)}-\bar{\boldsymbol{x}})$$

如类 G 中有 n 个样本，则一切可能的分法有 2^n-1 种，是一个组合优化问题，一般说来，求全局最优解比较困难，一般是求得一个局部最优解。

【基本算法】

在此，介绍一种局部最优解的算法，它由下述步骤组成。

（1）首先将 n 个样本都认作为类 G_1 的，依次从中取一个样本，将其划入 G_2，计算此时的目标函数 E。

（2）比较依次计算所得的 n 个 E，并从中找到最大者，记为 $E(1)$，作为一次成功分解。

（3）继续分解，即从类 G_1 所剩（$n-1$）样本中再取一个样本划入 G_2，并计算此时的目标函数 E，比较依次计算所得的（$n-1$）个 E，并从中找到最大者，记为 $E(2)$，认作一次成功分解。重复此过程，可得一系列最大的 E，记为 $E(3),E(4),\cdots,E(k)$，它们分别表示在 G_2 中含 2 个样本、3 个样本、…、k 个样本的最大 E 值。

（4）找到一个自然数 k^*，使得

$$E(k^*)=\max E(k) \qquad (k=1,2,\cdots,n)$$

（5）前 k^* 次进入 G_2 的样本为一类，其余（$n-k^*$）个样本为一类，一分为二的分解完毕。

（6）继续对所得的 G_1 和 G_2 进行一分为二的分解，直至所有的 n 个样本独自成为一类为止。

一分为二法不需大量内存，计算量也不大，因此是一种较好的聚类分法。值得提出的是，上述一分为二法是利用类间方差极大为其目标函数，用其他目标函数也是可行的。文献[20]就介绍了一种基于欧氏距离的一分为二的分解法。

三、最小生成树法

【基本概念与基本思路】

最小生成树是图论中的一种算法，也可用来进行聚类计算。在介绍最小生成树方法之前，有必要介绍一下有关图论和树的基本概念。

图由结点的集合 V 和边的集合 E 组成：

$$V=\{v_1,v_2,v_3,\cdots,v_n\} \qquad (n\text{ 为结点的数目})$$

$$E=\{e_1,e_2,e_3,\cdots,e_m\} \qquad (m\text{ 为边的数目})$$

即图 G 可表示为：

$$G=\{V,E\}$$

在一个图中边的旁侧可附加数字以描述此边的某种数量特征，这称为边的权。两点之间通过一系列的边联系起来，这些边称作链，一个链如果是封闭的则称这个链组成一个回路，如果 n 个点之间都有链互相联结，则称这些点和链组成了一个联结图，没有回路的联结图叫做树。如果树包含了 n 个点，则称这个树为联结图的支撑树，树的所有边的长度之和叫做树的重量。在联结图中具有最轻重量的支撑树叫做最小生成树，亦称最小支撑树。

最小生成树可按 Kruskal 算法找出，这个算法十分简单，要求将权值最小的边绘入树中，但不得与已有的边形成回路。

【基本算法】

最小生成树的图论算法如下：

① 先计算各点间的距离。

② 连接最小距离的两点，然后连接次小距离的两点。

③ 继续连接所剩下的点中最小距离的两点，并检查是否形成回路，如形成回路则取消连接，否则，继续连接，直至所有的点都被连接。

④ 对连接所得的树进行检查，找到最大距离的边，将其割断，即得两类，如此继续分割，直至类数已达到所要分的类数。

如对前述的 TLC 溶剂体系进行最小生成树分类，可得与系统聚类法完全一致的结果。文献[3]对系统聚类法中的最小距离法与最小生成树的关系进行了较详细的讨论，并证明了最短距离法是在以最小生成树为基点定义的误差函数下的最合理的聚类方法。

四、*K*-均值聚类法

用系统聚类法聚类，样品一旦划入某个类以后就不变了，这要求分类的方法比较准确，此外，系统聚类法一般要存入距离矩阵，当 n 较大时占用的内存太多。计算方法的迭代思想给我们以启发，能否先给一个粗糙的初始分类，然后用某种原则进行修改，直至分类比较合理为止。采用这种思想产生的聚类分析法叫做动态聚类法。为了得到初始分类，有时设法选择一些凝聚点，让样品按某种原则向凝聚点凝聚。动态聚类法大体可用图 7-11 表示：

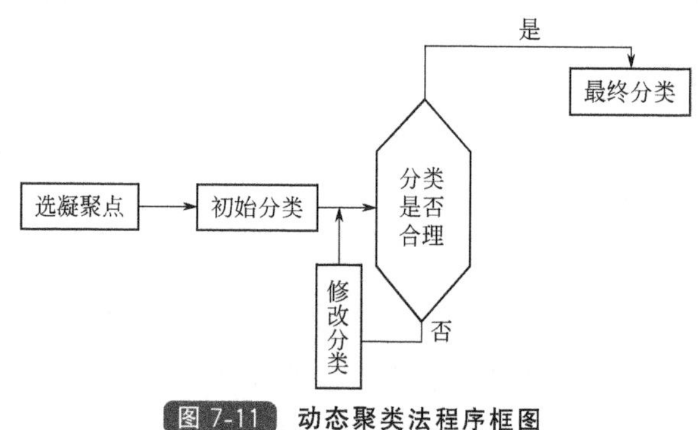

图 7-11 动态聚类法程序框图

图 7-11 的每一部分均有很多种方法构成，这些方法按框图进行组合就可得到很多种动态聚类法。在本节只讨论其中一种，即 *K*-均值聚类法，它是一种使用较多的方法。该法最早是由 MacQueen[21] 提出，随后许多人对此作了改进。

【基本思路】

K-均值聚类法的基本思路是先人为地定出一个分类数目 k，并任取 k 个点作为初始凝聚点，然后，逐个将别的样本引入，引进一个样本就计算它与 k 个类的距离（与重心的距离），选定距离最小者将其并入该类，再重新计算各类的重心，并以该重心作为新的凝聚点，直至每个样本都有各自的归类。

【基本算法】

(1) 最简单的 *K*-均值聚类法的计算过程

① 人为地定出一个分类数目 k，取前 k 个点作为初始凝聚点。

② 将剩余的$(n-k)$个样本逐个引入，计算它与已有 k 个类的距离（与重心的距离），选定距离最小者，将其并入该类，再重新计算各类的重心，并以该重心作为新的凝聚点。

③ 将 n 个样本再从头至尾逐个引入，计算它与已有 k 个类的重心的距离，选定距离最小者，将其并入该类，再重新计算各类的重心，并以该重心作为新的凝聚点。如果 n 个样本通过后所分的类与原来的类相比没有改变，则过程停止，否则重复第③步。

从上述计算过程可以看出，此算法计算简单，分类迅速，占用计算机内存小，但由于人为地定了 k 个类，有时定得不合适影响分类效果，改进的办法是在修改分类的过程中类的数目也可以根据情况有所变化，太近的类可以合并，太远的类可以分离出来产生新类。下面将

给出改进后的 K-均值聚类算法。

(2) 改进的 K-均值聚类法的计算过程

① 人为地定出三个数目 k、c 和 r。

② 取前 k 个点作为初始凝聚点，计算 k 个凝聚点两两之间的距离，如最小距离小于 c，则将相应的两凝聚点合并，用这两点的重心作为新凝聚点，重复此步骤，直至所有凝聚点之间的距离均大于等于 c 为止。换言之，即要使凝聚点两两之间的距离均大于等于 c，如小于 c，则用系统聚类法中的重心法对凝聚点进行合并。

③ 将剩余的$(n-k)$个样本逐个引入，计算它与已有 k 个凝聚点的距离，如最小距离大于 r，则该样本作为新的凝聚点；选定距离最小者，将其并入最靠近该样本的凝聚点，再重新计算各类的重心，并以该重心作为新的凝聚点。

重新验证新凝聚点两两之间的距离，如距离小于 c，则将相应的两凝聚点合并，用这两点的重心作为新凝聚点，重复此步骤，直至所有凝聚点之间的距离均大于等于 c。

④ 将 n 个样本再从头至尾逐个引入，用步骤③的办法归类，但与步骤③稍有不同。不同之处在于：某个样本进入后，如分类与原来的一样，则重心不变；如分类与原来的不一样，则所涉及的两类重心需重新计算。

如果 n 个样本通过后所分的类与原来的类相比没有改变，则过程停止，否则重复第④步。

由于上述 K-均值聚类法的分类结果仍有很大的不确定性，促使人们设法对它们进行改进，有关的研究也很多，其中以 Isodata 命名的方法是这一类方法中最精细的一个，它是美国标准研究所花费数年时间研究出来的[22]。此外，用全局最优化方法来改进 K-均值聚类法是目前化学计量学研究中的一个重要课题，将在后述章节加以适当介绍。

五、基于全局寻优的聚类法

【基本思路】

从前述讨论可知，聚类分析实际上可看成一个优化过程，它通过优化某一特定的目标函数而达到最好的分类。由于聚类目标函数的严重非线性，用传统的局部优化方法难以找到全局最优解，因此需用全局优化方法。对于 n 个样本划分为 c 类的问题，可能的组合划分数目为[23]：

$$s=\frac{1}{c!}\sum_{k=1}^{c}\left((-1)^{c-k}\binom{c}{k}k^{n}\right) \tag{7-72}$$

若将 100 个样本分为两类，用穷举法需计算高达 $2^{99}-1$ 种划分，以确定最优解，且用其他确定性的全局优化方法也因计算量过大而难以实现。随机性的全局优化方法在处理上述问题上优于确定性全局优化方法，遗传算法和模拟退火法作为随机性的全局优化方法已开始引入化学聚类分析[24,25]，它们的共同之处是将聚类分析构造成非连续的组合优化问题，即通过寻找各个样本对各类的划分而求得最优目标函数，由上式可知此类方法计算量巨大，需消耗很长时间才能找到最优点。在此讨论的是连续型优化模型，即通过找出各类中心的正确位置而达到正确聚类，使所有点到其所属类中心距离的和最小，避免了求解组合优化问题，从而减少了计算量，提高优化效率。遗传策略[26]被用于在连续的实数空间寻优，此法是一种借鉴生物界自然选择和自然遗传机制的随机搜索优化策略，隐含并行性和对全局信息的有效利用能力是其两大特点，前者使遗传算法只须检测少量的结构就能反映搜索空间的大量区域，后者使遗传算法具有稳健性（即不会收敛至局部最优），故它尤其适于处理传统搜索方法解决不了的复杂和非线性问题（参见第三章）。在此，以遗传算法为例来对基于全局寻优的聚类法加以说明，当然，其他全局最优方法，如模拟退火[27]和基于数论的序贯优化算法也同样是可行的，因它们的基本原理是类似的。在此就不再一一赘述。

遗传算法通过模拟生物的遗传、变异和自然选择过程，将一代群体变换为新一代的群体。在这里每代群体由一组染色体组成，每条染色体代表搜索空间内的一个解。染色体由待求参数排列在一起构成。通过对上一代（父代）群体中的染色体进行有选择的复制、交叉和变异，可产生新一代（子代）群体，此过程一直重复，直至达到最优解。通用做法可简单描述如下。

① 染色体表示。给出搜索空间中染色体的表示形式。将待求参数的一组取值排列一处，构成一个串，此即一条染色体，它代表所求问题的一个可行解。

② 群体初始化。选择一个整数 n 作为群体的规模参数，然后在搜索空间内随机地任取 n 个点，每个点用一条染色体表示，这些染色体构成初始群体。

③ 计算目标函数值。将每条染色体上的参数取值代入所求的目标函数中，计算出对应的目标函数值 F。

④ 将目标函数值转换为适应性。若目标函数值不适于以后的交叉和变异过程，将其转换成适合的值。在我们讨论的问题中，需求目标函数的最小值，因此使目标函数值小的染色体适应性大，故采取如下转换：

$$\text{fitness}(i)=[\max(F)-F(i)]/[\max(F)-\min(F)] \tag{7-73}$$

⑤ 根据适应性大小，设计一个随机选择规则，复制出下一代群体。本文采用赌盘选择技术。此选择过程虽是随机的，但每个染色体被选择复制的机会却直接与其适应性成正比。

⑥ 交叉和变异。交叉是以概率 P_c 交换两条染色体间对应位置上的分量。变异是以概率 P_m 改变染色体上的每一位的值。本文通过如下方式实现：

$$x_{新}=x_{旧}(1\pm \text{rand}) \tag{7-74}$$

式中，rand 为（0，1）均匀分布的随机数。

整个优化过程通过第 3 步至第 6 步之间的循环实现。目标函数收敛后停止。

在此介绍的方法是一种基于前述 K-均值聚类法的方法。首先确定各类中心，然后根据样本点与各中心的距离进行分类。因此构造的目标函数依赖于各类的中心。遗传算法用来搜索正确的类中心，若样本空间为 p 维，共分 c 个类，则需优化 pc 个实参数值。对于不同的方法，目标函数的构造过程不同。可分别描述如下：

设样本数据矩阵可表示为：

$$\boldsymbol{V}=\begin{bmatrix} v_{11} & v_{12} & \cdots & v_{1p} \\ v_{21} & v_{22} & \cdots & v_{2p} \\ \vdots & \vdots & & \vdots \\ v_{j1} & v_{j2} & \cdots & v_{jp} \\ \vdots & \vdots & & \vdots \\ v_{n1} & v_{n2} & \cdots & v_{np} \end{bmatrix}=\begin{bmatrix} \boldsymbol{v}_1^{\mathrm{t}} \\ \boldsymbol{v}_2^{\mathrm{t}} \\ \vdots \\ \boldsymbol{v}_j^{\mathrm{t}} \\ \vdots \\ \boldsymbol{v}_n^{\mathrm{t}} \end{bmatrix} \tag{7-75}$$

式中，n 为样本点数；p 为样本维数。各类中心可表示为：

$$O=\begin{bmatrix} o_{11} & o_{12} & \cdots & o_{1p} \\ o_{21} & o_{22} & \cdots & o_{2p} \\ \vdots & \vdots & & \vdots \\ o_{i1} & o_{i2} & \cdots & o_{ip} \\ \vdots & \vdots & & \vdots \\ o_{c1} & o_{c2} & \cdots & o_{cp} \end{bmatrix}=\begin{bmatrix} \boldsymbol{o}_1^{\mathrm{t}} \\ \boldsymbol{o}_2^{\mathrm{t}} \\ \vdots \\ \boldsymbol{o}_i^{\mathrm{t}} \\ \vdots \\ \boldsymbol{o}_c^{\mathrm{t}} \end{bmatrix} \tag{7-76}$$

式中，c 为类数目；p 为样本向量的维数。优化的目标函数定义为：

$$\min F(\boldsymbol{W},\boldsymbol{O})=\sum_{i=1}^{c}\sum_{j=1}^{n} w_{ij} D^2(\boldsymbol{o}_i,\boldsymbol{v}_j) \tag{7-77}$$

式中，$\boldsymbol{W}=\{w_{ij}\}$为 $c\times n$ 的权重矩阵，$\sum_{i=1}^{c} w_{ij}=1, w_{ij}\in\{0,1\}$；$D(\boldsymbol{v}_j,\boldsymbol{o}_i)$为第 j 个样本到第 i 个中心之间的欧氏距离，即

$$D(\boldsymbol{v}_j,\boldsymbol{o}_i)=\sqrt{\sum_{l=1}^{p}(v_{jl}-o_{il})^2} \tag{7-78}$$

$D(\boldsymbol{v}_j,\boldsymbol{o}_i)$为第 j 个样本点到第 i 个中心之间的距离，且 $\min(v_{jl})\leqslant o_{il}\leqslant\max(v_{jl})(j=1,\cdots,n;i=1,\cdots,c;l=1,\cdots,p)$。若 $\boldsymbol{W}^*$、$\boldsymbol{O}^*$ 为最优的权重和类中心矩阵，对于上述问题可从两个方面进行优化：一是寻找最优的 $\boldsymbol{W}^*$，以求得最优的 $F(\boldsymbol{W}^*,\boldsymbol{O})$值；二是寻找最优的 $\boldsymbol{O}^*$，以求得最优的 $F(\boldsymbol{W},\boldsymbol{O}^*)$值。前一方法为非连续的组合优化问题，后一方法为连续的优化问题，其实质是在 p 维的实数空间内搜索出 c 个点（类中心）。

【基本算法】

聚类分析中遗传算法的构造可由下列步骤组成。

每条染色体代表 c 个类中心的一组取法，用一个实向量表示：$\boldsymbol{x}=(x_1,x_2,\cdots,x_d)$，其中 $d=pc$，p 为样本维数，c 为类的数目。

（1）将每条染色体向量转变为一个类中心矩阵，其每个元素可由下式确定：

$$o_{ie}=x_{(i-1)p+e}\quad(1\leqslant i\leqslant c;1\leqslant e\leqslant p) \tag{7-79}$$

（2）根据式（7-78）计算样本 $\boldsymbol{v}_1^{\mathrm{t}}$，$\boldsymbol{v}_2^{\mathrm{t}}$，…，$\boldsymbol{v}_n^{\mathrm{t}}$ 与各个中心 $\boldsymbol{o}_i^{\mathrm{t}}$ 的欧氏距离，将每个样本划分至距离最近的类，得到权重 $\boldsymbol{W}$。

（3）根据 $\boldsymbol{W}$ 和 $\boldsymbol{V}$ 重新计算新的中心 $\boldsymbol{o}_1^{\mathrm{t}}$，$\boldsymbol{o}_2^{\mathrm{t}}$，…，$\boldsymbol{o}_c^{\mathrm{t}}$：

$$\boldsymbol{o}_i=\frac{\sum_{j=1}^{n} w_{ij}\boldsymbol{v}_j}{\sum_{j=1}^{n} w_{ij}} \tag{7-80}$$

（4）根据式（7-77）计算目标函数值 F。

（5）将新的类中心转化为染色体，根据相应的 F 对其进行评价和遗传操作，然后转第（1）步，直至目标函数最小。

【讨论】

用本算法对两组分析数据进行聚类分析：①13 种牛黄样品中微量元素含量[28]，经标准

化处理后的数据列于表 7-16；②不同茶叶中几种有机物含量数据[29]。

表 7-16 经标准化处理后的 13 种牛黄样品中微量元素含量

试样编号①	Cr	Cu	Mn	Ti	Zn	Pb	Mo	Ca	K	Na	P
1	0.2601	1.2663	−0.3583	−0.8806	2.1462	0.7075	0.3092	2.4408	−0.8782	−0.7953	2.7953
2	−0.5501	−0.4793	0.4264	−0.7349	1.6575	0.9897	0.3092	1.1206	−0.9742	−0.8503	−0.7975
3	−0.2094	1.4416	1.3222	−0.9609	1.3797	0.2796	1.8715	0.7906	−0.7823	−0.7128	−0.9002
4	−0.1412	−0.7887	−0.3329	−0.9448	−0.4879	2.3681	−0.1121	0.8089	−0.3985	0.4146	0.3316
5	−0.0325	0.3886	0.9366	−0.8966	−0.3549	0.5646	−0.6738	−0.4288	0.7528	1.2395	−0.0790
6	0.4039	−0.1633	0.3890	−0.2495	−0.4589	−0.6124	−0.9546	−0.0439	1.3284	0.6620	−0.3356
7	−0.8455	1.6040	−0.8126	−0.2655	−0.5768	−0.0425	1.1693	−0.5755	−0.2066	0.3871	−0.6435
8	−0.5539	−0.9086	−0.7482	0.2371	−0.4448	−0.0360	0.5334	−0.8322	1.7122	1.9544	−0.4382
9	−0.5880	−0.6811	−0.4788	1.6784	−0.5340	−1.0765	−0.9546	−0.4471	1.0406	−0.7953	0.7422
10	−1.5648	−0.7790	−1.0007	−0.4273	−0.5804	−0.3776	−0.1121	−0.8505	0.8487	0.6620	−0.2329
11	0.0178	0.9968	−0.9148	0.6422	−0.5779	−0.4834	1.5906	−0.4838	0.3026	0.1671	0.7422
12	2.6159	−0.8352	−0.6767	1.9193	−0.5841	−1.1460	0.9546	−0.6580	−1.1660	−1.4827	−0.7462
13	1.4905	−1.0622	2.2487	0.8831	−0.5835	−1.1406	−0.9546	−0.8413	−0.9742	0.8503	0.4382

① 试样:1～3 为自然生成牛黄;4～13 为人工培养牛黄。

在进行聚类分析采用的遗传算法中，父代群体规模为 20，通过复制、交叉和变异后产生 80 条子代染色体，再从中选出 20 条好的，作为新的父代。其中交叉概率为 0.7，变异概率为 0.2。对各套数据分类结果讨论如下：

牛黄是一种常用中药，分为天然的和人工的。在表 7-16 列出的 13 个样本中，1～3 号为天然牛黄，4～13 号为人工牛黄。对此数据采用遗传法计算，均能在十代之内得出最优结果：1～4 号为第一类，5～13 号为第二类。最优目标函数值为 $F^*=94.2989$，优于用模拟退火求得的结果（$F^*=94.3589$，第 7 号样本被误分至第一类）[24]。值得提出的是，若将第 4 号样本按原数据分类划为第二类时，目标函数值将增大至 95.2626，似不太合理。

茶叶是一种消耗量很大的商品，由于产地、加工方式等不同，故种类较多，质量不一。Liu 等[29]曾分析了 31 种茶叶，其中包括三类：绿茶、黑茶和乌龙茶，每类中又各含两种。根据茶叶专家品尝结果将各种茶标号，最好的计为 1 号。对此分析数据采用谱系聚类方法进行了分类。他们的结果可概括为：

第一类：C1～C4，H1～H3，K1～K2，F1～F4

第二类：C5～C7，H4～H5，K3～K4，F5～F7

第三类：T1～T4，S1～S4

根据此结果，可求得目标函数值 F 为 50.8600。

采用本文所述分类方法结果为

第一类：C1～C4，H1～H3，K1，F1～F4

第二类：C5～C7，H4～H5，K2～K4，F5～F7

第三类：T1～T4，S1～S4

得目标函数值 $F=50.6999$。结果与文献[24]中一致，且最长可在 10min 以内收敛至最优点，从速度上看明显优于文献[24]中的模拟退火方法（需 68min）。

对上述两类实际体系的分析表明，用遗传算法进行聚类分析，在连续的实数空间中寻找最优的各类中心，计算量比非连续的组合优化小，分类合理，是一种有效的无监督模式识别方法。

六、模糊聚类法

在聚类问题上可采用硬分类和模糊分类两种方法确定目标函数。所谓硬分类的结果是每个样本将绝对地划归某一类，即每个样本仅能属于一个类；而模糊分类的结果是每个样本可在不同程度上或多或少地属于各个不同的类。文献[24,25]中所用分类方法均属硬分类。模糊分类方法在分析化学文献中少见，Horia F. Pop 等[30]在这方面作了有益尝试，但他采用的是用局部优化方法进行谱系聚类。在此，我们将介绍用遗传算法来进行模糊分类的方法。

【基本思路】

模糊分类是根据 Bezdek[31]提出的方法，如仍采用前节所定义的符号，则模糊分类与前节不同之点仅在于权重阵 $\boldsymbol{W}$，对于硬分类权重阵 $\boldsymbol{W}$ 的元素只能取 1 或 0，而模糊分类中的权重阵 $\boldsymbol{W}$ 的取值可在（0,1）连续变化。它也是从初始模糊权重阵 $\boldsymbol{W}$ 或类中心阵 $\boldsymbol{O}$ 开始，用下述两式进行迭代，

$$\boldsymbol{o}_i=\frac{\sum_{j=1}^{n} w_{ij}^2 * v_j}{\sum_{j=1}^{n} w_{ij_{ij}}^2} \tag{7-81}$$

$$w_{ij}=\frac{1}{\sum_{r=1}^{c}\left(\frac{D(v_j,\ o_i)}{D(v_j,\ o_r)}\right)^2} \tag{7-82}$$

以上方法称为模糊 c-均值方法（FCM）。寻找最优的 $\boldsymbol{O}^*$ 或 $\boldsymbol{W}^*$ 都是连续的优化问题。找到 $\boldsymbol{O}^*$ 或 $\boldsymbol{W}^*$ 中的一个，即可利用上述两式来相互求另一个。若先求 $\boldsymbol{W}^*$，需计算 $c\times n$ 个参数，若先求 $\boldsymbol{O}^*$，需计算 $c\times p$ 个参数。因一般有 $p<n$，故求 $\boldsymbol{O}^*$ 计算量小些。因此本文是求最优的类中心（$\boldsymbol{O}^*$）以使目标函数达到最小，直至达到某一收敛准则（如 $\|\boldsymbol{W}^{(k)}-\boldsymbol{W}^{(k+1)}\|<\varepsilon$）。

【基本算法】

具体算法可表示如下：

目标函数为 $$\min F(\boldsymbol{W},\ \boldsymbol{O})=\sum_{i=1}^{c}\sum_{j=1}^{n} w_{ij}^2 D^2(\boldsymbol{o}_i,\ \boldsymbol{v}_j) \tag{7-83}$$

式中，$\boldsymbol{W}$ 为 $c\times n$ 的模糊权重阵。其中 $\sum_{i=1}^{c} w_{ij}=1$，$w_{ij}\in[0,\ 1]$。在此权重可在 [0, 1] 区间连续取值，而硬分类权重只可取 0 或 1。同样利用式 $D(v_j,\ o_i)=\sqrt{\sum_{l=1}^{p}(v_{jl}-o_{il})^2}$ 计算距离 $D(\boldsymbol{v}_j,\boldsymbol{o}_i)$，继用式（7-84）与式（7-85）计算新的类中心和权重：

$$\boldsymbol{o}_i=\frac{\sum_{j=1}^{n} w_{ij}^2 * v_j}{\sum_{j=1}^{n} w_{ij_{ij}}^2} \tag{7-84}$$

$$w_{ij}=\frac{1}{\sum_{r=1}^{c}\left(\frac{D(v_j, o_i)}{D(v_j, o_r)}\right)^2} \tag{7-85}$$

寻找最优的 $\boldsymbol{O}^*$ 或 $\boldsymbol{W}^*$ 都是连续的优化问题。找到 $\boldsymbol{O}^*$ 或 $\boldsymbol{W}^*$ 中的一个，即可利用其中一个来求另一个。若先求 $\boldsymbol{W}^*$，需计算 $c \times n$ 个参数，若先求 $\boldsymbol{O}^*$，需计算 $c \times p$ 个参数。因一般有 $p<n$，故求 $\boldsymbol{O}^*$ 计算量小些。遗传算法用来优化 F 的过程基本与硬分类相同，只是计算权重、类中心是利用上述式（7-84）与式（7-85）。

【讨论】

用本算法对两组分析数据进行了聚类分析：①两类烟叶化学成分分析结果[32]；②古罗马陶器碎片中几种主要和次要无机成分含量数据（见表 7-17）[33]。

烟草的品种与其化学成分之间的关系密切，由于化学成分数目较多，在此采用了 26 种烟的 16 种主要成分。其中第 1～13 号为晒晾烟，第 14～26 号为烤烟。用本文所述模糊聚类分类方法分析，结果为第 2～13 号为第一类，第 1 号、第 14～26 号为第二类，目标函数值为8.8930×10^3。第 1 号对第一类的权重为 0.2987，对第二类的权重为 0.7013，若将其分别改为 0.51 和 0.49，目标函数将上升至 8.9732×10^3，可见第 1 号应分至第二类。

表 7-17 古罗马陶器碎片中几种主要和次要无机成分含量数据[33]

试　样	K_2O	MgO	CaO	TiO_2	MnO	Fe_2O_3	Al_2O_3
02A	2.08	3.56	8.63	0.77	0.08	6.16	17.40
02B	1.88	3.33	9.52	0.93	0.13	7.07	18.20
02C	2.08	3.40	8.31	0.91	0.14	7.03	19.80
02D	1.94	3.17	9.99	0.95	0.15	7.32	18.80
03	2.34	1.37	11.50	0.82	0.11	5.18	23.10
05A	3.15	8.00	1.85	0.92	0.14	8.88	19.10
05B	3.13	8.45	1.81	0.91	0.14	9.12	20.00
05C	2.77	7.67	1.71	0.89	0.11	8.84	19.10
05E	2.96	7.80	1.69	0.88	0.12	9.24	19.60
05H	1.72	1.45	1.02	1.40	0.01	6.58	18.60
05I	3.04	1.84	3.31	1.02	0.09	7.14	20.80
06A	3.06	4.79	1.48	0.84	0.18	9.32	21.90
06B	3.03	2.00	11.60	1.18	0.06	5.90	23.30
06C	1.98	3.51	8.98	0.91	0.16	7.30	18.40
08	2.61	3.08	6.14	1.01	0.10	7.92	18.80
09A	1.96	3.57	10.10	0.89	0.17	7.48	18.30
09B	3.61	4.63	3.94	0.84	0.11	8.60	19.80
09C	2.24	4.09	8.70	0.86	0.09	6.81	17.40
10A	1.93	1.38	0.75	1.70	0.02	8.32	25.50
10B	1.88	1.41	0.76	1.72	0.02	8.21	25.10
11A	2.75	1.34	8.23	0.84	0.07	5.67	20.80
11B	2.86	2.10	10.90	1.28	0.06	6.05	23.30
12A	2.26	1.27	10.60	0.93	0.03	4.97	19.20
12B	2.88	2.02	11.50	1.10	0.07	6.33	22.20
13A	3.60	35.32	1.78	0.96	0.15	8.93	19.80

续表

试　样	K_2O	MgO	CaO	TiO_2	MnO	Fe_2O_3	Al_2O_3
13B	1.76	3.26	12.30	0.86	0.14	6.01	17.30
13C	2.18	3.40	9.73	0.81	0.08	6.19	16.00
13D	2.10	3.37	9.00	0.94	0.16	7.39	17.40
13E	1.92	3.22	12.50	0.93	0.15	7.76	17.00
13F	2.02	3.24	11.10	0.93	0.14	7.18	17.30
14C	2.92	1.19	12.60	0.85	0.07	5.37	21.80
14E	3.20	1.94	9.71	1.21	0.05	5.76	22.30
15A	3.19	2.01	12.30	1.32	0.07	6.30	21.70
15B	3.06	1.78	9.53	1.20	0.05	6.62	20.90
16A	3.18	8.08	1.73	0.89	0.12	9.22	19.20
16B	2.97	8.59	1.78	0.86	0.11	8.90	18.90
16C	3.08	3.97	1.40	0.90	0.09	6.86	19.50
16D	3.09	6.20	1.81	0.93	0.15	9.39	20.30
16E	2.68	5.78	2.25	1.03	0.12	8.60	19.00
16F	2.49	8.12	2.18	0.88	0.09	8.32	18.00
16G	2.85	8.00	2.15	0.88	0.14	8.91	19.10
16H	3.25	7.43	1.65	0.89	0.11	9.05	19.80
16I	3.19	5.95	1.86	0.93	0.13	8.47	20.10
22	3.33	4.90	1.42	0.88	0.17	10.50	23.60
25	3.10	3.01	0.99	0.93	0.14	8.30	22.00
27	2.04	1.37	0.81	1.66	0.02	8.80	24.40
28	2.95	6.63	1.82	0.96	0.14	9.90	21.50
32	3.19	6.93	1.61	1.03	0.10	8.70	21.50

古罗马陶器碎片中几种主要和次要无机成分含量数据是用原子吸收和发射方法对 48 种古代陶器中 7 种主要和次要成分进行分析的结果。对其分类既是化学上的问题也是考古学的问题。由于遗传算法可在高维变量空间进行快速、有效的搜索，故直接将原始数据标准化后作模糊分类，不进行降维，以充分保留原有数据结构。经典的模糊 c-均值方法（FCM）易于陷入鞍点或局部最优点[34]，我们引入遗传算法分类，算法收敛情况见图 7-12，从图上看开始目标函数下降较快，接近最优点附近以后下降较慢。用本方法求得的目标函数值为 $F=37.9785$，而用经典的 FCM 方法任取初始点计算 5 次，求得的目标函数值各不相同，分别为 46.8121、46.8050、37.9785、46.8050、46.8050，可见经典 FCM 方法在此确实易陷入局部最优点。而本算法不受影响，在各次计算中最终结果是确定的，均为 37.9785。从这点可以反证用本方法找到的可能是全局最优。

如沿用文献［33］的样本编号，分类的结果具体为：

第一类：02A，02B，02C，02D，06C，08，09A，09C，13B，13C，13D，13E，13F

第二类：06A，09B，13A，16C，16D，16I，22，25，28，32

第三类：03，05I，06B，11A，11B，12A，12B，14C，14E，15A，15B

第四类：05A，05B，05C，05E，16A，16B，16E，16F，16G，16H

第五类：05H，10A，10B，27

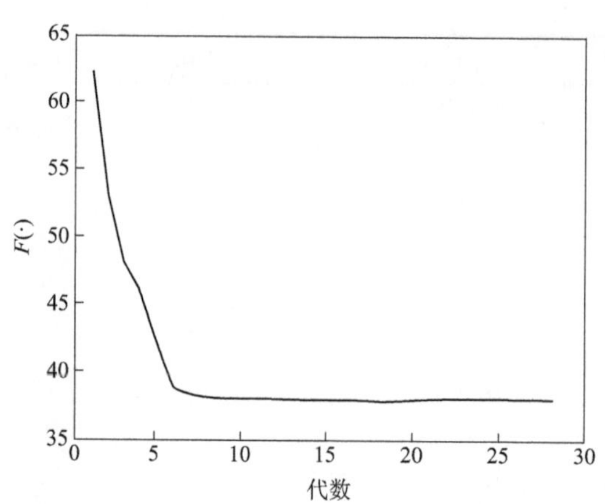

图 7-12 古罗马陶器碎片数据的模糊聚类算法收敛情况

第一类与文献［33］一致，即原文中的 D 类。第二类由文献中未能分类的零散点构成。为便于考查零散点与各类的关系，将第二类所有点的权重列于表 7-18。值得提出的是，文献［33］中，此类的 06A 和 09B 被误分为 E 类（与本文第四类相对应）。该文作者亦知从考古学家的观点看它们不应属 E 类。我们的方法在这里成功地将其从 E 类中剔出。第三类与文献［33］的结果基本一致。在文献中它们先被分为 B 类和 C 类，然而，在讨论中结合考古学知识分析时，发现将它们分为一类似更合理，这与本法的结果不谋而合。另外，原来未被分类的样本 05I 也被分入第三类，其权重见表 7-18。如从权重看，05I 确为介于第二类（0.2998）和第三类（0.3237）之间的点，故此实际上是与文献的结果相吻合的。第四类与文献［33］中的 E 类大致相对应。不同的是本方法将样本 16E 和 16F（文献［32］中它们未被分类）归入此类。有趣的是，在文献的讨论部分中，作者按考古学知识得出结论，这些点应该分入 E 类（即本文第四类），但用他们的方法未能达到。第五类与文献结果（即该文中的 A 类）也基本一致。只是本文将该文中未被归类的 05H 也分入此类，从它对各类的权重看，05H 是介于第三类（0.2275）和第五类（0.3142）之间的点。

所有与文献［33］中分法不同的点对各类的权重见表 7-18。

总之，本方法分类能在高维空间中进行有效寻优，分类结果似比文献［33］更合理。另外，从所得模糊权重再仔细查看样本点与各类的精细关系，可能更有利于对所得结果进行进一步的探讨研究。

表 7-18 与文献［33］中分法不同的点对各类的权重

样本	每类的权重				
	1 类	2 类	3 类	4 类	5 类
06A	0.0735	0.6023	0.0334	0.2403	0.0305
09B	0.0662	0.5702	0.0705	0.2680	0.0251
13A	0.0433	0.6478	0.0381	0.2523	0.0185
16C	0.1446	0.3834	0.1635	0.2586	0.0499
16D	0.0283	0.5869	0.0196	0.3541	0.0111
16I	0.0168	0.7383	0.0134	0.2254	0.0062
22	0.0894	0.4940	0.0845	0.2731	0.0590
25	0.0723	0.6544	0.0765	0.1612	0.0356

续表

样 本	每 类 的 权 重				
	1 类	2 类	3 类	4 类	5 类
28	0.0467	0.4864	0.0361	0.4065	0.0242
32	0.0454	0.4524	0.0514	0.4220	0.0288
05H	0.1909	0.1375	0.2275	0.1298	0.3142
05I	0.1500	0.2998	0.3237	0.1554	0.0711
08	0.3382	0.2549	0.1738	0.1835	0.0497
16E	0.0868	0.3634	0.0475	0.4768	0.0255
16F	0.1227	0.2094	0.0642	0.5676	0.0361

第六节 基于投影的模式识别方法

含有 d 个参量的模式矢量，是 d 维空间中的一个点，如 d 等于 2 或 3，则可直接用图形显示这些模式矢量。图形显示具有直观性，现代计算机提供了强有力的屏幕图形显示功能，而人眼具有很强的识别图形能力，同样的字由不同的人书写，人眼能识别其细微差别，辨识手迹真伪。在二维或三维空间中显示的模式分布情况，借人眼常能识别存在的分类图景，也就是说人眼是强有力的模式识别器。而当 $d>3$ 时，这种直接显示则不可能，这就涉及降维的问题。如何将 d 维空间的图景，在二维或三维空间中显示出来，并尽可能减少原 d 维空间中分类信息的丢失？这就是我们在这一节将要讨论的基于投影的模式识别方法主要思路。

基于投影的模式识别方法也有很多，其中最重要的包括主成分分析的投影判别法（亦称 Karhunen-Loeve 变换，K-L 分解法）、SIMCA 方法、基于偏最小二乘分解的特征投影法、非线性映照投影法等，因其图形显示具有直观性，很容易为化学家所理解，故它们在化学模式识别中得到相当广泛的应用[35~37]。本节将对这些方法作出介绍。

一、基于主成分分析的投影判别法

基于主成分分析的投影判别法采用多元统计中的主成分分析方法，先对样本量测矩阵 $\boldsymbol{X}$ 直接进行分解，只取其中的主成分来投影，然后进行判别分析，故有主成分分析的投影判别法之称。对样本矩阵进行直接分解在数学上有几种方法。在化学计量学中一般采用的方法是非线性迭代偏最小二乘算法[38]。这种方法实际上是沿于 Von Mises 的乘幂法[39]。另一种方法是线性代数中常用的奇异值分解法（SVD）。奇异值分解法可将任意阶实数分解成为三个矩阵的积，即

$$\boldsymbol{X}=\boldsymbol{U}\boldsymbol{S}\boldsymbol{V}^{\mathrm{t}}$$

式中，$\boldsymbol{S}$ 为对角矩阵，它收集了 $\boldsymbol{X}$ 矩阵的特征值；$\boldsymbol{U}$ 和 $\boldsymbol{V}^{\mathrm{t}}$ 分别为标准列正交和标准行正交矩阵，收集了这些特征值所对应的列特征矢量和行特征矢量，在多元统计的主成分分析中，一般被称为得分矩阵和荷载矩阵。图 7-13 示出了主成分分析的数学与几何意义。一般只需取前几个大特征值所对应的特征矢量作为主成分，样本量测矩阵 $\boldsymbol{X}$ 的样本矢量直接对它们投影就可得到所需的主成分分析特征投影图（参见图 7-13）。主成分分析的投影判别法的基本思路是基于主成分分析所得的主成分轴是该数据矩阵的最大方差方向，且这些主成分轴相互正交，这样，就可保证在从高维向低维空间投影时尽量多地保留有用信息。

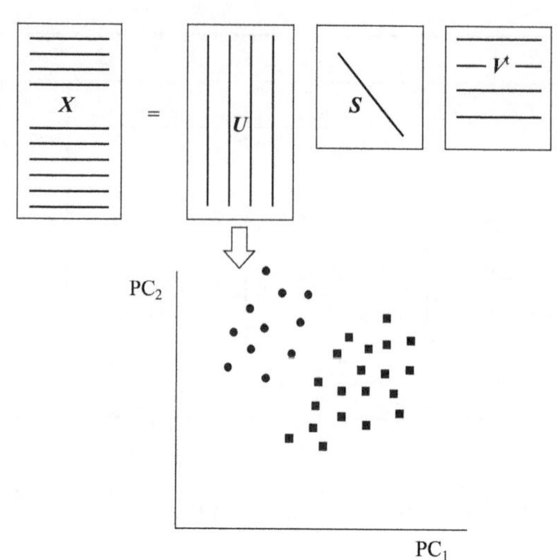

图 7-13 主成分分析的数学与几何意义示意图

1. 奇异值分解法（SVD）与非线性迭代偏最小二乘算法的关系

在化学计量学中，大都采用非线性迭代偏最小二乘（nonlinear iterative partial least squares，NIPALS）算法来进行主成分分解。非线性迭代偏最小二乘实际是通过一系列的最小二乘拟合过程来直接获得下述等式，即

$$\boldsymbol{X}=\boldsymbol{T}\boldsymbol{P}^{\mathrm{t}}$$

NIPALS 算法可由下述计算步骤构成。

① 选择一个初始 $\boldsymbol{t}$ 矢量，如取 $\boldsymbol{X}$ 矩阵中模最大的矢量作为初始 $\boldsymbol{t}$ 矢量；

② $\boldsymbol{p}^{\mathrm{t}}=\boldsymbol{t}^{\mathrm{t}}\boldsymbol{X}$；

③ 将所得 $\boldsymbol{p}$ 进行标准化处理，即令 $\|\boldsymbol{p}\|=1$；

④ $\boldsymbol{t}^{*}=\boldsymbol{X}\boldsymbol{p}$；

⑤ 检验是否收敛，即比较 $\boldsymbol{t}$ 和 $\boldsymbol{t}^{*}$，如果它们的矢量差的模足够小就停止迭代；否则就进行第⑥步；

⑥ 如果还未收敛，则采用 $\boldsymbol{t}^{*}$ 替代 $\boldsymbol{t}$，进行第②步计算。

一旦获得已收敛的 $\boldsymbol{t}$ 矢量（score vector），记为 $\boldsymbol{t}_1$，其对应的 $\boldsymbol{p}$ 矢量（loading vector）记为 $\boldsymbol{p}_1$，继而用式（7-86）计算 $\boldsymbol{X}$ 矩阵的残差，即

$$\boldsymbol{E}_1=\boldsymbol{X}-\boldsymbol{t}_1\boldsymbol{p}_1^{\mathrm{t}} \tag{7-86}$$

对于第二对得分（score）和荷载（loading）矢量，就可用前述过程继续对 $\boldsymbol{E}_1$ 进行分解，如此等等。这样，有，

$$\boldsymbol{X}=\boldsymbol{T}\boldsymbol{P}^{\mathrm{t}}$$

实际上，用 NIPALS 算法所得的得分矢量和荷载矢量与 SVD 所得结果是完全一致的。图 7-14 用图示的方式示出了方程 $\boldsymbol{X}=\boldsymbol{U}\boldsymbol{S}\boldsymbol{V}^{\mathrm{t}}$ 与 $\boldsymbol{X}=\boldsymbol{T}\boldsymbol{P}^{\mathrm{t}}$ 的关系，条件是只需令 $\boldsymbol{T}=\boldsymbol{U}\boldsymbol{S}$ 和 $\boldsymbol{V}=\boldsymbol{P}$ 即可。

$$\boldsymbol{X}=\boldsymbol{U}\boldsymbol{S}\boldsymbol{V}^{\mathrm{t}}=\boldsymbol{T}\boldsymbol{P}^{\mathrm{t}}$$

得到上述的关系后，就不难理解主成分分析的特征投影性质了。

2. 主成分分析与特征投影

为更形象地显示出主成分分析与特征投影的关系，只需进行一些简单的计算。图 7-15 示出了这样的计算过程。从图可以清楚看到，有

$$XP = T$$

实因只需对方程 $X = TP^t$ 两边同时右乘矩阵 P，并利用荷载矩阵的正交性质即可得（参见图 7-15）。

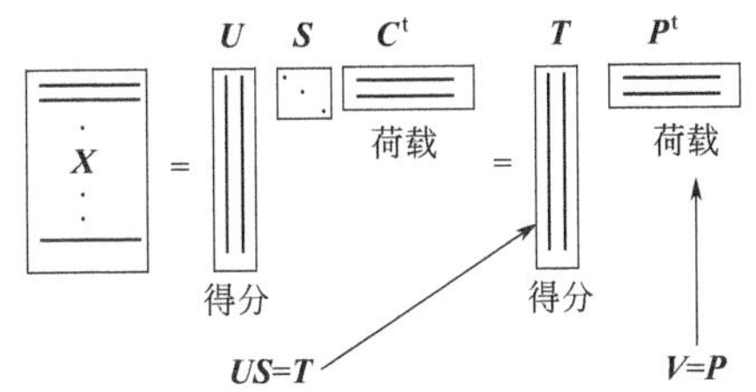

图 7-14　方程 $X = USV^t$ 与 $X = TP^t$ 的关系示意图

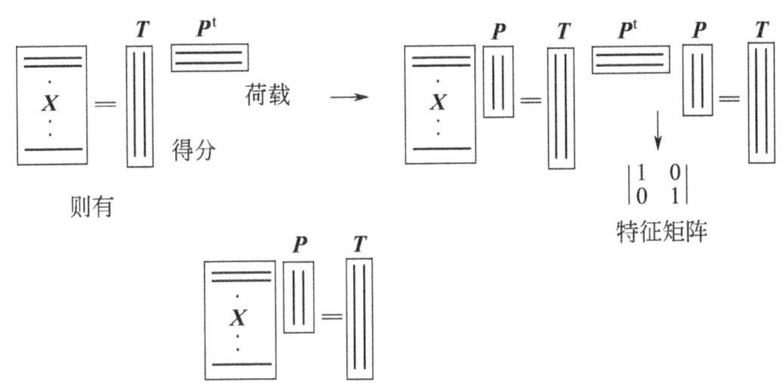

图 7-15　主成分分析的特征投影计算过程示意图

得到了这样一个关系，主成分分析的特征投影性质就不难加以说明了（参见图 7-16）。从图可以看出，得分矩阵 T 的第一和第二主成分矢量的每一个元素，即 t_{i1} 和 t_{i2}，实际就是通过将 X 矩阵的每一个样本矢量投影到相应的荷载矢量上得到的投影值（内积本质上就是投影运算）。这样，主成分分析中的降维作用也得以实现，实因经 SVD 分解后，主成分分析中的前几个特征矢量通常都占据了 X 矩阵的绝大部分方差。

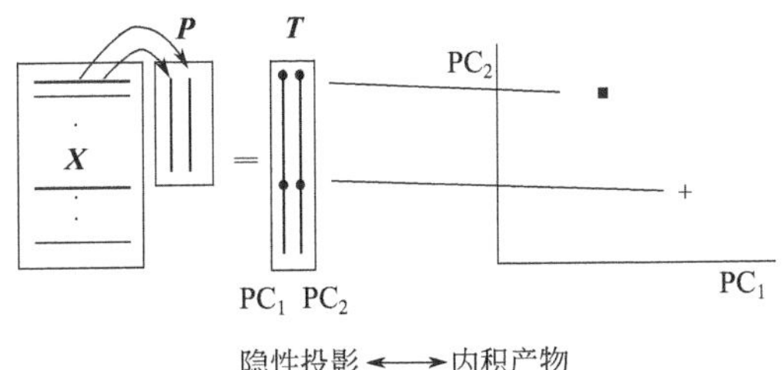

图 7-16　主成分分析与特征投影关系示意图

通过这样的特征投影，原空间的样本点就投影到低维的主成分空间而便于人眼的直接视觉分析了。

另外，原始的主成分分析一般是对数据协方差阵进行正交变换而得，即

$$\boldsymbol{Q}^{\mathrm{t}}\boldsymbol{X}^{\mathrm{t}}\boldsymbol{X}\boldsymbol{Q}=\mathrm{diag}[\lambda_1, \lambda_2, \cdots, \lambda_d] \tag{7-87}$$

式中，$\boldsymbol{Q}$ 为正交变换矩阵；λ_1，λ_2，…，λ_d 称为数据协方差阵 $\boldsymbol{X}^{\mathrm{t}}\boldsymbol{X}$ 的特征值；d 为样本维数。它与前述的奇异值分解法所得的三个分解矩阵，即对角矩阵 $\boldsymbol{S}$、标准列正交矩阵 $\boldsymbol{U}$ 和标准行正交矩阵 $\boldsymbol{V}^{\mathrm{t}}$ 分别有什么关系呢？因为

$$\boldsymbol{X}=\boldsymbol{U}\boldsymbol{S}\boldsymbol{V}^{\mathrm{t}}$$

即

$$\boldsymbol{X}^{\mathrm{t}}\boldsymbol{X}=\boldsymbol{V}\boldsymbol{S}\boldsymbol{U}^{\mathrm{t}}\boldsymbol{U}\boldsymbol{S}\boldsymbol{V}^{\mathrm{t}}=\boldsymbol{V}\boldsymbol{S}\boldsymbol{S}\boldsymbol{V}^{\mathrm{t}}=\mathrm{diag}[\lambda_1, \lambda_2, \cdots, \lambda_d]=\boldsymbol{Q}^{\mathrm{t}}\boldsymbol{X}^{\mathrm{t}}\boldsymbol{X}\boldsymbol{Q}$$

又因为 $\boldsymbol{S}\boldsymbol{S}=\mathrm{diag}[s_1, s_2, \cdots, s_d]\times\mathrm{diag}[s_1, s_2, \cdots, s_d]=\mathrm{diag}[s_1^2, s_2^2, \cdots, s_d^2]$，而且，$\boldsymbol{X}^{\mathrm{t}}\boldsymbol{X}=\boldsymbol{V}\boldsymbol{S}\boldsymbol{S}\boldsymbol{V}^{\mathrm{t}}$，即 $\boldsymbol{V}^{\mathrm{t}}\boldsymbol{X}^{\mathrm{t}}\boldsymbol{X}\boldsymbol{V}=\mathrm{diag}[s_1^2, s_2^2, \cdots, s_d^2]$，因为 $\boldsymbol{V}^{\mathrm{t}}$ 为标准行正交矩阵，$\boldsymbol{V}^{\mathrm{t}}\boldsymbol{V}=\boldsymbol{I}$，所以有，

$$\boldsymbol{V}=\boldsymbol{Q} \qquad s_i^2=\lambda_i \qquad (i=1, 2, 3, \cdots, d)$$

这就说明了经典主成分分析与奇异值分解法的关系。在 MATLAB 程序中，主成分分析就完全可以用奇异值分解法来替代了，实因在 MATLAB 程序中奇异值分解法特别简单，用下述一句话即可得所需结果：

$$[U,S,V]=\mathrm{svd}(\boldsymbol{X})$$

下面，在介绍主成分投影判别法的算法时，将直接采用 SVD 来讨论。

主成分投影判别法的算法十分简单，它可由下述步骤组成。

(1) 对前述的样本数据矩阵 $\boldsymbol{X}$ 进行奇异值分解，得

$$\boldsymbol{X}=\boldsymbol{U}\boldsymbol{S}\boldsymbol{V}^{\mathrm{t}}$$

(2) 令 $\boldsymbol{U}\boldsymbol{S}=\boldsymbol{T}=[\boldsymbol{t}_1,\boldsymbol{t}_2,\cdots,\boldsymbol{t}_d]$，得非标准化的得分矩阵，一般取 $\sum s_i$ 等于 85%总方差所对应的得分矢量 $\boldsymbol{t}_1,\boldsymbol{t}_2,\cdots,\boldsymbol{t}_A$ 来进行作图，即用 $\boldsymbol{t}_i(i=1,2,\cdots,A)$ 对 $\boldsymbol{t}_j(j=1,2,\cdots,A)$ 作图，即得如图 7-17 所示的主成分特征投影图，不同类的样本点聚集在不同的位置。一般说来，前两个对应于最大特征值的得分矢量所得的投影图所含信息最多。

基于主成分分析的投影判别法既可用于判别又可用于聚类，实因我们可很容易地从投影图中看出样本与样本的关系，故主成分分析的投影判别法在化学计量学中得到了非常广泛的应用。

Jellum 等[40]用毛细管色谱法对 16 个脑组织试样进行分析，在色谱图中取多达 156 参量（可辨认的 156 个峰处的峰高），组成（16×156）阶矩阵，通过将矩阵作主成分分解，分别求得对应于两个最大特征值的得分矢量 $\boldsymbol{t}_1$ 和 $\boldsymbol{t}_2$，并以 $\boldsymbol{t}_1$ 和 $\boldsymbol{t}_2$ 为投影轴作图，得到如图 7-17 的显示图形。图 7-17 中三角形是有肿瘤的脑组织样，圆是正常脑组织样。有趣的是，4 号样原标签为“肿瘤脑组织”样，但从显示图看，这个样本应属正常脑组织样，经核查，4 号样确属正常脑组织误标为“肿瘤样”。从这个例子可以看出，用主成分分析的方法，取最大的 2（或 3）个特征值所对应的得分矢量，可在二维空间（或三维空间，多数微型计算机作图软件有三维作图功能）显示样本在模式空间的分布，人眼即能进行分类和判别。

【基本思路】

主成分分析的投影判别法的基本思路是基于主成分分析所得的主成分轴是该数据矩阵的最大方差方向，且这些主成分轴相互正交（参见第五章第四节），这样，就可保证在从高维向低维空间投影时尽量多地保留有用信息。如果对样本量测数据矩阵 $\boldsymbol{X}$ 的构成作如下规定，可以很清楚地看出主成分分析的投影性质。令样本数据矩阵表示为：

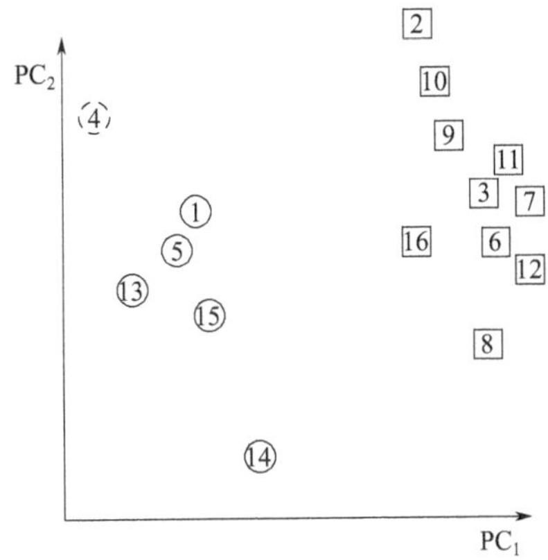

图 7-17　脑组织试样色谱数据的主成分投影图

$$\boldsymbol{X}=\begin{bmatrix} x_{11} & x_{12} & \cdots & x_{1d} \\ x_{21} & x_{22} & \cdots & x_{2d} \\ \vdots & \vdots & \vdots & \vdots \\ x_{j1} & x_{j2} & \cdots & x_{jd} \\ \vdots & \vdots & \vdots & \vdots \\ x_{n1} & x_{n2} & \cdots & x_{nd} \end{bmatrix}=\begin{bmatrix} \boldsymbol{x}_1^{\mathrm{t}} \\ \boldsymbol{x}_2^{\mathrm{t}} \\ \vdots \\ \boldsymbol{x}_j^{\mathrm{t}} \\ \vdots \\ \boldsymbol{x}_n^{\mathrm{t}} \end{bmatrix}=[\boldsymbol{x}_1, \boldsymbol{x}_2, \cdots, \boldsymbol{x}_d] \qquad (7\text{-}88)$$

式中，n 为样本点数；d 为样本维数。$\boldsymbol{x}_i^{\mathrm{t}}$（$i=1, 2, \cdots, n$）称为样本向量，$\boldsymbol{x}_j$（$j=1, 2, \cdots, d$）称为变量向量。因为

$$\boldsymbol{X}=\boldsymbol{USV}^{\mathrm{t}}$$

即

$$\boldsymbol{XV}=\boldsymbol{US}$$

亦即

$$\boldsymbol{XV}=\begin{bmatrix} \boldsymbol{x}_1^{\mathrm{t}} \\ \boldsymbol{x}_2^{\mathrm{t}} \\ \vdots \\ \boldsymbol{x}_n^{\mathrm{t}} \end{bmatrix}[\boldsymbol{v}_1, \boldsymbol{v}_2, \cdots, \boldsymbol{v}_A]=\begin{bmatrix} \boldsymbol{x}_1^{\mathrm{t}}\boldsymbol{v}_1 & \boldsymbol{x}_1^{\mathrm{t}}\boldsymbol{v}_2 & \cdots & \boldsymbol{x}_n^{\mathrm{t}}\boldsymbol{v}_A \\ \boldsymbol{x}_2^{\mathrm{t}}\boldsymbol{v}_1 & \boldsymbol{x}_2^{\mathrm{t}}\boldsymbol{v}_2 & \cdots & \boldsymbol{x}_n^{\mathrm{t}}\boldsymbol{v}_A \\ \vdots & \vdots & \vdots & \vdots \\ \boldsymbol{x}_n^{\mathrm{t}}\boldsymbol{v}_1 & \boldsymbol{x}_n^{\mathrm{t}}\boldsymbol{v}_2 & \cdots & \boldsymbol{x}_n^{\mathrm{t}}\boldsymbol{v}_A \end{bmatrix}=\boldsymbol{US} \qquad (7\text{-}89)$$

可见矩阵 $\boldsymbol{US}=\boldsymbol{T}$（亦称非标准化的得分矩阵）的每一个元素实际是每一个样本向量 $\boldsymbol{x}_i^{\mathrm{t}}(i=1,2,\cdots,n)$对荷载矩阵 $\boldsymbol{V}$ 中的每一相互正交的荷载矢量的投影坐标（内积本质上就是投影），它反映了样本与样本之间的相互关系；同理可得，荷载矩阵的每一个元素实际是每一个变量向量 $\boldsymbol{x}_j$（$j=1, 2, \cdots, d$）对得分矩阵中的每一相互正交的得分矢量的投影坐标，它反映了变量与变量之间的相互关系。

【基本算法】

主成分投影判别法的算法十分简单，它可由下述步骤组成：

（1）对前述的样本数据矩阵 $\boldsymbol{X}$ 进行奇异值分解，得

$$\boldsymbol{X}=\boldsymbol{USV}^{\mathrm{t}}$$

（2）令 $\boldsymbol{US}=\boldsymbol{T}=[\boldsymbol{t}_1,\boldsymbol{t}_2,\cdots,\boldsymbol{t}_d]$，得非标准化的得分矩阵，一般取 $\sum s_i$ 等于 85％总方差所对应的得分矢量 $\boldsymbol{t}_1,\boldsymbol{t}_2,\cdots,\boldsymbol{t}_A$ 来进行作图，即用 $\boldsymbol{t}_i\,(i=1,2,\cdots,A)$ 对 $\boldsymbol{t}_j\,(j=1,2,\cdots,A)$ 作图，即得如图 7-18 所示的主成分特征投影图，不同类的样本点当聚集在不同的位置。一般说来，前两个对应于最大特征值的得分矢量所得的投影图所含信息最多。

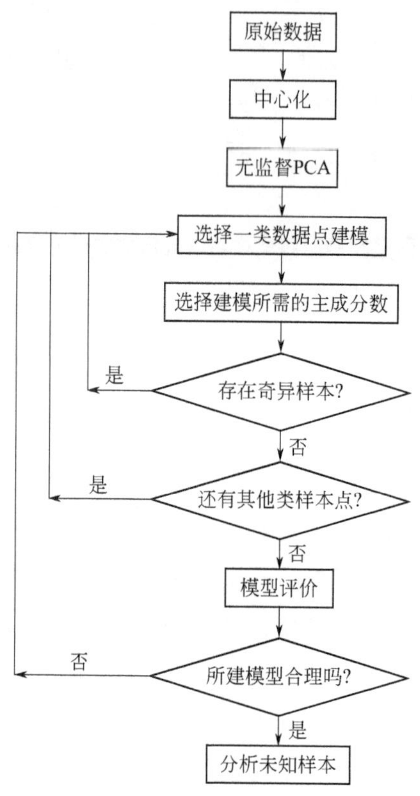

图 7-18 SIMCA 方法的计算全过程框图

值得指出的是，基于主成分分析的投影判别法既可用于判别又可用于聚类，实因我们可很容易地从投影图中看出样本与样本的关系来，故主成分分析的投影判别法在化学计量学中得到了非常广泛的应用。

二、基于主成分分析的 SIMCA 分类法

本节将介绍化学模式识别中一个较通用的方法——SIMCA 法[41~43]，这一方法根据其设计者定名的含义[42]是“统一均线性多元分析”，或“簇类的独立软模式”，意为各类样本独立地建立局部“软”模式，或简易分类算法。第二个解释较确切地反映了此法的特点。

【基本思路】

SIMCA 方法是一种建立在主成分分析基础上的模式识别方法，其基本思路是先利用主成分分析的显示结果得到一个样本分类基本印象，然后分别对各类样本建立相应的类模型，继而用这些类模型来对未知样本进行判别分析，以确定其属于哪一类，或不属于哪一类。

【基本计算过程】

在介绍 SIMCA 如何具体建立类模型之前，首先将介绍它的计算全过程，以期读者先对

该方法的全貌有一个完整的印象。

SIMCA 方法的计算全过程由图 7-18 示出的框图给出。从此框图可以看出，SIMCA 实际上是在循环地使用主成分分析方法，它先是用主成分分析方法来得到整个样本的分类，然后，在此基础上，分别建立各类样本的主成分模型，继而用它们来检验未知样本，判别未知样本的类别。由于整个 SIMCA 计算过程可在投影图上直接进行，所以，只要计算机程序的人机对话界面建立得好，此方法可完全在图上直接操作完成，使用起来非常方便。将 SIMCA 编入商业软件的例子很多，比较著名的有 Unscrumb 和 Serius 的软件。

从上述讨论可知，在整个 SIMCA 方法的计算过程中，其与基于主成分分析的投影判别法不同的地方在于它对每一类样本都进行了主成分建模，在此将对这一部分进行较详细的讨论。为讨论方便，首先有必要介绍基于国际习惯用法的一些表达式。首先，令样本数据矩阵表示为：

$$\boldsymbol{X}=\begin{bmatrix} x_{11} & x_{12} & \cdots & x_{1d} \\ x_{21} & x_{22} & \cdots & x_{2d} \\ \vdots & \vdots & \vdots & \vdots \\ x_{i1} & x_{i2} & \cdots & x_{id} \\ \vdots & \vdots & \vdots & \vdots \\ x_{n1} & x_{n2} & \cdots & x_{nd} \end{bmatrix}=\begin{bmatrix} \boldsymbol{x}_1^{\mathrm{t}} \\ \boldsymbol{x}_2^{\mathrm{t}} \\ \vdots \\ \boldsymbol{x}_i^{\mathrm{t}} \\ \vdots \\ \boldsymbol{x}_n^{\mathrm{t}} \end{bmatrix} \tag{7-90}$$

式中，n 为样本点数；d 为样本维数；$\boldsymbol{x}_i^{\mathrm{t}}$（$i=1,2,\cdots,n$）称为样本向量。则一个样本就由样本矩阵中的一个行向量来表示。又因为

$$\boldsymbol{X}=\boldsymbol{l}\boldsymbol{x}_c^{\mathrm{t}}+\boldsymbol{U}\boldsymbol{S}\boldsymbol{V}^{\mathrm{t}}+\boldsymbol{E}=\boldsymbol{l}\boldsymbol{x}_c^{\mathrm{t}}+\boldsymbol{T}\boldsymbol{V}^{\mathrm{t}}+\boldsymbol{E} \tag{7-91}$$

式中，$\boldsymbol{US}=\boldsymbol{T}$，$\boldsymbol{T}$ 矩阵亦称非标准化的得分矩阵；$\boldsymbol{l}=[1,1,\cdots,1]^{\mathrm{t}}$，为一元素全为 1 的矢量，其维数为 n，等于样本的数目；$\boldsymbol{x}_c$ 为所有样本的中心矢量。式（7-91）说明，在进行主成分分析之前，对样本数据矩阵进行了中心化预处理。对于每一个样本矢量，根据式（7-91）有

$$\boldsymbol{x}_i^{\mathrm{t}}=\boldsymbol{x}_c^{\mathrm{t}}+\sum_k t_{ik}\boldsymbol{v}_k^{\mathrm{t}}+\boldsymbol{e}_i^{\mathrm{t}} \qquad (i=1,2,\cdots,n) \tag{7-92}$$

成立。因在式（7-91）中还加入了误差矩阵 $\boldsymbol{E}$，所以在式（7-92）中也引入了一个误差矢量 $\boldsymbol{e}_i^{\mathrm{t}}$ 项。引入误差项应该是不难理解的，在主成分分析中，一般都只取了对应于几个大特征值的特征向量作为主成分，那些很小或只占百分之几的特征值所代表的特征向量都包括在误差向量之中了。另外，由式（7-91）变为式（7-92）也是不难理解的，如果令 $\boldsymbol{X}'=\boldsymbol{X}-\boldsymbol{1}\boldsymbol{x}_c^{\mathrm{t}}$，并略去式（7-91）中的误差项，就可以通过简单的代数运算得到上述的样本矢量表达式（7-92）。

$$\boldsymbol{X}'=\begin{bmatrix} x'_{11} & x'_{12} & \cdots & x'_{1d} \\ x'_{21} & x'_{22} & \cdots & x'_{2d} \\ \vdots & \vdots & \vdots & \vdots \\ x'_{i1} & x'_{i2} & \cdots & x'_{id} \\ \vdots & \vdots & \vdots & \vdots \\ x'_{n1} & x'_{n2} & \cdots & x'_{nd} \end{bmatrix}=\begin{bmatrix} \boldsymbol{x}_1'^{\mathrm{t}} \\ \boldsymbol{x}_2'^{\mathrm{t}} \\ \vdots \\ \boldsymbol{x}_i'^{\mathrm{t}} \\ \vdots \\ \boldsymbol{x}_n'^{\mathrm{t}} \end{bmatrix}\boldsymbol{X}'=\boldsymbol{T}\boldsymbol{V}^{\mathrm{t}}$$

$$=\begin{bmatrix} t_{11} & t_{12} & \cdots & t_{1A} \\ t_{21} & t_{22} & \cdots & t_{2A} \\ \vdots & \vdots & \vdots & \vdots \\ t_{i1} & t_{i2} & \cdots & t_{iA} \\ \vdots & \vdots & \vdots & \vdots \\ t_{n1} & t_{n2} & \cdots & t_{nA} \end{bmatrix}\begin{bmatrix} v_{11} & v_{12} & \cdots & v_{1d} \\ v_{21} & v_{22} & \cdots & v_{2d} \\ \vdots & \vdots & \vdots & \vdots \\ v_{i1} & v_{i2} & \cdots & v_{id} \\ \vdots & \vdots & \vdots & \vdots \\ v_{A1} & v_{A2} & \cdots & v_{Ad} \end{bmatrix}$$

$$=\begin{bmatrix} \sum_{k=1}^{A} t_{1k}v_{k1} & \sum_{k=1}^{A} t_{1k}v_{k2} & \cdots & \sum_{k=1}^{A} t_{1k}v_{kd} \\ \sum_{k=1}^{A} t_{2k}v_{k1} & \sum_{k=1}^{A} t_{2k}v_{k2} & \cdots & \sum_{k=1}^{A} t_{2k}v_{kd} \\ \vdots & \vdots & \vdots & \vdots \\ \sum_{k=1}^{A} t_{ik}v_{k1} & \sum_{k=1}^{A} t_{ik}v_{k2} & \cdots & \sum_{k=1}^{A} t_{ik}v_{kd} \\ \vdots & \vdots & \vdots & \vdots \\ \sum_{k=1}^{A} t_{nk}v_{k1} & \sum_{k=1}^{A} t_{nk}v_{k2} & \cdots & \sum_{k=1}^{A} t_{nk}v_{kd} \end{bmatrix}$$

$$=\begin{bmatrix} \sum_{k=1}^{A} t_{1k}[v_{k1}v_{k2}\cdots v_{kA}] \\ \sum_{k=1}^{A} t_{2k}[v_{k1}v_{k2}\cdots v_{kA}] \\ \vdots \\ \sum_{k=1}^{A} t_{ik}[v_{k1}v_{k2}\cdots v_{kA}] \\ \vdots \\ \sum_{k=1}^{A} t_{nk}[v_{k1}v_{k2}\cdots v_{kA}] \end{bmatrix}=\begin{bmatrix} \sum_{k=1}^{A} t_{1k}\boldsymbol{v}_k^{\mathrm{t}} \\ \sum_{k=1}^{A} t_{2k}\boldsymbol{v}_k^{\mathrm{t}} \\ \vdots \\ \sum_{k=1}^{A} t_{ik}\boldsymbol{v}_k^{\mathrm{t}} \\ \vdots \\ \sum_{k=1}^{A} t_{nk}\boldsymbol{v}_k^{\mathrm{t}} \end{bmatrix}$$

这正是前述的样本矢量表达式 $\boldsymbol{x}_i'^{\mathrm{t}}=\sum_k \boldsymbol{t}_{ik}\boldsymbol{v}_k^{\mathrm{t}}+\boldsymbol{e}_i^{\mathrm{t}}$，亦即 $\boldsymbol{x}_i^{\mathrm{t}}=\boldsymbol{x}_c^{\mathrm{t}}+\sum_k \boldsymbol{t}_{ik}\boldsymbol{v}_k^{\mathrm{t}}+\boldsymbol{e}_i^{\mathrm{t}}(i=1,2,\cdots,n)$。有了这样一些说明，讨论主成分分析建模就不困难了。从式（7-92）可以看出，每一个样本矢量可以表示为荷载矢量的线性组合与误差矢量之和，而且，由于荷载矢量是相互正交的，这为主成分分析建模的计算带来了很大方便。

【主成分建模算法】

主成分分析建模算法可由下述步骤所组成。

（1）定义样本到主成分模型的距离

$$s_i=\boldsymbol{e}_i^{\mathrm{t}}\boldsymbol{e}_i/(d-A) \tag{7-93}$$

这是因为样本矢量表达式的前一部分，即 $t_{ik}v_k^{\mathrm{t}}$ 正是主成分荷载矢量的线性组合，属于可由主成分模型表出的部分，在样本矢量表达式中没被主成分模型所包含的就是误差矢量，所以，样本到主成分模型的距离就是误差矢量的点积，式（7-93）中的分母是样本矢量在建立了主成分模型，即降维后的自由度，由原样本空间的维数减去主成分数而得。s_i 在 SIMCA 方法中常被称为第 i 个样本的残余标准偏差（RSD）。

（2）定义整个类的均值标准偏差 s_c　如令 $\boldsymbol{s}=[s_1,s_2,\cdots,s_i,\cdots,s_n]^t$，则整个类的均值标准偏差 s_c可由下式给出

$$s_c=\boldsymbol{s}^t\boldsymbol{s}/(n-A-1) \tag{7-94}$$

式（7-94）以（$n-A-1$）为分母的理由是为了整个类的均值标准偏差不受该类内样本数多少的影响，而且，还考虑了由于引入 A 个主成分所失去的自由度。

（3）为了判别某一样本与某一类主成分模型的差别或相似程度，SIMCA 方法的提出者 Wold 引入了 F-检验统计量。从上面的讨论可知，某一样本的残余标准偏差的平方 s_i^2 和整个类的均值标准偏差的平方 s_c^2 分别具有自由度（$d-A$）和 $(d-A)(n-A-1)$，据此，可以采用自由度为（$d-A$）和 $(d-A)(n-A-1)$ 的 F-检验来判别某一样本与某一类主成分模型的差别或相似程度。F-检验或记为 F_{crit} 可用来求得一个判定某样本是否属于某类的残余标准偏差平方的上界值：

$$s_{max}^2=s_c^2F_{crit}$$

用于 F-检验的置信水平一般取 0.05 或 0.01 即可。图 7-19 给出了置信水平取 0.05 或 0.01 的由一个主成分建立的类模型的例子。

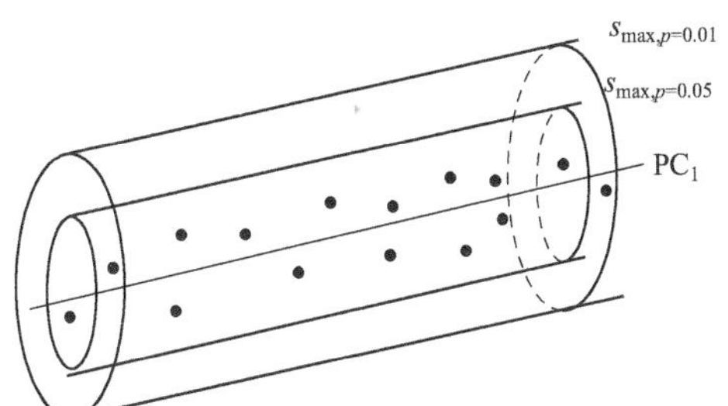

图 7-19　置信水平取 0.05 或 0.01，由一个主成分建立的类模型

由于基于主成分分析的投影判别法主要是依靠人眼来进行判别分析的，所以为在主成分特征投影图将某一类的类模型形象给出，Wold 建议可直接从得分矢量入手，直接找到某一类在得分矢量上的上限与下限值，并以此来定义主成分的类模型。某一类在得分矢量上的上限与下限值可由下述式子算得：

$$t_{lower,a}=t_{min,a}-(1/2)\ s_{t,a}$$

其中

$$s_{t,a}^2=\boldsymbol{t}_a^t\boldsymbol{t}_a/n \tag{7-95}$$

式中，下标 a 表示第 a 个主成分。图 7-20 给出了一个由一个主成分建立的类模型例子。

【未知样本的归属判别】

对于任意未知样本 $\boldsymbol{x}_i^t$，都可给出它的主成分模型：

$$\boldsymbol{x}_i^t=\boldsymbol{x}_c^t+\sum_k t_{ik}\boldsymbol{v}_k^t+\boldsymbol{e}_i^t$$

然后，计算它的误差项 $\boldsymbol{e}_i^t$，继算出它到所定义的主成分模型的距离：

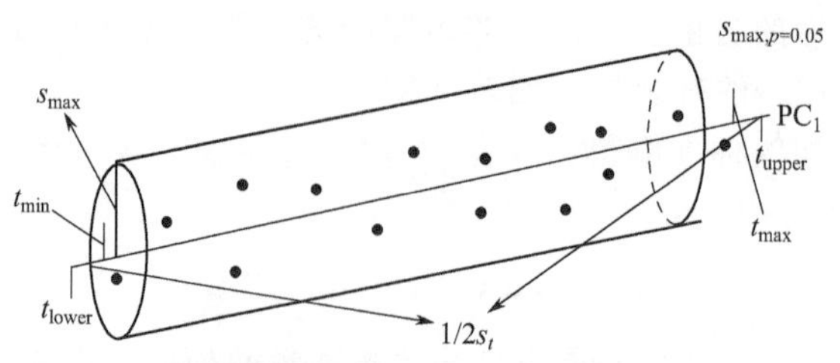

图 7-20 由极端得分值表述的由一个主成分构成的类模型

$$s_i = \boldsymbol{e}_i^t \boldsymbol{e}_i / (d - A)$$

将它的平方值与 s_{max}^2 进行比较，即用前述的 F-检验判别它是否属于所定义的主成分模型。可以看出，只要求得了该未知样本矢量的误差项，判别就很容易了。所以，判别的过程就只是误差项的计算过程。

【未知样本误差项的计算】

未知样本误差项的计算可由下列步骤组成。

(1) 令 $\boldsymbol{e}_i^{(0)} = \boldsymbol{x}_i^t - \boldsymbol{x}_c^t$

式中，$\boldsymbol{x}_c^t$ 为所求类的样本均值向量，为已知值。

(2) 对 $a=1, 2, \cdots, A$ 个主成分进行下述循环计算，以求得该样本在所求类的得分 t_{ia} ($a=1, 2, \cdots, A$)：

$$t_{ia} = \boldsymbol{e}_i^{(a-1)} \boldsymbol{v}_a$$

$$\boldsymbol{e}_i^{(a)} = \boldsymbol{e}_i^{(a-1)} - t_{ia} \boldsymbol{v}_a$$

最终所得的 $\boldsymbol{e}_i^{(A)}$ 即是未知样本误差项。继而用式 (7-96) 算出它与所求主成分模型的距离

$$s_i = \boldsymbol{e}_i^t \boldsymbol{e}_i / (d - A) \tag{7-96}$$

即可。

上述求未知样本误差项的过程始终都用到了主成分分析所得的荷载矢量的正交性质，即 $\boldsymbol{v}_i^t \boldsymbol{v}_j = 0$ ($i \neq j$)。

在对 SIMCA 方法的应用进行讨论之前，还有必要先对 SIMCA 方法的分类特征有一个大致的了解。图 7-21 (a) 示出了一个含两变量数据的分布结构，其中交叉点为一类，星点为一类。但此时主成分分析的结果［参见图 7-21 (b)］却无法体现它们的分类特点。

但是，如果采用主成分建模的思路，通过一条直线（即 SIMCA 建模中的一个主成分模型建模），则可以得到如图 7-21 (c) 所示的 SIMCA 方法所得两类的分类情况。图 7-21 (c) 显示出了 SIMCA 分类方法的两个基本特征：①可进行平行且不连通的 (disjoint) 主成分建模；②可利用模型残差定义模型与样本的分类关系，从而将数据的结构和噪声区分开来。这两点也正是 SIMCA 方法分类思想的核心哲学思路。

试想如果只是简单采用直接欧氏距离来进行分类，是不可能得到如图 7-21 (c) 所示的分类结果的。这表明 SIMCA 方法可对一些复杂结构进行正确分类，特别是对一些仅由一个主因子决定其变化的类型数据将特别有用，而这样的情况在化学数据中非常多见[45,46]。利用模型残差来定义模型与样本的分类关系，清楚地将数据的结构和噪声区分开来是 SIMCA 分类方法的第二个优点。在现今存在的多种分类方法中，SIMCA 分类方法提出的处理多变量相关关系的重要性可参见文献 [17]。

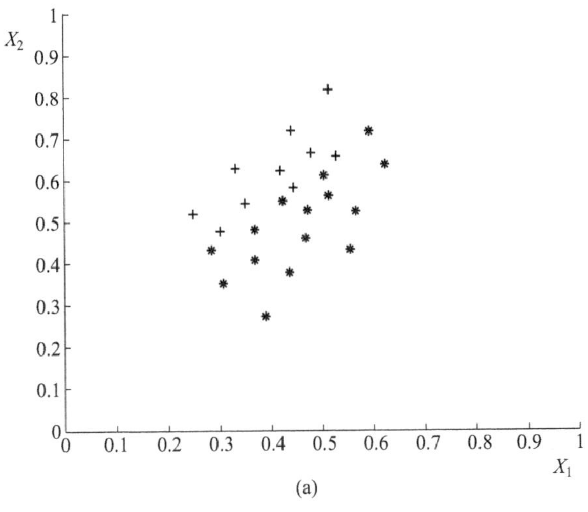

(a)

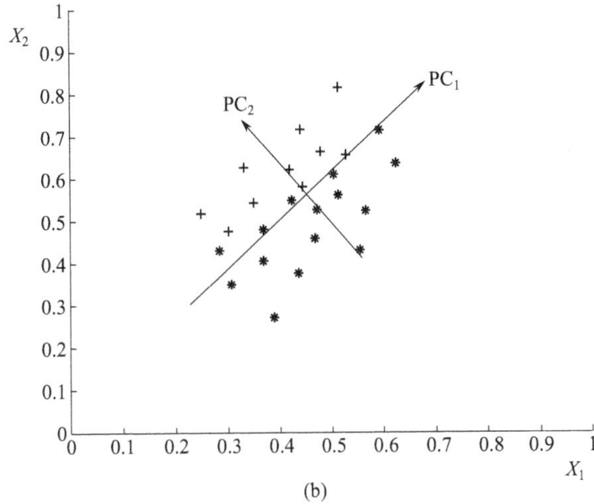

(b)

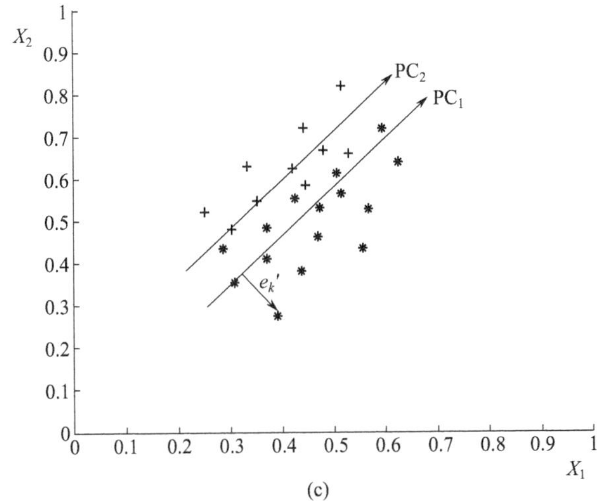

(c)

图 7-21　主成分分类与 SIMCA 方法分类不同特征示意图

(a) 一个二维数据的数据结构特征；(b) 一般主成分分析的结果；(c) SIMCA 方法分类结果

(交叉点为一类，星点为一类)

下面将通过一个环境化学的实例来进一步解释 SIMCA 方法进行有监督模式识别分析中的一些基本概念和计算过程中的基本步骤。表 7-19 给出了一个以贻贝为环境污染指标的生物化学数据[44]。该数据包括从 17 个不同采样点获取的从贻贝组织中提取的五个化学组分，前九个样本是从被认为未污染的地区采得，而后八个样本则是从不同程度污染的海港地区采得。

表 7-19 由 17 个不同采样点获取的从贻贝组织中提取的 5 个化学组分数据

样本＼变量	1	2	3	4	5
1-1	55.00	558.00	80.00	60.00	344.00
1-2	56.00	439.00	115.00	52.00	632.00
1-3	56.00	536.00	97.00	50.00	512.00
1-4	74.00	580.00	122.00	60.00	720.00
1-5	67.00	670.00	98.00	78.00	514.00
1-6	70.00	632.00	129.00	53.00	816.00
1-7	52.00	618.00	80.00	85.00	377.00
1-8	69.00	684.00	111.00	74.00	576.00
1-9	240.00	467.00	225.00	56.00	410.00
2-1	328.00	548.00	209.00	40.00	548.00
2-2	163.00	343.00	154.00	32.00	304.00
2-3	300.00	436.00	167.00	35.00	352.00
2-4	277.00	450.00	244.00	59.00	442.00
2-5	251.00	415.00	164.00	34.00	335.00
2-6	190.00	340.00	116.00	21.00	235.00
2-7	377.00	296.00	178.00	32.00	230.00
2-8	265.00	500.00	255.00	54.00	440.00

图 7-22 示出了这 17 个不同样本所含变量 3 和变量 4 的结构图。通过观察，可以看出如果采用欧氏距离很难找到该两类样本的内在关系。比如，样本 1-7（◇）与样本 1-6（◇）的欧氏距离将大于样本 1-6（◇）与样本 2-2（□）的欧氏距离。从图 7-22 可以看出，污染区采得样本实际可能就是由一个主因子决定其变化的类型数据，如采用一个主成分模型将可很好地定义此类样本。

采用五个变量的主成分投影图示于图 7-23。从图 7-23 可清楚看出，这两类样本的确都属于由一个主因子决定其变化的数据类型。除样本 1-9（◇）之外，这两类样本可很好地采用 SIMCA 方法分别建两个只含一个主成分的类模型。这样，任何一个新样本都可由这两个仅含一个主成分的模型通过前述计算过程来进行样本归属的计算了。

下面再举一例说明 SIMCA 用于光谱数据解析的情况。欲以 ^{13}C NMR 谱数据来判别降冰片烷的结构，这类化合物有内、外两种结构，能否利用 ^{13}C NMR 谱进行这种判别？训练集由 2 位取代的降冰片烷组成：

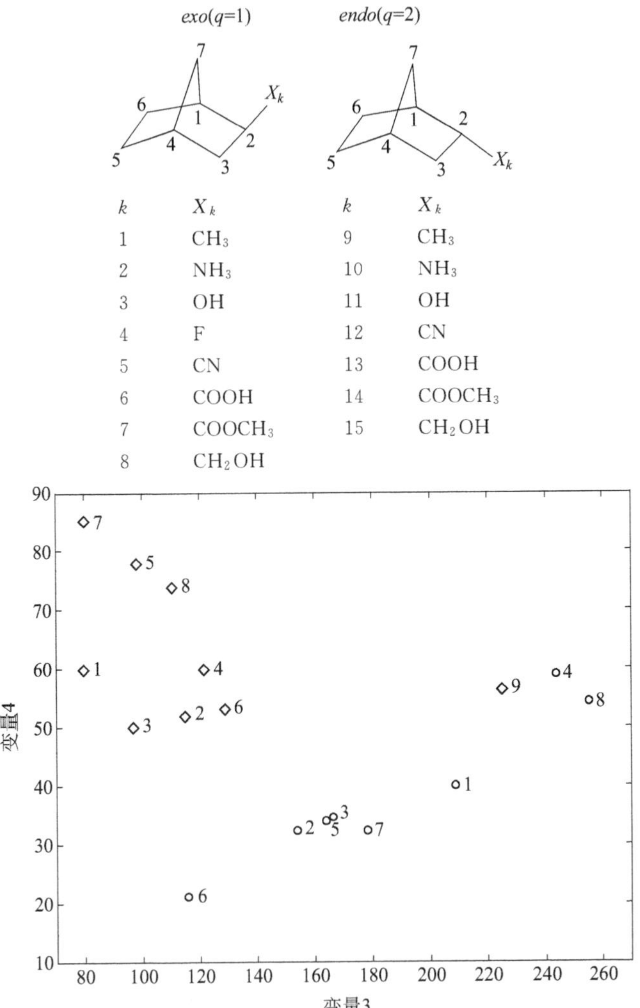

图 7-22 环境污染指标生物贻贝数据中变量 3 和变量 4 的数据结构图

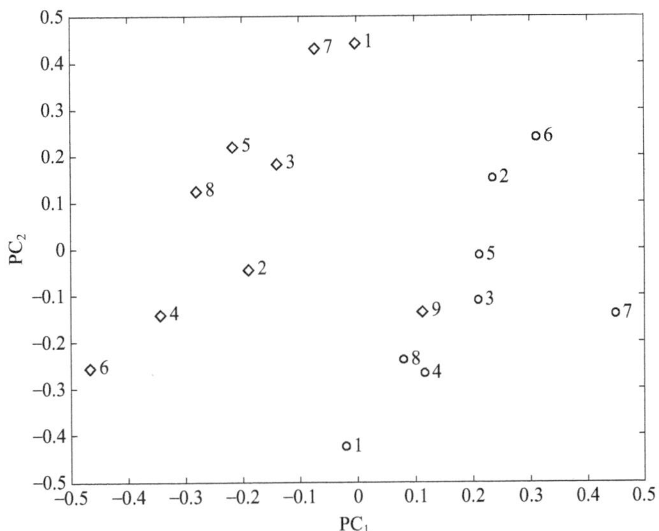

图 7-23 环境污染指标生物贻贝数据的 5 个变量的主成分投影图

用降冰片烷的$C_1 \sim C_7$碳原子^{13}C核磁共振谱化学位移$\Delta\delta$作参量，$\Delta\delta$是该化合物与未取代降冰片烷（$X_k = H$）的位移之差。本例中共有15个样本（$n=15$），7个参量（$d=7$），2个类（$q=2$）。先对原始数据进行均值中心化预处理，然后进行无监督的投影判别，可知两类均可用一个主成分模型表述（$A=1$），说明本例情况较为简单。根据特征参量对两类的判别能力，对特征参量进行了选择，发现只需保留C_4、C_6、C_7的化学位移$\Delta\delta$，删去其他参量，对余下的特征参量重新计算得$\boldsymbol{t}_{ia}$、$\boldsymbol{v}_a$值。继而根据$s_i = \boldsymbol{e}_i^{t}\boldsymbol{e}_i/(d-A)$和$s_c = \boldsymbol{s}^{t}\boldsymbol{s}/(n-A-1)$对诸样本和不同的类分别计算样本残余标准偏差$s_i$和类的均值标准偏差$s_c$，$F$-检验证明，训练集的这些已知样本无不正常情况。用SIMCA法对未进入训练集的降冰片烷试样进行分类，能得到正确分类结果，甚至某些结构与降冰片烷相似的化合物也能用此法分类，详见文献[47]。

三、基于偏最小二乘的投影判别法

【基本思路】

如前所述，偏最小二乘法本质上是一种基于特征变量的回归方法，在多元校正中得到了广泛的应用。偏最小二乘法与主成分分析的不同之点在于它不但对量测矩阵$\boldsymbol{X}$进行正交分解，而且在分解$\boldsymbol{X}$的同时对响应矩阵也进行正交分解，为一同时进行分解的特征变量回归法。如果将模式识别中已知类别的响应变量设为0或1（对两类模型而言），或其他整数，如1、2、3…（对多类模型而言），则偏最小二乘法也可用于模式识别。特别地，因偏最小二乘法也是一个特征变量法，所以，它也可同时用于特征投影以得到投影图，从而将高维空间的样本点投影到低维空间进行人眼判别。由于PLS可同时对样本数据矩阵$\boldsymbol{X}$和响应变量进行分解，并力图建立它们之间的回归关系，所得投影图可得到更好的分类效果。

偏最小二乘法已经应用于很多不同的研究领域，在化学模式识别中也得到了相当广泛的应用。将偏最小二乘法用于有机合成、QSAR和化学化工过程的优化是化学计量学研究的一个重要内容。

【几何意义及其应用讨论】

由于用于化学模式识别的偏最小二乘法的迭代过程也是通过由H. Wold提出的非线性迭代偏最小二乘算法而完成的。在前一章已进行过详细讨论，所以在此从略，只从几何意义方面进行一些必要的讨论。PLS分解具有下述形式：

$$\boldsymbol{X} = \boldsymbol{USV}^{t} = \boldsymbol{U}^{*}\boldsymbol{S}^{*}\boldsymbol{V}^{t*} + \boldsymbol{E}_X = \boldsymbol{T}^{*}\boldsymbol{V}^{t*} + \boldsymbol{E}_X$$

$$\boldsymbol{Y} = \boldsymbol{PGQ}^{t} = \boldsymbol{P}^{*}\boldsymbol{G}^{*}\boldsymbol{Q}^{t*} + \boldsymbol{E}_Y = \boldsymbol{R}^{*}\boldsymbol{Q}^{t*} + \boldsymbol{E}_Y$$

这里，由样本量测矩阵$\boldsymbol{X}$分解得到的矩阵$\boldsymbol{T}^{*}$以及由响应矩阵$\boldsymbol{Y}$分解得到的矩阵$\boldsymbol{R}^{*}$，代表了除去大部分噪声后的变量和响应的信息。经过这样的分解，可以得到两个分解的矩阵$\boldsymbol{T}^{*}$和$\boldsymbol{R}^{*}$，继而将这两个分解的投影变量经回归联系起来而不是原来的变量矩阵$\boldsymbol{X}$和响应矩阵$\boldsymbol{Y}$。首先是变量矩阵的一个目标，即它的一个行矢量$\boldsymbol{x}_i^{t}$，投影到$\boldsymbol{v}_1^{*}$上，得到t_{i1}，同理，响应矩阵的一个目标，即它的一个行矢量$\boldsymbol{y}_i^{t}$，投影到$\boldsymbol{q}_1^{*}$上，得到r_{i1}，继而对t_{i1}和r_{i1}进行回归，这样的关系在PLS中称为内相关。

偏最小二乘法的一个优点就是它可以在两个矩阵之间建立定量关系，这就使具有多个量测响应或活性矢量$\boldsymbol{y}_j$($j=1, 2, \cdots, m$)的预测成为可能。设有化学量测、结构信息或试验变量矩阵，即$\boldsymbol{X}$矩阵，同时还有多个类别响应或活性矢量$\boldsymbol{y}_j$($j=1, 2, \cdots, m$)所构成的响应矩阵$\boldsymbol{Y}$($\boldsymbol{Y}=[y_1, y_2, \cdots, y_m]$)，就可以用PLS来建立这两个矩阵之间的定量关系。比如，一个化学反应可在一系列溶剂中进行，每个溶剂都可用几个特征变量表示，这就构成了变量矩阵 **X**，用不同的溶剂可以得到不同的主要产物的产率、其余副产物的产率等，这就构成了响应矩阵 **Y**，借 PLS 就可建立它们之间的定量关系，从而预测新的溶剂可能得到的结果。PLS 方法的第二个优点就是它可以运用不同的投影图来评价所得结果。对于大多数情况，对这些图的直观解释就可足够理解不同的变量与响应之间的关系了。

PLS 用于有机合成的例子——胺化反应的副产物的抑制：在这个例子中，将讨论怎样应用 PLS 方法，在这个反应中找到调整哪一个变量就可以提高主要产物的产率而又能同时抑制副产物。

所研究的反应是用 3,3-二甲基-2-丁酮来合成吗啉烯胺。本反应的副产物是 3,3-二甲基-2-丁酮的自缩合：

$$\text{3,3-二甲基-2-丁酮} \xrightarrow[\text{TiCl}_4]{\text{吗啉 (HN, O)}} \text{吗啉烯胺} + \text{自缩合产物}$$

试验设计矩阵与主要产物和副产物的产率所构成的矩阵就分别用作 PLS 方法的 **X** 矩阵和 **Y** 矩阵，它们都列于表 7-20。注意到，在 **X** 矩阵中实际还包括了 x 变量的平方项和交叉项。在做 PLS 之前，都对数据进行了预处理，即自标度化。

表 7-20　试验设计矩阵与响应矩阵①

试验序号	变量			响应	
	x_1	x_2	x_3	y_1	y_2
1	−1	−1	−1	41.6	14.6
2	1	−1	−1	45.1	6.7
3	−1	1	−1	51.7	26.2
4	1	1	−1	64.7	17.7
5	−1	−1	1	47.8	11.9
6	1	−1	1	57.1	7.5
7	−1	1	1	63.0	26.1
8	−1	1	1	77.8	11.0
9	1.414	0	0	66.7	8.1
10	−1.414	0	0	49.5	22.2
11	0	1.414	0	70.4	18.9
12	0	−1.414	0	43.9	8.0
13	0	0	1.414	66.4	9.8
14	0	0	−1.414	52.4	17.3
15	0	0	0	56.5	13.8
16	0	0	0	60.0	12.3
17	0	0	0	58.6	12.6
18	0	0	0	57.2	13.6

① x_1—吗啉的用量；x_2—四氯化钛的用量；x_3—反应温度；y_1—烯胺的百分产率，%；y_2—副产物的百分产率，%

经 PLS 分析，借交叉校验法，发现有两个主成分是显著的，它们代表了 **Y** 矩阵 96.2% 的方差，第一个 PLS 主成分包括了 **Y** 矩阵 47.4% 的方差，而第二个 PLS 主成分代表了

48.8%的方差。

首先，来看看怎样从数学上来解释 PLS 分析所得到的结果，**X** 矩阵分解出来的 $\boldsymbol{V}^{t*}$ 为：

$$\boldsymbol{V}^{t*}=\begin{bmatrix}0.1814 & -0.9711 & -0.1317 & -0.0622 & 0.0315 & -0.2267 & 0.0326 & -0.0149 & 0.0057\\ 0.7863 & 0.1249 & 0.4986 & -0.1648 & -0.1241 & -0.0728 & 0.2199 & 0.0951 & 0.1111\end{bmatrix}$$

$$\boldsymbol{Q}^{t*}=\begin{bmatrix}-0.6637 & -0.7480\\ 0.7600 & -0.6499\end{bmatrix}$$

这样，**X** 矩阵的得分矢量就可依据下式算出：

$$\boldsymbol{t}_1=0.1814\boldsymbol{x}_1-0.9711\boldsymbol{x}_2-0.1317\boldsymbol{x}_3-0.0622\boldsymbol{x}_1^2+0.0315\boldsymbol{x}_2^2-0.2267\boldsymbol{x}_3^2+0.0326\boldsymbol{x}_{12}-0.0149\boldsymbol{x}_{13}+0.0057\boldsymbol{x}_{23}$$

$$\boldsymbol{t}_2=0.7863\boldsymbol{x}_1+0.1249\boldsymbol{x}_2+0.4986\boldsymbol{x}_3-0.1648\boldsymbol{x}_1^2-0.1241\boldsymbol{x}_2^2-0.0728\boldsymbol{x}_3^2+0.2199\boldsymbol{x}_{12}+0.0951\boldsymbol{x}_{13}+0.1111\boldsymbol{x}_{23}$$

而

$$\boldsymbol{r}_1=-0.6637\boldsymbol{y}_1-0.7480\boldsymbol{y}_2$$

$$\boldsymbol{r}_2=0.7600\boldsymbol{y}_1-0.6499\boldsymbol{y}_2$$

两个得分矢量间的内部相关可表示为：

$$\boldsymbol{r}_1=0.9751\boldsymbol{t}_1+\boldsymbol{e}$$

$$\boldsymbol{r}_2=0.8802\boldsymbol{t}_2+\boldsymbol{e}$$

如果采用矩阵的表达方式，则有

$$\boldsymbol{R}^*=\boldsymbol{B}\boldsymbol{T}^*+\boldsymbol{E} \tag{7-97}$$

式中，**B** 为一对角矩阵：

$$\boldsymbol{B}=\begin{bmatrix}0.9751 & 0\\ 0 & 0.8802\end{bmatrix}$$

注意到 PLS 的整个数学模型可表示如下：

$$\boldsymbol{X}=\boldsymbol{U}\boldsymbol{S}\boldsymbol{V}^t=\boldsymbol{U}^*\boldsymbol{S}^*\boldsymbol{V}^{t*}+\boldsymbol{E}_X=\boldsymbol{T}^*\boldsymbol{V}^{t*}+\boldsymbol{E}_X$$

$$\boldsymbol{Y}=\boldsymbol{P}\boldsymbol{G}\boldsymbol{Q}^t=\boldsymbol{P}^*\boldsymbol{G}^*\boldsymbol{Q}^{t*}+\boldsymbol{E}_Y=\boldsymbol{R}^*\boldsymbol{Q}^{t*}+\boldsymbol{E}_Y$$

$$\boldsymbol{R}^*=\boldsymbol{B}\boldsymbol{T}^*+\boldsymbol{E}$$

得分矢量 $\boldsymbol{r}_i$ 与 $\boldsymbol{t}_i$ 的内部相关图示于图 7-24。

从 **Y** 矩阵的荷载矩阵 $\boldsymbol{Q}^{t*}$，可容易地计算出 **Y** 矩阵与得分矩阵的关系：

$$\boldsymbol{y}_1=-0.6499\boldsymbol{r}_1+0.7600\boldsymbol{r}_2 \tag{7-98a}$$

$$\boldsymbol{y}_2=-0.7480\boldsymbol{r}_1-0.6637\boldsymbol{r}_2 \tag{7-98b}$$

从式（7-98a）、式（7-98b）可以看出，为了增加主要产物（烯胺）的产率，即 $\boldsymbol{y}_1$，试

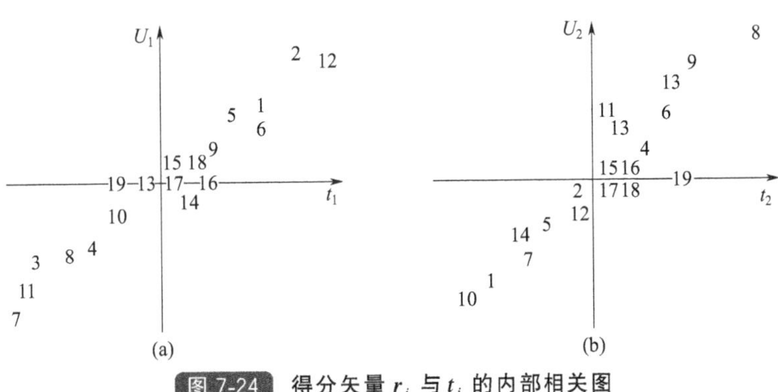

图 7-24 得分矢量 r_i 与 t_i 的内部相关图

验条件的调整应该是 $\boldsymbol{r}_1$ 朝负方向变化，$\boldsymbol{r}_2$ 朝正方向变化；而为了减少副产物的产率，即 $\boldsymbol{y}_2$，试验条件的调整应该是 $\boldsymbol{r}_1$ 和 $\boldsymbol{r}_2$ 都朝正方向变化。这样，对于 $\boldsymbol{r}_1$ 来说，增加主要产物或减少副产物发生了矛盾。以下将可以看到，这一矛盾是可以解决的。

由于 $\boldsymbol{r}_i$ 与 $\boldsymbol{t}_i$ 是平行的，所以可以通过调节 $\boldsymbol{t}_i$ 来代替 $\boldsymbol{r}_i$。从 $\boldsymbol{X}$ 矩阵的荷载阵 $\boldsymbol{Q}^{t*}$ 可以看出，$\boldsymbol{t}_1$ 主要与 $\boldsymbol{x}_2$ 负相关（四氯化钛的用量）。正如 $\boldsymbol{r}_1$、$\boldsymbol{t}_1$ 的减少将提高 $\boldsymbol{y}_1$，这就意味着提高四氯化钛的用量将提高主要产物 $\boldsymbol{y}_1$ 的产率，但值得注意的是，四氯化钛用量的提高也将冒提高副产物产率的风险，这是因为 $\boldsymbol{t}_1$ 的减少同样会提高 $\boldsymbol{y}_1$；对于第二个 PLS 主成分 $\boldsymbol{t}_2$，它主要与 $\boldsymbol{x}_2$ 和 $\boldsymbol{x}_3$ 正相关，这就说明正像 $\boldsymbol{r}_2$，$\boldsymbol{t}_2$ 的增加，也即 $\boldsymbol{x}_1$（吗啉的用量）和 $\boldsymbol{x}_3$（反应温度）的增加将有利于提高主要产物的产率。以上结论与用响应面方法所得结论是一致的。

另一方面，PLS 方法还可通过投影图来分析，而且它的分析比起上述的数值分析方法来得容易，来得直观。因为荷载投影图是反映变量之间的关系，所以只需将 $\boldsymbol{q}_1$ 对 $\boldsymbol{q}_2$ 及 $\boldsymbol{v}_1$ 对 $\boldsymbol{v}_2$ 同时作图（参见图 7-25），就可以得到类似结论。

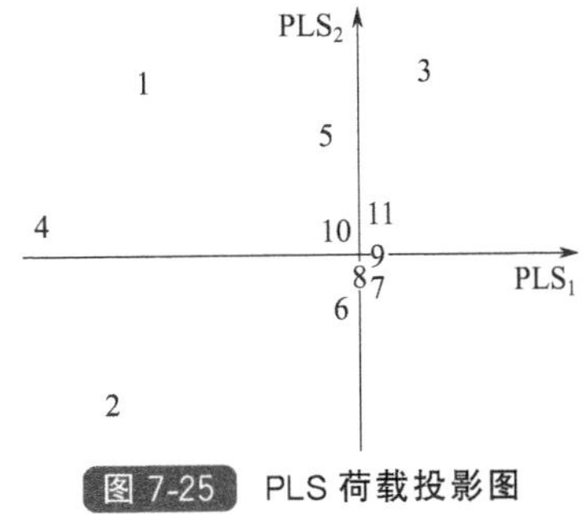

图 7-25 PLS 荷载投影图

1—y_1；2—y_2；3—x_1；4—x_2；5—x_3；6—x_1^2；7—x_2^2；8—x_3^2；9—x_{12}；10—x_{13}；11—x_{23}

从图 7-25 可以看出，1 和 2（$\boldsymbol{y}_1$ 和 $\boldsymbol{y}_2$）的变化主要由 4 即 $\boldsymbol{x}_2$ 所决定（主要反映在 PLS_1 上），3 和 5（$\boldsymbol{x}_1$ 和 $\boldsymbol{x}_3$）主要控制了 PLS_2 的变化，因为 1 即 $\boldsymbol{y}_1$ 处于正方向，故 3 和 5 即 $\boldsymbol{x}_1$ 和 $\boldsymbol{x}_3$ 的提高可提高 $\boldsymbol{y}_1$ 产率，而 2 即 $\boldsymbol{y}_2$ 处于负方向，故 3 和 5 即 $\boldsymbol{x}_1$ 和 $\boldsymbol{x}_3$ 的提高可降低 $\boldsymbol{y}_2$ 产率，这些结论与数值分析所得的结论是一致的。从这可以看出，PLS 投影图的分析比数值分析更容易更直观。

另一个例子是基于 Willgerodt-Kindler 反应，它同样说明了用 PLS 也可以采用对离散变化进行逐步分析。早期的研究结果表明，对于强吸电子基团，如 NO_2、CN 等不适用，而且，试验只包括电子给予体、烷基和卤素取代基。

Y—C₆H₄—C(=O)—CH₃ $\xrightarrow[\text{喹啉}]{\text{HN(吗啉)},\ S_8}$ Y—C₆H₄—CH₂C(=S)—N(吗啉)

最初是选用了 5 个对位取代的乙酰苯（Y=H，Me，Cl，MeO，Me_2N）组成了反应空间的取代基轴。最优产率的试验条件一般都是由响应面方法求出。试验结果示于表 7-21。为表征化合物，一般的取代参数等都收录于表 7-21。

表 7-21 Willgerodt-Kindler 反应的最优条件①

试验序号	及取代基	试验最优条件			方法	产率	
		x_1	x_2	x_3		预测值	观察值
1	Me	9.6	8.4	133	RSM	96.0	96
2	MeO	9.3	8.9	130	RSM	98.2	100
3	H	7.5	10.3	123	RSM	90.8	94
4	Cl	9.7	9.9	119	RSM	95.0	100
5	Me_2N	8.8	8.3	122	RSM	89.0	89
6	F	7.8	11.0	112	PLS	89.0	—
7	F	8.3	10.6	116	RSM	94.0	93
8	Br	10.4	9.3	123	PLS	98.4	—
9	Br	10.2	9.5	121	RSM	95.0	95
10	MeS	10.4	8.4	124	PLS	97.0	95

① x_1—硫/酮用量的比值（mol/mol）；x_2—吗啉/酮用量的比值（mol/mol）；x_3—反应温度。实验的产率是由气相色谱直接测出。

首先，使用表 7-21 中所列的前 5 个化合物的数据作为 ***Y*** 矩阵，用所对应的表 7-22 中所列的 5 个化合物的结构参数数据作为 ***X*** 矩阵，来建立 PLS 的定量模型，对以氟为取代基的情况来作预测，所得结果列于表 7-21 的第六行，第七行列出了用响应面所得实验结果用以对照。然后，将氟为取代基的数据也包括进来，对溴取代的情况进行预测，所得结果列于第八行，第九行列出了相应的对照数据，从这些结果看来，PLS 方法的预测效果是很不错的。在这里特别值得提出来的是，把溴取代的数据也包括进来，对甲硫基取代进行了预测，同时就按此条件做了试验，所得结果列于表 7-21 的第十行，从这一结果看来，用 PLS 预测的结果果然与实验结果十分吻合（预测 98%，实验 98%），说明 PLS 方法是一种很好的定量建模法。

表 7-22 取代的结构参数

取代基	1	2	3	4	5	6	7	8	9	10	11	12	13	14
Me	−0.01	−0.17	−0.04	−0.13	−1.24	0	0.52	3.0	1.52	1.90	1.90	2.04	5.65	0.56
MeO	0.3	−0.27	0.26	−0.51	−0.55	−0.23	0.36	3.98	1.35	1.90	1.90	2.78	7.87	−0.02
H	0	0	0	0	0	0.32	0	2.06	1.00	1.00	1.00	1.00	1.03	0
Cl	0.47	0.23	0.41	−0.15	−0.97	−0.56	0.55	3.52	1.80	1.80	1.80	1.80	6.03	0.71
Me_2N	—	−0.83	0.10	−0.92	—	—	0.43	3.53	1.50	2.56	2.80	2.80	15.55	0.18
F	0.54	0.06	0.43	−0.34	−0.46	−0.14	0.27	2.65	1.35	1.35	1.35	1.35	0.92	0.14
Br	0.47	0.23	0.44	−0.17	−1.16	−0.84	0.65	3.83	1.95	1.95	1.95	1.95	8.88	0.86
MeS	0.3	0	0.2	−0.18	−1.07	−0.75	0.64	4.3	1.70	1.90	1.90	3.26	13.82	0.61

① 1—σ_1（Taft 诱导参数）；2—σ_p（对位取代基的 Hammett 参数）；3—F；4—R（Swain-Lupton 取代参数）；5—E_s；6—E_sc（Taft 立体参数）；7—v（范德华半径）；8—L；9—B_1；10—B_2；11—B_3；12—B_4（Verloop 立体参数）；13—MR（分子折射率）；14—π（Hansch 亲脂参数）。

如前所述，偏最小二乘法本质上是一种基于特征变量的回归方法，在多元校正中得到了广泛的应用。偏最小二法乘与主成分分析的不同之点在于它不但对量测矩阵 $\boldsymbol{X}$ 进行正交分解，而且在分解 $\boldsymbol{X}$ 的同时对响应矩阵也进行正交分解，为一同时进行分解的特征变量回归法。如果将模式识别中已知类别的响应变量设为 0 或 1（对两类模型而言），或其他整数，如 1、2、3…（对多类模型而言），则偏最小二乘法也可用于模式识别。特别地，因偏最小二乘法也是一个特征变量法，所以，它也可同时用于特征投影以得到投影图，从而将高维空间的样本点投影到低维空间进行人眼判别。由于 PLS 可同时对样本数据矩阵 $\boldsymbol{X}$ 和响应变量进行分解，并力图建立它们之间的回归关系，所得投影图可得到更好的分类效果。偏最小二乘法的整个计算过程可由下面几个式子表示：

$$\boldsymbol{w}_a=\boldsymbol{X}^{\mathrm{t}}y$$

$$\boldsymbol{t}_a=\boldsymbol{X}\boldsymbol{w}_a$$

$$\boldsymbol{q}_a=\boldsymbol{y}^{\mathrm{t}}\boldsymbol{t}_a$$

$$\boldsymbol{p}_a=\boldsymbol{X}^{\mathrm{t}}\boldsymbol{t}_a$$

所以，主成分分析中能得到的得分矢量和载荷矢量，即 $\boldsymbol{t}$ 和 $\boldsymbol{p}$，也能在 PLS 的计算过程中得到。这就说明偏最小二乘法也可像主成分分析那样进行特征投影。偏最小二乘法与主成分分析的不同就在于主成分分析是无监督的模式识别方法，而偏最小二乘法是一种有监督的模式识别方法。

对于一些含有共线性特性或是变量数远大于样本数的数据，可以采用主成分分析方法先对数据进行降维处理，继而通过得分矢量进行样本的判别分析。当然，因主成分分析并不像偏最小二乘法那样，将判别作为其最终目标。也因为此，这一点近年来成为一个在化学计量学中广泛讨论的主题。

对于主成分分析并不是进行判别分析的最佳选择这一点应该不令人感到惊奇，因为它关注的的确只是如何识别数据的整体方差，而非如何区分所谓的“类内”或“类间”方差。采用偏最小二乘法来进行判别分析的动机容易理解，实因这样做亦可同样起到对原始模式空间降维的作用。偏最小二乘法的特征变量是通过在不断地迭代中，同时吸取响应变量（Y-block）和量测变量（X-block）的相关信息所得。所以，一方面它像主成分分析，每个偏最小二乘法的特征变量是由原始量测变量线性组合而成，但同时它又不像主成分分析，这些偏最小二乘法的特征变量更反映了与相应变量的相关关系。正是因为这种更关注相应变量的特征，使得由原始量测变量线性组合而成的偏最小二乘法的特征变量吸取了更多的相应变量的信息和特征，从而得到了更好的分类效果。也正是因为这样，偏最小二乘法的特征投影也将付出引入“模型过拟合”风险的代价，有关此点，读者可参阅文献［48］。当然，偏最小二乘法的得分变量所包含的有关原始量测变量（X-block）的相关方差信息，相比主成分分析亦将相应降低。

第七节　基于机器学习的分类回归方法

机器学习和数据发掘是目前计算机科学与统计学研究中的一个热点领域。由于近年来计算机和信息科学的飞速发展，使得数据的产生、存储、转换和传递变得越来越方便，从而更进一步促进了机器学习和数据发掘研究的发展。在这一领域也出现了不少新算法，也为进行复杂体系仪器分析的数据处理提供了不少的新思路和新方法。特别是在21世纪系统生物学的提出，各种组学，如基因组学、蛋白组学、转录组学和代谢组学等的提出，为这些方法的实际运用提供了新机遇，也使得复杂体系仪器分析的数据分析变得越来越重要。本节将要介绍的这些方法大都来自机器学习研究领域，是一些较新的方法，希望读者对它们的出现能给予足够的重视，充分认识它们的重要性，这将对解决复杂体系仪器分析的数据分析的难题提供新思路和新方法。这些方法一般都可同时用于分类和回归。所以，对于第六章所讨论的广义灰色分析体系的回归建模问题，它们也同时可用。

一、支持向量机

支持向量机（support vector machines，SVM）是 Vapnik 等[49,50]基于统计学习理论（statistical learning theory，SLT）提出的一种新的基于核函数的机器学习算法，主要用于模式识别。此前的大多数机器学习算法采用经验风险最小化（empirical risk minimization，ERM）准则，要得到一个具有好的泛化能力的模型，往往需要大量的样本，若样本量小，则容易出现过拟合，降低了模型的预测能力。这里介绍的支持向量机则是非常适合小样本学习的优秀算法，它以核函数为基础，以结构风险最小化（structural risk minimization，SRM）为建模目标，采用优化算法训练得到一个具有最大边界（margin）的模型，提高了模型的泛化能力。其算法的基本思想是：①利用选定的核函数将训练数据集从输入空间非线性地映射到一个高维特征空间（feature space）；②在此特征空间中构造线性判别函数，并定义此判别函数的边界；③采用优化算法，如标准二次规划，计算具有最大边界的线性判别函数，即支持向量分类机（support vector classification machines，SVC）。值得指出的是，SVM 模型是唯一的。下面对 SVM 原理作简要介绍。

前述讨论中指出，支持向量机首先是利用选定的核函数将训练数据集从输入空间非线性地映射到一个高维特征空间，这的确为支持向量机的一个显著优点，称为维数优势（dimensional superiority）。为更形象地说明支持向量机维数优势的特点，让我们先看一个简单的例子（参见图 7-26）。在该图的（a）部分显示了一个二维空间中线性不可分的情形。一般说来，对于这样的情况，是需要采用一个复杂的非线性判别方法来求解，如采用人工神经网络，但那需要复杂的计算与参数优化，而且还是消耗时间和不易处理之事。更为值得提出的是，非线性模型通常还是不稳健的。对此，另一个解决方法可以通过简单增加维数来进行。对此例，就可以通过定义第三维，即 $x_{i3}=x_{i1}^2+x_{i2}^2$，得到 x_{i3}，这样原先在二维空间的第 i 个样本，即 $\boldsymbol{x}_i=[x_{i1}, x_{i2}]$，就变成了三维空间的样本，即 $\boldsymbol{x}_i=[x_{i1}, x_{i2}, x_{i3}]$，从而完成了非线性映射的过程，亦即完成从原始的二维空间向三维空间的映射。图 7-26 就示出了经此特征映射后，由原先线性不可分而在高维特征空间可得到线性分开的情况。从图可以清楚看出，原先在低维空间线性不可分的样本在高维空间可得到线性分开的效果。这一过程就是支持向量机构建中的特征映射过程，只是在支持向量机的算法中，此过程是通过核函数来实现的。

接下来，将介绍支持向量机中另一个重要概念，即边界这个概念。在图 7-27 中，可明显看出，能够将所示两类样本完全分开的模型不是唯一的。在此情况下，我们很自然会问："模型不唯一，那么哪一个模型最好呢？"凭直觉，我们会认为处在两类样本"最中间"的模型应该是最好的。"最中间"应该怎么样从数学上定义呢？如图 7-27 所示，定义与任意模型（实线）平行的两条虚线（必须位于两类样本的边界上）间的距离为模型的边界。支持向量机其实就是具有最大边界的线性分类模型。下面就以样本线性可分的情况，介绍支持向量机的基本算法。

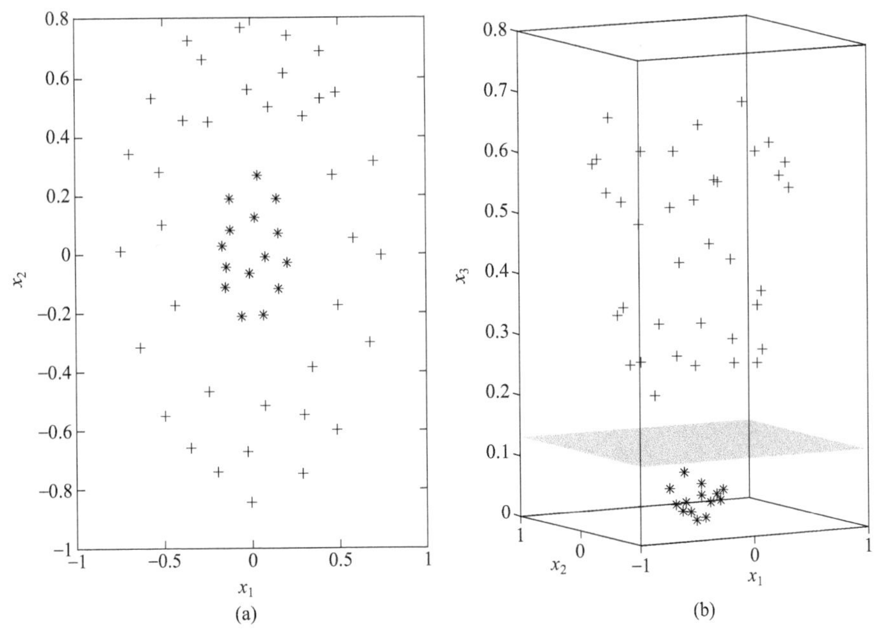

图 7-26　在低维空间线性不可分的样本（a）在高维特征空间可得到线性分开的效果（b）的一个实例

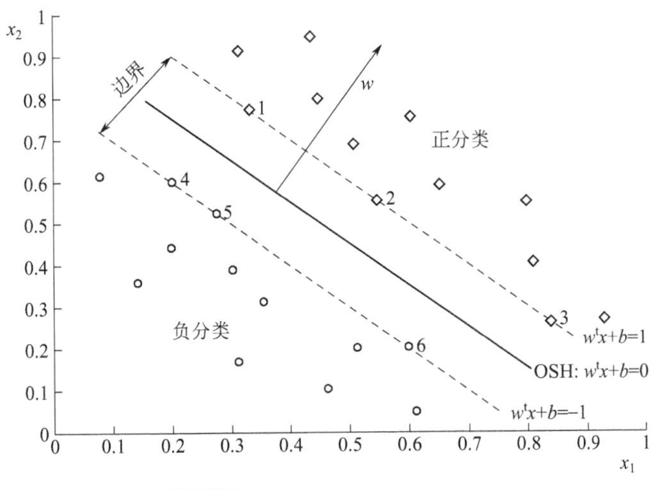

图 7-27　支持向量机模型示意图

在线性可分情况下，图 7-27 中的任一分类模型必须满足如下两个条件：

$$f(\boldsymbol{x}_i)=\boldsymbol{w}^t\boldsymbol{x}_i+b\geqslant 1, \qquad y_i=1 \tag{7-99a}$$

$$f(\boldsymbol{x}_i)=\boldsymbol{w}^t\boldsymbol{x}_i+b\leqslant -1, \qquad y_i=-1 \tag{7-99b}$$

式中，$\boldsymbol{w}$ 为标准化的模型权向量；$\boldsymbol{b}$ 为标准化后的截距。式（7-99a）和式（7-99b）可以合并为：

$$(\boldsymbol{w}^t\boldsymbol{x}_i+b)y_i\geqslant 1$$

因此，此线性分类模型的边界采用如下公式计算

$$\text{margin}=2\frac{|\boldsymbol{w}^{\mathrm{t}}\boldsymbol{x}+b|}{\|\boldsymbol{w}\|}=2\frac{1}{\|\boldsymbol{w}\|}=\frac{2}{\|\boldsymbol{w}\|} \tag{7-100}$$

如何寻找具有最大边界的分类模型呢？首先将此问题严格表述成带约束的优化问题：

$$\text{maximize:}\ \frac{2}{\|\boldsymbol{w}\|}$$

$$\text{subject to:}\ (\boldsymbol{w}^{\mathrm{t}}\boldsymbol{x}_i+b)\ y_i\geqslant 1$$

利用拉格郎日乘子（Lagrange multiplier）法，上述问题可以转化为最小化如下目标函数：$L(\boldsymbol{w},\ b,\ \boldsymbol{\alpha})=\frac{1}{2}\boldsymbol{w}^{\mathrm{t}}\boldsymbol{w}-\sum_{i=1}^{N}\alpha_i[y_i(\boldsymbol{w}^{\mathrm{t}}\boldsymbol{x}_i+b)-1]$

这里，$\alpha_i(\alpha_i\geqslant 0)$ 就是拉格朗日乘子。分别对 $\boldsymbol{w}$ 和 b 求一阶偏导并令其导数为 0：

$$\frac{\partial L(\boldsymbol{w},\ b,\ \boldsymbol{\alpha})}{\partial \boldsymbol{w}}=\boldsymbol{w}-\sum_{i=1}^{N}y_i\alpha_i\boldsymbol{x}_i=0$$

$$\frac{\partial L(\boldsymbol{w},\ b,\ \boldsymbol{\alpha})}{\partial b}=\sum_{i=1}^{N}y_i\alpha_i=0$$

很明显，可以得到：

$$\boldsymbol{w}=\sum_{i=1}^{N}y_i\alpha_i\boldsymbol{x}_i \tag{7-101}$$

$$O=\sum_{i=1}^{N}y_i\alpha_i \tag{7-102}$$

然后将式（7-101）和式（7-102）代入到 $L(\boldsymbol{w},\ b,\ \boldsymbol{\alpha})=\frac{1}{2}\boldsymbol{w}^{\mathrm{t}}\boldsymbol{w}-\sum_{i=1}^{N}\alpha_i[y_i(\boldsymbol{w}^{\mathrm{t}}\boldsymbol{x}_i+b)-1]$ 中，并且只有当 $[y_i(\boldsymbol{w}^{\mathrm{t}}\boldsymbol{x}_i+b)-1]$ 等于 0 时（这些点为边界点），α_i 方不为 0，于是可得，

$$L(\boldsymbol{w},\ b,\ \boldsymbol{\alpha})=\sum_{i=1}^{N}\alpha_i-\frac{1}{2}\sum_{i,\ j=1}^{N}y_iy_j\alpha_i\alpha_j\boldsymbol{x}_i^{\mathrm{t}}\boldsymbol{x}_j \tag{7-103}$$

很明显，式（7-103）为关于拉格朗日乘子的凸二次函数，可以采用标准的凸二次规划算法求解。需要注意的是，只有少数样本的拉格朗日乘子 $\alpha_i>0$，这些样本就是所谓的支持向量（图 7-27 中处于虚线上的样本），大部分样本的 α_i 均等于 0，这就是 SVM 模型稀疏性的体现，模型只与支持向量有关。根据二次优化算法得到拉格朗日乘子后，SVM 的模型可表示为

$$f(\boldsymbol{x})=\text{sgn}\left[\left(\sum_{i=1}^{N}y_i\alpha_i\boldsymbol{x}_i\right)^{\mathrm{t}}\boldsymbol{x}+b\right] \tag{7-104}$$

式中，$b=-\frac{1}{2}[\max_{y_i=-1}(\boldsymbol{w}^{\mathrm{t}}\boldsymbol{x}_i)+\min_{y_i=1}(\boldsymbol{w}^{\mathrm{t}}\boldsymbol{x}_i)]$。

引入核函数 $K(\boldsymbol{x}_i,\ \boldsymbol{x}_j)$ 的支持向量机模型的一般形式为：

$$f(\boldsymbol{x})=\text{sgn}\left[\sum_{i=1}^{N}y_i\alpha_iK(\boldsymbol{x}_i,\ \boldsymbol{x}_j)+b\right] \tag{7-105}$$

有关支持向量机如何进行回归分析，在此不再详述，有兴趣的读者可参看第六章第三节五（二）和文献[51]。

二、分类回归树

“分类回归树”（classification and regression tree，CART）早期被称为“决策树”（decision tree），决策树的自动构建可以追溯到 Morgan 与 Sonquist 及 Morgan 与 Messenger 的社会科学研究。在统计学中，开山之作当归属于 Breiman 和 Friedman 等。大约与此同时，决策树的方法也在各个领域被广泛使用，如机器学习、工程学等。近年来，这些方法的发展越来越集中于机器学习领域，而统计学方面的进展则较少。下面将主要介绍 Breiman 提出的最为常用且最著名的分类回归树（CART）算法[52]。

决策树实际就是一种树状分类结构模型。它是一种通过变量拆分建立分类规则，又利用树形图分割形成概念路径的数据分析技术。决策树的基本思想由两个关键步骤组成：第一步对特征变量空间按变量对分类效果影响大小进行变量和变量值选择；第二步用选出的变量和变量值对数据进行分类。在不同的分类划分中进行分类效果和模型复杂度比较，从而确定最合适的分类划分。图 7-28 给出了一个决策树逐步劈分变量进行分类的整个过程。决策树主要用于分类，也可以用于回归。

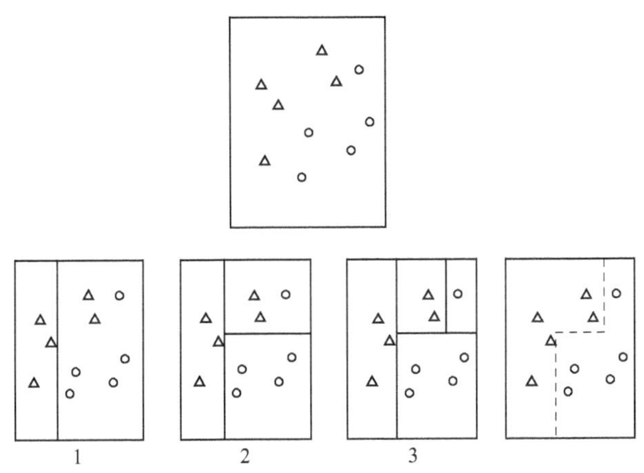

图 7-28　决策树逐步劈分变量进行分类的整个过程

先考虑一个假设的例子。假定对许多样本中的每一个测量了 10 个变量 $x(1)$，…，$x(10)$，把这些样本的每一个划归为三个类别中的某一类。这一问题的一种可能的决策树，如图 7-29 所示。图 7-29 中的决策树可以被用来进行如下的分类：假设有某个样本的测量数据向量，其中 $x(1)=5.7$，$x(5)=1.4$，$x(6)=-7.3$，在第一次分化时，它会向右，第二次分化时向左，第三次时向右，以进入类 1 终结点而告终。图 7-29 中决策树的最终的结点称为终结点。可以看出，这个树的使用和理解均非常简单尽管总共有 10 个变量，但仅有几个变量在各次分化中使用，并且可以很容易看出这几个变量是如何影响分类的。例如，树最左侧的终结点类 2 由这样一些样本说明，它们的三个变量 $x(1)$ 和 $x(5)$ 的值均比较低。下面考虑回归的情况。再一次假设有许多包含 10 个变量的样本，需要预测与每一样本有关的某一性质 y。这一问题的一种可能的决策树如图 7-30 所示。除了终结点中的内容是具体的数值而不是某一类别外，图 7-30 中的分类回归树与图 7-29 中的分类回归树非常相似。当用这一分类回归树进行预测时，可以根据某一样本的诸多变量值决定它沿树的走向，最终到达终结点，该样本便获得该终结点对应的 y 值。

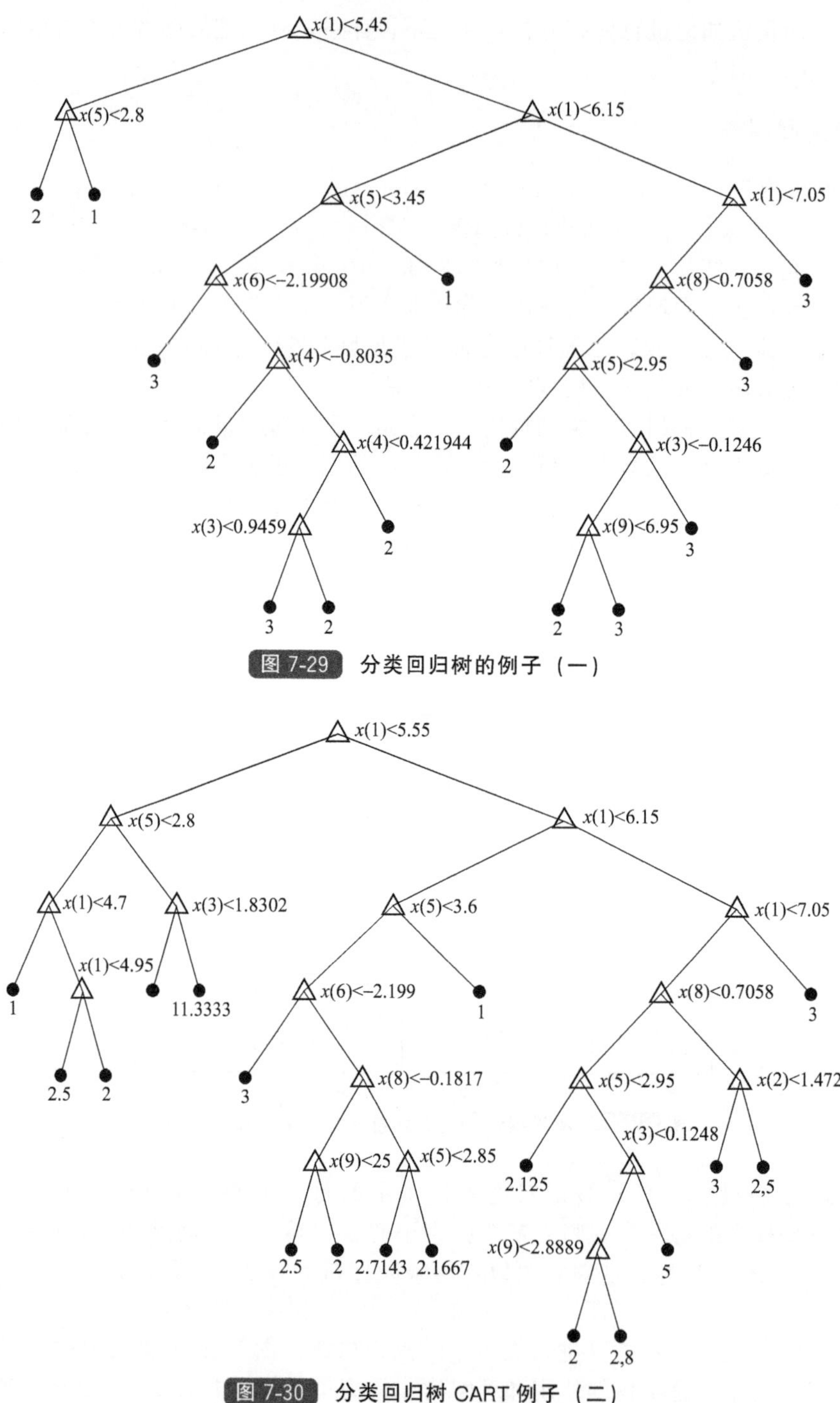

图 7-29 分类回归树的例子（一）

图 7-30 分类回归树 CART 例子（二）

下面介绍分类回归树的生成方法。分类回归树是一个有监督的学习算法，它根据对“训练集”数据的运算生成。以前面三个类的划分为例，假定已经有了 150 个样本，对每一样本，不仅知道它 10 个变量的测量值，而且还知道它的类别。为简单起见，假定每一类各有 50 个样本。分类回归树的形成通常由三个步骤来实现：在第一步中，一个全树利用二进制劈分程序被生长。首先起始于所有的 150 个样本创建一个根节点，在每个变量上一个“是”或“否”的问题不断地被询问，根据询问的结果把样本最终分成两个区域。形象化地说，也

就是检查所有形如 $x(1)<c$ 的分化，这里 c 是一个常数，它的变化范围自 $x(1)$ 的最小值到 $x(1)$ 的最大值。具体的分化是这样的，假设 $c=1.1$，那么所有 $x(1)<2.6$ 的客体被分化到左边，其余的分化到右边。计算左右两边分属类 1、类 2 和类 3 的样本数目，假设左边是 23、14、21，右边是 27、36、29。注意这一分化并没有把三个类很好地分开，但也许其他的一些 c 值会给出更好的分化。分类回归树方法通过变化 c 值检查所有可能的分化，然后选择其中最好的一个，假设为 $x(1)<5.45$。最好的分化给出了类别划分的最好结果。分类回归树利用数值准则评价每一分化在区分类别方面的优劣，经常用到的劈分准则可以参考文献[1]。在获得关于 $x(1)$ 的最优分化后，分类回归树继续检查所有形如 $x(2)<c$ 的分化，并且找出其中最好的一个，接着分类回归树以同样的方式，确定 $x(3)$，…，$x(10)$ 对应的最优分化。这样便获得了 10 种不同的分化，其中每一种为某一个变量对应的最优分化。根据同样的评价准则，从这些分化中挑选出一个最好的分化。假设这一最好的初始分化是 $x(1)<5.45$，以三个类别的数目形式表达，这一分化如图 7-31 所示。然后，相似的方法步骤被应用于左边结点的数据。如此的步骤能够一直持续到某一停止准则到达，例如每一终结点最小样本的数目为 5，或者某一终结点全为一类样本。上面的全树模型很可能是一个过生长的树模型。用这棵树去预测训练样本时，会得到非常低的分类误差，甚至可以是零误差。但是当预测新的样本时，很可能会产生大的分类误差，这是一种过拟合的现象。这是由于这棵树在生长的过程中过分地学习了训练样本的结构的缘故。一个解决的办法就是剪枝这棵树。剪枝通常从全树的底端开始，每次剪枝过程，一对终结点被剪掉。重复剪枝步骤多次，便可以得到一系列子树模型（图 7-32）。在第三步中，一个最优的树模型被选择依据下列的费用复杂度指标：

$$C(M)=Q(M)+\gamma L \tag{7-106}$$

式中，$Q(M)$ 为子树模型错分样本引起的损失；γ 为一个用来平衡整体错分样本引起的损失和分类回归树大小的正则化参数；L 代表数的大小，即终结点的数目。

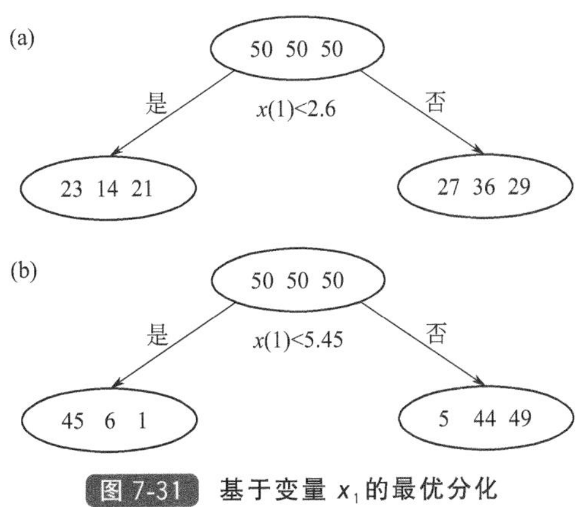

图 7-31　基于变量 x_1 的最优分化

分类回归树既简单又直观，也许有人会认为它过于简单而不可能有其他复杂方法如判别分析、逻辑回归或线性回归等准确。但实际上它们的误差率非常低，很多情况下要比复杂方法的误差率低，特别当处理由许多独立变量组成的复杂数据时，由分类回归树方法产生的二叉树的误差率要比通常的参数方法的误差率低得多。分类回归树方法不仅是非参数的，它还考虑了这样一个事实，即在数据的不同部分，变量间的关系有可能不同。例如，一旦数据被分成两部分，由于这两部分数据变量之间的关系不同，左边部分数据进一步的分化通常与右

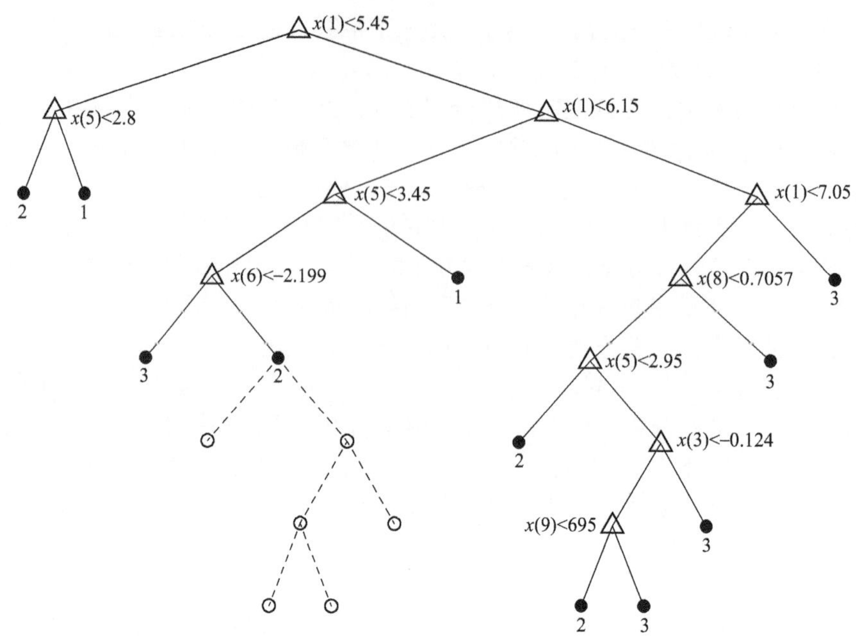

图 7-32 一棵全树被剪枝的示意图（其中虚线部分为剪掉的结点）

边部分数据进一步的分化不同。另外，分类回归树方法还非常稳健，它受少数异常数据的影响非常小，而通常的参数方法受少数异常数据的影响则非常大。

三、助推建模

助推法（boosting）是最近二十年来提出的最为强大的集合式学习算法之一。它主要起源于 PAC（probably approximately correct）学习框架和集合式学习的概念，并且最初仅仅是为分类问题设计的。基于 PAC 理论框架，Kearns 和 Valiant 第一次提出了这样的一个问题：是否一个弱的学习算法（仅仅轻微地好于随机猜测的学习算法）能够被助推成为一个任意精确的强大的学习算法呢？这样一个问题便构成了构建助推法算法的基石。第一个可证明的具有多项式时间的助推法算法是由 Schapire 于 1990 年基于 PAC 理论框架首先提出的，不过这个最早的助推法算法由于有很多缺点而没有被广泛地应用[53]。Freund 和 Schapire 于 1995 年共同提出的 Adaboost 算法则克服了早期助推法算法的众多缺点，因此成为了最为流行的助推法学习算法而得到了广泛的研究和应用[54]。Adaboost 由于其杰出的预测性能也已经在化学领域得到了广泛的应用，诸如生物信息学、近红外光谱、定量结构活性关系研究、蛋白质结构预测以及质谱分析等。

下面首先介绍一下 Adaboost 算法的计算过程（见图 7-33）。考虑一个两分类问题，两类分别用 $y=+1$ 和 $y=-1$ 来标记。单个分类算法被标记为 $G(x)\in\{-1, 1\}$。这样 Adaboost 算法能够通过以下几个步骤来实现。

（1）首先初始化每个训练样本的权重系数 $\{\omega_n\}$ 并标记为 $\omega_n^{(1)}=1/N$，这里 $n=1, \cdots, N$，为训练样本的数目。

（2）重复下列的步骤 T 次，每一个标记为 t，$t=1, \cdots, T$。

① 拟合一个分类算法到训练样本上，目的是最小化下面的加权误差函数：

$$J_t=\sum_{n=1}^{N}\omega_n^{(t)}I(G_t(\boldsymbol{x}_n)\neq y_n) \tag{7-107}$$

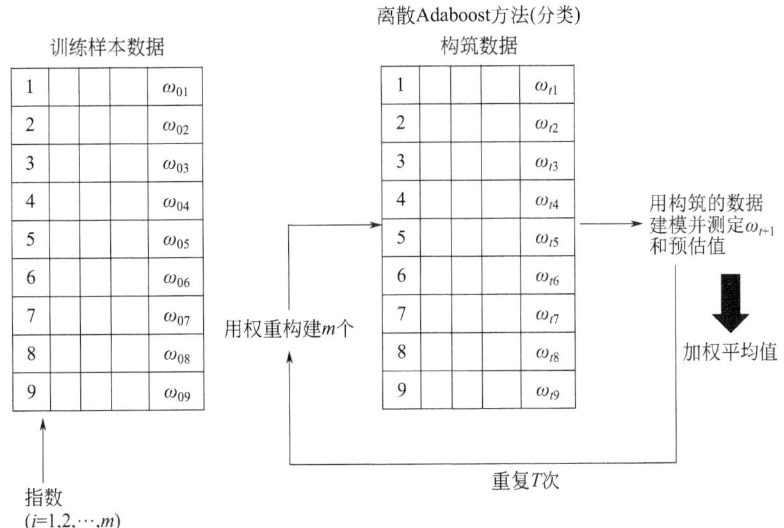

图 7-33 离散 Adaboost 算法的构建过程

式中，$I(G_t(x_n) \neq y_n)$ 是一个指标函数，当 $G_t(x_n) \neq y_n$ 时它等于 1，否则为 0。

② 计算下列的量：

$$\varepsilon_t = \frac{\sum_{n=1}^{N} \omega_n^{(t)} I(G_t(\boldsymbol{x}_n) \neq y_n)}{\sum_{n=1}^{N} \omega_n^{(t)}} \tag{7-108}$$

然后用上面的量计算每个样本的置信度指标：

$$\alpha_t = \ln\left(\frac{1-\varepsilon_t}{\varepsilon_t}\right) \tag{7-109}$$

③ 更新每一个训练样本的权重系数：

$$\omega_n^{t+1} = \omega_n^t \exp(\alpha_t I(G_t(\boldsymbol{x}_n) \neq y_n)) \tag{7-110}$$

(3) 最后组合所有构建的分类算法去构建最后的模型：

$$G(\boldsymbol{x}) = \text{sign}(\sum_{t=1}^{T} \alpha_t G_t(\boldsymbol{x})) \tag{7-111}$$

在 Adaboost 算法中，每一个样本被指定一个权重 $\omega_n^{(t)}$，在后面的迭代中权重 $\omega_n^{(t)}$ 将会随着样本分类的难易程度而变化。初始，第一个分类算法 $G_1(\boldsymbol{x})$ 被训练基于相等的权重系数，即构建一个常规的分类算法。然后在每一次迭代循环中（$t=1,2,\cdots,T$），分类算法 $G_t(\boldsymbol{x})$ 被应用到带有现存的权重系数 $\omega_n^{(t)}$ 的式（7-107）的训练样本上。每一个基分类算法的加权的误差率通过式（7-108）计算。随后每个分类算法的置信度指标 α_t 通过式（7-109）来计算。大的置信度说明这个基分类算法在最后的决策中发挥着更为重要的作用。通过式（7-110），所有样本的权重能够被更新：增加被本次的分类算法 $G_t(\boldsymbol{x})$ 所错分样本的权重，降低那些被正确分类的样本的权重。这样，下一个分类算法 $G_{t+1}(\boldsymbol{x})$ 的构建则会更加关注于被前面分类算法所错分的样本。当重复上面的步骤 T 次后，最后的分类模型 $G(\boldsymbol{x})$ 通过组合所有的带有不同置信度 α_1，α_2，…，α_T 的基分类算法来获得。

图 7-33 给出了一个说明助推法能够显著增加弱分类算法的预测性能的例子。在这个例子中，两个变量 $\boldsymbol{x}_1$ 和 $\boldsymbol{x}_2$ 分别独立地由标准的正态分布产生。每个样本的类别由下面的公式给出：

$$y=\begin{cases}1 & \text{如果} \sum_{i=1}^{2} \boldsymbol{x}_i^2 < 1.64 \\ -1 & \text{其他}\end{cases}$$

这样，500 个训练样本被用来建立模型（其中每类分别为 250 个），500 个测试样本被用来评估所建模型的误差率［见图 7-34（a）］。从图 7 34（b）中可以看到，单个 stump 的应用获得了非常大的测试误差 45.8%；一个带有 12 结点的决策树给了 7.8%的误差率，不过随着迭代次数的增加，助推法的测试误差稳步减小（单个 stump 被用作基分类算法），当迭代次数达到 278 时，误差率降低至 5.2%。这个结果是显著地低于单个 stump 的测试误差的，同时也低于决策树的误差率。

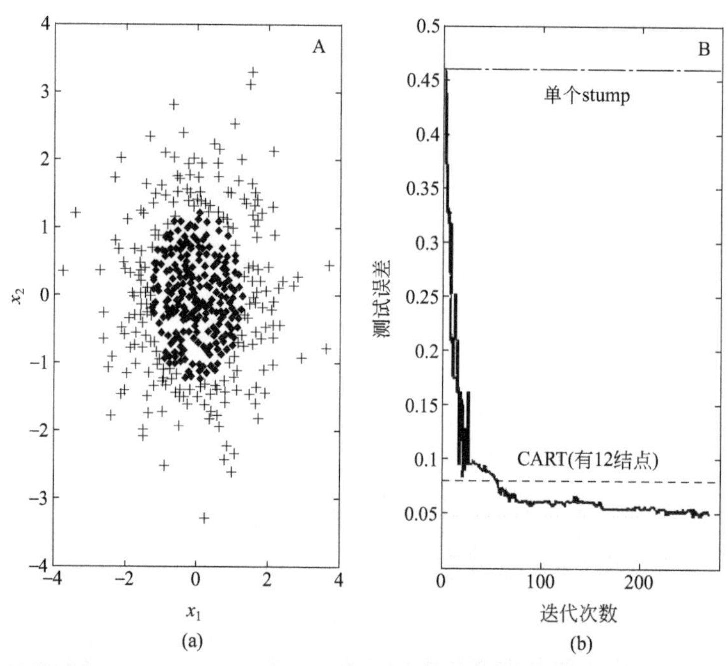

图 7-34 一个说明助推法能够显著增加弱分类算法的预测性能的例子

（a）一个两变量表征的二分类数据；

（b）助推法、CART 和单个 stump 被用于该数据时的误差率

Adaboost 的极大成功吸引了众多学者来研究它的原理。Friedman 等在统计上分析了 Adaboost 算法，最终获得了 Adaboost 在统计上实质是一个自适应加合模型，并最终估计了类别概率的对数商的结论[55]。助推法和自适应加合模型的这种连接不仅说明了助推法为何是一个高效的分类算法，而且也打开了一扇开发更为有效的助推法算法的大门。基于此，后来出现了许多不同的助推法算法，诸如 Friedman 的梯度助推法和更为有名的随机梯度助推法等[56,57]。通过优化不同的损失函数，助推法后来不仅能够处理分类问题，而且也可以有效地处理回归问题。在实际应用中，有两种构建助推法回归模型的方法：前向加合建模和类似于助推法分类的建模方法。

下面将介绍 Friedman 的前向加合助推法模型。广义上来说，一个加合模型能够表达为：

$$F(\boldsymbol{x})=\beta_1 f_1(\boldsymbol{x})+\beta_2 f_2(\boldsymbol{x})+\cdots+\beta_T f_T(\boldsymbol{x})=\sum_{t=1}^{T}\beta_t f_t(\boldsymbol{x}) \tag{7-112}$$

式中，$\beta_t(t=1, 2, \cdots, T)$ 为拓展系数；基函数 $f_t(\boldsymbol{x})$ 经常是一些带有输入 $\boldsymbol{x}$ 简单的函数。基于加合思想的助推法回归算法旨在发现一个潜在的函数 $F(\boldsymbol{x})$ 去最小化估计的函数值和实际相应变量 y 间的平方误差。这样，助推法算法在每次迭代中试图去搜索一个简单的函数 $f(\boldsymbol{x})$ 去最小化下面的公式：

$$\min_{f(\boldsymbol{x})}\sum_{i=1}^{N}\| y_i-F_{t-1}(\boldsymbol{x}_i)-f_t(\boldsymbol{x}_i)\|^2 \tag{7-113}$$

式中，t 为添加的函数 $f(\boldsymbol{x})$ 的数目。这样，每一个简单的函数通过拟合上次剩下的残差来构建。基于前向加合的助推法算法被构建如下。

(1) 首先用基本的回归模型 $f(\boldsymbol{X})$ 拟合训练数据，表达为 $\boldsymbol{y}_1=f_1(\boldsymbol{X})$。然后计算残差：$\boldsymbol{y}_{\text{res}}=\boldsymbol{y}-v_1\boldsymbol{y}_1$。其中，$0<v<1$，$v$ 是一个缩减因子，它可以是常数，也可以是一个变量。缩减因子的使用能够有效地预防过拟合。这样，仅仅这个拟合值的 v 倍被提取在每一步中。

(2) 重复下列的步骤 T 次，标记为：$t=2, \cdots, T$。

① 用基回归模型 $f(\boldsymbol{x})$ 拟合上次的残差 $\boldsymbol{y}_{\text{res}, t-1}$，标记为 $\boldsymbol{y}_t=f_t(\boldsymbol{X})$。

② 更新残差：

$$\boldsymbol{y}_{\text{res}, t}=\boldsymbol{y}_{\text{res}, t-1}-v_t\boldsymbol{y}_t$$

在本步中，仅仅 $\boldsymbol{y}_t$ 的 v 倍被用作为回归信息。

(3) 最后的预测可以通过下列的公式给出：

$$\boldsymbol{y}_{\text{pre}}=v_1\boldsymbol{y}_1+v_2\boldsymbol{y}_2+\cdots+v_{T-1}\boldsymbol{y}_{T-1}+v\boldsymbol{y}_T=\sum_{t=1}^{T}v_t f_t(\boldsymbol{X}) \tag{7-114}$$

通过上面的步骤可知，前向加合的助推法算法的基本思想就是通过用一个简单的回归函数去拟合没被上次拟合的残差来序列地构建一些加合回归模型。在这个过程中，每次剩余的残差正是在本次迭代中需要最小化的损失函数的梯度。图 7-35 显示了一个利用助推法决策规则构建回归模型的例子。在这个例子中，实际的函数为黑色的二次函数曲线 $F_{\text{true}}(x_i)=2+3x_i^2$，$x_i\in[-2, 2]$。当利用助推法算法到 stump 模型上，获得了拟合曲线。图中清晰地显示了助推法模型捕捉到的这个训练数据的非线性结构。代替上面的平方误差损失函数，更为稳健的损失函数和相对应的梯度函数能够被构建[58]。表 7-23 列出了一些常用的损失函数以及它们的梯度。

表 7-23　常用的损失函数以及对应梯度函数

损失函数		梯度
平方误差损失	$1/2[y_i-F(x_i)]^2$	$y_i-F(x_i)$
绝对误差损失	$\|y_i-F(x_i)\|$	$\text{sign}[y_i-F(x_i)]$
Huber	$1/2[y_i-F(x_i)]^2$，当$\|y_i-F(x_i)\|\leqslant\delta$ $\|y_i-F(x_i)\|$，当$\|y_i-F(x_i)\|>\delta$	$y_i-F(x_i)$，当$\|y_i-F(x_i)\|\leqslant\delta$ $\delta(y_i-F(x_i))$，当$\|y_i-F(x_i)\|>\delta$

注：δ 为$\{\|y_i-F(x_i)\|\}$的 α 分位数。

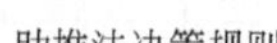

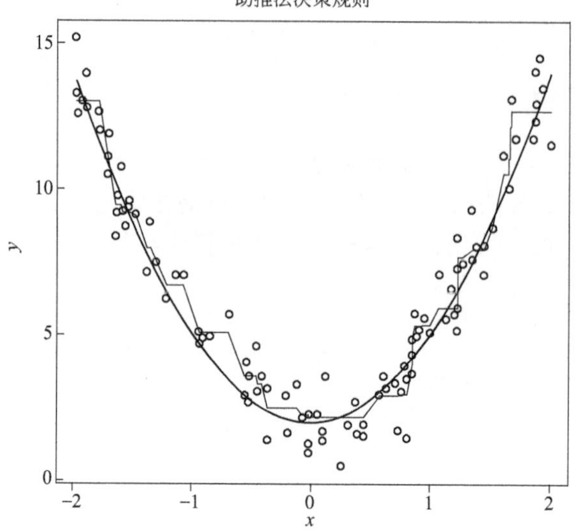

图 7-35 助推法在 stump 模型上估计的回归曲线

四、随机森林

随机森林（radnom forests）是 Breiman 等基于集合模型的思想于 2001 年提出的一种新型的机器学习算法。在了解随机森林算法的原理之前，首先要理解 Breiman 于 1995 年提出的另一个最为简单但是拥有很好的预测性能的集合式算法：自助集合法（bootstrap aggregation），简称为 bagging[59]。最初，bagging 的提出是用来提高决策树模型的预测精度的，不过作为一个广义的集合建模的策略，它后来被应用到许多其他的学习算法上，例如，人工神经网络、线性判别分析、支持向量机、偏最小二乘等[60～62]。

作为一个例子，下面介绍一下由 Breiman 提出的最为原始的 bagging 树算法。Bagging 树的主要思想是基于 bootstrap 的采样方法构建 T 个未剪枝的分类回归树来获得一个具有不同结构树的集合体来进行预测的（见图 7-36）。假定 N 个样本的训练数据集 $\boldsymbol{Z}=\{(\boldsymbol{x}_1, y_1), (\boldsymbol{x}_2, y_2), \cdots, (\boldsymbol{x}_N, y_N)\}$，$y_i$ 是样本 $\boldsymbol{x}_i$ 对应的类别标签。一个 bagging 算法能够通过以下的几个步骤来实现：首先从训练集中基于 bootstrap 的取样方法选取 N 个样本，构成一个 bootstrap 训练集，$\boldsymbol{Z}^*=\{(\boldsymbol{x}_1^*, y_1^*), (\boldsymbol{x}_2^*, y_2^*), \cdots, (\boldsymbol{x}_N^*, y_N^*)\}$。然后，每个 bootstrap 训练集被用来构建一个决策树模型去获得这 N 个样本的预测，每个决策树模型可以通过未剪枝的分类回归树算法来获得。这样，重复上面的两个步骤 T 次，能够获得 T 个 bootstrap 训练集，进而利用这些 bootstrap 训练集建立了 T 个决策树模型。最后每一个样本通过集合式预测的思想获得它们的预测结果，对于分类问题，每一个样本的 bagging 估计是由产生的 T 个模型中大多数模型对这个样本预测的类别来确定；对于回归问题，每一个样本的 bagging 估计则是由这 T 个模型对这个样本预测的平均值或加权平均值来确定。尽管 bagging 算法在理论上能够构建任何算法的集合模型，不过 bagging 算法在构建诸如决策树、人工神经网络等不稳定的学习算法时则会表现出更为优越的性能，这主要是因为 bagging 借助于累计预测的方式显著地降低了不稳定学习算法的方差。

尽管 bagging 在多数情况下能够较为显著地提高单个学习算法的预测性能，不过通过深入的理论分析可知，通过在变量空间的随机采样能够更进一步地减小 bagging 建立的每个模

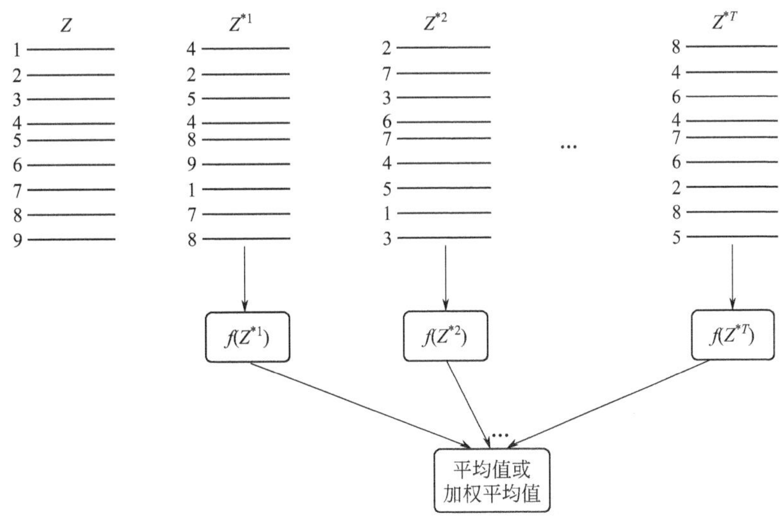

图 7-36 bagging 算法的构建过程

型之间的相关性，这也就意味着增大了单个模型之间的多样性：提高集合式模型预测性能的一个最为重要的因素。不仅如此，由于每个决策树模型搜索空间的减小（仅仅在部分的变量上进行搜索）能够显著地缩短 bagging 模型的学习时间。基于此 Breiman 提出了更为著名的随机森林的机器学习算法。随机森林算法的思想直接来源于 bagging，因此可以看作为 bagging 的一个增强的变种。随机森林和 bagging 之间唯一的区别在于每个决策树模型的建立，对于每一个 bootstrap 训练集，随机森林通过下列的修改来生长一个树：在每一结点，仅仅从 *mtry* 个变量中随机选择而非全部的变量中选择最好的劈分，这里 *mtry* 是随机森林的唯一截断参数。这样每个树被生长直到特定的停止准则到达，并且不需要任何的剪枝。除上面之外，其他的步骤是完全一致于 bagging 树构建过程的。从上面的分析可以看到，随机森林是通过样本空间的 bootstrap 采样和变量空间的随机选择来建立单个树模型，最终组合成一个强大的集合式学习机器的。由于随机森林的杰出预测性能、少有的几个需要调节的参数、高速的建模过程以及它所附带的诸多有用的提取数据信息的辅助设备，它已经被广泛地应用到众多的科学研究领域之中，如生物信息学、定量结构活性关系研究（QSAR）、电子通信、文本识别等。

参考文献

[1] Diday E. Recent progress in distance and similarity measures in pattern recognition, Second international joint conference on pattern recognition. 1974, 534-539.

[2] 陈民德，沈燮昌. 模式识别导论. 上海：上海科学技术出版社，1983.

[3] 张尧庭，方开泰. 多元统计分析引论. 北京：科学出版社，1983.

[4] 杨自强. 计算机应用与应用数学. 1976，10：1.

[5] Kowalski B R，Bender C F. Anal Chem，1972，44：1405.

[6] Coomans D，Massart D L. Anal Chim Acta，1982，136：15.

[7] Coomans D，Massart D L. Anal Chim Acta，1982，138：153.

[8] Coomans D，Massart D L. Anal Chim Acta，1982，138：167.

[9] 宋新华，陈茁，俞汝勤. 中国科学：B 辑，1993，23：245.

[10] Simits J R M，Melssen W J，Buydensand L M C，Katman G. Chemometr Intell Lab Syst，1994，23：267.

[11] Zupan J，Gasteiger J. Anal Chim Acta，1991，248：1.

[12] 史忠福. 神经计算. 北京：电子工业出版社，1993.

[13] Simits J R M，Melssen W J，Buydensand L M C，Katman G. Chemometr Intell Lab Syst，1994，22：165.
[14] 张承福. 力学进展，1994，24：186.
[15] 焦李成. 神经网络计算. 西安：西安电子科技大学出版社，1993.
[16] Massart D L，Kaufman L. The Interpretation of Analytical Chemical Data by the Use of Cluster Analysis. NewYork：John & Sons，1983；马萨特 D L，考夫曼 L. 聚类分析法解析化学数据. 刘昆元译. 北京：化学工业出版社，1990.
[17] Rao C R. Cluster Analysis Applied to a study of race Mixture in Human Population，Classification and Clustering. Academic Press，1977.
[18] Wishart W. Biometrics，1969，25：165.
[19] Lance G N，Williams W T. Comp J，1969，12：60.
[20] 俞汝勤. 化学计量学导论. 长沙：湖南教育出版社，1991：161.
[21] MacQueen J. Statistics and Probability，1967，1：1.
[22] Ball G H，Hall D J. ISODATA，A novel method of data analysis and pattern classification，AD 699616，1965.
[23] Phanendra Babu G，Narasimha Murty M. Pattern Recognition，1994，27：321.
[24] Sun L X，Xu F，Liang Y Z，et al. Chemometr Intelli Syst，1994，25：51.
[25] Lucasius C B，Dane A D，Kateman G. Anal Chim Acta，1993，282：647.
[26] Brynn Hibbert D. Chemometr Intell Syst，1993，19：277.
[27] Kalivas J. Simulated Annealing Applied to Chemistry，Elsevier，1994，488.
[28] Zhang Q M，Yan K D，Tian S J，et al. 中草药，1991，14：15.
[29] Liu X D，Van Espen P，Adams F，et al. Anal Chim Acta，1987，200：421.
[30] Horia F Pop，Dumitrescu D. Anal Chim Acta，1995，310：269.
[31] Bezdek J C. Pattern Recognition with Fuzzy Objective Function Algorithms. New York：Plenum Press，1983.
[32] 金闻博，戴亚. 烟草化学. 北京：清华大学出版社，1994：50.
[33] Roberto Aruga，Piero Mirti. Anal Chim Acta，1993，276：197.
[34] Kim T，Bezdek J C，Hathaway R J. Pattern Recognition，1988，21：651.
[35] Baldovin A，Wu W，Centner V，et al. Analyst，1996，121：1603.
[36] Wu W，Guo Q，Jouan Rimbaud D，Massart D L. Chemometr Intell Lab Syst，1999，45：39.
[37] Wold S，Sjostrom M. Chemometr Intell Syst，1998，44：3.
[38] Dief A S. Advanced Matrix Theory for Scientists and Engineers. Tunbridge Wells & London：Abacus Press，1982：93.
[39] Stewart G W. Introduction to Matrix Computations. New York：Academic Press，1973：340.
[40] Jellum E，Bjornson I，Nesbakken R，Johansson E，Wold S. J Chromatogr，1981，217：231.
[41] Wold S，Albano C，Dunn W J，Edlund I V，Esbensen K，Geladi P，Hellberg S，Johansson E，Lindberg W，Sjostrom M. Multivariate Data Analysis in Chemistry // Kowalski B R. Chemometrics：Mathmatics and Statistics in Chemistry，NATO ASI Series C：Mathmatics and Physical Science，v 138. Dordrecht：D Reidel Pbb. Co，1984：17.
[42] Wold S，Sjostrom M. SIMCA：A Method for Analyzing Chemical Data in Terms of Similarity and Analogy // Kowalski. Chemometrics：Theory and Applications. ACS Ser，1977，52：243.
[43] Wold S. Pattern Recognition，1976，8：127.
[44] Kvalheim O M，Øygard K，Grahl-Nielsen O. Anal Chim Acta，1983，150：145.
[45] Eide M O，Kvalheim O M，Telnæs N. Anal Chim Acta，1986，191：433.
[46] Kvalheim O M. Chemometr Int Lab System，1987，2：127.
[47] Yeung E S. Anal Chem，1980，52：1120.
[48] Li H D，Liang Y Z，Xu Q S，Cao D S. J Chemometr，2010. 24：418.
[49] Vapnik V. The Nature of Statistical Learning Theory. 2nd Ed. New York：Springer，1999.
[50] Vapnik V. Statistical Learning Theory. New York：Wiley，1998.
[51] Li H D，Liang Y Z，Xu Q S. Chemometr Intell Lab，2009，95：188.
[52] Breiman L，Friedman J H，Ohlsen R A，Stone C J. Classification and Regression Trees. California：Wadsworth International，1984.
[53] Schapire R. Machine learning，1990，5：197.
[54]] Freund Y，Schapire R. Information and Computation，1995，12：252.
[55] Friedman J，Hastie T，Tibshirani R. Annals of Statistics，2000，28：337.
[56] Friedman J H. Annals of Statistics，2001，29：1189.
[57] Friedman J H. Computational Statistics Data Anal，2002，38：367.
[58] Friedman J H，Hastie T，Tibshirani R. The

Elements of Statistical Learning: Data Mining, Inference and Prediction. New York: Springer-Verlag, 2008.

[59] Breiman L. Machine Learning, 1996, 24: 123.

[60] Breiman L. Machine Learning, 2001, 45: 5.

[61] Breiman L, Last M, Rice J. Random forests: Finding quasars//3rd Statistical Challenges in Modern Astronomy Conference (SCMA Ⅲ). 243-254.

[62] Svetnik, Vladimir, Liaw, Andy, Tong, Christopher, Culberson, Christopher J, Sheridan, Robert P, Feuston, Bradley P. J Chem Information and Computer Sci, 2003, 43: 1947.

第八章　计算机数字模拟法

本章介绍的计算机数字模拟法是研究化学反应、化学量测过程中的误差规律和进行其他化学过程的机理研究的一个很有效的辅助手段，亦属化学计量学研究的一个重要内容。本章将以两种不同的模拟方法为线索展开。首先，对于基于统计机理的 Monte Carlo 数字模拟法作出介绍。该类方法的主要特点是在于其概率特征，在化学动力学系统的模拟研究和误差分析的模拟研究中得到广泛应用，本章就主要以它们作为具体对象进行详细介绍。值得提出的是，对于很多别的分析过程，该方法亦可同样适用，所以，掌握该法的基本理论和基本思路比起具体计算机程序来就显得更重要了。本章将把着重点放在介绍该方法基本思路之上。对于基于微分方程数字解法的计算机模拟方法，本章在介绍目前在应用数学中常用的一些微分方程数字解法的基础上，主要对化学动力学及电化学过程的具体模拟作出详细介绍。值得提出的是，基于微分方程数字解法的计算机模拟的难点不在于其具体算法，而在于需模拟的体系的微分方程本身及其初始条件和边界条件的确定。所以，本书的重点是介绍一些可通用的微分方程数字解法。

第一节　基于统计机理的 Monte Carlo 数字模拟法

第二次世界大战期间，美国 Los Alamos 科学实验室的研究人员需要考察核反应的屏蔽问题，他们应用滚轮赌具试验构造理论模式，一步步逼近了问题的解。由于 Los Alamos 的研究项目当时是绝密的，采用著名赌城的名字 Monte Carlo 作为代码，从此，Monte Carlo 模拟方法这一名词，成为随机模拟方法的代名词。

产生与组合具有特定统计特性的随机数是模拟动态随机过程的关键，这实际上就是随机变量本身的模拟[1]。随机变量服从一定的分布，可模拟产生服从所需分布的随机数。有时欲模拟体系中某一变量是一个确定性变量与一个随机变量的加合，亦可通过计算机来模拟。Monte Carlo 模拟的基础是任意已知分布的数学抽样，即在计算机上产生任意已知分布的随机变量的随机数。最容易得到的是（0，1）区间均匀分布的随机数 r。从均匀分布随机数通过适当变换即可得到任意分布的随机数。然后介绍如何由均匀分布随机数产生任意分布的随机数。值得指出的是，在计算机上产生的随机数，是所谓“伪随机数”，即用数值方法产生的重复再现的（周期性的）“随机”数。取同样的起始值，得到的随机数系列总是全同的。

一、伪随机数的产生方法

1. 均匀分布的伪随机数的产生方法

对于计算机上产生的均匀分布的随机数系列，要求在指定区间均匀分布，即每个数有相同的出现概率，数字之间要实际上相互独立，并在指定的长度区间内次序不重复，但又具有一定周期性，而且，所用的算法应快速，占用内存少。下面将介绍两种最常用的方法。

（1）乘同余法　乘同余法产生（0，1）区间均匀分布随机数序列的迭代计算公式为

$$x_i = a x_{i-1} (\mathrm{mod}\, m) \qquad r_i = x_i / m \tag{8-1}$$

式中，x_i 是伪随机数；i 是产生序列号；m 是一个用作模数的大的整数；a 是整常数。通过调整 a、m 可控制产生的伪随机数系列的特性。上式的意思是：x_i 是 ax_{i-1} 除以 m 后的余数，x_i/m 就是第 i 个在（0，1）区间均匀分布的随机数，如此反复迭代，可以产生一个随机数系列 r_1，r_2，…。

由于 x_i 是除数为 m 的除法中的余数，所以 $0 \leqslant x_i \leqslant m$，即 $0 \leqslant r_i \leqslant m$。显然，不同的 x_i 值最多只能有 m 个，因此不同的 r_i 最多也只能有 m 个，即由乘同余法产生的系列 $\{r_i\}$ 具有周期性，其周期 $T \leqslant m$，产生 T 个数值后会发生循环。周期 T 的长短以及一个周期之内数目系列 $\{r_1, r_2, \cdots\}$ 随机性的好坏，与参数 a、m 和 x_0 的选取有关。

一般用半经验的方法来选择参数 a、m 和 x_0，使系列 $\{r_i\}$ 的周期比较长、随机性比较好。在计算机上实际产生出系列 $\{r_i\}$，然后用统计检验方法检验它的随机性——数值 r_i 在（0，1）区间上分布的均匀性及相互间的独立性。一些文献推荐下列类型的参数值：取 $x_0=1$ 或任意奇数，$m=2^k$，$a=5^{2q+1}$，k 和 q 都是正整数，则由迭代式（8-1）所产生的系列周期为 $T=2^{k-2}$[2]。表 8-1 给出几个已经在计算机上实际应用和检验过的参数值和周期。

表 8-1 几个实际应用和检验过的参数值和周期

m	a	x_0	周期 T
2^{32}	5^{13}	1	$2^{30} \approx 10^9$
2^{36}	5^{13}	1	$2^{34} \approx 2\times 10^{10}$
2^{42}	5^{17}	1	$2^{40} \approx 10^{12}$

（2）混合同余法 混合同余法的迭代计算公式为

$$x_i = ax_{i-1} + c(\mathrm{mod}\,m) \qquad r_i = x_i/m \tag{8-2}$$

式中，x_i、i、m 和 a 的意义同前，c 为整常数，一般可取奇数。通过调整 a、c、m 可控制产生的伪随机数系列的特性。如取 $m=2^k$，$a=2^q+1$ 或 $a=4q+1$，x_0 取任意非负整数，可产生随机性好，且有最大周期 $T=2^k$ 的随机数系列 $\{x_i\}$[2,3]。

2. 正态分布的伪随机数的产生方法

【方法 1】 设 r_1，r_2，…，r_n 为 n 个相互独立的在（0，1）区间均匀分布的随机数，由于 $E(r_i)=1/2, D(r_i)=1/12$，根据李雅普诺夫中心极限定理推知，当 k 充分大时，

$$\eta_k = \sqrt{12/k}\left(\sum_{i=1}^{k} r_i - k/2\right) \tag{8-3}$$

的分布渐近于均值为 0、方差为 1 的标准正态分布，记为 $N(0, 1)$，故可把 η_k 近似地取为服从标准正态分布的随机数。通常 k 可取 10、11、12 等数，其中尤以取 12 最为简便，当 k 取 12 时，

$$\eta = r_1 + r_2 + \cdots + r_{12} - 6$$

再由线性变换

$$\omega = \alpha + \sigma\eta$$

即可得到均值为 α，均方差为 σ 的正态分布的随机数 ω。

【方法 2】 取两个独立且在（0，1）区间均匀分布的随机数 r_1，r_2 作变换

$$\eta_1 = (-2\ln r_1)^{1/2}\cos(2\pi r_2) \tag{8-4a}$$

$$\eta_2 = (-2\ln r_1)^{1/2}\sin(2\pi r_2) \tag{8-4b}$$

则 η_1，η_2是两个独立的服从标准正态分布随机数。

再由线性变换

$$\omega_1 = \alpha + \sigma\eta_1$$

$$\omega_2 = \alpha + \sigma\eta_2$$

即可得到均值为 α，均方差为 σ 的正态分布的随机数 ω_1 和 ω_2。

由均匀分布的随机数还可以产生其他任意不同分布的随机数，如泊松分布、指数分布等，因它们在化学中不太常用，在此不再作详细介绍了，有兴趣的读者可参阅文献[4,5]。另外，在 Matlab 程序语言中，都备有均匀分布和正态分布的随机函数，可以方便使用。

二、化学动力学系统的 Monte Carlo 模拟算法

基于化学动力学对待测物进行定性定量分析是分析化学的一个重要分支，所以，化学动力学系统的模拟在分析化学中占有重要地位。对化学动力学的研究，采用 Monte Carlo 模拟技术，可以避开解微分方程的困难，因而不需引入为解微分方程必须附加的限制条件或有关的稳态近似假设[6]。事实上，用 Monte Carlo 技术来研究和模拟化学动力学过程，就是将化学反应的有效碰撞过程看成是一个随机过程，在此随机过程中，化学反应的有效碰撞的几率将由反应的速率常数的大小和反应物的浓度来决定。本节将用一些微分方程易于描述的反应为例，以说明此法的基本原理[7]。

先考察最简单的单分子反应

$$\mathrm{A} \xrightarrow{k_1} \mathrm{B}$$

这里反应物分子 A 按一级反应分解为产物分子 B，放射化学中的裂变反应一般属于这种类型。为了用 Monte Carlo 方法模拟这一反应，可将计算机内存认作反应器，将分子 A（以数字 1 表示）存储于其中，具体而言，可设一个数组 $x(i)$，令其在指定的序号 i 内存储数字 1 代表分子 A。作为起始浓度，1 的个数代表了 A 分子的多少，即

$$[1]_0 \propto [\mathrm{A}]_0$$

或

$$[1]_0 = a[\mathrm{A}]_0 \tag{8-5}$$

式中，a 为比例常数。可另选用数字 0 代表不参与反应的溶剂等惰性分子，为了模拟反应容器的真实情况，应随机地将 1 与 0 存放在当作反应容器的计算机内存位置，即数组的不同随机序号中。但也可不必这样做，例如共 250 个分子 A（1）、750 个分子 B（0），可分别放在 1～250 及 251～1000 位置上，下面取用这些分子时，采用随机的办法，效果与随机存放是相同的。

先进行随机模拟。本例中，令程序产生 1～1000 的随机数。设出现的随机数为 31，即选择第 31 号位置上的元素，该元素是 1，反应发生，1 转化为 2，2 代表分子 B。它在反应前是不存在的。同时，记录一个反应时间。如下一个产生的随机数是 304，则不是数 1，而是代表惰性分子的 0，此时无化学反应发生。仍记录一个反应时间。如下一个随机数是另一个存有 1 的位置的序号数，则该处的 1 换成 2，又记录反应时间，其余类推。设下一个随机数又出现 31，此时 31 处已是 2，同样无反应发生，因不考虑逆反应，同时记录反应时间。

然后对模拟过程进行分析。可以看出，分子 A 即数字 1 被选取——亦即发生反应的概

率，是与置放它的内存空间及 A 的个数有关的。通常可按类似处理一级单分子反应的办法对这个模式进行数学处理：

$$-\mathrm{d}[1]/\mathrm{d}N_1=\beta[1] \tag{8-6}$$

式（8-6）左边是数字 1 被 2 取代的速度，N_1 是单位时间内程序试图找出 1 的次数，方括号代表相应粒子的浓度，β 是只与反应“容器”大小有关的概率常数。显然，当 1 渐为 2 取代时，反应速度会下降。

将式（8-6）积分得

$$\ln\{[1]_0/[1]\}=\beta N_1 \tag{8-7}$$

式（8-7）中的 $[1]_0$ 是粒子 A 的初始“浓度”，[1] 为其在时间 t 的浓度，考虑到式（8-5）及

$$[1]=a[\mathrm{A}]$$

可以写出

$$\ln\{[\mathrm{A}]_0/[\mathrm{A}]\}=\beta N_1$$

试与一阶速度方程比较（速率常数 k_1）

$$\ln\{[\mathrm{A}]_0/[\mathrm{A}]\}=k_1 t$$

可知

$$\beta N_1=k_1 t$$

即一级反应速率常数与时间的乘积，等于相应概率常数乘以给定时间内程序试图寻找该粒子的次数。可见，一级反应的 Monte Carlo 模拟的时间单位与实际反应的时间之间的关系是很简明的。

上述模式易推广到较复杂的情况，例如序贯反应：

$$\mathrm{A}\xrightarrow{k_1}\mathrm{B}\xrightarrow{k_2}\mathrm{C}$$

按常规方法处理

$$-\mathrm{d}[\mathrm{A}]/\mathrm{d}t=k_1[\mathrm{A}] \tag{8-8a}$$

$$-\mathrm{d}[\mathrm{B}]/\mathrm{d}t=k_1[\mathrm{A}]-k_2[\mathrm{B}] \tag{8-8b}$$

$$-\mathrm{d}[\mathrm{C}]/\mathrm{d}t=k_2[\mathrm{B}] \tag{8-8c}$$

当 $t=0$ 时，$[\mathrm{A}]=[\mathrm{A}]_0$，$[\mathrm{B}]_0$ 及 $[\mathrm{C}]_0$ 均为零，由此可得

$$[\mathrm{A}]=[\mathrm{A}]_0\exp(-k_1 t)$$

$$[\mathrm{B}]=\{k_1[\mathrm{A}]_0/(k_2-k_1)\}[\exp(-k_1 t)-\exp(-k_2 t)]$$

$$[\mathrm{C}]=[\mathrm{A}]_0\{1+[1/(k_2-k_1)][k_2\exp(-k_1 t)-k_1\exp(-k_2 t)]\}$$

可见，此例的微分方程仍是可解的，虽然情况已较上一例复杂。现考察如何用 Monte Carlo 方法模拟，以数字 1 代表 A，数字 2 代表 B，仍以计算机的内存作反应“容器”，将数字存储于其中，显然，开始时仍只需存放数字 1。

$$-\mathrm{d}[1]/\mathrm{d}N_1=\beta_1[1]$$

$$-\mathrm{d}[2]/\mathrm{d}N_2=\beta_2[2]$$

由于β_1、β_2均只与反应“容器”大小有关，这里涉及的是同一容器，故二者相等，记为β，将上述两式积分，并采用与上例相同思路，易得

$$\beta N_1=k_1t$$

$$\beta N_2=k_2t$$

二式相除得

$$N_1/N_2=k_1/k_2$$

此式指出一个重要的事实：用 Monte Carlo 方法模拟两个一级反应时，两个反应应按其速率常数值的比例进行模拟试验。即寻找 1 与 2 的次数之比应等于两个反应速率常数之比。对于较快的（速率常数大）的反应，应在单位时间内多模拟试验，这样模拟才能反映客观情况。例如，序贯反应

$$\mathrm{A}\xrightarrow{k_1=4.0}\mathrm{B}\xrightarrow{k_2=6.0}\mathrm{C}$$

由 A 转化为 B 较由 B 转化为 C 慢，这在模拟时应体现出来。进行这种模拟可用不同的方法，这里先介绍一种早期文献中介绍的方法，其思路有助于理解 Monte Carlo 方法的基本原理。找出k_1和k_2的最大公约数，它们的最大公约数为 2.0，就以 2.0 为计数单位进行模拟。由于每模拟 A→B 反应两次，应模拟 B→C 反应三次，可设置一个计数器 SN，先令 $SN=2.0$，然后检查 $SN\leqslant k_i$是否成立。本例中 $2.0\leqslant 4.0$ 和 $2.0\leqslant 6.0$ 均成立，将两个反应各模拟试验一次；然后，令 SN 增值，加 2.0 得 $SN=4.0$，再检查 $SN\leqslant k_i$是否成立，本例均仍成立，再将两个反应各模拟一次；再令 SN 增值，加 2.0 得 $SN=6.0$，此时，$SN\leqslant k_1$已不成立，停止模拟 A→B 反应，只模拟 B→C 反应一次，如此下去，每次检查 $SN\leqslant \max(k_i)$ 是否成立，如此式成立，继续令 SN 增值；如 SN 已等于或大于k_i中数值最大者，则记录一次反应时间。用这样的方法，能实现在单位时间内，使k_i大的反应模拟次数较多，定量地反映出反应速率不同时的客观事实。用此 Monte Carlo 方法模拟序贯反应，所得结果与解微分方程法一致。用同样的原理模拟可逆反应、二级反应及复杂的反应，都能得到正确的结果。将该法用于离子电极跟踪的催化动力学反应[8]，取得了有价值的结果。

三、适用于所有均相化学反应体系的 Monte Carlo 计算机模拟方法

以上介绍的模拟方法很直观，容易理解，但也存在一些弱点，如对于稍复杂的反应，用数组来存储反应粒子所需内存要大，另外，模拟复杂反应时，简单从数组中取活性粒子（反应物）或惰性粒子（溶剂或惰性化合物）来机械式地模拟化学反应所花时间也长。为此，Gillespie 根据将化学反应过程认作随机过程的假设，提出了颇独到的新算法[9]，本书作者在此法的基础上，提出一种适用于所有均相化学反应体系的 Monte Carlo 计算机模拟方法[10]，现将其介绍如下。

（一）算法的基本原理

将计算机内存认作一反应器，其中存储了各物种的浓度，发生一次化学反应，对应的反应物或生成物就分别减少或增加一计算机单位浓度，计算机记录这一变化的同时记录下反应所需时间，为此需解决：①对于存在 n 种物种与 m 条反应通路的反应体系，在下一时刻是

哪一个反应发生？②发生反应需多少时间？有无几乎同时发生的其他反应？如有，在模拟中如何体现？

1. 有效碰撞与分支反应

从反应速率的碰撞理论可知，一均相化学反应分支 i，即

$$A+B \xrightarrow{k} C+D$$

反应速率（dc_A/dt）完全由其反应分子的有效碰撞数 $a(i)$ 所确定，即

$$dc_A/dt = kc_Ac_B = a(i)$$

如体系中存在 m 个分支，则各分支反应的速率应与其有效碰撞数一致。设计算机每次反应的分子数一定，则在计算机模拟中下一时刻最大可能发生反应的应是有效碰撞数最大的分支反应。令计算机的模拟过程为一 Markov 随机过程，其游走由时刻 t 体系发生第 i 分支反应的概率 $P(i \mid t)$ 决定。显然，

$$P(i \mid t) = a(i)/a_0$$

其中

$$a_0 = \sum_{i=1}^{m} a(i);\quad \sum_{i=1}^{m} P(i \mid t) = 1 \quad (i=1,\ 2,\ \cdots,\ m)$$

模拟中可产生一个（0，1）区间均匀分布的随机数 r，如有下列关系成立：

$$\sum_{i=0}^{s} P(i \mid t) < r \leqslant \sum_{i=1}^{s+1} P(i \mid t) = 1 \quad (s=0,\ 1,\ 2,\ \cdots,\ m-1)$$

式中，$P(i \mid t)$ 当 $i=0$ 时定义为零，则计算机进行第（$s+1$）分支反应。

2. 反应时间

（1）计算机“反应时间”与实际反应时间的换算　在模拟中，需假设一最低反应浓度，如所模拟的反应精度要求高，可将此值定小些，反之可定大些。

设进行计算机模拟的最低反应浓度为［M］，即

$$[M] = \pm[x] = [x]_{t+\Delta t} - [x]$$

式中，［x］表示反应物时取负号，表示生成物时取正号，以保证［M］恒为正值。确定了最低反应浓度即可算出一次反应所需时间Δt：

$$\Delta t = [M]/(kc_Ac_B)$$

如反应体系存在有 m 个反应分支，则计算机每进行一个分支反应所需时间为

$$\Delta t_i = [M]/a(i)$$

（2）偶合反应体系的“计算机时间”与实际反应时间的换算　对于稍复杂的化学反应体系，大都存在几个分支反应，而在计算机模拟中，每次只能进行一种反应。如何将此情况的计算机时间正确地换算成为实际体系进行反应所需时间是实现该模拟算法的关键。根据 Ostwood 反应独立共存原理[11]，即任一反应的速率与其他反应的存在无关，存在多分支反应时，每一瞬间应有 m 个分支反应几乎同时发生，可分以下两种情况进行讨论。

① 设在反应体系中同时存在 m 个分支反应，经 n 次计算机进行的化学反应后，m 个分支各自所需时间为：

$$t_i = n_i \Delta t_i = n_i [M]/a(i) \quad (i=1, 2, \cdots, m)$$

式中，n_i 表示在总数为 n 次计算机模拟反应中第 i 分支反应所发生反应的次数，有 $\sum n_i = n$；$a(1) = k_1 c_{xj} c_{xk}$；$a(2) = k_2 c_{xl} c_{xn}$；…，如存在偶合，则有下标（j，k，l，m，…）中任意两个相等的情况。注意到 $n_i \propto P(i \mid t)$，故有式（8-9）成立

$$n_1/a(1) \approx n_2/a(2) \approx \cdots \approx n_{m-1}/a(m-1) \approx n_m/a(m) \tag{8-9}$$

实际模拟时，取 $n_i[M]/a(i)(i=1, 2, \cdots, m)$ 的均值作为进行了 n 次计算机模拟之实际反应所需时间。

② 如在反应体系中还存在连串反应或自催化反应，且它们之间的速率常数相当悬殊，则在计算平均时间时需删去一些分支反应的时间，并认为此时体系的反应时间应完全由其反应速率的决定步骤来决定。如有反应：

$$\mathrm{A} \xrightarrow{k_1} \mathrm{B} \xrightarrow{k_2} \mathrm{C} \qquad k_2 \gg k_1$$

$$a + b \xrightarrow{k_1'} c；\ c + a \xrightarrow{k_2'} d \qquad k_2' \gg k_1'$$

上述两个反应的反应速率都是由第一个分支反应决定，即此时 $n_1/a(1)$ 与 $n_2/a(2)$ 不可能近似相等。因在复杂反应体系中上述情况普遍存在，故计算反应体系的实际反应时间时，不能对所有的分支反应时间同等对待，而应先剔除某些分支反应时间很小的值，再对剩下的分支反应时间取均值。

（二）模拟算法

模拟算法由下述步骤组成：

第一步：输入反应体系的所有速率常数及各物种的初始浓度。赋 $t_{总}$ 初值为零。

第二步：赋各个分支反应时间 t_i（$i=1, 2, \cdots, m$）初值为零。

第三步：赋 n_1 初值为零。此步的意义是使每次输出数据时，至少进行了 500 次，以保证必要的计算精度。

第四步：计算游走概率 $P_i(i=1, 2, \cdots, m)$，产生（0，1）区间均匀分布的伪随机数，根据随机数来决定下一步反应的进行。

第五步：进行第 i 个分支反应，并计算该反应进行所需时间。如果 n_1 大于 500，用子程序剔除非决定步骤的分支反应时间，然后计算 $t_{平均}$，如此时 $t_{平均} > 0.1\mathrm{s}$，则此时输出各物种浓度值，否则返回第三步继续运算，直至 $t_{平均} > 0.1\mathrm{s}$ 时输出数据，输出数据后返回第四步，如此往返。

第六步：比较 $t_{总}$ 是否达到所要求的反应时间，如未达到，返回第二步，直至 $t_{总}$ 达到所要求的反应时间 t_{max} 时则停止。

计算机模拟程序框图示于图 8-1。

用此法对著名的 Belosov-Zhabotinsky 化学振荡反应的 Oregonator 模型[12]进行了模拟，获得满意结果[10]。值得指出的是，仅用模拟方法不能对有关反应机理做出最后肯定的判别，模拟方法能发现有的假设的机理与实验结果不符，从而否定这种假设。但在模拟预测的结果与实验一致时，应进一步作深入的研究，例如，设法找出有关中间产物的直接实验证据。

四、误差分析的 Monte Carlo 模拟算法

任何化学量测技术与相应数据处理步骤均涉及误差问题，误差的大小和不同分布对分析结果将产生重要影响。各种仪器的误差的不同特性和大小原则上可通过实验的方法，即通过

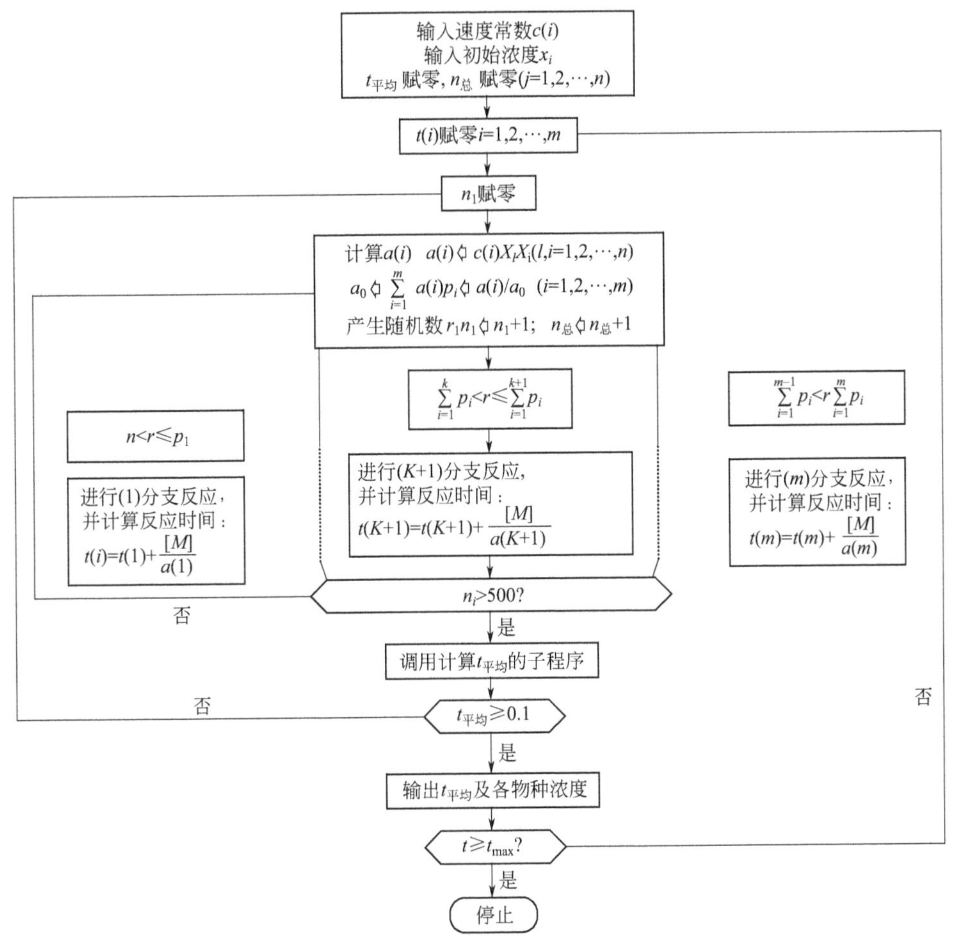

图 8-1　化学动力学 Monte Carlo 模拟程序框图

反复分析已知试样或标样来获得，但此法耗财费时，且不易分别查明各个环节与因素是怎样通过误差来影响分析结果的，此时，如采用计算机模拟方法就显得比较灵活且方便，它不但可以模拟各种不同分布的误差将怎样影响结果，而且还可考察出测量过程中任意步骤对结果的影响的大小。前节介绍的随机数产生技术，为计算机模拟误差分析提供了有力手段。下以离子选择性电极两次加入法[13]为例来加以具体说明。

不少评论家认为这一方法误差太大。此法的要点是：先用选定的离子电极测试含待测离子 x（浓度 c_x）的试液

$$E_0 = E_s + s\lg(c_x) \tag{8-10}$$

作标准加入，使 c_x 增加 Δc_1 及 Δc_2，每次加入后测试电位值：

$$E_1 = E_s + s\lg(c_x + \Delta c_1) \tag{8-11}$$

$$E_2 = E_s + s\lg(c_x + \Delta c_1 + \Delta c_2) \tag{8-12}$$

式中，E_i（$i=1$，2）为测得的电位值；E_s是电极标准电位；s 是电极的斜率。合并式(8-10)～式(8-12)，得

$$(E_2 - E_1)\lg[(c_x + \Delta c_1)/c_x] - (E_1 - E_0)\lg[(c_x + \Delta c_1 + \Delta c_2)/c_x] = 0 \tag{8-13}$$

对式（8-13）难以求得显式解，现用 Monte Carlo 模拟法对此式进行考察。作标准加入测定时，标准液浓度的误差、容器误差等实验误差及量测 E_0、E_1、E_2的测试误差，均会影响分析结果。现分成几步一一模拟。

① 首先，产生正态分布的随机数 $(\Delta c_1)_N$及 $(\Delta c_2)_N$，令其均值相应为Δc_1、Δc_2，相对标准偏差为 $RSD_{\Delta c}$，此相对标准偏差表征了Δc_i的误差，主要由容器误差造成。

② 用设定的 c_x和随机产生的正态分布的随机数 $(\Delta c_1)_N$ 及 $(\Delta c_2)_N$，借前述式子计算 E_0、E_1、E_2，显然，E_0是对应于给定的 c_i值的理论电位值，而 E_1、E_2中已包含Δc_1及Δc_2的误差。由此计算得到的 E_0、E_1、E_2供下一步模拟使用。

③ 产生正态分布的随机数 $(E_0)_N$、$(E_1)_N$及 $(E_2)_N$，令其均值相应为前一步计算的 E_0、E_1、E_2，标准差为 σ_E。这里，为了简化模拟，设所有电位量测误差 σ_E 相同，但也可在模拟时给定不同的 σ_E，例如测量 E_0时，浓度较测量 E_1、E_2时低，可能 E_0的测量相对误差较大。

注意：②、③步模拟了Δc_1的误差传递到 E_1，E_1又有本身误差；Δc_2的误差传递到 E_2，E_2又有其本身误差，下一步将传递到计算上去。

④ 将 $(E_0)_N$、$(E_1)_N$及 $(E_2)_N$代入式（8-13）中作为 E_0、E_1、E_2值，将Δc_1及Δc_2的标称值代入式（8-13）中，用 Newton-Raphson 法求解式（8-13），这一步模拟得到的是 $(c_x)_N$。这里Δc_1及Δc_2用的是实验中所取的标称值，而不是加入了误差的模拟值，这是因为在实际的二次标准加入法计算中就是这样做的。

⑤ 将①～④步重复多次，例如 500 次，计算 $(c_x)_N$的相对标准偏差 RSD。所得的 500 个数据可给出 $(E_0)_N$、$(E_1)_N$、$(E_2)_N$及 $(c_x)_N$的分布图。$(E_0)_N$、$(E_1)_N$、$(E_2)_N$自然是服从正态分布的，模拟结果表明，$(c_x)_N$亦确是服从正态分布的。如取 c_1、c_2的相对标准偏差 $RSD_{\Delta c}$ 为 0.7%，电位测量误差 0.1mV，取未知浓度为 $c_x=10.0$，$\Delta c_1=10.0$，$\Delta c_2=40.0$，得 $RSD=3.3\%$。取较大的$\Delta c_1/c_x$与$\Delta c_2/\Delta c_1$值可增加精密度，使 c_x的相对标准偏差 RSD 最低可达 1.5%。但用这一方法有一定限度，因Δc_1、Δc_2取得过大，将使二次标准加入法的一些基本前提不再成立，这些前提是加入Δc_1、Δc_2后体系的离子强度等条件无显著变化，离子活度系数及电极的参量 E_s、s 无变化。

Monte Carlo 方法不仅可用于化学量测误差的模拟，还可用于许多化学计量学算法本身特性的考察，目前很多新方法的发展大都需用 Monte Carlo 法先进行模拟研究的原因就在于此。用 Monte Carlo 模拟方法研究因子分析中主成分数的一些判别标准的特性也是一例[14]。有关 Monte Carlo 方法及其应用的详细介绍，读者可参阅文献［15］，该书对此给出了很好的阐述。

第二节　基于微分方程数字解法的计算机模拟方法

以化学动力学系统为例。一个化学体系的动力学特征一般都可由一组常微分方程来表征，所以，如果需深入了解这个化学体系的动态过程，一般是对该常微分方程组直接求解。然而，能精确求解的微分方程是寥寥无几的，所以我们常常希望求近似的数值解。本节将介绍的就是这样一些常用的数值求解常微分方程的方法。这些方法的基本思路是将时间变量离散化，即产生一离散点序列 t_0，t_1，t_2，t_3，…，以及变量区间 $h_n=t_{n+1}-t_n$。然后，在每一点 t_n处，用先前求得的值计算，并用该计算值作为该时间点解的近似值。这样的方法在微分方程数值解方法中称为逐步法（也称差分法或离散变量法）。差分法提供了一个利用 k 个先前得到的数值 y_n，y_{n-1}，y_{n-2}，…，y_{n-k+1}来计算 y_{n+1}的法则，称为 k 步法。如果

$k=1$，则是单步法，如果 $k>1$，则是多步法。

欧拉法是最简单的单步法。在欧拉法中，y_{n+1}的值由前一点的值 y_n 直线外推求得。考虑单个方程

$$dy/dt=y'=f\ (y,\ t)$$

假设给定初值 $y(t_0)=y_0$，这样，$y(t_1)$ 的近似值 y_1就可以利用 $y(t_0)$ 处的台劳级数展开式的前两项求得，即

$$y(t_1)\approx y_1=y_0+h_0f(y_0,\ t_0)$$

然后，令 $t_2=t_1+h_1$，并计算

$$y(t_2)\approx y_2=y_1+h_1f(y_1,\ t_1)$$

按此法则继续下去。于是，一般形式有

$$y_{n+1}=y_n+h_nf(y_n,\ t_n)$$

尽管求常微分方程的数值解的方法很多，但它们通常都能归入以下介绍的方法中的一种。下面，将对常用的微分方程数值解法以其不同特性为线索加以简要介绍。

1. 台劳级数法

如果解 $y(t)$ 是光滑的，那么它就具有以下的台劳级数展开式：

$$y(t+h)=y(t)+h\,dy/dt+(h^2/2!)(dy^2/dt^2)+\cdots \tag{8-14}$$

前述的欧拉法可以看作一种取台劳级数前两项的近似方法。如果能求得 y 的高阶导数，即

$$y_{n+1}=y_n+hy_n'+(h^2/2!)y_n''+(h^3/3!)y_n'''+\cdots+(h^p/p!)y_n^{(p)} \tag{8-15}$$

式中，y_n'、$y''n$ 及 $y_n^{(p)}$ 分别表示解函数 $y(t)$ 在第 n 个离散点时的一阶、二阶及 p 阶导数。那么，利用式（8-15）就可以得到 p 阶方法。局部离散误差可以根据舍去的第一项来估计，步长也可由此选定。对于光滑可微解函数，台劳级数方法一般来说是很有效的。

2. 龙格-库塔法

龙格-库塔法为近似的台劳级数法，它只需知道一阶导数而无须明确定义或计算其他阶导数。近似值由若干次函数求值得到。经典的四阶龙格-库塔法由式（8-16）给出：

$$y_{n+1}=y_n+1/6(k_0+2k_1+2k_2+k_3) \tag{8-16}$$

式中

$$k_0=hf(y_n,t_n)$$

$$k_1=hf(y_n+1/2\,k_0,t_n+1/2\,h)$$

$$k_2=hf(y_n+1/2\,k_1,t_n+1/2\,h)$$

$$k_3=hf(y_n+k_2,t_n+h)$$

注意，对于每一步必须求函数 $f(y,t)$ 的值四次。

当 $h\to0$ 时，经典的四阶龙格-库塔法通过阶为 h^4 的各项渐近地与台劳级数法相吻合。然而，没有任何对局部离散误差的估计来确定步长。龙格-库塔法有几个优点。它编程容易

且对很大一类问题数值计算稳定。因为该法只需要一个解 y_n 就能算出 y_{n+1}，所以这种方法能自动起步，步长 h_n 在计算过程的每一步都可改变。对于龙格-库塔法曾作过不少改进，以提高其精度，在此介绍一个五阶方法[16]。

五阶龙格-库塔法的计算公式：

$$y_{n+1}=y_n+h/192(23k_1+125k_3-81k_5+125k_6) \tag{8-17}$$

式中

$$k_1=f(y_n, t_n)$$

$$k_2=f(y_n+h/3\,k_1, t_n+h/3)$$

$$k_3=f(y_n+h/25(4k_1+6k_2), t_n+2h/5)$$

$$k_4=f(y_n+h/4(k_1-12k_2+15k_3), t_n+h)$$

$$k_5=f(y_n+h/81(6k_1+90k_2-50k_3+8k_4), t_n+2h/3)$$

$$k_6=f(y_n+h/75(6k_1+36k_2+10k_3+8k_4), t_n+4h/5)$$

3. 多步法

上述所讨论的方法都是仅通过取决于 t_n、y_n 和步长 h_n 的函数来计算 y_{n+1} 值的。显然，若利用先前求得的点的信息，即 y_{n-1}，y_{n-2}，y_{n-3}，…和 f_{n-1}，f_{n-2}，f_{n-3}，…，应可以得到更好的精度［在此，$f(y,t)=\mathrm{d}y/\mathrm{d}t=y'$］。基于这种想法的多步法是非常有效的。相对于单步法来说，当要求精度高时，它常常只需要较小的工作量，而且很容易获得截尾误差的估计，如果程序设计得恰当、合理，那么多步法能够不改变 h 值而在任意点有效地输出结果。这一方法的阶可以自动选择和动态改变，从而提供了一种能处理范围很广的问题的方法。刚性方程（见后述讨论）也可用某些多步法来处理，多步法还能对方程自动地进行刚性与非刚性分类。值得指出的是，得到这些优点是以程序的复杂性和在某些情况下数值不稳定为代价的。

线性多步法可以认为是公式（8-18）

$$y_{n+1}=\sum_{i=1}^{k}\alpha_i y_{n+1-i}+\sum_{i=0}^{k}\beta_i f_{n+1-i} \tag{8-18}$$

的特殊情况。这里，k 是一个确定的整数，α_i 或 β_i 不为 0，该公式定义了一般线性 k 步法。这一方法之所以称为线性的，是因为上面的多步法公式是 f_i 的线性函数，而 f 本身则可能是也可能不是它的自变量的线性函数。

在这个方法“启动”以后，每一步都根据已知值 y_{n-1}，y_{n-2}，…，y_{n-k+1} 和 f_{n-1}，f_{n-2}，f_{n-3}，…，f_{n-k+1} 来计算 y_{n+1} 的值。如果 $\beta_0=0$，则这种方法是一种显式方法，计算是直接的。若 $\beta_0\neq 0$，则这种方法是一种隐式方法，因为它需要 f_{n+1} 的值方能得 y_{n+1}。如隐式具有更多的所要求的特性，应用隐式方法时存在较大的困难也是理所当然的。

通常，在求解的每一步都使用两种多步法。首先使用显式法进行预报，然后再运用一次或多次隐式法加以校正——因此被称为预报-校正法。预报-校正法的一个很好的例子是四阶 Adams 法[17]。

预报：$y_{n+1}=y_n+h/24(55f_n-59f_{n-1}+37f_{n-2}-9f_{n-3})$ (8-19)

校正：$y_{n+1}=y_n+h/24(9f_{n+1}+19f_n-5f_{n-1}-f_{n-2}$ (8-20)

这两个公式都是四阶的。注意到多步法需运用前几个计算值才能进行计算，所以，在实际编程时，大都采用龙格-库塔法起步，计算三步后，再采用上述两个公式进行多步法计算。

另一个多步法的例子是定步长哈明（Hamming）方法[18]，其计算公式如下：

$$y_{n+1}=c_{n+1}+9/121(p_{n+1}+c_{n+1}) \tag{8-21}$$

式中

$$p_{n+1}=y_{n-3}+8h/3(f_n+f_{n-2}-f_{n-1})$$

$$c_{n+1}=1/8\{9y_n-y_{n-2}+3h[f(r_{k+1})+2f_n-f_{n-1}]\}$$

$$r_{k+1}=p_{n+1}+112/121(p_n-c_n)$$

同 Adams 法，也可采用龙格-库塔法起步，计算三步后，再采用上述公式进行多步法计算。

4. 刚性方程的吉尔法

刚性方程是一类很特殊的微分方程，因其很难用一般的微分方程的数值解法来解，故一直是微分方程解法研究的一个重点问题，有效的方法还推 Gear 法（吉尔法）[19]。对于方程组

$$\boldsymbol{y}'=\mathrm{d}\boldsymbol{y}/\mathrm{d}t=\boldsymbol{f}(t,\boldsymbol{y})=\boldsymbol{f} \tag{8-22}$$

式中

$$\boldsymbol{y}=\begin{bmatrix}y_1\\y_2\\\vdots\\y_n\end{bmatrix}\qquad \boldsymbol{f}=\begin{bmatrix}f_1\\\boldsymbol{y}_2\\\vdots\\f_n\end{bmatrix}$$

则微分方程组的解的稳定性与雅可比矩阵 $\partial\boldsymbol{f}/\partial\boldsymbol{y}$ 的特征值有关。例如，考察

$$f_1=\mathrm{d}y_1/\mathrm{d}t=998y_1+1998y_2 \tag{8-23a}$$

$$f_2=\mathrm{d}y_2/\mathrm{d}t=-999y_1-1999y_2 \tag{8-23b}$$

则雅可比矩阵 $\partial\boldsymbol{f}/\partial\boldsymbol{y}$ 为

$$\partial\boldsymbol{f}/\partial\boldsymbol{y}=\begin{bmatrix}\partial f_1/\partial y_1 & \partial f_1/\partial y_2\\ \partial f_2/\partial y_2 & \partial f_2/\partial y_2\end{bmatrix}=\begin{bmatrix}998 & 1998\\ -999 & -1999\end{bmatrix} \tag{8-24}$$

它的特征值是-1和-1000。如果 $y_1(0)=y_2(0)=1$，则此微分方程组（8-23）的解析解为

$$y_1=4\mathrm{e}^{-t}-3\mathrm{e}^{-1000t}$$

$$y_2=-2\mathrm{e}^{-t}+3\mathrm{e}^{-1000t}$$

即经过一段很短的时间后，解就非常接近于

$$y_1=4\mathrm{e}^{-t}$$

$$y_2=-2\mathrm{e}^{-t}$$

如 $t>0.01$ 时，$y_1=4\mathrm{e}^{-0.01}$，$y_2=-2\mathrm{e}^{-0.01}$，两个解都接近于零了。如果采用欧拉法解此微分方程组，则其离散解可写成

$$y_{1,n+1}=y_{1,n}+h(998y_{1,n}+1998y_{2,n})$$

$$y_{2,n+1}=y_{2,n}+h(-999y_{1,n}-1999y_{2,n})$$

如在此仍取 $y_1(0)=y_2(0)=1$，$h=0.01$，则有

$$y_{1,1}=1+0.01\times(998+1998)=30.96$$

$$y_{2,1}=1+0.01\times(-999-1999)=-28.98$$

再继续积分几步，其结果将变得更加糟糕。此时，可通过较小的 h 值而使问题得到部分改善，但最终将由于舍入和截断误差的充分积累而得到另一种不稳的结果。因此，前述的大多数标准方法都不太适合解刚性方程。

可是，在化学动力学的研究中，很多微分方程还属于刚性方程的范畴，如一些含有自催化过程的复杂反应、化学振荡反应等，其微分方程组大都属于刚性方程之列[20]，所以，关于刚性方程的数值解法还有必要在此介绍。

考虑如式（8-22）所示的常微分方程组的初值问题，记

$$\boldsymbol{Z}_k=[\boldsymbol{y}_k,h\boldsymbol{y}'_k,\cdots,h^q/(q!)\boldsymbol{y}_k^{(q)}]^{\mathrm{t}}$$

可知 $\boldsymbol{Z}_k$ 是一个 $(q+1)\times n$ 的矩阵。

对于 Adams 预估-校正方法的计算公式为：

$$\boldsymbol{Z}_{k+1}^{(0)}=\boldsymbol{P}\boldsymbol{Z}_k \tag{8-25a}$$

$$\boldsymbol{Z}_{k+1}^{(m+1)}=\boldsymbol{P}\boldsymbol{Z}_{k+1}^{(m)}-\boldsymbol{d}[h\boldsymbol{f}(t_k,\boldsymbol{y}_k^{(m-1)})-h\boldsymbol{f}(t_k,\boldsymbol{y}_k^{(m)})]^{\mathrm{t}}\qquad(m=1,2,\cdots,M) \tag{8-25b}$$

$$\boldsymbol{Z}_{k+1}=\boldsymbol{P}\boldsymbol{Z}_{k+1}^{(M)} \tag{8-25c}$$

式中，$\boldsymbol{P}$ 是$(q+1)\times(q+1)$阶的帕斯卡耳(Pascal)三角矩阵,其元素为

$$p_{ij}=C_i^j\qquad(q\geqslant j\geqslant i\geqslant 0)$$

M 为迭代次数，一般可取 3。向量 $\boldsymbol{d}$ 为

$$\boldsymbol{d}=[d_0,d_0,\cdots,d_q]^{\mathrm{t}}$$

是一个预置值的常数向量，因方法不同而预置值不同。

因$[h\boldsymbol{f}(t_k,\boldsymbol{y}_k^{(m-1)})-h\boldsymbol{f}(t_k,\boldsymbol{y}_k^{(m)})]^{\mathrm{t}}$ 为一$(1\times n)$阶的行向量，所以，$\boldsymbol{d}[h\boldsymbol{f}(t_k,\boldsymbol{y}_k^{(m-1)})-h\boldsymbol{f}(t_k,\boldsymbol{y}_k^{(m)})]^{\mathrm{t}}$ 就是一个$(q+1)\times n$ 的矩阵。

刚性方法的计算公式为：

$$\boldsymbol{Z}_{k+1}^{(0)}=\boldsymbol{P}\boldsymbol{Z}_k \tag{8-26a}$$

$$\boldsymbol{Z}_{k+1}^{(m+1)}=\boldsymbol{P}\boldsymbol{Z}_{k+1}^{(m)}-\boldsymbol{d}\{\boldsymbol{G}[h\boldsymbol{f}(t_k,\boldsymbol{y}_k^{(m-1)})-h\boldsymbol{f}(t_k,\boldsymbol{y}_k^{(m)})]\}^{\mathrm{t}}\quad(m=1,2,3,\cdots,M) \tag{8-26b}$$

$$\boldsymbol{Z}_{k+1}=\boldsymbol{P}\boldsymbol{Z}_{k+1}^{(M)} \tag{8-26c}$$

式中，$\boldsymbol{P}$、$\boldsymbol{d}$、$\boldsymbol{M}$、$\boldsymbol{Z}_{k+1}$的意义皆同前。但是，$\boldsymbol{G}=[d_1I-d_0(\partial\boldsymbol{f}/\partial\boldsymbol{y})]^{-1}$，其中 $\boldsymbol{I}$ 为$(n\times n)$阶的单位矩阵，$(\partial\boldsymbol{f}/\partial\boldsymbol{y})$ 即前述的雅可比矩阵。有关 Gear 方法的 Fortran 子程序可参阅文献[5]，在此不再详述。

第三节　电化学过程的数字模拟

电化学包括电分析化学中的许多复杂电极过程是数字模拟的研究对象，用模拟方法研究

电化学传输过程已有较长的历史。电化学传输过程中涉及的最基本的关系式是 Fick 第二定律表述的扩散方程：

$$\partial c/\partial t = D\partial^2 c/\partial x^2 \tag{8-27}$$

式中，c 为浓度；x 为位移。这是傅里叶研究的热传导方程的一个应用方面，是抛物型的二阶偏微分方程。由于电化学过程中还涉及对流、均相的或非均相的化学反应等引起的浓度变化的复杂因素，用解析法来求解得到的偏微分方程极为困难，所以，数字模拟是获取答案的重要方法。解这类描述电化学过程的偏微分方程一个基本的方法是有限差分法。Feldberg 等最早研究用计算机进行电化学过程的数字模拟[21]，他撰写的有关《数字模拟——解电化学扩散动力学问题的通用解法》论文[22]，是这一领域的经典著作。本节将简介 Feldberg 提出的“箱法”及 Britz 发展的“点法”，而且，本节的叙述只介绍有关方法的基本思路，对于一些细节，可参阅 Britz 撰写的有关电化学中数字模拟的专著[23]。

对电化学过程考察式（8-27），首先涉及的问题是以电极表面为起点，计算溶液中距电极表面不同距离 x 处在给定时间 t 时有关物质的浓度。由于用解析方法求解有关偏微分方程极为困难，试模拟物质由电极表面到溶液中的实际扩散等过程。这里将以 x 坐标表述空间，离散为长度为 h 的小区间，时间坐标 t 则离散为长度为 δt 的小区间，即式（8-27）中的 x 与 t 相应以 h 及为 δt 的倍数表述：

$$x_i = ih$$

$$t_i = i\delta t$$

如绘出 t-x 图，图上各代表浓度 c 值的点构成一个网络（见图 8-2）。

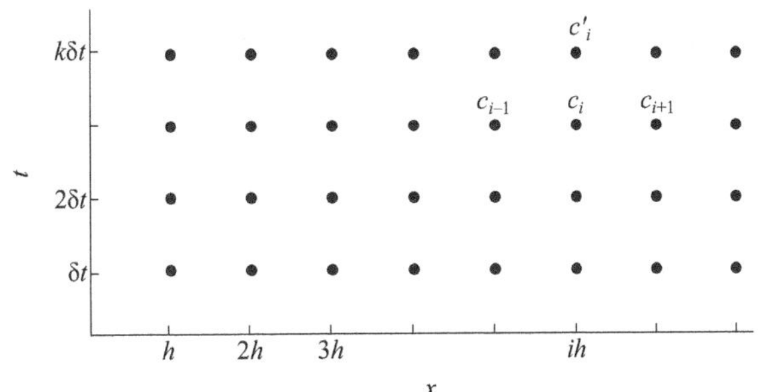

图 8-2　空间与时间离散网点示意图

考察图中标出的点，所谓数字模拟问题就是找出每一时间间隔 δt 下沿 x 轴的浓度系列。Feldberg[22]研究的方法的基本思路，是设想从一维方向观察一很细的溶液体，其截面积为 A，以等长 h 分割成为许多“箱”单位，如图 8-3 所示。试考察 3 个相邻的“箱”单元，$i-1$，i，$i+1$。在时间间隔 δt，有溶质由 $i-1$ 单元流入 i，同时也有溶质由 i 流出，进入 $i+1$ 单元，依 Fick 第一定律，沿观测方向 x 溶质扩散通过截面积 A 的通量 f_x (mol/s) 应与在该截面处浓度梯度的负值成正比：

$$f_x = \mathrm{d}n/\mathrm{d}t = -AD\partial c/\partial x \tag{8-28}$$

式中，n 为物质的量；D 为扩散系数。对于图 8-3 所示的“箱”单元，i、$i-1$ 两个单元之间的浓度梯度 $\partial c/\partial x$ 可以 $(c_i - c_{i-1})/h$ 代替，同样的情况适用于 i、$i+1$ 两个单元，故有：

$$f_1=-AD[(c_i-c_{i-1})/h]$$

$$f_2=-AD[(c_{i+1}-c_i)/h]$$

流入单元 i 的净通量为

$$f=f_1-f_2$$

故在 δt 时间内，i 单元（体积 V_i）净增加的溶质的量是：

$$n=f\delta t$$

$$\delta c_i=n/V_i=(f\delta t)/(Ah)=[(AD\delta t)/(Ah)][(c_{i-1}-2c_i+c_{i+1})/h]$$

$$=[(D\delta t)/(h)][(c_{i-1}-2c_i+c_{i+1})/h]$$

即时间 δt 后，i 单元中浓度为：

$$c_i'=c_i+[(D\delta t)/(h^2)](c_{i-1}-2c_i+c_{i+1}) \tag{8-29}$$

用 i 单元新的浓度值 c_i'，可进而处理 $i+1$ 单元，如此类推。只是对于直接与电极表面接触的单元，情况稍有不同（即微分方程的边值问题）。设直接与电极接触处浓度为 c_0（参见图8-4），这里讨论的各单元中的 c_i 均是指其中心点的浓度，而 c_1 与电极-溶液界面处 c_0 之间浓度的梯度为

$$(\partial c/\partial x)_1=(c_1-c_0)/(h/2)$$

因而

$$f_1=-AD[(c_1-c_0)/(h/2)]$$

f_2 仍如前表述

$$f_2=-AD[(c_1-c_0)/h]$$

故有

$$c_1'=c_1+[(D\delta t)/(h^2)](2c_0-3c_1+c_2) \tag{8-30}$$

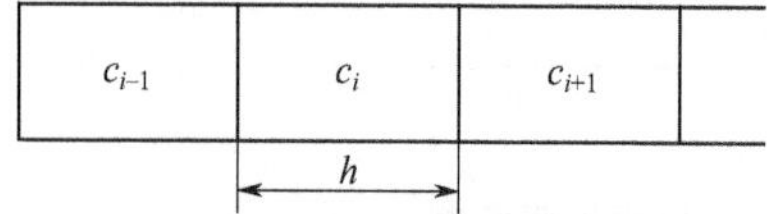

图 8-3 离散的“箱”单元

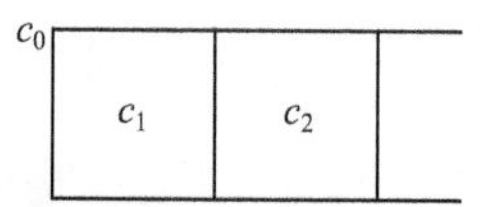

图 8-4 与电极表面接触处的“箱”单元

上面就是“箱”法的最基本部分。这种算法十分直观，体现了在计算机上将溶液离散化逐段模拟的过程。其实，进行这种模拟并不一定需要人为地设想这种“箱”单元，而可直接采用一般的算法。事实上，如有 y 作为 x 的函数（见图8-5），设需要计算等距离的对应于坐标 x、y 的点 p_{i-1}、p_i、p_{i+1} 处一阶微分的近似值，所谓等距离是指 x_{i-1}、x_i、x_{i+1} 均相距 h，对于一阶微分（dy/dx），可写出

$$(dy/dx)_{向前}=(y_{i+1}-y_i)/h$$

或

$$(dy/dx)_{向后}=(y_i-y_{i-1})/h$$

或

$$(dy/dx)_{中心}=(y_{i+1}-y_{i-1})/(2h)$$

对于二阶微分

$$\mathrm{d}^2 y/\mathrm{d}x^2 = [(\mathrm{d}y/\mathrm{d}x)_{向前} - (\mathrm{d}y/\mathrm{d}x)_{向后}]/h$$
$$= (y_{i-1} - 2y_i - y_{i+1})/h^2$$

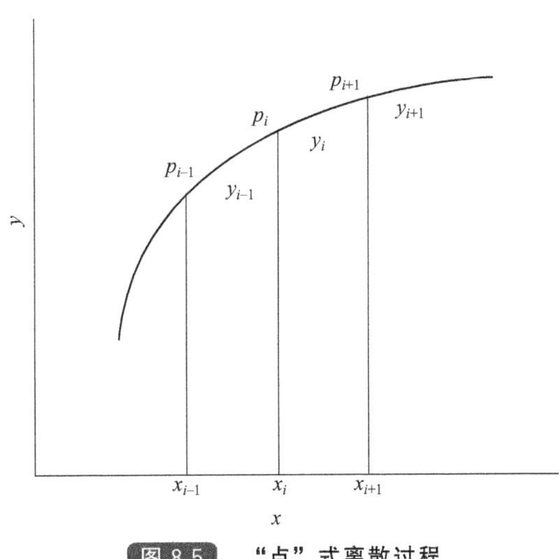

图 8-5 "点"式离散过程

现从 Fick 第二定律出发，考察图 8-2 的网格上的三点 c_{i-1}，$2c_i$，c_{i+1}，欲计算 c_i'。将式 (8-27) 离散化，即以相应差分公式代替微分，左边简写成

$$(\partial c/\partial t)_1 = (c_i' - c_i)/(\delta t) \tag{8-31}$$

而对右边则有

$$D(\partial^2 c/\partial x^2) = (D/h^2)(c_{i-1} - 2c_i + c_{i+1}) \tag{8-32}$$

合并式 (8-31) 与式 (8-32)，得

$$(c_i' - c_i)/(\delta t) = (D/h^2)(c_{i-1} - 2c_i + c_{i+1}) \tag{8-33}$$

亦即

$$c_i' = c_i + [(D\delta t)/h^2](c_{i-1} - 2c_i + c_{i+1}) = c_i + \lambda(c_{i-1} - 2c_i + c_{i+1}) \tag{8-34}$$

比较式 (8-34) 与式 (8-30)，它们是完全等同的。即不人为想象"箱"单元，可得到相同的结果。

上面通过对最简单的扩散过程的数字模拟，解释了有关算法的基本思路。从这一基本思路出发，可以构造较复杂的系统的模拟算法，如可模拟滴汞电极球形表面的扩散过程等。上述模拟中的 λ，即 $[(D\delta t)/h^2]$，是一个很重要的量，对模拟过程十分重要。设计模拟算法时，需控制取 h、δt 的值，使得 $\lambda \leqslant 0.5$。如 $\lambda > 0.5$，模拟将不收敛而出现"振荡"，无法反映扩散过程的实际情况。这可理解为在给定的 D 与 h 下，δt 的选取受到限制，只有在较小的 δt 下才能假定可用线性关系描述扩散过程。如再考察式 (8-34)，即

$$c_i' = c_i + \lambda(c_{i-1} - 2c_i + c_{i+1})$$

这个式子表述了 c_i' 值是由 c_i 值加右边的另一项而得，这一项中的 c_{i-1}、c_i、c_{i+1} 都会带进

误差，设这一误差为 e，则有

$$c_i'=c_i+e_i+\lambda(c_{i-1}+e_{i-1}-2c_i-2e_i+c_{i+1}+e_{i+1})$$

如设想所有 $i-1$、i、$i+1$ 的误差均为 e,则误差大部分抵销,不致因传递而放大。但实际情况难满足这一条件,如设各 e 绝对值相同,符号有正有负,考虑最坏情况,令 c_{i-1}、c_{i+1}的误差为正,而 c_i 的误差为负,则有

$$c_i'=c_i+\lambda(c_{i-1}-2c_i+c_{i+1})+(4\lambda-1)e \tag{8-35}$$

式（8-35）右边的前两项代表 c_i' 的真值，最后一项是模拟过程引入的误差。从此式可以看出，$\lambda>0.5$ 时，误差将被放大。

在模拟电化学过程时，常常同一形式的曲线需反复迭代计算。为使这种计算不至于每次由于数值变化要重复进行，可将模拟单位“无量纲化”，即将各物理量变换为某种参比值的倍数。例如时间以某种实验观测时间 τ 作参比，变换为

$$T=t/\tau$$

距离则变换为

$$X=x/\delta$$

δ 为 Nernst 扩散层厚度

$$\delta=\sqrt{\pi D\tau}$$

关于 Nernst 扩散层厚度的涵义，这里可设想溶液（本体浓度 c_0）与电极表面接触，接触处发生电化学过程，物质耗尽 $c=0$，则在这个接触处与溶液本体之间将产生浓差梯度，扩散过程将使本体溶液中物质向电极表面转移，实际上，只在距电极表面几个 δ 厚度处，有这种浓度梯度变化存在，距离更远时浓度均等于本体浓度 c_0。

如将浓度 c 亦无因次化，使之为

$$C=c/c_0$$

代入式（8-27)，将得到

$$\partial C/\partial T=(1/\pi)\partial^2 C/\partial X^2 \tag{8-36}$$

如取 $\delta=\sqrt{D\tau}$，则上式中的 π 亦可消去，用这样的办法进行模拟，可显著缩短计算机时。

实际的电化学过程有许多因素要加以考虑。除扩散以外，有对流、迁移等过程，有均相的与非均相的化学反应动力因素、吸附动力学因素等。模拟要考虑边界条件，控制电流或电位下的可逆及准可逆体系、多步反应等，条件各不相同，这些体系的数字模拟问题已基本上得到解决。现代计算机数值方法还为电化学过程的模拟提供了工具。进行电化学过程数字模拟最关键的问题是电化学体系的数学描述，可参阅有关电化学及电分析化学专著[24~27]。例如，在作者实验室进行了新合成的电分析试剂的电极过程研究[28]。数字模拟用于电化学研究的另一个实例是离子选择性电极膜电化学过程的模拟，例如中性载体电极响应机理的数字模拟研究。对于新合成制备的基于主-客配合物反应的伯胺电极，用数字模拟方法探讨了各种实验因素对电极性能的影响，并将它与实验结果进行了比较，以阐明有关响应机理[29]。

参考文献

[1] Harbaugh J W, Bonham Carter G. Computer Simulation in Geology. Malabar: R E Krieger Pub Co, 1981.

[2] 徐钟济. 伪随机数的产生: 电子计算机动态. 1962, 5: 45.

[3] 张建中. 蒙特卡罗方法: 数学的实践与认识. 1974, 1: 28; 1974, 2: 43.

[4] 李惕培. 实验的数学处理. 北京: 科学出版社, 1980.

[5] 刘德贵, 费景高, 于泳江, 李广元. Fortran 算法汇编. 北京: 国防工业出版社, 1983.

[6] Schaad L J. J Am Chem Soc, 1963, 85: 3588.

[7] Manock J J. The application of the Monte Carlo Method to Chemical Kinetics // Spectroscopy and Kinetics. Marcel Dekker, 1973: 267.

[8] 王柯敏, 俞汝勤. I_2-BAT-H_2O_2反应的数字模拟//第一届全国计算化学会议论文. 兰州, 1984.

[9] Gillespie D T. J Comput Phys, 1976, 22: 403.

[10] 梁逸曾, 俞汝勤. 高等学校化学学报, 1988, 9: 921.

[11] 赵学庄. 化学动力学原理 (上册). 北京: 高等教育出版社, 1985.

[12] Field R J, et al. J Chem Phys, 1974, 60: 1877.

[13] Efstathiou C E. Hadjiioannou T P. Anal Chem, 1982, 54: 1525.

[14] Yizeng Liang, Ruqin Yu. Criterion for Judging Number of Principal Factors and Their Evaluation by Monte Carlo Simulation. Beijing, 1987.

[15] 徐钟济. 蒙特卡罗方法. 上海: 上海科学技术出版社, 1985.

[16] Lambert J D. Computational Methods in ordinary Differential Equations. John Wiley & Sons, 1972: 122.

[17] Lapidus L, Seinfeld J H. Numerical Solution of Ordinary Differential Equations. New York and London: Academic Press, 1971.

[18] Hamming R W. J ACM, 1959, 14: 37.

[19] C. W. Gear (吉尔) 著. 常微分方程初值问题的数值解法. 费景高, 刘德贵, 高永春译. 北京: 科学出版社, 1978.

[20] 梁逸曾, 俞汝勤. 高等学校化学学报, 1988, 9: 881.

[21] Feldberg S W, Auerbach C. Anal Chem, 1964, 36: 505.

[22] Feldberg S W. Electroanal Chem, 1969, 3: 199.

[23] Britz D. Digital Simulation in Electrochemistry. 2nd Ed. Berlin: Springer-Verlag, 1988.

[24] 高小霞, 等. 电分析化学导论. 北京: 科学出版社, 1986.

[25] 田昭武. 电化学研究方法. 北京: 科学出版社, 1984.

[26] 查全性. 电极过程动力学导论. 北京: 科学出版社, 1976.

[27] 高鸿, 张祖训. 极谱电流理论. 北京: 科学出版社, 1986.

[28] 张正奇, 俞汝勤. 中国科学B辑, 1988 (8): 818.

[29] 刘昆元, 俞汝勤. 中国科学B辑, 1990 (3): 283.

第九章 化学构效关系的研究方法

定量结构活性关系研究（QSAR）和定量结构性质关系研究（QSPR）这两种定量构效关系研究现已成为化学计量学研究的一个十分重要的分支，化学计量学的发展又将 QSAR 和 QSPR 的研究提高到了一个新的水平。大量的研究文章已发表在很多重要的国际刊物上，这些刊物包括美国的《分析化学》（Analytical Chemistry）、《医学化学杂志》（J. Medicinal Chemistry）、《应用毒物学基础》（Fundamentals of Applied Toxicology）、《药物信息杂志》（Drug Information Journal）、《环境健康远景》（Environmental Health Perspectives）、《药物科学杂志》（Journal of Pharmaceutical Science）等。此外，在 1982 年，一本专门介绍定量构效关系的杂志（Quantitative Structure-Activity Relationship）也已问世。

其实，构效关系的研究可追溯到 20 世纪，有机反应性相关分析（CAOC）这一研究领域[1]就可看成是定量构效关系研究的前身。Hammett 在其经典著作[2]中提出线性自由能关系（LFER）可认作 QSAR 和 QSPR 的起点。当时只是少部分的化学参数可以数量化，如取代基的电子效应（Hammettσ 常数）、立体参数（Taft 参数）以及疏水性（Hansch 的分配常数）。Hansch[3]的研究将这些化学性质建立在定量研究的基础之上，他主要探讨了结构变化与生化活性之间的关系。我国的化学家们在这方面也做了大量工作，陈荣悌等[4]发展了配位化学中的线性自由能关系的研究。蒋明谦系统论述了有机化合物的同系线性规律[5]，徐光宪等探讨了这类规律的量子化学基础[6]。在有关物理有机化学溶剂效应研究中，刘有成等比较了有关溶剂极性经验参数[7]。定量构效关系的研究实际上涉及了化学学科一个根本性的问题，即如何从物质的化学成分与结构定量预测其化学特性？量子化学研究的一个重要目的就是要直接从微观的角度来回答这样的问题。对于一个给定的分子，量子化学通过求解相应的 Schrodinger 方程，求出相应的特征值和特征向量，可描绘能量和电子的分布，分子的性质可从波函数与能量导出。目前，量子化学已取得令人瞩目的成就，但对于复杂的分子进行量子化学计算尚有一定困难。由于这一原因，大量的化学研究仍处于一种“定性”的水平。而本书所主要论及的定量构效关系则是从宏观的角度出发，直接从试验数据或某些量化的结构数据出发，采用统计学和模式识别的方法来建立起某些化学结构与性能的关系。

因有机反应性相关分析（CAOC）这一研究领域实际可看成是定量构效关系研究的前身，所以本章首先将对有机反应性相关分析这一研究领域进行必要的介绍，然后，对化合物结构的数字表征方法，如拓扑矩阵、分子连接性指数等，作出详细的介绍，在此基础上，再将化学计量学中的构效关系建模方法分成三个部分，即基于回归分析的建模方法、基于模式识别的建模方法和人工神经网络的建模方法，分别给出详细说明。本章将以介绍实例为主，相应的方法介绍和计算机程序就可直接参见本书中其他有关部分。

第一节 化学构效关系研究起源——有机反应性相关分析方法简介

有机反应性相关分析这一研究领域主要应用回归分析方法来寻找有机反应性的数量关系。历史上，线性自由能关系就是由有机化学家发展起来的，同时他们还提出了一些有用的反应参数，如取代基的电子效应（Hammettσ 常数）、立体参数（Taft 等的参数）等，本节对这些内容将给出简要介绍，以保持定量构效关系这一内容的完整性。

一、线性自由能概念及其经典 Hammett σ 常数

对于热力学平衡常数 K，可写出

$$\lg K = -\Delta G^{\ominus}/(2.303RT)$$

$\Delta G^{\ominus}$是反应的标准自由能变化，对动力学过程，速率常数 k 可表示为

$$\lg k = \lg kT/h - \Delta G^{\ominus}/(2.303RT)$$

此处方程右侧的 k 是 Boltzman 常数，$\Delta G^{\ominus}$是标准活化自由能。由此得出，有关 $\lg K$ 或 $\lg k$（恒定温度下）的关系，实质上是关于自由能的关系，故有线性自由能（LFER）之称。

Hammett[2] 提出的经典公式，描述了间位或对位取代苯衍生物的支链反应的速率常数 k 或平衡常数 K 与取代常数 σ、反应常数 ρ 的关系：

$$\lg k = \lg k^{\circ} + \rho\sigma$$

$$\lg K = \lg K^{\circ} + \rho\sigma$$

k°、K° 是与未取代的母体化合物性质有关的常数，取代常数 σ 表征的是将苯环上的氢以给定的间位或对位取代基取代时的极性效应，原则上与温度、溶剂介质等条件无关。而反应常数 ρ 则与这些条件有关。Hammett 选择苯甲酸在 25℃时在水中的电离作为参比反应，定义 $\rho=1$，并定义

$$\sigma = \lg(K_a/K_a^{\circ}) \tag{9-1}$$

K_a° 是苯甲酸本身的离解常数，K_a 则是取代苯甲酸的离解常数，$\lg k$ 或 $\lg K$ 与 σ 之间有线性关系，这就是经典的 LFER。不同基团在间位（m）或对位（p）的 σ 值示例于表 9-1[8]。符合于方程（9-1）的构效关系已观察到差不多有数百种[9]。平衡常数和速率常数都符合这种关系。值得注意的是，并非所有的化合物系列在 σ 和 $\lg k$ 或 $\lg K$ 间均能获得简单的线性关系。此外，尽管上述关系是用热力学术语加以叙述的（ΔG 或 $\lg K$ 值），但只能属超热力学范畴，因为无法用热力学原理来阐述这些关系是真正存在的。

表 9-1 一些取代基的 σ 值

取代值	σ_m	σ_p	取代值	σ_m	σ_p
Me	−0.07	−0.16	OH	0.13	−0.38
Bu	−0.10	−0.20	OMe	0.11	−0.28
Ph	0.06	−0.01	OAC	0.39	0.31
CF_3	0.43	0.54	SH	0.25	0.15
COMe	0.38	0.50	SMe	0.15	0.00
CO_2H	0.37	0.45	$SO_2\cdot Me$	0.60	0.72
CN	0.61	0.70	F	0.34	0.06
NH_2	0.00	−0.57	Cl	0.37	0.22
NMe_2	−0.15	0.63	Br	0.39	0.22
NO_2	0.71	0.78	I	0.35	0.21

二、取代基电子效应常数（σ 常数）的应用与拓展

取代基的电子效应常数（σ 常数）对线性自由能类型的构效关系分析很有用，它主要是

为了说明各种远程取代基对分子某部分的反应性能的影响。

1. 芳香系统上的取代基

传统的 Hammett 方程由式 (9-1) 给出，并定义了苯甲酸在 25℃时在水中电离的 σ 等于1，由此可算出其他一些反应的 σ 值（见表 9-2)。表的左侧表示在芳环和反应中心之间的次甲基越多，σ 值就越小（σ 值衡量反应对取代基影响的敏感程度)。表的右侧表明溶剂的极性变小，导致 ρ 值增大，这种溶剂效应尚未充分认识[11]。

表 9-2 羧酸反应中溶剂和侧链对 σ 值的影响

底　　物	溶剂	温度/℃	σ 值	底　　物	溶剂	温度/℃	σ 值
酸的电离作用				酸与偶氮二苯甲烷的反应			
ArCOOH	水	25	1.00	ArCOOH	叔丁醇	30	1.28
$ArCH_2COOH$	水	25	0.49	ArCOOH	异丙醇	30	1.07
ArCH ═CHCOOH(反式)	水	25	0.47	ArCOOH	乙醇	30	0.94
$ArSCH_2COOH$	水	25	0.30	ArCOOH	甲醇	30	0.88
$ArSO_2CH_2COOH$	水	25	0.25	ArCH ═CHCOOH(反式)	乙醇	30	0.42
$Ar(CH_2)_2COOH$	水	25	0.21	$ArCH_2COOH$	乙醇	30	0.40
				$ArOCH_2COOH$	乙醇	30	0.25
				$Ar(CH_2)_2COOH$	乙醇	30	0.22
				p-ArC_6H_4COOH	乙醇	30	0.22

在 Hammett 方程式定义后不久，发现某些基团或母体分子或反应需要采用特殊的 σ 值。这种 σ 值反映了取代基和反应部位间直接共轭相互作用的影响。对位硝基对酚盐的稳定化作用（XXII）就是个典型例子，然而，这种共轭稳定化在对硝基苯甲酸盐（XXIII）中是不存在的。

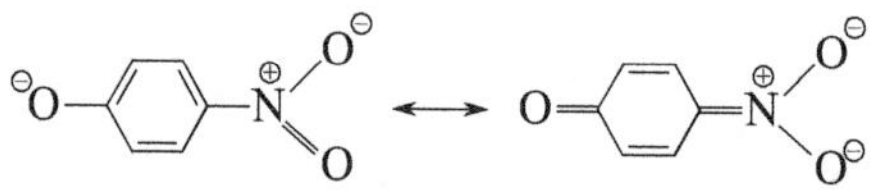

XXII

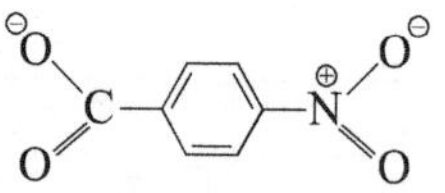

XXIII

所以在取代基和反应中心有直接共轭作用时，需另用一类 σ 值。凡在反应时毗邻环处产生正性中心时，用 σ_p^+ 表示对位取代基的电子常数，例如，$—OCH_3$，$—CH_3$，—OH，$—SCH_3$，它们通过直接共轭向正性中心供给电子；反之，可产生负性中心的反应，用 σ_p^- 表示对位取代基的电子常数，例如，$—NO_2$，—CN，—COOH，$—SONH_2$。其他取代基仍用原值表示。表 9-3 列出了常用取代基的 σ，σ_p^+，σ_p^- 值。

表 9-3 常用取代基的电子参数

取代基	σ_m	σ_p	σ_p^+	σ_p^-	取代基	σ_m	σ_p	σ_p^+	σ_p^-
H	0.00	0.00	0.00	0.00	Br	0.37	0.26	0.15	
F	0.34	0.15	−0.07	−0.02	Me	−0.06	−0.14	−0.31	
Cl	0.47	0.23	0.11		NH_2	−0.09	−0.30	−1.30	

续表

取代基	σ_m	σ_p	σ_p^+	σ_p^-	取代基	σ_m	σ_p	σ_p^+	σ_p^-
OH	0.02	−0.22	−0.92		CO_2R	0.35	0.44	0.48	0.68
$N(CH_3)_3^+$	0.88	0.82	0.41		C_4H_5	0.06	−0.05	−0.17	
$N(CH_3)_2$	−0.10	−0.32	−1.70		OC_6H_5	0.25	−0.06	−0.50	
OCH_3	0.10	−0.12	−0.78	−0.20	$CONH_2$	0.28	0.36		0.62
SO_2CH_3	0.68	0.73		1.05	NO_2	0.71	0.81	0.79	1.24
SCH_3	0.14	0.06	−0.60		CN	0.62	0.71	0.66	0.90
$COCH_3$	0.36	0.47		0.87	CF_3	0.46	0.54		

应用这些特殊的 σ 常数所遇到的问题是：有三种尺度而不是一种。在实际计算中，不可能直截了当地决定用哪种，物理有机化学家对此有所考虑，许多反应需要采用正常值和修正值之间的 σ 值。

2. σ 值分成共振成分和诱导成分

评价共轭效应在反应中的重要性的一个方法就是分别应用取代基的共轭效应常数（或称共振效应常数）和诱导效应常数。Taft[10] 提出 σ 值是这两种效应的线性组合。根据化学原理，他们创立了 σ_I（诱导）和 σ_R（共振）值表。这样，无论对于哪类 σ 值，只是下式中的 a，b 系数不同：

$$\sigma = a\sigma_I + b\sigma_R$$

三、取代基的立体效应常数

在选用各种参数时，立体效应参数是最成问题的。这是因为某化合物或反应的立体相互作用难以平移到另一化合物或反应中，而且，识别哪种立体影响是重要的也不容易。下面介绍两种立体效应常数。

1. Taft 的立体参数

基团立体效应的经典线性自由能度量是 Taft[10] 的立体参数 E_s 值。E_s 的定义是：在相同的溶剂、温度、酸度下，酰基取代的乙酸甲酯的酸催化水解相对速率与乙酸甲酯的比值的对数，

$$E_{sx} = \lg K_{xCO_2Me} - \lg K_{MeCO_2Me}$$

式中，K_{xCO_2Me}是被取代的酯的水解速率常数；K_{MeCO_2Me}是乙酸甲酯的水解速率常数。因此，甲基是基准取代基，若以 K 和 K_0 分别表示取代的和基准化合物的速率常数，则另一种表达式如下：

$$E_s = \lg|K/K_0|_a \tag{9-2}$$

式中，下标 a 指酸水解反应。

酸催化水解反应速率是否仅由立体效应控制，现在仍有不少争论。通过观测发现如下基本事实：苯甲酸酯间位或对位取代基几乎不影响酸催化水解反应速率；苯甲酸上类似取代基也不影响酸催化水解反应速率。而这类取代基对同样化合物的碱催化反应速率影响却很大。

Hancock 等[12] 认为该模型是受超共轭效应影响的，建议 E_s应按式（9-3）加以修正：

$$E_s^0 = E_s + 0.306(n-3) \tag{9-3}$$

式中，n 是 α-氢原子的数目。这一论断已被量子化学计算证实。

许多取代基的 Taft E_s值是不能测量的，系因 E_s值是依模型反应的性质所定。针对这个问题，Charton[13]和 Kutter 及 Hansch[14]建议，对于球形对称的基团，可用半径作为立体效应的度量。E_s 和半径间的良好相关性证实了 E_s 的立体性质。利用这种关系，已经计算了另外一些基团的 E_s 值。

2. Verloop 立体参数

Verloop 等介绍了一套新的立体取代基参数[15,16]。它们是通过标准键角和键距的计算得到的。已经发表了 243 个取代基的 5 个参数，第一个参数为 L，它是沿取代基和母体分子的键轴方向上的取代基长度。垂直于该键轴方向又量测出四个参数 B_1～B_4，B_1 是最小宽度参数，B_2～B_4 分别是垂直于其他 B 的距离，且依值的大小递增排列。故 L 和B_1～B_4 反映了紧紧围绕基团的五个平面的位置，这些位置与连接点和键轴有关。

从初步应用看来，这些参数在构效关系的计算中是非常有用的。但是，是否 5 个参数都必要，尚未作定论。表 9-4 引摘了 243 个取代基的 Verloop 参数供读者参考。

表 9-4 243 个取代基的 Verloop 立体参数

编号	取代基	L/nm	B_1/nm	B_2/nm	B_3/nm	B_4/nm
1	H	0.206	0.100	0.100	0.100	0.100
2	F	0.265	0.135	0.135	0.135	0.135
3	Cl	0.352	0.180	0.180	0.180	0.180
4	Br	0.383	0.195	0.195	0.195	0.195
5	I	0.423	0.215	0.215	0.215	0.215
6	CH_3	0.300	0.152	0.190	0.190	0.204
7	C_2H_5	0.411	0.152	0.190	0.190	0.297
8	n-C_3H_7	0.505	0.152	0.190	0.190	0.349
9	i-C_3H_7	0.411	0.204	0.276	0.316	0.316
10	c-C_3H_5	0.414	0.198	0.224	0.229	0.288
11	n-C_4H_9	0.617	0.152	0.190	0.190	0.442
12	i-C_4H_9	0.505	0.152	0.190	0.316	0.421
13	s-C_4H_9	0.505	0.190	0.276	0.316	0.349
14	t-C_4H_9	0.411	0.259	0.286	0.286	0.297
15	c-C_4H_7	0.469	0.195	0.264	0.264	0.383
16	n-C_5H_{11}	0.711	0.152	0.190	0.190	0.494
17	i-C_5H_{11}	0.617	0.152	0.190	0.316	0.442
18	$CH(C_2H_5)_2$	0.473	0.211	0.259	0.399	0.399
19	c-C_5H_9	0.497	0.204	0.286	0.286	0.398
20	n-C_6H_{13}	0.822	0.152	0.190	0.190	0.587
21	$C_2H_4C(CH_3)_3$	0.617	0.152	0.286	0.286	0.442
22	$CH_2C(CH_3)_2C_2H_5$	0.617	0.152	0.316	0.316	0.442
23	c-C_6H_{11}	0.617	0.204	0.316	0.316	0.349
24	n-C_7H_{15}	0.916	0.152	0.190	0.190	0.639
25	$C(CH_3)_2C(CH_3)_3$	0.505	0.259	0.312	0.312	0.414
26	n-C_8H_{17}	1.027	0.152	0.190	0.190	0.733
27	n-C_8H_{17}(紧密型)	0.582	0.152	0.217	0.475	0.685
28	n-$C_{12}H_{25}$	1.438	0.152	0.190	0.190	1.027

续表

编　号	取　代　基	L/nm	B_1/nm	B_2/nm	B_3/nm	B_4/nm
29	n-$C_{12}H_{25}$(紧密型)	0.729	0.152	0.190	0.466	0.939
30	CH_2F	0.330	0.152	0.190	0.190	0.261
31	CH_2Cl	0.389	0.152	0.190	0.190	0.346
32	CH_2Br	0.409	0.152	0.195	0.195	0.375
33	CH_2I	0.436	0.152	0.215	0.215	0.415
34	CH_2OH	0.397	0.152	0.190	0.190	0.270
35	CH_2OCH_3	0.491	0.152	0.190	0.190	0.288
36	CH_2OCOCH_3	0.546	0.152	0.190	0.190	0.446
37	$CH_2OC_6H_5$	0.819	0.152	0.309	0.311	0.311
38	CH_2SCH_3	0.541	0.152	0.190	0.190	0.341
39	$CH_2SO_2CH_3$	0.505	0.152	0.252	0.252	0.348
40	CH_2NHCH_3	0.496	0.152	0.190	0.190	0.290
41	$CH_2N(CH_3)_2$	0.483	0.152	0.280	0.280	0.342
42	$CH_2\overset{+}{N}(CH_3)_3$	0.496	0.152	0.280	0.280	0.394
43	CH_2NO_2	0.370	0.152	0.244	0.244	0.336
44	CH_2CCH	0.399	0.152	0.190	0.190	0.449
45	CH_2CN	0.399	0.152	0.190	0.190	0.412
46	CH_2CHCH_2	0.511	0.152	0.190	0.190	0.378
47	CH_2CBrCH_2	0.416	0.152	0.312	0.368	0.413
48	CH_2CF_3	0.470	0.152	0.244	0.244	0.345
49	CH_2COCH_3	0.454	0.152	0.190	0.190	0.439
50	CH_2COOCH_3	0.598	0.152	0.190	0.190	0.428
51	$CH_2C_6H_5$	0.363	0.152	0.311	0.311	0.602
52	$CH_2(p$-$ClC_6H_4)$	0.442	0.152	0.311	0.311	0.744
53	$CH_2CONHC_6H_5$	0.695	0.152	0.311	0.311	0.722
54	C_2H_4Cl	0.557	0.152	0.190	0.190	0.325
55	C_2H_4Br	0.587	0.152	0.195	0.340	0.340
56	C_2H_4I	0.628	0.152	0.215	0.215	0.360
57	C_2H_4OH	0.479	0.152	0.190	0.190	0.338
58	$C_2H_4NO_2$	0.549	0.152	0.244	0.244	0.298
59	$C_2H_4N(CH_3)_2$	0.558	0.152	0.280	0.280	0.297
60	C_2H_4CN	0.628	0.152	0.190	0.190	0.305
61	C_2H_4COOH	0.596	0.152	0.235	0.267	0.305
62	$C_2H_4CONH_2$	0.611	0.152	0.242	0.297	0.308
63	$C_2H_4C_6H_5$	0.833	0.152	0.311	0.311	0.316
64	CHF_2	0.330	0.171	0.175	0.226	0.256
65	$CHCl_2$	0.389	0.204	0.263	0.324	0.324
66	$CHBr_2$	0.409	0.204	0.285	0.350	0.350
67	$CHFCl$	0.389	0.175	0.228	0.258	0.339
68	$CHFBr$	0.409	0.175	0.247	0.258	0.368
69	$CHClBr$	0.409	0.190	0.275	0.346	0.356
70	$CHClCH_3$	0.389	0.189	0.258	0.287	0.346

续表

编号	取代基	L/nm	B_1/nm	B_2/nm	B_3/nm	B_4/nm
71	$CHBrCH_3$	0.409	0.193	0.283	0.298	0.352
72	$CHOHCH_3$	0.397	0.176	0.222	0.263	0.309
73	$CHCH_3N(CH_3)_2$	0.429	0.190	0.305	0.374	0.424
74	$CH(C_6H_5)_2$	0.515	0.201	0.499	0.528	0.582
75	CF_3	0.330	0.198	0.244	0.244	0.261
76	CCl_3	0.289	0.263	0.324	0.324	0.346
77	CBr_3	0.409	0.286	0.350	0.350	0.375
78	CF_2CF_3	0.411	0.198	0.244	0.244	0.364
79	$C(CH_3)_2CH_2OCH_3$	0.555	0.277	0.316	0.316	0.449
80	$C(C_2H_5)_2C_5H_3$	0.528	0.310	0.332	0.390	0.596
81	$C(C_6H_5)_3$	0.515	0.484	0.502	0.571	0.594
82	$CHCH_2$	0.429	0.160	0.160	0.200	0.309
83	$CHCHCH_3(E)$	0.523	0.190	0.190	0.200	0.309
84	$CHCHCH_3(Z)$	0.429	0.190	0.190	0.200	0.403
85	$C(CH_3)CH_2$	0.429	0.190	0.190	0.309	0.311
86	$CHCHCH(CH_3)_2$	0.635	0.190	0.200	0.316	0.406
87	$CHCHNO_2$	0.429	0.150	0.183	0.324	0.421
88	CHCHCOOH	0.615	0.160	0.183	0.251	0.311
89	$CHCHCOCH_3$	0.560	0.160	0.183	0.324	0.373
90	$CHNOH(E)$	0.488	0.160	0.160	0.192	0.311
91	$CHNOH(Z)$	0.394	0.150	0.183	0.270	0.366
92	$CHNCH(CH_3)_2$	0.635	0.190	0.200	0.316	0.406
93	$CHNN(CH_3)_2$	0.577	0.190	0.200	0.280	0.417
94	$CHNC_6H_5$	0.850	0.170	0.170	0.236	0.407
95	COH	0.353	0.160	0.160	0.200	0.236
96	$COCH_3$	0.406	0.190	0.190	0.236	0.293
97	$COCH(CH_3)_2$	0.467	0.236	0.316	0.316	0.369
98	COC_6H_5	0.457	0.236	0.311	0.311	0.598
99	COOH	0.391	0.160	0.160	0.236	0.266
100	$COOCH_3$	0.485	0.190	0.190	0.236	0.336
101	$COOC_2H_5$	0.596	0.190	0.190	0.286	0.429
102	$COOC_3H_7$	0.690	0.190	0.190	0.238	0.483
103	$CONH_2$	0.406	0.160	0.160	0.242	0.307
104	$CONHCH_3$	0.500	0.160	0.223	0.242	0.307
105	$CONHNH_2$	0.492	0.160	0.195	0.242	0.328
106	$CON(CH_3)_2$	0.461	0.190	0.218	0.353	0.383
107	$CONCH_3CONHCH_3$	0.461	0.181	0.225	0.352	0.543
108	CCH	0.466	0.150	0.160	0.160	0.160
109	CCC_6H_5	0.888	0.170	0.170	0.311	0.311
110	CN	0.423	0.160	0.160	0.160	0.160
111	C_6H_5	0.628	0.170	0.170	0.311	0.811
112	p-ClC_6H_4	0.774	0.180	0.180	0.311	0.311

续表

编号	取代基	L/nm	B_1/nm	B_2/nm	B_3/nm	B_4/nm
113	OH	0.274	0.135	0.135	0.135	0.193
114	OCH_3	0.398	0.135	0.190	0.190	0.287
115	OC_2H_5	0.492	0.135	0.190	0.190	0.336
116	n-OC_3H_7	0.605	0.135	0.190	0.190	0.430
117	i-OC_3H_7	0.459	0.135	0.190	0.316	0.361
118	c-OC_3H_5	0.468	0.135	0.224	0.229	0.359
119	n-OC_4H_9	0.699	0.135	0.190	0.190	0.479
120	i-OC_4H_9	0.605	0.135	0.190	0.316	0.430
121	s-OC_4H_9	0.605	0.135	0.190	0.316	0.430
122	t-OC_4H_9	0.492	0.135	0.286	0.286	0.394
123	n-OC_5H_{11}	0.811	0.135	0.190	0.190	0.573
124	c-OC_5H_9	0.602	0.135	0.286	0.290	0.400
125	n-OC_6H_{13}	0.905	0.135	0.190	0.190	0.623
126	c-OC_6H_{11}	0.597	0.135	0.316	0.316	0.529
127	n-OC_7H_{15}	1.018	0.135	0.190	0.190	0.716
128	n-OC_8H_{17}	1.112	0.135	0.190	0.190	0.766
129	n-OC_8H_{17}(紧密型)	0.875	0.135	0.217	0.442	0.475
130	OCH_2OH	0.466	0.135	0.190	0.190	0.326
131	OCH_2CCH	0.658	0.135	0.190	0.190	0.293
132	$OCH_2C_6H_5$	0.820	0.135	0.303	0.311	0.311
133	$OC_2H_4OCH_3$	0.684	0.135	0.190	0.190	0.471
134	OCF_3	0.457	0.135	0.244	0.244	0.333
135	$OCCl_3$	0.644	0.135	0.324	0.324	0.398
136	$OCHCH_2$	0.498	0.135	0.160	0.160	0.365
137	$OCHCHCH_3$(E)	0.528	0.135	0.190	0.190	0.477
138	$OCHCHCH_3$(Z)	0.593	0.135	0.190	0.190	0.365
139	$OCCH_2CH_3$	0.487	0.135	0.190	0.190	0.440
140	OCOH	0.393	0.135	0.160	0.160	0.368
141	$OCOCH_3$	0.487	0.135	0.190	0.190	0.368
142	$OCOC_6H_5$	0.815	0.170	0.170	0.184	0.440
143	OCOOH	0.471	0.135	0.160	0.160	0.368
144	$OCONH_2$	0.482	0.135	0.160	0.160	0.362
145	$OCONHCH_3$	0.551	0.135	0.190	0.190	0.455
146	OCN	0.387	0.135	0.160	0.160	0.401
147	OC_6H_5	0.451	0.135	0.311	0.311	0.589
148	OSO_2CH_3	0.403	0.135	0.190	0.357	0.386
149	$OSO_2C_6H_5$	0.820	0.161	0.180	0.357	0.364
150	SH	0.347	0.170	0.170	0.170	0.233
151	SCH_3	0.430	0.170	0.190	0.190	0.326
152	SC_2H_5	0.524	0.170	0.190	0.190	0.397
153	n-SC_3H_7	0.621	0.170	0.190	0.190	0.490
154	i-SC_3H_7	0.495	0.170	0.190	0.316	0.415

续表

编号	取代基	L/nm	B_1/nm	B_2/nm	B_3/nm	B_4/nm
155	c-SC_3H_5	0.504	0.170	0.224	0.229	0.414
156	n-SC_4H_9	0.715	0.170	0.190	0.190	0.561
157	i-SC_4H_9	0.642	0.170	0.190	0.316	0.490
158	s-SC_4H_9	0.621	0.170	0.190	0.316	0.490
159	t-SC_4H_9	0.524	0.170	0.286	0.286	0.423
160	n-SC_5H_{11}	0.812	0.170	0.190	0.190	0.654
161	n-SC_6H_{13}	0.905	0.170	0.190	0.190	0.725
162	c-SC_6H_{11}	0.616	0.170	0.316	0.316	0.596
163	n-SC_7H_{15}	1.002	0.170	0.190	0.190	0.818
164	n-SC_8H_{17}	1.096	0.170	0.190	0.190	0.889
165	n-SC_8H_{17}	0.915	0.170	0.217	0.475	0.524
166	SCH_2OH	0.506	0.170	0.190	0.190	0.326
167	SCH_2CCH	0.689	0.170	0.190	0.190	0.361
168	$SCH_2C_6H_5$	0.850	0.170	0.311	0.311	0.386
169	SCF_3	0.489	0.170	0.244	0.244	0.369
170	$SCHCH_2$	0.533	0.170	0.170	0.170	0.423
171	$SCHCHCH_3(E)$	0.540	0.170	0.190	0.190	0.526
172	$SCHCHCH_3(Z)$	0.629	0.170	0.190	0.190	0.423
173	$SCCH_3CH_2$	0.519	0.170	0.190	0.190	0.476
174	SCOH	0.435	0.170	0.170	0.170	0.401
175	$SCOCH_3$	0.519	0.170	0.190	0.190	0.401
176	$SCONH_2$	0.512	0.170	0.184	0.184	0.401
177	$SCONHCH_3$	0.615	0.170	0.190	0.190	0.488
178	SCN	0.408	0.170	0.170	0.170	0.445
179	SC_6H_5	0.457	0.170	0.311	0.311	0.642
180	$^+S(CH_3)_2$	0.362	0.170	0.259	0.286	0.286
181	$SOCH_3$	0.403	0.160	0.249	0.293	0.336
182	SO_2CH_3	0.437	0.211	0.267	0.267	0.315
183	$SO_2C_2H_5$	0.531	0.211	0.267	0.267	0.367
184	SO_2F	0.350	0.203	0.245	0.251	0.270
185	SO_2CF_3	0.411	0.211	0.267	0.267	0.364
186	$SO_2C_6H_5$	0.586	0.211	0.267	0.267	0.601
187	SO_2NH_2	0.382	0.211	0.267	0.267	0.307
188	$SO_2N(CH_3)_2$	0.508	0.211	0.280	0.280	0.360
189	SO_3^+	0.350	0.211	0.267	0.267	0.270
190	SF_5	0.465	0.249	0.249	0.249	0.249
191	NH_2	0.293	0.150	0.150	0.184	0.184
192	$NHCN_3$	0.353	0.150	0.190	0.190	0.308
193	NHC_2H_5	0.496	0.150	0.190	0.190	0.342
194	n-NHC_3H_7	0.607	0.150	0.190	0.190	0.436
195	i-NHC_3H_7	0.496	0.150	0.190	0.316	0.415
196	c-NHC_3H_5	0.472	0.150	0.224	0.229	0.364

续表

编　号	取　代　基	L/nm	B_1/nm	B_2/nm	B_3/nm	B_4/nm
197	n-NHC_4H_9	0.701	0.150	0.190	0.190	0.497
198	i-NHC_4H_9	0.607	0.150	0.190	0.316	0.436
199	s-NHC_4H_9	0.607	0.150	0.190	0.316	0.436
200	t-NHC_4H_9	0.496	0.150	0.286	0.286	0.398
201	n-NHC_5H_{11}	0.813	0.150	0.190	0.190	0.518
202	c-NHC_5H_9	0.606	0.150	0.286	0.290	0.407
203	n-NHC_6H_{13}	0.907	0.150	0.190	0.190	0.633
204	c-NHC_6H_{11}	0.600	0.150	0.316	0.316	0.536
205	n-NHC_7H_{15}	1.018	0.150	0.190	0.190	0.726
206	n-NHC_8H_{17}	1.112	0.150	0.190	0.190	0.778
207	c-NHC_8H_{15}	0.880	0.176	0.217	0.450	0.475
208	$NHCH_2OH$	0.470	0.150	0.190	0.190	0.332
209	$NHCH_2CCH$	0.662	0.150	0.190	0.190	0.299
210	$NHCH_2C_6H_5$	0.824	0.150	0.309	0.311	0.311
211	$NHCHCH_2$	0.502	0.150	0.160	0.184	0.371
212	$NHCHCHCH_3(E)$	0.531	0.150	0.190	0.190	0.482
213	$NHCHCHCH_3(Z)$	0.597	0.150	0.190	0.190	0.371
214	$NHCCH_3CH_2$	0.491	0.150	0.190	0.190	0.444
215	$NHCOH$	0.422	0.150	0.150	0.194	0.361
216	$NHCOCH_3$	0.515	0.150	0.190	0.194	0.361
217	$NHCOOH$	0.501	0.150	0.150	0.194	0.361
218	$NHCONH_2$	0.509	0.184	0.184	0.194	0.361
219	$NHCONHCH_3$	0.589	0.184	0.194	0.280	0.361
220	$NHCOOC_2H_5$	0.445	0.150	0.190	0.497	0.557
221	$NHCOC_6H_5$	0.840	0.194	0.311	0.311	0.361
222	$NHCSNH_2$	0.462	0.150	0.234	0.257	0.418
223	$NHCN$	0.390	0.150	0.160	0.184	0.405
224	NHC_6H_5	0.453	0.150	0.311	0.311	0.595
225	$NHNH_2$	0.340	0.150	0.184	0.184	0.282
226	$NHSO_3CH_3$	0.406	0.150	0.190	0.359	0.388
227	$N(CH_3)_2$	0.353	0.150	0.256	0.280	0.280
228	$N(CF_3)_2$	0.401	0.150	0.310	0.328	0.338
229	$N(C_6H_5)_2$	0.577	0.150	0.464	0.534	0.586
230	NH_3^+	0.293	0.150	0.184	0.184	0.197
231	$\overset{+}{N}(CH_3)_3$	0.402	0.256	0.280	0.280	0.290
232	$NCCl_2$	0.565	0.170	0.180	0.184	0.454
233	NCS	0.429	0.150	0.164	0.176	0.424
234	$NCHC_6H_5$	0.840	0.170	0.180	0.355	0.366
235	NNC_6H_5	0.843	0.170	0.170	0.192	0.431
236	$NCHN(CH_3)_2$	0.577	0.160	0.190	0.280	0.417
237	NO	0.344	0.170	0.170	0.170	0.244
238	NO_2	0.344	0.170	0.170	0.244	0.244

续表

编号	取代基	L/nm	B_1/nm	B_2/nm	B_3/nm	B_4/nm
239	N_3	0.462	0.150	0.234	0.257	0.418
240	$P(CH_3)_2$	0.388	0.200	0.284	0.297	0.329
241	$PO(C_6H_5)_2$	0.540	0.268	0.468	0.548	0.619
242	IO_2	0.425	0.215	0.246	0.338	0.336
243	2-噻吩基	0.597	0.165	0.177	0.313	0.316

四、取代基电子效应常数与立体参数的协同效应

以上讨论一般都是将电子效应和立体效应单独进行考虑的。然而，实际上有些反应却同时存在着两种效应。所以更一般的情况应由下式给出：

$$\lg(K/K^{\circ})=\rho\sigma+\delta E_s \tag{9-4}$$

实际上，式（9-4）就隐含着活性自由能是相互独立的电子效应和立体效应的综合结果，用数学语言来说，活性自由能是电子效应和立体效应的线性组合。这样的表达式对平衡常数也同样适合。式（9-4）构成了一个多元线性回归在物理有机化学最早应用的一个例子，它首先由 Pavelich 和 Taft[17,18]引入定量构效关系研究。他们在对 30℃甲醇中酸碱催化(—)-甲基酯 $RCO_2C_{10}H_{19}$ 的甲醇化研究中发现，对于酸催化反应，可得 $\rho=0.626$，$\delta=1.549$，复相关系数 $R=0.992$；而对于碱催化反应，可得 $\rho=2.702$，$\delta=1.301$，复相关系数 $R=0.996$。随后 Biechler 和 Taft 又将此关系应用到复杂的 N-甲基苯胺，PhNMeCOR 的碱水解反应动力学研究之中[19]。另一个应用是由 Bowden，Chapman 和 Shorter 设计的，他们发现，具有大基团（如 Ph_2CH，Ph_3C）的芳基酸的 $\lg K_a$ 值单独都与 σ 或 E_s 没有线性关系，然而，如采用由式（9-4）所示的多元线性关系式来进行回归，则得到很满意的结果，他们对在 25℃下，50%2-n-丁氧基乙醇水溶液中的 13 个酸的研究结果可由下面的方程给出

$$\lg K_a=-6.045+2.666\sigma+0.252E_s$$

所得的复相关系数 R 近似为 1[20]。类似这样的例子还不少，在此不一一列举，有兴趣的读者可参阅文献［1］。

第二节 化学构效关系研究的基本假设及基本过程

在化学研究中，确定化合物的性质是一项具有挑战性的工作。正如 George S. Hammond 在 1968 年诺贝尔颁奖典礼上所讲的，合成科学最根本和长远的目标是合成产生一些新的性质而不是新的化合物。无论是有机化合物还是无机化合物，化学家都相信，它们的化学结构决定了它们的性质。然而，根据分子的结构直接预测它们的性质的方法还不能获得。这种情况就像图 9-1 所示那样，只能靠一种间接方法来补充得到，即建立定量结构与性质和定量结构与活性关系的数学模型，继而通过相关分析来建立化学结构与性质或活性的关系，其基本假设就是：任何物质的化学结构决定了它们的性质。

化学有它自己独特的分子结构语言，随着化学信息处理的计算方法的改进，处理化学信息的描述符被发展起来并得到广泛的运用。在分子数据处理中最重要的任务是评价在大量化学数据集中隐含的化学信息。数据挖掘技术与通常的数据库检索的区别就是前者能够产生新的数据并被运用到随后的更加通用的分子特征描述之中。一般说来，处理一个化学结构数据

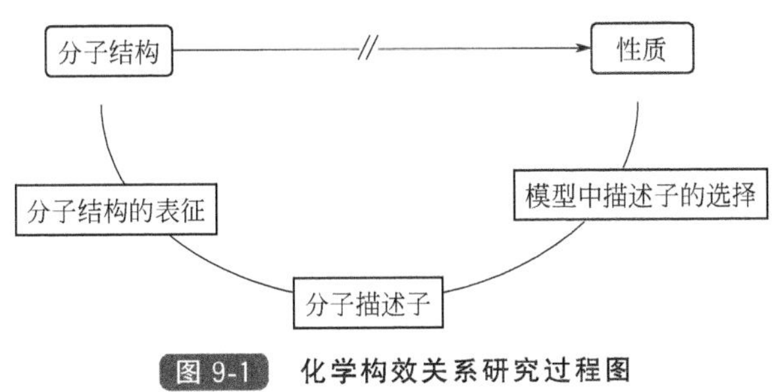

图 9-1 化学构效关系研究过程图

集中所有潜在的重要信息是不可能的。因而，相关信息的提取以及可靠的二级信息的获取是重要的课题。这样，寻找合适的表达化学结构的各种描述符一直就是化学数据分析的基本问题之一。在最近几十年，多种方法被发展起来对分子的化学及物理化学性质进行描述。

实际上，一个分子的结构描述子就是一个分子的数学表征，是把分子符号表征转换为数值结构信息的过程，这种数学表征必须对分子的大小和原子数是不变量，并能使用统计方法来建模预测。

一、化学图论基本概念

在理论化学研究中，一直都在努力尝试以数值的形式对物质的化学结构进行表达，借此来构建结构描述符，并利用定量结构性质关系或者定量结构活性关系研究对物质的物理、化学及生物性质进行预测。

在通常情况下，有机化合物的化学结构通过其分子图来表示。所以，图论算法目前被广泛用于同分异构体生成、化学数据库搜索和化学结构相似性及多样性评价等领域。其中最重要的图论应用之一就是对化学分子图的拓扑不变量和拓扑性质的数值表征，利用化学分子图，一个化合物的化学结构可以表达为各种矩阵、多项式、谱序列或者拓扑指数等。

每个分子图（graph，G）都是由顶点（vertex，v）和边（edge，e）两个基本元素组成。在化学分子图中，一般都以有机化合物的原子作为顶点，以化学键作为边。同时，为简单起见，一般将氢原子略去，此时结构图称为分子骨架或者隐氢图（H-depleted graph）。分子图中一般不考虑几何特征，如键长、键角、立体及手性等因素，而是主要反映有机化合物中原子的连接性信息。

下面，以化合物 1-甲基-2-丙基环丁烷为例，对其化学分子图（图 9-2）的拓扑不变量和拓扑性质进行说明。

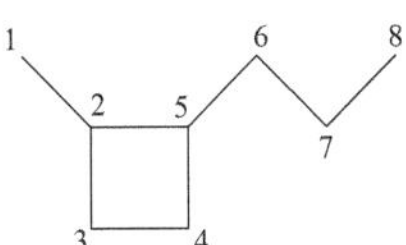

图 9-2 1-甲基-2-丙基环丁烷分子图 G1

化学分子图 G1 由八个顶点｛v1，v2，v3，v4，v5，v6，v7，v8｝和八条边｛e12，e23，e25，e34，e45，e56，e67，e78｝有序组成。如果两个顶点通过一条边连接，则称这两个顶点相邻（adjacent，A），如 G1 中的 v2 与 v3 相邻，v2 与 v4 不相邻。如果两条边共有至少一个顶点，则称这两条边相邻，如 G1 中的 e23 和 e25 相邻，e23 和 e45 不相邻。

化学分子图中顶点 v*i* 的顶点度（vertex degree）等于与 v*i* 相邻的顶点的总数，在 G1 中 v1 的顶点度等于 1，v2 的顶点度等于 3，顶点度是构建拓扑指数的一个重要参数。

化学分子图中的步程（walk，w）指的是由图中的顶点和边构成的一个序列 {va，eab，vb，ebc，vc，…，vi，eij，vj，…，vm，emn，vn}，步程由顶点开始，也由顶点结束，起点和终点相同的称为开放步程，反之则称为封闭步程。每个顶点都可以重复出现多次，且连续的顶点必须两两相邻。例如，在 G1 中，w(1)={v1，e12，v2，e23，v3，e34，v4，e45，v5，e52，v2，e23，v3}，v2 和 v3 都出现两次，步程还有另一种只用顶点表示的方法，w(1)={v1，v2，v3，v4，v5，v2，v3}。

在化学分子图中，另一种反映顶点与边的有序连接叫做路径（path，P），路径也是由顶点和边构成的序列，它与步程的区别在于，路径中的顶点不能重复出现。例如，w(2)={v1，v2，v5，v6} 与 w(3)= {v1，v2，v3，v4，v5，v6} 都是始于 v1 终于 v6 的路径，但前例中的 w(1)只是步程，而不是路径。化学分子图中两个顶点间的距离（distance，D）即其最短路径的长度。

二、几种重要的化学图矩阵

前面介绍了有机化合物的化学结构的图形表示方法以及一些基本的图论概念，这种表示方法在教科书上用于表达化合物结构信息有重大意义。但是，拓扑指数的计算需要对化学分子图进行数值描述，实际上，由于图可以用一个矩阵表示，而化学结构就是一个拓扑图，所以常常用矩阵的形式来表达化学分子图。本节同样以 1-甲基-2-丙基环丁烷的分子图 G1 为例介绍几种重要的化学图矩阵。

1. 邻接矩阵（the adjacency matrix，*A*）

邻接矩阵是由 0 和 1 组成的布尔矩阵。由 N 个顶点组成的隐氢化学分子图 G 可由一个 $N\times N$ 的方阵来表示。分子图 G1 的邻接矩阵如下所示：

$$\boldsymbol{A}(\mathrm{G1})=\begin{bmatrix}0&1&0&0&0&0&0&0\\1&0&1&0&1&0&0&0\\0&1&0&1&0&0&0&0\\0&0&1&0&1&0&0&0\\0&1&0&1&0&1&0&0\\0&0&0&0&1&0&1&0\\0&0&0&0&0&1&0&1\\0&0&0&0&0&0&1&0\end{bmatrix}$$

邻接矩阵 $\boldsymbol{A}$（G1）中的每行和每列分别对应化学图中的每个顶点，邻接矩阵中的元素等于 1 时表示对应的两个顶点相邻，等于 0 时表示不相邻。如在第一行第二列的元素数值为 1，表明顶点 1 与顶点 2 相连，而在第一行第三列的元素数值为 0，表明顶点 1 与顶点 3 没有相连，依此类推。

2. Laplacian 矩阵（laplacian matrix，*L*）

含有 N 个顶点的隐氢化学图 G，其 Laplacian 矩阵 $\boldsymbol{L}$ 是一个 $N\times N$ 的方阵，矩阵中的元素定义为：Laplacian 矩阵中非对角元素为 0，对角元素为顶点 vi 的顶点度。然后，Laplacian 矩阵 $\boldsymbol{L}$ 各元素可根据下式对角矩阵和邻接矩阵进行计算而得到，即

$$\boldsymbol{L}(\mathrm{G})=\mathrm{Dia}(\mathrm{G})-\boldsymbol{A}(\mathrm{G1})$$

$$\text{且 }\boldsymbol{L}_{i,j}=\begin{cases}\deg_i & \text{如果 } i=j\\-1 & \text{如果 } e_{ij}\in E(\mathrm{G})\\0 & \text{如果 } e_{ij}\not\in E(\mathrm{G})\end{cases}$$

由此得到的 1-甲基-2-丙基环丁烷分子图的 Laplacian 矩阵 $\boldsymbol{L}$ 为：

$$\boldsymbol{L}=\begin{bmatrix} 1 & -1 & 0 & 0 & 0 & 0 & 0 & 0 \\ -1 & 3 & -1 & 0 & -1 & 0 & 0 & 0 \\ 0 & 1 & 2 & -1 & 0 & 0 & 0 & 0 \\ 0 & 0 & -1 & 2 & -1 & 0 & 0 & 0 \\ 0 & -1 & 0 & -1 & 3 & 1 & 0 & 0 \\ 0 & 0 & 0 & 0 & 1 & 2 & -1 & 0 \\ 0 & 0 & 0 & 0 & 0 & -1 & 2 & -1 \\ 0 & 0 & 0 & 0 & 0 & 0 & -1 & 1 \end{bmatrix}$$

3. 距离矩阵（distance matrix，*D*）

含有 N 个顶点的隐氢化学图 G，其距离矩阵 $\boldsymbol{D}$ 是一个 $N \times N$ 的方阵，矩阵中的元素定义为：距离矩阵中元素是指给定原子之间的最短距离，距离在此主要表示为拓扑距离（即键的数目），由此得到的 1-甲基-2-丙基环丁烷分子图 G1 的距离矩阵为：

$$\boldsymbol{D}=\begin{bmatrix} 0 & 1 & 2 & 3 & 2 & 3 & 4 & 5 \\ 1 & 0 & 1 & 2 & 1 & 2 & 3 & 4 \\ 2 & 1 & 0 & 1 & 2 & 3 & 4 & 5 \\ 3 & 2 & 1 & 0 & 1 & 2 & 3 & 4 \\ 2 & 1 & 2 & 1 & 0 & 1 & 2 & 3 \\ 3 & 2 & 3 & 2 & 1 & 0 & 1 & 2 \\ 4 & 3 & 4 & 3 & 2 & 1 & 0 & 1 \\ 5 & 4 & 5 & 4 & 3 & 2 & 1 & 0 \end{bmatrix}$$

4. 键-电子矩阵（bond-electron matrix，*BE*）

含有 N 个顶点的化学图 G，其键-电子矩阵也是一个 $N \times N$ 的方阵，它由 Dugundji-Ugi 模型[21]引入。其中的元素定义为：***BE*** 矩阵中的非对角元素是指给定原子之间的成键数目，而对角元素则是指给定原子的自由价电荷。下面以乙醛分子的 ***BE*** 矩阵为例来加以具体说明。

H^4, O^3, H_5—C^1—C^2, H_6, H_7

乙醛

$$\boldsymbol{BE}=\begin{bmatrix} 0 & 1 & 0 & 1 & 1 & 1 & 0 \\ 1 & 0 & 2 & 0 & 0 & 0 & 1 \\ 0 & 2 & 4 & 0 & 0 & 0 & 0 \\ 1 & 0 & 0 & 0 & 0 & 0 & 0 \\ 1 & 0 & 0 & 0 & 0 & 0 & 0 \\ 1 & 0 & 0 & 0 & 0 & 0 & 0 \\ 0 & 0 & 0 & 0 & 0 & 0 & 0 \end{bmatrix}$$

从上述矩阵可以看到，***BE*** 矩阵给出了分子中所有原子的价电子，包括成键的和自由的电子，应是一个具有一系列有趣的、能直接反映化学信息的数学特性矩阵。

第三节 分子描述子

从图 9-1 可以看到，要进行化学构效关系研究，最主要就是要获得适当的分子描述子（又叫分子描述符）。一旦获得了分子描述子，就可以通过相关分析来建立化学结构与物质的性质或活性的相关关系，即建立起一个定量结构与性质或者是定量结构与活性关系的数学模型。一般说来，一个典型的 QSPR/QSAR 的研究步骤如下：①分子结构的输入；②分子描述子的计算；③分子描述子的最终选择与确定；④统计模型的建立；⑤模型的有效性评价。由此可以看出，分子描述子是 QSPR/QSAR 研究的关键点，下面将对化学中常用的分子描述子作出必要的介绍。

一、分子描述子的定义

一个分子描述子实质上就是一个分子的数学表征，也就是将分子的符号表征转换为结构信息的过程。值得指出的是，这种分子的数学表征必须是对于分子的大小和原子数是不变量，并能方便使用统计学方法来建立模型才行。可以说，一个分子结构描述子包含的信息取决于两个因素：①化合物的分子表征；②描述子计算中使用的方法。

二、分子描述子的分类

首先介绍一下由 Gasteiger 在其化学信息学[22]定义的有关分子描述子的分类概念。他们认为，分子结构描述子可根据描述子的数据类型（参见表 9-5）和化合物的分子表征（参见表 9-6）来进行分类。

实际上，从表 9-5 和表 9-6 可以看出，分子的关键结构描述了化学的组成、分子特征出现的次数、分子的各类官能团、杂原子数等与化学性质相关的结构信息。另外，分子图的结构基元用布尔排列来表征，如果某种结构出现在分子或子结构中，则该位置设为 1（真），否则为 0（假）。在排列上的某一位可以编译为一种特定的官能团（如羧基酸、脒）、结构元素或特定元素的出现次数（如碳原子）。然而，关键结构定义为一个整数的排列，排列中的每一个元素包含了特征出现的次数。

根据结构相似性质相似原理，在相似性分析与搜索中高度相似的结构应与靶标化合物有相似的物理化学性质和生物活性，这就是分子描述子构成的一个基本原则。

表 9-5 按描述子数据类型对分子描述子分类

数据类型	类型描述子举例
布尔值	有至少一个芳香环的有机化合物
整数	杂原子数
实数	分子量
向量	偶极矩
张量	电子极化率
数量场	静电势
向量场	静电势梯度即场

表 9-6 按分子表征的维数来分类描述子

分子表征	描述子	举例
0D	原子数	分子量，平均分子量，氢原子数，碳原子数，杂原子数
	键数	旋转键数目，环的数目，三元环，四元环，五元环，六元环，七元环等，分子组成

续表

分子表征	描述子	举　例
1D	片段数	伯碳数(sp^3)，仲碳数(sp^2)，叔碳数(sp^1)，环仲碳(sp^3)，环伯碳(sp^3)，环仲碳(sp^3)，无取代芳香碳，取代碳，伯碳数(sp^3)，仲碳数(sp^2)，叔碳数(sp^1)，氢键受体/给体数据，亚胺，烯胺，羟胺，胺不饱和度，硫酮，二烯官能团(═C═)端基 C、异氰酸盐(或酯)、硫氰酸盐(或酯)、氨基(脂肪族/芳香族；伯、仲、叔)、异硫氰酸盐(或酯)、胺(脂肪族/芳香族；伯、仲、叔)、重氮基中 N、苯酚、乙醇基(脂肪族/芳香族；伯、仲、叔)、醚、羧酸酯、硫酮、砜、脒、氢键受体数、氢键给体数、不饱和度、亲水的因子、含硝基的官能团等
	量子化学描述符	分子总能量，标准生成热，HOMO(最高充满分子轨道能量)，LUMO(最低未充满分子空轨道能量)，偶极矩，绝对硬度，软度，HOMO/LUMO 比值，密立根电负性，原子电荷(Gasteiger 等)等
2D	拓扑指数	拓扑描述子，Wiener 指数，分子连接性指数，基于特征值的描述子(如 Burden 特征值)，2D 自相关描述子，信息指数，边邻接指数，拓扑电荷指数，Randic 指数，Balaban 指数，Kier-Hall 分子连接性指数，E-state 指数，Basak 的信息指数
3D	几何描述子	RDF 描述子，WHIM 描述子，3D-MoRSE 描述子，几何描述子(如 CPSA 描述子)，GETAWAY 描述子，Randic 分子谱描述子，基于三维矩阵拓展的描述子如 3D-wiener、3D-balaban、RDF 描述子、CPSA 描述子、WHIM 描述子，数个重要的几何描述子，如偏心度等
3D-表面性质		平均分子静电势，疏水势，氢键势
3D-网络性质		比较分子场分析(ComFA)
4D		3D 坐标＋构象

第四节　化合物结构的拓扑指数表征

在上述各种分子描述子中，大都是直接以分子结构作为变量对物理、化学或生理活性进行回归分析。而化合物结构的拓扑指数表征方法则均是将分子作为一个整体来考虑其性质，被称作二维定量构效关系。

二维定量构效关系出现之后，不但在物理化学性质的研究中，而且在药物化学领域也产生了很大影响，人们对构效关系的认识从传统的定性水平上升到定量水平。定量的结构活性关系也在一定程度上揭示了药物分子与生物大分子结合的模式。在这些方法的指导下，人们还成功地设计了诺氟沙星等喹诺酮类抗菌药。

化合物的结构多用图来表示，通常这样的图称为结构图或分子图。不同的化合物其结构图也不同，于是，如能将不同的化学结构图数量化，并通过它将结构与活性或性能联系起来，这就是下面将要介绍的分子拓扑指数方法。分子拓扑指数理论是建立在图的不变量基础之上的。它试图以这个拓扑不变量与分子的理化性质和生物分子的活性建立某种对应关系。分子拓扑指数在一定程度上表达了分子的本性，它以键合原子和键合方式为研究对象，认为这两个方面决定了分子的结构和功能。由于这种看法抓住了分子的主要结构信息，同时，也由于拓扑指数法在数学处理上相对于量子化学更具有简单性，因此，在化学、生物学、药物学、医学、物理学甚至社会科学中都具有重要的应用价值。

拓扑指数是指基于化合物分子图特定的拓扑特征而得到的对其结构进行表征的数字描述子。与其他类型的结构描述子，如几何或量子描述子相比，拓扑描述子有其独特优势。它能由化合物的化学分子图通过简单计算而得到，并能直接反映分子的枝杈、形状及大小信息。某种化合物拓扑指数的获取一般需要三个过程：①有机化合物化学结构的图形化；②化学分子图的矩阵化；③分子图矩阵的数值化。

最早引入此方法的是 Wiener[23]。实际上，在 1874 年数学家 Sylvester 就指出，一个化学图可用矩阵表示，这个矩阵叫拓扑矩阵或邻接矩阵，如化合物 2,3-二甲基戊烷（Ⅰ）和 1,1,2-三甲基环丙烷（Ⅱ），它们的结构图与隐氢图示于图 9-3：

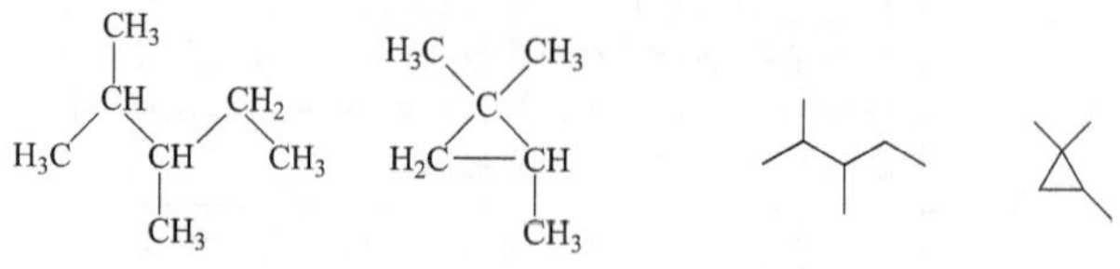

图 9-3 化合物 2,3-二甲基戊烷（Ⅰ）和 1,1,2-三甲基环丙烷（Ⅱ）的结构图 (a) 与隐氢图 (b)

可分别用邻接矩阵 $\boldsymbol{A}_{\text{Ⅰ}}$ 和 $\boldsymbol{A}_{\text{Ⅱ}}$ 表示，此矩阵中的元素 a_{ij} 为

$$a_{ij}=\begin{cases}0 & \text{原子 } i \text{ 和 } j \text{ 没有键合时}\\ 1 & \text{原子 } i \text{ 和 } j \text{ 键合时}\end{cases}$$

（Ⅰ）和（Ⅱ）这两个化合物的邻接矩阵分别为

$$\boldsymbol{A}_{\text{Ⅰ}}=\begin{bmatrix}0&1&0&0&0&0&0\\1&0&1&0&0&1&0\\0&1&0&1&0&0&1\\0&0&1&0&1&0&0\\0&0&0&1&0&0&0\\0&1&0&0&0&0&0\\0&0&1&0&0&0&0\end{bmatrix}\qquad \boldsymbol{A}_{\text{Ⅱ}}=\begin{bmatrix}0&0&1&0&0&0\\0&0&1&0&0&0\\1&1&0&1&1&0\\0&0&1&0&1&0\\0&0&1&1&0&0\\0&0&0&0&1&0\end{bmatrix}$$

现以化合物 2,3-二甲基戊烷（Ⅰ）为例来加以具体说明。从图 9-3 可以看出，它的(1,2)、(2,3)、(2,6)、(3,7)、(3,4)、(4,5)结点之间有边，故矩阵的对应行与对应列的元素是 1。这种数字表示法可以把化合物的分子经适当变换存入计算机中。可以看出上述矩阵是以主对角线为轴的对称矩阵，矩阵中的每一行或每一列的元素之和即为分子图中相应编号的那个碳原子的点价。这样，化学结构就可用拓扑矩阵中的具体数字来描述。分子图中的点价：

$$\delta_{\text{Ⅰ}}=\sum^{n}a_{ij}$$

式中，n 点数即矩阵的阶。就是在这拓扑邻接矩阵的基础上，化学家们提出了很多种分子拓扑指数，据 Trinajstic 等[24]于 1986 年在数学化学杂志上的评述，在当时至少就有 39 种不同的拓扑指数，而巴纳班（Balaban）[25]在一篇评论中指出，大约存在一百多种分子拓扑指数。在本节只介绍几种应用最多的和新近发展的拓扑指数。

一、Wiener 拓扑指数

最早将拓扑指数引入化学的是 Wiener[23]。其定义为：分子中所有不同碳原子之间的距离总和即为 Wiener 拓扑指数（Wiener 指数），即

$$W(\text{Wiener 指数})=\left(\sum d_{ij}\right)/2 \tag{9-5}$$

后来，此定义被拓广至分子中所有不同非氢原子之间的距离总和。

现仍以化合物2,3-二甲基戊烷为例来加以具体说明。可以像定义连接矩阵那样来定义一个距离矩阵，对于2,3-二甲基戊烷，其距离矩阵$\boldsymbol{D}_{\mathrm{I}}$为

$$\boldsymbol{D}_{\mathrm{I}}=\begin{pmatrix}0&1&2&3&4&2&3\\1&0&1&2&3&1&2\\2&1&0&1&2&2&1\\3&2&1&0&1&3&2\\4&3&2&1&0&4&3\\2&1&2&3&4&0&3\\3&2&1&2&3&3&0\end{pmatrix}$$

注意到上述距离矩阵也是一个对称矩阵，所以，Wiener指数实际就是对上述距离矩阵的上三角部分或下三角部分的所有元素求和。Wiener指数在一定程度上反映了分子的特性，所以它首先就被用来研究饱和脂肪烃的沸点的变化规律（参见表9-12）。

二、Randic分支指数和分子连接性指数

1. Randic分支指数

以分子式C_6H_{14}为例，C_6H_{14}的5个己烷异构体的结构式、隐氢图及其对应的拓扑矩阵都不相同。它们在结构式中的主要不同完全是由它们的分支程度不同而定，希望能找到一个"数"，把它们之间在分支程度的区别表示出来。Randic指数正是这样一种简便的"分支指数"。它可由图9-4形象地表示出来。

Randic分支指数的定义可由式（9-6）给出：

$$^{1}\chi=\sum(1/\sqrt{m})(1/\sqrt{n}) \tag{9-6}$$

式中的求和将包括所有的边（即键），其中m和n分别表示该边（共价键）所连的两个碳原子的点价，以符号$^{1}\chi$表示。

$^{1}\chi$可以定量反映开链饱和烃的多种物理性质，但是尚存在下列几个问题：

① 含双键或三键等化合物不符合这个指数给定的规律；

② 环状化合物不能处理，因为键的数目比开链多；

③ 含杂原子的化合物不能包括在内。

对此，量子化学家Kier[26]提出了分子连接性法，对Randic分支指数加以扩展。

2. 分子连接性指数

Kier提出两个基本假设。第一个假设：表示化合物分子结构和它们若干性质间的定量关系所需要的"结构信息"包含在化合物分子的隐氢图中。对于烷烃，每个碳分子的点价δ_i等于$4-h$。其中4是指碳原子的价电子数，h是所连的氢原子数。杂原子的价分子连接性指数用δ_i^*表示，$\delta_i^*=Z^*-h$，其中Z^*是杂原子的价电子数，例如对于乙醇中的OH，$\delta_{\mathrm{OH}}^*=6-1=5$。下面还给出了几个实例，其余参见表9-7。

CH_3CH_2OH	$\delta_{\mathrm{OH}}^*=6-1=5$
$(CH_3)_3N$	$\delta_{\mathrm{N}}^*=5-0=5$
$(CH_3)_3N^+$	$\delta_{\mathrm{N}}^*=5-0+1=6$

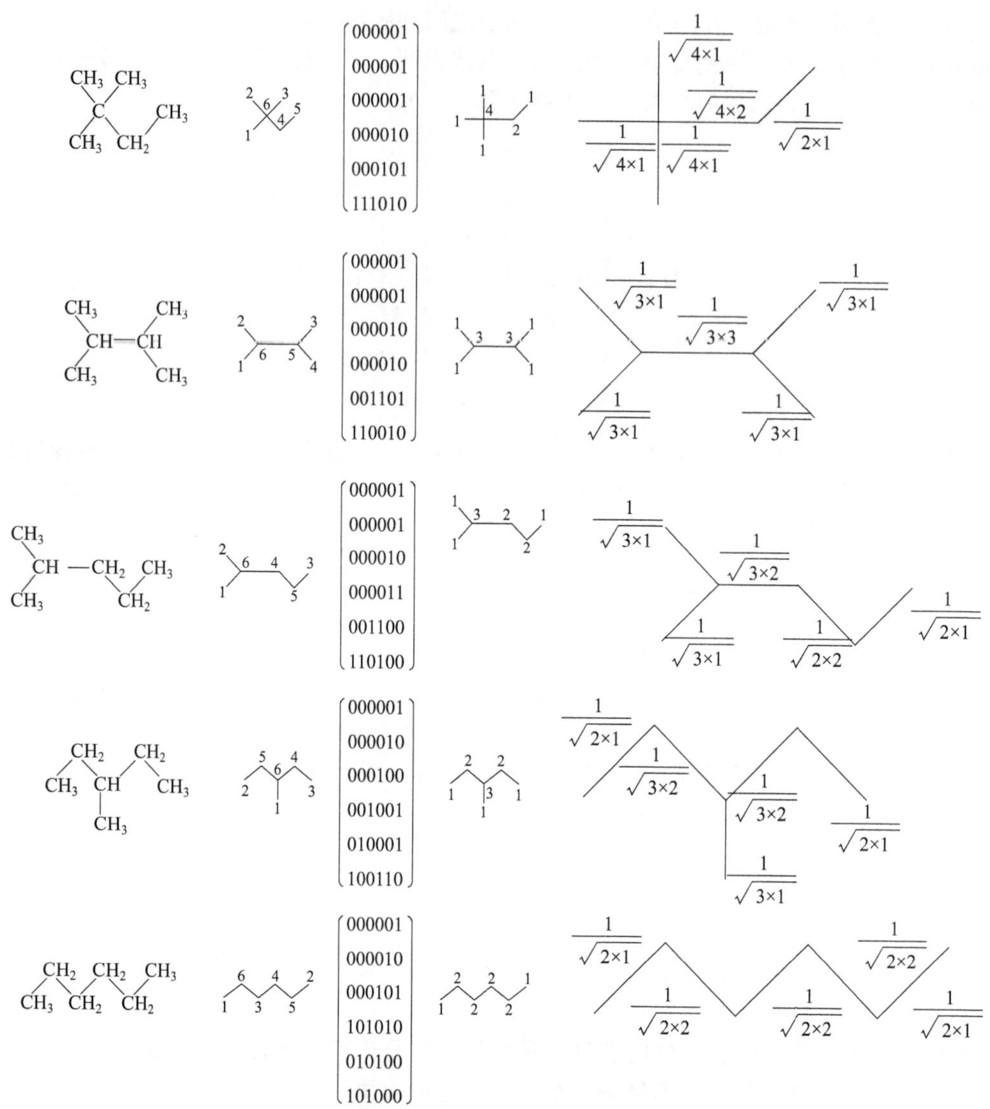

图 9-4 Randic 分支指数示意图

表 9-7 一些杂原子的价分子连接性点价 δ_i

基团	δ_i	基团	δ_i
NH_4^+	1	—N—(铵中)	6
NH_3	2	—N═(硝基中)	6
—NH_2	3	—S—	0.944
—NH—	4	—S—（═S═）	3.58
═NH	4		
—N—	5	H_3O^+	3
≡N	5	H_2O	4
—N—(吡啶中)	5	—OH	5

续表

基团	δ_i	基团	δ_i
—O—	6	—F	(—)20
═O	6	—Cl	0.690
O(硝基上氧)	6	—Br	0.254
O(羧酸酯、盐上氧)	6	—I	0.085
O(呋喃中)	6		

由于卤原子具有相同的价电子数，这就产生了相同的 δ^* 值，因此根据卤原子的摩尔折射率进行修正而得到它们的经验点价 δ^* （见表 9-7)。

第二个假设：化合物分子的性质和隐氢图的连接性指数间存在某种函数关系，可用连接函数 $C_{(\chi)}$ 来反映性质（P)，也就是说化合物的性质是和分子连接性有关的。可用式（9-7）表示：

$$C_{(\chi)}=b_0+\sum b_i(m)^m\chi_t \tag{9-7}$$

式中，$b_i(m)$可称为性质常数，是根据观察值经回归计算或理论计算而得；b_0 为一常数；$^m\chi_t$ 为分子连接性指数；t 为子图类型；m 为图中连接的边数。

子图有下述四种类型：

(1) 路径项　路径项以 $t=$p 表示，它由子图点价（只含碳原子）不大于 2 的子图构成，如包括杂原子在内，则每个点至多和两条边相连的子图叫做路径项。以下给出几个路径项的例子：

(2) 簇项　簇项以 $t=$c 表示，它的子图点价（只含碳原子）至少为 3 或 4，但不包括点价为 2 的子图构成，假如包含杂原子，则每个中心点和 3 条边或 4 条边相连的子图叫做簇项，以下给出了几个簇项的例子：

(3) 路径/簇项　路径/簇项以 $t=$pc 表示，它的子图点价除 3 或 4 外，还必须有 2 的点价存在，同样，如包含有杂原子，其定义按杂原子的路径项、簇项综合定义，具体例子如下所示：

(4) 链项　链项以 $t=$CH 表示，它的子图至少包含有一个环，下面给出了几个具体例子：

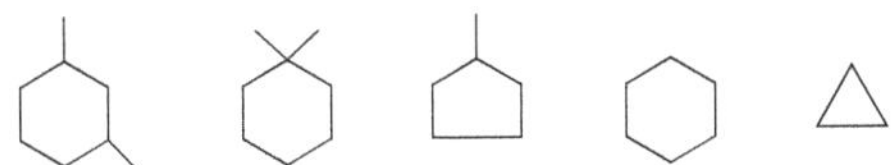

有了上述两个假设和有关定义，就可求得分子连接性指数了。

3. 分子连接性指数的求法

分子连接性指数$^m\chi_t$是以所有不同类型的相连的子图求和而得，以式（9-8）表示：

$$^m\chi_t = \sum {^mS_i} \tag{9-8}$$

式中，n 是价为m 的t 类子图的数目；^mS_i 是子图项（详见下面讨论）；i 是子图序号。分子拓扑性质最关键的关系取决于点价。

子图项计算公式如下：

$$^mS_i = \Pi(\delta_j)_i^{1/2} \tag{9-9}$$

从式（9-8）和式（9-9）可知，欲计算一个分子的分子连接性指数，必须剖析出所有的子图，如异戊烷的子图如表 9-8 所示。

表 9-8　异戊烷的子图表①

子图类型	阶 m(即边数)			
	1	2	3	4
路径项	   	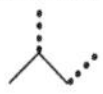   	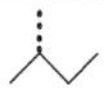 	
簇项				
路径/簇项				

① 它的隐氢图为 。

4. 分子连接性指数的计算示例

（1）零阶项$^0\chi$ 的计算　零阶项的子图是由一个点构成的子图，其边数 m 为零，计算公式如下：

$$^0\chi = \sum \delta_i^{-1/2}$$

例如正戊烷，它的隐氢图为 2 2 1 2 1，则

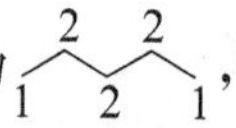

$$^0\chi = \sum \delta_i^{-1/2} = 1/\sqrt{1} + 1/\sqrt{2} + 1/\sqrt{2} + 1/\sqrt{2} + 1/\sqrt{1}$$

又如异戊烷，它的隐氢图为 1 1 3 2 1，则

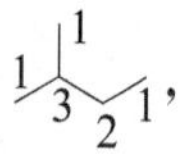

$$^0\chi = \sum \delta_i^{-1/2} = 1/\sqrt{1} + 1/\sqrt{3} + 1/\sqrt{2} + 1/\sqrt{1} + 1/\sqrt{1}$$

又如新戊烷，它的隐氢图为 1 4 1 1 1，则

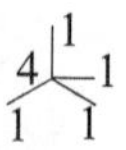

$$^0\chi = \sum \delta_i^{-1/2} = 1/\sqrt{1} + 1/\sqrt{1} + 1/\sqrt{4} + 1/\sqrt{1} + 1/\sqrt{1}$$

（2）一阶项$^1\chi$的计算　一阶项的子图是由两个点构成的子图，其边数 m 为 1，计算公式如下：

$$^1\chi = \sum(\delta_i\delta_j)^{-1/2}$$

仍举几个具体的例子来具体说明。

例如正戊烷，它的隐氢图为 1 2 2 2 1；它的子图为：1—2；2—2；2—2；2—1

所以，它的一阶连接性指数为

$$^1\chi = \sum(\delta_i\delta_j)^{-1/2} = 1/\sqrt{1\times2} + 1/\sqrt{2\times2} + 1/\sqrt{2\times2} + 1/\sqrt{1\times2} = 2.414$$

又如异戊烷，它的隐氢图为 1 3 1 2 1；它的子图为：1—3；1—3；3—2；2—1

它的一阶连接性指数为

$$^1\chi = \sum(\delta_i\delta_j)^{-1/2} = 1/\sqrt{1\times3} + 1/\sqrt{1\times3} + 1/\sqrt{3\times2} + 1/\sqrt{1\times2} = 2.270$$

再如新戊烷，它的隐氢图为 1 4 1 1 1；它的子图为：1—4；1—4；4—1；4—1

它的一阶连接性指数为

$$^1\chi = \sum(\delta_i\delta_j)^{-1/2} = 1/\sqrt{1\times4} + 1/\sqrt{1\times4} + 1/\sqrt{1\times4} + 1/\sqrt{1\times4} = 2.000$$

（3）二阶项$^2\chi$的计算　二阶项的子图是由 3 个点构成的子图，其边数 m 为 2，计算公式如下：

$$^2\chi = \sum(\delta_i\delta_j\delta_k)^{-1/2}$$

例如正戊烷，它的子图是 1—2—2；2—2—2；2—2—1

所以，它的二阶连接性指数为

$$^2\chi = \sum(\delta_i\delta_j\delta_k)^{-1/2} = \frac{1}{\sqrt{1\times2\times2}} + \frac{1}{\sqrt{2\times2\times2}} + \frac{1}{\sqrt{2\times2\times1}} = 1.354$$

对于异戊烷，它的子图是 1—3—1；1—3—2；1—3—2；3—2—1

二阶连接性指数为

$$^2\chi = \sum(\delta_i\delta_j\delta_k)^{-1/2} = \frac{1}{\sqrt{1\times3\times1}} + \frac{1}{\sqrt{1\times3\times2}} + \frac{1}{\sqrt{1\times3\times2}} + \frac{1}{\sqrt{3\times2\times1}} = 1.802$$

对于新戊烷，它的隐氢图为 1 4 1 1 1；它的子图为：1—4—1；1—4—1；1—4—1；1—4—1；1—4—1；1—4—1

二阶连接性指数为

$$^2\chi = \sum(\delta_i\delta_j\delta_k)^{-1/2} = 6\times\frac{1}{\sqrt{1\times4\times1}} = 3.000$$

(4) 三阶项$^3\chi$的计算　三阶项的子图一般是由 4 个点构成的子图，其边数 m 为 3，计算公式如下：

$$^3\chi = \sum (\delta_i\delta_j\delta_k\delta_l)^{-1/2}$$

三阶项可能有 3 种类型的子图，即路径项、簇项和链项。如果是链项，则三阶项是由三个点、三条边所组成。

下面仍以正戊烷、异戊烷和新戊烷为例来说明三阶项的计算。对于正戊烷，它只有路径项，其子图是 1 2 2 2 ； 2 2 2 1

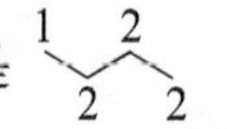

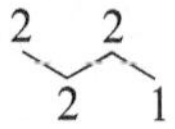

所以，它的三阶连接性指数为

$$^3\chi = \sum(\delta_i\delta_j\delta_k\delta_l)^{-1/2} = \frac{1}{\sqrt{1\times2\times2\times2}} + \frac{1}{\sqrt{2\times2\times2\times1}} = 0.707$$

对于异戊烷，它的三阶项有两种，一种是路径项，其子图有

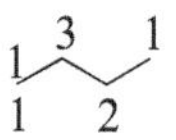

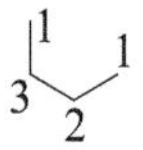

1 3 1 1 2 ； 1 1 3 2

故其三阶路径项为

$$^3\chi_{\mathrm{p}} = \sum(\delta_i\delta_j\delta_k\delta_l)^{-1/2} = \frac{1}{\sqrt{1\times3\times2\times1}} + \frac{1}{\sqrt{1\times3\times2\times1}} = 0.816$$

另一种是簇项，其子图为 1 3 1 2

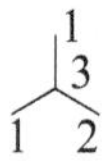

故其三阶簇项为

$$^3\chi_{\mathrm{c}} = \sum(\delta_i\delta_j\delta_k\delta_l)^{-1/2} = \frac{1}{\sqrt{1\times3\times2\times1}} + \frac{1}{\sqrt{1\times3\times2\times1}} = 0.408$$

对于新戊烷，则只有三阶簇项，而无三阶路径项。其三阶簇项子图为

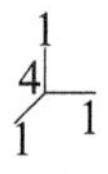

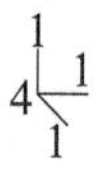

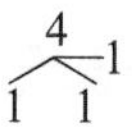

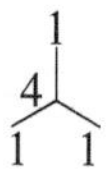

1 4 1 1 ； 1 4 1 1 ； 4 1 1 1 ； 1 4 1 1

故其三阶簇项为

$$^3\chi_{\mathrm{c}} = \sum(\delta_i\delta_j\delta_k\delta_l)^{-1/2} = 4\times\frac{1}{\sqrt{1\times1\times1\times4}} = 2.000$$

(5) 四阶项$^4\chi$的计算　四阶项的子图一般是由 5 个点构成的子图，其边数 m 为 4，计算公式如下：

$$^4\chi = \sum(\delta_i\delta_j\delta_k\delta_l\delta_q)^{-1/2}$$

四阶项可能有 4 种类型的子图，即路径项、簇项、链项及簇项/链项。如果是链项，则四阶项是由 4 个点和 4 条边所组成。

对于正戊烷，它只有路径项，其子图即为隐氢图 2 2 1 2 1

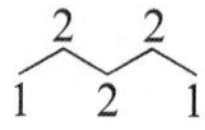

所以，它的四阶连接性指数为

$$^{4}\chi_{p}=\sum(\delta_i\delta_j\delta_k\delta_l\delta_q)^{-1/2}=\frac{1}{\sqrt{1\times2\times2\times2\times1}}=0.354$$

异戊烷则既无四阶路径项$^{4}\chi_{p}$，又无四阶簇项$^{4}\chi_{c}$，而只有四阶簇项/链项 $^{4}\chi_{cp}$，其四阶簇项/链项子图也就是隐氢图

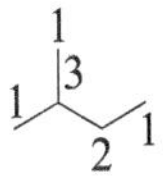

它的四阶连接性指数为

$$^{4}\chi_{pc}=\sum(\delta_i\delta_j\delta_k\delta_l\delta_q)^{-1/2}=\frac{1}{\sqrt{1\times1\times3\times2\times1}}=0.408$$

新戊烷既无四阶路径项$^{4}\chi_{p}$又无四阶簇项/链项 $^{4}\chi_{cp}$，而只有四阶簇项$^{4}\chi_{c}$，其四阶簇项$^{4}\chi_{c}$子图也是隐氢图

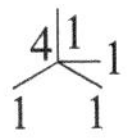

它的四阶连接性指数为

$$^{4}\chi_{c}=\sum(\delta_i\delta_j\delta_k\delta_l\delta_q)^{-1/2}=\frac{1}{\sqrt{1\times1\times1\times1\times4}}=0.509$$

表 9-9 列出了庚烷各种异构体的各类子图数目。

表 9-9　庚烷异构体路径、簇、路径/簇项的子图数目表

隐氢图	$^{1}\chi_{p}$	$^{2}\chi_{p}$	$^{3}\chi$		$^{4}\chi$			$^{5}\chi$			$^{6}\chi$			总		
			p	c	p	c	pc	p	c	pc	p	c	pc	p	c	pc
	6	5	4	0	3	0	0	2	0	0	1	0	0	21	0	0
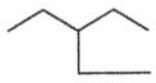	6	6	6	1	3	0	3	0	0	2	0	0	1	21	1	6
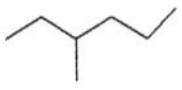	6	6	5	1	3	0	2	1	0	2	0	0	0	21	1	4
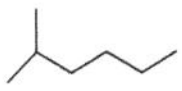	6	6	4	1	3	0	1	2	0	1	0	0	1	21	1	3
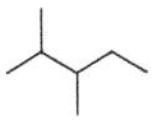	6	7	6	2	2	0	5	0	1	3	0	0	1	21	3	9
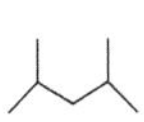	6	7	4	2	4	0	2	0	0	4	0	0	1	21	2	7
	6	8	6	4	1	1	6	0	0	4	0	0	1	21	5	11
	6	8	4	4	3	1	3	0	0	4	0	0	1	21	5	8
	6	9	6	5	0	1	9	0	3	2	0	1	0	21	10	11

三、分子识别数

无论是分子的 Wiener 指数还是分子的 Randic 分支指数都存在着退化性，即不同的分子

具有相同的指数，如在表 9-10 中，2,2-二甲基戊烷的 Wiener 指数为 46，而 2,3-二甲基戊烷的 Wiener 指数也为 46，这就说明在 Wiener 指数指标中存在着退化性，像这样的例子还可举出不少；Randic 的分支指数的退化性没有 Wiener 指数那么严重，但也存在着同样的退化性，3-甲基庚烷与 4-甲基庚烷就可产生同样的 Randic 分支指数。所以，在 1984 年，Randic 又提出了分子识别数这一新的分子拓扑指数[27]。分子识别数这一指标实际上是分子连接性指数和分子路径数的一种结合，或更精确地说，是一种加权的分子路径数，其中权值就与分子连接性相关[28]。在给出分子识别数的定义之前，先看看有关分子和原子的路径数。表 9-10 给出了 2-甲基丁烷的全部有关路径数。有关该表的具体理解可参看图 9-5。结合表 9-10 和图 9-5 可以看到，在计算路径数时，实际上将只有一个点，即路径等于零时，也算存在一个路径数；另外，在计算路径大于零的路径数时，分子的路径数是原子路径数的二分之一，这是因为在计算原子路径数时，同一路径计算了两次（参见图 9-5）。在介绍了路径数概念基础上，分子识别数的数学定义可由下式给出：

$$\mathrm{MIDN}=\sum_j w_{0j}+1/2\sum_k w_{ik}$$

式中，w 是路径权重；下标 $0j$ 表示所有长度为零的路径；下标 ik 则表示所有长度大于零的路径。有关权重的计算由下述原则确定：

(1) 长度为零的路径的权重都为 1；

(2) 长度大于零的路径的权重由其分子连接性指数确定。

表 9-11 给出了 2-甲基丁烷的全部有关路径权重。从表中可以看出，2-甲基丁烷的分子识别数为 8.6968019。

表 9-10 2-甲基丁烷的原子和分子路径数一览表

原子编号	路径长度数					总和
	0	1	2	3	4	
1	1	1	2	1	0	5
2	1	3	1	0	0	5
3	1	2	2	0	0	5
4	1	1	1	2	0	5
5	1	1	2	1	0	5
分子路径数	5	4	4	2	0	

分子路径数总和:15

表 9-11 2-甲基丁烷的原子和分子路径权重一览表

原子编号	路径长度数					总和
	0	1	2	3	4	
1	1	0.5774	0.5690	0.1667	0	2.3131
2	1	1.5629	0.2887	0	0	2.8516
3	1	1.1154	0.4714	0	0	2.5868
4	1	0.7071	0.2887	0.3333	0	2.3291
5	1	0.5774	0.5690	0.1667	0	2.3131
分子路径权重	5	2.2701	1.0934	0.3333	0	

分子识别数:8.6968019

表 9-12 列出了部分 C_4～C_7 烷烃的沸点、Wiener 指数、Randic 分支指数和分子识别数，

从表中可以看出，烷烃的沸点与 Wiener 指数、Randic 分支指数和分子识别数都存在较好的线性相关性，其中沸点与 Wiener 指数的相关系数为 0.971；沸点与 Randic 分支指数的相关系数为 0.994；分子识别数与沸点的相关性最好。

原子序号	路径长度			
	0	1	2	3
1	1	1—2	1—2—3 1—2—5	1—2—3—4
2	2	2—1 2—3 2—5	2—3—4	
3	3	3—2 3—4	3—2—5 3—2—1	
4	4	4—3	4—3—2	4—3—2—1 4—3—2—5
5	5	5—2	5—2—1 5—2—3	

2-甲基丁烷的隐氢图

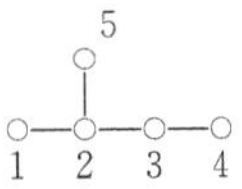

5
1 2 3 4

图 9-5　与表 9-10 相对应的路径子图

表 9-12　部分 C_4～C_7 烷烃的沸点、Wiener 指数、Randic 分支指数和分子识别数

化合物	沸点/℃	Wiener 指数	Randic 分支指数	分子识别数
2-甲基丙烷	−11.73	9	1.732	6.7321
正丁烷	−0.50	10	1.914	6.8713
2,2-二甲基丙烷	9.50	16	2.000	8.5000
2-甲基丁烷	27.85	18	2.270	8.6968
正戊烷	36.07	20	2.414	8.8499
2,2-二甲基丁烷	49.74	28	2.561	10.4660
2,3-二甲基丁烷	57.99	29	2.643	10.5236
2-甲基戊烷	60.27	32	2.770	10.6792
3-甲基戊烷	63.28	31	2.808	10.6759
正己烷	68.74	35	2.914	10.8392
2,2-二甲基戊烷	79.20	46	3.061	12.4490
2,4-二甲基戊烷	80.50	48	3.126	12.5092
2,2,3-三甲基丁烷	80.88	42	2.943	12.2931
3,3-二甲基戊烷	86.03	44	3.121	12.4427
2,3-二甲基戊烷	89.78	46	3.181	12.5052
2-甲基己烷	90.05	52	3.270	12.6704
3-甲基己烷	91.85	50	3.308	12.6600
3-乙基戊烷	93.48	48	3.346	12.6692
正庚烷	98.42	56	3.414	12.8338

为计算分子识别数，Randic 和 Wilkins 等[29]提供了一个计算该值的 Basic 程序，用它来计算一般分子的分子识别数将比较容易。

Randic 对 400 多个分子结构，其中包括 10 个碳原子以下的所有烷烃进行了分子识别数的计算，没有发现退化性。1985 年，Trinajstic 等对包括 20 个碳原子以下的 618000 种烷烃结构进行了系统的计算，发现其中有 124 种化合物的两个异构体和 1 种化合物的 3 个异构体分别具有相同的分子识别数，如 2,3-二甲基-6-乙基-5-异丙基辛烯与 2,6-二甲基-5-乙基-3-异丙基辛烯就是其中的一个例子[30]，它们具有完全相同的分子识别数。Randic 后又对分子识别数进行了改进，提出了第二分子识别数，有兴趣的读者可参阅文献[31]。

四、苏尔兹分子拓扑指数

1989 年，苏尔兹（Schultz）又提出了他称为分子拓扑指数（MTI）的新指标[32]，这一拓扑指标的优点是它的退化性不严重，很多上述方法中具有相同特征数的分子对，它们的苏尔兹分子拓扑指数是不相同的。为方便起见，现仍以 2-甲基丁烷为例来说明苏尔兹分子拓扑指数构成方法。2-甲基丁烷的隐氢图示于图 9-3，它的距离矩阵（$\boldsymbol{D}$）、邻接矩阵（$\boldsymbol{A}$）和各原子的点价矢量（$\boldsymbol{v}$）如下：

$$\boldsymbol{D}=\begin{pmatrix}0&1&2&3&2\\1&0&1&2&1\\2&1&0&1&2\\3&2&1&0&3\\2&1&2&3&0\end{pmatrix}\qquad \boldsymbol{A}=\begin{pmatrix}0&1&0&0&0\\1&0&1&0&0\\0&1&0&1&0\\0&0&1&0&0\\0&1&0&0&0\end{pmatrix}$$

$$\boldsymbol{v}=[1\quad 3\quad 2\quad 1\quad 1]$$

Muller 等曾指出[33]，对邻接矩阵的每一行或者是每一列加合即可得点价矢量 $\boldsymbol{v}$。在此，苏尔兹是用的 $\boldsymbol{D}$ 矩阵和 $\boldsymbol{A}$ 矩阵之和，即（$\boldsymbol{D}+\boldsymbol{A}$）。

$$\boldsymbol{D}+\boldsymbol{A}=\begin{pmatrix}0&1&2&3&2\\1&0&1&2&1\\2&1&0&1&2\\3&2&1&0&3\\2&1&2&3&0\end{pmatrix}+\begin{pmatrix}0&1&0&0&0\\1&0&1&0&0\\0&1&0&1&0\\0&0&1&0&0\\0&1&0&0&0\end{pmatrix}=\begin{pmatrix}0&2&2&3&2\\2&0&2&2&2\\2&2&0&2&2\\2&2&1&0&3\\2&2&2&3&0\end{pmatrix}$$

继续对($\boldsymbol{D}+\boldsymbol{A}$)与 $\boldsymbol{v}$ 的乘积所得矢量的所有元素求和就得到了苏尔兹分子拓扑指数：

$$\boldsymbol{v}(\boldsymbol{D}+\boldsymbol{A})=[15\quad 10\quad 12\quad 16\quad 15]$$

而

$$\text{MTI}=15+10+12+16+15=68$$

苏尔兹对 42 种不同的烷烃进行了分子拓扑指数的计算，所得结果列于表 9-13。在表 9-13中的第 17 号和第 18 号、第 19 号和第 20 号、第 24 号和第 25 号、第 27 号和第 28 号、第 29 号和第 31 号、第 31 号和第 32 号、第 21 号和 33 号、第 41 号和第 42 号这些分子对都是别的分子描述指数得到同一指标而难区分的分子对。苏尔兹提出的分子拓扑指数虽然在分子结构描述的退化性有所进步，但是，对于此分子拓扑指数与沸点的相关性却不如 Randic 分支指数。为此，苏尔兹提出使用（$\boldsymbol{D}+\boldsymbol{A}$）矩阵的行列式值和第一特征值等数量指标[34~36]来描述分子特性，以改善它们与分子化学性质的相关性。在此将进一步介绍这些内容。

仍以 2-甲基丁烷为例来说明。对于 2-甲基丁烷的距离矩阵 $\boldsymbol{D}$ 和（$\boldsymbol{D}+\boldsymbol{A}$）矩阵，它们的行列式值分别为 32 和 176；它们的特征值分别为：$\lambda_1=7.45929$，$\lambda_2=-3.86269$，$\lambda_3=-2.0000$，$\lambda_4=-1.08462$，$\lambda_5=-0.51198$（$\boldsymbol{D}$ 矩阵），$\lambda_1=8.85345$，$\lambda_2=-3.38547$，

$\lambda_3=-2.0000$，$\lambda_4=-2.0000$，$\lambda_5=-1.46798$[($\boldsymbol{D}+\boldsymbol{A}$) 矩阵]。在此没有提到拓扑邻接矩阵 **A**，这是因为 Trinajstic 已对此进行过研究，所得结果说明拓扑邻接矩阵 **A** 的特征值是一个退化性很高的指标，很多不同化合物的拓扑邻接矩阵的特征值相同[37]。

表 9-13 部分 C_1～C_{15} 烷烃的沸点和分子拓扑指数

编号	化合物	沸点/℃	分子拓扑指数	编号	化合物	沸点/℃	分子拓扑指数
1	甲烷	−164	0	22	2,2,3-三甲基丁烷	80.88	156
2	乙烷	−88.6	4	23	辛烷	125.7	306
3	丙烷	−42	16	24	3-甲基庚烷	119	276
4	正丁烷	−0.50	38	25	4-甲基庚烷	117.7	272
5	2-甲基丙烷	−11.73	36	26	2,5-二甲基己烷	109.1	270
6	正戊烷	36.07	74	27	2,2-二甲基己烷	106.9	260
7	2-甲基丁烷	27.85	68	28	2,4-二甲基己烷	109.5	258
8	2,2-二甲基丙烷	9.50	64	29	3,4-二甲基己烷	117.7	246
9	正己烷	68.74	128	30	3,3-二甲基己烷	112	244
10	2-甲基戊烷	60.27	118	31	3-乙基-2-甲基戊烷	115.7	242
11	3-甲基戊烷	63.28	114	32	3-乙基-3-甲基戊烷	118.3	232
12	2,3-二甲基丁烷	57.99	108	33	2,2,3,3-四甲基丁烷	106.3	214
13	2,2-二甲基丁烷	49.74	106	34	壬烷	150.8	438
14	正庚烷	98.42	204	35	癸烷	174.1	604
15	2-甲基己烷	90.05	190	36	十一烷	198.8	808
16	3-甲基己烷	91.85	182	37	十二烷	216.3	1054
17	2,4-二甲基戊烷	80.50	176	38	十三烷	235.4	1346
18	3-乙基戊烷	93.48	174	39	十四烷	253.7	1688
19	2,2-二甲基戊烷	79.20	170	40	十五烷	270.6	2084
20	2,3-二甲基戊烷	89.78	168	41	2,6-二甲基-5-乙基-3-异丙基辛烷		1366
21	3,3-二甲基戊烷	86.03	162	42	2,3-二甲基-6-乙基-5-异丙基辛烷		1358

表 9-14 列出了对前述 42 种不同的烷烃的距离矩阵 **D** 和($\boldsymbol{D}+\boldsymbol{A}$)矩阵的行列式值和它们的相应第一特征值及用它们分别计算所得的沸点值。为列表方便在此略去了这些化合物的名称，只保留了它们的编号。由($\boldsymbol{D}+\boldsymbol{A}$)矩阵的行列式绝对值的 log 值的平方根对相应沸点值进行回归计算的相关系数为 0.994；而由距离矩阵 **D** 的第一特征值之 log 值对相应沸点值进行回归计算的相关系数为 0.969；由($\boldsymbol{D}+\boldsymbol{A}$)矩阵的第一特征值之 log 值对相应沸点值进行回归计算的相关系数为 0.987，说明采用这些数值来计算可提高苏尔兹分子拓扑指数与相应化学性质的相关性。

最近，Klavzar 和 Gutman 对苏尔兹分子拓扑指数与 Wiener 指数的关系进行了研究[38]，他们证明了苏尔兹的分子拓扑指数与 Wiener 指数存在如下关系：

$$\alpha W \leqslant \mathrm{MTI} \leqslant \beta W$$

具体来说，可由以下两个表达式具体给出：

(1) 如果 Γ 为一连接图，则

$$2v_{\min}W(\Gamma)<\mathrm{MTI}(\Gamma)\leqslant 2v_{\max}W(\Gamma)$$

式中，$v_{\min}$ 和 $v_{\max}$ 分别表示最小和最大的点价数。

(2) 如果分子结构隐氢图 Γ 为一多环芳烃体系，则有

$$4W(\Gamma) < \mathrm{MTI}(\Gamma) \leqslant \lambda W(\Gamma)$$

式中，$\lambda = 6 + 6/\sqrt{15 \times 25} = 6.9295$。

以上两个关系表明，苏尔兹分子拓扑指数与 Wiener 指数之间存在一定的线性相关关系。事实上，对于烷烃来说，在苏尔兹分子拓扑指数与 Wiener 指数之间的线性相关关系已经有人进行过系统的研究[39]。

巴纳班曾在一篇评论文章中指出，用实数来表达顶点不变数（vertex invariants）的确可看成是第三代的分子拓扑指数。据他的评论称[25]，第一代分子拓扑指数是以对局部顶点不变数（local vertex invariants，LOVT's）的简单操作而得的整数；第二代分子拓扑指数是对第一代分子拓扑指数进一步进行复杂操作而得到的实数；第三代分子拓扑指数则应是对第二代分子拓扑指数进一步操作而得到的实数。关于此三类分子拓扑指数的具体方法及其特性已列于表 9-15 中。

表 9-14 部分 C_1～C_{15} 烷烃的沸点和分子拓扑指数

编号	沸点/℃	$\|D\|$	$\|D+A\|$	由 $\|D+A\|$ 计算的沸点值/℃	λ_1		由 $\lambda_1(D+A)$ 计算的沸点值/℃
					$\|D\|$	$\|D+A\|$	
1	−161	0	0	0	0		
2	−88.6	−1	−4	−108.8	1	2	−119.3
3	−42	4	6	−47.4	2.7321	4	−48.6
4	−0.50	−12	−60	−2.3	5.1623	6.53113	1.4
5	−11.73	−12	−48	−9.4	4.6458	6	−7.3
6	36.07	32	224	35.8	8.2882	9.72970	42.0
7	27.85	32	176	29.2	7.4593	8.85345	32.4
8	9.50	32	128	20.2	6.6056	8	22.1
9	68.74	−80	−817	68.9	12.109	13.6116	76.3
10	60.27	−80	−656	63.5	11.059	12.5154	67.7
11	63.28	−80	−644	63.1	10.742	12.1719	64.9
12	57.99	−80	−512	57.3	10	11.4031	58.2
13	49.74	−80	−464	54.8	9.6702	11.0769	55.3
14	98.42	192	2840	97.9	16.625	18.1783	105.8
15	90.05	192	2372	93.8	15.405	16.9205	98.5
16	93.5	192	2352	93.6	14.297	15.7492	91.2
17	92	192	2348	93.6	14.864	16.3497	95.0
18	80.5	192	1920	88.4	14.176	15.6472	90.5
19	79.20	192	1728	86.6	13.635	15.0970	86.9
20	89.78	192	1872	88.4	13.634	15.0731	86.7
21	86.03	192	1680	86.0	13.070	14.4942	82.7
22	80.88	192	1344	80.8	12.394	13.8023	77.7
23	125.7	−448	−9486	123.8	21.836	23.4316	131.7
24	119	−448	−8127	120.6	19.763	21.3026	122.0
25	117.7	−448	−8160	120.7	19.542	21.0738	120.9
26	109.1	−448	−6864	117.0	19.112	20.6428	118.8

续表

编号	沸点/℃	|D|	|D+A|	由|D+A|计算的沸点值/℃	λ_1		由λ_1(D+A)计算的沸点值/℃
					|D|	|D+A|	
27	106.9	−448	−6220	115.0	18.413	19.9327	115.2
28	109.5	−448	−6816	116.9	18.396	19.8985	115
29	117.7	−448	−6700	116.5	17.676	19.1471	111.1
30	112	−448	−6124	114.6	17.443	18.9193	109.9
31	115.7	−448	−6832	116.9	17.419	18.8774	109.6
32	118.3	−448	−6076	114.5	16.671	18.1096	105.4
33	106.3	−448	−3520	102.6	14.937	16.3459	95.0
34	150.8	1024	31007	147.7	27.742	29.3729	154.7
35	174.1	−2304	−100095	170.0	34.343	36.0037	175.5
36	196.8	5120	320048	191.1	41.638	43.3249	194.4
37	216.3	−11264	−1014203	211.1	49.629	51.3375	211.7
38	235.4	24576	3188230	230.0	58.314	60.0420	227.7
39	253.7	−53248	−9954933	248.2	67.694	69.4390	242.5
40	270.6	114688	30910288	265.6	77.769	79.5288	256.3
41		114688	17734496	257.1	51.924	53.5129	215.9
42		114687	16622076	256.1	52.136	53.7266	216.3

表 9-15　基于局部顶点不变数（LOVT's）的三代分子拓扑指数

分子拓扑指数	LOVI'S	操　作	分子拓扑指数形式	退化性
第一代	整数	简单标记	整数	高
第二代	整数或有理数	结构性计算	实数	中等或低
第三代	实数	两形式皆有	实数	低

按照他的分类方法，像 Wiener 指数就应为第一代分子拓扑指数，第一代分子拓扑指数的例子还有：

① Zagreb 的基团拓扑指数，记为 M[40]：

$$M=\sum_i \delta_i^2 \tag{9-10}$$

② Gordon-Scantlebury 指数，记为 N[41]：

$$N=\sum_i \delta_i(\delta_i-1)/2 \tag{9-11}$$

③ 平方指数，记为 Q[42]：

$$Q=[\sum_i (i^2-2i)\delta_i+2]/2 \tag{9-12}$$

在式(9-10)～式(9-12)中，δ_i 均表示分子图的点价。实际上，式（9-10）～式（9-12）存在着以下的线性关系：

$$Q=N-n+2=3-2n+(M/2)$$

$$M=2(N+n-1)$$

式中，n 为分子隐氢图中的顶点数。一般说来，第一代分子拓扑指数都具有较高的退化性。

第二代分子拓扑指数的典型代表是 Randic 分支指数和后由 Kier 拓展的分子连接性指数，另外一个例子是分子图的所有顶点的均方距离指标，记为 $D^{(2)}$[43]：

$$D^{(2)}=(\sum_{i,j}d_{ij}^{2})^{1/2}/[n(n-1)] \tag{9-13}$$

式中，d_{ij} 表示顶点之间的距离；n 表示分子图中顶点的数目。

第三代分子拓扑指数可以是这样一些指标，它们的局部顶点不变数（LOVT's）是由实数表出的，这样的例子可以是邻接矩阵或距离矩阵的特征值、行列式值等。在此仅介绍一种由 Balaban 等提出的这样的第三代分子拓扑指数[25]，他们称之为回归距离和（RDS）及回归顶点点价（RVD）。

五、回归距离和（RDS）及回归顶点点价（RVD）

因顶点点价反映了该顶点与其相连顶点的关系；而顶点之间的距离和则反映了一些更远距离顶点对该顶点的影响，所以，分子拓扑图中的顶点点价和顶点之间的距离和已在第一代和第二代分子拓扑指数中得到了相当广泛的应用。巴纳班等在这里则通过回归顶点点价来增强顶点点价的作用，使它能将一些更远的顶点的贡献也包括进来，当然，随着距离的增大，其作用也将相应减少；而回归距离和则是起到相应的增强简单顶点和的作用，而且，经此增强后，这些指标都成了实数，这样就可以达到降低拓扑指标退化性的目的。下面将通过两个简单的例子来加以说明。

图 9-6 和图 9-7 分别给出了几个具体构成回归顶点点价和回归距离和指标的例子。

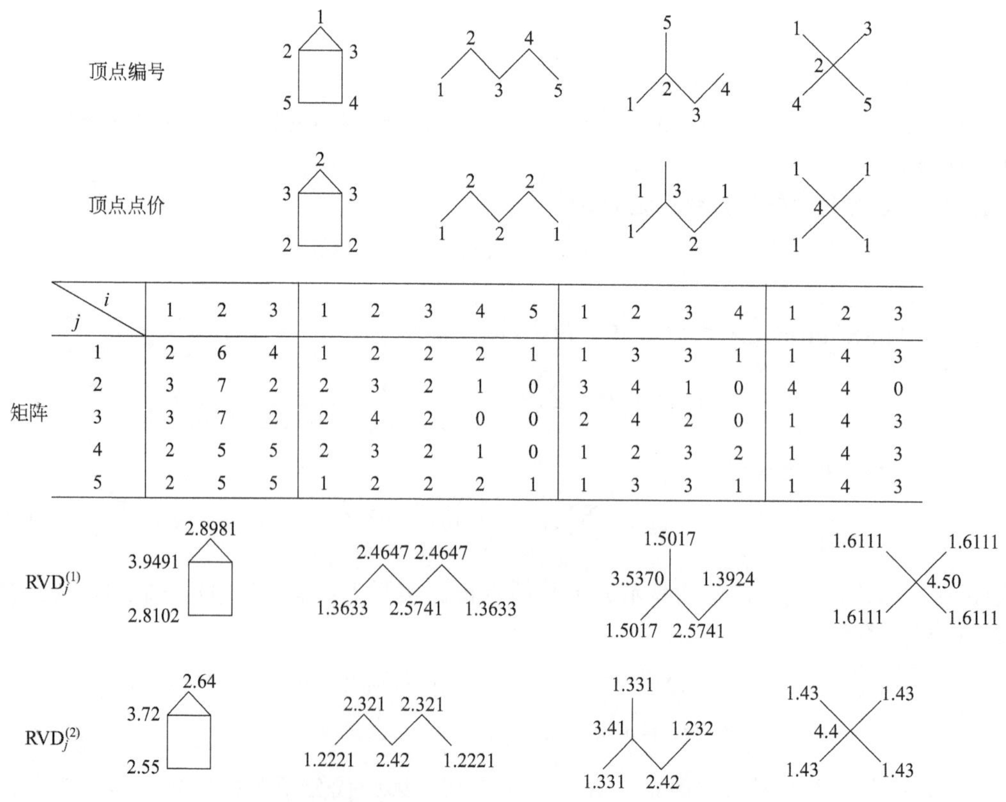

图 9-6 回归顶点点价计算示意图

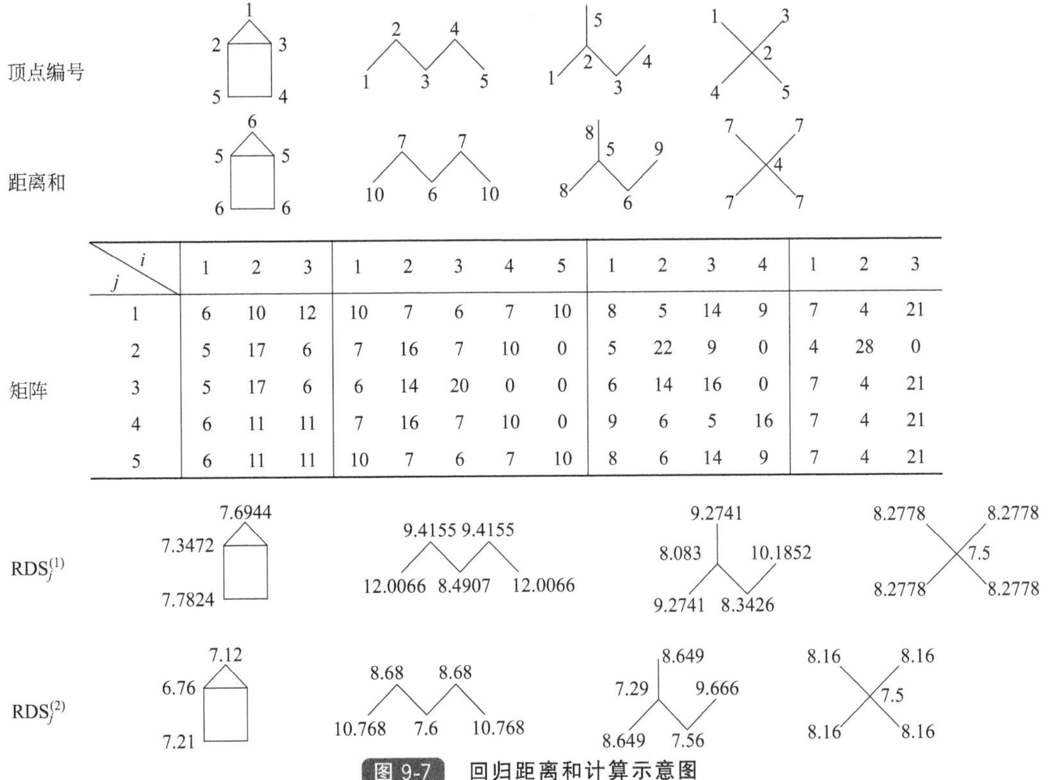

j \ i	1	2	3	1	2	3	4	5	1	2	3	4	1	2	3
1	6	10	12	10	7	6	7	10	8	5	14	9	7	4	21
2	5	17	6	7	16	7	10	0	5	22	9	0	4	28	0
3	5	17	6	6	14	20	0	0	6	14	16	0	7	4	21
4	6	11	11	7	16	7	10	0	9	6	5	16	7	4	21
5	6	11	11	10	7	6	7	10	8	6	14	9	7	4	21

图 9-7　回归距离和计算示意图

从图 9-6 和图 9-7 可以看出，首先为四个具有五个碳原子的隐氢图进行了编号，继而将这些碳原子的点价或各顶点到该点的距离和标出。然后，构成了一个矩阵，在该矩阵的第一列中，简单地计下该顶点相应的点价和距离，而在该矩阵的第二列中，则将与其最邻近的顶点所标出的点价或距离进行加合，即将只与该顶点直接相连（距离等于 1）的顶点的相应数加合；对于该矩阵的第 i 列，则将与该顶点以（$i-1$）个边相连［距离等于（$i-1$）］的顶点的相应数加合。两个顶点之间的最大距离称为该分子图的直径，它也等于该矩阵的列数。

得到这两个矩阵后，相应的 RVD_j 和 RDS_j 则可通过以下两式来进行计算：

$$LOVI_j^{(1)} = \sum i^{-3} y_{ij} \tag{9-14}$$

$$LOVI_j^{(2)} = \sum 10^{1-i} y_{ij} \tag{9-15}$$

式中，y_{ij} 表示前述矩阵中的第 i 行第 j 列的元素。由式（9-14）和式（9-15）计算出来的局部顶点不变数在图 9-6 和图 9-7 的最后两行给出。这样所得到的分子拓扑指数将具有很小的退化性。用这些指标计算了 35 个烷烃（$n=5\sim8$）的沸点，所得的相关系数为 0.985，可见它们也具有很好的化学特性表达功能。

六、分子形状及灵活性指数（Kappa 指数）

分子形状和空间构象对其物化性质和生物活性具有重要影响，但对这类结构特征的定量描述一直是个难点问题。化学家和药物学家很早就认识到了对分子形状和空间构象进行合适的定量描述的确应具有重要意义，并在近年内提出了一些描述的方法。

在化学反应中，有两个大的方面被一致认为会明显受到空间效应的影响。第一个方面是原子或基团对分子的临近部分的反应影响，取代基效应的影响一直被广泛研究。空间效应一直被认为对某种试剂进攻反应活性中心起阻碍作用。第二个方面是当分子间相互作用的时候，二者必须在结构上有一定的互补关系才能彼此反应。

1. 原子与路径数

同分异构体的每个分子的形状是不相同的，故它们的化学性质亦应有所不同。首先认为分子的形状是一个关于分子中的原子个数及相互关系的函数。对于一个分子图，可以计算其原子数目和各阶路径数。现以一个具体例子加以说明。

一系列同分异构体的结构各不相同，因此原子数目并不能提供有用的结构信息。可以利用各阶路径数来构建一个指数表达分子的结构信息。从表 9-16 中可以清楚地看出，只要用到三键长度路径数，就可将这些己烷同分异构体区分开来。

表 9-16 己烷同分异构体的原子及路径数列表

分子图	A	^1P	^2P	^3P
	6	5	4	3
	6	5	5	3
	6	5	5	4
	6	5	6	4
	6	5	7	3
	6	6	6	6

注：A—原子数；^1P——键长度路径数；^2P—二键长度路径数；^3P—三键长度路径数。

2. Kappa 指数的计算模型

（1）一阶形状属性

$$^1k=2\,^1P_{\max}\,^1P_{\min}/(^1P_i)^2=A(A-1)^2/(^1P_i)^2$$

式中，$^1P_{\max}$ 表示在原子数为 A 的所有同分异构体中，一阶路径数的最大值；$^1P_{\min}$ 则表示最小值。

（2）二阶形状属性

$$^2k=2\,^2P_{\max}\,^2P_{\min}/(^2P_i)^2=(A-1)(A-2)^2/(^2P_i)^2$$

（3）三阶形状属性

$$^3k=4\,^3P_{\max}\,^3P_{\min}/(^3P_i)^2$$

更一般地，有，

$$^3k=(A-1)/(A-3)^2/(^3P_i)^2 \quad A\ \text{是奇数}$$

$$^3k=(A-3)(A-2)^2/(^3P_i)^2 \quad A\ \text{是偶数}$$

下面仍以一个具体例子来进行 Kappa 指数的实际计算。在表 9-17 中列出了这样的例子。

表 9-17 不同分子的$^m k$（$m=1，2，3$）值及其相对应的结构

A=5				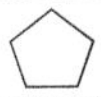	
^1k	0.800	1.633	2.222	3.200	5.000
A=6			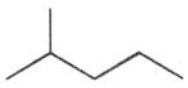		
^2k	0.800	1.633	3.200	5.000	
A=10				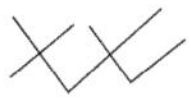	
^3k	1.750	1.991	4.480	9.143	

来看几个计算实例：

$^1k=A(A-1)^2/(^1P_i)^2=5\times(5-1)^2/6^2=5\times4^2/36=2.222$（表 9-17 中第一行第三列）；

$^2k=(A-1)(A-2)^2/(^2P_i)^2=(6-1)\times(6-2)^2/(^2P_i)^2=5\times4^2/7^2=5\times4^2/49=1.633$（表 9-17 中第三行第二列）；

$^3k=(A-3)(A-2)^2/(^3P_i)^2=(10-3)\times(10-2)^2/(^2P_i)^2=7\times8^2/7^2=7\times64/49=9.143$（表 9-17 中第五行第四列）；

在 Kappa 指数的实际计算中，还得进行元素的差异区分，不同的元素对形状的影响不同。例如：①利用前面的 Kappa 指数无法分辨戊烷和二乙醚，因为在化学图中，二者的 Kappa 指数是完全一样的。但是由于 C 原子和 O 原子的差异，二者具有不同的形状。因此，需要考虑分子中的原子性质对分子整体形状的影响。②原子数修正方法：α_X 利用原子的共价半径，以 sp^3 杂化的 C 原子为标准进行修正后，$\alpha_X=(r_X/r_{Csp^3})-1$，再以同样的方法计算 Kappa 值。有关 Kappa 指数的详细计算，读者可以参考文献[44,45]。

七、电子拓扑状态——QSAR 及数据库分析中的结构模拟参数

电子拓扑状态指数（E-state）[46]是从原子水平对分子结构进行描述和编码。电子拓扑状态参数的构建是认为分子中的每个原子都具有一个因其他原子的扰动（取决于原子的自身性质以及彼此间的距离）而形成的特有的内在状态，这种状态包含了其电负性与拓扑环境两方面的信息。因此，原子的 E-state 指数其实反映了其所在位置上的电子可及性能力。E-state 指数既可以对每个氢原子单独计算，也可以针对整个分子进行计算。

传统的 QSAR 模型是将分子的物理化学性质与其生物活性相关联，这些模型反映了分子结构的变化对其性质产生的影响，在分子设计中具有重要意义。经过几十年的探索，一种分子结构信息表征方式也在分子设计中发挥了重要作用，那就是基于原子或基团水平对分子结构进行定量描述。人们越来越清楚地发现药物受体、酶基底以及键的相互作用往往受到分子中一些特别的原子或基团很大的影响。因此，对于分子结构的识别至关重要。不管是通过物理性质参数还是基于各种结构描述符构建的模型都会存在信息丢失。有必要对分子子结构进行编码和定量描述以便从不同的角度更好地理解分子结构变化对其性质产生的影响，而 E-state 指数正是反映这方面的要求而提出的一种参数。

（一）分子原子内在结构的表达

1. 信息场中原子的表征

将分子中的一个原子视为存在于一个信息场中，分子中的其他原子均能对此信息场产生不同的影响，因此，对于某个具体分子中的某个具体原子均有一个对应的特征信息场。例

如，丙烷和乙酸中的甲基就具有不同的信息场，尽管二者都是甲基。因为对甲基的定量描述不仅包括其自身的内在性质，同时还与分子中的其他原子或基团对它的影响有关，这种影响主要通过分子中原子之间的键连接来传播，所以这种关系可以通过化学图中的连接性来开展研究。

2. 原子的内在性质

为了说明原子的内在性质这一基本概念，继续以甲基为例，将任何分子中的甲基所具有的一些基本属性称为它的内在性质，并通过一个简单的符号来表示所有的甲基。内在性质具有普遍性和本质性。一般来讲，内在性质的描述包括三个方面：①所含有的元素，如甲基含有氢和碳。②电子分布，用来描述原子或基团的杂化或共价状态，主要通过单键、共轭结构和孤对电子等来反映。③原子或基团的局部拓扑环境。

3. 原子内在性质参数构建——δ 值

化学家经常用价态或者杂化概念来描述原子在分子中的存在形式，这种描述同时提供了挑战与机遇。原子描述法本质是对杂化状态下不同轨道的电子层结构和价电子分布的描述。现以乙酸乙酯为例来加以说明，见图 9-8。

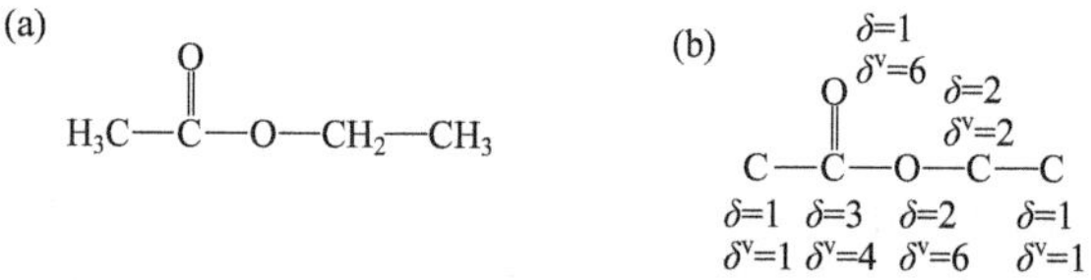

(a) $H_3C—C(=O)—O—CH_2—CH_3$

(b) O: δ=1, δ^v=6; C: δ=1, δ^v=1; C: δ=3, δ^v=4; O: δ=2, δ^v=6; C: δ=2, δ^v=2; C: δ=1, δ^v=1

图 9-8 乙酸乙酯的分子结构式 (a) 及其 δ 值表示示意图 (b)

对于原子的价电子的描述一般采用两种方式：一是 δ，即与该原子相邻的非氢原子数目，它反映的是 σ 键的骨架结构特征；二是 δ^v，它被定义为该原子的价电子数目减去与其相连的氢原子的数目。δ 和 δ^v 是用来构建原子内在性质参数的两个重要指标。

(1) δ 值的计算方法　在对结构描述的研究中发现 δ 和 δ^v 提供了非常丰富的原子信息。简单的 δ 的定义为：$\delta=\sigma-h$；其中 σ 是 σ 轨道上的电子数目，h 是与之相连的氢原子数目。因此，简单的 δ 提供的信息包括：①相邻的非氢原子数；②除氢原子外的其他原子上的 σ 电子数目；③与原子相连的键的数目；④原子在分子中的拓扑环境。

δ^v 的定义为：$\delta^v= Z^v-h=\sigma+\pi+n-h$，其中 π 是 π 轨道上的电子数，n 是孤对电子数目。因此，δ^v 提供的信息包括：①原子的价电子数目；②除了与氢连接的原子的 σ 电子、π 电子和 n 电子数目。由 $\delta^v=Z^v-h=\sigma+\pi+n-h$ 可以看出，$\delta^v-\delta=\pi+n$ 表示的是原子的 π 电子和 n 电子数目之和，由此提供了一种定量描述原子参与分子间相互作用或反应的能力。同时，研究发现原子的价态信息与 Mulliken-Jaffe 电负性也具有很高的相关性。

表 9-18 碳、氮、氧及卤素的 δ 值

原　子	杂化态	δ^v	δ
>C<	sp^3	4	4
=C<	sp^2	4	3
≡C—	sp	4	2
>N—	sp^3	5	3
=N—	sp^2	5	2

续表

原　子	杂化态	δ^v	δ
≡N	sp	5	1
—O—	sp^3	6	2
=O	sp^2	6	1
—F	sp^3	7	1
—Cl	sp^3	7	1
—Br	sp^3	7	1
—I	sp^3	7	1

表 9-18 总结了在分子中的碳、氮、氧及卤素原子的 δ 和 δ^v 值。再由 $\delta^v-\delta=\pi+n$ 可以看出，两者之差表示的是原子的 π 电子和 n 电子数目之和，由此提供了一种定量描述原子参与分子间相互作用或反应的能力[47]。此外，它还与处于该价态的原子的 Mulliken-Jaffe 电负性高度相关。这些数值以及 Kiar-Hall 电负性都示于表 9-19 之中。

表 9-19　Kiar-Hall 及 Mulliken-Jaffe 电负性值 $\chi_{KH}=(\delta^v-\delta)/N^2$

原子	$\delta^v-\delta$	χ_{KH}	χ_Mc/V
—F	6	1. 50	17. 36
=O	5	1.25	17.07
—O—	4	1.00	15.25
≡N	4	1.00	15.68
=N—	3	0.75	12.87
>N—	2	0.50	11.54
≡C—	2	0.50	10.39
=C<	1	0.25	8.79
>C<	0	0.00	7.98
=S	5	0.55	10.88
—S—	4	0.44	10.14
—Cl	6	0.67	11.84

注：N 为主量子数；χ_{KH}为 Kiar-Hall 电负性；χ_M 为 Mulliken-Jaffe 电负性。

(2) 内在状态参数的计算　用一个简单的指数来近似反映价态电负性对于结构描述非常重要。内在状态参数 I 就是通过 $\delta^v-\delta$ 来进行定义，与之同样重要的原子在分子中的拓扑环境。据此，内在状态参数提供了两方面的信息：①原子或基团参与分子间相互作用的能力；②邻接原子或基团之间的相互影响。注意到原子邻接性与原子电负性同时表征其内在状态，一种方法就是利用邻接性的倒数，即 $1/\delta$，作为一个可及性指数。可及性指数越大，则该原子或基团参与反应的可及性能力就越强。由此定义内在状态参数：$I=(\delta^v-\delta)/\delta$ ，另一种表达方式 $(\pi+n)/(\sigma-h)$ 更能反映几种电子之间的关系。然而，对于 sp^3 杂化的碳原子，如采用 $I=(\delta^v-\delta)/\delta$ 来计算其内在状态参数时，其值将为零。实际上，如果对其进行适当修改，

即采用 $I=(\delta^{v}+1)/\delta$ 来替代，则可发现此内在状态参数具有很有趣的性质，其结果示于表 9-20 和图 9-9 之中。

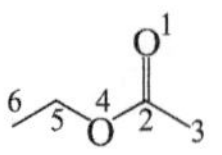

内在状态数：
$I(1)=7.00$ $I(4)=3.50$
$I(2)=1.67$ $I(5)=1.50$
$I(3)=2.00$ $I(6)=2.00$

图 9-9 乙酸乙酯的分子结构式及其每个原子基团的内在状态数值

表 9-20 第二行元素氢化物的内在状态数

元素氢化物基团	$I=[(\delta^{v}+1)/\delta]$	元素氢化物基团	$I=[(\delta^{v}+1)/\delta]$
>C<	1.250	—O—	3.500
>CH—	1.333	═CH, —NH_2	4.000
—CH_2—	1.500	═NH	5.000
>C═	1.667	≡N, —OH	6.000
—CH_3, ═CH—, >N—	2.000	═O	7.000
≡C—, NH—	2.500	—F	8.000
═CH_2, ═N—	3.000		

4. 其他原子对某原子内在状态的影响——信息场

在前述的原子或基团的内在状态参数的定义中，没有反映出原子在分子中的位置信息和原子与原子之间相互影响关系。故在定义电子拓扑状态指数（E-state）前，还有必要对其他原子对某原子内在状态的影响——信息场效应进行必要的讨论。信息场效应可由式（9-16）给出：

$$\Delta I_{ij}=(I_i-I_j)/r_{ij}^{m} \tag{9-16}$$

式中，I_i，I_j 为 i 或 j 原子的内在状态数值；ΔI_{ij} 为信息场微扰项；r_{ij} 为 i 与 j 原子之间的距离，或相隔的键数；m 为可变参数，一般取 2。有了这信息场微扰项，可以定义电子拓扑状态指数（E-state）如下，即

$$S_i=I_i+\sum_j \Delta I_{ij} \tag{9-17}$$

式中，S_i 就是分子中元素 i 的电子拓扑状态指数。

（二）电子拓扑状态指数的计算实例

图 9-10 示出了乙酸乙酯中甲基的电子拓扑状态指数（E-state）计算的实例。首先，H_3C—CH_2—，即计算甲基与亚甲基的信息场效应的相互作用，即 $(2.00-1.50)/2^2$，为 0.13，然后逐步外推，直到计算 H_3C—CH_2—O—C—CH_3，即计算甲基与最远甲基的信息场效应的相互作用，即 $(2.00-2.00)/2^2$，为 0.00。对所有的信息场效应的相互作用 ΔI_{ij} 求和，得 $\Sigma\Delta I_{ij}=-0.22$，则最后可得乙酸乙酯中甲基的电子拓扑状态指数为

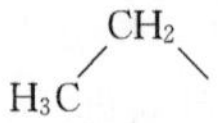

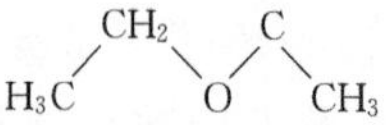

$$S_{CH_3}=1.78$$

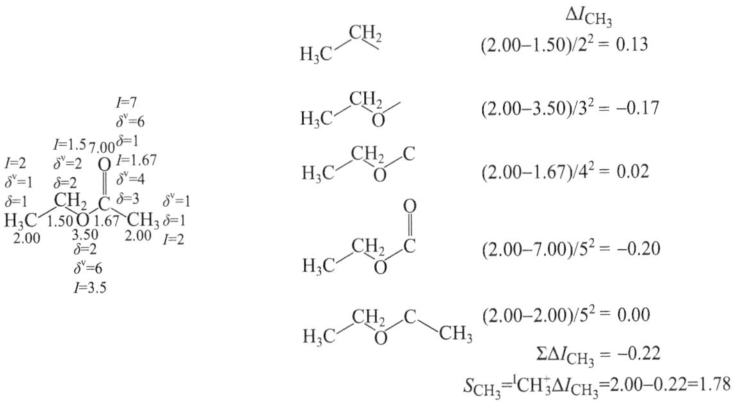

ΔI_{CH_3}

$(2.00-1.50)/2^2 = 0.13$

$(2.00-3.50)/3^2 = -0.17$

$(2.00-1.67)/4^2 = 0.02$

$(2.00-7.00)/5^2 = -0.20$

$(2.00-2.00)/5^2 = 0.00$

$\Sigma\Delta I_{CH_3} = -0.22$

$S_{CH_3} = {}^{I}CH_3^{+}\Delta I_{CH_3} = 2.00-0.22 = 1.78$

图 9-10　乙酸乙酯的甲基电子拓扑状态指数的计算实例

实际上，上述计算过程可对乙酸乙酯中每个元素基团的电子拓扑状态指数（E-state）进行计算。表 9-21 列出了乙酸乙酯中每个元素基团的信息场效应的相互作用的数值及其求和所得，而图 9-11 则列出了乙酸乙酯中每个元素基团的电子拓扑状态指数值。

表 9-21　乙酸乙酯中所有元素基团的 ΔI_{ij} 矩阵

元素 i	元素 j						$\Sigma_i \Delta I_{ij}$
	1	2	3	4	5	6	
1		1.33	0.56	0.39	0.34	0.20	2.82
2	−1.33		−0.08	−0.46	0.02	−0.02	−1.87
3	−0.56	0.08		−0.17	0.03	0.00	−0.62
4	−0.39	0.46	0.17		0.50	0.17	0.91
5	−0.34	−0.02	−0.03	−0.50		−0.13	−1.02
6	−0.20	0.02	0.00	−0.17	0.13		−0.22
							总和:0.00

从以上讨论可知，上述定义的电子拓扑状态指数（E-state）不但可以计算隐氢分子中任一基团的电子拓扑状态指数，而且，通过信息场效应的相互作用，分子中每个不同元素基团的电子拓扑状态指数也可全部给出（参见图 9-11），以获得整个分子的电子拓扑状态[48~52]。所以，E-state 的提出得到了广泛的重视[53,54]，而且，它们还在三维 QSAR 研究中得到了广泛的应用[55,56]。

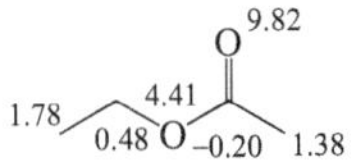

图 9-11　乙酸乙酯中每个元素基团的电子拓扑状态指数值

E-state 是一个基于原子型的分子描述子[57]，在电子拓扑状态指数中，人们还可以对四种氢基团结合的特征模式进行分类处理，即所谓的：①原子（元素）识别；②价态情况；③键合的氢原子数；④其他键合原子的识别。下面将对此给出较为详细的介绍。

（1）原子（元素）识别　原子（元素）识别可以直接通过原子数 Z 来给出，它是没任何歧义的元素识别符。详细情况可参见表 9-22。

（2）价态情况　价态情况一般是可以通过分配到 σ 键、π 键和孤对电子轨道上的价电子数及共振态和芳香态来表示的。在此，分子连接性 δ^v 和 δ 值用于价电状态的设计。为表示一个特别的价电状态，δ^v 与 δ 之和，即 $\delta^v+\delta$ 列于表 9-22 之中。此外，在表 9-22 中，还特别地引入了一个只含两个值，即 0 或 1 的变量 AR，当 AR 为 1 时，表示该分子具有芳香性，而当 AR 为 0 时，则表示该分子不具有芳香性。

（3）键合的氢原子数　不同的键合的氢原子数这一情况的给出，很有利于来相关化合物的反应特性，如 >CH—、$=CH_2$、$—CH_3$、>C<、$—NH_2$、>N—、—NH—、—OH、—O— 等。这些情况也都列在了表 9-22 中。

（4）其他键合原子的识别　一般说来，在 8 种情况中，如只基于化学经验，只采用原子数和价键状态是无法区分不同的连接基团的，对于下列情况，就需要进行键合原子的具体分析：

① 丙二烯与乙炔碳原子的连接；

② 一个碳原子与芳香环萘中的第 9 位和第 10 位相连，还是与一个芳香碳相连而只作为其的一个取代基；

③ 叔胺氮、硝基氮和吡啶中的氮氧化物；

④ 在二硫化物中的硫与在二硫键连接的硫。

对于这些价态的细微区别，有兴趣的读者可以参阅相关文献[52,57]，在此不再详述。

表 9-22　原子型及相关原子型电子拓扑状态指数

序号	元素基团	价态指数						基团符号
		Z^b	δ^{vc}	δ^d	$\delta^v+\delta^c$	$\delta^v-\delta^t$	AR^z	
1	$—CH_3$	6	1	1	2	0	0	sCH$_3$
2	$=CH_2$	6	2	1	3	1	0	$^{-}$dCH$_2$
3	$—CH_2—$	6	2	2	4	0	0	ssCH$_2$
4	≡CH	6	3	1	4	2	0	tCH
5	=CH—	6	3	2	5	1	0	dsCH
6	—CH—	6	3	2	5	1	1	aaCH
7	>CH—	6	3	3	6	0	0	sssCH
8	=C=	6	4	2	6	2	0	ddC*
9	≡C—	6	4	2	6	2	0	tsC*
10	=C<	6	4	3	7	1	0	dssC
11	—C(—)—	6	4	3	7	1	1	aasC
12	—C(—)—	6	4	3	7	1	1	aaaC
13	>C<	6	4	4	8	0	0	ssssC
14	$—NH_3$[+1]	7	2	1	3	1	0	SNH$_3$
15	$—NH_2$	7	3	1	4	2	0	sNH$_2$

续表

序号	元素基团	价态指数						基团符号
		Z^b	δ^{vc}	δ^d	$\delta^v+\delta^c$	$\delta^v-\delta^t$	AR^z	
16	—NH_2^-[+1]	7	3	2	5	1	0	$ssNH_2$
17	═NH	7	4	1	5	3	0	dNH
18	—NH—	7	4	2	6	2	0	ssNH
19	—NH—	7	4	2	6	2	1	aaNH
20	≡N	7	5	1	6	4	0	tN
21	>NH—[+1]	7	4	3	7	1	0	sssNH
22	═N—	7	5	2	7	3	0	dsN
23	—N—	7	5	2	7	3	1	aaN
24	>N—	7	5	3	8	2	0	sssN
25	—N(═)═	7	5	3	8	2	0	ddsN(硝基)
26	—N(—)—	7	5	3	8	2	0	aasN(氮氧化物)
27	>N< [+1]	7	5	4	9	−1	0	ssssN(铵盐)
28	—OH	8	5	1	6	4	0	sOH
29	═O	8	6	1	7	5	0	dO
30	—O	8	6	2	8	4	0	ssO
31	—O—	8	6	2	8	4	1	⁻aaO
32	—F	9	7	1	8	6	0	sF
33	—PH_2	15	3	1	4	2	0	sPH_2
34	—PH—	15	4	2	6	2	0	ssPH
35	>P—	15	5	3	8	2	0	sssP
36	>P(—)═	15	5	4	9	1	0	dsssP
37	>P(—)<	15	5	5	10	0	0	sssssP
38	—SH	16	5	1	6	4	0	sSH
39	═S	16	6	1	7	5	0	dS
40	—S—	16	6	2	8	4	0	ssS
41	—S—	16	6	2	8	4	1	aaS
42	>S—	16	6	3	9	3	0	dssS(sult)
43	—S(═)(═)—	16	6	4	10	2	0	ddssS(sult)
44	>S< (六配位)	16	6	6	12	0	0	ssssssS
45	—Cl	17	7	1	8	6	0	sCl
46	—SeH	34	5	1	6	4	0	sSeH
47	═Se	34	6	1	7	5	0	dSe

续表

序号	元素基团	价态指数						基团符号
		Z^b	δ^{vc}	δ^d	$\delta^v+\delta^c$	$\delta^v-\delta^t$	AR^z	
48	—Se—	34	6	2	8	4	0	ssSe
49	‖ —Se—	34	6	3	9	3	0	dssSe
50	‖ —Se— ‖	34	6	4	10	2	0	ddssSe
51	—Br	35	7	1	8	6	0	sBr
52	—I	53	7	1	8	6	0	⁻sI

八、邻接复杂度的信息量指数及其应用

如前所述，化学图论和数学化学中的一个热点问题就是用化学图不变量表征分子结构。许多基于分子图的不变量或拓扑指数被用来定量描述分子的形状、大小、交叉度和复杂度等性质。但实际上，人们还可用信息理论来描述分子的复杂度。针对各种不同的化学图，很多学者都提出了分子信息论指数或称为复杂度指数。以 Basak 为首的研究小组就提出了一些新的基于信息论的邻接复杂度指数[58~60]，包括信息量（*IC*）、结构信息量（*SIC*）、相对非结构信息量（*RNSIC*）和补偿信息量（*CIC*），这些指数被用来表征分子中拓扑邻接原子的不均匀性和冗余性。

通过这些指数可以区别结构非常相近的分子结构，定量描述分子间的结构相似性。本章将说明这些指数的数学基础及计算方法，同时还提供了它们在 QSAR 研究中的应用实例。

（一）分子复杂度指数简介

分子复杂度指数（molecular complexity indices）可粗分为两类，即①拓扑复杂度指数和②化学复杂度指数。这样分类应该可将传统的化学结构与活性（QSAR）或化学结构与性质（QSAP）研究思路变得更清晰，特别是将分子的物理化学性质与其生物活性相关联时更是如此。比如，无论是对于隐氢图或非隐氢图，如果只注意到拓扑的变化，则对二氯甲烷、一氯一溴甲烷和二溴甲烷无法区分。所以，实际上分子还应存在着化学复杂性指数，在这里，每种不同的原子的化学性质最好能被考虑进去。比如，可以通过加权图的键合拓扑来表征不同元素的特征，或者是通过不同原子的物理化学或几何特性来区分它们的化学复杂度。实际上，以 Basak 为首的研究小组提出了一些新的邻接复杂度指数就是这样一些表征化学复杂度的指数。

（二）信息量、结构信息量及补偿信息量参数的计算

分子结构的信息量（information content，IC_k）的计算实际上就是采用式（9-18），即所谓仙农熵的计算公式，它同样可以计算分子图中的每个顶点的 k 级邻接信息的整体信息量，即

$$IC=-\sum P_i \log_2 P_i \,(\text{bit}) \tag{9-18}$$

式中，P_i 为一具有概率性质的实数（参见第一章）。对于分子结构，邻接信息被分为多级（参见图 9-12 与图 9-13），所以，邻接复杂度指数可用来表征分子中拓扑邻接原子的不均匀性和冗余性。可以说，通过这些邻接复杂度指数，同样可以区别结构非常相近的分子结构并定量描述分子间的结构相似性。在实际使用中，可以定义和计算几种不同邻接复杂度指数，即所谓的结构信息量（structural information content，SIC_r）、相对非结构信息量（relative nonstructural information content，*RNSIC*）及补偿信息量（complementary information content，CIC_r）参数[60]。

下面由图 9-12 和图 9-13 示出的丁基醇为例来说明不同级数的邻接复杂度指数的具体计算。首先，从图 9-12 可以看出，从丁基醇结构的含氢图可知，该化合物共有 12 个顶点，对

于一级邻接来说，就将会有 12 种邻接方式。同样从图可以看出，其中有 $\overset{H_2}{\underset{C}{|}}\cdots\overset{H_8}{\underset{C}{|}}$ 7 种 C—H 的邻接是相同的，占 7/12，故其 P_i 值就是 7/12；另外，它还存在有 5 种不同的一级邻接，即 H_1—O，$H-O_1-C$，$H-C_1(H)(O)-C$，$H-C_2(H)(C)-C$ 和 $H-C_3(H)(H)-C$，各占 1/12，故它们的 P_i 值就都是 1/12。有了这些基础数据，就可进行邻接复杂度指数的计算了。首先，分子结构的信息量（IC_1）的计算可由下式给出，即

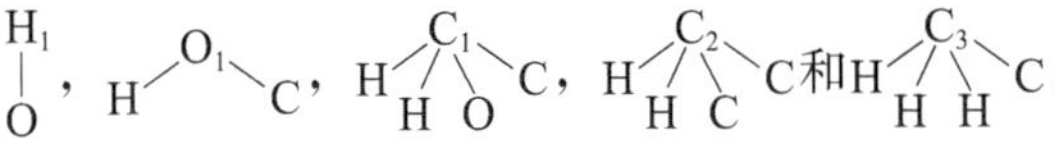

$$IC_1=-5\times\left(\frac{1}{12}\times\log_2\frac{1}{12}\right)-\frac{7}{12}\times\log_2\frac{7}{12}=1.950\ (\text{bit})$$

而它的结构信息量（SIC_1）

$$SIC_1=IC_1/\log_2 12=0.544\ (\text{bit})$$

补偿信息量（CIC_1）

$$CIC_1=\log_2 12-IC_1=1.635\ (\text{bit})$$

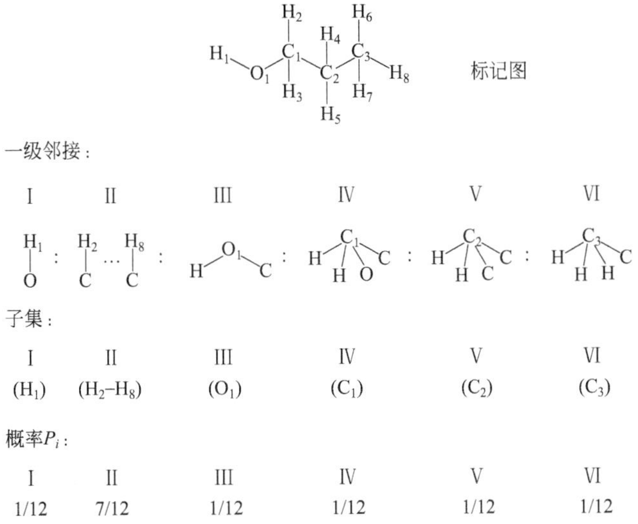

标记图

一级邻接：

I	II	III	IV	V	VI
H_1—O	H_2—C … H_8—C	H—O_1—C	H—C_1(H)(O)—C	H—C_2(H)(C)—C	H—C_3(H)(H)—C

子集：

I	II	III	IV	V	VI
(H_1)	(H_2–H_8)	(O_1)	(C_1)	(C_2)	(C_3)

概率 P_i：

I	II	III	IV	V	VI
1/12	7/12	1/12	1/12	1/12	1/12

图 9-12 丁基醇的一级邻接复杂度指数计算示意图

和相对非结构信息量（RNSIC）

$$RNSIC_1=(\log_2 12-IC_1)/\log_2 12=(3.585-1.950)/3.585=0.456$$

同理，对于图 9-13 示出的丁基醇的二级邻接情况，邻接复杂度指数的计算则是由下列各算式得到

$$IC_2=-5\times\left(\frac{1}{12}\log_2\frac{1}{12}\right)-2\times\frac{2}{12}\times\log_2\frac{2}{12}-\frac{3}{12}\times\log_2\frac{3}{12}=2.855\ (\text{bit})$$

$$SIC_2=IC_2/\log_2 12=0.796\ (\text{bit})$$

$$CIC_2=\log_2 12-IC_2=0.730\ (\text{bit})$$

$$RNSIC_2=(\log_2 12-IC_2)/\log_2 12=(3.585-2.855)/3.585=0.204$$

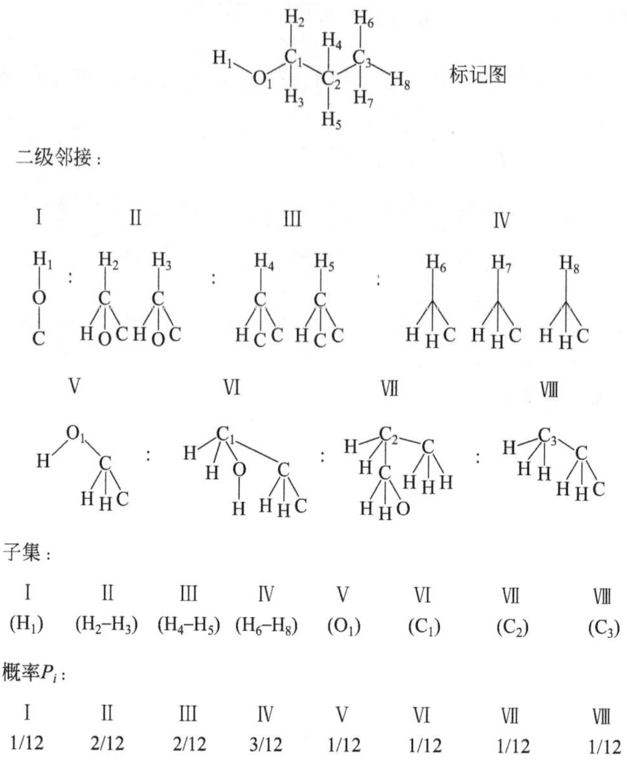

图 9-13 丁基醇的二级邻接复杂度指数计算示意图

（三）邻接复杂度指数的 QSAR 应用

分辨率是拓扑分子描述子的一个重要特征。一般说来，分辨率越高越好。为检验邻接复杂度指数的分辨率，Basak 等特别收集 38 个同谱（isospectral）结构的化合物（参见图 9-14），计算了它们的分子连接性指数$^0\chi$、$^1\chi$ 及$^2\chi$，及邻接复杂度指数 IC_0、IC_1和 IC_2（参见表 9-23）[61]。从图 9-14 可以看出，这些化合物不但很多是同分异构而且有一部分是同谱结构的化合物，要区分它们的确不容易；从表 9-23 看出，有很多化合物，分子连接性指数$^0\chi$、$^1\chi$ 是难于将它们分辨的，但此时采用邻接复杂度指数，即 IC_0、IC_1和 IC_2有可能将它们分辨。当然，其中分辨率最高的还是分子连接性指数$^2\chi$。

表 9-23 38 个同谱图的部分拓扑与邻接复杂度指数

编号①	$^0\chi$	$^1\chi$	$^2\chi$	IC_0	IC_1	IC_2
1.1	8.690	5.219	3.859	0.898	1.368	2.665
1.2	8.690	5.240	3.812	0.898	1.368	2.701
2.1	8.975	5.812	4.424	0.918	1.418	2.675
2.2	8.975	5.791	4.502	0.918	1.418	2.828
3.1	11.380	7.847	6.318	0.932	1.384	2.726
3.2	11.380	7.826	6.396	0.932	1.384	2.664
4.1.1	9.966	6.847	5.610	0.934	1.417	2.784
4.1.2	9.966	6.826	5.689	0.934	1.417	2.765

续表

编号①	$^0\chi$	$^1\chi$	$^2\chi$	IC_0	IC_1	IC_2
4.2.1	9.966	6.864	5.526	0.934	1.417	2.684
4.2.2	9.966	6.864	5.526	0.934	1.417	2.684
5.1	8.975	5.753	4.643	0.918	1.418	2.807
5.2	8.975	5.774	4.575	0.918	1.418	2.717
6.1	9.682	6.291	4.856	0.918	1.404	2.789
6.2	9.682	6.312	4.766	0.918	1.404	2.565
7.1.1	11.121	7.809	6.906	0.946	1.457	2.794
7.1.2	11.121	7.809	6.908	0.946	1.457	2.982
7.2.1	11.121	7.809	6.896	0.946	1.457	2.856
7.2.2	11.121	7.809	6.896	0.946	1.457	2.856
8.1	7.845	5.326	4.628	0.938	1.469	2.802
8.2	7.845	5.326	4.618	0.938	1.469	2.995
9.1.1	10.889	7.232	6.134	0.933	1.517	2.978
9.1.2	10.889	7.220	6.193	0.933	1.517	2.885
9.2.1	10.836	7.258	6.116	0.933	1.458	2.928
9.2.2	10.836	7.236	6.194	0.933	1.458	2.928
9.3.1	10.836	7.274	6.041	0.933	1.458	2.864
9.3.2	10.836	7.274	6.004	0.933	1.458	2.974
10.1.1	12.535	8.847	7.431	0.943	1.429	2.664
10.1.2	12.535	8.809	7.594	0.943	1.429	2.729
10.2.1	12.588	8.805	7.518	0.943	1.483	2.764
10.2.2	12.588	8.815	7.482	0.943	1.483	2.764
10.3.1	12.535	8.847	7.443	0.943	1.429	2.760
10.3.2	12.535	8.847	7.441	0.943	1.429	2.729
10.4.1	12.535	8.847	7.431	0.943	1.429	2.664
10.4.2	12.535	8.830	7.516	0.943	1.429	2.769
11.1.1	11.380	7.809	6.458	0.932	1.384	2.589
11.1.2	11.380	7.830	6.378	0.932	1.384	2.438
11.2.1	11.380	7.847	6.306	0.932	1.384	2.622
11.2.2	11.380	7.847	6.308	0.932	1.384	2.595

①它们的稳氢拓扑图参见图 9-14，此编号为图 9-14 中各子图的编号。

单酮的毒性　单酮是一组常用的工业溶剂，对它们的毒性研究也是一件十分有趣的事。Basak 研究小组对此采用本节所讨论的基于信息理论的邻接复杂度指数对单酮的毒性进行了研究，所得结果列于表 9-24。采用 log$P$ 和邻接复杂度指数，即 TIC_0、TIC_1、CIC_0、CIC_1，对单酮的毒性进行 QSAR 建模分析，所得结果列于表 9-25，可见邻接复杂度指数不失为一个很好的分子描述子。

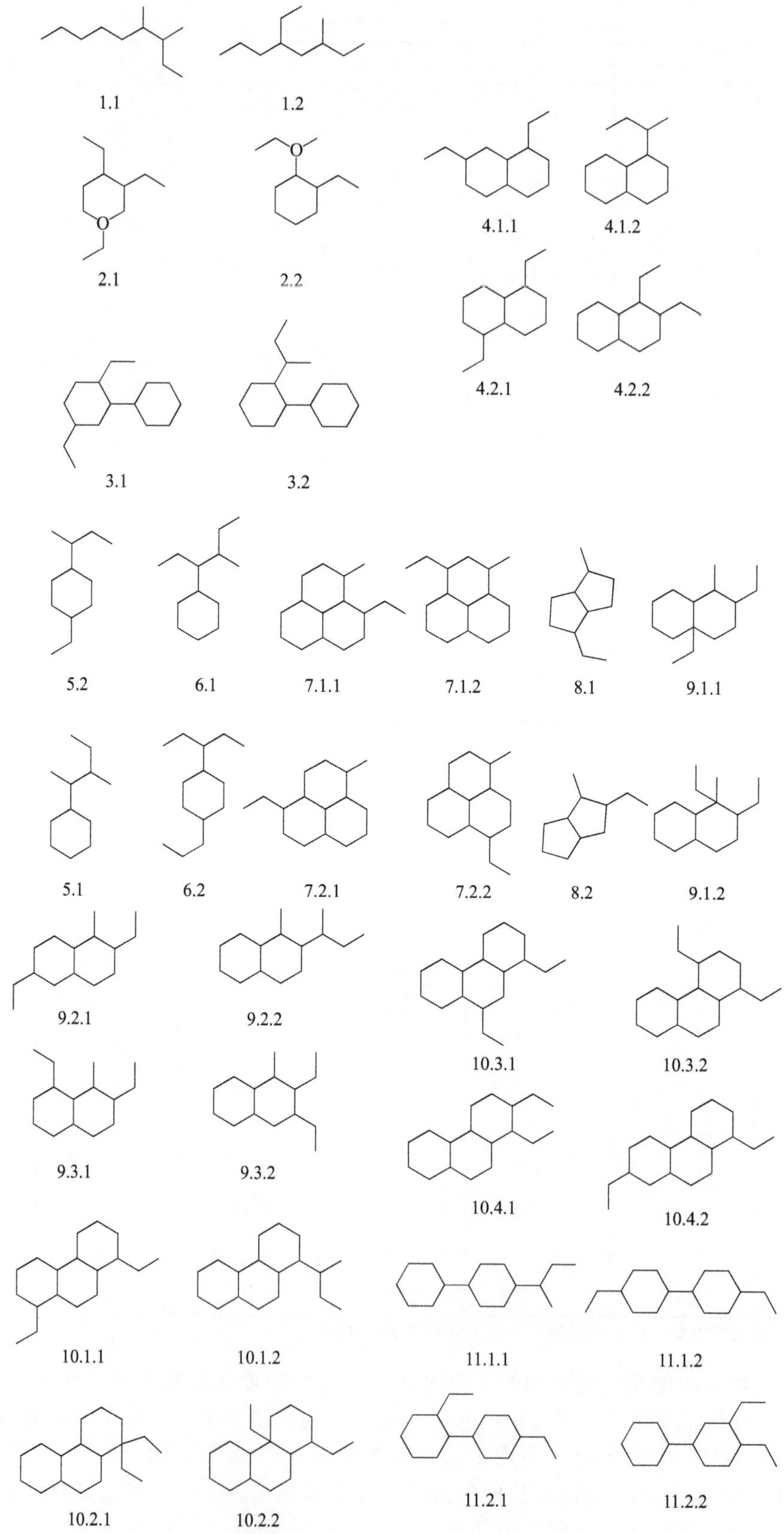

1.1 1.2

2.1 2.2

4.1.1 4.1.2

4.2.1 4.2.2

3.1 3.2

5.2 6.1 7.1.1 7.1.2 8.1 9.1.1

5.1 6.2 7.2.1 7.2.2 8.2 9.1.2

9.2.1 9.2.2 10.3.1 10.3.2

9.3.1 9.3.2 10.4.1 10.4.2

10.1.1 10.1.2 11.1.1 11.1.2

10.2.1 10.2.2 11.2.1 11.2.2

图 9-14 38 个同谱化合物的隐氢图

表 9-24 口服 LD_{50}、log*P* 及多个单酮的拓扑指数

化合物	对照品 $LD_{50}^{①}$	CCl_4 $LD_{50}^{①}$	log*P*	TIC_0	TIC_1	CIC_0	CIC_1
丙酮	90.39	73.35	−0.48	12.955	15.710	2.026	1.751
甲乙酮	56.16	45.86	0.26	16.106	22.108	2.462	2.000
甲基正丙基酮	25.60	23.13	0.78	19.171	26.781	2.802	2.326
甲基异丙基酮	29.86	26.98	0.56	19.171	26.026	2.802	2.373
甲基正丁基酮	24.26	16.17	1.19	22.181	30.936	3.080	2.620
甲基异丁基酮	26.66	19.75	1.31	22.181	32.936	3.080	2.514
甲基正戊基酮	21.08	10.39	2.03	25.153	34.804	3.316	2.877
甲基异戊基酮	22.26	10.99	1.88	25.153	38.050	3.316	2.730
甲基正己基酮	29.82	12.38	2.37	28.096	38.487	3.520	3.104
甲基正庚基酮	56.19	26.59	3.14	31.018	42.038	3.700	3.306
甲基 3-甲基己基酮	33.80	23.90	2.92	31.018	46.792	3.700	3.136
甲基正辛基酮	50.79	15.99	3.73	33.922	45.790	3.860	3.487
甲基正壬基酮	114.40	32.07	4.09	36.812	48.866	4.005	3.650

① 单位为 mmol/kg

表 9-25 对表 9-24 中所列单酮的 LD_{50} 采用 log*P* 和 4 个拓扑指数所得 QSAR 建模所得结果

独立变量(*X*)	LD_{50}(对照品)$=A+BX+CX^2$						$LD_{50}(CCl_4)=A+BX+CX^2$					
	A	*B*	*C*	r^2	*SD*	*F*	*A*	*B*	*C*	r^2	*SD*	*F*
log*P*	62.20	−49.70	14.30	0.94	11.04	35.94	50.50	−34.00	7.34	0.94	6.70	34.82
TIC_0	340.00	−26.40	0.54	0.96	9.13	54.87	216.00	−15.00	0.28	0.95	6.10	43.12
TIC_1	288.00	−16.30	0.25	0.86	16.10	14.25	195.00	−9.85	0.13	0.97	4.68	76.61
CIC_0	718.00	−457.00	74.80	0.91	12.99	24.57	407.00	−235.00	35.10	0.97	4.76	74.05
CIC_1	620.00	−448.00	83.50	0.95	9.62	48.88	364.00	−239.00	40.70	0.96	5.54	53.27

注：*r*—相关系数；*SD*—偏准偏差；*F*—观测的变量与计算值之间的比率。

第五节 化学构效关系（QSAR）研究的三维模型

众所周知，在化学构效关系的研究中，分子的化学性质应该是与分子的立体构型密切相关的。所以，在人们进行基于图论的分子拓扑指数的数值描述子的研究过程中，一直都也在关注着如何将分子的立体结构与构型的影响囊括于化学构效关系（QSAR）的研究之中。实际上，QSAR 研究的三维模型一直是化学构效关系及计算机辅助药物分子设计的研究中备受关注的问题[62,63]。由于 QSAR 研究的三维模型多与分子设计连在一起，并且还将涉及很多量子化学或是分子力学的计算问题，应属于化学基础研究的一个核心问题。可以说，三维定量构效关系（3D-QSAR）就是引入了分子三维结构信息进行定量构效关系研究的方法，而且，这种方法还间接地反映了分子与生物大分子相互作用过程中两者之间的非键相互作用特征，相对于二维定量构效关系有更加明确的物理意义和更丰富的信息量。它们的主要思路就是：①分子的形状和构象在一定程度上影响其生物活性，分子的活性构象是研究 3D-QSAR 的关键；②配体（或药物）分子与受体之间的相互作用是借助可逆的、非共价结合的弱作用力实现的，如静电引力、疏水作用、氢键、范德华引力等。由于 3D-QSAR 直接反映配体（或药物）分子与受体三维空间上的互补性，更准确表达了配体（或药物）与受体之间的相互作用，因此，近年来 3D-QSAR 方法得到了迅速的发展。一般说来，它们包括距离几何学三位定量构效关系（DG 3D-QSAR）、假设活性网格法（HASL）、比较分子场（CoMFA）法、比较分子矩分析法（CoMMA）、比较分子相似性指数分析法（CoMSIA）、分子形状分析（MSA）、虚拟受体（FR）方法等。早在 1979 年，Crippen 就提出了基于“距离几何学的 3D-QSAR”[64~67] 方法；1980 年，hopfinger 等也提出了“分子形状分析方法”[68~70]；1988 年，Cramer 等人提出了“比较分子场方法”（CoMFA）[71]。比较分子场方法的提出，引起了化学构效关系研究学界的高度重视，此法很快得到了药物设计领域的应用，成为了应用最广泛的基于定量构效关系的药物设计方法之一。20 世纪 90 年代后，又出现了在比较分子场方法基础上改进的“比较分子相似性方法”以及在“距离几何学的 3D-QSAR”基础上发展的“虚拟受体方法”等新的三维定量构效关系方法[72,73]，但是，CoMFA 依然还是目前使用最广泛的定量构效关系方法之一。

3D-QSAR 的基本原理就是利用数学和统计学方法对配体（或药物）的化学结构信息（如各种取代基参数、拓扑指数以及量子化学与分子力学计算参数）与其生物活性之间的关系进行定量分析，找出结构与活性间的量变规律，然后根据这种规律及未知化合物的结构来预测未知化合物的性能。表 9-26 列出了部分 3D-QSAR 方法的简单分类情况。从表 9-26 也可以看出，3D-QSAR 方法的确涉及面较广。

表 9-26　3D-QSAR 方法的一种简单分类

分类基础	3D-QSAR 方法
基于分子相互作用的方式或信息来发展的 3D-QSAR 方法	
基于配体信息的 3D-QSAR 方法	CoMFA，CoMSIA，COMPASS，GERM，CoMMA，SoMFA，DJ-3D-QSAR
基于受体体信息的 3D-QSAR 方法	COMBINE，AFMoC，HIFA，CoRIA
是否基于校准的 3D-QSAR 方法	
依赖校准的 3D-QSAR 方法	CoMFA，CoMSIA，GERM，COMBINE，AFMoC，HIFA，CoRIA
不依赖校准的 3D-QSAR 方法	COMPASS，CoMMA，HQSAR，WHIM，EVA/CoSA，GRIND
是否基于化学计量学方法的 3D-QSAR 方法	
线性 3D-QSAR 方法	CoMFA，CoMSIA，AFMoC，GERM，CoMMA，SoMFA
非线性 3D-QSAR 方法	COMPASS，QPLS

由于近年来 3D-QSAR 方法发展较快，出现了很多新方法和新名词，为方便读者阅读，在此特意将部分 3D-QSAR 方法的英文全称、缩写及中文解释收集起来，列成表格以方便读者查找（参见表 9-27）。

在介绍了这些基本情况后，本节将只对上述方法中的距离几何 3D-QSAR 方法、分子形状分析方法、比较分子场方法和虚拟受体方法给出必要的介绍。

表 9-27　部分 3D-QSAR 方法的英文全称、缩写及中文解释

英文缩写	英文全称	中文解释
CoMMA	comparative molecular moment analysis	比较分子矩分析方法

续表

英文缩写	英文全称	中文解释
SoMFA	self-organizing molecular field analysis	自组织分子场分析方法
COMBINE	comparative binding energy analysis	比较结合能分析方法
AFMoC	adaptation of fields for molecular comparison	适应场的分子比较方法
CoRIA	comparative residue interaction analysis	比较残留相互作用分析方法
HQSAR	hologram QSAR	全息化学构效关系研究方法
WHIM	weighted holistic invariant molecular	整体加权分子不变方法
EVA/CoSA	molecular descriptor(EVA)/comparative spectra analysis (CoSA)	基于分子描述子的比较谱分析方法
GRIND	grid-independent descriptor	独立于网格的描述符
QPLS	quadratic partial least squares regression	二次偏最小二乘回归
CoMPIA	comparative molecule/pseudo receptor interaction analysis	比较分子/伪受体相互作用分析方法
CoMSIA	comparative molecular similarity indices analysis	比较分子相似性指数分析方法
HASL	the hypothetical active site lattice	假设活性网格法
PARM	pseudo atomic receptor model	伪原子受体模型方法
VFA	voronoi field analysis	Voronoi 图场分析方法
RSA/RSM/CoRSA	receptor surface analysis/modeling, comparative receptor surface analysis	受体表面分析/建模，比较受体表面分析方法
CoMSA	comparative molecular surface analysis	比较分子表面分析方法
Compass	receptor model based on molecular surface property	基于形态的受体模型方法
CoMFA	comparative molecular field analysis	比较分子场分析方法
DG3D-QSAR	distance geometry 3D-QSAR	距离几何的 3D-QSAR 方法
MSA	molecular shape-analysis	分子形态方法
CoMSIA	comparative molecular similarity index analysis	比较分子相似因子分析方法
PR	methods based on pseudo receptor	虚拟受体方法
GERM	genetically evolved receptor model	遗传进化受体模型

一、距离几何的 3D-QSAR 方法

1979 年，Crippen 提出了基于距离几何方法（distance geometry，DG）的 3D-QSAR 方法。这种方法的主要思路是首先将配体（药物）分子划分为若干功能区块，以定义配体（药物）分子的活性位点，计算其以低能构象存在时各个活性位点之间的距离，以形成距离矩阵。同时，再定义受体分子的结合位点，获得结合位点的距离矩阵，通过活性位点与结合位点的匹配，为每个分子生成结构参数，并对其生理活性数据进行统计分析和建立 QSAR 分析模型。这种方法认为，药物与受体之间的结合能力就是通过配体（药物）分子中活位基团和受体中相应结合位点之间的直接相互作用决定的。实际上，这种基于距离几何的 3D-QSAR 方法及其定量构效关系研究，从严格意义说，应该属于一种介于二维和三维之间的 QSAR 方法。

基于距离几何的 3D-QSAR 方法可以由以下步骤构成。

(1) 定义配体（药物）分子中可能的作用位点　这些作用位点可能是和受体直接作用的

部位，结合位点类型的活位基团。在距离几何的 3D-QSAR 的方法中，作用位点采用空间中的一组点来定义，一个作用位点可以对应一个原子，也可以对应一个基团，如在图 9-15 中，糜蛋白酶抑制剂 m,m-二甲基苯氧基丙酮采用五个作用位点来表达，图中点 1 与羰基碳重叠，点 2 与醚氧重叠，点 4 和点 5 与甲基重合，而点 3 则位于苯环的几何中心。

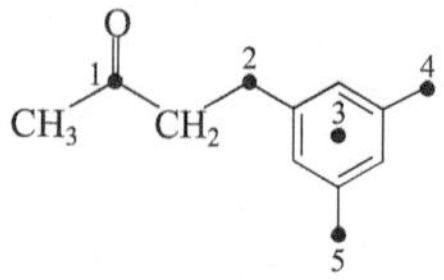

图 9-15 糜蛋白酶抑制剂 m,m-二甲基苯氧基丙酮中配体作用位点的定义

（2）计算配体（药物）分子的距离矩阵　从原子的距离矩阵得到配体分子中作用位点的距离矩阵。

（3）定义受体结合位点的分布　受体结合位点能直接和配体作用位点产生相互作用，受体结合位点之间的相对位置也采用距离矩阵来表达。受体结合位点分为两类，即所谓的空位点和满位点。空位点表示配体分子能够进入并与受体相互作用的位点，而满位点则表示被受体分子占领，而配体分子不能进入的位点。空位点通常是根据几个活性较高的分子的活性构象得到，而满位点则通过一些活性较低的分子的空间结构信息得到。

（4）确定受体结合位点的分布　通过配体（或药物）分子结合位点以及受体分子活性位点的距离矩阵来确定最佳的结合模式以及受体活性位点的空间分布，对于配体（或药物）分子结合位点以及受体分子活性位点相互作用，需要保证一个结合位点只能和活性位点结合，而一个活性位点也只能和一个结合位点结合。在计算过程中，只有配体（或药物）分子的结合位点进入到活性位点的周围半径 r 的球形范围之内，才能认为结合位点和活性位点之间产生了结合。

配体（或药物）分子和受体分子之间的结合能力采用下面的公式来计算，

$$G'_{\text{calc}} = -cE_c + \sum_{n=1}^{n_0^i} X_{\text{Ts, Tl}} \tag{9-18}$$

式中，E_c 为分子的构象能，c 为待定系数；n_0^i 为第 i 个分子占据受体结合位点的数目，Ts 为受体结合位点的类型，Tl 为配体（药物）分 子结合位点始的类型，$X_{\text{Ts,Tl}}$ 为 Ts 类活性位点和 Tl 类结合位点之间的结合能。通过拟合来确定结合位点能参数 Ts 和 Tl。在距离几何的 3D-QSAR 中，常常假设构象能比结合能小得多，因此可令 $E_0=0$。

值得提出的是，在计算过程中，需要不断调整结合模式以达到最好的拟合程度。如果调整结合模式不能得到很好的结果，那么配体（药物）分子中的结合位点的定义可能存在一定的问题，计算需要返回到第一步重新定义新的结合位点，直到得到最佳的结果为止 。

在距离几何的 3D-QSAR 中，受体结合位点和配体（药物）作用位点之间的相互作用模式以及空间位置的确定比较复杂。Crippen 等发展了改进的算法来解决这个问题[74]。Crippen 等把受体结合部位划分为几个区域，照 Voronoi 多面体表示这些结合区域，药物分子的结构用少数几个能反映其结构性质的向量来表示，并通过优化实际数据来更好地确定最佳作用模式，并求得相应的结合参数。

和传统的 2D-QSAR 比较，距离几何的 3D-QSAR 不仅能提供配体（药物）活性预测模型，还能得到受体和配体（药物）之间可能的相互作用信息，但距离几何的 3D-QSAR 在配体（药物）作用位点的定义上具有较大的主观性，而且在计算的操作上也较为繁琐，故这种方法虽已提出有几十年，但其研究范围还基本上局限于 Crippen 的科研小组。

二、分子形态分析方法

分子形状分析（molecular shape-analysis，MSA）方法认为，配体（或药物）分子的活性构象是决定其活性的关键，通过比较作用机理相同的配体（或药物）分子的形状，以获得各分子间重叠体积等数据，即可作为结构参数进行统计分析以获得有用的构效关系模型，1980 年，Hopfinger 等就提出了分子形状分析方法[75～78]。目前，此方法已经作为 Cerius2 中的分子形状分析模块实现了商业化[79]。

分子形状分析方法的目的就是要找出配体（或药物）分子空间形态的相似性和差别与活性的关系。分子形状分析（MSA）认为，柔性配体（或药物）分子可能存在多种构象，但配体和受体相互作用时其活性构象的形态是确定的。因此，配体（或药物）分子的活性与配体分子的形状对活性口袋的适应能力有关。分子形状分析（MSA）方法使用了一些与分子形状有关的参数，比如与参考分子之间的重叠体积以及分子势场积分差异等作为变量，经过比较分析，再通过统计方法得到 QSAR 模型。分子形状分析实际是基于配体（或药物）分子的一种 3D-QSAR 方法[75]，它着重于构建一个可对分子形状进行定量分析和处理的特征提取和表征的构效关系模型。配体（或药物）分子的构象能量可由一包含色散/立体静电，如必要还包括氢键合力的固定价几何分子力场（fixed valence geometry molecular mechanics force-field）来估计。对每个化合物首先得到分子内的最低能量并记录，以此为起点计算严格的固定价几何能的最小值。在决定严格的构象最低能的过程中，LBA-LCS，所谓构象稳定性损失换生物活性损失的思路（loss in biological activity-loss in conformational stability，LBA-LCS）被应用，即那些对活性化合物稳定的低能态，是一些对于那些无活性的化合物的不稳定态，它们是处于高能态的。先选择一个分子的活性构象作为参考构象，继将训练集的活性配体分子与其进行叠合和校准，通过比较，找到它们之间的共同点及不同之处，通过融合来获得一个公共重叠立体体积（common overlap steric volume，COSV)。也可以选用多个分子的活性构象作为参考构象来构建多个 3D-QSAR 模型，从模型的回归能力以及统计能力来判断选取哪个参考构象合适，然后再确定公共重叠立体体积（COSV)。最终，分子形状的相似性描述子及非分子形状的描述子将通过多元线性回归（MLR）技术对训练集的活性分子的生物活性进行相关分析。当然，别的化学计量学方法，如偏最小二乘法（PLS）和遗传算法（GA）也是可以使用的。值得指出的是，通过分子形状分析所得的结果可通过图像表示出来，即它可以显示为最具活性的一类配体的构型或是最具活性的配体分子与训练集其他分子的形状叠合的几何构型。

从上述分析可知，分子形状分析方法的计算首先是对药物分子进行构象分析，然后确定分子的活性构象，活性构象的确定是所有 3D-QSAR 方法共同面临的问题。所以，分子形状分析方法在计算中需要选择一个分子的活性构象作为参考构象，其他所有分子的活性构象都要重叠在这个参考的构象上来，以求得各分子的分子形状参数。活性构象的确定以及参考构象的选择可能是 MSA 计算成功与否的关键因素。在 MSA 计算中，也可以选用多个分子的活性构象作为参考构象来构建多个 3D-QSAR 模型，从模型的回归能力以及统计结果来判断选取哪个参考构象合适，然后是确定公共重叠立体体积 $V_0(i,j)$，它表示参考分子体积和药物分子体积之和减去两个分子重叠和占有的总体积，这个参数是最早使用的分子形状参数[80,81]，即

$$V_0(i,\ j)=V_i+V_j-V_{ij} \tag{9-19}$$

式中，V_i 为参考分子 i 的体积；V_j 为配体分子 j 的体积；$V_0(i,j)$ 为两分子重叠后的总体积。分子的体积采用范德华体积来计算，在 $V_0(i,j)$ 的基础上，Hopfinger 又提出了几个参量来作为构向关系分析的变元。

$$S_0(i, j)=[V_0(i, j)]^{2/3}$$

$$L_0(i, j)=[V_0(i, j)]^{1/2}$$

$$f_0(i, j)=\frac{V_0(i, j)}{V_i}$$

Hopfinger 用上述参数进行了 DHFR 的三类抑制剂的 QSAR 研究，取得了很好的效果[80,81]。利用 QSAR 的计算结果还设计了 6 个化合物，作者合成了其中两个化合物，并进行了活性测定。活性的实验值和预测值能够较好地吻合，说明了分子形状分析方法的合理性。

药物受体之间的结合能力的强弱不仅仅取决于药物分子和受体分子之间的几何匹配，还取决于药物分子周围势场和受体分子周围势场的互补性，Hopfinger 从配体周围势场的概念出发，提出了第二代分子形状参数[82]。分子周围的势场通过计算待测探针分子或原子和药物分子的相互作用能得到，相互作用能采用下述的公式计算

$$P(C)=\sum_{i=1}^{n}\left[-\frac{a_{(T)i}}{r_i^6}+\frac{b_{(T)i}}{r_i^{12}}+\frac{Q_iQ_{(T)}}{\varepsilon r_i}\right] \tag{9-20}$$

式中，$P(C)$ 表示分子在空间 C 位置的势场；n 是分子中的原子数；r_i 为探针和分子中第 i 个原子间的距离；$a_{(T)}$ 和 $b_{(+T)}$ 是分别与探针以及原子类型相关的参数；$Q_{(T)}$ 和 Q_i 分别是探针和第 i 个原子的电荷；ε 为介电常数。

一般说来，典型的分子形状分析方法（MSA）计算需包括如图 9-16 所示几个步骤。

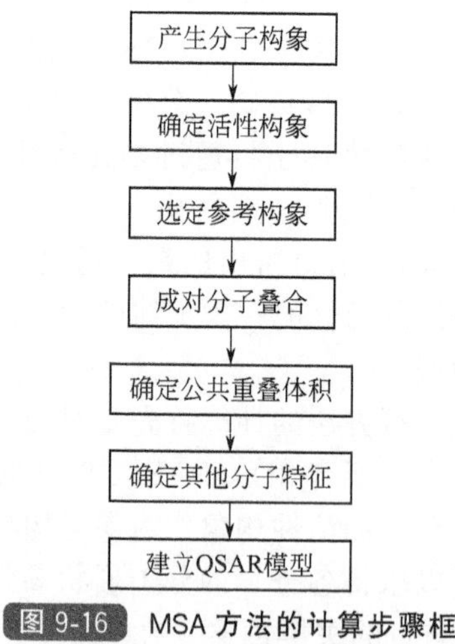

图 9-16 MSA 方法的计算步骤框图

从图可以看到，首先应先产生建模分子的构象，然后，确定构象的活性中心，通过一定的规则，如是通过选择一个分子的活性构象作为参考构象还是通过选择多个分子的活性构象作为参考构象，在选定参考构象后，再进行分子叠合，继根据模型的回归及统计结果来判断选取哪个参考构象合适，以确定公共重叠立体体积，在此基础上，再力争找出配体（或药物）分子空间形态的相似性和差别与活性的关系，建立可以预测生物活性的 QSAR 模型。

分子形状分析（MSA）方法认为：柔性分子有多种构象，每种构象可视为一种形状，药物的活性与这些形状对受体的活性部位的适应能力有关。Koehler 等人就利用 MSA 法对利什曼原虫二氢叶酸还原酶（DHFR）抑制剂的三嗪类化合物进行了三维定量构效关系分析，成功建立了 3D-QSAR 方程。值得指出的是，MSA 法的缺点也是很明显的：由于该法仅仅只是在 2D-QSAR 的基础上引入了重叠体积等参数作为变量，而且这些参数的物理意义并不是十分明确，所以，从这一角度说来，它还只能看作一种初级的 3D-QSAR 研究。

总的来讲，MSA 给出的分子参数还是较为简单和笼统，有时并不能对药物分子之间在形状上存在的差别给出细致的区分，同时，这种方法不能有效地显示配体和受体之间的相互作用信息，因此这种方法在药物设计中的应用还是受到了较大的限制。

三、比较分子场 QSAR 分析方法

1987 年，Cramer 发展了一个可称为 3D 前体的方法，名为动态面向格子点的分子模拟系统（dynamic lattice-oriented molecular modeling system，DYLOMMS），该法需采用主成分分析（PCA）从分子相互作用场来提取信息矢量，继与生物活性进行相关分析[83]。紧接着于 1988 年，Cramer 等将两个现存的技术，即偏最小二乘（PLS）与格子点法（GRID）结合起来，提出了比较分子场分析（comparative molecular field analysis，CoMFA）方法[71]，这种方法的提出可以说是近代 QSAR 研究领域中一个比较重要的进步。

在 CoMFA 提出的短短几年之内，它就迅速地成为了在药物设计中应用最为广泛的 3D-QSAR 方法之一。据 SCI 统计，从 1995 年 1 月到 2003 年 2 月这段时间以 CoMFA 为关键词可以检索到的论文超过 700 篇，这个数字要远大于其他的 3D-QSAR 方法。目前，CoMFA 已经作为 SybyL 中的 4 个模块之一实现了商业化[84]。最近，Cerius2 推出的 MFA（molecular field ana1ysis）模块也采用了和 CoMFA 相似的原理。

可以说，CoMFA 法是目前最为成熟且应用最为广泛的方法。其基本思路是将具有相同结构母环的配体（或药物）分子在空间中叠合，使其空间取向尽量一致，然后用一个探针粒子在配体（或药物）分子周围的空间中游走，计算探针粒子与配体（或药物）分子之间的相互作用，并记录下空间不同坐标中相互作用的能量值，从而获得配体（或药物）的分子场数据。不同的探针粒子可以探测分子周围不同性质的分子场，甲烷分子作为探针可以探测立体场，水分子作为探针可以探测疏水场，氢离子作为探针可以探测静电场等等，一些成熟的比较分子场程序可以提供数十种探针粒子供用户选择。CoMFA 方法的基本原理是：如果一组相似化合物以同样的方式作用于同一靶点，那么它们的生物活性就取决于每个化合物周围分子场的差别，这种分子场可以反映配体（或药物）分子和靶点之间非键相互作用（一般包括静电、范德华作用、疏水和氢键的作用）的特性。其计算可简单分为三个步骤：①首先确定配体（或药物）分子的活性构象，再按一定的规则（一般为骨架叠加或场叠加）进行药物分子的叠合；②然后，在叠合好的配体（或药物）分子周围定义一定的步长均匀划分产生格点，在每个格点上用一个探针离子来评价格点上的分子场特征（一般为静电场和立体场，有时也包括疏水场和氢键场）；③最后通过偏最小二乘方法建立化合物活性和分子场特征之间的关系并给出各种分子面的等势能面。

（一）CoMFA 计算的基本过程

按照 CoMFA 的基本原理，如果一组相似的配体（或药物）分子以同种方式作用于一个受体，那么，这些化合物的生物活性就取决于每个配体（或药物）周围分子场的差别，这种分子场可以反映配体（或药物）分子和受体之间非键相互作用的特性，CoMFA 的计算可以简单地分为几个步骤（参见图 9-17）。

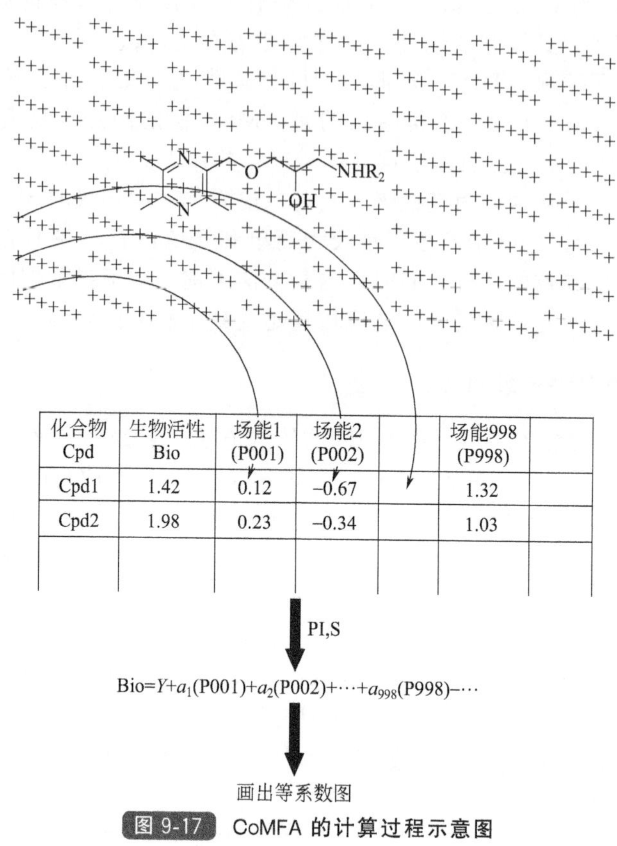

图 9-17 CoMFA 的计算过程示意图

(1) 确定配体（或药物）分子的活性构象。

(2) 按照一定的规则（一般为骨架叠合或场叠含）进行配体（或药物）分子的手动或自动的叠合或校准。主要是将具有相同结构母环的分子在空间中叠合，使其空间取向尽量一致。

(3) 在叠合好的分子周围定义分子场的空间范围，可以采用矩形或球形的空间，把定义的空间按照一定的步长（一般为 2Å，1Å$=10^{-10}$m）均匀划分产生格点，在每个格点上采用一个探针离子来评价格点上的分子场特征，即探针离子和配体（或药物）分子之间的相互作用能（一般为静电场和立体场，即范德华力场，有时也包括疏水场和氢键场），在 CoMFA 分析中可以采用不同的分子场势能函数。在 CoMFA 中，静电场和立体场（范德华力场）一般采用库仑势和标准 Lennard-Jones 势函数形式，用 sp^3 杂化的 C^+ 离子来计算，而氢键场则采用水分子探针来计算。甲烷分子作为探针可以探测立体场，水分子作为探针可以探测疏水场，氢离子作为探针可以探测静电场等等，一些成熟的比较分子场程序可以提供数十种探针粒子供用户选择。

(4) 把第 (3) 步计算得到的分子场数值作为自变量，把分子的活性作为因变量，通过偏最小二乘（PLS）方法结合交互验证来确定最佳主成分数，基于最佳主成分数，继用 PLS 回归方法来建立化合物活性和分子场特征之间的相关关系。

(5) 所得结果是由 PLS 的几个特征变量来表达，这些特征变量实质是原有格子点所构成的场变量的线性组合。

(6) 为加强可视化理解，PLS 的输出是由一个在由每个格子点对应场变量系数的彩色等高线交互效应图，并在图中示出了三维空间中与生物活性密切相关的最佳及最不宜结合的区域。

值得指出的是，以上的每一步，确定配体（或药物）分子的活性构象；分子的叠合或校准；定义分子场的定义及探针的设置；PLS 的算法参数的选择等，都涉及不同参数和条件的选择。所以，在 CoMFA 的计算中，要十分注意根据实际情况进行各种参数的选择[85]。

（二）CoMFA 方法的改进与比较分子相似性指数分析法（CoMSIA）

从 CoMFA 的计算过程也可以看到，侯庭军、徐筱杰发现有多种因素都会影响 CoMFA 的计算结果[86,87]，它们包括：活性构象的确定、分子叠合的规则、分子场势函数的定义以及分子场变量的选法等。对 CoMFA 方法的运行进行合理的改进，可以在很大程度上提高 CoMFA 计算的成功率。

近年来，研究人员对传统的 CoMFA 进行了大量的改进，其中涉及到活性构象的确定、分子叠加规则、分子场势函数的定义以及分子场变量的选取等等，在很大程度上提高了 CoMFA 计算的成功率。其中最具有代表性的可能就是比较分子相似因子分析（comparative molecular similarity indices analysis，CoMSIA）方法。

CoMSIA 方法改变了探针粒子与药物分子相互作用能量的计算公式，引入了高斯型函数，由于高斯型函数形式是“平稳”，它们的斜率并不像 CoMFA 方法中库仑势和 Lennard-Jones 势那么陡峭，从而获得了更好的分子场参数；由于选择了相似探针，故 CoMSIA 方法将不限于任一空间或静电势场，也包括疏水和氢键（氢键受体和供体）场，这样，CoMSIA 方法中共定义以下几种分子场的特征，包括立体场、静电场、疏水场以及氢键场（包括氢键给体场和氢键受体场）；CoMSIA 方法可避免在原子附近数值的奇异性以及分子表面附近格点处势能的急剧变化，等势图克服了 CoMFA 的不足，其可视性、揭示构效关系和对新化合物活性的预测均得到了改善。CoMSIA 方法不但通过使用疏水性探针从而引入了溶剂熵项，而且其轮廓分析图还指出了由配体占据的区域内哪些区域对基团的存在与特定的物理化学性质是“喜欢”或“不喜欢”的。所以，在一般情况下，CoMSIA 会得到更加满意的 3D-QSAR 模型。

这种关系所要求的性质和可能的配位体的形状之间是更直接的导向，以证实当务之急活动的所有功能是否都存在于正在考虑的结构中。最近的一些 CoMSIA 的应用包括合成含硼二肽作为蛋白酶体抑制剂[88]、异羟肟酸衍生物作为脲酶抑制剂[89]的预测 3D-QSAR 模型的、噻唑烷-4-酮衍生物作为抗-HIV-1 剂[90]和噻唑烷二衍生物作为醛糖还原酶抑制剂。CoMSIA 由 Tripos 公司 Inc. 在 SYBYL 软件[91]提供。

四、虚拟受体方法

虚拟受体方法（PR）方法是近几年来迅速发展的一种 3D-QSAR 方法。可以说是距离几何 3D-QSAR 和 CoMFA 方法的延伸与发展，它的基本思路就是采用多种探针分子和基团在配体（或药物）分子表面建立一个虚拟的受体环境，虚拟受体和配体（或药物）分子之间相互作用的差别，则反映了配体（或药物）分子之间的活性差别。这种方法有点类似于距离几何 3D-QSAR 方法，但在原理上似乎更为合理，操作也较为简单，是定量构效关系研究的热点之一。在此仅介绍两种有代表性的方法。

（一）Compass 方法

1994 年，Jain 等提出一种“基于形态的受体模型方法”，称为 Compass 方法[92,93]，其设计思想包括下列要点：

（1）对训练集中的每个分子采用蒙特卡罗方法进行构象分析，产生多重构象。

（2）在配体（或药物）和受体的相互识别中，不仅配体（或药物）分子的构象是十分重要的，配体（或药物）分子的空间取向也非常重要，它把一个构象的一种取向（分子的一种空间取向）由其3个平动参数和3个转动参数决定，同时，描述、测量每个配位体的表面形状或极性功能在空间中的特定点附近的特定取向姿势，并以此定义为该配体（或药物）分子的一种“姿态”（pose）。

（3）先把一组配体（或药物）分子根据某种药效团模型进行初步重叠后，从该组重叠分子的共同质心出发，在三维空间中均匀地安排162条射线，每条射线在各配体（或药物）分子平均表面外一定距离处定义一个“性质参考点”。

（4）每条射线上从性质参考点到某配体（或药物）分子表面处的距离作为矢量 $\boldsymbol{d}$ 的一个分量，这个有162个分量的矢量 $\boldsymbol{d}$ 就用来表征该配体（或药物）分子的形状。

（5）使用结构为162-3-1的三层反传人工神经网络对模型进行建模训练，分子的重新排列是连续进行的，以达到结合位点与神经网络模型的最佳配合，同时，改进其输入为表征各分子形状的矢量，输出为该分子的生物活性，一个0或者1之间的量，即0代表无活性，而1代表有活性。

（6）在训练模型的过程中，设计了对配体（或药物）分子的姿态不断进行优化调整的程序，并使该程序和神经网络训练程序交替地反复运行，不断重新调整姿势分子，直到网络训练收敛。

由于 *Jain* 具体研究的课题是香料的分子设计，他当然特别注重模拟配体（或药物）分子的形状。模型中的性质参考点的位置（矢量 $\boldsymbol{d}$ 的各分量）随着每个配体（或药物）分子在该点处的形状变化。但他建立的模型并没有考虑其他的相互作用，这也是Compass方法的不足之处。

（二）遗传进化受体模型方法

遗传进化受体模型（genetically evolved receptor models，GERM）是在缺少目标受体大分子晶体结构或同族关系-靶受体模型结构[94]的条件下，构建有效的大分子结合位点的三维模型的一种三维构效关系（3D-QSAR）的研究技术，其基本要求就是要得到一系列具有结构活性且对准了的配体的确定，该方法由封闭的叠加集原子的壳分子构象（类似于到原子在活性位点的第1层），而且，这些原子具有显式原子类型（脂族氢、极性氢等，通常在蛋白质中发现的已匹配类型的原子）。脂族碳原子均匀地散布在一个球体周围，并与训练集的配体对准，模型的碳原子和配位体分子之间的位置不断被调整，以获得最大的范德华相互作用力。一旦原子的位置被确认，它们就可以被任何原子类型所占用，包括任何原子。一个现实的问题是当壳原子和原子类型的数量增加，可能的组合的数量上升很快，从而使它不可能系统地找到最佳的模型。因此，该方法只有利用遗传算法来解决这个高度多维的优化搜索问题。

在训练集的配体一次一个地与由遗传算法产生的受体活性位点模型对接，使用CHARMm分子力学力场计算分子间的非键相互作用能（范德华力和静电力）。最后，对这些计算出的相互作用能量与分子的生物活性进行相关分析。此方法值得肯定的特点是，该模型给出了一个作为三维显示的受体在空间中的属性。值得提出的是，遗传进化受体模型方法的限制是，它认为只有一个单一构象的每个配体在训练集，而且其在结合位点也是单一方向。由于这种方法主要是基于与假设的受体的相互作用能的计算来决定其生物活性，它也受到一定的限制，包括校准问题。

但是，如果该组所有分子做的方式结合改变的结合位点不太多，遗传进化受体模型还是一个不错的办法。该方法通过关联计算出的分子间能量与其生物活性的相关关系，对一系列甜味剂进行设计应用而获得成功[95]。而且，该方法具有用于应用程序的筛选三维结构的数据库，以寻找新的线索，而与从头配体设计方案组合。遗传进化受体模型（genetic evolved receptor model）方法是由 Walters 等[96]提出的一个基于原子水平的虚拟受体模型。在遗传进化受体模型的实际构建中，首先就是按照 20 个标准氨基酸中所出现的原子类型，确定了 15 种虚拟的受体原子类型（见表 9-28），围绕按一定规则叠加好的训练集分子，在分子表面均匀分布几十个网格点，每个网格点上放置一个虚拟的受体原子。计算这些虚拟原子和配体分子之间的相互作用能，计算得到的相互作用能量和生物活性之间的相关关系为优化的目标函数，采用遗传算法不断优化这些格点上虚拟原子的类型组合，每一次都计算受体原子和各训练集分子之间的相互作用能量（包括范德华能量和静电相互作用能量），以及相互作用能量和生物活性之间的相关系数，直到达到规定的收敛判据。这时，相关性最好的一组原子组合就是所构建的虚拟受体作用模型。也可采用相关系数最大的一组模型，GERM 中非键相互作用的计算采用了 CHARMm 力场。配体分子的部分电荷采用了半经验量子化学 CNDO 方法。而虚拟原子上的部分电荷则采用了 20 种常见氨基酸中出现的各类型原子的平均值。Walters 原子类型定义中考虑了受体口袋有开放空间的情况而定义了“空”原子类型。这 15 种原子类型的代码序列就代表了一种原子水平的受体模型。同时，这种代码序列也就是遗传算法中的“基因”。

表 9-28 GERM 中采用的虚拟原子类型

原子类型	CHARMM 类型	E_{mm}/[kcal/(mol/L)]	R_{mm}/Å	原子部分电荷
0	空	0.0000	0.000	0.00
1	H(和极性原子相连的 H)	−0.0498	0.800	0.25
2	HC(和带电 N 相连的 H)	0.0498	0.600	0.35
3	HA(脂肪 H)	−0.0450	1.468	0.00
4	C(羰基 C)	−0.1410	1.870	0.35
5	CH1E(CH 基团)	−0.0486	2.365	0.00
6	CH2E(CH_2 基团)	−0.1142	2.235	0.00
7	CH3E(CH_3 基团)	−0.1811	2.165	0.00
8	CT(脂肪 C)	−0.0903	1.800	0.00
9	NP(氨基 N)	−0.0900	1.830	−0.40
10	NT(胺 N)	−0.0900	1.830	−0.30
11	O(羰基 O)	−0.2000	1.560	−0.50
12	OT(羟基 O)	−0.2000	1.540	0.60
13	OC(羧酸酯 O)	−0.1591	1.560	−0.55
14	S	−0.0430	1.890	−0.20

GERM 方法产生 QSAR 模型包括下列步骤：

(1) 产生遗传算法优化的相始种群，个种群种包含多个基因个体。一个个体用一个续性字符串来表示，也就是一个受体模型，对于每个受体模型，计算虚拟原子和每一个配体分子的相互作用能量，进而计算和训练集中所有分子的活性的相关系数。

(2) 在上述种群中，随机选出两个基因作为父代，采用交叉操作，即进行“杂交”，产生两个新的子代。

(3) 用户选择个体进行突变 (mutation) 操作，突变只发生在子代基因的个别代码，例如某个子代的某个代码位置上是“4”(代表的原子类型为羰基上的碳原子)，现随机“突变”为“9”(代表原子类型为酰胺中的氮原子)。

(4) 对每一个子代，用前述方法计算其相关系数，如果一个子代的相关系数足够高，就用来置换基因集合中一个相关系数低的成员；如果该子代的编码和原基因集合中的某一成员完全相同，为保持集合中遗传上的多样性，就免去这个置换步骤。

(5) 多次重复上述步骤 (2) ～ (4)，则基因集合总体质量提高，直到其平均相关系数变化不大为止，计算得到收敛。把种群的基因按相关系数从高到低排序，取前面一组，例如，相关系数高的前 100 个基因作为建成的模型组。该方法产生的是一组模型而不仅是一个模型。这正体现了遗传算法的突出优点，可以方便地进行大规模的平行搜索，且找到全局最低值的概率较大。

4D-QSAR 方法简介：1997 年，Hopfinger 等提出了 4D-QSAR 的概念。作者首次采用遗传算法选择分子动力学产生的构象来产生最佳的构效关系模型。在这个方法中，作者用每个格点对所用原子的占有率作为 PLS 的变量，并根据原子的不同特征定义了七种不同种类的原子模型。在 4D-QSAR 方法中，作者考虑了药物分子的整个构象空间，而不是一个分子，而且考察了多种原子叠合方式，因此在概念上比传统的 CoMFA 方法有一定的进步。

第六节 QSAR/QSPR 中的建模方法及其应用

化学构效关系研究发展至今，已取得长足进步。所以在 2002 年 3 月，欧洲化学工业委员会和国际会议协会联合组织的研讨会上就有人提出了“人类健康及环境问题研究中的 QSAR 准则”，该准则随后被提交到经济合作与发展组织 (Organization for Economic Co-operation and Development，OECD)。因此，2002 年 11 月，在第 34 次化学品委员会与化学品、农药及生物技术工作小组联席会议上提出了对 QSAR/QSPR 模型标准的制定和进行明确评估和检验的必要性。基于此，OECD 成员国提出了建立一套具有国际共识的 QSAR/QSPR 的模型标准以及评估和检验模型的相关规则，要求 QSAR 模型必须依循以下准则，QSPR 模型也遵循相同准则[97]：

① 明确的预测指标 (a defined endpoint)，是 QSAR/QSPR 建模的前提。

② 清楚准确的算法 (an unambiguous algorithm)，以保证模型运算的重现性。

③ 明确的模型应用域 (a defined domain of applicability)，以确保模型应用的可靠性。

④ 对模型的拟合能力、稳健性及预测能力的合理评估 (appropriate measures of goodness-of-fit，robustness and predictivity)。

⑤ 尽可能地对模型进行合理的解释 (a mechanistic interpretation，if possible)。

OECD 关于 QSAR/QSPR 模型的五项原则，其核心目标是保证 QSAR/QSPR 模型的有效性和可靠性；在更深层的意义上，也为相关的法律法规的建立执行提供了较为严谨的技术原则。欧盟在 2007 年 6 月 1 日起开始正式实施一项称为化学品的注册、评估、授权和限制的新法规 (Registration，Evaluation，Authorization and restriction of Chemicals，REACH)。该法规是一个涉及化学品生产、贸易、使用安全的化学品监管体系，旨在保护人类健康和环境安全，提高研发无毒无害化合物的创新能力，增加化学品使用透明度，促进非动物实验，追求社会可持续发展，等。基于以上的宗旨和原则，特别是关于促进非动物实验和可持续发展方面的内容，该法规允许并鼓励在实验数据不充足的情况下采用 QSAR/QSPR 模型对化合物性质进行预测，或者以 QSAR/QSPR 模型结果作为补充数据信息，但前提是 QSAR/QSPR 模型的有效性必须得到充分证明。因此在此背景下，OECD 关于 QSAR/QSPR 模型有效性的五项原则，为 REACH 法规的执行提供了重要的技术依据，而事实上该项内容也是 OECD 和欧洲化学品管理局（European Chemicals Agency，ECHA）四年合作项目的重要内容之一。

在 OECD 关于 QSAR/QSPR 的五项原则中，第一项是关于模型所研究的对象应具有明确的预测指标，它们可以是化合物的生物活性、毒理学性质，可准确测定化学性质或者药物在人体的吸收率等。这项原则主要针对所预测活性/性质所代表含义的明确性，得到数据的实验系统包括实验操作规范及实验条件的确定性等。

第二项原则是对模型算法的透明性和预测结果的可重现性做了规范。模型算法的透明性与确定性包括几个方面的内容：①模型数据集中化合物结构、活性或性质数值以及结构描述参数的值必须明确；②对结构描述参数获得及计算方法必须可清晰描述；③对训练集和测试集必须进行明确描述，如果有异常样本被去掉，也必须给出理由；④定量描述结构参数与活性关系所采用的统计学模型算法应具有透明性；⑤表征模型性能的统计学参数意义必须明确；⑥构成 QSAR 模型的所有参数及其对应数值都必须出处清晰。OECD 准则中关于 QSAR/QSPR 模型算法的内涵解释包括上述几个方面的内容，不仅是指建立结构参数与活性定量关系的统计学方法，还包括模型所采用的化合物的结构及活性测定值、结构参数的获得方法以及模型变量的选择方法。这是因为整个 QSAR/QSPR 模型的准确性和可靠性是由这几个方面共同决定的。

正如在第六章有关广义灰色分析体系中讨论的那样，QSAR/QSPR 模型是没有固定的数学函数形式的，所以，OECD 第三项原则规定了 QSAR/QSPR 模型在应用时需要有比较明确的应用域定义。QSAR/QSPR 模型预测结果的可靠性与模型的应用域直接相关，任何 QSAR/QSPR 模型都有一定的适用范围，也就是所谓的模型应用域。QSAR/QSPR 模型应用域的重要意义在于，划定了模型能够进行可靠预测的范围，只有落在模型应用域内的化合物才被认为能得到可靠的预测结果[98~101]。OECD 中关于 QSAR/QSPR 模型应用域的解释为：它是模型的一个化学结构和响应变量的空间，在此空间内，模型的预测结果具有一定的可靠性。模型应用域定义的准则在 OECD 五项原则中具有承上启下的作用。一方面，每一个 QSAR/QSPR 模型都有特定的模型应用域，模型的应用域由模型的响应对象、训练集分子结构、结构描述参数的生成方法及模型统计学习算法共同决定，所以，OECD 的前两项准则是模型应用域能够明确定义的前提。另一方面，OECD 关于模型应用域的准则又是第四项准则的前提，OECD 的解释文件明确指出：不论模型应用域通过何种具体方式定义，模型拟合性、稳健性及预测能力的评价只有针对模型应用域内的化合物进行统计才有意义。也就是说，QSAR 模型的拟合性、稳健性及预测能力的评价必须同模型应用域相结合。关于模型应用域的定义准则，OECD 解释文件也强调：对于给定的模型，模型应用域并不是预测可靠和不可靠的绝对界限，模型应用域的确定需要在模型应用的限定范围与预测统计结果可靠性之间进行权衡。通常情况下，模型应用范围限定越宽松，模型可预测的化合物越多，预测可靠性相应也越低。而如何进行权衡，则根据具体的 QSAR 研究需要来确定。对 QSAR 模型应用域定义方法的研究在近几年才逐步发展起来，目前还没有公认的理论成熟且应用效果好的应用域定义方法，在实践中，仍需要对模型应用域的定义方法进行探索研究。相对于比较成熟和系统的模型统计学习算法，模型应用域定义方法的研究不论在理论发展还是应用实践方面都有很大的完善和提高空间。OECD 提出了几个 QSAR/QSPR 模型应用域的研究方向：①对模型应用域的置信度进行研究；②对基于分子结构及分子指纹描述子类型的 QSAR/

QSPR 模型的应用域定义方法；③对模型应用域定义方法的优势、局限及适用性进行更好评价的策略和方法；④将应用域定义方法与模型统计学习算法进行有效整合，使整个计算过程自动化。

OECD 第四项原则中关于模型拟合和稳健性的估计一般是通过模型对训练集分子活性的拟合效果及各种交叉校验的结果来进行的，但是，在模型的预测能力的估计上还是存在一定争议的，在很多 QSAR/QSPR 研究中，通过一个或少数几个测试集合的预测统计结果来表示模型的预测能力，有人认为这存在一定的局限性。其实，这项原则内容是和第三条原则的内容紧密相关的，对模型预测能力进行合适的估计离不开模型应用域的定义，因为如果独立测试集的很多化合物恰好位于模型应用域范围内，那么该独立测试集的预测统计结果将比较理想，而如果独立测试集的大部分化合物位于模型应用域范围外，则该独立测试集的预测统计结果将比较差，单纯根据这样的独立测试集的统计结果的好坏，并不能严谨反映该 QSAR/QSPR 模型预测能力的高低，这也进一步证明了 OECD 原则第三条关于确定模型应用域的重要性。

OECD 关于 QSAR 模型原则的最后一项，主要与模型中描述化合物分子结构信息的描述子以及合适的变量选择方法有关。通过采用一定的变量选择方法，选出原始描述子集合中的一组重要描述子，这些重要描述子相对其他描述子在解释和预测化合物结构与活性关系起着更显著作用，而对这些重要描述子的分析研究很大程度上可以揭示 QSAR/QSPR 模型的基础物理化学的作用机理。QSAR/QSPR 模型的描述子可以是理论计算得到的拓扑、几何、电性等各种结构参数或者是 CoMFA 和 CoMISA 等经典三维 QSAR/QSPR 模型中的分子场空间不同坐标中相互作用的能量值，也可以是通过各种分子碎片定义方法得到的分子指纹碎片。QSAR/QSPR 的许多研究成果和实践已经证明这些不同种类的描述子，通过选用合适的建模方法，能够较好地表征与预测一些化合物的活性性质。但从模型机理解释的角度而言，理论计算的结构参数描述子虽然在 QSAR/QSPR 研究中得到广泛应用，但其在模型机理解释方面还存在物理意义不够明确、结构信息不够直观的缺点。所以，第五项原则也只是提出尽可能地对模型进行合理的解释。当然，适当的变量选择方法也是找出模型关键描述子，从而更好地揭示模型机理的必不可少的环节，这也是近年 QSAR/QSPR 研究中比较活跃的一个方面。

下面，将对 QSAR/QSPR 中的建模方法及其应用给出必要的介绍，有关建模方法大致分为两类，一类是基于回归分析的建模方法，包括经典的多元线性回归、主成分回归、偏最小二乘回归；另一类则是化学模式识别方法，包括各种经典分类与判别分析方法，如距离判别法、Bayes 判别法、Fisher 判别法即最近邻法等。随着计算机科学中机器学习方法的飞速发展，目前发展的既可用于回归，又可用于分类判别的分类回归树、支持向量机、人工神经网络、核方法与模型集成算法、模型共识算法、助推法、随机森林等，都可用于 QSAR/QSPR 中的建模，这些方法已在第六章、第七章作出了必要介绍，所以，在这里主要对回归和模式识别建模在 QSAR/QSPR 中的应用作出必要讨论。

一、基于回归分析的建模方法及其应用

由前述方法得到分子结构的数量描述指标后，一个最直接的方法就是用回归方程将这些分子结构的数量描述指标与化合物的某种性质联系起来，然后用最小二乘的方法得到相应的回归参数（α_1，α_2，…，α_n），即

$$y=\alpha_1 \text{ind}_1+\alpha_2 \text{ind}_2+\cdots+\alpha_n \text{ind}_n \tag{9-21}$$

可以说目前很多构效定量关系的研究都基于此。下面将简要地介绍这方面的一些具体应用。

1. 分子连接性指数与立体参数间的关系

由 Taft 提出的取代基立体效应参数 E_s 值是一个经验值，不少基团的 E_s 值用类比法还难以得到，所以使用受到严重限制。对已知 E_s 值的 18 个脂肪酯类烃基部分，用分子连接性指数可以与 E_s 值建立如下相关关系方程式[102]：

$$E_s = -0.544\,^2\chi - 1.40\,^3\chi + 1.09\,^4\chi + 0.403$$

其复相关系数 $R=0.961$。从逻辑上来看，反应中心（如酯基）周围的基团由于立体效应而影响反应速度。因此用 $^2\chi$、$^3\chi$ 等延伸项可反映这种聚集现象，即反映与反应中心相连的基团的多少及其立体效应的大小。

2. 分子连接性指数与胸腺嘧啶磷酸酯酶抑制剂活性关系

11 个 N_1 位烃基和芳烃基取代的胸腺嘧啶衍生物（参见表 9-29）的活性与 $^1\chi$ 的 QSAR 方程式如下：

$$\lg(1/c) = 0.366\,^1\chi - 3.364$$

其复相关系数为 0.920。式中，c 为物质的量浓度。

表 9-29 胸腺嘧啶磷酸酯酶抑制剂 $^1\chi$ 值和活性值

R	$^1\chi$	$\lg\frac{1}{c}$	
		观测值	计算值
甲基	3.698	−2.30	−2.01
丁基	5.236	−1.35	−1.44
异戊基	5.592	−1.30	−1.31
环戊基	5.270	−1.28	−1.43
环已基	6.092	−1.17	−1.13
戊基	5.736	−1.15	−1.26
3-苯丙基	7.254	−1.11	−0.71
2-苯丙基	6.754	−0.80	−0.89
苯甲基	6.254	−0.76	−1.07
4-苯丁基	7.754	−0.60	−0.52
5-苯戊基	8.254	−0.32	−0.34

3. 分子连接性指数与 2-咪唑烷酮类衍生物的活性关系

2-咪唑烷酮类衍生物为中区神经系统抑制剂。相秉仁[103]用分子连接性指数与 lg(1/c) 对 21 个化合物建立 QSAR 方程式，获得显著效果。

$$\lg(1/c) = 0.2455\,^1\chi^* - 6.3933\,^5\chi^*_{PCT} - 13.1189\,^6\chi^*_{CYT} + 3.4448$$

式中，$^5\chi^*_{PCT}$ 为咪唑烷酮 2 位接有二甲胺边链的化合物采用的末端路径/簇项值；$^6\chi^*_{CYT}$ 为含有哌啶环和吗啉环边链的化合物的末端 6 原子回路项。应用分子连接性指数计算所得结果见表 9-30。

从表 9-30 中可以看出，分子中含有二甲胺基侧链的使活性降低（氯丙嗪例外，因母核结构不同，不宜类推）。这从 QSAR 方程式中可以定量反映出来，路径/簇项值$^5\chi_{PCT}$的系数是负值，表示它使母体活性降低，一般要降低 0.64 对数单位值（化合物 9～15）和 1.01 对数单位值（化合物 16 与 17）。

含有六元哌啶环与吗啉环也使活性降低，方程式中$^6\chi_{CYT}$项的系数亦为负数，提示这两种六元环基团对活性呈负变影响。一般要降低 1.03 对数单位值（化合物 18 与 19）和 0.59 对数单位值（化合物 20）。这可能是六元环立体障碍较大而妨碍分子与受体的嵌合。

表 9-30 分子连接性指数与咪唑烷酮类衍生物的中枢抑制活性 QSAR 方程式的计算结果

编号	R^2	n	R^1	$^1\chi$	$^5\chi_{PCT}$	$^6\chi_{CYT}$	$\lg\left(\frac{1}{c}\right)$① 实验	$\lg\frac{1}{c}$ 计算	$\left\|\Delta\lg\frac{1}{c}\right\|$
1	N—	2	Br	8.0864	0.0000	0.0000	5.63	5.43	0.20
2	N—	2	Cl	7.6958	0.0000	0.0000	5.47	5.33	0.14
3	N—	2	H	7.1788	0.0000	0.0000	5.01	5.20	0.19
4	CH_3CH_2 CH_3CH_2 N—	2	Br	7.9993	0.0000	0.0000	5.42	5.41	0.01
5	CH_3CH_2 CH_3CH_2 N—	2	Cl	7.6081	0.0000	0.0000	5.33	5.31	0.02
6	CH_3CH_2 CH_3 N—	2	C	7.0345	0.0000	0.0000	5.37	5.19	0.18
7	CH_3CH_2 CH_3 N—	2	H	6.5208	0.0000	0.0000	5.09	0.05	0.04
8	CH_3CH_2 CH_3 N—	2	Br	7.4222	0.0000	0.0000	5.13	5.27	0.14
9	CH_3 CH_3 N—	2	Cl	6.4671	0.1000	0.0000	5.03	4.39	0.64
10	CH_3 CH_3 N—	2	Br	6.8584	0.1000	0.0000	4.89	4.49	0.40
11	CH_3 CH_3 N—	2	SCH_3	7.3993	0.1000	0.0000	4.67	4.62	0.05

续表

编号	R^2	n	R^1	$^1\chi$	$^5\chi_{PCT}$	$^6\chi_{CYT}$	$\lg\left(\frac{1}{c}\right)$① 实验	$\lg\frac{1}{c}$ 计算	$\left\|\Delta\lg\frac{1}{c}\right\|$
12	$(CH_3)_2N$—	2	OCH_3	6.4683	0.1000	0.0000	4.64	4.39	0.25
13	$(CH_3)_2N$—	2	CH_3	6.3560	0.1000	0.0000	4.44	4.37	0.07
14	$(CH_3)_2N$—	2	OH	6.0769	0.1000	0.0000	4.05	4.30	0.25
15	$(CH_3)_2N$—	2	H	5.9430	0.1000	0.0000	3.84	4.26	0.42
16	$(CH_3)_2N$—	3	Br	7.3502	0.1581	0.0000	4.12	4.23	0.11
17	$(CH_3)_2N$—	3	Cl	6.9601	0.1581	0.000	3.80	4.14	0.34
18	哌啶基 N—	2	Cl	8.1955	0.0000	0.07905	4.88	4.42	0.46
19	哌啶基 N—	2	H	7.6791	0.0000	0.07905	4.23	4.29	0.06
20	吗啉基 O N—	2	Cl	7.7728	0.000	0.0456	4.07	4.75	0.68
21	2-氯吩噻嗪，N-$CH_2CH_2CH_2N(CH_3)_2$（Cl，S）			8.1706	0.0000	0.0000	5.20	5.45	0.25

① 用一种光电活动记录仪测量小鼠自发活动减低50%作为活性指标；c 为受试物的浓度，单位为 mol/L。

4. 分子连接性指数与化合物其他的理化性质的关系研究

化合物分子的理化性质不仅取决于分子和原子的数目（加合性），而且还取决于原子在分子中的排列（构成性）。而分子连接性指数可以把分子的加合性和构成性的结构信息都译制出来，Kier、Hall、Murray 等深入研究了分子连接性指数，认为其和分子若干的物理性质有显著相关性。例如，原子离解热和生成热、摩尔折射率、分子极化度、气体方程经验常数、气化热、沸点、液体的密度、有机液体的水溶性、分配系数等十余种物理性质观察值和用分子连接性指数与之建立的方程式而计算出来的数值几乎完全一致，有兴趣的读者可参阅文献［104］。

分子连接性法是1975年才提出来的，虽在不断发展中克服了不少问题，例如，初步解决了杂原子的点价等问题，但还有很多不足之处。例如指数的种类太多，物理意义不明确；指数值对几何异构体无法区别，所以顺反式的χ值是等同的；对化合物的构象也无法区别。另外，对磷、硼等元素在共价键中的δ值尚未规定出来。所以这些还有待于进一步发展、改进和完善。

5. 不同固定相上香料化合物 QSPR 模型的比较研究

香料化合物是形成嗅觉空间的物质基础，一般情况下，约 1000 种化合物就能构成人类的整个嗅觉空间。因此，对香料化合物的分离鉴定是研究香料化学和探索嗅觉之谜的基础。由于化合物结构的差异会导致色谱保留能力的不同，因此分析化学家提出利用保留指数进行辅助定性，保留指数结合质谱匹配能有效地提高化合物定性的准确性。最经典的保留指数是 1958 年 Kovàts 提出的恒温保留指数，也是 QSPR 研究的主要对象之一[105]。目前，香料化合物的 QSPR 研究已有部分报道，但是其研究的化合物一般数量较少，大多在 20～300 个之间。此外，已有的 QSPR 报道往往都是针对某一特定类别的化合物在特定类型的固定相上来建立模型，这样使得模型的泛化能力受到限制。同时，小规模的香料化合物保留指数数据、单一化的结构及固定相特征，无助于实现保留指数标准化。

因此，为了更加全面深入地研究香料化合物的定量结构保留关系，我们选择了近 700 种香料化合物在 4 根不同色谱柱上的保留指数为研究对象，旨在建立数据规模更大、结构多样性更高、固定相特征更丰富的香料化合物定量结构保留关系模型。同时，本工作的另一个目标是通过对 4 种不同极性固定相上的 QSPR 模型的比较研究，揭示“分子结构—描述符—固定相”三者之间的关系，为进一步进行保留指数标准化研究奠定基础。

本工作用于建模的保留指数数据收集自经典的保留指数网络数据库[106]（表 9-31），合计有 738 个香料化合物在 4 根不同极性的色谱柱上，分别为非极性固定相 OV101、弱极性固定相 DB5、中极性固定相 OV17 和极性固定相 C20M。数据库中的部分数据由于是估计所得或在对应的固定相上缺失数据，为保证数据的准确性，此类数据未纳入模型。最后，固定相 OV101 上有 297 个数据，DB5 上有 405 个数据，OV17 上有 205 个数据，C20M 上有 434 个数据，其中 4 个固定相共有的数据有 107 个。本工作所研究的香料化合物对象涵盖了酯类、醚类、醛类、醇类、酮类、有机酸类等绝大部分香料化合物类型，涉及到包括果香、木香、花香、奶香、坚果香、熏香等约 20 种主要的香气类型，具有足够的化学结构多样性和气味特征多样性。统计结果显示，数据集中的化合物碳原子个数为 1～23，氢原子个数为 3～48，环结构个数为 0～5，分子质量为 40.02～276.25。

表 9-31 用于 QSPR 建模的描述符信息

序号	描述符	化学意义	描述符类型
1	MW	分子量	组成
2	$ndonr$	氢键给体的数目	组成
3	ipc	邻接	拓扑结构
4	${}^4\chi$	阶簇项为 4 的简单分子连接性 χ 指数	拓扑结构
5	${}^1\chi$	1 阶路径的简单分子连接性 χ 指数	拓扑结构
6	${}^0\chi$	路径为 0 的简单分子连接性 χ 指数	拓扑结构
7	$qhmax$	大部分正电荷在 H 上	量子化学
8	μ	偶极矩	量子化学
9	$DPSA1$	Difference between partial positively and negatively charged surface areas	CPSA 描述子
10	$FPSA1$	Fractional partial positive surface area(表面积)	CPSA 描述子

四个色谱柱上的样本均被随机分为训练集和测试集两部分，分别占样本总数的 3/4 和 1/4，其中训练集中的样本被用于建模，测试集中的样本不参与建模，仅用于评价模型的预测能力。因此，数据劈分后，四个色谱柱上的训练集和测试集样本个数分别为 230 和 67

(OV101)、305 和 100 (DB5)、165 和 40 (OV17)、330 和 104 (C20M)。

本工作采用多元线性回归技术关联分子描述符和保留指数，因多元线性回归具有模型简单、易解释的优点，能通过对回归方程的分析清晰地揭示分子结构与保留机制之间的关系。为保证模型的稳健性，建模过程中对模型进行了交互检验，并通过独立测试集对模型性能进行评估。模型通过拟合回归系数 R^2、交互检验回归系数 Q^2、预测回归系数 R^2_{test} 以及均方根差 *RMSE* 等统计参数对其性能进行评价。见表 9-32、表 9-33。

表 9-32　QSPR 模型回归方程

固定相	回归方程	描述符
OV101	$I=1166.2-267.0(\pm24.2)^0\chi+347.9(\pm25.4)^1\chi+36.2(\pm3.7)ndonr+199.7(\pm17.7)MW$　(1)	$MW, ndonr, {}^1\chi, {}^0\chi$
DB5	$I=1150.6-269.2(\pm19.1)^0\chi+420.5(\pm20.7)^1\chi+48.0(\pm3.2)ndonr+179.0(\pm14.0)MW$　(2)	$MW, ndonr, {}^1\chi, {}^0\chi$
OV17	$I=1230.0+49.0(\pm7.2)DPSA1-75.2(\pm4.5)FPSA1+57.7(\pm12.6)qhmax+67.3(\pm9.6)\mu+289.2(\pm8.2)ipc$　(3)	$ipc, \mu r, qhmax, DPSA1, FPSA1$
C20M	$i=1558.6-154.6(\pm8.2)FPSA1+126.8(\pm12.7)qhmax+71.2(\pm5.5)\mu-53.2(\pm5.4)^4\chi_c+57.2(\pm12.9)ndonr+393.7(\pm5.7)ipc$　(4)	$ipc, ndonr, qhmax, \mu, FPSA1, {}^4\chi_c$

表 9-33　QSPR 模型统计参数表

色谱柱	描述子	R^2	*RMSEF*	Q^2	$RMSE_{cv}$	R^2_{ext}	$RMSE_{test}$
OV101	$MW, {}^1\chi, {}^0\chi, ndonr$	0.9605	59.61	0.9595	60.30	0.9585	58.02
DB5	$MW, {}^1\chi, {}^0\chi, ndonr$	0.9532	61.05	0.9528	61.33	0.9501	65.68
OV17	$ipc, \mu, DPSA1, FPSA1, ndonr, qhmax$	0.9607	57.63	0.9595	58.55	0.9581	54.33
C20M	$ipc, ndonr, FPSA1, \mu^4\chi c, qhmax$	0.9228	104.24	0.9223	104.58	0.9255	105.48

6. QSPR 模型中的描述符分析

由于训练集中样本的变化会引起描述符选择的不同，同一描述符在模型中的重要性也会随着数据的变化而发生改变，不利于对不同的 QSPR 模型中的描述符做平行的比较。因此，本工作在四个不同的固定相上收集了共有的 107 个化合物，对 107 个化合物分别建模，消除了样本差异带来的影响，有利于研究不同的固定相上的 QSPR 模型中描述符的差异。建模过程及模型评价方法如前所述，其结果见表 9-34，由表 9-34 可见，4 个 QSPR 模型均是可靠稳健的。测试集中实验值与预测值对照图见图 9-18。

表 9-34　不同固定相上 107 个化合物的 QSPR 模型

固定相	R^2	*RMSEF*	Q^2	$RMSE_{cv}$
OV101	0.9718	56.2714	0.9587	68.1360
DB5	0.9741	54.0304	0.9619	65.5337
OV17	0.9597	67.6811	0.9464	78.0032
C20M	0.9309	105.7966	0.9084	121.8397

为了表征描述符在不同的 QSPR 模型中的重要性，本工作中计算了描述符在模型里的两个统计量[107]，相对贡献值 (ψ_r) 和部分贡献值 (ψ_f)，计算方法如下：

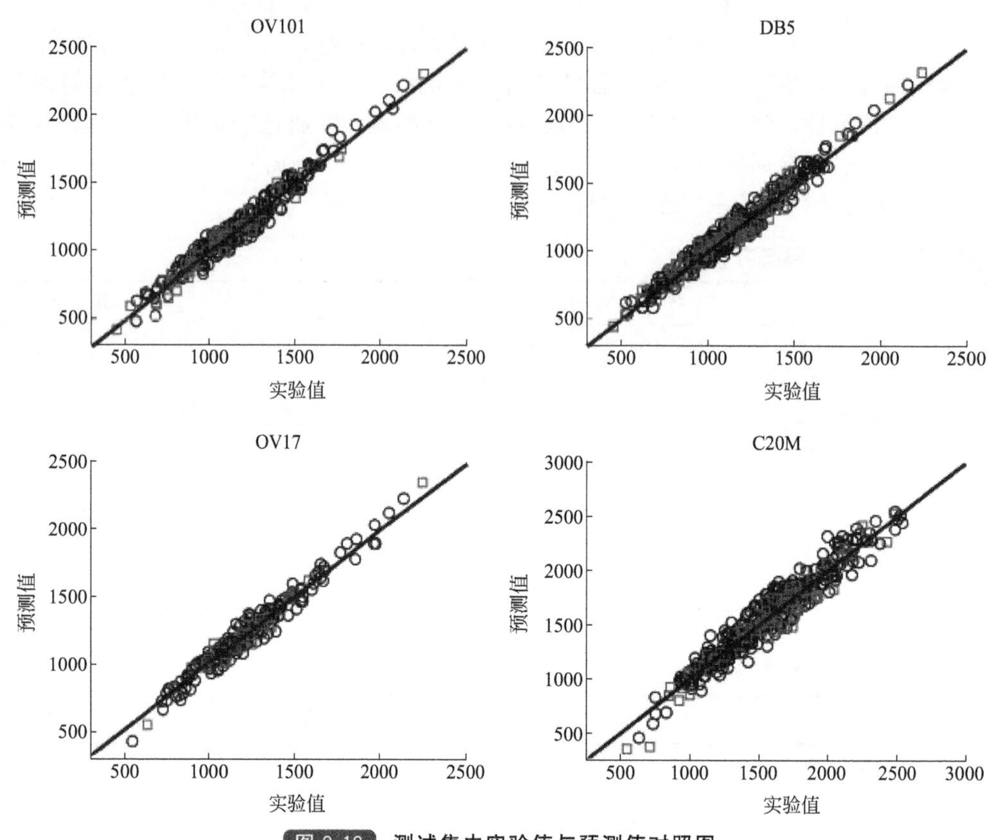

图 9-18 测试集中实验值与预测值对照图
(□: 训练集中的样本; ○: 测试集中的样本)

$$\psi_{\mathrm{r}}(i)=a_i X_i \tag{9-22a}$$

$$\psi_{\mathrm{f}}(i)=\frac{r^2\,|\,\psi_{\mathrm{r}}(i)\,|}{\sum_i |\,\psi_{\mathrm{r}}(i)\,|}\times 100\% \tag{9-22b}$$

式中，a_i和X_i是QSPR模型中第i个描述符的相关系数和平均值；r^2是模型回归系数。由式(9-22a)、式(9-22b)计算得到的描述符重要性指标见表9-35。

表 9-35 不同QSPR模型上描述符的重要性评价

固定相	*FPSA1*	*qhmax*	*μ*	*ndonr*	$^0\chi$	$^1\chi$	*MW*	*ipc*	$^4\chi_c$	*DPSA1*
OV101	0.0175	0.0091	0.0357	0.0248	0.2035	0.4363	0.1405	0.0928	0.0070	0.0045
DB5	0.0074	0.0248	0.0459	0.0120	0.2317	0.4025	0.1862	0.0626	0.0008	0.0001
OV17	0.0210	0.0617	0.0712	0.0006	0.2422	0.3720	0.1685	0.0183	0.0021	0.0021
C20M	0.0363	0.1122	0.0576	0.0027	0.2145	0.2498	0.1258	0.0718	0.0042	0.0560
average	0.0205	0.0519	0.0526	0.0100	0.2230	0.3651	0.1553	0.0614	0.0035	0.0157

由表9-35可见，在不同的固定相上，QSPR模型中的描述符部分贡献值差异很大。例如，描述符*qhmax*的部分贡献值在OV101模型上为0.0091，在C20M模型上则为0.1122。此外，对于所有的固定相而言，描述符$^0\chi$，$^1\chi$和*MW*对保留指数均起最主要的影响，其在4个固定相上部分贡献值的平均值分别为0.2230，0.3651和0.1553，远大于其他的描述符。这说明，对于不同极性的固定相，对色谱保留起主导作用的是色散力、诱导力和位阻效应，

因为描述符$^{0}\chi$,$^{1}\chi$和MW对应的正是表征这些作用力的分子结构信息，且都与保留指数成正相关性。而描述符ipc的部分贡献值相对较小，其原因在于$^{0}\chi$,$^{1}\chi$和MW所表征的分子结构信息与其相似。

另一方面，描述符$FPSA1$、$qhmax$、μ和$DPSA1$在QSPR模型中部分贡献值的平均值较小，分别为0.0205、0.0519、0.0526和0.0157。这是因为在色谱保留过程中，溶质分子与固定相的相互作用不仅是色散力、诱导力和位阻效应等，通过偶极-偶极相互作用的分子间取向力也发挥作用，在极性固定相上尤其显著。由表9-34可见，对于固定相OV101、DB5、OV17和C20M，随着极性的增强，描述符$FPSA1$、$qhmax$、μ和$DPSA1$的部分贡献值也随之增大。其中，$FPSA1$由0.0175增大至0.0363，$qhmax$由0.0091增大至0.1122，μ由0.0357增大至0.0576，DPSA1由0.0045增大至0.0560。其原因在于随着固定相极性的增大，偶极-偶极相互作用的分子间取向力在色谱保留过程中的影响逐渐增大，因此用于表征分子间取向力的描述符在模型中的重要性也随之增强。另一方面，主要表征色散力、诱导力及位阻效应的描述符$^{0}\chi$、$^{1}\chi$、MW和ipc虽然在总体上依然保持着影响保留过程的主导地位，但是，随着固定相极性的增强，这些描述符在模型中的相对重要性也是呈减小趋势的。

最后，描述符$ndonr$和$^{4}\chi_{c}$在模型中的贡献都很小，分别为0.0100和0.0035，且随着极性改变的变化趋势也不明显。但是，在变量选择过程中发现，如果从变量集中删除这两个变量，模型的性能明显降低。其原因在于$ndonr$和$^{4}\chi_{c}$所表征的氢键受体数目以及分子结构复杂性对大多数的分子都是常数，只对一小部分分子起区分作用，可认为是模型的局部变量。例如，杂原子个数多的分子和分子结构很复杂的分子中，$ndonr$和$^{4}\chi_{c}$将起重要作用。

在此，特将香料化合物在不同固定相上的保留指数由表9-36给出，如读者对此感兴趣，可直接使用这些数据。

表9-36　香料化合物在不同固定相上的保留指数

CAS	化学名称	HP-1	HP5-MS	DB-225MS
000102-20-5	苯乙酸苯乙酯	1865	1922	2709
000112-14-1	乙酸辛酯	1193	1210	1440
000141-78-6	乙酸乙酯	—	—	819
000093-18-5	β-萘乙醚	1489	1528	2100
000102-13-6	苯乙酸异丁酯	1360	1392	1829
001504-74-1	邻甲氧基肉桂醛	1480	1533	2333
000106-32-1	辛酸乙酯	1179	1196	1410
000097-62-1	异丁酸乙酯	744	757	934
000695-06-7	γ-己内酯	1005	1054	1710
000112-31-2	癸醛	1183	1205	1494
000488-10-8	茉莉酮	1364	1401	1938
000110-19-0	乙酸异丁酯	757	773	970
002721-22-4	δ-十四内酯	1874	1926	2753
000123-69-3	(*Z*)-氧代环十七碳-8-烯-2-酮	1901	1938	2462
000556-82-1	3-甲基-2-丁烯-1-醇	758	776	1113
000106-29-6	丁酸香叶酯	1536	1560	1854
005471-51-2	覆盆子酮	1498	1553	2675
000104-54-1	肉桂醇	1268	1306	1999

续表

CAS	化学名称	HP-1	HP5-MS	DB-225MS
000556-24-1	异戊酸甲酯	761	777	970
000491-02-1	薄荷醇	1155	1174	1512
000093-15-2	甲基丁香酚	1368	1405	1890
000628-97-7	棕榈酸乙酯	1975	1993	2246
000620-02-0	5-甲基呋喃醛	928	963	1451
000698-76-0	丁位辛内酯	1235	1287	2024
000105-54-4	丁酸乙酯	787	804	—
000103-38-8	异戊酸苯甲酯	1364	1396	1816
060784-31-8	(*Z*)-2-壬烯醛	1134	1159	1520
000105-68-0	丙酸异戊酯	952	968	1168
000106-27-4	丁酸异戊酯	1039	1055	1255
000103-45-7	乙酸苯乙酯	1223	1258	1712
000103-28-6	异丁酸苄酯	1268	1298	1702
000101-84-8	二苯醚	1369	1404	1863
000106-33-2	月桂酸乙酯	1576	1593	1827
000122-97-4	3-苯丙醇	1198	1233	1824
000112-44-7	十一醛	1285	1306	1575
000536-59-4	紫苏醇	1274	1301	1791
000093-08-3	2-萘乙酮	1568	1620	2440
000122-69-0	肉桂酸肉桂酯	2347	2416	—
000140-39-6	乙酸对甲酚酯	1138	1170	1590
000104-21-2	乙酸对甲氧基苄酯	1377	1421	2004
007452-79-1	2-甲基丁酸乙酯	835	849	1028
000111-13-7	2-辛酮	969	991	1275
000710-04-3	δ-十一内酯	1555	1607	2396
000110-45-2	甲酸异戊酯	774	792	1006
006728-26-3	(*E*)-2-己烯醛	827	852	1187
000077-53-2	柏木脑	1583	1611	2072
000123-68-2	己酸烯丙酯	1061	1079	1318
002035-99-6	辛酸 3-甲基丁酯	1428	1445	1641
000065-85-0	苯甲酸	1155	1178	—
000103-52-6	丁酸苯乙酯	1408	1443	1896
000109-21-7	丁酸丁酯	979	995	1199
000119-61-9	二苯甲酮	1583	1635	2372
000821-55-6	2-壬酮	1070	1091	1383
000109-15-9	异丁酸辛酯	1329	1344	1531
000108-64-5	异戊酸乙酯	838	852	1038
000120-57-0	胡椒醛	1286	1336	2043
000077-93-0	柠檬酸三乙酯	1618	1664	2369
000623-17-6	乙酸糠酯	964	995	1368
000104-57-4	甲酸苄酯	1045	1078	1520
000124-07-2	辛酸	1164	1179	1652

续表

CAS	化学名称	HP-1	HP5-MS	DB-225MS
002244-16-8	右旋香芹酮	1212	1246	1701
000093-04-9	2-萘甲醚	1415	1455	2051
031502-14-4	反-2-壬烯-1-醇	1150	1168	1517
000503-74-2	异戊酸	839	850	1286
000100-52-7	苯甲醛	929	961	1399
000928-95-0	(*E*)-2-己烯-1-醇	848	865	1202
000102-76-1	三乙酸甘油酯	1309	1352	1957
000118-61-6	水杨酸乙酯	1243	1273	1697
000112-06-1	乙酸庚酯	1094	1111	1335
000093-04-9	2-萘甲醚	1414	1454	2050
000140-27-2	异戊酸桂酯	1648	1686	2226
000821-55-6	2-壬酮	1070	1091	1383
000706-14-9	γ-癸内酯	1422	1471	2198
006728-26-3	青叶醛	827	852	1187
007493-72-3	壬酸烯丙酯	1358	1377	1593
007779-65-9	桂酸异戊酯	1705	1745	2304
000123-92-2	乙酸异戊酯	859	876	1081
000112-30-1	1-癸醇	1254	1271	1577
000089-74-7	2,4-二甲基苯乙酮	1220	1253	1719
000823-22-3	δ-己内酯	1041	1095	1818
000103-37-7	丁酸苯甲酯	1313	1347	1783
000544-12-7	3-己烯-1-醇	838	855	1193
002497-18-9	(*E*)-乙酸-2-己烯-1-醇酯	995	1015	1261
015356-70-4	DL-薄荷醇	1155	1174	1512
000110-40-7	癸二酸二乙酯	1751	1787	2293
000087-19-4	水杨酸异丁酯	1444	1475	1920
000111-27-3	正己醇	852	867	1179
000698-10-2	3-羟基-4-甲基-5-乙基-2(5*H*)-呋喃酮	1158	1195	1974
000124-06-1	十四酸乙酯	1775	1792	2036
000105-13-5	4-甲氧基苄醇	1244	1284	1994
000110-43-0	2-庚酮	868	891	1166
000334-48-5	正癸酸	1354	1370	1885
000591-68-4	戊酸丁酯	1075	1093	1302
000121-32-4	乙基香兰素	1407	1459	2315
000120-51-4	苯甲酸苄酯	1717	1770	2493
000112-05-0	壬酸	1260	1274	1777
000119-36-8	水杨酸甲酯	1166	1196	1594
000638-25-5	辛酸戊酯	1466	1484	1714
003681-71-8	乙酸叶醇酯	987	1006	1252
000100-86-7	二甲基苄基原醇	1130	1158	1581
000110-43-0	2-庚酮	868	891	1166
000110-27-0	十四酸异丙酯	1809	1824	2037

续表

CAS	化学名称	HP-1	HP5-MS	DB-225MS
000103-48-0	异丁酸苯乙酯	1367	1396	1818
000593-08-8	2-十三酮	1474	1495	1818
000102-16-9	苯乙酸苯甲酯	1759	1815	2576
000112-17-4	乙酸癸酯	1391	1409	1617
000659-70-1	异戊酸异戊酯	1090	1105	1292
000118-58-1	水杨酸苄酯	1823	1875	2633
004940-11-8	乙基麦芽酚	1161	1197	1777
000591-12-8	当归内酯	833	869	1325
000108-29-2	丙位戊内酯	905	953	1569
000104-93-8	对甲苯甲醚	997	1021	1333
000099-87-6	*p*-伞花烃	1010	1025	1218
000106-30-9	庚酸乙酯	1081	1127	1305
000106-65-0	丁二酸二甲酯	999	1032	1467
000124-06-1	十四酸乙酯	1775	1793	2036
000123-92-2	乙酸异戊酯	860	876	1080
000104-50-7	丙位辛内酯	1210	1259	1949
003301-94-8	丁位壬内酯	1343	1394	2148
010031-82-0	对乙氧基苯甲醛	1288	1333	1955
015356-74-8	二氢猕猴桃内酯	1481	1537	2477
000151-10-0	间苯二甲醚	1135	1168	1580
000123-29-5	壬酸乙酯	1278	1295	1509
000111-11-5	正辛酸甲酯	1106	1125	1347
000706-14-9	γ-癸内酯	1422	1471	2197
000093-89-0	苯甲酸乙酯	1142	1172	1547
000127-41-3	甲位紫罗兰酮	1403	1431	1875
000705-86-2	δ-癸内酯	1448	1499	2270
000109-25-1	庚酸-3-甲丁酯	1330	1347	—
000112-63-0	亚油酸甲酯	2067	2094	2466
016409-46-4	异戊酸-L-薄荷酯	1500	1518	1744
001076-56-8	2-异丙基-5-甲基茴香醚	1213	1235	1503
004411-89-6	2-苯基巴豆醛	1233	1274	1858
007452-79-1	2-甲基丁酸乙酯	836	849	1027
004536-23-6	2-甲基己酸	1027	1043	1484
000088-69-7	2-异丙基苯酚	1174	1199	1788
003452-97-9	异壬醇	1033	1047	1358
000104-53-0	苯丙醛	1122	1163	1693
000695-06-7	γ-己内酯	1005	1055	1708
000638-49-3	甲酸戊酯	811	826	1050
033467-73-1	顺-3-己烯醇甲酸酯	902	920	1177
000090-05-1	愈创木酚	1058	1090	1577
000122-84-9	对甲氧基苯基丙酮	1339	1386	2066
013360-65-1	2-乙烷基-3,5-二甲基吡嗪	1055	1078	1370

续表

CAS	化学名称	HP-1	HP5-MS	DB-225MS
004748-78-1	对乙基苯甲醛	1145	1179	1636
000087-44-5	1-石竹烯	1413	1426	1586
000103-50-4	二苄醚	1610	1654	2256
001731-84-6	壬酸甲酯	1205	1223	1452
000124-06-1	十四酸乙酯	1775	1792	2036
003681-71-8	乙酸叶醇酯	987	1006	1251
000539-82-2	戊酸乙酯	837	852	1037
000659-70-1	异戊酸异戊酯	1090	1104	1292
006753-98-6	α-石竹烯	1445	1460	1916
025152-84-5	(E,E)-2,4-癸二烯醛	1287	1316	1776
003268-49-3	3-甲硫基丙醛	865	907	1368
001125-21-9	2,6,6-三甲基-2-环己烯-1,4-二酮	1104	1144	1646
021834-92-4	5-甲基-2-苯基-2-己烯醛	1455	1493	2065
002548-87-0	反-2-辛烯醛	1032	1057	1414
000122-91-8	甲酸茴香酯	1291	1334	1933
000124-19-6	壬醛	1082	1104	1383
000104-67-6	桃醛	1528	1576	2321
000590-86-3	异戊醛	870	900	897
000077-83-8	杨梅醛	1489	1531	2142
014371-10-9	反-肉桂醛	1227	1272	1922
000112-12-9	2-十一酮	1272	1293	1573
000122-03-2	枯茗醛	1209	1242	1716
000107-75-5	羟基香茅醛	1254	1288	1864
002385-77-5	(+)-香茅醛	1130	1153	1460
000122-40-7	甲位戊基桂醛	1613	1651	2206
035044-68-9	α-大马酮	1390	1418	1832
024720-09-0	(E)-1-(2,6,6-三甲基-2-环己烯-1-基)-2-丁烯-1-酮	1370	1393	1789
004313-03-5	反-2,4-庚二烯醛	981	1010	1430
038462-22-5	2-(1-巯基-1-甲基乙基)-5-甲基环己酮	1331	1367	1880
000079-69-6	4-(2,5,6,6-四甲基-2-环己烯-1-基)-3-丁烯-2-酮	1491	1519	1982
000689-67-8	6,10-二甲基-5,9-十一碳二烯-2-酮	1408	1434	1804
000112-45-8	10-十一烯醛	1274	1299	1609
000105-43-1	3-甲基戊酸	933	944	—
000122-00-9	对甲基苯乙酮	1151	1186	1679
003796-70-1	(E)-2,6-二甲基-2,6-十一碳二烯-10-酮	1426	1453	1831
000090-02-8	水杨醛	1009	1044	1504
000112-54-9	月桂醛	1387	1408	1713
002548-87-0	反-2-辛烯醛	—	1057	—
006728-31-0	(Z)-4-庚烯醛	874	901	1194
001196-31-2	d-薄荷酮	1130	1155	1521
000098-86-2	苯乙酮	1032	1067	1532
000066-25-1	正己醛	778	803	1057

续表

CAS	化学名称	HP-1	HP5-MS	DB-225MS
000110-62-3	正戊醛	—	704	948
000103-95-7	兔耳草醛	1426	1464	1959
000105-57-7	二乙醇缩乙醛	721	729	—
003391-86-4	1-烯-3-辛醇	963	978	1278
003268-49-3	3-甲硫基丙醛	865	907	1368
000112-44-7	十一醛	1285	1306	1575
000111-87-5	正辛醇	1054	1069	1391
000111-27-3	正己醇	852	867	1178
000102-19-2	苯乙酸异戊酯	1470	1497	1950
000103-56-0	丙酸桂酯	1515	1555	2105
000141-14-0	丙酸香茅酯	1429	1448	1705
000105-86-2	甲酸香叶酯	1284	1306	1564
000106-29-6	丁酸香叶酯	1539	1563	1855
013532-18-8	3-甲硫基丙酸甲酯	993	1024	1424
000103-73-1	苯乙醚	969	993	1286
000110-27-0	十四酸异丙酯	1809	1824	2037
000124-07-2	正辛酸	1163	1179	1647
001188-02-9	2-甲基庚酸	1128	1141	1564
000104-76-7	异辛醇	1014	1028	1333
004437-51-8	3,4-己二酮	777	802	1083
001577-18-0	(*E*)-3-己烯酸	988	1003	1508
000079-09-4	丙酸	—	706	1138
000111-14-8	正庚酸	1070	1084	1545
016409-43-1	玫瑰醚	1095	1111	1326
000078-83-1	异丁醇	—	—	916
000079-31-2	异丁酸	754	765	1181
000106-25-2	橙花醇	1208	1228	1582
007212-44-4	橙花叔醇	1515	1534	1866
000111-87-5	正辛醇	1054	1069	963
003681-71-8	乙酸叶醇酯	964	1006	1391
000123-51-3	异戊醇	722	734	1251
000100-51-6	苄醇	1004	1034	1033
000123-66-0	正己酸乙酯	981	999	1202
000143-13-5	乙酸壬酯	1292	1309	1532
000150-84-5	乙酸香茅酯	1333	1352	1584
000140-26-1	异戊酸苯乙酯	1461	1494	1931
000111-62-6	油酸乙酯	2144	2167	2475
000103-45-7	乙酸苯乙酯	1223	1257	1709
000106-22-9	香茅醇	1208	1227	1566
000111-12-6	2-辛炔酸甲酯	1169	1202	1557
000105-53-3	丙二酸二乙酯	1038	1070	1477
000105-66-8	丁酸丙酯	881	899	1096

续表

CAS	化学名称	HP-1	HP5-MS	DB-225MS
000141-16-2	3,7-二甲基-6-辛烯醇丁酸酯	1508	1528	1784
000539-90-2	丁酸异丁酯	939	954	1145
024851-98-7	二氢茉莉酮酸甲酯	1613	1657	2287
002198-61-0	己酸异戊酯	1232	1249	1458
000105-85-1	甲酸香草酯	1256	1275	1540
000106-22-9	香茅醇	1208	1227	1566
013532-18-8	3-甲硫基丙酸甲酯	993	1024	1424
000623-17-6	乙酸糠酯	964	995	1366
000104-57-4	甲酸苄酯	1045	1078	1518
005655-61-8	左旋乙酸冰片酯	1268	1288	1561
000103-59-3	异丁酸肉桂酯	1547	1584	2105
000103-37-7	丁酸苄酯	1313	1347	1781
000101-41-7	苯乙酸甲酯	1144	1178	1598
000140-88-5	丙烯酸乙酯	—	702	911
000105-85-1	甲酸香草酯	1256	1275	1540
059020-85-8	硫代丙酸糠酯	1219	1256	1689
000109-60-4	乙酸丙酯	703	715	918
000093-92-5	乙酸苏合香酯	1164	1194	1571
000125-12-2	乙酸异龙脑酯	1268	1290	1569
000109-19-3	3-甲基丁酸丁酯	1027	1045	1238
000123-69-3	(*Z*)-氧代环十七碳-8-烯-2-酮	1900	1937	2459
020665-85-4	异丁酸香兰酯	1613	1671	2470
000105-21-5	γ-庚内酯	1105	1154	1822
000107-92-6	丁酸	779	794	—
000765-70-8	3-甲基环戊烷-1,2-二酮	994	1027	1547
023747-48-0	5-甲基-6,7-二氢-5*H*-环戊并吡嗪	1107	1140	1529
018138-04-0	2,3-二乙基-5-甲基吡嗪	1132	1155	1415
013678-59-6	2-甲基-5-(甲硫基)呋喃	930	951	1215
013925-00-3	2-乙基吡嗪	890	915	1228
001759-28-0	4-甲基-5-乙烯基噻唑	999	1026	1387
015707-23-0	3-乙基-2-甲基吡嗪	978	1003	1308
024683-00-9	2-甲氧基-3-异丁基吡嗪	1160	1181	1414
000693-95-8	4-甲基噻唑	793	817	1136
000137-00-8	4-甲基-5-羟乙基噻唑	1233	1277	2049
001759-28-0	4-甲基-5-乙烯基噻唑	999	1026	1387
000127-91-3	β-蒎烯	968	978	1092
001438-91-1	糠基甲基硫醚	972	1001	1352
001124-11-4	2,3,5,6-四甲基吡嗪	1063	1087	1381
014667-55-1	2,3,5-三甲基吡嗪	979	1004	—
002882-20-4	2-甲硫基-3-甲基吡嗪	1139	1169	1521
034413-35-9	5,6,7,8-四氢喹喔啉	1173	1210	1638
002884-13-1	2-甲基硫代-6-甲基吡嗪	1155	1187	1583

续表

CAS	化学名称	HP-1	HP5-MS	DB-225MS
000350-03-8	3-乙酰基吡啶	1074	1111	1705
001193-79-9	5-甲基-2-乙酰基呋喃	1005	1038	1507
022047-25-2	2-乙酰基吡嗪	987	1022	1470
024295-03-2	2-乙酰基噻唑	981	1019	1476
005910-89-4	2,3-二甲基吡嗪	893	918	1240
000093-51-6	4-甲基愈创木酚	1163	1193	1715
025680-58-4	2-甲氧基-3-乙基吡嗪	1032	1053	1301
024683-00-9	2-甲氧基-3-异丁基吡嗪	1160	1181	1414
013925-07-0	2-乙烷基-3,5-二甲基吡嗪	1060	1084	1370
001122-62-9	2-乙酰基吡啶	999	1033	1458
000093-16-3	异丁香酚甲醚	1418	1457	2050
000093-15-2	甲基丁香酚	1367	1404	1887
000499-75-2	香芹酚	1265	1291	1866
000119-84-6	二氢香豆素	1327	1387	2197
005989-27-5	右旋萜二烯	1020	1029	1151
000097-53-0	丁香酚	1325	1359	1920
000513-86-0	3-羟基-2-丁酮	—	714	1116
005932-68-3	(E)-2-甲氧基-4-(1-丙烯基苯酚)	1413	1451	2092
034413-35-9	5,6,7,8-四氢喹喔啉	1171	1208	1636
000099-83-2	α-水芹烯	995	1006	1128
000515-13-9	β-榄香烯	1384	1426	1545
000586-62-9	异松油烯	1077	1089	1229
000123-35-3	月桂烯	982	991	1107
000540-07-8	正己酸正戊酯	1269	1287	1506
000106-02-5	环十五内酯	1805	1839	—
000111-87-5	正辛醇	1054	1070	1392
000078-59-1	异佛尔酮	1089	1122	1581
000470-82-6	桉叶油醇	1018	1032	1212
000060-12-8	苯乙醇	1082	1114	1660
007549-33-9	丙酸-4-甲氧基苯甲(醇)酯	1471	1514	2092
000110-38-3	正癸酸乙酯	1377	1394	1586
000118-58-1	水杨酸苄酯	1825	1877	2634

二、基于模式识别的建模方法及其应用

将模式识别技术用于定量构效关系的研究是近年来取得的新进展。有关化学模式识别的一些方法在第七章已经介绍过了，在此只对它们在定量构效关系中的应用研究情况给出简要讨论。

（一）化学模式识别的应用概述

化学学科的一个中心任务就是要研究化合物的结构与反应活性的关系，尤其是生化反应中的结构与活性的关系近年来受到化学家的广泛关注。正如本书前节讨论的那样，这些关系影响因素较多，如极性性质、立体效应等，用量子化学进行详细的理论计算则太复杂，而且

计算量太大以致难以实施。这样，化学模式识别就成了现在少数几个有用的研究定量构效关系手段之一，值得引起化学家的重视[108]。

1. 化合物结构的模式识别分析

化合物的结构可由一个“主干”和主干上一些特殊位置的取代基来描述[109]，这样一些特殊位置上的取代基的化学性质就可用上节讨论的一些参数来进行描述，一些特殊的性质还可通过量子力学的计算得到，这样，一组具有相同化学结构主干的化合物就转变成由一组数据矢量来表示，不同的反应特性就应该具有不同的数据结构。一些已知反应特性的矢量数据可构成化学模式识别方法中的训练集（参见第七章），通过训练，就可对一些具有同样化学结构主干的未知化合物的反应特性来进行预测了。

在这里讨论这样的一个例子。有这样一系列具有如下化学结构主干的化合物：

$$X(Y){-}C_6H_4{-}CH(R){-}CH(R^1){-}NH{-}R^2$$

在这里，五种不同取代基 X（或 Y）、R、R^1 及 R^2 可从 H 变化到 $CH(CH_3){-}CH_2{-}C_6H_4{-}OH$，采用前述方法将这些化合物由一组数据矢量来表示，其中只有一个变量是由测量给出的。这组数据的训练集由 32 个化合物构成，每个化合物由 13 个变量表示出。训练集由两类不同类型的化合物组成，一类的反应活性高，为兴奋剂，共 15 个；另一类的反应活性低，为阻滞剂，共 17 个。Dunn 等[110]采用 SIMCA 方法对这些数据进行了分析，得到一些有用的结果，并对未知物也作了预测，说明化学模式识别是一种有用的进行定量构效关系研究的方法。类似的例子可参阅文献［111，112］。

2. 钢材断裂性能的模式识别分析

瑞典钢铁公司试制了 15 个新钢种，在新钢种的钢材加工过程中，有 9 种钢材开裂，另 6 种不开裂，为了查明钢中微量元素对钢材开裂的影响，他们分析了这 15 种钢材中的 17 种微量元素，并用模式识别的 SIMCA 算法寻找规律，结果发现：“好钢”的成分代表点集中在一个较小的区域，可包括在一个高维空间的包络面内；“坏钢”的数据点则很分散。这是因为：引起开裂的原因不止一种，故“坏钢”区事实上是多个区域的叠加，“坏钢”的样本点集没有包络面，Wold 称这类情况为“不对称 SIMCA 分析”[113]。

3. 模式识别用于药物设计

据 1978 年估计，全世界用于寻找新药的费用每年达 20 亿美元左右，每发明一种重要的新药耗资为四千万美元。为了更快更省地开发新药物，迫切需要总结化合物分子结构和疗效的关系，以提高探索的命中率。这种构效关系研究可有演绎法和归纳法两种。演绎法是从量子生物学角度查明药物活性的机理从而确定何种结构最有效。但目前的知识水平距这一目标尚十分遥远。归纳法则是利用模式识别等方法从大量实验结果中总结规律。这一方法虽然是纯经验性质或半经验性质，但切实可行。由于新药研制中合成和药理研究的工作量很大，费用也相当高，即使模式识别方法的预测率的准确度不高，也能产生一定效益。用模式识别进行药物设计的最大困难，是如何选取有效的结构描述参数，一种常用的方法是假定生物活性与结构参数有线性关系，这当然是一种粗略的近似或简化。

Kowalski 等用模式识别方法研究抗癌药的构效关系[114]。他们取 200 个化合物（其中 87 个有抗癌活性）。选择了 20 个结构参数，其中下列参数最为有效：

① 硫原子数/总原子数；

② C—S 键数/碳原子数；

③ S—H 键数；

④ C—C 键数/碳原子数；

⑤ 碳原子数/总原子数。

用线性判别函数法和 K-最邻近法，分类率可达 90%左右。但也有人对这种分类判别方法提出不同意见。

Chu 等[115]用线性判别函数法和 K-最邻近法用 51 个变量来识别 188 个药物的抗癌活性。预报 24 个未知化合物的抗癌活性，成功率达 83%～92%。

4. 致癌物生物活性的模式识别研究

多环芳烃（PAH）致癌是有关环保和癌症病因的重要课题。人们通过大量实验注意到：多环芳烃的分子图形和致癌活性有很大关系。例如 3,4-苯并芘是强致癌物质，而同样有 5 个苯环的则不致癌。自从 Pullman 提出 K-L 区理论以解释多环芳烃分子的结构与致癌活性关系以来，这一课题一直是理论生物化学关注的重心之一。K-L 区理论和后来提出的湾区理论都注意到分子形状与致癌活性的关系。在遥感、指纹分类、汉字识别等领域广泛使用的句法模式识别技术，是用计算机总结形状信息的有力工具，舒永昌和陈念贻就用这一技术研讨了多环芳烃致癌活性的规律[116]。

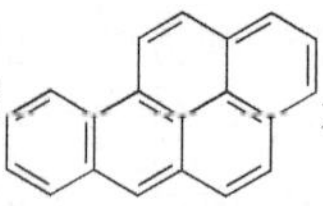

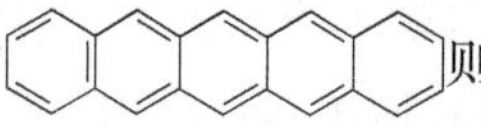

5. 嗅觉活性化合物的模式识别研究

Schiffman 用模式识别方法研究香料化合物的构效关系。由 25 个结构化学参数（包括 Raman 光谱信息）组成的模式空间，用非线性映照的方法对 30 个化合物分类[117]。

Jurs 用线性判别函数法详细研究了麝香化合物的构效关系。训练集包括 60 个麝香化合物和 240 个非麝香化合物。用计算机产生 68 个结构描述单元（包括分子碎片、亚结构和几何描述单元），从中筛选出 13 个最有效的参数。计算结果表明：麝香化合物的香气质量不是由一个分子参数，而是由多个分子参数决定的。用 9 个未列入训练集的化合物的分类来检查模型的预报能力，分类效果很好[118]。

McGill 等用模式识别方法筛选影响化合物香味的主要结构因素，从红外光谱、紫外光谱、核磁波谱、分子量、熔点、沸点、密度、旋光性、水溶性、醇性和化学键参数中选择特征量，结果从 43 个变量中找到两个主要影响因素——分子的电子施主特性和偶极矩[119]。

6. 微量元素与病因学的模式识别研究

近年来人们注意到，微量元素的比例失调是许多病（尤其是地方病）的病因或重要因素。微量元素硒的防癌作用近年来受到广泛注意，同时也发现其他几种元素对硒有拮抗作用。为了查明多种微量元素对癌症发病率的影响，陈念贻等[120]取 25 个国家和两个地区的居民（通过食物）对硒、锌、镉、铜、铬、砷的平均摄入量为模式识别的特征变量构成模式空间，将这些国家和地区的（根据年龄修正的）乳癌死亡率计入其中，作非线性映照，结果如图 9-19 所示，原始数据列于表 9-37。从图 9-19 可以看出，乳癌高发病国家（乳癌死亡率大于每十万人中 17 人）和乳癌低发病国家分布在不同区域，其间有明显的分界线。

7. 模式识别与催化研究

催化问题是化工生产最重要的问题之一。90%以上的化工生产都要用到催化剂。催化剂的研制往往是一个化工流程成败的关键。催化现象很复杂，广泛应用的多相催化尤其如此，从分子水平看，催化剂表面的原子排列和电子结构是催化作用的基础，由于催化剂成分很复杂，多为复相，表面结构和成分既未能完全查明，更无法用“原子级加工”来控制表面结构，活性中心往往由局部表面结构决定，而局部表面结构的量测至今尚无妥善办法。另一方面，许多化学反应的机理也很复杂，不同的机理可导致不同的产物。宏观的化学反应还涉及传热、传质和液体流动问题，这又和催化剂的显微结构有关。催化剂的制备方法、制备条件

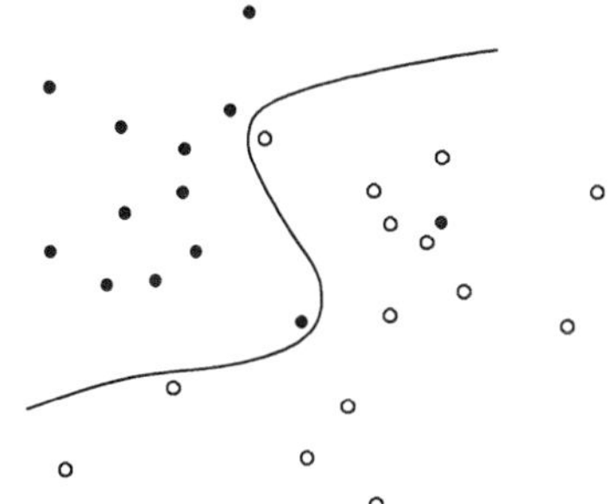

图 9-19　微量元素摄入量与癌死亡率的关系

•高摄入量、高死亡率国家和地区；○低摄入量、低死亡率国家和地区

和显微结构有着复杂的联系……，所有这一切都决定着催化剂研究的复杂性。近年来，由于计算量子化学的长足发展，为我们提供了有关催化的大量信息，为从更深入的理论上解决催化问题投下了一线曙光，但真正用量子化学和表面分析技术彻底弄清和掌握催化问题还很遥远。在这种状况下，模式识别法还可做出一些有益贡献。

表 9-37　元素摄入量与乳癌死亡率的关系

国家或地区	摄入量/(mg/a)							死亡率/10^{-5}
	Se	Cu	Zn	Cd	Cr	Mn	As	
澳大利亚	75.9	1125	6948	123.9	21.4	722	152.4	19
奥地利	71.6	824	4272	77.0	22.0	858	102.4	17
比利时	70.6	741	4425	80.5	21.1	803	158.2	21
加拿大	61.8	874	5313	97.2	21.9	711	139.1	23.5
丹　麦	71.1	725	4387	76.9	18.6	677	166.0	24
前西德	64.3	784	4473	74.4	20.6	751	136.3	17.5
爱尔兰	75.1	836	3712	99.7	16.4	889	114.4	21.5
以色列	77.3	822	4449	77.1	23.2	923	136.9	21
荷　兰	57.8	693	3741	70.8	20.3	701	108.5	26
挪　威	82.2	608	4126	87.5	17.0	672	269.1	17.5
瑞　典	65.8	703	3783	74.8	18.3	646	167.1	18.5
瑞　士	65.6	850	4169	83.6	23.2	819	109.6	21.5
英　国	61.7	729	4502	85.4	17.7	717	132.2	25
美　国	61.0	849	5108	87.3	25.4	652	132.8	21.5
保加利亚	107.6	861	3924	79.5	16.7	1129	102.1	9.0
捷　克	85.1	838	4712	82.6	15.3	1029	120.2	15.5
芬　兰	67.1	690	3623	88.2	13.7	716	132.1	13
法　国	76.4	881	5339	91.5	21.2	965	173.8	16
希　腊	91.9	911	4452	92.3	17.7	1154	185.4	8.5
香港(中国)	91.2	639	2959	54.6	19.6	463	273.4	10
匈牙利	86.5	768	3958	72.4	14.9	1075	91.3	14.5
意大利	82.5	855	4304	83.8	16.4	1161	134.4	16.5
日　本	85.8	643	2420	43.4	17.4	674	233.4	3.5
波　兰	93.8	634	5231	80.3	15.9	876	138.3	11

续表

国家或地区	摄入量/(mg/a)							死亡率/10^{-5}
	Se	Cu	Zn	Cd	Cr	Mn	As	
葡萄牙	87.2	714	4347	74.6	15.8	1008	268.5	12.5
台湾(中国)	84.1	592	1674	33.3	12.8	522	184.3	4.0
前南斯拉夫	98.6	722	3288	72.9	11.7	1169	82.1	3.0

8. 二维模式识别在催化研究中的应用。

用两个变量作二维参数图有时也能总结一些催化规律。下面以乙炔与氯化氢气相加成反应为例。乙炔与氯化氢气相加成反应是基本有机合成的重要反应之一，用氯化物所含金属的电荷-半径比和电负性为坐标作图，二十余种氯化物的催化活性在图上呈规律性分布（见图9-20）[121,122]。

从图 9-20 中可以看出，Hg^{2+}、Pd^{2+}、Cu^{+}、Ag^{+} 氯化物的催化活性较高，其他阳离子活性较低，它们之间有明显分界线，界面方程为：

$$z/r_k-3x+3.45=0$$

此式可与刘祈涛提出的金属离子软硬酸度判据相对照

$$f=z/r_k-3x+2.2$$

由此可知，f 大于或小于-1.25 是研究的催化活性高低的分类判据。这说明正是离子的软硬酸碱特性和这一反应有对应关系。

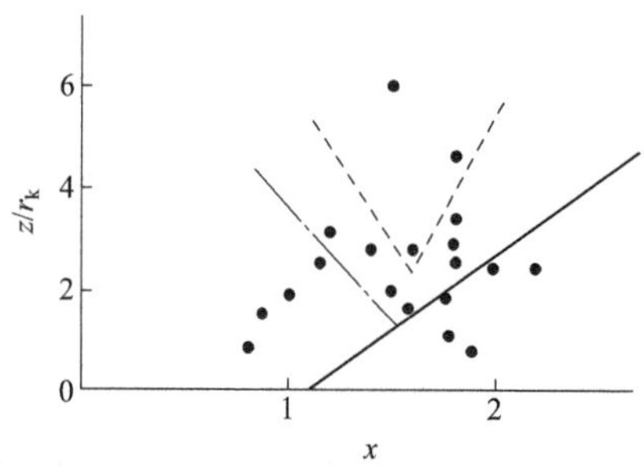

图 9-20 乙炔与氯化氢的加成反应中催化剂的活性

金属氧化物上的一氧化碳氧化反应是另一个例子。以金属氧化物的生成热ΔH_0 和金属氧化物阳离子的半径 r 为坐标作图，一氧化碳氧化活性分布聚类较好（见图 9-21）。活性低的 C 区有：BeO、GeO_2、Al_2O_3、SiO_2；活性高的 A 区有：MnO_2、CoO、MnO、CdO、Ag_2O、NiO、CuO、SnO_2、Cu_2O 和 ZnO，活性最高的氧化物集中在 r 约为 65pm、$-\Delta H_0$ 在 209～376.2kJ/mol 范围。这暗示有几何因子和能量因子起作用。催化作用很复杂，用两个因素概括常常是不够的，因此需要多维空间模式识别。

如在第六章和第七章所述，人工神经网络技术既可用于多元校正（回归）又可用于模式识别，特别是它的非线性映照的特性，更使得它在构效关系（QSAR）研究中独具魅力，故近年来在化学构效关系的建模中得到了十分广泛的应用，是目前化学计量学研究中的一个热点领域[123~126]。

人工神经网络在构效关系(QSAR)研究中有很好的应用前景。一些研究过的例子如 1-甲基-4-苯基-1,2,3,6-四氢吡啶(MPTP)的同类物对人肝脏二氢蝶啶还原酶（DHPR）的抑制作用的 QSAR[127]、硝基取代多环芳烃（NPAH）的致突变活性与分子结构参数之间的关系[128]、对位取代苯酚衍生物的生物活性与其结构及物理化学性质参数之间的关系[129]、氟

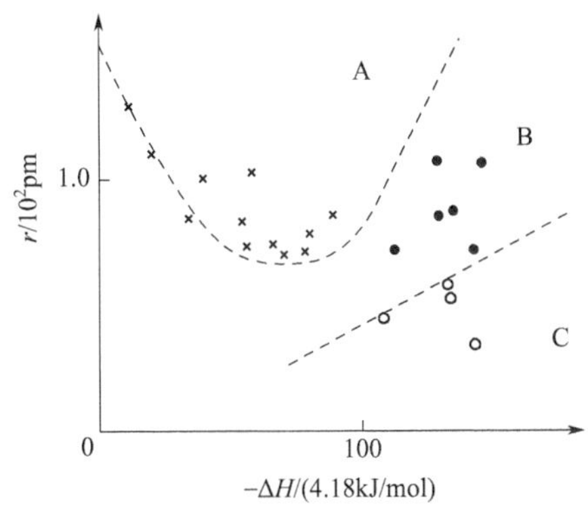

图 9-21 一氧化碳氧化反应催化剂活性
A—高活性区；B—中间活性区；C—低活性区

配合物中 Eu（Ⅱ）离子的 4f-4f 及 5d-4f 二类光谱跃迁与其结构参量之间的关系[130]，等等。这些课题均用人工神经网络方法取得了很好的结果。用人工神经网络处理传感器阵列数据，可进行化学物质[131]及其气味的辨识[132]。许多国家对投放市场的种子是否混杂有外来异种有严格规定。Chtioui 等[133]比较了不同的人工神经网络方法用于种子的分类鉴别。Cinar[134]探讨了时间序列模型及人工神经网络用于动态化学过程模拟。基于径基函数的 ANN 模型被认为更适于描述动态化学过程。目前，有关蛋白质结构的数据可由一些数据库提供，这些数据包括 X 射线衍射及 NMR 测试结果。在结构数据的基础上，采用人工神经网络可对蛋白质的模式或特征进行预报。先驱工作是对二级结构的预测[135]，其后的研究很快开展起来[136~139]。运用神经网络法从头预测 3D 结构及三级结构均已有报道[140,141]，有兴趣的读者可参考有关文献，此处不再详述。

总之，人工神经网络在构效关系（QSAR）研究中方兴未艾，可望解决一些在经典回归方法和模式识别方法难于解决的一些问题，特别是近年来，机器学习的兴起，人工神经网络在深度学习算法发展十分迅速，是一个特别值得继续研究的领域。

（二）化学模式识别在药物设计中的应用

为使读者对目前化学模式识别在药物设计中的应用有更深入的了解，我们特意选择了 6 个有代表性的线性和非线性的算法，即支持向量机（SVM）、随机森林（RF）、K-最近邻（K-NN）、偏最小二乘判别分析（PLS）、分类回归树（CART）亦称决策树（RPart）以及神经网络（NNET）这六种具有代表性的统计学方法进行 QSAR 建模分析。从而进行多种模型方法的比较研究，评价各方法的预测相关性。在分子结构描述符方面，也找到几种有代表性的分子指纹描述符，并与理论计算描述符对比，本文的 QSAR 研究选取了定义规范严谨的具备相当代表性的三种分子指纹描述子，分别为 MACCS、PubChem 和 Estate 分子指纹。MACCS 指纹作为使用最为广泛的分子指纹之一，包括 166 个在药物研究中经常用到的子结构模式。PubChem 分子指纹是美国国立卫生研究院（National Institutes of Health，NIH）为便于对有机小分子生物活性数据库即 PubChem 数据库分子进行结构描述及相似性比较而建立的一套分子指纹，共包括 881 个子结构参数，PubChem 子结构参数的具体定义可从美国国立卫生研究院的国家生物技术信息中心（National Center for Biotechnology Information，简称 NCBI）网站上下载获得（http：//pubchem.ncbi.nlm.nih.gov）。Estate 分子指纹共包括 79 个子结构模式定义。为便于对分子指纹 QSAR 建模的效果进行评估和比较，本文还采用了 Dragon 结构参数描述子进行 QSAR 建模分析。通过模型选出的重要分子描述子反映的结构信息，对所研究的化合物活性及性质进行一定的构效关系解释。需要说明的是，在此进行 QSAR/QSPR 研究对象为细胞色素 P450 CYP2D6 抑制性、Ames 致突变性这两种重要的化合物药物活性及毒性数据，数据来源于权威的机构网站或者是期刊链接，数据可靠性可得到保证。本章 QSAR/QSPR 研究所采用的方法及主要内容见图 9-22。

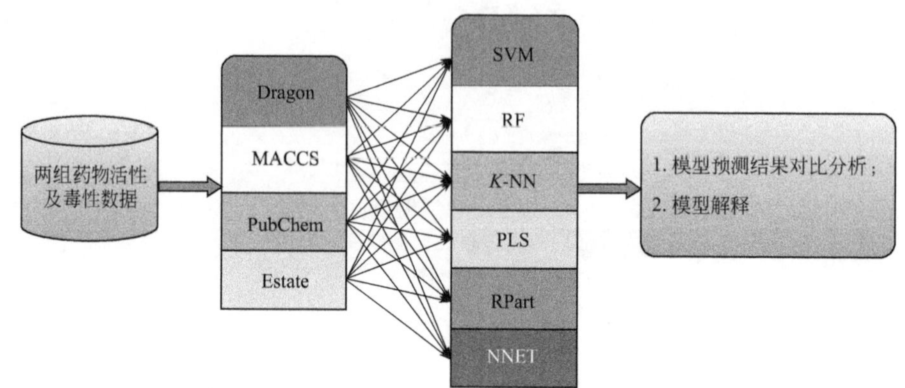

图 9-22 本文的 QSAR/QSPR 研究的主要方法及内容

1. 细胞色素 P450 CYP2D6 抑制性

细胞色素 P450 是最重要的一组代谢酶，它既是内源性物质的代谢酶也是外源性物质的代谢酶，它可代谢大约 25 万种外源性物质，包括临床治疗药物、环境中的污染物和致癌物如杀虫剂、卤化烃、多环芳香烃、芳胺等。其中，70%～80%依赖于Ⅰ相代谢的临床用药是由 CYP1、CYP2、CYP3 这 3 个家族参与代谢的，药物在体内的许多代谢动力学特征、不良反应等均和参与其代谢的 P450 有关。因此，通过对细胞色素 P450 的研究，可以更好地认识和预测药物代谢途径及副作用。P450 的诱导和抑制是药物相互作用最常见的原因，使得在 2 种或 2 种以上药物同时或前后序贯使用时，相互干扰代谢环节，使药物疗效增强或减弱，P450 被抑制是引起药物不良反应的最常见原因。由于 P450 系统是机体内药物生物转化的主要酶系，参与药物代谢的许多关键步骤，对细胞色素 P450 的研究在药物药效评价、药物安全有效的使用和个体化给药方案的实施以及毒理学研究方面都具有重要的理论和实际应用价值。特别是在药物的研发过程中，建立数学模型并预测化合物对特定 P450 酶的抑制性，具有非常重要的意义和作用[142,143]。

目前，科学家已确定了 57 个人类 P450 基因（CYP），P450 超家族依次可分为家族、亚家族和亚型，而其中 CYP2D6 亚型是参与氧化代谢最重要的 P450 亚型之一。本文对 P450 CYP2D6 抑制性进行 SAR 建模分析，所采用的 CYP2D6 抑制性数据下载于美国国立卫生研究院（NIH）国家生物技术信息中心（NCBI）的小分子生物活性数据库（http：//pubchem. ncbi. nlm. nih. gov/）。在去除源数据中结构为混合物、活性标为不确定及无法计算 Dragon 描述符的所有物质后，保留的化合物作为本文的研究和计算对象，其中作为训练集和测试集的抑制剂和非抑制剂分子数列于表 9-38 中。

表 9-38 本研究中 P450 CYP2D6 抑制性数据训练集及测试集分子数

数据集类型	抑制剂数	非抑制剂数	总　数
训练集	287	279	566
测试集	1145	1115	2260
总　集	1432	1394	2826

2. Ames 致突变性

药物的毒性研究是药物研发中最重要的领域之一，也是人力物力消耗极大的一个过程，所以，计算机模拟的 QSAR 方法对化合物毒性进行预测也就非常重要和迫切。另外，QSAR 方法预测化合物毒性对于环境科学、食品科学、精细化工等领域都有重要意义。化合物致突变性是最为重要的毒性之一，目前，国际上广泛采用的化合物突变性试验方法是沙门氏菌回复突变试验方法，也称为 Ames 方法。鉴于化学物质的致突变作用与致癌作用之间密切相关，故 Ames 试验方法现广泛应用于致癌物的筛选。Ames 致突变性是 QSAR/QSPR 研究的一个重要对象[144,145]。

本文所研究的 Ames 致突变数据也下载于美国国立卫生研究院（NIH）国家生物技术信息中心（NCBI）的小分子生物活性数据库（http：//pubchem. ncbi. nlm. nih. gov/），共包含 7379 个分子，其中有 4121 个 Ames 致突变分子和 3258 个非致突变分子。随机划分的训练集和测试集分子数列于表 9-39。

表 9-39 本研究中 Ames 致突变性数据训练集及测试集分子数

数据集类型	致突变分子数	非致突变分子数	总　数
训练集	413	326	739
测试集	3708	2932	6640
总　集	4121	3258	7379

本章的原理与算法主要包括以下几方面的内容：分子结构描述子，QSAR/QSPR 模型统计学算法，变量选择方法，模型应用域定义方法及模型验证方法。最后给出相关计算的实现方法。

3. 分子指纹和 Dragon 结构参数描述子

对于 P450 CYP2D6 抑制性、Ames 致突变性这两组数据的 Dragon 描述子构效关系模型，我们用 Dragon 软件（版本 5.4）计算得到的 929 个 0D-2D 分子描述符。

4. 统计学建模算法

这些方法的共同特点是算法定义明确，具有成熟的理论体系，算法的数据输入、参数优选及结果输出均有一整套严密和标准程序执行，QSAR 研究者可通过标准的程序包进行相应计算和结果重现。

5. 变量选择方法

变量选择在 QSAR 建模以及模型机理解释方面都是必不可少的手段和环节。很多 QSAR 研究已经证明了进行变量选择，去除冗余变量信息，在很多情况下不但不会损害模型的性能，相反会提高模型预测精度，从这个角度上说，变量选择方法也可看做是模型算法的一个组成部分。从模型机理解释的角度，变量选择方法选出的一组建模效果较好的描述子，也是最能解释化合物结构与活性关系的一组描述子。本文在确定变量选择方法时，对基于信息增益（IG）、基于随机森林 Gini 指数重要性、基于偏最小二乘回归系数绝对值加权和的三种变量选择方法进行了比较，发现基于偏最小二乘回归系数绝对值加权和的变量选择方法结果稍优于其他两种变量选择方法，最终确定采用这种变量选择方法（本文中以 PLS-varImp 符号表示），对重要变量进行建模分析及模型解释。

6. 模型参数确定及验证方法

本研究中各模型算法的参数优化是通过 4 折交叉校验来完成，如 PLS 方法的最优主成分数，支持向量机的惩罚因子 c 的优化值，随机森林的随机输入变量数目 mtry 的优化值，取 4 折交叉校验预测误差最小时的参数作为最终模型的参数值。对本研究中各 QSAR 模型的验证采用模型内部验证及模型外部验证的综合结果来评价。模型内验证是基于对训练集样本的 4 折交叉校验（4-fold cross validation）的预测结果。模型外验证是基于对测试集分子的预测结果的统计值。验证指标主要包括交叉检验总预测准确性（overall prediction accuracy，Q）、测试集敏感性（sensitivity，SE）、测试集特异性（specificity，SP）、测试集总预测准确性（Acc）以及测试集 ROC 曲线下的面积（AUC）这几个结果。其中 AUC 由软件对测试集 ROC 曲线下的面积进行计算得到，其他指标的计算式如下：

$$Q=\frac{TP+TN}{TP+TN+FP+FN}$$

$$SE=\frac{TP}{TP+FN}$$

$$SP=\frac{TN}{TN+FP}$$

$$Acc=\frac{TP+TN}{TP+TN+FP+FN}$$

式中，Q 的计算公式中 TP、TN、FP 及 FN 分别为训练集交叉检验中真阳性、真阴性、假阳性及假阴性的样本数目；其公式中 TP、TN、FP 及 FN 分别为测试集中真阳性、真阴性、假阳性及假阴性的样本数目。

7. 相关计算的实现和程序

本研究中所有化合物的 MACCS、PubChem 和 Estate 分子指纹都是通过新加坡国立大学（NUS）开发的 Java 软件 PaDEL-Descriptor（版本号 2.15）计算获得，929 个 0D-2D 结构参数描述符通过 Dragon 描述子软件（版本号 5.4）计算获得。所有关于 QSAR 模型统计学算法实现、变量选择、模型验证及应用域计算都是在 R 语言平台（版本号 2.15.3）上完成。其中统计学方法的参数优化、数据拟合、变量选择、交叉校验及对模型外化合物的预测都是通过 R 语言中以 caret 为代表的一系列程序包完成，这些程序包的正确性和可靠性得到广泛验证和认可；关于模型应用域的计算分析及整个建模过程的组合、结果整合对比等步骤则是自己编制 R 语言程序来完成。这样既保证了建模过程中统计学算法的严谨和可靠，又通过对各种方法和步骤的组合，提高了程序执行的灵活性，而且可根据需要对自定义的应用域方法进行实现和分析。

8. P450 CYP2D6 抑制性

对 P450 CYP2D6 抑制性数据集采用分子指纹及 Dragon 描述子结合六种不同的统计学方法分别建立 QSAR 模型。另外，为考察重要变量的建模效果，对每组描述子分别采用 PLSVarimp 方法对变量重要度排序，各自选择前 30 个重要变量结合六种统计学方法建模。表 9-39 给出各 QSAR 模型的预测统计结果，最后三列为对应描述子 30 个重要变量建模的预测结果。图 9-23 与表 9-40 对应，为各模型预测结果对比图。

表 9-40 Dragon 描述子及三种分子指纹结合六种不同建模方法对 P450 CYP2D6 抑制性的 QSAR 模型预测结果

建模方法	*nvar*	*SE* /%	*SP* /%	*Q* /%	*Acc* /%	*AUC*	*Q* /%	*Acc* /%	*AUC*
Dragon-SVM	196	89.4	90.9	92.1	90.1	0.957	92.0	88.6	0.951
Dragon-RF	196	88.3	88.7	91.3	88.5	0.956	90.3	87.3	0.948

续表

建模方法	*nvar*	*SE* /%	*SP* /%	*Q* /%	*Acc* /%	*AUC*	*Q* /%	*Acc* /%	*AUC*
Dragon-*K*-NN	196	86.8	87.5	91.3	87.2	0.935	89.7	87.5	0.935
Dragon-PLS	196	89.0	87.8	89.1	88.4	0.940	88.6	85.3	0.923
Dragon-RPart	196	85.7	83.3	84.4	84.5	0.851	82.9	84.7	0.869
Dragon-NNET	196	88.8	88.5	89.9	88.7	0.939	91.7	87.6	0.932
MACCS-SVM	115	87.9	89.8	90.3	88.8	0.948	90.6	88.4	0.938
MACCS-RF	115	87.4	90.5	91.6	88.9	0.957	90.1	87.7	0.945
MACCS-*K*-NN	115	87.5	88.3	90.3	87.9	0.945	88.7	86.7	0.928
MACCS-PLS	115	86.9	87.3	89.7	87.1	0.935	89.6	86.7	0.927
MACCS-RPart	115	85.9	87.2	86.1	86.5	0.899	86.6	86.1	0.887
MACCS-NNET	115	86.7	89.2	88.9	88.0	0.939	89.3	87.1	0.924
PubChem-SVM	341	88.7	90.7	91.1	89.7	0.960	91.0	89.5	0.945
PubChem-RF	341	89.0	90.0	90.0	89.5	0.960	89.9	88.8	0.949
PubChem-*K*-NN	341	86.7	86.8	88.3	86.8	0.934	87.9	86.7	0.936
PubChem-PLS	341	87.3	89.8	90.4	88.5	0.946	90.0	86.9	0.933
PubChem-RPart	341	87.1	76.1	86.0	81.7	0.816	87.1	84.5	0.881
PubChem-NNET	341	87.8	89.8	90.4	88.8	0.949	90.1	86.9	0.932
Estate-SVM	24	83.1	88.7	86.4	85.9	0.928	86.4	85.9	0.928
Estate-RF	24	84.3	89.0	88.4	86.6	0.934	88.4	86.6	0.934
Estate-*K*-NN	24	78.8	91.4	86.3	85.0	0.918	86.3	85.0	0.918
Estate-PLS	24	80.8	88.8	84.6	84.7	0.917	84.6	84.7	0.917
Estate-RPart	24	83.4	85.8	84.3	84.6	0.881	84.3	84.6	0.881
Estate-NNET	24	80.9	89.5	84.4	85.1	0.921	84.4	85.1	0.921

由表 9-40 和图 9-23 可以看到，在建立 P450 CYP2D6 的 QSAR 模型时，不同描述子和统计学方法的建模预测结果还是有一定的差别。对模型方法而言，决策树 RPart 方法的结果要弱于其他方法，而支持向量机（SVM）和随机森林（RF）方法在不同的描述子情况下都有比较好的预测结果，尤其是支持向量机方法，其在多数情况下结果优于其他方法。偏最小二乘方法（PLS）和神经网络（NNET）的结果比较接近，在六种模型方法中处于居中的位置。*K*-最近邻方法（*K*-NN）则在不同描述子情况下建模的结果差异较大。而对比不同描述子，可以看到采用 Estate 时的预测结果在不同情况下都比其他描述子差，这可能是由于 Estate 的初始描述子只有 24 个，其包含的信息量不足以建立结构同 P450 CYP2D6 性质准确相关的关系模型。而 MACCS、PubChem 和 Dragon 描述子之间没有很显著差别，特别是用 SVM、RF、PLS 和 NNET 四种建模方法时，没有出现一种描述子在各种情况下都优于其他描述子的情况。选择 30 个重要变量建模没有使各模型预测结果有显著下降。而大部分模型在对测试集的预测结果要稍弱于训练集交叉校验的预测结果，说明进一步分析模型应用域的重要性。

9. Ames 致突变性研究

对 Ames 致突变性数据集采用分子指纹及 Dragon 描述子结合六种不同的统计学方法分别建立 QSAR 模型。表 9-41 给出各 QSAR 模型的预测统计结果，其中最后三列为对应描述子 30 个最重要变量建模的预测结果。图 9-24 与表 9-41 相对应，为各模型预测结果对比图。

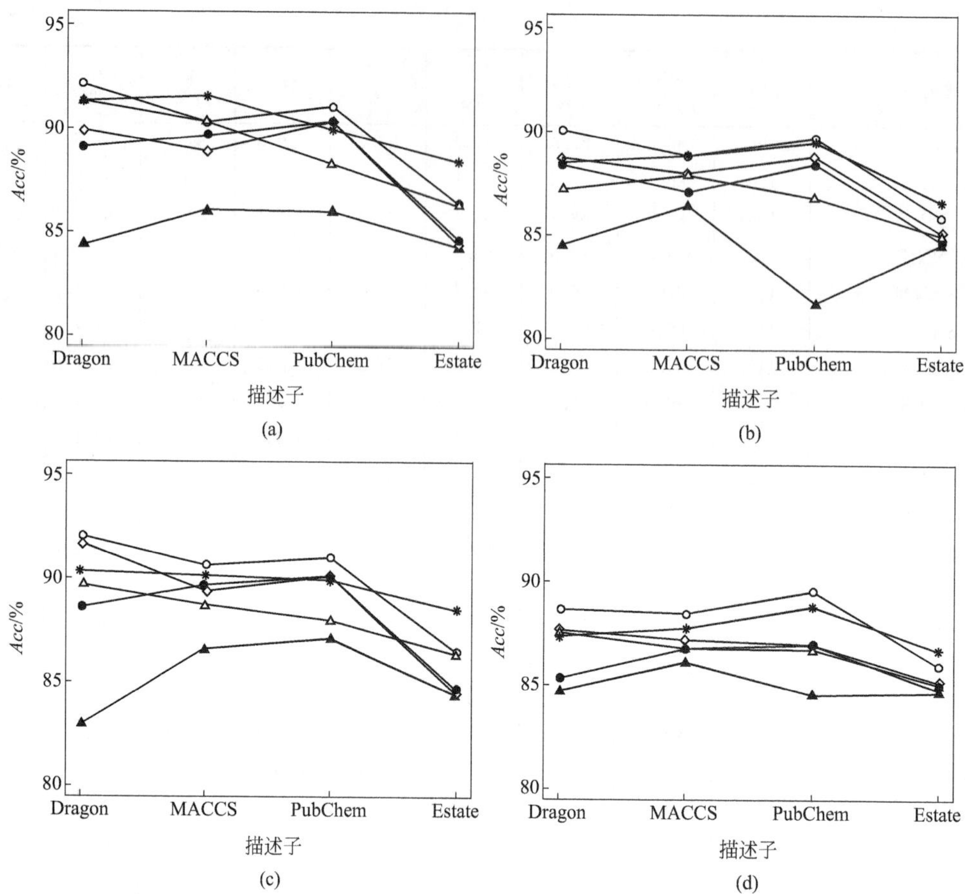

图 9-23 四组描述子结合六种建模方法的 P450 CYP2D6 模型预测结果对比

—○— SVM；—△— K-NN；—▲— RPart；—✱— RF；—●— PLS；—◇— NNET

(a) 模型交叉校验的总预测正确率；(b) 模型对测试集的总预测正确率；

(c) 选变量后模型交叉校验的总预测正确率；(d) 选变量后模型对测试集的总预测正确率

表 9-41 Dragon 描述子及三种分子指纹结合六种不同建模方法对 Ames 致突变性的 SAR 模型预测结果

建模方法	*nvar*	*SE*/%	*SP*/%	*Q*/%	*Acc*/%	*AUC*	*Q*/%	*Acc*/%	*AUC*
Dragon-SVM	175	81.4	66.5	77.1	74.8	0.819	80.8	76.5	0.826
Dragon-RF	175	83.9	62.4	74.6	74.4	0.820	76.2	75.3	0.824
Dragon-*K*-NN	175	81.1	53.6	72.6	68.9	0.757	77.7	74.0	0.800
Dragon-PLS	175	79.9	62.9	74.7	72.4	0.785	78.3	73.6	0.800
Dragon-RPart	175	72.9	63.5	71.4	68.8	0.719	71.5	69.5	0.734
Dragon-NNET	175	82.3	62.3	76.3	73.5	0.802	79.6	75.0	0.818
MACCS-SVM	113	83.6	66.5	79.5	76.1	0.831	78.0	73.2	0.797
MACCS-RF	113	81.6	67.0	78.2	75.2	0.833	76.6	73.1	0.809
MACCS-*K*-NN	113	82.5	57.0	75.3	71.2	0.780	76.0	70.6	0.768
MACCS-PLS	113	80.3	62.6	74.8	72.5	0.775	75.4	71.2	0.771
MACCS-RPart	113	81.3	58.4	74.8	71.2	0.740	73.6	70.7	0.739
MACCS-NNET	113	82.6	61.6	75.5	73.3	0.796	74.5	71.1	0.777
PubChem-SVM	300	81.2	66.8	77.7	74.8	0.824	76.7	72.9	0.784

续表

建模方法	*nvar*	*SE*/%	*SP*/%	*Q*/%	*Acc*/%	*AUC*	*Q*/%	*Acc*/%	*AUC*
PubChem-RF	300	80.7	70.1	77.2	76.0	0.836	76.1	73.3	0.788
PubChem-*K*-NN	300	80.4	55.8	72.2	69.5	0.774	73.6	69.0	0.760
PubChem-PLS	300	80.0	63.2	74.2	72.6	0.789	73.2	67.2	0.749
PubChem-RPart	300	77.7	51.7	71.1	66.2	0.719	72.5	67.6	0.731
PubChem-NNET	300	81.3	64.2	75.4	73.8	0.809	74.0	71.2	0.771
Estate-SVM	19	75.6	63.7	72.3	70.3	0.770	72.3	70.3	0.770
Estate-RF	19	74.9	65.8	73.4	70.9	0.771	72.8	71.1	0.772
Estate-*K*-NN	19	74.2	57.0	71.4	66.6	0.726	71.4	66.6	0.726
Estate-PLS	19	74.5	61.2	70.3	68.7	0.743	70.3	68.7	0.743
Estate-RPart	19	81.0	47.6	69.6	66.2	0.700	69.6	66.2	0.700
Estate-NNET	19	77.9	56.5	68.3	68.4	0.741	68.3	68.4	0.741

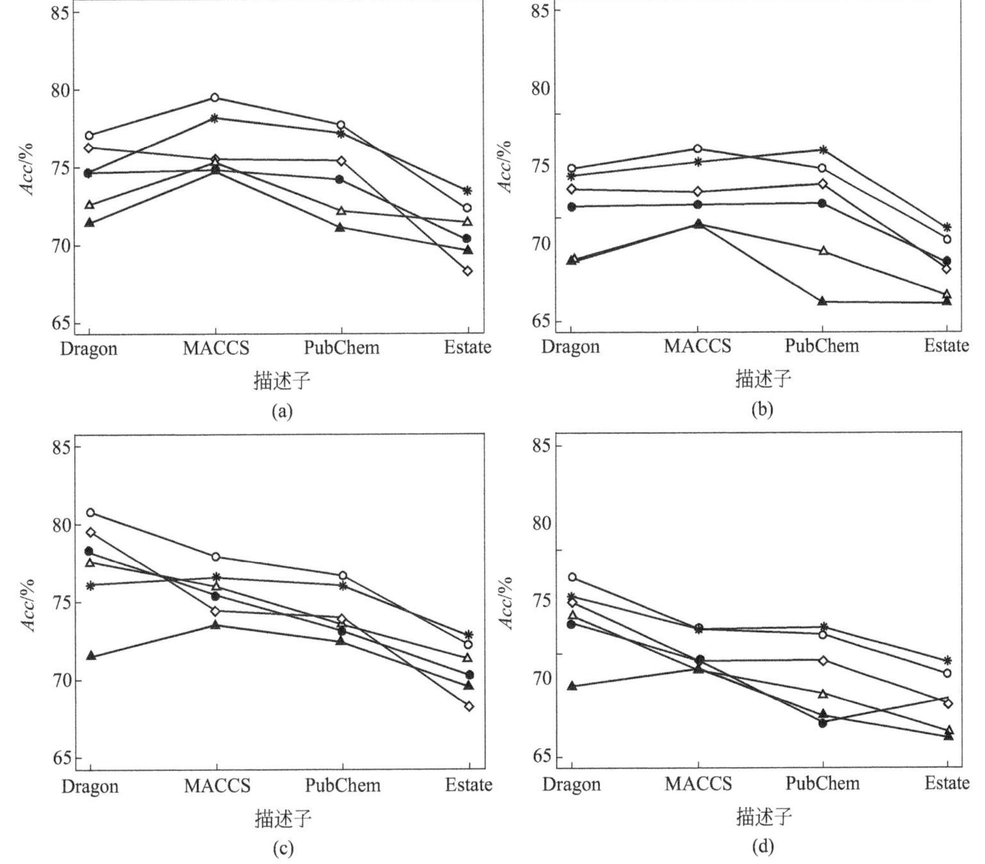

图 9-24 各描述子结合不同统计学方法的 Ames 性质模型预测结果对比

—○— SVM；—△— *K*-NN；—▲— RPart；—*— RF；—●— PLS；—◇— NNET

(a) 模型交叉校验的总预测正确率；(b) 模型对测试集的总预测正确率；

(c) 选变量后模型交叉校验的总预测正确率；(d) 选变量后模型对测试集的总预测正确率

从表 9-41 和图 9-24 的结果对比可以看到，在建立 Ames 致突变性数据的 SAR 模型时，不同描述子和统计学方法的建模预测结果具有一定的差别。与 P450 CYP2D6 模型情况类似，决策树（RPart）和 *K*-最近邻方法在大多数情况下，预测结果弱于其他方法。而支持向量机和随机森林仍然是大多数情况下预测结果相对更好和更稳定的两种方法。就四种不同描述子而言，Estate 的模型结果仍比其他描述子差。其他三种描述子在未选变量建模时，结果相差不大。而在这组模型中，Dragon 描述子在选变量后建模的预测结果要稍优于选变量前，也稍优于分子指纹选变量后的结果，说明选出的 Dragon 描述子对于解释和预测该 Ames 致突变性数据效果更好。另外，对比模型交叉校验和测试集预测的结果，可以看到测试集预测准确性下降，考虑到测试集相对训练集的庞大的分子容量，这也是合乎情理，也说明进一步分析模型应用域的重要性。

近年来，随着分子生物学、计算机科学和 3D-QSAR 的迅速发展，使得计算机辅助药物设计在新药物开发中起到越来越重要的作用。按照是否已知受体的三维结构，可把这些方法分为两大类，一类是直接药物设计，用于受体靶点三维结构已知的情况下，研究药物与受体的相互作用，根据受体受点的形状和性质设计新的药物，如对 DHFR 抑制剂、人体免疫缺陷病毒（HIV-1）蛋白酶抑制剂、5-羟色胺（5-HT）受体拮抗剂等的研究；另一类是间接药物设计，当受体的三维结构未知时，采用对一组具有类似活性的化合物建立定量结构-活性关系模型，根据 QSAR 计算结果的指导，药物化学家可以更有目的性地对生理活性物质进行结构改造。CoMFA 和 CoMISA 是应用最广泛的合理药物设计方法之一，这种方法认为，药物分子与受体间的相互作用取决于化合物周围分子场的差别，以定量化的分子场参数作为变量，对药物活性进行回归分析便可以反映药物与生物大分子之间的相互作用模式进而有选择地设计新药。

另一方面，3D-QSAR 发展至今，已被称为计算机辅助农药设计的基本手段与分析方法。同时，在生物化学、生物医学和生物毒理学方面，3D-QSAR 可用于研究酶的活性、生物体抗病毒能力的强弱、化合物的致癌致畸性等。此外，QSAR 还可用于模拟污染物对酶、生物作用的动力学过程，具体来说，3D-QSAR 已用来研究多种酶（如水解酶、氧化还原酶、连接酶）的作用物和抑制剂，受体（如 5-HT 受体、GHRH 受体等）和运输载体。此外，3D-QSAR 在肿瘤学、抗菌剂、新陈代谢方面也有一些应用。

在环境科学方面的应用发展也很迅速，它们被用来模拟持久性有机物在空间上的迁移，如 3D-QSAR 模拟多环芳烃由内陆向偏远地区的迁移及 3D-QSAR 模拟二噁英在我国的迁移。值得提出的是，利用 3D-QSAR 解决环境化学问题才刚刚起步。目前，对于一些除草剂，如光系统Ⅱ（PSⅡ）抑制剂、氰基内烯酸酯类化合物、光合作用抑制剂嘧啶硫苯甲酸类化合物等，已研究了其三维定量构效关系。如何将 3D-QSAR 研究深入，在环境化学中发挥更大作用，是迫切需要解决的问题。如将 3D-QSAR 与传统 QSAR 相结合，研究污染物水解、光解、生物降解以及土壤吸附等环境行为，将有助于更加深入地探讨这些环境行为的作用机理。同时，对于广泛使用却污染严重的化合物（如除草剂、杀虫剂、洗涤剂等），在已有的 2D-QSAR 研究基础上，进行 3D-QSAR 分析，进而了解化合物产生毒性的部位和发挥用途的机制，挑选出高效低毒的化合物，可达到减少污染的目的。使用 3D-QSAR 的方法，还可以了解污染物在与蛋白质和核酸等生物大分子结合、作用（从而导致癌变等病理情况）的过程中其三维结构所扮演的角色，更加深入地研究污染物在生物体内的作用途径，这对揭示人类的衰老、疾病机制，维护人类健康将发挥重要作用。

参考文献

[1] Shorter J. Correlation Analysis of Organic Reactivity with Particular Reference to Multiple Regression. Chichester：Research Studies Press，1982.

[2] Hammett L P. Physical Organic Chemistry. New York：McCraw-Hill，1940.

[3] Hansch C，Maloney P P，Fujita T，Muir R. London：

Nature, 1962, 194: 178.
[4] 陈荣悌. 化学学报, 1979, 37: 167; 1983, 41: 817; 1984, 42: 1044; 1985, 43: 884; 1986, 44: 424; 1988, 46: 757, 808; 1990, 48: 349.
[5] 蒋明谦. 有机化合物的同系线性规律. 北京: 科学出版社, 1980.
[6] 徐光宪, 黎乐民. 中国科学, 1980, (2): 136.
[7] 刘有成, 王玉琨. 化学学报, 1985, 43: 155, 232.
[8] Exner O. Correlation Analysis in Chemistry, recent advances//Chapman N B, et al. New York: Plenum, 1978.
[9] Chapman N B, Shorter J. Advances in Linear Free Energy Relationships. New York: Plenum Press, 1972.
[10] Taft R W. Seperation of polar, steric, and resonance effects in reactivity//Melvin S Newman. Steric effects in organic chemistry. New York: Wiley, 1956.
[11] Shorter J. The Separation of polar, steric, and resonance effects by the use of linear free energy//Chapman N B, Shorter J. Advances in linear free energy relationship. New York: Plenum Press, 1972.
[12] Hancock C K, Meyers E A, Yager B J. J Ame Chem Soc, 1961, 83: 4211.
[13] Charton M. J Am Chem Soc, 1969, 91: 3121.
[14] Kutter E, Hansch C. J Med Chem, 1969, 12: 647.
[15] Verloop A, Hoogenstraaten W, Tipker J. Development and applications of new steric substituent parameters //Ariens E J, Drug design: Vol Ⅶ. New York: Academic Press, 1976.
[16] 王尔华, 相秉仁. 国外医学药学分册, 1980, 3: 143.
[17] Pavelich W A, Taft R W. J Ame Chem Soc, 1957, 79: 4935.
[18] Pavelich W A. Thesis, Pennsylvania State University, 1955.
[19] Biechler S S, Taft R W. J Ame Chem Soc, 1957, 79: 5121.
[20] Bowden K, Chapman G, Shorter J. J Chem Soc, 1963, 86: 5239; 1964, 87: 3370.
[21] Dugundji J, Ugi I. Topics Curr Chem. 1973, 39: 19.
[22] 约翰. 加斯泰戈尔, 托马斯. 恩格尔. 化学信息学教程, 梁逸曾, 徐竣, 姚建华等译. 北京: 化学工业出版社, 2005.
[23] Wiener H J. J Chem Soc, 1947, 69: 17.
[24] Barysz M, Plavsic D, Trinajtic N. MATCH, 1986, 19: 89.
[25] Balaban A T. J Chem Inf Comput Sci, 1992, 32: 23.
[26] Kier L B. et al. Molecular connectivity in chemistry and drug research. New York: Academic Press, 1976.
[27] Randic M. J Chem Inf Comput Sci, 1984, 24: 301.
[28] Hansen P J, Jurs P C. J Chem Edu, 1988, 65: 574.
[29] Randic M, Brissey G M, Spencer R B, Wilkins C L. Comput Chem, 1980, 4: 27.
[30] Szymanski K, Muller W R, Knop J V, Trinajstic N. J Chem Inf Comput Sci, 1985, 25: 413.
[31] Randic M. J Chem Inf Comput Sci, 1986, 26: 134.
[32] H Schultz T P. J Chem Inf Comput Sci, 1989, 29: 227.
[33] Muller W R, Szymanski K, Knop J V, Trinajstic N. J Comput Chem, 1987, 8: 170.
[34] Schultz H P, Schultz E B, Schultz T P. J Chem Inf Comput Sci, 1990, 30: 27.
[35] Schultz H P, Schultz T P. J Chem Inf Comput Sci, 1991, 31: 144.
[36] Schultz H P, Schultz T P. J Chem Inf Comput Sci, 1992, 32: 364.
[37] Trinajstic N. Chemical Graph Theory. CRC: Boca Raton, FL, 1983, 1.
[38] Klavzar S, Gutman I. J Chem Inf Comput Sci, 1996, 36: 1001.
[39] Plavsic D, Nikolic S, Trin, ajstic N, Klein D J. Croat Chem Acta, 1996, 66: 345.
[40] Gutman I, Ruscic B, Trinajstic N, C F Jr., Wilcox. J Chem Phys, 1975, 62: 3399.
[41] Gorden M, Scantlebury G R. Trans Faraday Soc, 1964, 60: 605.
[42] Bonchev D, Balaban A T, Randic M. Int J Quantum Chem, 1981, 19: 61.
[43] Balaban A T. Pure Appl Chem, 1985, 55: 199.
[44] Devillers J, Balaban A T. Topological Indices and Related Descriptors in QSAR and QSPR, Gordon and Breach Science Publishers, Australia, Canada France Germany India, Japan, Russia, Sigapore Switzerland, 1999.
[45] Kier L B, Hall L H. The Kappa Indeces for modeling molecular shape and Flexibility, 455-489, in edited by J. Devillers and A. T. Balaban, "Topological Indices and Related Descriptors in QSAR and QSPR, Gordon and Br4each Science Publishers, Australia, Canada France Germany India, Japan, Russia, Sigapore Switzerland, 1999".
[46] Kier L B, Hall L H. The Electrotopological state: structure modeling for QSAR and database analysis, 491-562, in edited by J. Devillers and A. T. Balaban, "Topological Indices and Related Descriptors in QSAR and QSPR, Gordon and Br4each Science

Publishers, Australia, Canada France Germany India, Japan, Russia, Sigapore Switzerland, 1999".
[47] Kier L B, Hall L H. J Pharm Sci, 1981, 70: 583.
[48] Kier L B, Hall L H. J Pharm Res, 1990, 7: 801.
[49] Hall L H, Kier L B. J Chem Inf Comput Sci, 1991, 31: 76.
[50] Hall L H, Kier L B. Struct Act-Relat, 1991, 10. 43.
[51] Kier L B, Hall L H, Frazer J W. J Math Chem, 1992, 7: 229.
[52] Kier L B, Hall L H. Molecular Structure Description: The electrotopological state. New York: Acadamic Press, 1999: 272.
[53] Hall L H, Kier L B, Brown B B. J Chem Inf Comput Sci, 1995, 35: 1074.
[54] Kellogg G E. Finding optimum field models for 3D CoMFA. Med Chem Res, 1997, 7: 417.
[55] Kellogg G E, Kier L B, Gaillard L B, Hall L H. J Comp-Aided Molec Des, 1996, 10: 513.
[56] van de Waterbeemd H, Carrupt P A, Testa B, Kier L B. Multivariate data modeling of new steric topological and CoMFA-derived substituent parameters // Wermuth C G. Trends in QSAR and Molecular modeling, Escom Leiden, The Netherland, 67-75.
[57] Hall L H, Kier L B. J Chem Inf Comput Sci, 1995, 35: 1039.
[58] Basak S C. Information theoretic indeces of Neighborhood complexity and their applications, 563-593 in edited by J. Devillers and A. T. Balaban, "Topological Indices and Related Descriptors in QSAR and QSPR, Gordon and Breach Science Publishers, Australia, Canada France Germany India, Japan, Russia, Sigapore Switzerland, 1999".
[59] Basak S C, Niemi G J, Veith G D. Recent developments in the characterization of chemical structure using graph-theoretic indices // Rouvray D H. Computational Chemical Graph theory and combinatorics. New York. Nova, 1990.
[60] Magnuson V R, Harris D K, Basak S C. Topological Indices based onneighborhood symmetry: Chemical and biological applications // King R B. Chemical application of Topology and Graph theory and combinatorics. Elsevier, The Netherlands, 1983.
[61] Balasubramanian K, Basak S C. J Chem Inf Comput Sci, 1998, 38: 367.
[62] 徐筱杰，侯廷军，乔学斌，章威. 计算机辅助药物分子设计. 北京：化学工业出版社，2004.
[63] 陈凯先. 计算机辅助药物设计——原理、方法及应用. 上海：上海科学技术出版社，2000.
[64] Crippen G M. J Med Chem, 1979, 22: 988.
[65] Crippen G M. J Med Chem, 1980, 23: 599.
[66] Crippen G M. J Med Chem, 1981, 24: 198.
[67] Crippen M. Mol Pharmacol, 1982, 22: 11.
[68] Hopfinger A J. J Am Chem Soc, 1980, 102: 7196.
[69] Hopfinger A J. Arch Biochem Biophys, 1981a, 206: 153.
[70] Hopfinger A J. Potonzone R. Mol Pharmacol, 1982, 21: 187.
[71] Cramer M R D, Patercop D E, Bubev J D. J Am Chem Soc, 1988, 110: 5959.
[72] Walters D E, Muhammad T D, Genetically Evolved Receptor Models (GERM): A Procedure for Construction of Atomic-level Receptor Site Models in the Absence of a Receptor Crystal Structure // Devillers J, Ed., Genetic Algorithms in Molecular Modeling. London, Academic Press: 1996: 193-210.
[73] Germ D E. Walters, http: // www. finchcms. edu/biochem/Walters/germ. html, [Accessed on 1st April, 2009].
[74] Crippen G M. Voronoi binding-site models. J Comput Chem, 1987, 8: 943.
[75] Hopfinger A J. J Am Chem Soc, 1980, 102: 7196.
[76] Holzgrabe U, Hopfinger A J. J Chem Inf Comput Sci, 1996, 36: 1018.
[77] Rhyu K B, Patel H C, Hopfinger A J. J Chem Inf Comput Sci, 1995, 35: 771.
[78] Tokarski J S, Hopfinger A J. J Med Chem, 1994, 37: 3639.
[79] Cerius2, version 4. 8, Accelrys Inc.: San Diego, CA, USA, 1998.
[80] Hopfinger A J. Arch Biochem Biophys, 1981, 206: 153.
[81] Hopfinger A J. J Med Chem, 1981, 24: 818.
[82] Hopfinger A J. J Med Chem, 1981, 26: 990.
[83] Wise M, Cramer R D, Smith D, Exman I. Progress in Three-Dimensional Drug Design: the use of Real Time Colour Graphicsand Computer Postulation of Bioactive Molecules in DYLOMMS // Dearden J, Quantitative Approaches to Drug. Design. Elsevier, Amsterdam, UK, 1983: 145-146.
[84] Sybyl, version 7. 1, Tripos Associates Inc.: 1699 S Hanley Rd., St. Louis, MO 631444, USA, 2005.
[85] Verma J, Khedkar V M, Coutinho E C. Current Topics in Medicinal Chemistry, 2010, 10: 95.
[86] Hou T J, Xu X J. Chemometr Intell Lab, 2001, 56: 123.
[87] Hou T J, Xu X J. J Mol Graph Model, 2001, 19: 455.
[88] Zhu Y Q, Lei M, Lu A J, et al. Eur J Med Chem, 2009, 44: 1486.

[89] Ul-Haq Z, Wadood A, Uddin R J. Enzyme Inhib Med Chem, 2009, 24: 272.
[90] Murugesan V, Prabhakar Y S, Katti S B. J Mol Graph Model, 2009, 27: 735.
[91] Sybyl, version 7. 1, Tripos Associates Inc.: 1699 S Hanley Rd., St. Louis, MO 631444, USA, 2005.
[92] Jain A N, Koile K, Chapman D. J Med Chem, 1994, 37: 2315.
[93] Jain A N, Dietterich T G, Comput R H J. Aid Des, 1994, 8: 635.
[94] Walters D E, Hinds R M. J Med Chem, 1994, 37: 2527.
[95] Walters D E, Muhammad T D. Genetically Evolved Receptor Models (GERM): A Procedure for Construction of Atomic-level Receptor Site Models in the Absence of a Receptor Crystal Structure // Devillers J, Ed. Genetic Algorithms in Molecular Modeling. London: Academic Press: 1996: 193-210.
[96] GERM. Walters, D. E. http: // www. finchcms. edu/biochem/Walters/germ. html [Accessed on 1st April, 2009].
[97] Organization for Economic Co-operation and Development Guidance Document on the validation of (Quantitative) Structure Activity Relationship [(Q) SAR] Models, 2007.
[98] Development O F E C. Guidance document on the validation of (quantitative) structure-activity relationship [(Q)SAR] models [R]. OECD Environment Health and Safety Publications, Series on Testing and Assessment, No. 69, ENV/JM/MONO (2007) 2, OECD Paris, France, 2007.
[99] Weaver S, Gleeson M P. Journal of Molecular Graphics and Modelling, 2008, 26 (8): 1315.
[100] Tetko I V, Bruneau P, Mewes H, et al. Drug Discovery Today, 2006, 11 (15-16): 700.
[101] Dragos H, Gilles M, Alexandre V. Journal of Chemical Information and Modeling, 2009, 49 (7): 1762.
[102] Murray W J. J Pharm Sci, 1977, 66: 1352.
[103] 相秉仁. 药学学报, 1981, 16: 19.
[104] Kirschner G, Kowalski B R. The application of pattern recognition on drug design // Drug Design: Vol Ⅲ. New York: Academic Press, 1979.
[105] Kováts E. Helv Chim Acta, 1958, 41: 1915.
[106] http: // www. flavornet. org.
[107] Needham D E, Wei I C, Seybold P G. J Am Chem Soc, 1988, 110: 4186.
[108] Kirschner G, Kowalski B R. The application of pattern recognition on drug design // drug design: Vol Ⅲ. New York: Acedamic Press, 1979.
[109] Cammarata A, Menon G K. J Med Chem, 1976, 19: 739.
[110] Dunn W J, Wold S. J Med Chem, 1978, 21: 1001.
[111] Norden B, Edlund U, Wold S. Acta Chem Scand Ser B, 1978, 21: 602.
[112] Dunn W J, Wold S. Bioorg Chem, 1980, 9: 505.
[113] Wold S. Anal Chim Acta, 1978, 103: 429.
[114] Kowalski B R, et al. J Am Chem Soc, 1974, 96: 916.
[115] Chu K C, et al. J Medical Chemistry, 1975, 18: 539.
[116] 舒永昌, 陈念贻. 分子科学学报, 1981, 1: 39.
[117] Schiffman S S. Science, 1974, 185: 112.
[118] Jurs P C, et al. J Agr Food Chem, 1977, 25: 1158.
[119] McGill. Anal Chem, 1977, 49: 596.
[120] 陈念贻. 计算化学及其应用. 上海: 上海科技出版社, 1987,
[121] 白乃彬. 科学通报, 1978, 9: 544.
[122] 白乃彬, 陈念贻. 自然杂志, 1980, 4: 272.
[123] Cao Z, Xu D, Jiang J H, et al. Anal Chim Acta, 1996, 335: 117.
[124] Cao Z, Lin H G, Wang B F, et al. Fresenius J Anal Chem, 1996, 355: 194.
[125] Jiang J H, Wang J H, Chu X, Yu R Q. J Chemometrics, 1996, 10: 281.
[126] Jiang J H, Wang J H, Liang Y Z, Yu R Q. J Chemometr, 1996, 10: 241.
[127] Song X H, Yu R Q. Chemometr Intell Lab Syst, 1993: 19: 101.
[128] Song X H, Xiao M, Yu R Q. Comput Chem, 1994, 18: 391.
[129] 宋新华, 陈苗, 俞汝勤. 中国科学, 1993, 23: 245.
[130] Song X H, Chen Z, Yu R Q. Chemometr Intell Lab Syst, 1992, 16: 213.
[131] 冯伟, 胡上序. 高等学校化学学报, 1996, 17: 1708.
[132] Song X H, Chen Z, Yu R Q. Comput Chem, 1993, 17: 303.
[133] Chtioui Y, Bertrand D, Devaux M F, Barba D. J Chemometr, 1997, 11: 111.
[134] Cinar A. "Nonlinear time series models for multivariable dynamic processes", Paper of InCINC' 94, URL, http: // www. emsl. pnl. gov: 2080/docs/incinc/homepage. html.
[135] Souza M, Gatts C, Figueira M. Surf Interface Anal, 1993, 20: 1047.
[136] Smits J, Schoenmoker P, Stehmann A, Sigstermans P, Kateman G. Chemometr Intell Lab

Syst，1993，18：27.
[137] Andrews J，Lieberman S. Anal Chim Acta，1994，285：237.
[138] Wienke D，Kateman G. Chemometr Intell Lab Syst，1994，23：309.
[139] Lewis I，Daniel N，Cheffin N，et al. Spectrosc Acta，1994，50A：1943.
[140] Liu Y，Upadhyaya B R，Naghedolfeizi M. Appl Spectrosc，1993，47：12.
[141] Borggaard C，Thodberg H. Anal Chem，1992，64：545.
[142] Cheng F，Yu Y，Shen J，et al. J Chem Inf Modeling，2011，51 (5)：996.
[143] 朱立勤，娄建石. 中国临床药理学与治疗学，2004，(10)：1081.
[144] Xu C，Cheng F，Chen L，et al. J Chem Inf Modeling，2012，52 (11)：2840.
[145] Hansen K，Mika S，Schroeter T，et al. J Chem Inf Modeling，2009，49 (9)：2077.

第十章 人工智能与化学专家系统方法

人工智能与化学专家系统是一个综合性很强的科技领域，可以说是本书中前述方法的一个逻辑性的集合。本书将其单独列为一章，主要初衷是想对其在化学计量学研究中的地位给予必要的强调；另一方面，则是因为人工智能与化学专家系统一般都需大量引用不同化学领域知识，需要建立数据库，有其特殊性的一面。本章将主要介绍一些常用的人工智能与化学专家系统的基本要素，在此基础上还将介绍一些如何构建化学专家系统的基本思路和框架。对于如何具体构造数据库等细节知识本书将不作详细论述，所以，原则上说来，本章将只有少量的计算机程序。因考虑到目前在化学研究领域中已有不少有名的专家系统，所以选择一些有代表性的给出必要的说明，以供读者参考。

人工智能是一个综合性的科技领域。Hippe[1]建议将人工智能定义为求知能力的集合，这种能力是指获取知识并用于解决新的（未知的）理论的和/或实际的问题。而人工智能则是指借助技术或理论的手段，应用数学方法和/或数理逻辑研究智能的各个方面的问题[1]。简言之，人工智能就是研究如何用人工的方法与技术，即利用计算机等工具，模拟、延伸和扩张人的智能，实现某些机器思维或脑力劳动自动化[2]。人工智能是计算机和科学技术发展的前沿领域，化学计量学很自然地就成为它的应用领域之一。化学量测及其数据解析中，如何将各类分析仪器量测所得的数据转化为有用的化学信息，传统上是依靠化学家、分析化学家运用其智能、专业知识、经验技巧及通过各类计算来完成的，能否设计计算机的专家系统，模拟化学家和分析化学家的脑力劳动，这就是化学计量学所涉及的人工智能的任务。

本书前述的方法一般都是数值运算，而人工智能所涉及的计算机程序则更多地涉及符号与逻辑处理过程。在化学领域中，如何从光谱图形（包括红外光谱、质谱、核磁共振谱等）出发，推断化合物的结构，这些远不是依靠单一数值运算可解决的问题。人工智能与一般数值运算的这一区别，表现在人工智能的计算机程序用的是启发式知识（推理）与启发式搜索方法，它借助于经验规则，或称“启发式”规则，以缩小搜索的范围。实际上，人类专家在处理问题时，正是这样做的。

人工智能的另一特征是大量引用领域知识。化学计量学中的人工智能所涉及的领域知识当然是化学的专门知识，这就涉及在建立数据库的基础上，再建立知识库、知识表达及推理方式。正如 Nilsson 所言[3]：“一个人工智能产生式系统的要素是：一个综合数据库、一组产生式规则和一个控制系统。”值得指出的是，当前在人工智能的研究中，往往主张将数值方法与基于知识推理的逻辑方法和启发式搜索方法进行柔性集成，可望增强专家系统的解析功能。本章将主要介绍常用的搜索方法及有关知识表达与推理规则，继在此基础上介绍几个化学专家系统。

第一节 启发式分类与搜索方法

启发式知识的应用及启发式搜索是专家系统不同于其他数值计算（包括模式识别）的特征之一。启发式知识是一些不易精确地用数学语言描述的知识，化学专家系统用到化学家的经验，例如谱图解析、结构识别、合成路线设计等均带有假设的色彩。启发式知识可定义为：有关目前问题状况与合适的解之间的经验性知识。而启发式分类是将不同分类层次上相互联系的概念，用不确定联想机制结合起来，启发式分类模型描述了专家系统知识和推理形式的特征，表达了经验性知识的组织和使用。

用人工智能解决一个问题，常可说是在各种不同的可能性之间进行选择，或称“搜索”，这个搜索空间可以树的形式表述。图 10-1 就是这种搜索树[4]。

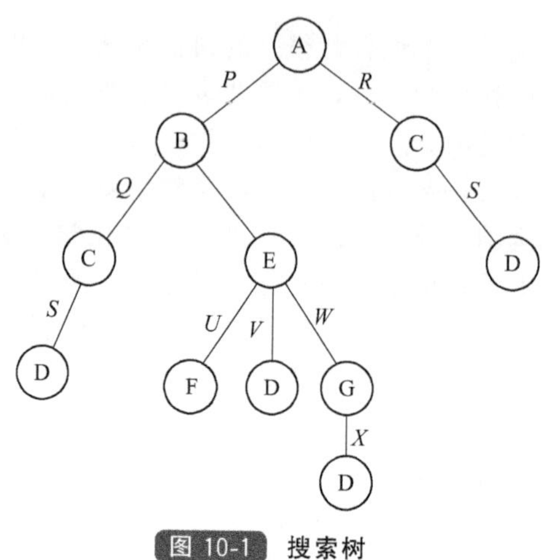

图 10-1 搜索树

在化学中典型的问题是从化合物 A 出发，如何制取化合物 D? 这可能有若干途径，但不可能由 A 直接制备 D，必须经过其他中间步骤，而我们的目标是要找到最简捷的途径。图 10-1 可称为状态图，问题的解的路径从初始状态（根结点）经过树的分支到达目标状态（终端结点）。对于大的实际问题，要绘出这样的显示图是十分困难的，因此，搜索树常是“隐式”的，在向目标搜索的进程中，计算机程序将自动产生各种可能的分支和结点，这里可区分正向推理与逆向推理两种情况，即在由起始状态 A 向目标状态 D 过渡时，图 10-1 是正向推理，但也可以逆向由目标状态朝起始状态搜索（见图 10-2）。正向推理亦称是数据推动的，逆向推理又称目标引导的，在用人工智能辅助有机合成路线设计时，就采用逆向推

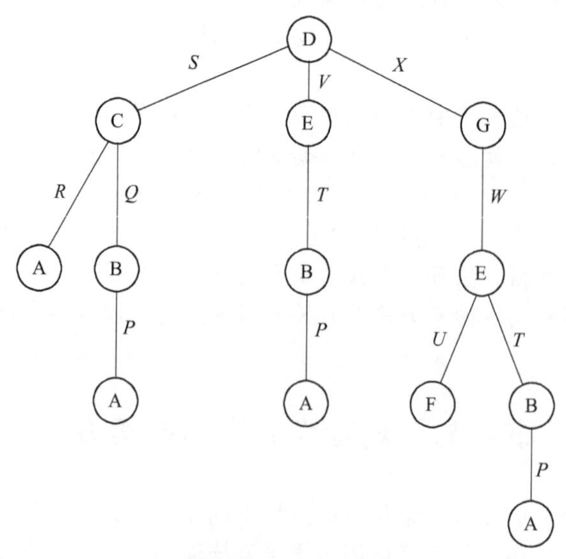

图 10-2 逆向搜索树

理。对于很简单的问题，直接的方法是进行“盲目搜索”，这当然是很费时的办法，让计算机依次产生并检验各结点可能出现的分支，随着搜索过程的进行，搜索树不断长大。以图10-1为例，每个结点可赋予一个水平，根结点位于0水平，接着是水平1，依此类推。水平的号次代表了搜索的深度。这里介绍两种盲目搜索方法。

一、广度优先搜索

这种搜索方法是从根结点出发，依次在每一水平生成并检验搜索树的各结点，在一个水平的各结点未检验完，即沿广度进行的“横向扫描”未完成前，不开始生成与校验更深水平的结点（即暂不“扩展”）。这里，假设同一水平各结点对问题的求解是等价的，只是按各结点生成的先后次序，先生成的先检验，沿“广度”遍历所有结点，然后才按原次序将先生成的结点先往后扩展，故称为广度优先搜索法。这种搜索法总是能找到以最简单步骤达到目标的路线，但不一定是最经济的解决问题的办法，这一点在下面讨论启发式搜索时将再论及。

二、深度优先搜索

此法进行搜索时，由当前检验的结点作为父结点生成下一级子结点，这样由父结点生成子结点的过程继续下去，看每次检验是否出现目标结点，若未出现，再扩展最晚生成的子结点，如此下去，沿着最晚生成的子结点分支，逐级“纵向”深入发展，故此法称为深度优先搜索法。在到达顶点仍未找到目标结点时，往后“回溯”，在前一个分支处继续沿深度搜索。深度优先搜索不能保证一定找到最短路径的目标结点，因为如果目标结点不在最晚生成的子结点分支中，且该分支为无穷分支，则搜索过程将无限制地往下进行，即搜索失败。深度优先搜索法有可能在编制程序时只存储当前搜索的路径，对计算机内存要求较低。为改进深度优先搜索法，有人引入“搜索深度限制”，当沿“最晚”分支纵向搜索达到一定深度时，如仍未出现目标结点，则返回对“次晚”分支进行搜索，这种办法称有界深度优先搜索法。

上述讨论的盲目搜索法是正向推理，也可使用逆向推理，例如广度优先逆向推理法，对只要求少量搜索的问题，往往可用这种办法。

三、启发式搜索方法

总的说来，前面讨论的盲目搜索没有用到所涉及问题的领域知识来指导搜索。对于复杂的实际问题，如化学反应的设计，这种盲目搜索常常无法奏效，因为排列组合太多，出现“组合爆炸”，如果平均每个结点可有 n 个分支，则搜索空间将随深度 d 的增加按 n^d 关系增加。解决的办法是尽可能借助专业领域知识的帮助，这是人工智能提高求问题解的效率的基本诀窍，实际上人们在日常生活中也是这样做的。虽然这样得到的解不一定就是最优解，但总是在一步步接近目标。

前面叙述的广度优先搜索等方法，未考虑搜索过程中的“代价”问题，只要找到目标就行。如用加权树表示各支路的代价，可采用启发式的代价驱动搜索法来求解代价最小的路径，而运用启发性知识——所求解问题的有关知识和经验，如有机合成化学的知识、合成实验的化学专家的经验，可得到解的出现规律及解的某些性质，估计将要付出的代价等，为代价最小的路径求解带来很多启发性提示。运用启发式搜索的一种方法是局部择优搜索法，即搜索过程中根据领域知识，在一个局部点各可能路径中选择最有希望逼近目标结点的方向，例如爬山，选最陡上升方向爬，即沿梯度函数最大方向搜索，这在只有单峰极值的情况下能奏效。否则，可用全局择优搜索法，在同一级所有子结点中进行比较择优，同时，要对当前

结点已付出的代价 g，与根据启发信息估计达到目标结点还需付出的代价 h 进行权衡，如 g 的权较大，搜索过程应倾向于广度优先搜索，强调横向扫描；如 h 的权较大，搜索过程应倾向于深度优先搜索，强调纵向深入。运用这样的指导思想，能以较低代价、较高效率搜索到最优解。

在结束有关启发式分类与搜索的讨论之前，还要着重指出启发式是不确定的、基于典型性假设的、有时不易理解的一种关系。不确定性是因为启发式认识跳过了大量因果关系的中间层次，而这些中间层次在特定状况下可能不成立也可能造成错误判断，但正是跳过了中间层次，问题的求解才跨出了一大步。

第二节 知识表达技术

人工智能研究者早就发现，强的智能与其说是由于推理功能强，不如说是由于知识丰富。因此，人工智能将知识视为高效智能系统的关键要素，知识的表达与管理就成了人工智能研究的中心课题之一。知识可定义为具有智能的人或机器能用其作出合理决策的信息。知识表达是指知识的表示与描述，亦即知识的形式化或模型化。

知识有叙述型、过程型与控制型等几种类型。叙述型知识叙述关于系统的状态、环境和条件，问题的构想、定义、事实等；过程型知识表述有关系统状态的变化、问题求解过程的操作等；控制型知识提供如何选择相应的操作、运算和行动的信息。可用于叙述型知识的表达方法有逻辑表达法、语义网络表达法等，而能用于表达过程型知识同时又能表达其他类型知识的表达方法，最典型的是产生式规则表达法。下面将举例简要介绍这三种知识表达方法。

一、逻辑表达方法

下面是一个逻辑表达的例子：

① $\forall x$ [metal(x)→conduct(x)]；

② metal(iron)；

③ conduct(iron)。

此例中 $\forall x$ [metal(x)→conduct(x)]表示所有的金属都导电，metal(iron)；表示铁是金属，conduct(iron)表示铁导电，故全句意义为：所有的金属都导电，因为铁是金属，所以铁导电。在此，metal(x)表示 x 是金属，是谓词逻辑中的一个原子谓词公式，x 是客体变元，它可以有一个定义域，称为客体域，而$\forall x$（数学上表示任取 x）称为“全称量词”，表示客体域中的所有个体。注意，一个谓词通常还可以有若干个客体变元，如谓词 $p(x_1, x_2, \cdots, x_n)$，此时谓词 p 称为 n 元谓词。更复杂的情况还有，谓词 $p(x)$ 中的变元 x 本身又可以为一谓词（有点类似函数中的复合函数），此时称 x 为一阶谓词，而 $p(x)$ 则称为二阶谓词。所以，知识的逻辑表达通常是指一阶谓词逻辑（FOPL）描述人工智能问题。谓词逻辑表达较严谨精确，具有通用性，接近自然语言，但使用效率低，灵活性较差，常使推理过程冗长。

二、语义网络表达法

语义网络表达是通过概念及其语义关系用网络图表达知识，用以描述样本、事件、概念等的关系。网络图实际上是图的一种，称有向图，有向图中从一个作为起点的结点到作为终点的结点的线称为弧。语义网络起初是为描述人类记忆的心理学模型提出的，在自然语言研究中，表示复杂句型的语义很方便。语义网络中结点表示对象、概念或事件，弧可用不同方式定义，这取决于被表示的知识，用于表达化学结构的普通弧有 isa 和 has-part，例如酮作为一种有机化合物概念的表述（见图 10-3）。注意，酮的特征基团羰基仅需在酮这一层上存储一次，而不是在各个特定的酮这样较低层次上重复存储。通过有关弧含义的知识，可以搜索网络，推出“丁酮含有羰基”这样的事实。这种表述法在推理过程涉及较复杂的推理时有用，它较自然，体现了联想思维过程，表达语义关系知识效率较高，但没有逻辑方法严谨，不便于表达判断性知识及动态知识。

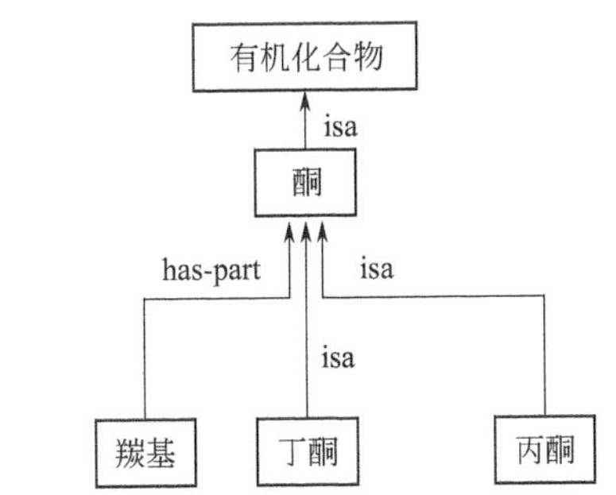

图 10-3　酮作为有机化合物概念的语义网络

三、产生式规则表达法

这是人工智能用于解决化学课题常用的知识表达方法，这种表达方法包含：①存储有关问题的状态、性质的叙述性知识的综合数据库，或称事实库；②存储有关状态转移等规则的过程性知识的规则集或称规则库；③用于选择控制策略，将规则与事实进行匹配、控制利用知识推理求解问题的控制器。

最简单的产生式规则有如下格式：

IF（如果）	THEN（则）
前提	结论
条件	行动

例如，在借助化学反应推测结构时，可将脱水反应表示为如下规则：

IF	存在模式 C—C—O
THEN	转换为模式 C═C

这是脱去一个 H_2O 的结构（H 原子均已略去）。产生式系统求解问题的过程，是使事实库转移到满足解的终止条件的状态。一条产生式规则的前提部分可以是能和事实库进行匹配的任何模式，若一条规则的前提部分被匹配，则该规则即属可用；使用一条规则的结果是得到一个结论或产生一个行动（如将 C—C—O 转化为 C═C），这将使事实库的状态发生转移。控制器按相应策略控制规则与事实的匹配过程，有效地求解所涉及的问题。

产生式系统具有通用性，接近人的自然推理方式，易为用户理解。产生式规则可自由增删、修改，便于用户自行加入领域知识，但简单的产生式系统各规则独立，求解复杂问题时会出现“组合爆炸”，因而效率不高，表达能力也不够强，需进行扩充，使其前提不限于简单的事实而是事实、情况和条件的综合模式。

除上述三种知识表达技术外，还有许多别的知识表述方法，如状态空间表达法，将有关初始状态、目标状态及由前者达到后者所需的“操作”用符号形式表出，或用有向图（称状态空间图）表出；特征表表达法，即以表格形式表达样本特征，以用于检索；框架表达法，以各种大、中、小框架，互相内外嵌套组合表达状态变化与操作过程；与/或图表达法，这是一种超图，通常以树的形式，亦称与/或树，这种表达知识的方法基于人们求解问题时的两种思维方法。AND 树：用于分解，将复杂的大问题分解成一组简单的小问题，将总问题分解为子问题，若所有的子问题解决了，总问题亦告解决，子问题解决不了的又可继续分解（见图 10-4）；OR 树：用于变换，将较难的问题变换为较易的等价的问题，后者如能解决，原有难题亦告解决（见图 10-5）。实际求解问题可兼用二法，即 AND/OR 树表达法。

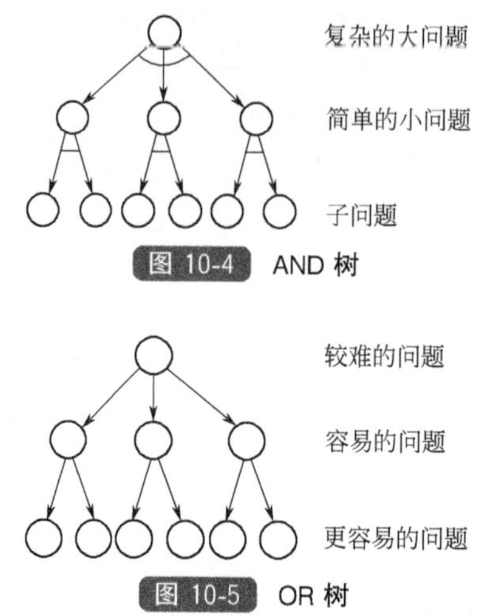

图 10-4 AND 树

图 10-5 OR 树

知识表达仍是一个人工智能领域尚在继续研究完善的领域，如知识表达方式的标准化、不精确的知识的表达、表达效率的评估、知识的量化等方面都有待完善。

第三节 化学专家系统简介

专家系统是人工智能的一个重要分支。从计算机人工智能的角度分析问题，任何用到大的化学知识库的复杂的人工智能系统都可认作化学专家系统，也就是说，用于解决实际化学问题的人工智能系统均是化学专家系统，可能“化学知识系统”是一个更确切的名词。

专家系统在化学中的应用极其广泛，在谱图解析、分离科学、分析方法的选择、仪器控制等方面都产生了很多有名的化学专家系统（参见表 10-1）。

表 10-1 国内外较知名的化学专家系统

系统名称	作　者	国别	内　容	文　献
DENDRAL	J. Lederberg	美国	谱图解析：MS，^{13}C NMR	[5,6]
CHEMICS	佐佐木慎一等	日本	谱图解析：MS，^{13}C NMR，^{1}H NMR，IR	[7]
CASE	M. E. Munk 等	美国	谱图解析：^{13}C NMR，IR	[8]
PAIRS	H. Woodruff 等	美国	谱图解析：IR	[9,10]
STREC	L. A. Gribov 等	原苏联	谱图解析：MS，^{13}C NMR，^{1}H NMR，UV 等	[11]
CARBON	J. Zupan 等	前南斯拉夫	谱图解析：^{13}C NMR	[12]
	卢佩章等	中国	色谱专家系统	[16,17]
ESESOC	许禄等	中国	谱图解析：^{13}C NMR，MS，IR	[13～15]
PLATO	Curry 等	美国	谱图解析：^{13}C NMR，MS，IR	[18]
LHASA	W. Kaufman	荷兰	有机合成系统	[19]

开发始于20世纪60年代的DENDRAL可说是专家系统这一人工智能的主流分支诞生的一个标志，它由美国斯坦福大学创建，是一个有机分析化学系统，可从量测到的有机化合物的质谱数据出发，一直到产生出化合物的结构图。现以这一化学专家系统为例，说明化学专家系统的基本结构。一般说来，一个化学专家系统应包括如下组成部分：

（1）化学知识库（或化学知识源） 包括相关化学领域的事实、与问题有关的启发推理等。DENDRAL系统的知识库中包括从实验测得的质谱数据导出有关有机化合物分子结构的限制的规则（哪些结构可能存在，哪些结构可能不存在）；产生能满足这些限制的可能结构的方法；从结构预测其质谱的规则等。最常用的表达化学知识的方法是前述产生式规则。

（2）推理步骤或控制结构 用于利用化学知识解决相关问题。DENDRAL系统采用向前搜索系统。

（3）工作内存区或称“全局数据库” 存储所处理的问题的当前信息，包括输入的数据、已得到的结果等。DENDRAL系统工作时的全局数据库，是质谱数据、产生的结构限制、可能的结构等。

从化学专家系统的结构，可以看出它明显不同于前述的一般化学计量学数值计算方法之处，是将有关的一般化学知识、规则与当前课题的信息（输入数据）以及用一般知识解决当前问题的方法（规则解析器）明确分开，这样，化学专家系统易于接受新的化学知识并适应新的情况，以解决新的问题。化学专家系统的基本结构示于图10-6。

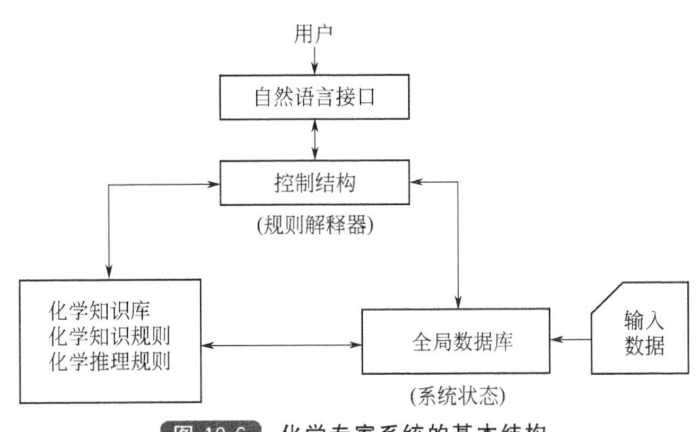

图10-6 化学专家系统的基本结构

要构造一个化学专家系统，还必须满足下述前提：①至少目前有化学专家能很好地解决涉及的问题；②化学专家解决涉及的问题应是来源于特殊知识、判断能力与经验；③化学专家应能解释他所用的特殊知识、经验诀窍和解决问题的方法；④涉及的任务应有明确的应用对象与范围，由于构造一个专家系统相当费时，这一考虑是十分必要的。化学家和计算机专家合作构造的解析质谱及其他波谱的DENDRAL等化学专家系统，是在具备相应前提条件下构造的。

以下我们将简要介绍几个化学专家系统。

一、DENDRAL质谱、核磁共振谱图解析专家系统

DENDRAL质谱、核磁共振谱图解析专家系统由诺贝尔奖获得者Lederberg主持开发，可以说是化学专家系统，也可以说是专家系统这一人工智能的主流分支诞生的一个标志。它主要包括3个子系统：①启发式DENDRAL系统；②结构生成CONGEN系统；③“Meta-

DENDRAL”系统。下面我们将对这 3 个子系统给出简要介绍。

诺贝尔奖获得者 Lederberg 曾致力于研究用拓扑学表征化学结构[6]。一个给定的化学成分，有多少种可能的结构？Lederberg 曾用 LISP 语言编制递归算法研究了从原子集合产生所有的非环形分子结构。启发式 DENDRAL 系统就包括了这些非环形和环形分子结构的穷举程序，其数据调整器从质谱图中检出对结构生成有重要意义的质谱峰；预推理器根据质谱峰进行初步分析，判断化合物属于哪一类；结构生成器根据预推理器输出的信息，生成对应于质谱图的所有可能的分子结构，将其列入可能分子结构候选表；预测器给出候选结构的预测质谱图，然后将预测质谱图与原谱图比较，检查两者的符合情况，按评价函数决定其符合程度，以便按符合程度输出候选分子结构。

结构生成 CONGEN（constrained generator，限制发生器）系统，于 20 世纪 70 年代中期设计，以取代原 DENDRAL 系统的非环形和环形的分子结构的穷举程序，所以，CONGEN 是一个功能更强的限制性的分子结构生成器。通过人-机交互，使用 CONGEN 的化学家可以随时方便地输入启发信息，对分子结构的生成过程加入约束条件。CONGEN 还增加了对立体异构的考虑。新的 CONGEN 程序系按深度优先搜索编制，并允许化学家使用时提前停止计算。

“Meta-DENDRAL”系统是一个能够自动建立化学知识库的学习系统，这对本身理论尚不完善的质谱解析来说有特别意义。在质谱结构解析专家系统构造中，如何使质谱解析专家的知识和经验明确化、系统化，表述为产生式规则，本身就是一个难题。“Meta-DENDRAL”系统通过向样品质谱学习，自动进行归纳处理。下面将举例给予简要说明。

例如，一个简单的质谱裂解规则 R1 为，

$$\text{R1: N—C—C—C} \longrightarrow \text{N—C}^{*}\text{C—C}$$

为每个分子用下述方法解释这一规则：

① 寻找分子中所有与这条规则左边匹配的分子子图部分；

② 对于每个匹配，将分子在规则右边加星号标记的键断开；

③ 保留星号左边的部分（例如保留 N—C），并记录保留部分的质量。

在一个大分子里，规则 R1 可多次使用，例如，CH_3—CH_2—CH_2—NH—CH_2—CH_2—CH_2—CH_3的谱线，包含数据点质量在 72 和 86，使用这个规则导出两个分裂碎片：

$$CH_3—CH_2—CH_2—NH—CH_2\cdot$$

$$\cdot CH_2—NH—CH_2—CH_2—CH_2—CH_3$$

“Meta-DENDRAL”系统通过学习，从已知化合物的质谱图归纳出有机化合物的裂解规则，学习过程示于图 10-7。

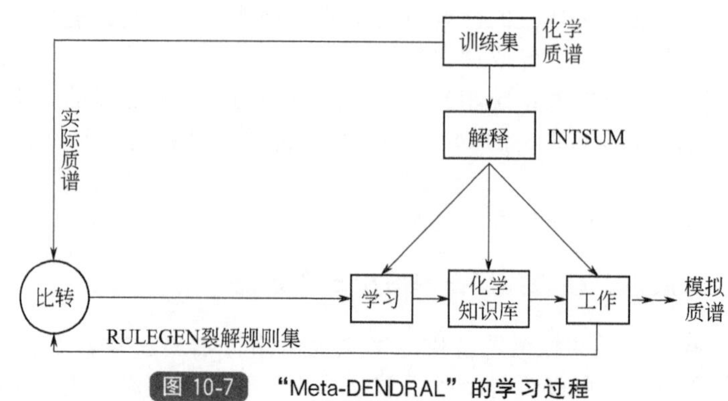

图 10-7 “Meta-DENDRAL”的学习过程

首先，由解释程序INTSUM从训练集总结出初步的裂解规则，每个分子通过寻求能够解释每个质谱峰产生原因的一个或多个裂解过程，为该分子说明其质谱中的每个峰，利用下述限定条件可限制应取的裂解过程数目：

（1）只考虑其裂解碎片与质谱峰的质量数相对应的断裂；

（2）质谱领域的语义模型限制，即只考虑半阶理论允许的裂解。

在质谱领域知识的语义模型中，有所谓零阶理论，是指分子内部每个键的子集都能断裂，但这个理论不足以限制搜索范围，因此，把某些通用的指导方针强加在它上面，称为半阶理论。这一理论断言在质谱分析过程中，一些将要断开而且原子将迁移。

关于裂解有如下限制：①双键和三键不断开；②芳烃键不断开；③在数据中只应出现比两个碳原子还大的裂解碎片；④相同碳原子的两个键不能同时断开；⑤在任意一次裂解中，断开的键不能多于三个；⑥在一个过程中不会出现多于两次的完全裂解；⑦在多步过程中最多只有两个环形裂解碎片。

关于原子迁移有如下规则：①在一次裂解之后，至多有两个氢原子能够迁移；②在任意一次裂解之后，至多脱除一个H_2O；③在任意一次裂解之后，损失至多不过一个CO单位。

语义模型是化学与质谱学基本知识及专家经验的总结。利用语义模型，化学质谱专家可以灵活地修订增删约束条件，指导规则生成过程。在INTSUM总结出初步裂解规则之后，“工作”环节根据裂解规则形成模拟质谱，“比较”环节将模拟质谱与实际质谱进行比较，驱动“学习”环节。学习环节中有RULEGEN（规则产生）与RULEMOD（规则修正）两个程序。RULEGEN寻找较INTSUM产生的初步裂解规则更一般的规则集，它不仅要符合已有的样本，还可解释新的质谱数据，即一般的规则应能正确解释质谱中很多数据点（正的证据），也可预测一些在任意图谱中都不出现的峰（负的证据），正的证据是成功的标志，由这些规则引进的负的证据则由RULEMOD通过规则合并、消除冗余等方法进行修正。假设某一次已成功地使用了一次规则，一旦这个规则中还有一个不合适的例子，RULEMOD能适当地修改这个规则。这里系统的输入是样本质谱与语义模型，而输出的是关于分子结构分裂过程的产生式规则集。最后，将得到的裂解规则存储于知识库。

可以看出，上述学习过程体现出专家系统程序向训练集样本学习，而同时也吸收了化学与质谱专家的知识与经验。

“Meta-DENDRAL”的应用，不但确证了一些过去已发现的质谱测定法的规则，而且还发现了一些过去未报道的甾烷分子的新规则。“Meta-DENDRAL”系统亦适用于^{13}C NMR的解析。

二、PLATO数据解析专家系统

该系统由Curry等开发[18]，其结构框图如图10-8所示，其系统主要由四部分组成：①控制-推理器模块；②数据库管理模块；③分子结构编辑模块；④数据专家模块。这个系统主要用于GC/IR/MS数据的自动解析，其中“数据专家”主要模拟谱图学家收集和解析数据；“控制器”则在系统中起化学家所起的作用；“库管理”是对谱图库中的谱图、结构及子波谱进行管理和检索；而“结构编辑”则是完成结构的分解、装配和显示的任务。

该系统是一个分布式专家系统，其程序模块可以并行运行，故可加快解析速度；另外，该系统可对各种不同类型的数据进行处理，且可根据不同的数据类型，选用不同的数据分析算法。该系统允许用户干预或控制某一问题解析的全过程，如光谱的归属、官能团约束以及子结构的装配，且系统与用户间的交互作用是完全遵循人类专家演绎推理的过程和原则来进行的。

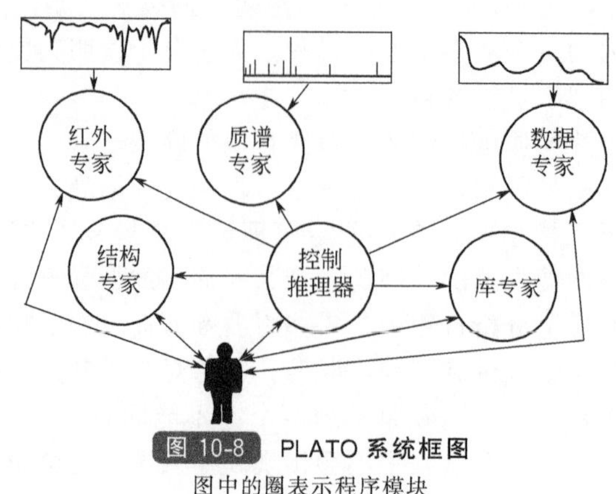

图 10-8 PLATO 系统框图

图中的圈表示程序模块

下面对其基本结构的几部分给出简要介绍。

(1) 数据专家　该系统的数据专家为一独立模块，主要由三部分组成：①红外“数据专家”(IR expert)；②质谱“数据专家”(MS expert)；③数据库专家。此三部分子模块可进行相互交换与连接，还可相互调用。

(2) 控制器　控制器是 PLATO 的心脏，它的功能就像一个化学家，如设定分析的目的，组织“数据专家”，并把“数据专家”所得结果进行综合，以求得问题的最终答案。

(3) 知识库　在 PLATO 系统中，知识库以层次方式组织了 1000 个化学子结构，知识库中的每一项为一“化学类”，它们包含了最重要的有机官能团，该知识库分布在所有 PLATO 的模块中，但维护和更新则统一由控制器进行。

知识库包含了所有重要的与红外光谱相关的子结构，同时也包含了质谱和核磁共振谱系统中的主要子结构。谱图的手段不同，对于子结构的表达之侧重亦各不相同，如红外所侧重的是官能团，质谱侧重的为元素的组成，而^{13}C 核磁共振谱 (^{13}C NMR) 则侧重碳原子的局部化学环境。对系统的查询，所得结论以及对结论的解释均以这些子结构为基础。

三、高效液相色谱专家系统

此高效液相色谱专家系统由中国科学院大连化学物理研究所开发[16,17]，是一个与色谱仪器直接联用的集成系统，由以下几个子系统组成：

① 全自动化高效液相色谱仪；

② 高效液相色谱样品预处理及最佳柱系统推荐模块；

③ 高效液相色谱最佳分离条件优化模块；

④ 高效液相色谱谱图库及其验证模块；

⑤ 高效液相色谱定性定量数据处理模块。

这些子系统既各自自成体系，相互之间又可连接和相互交流，是一个有机的整体[20,21]。该系统从 20 世纪 80 年代初开始开发，由中国科学院院士卢佩章领头，历经 10 年方得以完成。

该系统的作者认为，一个完整的高效液相色谱专家系统应当包括样品预处理方法推荐、最佳柱系统推荐、操作条件优化以及色谱数据的定性定量，而且更为重要的是这些模块之间的有机联系。作者指出，某些复杂样本需作适当预处理，使得其变得容易分离和检测，进而使得推荐的柱系统更佳，只有当推荐的柱系统最佳，继而进行的操作条件优化才有真正的价值；反过来，也只有是在最佳条件比较不同的柱系统所得结果才有效，故预处理、柱系统选择和操作条件优化是不可完全分立的。如果还更深层次考虑，色谱的定性库不仅可用于谱图库中谱峰的定性，还可以用于条件优化，再进一步来比较不同方法之间的差异，筛选出最佳方案来改善柱系统的推荐。所以，上述专家系统的几个子系统必须有机地结合起来，在充分发挥它们各自功能的基础上，还必须进行全面合理安排。一方面需要一个总体控制模块来控制选择调用专家系统中的每一个子系统，另一方面还需考虑每一模块之间的相互连接，使每一模块之间能够相互调用，共享数据库和谱图库[22]。

我们将该专家系统的各模块称为子系统是因为前述的各模块都可相应地看成一个独立的专家系统，它们各自都具有专家系统所需的各要素，即它们都具有自己的化学知识库（或化学知识源）、自己的推理步骤或控制结构以及数据库等。有关该系统的详细介绍，读者可进一步参阅文献[23]。

四、ESESOC 有机化合物结构解析专家系统

该系统由中国科学院长春应用化学研究所开发[13~15]，其结构框图如图 10-9 所示，其解析过程从逻辑上可分为三步：

① 由实验数据（如质谱、核磁共振波谱和红外光谱等）或者由化学信息（如分子式）出发，在知识库（如谱图-结构相关规则）中获得化合物结构碎片集；

② 在结构碎片集的基础上，利用知识库（如诸多约束条件），经结构发生器进行整体结构的对接，生成各种可能的分子异构体，得候选化合物；

③ 在波谱模拟、分子张力能计算、^{13}C 谱峰信息、模式识别及人机交互信息等的作用下，进行候选化合物的验证，直至将最可能的结构输出。

在上述步骤中，他们认为核心部分是结构发生器，实因必须要求结构发生器所产生的候选化合物遍历所有可能结构，亦即穷举且无冗余的。在此步中需灵活运用图论、离散数学和拓扑学等手段，是该系统最难的一部分。另一方面，因随着化合物原子数的增大，还将遇到“组合爆炸”的问题，使穷举难于实现，确为此类系统的难点问题。

有关该系统的详细信息，读者可参阅文献［20］。

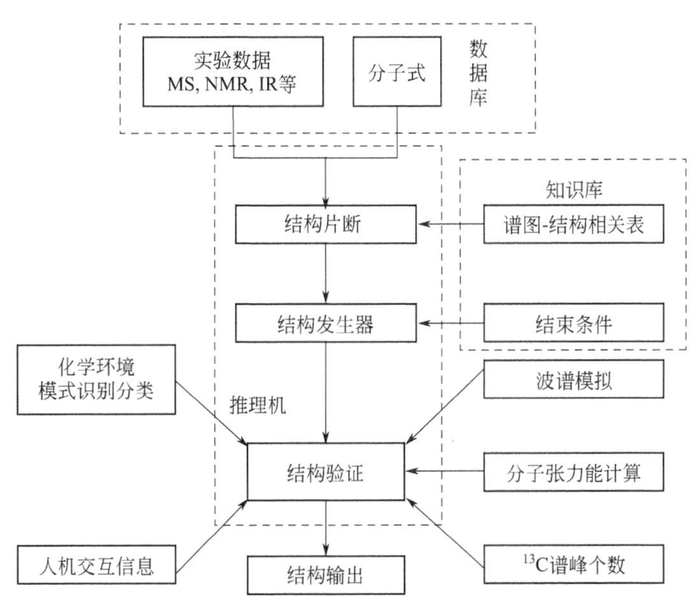

图 10-9　ESESOC 系统的基本结构

参考文献

[1] Hippe Z. Anal Chim Acta，1983，150：11.

[2] 涂序彦. 人工智能及其应用. 北京：电子工业出版社，1982.

[3] Nilson N J. Principle of Artificial Intelligence. Tioga Publishing Co，1980.

[4] Gevarter W B. Artificial Intelligence，Expert Systems，Computer Vision，and Natural Language Processing. NJ：Noyes Publishing，1984.

[5] Lindsay R K，Buchanan B G，Feigenhaum E A，Lederberg J. Applications of Artificial Intelligence for Organic Chemistry-The Dendral Project. New York：McGraw-Hill，1980.

[6] Lederberg J，et al. J Am Chem Soc，1969，91：2973.

[7] Sasaki S，Kudo Y. J Chem Inf Comput Sci，1985，25：252.

[8] Shelly C A，Munk M E. Anal Chim Acta，1981，133：507.

[9] Tomellini S A，Stevenson J M，Woodruff H B. Anal Chem，1984，56：67.

[10] Tomellini S A，Hartwixk. R A. Anal Chim Acta，1984，162：227.

[11] Gribov LA. Elyyasberg. CRC Crit Anal Chem，1979，8：111.

[12] Zupan J，Novic M，Baanec S，Razinger M. Anal Chim Acta，1987，200：333.

[13] 许禄. 分析化学，1990，18：180.

[14] 许禄，郭传杰. 计算机化学方法及应用. 北京：化学工业出版社，1990.

[15] Zhang J G，Xu L. Anal Chim Acta，1988，210：163.

[16] 卢佩章. 色谱，1990，8：133，201，215，270.

[17] Lu P，Huang H. J Chromatogr，1990，452：285.

[18] Curry B. A distributed expert system for interpretation of GC/IR/MS data // Meuzelaar H L C. Computer-Enhanced Analytical Spectroscopy：Vol 2. New York：Plenum Press，1990.

[19] Baw A，Feigenbaum A E. Handbook of artificial Intelligence：Vol 1，1981；Vol. 2，1982.

[20] Lu P，Huang H. J Chromatogr，1988，452：172.

[21] 梁鑫淼，张玉奎，卢佩章. 第七次全国色谱学术报告会论文集，北京：556.

[22] 梁鑫淼. 高效液相色谱专家系统的总体设计及智能优化（博士学位论文）. 大连：中科院大连化物所，1992.

[23] 卢佩章，张玉奎，梁鑫淼. 高效液相色谱法及其专家系统. 沈阳：辽宁科学技术出版社，1994.

第十一章　统计学和应用数学基础知识

因本书讨论的有关化学计量学的方法用到不少线性代数、统计学和一些优化方法所需知识，而且，有些知识在一般数学教科书上还很难找到，为使本书成为一个封闭系统，故将一些必要的线性代数、统计学和一些优化方法所需的基本知识收录于此，汇成一章供读者参考。

在介绍这些知识之前，有必要讨论一下化学量测数据的矢量和矩阵表示方法。在分析化学的测量中，一个化学样本一般都可由一个谱来表示，如常见的光谱、色谱、各类波谱和各种电化学谱。将这些谱离散化，就可得到一组数据，这组数据就相当于数学中的矢量。如果把很多样本收集在一块，就可得到一个矩阵。一般说来，在这样的数据矩阵中，对一个样本量测所得到的一个谱可置为一个行矢量，这样的行矢量可称为一个样本对象或一个样本；与之类似，在这样的数据矩阵中，一个变量（如一个分析通道、一个波长等）可置为一个列矢量，这样的列矢量可称为一个变量。本书所论及的大多数化学计量学方法，都是建立在这样的矢量和矩阵之上的，所以有关矢量和矩阵运算的线性代数基础知识对分析化学计量学就显得特别重要了。另一方面，由于在分析量测中总得与量测误差打交道，怎样来估价这些随机误差对量测数据的影响，这就得需要统计学知识，因在本书讨论的是多变量化学计量学方法，特别地还需要多元统计知识。优化方法是化学计量学中常用的一种数学方法，对它的掌握对于发展化学计量学新方法很有必要，在此给出简要介绍，以示其重要性。

第一节　必要统计学基础知识

一、随机事件的概率公式

1. 随机事件及其概率

在一定的条件下，现象 A 可能发生，也可能不发生，我们把发生了现象 A 的事件叫做随机事件 A，简称事件 A。如果在既定的条件下进行一组试验，总共试验 N 次，其中现象 A 发生了 N_A 次，则该组试验中事件 A 的频率为（N_A/N），重复进行很多组这样的试验，可发现随机事件的频率具有某种规律性，如果从统计意义上说，随机事件的频率存在着一个极限值，称为事件 A 的概率，记为 $P(A)$：

$$\lim_{N\to\infty}(N_A/N)=P(A)$$

若事件 A 和事件 B 是两个不同的随机事件，A 和 B 的和事件 $(A+B)$ 是指 A 与 B 中至少有一个发生的事件。如用两个圆分别表示事件 A 和事件 B 的集合，如图 11-1 所示，则两个圆的总和就代表（$A+B$）的集合。显然，只有 A 发生，或者只有 B 发生，或者 A、B 同时发生的事件都是事件（$A+B$）。

定义事件 A 与事件 B 的积事件 AB 为 A 和 B 同时发生的事件。图 11-2 中两个事件重叠的区域就是积事件的区域。

2. 和事件概率公式

和事件（$A+B$）的概率就是图 11-1 阴影区域中事件集合的概率，其概率公式为

$$P(A+B)=P(A)+P(B)+P(AB)$$

如果 A 和 B 不可能在一次试验中同时发生，即

$$P(AB)=0$$

则称事件 A 与事件 B 是互斥事件（参见图 11-3）。

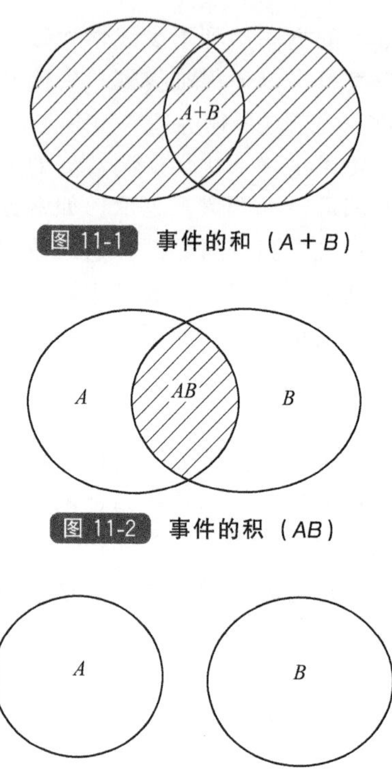

图 11-1 事件的和（$A+B$）

图 11-2 事件的积（AB）

图 11-3 互斥事件[$P(AB)=0$]

3. 积事件概率公式和条件概率

设 B 为任意事件，$P(B)>0$，则在 B 发生的条件下，事件 A 的条件概率定义为

$$P(A|B)=P(AB)/P(B) \tag{11-1}$$

即

$$P(AB)=P(B)P(A|B)$$

同理有

$$P(AB)=P(A)P(B|A) \tag{11-2}$$

式(11-2)即称为积事件的概率公式。

对于事件 A 和事件 B，如果事件 A 的概率不受 B 是否发生的影响，即

$$P(A|B)=P(A) \tag{11-3}$$

则称事件 A 独立于事件 B。显然，对于相互独立的事件 A 和 B，积事件概率公式为

$$P(AB)=P(A)P(B) \tag{11-4}$$

4. 全概率公式

符号 $\{A_i\}$ 表示某一事件组 $\{A_i, \cdots, A_j, \cdots\}$。如果任意一次试验的结果都至少发生 $\{A_i\}$ 中的一个事件，则称 $\{A_i\}$ 是一个事件的完备集。显然，对于事件的完备集 $\{A_i\}$，有

$$P(\sum_{i=1}^{N} A_i) = 1 \tag{11-5}$$

式中，$\sum_{i=1}^{N}$ 表示对 $\{A_i\}$ 中的所有事件求和。

如果 $\{A_i\}$ 是一个互斥事件的完备集，式（11-5）可直接写成

$$P(\sum_{i=1}^{N} A_i) = \sum_{i=1}^{N} P(A_i) = 1 \tag{11-6}$$

而对于任一随机事件 B 有下列全概率公式

$$P(B) = \sum P(BA_i) = \sum P(B \mid A_i)P(A_i) \tag{11-7}$$

这是因为 $\{A_i\}$ 是一个互斥事件的完备集，而 B 总是伴随 $\{A_i\}$ 中的现象同时发生，所以，事件 B 可以表示成下列互斥积事件之和：

$$B = BA_1 + BA_2 + \cdots + BA_N = \sum_{i=1}^{N} P(BA_i) \tag{11-8}$$

5. 贝叶斯（Bayes）公式

事件 A 对于事件 B 的条件概率，可以由事件 A 和事件 B 的概率以及 B 对于 A 的条件概率算出，这就是关于条件概率的贝叶斯（Bayes）定理：

$$P(A \mid B) = P(B \mid A)P(A)/P(B) \tag{11-9}$$

如果 $A = \{A_i\}$，而 $\{A_i\}$ 是一个互斥事件的完备集，利用全概率公式（11-8），贝叶斯公式又可写成

$$P(A \mid B) = P(B \mid A)P(A)/P(B) = P(B \mid A)P(A)/\sum[P(B \mid A_i)P(A_i)]$$

二、随机变量及其分布

对于任一随机实验，它的样本空间是 $S=\{e\}$，如果对于每一个属于该样本空间的样本有一个实数 $X(e)$ 与之相对应，这样就得到一个定义上的实数单值函数 $X(e)$，则 $X(e)$ 称为随机变量。

有些随机变量，它全部可能取到的值是有限个或是可列无限多个，这种随机变量称为离散型随机变量，否则称为连续型随机变量。

设 X 是一个随机变量，x 是任意实数，函数 $F(x)=P\{X \leqslant x\}$ 称为分布函数。在这里 $P\{X \leqslant x\}$ 表示随机变量 X 取值小于 x 的概率。对于任意实数 x_1、$x_2(x_1 \leqslant x_2)$，有

$$P\{x_1 \leqslant X \leqslant x_2\} = P\{X \leqslant x_2\} - P\{X \leqslant x_1\} = F(x_2) - F(x_1) \tag{11-10}$$

因此，若已知 X 的分布函数就能知道 X 落在任一区间 (x_1, x_2) 上的概率。从这意义上来说，分布函数完整地描述了随机变量的统计规律性。

分布函数具有以下的基本性质：

(1) $F(x)$ 是一个不减函数。事实上，

$$F(x_2)-F(x_1)=P\{x_1\leqslant X\leqslant x_2\}\geqslant 0(x_1\leqslant x_2)$$

(2) $0\leqslant F(x)\leqslant 1$ 这是因为概率的最大取值为 1。

一般的，如果对于随机变量 X 的分布函数 $F(x)$，存在非负的函数 $f(x)$，使对于任意实数 x 有

$$F(x)=\int f(t)\mathrm{d}t \tag{11-11}$$

则 X 称为连续型随机变量，其中函数 $f(x)$ 称为 X 的概率密度函数，简称概率密度。很明显，连续型随机变量的分布函数是连续函数。由定义可知概率密度具有以下性质。

(1) $f(x)\geqslant 0$。

(2) $\int_{-\infty}^{\infty}f(x)\mathrm{d}x=1$。

(3) $P\{x_1\leqslant X\leqslant x_2\}=F(x_2)-F(x_1)=\int_{x_1}^{x_2}f(x)\mathrm{d}x$。

(4) 若在点 x 处连续，则有 $\mathrm{d}[F(x)]/\mathrm{d}x=f(x)$。

下面介绍几种最重要的连续型随机变量的分布。

1. 均匀分布

设连续型随机变量 X 在有限区间 (a,b) 内取值，且其概率密度为

$$f(x)=\begin{cases}1/(b-a) & a\leqslant x\leqslant b\\ 0 & \text{其他}\end{cases}$$

则称 X 在区间 (a, b) 上服从均匀分布。

在区间 (a, b) 上服从均匀分布的随机变量，具有下述意义的可能性，即它落在区间 (a, b) 中任意长度的子区间内的可能性是相同的，或者说它落在子区间内的概率只依赖于子区间的长度而与子区间的位置无关。事实上，对于任意长度为 h 的子区间 $(c, c+h)$，$a\leqslant c\leqslant c+h\leqslant b$，有

$$P\{c\leqslant X\leqslant c+h\}=\int f(x)\mathrm{d}x=\int 1/(b-a)\mathrm{d}x=h/(b-a)$$

均匀分布在计算机数值模拟中具有相当重要的地位。

2. 正态分布

设连续型随机变量 X 的概率密度为

$$f(x)=(1/\sqrt{2\pi}\sigma)\mathrm{e}^{-(x-\mu)^2/(2\sigma^2)} \qquad -\infty\leqslant x\leqslant\infty \tag{11-12}$$

式中，$\mu, \sigma\geqslant 0$ 为常数，则称 X 服从参数为 μ，σ 的正态分布或高斯分布，记为 $X\sim N(\mu,\sigma^2)$。μ 和 σ 分别称为正态分布的数学期望和均方差，是两个非常重要的参量。它的图形示于图 11-4。特别地，当 $\mu=0$，$\sigma=1$ 时，称 X 服从标准正态分布。

$f(x)$ 的图形对称于 $x=\mu$，σ 的大小影响图形的形状，σ 大则图形矮胖，σ 小则图形瘦高。

一般正态分布可以通过适当变换转化成标准正态分布。

若 $X\sim N(\mu, \sigma^2)$，$Z=(X-\mu)/\sigma$，则 Z 服从标准正态分布，即 $Z\sim N(0, 1^2)$。

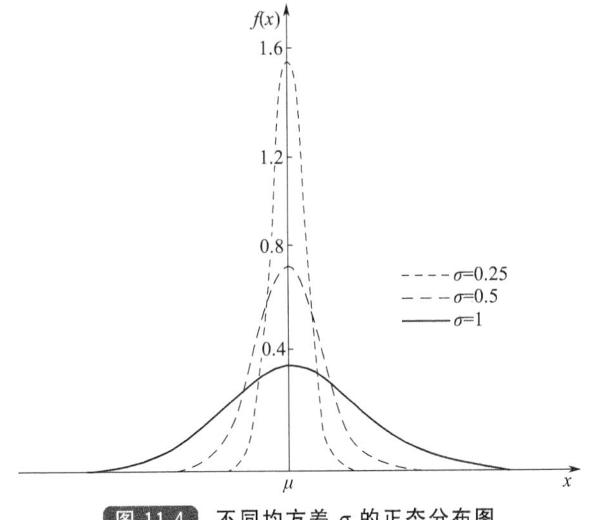

图 11-4　不同均方差 σ 的正态分布图

3. χ^2 分布

设连续型随机变量 X 的概率密度为

$$f(x)=\begin{cases}\{1/[\Gamma(n/2)(2^{n/2})]\}x^{(n/2-1)}\mathrm{e}^{-x/2} & x>0\\ 0 & x\leqslant 0\end{cases}$$

式中，$\Gamma(.)$为伽玛函数；n 为正整数，则称 X 服从自由度为 n 的χ^2分布，记为 $X\sim\chi^2(n)$。对不同的自由度 n，$f(x)$ 的图形示于图 11-5。χ^2分布是一个十分重要的分布，这是因为存在有一个如下定理。

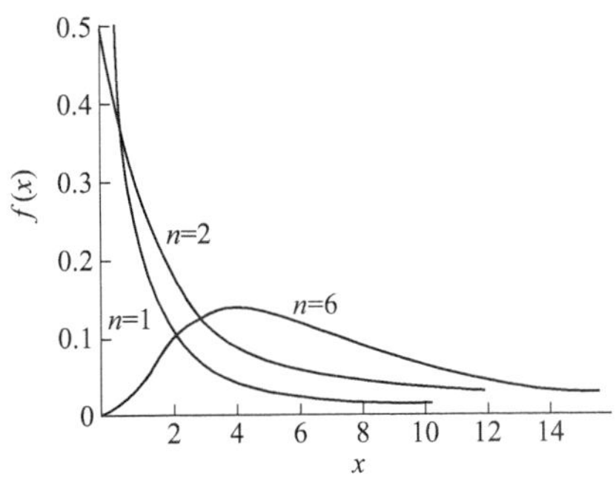

图 11-5　不同自由度（n）的χ^2分布图

定理： 若$\xi_1,\xi_2,\cdots,\xi_n$是相互独立并且都服从正态分布 $N(0,1)$的随机变量，则随机变量

$$\chi^2=\xi_1^2+\xi_2^2+\cdots+\xi_n^2 \tag{11-13}$$

服从自由度为 n 的χ^2分布。

当 $n=1$ 时，$\chi^2(1)$ 分布又叫Γ分布；当 $n=2$ 时，$\chi^2(2)$ 分布就是指数分布。

$\chi^2(n)$ 分布的可加性定理：若$\chi_1^2\sim\chi^2(n_1)$，$\chi_2^2\sim\chi^2(n_2)$，且相互独立，则

$$\chi_1^2+\chi_2^2\sim\chi^2(n_1+n_2) \tag{11-14}$$

χ^2分布表及用法：对给定的 $\alpha(0<\alpha<1)$，若有一点$\chi_\alpha^2(n)$满足条件

$$P\{\chi^2 > \chi_\alpha^2(n)\} = \int f(x)\mathrm{d}x = \alpha \tag{11-15}$$

则称此点为 α 分位点。对于不同的 $\alpha, n, \chi^2(n)$ 的数值已制成数表，称为 $\chi^2(n)$ 分布表，可在任一本统计学书上方便查到。

4. *t* 分布

t 分布的概率密度函数定义为：

$$f(t) = \{\Gamma[(n+1)/2]/[\Gamma(n/2)\sqrt{n\pi}]\}(1+t^2/n)^{-(n+1)/2} \quad (-\infty < t < \infty) \tag{11-16}$$

式中，$\Gamma(.)$ 为伽玛函数；n 为正整数，是 z 自由度参数。式（11-16）表示随机变量服从自由度为 n 的 t 分布，记为 $T \sim t(n)$ 。注意到由于 $f(t)=f(-t)$，所以它的图形关于纵轴对称，当 n 增大时，它将近似于正态分布，如图 11-6 所示。

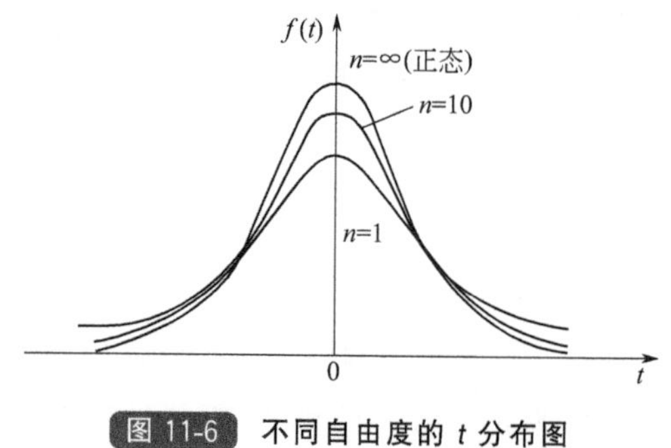

图 11-6 不同自由度的 *t* 分布图

定理： 若随机变量 X 和 Y 相互独立，且 X 服从正态分布 $N(0,1)$，Y 服从自由度为 n 的 χ^2 分布，则

$$T = X/\sqrt{Y/n} \tag{11-17}$$

服从自由度为 n 的 t 分布，记为 $t(n)$ 。

***t*(*n*)分布表及用法：** 对给定的 $\alpha(0<\alpha<1)$，若有一点 $t_\alpha(n)$ 满足条件

$$P\{T > t_\alpha(n)\} = \int f(t)\mathrm{d}t = \alpha$$

则称此点为 $t(n)$ -分布上的 α 分位点。由于 $f(t)$ 图形的对称性，有

$$t_\alpha(n) = t_{1-\alpha}(n)$$

对于不同的 α，n，$t_\alpha(n)$ 的数值已制成数表，称为 $t(n)$ 分布表，可在任一本统计学书上方便查到。注意到表中所列 n 最大为 45，当 $n>45$ 时，就用 $N(0,1^2)$ 分布来近似替代。

5. *F* 分布

若随机变量 η 和 ξ 相互独立，且分别服从自由度为 m 和 n 的 χ^2 分布，则随机变量

$$F = (\eta/m)/(\xi/n)$$

的分布密度函数为

$$f_F(x) = \begin{cases} \{[(m/n)^{m/2}x^{m/2-1}]/\mathrm{B}(m/2,n/2)\}[1+(m/n)x]^{-(m+n)/2} & x>0 \quad (11\text{-}18\mathrm{a}) \\ 0 & x\leqslant 0 \quad (11\text{-}18\mathrm{b}) \end{cases}$$

式中，B（.，.）为贝达（Beta）函数，其定义为：若 p，q 为正实数，函数

$$B(p, q)=\int x^{p-1}(1-x)^{q-1}\mathrm{d}x \tag{11-19}$$

称为贝达函数。随机变量 F 称为服从自由度（m，n）的 F 分布，简记为 $F\sim F(m,n)$。注意，F 分布有两个自由度，第一个自由度 m 是组成 F 分布的分子随机变量的自由度，第二个自由度 n 是组成 F 分布的分母随机变量的自由度，密度函数 $f_F(x)$ 的图形示于图 11-7。

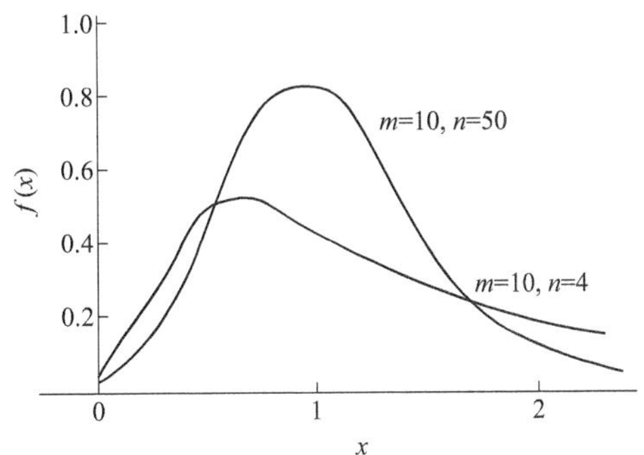

图 11-7 不同自由度的 F 分布图

F-**分布的性质**：

(1) 若 $X\sim F(m, n)$，则 $1/X\sim F(n, m)$；

(2) $F_{1-\alpha}(n, m)=1/[F_{\alpha}(m, n)]$

F **-分布表及用法**：对给定的 $\alpha(0<\alpha<1)$，若有一点 $F_{\alpha}(n,m)$满足条件

$$P\{F>F_{\alpha}(n, m)\}=\int f(x)\mathrm{d}x=\alpha$$

则称此点为 $F_{\alpha}(n,m)$分布上的 α 分位点。对于不同的 $\alpha,n,m,F_{\alpha}(n,m)$的数值已制成数表，成为 $F(n,m)$分布表，可在任一本统计学书上方便查到。注意到 $F(n,m)$分布表中所给的 α 都是很小的数，如 0.10、0.05、0.01 等等，当 α 较大时，如 $\alpha=0.95$，表中查不到，这时根据前述 F 分布的性质（2），就可查到。比如 $F_{0.95}(15,12)=1/[F_{0.05}(12,15)]=1/2.48=0.403$。

三、随机变量的数值特征

1. 数学期望

设离散型随机变量 X 的分布律为 $P\{X=x_k\}=p_k(k=1,2,\cdots)$，若级数 $\sum x_k p_k$ 绝对收敛，则称级数 $\sum x_k p_k$ 为 X 的数学期望，记为 $E(X)$，即

$$E(X)=\sum x_k p_k$$

对于连续型随机变量，若它的概率密度为 $f(x)$，注意到 $f(x)\mathrm{d}x$ 的作用与离散型随机变量中的 p_k 相类似，于是自然有以下的定义。

设连续型随机变量 X 的概率密度为 $f(x)$，若积分 $\int f(x)\mathrm{d}x$ 绝对收敛，则称积分 $\int f(x)\mathrm{d}x$ 为 X 的数学期望，记为 $E(X)$，即

$$E(X)=\int f(x)\mathrm{d}x \tag{11-20}$$

数学期望简称期望或称为均值。数学期望具有以下性质；

(1) 设 c 是常数，则有 $E(c)=c$。

(2) 设 X 是一个随机变量，c 是常数，则有 $E(cX)=cE(X)$。

(3) 设 X, Y 是任意两个随机变量，则有 $E(X+Y)=E(X)+E(Y)$。

(4) 设 X, Y 是两个相互独立的随机变量，则有 $E(XY)=E(X)E(Y)$。

2. 方差

设 X 是一个随机变量，若 $E\{[X-E(X)]^2\}$ 存在，则称 $E\{[X-E(X)]^2\}$ 为 X 的方差，记为 $\mathrm{var}(X)$或 $\mathrm{D}(X)$，即

$$\mathrm{var}(X)=\mathrm{D}(X)=E\{[X-E(X)]^2\} \tag{11-21}$$

在应用上还引入与随机变量具有相同量纲的量$\sqrt{\mathrm{var}(X)}$，记为 $\sigma(X)$，称为标准差或均方差。

对于离散型随机变量，按上述定义，则有

$$\mathrm{var}(X)=\mathrm{D}(X)=\Sigma[x_k-E(X)]^2 p_k \tag{11-22}$$

式中，$P\{X=x_k\}=p_k(k=1,2,\cdots)$ 。

对于连续型随机变量，则有

$$\mathrm{var}(X)=\mathrm{D}(X)=\int[X-E(X)]^2 f(x)\mathrm{d}x \tag{11-23}$$

式中，$f(x)$为 X 的概率密度。关于随机变量的方差的计算有如下公式

$$\mathrm{var}(X)=\mathrm{D}(X)=E\{[X-E(X)]^2\} \tag{11-24}$$

根据前述数学期望的性质，容易证得

$$\begin{aligned}\mathrm{var}(X)=\mathrm{D}(X)&=E\{[X-E(X)]^2\}\\&=E\{X^2-2XE(X)+[E(X)]^2\}\\&=E(X^2)-E[2XE(X)]+E\{[E(X)]^2\}\\&=E(X^2)-2E(X)E(X)+[E(X)]^2\\&=E(X^2)-[E(X)]^2\end{aligned}$$

同样利用数学期望的性质，容易证明方差的以下性质；

(1) 设 c 是常数，则有 $\mathrm{var}(c)=0$。

(2) 设 X 是一个随机变量，c 是常数，则有 $\mathrm{var}(cX)=c^2\mathrm{var}(X)$。

(3) 设 X, Y 是两个相互独立的随机变量，则有 $\mathrm{var}(X+Y)=\mathrm{var}(X)+\mathrm{var}(Y)$ 。

第二节　必要应用数学基础知识

一、矢量及其运算

1. 列矢量与行矢量

当说到一个矢量 $\boldsymbol{a}$ 时，一般是指列矢量，行矢量 $\boldsymbol{a}^{\mathrm{t}}$ 是指它的转置，数学表达式如下：

$$\boldsymbol{a}=\begin{bmatrix}a_1\\a_2\\\vdots\\a_n\end{bmatrix}\qquad\boldsymbol{a}^{\mathrm{t}}=[a_1,\ a_2,\ \cdots,\ a_n]$$

两个矢量相等，当且仅当它们的每一个元素都相应相等。即如果

$$\boldsymbol{a}=\begin{bmatrix}a_1\\a_2\\\vdots\\a_n\end{bmatrix}\qquad\boldsymbol{b}=\begin{bmatrix}b_1\\b_2\\\vdots\\b_n\end{bmatrix}$$

只有当 $a_i=b_i(i=1,2,\cdots,n)$ 时，$\boldsymbol{a}$ 和 $\boldsymbol{b}$ 才相等。

2. 矢量加减法

两个或两个以上的矢量相加（或相减），是指它们的对应元素相加（或相减），即

$$\boldsymbol{a}+\boldsymbol{b}=\begin{bmatrix}a_1+b_1\\a_2+b_2\\\vdots\\a_n+b_n\end{bmatrix}$$

很明显，矢量的加减法具有以下性质：

$$\boldsymbol{a}+\boldsymbol{b}=\boldsymbol{b}+\boldsymbol{a}\qquad\text{（交换律）}$$

$$(\boldsymbol{a}+\boldsymbol{b})+\boldsymbol{c}=\boldsymbol{a}+(\boldsymbol{b}+\boldsymbol{c})\qquad\text{（结合律）}$$

$$\boldsymbol{a}+\boldsymbol{0}=\boldsymbol{a}$$

在这里

$$\boldsymbol{0}=\begin{bmatrix}0\\0\\\vdots\\0\end{bmatrix}$$

称为零矢量，它的每一个元素都等于 0。

对于任一矢量 $\boldsymbol{a}$，都存在一个与之相反的矢量 $-\boldsymbol{a}$，它们的和等于零矢量，即

$$\boldsymbol{a}+(-\boldsymbol{a})=\boldsymbol{0}$$

3. 矢量的数乘

如果 k 是一个实数（或称标量），则它与任一矢量 $\boldsymbol{a}$ 的乘积为该矢量的每一元素与它的乘积，即，

$$k\boldsymbol{a}=\begin{bmatrix}ka_1\\ka_2\\\vdots\\ka_n\end{bmatrix}$$

很明显，矢量的数乘具有以下性质：

$$k_1(k_2\boldsymbol{a})=(k_1k_2)\boldsymbol{a} \qquad \text{（结合律）}$$

$$k_1(\boldsymbol{a}+\boldsymbol{b})=k_1\boldsymbol{a}+k_1\boldsymbol{b} \qquad \text{（分配律）}$$

$$(k_1+k_2)\boldsymbol{a}=k_1\boldsymbol{a}+k_2\boldsymbol{a} \qquad \text{（分配律）}$$

特别地，对于任一矢量 $\boldsymbol{a}$ 有，

$$0\boldsymbol{a}=\boldsymbol{0};\ 1\boldsymbol{a}=\boldsymbol{a};\ -1\boldsymbol{a}=-\boldsymbol{a}$$

4. 矢量的内积（或称点积）和外积

两个矢量的内积产生一个数，即

$$\boldsymbol{a}^{\mathrm{t}}\boldsymbol{b}=[a_1,a_2,\cdots,a_n]\begin{bmatrix}b_1\\b_2\\\vdots\\b_n\end{bmatrix}=\sum a_ib_i$$

很明显，

$$\boldsymbol{a}^{\mathrm{t}}(\boldsymbol{b}+\boldsymbol{c})=\boldsymbol{a}^{\mathrm{t}}\boldsymbol{b}+\boldsymbol{a}^{\mathrm{t}}\boldsymbol{c} \qquad \text{（分配律）}$$

$$(\boldsymbol{a}+\boldsymbol{b})^{\mathrm{t}}\boldsymbol{c}=\boldsymbol{a}^{\mathrm{t}}\boldsymbol{c}+\boldsymbol{b}^{\mathrm{t}}\boldsymbol{c} \qquad \text{（分配律）}$$

特别地，如果两矢量的点积为零，则称它们相互正交，即 $\boldsymbol{a}^{\mathrm{t}}\boldsymbol{b}=0$。

两个矢量的外积产生一个矩阵，即

$$\boldsymbol{a}\boldsymbol{b}^{\mathrm{t}}=\begin{bmatrix}a_1\\a_2\\\vdots\\a_n\end{bmatrix}[b_1,\ b_2,\ \cdots,\ b_m]=\begin{bmatrix}a_1b_1 & a_1b_2 & \cdots & a_1b_m\\a_2b_1 & a_2b_2 & \cdots & a_2b_m\\\vdots & \vdots & \vdots & \vdots\\a_nb_1 & a_nb_2 & \cdots & a_nb_m\end{bmatrix} \tag{11-25}$$

这样的矩阵可称为双线性矩阵，在多元分辨中有着特殊的地位。

二、矩阵及其运算

$n\times m$ 个元素排成一个矩阵：

$$\begin{bmatrix}a_{11} & a_{12} & \cdots & a_{1m}\\a_{21} & a_{22} & \cdots & a_{2m}\\\vdots & \vdots & \vdots & \vdots\\a_{n1} & a_{n2} & \cdots & a_{nm}\end{bmatrix}$$

称为 n 行 m 列矩阵，或称 $n\times m$ 阶矩阵。元素 a_{ij} 可以是数，也可以是代数式。当 $n=1$ 时，称这矩阵为 n 维行矢量；当 $m=1$ 时，称这矩阵为 m 维列矢量；$n=m$ 时，称为方阵。

通常用大写黑体字母 $\boldsymbol{A}$，$\boldsymbol{B}$…表示矩阵，用带有下标 i，j 的小写字母 a_{ij}，b_{ij}，…分别表示矩阵 $\boldsymbol{A}$，$\boldsymbol{B}$，…的第 i 行第 j 列的元素，因此有时也用（a_{ij}）表示矩阵 $\boldsymbol{A}$，矩阵 $\boldsymbol{A}$ 有时也可以用列矢量来表示，即 $\boldsymbol{A}=[\boldsymbol{a}_1,\boldsymbol{a}_2,\cdots,\boldsymbol{a}_m]$。

1. 矩阵的加减法

两个或两个以上的具有相同阶数的矩阵相加（或相减），是指它们的对应元素相加（或相减），即

$$\boldsymbol{A}+\boldsymbol{B}=(a_{ij})+(b_{ij})=(a_{ij}+b_{ij})$$

很明显，矩阵的加减法具有以下性质：

$$\boldsymbol{A}+\boldsymbol{B}=\boldsymbol{B}+\boldsymbol{A} \qquad \text{（交换律）}$$

$$(\boldsymbol{A}+\boldsymbol{B})+\boldsymbol{C}=\boldsymbol{A}+(\boldsymbol{B}+\boldsymbol{C}) \qquad \text{（结合律）}$$

2. 矩阵的数乘

如果 k 是一个实数（或称标量），则它与任一矩阵 $\boldsymbol{A}$ 的乘积仍为一矩阵，该矩阵的每一元素由 A 中相应的元素与 k 的乘积所构成，即 $k\boldsymbol{A}=k(a_{ij})=(ka_{ij})$。容易证明，矩阵的数乘具有以下性质：

$$k_1(k_2\boldsymbol{A})=(k_1k_2)\boldsymbol{A} \qquad \text{（结合律）}$$

$$k_1(\boldsymbol{A}+\boldsymbol{B})=k_1\boldsymbol{A}+k_1\boldsymbol{B} \qquad \text{（分配律）}$$

$$(k_1+k_2)\boldsymbol{A}=k_1\boldsymbol{A}+k_2\boldsymbol{A} \qquad \text{（分配律）}$$

3. 矩阵乘矩阵

$(n\times q)$阶矩阵 $\boldsymbol{A}=(a_{ij})_{n\times q}$ 与$(q\times m)$阶矩阵 $\boldsymbol{B}=(b_{ij})_{q\times m}$ 的积是一个$(n\times m)$阶矩阵 $\boldsymbol{C}=(c_{ij})_{n\times m}$，它的元素 c_{ij} 由等式

$$c_{ij}=\Sigma a_{ik}b_{kj}$$

决定，即为 $\boldsymbol{A}$ 的第 i 行与 $\boldsymbol{B}$ 的第 j 列的点积。注意到矩阵乘矩阵时一般不满足交换律，即

$$\boldsymbol{AB}\neq\boldsymbol{BA}$$

但是满足结合律：

$$\boldsymbol{ABC}=(\boldsymbol{AB})\boldsymbol{C}=\boldsymbol{A}(\boldsymbol{BC})$$

同样也满足分配律：

$$\boldsymbol{A}(\boldsymbol{B}+\boldsymbol{C})=\boldsymbol{AB}+\boldsymbol{AC}$$

$$(\boldsymbol{A}+\boldsymbol{B})(\boldsymbol{C}+\boldsymbol{D})=\boldsymbol{A}(\boldsymbol{C}+\boldsymbol{D})+\boldsymbol{B}(\boldsymbol{C}+\boldsymbol{D})$$

4. 零矩阵和单位矩阵

零矩阵用 $\boldsymbol{0}$ 表示，它的全部元素都为 0。一个 n 阶方阵，假如其对角线上的元素都是 1，非对角线上的元素都是 0，就称为单位矩阵。它可用 $\boldsymbol{I}$ 或 $\boldsymbol{I}_n$ 表示，很明显，$\boldsymbol{0}$ 和 $\boldsymbol{I}$ 有下列两个类似于数 0 和数 1 所具有的性质：

$$\boldsymbol{A}+\boldsymbol{0}=\boldsymbol{A} \qquad (11\text{-}26a)$$

$$\boldsymbol{IA}=\boldsymbol{AI}=\boldsymbol{A} \qquad (11\text{-}26b)$$

5. 矩阵的转置

把矩阵 $\boldsymbol{A}$ 的行和列互相调换位置后，所得的矩阵 $\boldsymbol{A}^{t}$ 称作矩阵的转置矩阵，也即若 $\boldsymbol{A}^{t}$ 的

第 i 行第 j 列的元素用 a_{ij}^{t} 表示，$\boldsymbol{A}$ 的第 i 行第 j 列的元素用 a_{ij} 表示，则有关系式

$$a_{ij}^{t}=a_{ji} \tag{11-27}$$

由以上定义，可得到如下的关系式：

$$(\boldsymbol{AB})^{t}=\boldsymbol{B}^{t}\boldsymbol{A}^{t} \tag{11-28a}$$

$$(\boldsymbol{ABC})^{t}=\boldsymbol{C}^{t}\boldsymbol{B}^{t}\boldsymbol{A}^{t} \tag{11-28b}$$

如果矩阵 $\boldsymbol{A}$ 的转置矩阵就等于其本身，即 $\boldsymbol{A}^{t}=\boldsymbol{A}$，则称该矩阵为对称矩阵。

6. 逆矩阵

如果两个阶方阵 $\boldsymbol{A}$ 和 $\boldsymbol{B}$，满足 $\boldsymbol{AB}=\boldsymbol{I}$，那么 $\boldsymbol{B}$ 是 $\boldsymbol{A}$ 的逆阵并记为 $\boldsymbol{A}^{-1}$，如果 $\boldsymbol{A}^{-1}$ 存在，则称是 $\boldsymbol{A}$ 非奇异矩阵，或称为满秩矩阵，否则称是奇异矩阵。矩阵的逆运算具有以下性质：

$$(\boldsymbol{AB})^{-1}=\boldsymbol{B}^{-1}\boldsymbol{A}^{-1} \tag{11-29}$$

$$(\boldsymbol{A}^{t})^{-1}=(\boldsymbol{A}^{-1})^{t} \tag{11-30}$$

矩阵的行列式：

方阵的行列式是一个数，记为 $\det(\boldsymbol{A})=\alpha$，$\alpha$ 为任一实数。如果为一 n 阶方阵，有

$$\det(\boldsymbol{A})=\Sigma(-1)^{i+j}a_{kj}\det(\boldsymbol{A}_{kj})$$

式中，$\boldsymbol{A}_{kj}$ 是 $(n-1)\times(n-1)$ 阶矩阵，它是划去第 k 行和第 j 列所得到的 $\boldsymbol{A}$ 的子阵。有用的行列式性质包括

$$\det(\boldsymbol{AB})=\det(\boldsymbol{A})\det(\boldsymbol{B})$$

$$\det(\boldsymbol{A}^{t})=\det(\boldsymbol{A})$$

$$\det(k\boldsymbol{A})=k^{n}\det(\boldsymbol{A}) \quad \boldsymbol{A}\text{ 是 }(n\times n)\text{阶矩阵}$$

$$\det(\boldsymbol{A})\neq 0 \Leftrightarrow \boldsymbol{A}\text{ 是非奇异阵}$$

7. 正交矩阵

如果一个方阵 $\boldsymbol{A}$，满足 $\boldsymbol{A}^{t}\boldsymbol{A}=\boldsymbol{I}$，那么则称 $\boldsymbol{A}$ 为正交矩阵，显然有

$$\boldsymbol{A}^{t}=\boldsymbol{A}^{-1}$$

$$\det(\boldsymbol{A})=\pm 1$$

这是因为

$$\det(\boldsymbol{A})\det(\boldsymbol{A})=\det(\boldsymbol{A}^{t})\det(\boldsymbol{A})=\det(\boldsymbol{A}^{t}\boldsymbol{A})=\det(\boldsymbol{I})=1$$

8. 方阵的迹

一个方阵 $\boldsymbol{A}$ 的迹，记为 $\mathrm{tr}(\boldsymbol{A})$，定义为它的主对角线上元素的和，即

$$\mathrm{tr}(\boldsymbol{A})=\Sigma a_{ii} \tag{11-31}$$

特别地，当 $\boldsymbol{A}$ 是个一行一列的矩阵，即为一个数 a 时，有

$$\mathrm{tr}(a)=a$$

这一性质在一些证明中经常用到，例如二次型 $\boldsymbol{y}^{t}\boldsymbol{A}\boldsymbol{y}$ 是一个数，所以

$$\mathrm{tr}(\boldsymbol{y}^{\mathrm{t}}\boldsymbol{A}\boldsymbol{y})=\boldsymbol{y}^{\mathrm{t}}\boldsymbol{A}\boldsymbol{y} \tag{11-32}$$

方阵的迹具有一些性质：

$$\mathrm{tr}(\boldsymbol{A}+\boldsymbol{B})=\mathrm{tr}(\boldsymbol{A})+\mathrm{tr}(\boldsymbol{B}) \tag{11-33a}$$

$$\mathrm{tr}(\alpha\boldsymbol{A})=\alpha\,\mathrm{tr}(\boldsymbol{A}) \tag{11-33b}$$

$$\mathrm{tr}(\boldsymbol{AB})=\mathrm{tr}(\boldsymbol{BA}) \tag{11-33c}$$

$$E[\mathrm{tr}(\boldsymbol{A})]=\mathrm{tr}[E(\boldsymbol{A})] \tag{11-33d}$$

式中，$\boldsymbol{E}[\mathrm{tr}(\boldsymbol{A})]$ 表示对矩阵 A 的迹求数学期望（或称均值），式（11-33d）所示的性质表示求迹运算与求数学期望的运算可交换。数学期望的定义已在统计学基础知识中给出介绍。

9. 矩阵的秩

一个 $n\times m$ 阶的矩阵 $\boldsymbol{A}$，其秩是 $\boldsymbol{A}$ 中最大线性无关行数（或列数），记为 $\mathrm{rank}(\boldsymbol{A})$。它具有下述性质

$$\boldsymbol{A}^{\mathrm{t}}=(\boldsymbol{A}^{-1})^{\mathrm{t}} \tag{11-34a}$$

$$0\leqslant \mathrm{rank}(\boldsymbol{A})\leqslant \min(n,m) \tag{11-34b}$$

$$\mathrm{rank}(\boldsymbol{AB})\leqslant \min[\mathrm{rank}(\boldsymbol{A}),\mathrm{rank}(\boldsymbol{B})] \tag{11-34c}$$

$$\mathrm{rank}(\boldsymbol{A}+\boldsymbol{B})\leqslant \mathrm{rank}(\boldsymbol{A})+\mathrm{rank}(\boldsymbol{B}) \tag{11-34d}$$

$$\mathrm{rank}(\boldsymbol{A}^{\mathrm{t}}\boldsymbol{A})=\mathrm{rank}(\boldsymbol{A}\boldsymbol{A}^{\mathrm{t}})=\mathrm{rank}(\boldsymbol{A}) \tag{11-34e}$$

如果 $\boldsymbol{A}$ 是 n 阶的方阵，则当且仅当 $\det(\boldsymbol{A})$不等于零时，

$$\mathrm{rank}(\boldsymbol{A})=n$$

10. 矩阵的特征值和特征矢量

一个矩阵 $\boldsymbol{A}$，如果有

$$\boldsymbol{A}\boldsymbol{\gamma}_1=\lambda_1\boldsymbol{\gamma}_1,\ \cdots,\ \boldsymbol{A}\boldsymbol{\gamma}_k=\lambda_k\boldsymbol{\gamma}_k \tag{11-35}$$

则称满足上述方程的矢量 $\boldsymbol{\gamma}_i(i=1,2,\cdots,k)$为矩阵 $\boldsymbol{A}$ 的相对于特征值 $\alpha_i(i=1,2,\cdots,k)$的特征矢量。如果矩阵 $\boldsymbol{A}$ 为对称矩阵，则所有特征值都是实数。

定义　如果存在一非奇异矩阵 $\boldsymbol{\Gamma}$，使得 $\boldsymbol{B}=\boldsymbol{\Gamma}\boldsymbol{A}\boldsymbol{\Gamma}^{-1}$，则方阵 $\boldsymbol{B}$ 和 $\boldsymbol{A}$ 是相似的。如果 $\boldsymbol{\Gamma}$ 是正交矩阵，则称 $\boldsymbol{B}$ 是 $\boldsymbol{A}$ 的正交相似变换矩阵。

对于任一对称矩阵 $\boldsymbol{A}$，可经正交对称相似变换成为一对角矩阵 $\boldsymbol{\Lambda}$，即

$$\boldsymbol{\Gamma}^{\mathrm{t}}\boldsymbol{A}\boldsymbol{\Gamma}=\boldsymbol{\Lambda}\qquad 或\qquad \boldsymbol{A}=\boldsymbol{\Gamma}\boldsymbol{\Lambda}\boldsymbol{\Gamma}^{\mathrm{t}}$$

可以证明，其中的对角元素 $\lambda_i(i=1,2,\cdots,k)$就是矩阵 $\boldsymbol{A}$ 的特征值，而组成正交矩阵 $\boldsymbol{\Gamma}$ 的列矢量 $\boldsymbol{\gamma}_i(i=1,2,\cdots,k)$则是其相对应的特征矢量，而且，矩阵 $\boldsymbol{A}$ 的秩就等于对角矩阵 $\boldsymbol{\Lambda}$ 中对角元素不为零的特征值的个数。

11. 广义特征值问题

这里所说的广义特征值问题，是指线性广义特征值问题

$$\boldsymbol{A}\boldsymbol{\gamma}=\lambda\boldsymbol{B}\boldsymbol{\gamma} \tag{11-36}$$

式中，$\boldsymbol{A}$，$\boldsymbol{B}$ 为 $n\times m$ 阶实数矩阵；$\boldsymbol{\gamma}$ 为 n 维非零列矢量；$\boldsymbol{\lambda}$ 为一数。由上述方程（11-36）表述的问题称为广义特征值问题，并称满足方程（11-36）的矢量 $\boldsymbol{\gamma}$ 为矩阵 $\boldsymbol{A}$ 相对于 $\boldsymbol{B}$ 的广义特征矢量，α 为相应特征值。当 $\boldsymbol{A}$ 和 $\boldsymbol{B}$ 都为方阵时，可采用 QZ 算法求解，有关其具体解法可参阅文献 [2]。

12. 幂等矩阵

一个方阵 $\boldsymbol{A}$，如果满足 $\boldsymbol{A}^2=\boldsymbol{AA}=\boldsymbol{A}$，则称为幂等阵。例如$\begin{bmatrix}1 & 0\\ 0 & 0\end{bmatrix}$就是一个幂等阵。

幂等阵具有下述性质：

(1) 幂等阵的特征值非 0 即 1。

证明　若 α 为幂等阵 $\boldsymbol{A}$ 的特征值，则有

$$\boldsymbol{Ab}=\alpha\boldsymbol{b} \tag{11-37}$$

式中，$\boldsymbol{b}$ 是非零矢量，它是 $\boldsymbol{A}$ 的属于特征值 α 的特征矢量。两边同左乘矩阵 $\boldsymbol{A}$，得

$$\boldsymbol{A}^2\boldsymbol{b}=\alpha\boldsymbol{Ab}=\alpha^2\boldsymbol{b} \tag{11-38}$$

同时，注意到 $\boldsymbol{A}$ 为幂等阵，即

$$\boldsymbol{Ab}=\alpha\boldsymbol{b}=\boldsymbol{A}^2\boldsymbol{b}=\alpha\boldsymbol{Ab}=\alpha^2\boldsymbol{b}\Rightarrow\alpha=\alpha^2 \tag{11-39}$$

解方程（11-39），即可得 $\alpha=1$ 或 $\alpha=0$。

(2) 若矩阵 $\boldsymbol{A}$ 对称且幂等，则该矩阵的秩[rank($\boldsymbol{A}$)]等于该矩阵的迹。

证明　　设对称幂等阵 $\boldsymbol{A}$ 的秩为 r，由于 $\boldsymbol{A}$ 是对称矩阵，故存在正交矩阵 $\boldsymbol{Q}$，使得

$$\boldsymbol{A}=\boldsymbol{Q}\begin{bmatrix}\lambda_1 & & & & \\ & \lambda_2 & & & \\ & & \ddots & & \\ & & & \lambda_{n-1} & \\ & & & & \lambda_n\end{bmatrix}\boldsymbol{Q}^{\mathrm{t}}=\boldsymbol{Q\Lambda Q}^{\mathrm{t}} \tag{11-40}$$

式中，$\lambda_1,\lambda_2,\cdots,\lambda_n$ 是 $\boldsymbol{A}$ 的特征值，注意到 $\boldsymbol{A}$ 又是秩为 r 的幂等阵，而幂等阵的特征值非 0 即 1，所以 $\lambda_1,\lambda_2,\cdots,\lambda_n$ 恰有 r 个 1，其余 $n-r$ 个全为 0，于是

$$\mathrm{tr}(\boldsymbol{A})=\mathrm{tr}(\boldsymbol{Q\Lambda Q}^{\mathrm{t}})=\mathrm{tr}(\boldsymbol{\Lambda Q}^{\mathrm{t}}\boldsymbol{Q})=\mathrm{tr}(\boldsymbol{\Lambda})=\Sigma\lambda_i=r=\mathrm{rank}(\boldsymbol{A})$$

13. 广义逆矩阵

一个 $n\times m$ 阶矩阵 $\boldsymbol{A}$，若存在一个 $m\times n$ 阶矩阵 $\boldsymbol{B}$，满足下面的等式

$$\boldsymbol{ABA}=\boldsymbol{A} \tag{11-41}$$

则称 $\boldsymbol{B}$ 是 $\boldsymbol{A}$ 的广义逆矩阵。通常记为 $\boldsymbol{A}^-$，也称"－"逆。若 $\boldsymbol{A}$ 是一个满秩矩阵，由式（11-41）可看出，$\boldsymbol{A}^-$ 就是 $\boldsymbol{A}^{-1}$。因此广义逆确是通常逆矩阵的一种推广。问题是：对任何矩阵，广义逆是否一定存在？什么时候是唯一的？如果在式（11-41）的基础上再增加一些条件，使得所定义的广义逆存在并且唯一，这样的广义逆称"＋"逆或称 Moore-Penrose 逆，记为 $\boldsymbol{A}^+$，它要求满足四个条件：

① $\boldsymbol{AA}^+\boldsymbol{A}=\boldsymbol{A}$　　② $\boldsymbol{A}^+\boldsymbol{AA}^+=\boldsymbol{A}^+$

③ $(\boldsymbol{AA}^+)^{\mathrm{t}}=\boldsymbol{AA}^+$　　④ $(\boldsymbol{A}^+\boldsymbol{A})^{\mathrm{t}}=\boldsymbol{A}^+\boldsymbol{A}$

条件①和条件②称为反身性；条件③和条件④称为对称性。容易证明，Moore-Penrose逆是存在且唯一的。Moore-Penrose 逆或称“+”逆具有如下性质：

$$\mathrm{rank}(\boldsymbol{A})=\mathrm{rank}(\boldsymbol{A}^{+})$$

$$(\boldsymbol{A}^{+})^{+}=\boldsymbol{A}$$

$$(\boldsymbol{A}^{\mathrm{t}})^{+}=(\boldsymbol{A}^{+})^{\mathrm{t}}$$

$$((\boldsymbol{AB})^{+})^{\mathrm{t}}=(\boldsymbol{A}^{\mathrm{t}}\boldsymbol{B}^{\mathrm{t}})^{+}$$

$\boldsymbol{AA}^{+}$ 和 $\boldsymbol{A}^{+}\boldsymbol{A}$ 为对称幂等阵。

14. 矩阵的导数

矩阵 $\boldsymbol{A}$ 对变量 t 的导数仍是一个矩阵，用 $\mathrm{d}\boldsymbol{A}/\mathrm{d}t$ 表示，该导数矩阵的元素是矩阵 $\boldsymbol{A}$ 中相应元素对变量 t 求导的结果，若 a_{ij} 为的第 i 行第 j 列元素，则 $\mathrm{d}\boldsymbol{A}/\mathrm{d}t$ 的第 i 行第 j 列的元素为 $\mathrm{d}a_{ij}/\mathrm{d}t$。

矩阵的导数有如下性质：

$$\mathrm{d}(\boldsymbol{AB})/\mathrm{d}t=(\mathrm{d}\boldsymbol{A}/\mathrm{d}t)\boldsymbol{B}+(\mathrm{d}\boldsymbol{B}/\mathrm{d}t)\boldsymbol{A}$$

$$\mathrm{d}[\mathrm{tr}(\boldsymbol{A})]/\mathrm{d}t=\mathrm{tr}(\mathrm{d}\boldsymbol{A}/\mathrm{d}t)$$

15. 矢量函数的导数

设 f 是关于矢量 $\boldsymbol{x}$ 的数量函数，$f=f(\boldsymbol{x})$，则 f 关于矢量 $\boldsymbol{x}$ 的导数定义为

$$\mathrm{d}f(\boldsymbol{x})/\mathrm{d}\boldsymbol{x}=[\mathrm{d}f/\mathrm{d}x_1,\mathrm{d}f/\mathrm{d}x_2,\mathrm{d}f/\mathrm{d}x_3,\cdots,\mathrm{d}f/\mathrm{d}x_n]^{\mathrm{t}} \tag{11-42}$$

式中，$\boldsymbol{x}=[x_1, x_2, \cdots, x_n]^{\mathrm{t}}$。矢量的导数有如下性质：

(1) 若 $\boldsymbol{a}$ 为常数矢量，则

$$\mathrm{d}(\boldsymbol{a}^{\mathrm{t}}\boldsymbol{x})/\mathrm{d}\boldsymbol{x}=\boldsymbol{a}$$

$$\mathrm{d}(\boldsymbol{x}^{\mathrm{t}}\boldsymbol{a})/\mathrm{d}\boldsymbol{x}=\boldsymbol{a}$$

(2) $\mathrm{d}(\boldsymbol{x}^{\mathrm{t}}\boldsymbol{Ax})/\mathrm{d}\boldsymbol{x}=2\boldsymbol{Ax}$ 这里 $\boldsymbol{A}$ 是对称方阵，且 $\boldsymbol{A}$ 中的各元素都是常数。

三、独立性、正交性和子空间

在 n 维实数空间中，如果

$$\sum\lambda_i\boldsymbol{a}_i=0 \Leftrightarrow \lambda_1=\lambda_2=\cdots=\lambda_n=0$$

那么，矢量组 $\{\boldsymbol{a}_1,\boldsymbol{a}_2,\cdots,\boldsymbol{a}_n\}$ 是线性无关的。否则，若存在 $\lambda_1,\lambda_2,\cdots,\lambda_n$ 不全为 0 而使得 $\sum\lambda_i\boldsymbol{a}_i=0$ 成立，则称矢量组 $\{\boldsymbol{a}_1,\boldsymbol{a}_2\cdots,\boldsymbol{a}_n\}$ 是线性相关的。

在 n 维实数空间的子空间是一个子集，这个子集也是一个矢量空间。矢量组 $\{\boldsymbol{a}_1,\boldsymbol{a}_2,\cdots,\boldsymbol{a}_n\}$ 的所有线性组合构成一个集合，被称为矢量组 $\{\boldsymbol{a}_1,\boldsymbol{a}_2,\cdots,\boldsymbol{a}_n\}$ 张成的子空间，记为

$$\mathrm{span}\{\boldsymbol{a}_1,\boldsymbol{a}_2,\cdots,\boldsymbol{a}_n\}=\{\sum\lambda_i\boldsymbol{a}_i \mid \lambda_1,\lambda_2,\cdots,\lambda_n\in R\}$$

如果矢量组 $\{\boldsymbol{a}_1,\boldsymbol{a}_2,\cdots,\boldsymbol{a}_n\}$ 是线性无关的，并且 $\boldsymbol{b}\in \mathrm{spar}\{\boldsymbol{a}_1,\boldsymbol{a}_2,\cdots,\boldsymbol{a}_n\}$，那么，$\boldsymbol{b}$ 是矢量组 $\{\boldsymbol{a}_1,\boldsymbol{a}_2,\cdots,\boldsymbol{a}_n\}$ 唯一的线性组合。

如果$S_1, S_2, \cdots, S_n$是实数空间的子空间，那么它们的和也是一个子空间。子空间的交集也是一个子空间。

如果$\{\boldsymbol{a}_{i_1}, \boldsymbol{a}_{i_2}, \cdots, \boldsymbol{a}_{i_k}\}$是线性无关的，并且不是$\{\boldsymbol{a}_1, \boldsymbol{a}_2, \cdots, \boldsymbol{a}_n\}$的任一线性无关子集的真子集，这个子集$\{\boldsymbol{a}_{i_1}, \boldsymbol{a}_{i_2}, \cdots, \boldsymbol{a}_{i_k}\}$就是$\{\boldsymbol{a}_1, \boldsymbol{a}_2, \cdots, \boldsymbol{a}_n\}$的一个最大线性无关子集，那么

$$\mathrm{span}\{\boldsymbol{a}_{i_1}, \boldsymbol{a}_{i_2}, \cdots, \boldsymbol{a}_{i_k}\} = \mathrm{span}\{\boldsymbol{a}_1, \boldsymbol{a}_2, \cdots, \boldsymbol{a}_n\}$$

并且$\{\boldsymbol{a}_{i_1}, \boldsymbol{a}_{i_2}, \cdots, \boldsymbol{a}_{i_k}\}$是 $\mathrm{span}\{\boldsymbol{a}_1, \boldsymbol{a}_2, \cdots, \boldsymbol{a}_k\}$的一组基矢量。如果 S 是 n 维实数空间的一个子空间，那么在 S 中存在无关的基矢量$\{\boldsymbol{a}_1, \boldsymbol{a}_2, \cdots, \boldsymbol{a}_n\}$，使得

$$S = \mathrm{span}\{\boldsymbol{a}_1, \boldsymbol{a}_2, \cdots, \boldsymbol{a}_k\}$$

一个子空间 S 的任一组基矢量的个数必然相同。这个数就是该子空间的维数，记为 dim(S)。

在实数空间中有两个与矩阵 $\boldsymbol{A} = [\boldsymbol{a}_1, \boldsymbol{a}_2, \cdots, \boldsymbol{a}_n]$有关的重要的子空间。$\boldsymbol{A}$ 的值域子空间定义为

$$R(\boldsymbol{A}) = \{\boldsymbol{y} = \Sigma\lambda_i\boldsymbol{a}_i \mid \lambda_1, \lambda_2, \cdots, \lambda_n \in R\} = \mathrm{span}\{\boldsymbol{a}_1, \boldsymbol{a}_2, \cdots, \boldsymbol{a}_n\}$$

$\boldsymbol{A}$ 的零子空间定义为

$$N(\boldsymbol{A}) = \{\boldsymbol{0} = \Sigma\mu_i\boldsymbol{a}_i \mid \mu_1, \mu_2, \cdots, \mu_n \in R\}$$

矩阵的秩定义为

$$\mathrm{rank}(\boldsymbol{A}) = \dim[R(\boldsymbol{A})]$$

可以证明 $\mathrm{rank}(\boldsymbol{A}) = \mathrm{rank}(\boldsymbol{A}^{\mathrm{t}})$，于是一个矩阵的秩就等于其最大无关行数或最大无关列数。

对于任一矩阵 $\boldsymbol{A}_{n\times m}(n \leqslant m)$，则，

$$\dim[N(\boldsymbol{A})] + \dim[R(\boldsymbol{A})] = n$$

如果 $\boldsymbol{A}$ 为一方阵，那么下面的说法都是等价的：

① 是非奇异的；

② $\dim[N(\boldsymbol{A})] = 0$

③ $\mathrm{rank}(\boldsymbol{A}) = n$

在 n 维实数空间中，如果矢量组$\{\boldsymbol{a}_1, \boldsymbol{a}_2, \cdots, \boldsymbol{a}_n\}$满足 $i \neq j$，就有 $\boldsymbol{a}_i^{\mathrm{t}}\boldsymbol{a}_j = 0$，则称此矢量组是正交的，如果满足 $\boldsymbol{a}_i{}^{\mathrm{t}}\boldsymbol{a}_j = \delta_{ij}$（$\delta_{ij} = 0$，当 $i \neq j$；$\delta_{ij} = 1$，当 $i = j$），则称此矢量组是标准正交的。更一般地，在 n 维实数空间中的子空间$\{S_1, S_2, \cdots, S_n\}$称为相互正交，是指如果 $\boldsymbol{x} \in S_i$ 和 $\boldsymbol{y} \in S_j$，并且 $i \neq j$ 就有 $\boldsymbol{x}^{\mathrm{t}}\boldsymbol{y} = 0$。

一个 n 维子空间 S 的正交补定义为

$$S^{\perp} = \{\boldsymbol{y} \in n \text{ 维空间} \mid \boldsymbol{x}^{\mathrm{t}}\boldsymbol{y} = 0,\ \boldsymbol{x} \in S\}$$

如果矢量组$\{\boldsymbol{a}_1, \boldsymbol{a}_2, \cdots, \boldsymbol{a}_k\}$是标准正交的并张成 n 维子空间 S，则称矢量组$\{\boldsymbol{a}_1, \boldsymbol{a}_2, \cdots, \boldsymbol{a}_k\}$构成子空间的一个标准正交基。它总可以扩充为 n 维空间的一组完全的标准正交基$\{\boldsymbol{a}_1, \boldsymbol{a}_2, \cdots, \boldsymbol{a}_k, \cdots, a_n\}$。此时

$$S^{\perp} = \mathrm{span}\{\boldsymbol{a}_{k+1}, \cdots, \boldsymbol{a}_n\}$$

四、矢量范数和矩阵范数

在分析化学计量学的算法中，经常要求我们评价矢量或矩阵的大小，对此矢量范数和矩阵范数是非常有用的。

1. 矢量范数

在 n 维实数空间的矢量 $\boldsymbol{x}$ 的范数是一个这样的函数 $f(\boldsymbol{x})$，它具有下列性质：

$f(\boldsymbol{x})\geqslant 0$　对所有的 n 维实数空间矢量 $\boldsymbol{x}$，等号当且仅当 $\boldsymbol{x}=0$ 时成立；

$f(\boldsymbol{x}+\boldsymbol{y})\leqslant f(\boldsymbol{x})+f(\boldsymbol{y})$　对所有的 n 维实数空间矢量 $\boldsymbol{x}$ 和 $\boldsymbol{y}$ 成立；

$f(a\boldsymbol{x})=|a|f(\boldsymbol{x})$　对所有的 n 维实数空间矢量 $\boldsymbol{x}$ 成立。

我们用 $\|\boldsymbol{x}\|$ 表示该函数 $f(\boldsymbol{x})$，在双竖线下加下标来区别不同的范数。

一种有用的范数是 Holder 范数或称 p 范数，其定义为

$$\|\boldsymbol{x}\|_p=(|x_1|^p+|x_2|^p+\cdots+|x_n|^p)^{1/p} \tag{11-43}$$

式中

$$\|\boldsymbol{x}\|_1=(|x_1|+|x_2|+\cdots+|x_n|) \qquad 1\text{ 范数}$$

$$\|\boldsymbol{x}\|_2=(|x_1|^2+|x_2|^2+\cdots+|x_n|^2)^{1/2} \qquad 2\text{ 范数}$$

$$\|\boldsymbol{x}\|_\infty=\max(|x_i|) \qquad \text{极大范数}$$

这 3 个范数是最重要的范数。关于 2 范数的一个古典结论是 Holder 不等式

$$|\boldsymbol{x}^{\mathrm{t}}\boldsymbol{y}|\leqslant\|\boldsymbol{x}\|_p\|\boldsymbol{y}\|_q \qquad 1/p+1/q=1$$

它的一个非常重要的特殊情况是 Cauchy-Schwatz 不等式：

$$|\boldsymbol{x}^{\mathrm{t}}\boldsymbol{y}|\leqslant\|\boldsymbol{x}\|_2\|\boldsymbol{y}\|_2$$

其中，在正交变换下 2 范数是不变的，因为如果 $\boldsymbol{Q}^{\mathrm{t}}\boldsymbol{Q}=\boldsymbol{I}$，则

$$\|\boldsymbol{Qx}\|_2^2=\boldsymbol{x}^{\mathrm{t}}\boldsymbol{Q}^{\mathrm{t}}\boldsymbol{Qx}=\boldsymbol{x}^{\mathrm{t}}\boldsymbol{x}=\|\boldsymbol{x}\|_2^2$$

2. 矩阵范数

矩阵范数的定义与矢量范数的定义应当是等价的，在实数空间的矩阵 $\mathbf{A}$ 的范数 $f(\mathbf{A})$ 也具有下列性质：

$f(\mathbf{A})\geqslant 0$　对所有的实数空间矩阵 $\mathbf{A}$，等号当且仅当 $\mathbf{A}=\mathbf{0}$ 时成立；

$f(\mathbf{A}+\boldsymbol{B})\leqslant f(\mathbf{A})+f(\boldsymbol{B})$　对所有的实数空间矩阵 $\mathbf{A}$ 和 $\boldsymbol{B}$ 成立；

$f(a\mathbf{A})=|a|f(\mathbf{A})$　对所有的实数空间矩阵 $\mathbf{A}$ 成立。

用 $\|\mathbf{A}\|$ 表示该函数 $f(\mathbf{A})$，与矢量范数一样，矩阵范数也用加双竖线来表示。

在数值分析中，最常用的范数是 Fronenius 范数或称 BBX F 范数，其定义为

$$\|\mathbf{A}\|_F=(\sum\sum|a_{ij}|^2)^{1/2} \tag{11-44}$$

和 p 范数

$$\|\mathbf{A}\|_p=\sup(\|\mathbf{A}\boldsymbol{x}\|_p/\|\boldsymbol{x}\|_p) \tag{11-45}$$

在本定义中的 p 范数就是前节矢量范数已定义过的 p 范数。注意，在此定义的矩阵的 p 范数也是一族范数。矩阵的 p 范数具有下述性质：

$$\| \boldsymbol{AB} \|_p \leqslant \| \boldsymbol{A} \|_p \| \boldsymbol{B} \|_q$$

$$\| \boldsymbol{Ax} \|_p \leqslant \| \boldsymbol{A} \|_p \| \boldsymbol{x} \|_q$$

特别地，矩阵的 Frobenius 范数和 2 范数（矩阵 p 范数的一种）在正交变换下是不变的，对所有的维数合适的正交矩阵 $\boldsymbol{Q}$ 和 $\boldsymbol{P}$ 有

$$\| \boldsymbol{QAP} \|_2 = \| \boldsymbol{A} \|_2$$

$$\| \boldsymbol{QAP} \|_F = \| \boldsymbol{A} \|_F$$

五、张量

已知两个矢量的外积产生一个矩阵，即

$$\boldsymbol{ab}^{\mathrm{t}} = \begin{bmatrix} a_1 \\ a_2 \\ \vdots \\ a_n \end{bmatrix} [b_1, b_2, \cdots, b_m] = \begin{bmatrix} a_1 b_1 & a_1 b_2 & \cdots & a_1 b_m \\ a_2 b_1 & a_2 b_2 & \cdots & a_2 b_m \\ \vdots & \vdots & & \vdots \\ a_n b_1 & a_n b_2 & \cdots & a_n b_m \end{bmatrix}$$

然而，对于三个矢量的外积，用上述方法就很难表出了。为此，定义 $\boldsymbol{a} \otimes \boldsymbol{b} \otimes \boldsymbol{c}$ 为 $\boldsymbol{a}$、$\boldsymbol{b}$、$\boldsymbol{c}$ 这三个矢量的外积，它的结果将产生一个形如立体的数据，在此记为 $\boldsymbol{G}$，即

$$\boldsymbol{G} = \boldsymbol{a} \otimes \boldsymbol{b} \otimes \boldsymbol{c} = (G_{ijk})(i=1,2,\cdots,n; j=1,2,\cdots,m; k=1,2,\cdots,d)$$

这样由三个矢量的外积产生的张量，一般称为三线性张量，这种三线性张量在多元分辨中有着特殊重要的地位。在化学计量学中，一般都是把这样的三维张量展开成矩阵来计算。

参 考 文 献

[1] 张尧庭，方开泰. 多元统计分析引论. 北京：科学出版社，1982.

[2] Golub G H，Van Loan C F. Matrix Coputation. The Johns Hopkins University Press，1983.

[3] Magnus J R，Neudecker H. Matrix differential Calculus with Applications in Statistics and Econometrics. John Wiley & Sons，1990.

附　　录

I　化学计量学中常用名词及符号说明

一、化学计量学中常用名词中英文对照表

A

ASTM 红外光谱索引	ASTM infrared spectral index

B

Bayes 判别法	Bayes discrimination
半因子设计法	half-Fraction factorial design
半正定	positive semidefinite
饱和设计	saturated design
饱和 D-最优设计	saturated D-optimal design
崩溃点	breakdown point
比特	bit
变尺度法	variant scale method
变量	variable
变换	transformation
编码	coding
编码信息量	coding information
编码效率	coding efficiency，CE
变步长通用模拟退火法	variable step-size generalized simulated annealing
标准加入迭代目标转换因子分析法	standard addition iterative target transformation factor analysis
标准化	normalization
病态体系	ill-conditioned system
波动噪声	fluctuation or flicker noise
波数	wave number，WN
波长	wave length，λ
不等性方差	heteroscedastic variance
部分因子设计	fractional factorial design
不确定度	uncertainty

C

采样理论	sampling theory
采样常数	sampling constants
残差正态图	residual normal plot
残差双线性分解法	residual bilinearization

产生子	generator
产生式规则表达	generating rule expressing
乘幂法	power method
乘同余法	multiple congruential method
窗口 Fourier 变换	windowed Fourier Transform，WET
窗口移动平均法	window moving average method
窗口移动中位数平滑	window moving median smoothing
窗口因子分析法	window factor analysis
重复中位数法	repeated median method
纯分析信号	net analytical signal，NAS
纯分析物种的秩	net analyte rank，NAR
尺度	scaling
尺度函数	scaling function
尺度滤波	scaling filter
尺度向量	scaling vector
次轴	secondary axes
抽检特性曲线	operating characteristic curve
抽出误差	extracted error，XE
粗糙惩罚平滑法	roughness penalty smoothing method
簇项	cluster terms
簇类的独立软模式	soft independent modeling of class analogy，SIMCA

D

D-最优设计	*D*-optimal design
代表性采样	representative sampling
单位矩阵	identity matrix
单纯形优化	simplex optimization
单纯形试验设计法	simplex experiment design
单纯形格子点	simplex lattice point
单纯形格子设计	simplex lattice design
单纯形重心设计	simplex gravity center design
单个中位数法	single median method
等价定理	equivalence law
等性方差	homoscedastic variance
得分矩阵	scores matrix
迭代目标转换因子分析法	iterative target transformation factor analysis
定义关系	defining relation
定义相反	defining contrast
定量结构活性关系研究	quantitative structure-activity relationship，QSAR
定量结构性质关系研究	quantitative structure-property relationship，QSPR
定量测定限	quantitative detection limit
独立性	independence
短时傅里叶变换	short time Fourier transform，STFT
对称矩阵	symmetric matrix
多步法	multistep method
多分辨	multiresolution

多分辨分析	multiresolution analysis
多分辨信号分解	multiresolution signal decomposition，MRSD
多环芳烃	polycycle aromatic hydrocarbons，PAH
多元分辨	multivariate resolution
多元校正	multivariate calibration
多元线性回归方法	multiple linear regression

E

二次饱和 D-最优设计	second-order saturated D-optimal design

F

F-分布	Fisher distributions
F-检验	F-test
Fisher 判别法	Fisher discrimination
范围标度化	range scaling
方差分析	analysis of variance
方差平方和法	variance squares method
方阵	square matrix
非均匀性	heterogeneity
非奇异矩阵	non-singular matrix
非线性分析体系	non-linear analytical systems
非线性迭代偏最小二乘算法	nonlinear iterative partial least squares，NIPALS
分辨率	resolution
分布	distribution
分层采样	stratified sampling
分隔	segregation
分块矩阵	partitioned matrices
分析化学品质因数	figures of merit of analytical chemistry
分析信号	analytical signal
分析信息理论	analytical information theory
分析物-内标参考相关法	analyte-internal reference correlated method，AIRCM
分子结构编辑模块	molecular structure editor
分子连接性指数	molecular connectivity index
分子拓扑指数	molecular topological index
分子图	molecular graph
分子识别数	molecular identification number
傅里叶变换	Fourier transformation

G

感知器	perceptron
杠杆点	leverage point
刚性微分方程	stiff differential equations
供信能力	information power
共轭效应	conjugated effect
共轭梯度	conjugate gradient
共现	confounded

Gy 理论	Gy's theory
固定尺寸移动窗口渐进因子分析法	fix-sized moving window evolving factor analysis
光谱多重性效益	multichannel advantage in spectroscopy
广度优先搜索	breadth-first search
广义内标法	generalized internal reference method
广义逆	generalized inverse
广义秩消失因子分析法	generalized rank annihilation factor analysis
惯量因子	momentum factor

H

Hadamard 变换	Hadamard transformation
Hammett σ 常数	Hammett σ constant
行列式	determinant
行满秩	row full rank
行矢量	row vector
好格子点法	good lattice point
活性函数	activation function
荷载矩阵	loadings matrix
互信息	mutual information
化学模式识别	chemical pattern recognition
化学专家系统	chemical expert system
化学知识系统	chemical knowledge-based system
化学振荡反应	chemical oscillating reaction
回归距离和	regressive distance sums
回归顶点点价	regressive vertex degrees
回溯	backtrack
混合同余法	mixed congruential method
混料试验设计	mixture experiment design

J

极大似然估计	maximum likelihood estimator
计算机数字模拟法	computer numerical simulation
计量抽样检验	amounting sample test
计数抽样检验	numbering sample test
基于数论方法的序贯优化法	sequential number-theoretic optimization method
加权最小二乘回归法	weighted least squares regression
交叉校验法	cross-validation
交叉效应	interactive effect
交互效应表	interaction effect tables
检测限	detection limit
简易分类算法	simple classification algorithm，SIMCA
间接校正方法	indirect calibration methods
渐进因子分析法	evolving factor analysis
结构图	structural or constitutional graph
结构解析	elucidation of structure
结构主干	structure backbone

经典诊断方法	classic diagnostic methods
局部顶点不变数	local vertex invariants，LOVT's
局部优化算法	local optimal method
局部曲线拟合法	local curve fitting method
局部因子分析	local factor analysis
句法模式识别技术	syntactic pattern recognition
聚类分析法	clustering analysis
距离判别法	distance discrimination method
矩阵校正方法	matrix calibration method
矩阵的秩	rank of matrix
矩阵分辨方法	matrix resolution method
矩阵的迹	trace of matrix
矩阵	matrix
基于全局寻优的聚类法	clustering method based on global optimization
兼并性或退化性	degeneracy
卷积	convolution
均匀分布的伪随机数	quasi-random number of uniform distribution
均匀设计	uniform experimental design
均匀设计表	uniform design table
均匀性	homogeneity
均匀性准则	criterion for uniformity

K

K-矩阵法	*K*-matrix method
K-均值聚类法	*K*-means clustering method
K-最近邻法	*K*-nearest neighbor classification method，*K*-NN
Kalman 滤波	Kalman filtering
Kalman 增益	Kalman gain
颗粒性质因子	particle property factor
可疑度	equivocation
可接受质量水平	acceptable quality level
可变类平均法	variable class average method
可变法	variable method
可靠性分析	reliability analysis
控制-推理器模块	controller-reasoner
快速傅里叶变换	fast fourier transform，FFT

L

拉丁方	latin square
类平均法	class average method
离差矩阵	dispersion matrix
离散傅里叶变换	discrete Fourier transform，DFT
离散小波变换	discrete wavelet transformation
粒状物质	granular material
立体效应常数	steric effect parameters
连接函数	connectivity function

链项	chain terms
列矢量	column vector
列满秩	column full rank
邻接矩阵	adjacency matrix
临界水平值	transition level
岭回归法	ridge regression
岭迹图	ridge trace plot
灵敏度	sensitivity
龙格-库塔法	Range-Kutta method
逻辑表达	logical expressing
路径项	path terms
路径/簇项	path/cluster terms

M

M 估计法	*M*-estimation
马氏距离	Mahalanobis distance
帽子矩阵	hat matrix
盲目搜索	blind search
幂等矩阵	idempotent matrix
模	norm
模糊聚类法	fuzzy clustering method
模拟退火法	simulated annealing method
模式空间	pattern space
模式空间的距离	distance in pattern space
Monte Carlo 模拟	Monte Carlo simulation
Moore-Penrose 逆	Moore-Penrose inverse
目标	object
目标引导	goal-directed

N

奈特	nat
内标法	internal reference method，IRM
内部相关	inner relation
内积	inner product
拟水平均匀设计	pseudo-level design
逆向推理	inverse reasoning
逆矩阵	inverse matrix
牛顿法	Newton method

O

欧氏距离	Euclidean distance

P

P-矩阵法	*P*-matrix method
判别分析法	discrimination method
判决面	discrimination plane

批不合格品百分数的允许界限	lot tolerance percent defective
偏差	discrepancy；deviation
偏置	biases
偏最小二乘法	partial least squares
偏最小二乘的投影判别法	projection discrimination based on PLS
平滑方法	Smooth method
平移	shift or translation
Powell 法	Powell method

Q

奇异矩阵	singular matrix
奇异值分解法	single value decomposition，SVD
启发式分类	heuristic classification
启发式搜索	heuristic search
前传网络误差反传算法	back-propagation，BP
取代基	substituent
取代基电子效应常数	substituent electronic effect constant
全局优化算法	global optimal method
全局因子分析法	global factor analysis

R

Randic 分支指数	Randic branch index
人工神经网络	artificial neural network
人工神经网络判别法	discrimination based on artificial neural network
人工智能	artificial intelligence
冗余信息	redundancy

S

SIMCA 分类法	SIMCA classification
s 型非线性函数	sigmoid nonlinearity function
熵	entropy
散度	divergence
神经纤维	nerve fibres
神经元	neuron
深度优先搜索	depth-first search
识别率	recognition ratio
矢量	vector
矢量校正方法	vector calibration method
释放因子	liberation factor
四分之一因子设计法	quarter-fraction factorial design
势函数判别法	potential function discrimination
剩余标准偏差	residual standard deviation，RSD
双线性矩阵	biliear matrix
数据库管理模块	librarian
数据推动	data-driven
数据预处理	data preprocessing

数据专家模块	data expert
数字模拟方法	digital simulation
搜索树	searching tree
苏尔兹分子拓扑指数	Schultz molecular topological indices
顺序秩分析方法	sequential rank analysis
随机变量的数值特征	numerical feature of random variable
随机采样	random sampling
随机事件	random events
随机变量	random variable
所有顶点的均方距离指标	mean-square distance between all vertexes

T

t-检验	*t*-test
t-分布	*t*-distribution
塔式算法	pyramid algorithm
台劳级数法	taylor series method
梯度法	gradient method
条件熵	conditional entropy
特征抽取方法	feature extraction
特征空间	feature space
特征矢量	eigenvector
特征投影的模式识别方法	pattern recognition by latent projection
特征值	eigenvalue
统一匀线性多元分析	statistical isolinear multiple component analysis，SIMCA
同名或别名	alias
通用标准加入法	generalized standard addition method
投影算法	projection algorithm
投影寻踪法	projection pursuit
投影指标	projection index
投影寻踪回归	projection pursuit regression
投影寻踪分类	projection pursuit classification
投影寻踪密度估计	projection pursuit density estimation
投影旋转因子分析法	projection rotation factor analysis
投影阵	projection matrix
突触	dendrirtes
图像处理	image processing
椭球多变量修剪法	ellipsoidal multivariate trimming，MVT

W

Wiener 拓扑数	Wiener topological index
伪随机数	quasi-random number
稳健校正	robust calibration
稳健主成分回归	robust principal component regression
稳健偏最小二乘法	robust partial least squares
稳健诊断方法	robust diagnostic method
稳健距离	robust distance

稳健主成分分析	robust principal component analysis，RPCA
稳健奇异值分解法	robust single value decomposition，RSVD
无监督的模式识别	unsupervised pattern recognition

X

系统采样	systematic sampling
系统聚类法	hierarchical clustering method
线性比率内标法	line ratio internal reference method，LRIRM
线性不相关	linearly independent
线性相关	linearly dependent
线性自由能	linear free-energy
线性自由能关系	linear free-energy relationship
线性图	linear graph
线性学习机	linear learning machine
线性判别函数法	linear discrimination function method
线性组合设计	linear combinatorial design
限制发生器	constrained generator，CONGEN
相似性	similarity
响应值	response
小波函数	wavelet function
小波多分辨变换	wavelet multiresolution transformation
小波域	wavelet domain
兴奋剂	agonist
信道容量	channel capacity
信息量	information content
信息效率	information profitability
信噪比	signal-to-noise ratio，SNR
选择性	selectivity
学生分布统计量	student Distribution statistics

Y

样本	sample
样本对象	object
一次饱和 D-最优设计	first-order saturated D-optimal design
一点设计	single point design
一分为二法	one divided in two method
一阶谓词逻辑	first order predicate logic，FOPL
遗传算法	genetic algorithm
因子分析	factor analysis
因子分析的误差理论	error theory of factor analysis
因子设计	factorial design
因子设计分辨率	resolution of factorial design
隐蔽层	hidden layer
隐氢图	hydrogen-depleted graph
有机反应性相关分析	correlation analysis of organic reactivity
有监督的模式识别	supervised pattern recognition

有监督的学习	supervised learning
有偏估计方法	biased estimating method
有限总体校正	finite population correction
诱导效应	inducing effect
与/或图	AND/OR-graph
阈值	threshold
预测率	prediction ratio
语义网络表达	semantic net expressing
原子质量单位	atom mass unit，AMU
约束背景双线性分解	constrained background bilinearization

Z

杂散噪声	shot noise
张量	tensor
张量分辨方法	tensor rosolution method
张量校正理论	tensor calibration theory
直观推导式演进特征投影法	heuristic evolving latent projections
直接校正方法	direct calibration method
植入误差	imbedded error
知识表达	knowledge expressing
秩消失因子分析法	rank annihilation factor analysis
正定	positive definite
正交设计	orthogonal design
正交设计表	orthogonal arrays
正交投影阵	orthogonal projection matrix
正交投影分辨法	orthogonal projection resolution
正态分布的伪随机数	quasi-random numbers of normal distribution
正态分布	normal distributions
正交矩阵	orthogonal matrix
正交性	orthogonality
振荡	oscillation
诊断方法	diagnostic methods
“钟乳石图”	stalactite plot
真实误差	real error，RE
中间距离法	medium distance method
中位数	median
重心法	gravity center method
主成分回归法	principal component regression
主成分投影判别法	projection discrimination based on PCA
主效应	main effect
主轴	primary axes
逐步判别分析法	stepwise discrimination method
转置	transpose
子窗口因子分析法	subwindow factor analysis
子空间	subspace
自标度化	autoscaling

自适应 Kalman 滤波法	adaptive Kalman filtering
自适应线性元	adalnei
自模式曲线分辨法	self-modeling curve resolution
阻滞剂	blocker
组成因子	composition factor
最长距离法	maximum distance method
最短距离法	minimum distance method
最小采样数目	minimum number of samples
最小体积椭球估计	minimum volume ellipsoid estimates，MVE
最小中位平方法	least median of squares
最小修剪平方法	least trimmed squares
最小一乘法	least absolute residuals
最小生成树	minimun spanning tree
最优试验设计	optimal design
坐标轮换法	coordinate changing method

二、符号说明

$\boldsymbol{A}$	吸光度
$\boldsymbol{A}^{+}$	矩阵 $\boldsymbol{A}$ 的广义逆或称 Moore-Penrose 逆
$\boldsymbol{A}$，$\boldsymbol{B}$，$\boldsymbol{C}$，…	矩阵
$\boldsymbol{A}^{t}$，$\boldsymbol{B}^{t}$，$\boldsymbol{C}^{t}$，…	转置矩阵
$\boldsymbol{a}$，$\boldsymbol{b}$，$\boldsymbol{c}$，…	小写黑体字母为列矢量
$\boldsymbol{a}^{t}$，$\boldsymbol{b}^{t}$，$\boldsymbol{c}^{t}$，…	行矢量
$\boldsymbol{A}_{p\times q}$	（$p\times q$）阶矩阵 $\boldsymbol{A}$，即矩阵 $\boldsymbol{A}$ 具有 p 行 q 列
$\boldsymbol{I}$	单位矩阵
$\boldsymbol{1}$	所有分量皆为 1 的列矢量
$\boldsymbol{0}$	所有分量皆为 0 的列矢量
det（$\boldsymbol{A}$）	$\boldsymbol{A}$ 的行列式
tr（$\boldsymbol{A}$）	方阵 $\boldsymbol{A}$ 的迹
cond（$\boldsymbol{A}$）	矩阵 $\boldsymbol{A}$ 的条件数
rank（$\boldsymbol{A}$）	矩阵 $\boldsymbol{A}$ 的秩
diag（·）	对角矩阵
$\mathrm{d}\boldsymbol{A}/\mathrm{d}t$	矩阵 $\boldsymbol{A}$ 的导数矩阵
$\Vert\boldsymbol{a}\Vert$	矢量 $\boldsymbol{a}$ 的长度
$\Vert\boldsymbol{A}\Vert$	矩阵 $\boldsymbol{A}$ 的范数
$\Vert\boldsymbol{A}\Vert_{p}$	矩阵 $\boldsymbol{A}$ 的 Frobenius 范数
$E(a)$，$E(\boldsymbol{a})$	随机变量 a 或随机矢量 $\boldsymbol{a}$ 的均值
var（a）	随机变量 a 的方差
Cov（$\boldsymbol{a}$）	随机矢量 $\boldsymbol{a}$ 的协方差阵
$N(\mu, \sigma^{2})$	均值为 μ，方差为 σ^{2} 的正态分布
$N(\boldsymbol{\mu}, \sigma^{2}\boldsymbol{I})$	均值为 $\boldsymbol{\mu}$，协方差阵为 $\sigma^{2}\boldsymbol{I}$ 的多元正态分布
$R(\boldsymbol{A})$	矩阵 $\boldsymbol{A}$ 的值域子空间
span $\{\boldsymbol{a}_1, \boldsymbol{a}_2, \cdots, \boldsymbol{a}_n\}$	矢量组 $\{\boldsymbol{a}_1, \boldsymbol{a}_2, \cdots, \boldsymbol{a}_n\}$ 张成的子空间
t	时间
t_{R}	保留时间
$N(\boldsymbol{A})$	矩阵 $\boldsymbol{A}$ 的零子空间

$\boldsymbol{a}\otimes\boldsymbol{b}\otimes\boldsymbol{c}$	为 $\boldsymbol{a}$、$\boldsymbol{b}$、$\boldsymbol{c}$ 这 3 个矢量的外积，它的结果将产生一个三维张量
$\boldsymbol{G}$，$\boldsymbol{M}$，…	张量
m	质量
$\boldsymbol{w}$	质量分数
$\boldsymbol{\varphi}$	体积分数
$\boldsymbol{\lambda}$	波长

Ⅱ 使用 MATLAB 语言进行化学计量学研究编程运算简介

一、MATLAB 语言简介

MATLAB 是美国 MathWorks 公司出品的商业数学软件，用于算法开发、数据可视化、数据分析以及数值计算的高级技术计算语言和交互式环境，主要包括 MATLAB 和 Simulink 两大部分。MATLAB 是 matrix&laboratory 两个词的组合，意为矩阵工厂（矩阵实验室）。是由美国 mathworks 公司发布的主要面对科学计算、可视化以及交互式程序设计的高科技计算环境。它将数值分析、矩阵计算、科学数据可视化以及非线性动态系统的建模和仿真等诸多强大功能集成在一个易于使用的视窗环境中，为科学研究、工程设计以及必须进行有效数值计算的众多科学领域提供了一种全面的解决方案，并在很大程度上摆脱了传统非交互式程序设计语言（如 C、Fortran）的编辑模式，代表了当今国际科学计算软件的先进水平。

MATLAB 和 Mathematica、Maple 并称为三大数学软件。它在数学类科技应用软件中在数值计算方面首屈一指。MATLAB 可以进行矩阵运算、绘制函数和数据、实现算法、创建用户界面、连接其他编程语言的程序等，主要应用于工程计算、控制设计、信号处理与通讯、图像处理、信号检测、金融建模设计与分析等领域。

MATLAB 的基本数据单位是矩阵，它的指令表达式与数学、工程中常用的形式十分相似，故用 MATLAB 来解算问题比用 C、FORTRAN 等语言完成相同的事情要简捷得多，并且 MATLAB 也吸收了像 Maple 等软件的优点，使 MATLAB 成为一个强大的数学软件。在新的版本中也加入了对 C、FORTRAN、C++、JAVA 的支持。

二、MATLAB 与化学计量学

化学计量学研究需大量地使用到数学、统计学和计算机科学知识，同时还须编制计算机程序，计算机程序是进行化学计量学研究的必要基础。然而，用经典高级语言编制程序是繁杂的，消耗大量人力与物力且工作进度缓慢，效率不高。随着计算机科学的飞速发展，编制程序的方法也在长足进步，由美国 Mathwork 公司推出的 MATLAB 是一种功能强、效率高、便于进行科学和工程计算的交互式软件包。它提供了一种全新的编程语言，其语法规则简单，很贴近数学运算思维方式。用 MATLAB 编写程序，犹如在一张演算纸上排列公式和求解问题，编程效率很高，因此称为“演算纸式的”科学工程的算法语言。

由于使用的化学计量学程序大多数都须涉及大量的矩阵运算，如采用一般高级语言，如 BASIC、FORTRAN、PASCAL 和 C 语言，来进行矩阵运算，不但需要很多子程序，而且有些较新的算法，如奇异值分解、广义特征值问题的 QZ 算法、人工神经网络、小波分析等，还很难找到这些高级语言的相应的子程序。这就使化学计量学研究成果的普及受到一定程度的限制。而 MATLAB 是由矩阵的英语单词 MATRIX 和实验室的英语单词 LABORATORY 的前三个字母组成的，可以看出 MATLAB 语言在矩阵运算方面有独特优势，运算特别简捷、高效和方便。在化学计量学研究和应用中，由于大都是进行多变量运算，矢量和矩阵是基本运算单元，所以，MATLAB 语言很快就成为其研究的主要工具，MATLAB 目前国际上两本化学计量学专业杂志，《Journal of Chemometris》和《Chemometrics and Intelligent Laboratory Systems》多次对其进行了专门的介绍，使其几乎成为进行化学计量学研究的特定计算机编程语言，很多化学计量学的新算法在发表时，还都附上了 MATLAB 语言所编制的程序。要想在我国普及化学计量学，掌握使用 MATLAB 语言很有必要。MATLAB 语言是一种类似于一般高级语言编程的更高级语言，它不但保持了一般高级语言特征，还特别地注意到了人机交互信息的优点（从这一角度来看，它与 BASIC 语言很类似），可将一个复杂编程来分步进行调试，特别适合进行新的算法研究。而且，随着 MATLAB 版本的不断更新，其功能越来越强，它所附带的一些工具箱（Tool Box），使之在诸如一般数值计算、多元统计分析、化学计量学、数字信号处理、系统识别、自动控制、振动理论、时序分析与建模、优化设计、人工神经网络、动态仿真系统、小波分析、特殊函数等领域，表现出一般计算机高级语言难以比拟的优势。特别值得提出的是，MATLAB 语言还直接提供了强有力的绘图指令，如绘制三维图、等高线图等，一些在一般高级语言中难以实现的绘图功能，在 MATLAB 语言中，一个指令就可完成。为化学计量学研究工作者提供了极大的方便，可使我们摆脱一些在计算机编程方面的技术性操作，而将主要精力集中到化学计量学新算法的思路研究之上。

随着计算机科学的不断普及，有关 MATLAB 语言的书籍（MATLAB 从入门到精通等）及网络论坛（MATLAB 中文论坛 www.iLoveMATLAB.cn 和 MATLAB 技术论坛 www.MATLABsky.com）也相继出现。在这些书籍中，主要介绍 MATLAB 语言的一些基本知识和概念，读者参阅这些书籍，即可方便地知道 MATLAB 系统要素、MATLAB 语言的变量与语句操作、数值输入输出格式、矩阵分析与数值符号运算处理、程序设计及绘图操作、以及在线帮助功能等，对于这些知识在此就不作详细介绍了。其实，学习 MATLAB 语言，如果读者已有高级语言的基础，最多只要一星期或更短的时间就可完全进入角色，至于一些细节，读者可在继续的实践中不断提高，也可以在 MATLAB 相关论坛里学习交流。在这里，我们给出的就是一些让读者可直接进入 MATLAB 编制化学计量学一般程序的一些最基本知识，希望读者经过阅读本节，对怎样使用 MATLAB 语言来进行化学计量学研究有个大致了解。有关 MATLAB 语言的一些细节问题，希望读者参阅有关 MATLAB 语言介绍的专门书籍。

三、MATLAB 系统简介

MATLAB 系统是由美国 Mathworks 公司推出的用于数值计算和图形处理的科学计算系统环境，MATLAB 软件目前每半年更新一次，每次都会进行相关功能优化、更新和新增。MATLAB 是英文 MATRIX LABORATORY（矩阵实验室）缩写。它集中了日常数学处理中的各种功能，包括高效的数值计算、矩阵计算、信息处理和图形生成等功能。在 MATLAB 环境下，用户可以集成地进行程序设计、数值计算、图形控制、输入输出、文件管理等各项操作。

MATLAB 提供了一个人机交互的数学系统环境，该系统的基本数据结构是矩阵，在构成矩阵对象时，不要求明确的维数说明。与利用 C 语言或 FORTRAN 语言做数值计算的程序设计相比，利用 MATLAB 可以节省大量的编程时间。在美国的一些大学里，MATLAB 正在成为对数值线性代数以及其他一些高等应用数学课程进行辅助教学的有益工具。在化学计量学研究中，MATLAB 是一种很好的算法研究工具。

MATLAB 系统由五个主要部分组成，下面分别加以介绍。

（1）MATLAB语言体系　MATLAB是高层次的矩阵/数组语言，具有条件控制、函数调用、数据结构、输入输出、面向对象等程序语言特征。利用它既可以进行小规模编程，完成算法设计和算法实验的基本任务，也可以进行大规模编程，开发复杂的应用程序。

（2）MATLAB工作环境　MATLAB工作环境是MATLAB提供给用户使用的管理功能的总称，包括管理工作空间中的变量，数据输入输出的方式和方法，以及开发、调试、管理文件的各种工具。

（3）图形句柄（handle）系统　图形句柄系统是MATLAB图形系统的基础，包括完成数据图示、图像处理、动画生成、图形显示等功能的高层MATLAB命令，也包括用户对图形图像等对象进行特性控制的低层MATLAB命令，以及开发应用程序的各种工具。

（4）MATLAB数学函数库　这是对MATLAB使用的各种数学算法的总称，包括各种初等函数的算法，也包括矩阵运算、矩阵分析等高层次数学算法。

（5）MATLAB应用程序接口（API）　MATLAB为用户提供了一个函数库，使得用户能够在MATLAB环境中使用C程序或FORTRAN程序，包括从MATLAB中调用子程序（动态链接），读写MAT文件的功能。

综上所述，可以看出MATLAB是一个功能十分强大的系统，是集数值计算、图形管理、程序开发为一体的环境。除此之外，MATLAB还具有很强的功能扩展能力，与它的主系统一起，可以配备各种各样的工具箱，以完成一些特定的任务。目前，Math Works公司推出了31种工具箱。用户还可以根据自己的工作任务，开发自己的工具箱。

四、MATLAB的工作环境

以MATLAB2013a为例，启动MATLAB软件后，可以看到MATLAB的主界面，如图Ⅱ-1所示。窗口的位置可以根据用户的习惯可以自由修改布局，鼠标左键拖住窗口的上边缘，就可以调节窗口大小及位置。如需恢复默认设置，点击“home”按钮，在右侧可以看到“layout”（布局），点击进入，选择“default”（默认布局）。

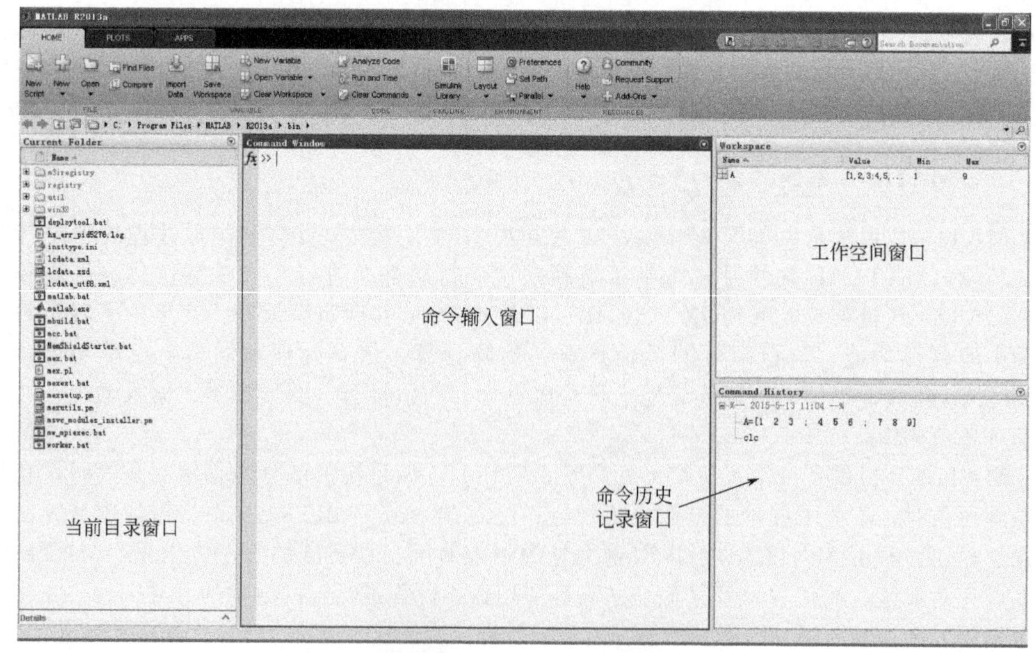

图Ⅱ-1　MATLAB工作界面

命令输入窗口是用户与MATLAB解释器进行通信交流的工作环境，命令提示符“≫”表示MATLAB解释器正等待用户输入命令。所有的MATLAB命令、MATLAB函数及MATLAB程序都要在这个窗口下运行。

在命令输入窗口中，用户输入计算命令，如键入以下的命令生成一个3×3阶的矩阵：

≫A= [1 2 3； 4 5 6； 7 8 9]

方括号命令表示矩阵，空格将每个元素分开，而分号将矩阵的各行数值分开。再键入Enter（回车）后，MATLAB将会显示如下的矩阵：

```
A=
    1   2   3
    4   5   6
    7   8   9
```

为了求该矩阵的逆矩阵，只要键入命令：

≫B=inv（A）；

则可得到矩阵 ***A*** 的逆，其结果将存入矩阵 ***B*** 之中。如果不想在命令窗口中显示计算结果，只要如上所示，在该命令后多键入一个分号即可。此时，MATLAB只完成该命令所要求的计算任务，其计算结果不会显示。这项功能在程序设计中是非常有用的。由于矩阵 ***A*** 不满秩，对矩阵求逆时系统会发出警示“Warning”，如图Ⅱ-2所示。

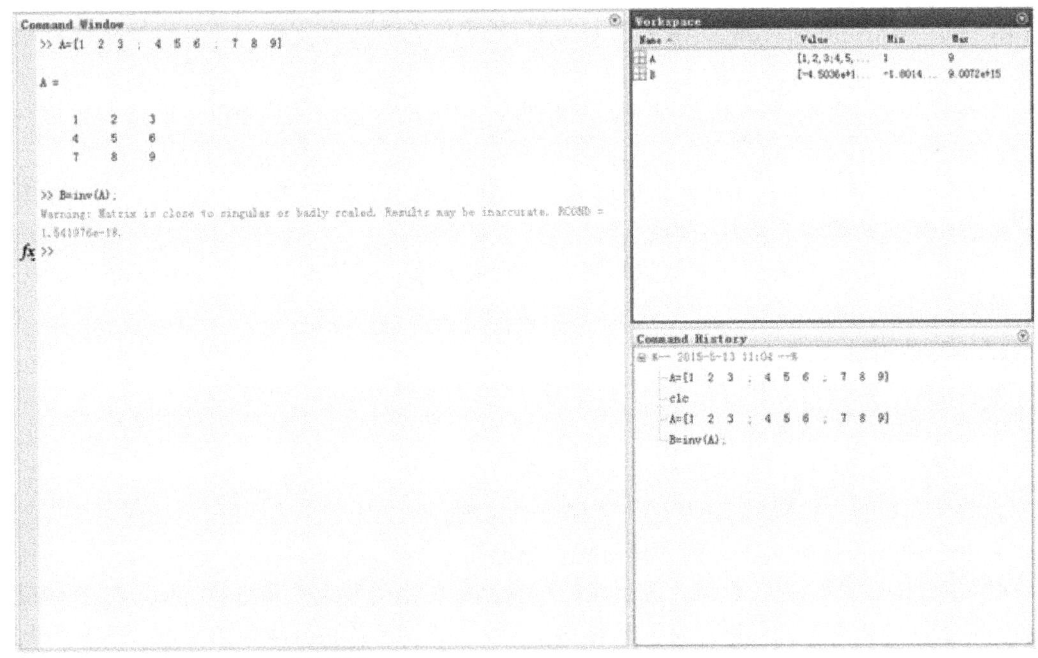

图Ⅱ-2 矩阵 ***A*** 的输入与输出以及对矩阵求逆

由于MATLAB的运算功能很强，所以，它的这种类似与BASIC语言的、具有很强的对话功能的工作环境对化学计量学程序调试和编制有很大好处。如计算最小二乘回归，输入了校正矩阵 ***X*** 和响应矢量 ***Y*** 后，在MATLAB的工作环境下，直接用以下语句就可得到需求解的参数估计矢量 ***C*** 来：

≫C=inv（X′＊X）＊X′＊Y

上述语句中，′表示矩阵的转置，＊表示乘号。为解释怎样来利用MATLAB进行化学计量学运算，下面对 MATLAB 的一般运算符号和矩阵运算功能给出一般性介绍。

五、MATLAB 的一般运算符号和矩阵运算功能

在化学计量学的研究和应用中，由于大都是进行多变量运算，矢量和矩阵是基本运算单元，熟悉 MATLAB 的矩阵运算功能是用 MATLAB 语言来进行化学计量学研究的必要基础。

在 MATLAB 系统中，只管理着一种对象（Object）——矩阵（包括复矩阵）。1×1 的矩阵实际上是一个标量即一个数量，任何数值在 MATLAB 系统中是作为 1×1 的矩阵来处理的。与数学术语一样，仅有一行 $1\times n$ 或一列 $n\times 1$ 的矩阵称为向量。MATLAB 的大部分运算或命令是在矩阵运算的意义下执行的。

（一）MATLAB 的基本运算符

1. 矩阵（算术）运算符

MATLAB 的主要矩阵（算术）运算符如下所列：

A′：表示矩阵 **A** 的转置，如果 **A** 是复矩阵，则其运算的结果是共轭转置；

A+B：表示矩阵 **A** 和 **B** 的和，表示两个矩阵的元素对应相加，如果 **A** 和 **B** 都是标量，则表示两个数相加；

A−B：表示矩阵 **A** 和 **B** 的差，表示两个矩阵的元素对应相减，如果 **A** 和 **B** 都是标量，则表示两个数相加；

A * B：表示矩阵 **A** 和 **B** 的乘法，**A** 与 **B** 均可以是向量或数量，只要符合矩阵乘法的定义；

A. * B：表示矩阵 **A** 和 **B** 的对应元素相乘，**A** 和 **B** 为同维数的矩阵，除非其中之一为数量；

A. /B：表示矩阵 **A** 的元素除以矩阵 **B** 的对应元素，即等于$[A(i,j)/B(i,j)]$，**A** 和 **B** 为同维数的矩阵，除非其中之一为数量；

A. \ B：表示矩阵 **B** 的元素除以矩阵 **A** 的对应元素，即等于$[B(i,j)/A(i,j)]$，**A** 和 **B** 为同维数的矩阵，除非其中之一为数量。

2. 矩阵的创建

可以使用下列任何一种方法在 MATLAB 环境下创建或输入一个矩阵：

① 显示地输入一个元素序列；

② 用 MATLAB 的内部函数创建一个矩阵；

③ 在 M 文件中用 MATLAB 语句创建一个矩阵；

④ 从一个外部数据文件中装载并创建一个矩阵。

在 MATLAB 环境中，不需要对创建的变量对象给出类型说明和维数说明，所有的变量都作为双精度的矩阵来分配内存空间和存储空间。MATLAB 将自动地为每一个变量分配内存。最简单的创建矩阵的方法是显示地输入矩阵的元素序列。

```
>>A= [1 3 5 7 ; 12 3 5 3 ; 3 5 9 1]
```

执行该语句的输出结果是：

```
A=
    1  3  5  7
   12  3  5  3
    3  5  9  1
```

注意，行与行之间都是用分号来隔开的。

3. MATLAB 的常用数学函数

MATLAB 提供了几乎所有的常用的初等函数，函数的变量在 MATLAB 中被规定为矩阵变量，运算法则是将函数逐项作用于矩阵的元素上，因而运算的结果是一个与自变量同维数的矩阵。掌握了基本的运算函数可以大大提高效率。

例如：

```
≫A= [123 245 365  ；345 345 232 ]
≫B =fix (0.45 * A)
≫C=cos (A)
```

这三条语句运算的结果分别是：

```
A=
    123   245   365
    345   345   232
B=
     55   110   164
    155   155   104
C=
    -0.8880   0.9990   0.8391
     0.8391   0.8391   0.8880
```

MATLAB 提供的三角函数主要包括有：

sin	正弦函数
cos	余弦函数
tan	正切函数
asin	反正弦函数
acos	反余弦函数
atan	反正切函数
sinh	双曲正弦函数
cosh	双曲余弦函数
tanh	双曲正切函数
asidh	反双曲正弦函数
acosh	反双曲余弦函数
atanh	反双曲正切函数

MATLAB 提供的初等函数包括有：

abs	实数的绝对值、复数的模、字符串的 ASCII 码值
angle	复数的幅角
sqrt	方根函数

real	复数的实部
imag	复数的虚部
conj	复共轭运算
round	最邻近整数截断（四舍五入）
fix	向零方向截断为整数
floor	不大于自变量的最大整数
ceil	不小于自变量的最小整数
sign	符号函数
rem	求余数或模运算
gcd	最大公因子
lcm	最小公倍数
exp	自然指数函数（以 e 为底）
log	自然对数函数（以 e 为底）
log10	以 10 为底的对数函数

为了方便应用，MATLAB 还提供了一些特殊的数学函数，主要包括有：

bessel	Bessel 函数
beta	完全与不完全 Beta 函数
rat	有理逼近
erf	误差函数
erfinv	逆误差函数

上述函数基本上都是按矩阵的元素进行运算。

4. 几个可方便产生矩阵和矢量的方法

直接从 MATLAB 的命令窗口输入矩阵和矢量确实方便，但是，这样做的效率不高。在 MATLAB 中，有几个可方便产生矩阵和矢量的方法，这将使编程效率提高，在此给出简要介绍。

冒号运算符使得数据向量的创建变得十分容易。为了得到一个竖型的函数数据表，只需先用冒号运算符生成行向量，再转置，计算出函数值列，就可用两列数据拼成一个函数数据表；例如：

```
≫x= [0.0：0.2：1.0]'；生成从 0.0 到 1.0 间隔 0.2 的向量，经转置（'）变为列向量
≫y=－exp（x）.＊sin（x）；
≫ [x y]
ans=
          0         0
     0.2000   －0.2427
     0.4000   －0.5809
     0.6000   －1.0288
     0.8000   －1.5965
     1.0000   －2.2874
```

能够创建向量的其他函数还有：logspace 函数，用于创建对数等距的向量；linspace 函数，用于创建指定长度的等距向量。例如：

≫linspace（x1，x2，n）

就可产生一个含 n 个元素的行向量，它的第一个元素是 x1，最后一个元素是 x2，元素与元素之间的差值是相等的。如键入：

≫linspace（0.3，5.2，14）

即可得：

```
ans=
  Columns 1 through 8
    0.3000   0.6769   1.0538   1.4308   1.8077   2.1846   2.5615   2.9385
  Columns 9 through 14
    3.3154   3.6923   4.0692   4.4462   4.8231   5.2000
```

如果将 linspace（x1，x2，n）中的 n 略去，如 linspace（x1，x2），MATLAB 就默认产生一个含 100 个元素的行变量。

MATLAB 还提供了一类函数，可用于创建某些特殊类型矩阵，这些函数主要包括有：

diag	向量的对角矩阵
hadamard	Hadamard 矩阵
magic	幻方矩阵
pascal	杨辉三角形矩阵
zeros	元素全为零的矩阵
ones	元素全为 1 的矩阵
rand	元素为均匀分布的随机矩阵
randn	元素为正态分布的随机矩阵
eye	单位矩阵
linespace	线性等距向量
logspace	对数等距向量

例如，为了创建一个 3×5 的随机矩阵，只需输入下列语句：

≫rand（3，5）

即可得：

```
ans=
      0.8147     0.9134     0.2785     0.9649     0.9572
      0.9058     0.6324     0.5469     0.1576     0.4854
      0.1270     0.0975     0.9575     0.9706     0.8003
```

这为进行计算机数字模拟带来很大方便。

5. MATLAB 的矩阵角标系统

为标记矩阵的每个元素的位置，数学上用该元素在矩阵中的行、列标号来表示。MATLAB 也使用类似的方法来表示，这与一般计算机高级语言没什么差别。不同的是，MATLAB 约定矩阵的角标可以是一个向量。对矩阵来说，可以利用向量角标访问矩阵的子矩阵就十分方便了。MATLAB 的矩阵角标系统在化学计量学的应用中起到广泛的作用。

例如，设 **A** 是一个 10×10 的矩阵，那么语句

≫A (1：5，3)

表示创建一个 5×1 的列向量，由矩阵 **A** 的第三列前 5 个元素组成，又如语句

≫A (1：5，7：10)

表示创建一个新的 5×4 阶矩阵，由矩阵 **A** 的前五行后四列的元素组成，即为 **A** 的一个子块。在这种表示方法中，单用冒号作角标时，表示该矩阵的全部行或全部列。例如，语句

≫A (:，3)

表示矩阵 **A** 的第三列，而

≫A (1：5,:)

表示矩阵 **A** 的前五行。

矩阵的角标表示可以用在赋值语句中，这是 MATLAB 中矩阵运算的一种技巧。例如，键入

≫B=magic (8)

B=

```
    64     2     3    61    60     6     7    57
     9    55    54    12    13    51    50    16
    17    47    46    20    21    43    42    24
    40    26    27    37    36    30    31    33
    32    34    35    29    28    38    39    25
    41    23    22    44    45    19    18    48
    49    15    14    52    53    11    10    56
     8    58    59     5     4    62    63     1
```

再键入

≫a=rand (8)

a=

```
    0.0344    0.6463    0.4984    0.6991    0.2543    0.4733    0.7537    0.1299
    0.4387    0.7094    0.9597    0.8909    0.8143    0.3517    0.3804    0.5688
    0.3816    0.7547    0.3404    0.9593    0.2435    0.8308    0.5678    0.4694
    0.7655    0.2760    0.5853    0.5472    0.9293    0.5853    0.0759    0.0119
    0.7952    0.6797    0.2238    0.1386    0.3500    0.5497    0.0540    0.3371
    0.1869    0.6551    0.7513    0.1493    0.1966    0.9172    0.5308    0.1622
    0.4898    0.1626    0.2551    0.2575    0.2511    0.2858    0.7792    0.7943
    0.4456    0.1190    0.5060    0.8407    0.6160    0.7572    0.9340    0.3112
```

再键入

≫a (:，[3 5 7]) =B (:，1：3)

则可得

a=

```
    0.0344    0.6463    64.0000    0.6991     2.0000    0.4733     3.0000    0.1299
    0.4387    0.7094     9.0000    0.8909    55.0000    0.3517    54.0000    0.5688
    0.3816    0.7547    17.0000    0.9593    47.0000    0.8308    46.0000    0.4694
    0.7655    0.2760    40.0000    0.5472    26.0000    0.5853    27.0000    0.0119
    0.7952    0.6797    32.0000    0.1386    34.0000    0.5497    35.0000    0.3371
```

```
0.1869    0.6551    41.0000    0.1493    23.0000    0.9172    22.0000    0.1622
0.4898    0.1626    49.0000    0.2575    15.0000    0.2858    14.0000    0.7943
0.4456    0.1190     8.0000    0.8407    58.0000    0.7572    59.0000    0.3112
```

从上述过程可以看出，矩阵 ***a*** 的第 3 列、第 5 列和第 7 列分别被矩阵 ***B*** 的前三列代替了。

一般地，如果 ***v*** 和 ***w*** 都是整数元素向量，那么 ***A***（***v***，***w***）表示的是一个取自 ***A*** 的矩阵子块，其行由向量 ***v*** 确定，而列由向量 ***w*** 确定，称 ***v*** 为行角标，***w*** 为列角标。

另外，在 MATLAB 中，用以下方法可得到矩阵 ***a*** 的列反序的矩阵，如键入：

≫a（:，8：－1：1）

即可得：

```
ans=
    0.1299     3.0000    0.4733     2.0000    0.6991    64.0000    0.6463    0.0344
    0.5688    54.0000    0.3517    55.0000    0.8909     9.0000    0.7094    0.4387
    0.4694    46.0000    0.8308    47.0000    0.9593    17.0000    0.7547    0.3816
    0.0119    27.0000    0.5853    26.0000    0.5472    40.0000    0.2760    0.7655
    0.3371    35.0000    0.5497    34.0000    0.1386    32.0000    0.6797    0.7952
    0.1622    22.0000    0.9172    23.0000    0.1493    41.0000    0.6551    0.1869
    0.7943    14.0000    0.2858    15.0000    0.2575    49.0000    0.1626    0.4898
    0.3112    59.0000    0.7572    58.0000    0.8407     8.0000    0.1190    0.4456
```

这样，MATLAB 用来进行矩阵的分块、重排等很难在一般计算机高级语言实现的功能变得十分容易了。

在化学计量学中，经常需要将矩阵进行矢量化而后计算，这在 MATLAB 中也是很容易实现的，例如，语句

≫A=［1 2 ；3 4 ；5 6］

≫b=A（:）

的输出结果是

```
A=
        1    2
        3    4
        5    6
b=
        1
        3
        5
        2
        4
        6
```

值得提出的是，A（:）语句如在赋值语句的左端，还可表示用一个向量对矩阵 **A** 来进行顺序赋值，只是此时矩阵 **A** 必须事先存在。例如，设 **A** 是上述的 3×2 阶的矩阵，那么语句

```
≫A（:）=11：16
```

则表示行向量［11，12，13，14，15，16］的 6 个元素依照矩阵 **A** 的列顺序给 **A** 的元素赋值，但保持矩阵 **A** 的维数 3×2，因此，

```
A=
    11    14
    12    15
    13    16
```

MTALAB 的函数 reshape 正是使用这种方法来改变一个矩阵的维数的。一般来说，矩阵的角标出现在语句等号的右端时，表示创建一个新的矩阵对象；在左端时，则表示对原矩阵中的部分或全部元素重新赋值。

在 MATLAB 中，还可用所谓的矩阵的 0-1 角标来定义矩阵子块，这样就可以用关系运算的结果来引用矩阵的元素或子块，这在一些数学计算中是十分有意义的。假设 a=rand（8）是一个 8×8 阶随机数矩阵，***L*** 是一个长度为 m 的 0-1 向量，那么 **A**（***L***，***I***）表示由向量 ***L*** 的非零元素对应的矩阵 **A** 的行组成的子块。如，

```
≫a=rand（8）
```

得

```
a=
    0.5285  0.0838  0.4427  0.3998  0.1361  0.5132  0.0497  0.1112
    0.1656  0.2290  0.1067  0.2599  0.8693  0.4018  0.9027  0.7803
    0.6020  0.9133  0.9619  0.8001  0.5797  0.0760  0.9448  0.3897
    0.2630  0.1524  0.0046  0.4314  0.5499  0.2399  0.4909  0.2417
    0.6541  0.8258  0.7749  0.9106  0.1450  0.1233  0.4893  0.4039
    0.6892  0.5383  0.8173  0.1818  0.8530  0.1839  0.3377  0.0965
    0.7482  0.9961  0.8687  0.2638  0.6221  0.2400  0.9001  0.1320
    0.4505  0.0782  0.0844  0.1455  0.3510  0.4173  0.3692  0.9421
```

则如键入

```
≫L=a（:，3）>=0.5
```

即可得

```
L=
    0
    0
    1
    0
    1
    1
    1
    0
```

再键入

```
≫b=a（L,:）
```

可得到 a 矩阵的一个子块

```
b=
    0.6020    0.9133    0.9619    0.8001    0.5797    0.0760    0.9448    0.3897
    0.6541    0.8258    0.7749    0.9106    0.1450    0.1233    0.4893    0.4039
    0.6892    0.5383    0.8173    0.1818    0.8530    0.1839    0.3377    0.0965
    0.7482    0.9961    0.8687    0.2638    0.6221    0.2400    0.9001    0.1320
```

下面的语句则可以用来直接小区矩阵 $\boldsymbol{b}$ 中大于 0.3 的元素，而且还可将其矢量化：

```
≫c=b（b<=0.3）
```

可得

```
c=
    0.1818
    0.2638
    0.1450
    0.0760
    0.1233
    0.1839
    0.2400
    0.0965
    0.1320
```

同样，MATLAB 可以由小矩阵作为矩阵子块来构造大矩阵。例如，如果 $\boldsymbol{A}$ 是 n 阶方阵，那么，语句

```
≫ C= [A A′; ones (size (A) ) A. ^2];
```

表示创建一个 $2n$ 阶的方阵。在这样的运算中，要保持矩阵阶数的协调性，否则 MATLAB 系统会报告运算出错。

示例：如键入

```
≫x=magic (4)
```

得

```
x=
    16     2     3    13
     5    11    10     8
     9     7     6    12
     4    14    15     1
```

再键入

```
≫y= [x x'; ones (size (x) ) x.^.5]
```

则可得

```
y=
   16.0000    2.0000    3.0000   13.0000   16.0000    5.0000    9.0000    4.0000
    5.0000   11.0000   10.0000    8.0000    2.0000   11.0000    7.0000   14.0000
    9.0000    7.0000    6.0000   12.0000    3.0000   10.0000    6.0000   15.0000
    4.0000   14.0000   15.0000    1.0000   13.0000    8.0000   12.0000    1.0000
    1.0000    1.0000    1.0000    1.0000    4.0000    1.4142    1.7321    3.6056
    1.0000    1.0000    1.0000    1.0000    2.2361    3.3166    3.1623    2.8284
    1.0000    1.0000    1.0000    1.0000    3.0000    2.6458    2.4495    3.4641
    1.0000    1.0000    1.0000    1.0000    2.0000    3.7417    3.8730    1.0000
```

为了实现由一个矩阵创建新的矩阵，以及对矩阵的运算进行管理，MATLAB 提供了一些功能函数，主要包括有：

rot90	将矩阵旋转 90°
fliplr	将矩阵的列反序（左右反序）
flipud	将矩阵的行反序（上下反序）
diag	提取矩阵的对角元素形成对角矩阵或将一个向量转换成对角矩阵
tril	提取矩阵的下三角部分
triu	提取矩阵的上三角部分
reshape	改变矩阵阶数

例如，当要将一个 3×4 阶矩阵按照列的顺序重排成 2×6 的矩阵时，可以用下列的语句来实现：

```
≫A= [1 4 7 10; 2 5 8 11; 3 6 9 12]
```

得

```
A=
      1    4    7    10
      2    5    8    11
      3    6    9    12
```

再键入：

```
≫B=reshape (A, 2, 6)
```

得

```
B=
      1    3    5    7     9    11
      2    4    6    8    10    12
```

又如，A 的下三角矩阵可以由下列语句得到

```
≫tril(A)
```

得

```
ans=
      1    0    0    0
      2    5    0    0
      3    6    9    0
```

又如

```
≫flipud(A)
```

得

```
ans=
      3    6    9    12
```

```
2    5    8    11
1    4    7    10
```

与矩阵运算相关的另外两个 MATLAB 函数是 size 和 length。函数 size（A）的返回值是一个二元素的向量，第一元素为矩阵 **A** 的行数，第二元素为矩阵 **A** 的列数。在 MATLAB 中，size 的定义已经扩展到任何多维数组，它的返回值是一个维数向量。如果已经知道 ***v*** 是一个向量，那么 1ength（v）的返回值是该向量的长度，或 max（size（v））。

更重要的是，MATLAB 还定义了一个很特殊的矩阵，即空矩阵。空矩阵可以由下列的语句创建：

```
≫x= [ ]
```

即将一个 0×0 阶的矩阵赋给变量 x，随后即可以应用这个空矩阵变量，而不会导致错误。利用空矩阵的特性，可以方便地进行从一个矩阵中消去部分行和部分列的运算。例如，语句

```
≫A（:，[2，4]）= [ ]
```

可得

```
A=
      1    7
      2    8
      3    9
```

的运算结果是从矩阵 **A** 中消去第 2 列和第 4 列的矩阵子块。在 MATLAB 中，某些 MATLAB 函数用空矩阵作变量时，被赋予了特定的值。这些函数包括 det（矩阵行列式的值）、cond（矩阵的条件数）、prod（各列元素之积）和 sum（各列元素之和）。例如，如果 ***x*** 是一个空矩阵，则分别规定 t(x)=1，prod(x)=1 和 sum(x)=0 等。注意，空矩阵在化学计量学的 MATLAB 编程中将具有十分重要的作用。

（二）矩阵与数组运算

为了方便数据分析，MATLAB 提供了一部分面向矩阵的列运算的数据分析函数，这些函数主要包括：

max	矩阵各列的最大值向量
min	矩阵各列的最小值向量
mean	矩阵各列的平均值向量
median	矩阵各列的中值向量
std	矩阵各列的标准偏差向量
sum	矩阵各列的元素之和向量
prod	矩阵各列的元素之积向量
cumsum	矩阵各列的累加和向量
cumprod	矩阵各列的累积向量

diff　　矩阵各列的差分向量
hist　　矩阵各列的直方图向量
cov　　列向量卷积
sort　　排序
corrcoef　　矩阵各列相关系数

对于向量变量，这些函数会把行向量和列向量都作为数组来处理。而对于矩阵变量，这些函数则面向矩阵的列进行运算，其结果是行向量。例如，函数 max 应用于矩阵变量时，返回的行向量的各元素的值恰为矩阵各列的最大值。用户可以自己编写面向列运算的函数 M 文件，只需加入一些辅助的条件语句判别出输入变量是向量还是矩阵。

注意，在 MATLAB 中，以上这些函数（除最后一个函数外）都可以应用于多维数组。例如，函数 sum 的一般调用命令为

```
≫sum（M，d）
```

其中，M 是一个 n 维数组，d 可以是任何表达式，其值介于 1 与 n 之间。它的作用是在 n 维数组 M 的第 d 维方向计算 M 的元素之和，其结果应该是一个 $n-1$ 维数组。例如：

```
≫M=zeros（3，3，4）；

≫for k=1：4
    M（：，：，k）=k * ones（3，3）；
    end
≫sum（M，1）

ans（：，：，1）=
        3    3    3
ans（：，：，2）=
        6    6    6
ans（：，：，3）=
        9    9    9
ans（：，：，4）=
        12    12    12
    ans=

≫sum（M，2）

ans（：，：，1）=


        3
        3
        3
ans（：，：，2）=
```

```
        6
        6
        6
ans（:,:, 3）=

        9
        9
        9
ans（:,:, 4）=

        12
        12
        12

>>sum（M, 3）
ans=

        10      10      10
        10      10      10
        10      10      10
```

MATLAB通过其矩阵运算，提供了强有力的数学运算功能，这正是MATLAB的在化学计量学研究中最有用之处，一些常用而又十分重要的矩阵运算算法被直接设计成MATLAB的核心程序，而且运算速度很快，从而使得化学计量学的算法研究用MATLAB来编程变得十分简单。

矩阵分解是化学计量学研究的核心，很多算法大都基于矩阵分解，只要熟练掌握了矩阵分解的基本思路和基本算法，将为化学计量学的进一步研究打下良好的基础。

1. 三角分解

矩阵的三角分解是最基本的一种矩阵分解方法，它将一个矩阵分解成上三角矩阵与下三角矩阵的乘积，称为LU分解或LR分解。实现LU分解的算法大都采用Gauss消去法，在MATLAB中，实现lU分解的函数是lu，它的返回值是分解后的矩阵因子，调用命令为

```
[L, U]=lu(A)
```

其中，$\boldsymbol{U}$是上三角矩阵，而$\boldsymbol{L}$可以重新排列成一个下三角矩阵，使其主对角元素全为1。这些矩阵因子可以用来计算矩阵的逆和矩阵行列式的值。LU分解也是求解线性方程组的基本算法，另外，矩阵的除法以LU分解算法为基础。例如，设有矩阵

```
>>A=[4 5 2; 7 2 1; 8 1 9]
```

得

```
A=
        4    5    2
        7    2    1
        8    1    9
```

对其进行 LU 分解，直接调用 lu 函数即可

```
≫ [L, U] =lu(A)
```

得

```
L=
    0.5000  1.0000       0
    0.8750  0.2500  1.0000
    1.0000       0       0
U=
    8.0000  1.0000   9.0000
         0  4.5000  -2.5000
         0       0  -6.2500
```

为了检验分解的正确性，计算两个矩阵因子之积的语句如下：

```
≫L * U
```

计算结果为

```
ans=
        4    5    2
        7    2    1
        8    1    9
```

而矩阵 **A** 的逆矩阵为

≫***x*** =***inv***(***A***)

在 ***MATLAB*** 中，函数 ***inv*** 的算法之一是基于 ***LU*** 分解，也即 inv(A) = inv(U) * inv(L) 。

矩阵 **A** 的行列式为

```
≫d=det(A)
```

得

```
d=
     -225
```

也可以由 LU 分解的矩阵因子的行列式得到：

```
≫d=det(L) * det(U)
```

得

```
d=
     -225
```

设有列向量 $\boldsymbol{b}$= [1 3 5]，为了求解方程 $\boldsymbol{Ax}=\boldsymbol{b}$，利用 MATLAB 的矩阵除法，得到

```
≫x=A/b
```

得

```
x=
      0.8286
      0.5143
      1.6000
```

这个解也可以由 LU 分解得到

```
≫y=L/b; x=U/y;
```

还有一个与 LU 分解相关的 MATLAB 函数，即 chol。函数 chol 用于获得对称正定矩阵的 Cholesky 分解。

2. QR 分解

QR 分解可将一个方阵或长方矩阵表示成一个正交矩阵和一个上三角矩阵的乘积。例如，设

```
≫A= [4 5 3; 1 6 9; 7 8 2; 9 4 12]
```

得

```
A=
   4    5    3
   1    6    9
   7    8    2
```

```
    9    4    12
```

对其进行 QR 分解就可直接使用 qr 命令

```
≫[Q，R]=qr(A)
```

其结果如下：

```
Q=
    -0.3299   -0.2630   -0.1666   -0.8912
    -0.0825   -0.7640    0.6246    0.1393
    -0.5774   -0.3500   -0.6000    0.4291
    -0.7423    0.4740    0.4713    0.0468
R=
    -12.1244   -9.7325   -11.7944
           0   -6.8029    -2.6769
           0         0     9.5773
           0         0          0
```

其中矩阵 ***Q*** 是正交的，而矩阵 ***R*** 是上三角形的，主对角线下的元素为零。通过下式可以验证矩阵 ***Q*** 的正交性

```
≫Q*Q′
```

得

```
ans=
     1.0000   -0.0000         0   -0.0000
    -0.0000    1.0000   -0.0000    0.0000
          0   -0.0000    1.0000    0.0000
    -0.0000    0.0000    0.0000    1.0000
```

QR 分解还能为 MATLAB 函数 null 和 orth 提供基本算法。对一个矩阵而言，这两个函数分别给出矩阵变换的零空间和值域空向的正交基底。

3. 奇异值分解

奇异值分解在化学计量学中拥有十分重要的地位，化学计量学的很多核心方法都是基于奇异值分解，如主成分分析、主成分回归、偏最小二乘及大部分多元校正和多元分辨的方法都是基于奇异值分解，它是矩阵分析的一种有效的工具。有兴趣的读者可以参考 Golub 和 Van Loan 的著作《矩阵计算》以获得更多信息。在 MATLAB 中，下面的语句

[U，S，V]=svd(A)

计算矩阵奇异值分解中的三个因子矩阵，它们满足条件

A=U*S*V′

其中，矩阵 ***U*** 是列正交矩阵，***V*** 是行正交矩阵，而 ***S*** 是对角矩阵。矩阵 ***U*** 和 ***V*** 在化学

计量学中还分别被称为得分矩阵和载荷矩阵，它们分别张成矩阵 **A** 的列正交空间和行正交空间。在函数 svd 的调用式中，如果只有一个输出变量，则该函数返回的仅是矩阵 **A** 的奇异值。

使用矩阵奇异值分解算法的 MATLAB 函数主要有：矩阵的广义逆 pinv(A)、矩阵的秩 rank(A)、矩阵的 Euclide 范数 norm(A，2) 和矩阵的条件数 cond(A)。

4. 特征值分解

设 **A** 是一个 $n \times n$ 阶矩阵，满足矩阵方程 $\boldsymbol{Ax}=a\boldsymbol{x}$ 的 a 称为矩阵 **A** 的特征值。特征值可以由下列命令求得：

≫***eig*(*A*)**

它的返回值是矩阵 **A** 的特征值。如果矩阵 **A** 是一个实对称矩阵，那么所有的特征值都是实数。而下列形式的调用则可以同时得到特征值和特征向量：

≫ **[*x*，*D*] =*eig*(*A*)**

其中，矩阵 **D** 是由特征值组成的对角矩阵，矩阵 ***x*** 的列由对应的特征向量组成，使得方程

A * x=x * D 成立。

例如：

```
≫[x，d]=eig(A′*A)
x=
    0.7460    0.4074  0.5268
   -0.6600    0.5579  0.5031
   -0.0889   -0.7230  0.6851
d=
   25.5509         0         0
         0   54.8013         0
         0         0  445.6478
```

如果 **A** 和 **B** 都是方阵，那么 eig（A，B）的结果是使得方程 $\boldsymbol{Ax}=k\,\boldsymbol{Bx}$ 成立的广义特征值组成的向量。为了同时得到相应的特征向量，可以用下列的命令形式：

≫ [x，D] =eig(A，B)

其中，**D** 是由特征值构成的对角矩阵，而矩阵 ***x*** 的列是由对应的特征向量组成的，满足方程

≫A * x=B * x * D

小技巧：

(1) 如需存储不同类型的数据或不同维数的矩阵，可以采用元胞数组（cell array）来实现。元胞数组对元胞内的数据类型及大小没有任何限制。

(2) 结构数组（struct array）同元胞数组一样，也可以存放不同类型的数据，但结构数据的内容更加丰富，应用能够更加广泛。

(3) 如对某个函数不太熟悉如何调用时，可以通过语句查找相关函数的说明或帮助文档，例如查找 mean 函数的说明：

≫help　mean

或

≫doc　mean

(4) 矩阵的常用操作函数：find 函数（查找矩阵中的元素），size 函数（返回矩阵的行列数），max 函数（最大值）以及 min 函数（最小值）等等。

(5) 学会使用判断函数来判断某一变量或某一对象是否满足某些条件，然后根据这些条件分别对变量或对象进行相应的操作，如 isempty 函数，iscell 函数，ischar 函数，islogical 函数，isreal 函数，isnan 函数以及 isnumeric 函数等等。

六、MATLAB 的绘图功能

简单的条形图

```
≫A= [2 3 5 8 6 7 8 9 6 10];

plot(A)
```

即可得图Ⅱ-3。

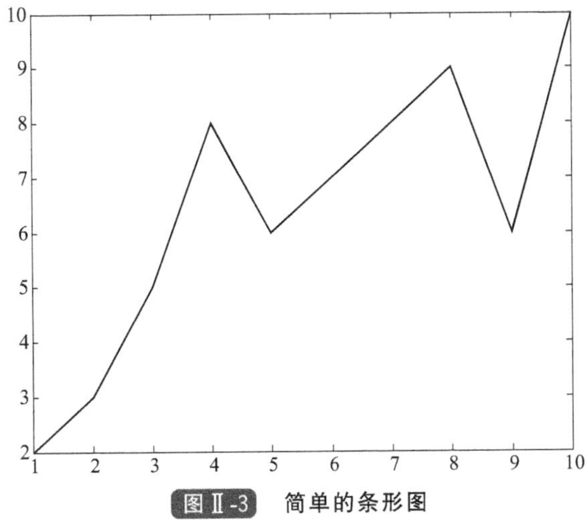

图Ⅱ-3 简单的条形图

分别以条形图、填充图、散点图、阶梯图、柱状图和分布图绘制曲线 $y=4e^{-0.2x}$，如：

```
≫x=0:0.4:8;
y=4 * exp(-0.2 * x);
subplot(3,2,1);stairs(x,y,'r');
title('stairs(x,y,"e")');axis([-0.5,8.5,0,4]);
subplot(3,2,2);stem(x,y,'k');
title('stem(x,y,"k")');axis([-0.5,8.5,0,4]);
subplot(3,2,3);scatter(x,y,'.b');
title('scatter(x,y,"b")');axis([-0.5,8.5,0,4]);
subplot(3,2,4);fill(x,y,'r');
title('fill(x,y,"r")');axis([-0.5,8.5,0,4]);
subplot(3,2,5);bar(x,y,'g');
title('bar(x,y,"g")');axis([-0.5,8.5,0,4]);
x=randn(1000,1);
subplot(3,2,6);hist(x);
```

```
title('boxplot(x)');axis([-5,5,0,250]);
```

即可得图Ⅱ-4。

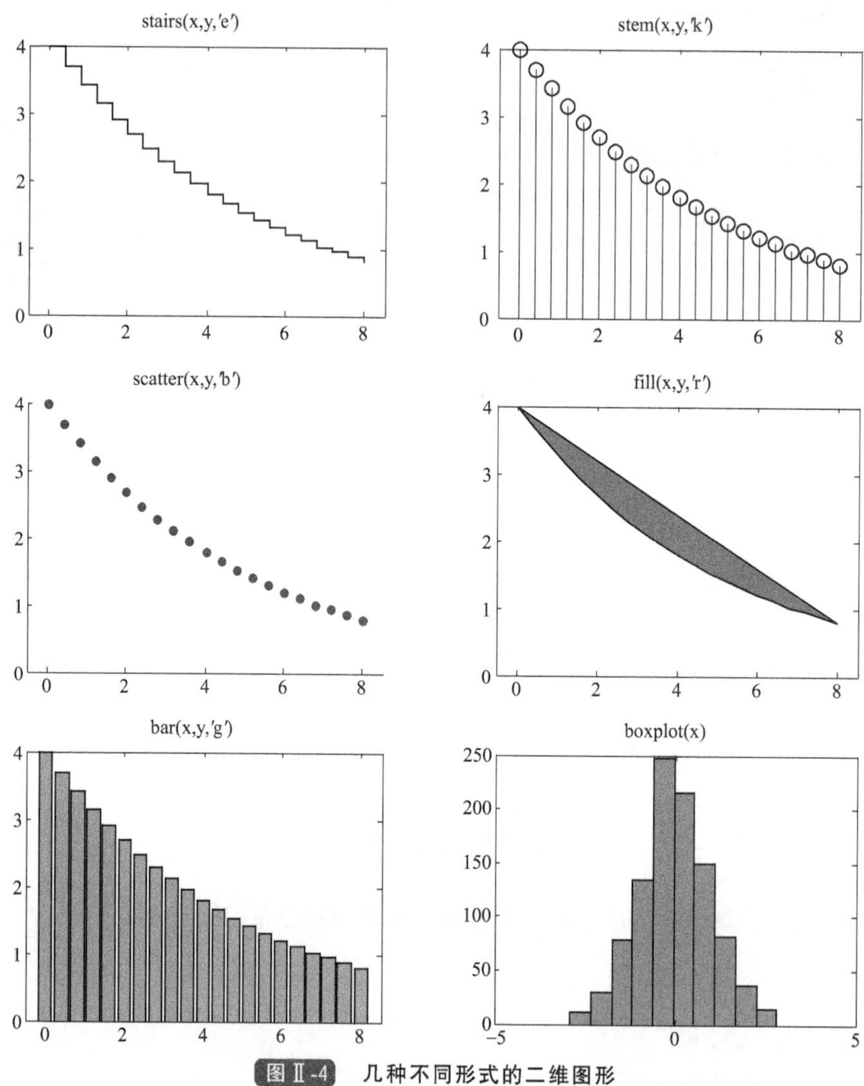

图Ⅱ-4 几种不同形式的二维图形

若画三维图形，如

```
≫t=0:pi/20:2*pi;
x=4*cos(t);
y=2*sqrt(2)*sin(t);
z=-2*sqrt(2)*sin(t);
plot3(x,y,z,'ro');
xlabel('X');ylabel('Y');zlabel('Z');grid;
```

即可得图Ⅱ-5。

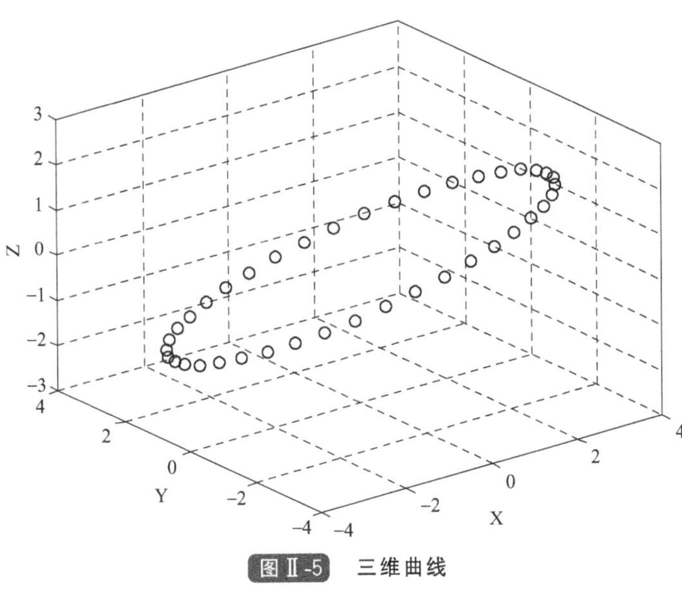

图Ⅱ-5 三维曲线

绘制标准三维曲面图形

```
≫t=0:pi/50:2*pi;
[x,y,z]=cylinder(2+sin(t),50);
subplot(1,2,1);
surf(x,y,z);
subplot(1,2,2);
[x,y,z]=sphere;
surf(x,y,z);
```

即可得图Ⅱ-6。

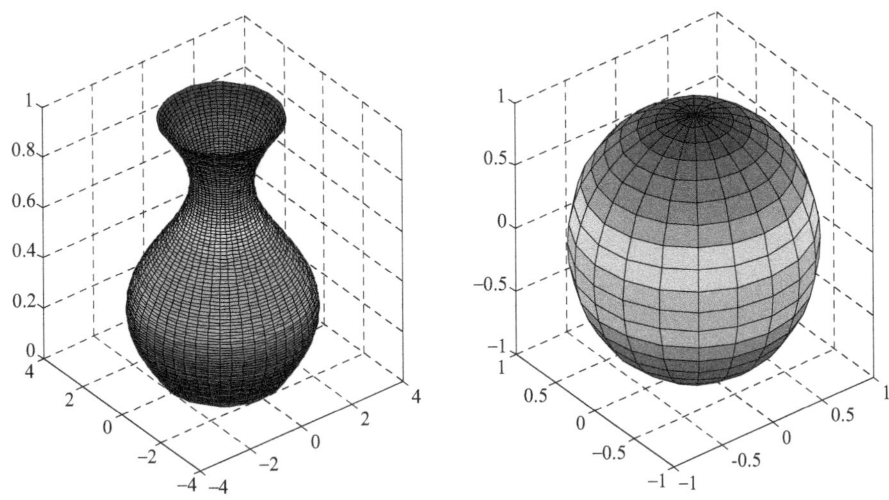

图Ⅱ-6 三维曲面图形

绘图小技巧：

(1) 如需更改线条形状及颜色，可以在图Ⅱ-7窗口界面中点击“Edit”，在下拉菜单中点击“Figure properties…”，就会弹出图形属性，如图Ⅱ-8所示，根据喜好选择形状与颜色。图形属性里还有很多功能，譬如添加标题，更改坐标轴标尺，等等。

(2) 如需在图片中添加文字标注，可以点击“Insert”，在下拉菜单中选择“Text Arrow”或“Text Box”。“Insert”菜单里有很多插入功能，如箭头、颜色条及图例等等。

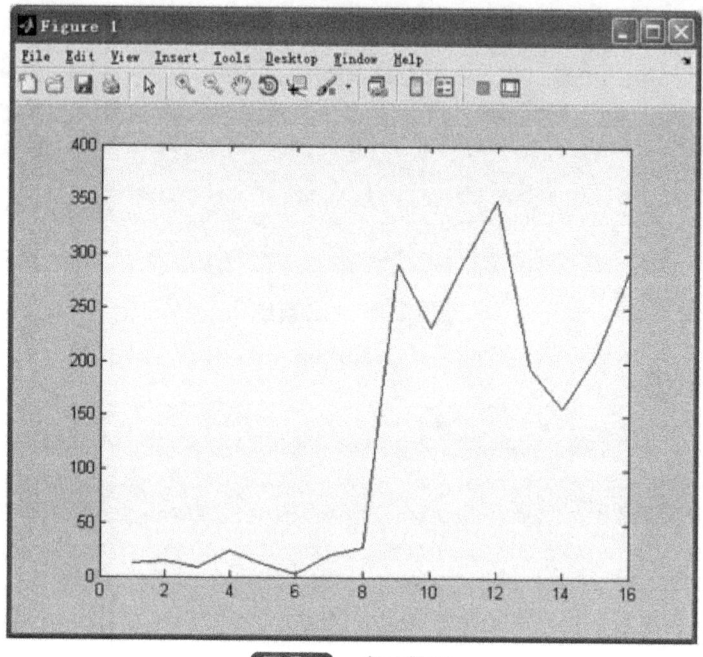

图Ⅱ-7 窗口界面

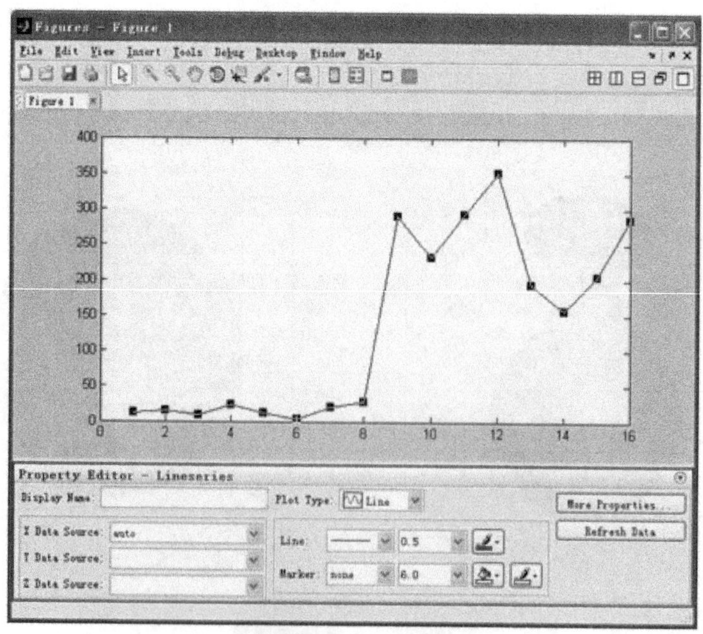

图Ⅱ-8 图形属性

(3) 在同一坐标轴中绘制多个图形，记得加上语句“hold on”，表示在原来的图形上继续画图。

(4) 图片的导出：可以直接点击“Edit”中的下拉菜单中“Copy Figure”直接复制到文档里，复制出来的图片是矢量图，能够保留原始图片的质量。也可以调用 print 函数导出图片，有很多图片的格式可以选择。

(5) 如需在图形界面上显示数学符号、文本信息、希腊字母等特殊符号，可以调用 text 函数来实现。

七、ATLD 算法的 MATLAB 程序

```
function [A,B,C,LFT,M]=ATLD(XIJK,N,epsilon)
%______________________________________________________________
% XIJK is one three-way data array with the size of I*J*K
% epsilon is tolerance.
% I is the number of rows
% J is the number of columns
% K is the number of channels
% N is the number of components
% LFT is the loss function
% A(I,N),B(J,N),C(K,N)
% State Key Laboratory of Chemo/Biosensing and Chemometrics,
% College of Chemistry and Chemical Engineering,
% Hunan University, Changsha 410082, China.
% ® Hai-Long Wu (hlwu@hnu.edu.cn)
% -----------STEP 0--------------
% decompose the cube X along I,J,K direction respectively
if nargin < 3
epsilon=10*eps*norm(XK,1)*max(size(XK));
end
[I,J,K]=size(XIJK);
XK=reshape(XIJK,I,J*K);
XJKI=shiftdim(XIJK,1);        % cut cube X along I direction
XKIJ=shiftdim(XJKI,1);        % cut cube X along J direction
  % -----------STEP 1---------------
% initialize A & B and compute C
%[A,B,C]=ATLD(XIJK,N);
A=randn(I,N);
B=randn(J,N);
%[A,B,C]= ATLD(XIJK,N);
  PA=pinv(A,epsilon);
  PB=pinv(B,epsilon);
```

```
for k=1:K
C(k,:)=diag(PA*XIJK(:,:,k)*PB')';
end
  % ------------STEP 2---------------
% start to caculate LFT and do iteration
TOL=10;
M=0;
LFT=[];
LF=0.01;
while TOL > epsilon && M < 500
        % compute A according B and C
        PC=pinv(C,epsilon);
for i=1:I
A(i,:)=diag(PB*XJKI(:,:,i)*PC');
end
        % normalizeA columnwisely
        A=A*diag(1./diag(sqrt(A'*A)));
        % compute B according A and C
        PA=pinv(A,epsilon);
for j=1:J
B(j,:)=diag(PC*XKIJ(:,:,j)*PA')';
end
        % normalize B columnwisely
        B=B*diag(1./diag(sqrt(B'*B)));
        % compute C according A and B
        PA=pinv(A,epsilon);
        PB=pinv(B,epsilon);
for k=1:K
C(k,:)=diag(PA*XIJK(:,:,k)*PB')';
end
        % calculate loss function LFT
        LFTT=0;
for k=1:K
XXX(:,:,k)=A*diag(C(k,:))*B';
  LFTT=LFTT+trace((XIJK(:,:,k)-XXX(:,:,k))'*(XIJK(:,:,k)-XXX(:,:,k)));
end
        TOL=abs((LFTT-LF)/LF);
        LFT=[LFT,LFTT];
        LF=LFTT;
        M=M+1;
end;
```

```
% ------------STEP 3---------------
% post-processing to keep sign convention
[maxa,inda]=max(abs(A));
[maxb,indb]=max(abs(B));
asign=ones(N,1);
bsign=ones(N,1);
for n=1:N
asign(n)=sign(A(inda(n),n));
bsign(n)=sign(B(indb(n),n));
end
A=A*diag(asign);
B=B*diag(bsign);
C=C*diag(asign)*diag(bsign);
```

八、SWATLD 算法的 MATLAB 程序

```
function   [A,B,C,LFT,M]=SWATLD(XK,N,epsilon)
% ____________________________________________________
% XIJK is one three-way data array with the size of I*J*K
% epsilon is tolerance.
% I is the number of rows
% J is the number of columns
% K is the number of channels
% N is the number of components
% LFT is the loss function
% M is the iterative number
% A(I,N),B(J,N),C(K,N)
% ____________________________________________________
% State Key Laboratory of Chemo/Biosensing and Chemometrics,
% College of Chemistry and Chemical Engineering,
% Hunan University, Changsha 410082, China.
% ®Hai-Long Wu (hlwu@hnu.edu.cn)& Ru-Qin Yu (rqyu@hnu.edu.cn)
% -----------STEP 0--------------
% decompose the cube X along I,J,K direction respectively
if nargin < 3
epsilon=10*eps*norm(XK,1)*max(size(XK));
end
[I,J,K]=size(XIJK);
XK=reshape(XIJK,I,J*K);
XJKI=shiftdim(XIJK,1);          % cut X along I direction
XKIJ=shiftdim(XJKI,1);          % cut X along J direction
```

```
% -----------STEP 1---------------
% initialize A & B and compute C
A=rand(I,N);
B=rand(J,N);
%[A,B,C]=SWATLD(XIJK,N);
PA=pinv(A,epsilon);
PB=pinv(B,epsilon);
for k=1:K
CC=0.5*(diag(PB*XIJK(:,:,k)'*A)./diag(A'*A)+diag(PA*XIJK(:,:,k)*B)./diag(B'*B));
C(k,:)=CC';
end
% ------------STEP 2---------------
% start to calculateLFT and do iteration
TOL=10;
M=0;
LFT=[];
LF=0.01;
while TOL > epsilon && M < 500
        % compute A according B and C
        PC=pinv(C,epsilon);
for i=1:I
AA=0.5*(diag(PC*XJKI(:,:,i)'*B)./diag(B'*B)+diag(PB*XJKI(:,:,i)*C)./diag(C'*C));
A(i,:)=AA';
end
        % normalizeA columnwisely
        A=A*diag(1./diag(sqrt(A'*A)));
        % compute B according A and C
        PA=pinv(A,epsilon);
for j=1:J
BB=0.5*(diag(PA*XKIJ(:,:,j)'*C)./diag(C'*C)+diag(PC*XKIJ(:,:,j)*A)./diag(A'*A));
B(j,:)=BB';
end
        % normalize B columnwisely
        B=B*diag(1./diag(sqrt(B'*B)));
        % compute C according A and B
        PA=pinv(A,epsilon);
        PB=pinv(B,epsilon);
for k=1:K
CC=0.5*(diag(PB*XIJK(:,:,k)'*A)./diag(A'*A)+diag(PA*XIJK(:,:,k)*B)./diag(B'*B));
C(k,:)=CC';
end
```

```
        %calculate the loss function
        LFTT=0;
for k=1:K
XXX(:,:,k)=A*diag(C(k,:))*B';
LFTT=LFTT+trace((XIJK(:,:,k)-XXX(:,:,k))'*(XIJK(:,:,k)-XXX(:,:,k)));
end
        TOL=abs((LFTT-LF)/LF);
        LFT=[LFT,LFTT];
        LF=LFTT;
        M=M+1            ;
end
% ------------STEP 3---------------
% post-processing to keep sign convention
[maxa,inda]=max(abs(A));
[maxb,indb]=max(abs(B));
asign=ones(N,1);
bsign=ones(N,1);
for n=1:N
asign(n)=sign(A(inda(n),n));
bsign(n)=sign(B(indb(n),n));
end
A=A*diag(asign);
B=B*diag(bsign);
C=C*diag(asign)*diag(bsign);
```

九、APTLD 算法的 MATLAB 程序

```
function   [A,B,C,LFT,M]=APTLD(XIJK,N,epsilon)
% ________________________________________________________
% XIJK is one three-way data array with the size of I*J*K
% epsilon is tolerance.
% I is the number of rows
% J is the number of columns
% K is the number of channels
% N is the number of components
% LFT is the loss function
% M is the iterative number
% A(I,N),B(J,N),C(K,N)
% State Key Laboratory of Chemo/Biosensing and Chemometrics,
% College of Chemistry and Chemical Engineering,
% Hunan University, Changsha 410082, China.
% ® Hai-Long Wu (hlwu@hnu.edu.cn)
```

```
% ____________________________________________________
% -----------STEP 0--------------
% decompose the cube X along I,J,K direction respectively
if nargin < 3
epsilon=10*eps*norm(XK,1)*max(size(XK));
end
[I,J,K]=size(XIJK);
XK=reshape(XIJK,I,J*K);
XJKI=shiftdim(XIJK,1);      %cut X along I direction
XKIJ=shiftdim(XJKI,1);      %cut X along J direction
% -----------STEP 1---------------
% initialize A & B and compute C
A=rand(I,N);
B=rand(J,N);
%[A,B,C]=dtld(XIJK,N);
CD1=0; CD2=0; CD3=0; CD4=0; aa=0; bb=0;
p=10^20; q=10^20; r=10^20;
Wa=diag(1./diag(A'*A));
Wb=diag(1./diag(B'*B));
PA=pinv(A,epsilon);
PB=pinv(B,epsilon);
for i=1:I
     CD1=CD1+XJKI(:,:,i)'*PB'*Wa*diag(A(i,:));
aa=aa+diag(A(i,:))*Wa*diag(A(i,:));
end
for j=1:J
     CD2=CD2+XKIJ(:,:,j)*PA'*Wb*diag(B(j,:));
     CD3=CD3+XKIJ(:,:,j)*A*diag(B(j,:));
     CD4=CD4+diag(B(j,:))*A'*A*diag(B(j,:));
bb=bb+diag(B(j,:))*Wb*diag(B(j,:));
end
C=(p*(CD1+CD2)+CD3)*pinv(p*aa+p*bb+CD4,epsilon);
% ------------STEP 2---------------
% start to calculate LFT and do iteration
TOL=10;
M=0;
LFT=[];
LF=0.01;

while TOL > epsilon && M < 500
     % compute A according B and C
```

```
    AD1=0; AD2=0; AD3=0; AD4=0; bb=0; cc=0;
    Wc=diag(1./diag(C'*C));
    PC=pinv(C,epsilon);
for j=1:J
        AD1=AD1+XKIJ(:,:,j)'*PC'*Wb*diag(B(j,:));
bb=bb+diag(B(j,:))*Wb*diag(B(j,:));
end
for k=1:K
        AD2=AD2+XIJK(:,:,k)*PB'*Wc*diag(C(k,:));
        AD3=AD3+XIJK(:,:,k)*B*diag(C(k,:));
        AD4=AD4+diag(C(k,:))*B'*B*diag(C(k,:));
        cc=cc+diag(C(k,:))*Wc*diag(C(k,:));
end
    A=(r*(AD1+AD2)+AD3)*pinv(r*bb+r*cc+AD4,epsilon);
    % normalizeA columnwisely
     A=A*diag(1./diag(sqrt(A'*A)));
    % compute B according A and C
    BD1=0; BD2=0; BD3=0; BD4=0; cc=0;aa=0;
    Wa=diag(1./diag(A'*A));
    PA=pinv(A,epsilon);
for k=1:K
        BD1=BD1+XIJK(:,:,k)'*PA'*Wc*diag(C(k,:));
        cc=cc+diag(C(k,:))*Wc*diag(C(k,:));
end
for i=1:I
        BD2=BD2+XJKI(:,:,i)*PC'*Wa*diag(A(i,:));
        BD3=BD3+XJKI(:,:,i)*C*diag(A(i,:));
        BD4=BD4+diag(A(i,:))*C'*C*diag(A(i,:));
aa=aa+diag(A(i,:))*Wa*diag(A(i,:));
end
    B=(q*(BD1+BD2)+BD3)*pinv(q*cc+q*aa+BD4,epsilon);
    % normalize B columnwisely
    B=B*diag(1./diag(sqrt(B'*B)));
    % compute C according A and B
    CD1=0; CD2=0; CD3=0; CD4=0; aa=0; bb=0;
    Wa=diag(1./diag(A'*A));
    Wb=diag(1./diag(B'*B));
    PA=pinv(A,epsilon);
    PB=pinv(B,epsilon);
for i=1:I
        CD1=CD1+XJKI(:,:,i)'*PB'*Wa*diag(A(i,:));
```

```
aa=aa+diag(A(i,:))*Wa*diag(A(i,:));
end
for j=1:J
        CD2=CD2+XKIJ(:,:,j)*PA'*Wb*diag(B(j,:));
        CD3=CD3+XKIJ(:,:,j)*A*diag(B(j,:));
        CD4=CD4+diag(B(j,:))*A'*A*diag(B(j,:));
bb=bb+diag(B(j,:))*Wb*diag(B(j,:));
end
    C=(p*(CD1+CD2)+CD3)*pinv(p*aa+p*bb+CD4,epsilon);
    % calculate the loss function
    LFTT=0;
for k=1:K
XXX(:,:,k)=A*diag(C(k,:))*B';
LFTT=LFTT+trace((XIJK(:,:,k)-XXX(:,:,k))'*(XIJK(:,:,k)-XXX(:,:,k)));
end
    TOL=abs((LFTT-LF)/LF);
    LFT=[LFT,LFTT];
    LF=LFTT;
    M=M+1;
end
% ------------STEP 3---------------
%post-processing to keep sign convention
[maxa,inda]=max(abs(A));
[maxb,indb]=max(abs(B));
asign=ones(N,1);
bsign=ones(N,1);
for n=1:N
asign(n)=sign(A(inda(n),n));
bsign(n)=sign(B(indb(n),n));
end
A=A*diag(asign);
B=B*diag(bsign);
C=C*diag(asign)*diag(bsign);
```

十、APQLD 算法的 MATLAB 程序

```
function [A,B,C,D,LFT,M]=APQLD(XIJKL,K,L,N,epsilon)
% ________________________________________________________________
% XIJKL is one four-way data array with the size of I*J*K*L
% epsilon is tolerance.
% I is the row
% J is the column
```

```
% K is the channel
% L is the second channel
% N is the estimated component number
% LFT is the loss function
% M is the iterative number
% State Key Laboratory of Chemo/Biosensing and Chemometrics,
% College of Chemistry and Chemical Engineering,
% Hunan University, Changsha 410082, China.
% ® Hai-Long Wu (hlwu@hnu.edu.cn)
% ____________________________________________________________
% -----------STEP 0--------------
% decompose the cube X along I,J,K,L direction respectively

if nargin < 5
epsilon=10*eps*norm(XL,1)*max(size(XIJKL));
end

[I,J,K,L]=size(XIJKL);
XJKLI=shiftdim(XIJKL,1);
XKLIJ=shiftdim(XJKLI,1);
XLIJK=shiftdim(XKLIJ,1);
% -----------STEP 1---------------
% initialize A & B & C and compute D
A=rand(I,N);
B=rand(J,N);
C=rand(K,N);
FD1=0; FD2=0; FD3=0; FD4=0;
p=10^20; q=10^20; r=10^20; s=10^20;
Wa=diag(1./diag(A'*A));
Wb=diag(1./diag(B'*B));
Wc=diag(1./diag(C'*C));
PA=pinv(A,epsilon);
PC=pinv(C,epsilon);
for j=1:J
for k=1:K
    FD1=FD1+XLIJK(:,:,j,k)*(A+p*PA'*Wa^2)*diag(B(j,:)*diag(C(k,:)));
    FD2=FD2+diag(C(k,:))*diag(B(j,:))*(A'*A+p*Wa)*diag(C(k,:))*diag(B(j,:));
end
end
for i=1:I
for j=1:J
```

```
        FD3=FD3+XKLIJ(:,:,i,j)'*PC'*Wc*diag(A(i,:))*diag(B(j,:));
        FD4=FD4+diag(A(i,:))*diag(B(j,:))*Wc*diag(A(i,:))*diag(B(j,:));
end
end
D=(FD1+p*FD3)*pinv(FD2+p*FD4,epsilon);
% ------------STEP 2---------------
% start to calculate LFT and do iteration
TOL=10;
M=0;
LFT=[];
LF=0.01;
while TOL > epsilon && M < 3000
        % compute A according B, C and D
        FA1=0; FA2=0; FA3=0; FA4=0;
        Wd=diag(1./diag(D'*D));
        PB=pinv(B,epsilon);
        PD=pinv(D,epsilon);
for k=1:K
for l=1:L
                FA1=FA1+XIJKL(:,:,k,l)*(B+q*PB'*Wb)*diag(D(l,:))*diag(C(k,:));
                FA2=FA2+diag(D(l,:))*diag(C(k,:))*(B'*B+q*Wb)*diag(D(l,:))*diag(C(k,:));
end
end
for j=1:J
for k=1:K
                FA3=FA3+XLIJK(:,:,j,k)'*PD'*Wd*diag(B(j,:))*diag(C(k,:));
                FA4=FA4+diag(B(j,:))*diag(C(k,:))*Wd*diag(B(j,:))*diag(C(k,:));
end
end
        A=(FA1+q*FA3)*pinv(FA2+q*FA4,epsilon);
        % normalizeA columnwisely
         A=A*diag(1./diag(sqrt(A'*A)));
        % compute B according A, C and D;
        FB1=0; FB2=0; FB3=0; FB4=0;
        Wa=diag(1./diag(A'*A));
        PA=pinv(A,epsilon);
for l=1:L
for i=1:I
                FB1=FB1+XJKLI(:,:,l,i)*(C+r*PC'*Wc)*diag(A(i,:))*diag(D(l,:));
                FB2=FB2+diag(A(i,:))*diag(D(l,:))*(C'*C+r*Wc)*diag(D(l,:))*diag(A(i,:));
end
```

```
end
for k=1:K
for l=1:L
                FB3=FB3+XIJKL(:,:,k,l)'*PA'*Wa*diag(C(k,:))*diag(D(l,:));
                FB4=FB4+diag(C(k,:))*diag(D(l,:))*Wa*diag(D(l,:))*diag(C(k,:));
end
end
     B=(FB1+r*FB3)*pinv(FB2+r*FB4,epsilon);
      % normalize B columnwisely
      B=B*diag(1./diag(sqrt(B'*B)));
     % compute C according A, B and D
     FC1=0; FC2=0; FC3=0; FC4=0;
     Wb=diag(1./diag(B'*B));
     PB=pinv(B,epsilon);
for i=1:I
for j=1:J
                FC1=FC1+XKLIJ(:,:,i,j)*(D+s*PD'*Wd)*diag(B(j,:))*diag(A(i,:));
                FC2=FC2+diag(A(i,:))*diag(B(j,:))*(D'*D+s*Wd)*diag(A(i,:))*diag(B(j,:));
end
end
for l=1:L
for i=1:I
                FC3=FC3+XJKLI(:,:,l,i)'*PB'*Wb*diag(D(l,:))*diag(A(i,:));
                FC4=FC4+diag(D(l,:))*diag(A(i,:))*Wb*diag(D(l,:))*diag(A(i,:));
end
end
     C=(FC1+s*FC3)*pinv(FC2+s*FC4,epsilon);
      % normalize C columnwisely
      C=C*diag(1./diag(sqrt(C'*C)));
     % compute D according A, B and C
     FD1=0; FD2=0; FD3=0; FD4=0;
     Wa=diag(1./diag(A'*A));
     Wb=diag(1./diag(B'*B));
     Wc=diag(1./diag(C'*C));
     PA=pinv(A,epsilon);
     PC=pinv(C,epsilon);
for j=1:J
for k=1:K
                FD1=FD1+XLIJK(:,:,j,k)*(A+p*PA'*Wa)*diag(B(j,:)*diag(C(k,:)));
                FD2=FD2+diag(C(k,:))*diag(B(j,:))*(A'*A+p*Wa)*diag(C(k,:))*diag(B(j,:));
end
```

```
end
for i=1:I
for j=1:J
            FD3=FD3+XKLIJ(:,:,i,j)'*PC'*Wc*diag(A(i,:))*diag(B(j,:));
            FD4=FD4+diag(A(i,:))*diag(B(j,:))*Wc*diag(A(i,:))*diag(B(j,:));
end
end
    D=(FD1+p*FD3)*pinv(FD2+p*FD4,epsilon);
    % compute loss function
    LFTT=0;
for k=1:K
for l=1:L
            XXX(:,:,k,l)=A*diag(D(l,:))*diag(C(k,:))*B';

LFTT=LFTT+trace((XIJKL(:,:,k,l)-XXX(:,:,k,l))'*(XIJKL(:,:,k,l)-XXX(:,:,k,l)));
end
end
    TOL=abs((LFTT-LF)/LF);
    LFT=[LFT,LFTT];
    LF=LFTT;
    M=M+1;
end
% ------------STEP 3---------------
%post-processing to keep sign convention
[maxa,inda]=max(abs(A));
[maxb,indb]=max(abs(B));
[maxc,indc]=max(abs(C));

asign=ones(N,1);
bsign=ones(N,1);
csign=ones(N,1);
for n=1:N
asign(n)=sign(A(inda(n),n));
bsign(n)=sign(B(indb(n),n));
csign(n)=sign(C(indc(n),n));
end
A=A*diag(asign);
B=B*diag(bsign);
C=C*diag(csign);
D=D*diag(asign)*diag(bsign)*diag(csign);
```

Ⅲ R 语言及其在化学计量学中的应用

一、R 是什么

生物信息学社区时常使用 R 进行分子生物学数据分析。Bioconductor 计划就是让 R 作为基因图谱分析工具。Gnumeric 开发者正和 R 开发者合作，改善 Gnumeric 计算结果的精确度。R 是一个有着统计分析功能及强大作图功能的软件系统，它是一个同时拥有图形工具、调试器、函数、可运行的脚本等功能的实时命令行运行环境的高级语言。R 本来是由来自新西兰奥克兰大学的 Ross Ihaka 和 Robert Gentleman 开发（也因此称为 R），现在由“R 开发核心团队”负责开发。R 是基于 S 语言的一个 GNU 计划项目，所以也可以当作 S 语言的一种实现，通常用 S 语言编写的代码都可以不做修改地在 R 环境下运行。所以，可以说 R 语言是由 AT&T 贝尔实验室所创的 S 语言发展出来的一种语言。

R 是统计领域广泛使用的诞生于 1980 年左右的 S 语言的一个分支。可以认为 R 是 S 语言的一种实现。而 S 语言是由 AT&T 贝尔实验室开发的一种用来进行数据探索、统计分析和作图的解释型语言。最初 S 语言的实现版本主要是 S－PLUS。S－PLUS 是一个商业软件，它基于 S 语言，并由 MathSoft 公司的统计科学部进一步完善。R 的语法是来自 Scheme。R 的使用与 S－PLUS 有很多类似之处，这两种语言有一定的兼容性。S－PLUS 的使用手册，只要稍加修改就可作为 R 的使用手册。所以有人说：R 是 S—PLUS 的一个“克隆”。

R 的源代码可自由下载使用，亦有已编译的可执行文件版本可以下载，并可在多种平台下运行，包括 UNIX（也包括 FreeBSD 和 Linux）、Windows 和 MacOS。R 语言虽不收取任何费用，但是它的能力不会比任何同类型商业软件差。从功能相似的角度来说，R 语言 和 MATLAB 语言最像。

R 内置多种统计学及数字分析功能。R 的功能也可以通过安装包（Packages，用户撰写的功能）增强。因为 S 的血缘，R 比其他统计学或数学专用的编程语言有更强的面向对象（面向对象程序设计）功能。同时，R 是一种解析性计算机高级语言，它拥有条件语句和循环语句以及函数模块化编程等功能。大多数使用者可以使用的已发布的 R 函数都是用 R 语言来编写，特别方便的是，它允许调用使用 C、C＋＋、或者 FORTRAN 等语言编写的程序接口。发布的函数包里包括大量的统计方法，其中如线性和广义线性模型，非线性回归模型，时间序列分析，经典的参数和非参数估计，聚类以及平滑方法，等等。这些额外的模块都可以通过加载扩展包来完成特定的目的。

R 内含了许多实用的统计分析及作图函数。作图函数能将产生的图片展示在一个独立的窗口中，并能将之保存为各种形式的文件。统计分析的结果也能被直接显示出来，一些中间结果（如 P 值、回归系数、残差等）既可保存到专门的对象中，也可以直接用作进一步的分析。

二、R 的安装

构成 R 软件的完整的计算系统由两个主要部分组成：维护 R 的核心团队提供的标准（基础）包和 R 使用者捐献的扩展包。标准（基本）包构成 R 原代码的一个重要部分。它们包括允许 R 工作的基本函数，本文档中描述的数据集，标准统计方法和图形工具。在任何 R 的安装版本中，它们都会被自动获得。扩展包是 R 使用者捐献的包，它严格按照 R 包的规范，有完整的说明文档，附带数据集合以及展示的例子程序和图形等，扩展包往往是某一特殊领域或者某一统计方法的研究成果。CRAN 为 Comprehensive R Archive Network（R 综合典藏网）的简称。它除了收藏了 R 的可执行文件下载版、源代码和说明文件，也收录了各种用户撰写的软件包。现时，全球有超过一百个 CRAN 镜像站。

所有的基础包和扩展包都发布在 R 综合网络档案（CRAN）里，详细可以参考下面网址：

http：//CRAN. R-project. org

基础包提供源代码支持在 Unix 系统、windows 系统和 MacOS 系统等不同的操作系统里编译安装，使用者可以通过下载分布的预编译二进制安装文件安装 R 软件，windows 系统用户可以下面的链接：

http：//CRAN. R-project. org/bin/windows/base/release. htm

下载相应的文件（目前最新的版本 R-3. 2. 0-win. exe)，双击下载的本地文件执行并按照指引安装程序。启动程序，得到命令行窗口中显示如下：

R version 3. 2. 0（2015－04－16）——"Full of Ingredients"
Copyright（C）2015 The R Foundation for Statistical Computing
Platform：x86_64－w64－mingw32/x64（64－bit）

安装完成后，程序会创建 R 程序组并在桌面上创建 R 主程序的快捷方式（也可以在安装过程中选择不要创建)。通过快捷方式运行 R，便可调出 R 的主窗口。类似于许多以编程方式为主要工作方式的软件，R 的界面简单而朴素，只有不多的几个菜单和快捷按钮。快捷按钮下面的窗口便是命令输入窗口，它也是部分运算结果的输出窗口，有些运算结果则会输出在新建的窗口中。

主窗口上方的一些文字是刚运行 R 时出现的一些说明和指引。文字下的：＞ 符号便是 R 的命令提示符，在其后可输出命令；＞符号后的矩形是光标。R 一般是采用交互方式工作的，在命令提示符后输入命令，回车后便会输出结果。

在 R 朴素的界面下，是丰富而复杂的运算功能。

R 是自由软件，不带任何担保。在某些条件下你可以将其自由散布。

用 license（）'或'licence（）'来看散布的详细条件。

R 是个合作计划，有许多人为之做出了贡献。

用'contributors（）'来看合作者的详细情况。

用'citation（）'会告诉你如何在出版物中正确地引用 R 或 R 程序包。

用'demo（）'来看一些示范程序，用'help（）'来阅读在线帮助文件，或

用'help. start（）'通过 HTML 浏览器来看帮助文件。

用'q（）'退出 R.

三、加载包

R 的功能能够通过由用户撰写的包增强。增加的功能有特殊的统计技术、绘图功能，以及编程接口和数据输出/输入功能。这些软件包是由 R 语言、LaTeX、Java 及最常用的 C 语言和 Fortran 撰写。下载的可执行文件版本会连同一批核心功能的软件包，而根据 CRAN 纪录有过千种不同的软件包。其中有几款较为常用，例如用于经济计量、财经分析、人文科学研究以及人工智能。

基础包是在安装程序的自动获取的，在版本 R 3. 2. 0 中，可以通过在控制台中输入一下

命令可以浏览该版本所包含的所有基础包：

```
>View (installed.packages () )
```

所有的基础包的名字如下：

boot	nlme	KernSmooth	MASS
base	class	cluster	datasets
foreign	grDevices	graphics	grid
lattice	methods	mgcv	nnet
rpart	spatial	splines	stats
stats4	survival	tcltk	tools
utils	Matrix	translations	

下面对部分的基础包做简单的介绍

base	基本 R 函数
datasets	基本 R 数据集
grDevices	基本的或 grid 图形的设备函数
graphics	基本图形函数
grid	grid 图形
methods	用于 R 对象和编程工具的方法和类的定义
splines	样条回归函数和类
stats	统计函数
tools	包开发和管理的工具
utils	R 工具函数
boot	抽样和 bootstraping 方法
class	分类方法
cluster	聚类方法
KernSmooth	核密度拟合方法
nlme	线性和非线性混合效应模型
nnet	神经网络和多项对数线性模型
survival	生存分析

基础包是安装 R 软件时候自带的，其他开发者开发的扩展包可以在 R 软件的命令行提示符中直接安装和加载。使用某一扩展包时，只有当一个包被载入时，包的函数和数据集才可以被访问。这样做一是为了高效，二是为了帮助包的开发或者防止命名和其他代码中的名字冲突。越来越多的来自不同研究领域的扩展包被开发者发布，几乎涵盖了所有的统计学方法，其中也包括了处理多变量数据的化学计量学方法的扩展包。

保证网络畅通，通过提供扩展包的名称给函数 Install. packages 就可以安装该扩展包，例如安装化学计量学扩展包 chemometrics：

> install. packages（" chemometrics "）

把扩展包加载进软件里，才能使用扩展包里的函数和数据集等内容

>library（" chemometrics "）

其他的扩展包可以通过下面的网址获取：

http：//CRAN. R－project. org

可以在上述网址的扩展包列表中下载适合自己计算机操作系统的预编译文件到本地文件，在 R 软件中直接安装和加载。

四、在 R 中如何获取帮助

在线帮助（基础包和扩展包都有比较详细的使用手册，包括函数说明，展示例子和图文说明），电子手册和出版书籍等都是主要的求助方法。

帮助系统收集了用户所有可用的函数和数据集的使用手册，通过 help（“函数名称”）函数，R 软件将寻找与此名称相关的所有函数，使用手册将在本地文件或者以网页的形式展示：

> help（" mean"）

或者更加简洁点：

> ? mean

每一个使用手册都有通用的描述，函数的参数列表及每个参数的说明，函数的返回值列表及每个返回值的说明，大多情况下都有可执行的例子，引用的参考文献，交叉关联的类似函数等。如果要浏览扩展包的使用手册文档也是可以的，如求助 chemometrics 包：

> help（package＝" chemometrics"）

更多更全的 R 软件的使用手册都可以在下面网址中获取到：

http：//CRAN. R－project. org/manuals. html

下述 4 个文档是 R 开发者核心团队提供的，对于初学者，下面第一和第二个文档是必看的：

An Introduction to R　一个更加正式和全面的使用 R 做数据分析的介绍。

Data Import/Export　一个非常有用的关于如何读写各种外部数据文件的详细描述。

R Installation and Administration　提示如何在特殊的平台中安装 R。

Writing R Extensions　如何编写符合规范的 R 扩展包。

五、R 中的数据

大的数据对象常常是从外部文件中读入，而不是在 R 对话时用键盘输入的。R 的导入工具非常简单但是对导入文件的格式有一些比较严格甚至顽固的限制。read. table 函数是读取矩阵形式数据的最好方法，如果变量主要在数据框中操作，强烈建议整个数据框用函数 read. table（）读入。

对于在文件读取和写入的工作，R 使用工作目录来完成。可以使用命令 getwd（）（获得工作目录）来找到目录，使用命令 setwd（" C：/data"）或者 setwd（" /home/paradis/R"）来改变目录。如果一个文件不在工作目录里则必须给出它的路径。

> *write. table*（*glass*，*file*＝" *glass. txt*"，*row. names*＝*FALSE*）　＃生成数据文件

使用 write. table 函数在当成工作目录中生成数据文件 glass. txt，打开文件的前 6 行如下所示：

```
" Na2O" " MgO" " Al2O3" " SiO2" " P2O5" " SO3" " Cl" " K2O" " CaO" " MnO" " Fe2O3" " BaO" " PbO"
13.904 2.244 1.312 67.752 0.884 0.052 0.936 3.044 8.784 0.674 0.364 0.04 0.004
14.194 2.184 1.31 67.076 0.938 0.024 0.966 3.396 8.636 0.698 0.336 0.04 0.198
14.668 3.034 1.362 63.254 0.988 0.064 0.886 2.828 11.088 1.24 0.4 0.046 0.134
14.8 2.455 1.385 63.79 1.2 0.115 0.988 2.878 10.833 0.978 0.433 0.025 0.12
14.078 2.48 1.072 68.768 0.682 0.07 0.966 2.402 8.808 0.31 0.242 0.022 0.102
```

```
> data<-read.table(" glass.txt", header=TRUE)    #读取数据文件，第一行为名称

> head(data)                     #查看数据的前 6 行
```

	Na_2O	MgO	Al_2O_3	SiO_2	P_2O_5	SO_3	Cl	K_2O	CaO	MnO	Fe_2O_3	BaO	PbO
1	13.904	2.244	1.312	67.752	0.884	0.052	0.936	3.044	8.784	0.674	0.364	0.040	0.004
2	14.194	2.184	1.310	67.076	0.938	0.024	0.966	3.396	8.636	0.698	0.336	0.040	0.198
3	14.668	3.034	1.362	63.254	0.988	0.064	0.886	2.828	11.088	1.240	0.400	0.046	0.134
4	14.800	2.455	1.385	63.790	1.200	0.115	0.988	2.878	10.833	0.978	0.433	0.025	0.120
5	14.078	2.480	1.072	68.768	0.682	0.070	0.966	2.402	8.808	0.310	0.242	0.022	0.102
6	13.600	1.648	2.012	69.628	0.698	0.038	0.908	3.196	6.160	1.170	0.650	0.156	0.136

其中 header=TRUE 选项指定第一行是标题行，并且因此省略文件中给定的行标签。

通用函数 read.csv 和 read.delim 则是调用了 read.table 函数，加上了一些默认参数，用来读取 CSV 和制表符分割文件，原理和参数基本和 read.table 一致。

有时候数据文件中的字段没有分隔符，但是字段实现制定了列的情况。通过指定一个包含字符宽度的向量，read.fwf 函数提供读取这种文件的简单途径。如名为 data.txt 的文件的第一行的数值为 A1.501.2，通过 read.fwf 函数读取的到数据为：

```
>mydata <- read.fwf(" data.txt", widths=c(1, 4, 3))    #读取固定宽度数据文件
> mydata
    V1  V2   V3
1   A   1.50 1.2
```

read.table 函数读取大数值矩阵是缺乏效率的，参见 scan 函数。函数 scan 比 read.table 和 read.fwf 要更加灵活，它们的区别之一是前者可以指定变量的类型，例如：

```
> mydata <- scan(" data.txt", what=list(" ", 0, 0))    #读取多种类型数据的数据文件
```

读取了文件 data.dat 中三个变量，第一个是字符型变量，后两个是数值型变量。在缺省情况下，也就是说，如果 what 被省略，scan() 将创建一个数值型向量。如果读取的数据类型与缺省类型或指定类型不符，则将返回一个错误信息。

另外从其他统计软件以及科学计算软件中导入数据。

函数 read. xport 导入 SAS 的可交换格式文件，返回一个包含数据框的列表。

函数 read. spss 读取 SPSS 中保存和导出的文件，返回由保存数据集中每个变量组成的一个列表。

函数 readMat 读取 MATLAB 中保存的 mat 文件，该函数保存在加载包 R. matlab 里，加载进来即可使用，返回由保存数据集中每个变量组成的一个列表。

仪器保存的 netCDF 格式的文件，通过 RNetCDF 包的 open. nc 函数，使 var. get. nc (open. nc (filename)," ordinate _ values") 读取相应的信息。

R 软件还可以直接从数据库读取数据，并且还可以通过 SQL 语句对数据库进行操作。R 对于基于 SQL 语言的关系型数据库有良好的支持，这些数据库既有商业数据库 Oracle、Microsoft SQL Server、IBM DB2 等，也包含在 GNU General Public License (GPL) 下发布的 MySQL 等开源数据库。

RODBC 包提供了更为广泛数据库接口的解决方案支持所有标准 ODBC 接口的数据库。通过这种方式，相同的 R 代码可以方便地应用于不同类型的数据库。

```
> library(RODBC)                                                    # 加载包
> ch<-odbcConnect(dsn,uid="user",pwd="passwoed")                    # 连接数据库
> stocks<-sqlQuery(ch,"select * from quotes")                       # 操作数据库
> odbcClose(ch)                                                     # 关闭数据库
```

经测试，Windows 平台上的 Microsoft SQL Server、Access、Oracle、MySQL、PostgreSQL，和 Linux 平台上的 MySQL、Oracle、PostgreSQL、SQLite 都有良好的应用案例

六、R 语言的基础运算操作

1. 对象，向量，和矩阵

在 R 软件里对数据的操作非常丰富和简洁，下面根据一个例子来详细介绍，如 chemometrics 包里面的“glass”数据集中包含了 180 个考古玻璃器皿样本的 CaO 含量数据 (Janssen et al. 1998)。首先把数据集加载进 R 的工作环境中，通过控制台输入一下命令可得：

```
> library(chemometrics)                          # 加载扩展包进工作环境
> data("glass",package="chemometrics")           # 加载数据集
>CaO <- glass[,"CaO"]                            # 取数据集子集赋值到一个对象
> ls()                                           # 列举工作环境中的所有的对象
[1] "CaO"  "glass"
```

ls 函数式列举当前工作环境中的所有全局的对象，如果仅仅想列举自己感兴趣的对象的话，可以在后面加检索的条件，例如，只想查看带有部分“C”字母的对象，可以将参数 pattern (可简写为 pat) 做限制条件：

```
> ls(pat="C")                     # 列举工作环境中的部分的对象
[1] "CaO"
```

ls. str d 函数是查看工作环境中的对象的详细情况，列举对象的类型和维数的大小。

```
> ls. str()                 # 列举工作环境中的部分的对象
```

```
    CaO： num [1:180] 8.78 8.64 11.09 10.83 8.81...
    glass： num [1:180,1:13] 13.9 14.2 14.7 14.8 14.1...
> class(glass)                   #对象 glass 的数据类型
    [1] "matrix"
>class(CaO)                      #对象 CaO 的数据类型
    [1] "numeric"
> dim(glass)                     #对象 glass 矩阵的数据的维度
    [1] 180  13
> ncol(glass)                    #对象 glass 矩阵的列个数
    [1] 13
> nrow(glass)                    #对象 glass 矩阵的行个数
    [1] 180
> length(CaO)                    #对象 CaO 数据的长度
    [1] 180
```

可见 glass 是一个矩阵，CaO 是一个向量，矩阵可认为是由多个向量组成的，认为向量是 R 软件中的基本单位。

2. 向量的操作

```
>x=c(45,43,46,48,51,46,50,47,46,45)   #用 C 创建一个向量
> mean(x)                             # 求向量的均值
[1] 46.7
> median(x)                           # 求向量的中位数
[1] 46
> max(x)                              # 求向量的最大值
[1] 51
> min(x)                              # 求向量的最大值
[1] 43
```

R 软件中的向量的扩展性比较好，可以直接添加或删除：

```
> x=c(x,48,49,51,50,49)               # 添加数值到对象 x
> length(x)                           # 对象 x 现在长度（之前为 10）
[1] 15
> x[16]=41                            # 通过下标添加数值
> x[17:20]=c(40,38,35,40)             # 通过下标添加多个数值
```

还可以有规律得生成需要的向量：

```
> x <- 1:30                           #生成 1 到 30 的向量
> seq(1,5,0.5)                        #生成 1 到 5 间隔为 0.5 的向量
> seq(length=9,from=1,to=5)           #生成 1 到 5 中间 9 个间隔的向量
> rep(1,30)                           #生成重复 1 数值 30 次的向量
> rep(c(1,2),3)                       #生成重复向量(1,2)数值 3 次的向量
[1] 1 2 1 2 1 2
```

```
>rnorm(10,mean=0,sd=1)              #生成长度为10服从正态分布的向量
>rchisq(10,df=1)                    #生成长度为10服从泊松分布的向量
```

R 软件的向量的下标系统非常灵活,可以根据下标索引获取需要的子集和数值。

```
> x[2]                              #向量的第二个数值
> x[-2]                             #除了第二个数值的子集
> x[1:5]                            #向量的前5个数值
> x[(length(x)-5):length(x)]        #向量的后5个数值
> x[c(1,3,5)]                       #向量的第1,3和5个数值
> x[x>3]                            #向量中数值大于3的子集
> x[ x< -2 | x > 2]                 #向量中小于-2或大于2的子集
> which(x==max(x))                  #向量中最大值得下标
```

3. 矩阵的操作

在 R 中可以用函数 matrix () 来创建一个矩阵，应用该函数时需要输入必要的参数值。

```
> args (matrix)                     #查看matrix的参数列表
function (data=NA, nrow=1, ncol=1, byrow=FALSE, dimnames=NULL)
```

data 项为必要的矩阵元素，nrow 为行数，ncol 为列数，注意 nrow 与 ncol 的乘积应为矩阵元素个数，byrow 项控制排列元素时是否按行进行，dimnames 给定行和列的名称。

```
> matrix (1: 12, nrow=3, ncol=4)    # 生成一个3 * 4矩阵
     [,1] [,2] [,3] [,4]
[1,]    1    4    7   10
[2,]    2    5    8   11
[3,]    3    6    9   12
> t (matrix (1: 12, nrow=3, ncol=4) )   # t () 求矩阵的转置
     [,1] [,2] [,3]
[1,]    1    2    3
[2,]    4    5    6
[3,]    7    8    9
[4,]   10   11   12
```

4. 矩阵相加、相减、相乘运算

在 R 中对同行同列矩阵相加减，可用符号："+"、"-"，例如：

```
> A=B=matrix (1: 12, nrow=3, ncol=4)
> A+B                               # 矩阵的相加
     [,1] [,2] [,3] [,4]
[1,]    2    8   14   20
[2,]    4   10   16   22
[3,]    6   12   18   24
> A-B                               #矩阵的相减
     [,1] [,2] [,3] [,4]
[1,]    0    0    0    0
```

```
[2,]    0     0     0     0
[3,]    0     0     0     0
```

A 为 $m \times n$ 矩阵，$c>0$，在 R 中求 $c\boldsymbol{A}$ 可用符号："*"，例如：

```
> 2 * A                                      # 矩阵和数值的相乘
     [, 1]  [, 2]  [, 3]  [, 4]
[1,]    2      8     14     20
[2,]    4     10     16     22
[3,]    6     12     18     24
```

A 为 $m \times n$ 矩阵，**B** 为 $n \times k$ 矩阵，在 R 中求 **AB** 可用符号："%*%"，例如：

```
> A=matrix (1: 12, nrow=3, ncol=4)
> B=matrix (1: 12, nrow=4, ncol=3)
> A% * %B                                    # 矩阵相乘
     [, 1]  [, 2]  [, 3]
[1,]   70    158    246
[2,]   80    184    288
[3,]   90    210    330
```

5. 矩阵对角元素运算

```
> A=matrix (1: 16, nrow=4, ncol=4)  # 生成一个方阵矩阵
> diag(A)                           # 取方阵矩阵中的对角数值
[1]  1  6  11  16
> diag(diag(A) )                    # 生成对称方阵矩阵
     [, 1]  [, 2]  [, 3]  [, 4]
[1,]    1      0      0      0
[2,]    0      6      0      0
[3,]    0      0     11      0
[4,]    0      0      0     16
> diag(3)                           # 生成 3 维单位矩阵
     [, 1]  [, 2]  [, 3]
[1,]    1      0      0
[2,]    0      1      0
[3,]    0      0      1
```

6. 矩阵求逆

```
> library(MASS)                     # 加载 MASS 包
> ginv(A)                           # 矩阵 A 求逆
       [, 1]     [, 2]     [, 3]    [, 4]
[1,]  -0.285   -0.1075    0.07     0.2475
[2,]  -0.145   -0.0525    0.04     0.1325
[3,]  -0.005    0.0025    0.01     0.0175
[4,]   0.135    0.0575   -0.02    -0.0975
```

7. 矩阵的特征值与特征向量

矩阵 **A** 的谱分解为 $\boldsymbol{A}=\boldsymbol{U}\boldsymbol{\Lambda}\boldsymbol{U}'$，其中 $\boldsymbol{\Lambda}$ 是由 **A** 的特征值组成的对角矩阵，**U** 的列为 **A** 的特征值对应的特征向量，在 R 中可以用函数 eigen () 函数得到 **U** 和 $\boldsymbol{\Lambda}$。

```
> A=diag(4)+1                          #生成对称方阵
> A
     [,1] [,2] [,3] [,4]
[1,]    2    1    1    1
[2,]    1    2    1    1
[3,]    1    1    2    1
[4,]    1    1    1    2
> A.eigen=eigen(A)                     #求特征值和特征向量
> class(A.eigen)                       #求数据集的类型
[1] "list"
```

R 的列表（list）是一个以对象的有序集合构成的对象。列表中包含的对象又称为它的分量（components）。

分量可以是不同的模式或类型，如一个列表可以同时包括数值向量，逻辑向量，矩阵，复向量，字符数组，函数，等等。

```
> str(A.eigen)
List of 2
 $ values: num [1:4] 5 1 1 1
 $ vectors:num [1:4,1:4] -0.5 -0.5 -0.5 -0.5 0.866 ...
```

R 的列表（list）中可以同 str（）函数查看列表中包含的分量，可以通过 list $ 分量名称获取到该分量的数据，这里 $ values 表示特征值，$ vectors 表示特征向量。

```
> A.eigen
$values
[1] 5 1 1 1

$vectors
     [,1]       [,2]       [,3]       [,4]
[1,] -0.5  0.8660254  0.0000000  0.0000000
[2,] -0.5 -0.2886751 -0.5773503 -0.5773503
[3,] -0.5 -0.2886751 -0.2113249  0.7886751
[4,] -0.5 -0.2886751  0.7886751 -0.2113249
```

由 $\boldsymbol{A}$ 分解为 $\boldsymbol{U\Lambda U'}$，可以通过特征值和特征向量可以重构矩阵 $\boldsymbol{A}$：

```
> A.eigen$vectors%*%diag(A.eigen$values)%*%t(A.eigen$vectors)
     [,1] [,2] [,3] [,4]
[1,]    2    1    1    1
[2,]    1    2    1    1
[3,]    1    1    2    1
[4,]    1    1    1    2
```

8. 矩阵数据的奇异值分解

A 为 $m \times n$ 矩阵，rank（**A**）$=r$，可以分解为：$\boldsymbol{A}=\boldsymbol{UDV}'$，其 $\boldsymbol{U}'\boldsymbol{U}=\boldsymbol{V}'\boldsymbol{V}=I$。在 R 中可以用函数 svd（）进行奇异值分解，例如：

```
> A=matrix(1:12,3,4)                    #生成矩阵
> svd(A)                                #求矩阵 SVD 分解
$d
[1] 2.546241e+01 1.290662e+00 1.716561e-15
$u
           [,1]         [,2]        [,3]
[1,] -0.5045331 -0.76077568   0.4082483
[2,] -0.5745157 -0.05714052  -0.8164966
[3,] -0.6444983  0.64649464   0.4082483
$v
           [,1]         [,2]        [,3]
[1,] -0.1408767  0.82471435  -0.4991558
[2,] -0.3439463  0.42626394   0.4974744
[3,] -0.5470159  0.02781353   0.5025186
[4,] -0.7500855 -0.37063688  -0.5008372
> A.svd=svd(A)                                          #SVD 分解结果赋值到对象
> A.svd$u%*%diag(A.svd$d)%*%t(A.svd$v)                  #重构矩阵 A
     [,1] [,2] [,3] [,4]
[1,]    1    4    7   10
[2,]    2    5    8   11
[3,]    3    6    9   12
```

9. 矩阵数据的合并

R 中有矩阵计算和处理的工具，函数 rbind（）和 cbind（）分别用上下或左右的方式合并向量或矩阵：

```
> A<- matrix(1,nr=2,nc=2)             #生成矩阵 A
> B<- matrix(2,nr=2,nc=2)             #生成矩阵 B
> rbind(A,B)                          #通过行合并矩阵 A 和 B
     [,1] [,2]
[1,]    1    1
[2,]    1    1
[3,]  2  2
[4,]  2  2
> cbind(A,B)                          #通过列合并矩阵 A 和 B
     [,1] [,2] [,3] [,4]
[1,]    1    1    2    2
[2,]    1    1    2    2
```

10. 矩阵广义逆（Moore-Penrose）

$n \times m$ 矩阵 **A**+称为 $m \times n$ 矩阵 **A** 的 Moore-Penrose 逆，如果它满足下列条件：① **A**

$\boldsymbol{A}+\boldsymbol{A}=\boldsymbol{A}$；②$\boldsymbol{A}+\boldsymbol{A}\ \boldsymbol{A}+=\boldsymbol{A}+$；③（$\boldsymbol{A}\ \boldsymbol{A}+$）$\boldsymbol{H}=\boldsymbol{A}\ \boldsymbol{A}+$；④（$\boldsymbol{A}+\boldsymbol{A}$）$\boldsymbol{H}=\boldsymbol{A}+\boldsymbol{A}$，在 R 的 MASS 包中的函数 ginv（）可计算矩阵 $\boldsymbol{A}$ 的 Moore-Penrose 逆，例如：library（"MASS"）

```
> A
     [, 1] [, 2] [, 3] [, 4]
[1,]   1     5     9    13
[2,]   2     6    10    14
[3,]   3     7    11    15
[4,]   4     8    12    16
> ginv(A)
        [, 1]    [, 2]    [, 3]    [, 4]
[1,] -0.285  -0.1075   0.07    0.2475
[2,] -0.145  -0.0525   0.04    0.1325
[3,] -0.005   0.0025   0.01    0.0175
[4,]  0.135   0.0575  -0.02   -0.0975
```

验证性质 1：

```
> A%*%ginv (A)%*%A
     [, 1] [, 2] [, 3] [, 4]
[1,]   1     5     9    13
[2,]   2     6    10    14
[3,]   3     7    11    15
[4,]   4     8    12    16
```

验证性质 2：

```
> ginv(A)%*%A%*%ginv(A)
        [, 1]    [, 2]    [, 3]    [, 4]
[1,] -0.285  -0.1075   0.07    0.2475
[2,] -0.145  -0.0525   0.04    0.1325
[3,] -0.005   0.0025   0.01    0.0175
[4,]  0.135   0.0575  -0.02   -0.0975
```

验证性质 3：

```
> t(A%*%ginv(A) )
     [, 1] [, 2] [, 3] [, 4]
[1,]  0.7   0.4   0.1  -0.2
[2,]  0.4   0.3   0.2   0.1
[3,]  0.1   0.2   0.3   0.4
[4,] -0.2   0.1   0.4   0.7
> A%*%ginv(A)
     [, 1] [, 2] [, 3] [, 4]
[1,]  0.7   0.4   0.1  -0.2
[2,]  0.4   0.3   0.2   0.1
[3,]  0.1   0.2   0.3   0.4
[4,] -0.2   0.1   0.4   0.7
```

验证性质 4：

```
> t(ginv(A)%*%A)
      [,1] [,2] [,3] [,4]
[1,]   0.7  0.4  0.1 -0.2
[2,]   0.4  0.3  0.2  0.1
[3,]   0.1  0.2  0.3  0.4
[4,]  -0.2  0.1  0.4  0.7
> ginv(A)%*%A
      [,1] [,2] [,3] [,4]
[1,]   0.7  0.4  0.1 -0.2
[2,]   0.4  0.3  0.2  0.1
[3,]   0.1  0.2  0.3  0.4
[4,]  -0.2  0.1  0.4  0.7
```

11. 循环和条件操作

R 语言的条件语句形式为

```
> if (expr1) expr2 else expr3
```

其中 expr1 是控制条件并且产生一个唯一的逻辑值，逻辑值为真执行 expr2 语句，假则执行 expr2 语句。

```
> if(1<2) A=1 else A=2                 #条件控制语句
> A
[1] 1
```

R 提供了 if/else 条件语句向量形式的函数 ifelse。它的使用方式是 ifelse（condition，a，b），最终返回一个和最长的参数向量同长的向量。condition [i] 为真时，该向量对应的元素是 a [i]，否则为 b [i]。

```
> ifelse(c(TRUE,FALSE),c(1,2),c(3,4))        #条件控制语句的函数形式
[1] 1 4
```

R 语言有下面形式的 for 循环架构

```
> for (name in expr 1 ) expr 2
```

其中 name 是循环变量，expr1 是一个向量表达式（常常以 1：20 这种形式出现），而 expr2 常常是根据虚拟变量 name 而设计的成组表达式。在 name 访问 expr1 所有可以取到的值时，expr2 都会运行。下面通过循环计算 1+2+3+…+98+99+10 的例子：

```
> sum=0
> for(i in 1:100) sum=sum+i
> sum
[1] 5050
```

12. 编写自己的函数

R 语言允许用户创建模式为 function 的对象，这些被创建的对象是真正的 R 函数，以特定的内在形式存储，可以在其他表达式中使用，等等。通过创建函数，R 语言在能力，易用性和易读性上都获得了极大的提高。

```
> std(x)                                #求标准方差(没有该函数)
错误:没有"std"这个函数
> sqrt( sum( (x - mean(x))^2 /(length(x)-1)))        #求标准方差
[1] 2.406011
```

```
> std=function(x) sqrt( sum( (x - mean(x))^2 /(length(x)-1)))   #求标准方差
> std(x)                                    #调用自己编写求标准方差函数
[1] 2.406011
> sd(x)                                     #调用内部求标准方差函数
[1] 2.406011
```

通过编写自己的函数 std，可以保存在脚本文件中，方便以后使用时调用，代码中尽可能多地引用函数，可使代码简洁，减少代码量，这是 R 软件里模块化的一个重要变现。

R 语言实际上是函数的集合，用户可以使用 base、stats 等包中的基本函数，也可以自己编写函数完成一定的功能。但是初学者往往认为编写 R 函数十分困难，或者难以理解。这里对如何编写 R 函数进行简要的介绍。

函数是对一些程序语句的封装。换句话说，编写函数，可以减少人们对重复代码书写，从而让 R 脚本程序更为简洁，高效。同时也增加了可读性。一个函数往往完成一项特定的功能。例如，求标准差 sd，求平均值，求生物多样性指数，等。R 数据分析，就是依靠调用各种函数来完成的。但是编写函数也不是轻而易举就能完成的，需要首先经过大量的编程训练。特别是对 R 中数据的类型，逻辑判别、下标、循环等内容有一定了解之后，才好开始编写函数。对于初学者来说，最好的方法就是研究现有的 R 函数。因为 R 程序包都是开源的，所有代码可见。研究现有的 R 函数能够使编程水平迅速提高。

R 函数无需首先声明变量的类型，大部分情况下不需要进行初始化。一个完整的 R 函数，需要包括函数名称、函数声明、函数参数以及函数体几部分。

（1）函数名称　即要编写的函数名称，这一名称就作为将来调用 R 函数的依据。

（2）函数声明　包括<－function，即声明该对象的类型为函数。

（3）函数参数　这里是输入的数据，函数参数是一个虚拟出来的一个对象。函数参数所等于的数据，就是在函数体内部将要处理的值，或者对应的数据类型。函数体内部的程序语句进行数据处理，就是对参数的值进行处理，这种处理只在调用函数的时候才会发生。函数的参数可以有多种类型。R help 的界面对每个函数和其参数的意义及所需的数据类型都进行了说明。

（4）函数体　常常包括三部分。

① 异常处理。输入的数据不能满足函数计算的要求，或者类型不符，这时候一定要设计相应的机制告诉用户，输入的数据在什么地方有错误。错误又分为两种。第一种，如果输入的数据错误不是很严重，可以经过转换，变为符合处理要求的数据时，此时只需要给用户一个提醒，告知数据类型不符，但是函数本身已经进行了相应的转换。第二种，数据完全不符合要求，这种情况下，就要终止函数的运行，而告知因为什么，函数不能运行。这样，用户在使用函数时才不至于茫然。

② 运算过程。包括具体的运算步骤。运算过程和该函数要完成的功能有关。

R 运算过程中，应该尽量减少循环的使用，特别是嵌套循环。R 提供了 apply、replicate 等一系列函数来代替循环，应该尽量应用这些函数，提高效率。如果在 R 中实在太慢，那么核心部分只能依靠 C 或者 Fortran 等语言编写，然后再用 R 调用这些编译好的模块，达到更高的效率。运算过程中，需要大量用到 if 等条件作为判别的标准。if 和 while 都是需要数据 TRUE/FALSE 这样的逻辑类型变量，这就意味着，if 内部往往是对条件的判别，例如 is.na，is.matrix，is.numeric，等等，或者对大小的比较，如 if (x＞0)，if (x==1)，if (length(x) ==3)，等等。if 后面，如果是 1 行，则花括号可以省略，否则就必须要将所有的语句都放在花括号中。这和循环是一致的。

［例 1］

```
## if 与条件判断
fun.test <- function(a,b,method="add"){
    if(method=="add") { ## 如果 if 或者 for/while;
        res <- a + b ## 等后面的语句只有一行,则无需使用花括号。
}
    if(method=="subtract"){
        res <- a - b
    }
    return(res) ## 返回值
}
### 检验结果
fun.test(a=10,b=8,method="add")
fun.test(a=10,b=8,method="substract")
```

for 循环有些时候是必须要用到的，for 循环内部，往往需要用下标，访问数据内的一定元素，例如向量内的元素，这时候用方括号表示。一维的数据组合，或者数组，常常称为向量。二维的数据组合，往往称为矩阵，或者数据框。具体的访问方式主要是方括号内部有没有逗号的区别。for 循环或者 while 循环有时候让人觉得比较困惑，可能需要专门的时间进行讲解。

［例 2］

```
### for 循环与算法
test.sum <- function(x)
{
    res <- 0 ### 设置初始值,在第一次循环的时候使用
    for(i in 1:length(x)){
        res <- res + x[i] ## 这部分是算法的核心,
##总是从右面开始计算,结果存到左边的对象
    }
    return(res)
}

### 检验函数
a <- c(1,2,1,6,1,8,9,8)
test.sum(a)
sum(a)
```

无论是什么样的函数，算法才是最关键的。往往需要巧妙地设计算法，让函数快捷高效。

③ 返回值。返回值就是函数给出的结果。打个比方，编写一个函数，就像自己攒一个机器，例如现在攒好一台豆浆机，该豆浆机要求输入大豆，输入的大豆就是参数，返回的结果就是豆浆。如果该豆浆机需要不停地输入大豆，而不能产出豆浆，这样的机器就一定会被扔掉。函数也是一样的，需要给出返回值。R 中默认的情况是将最后一句作为返回值。但是

为了函数的可读性起见，应该尽量指明返回值。返回值用 return () 函数给出。函数在内部处理过程中，一旦遇到 return ()，就会终止运行，将 return () 内的数据作为函数处理的结果给出。

下面举例说明 R 函数的编写方法。

［例 3］计算标准差

```
sd2 <- function(x)
{
  # 异常处理,当输入的数据不是数值类型时报错
  if(! is.numeric(x)){
      stop("the input data must be numeric! \n")
  }
  # 异常处理,当仅输入一个数据的时候,告知不能计算标准差
  if(length(x)==1){
      stop("can not compute sd for one number,
          a numeric vector required.\n")
  }
  ## 初始化一个临时向量,保存循环的结果,
  ## 求每个值与平均值的平方
  x2 <- c()
  ## 求该向量的平均值
  meanx <- mean(x)
  ## 循环
  for(i in 1:length(x)){
      xn <- x[i] - meanx
      x2[i] <- xn^2
  }
      ## 求总平方和
  sum2 <- sum(x2)
  # 计算标准差
  sd <- sqrt(sum2/(length(x)-1))
  # 返回值
  return(sd)
}
## 程序的检验
## 正常的情况
sd2(c(2,6,4,9,12))
## 一个数值的情况
sd2(3)
## 输入数据不为数值类型时
sd2(c("1","2"))
```

这样，一个完整的函数就编写完成了。当然，实际情况下，函数往往更为复杂，可能要上百行。但是好的编程人员往往将复杂的函数编写成小的函数，以便于程序的修改和维护，即使其中出现错误，也很好修改。再有就是编写 R 函数时一定要注意缩进，编辑器用 Notepad＋＋，TinnR，Rstudio，等，同时用等距字体（如 Consolas，Courier new，等）和语法高亮显示。这样便于快速寻找到其中的错误。

七、R 语言中的常用函数

（一）数据结构

1. 数据管理

vector：向量；numeric：数值型向量；logical：逻辑型向量；character：字符型向量；list：列表；data. frame：数据框；c：连接为向量或列表；length：求长度；subset：求子集；seq，from：to，sequence：等差序列；rep：重复；NA：缺失值 NULL：空对象；sort，order，unique，rev：排序；unlist：展平列表；attr，attributes：对象属性；mode，typeof：对象存储模式与类型；names：对象的名字属性。

2. 字符串处理

character：字符型向量；nchar：字符数；substr：取子串；format，format C：把对象用格式转换为字符串；paste，strsplit：连接或拆分；charmatch，pmatch：字符串匹配；grep，sub，gsub：模式匹配与替换。

3. 复数

complex，Re，Im，Mod，Arg，Conj：复数函数。

4. 因子

factor：因子；codes：因子的编码；levels：因子的各水平的名字；nlevels：因子的水平个数；cut：把数值型对象分区间转换为因子；table：交叉频数表；split：按因子分组；aggregate：计算各数据子集的概括统计量；tapply：对“不规则”数组应用函数。

（二）数学相关计算

1. 计算

＋，－，＊，/，^，%%，%/%：四则运算；ceiling，floor，round，signif，trunc，zapsmall：舍入；max，min，pmax，pmin：最大最小值；range：最大值和最小值；sum，prod：向量元素和积；cumsum，cumprod，cummax，cummin：累加、累乘；sort：排序；approx 和 approx fun：插值；diff：差分；sign：符号函数。

2. 数学函数

abs，sqrt：绝对值，平方根。

log，exp，log10，log2：对数与指数函数。

sin，cos，tan，asin，acos，atan，atan2：三角函数。

sinh，cosh，tanh，asinh，acosh，atanh：双曲函数。

beta，lbeta，gamma，lgamma，digamma，trigamma，tetragamma，pentagamma，choose，lchoose：与贝塔函数、伽玛函数、组合数有关的特殊函数。

fft，mvfft，convolve：傅里叶变换及卷积。

polyroot：多项式求根。

poly：正交多项式。

spline，splinefun：样条差值。

besselI，besselK，besselJ，besselY，gammaCody：Bessel 函数。

deriv：简单表达式的符号微分或算法微分。

3. 数组

array：建立数组；matrix：生成矩阵；data. matrix：把数据框转换为数值型矩阵 lower. tri：矩阵的下三角部分；mat. or. vec：生成矩阵或向量；t：矩阵转置；cbind：把列合并为矩阵；rbind：把行合并为矩阵；diag：矩阵对角元素向量或生成对角矩阵；aperm：数组转置；nrow，ncol：计算数组的行数和列数；dim：对象的维向量；dimnames：对象的维名；row/colnames：行名或列名；% * %：矩阵乘法；crossprod：矩阵交叉乘积（内积）；outer：数组外积；kronecker：数组的 Kronecker 积；apply：对数组的某些维应用函数；tapply：对“不规则”数组应用函数；sweep：计算数组的概括统计量；aggregate：计算数据子集的概括统计量；scale：矩阵标准化；matplot：对矩阵各列绘图；cor：相关阵或协差阵；Contrast：对照矩阵；row：矩阵的行下标集；col：求列下标集。

4. 线性代数

solve：解线性方程组或求逆；eigen：矩阵的特征值分解；svd：矩阵的奇异值分解；backsolve：解上三角或下三角方程组；chol：Choleski 分解；qr：矩阵的 QR 分解；chol2inv：由 Choleski 分解求逆。

5. 逻辑运算

<，>，<=，>=，==，! =：比较运算符；!，&，&&，|，‖，xor ()：逻辑运算符；logical：生成逻辑向量；all，any：逻辑向量都为真或存在真；ifelse ()：二者择一；match，%in%：查找；unique：找出互不相同的元素；which：找到真值下标集合；duplicated：找到重复元素。

6. 优化及求根

optimize，uniroot，polyroot：一维优化与求根。

（三）程序设计

1. 控制结构

if，else，ifelse，switch：分支。

for，while，repeat，break，next：循环。

apply，lapply，sapply，tapply，sweep：替代循环的函数。

2. 函数方面

function：函数定义。

source：调用文件。

call：函数调用。

. C，. Fortran：调用 C 或者 Fortran 子程序的动态链接库。

Recall：递归调用。

browser，debug，trace，traceback：程序调试。

options：指定系统参数。

missing：判断虚参是否有对应实参。

nargs：参数个数。

stop：终止函数执行。

on. exit：指定退出时执行。

eval，expression：表达式计算。

system. time：表达式计算计时。

invisible：使变量不显示。

menu：选择菜单（字符列表菜单）。

其他与函数有关的还有：delay，delete. response，deparse，do. call，dput，environment，formals，format. info，interactive，is. finite，is. function，is. language，is. recursive，match. arg，match. call，match. fun，model. extract，name，parse，substitute，sys. parent，warning，machine。

3. 输入输出

cat，print：显示对象。

sink：输出转向到指定文件。

dump，save，dput，write：输出对象。

scan，read. table，load，dget：读入。

4. 工作环境

ls，objects：显示对象列表。

rm，remove：删除对象。

q，quit：退出系统。

. First，. Last：初始运行函数与退出运行函数。

options：系统选项。

?，help，help. start，apropos：帮助功能。

data：列出数据集。

（四）统计分析

1. 统计分布

每一种分布有 4 个函数：d——density（密度函数），p——分布函数，q——分位数函数，r——随机数函数。

比如，正态分布的这 4 个函数为 dnorm，pnorm，qnorm，rnorm。

列出各分布后缀，前面加前缀 d、p、q 或 r 就构成函数名：

norm：正态；t：t 分布；f：F 分布；chisq：卡方（包括非中心）；unif：均匀；exp：指数；weibull：威布尔；gamma：伽玛；beta：贝塔 ；lnorm：对数正态；logis：逻辑分布；cauchy：柯西；binom：二项分布；geom：几何分布；hyper：超几何；nbinom：负二项；pois：泊松 ；signrank：符号秩；wilcox：秩和；tukey：学生化极差。

2. 简单统计量

sum，mean，var，sd，min，max，range，median，IQR（四分位间距）等为统计量。

sort，order，rank 与排序有关，其他还有 ave，fivenum，mad，quantile，stem 等。

3. 统计检验

R 中已实现的有 chisq. test，prop. test，t. test。

4. 多元分析

cor，cov. wt，var：协方差阵及相关阵计算。

biplot，biplot. princomp：多元数据 biplot 图。

cancor：典则相关。

princomp：主成分分析。

hclust：谱系聚类。

kmeans：*K*一均值聚类。

cmdscale：经典多维标度　其他有 dist，mahalanobis，cov. rob。

5. 时间序列

ts：时间序列对象。

diff：计算差分。

time：时间序列的采样时间。

window：时间窗。

6. 统计模型

lm，glm，aov：线性模型、广义线性模型、方差分析。

八、R 语言的基础画图

（一）plot 函数（图Ⅲ-1）

plot（x，y，xlim＝c（0，100），ylim＝c（0.4，1），
type＝" o"，lwd＝2，col＝2，pch＝24，cex＝1.5，yaxs＝" i"，xaxs＝" i"，
xlab＝" Sample Ration（%）"，ylab＝" Accuracy" ）

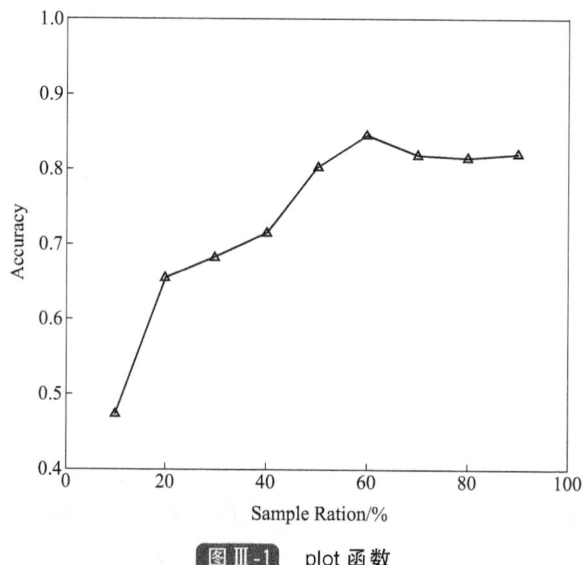

图Ⅲ-1 plot 函数

说明：x，y 表示要画图的 x 轴内容和 y 轴内容；

xlim，ylim 表示 x 轴和 y 轴的范围；

type 表示图的形状，是点、线、点线、阶梯线等等；

lwd 表示线的宽度；

col 表示颜色；

pch 表示点的形状；

cex 表示点的大小；

yaxs，xaxa 表示 plot 默认画图时会在预留一部分坐标空间，设置为“i”后，就可以去掉预留空间；

xlab，ylab 表示 x 轴和 y 轴的名称。

（二）lines 函数（图Ⅲ-2）

当想要在一个图中画多条线时，可以用此函数

lines（LPP $ LPP～LPP $ x，col＝" blue"，type＝" o"，lwd＝2，pch＝5）

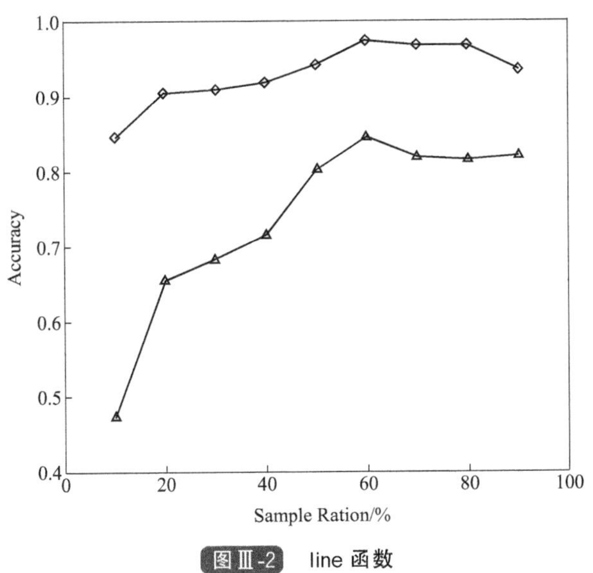

图Ⅲ-2 line 函数

（三）grid 对图添加栅格（图Ⅲ-3）

grid（nx=NA，ny=6，lwd=2）

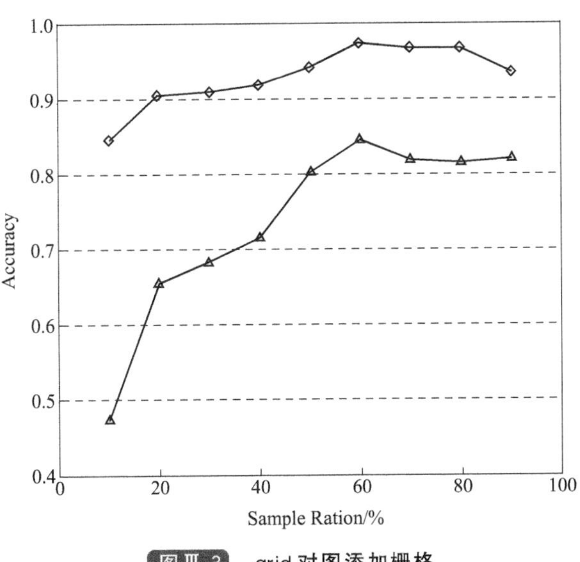

图Ⅲ-3 grid 对图添加栅格

nx，ny 分别表示 x 和 y 方向的虚线，当值为 NA 时，不对相应的方向分割，ny=6 表示将 y 轴等距分割为 6 段。

（四）abline（图Ⅲ-4）

添加一条直线

abline（h=0.85，col=" black"，lty=1，lwd=2）

h 表示 y 轴方向的高度

v 表示 x 轴的位置

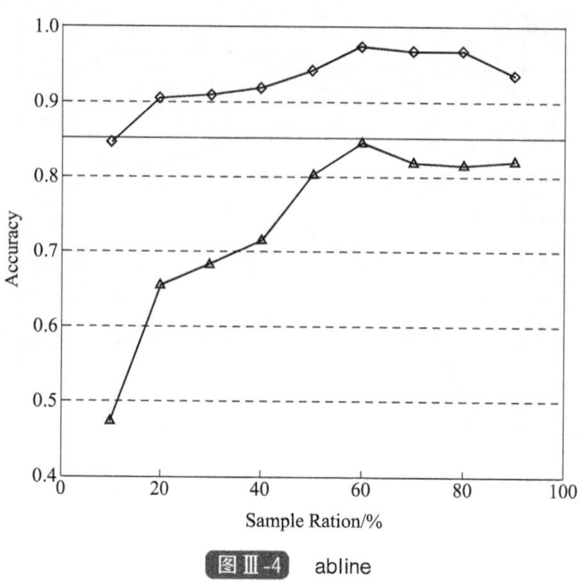

图Ⅲ-4 abline

（五）legend（图Ⅲ-5）

添加图例

legend("bottomright",legend=c("AC 正确率","MI 归一化互信息"),col=c("blue","red"),pch=c(5,24),lty=1)

“bottomright” 表示图例的位置

legend 表示内容

lty 表示线的类型

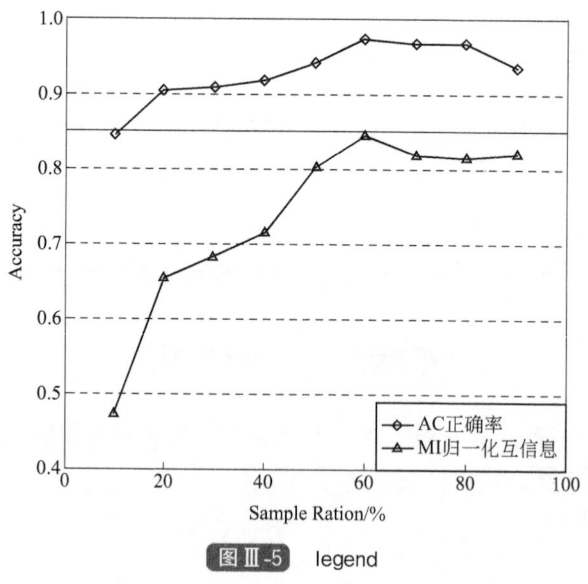

图Ⅲ-5 legend

1. las 参数

坐标刻度标签的方向。0 表示总是平行于坐标轴，1 表示总是水平，2 表示总是垂直于坐标轴。las=1。可以在 plot，axis 等函数中使用。

2. yaxt，xaxt 参数

是否显示相应坐标轴的标度。yaxt＝" n" 表示不显示 y 轴的刻度。

3. axis 函数

axis（side＝2，at＝c（1，2，3，4，5，6），labels＝c（1，2，3，4，5，6），las＝1）。

side 表示对 x 轴还是 y 轴设置刻度。side＝1 表示对 x 轴，2 表示对 y 轴。

at 表示在坐标轴的什么位置。

labels 表示在对应的位置标什么，可以是值也可以是说明。

图形输出（pdf \ Win \ PBG \ JPEG \ BMP \ PostScript）（图Ⅲ-6、图Ⅲ-7）

用代码保存图形，将绘图语句加在开启目标图形设备的语句和关闭目标图形设备的语句之间即可。

```
<span style="font-size:18px;">#pdf("mygraph.pdf")   #pdf 文件
win.metafile("filename.wmf")                         #windows 图形文件
#png("filename.png")                                 #PBG 文件
#jpeg("filename.jpg")                                #JPEG 文件
#bmp("filename.bmp")                                 #BMP 文件
#postscript("filename.ps")                           #PostScript 文件
attach(mtcars)
plot(wt,mpg)
abline(lm(mpg~wt))
title("Regression of MPG on Weight")
detach(mtcars)
dev.off()
</span>
```

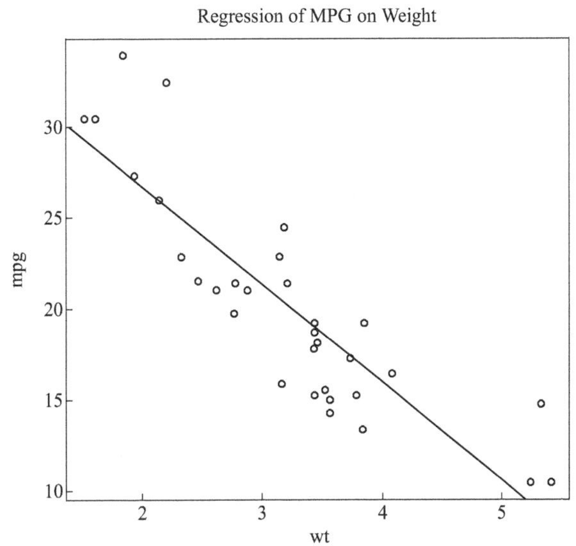

图Ⅲ-6 图形输出（一）

```
<span style="font-size:18px;">plot(cars$dist~cars$speed, #y~x,cars 是 R 自带的数据
main="Relationship between car distance & speed",         #标题
xlab="Speed(miles per hour)",         #x 轴标题
ylab="Distance travelled (miles)",         #Y 轴标题
xlim=c(0,30),         #设置 x 轴的取值区间为 0 到 30
ylim=c(0,140),         #设置 y 轴的取值区间为 0 到 140
xaxs="i",        #这里是设置 x 轴的风格,暂时没看明白有多大区别
yaxs="i",
col="red",         #设置颜色
pch=19         #pch 指代点的形状,用数字表示,可查看帮助文档
#如果要保存图片怎么办呢? 我觉得最简单的方法就是使用 RStudio 这个 IDE,极其得
  好,可惜很多人都不知道。
  #如果你不会,可以用如下代码实现:#(图形的参数还有很多个,我这里只使用了其中的几个)
png(filename="散点图.png",width=480,height=480)
plot(cars$dist~cars$speed,         #y~x
main="Relationship between car distance & speed",         #标题
xlab="Speed(miles per hour)",         #x 轴标题
ylab="Distance travelled (miles)",         #Y 轴标题
xlim=c(0,30),         #设置 x 轴的取值区间为 0 到 30
ylim=c(0,140),         #设置 y 轴的取值区间为 0 到 140
xaxs="i",         #这里是设置 x 轴的风格,暂时没看明白有多大区别
yaxs="i",
col="red",
pch=19         #pch 指代点的形状,用数字表示,可查看帮助文档
dev.off()
</span>
```

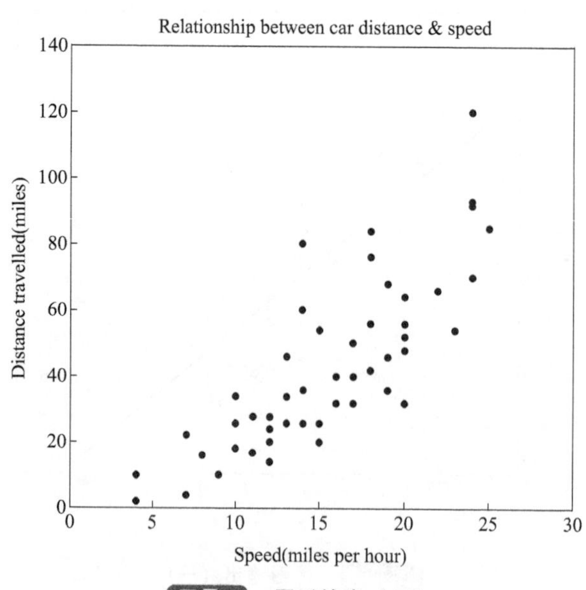

图Ⅲ-7 图形输出(二)

如果你还有另一组数据，需要在上面这幅图里绘制，也就是在同一幅图里面绘制两组数据的散点图，可以像下面这样用 point 函数：

```
＜span style＝"font－size：18px；"＞png(filename＝"散点图．png"，width＝480，height＝480)
plot(cars＄dist～cars＄speed)   ＃y～x
main＝"Relationship between car distance ＆ speed"，      ＃标题
xlab＝"Speed(miles per hour)"，                         ＃x 轴标题
ylab＝"Distance travelled (miles)"，                    ＃Y 轴标题
xlim＝c(0，30)，                             ＃设置 x 轴的取值区间为 0 到 30
ylim＝c(0，140)，                            ＃设置 y 轴的取值区间为 0 到 140
xaxs＝"i"，                  ＃这里是设置 x 轴的风格，暂时没看明白有多大区别
yaxs＝"i"，
col＝"red"，
pch＝3)                       ＃pch 指代点的形状，用数字表示，可查看帮助文档
points(cars＄speed～cars＄dist，pch＝19)   ＃因为比较难弄数据，就把原先的数据因果关系颠倒一下，pch 设置与前面不同以区分
dev．off()＜/span＞
```

三维散点图（图Ⅲ-8、图Ⅲ-9）

可以用 scatterplot3d 中的 scatterplot3d () 函数来绘制它们的关系。

```
＜span style＝"font－size：18px；"＞library(scatterplot3d)
attach(mtcars)
scatterplot3d(wt，disp，mpg，pch＝16，highlight．3d＝TRUE，type＝"h"，main＝"Basic 3D Scatter Plot")＜/span＞
```

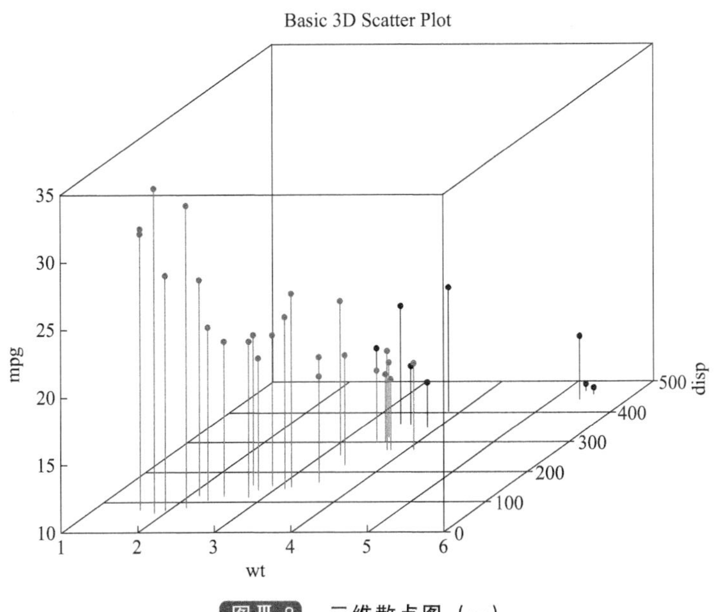

图Ⅲ-8 三维散点图（一）

第一步，选出需要的变量，并计算它们的相关系数的绝对值。

第二步，使用 dmat. color () 获取绘图颜色。给定一个对称矩阵，dmat. color () 将返回一个颜色矩阵。

第三步，排序。通过 order. single () 散点图矩阵将根据新的变量顺序（myorder）和颜色列表（mycolor）绘图上色，gap 使得矩阵各单元格间的间距稍微增大一些。

```
<span style="font-size:18px;"> library(gclus)
mydata=mtcars[c(1,3,5,6)]
mydata.corr=abs(cor(mydata))
mycolors=dmat.color(mydata.corr)
myorder=order.single(mydata.corr)
cpairs(mydata,myorder,panel.colors=mycolors,gap=.5,main="Variables Ordered and Colored by Correlation")</span>
```

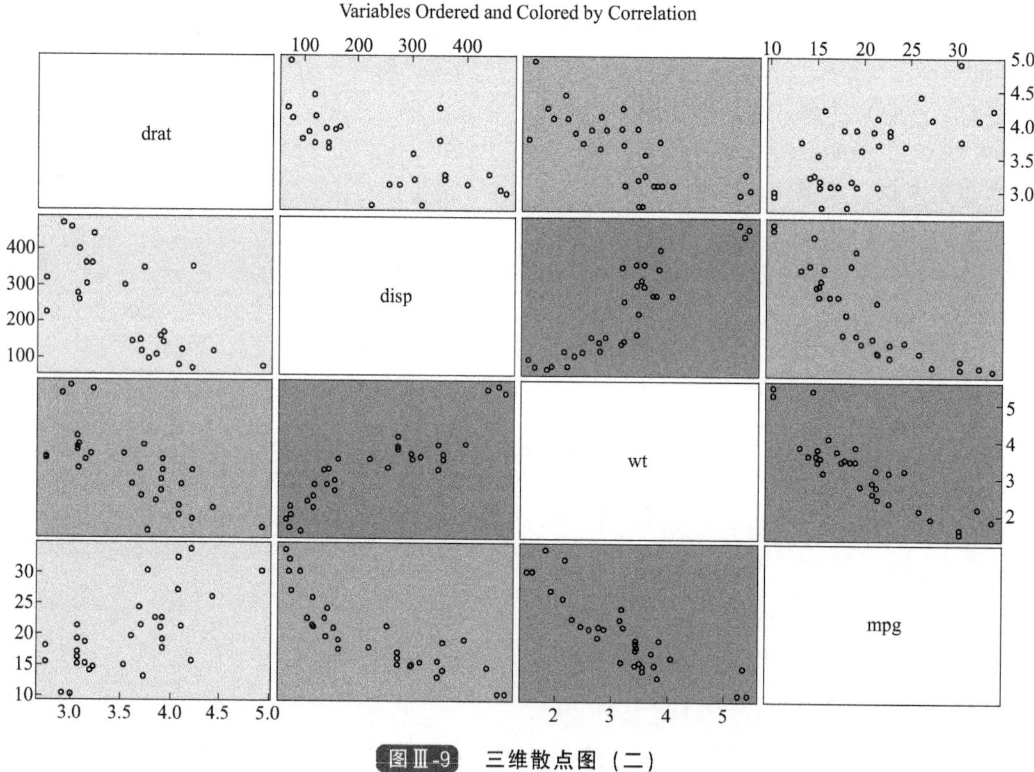

图Ⅲ-9 三维散点图（二）

九、R 中的化学计量学

化学计量学又称化学统计学，是数学、统计学、计算机科学与化学结合而形成的化学分支学科。其主要研究内容包括统计学与统计方法、定性和定量分析等。化学计量学和统计学息息相关，R 软件作为统计学软件，后来其他领域的研究者也选择了 R 软件作为研究工具，并把研究成果总结成了扩展包捐献出来，给所有 R 软件使用者分享，其中化学计量学学者的 Kurt Varmuza 和 Peter Filzmoser 开发了名叫 chemometrics 的扩展包和介绍该包的书籍《Introduction to Multivariate Statistical Analysis in Chemometrics》。书中介绍了多种化学计量学中用的模式识别，多元校正方法，交叉验证方法。这章节主要介绍下扩展包 chemometrics 里的一些函数和用法。

（一）回归方法

1. 多元线性回归

```
> library(chemometrics)                     #加载需要的扩展包
> data(ash,package="chemometrics")           #加载需要的数据集
> reslm <- lm(SOT~.,data=ash)                    #训练多元回归模型
> summary(reslm)                           #模型输出的概述
Call:
lm(formula=SOT ~ .,data=ash)
Residuals:
    Min       1Q    Median     3Q     Max
-253.83   -59.94   -4.03   37.49   438.65
Coefficients:
                Estimate Std. Error t value Pr (>|t|)
(Intercept)   -432436.08  1770988.70  -0.244   0.80770
P2O5             4338.78    17710.15   0.245   0.80708
SiO2             4334.60    17709.89   0.245   0.80726
Fe2O3            4324.86    17708.62   0.244   0.80767
Al2O3            4337.23    17710.02   0.245   0.80714
CaO              4333.91    17709.69   0.245   0.80728
MgO              4341.88    17710.08   0.245   0.80694
Na2O             4356.81    17708.50   0.246   0.80627
K2O              4324.95    17709.85   0.244   0.80768
`log(P2O5)`       -11.35       37.09  -0.306   0.76044
`log(SiO2)`       -27.06       40.07  -0.675   0.50131
`log(Fe2O3)`       44.51       35.34   1.260   0.21136
`log(Al2O3)`       23.40       21.34   1.097   0.27601
`log(CaO)`         57.96       55.39   1.046   0.29845
`log(MgO)`        -78.60       70.12  -1.121   0.26562
`log(Na2O)`       -56.04       20.16  -2.780   0.00674 **
`log(K2O)`         74.82       36.19   2.067   0.04184 *
---
Signif. codes: 0 '***' 0.001 '**' 0.01 '*' 0.05 '.' 0.1 ' ' 1

Residual standard error: 128.5 on 82 degrees of freedom
Multiple R-squared: 0.5953, Adjusted R-squared: 0.5164
F-statistic: 7.54 on 16 and 82 DF, p-value: 1.706e-10
```

2. 稳健（鲁棒）多元线性回归

```
> library(robustbase)                         # 加载需要的扩展包
> data(ash,package="chemometrics")            # 加载数据集
> reslmrob <-lmrob(SOT~.,data=ash,compute.rd=TRUE)   #训练模型
> summary(reslmrob)                           #模型输出的概述
```

Robust residual standard error:86.55

Multiple R－squared: 0.7895, Adjusted R－squared: 0.7484

Convergence in 28 IRWLS iterations

标准方差和 R^2 的结果和普通的多元线性回归的预测效果相比是有显著性提高的

3. 主成分回归

```
> library(pls)                # 加载需要的扩展包
> data(yarn)                  # 加载需要的数据集
> nir.pcr <- pcr(density ~ NIR,ncomp=5,data=yarn[yarn$train,])  # 训练模型
> pred.resp <- predict(nir.pcr,ncomp=1,newdata=yarn[! yarn$train,])  # 模型预测
>pred.resp                             # 模型预测的结果输出
>
>
,,  1 comps
      density
110   32.55606
22    35.45174
31    28.88981
41    32.46738
51    36.79623
61    28.55357
71    33.98975
```

4. 双向交互检验的主成分回归（图Ⅲ-10）

```
>library (chemometrics)                          # 加载需要的扩展包
>data (PAC)                                      # 加载数据集
>pcr_dcv<-mvr_dcv (y~X, ncomp=50, data=PAC, method=" svdpc" ) # 训练模型
```

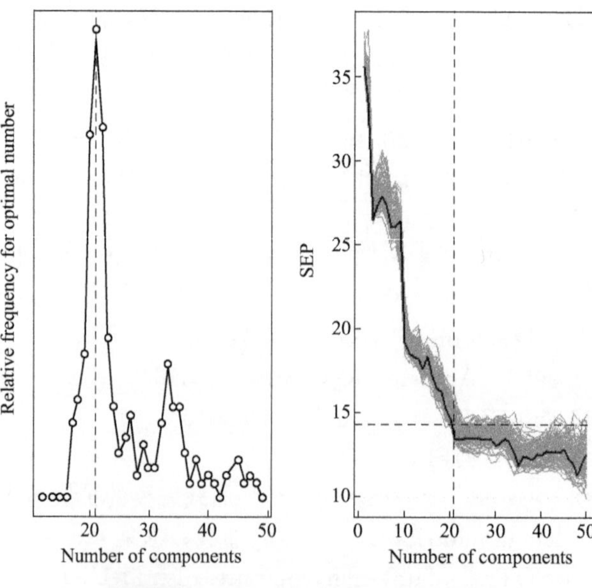

图Ⅲ-10 双向交互检验的主成分回归

```
> pcr _ plot2<-plotcompmvr (pcr _ dcv)              # 模型输出可视化 1
> pcr _ plot1<-plotSEPmvr (pcr _ dcv, opt=pcr _ plot2 $ opt, PAC $ y,
> PAC $ X, method=" svdpc" )                         #模型输出可视化 2
```

在双向交互检验中，默认是做 100 次模型，每个模型计算 1 到 50 的主成分数的预测均方差。

5. 偏最小二乘回归（图Ⅲ-11）

```
> library(pls)                                        # 加载需要的扩展包
> resMvr <- mvr(density ~ NIR,ncomp=5,data=yarn[yarn $ train,])
> # method 的默认参数是="simpls") 是 SIMPLS
> # method="oscorespls")是 O-PLS
> # method="kernelpls")是 Kernel-PLS
> pred. resp <- predict(resMvr,ncomp=1,newdata=yarn[! yarn $ train,])
        # 偏最小二乘方法模型预测
> pred. resp
, ,1 comps
    density
110 52.82470
22  52.88401
31  34.04177
41  37.35532
51  32.77666
61  20.62980
71  22.40331

>pls_dcv=mvr_dcv(y~X,ncomp=50,data=PAC,method="simpls")
># PLS 的双向交互检验方法
```

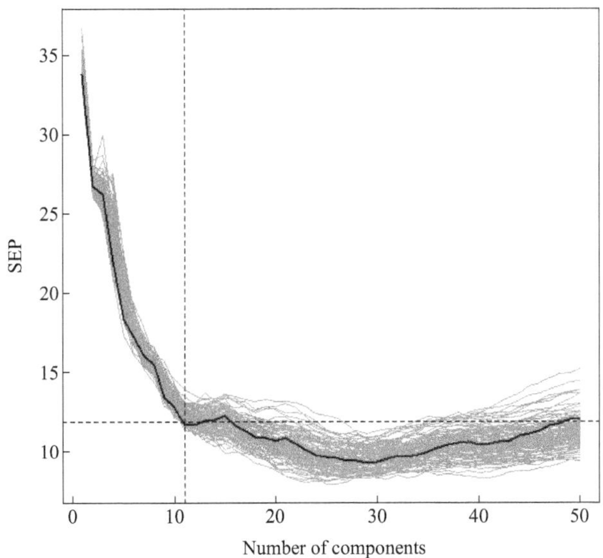

图Ⅲ-11　偏最小二乘回归

```
>#默认参数有 100 次重复建模
> pls_plot1=plotSEPmvr(pls_dcv,opt=11,PAC$y,PAC$X,
>+ method="simpls")                  # 结果的可视化
> pls_dcv$afinal                     # 最佳的主成分数
[1] 11
```

除此之外，chemometrics 包里还有很多其他的回归方法可以选择，如逐步回归的 stepwise 函数，交互检验的索套回归 lassoCV 函数，交互检验的岭回归 ridgeCV 函数，其他的扩展包，如 nnet 包里的神经网络 nnet 函数，rpart 包里的回归树方法 rpart 函数，neural 包里的线性核回归 rbftrain 函数。感兴趣的读者可以加载相应的扩展包，然后借助函数的在线帮助和参考例子代码学习，由于篇幅原因在此不一一介绍。

（二）模式识别方法

1. 线性判别分析

```
> library(MASS)                          # 导入 glass 数据集所在的包
> data(fgl)                              # 导入 galss 数据集
>grp <- fgl$type                         # glass 数据集的分类信息
> X <- scale(fgl[,1:9])                  # 自标度化数据
> dat <- data.frame(grp,X)               # 生成数据框
> train <- sample(1:nrow(dat),143)       # 划分训练集
> resLDA <- lda(X[train,],grp[train])    # 贝叶斯判别分析训练模型
> predLDA <- predict(resLDA,newdata=X[-train,])$class   # 预测验证集
> table(grp[-train],predLDA)             # 预测结果和真实值之间对比
> predLDA
```

	WinF	WinNF	Veh	Con	Tabl	Head
WinF	18	5	1	0	0	0
WinNF	7	15	0	0	1	0
Veh	5	2	0	0	0	0
Con	0	3	0	2	0	1
Tabl	1	3	0	0	1	1
Head	0	0	1	0	0	4

2. *K*-最近邻法

```
> library(class)                   # 加载近邻法所在的包
> reskNN <- knn(X[train,],X[-train,],grp[train],k=25)     # 训练模型并预测
> table(grp[-train],reskNN)                               # 预测结果和真实值之间对比
      reskNN
```

	WinF	WinNF	Veh	Con	Tabl	Head
WinF	19	5	0	0	0	0
WinNF	6	17	0	0	0	0
Veh	5	2	0	0	0	0
Con	3	2	0	0	0	1
Tabl	5	0	0	0	0	1
Head	0	1	0	0	0	4

3. *K*-最近邻法的交互检验方法

```
> library(chemometrics)                                    #加载交互检验近邻法所在的包
> calibr <- sample(1:nrow(dat),143)                        #三分之二样本为训练集
> resknn <- knnEval(X,grp,calibr,knnvec=seq(1,30))     #k=1~30
> str(resknn)

List of 6
$    trainerr:     num [1:30] 0 0.119 0.161 0.182 0.217 ...
$    testerr:      num [1:30] 0.324 0.366 0.352 0.366 0.352 ...
$    cvMean:   num [1:30] 0.29 0.335 0.301 0.377 0.348 ...
$    cvSe:     num [1:30] 0.05 0.0338 0.03 0.0365 0.0462 ...
$    cverr:        num [1:10,1:30] 0.267 0.533 0.533 0.143 0.214 ...
$   knnvec:        int [1:30] 1 2 3 4 5 6 7 8 9 10 ...
```

由于输出较多，这里浏览输出结果依次 trainerr 为 $k=1\sim30$ 的训练集的错误率，testerr 为验证集的错误率，cvMean 为交互检验的平均错误率，cvSe 为交互检验的错误率方差，cverr 为 10 折交互检验的详细结果列表。

4. 分类回归树方法

```
> library(rpart) # classification trees
>tree1<- rpart(grp[-train]~.,data=as.data.frame(X[train,]),method="class")
> # use all remaining variables in "dat" for the tree
> plot(tree1) # plots the tree,see Figure 5.16
> text(tree1) # adds text labels to the plot
> tree1
node),split,n,loss,yval,(yprob)
      * denotes terminal node
1) root 143 90 WinNF (0.32 0.37 0.07 0.049 0.021 0.17)
  2) Ba< 0.3216956 121 69 WinNF (0.38 0.43 0.083 0.058 0.025 0.025)
    4) Al< -0.04988595 75 33 WinF (0.56 0.28 0.11 0.013 0.013 0.027)
      8) Ca< 1.070185 66 24 WinF (0.64 0.2 0.12 0 0.015 0.03)
        16) RI>=-0.4249188 56 15 WinF (0.73 0.2 0.054 0 0 0.018)
          32) Fe< 0.6977787 43  7 WinF (0.84 0.093 0.047 0 0 0.023) *
          33) Fe>=0.6977787 13  6 WinNF (0.38 0.54 0.077 0 0 0) *
        17) RI< -0.4249188 10  5 Vch (0.1 0.2 0.5 0 0.1 0.1) *
      9) Ca>=1.070185 9  1 WinNF (0 0.89 0 0.11 0 0) *
    5) Al>=-0.04988595 46 15 WinNF (0.087 0.67 0.043 0.13 0.043 0.022)
      10) Mg>=-0.4849757 37  7 WinNF (0.11 0.81 0.054 0 0 0.027) *
      11) Mg< -0.4849757 9  3 Con (0 0.11 0 0.67 0.22 0) *
  3) Ba>=0.3216956 22  1 Head (0 0.045 0 0 0 0.95) *
```

5. 分类回归树交互检验方法

```
> library(chemometrics)
```

```
> calibr <- sample(1:nrow(dat),143) # 2=3 of objects
> cpsel <- c(0.01:0.05,0.1,0.15,0.2:0.5,1)
> # selected parameters for the tree complexity
> restree <- treeEval (X,grp,calibr,cp=cpsel)
> str(restree)

List of 6
$   trainerr:    num [1:5] 0.266 0.385 0.385 0.385 0.664
$   testerr:     num [1:5] 0.268 0.408 0.408 0.408 0.606
$   cvMean:    num [1:5] 0.392 0.39 0.49 0.588 0.727
$   cvSe:      num [1:5] 0.051 0.037 0.0567 0.0377 0.0229
$   cverr:       num [1:10,1:5] 0.267 0.533 0.267 0.357 0.643 ...
$  cp:           num [1:5] 0.01 0.1 0.15 0.2 1
```

输出结果依次 trainerr 为训练树的复杂度从 0.01 到 1 的训练集的错误率，testerr 为验证集的错误率，cvMean 为交互检验的平均错误率，cvSe 为交互检验的错误率方差，cverr 为 10 折交互检验的详细结果列表，cp 为不同复杂度。

6. 神经网络交互检验方法

```
> library(chemometrics)
> calibr <- sample(1:nrow(dat),143) # 2=3 of objects
> weightsel <- c(0,0.01,0.1,0.15,0.2,0.3,0.5,1)
> # selected parameters for the weight decay
> resANN <- nnetEval(X,grp,calibr,decay=weightsel,size=20)
> # generates Figure 5.26 (left) with a fixed
> # number of hidden layers (size=20)
> str(resANN)

List of 7
$   trainerr:    num [1:8] 0.657 0.014 0.175 0.217 0.252 ...
$   testerr:     num [1:8] 0.704 0.282 0.31 0.352 0.366 ...
$   cvMean:        num [1:8] 0.643 0.336 0.343 0.328 0.343 ...
$   cvSe:          num [1:8] 0.047 0.0424 0.033 0.0528 0.0359 ...
$   cverr:         num [1:10,1:8] 0.667 0.8 0.467 0.571 0.5 ...
$   decay:         num [1:8] 0 0.01 0.1 0.15 0.2 0.3 0.5 1
$   size:          num 20
```

输出结果依次 trainerr 为训练树的衰变权重从 0 到 1 的训练集的错误率，testerr 为验证集的错误率，cvMean 为交互检验的平均错误率，cvSe 为交互检验的错误率方差，cverr 为 10 折交互检验的详细结果列表，decay 为衰变的权重向量，size 为网络的单元数。也可以通过扩展包 nnet 中的 nnet 函数来训练，predict 函数来预测，也可以得到相应的结果。

7. 支持向量机方法

```
> library(e1071)                          # 加载 SVMs 所在的扩展包
```

```
> resSVM <- svm(X[train,],grp[train],kernel="radial",gamma=0.5)
> res<-predict(resSVM,X[-train,])            # 预测验证集所属的类别
> table(grp[-train],res)
```

res

	WinF	WinNF	Veh	Con	Tabl	Head
WinF	16	8	0	0	0	0
WinNF	5	18	0	0	0	0
Veh	5	2	0	0	0	0
Con	0	4	0	2	0	0
Tabl	1	5	0	0	0	0
Head	0	1	0	0	0	4

8. 支持向量机的交互检验方法

```
> library(chemometrics)
> calibr <- sample(1:nrow(dat),143) # 2=3 of objects
> gamsel <- c(0,0.05,0.1,0.2,0.3,0.5,1,2,5)
> # selected parameters for gamma
> resSVM <- svmEval(X,grp,calibr,gamvec=gamsel)
> # generates Figure 5.27
> str(resSVM)
```

```
List of 6
$ trainerr:    num [1:9] 0.65 0.259 0.21 0.168 0.161 ...
$ testerr:     num [1:9] 0.718 0.366 0.324 0.31 0.31 ...
$ cvMean:      num [1:9] 0.728 0.343 0.302 0.32 0.336 ...
$ cvSe:        num [1:9] 0.0188 0.0483 0.025 0.042 0.0394 ...
$ cverr:       num [1:10,1:9] 0.667 0.733 0.733 0.714 0.786 ...
$ gamvec:      num [1:9] 0 0.05 0.1 0.2 0.3 0.5 1 2 5
```

输出结果依次为：trainerr 为训练树的线性核伽马参数从 0 到 5 的训练集的错误率，testerr 为验证集的错误率，cvMean 为交互检验的平均错误率，cvSe 为交互检验的错误率方差，cverr 为 10 折交互检验的详细结果列表，gamvec 为线性核伽马参数的向量。

（三）预处理方法

光谱数据中的预处理方法是增强光谱特征的一个必不可少的步骤，特别是对于近红外光谱的光程校正方法，拉曼光谱的荧光背景扣除方法和色谱的质量控制中的峰校正方法。

（四）Whittaker 平滑方法和 airpls 自适应迭代惩罚最小二乘

惩罚最小二乘算法本质上是一种灵活的平滑方法，是 Whittaker 在 1922 年提出。近来，Eilers 扩展了其应用范围，并将其用于一般的化学信号平滑和基线校正。中南大学的张志敏博士在此基础上还提出了自适应迭代加权惩罚最小二乘法（airpls）方法，下面该文章中公布的一个程序包中函数代码，参考下面网址：

http://code.google.com/p/airpls

```
> WhittakerSmooth <- function(x,w,lambda,differences=1) {
+   x=matrix(x,nrow=1,ncol=length(x))
+   L=length(x)
+   E=spMatrix(L,L,i=seq(1,L),j=seq(1,L),rep(1,L))
+   D=as(diff(E,1,differences),"dgCMatrix")
+   W=as(spMatrix(L,L,i=seq(1,L),j=seq(1,L),w),"dgCMatrix")
+   background=solve((W+lambda * t(D)% * %D),t(w * x));
+   return(as.vector(background))
+   }

> airPLS <- function(x,lambda=10,differences=1,itermax=20){
+
+   x=as.vector(x)
+   m=length(x)
+   w=rep(1,m)
+   control=1
+   i=1
+   while(control==1){
+        z=WhittakerSmooth(x,w,lambda,differences)
+        d=x-z
+        sum_smaller=abs(sum(d[d<0]))
+        if(sum_smaller<0.001 * sum(abs(x)) || i==itermax)
+        {
+        control=0
+        }
+        w[d>=0]=0
+        w[d<0]=exp(i * abs(d[d<0])/sum_smaller)
+        w[1]=exp(i * max(d[d<0])/sum_smaller)
+        w[m]=exp(i * max(d[d<0])/sum_smaller)
+        i=i+1
+   }
+   return(z)
+ }
```

Ⅳ Python 语言及其在化学计量学中的应用

一、Python 语言简介

Python 是一种面向对象、直译式的计算机程序语言，具有近二十年的发展历史。它包含了一组功能完备的标准库，能够轻松完成很多常见的任务。它的语法简单，与其他大多数程序设计语言使用大括号不一样，它使用缩进来定义语句块。它经常被当作脚本语言用于处理系统管理任务和网络程序编写，然而它也非常适合完成各种高级任务。Python 支持命令式程序设计、面向对象程序设计、函数式编程、面向侧面的程序设计、泛型编程多种编程范式。

Python 的创始人为吉多·范罗苏姆（Guido van Rossum）。1989 年的圣诞节期间，吉多·范罗苏姆为在阿姆斯特丹打发时间，决心开发一个新的脚本解释程序，作为 ABC 语言的一种继承。之所以选中 Python 作为程序的名字，是因为他是 BBC 电视剧——蒙提·派森的飞行马戏团（monty python's flying circus）的爱好者。ABC 是由吉多参加设计的一种教学语言。就吉多本人看来，ABC 这种语言非常优美和强大，是专门为非专业程序员设计的。但是 ABC 语言并没有成功，究其原因，吉多认为是非开放造成的。吉多决心在 Python 中避免这一错误，并获取了非常好的效果，完美结合了 C 和其他一些语言。就这样，Python 在吉多手中诞生了。实际上，第一个实现是在 Mac 机上。可以说，Python 是从 ABC 发展起来，主要受到了 Modula－3（另一种相当优美且强大的语言，为小型团体所设计的）的影响。并且结合了 Unix shell 和 C 的习惯。

Python 2.0 于 2000 年 10 月 16 日发布，增加了实现完整的垃圾回收，并且支持 Unicode。同时，整个开发过程更加透明，社区对开发进度的影响逐渐扩大。Python 3.0 于 2008 年 12 月 3 日发布，此版不完全兼容之前的 Python 源代码。不过，很多新特性后来也被移植到旧的 Python 2.6/2.7 版本。

Python 是完全面向对象的语言。函数、模块、数字、字符串都是对象。并且完全支持继承、重载、派生、多重继承，有益于增强源代码的复用性。Python 支持重载运算符，因此 Python 也支持泛型设计。相对于 Lisp 这种传统的函数式编程语言，Python 对函数式设计只提供了有限的支持。有两个标准库（functools，itertools）提供了与 Haskell 和 Standard ML 中类似的函数式程序设计工具。

虽然 Python 可能被粗略地分类为“脚本语言”（script language），但实际上一些大规模软件开发项目例如 Zope、Mnet、BitTorrent 及 Google 也广泛地使用它。Python 的支持者较喜欢称它为一种高级动态编程语言，原因是“脚本语言”泛指仅作简单程序设计任务的语言，如 shell script、VBScript 等只能处理简单任务的编程语言，并不能与 Python 相提并论。

Python 本身被设计为可扩充的。并非所有的特性和功能都集成到语言核心。Python 提供了丰富的 API 和工具，以便程序员能够轻松地使用 C、C＋＋、Cython 来编写扩充模块。Python 编译器本身也可以被集成到其他需要脚本语言的程序内。因此，有很多人把 Python 作为一种“胶水语言”（glue language）使用。使用 Python 将其他语言编写的程序进行集成和封装。在 Google 内部的很多项目，例如 Google App Engine 使用 C＋＋编写性能要求极高的部分，然后用 Python 或 Java/Go 调用相应的模块。《Python 技术手册》的作者马特利（Alex Martelli）说：“这很难讲，不过，2004 年，Python 已在 Google 内部使用，Google 招募许多 Python 高手，但在这之前就已决定使用 Python。他们的目的是尽量使用 Python，在不得已时改用 C＋＋；在操控硬件的场合使用 C＋＋，在快速开发时候使用 Python。”

由于 Python 语言的简洁、易读以及可扩展性，在国外用 Python 做科学计算的研究机构日益增多，一些知名大学已经采用 Python 教授程序设计课程。例如卡耐基梅隆大学的编程基础、麻省理工学院的计算机科学及编程导论就使用 Python 语言讲授。众多开源的科学计算软件包都提供了 Python 的调用接口，例如著名的计算机视觉库 OpenCV、三维可视化库 VTK、医学图像处理库 ITK。而 Python 专用的科学计算扩展库就更多了，例如如下 3 个十分经典的科学计算扩展库：NumPy、SciPy 和 matplotlib，它们分别为 Python 提供了快速数组处理、数值运算以及绘图功能。因此 Python 语言及其众多的扩展库所构成的开 发环境十分适合工程技术、科研人员处理实验数据、制作图表，甚至开发科学计算应用程序。

说起科学计算，首先会被提到的可能是 MATLAB。然而除了 MATLAB 的一些专业性很强的工具箱还无法替代之外，MATLAB 的大部分常用功能都可以在 Python 世界中找到相应的扩展库。和 MATLAB 相比，用 Python 做科学计算有如下优点：

首先，MATLAB 是一款商用软件，并且价格不菲。而 Python 完全免费，众多开源的科学计算库都提供了 Python 的调用接口。用户可以在任何计算机上免费安装 Python 及其绝大多数扩展库。

其次，与 MATLAB 相比，Python 是一门更易学、更严谨的程序设计语言。它能让用户编写出更易读、易维护的代码。

最后，MATLAB 主要专注于工程和科学计算。然而即使在计算领域，也经常会遇到文件管理、界面设计、网络通信等各种需求。而 Python 有着丰富的扩展库，可以轻易完成各种高级任务，开发者可以用 Python 实现完整应用程序所需的各种功能。

二、Python 语言中的基础运算操作

Python 使用与 C、Java 类似的运算符，支持整数与浮点数的数学运算。同时还支持复数运算与无穷位数（实际受限于计算机的能力）的整数运算。除了求绝对值函数 abs（）外，大多数数学函数处于 math 和 cmath 模块内。前者用于实数运算，而后者用于复数运算。使用时需要先导入它们，比如：

```
>>>import math
>>>print（math. sin（math. pi/2））
```

（一）数据类型与数学运算

1. 数据类型

变量可以处理不同类型的值，称为数据类型。Python 有多种内置数据类型。以下是比较重要的一些：

Booleans［布尔型］或为 True［真］或为 False［假］；

Numbers［数值型］可以是 Integers［整数］（1 和 2）、Floats［浮点数］（1.1 和 1.2）、Fractions［分数］（1/2 和 2/3）；甚至是 Complex Number［复数］；

Strings［字符串型］是 Unicode 字符序列，例如：一份 HTML 文档。

Bytes［字节］和 Byte Arrays［字节数组］，例如：一份 JPEG 图像文件

Lists［列表］是值的有序序列。

Tuples［元组］是有序而不可变的值序列。

Sets［集合］是装满无序值的包裹。

Dictionaries［字典］是键值对的无序包裹。

2. 基本数学运算

abs（x）＃ 求绝对值；①参数可以是整型，也可以是复数；②若参数是复数，则返回复数的模

```
complex([real[,imag]])        # 创建一个复数。
divmod(a,b)                   # 分别取商和余数。注意:整型、浮点型都可以。
float([x])                    # 将一个字符串或数转换为浮点数。如果无参数将返回 0.0。
int([x[,base]])               # 将一个字符转换为 int 类型,base 表示进制。
long([x[,base]])              # 将一个字符转换为 long 类型。
```

pow(x,y[,z])　　# 返回 x 的 y 次幂。

range([start],stop[,step])　　# 产生一个序列，默认从 0 开始。

round(x[,n])　　# 四舍五入。

sum(iterable[,start])　　# 对集合求和。

oct(x)　　# 将一个数字转化为 8 进制。

hex(x)　　# 将整数 x 转换为 16 进制字符串。

chr(i)　　# 返回整数 i 对应的 ASCII 字符。

bin(x)　　# 将整数 x 转换为二进制字符串。

bool([x])　　# 将 x 转换为 Boolean 类型。

（二）逻辑判断

all (iterable)　# ①集合中的元素都为真的时候为真；②特别的，若为空串返回为 True。

any (iterable)　#①集合中的元素有一个为真的时候为真；②特别的，若为空串返回为 False。

cmp (x, y)　#　如果 x<y，返回负数；x=y，返回 0；x>y，返回正数。

（三）算术运算与赋值

1. 算术运算符

表Ⅳ-1 列出了所有 Python 语言支持的算术运算符。假设变量 a 赋值为 10，而变量 b 赋值为 20。

表Ⅳ-1 Python 语言支持的算术运算符

运算符	描　述	实　例
+	加法——对操作符的两侧加值	$a + b = 30$
−	减法——从左侧操作数减去右侧操作数	$a - b = -10$
*	乘法——相乘运算符两侧的值	$a * b = 200$
/	除——由右侧操作数除以左侧操作数	$b / a = 2$
%	模——由右侧操作数和余返回除以左侧操作数	$b \% = 0$
**	指数——执行对操作指数(幂)的计算	
//	地板除——操作数的除法，其中结果是将小数点后的位数被除去的商	9//2=4 而 9.0//2.0=4.0

试试下面的例子就明白了所有的 Python 编程语言提供的算术运算符：

```
#! /usr/bin/python
a= 21
b= 10
c= 0

c= a+ b
print "Line 1 -  Value of c is ",c
c= a- b
print "Line 2 -  Value of c is ",c
c= a *  b
print "Line 3 -  Value of c is ",c
c= a / b
```

```
print "Line 4 -  Value of c is ",c
c= a % b
print "Line 5 -  Value of c is ",c
a= 2
b= 3
c= a* * b
print "Line 6 -  Value of c is ",c
a= 10
b= 5
c= a//b
print "Line 7 -  Value of c is ",c
```

当执行上面的程序，它会产生以下结果：

```
Line 1 -  Value of c is 31
Line 2 -  Value of c is 11
Line 3 -  Value of c is 210
Line 4 -  Value of c is 2
Line 5 -  Value of c is 1
Line 6 -  Value of c is 8
Line 7 -  Value of c is 2
```

2. 变量赋值语句

变量赋值语句具有如下特点：① 变量无须事先声明；②变量无需指定类型；③无须关心内存管理，变量名会被“回收”；④del 语句能够直接释放资源；⑤ Python 中的“＝”号就是赋值操作符：

```
aaa= －23
bbb= 'hello'
ccc= - 2. 21 *  (5. 1 * *  3)
ddd= 'hello' +  'world'
eee= [3. 14e10,'3en el of end a',3. 333- 2. 222j]
```

Python 语言中赋值并不是将一个值赋给一个变量，对象是通过引用传递的。在赋值时，不管这个对象是新建的还是存在的都是将该对象的引用（并不是值）赋值给变量。

```
x= 1
y= x= x +  1
print x,y
```

（1）增量赋值　符号和算术操作符连接在一起，将计算结果重新赋值给左边的变量，这就是增量赋值。例如：

```
x= x+ 1 可以写成  x+ = 1

其他操作符:+ =  - =  * =  /=  % =  * * = << =  >> = &=  ^=  |=
```

(2) 多重赋值 创建了一个值为 1 的整数对象，把该对象的同一个引用赋给 x、y、z，就是将一个对象赋给了多个变量。

```
x= y= z= 1
print x,y,x
输出:
1 1 1
```

(3) 多元赋值 将多个对象赋给多个变量就是多元变量，等号两边的对象都是元组。

```
(x,y,z)= (1,2,'a string')
print x,y,z
输出:
1 2 a string
```

利用多元赋值可以实现 Python 中的变量交换：

```
x,y= 1,2
print x,y
输出:
1 2
x,y= y,x
print x,y
输出:
2 1
```

(四) 流程控制语句

1. if 语句

if 语句用来检验一个条件，如果条件为真则运行一块语句（称为 if-块 ），否则处理另外一块语句（称为 else-块 ）。else 从句是可选的。if 语句在结尾处包含一个冒号，下面跟着一个语句块。if 语句块中可以使用另外一个 if 语句块，称为嵌套的 if 语句。

```
# ! /usr/bin/python
number= 23             #  设置变量 number 为一个整数。
guess= int(raw_input('Enter an integer: '))  #  使用内建的 raw_input()函数取得
输入的数字,通过 int 把输入的字符串转换为整数,并存储在变量 guess 中。
if guess= = number:        #  如果输入值等于 number
    print 'Congratulations,you guessed it.'
```

```
elif guess < number:        # 如果输入值小于 number
    print 'No,it is a little higher than that'
else:
    print 'No,it is a little lower than that'
print 'Done'

运行结果输出:
# ./if.py
Enter an integer: 50
No,it is a little lower than that
Done
# ./if.py
Enter an integer: 22
No,it is a little higher than that
Done
# ./if.py
Enter an integer: 23
Congratulations,you guessed it.
Done
```

2. while 语句

只要在一个条件为真的情况下，while 语句就会重复执行一块语句，直到条件为假才结束。while 语句是所谓循环语句的一个例子。while 语句有一个可选的 else 从句。

```
# ! /usr/bin/python
number= 23          # 设置变量 number 为一个整数。
running= True      # 在 while 循环开始前把 running 变量设置为 True。
while running:      # 检验变量 running 是否为 True,然后执行后面的 while- 块。
    guess= int(raw_input('Enter an integer: '))
    if guess= = number:
        print 'Congratulations,you guessed it. '
        running= False
    elif guess < number:
        print 'No,it is a little higher than that'
    else:
        print 'No,it is a little lower than that'
else:             # 条件为假执行
    print 'The while loop is over. '
print 'Done'

运行结果输出:
# ./while.py
Enter an integer: 50
```

```
No,it is a little lower than that.
Enter an integer: 22
No,it is a little higher than that.
Enter an integer: 23
Congratulations,you guessed it.
The while loop is over.
Done
```

3. for 循环

for..in 是另外一个循环语句，它在一序列的对象上递归，就是逐一使用队列中的每个项目。

```
# ! /usr/bin/python
for i in range(1,5):        # 打印使用内建的 range 函数生成的一序列数。
    print i
else:
    print 'The for loop is over'
运行结果输出:
# ./for.py
1
2
3
4
The for loop is over
```

注意：在 C/C++中写 for (int i=0; i < 5; i++)，用 Python 可以写成 for i in range (0, 5)

4. break 语句

break 语句是用来终止循环语句的，即使循环条件没有称为 False 或序列还没有被完全递归，也停止执行循环语句。需要注意如果从 for 或 while 循环中终止，任何对应的循环 else 块将不执行。

```
# ! /usr/bin/python
while True:
    s= raw_input('Enter something: ')
    if s= = 'quit':# 如果输入内容为 quit,则执行 break 语句。
        break
    print 'Length of the string is',len(s)
print 'Done'
输出:
# ./break.py
Enter something: Programming is fun
```

```
Length of the string is 18
Enter something: When the work is done
Length of the string is 21
Enter something: if you wanna make your work also fun:
Length of the string is 37
Enter something:       use Python!
Length of the string is 12
Enter something: quit
Done
```

5. continue 语句

continue 语句被用来跳过当前循环块中的剩余语句，然后重新进行下一轮循环。

```
# ! /usr/bin/python
while True:
    s= raw_input('Enter something: ')
    if s= = 'quit':#  如果输入内容为 quit,则执行 break 语句。
        break
    if len(s) < 3:#  使用 len()获取字符串长度,如果长度小于 3,使用 continue 重新执行该循环。
        continue
    print 'Input is of sufficient length'
continue 语句对于 for 循环也有效。
输出:
# ./continue.py
Enter something: a
Enter something: 12
Enter something: abc
Input is of sufficient length
Enter something: quit
```

6. return 语句

return 语句用来从一个函数返回即跳出函数，也可选从函数返回一个值。

```
# ! /usr/bin/python
def maximum(x,y):
    if x >  y:
        return x
    else:
        return y
print maximum(2,3)
输出:
# ./func_return.py
3
```

没有返回值的 return 语句等价于 return None。None 是 Python 中表示没有任何东西的特殊类型。如果一个变量的值为 None，可以表示它没有值。

三、R 与 Python 语言在数据分析方面的对比分析

面对大量的数据进行分析时，选择一款好的工具或者方法至关重要，节约时间的同时，还能让数据结构清晰明了，在最近几年，用 R、Python 的人越来越多，于是出现了众多关于用哪个做数据分析最好的争议。在这里分享一下关于 R 和 Python 数据分析方面的观点：首先，从整体来说，认为数据分析需要的是在有限时间内，用最可行的方式拿到最有用的结果。因此，不应该局限于任何单一的编程方法，而应该是各取所长，根据个人特点、问题的形式而灵活选取或者结合。其实，关于 R 做数据分析的优势已经不言而喻了，众多和全面的统计方法，使得从方法上来说，R 的数据分析能力是其他几个不能比拟的。其实争议最多的也就是出现在其计算性能和全面性上。

（1）运算速度　针对程序速度的比较，有众多的测试方法和不同的结果。综合其他各个地方的测试结果，其实大体说来从基本运算速度来说，Python ＞ R。但是要注意，这里所说的运算速度是“基本计算”。也就是说不涉及引用特殊 package，不用特殊数据结构和运算方式（比如 R 中的矢量化运算）的运算。而这样的运算比较很大程度上取决于基本程序逻辑的速度，比如 for 循环。R 在这点的表现是很差的。基本上会比 Python 慢 3～10 倍。但是，如果你愿意多花些心思更好地利用矢量化编程进行计算，那么无论从程序的长度还是速度上，都会使 R 的表现有显著性提高。总之，在这样的使用方式下，对大部分运算，R 的速度是可以和 Python 接近的，当然，用户也需要花更多心思去优化程序。除此之外，在实际使用的角度来说，数据分析在 R 中大部分时候使用已有的方法，因此可以使用众多已经成型的 package。如果你使用的 package 质量很好，通常在大计算量的程序中，作者实际使用的都是更低级更高效的语言（比如 C、Fortran）。因此，这些大计算量的步骤实际上是以最高效的方式完成的。如果相应的运算在 Pyhon 里面没有调用其他低级语言的优化，R 就可以在这些方面胜过 Python。这里说到的是不需要自己编写的底层语言调用，在 R 和 Python 中都可以实现调用别的语言，但是这需要用户自己编程，从人工角度来讲，专业性较高，不在讨论范围。整体来说，对于对 R 使用和编程有一定深入理解的人来说，不认为 R 做数据分析的速度会比 Python 差。但是对于简单粗暴的编程方式，Python 的确更胜一筹。

（2）全面性　从这点来说，认为 Python 的确胜过 R。无论是对其他语言的调用，和数据源的连接、读取，对系统的操作，还是正则表达和文字处理，Python 都有着明显优势。毕竟，python 本身是作为一门计算机编程语言出现的，而 R 本身只是源于统计计算。所以从语言的全面性来说，两者差异显著。综上所述，对于本地文件直接的数据分析，大部分时候 R 是比 Python 更好的（速度相近，但分析更专业）。如果涉及多方资源的协调（比如远程、数据库、系统、网页），那么最好的方式是将 Python 和 R 相结合使用。

四、Python 与 MATLAB 语言线性代数计算方面的对比分析

本文主要涉及线性代数和矩阵论的基本内容。先回顾这部分理论基础，然后给出 MATLAB，继而给出 Python 的处理。因为 Python 是面向对象的，操纵起来会更接近人的正常思维；而 MATLAB 大多是以函数实现的，是向对象施加的一个操作。比如，**A** 是一个矩阵，它有一个属性 attr。用 Python 更可能是 A. attr，而用 MATLAB 更可能是 attr（A）。

线性代数（linear algebra）是数学的一个分支，研究矩阵理论、向量空间、线性变换和

有限维线形方程组等内容。主要内容有：①矩阵运算：加减乘除、转置、逆矩阵、行列式、矩阵的幂、伴随矩阵；②矩阵分块、秩、迹；③解方程；④线性相关；⑤向量空间；⑥特征值和特征向量；⑦对称、相似；⑧二次标准型；⑨线性空间和基变换；⑩正交空间；⑪矩阵对角化；⑫矩阵分解；⑬重要数字特征。

1. 建立矩阵

MATLAB 中，矩阵是默认的数据类型。它把向量看做 $1\times N$ 或者 $N\times 1$ 的矩阵。

A＝［1，2，3］或者 **A**＝［1 2 3］

％建立了一个行向量，不同元素之间使用空格或者逗号分开都是可以的。如果须建立一个矩阵，则使用分号隔开不同的行。

A＝［1，2，3；4，5，6］

那么，建立一个列向量就好办了。每行一个元素，分号分开即可。当然也可以使用行向量的转置（一个撇号表示转置）。

A＝［1；2；3］或者 **A**＝［1，2，3］′

MATLAB 内置了很多特殊的矩阵生成函数，建立特殊矩阵十分方便。

(1) 用来生成特殊规则的矩阵。如全零、全一、随机、等步长等形式。

X＝zeros（m，n） ％生成一个 $m*n$ 的全 0 矩阵。

X＝ones（m，n） ％生成一个全 1 矩阵。

X＝eye（m，n） ％生成一个单位阵。

它们的重要作用在于预先分配矩阵空间，所以，在预知矩阵规模但是不知道矩阵具体数据的情况下，先用这几个函数生成一个矩阵，对提高运算速度十分有用。

X＝rand（m，n） ％ 生成一个平均分布的随机矩阵，数值区间［0，1］。同理，randn（m，n） ％ 生成一个服从正态分布的随机矩阵。

v＝linspace（a，b，n） ％产生线性空间矢量。a 和 b 分别是起点和终点，n 是本区间内的点数，默认 100 个点。同理，

v＝logspace（a，b，n） ％产生对数空间矢量。不过它默认点数是 50 个。

v＝1：0.1：10 ％产生一个线性的矢量。规格是——起点：步长值：终点

(2) 第二组用来在原有矩阵基础上获得一个具有某些特征的矩阵。

X＝diag（v，k）和 v＝diag（X，k） ％前者用矢量 **v** 中的元素生成一个对角矩阵，k 是对角移位因子，默认为 0，即主对角。$k>0$，对角线右移。后者返回矩阵 **X** 的对角元素，存在矢量 **v** 中。k 的意义相同。

X1＝triu（X，k）和 X1＝tril（X，k） ％分别产生矩阵 **X** 的上三角矩阵和下三角矩阵。

(3) 第三组用来生成一些具有理论价值的，往往是以数学家命名的矩阵。

如 magic（n）生成行列相加均为同一个数字的方阵，pascal（n）生成帕斯卡尔矩阵，hilb（n）生成希尔伯特矩阵，vander（v）生成范德蒙德矩阵，等等。

Python 使用 NumPy 包完成了对 N 维数组的快速便捷操作。使用这个包，需要导入 NumPy。SciPy 包以 NumPy 包为基础，大大扩展了 NumPy 的能力。为了使用方便，SciPy 包在最外层名字空间中包括了所有的 NumPy 内容，因此只要导入了 SciPy，不必在单独导入 Numpy 了！但是为了明确哪些是 NumPy 中实现的，哪些是 SciPy 中实现的，本文还是进行了区分。以下已经默认：import NumPy as np 以及 import SciPy as sp。

下面简要介绍 Python 和 MATLAB 处理数学问题的几个不同点。

(1) MATLAB 的基本是矩阵，而 NumPy 的基本类型是多为数组，把 matrix 看做是

array 的子类。

(2) MATLAB 的索引从 1 开始，而 NumPy 从 0 开始。

对于建立矩阵方面，Python 的做法是：

```
a1= np.array([1,2,3],dtype= int)   #  建立一个一维数组,数据类型是 int。也可以不指定数据类型,使用默认。几乎所有的数组建立函数都可以指定数据类型。
a2= np.array([[1,2,3],[2,3,4]]) #  建立一个二维数组。
同样,NumPy 中也有很多内置的特殊矩阵:
b1= np.zeros((2,3))      # 生成一个 2 行 3 列的全 0 矩阵。注意,参数是一个 tuple:(2,3),所以有两个括号。完整的形式为:zeros(shape,dtype= )。相同的结构,有 ones()建立全 1 矩阵。empty()建立一个空矩阵,使用内存中的随机值来填充这个矩阵。
b2= identity(n)             # 建立 n * n 的单位阵,这只能是一个方阵。
b3= eye(N,M= None,k= 0)     # 建立一个对角线是 1 其余值为 0 的矩阵,用 k 指定对角线的位置。M 默认 None。
```

此外，NumPy 中还提供了几个 like 函数，即按照某一个已知的数组的规模（几行几列）建立同样规模的特殊数组。这样的函数有 zeros _ like ()、empty _ like ()、ones _ like ()，它们的参数均为如此形式：zeros _ like (a，dtype=)，其中，a 是一个已知的数组。

```
c1=np.arange (2, 3, 0.1)    ＃起点，终点，步长值。含起点值，不含终点值。
c2=np.linspace (1, 4, 10)   ＃起点，终点，区间内点数。起点终点均包括在内。
```

同理，有 logspace () 函数。

```
d1=np.linalg.companion (a)  ＃伴随矩阵。
d2=np.linalg.triu () /tril ()  ＃作用同 MATLAB 中的同名函数。
e1=np.random.rand (3, 2)   ＃产生一个 3 行 2 列的随机数组。同一空间下，有 randn () /randint () 等多个随机函数。
```

2. 矩阵的特征信息

size (X)　　%获得矩阵 X 的行、列数。比如，X 是一个 3 * 5 的矩阵，p=size (X) 返回 p= [3 5]。

length ()　　% 对于矢量，返回的是矢量的长度；对数组，返回的是数组最长的那一个维度的长度。

ndims ()　　% 相当于 length (size (x))。

numel ()　　% 数组中元素的个数。

isempty () 和 isequal () 等 is * 型函数　　% 测试矩阵是否满足某些条件。

[V, D] =eig (A)　　%矩阵 A 的特征值 D 和特征向量 V。

k=rank (A)　　%矩阵 A 的秩。

b=trace (A)　　%矩阵 A 的迹，即对角线元素之和。

d=det (X)　　%方阵 A 的行列式。

Y=inv (X)　　%矩阵 X 的逆矩阵。

n=norm (X, option)　　%矩阵或者向量的范数。

c=cond（X） %矩阵 X 的条件数。

对于数组的特征信息，Python 语言的做法是：

先假设已经存在一个 N 维数组 X 了，那么可以得到 X 的一些属性，这些属性可以在输入 X 和一个 . 之后，按 tab 键查看提示。这里明显看到了 Python 面向对象的特征。

```
X.flags      # 数组的存储情况信息。
X.shape   # 结果是一个数组,返回本数组的行数、列数、……
X.ndim     # 数组的维数,结果是一个数。
X.size      # 数组中元素的数量。
X.itemsize     # 数组中的数据项的所占内存空间大小。
X.dtype     # 数据类型。
X.T                  # 如果 X 是矩阵,发挥的是 X 的转置矩阵。
X.trace()     # 计算 X 的迹。
np.linalg.det(a)   # 返回的是矩阵 a 的行列式值。
np.linalg.norm(a,ord= None)     # 计算矩阵 a 的范数。
np.linalg.eig(a)                       # 矩阵 a 的特征值和特征向量。
np.linalg.cond(a,p= None)         # 矩阵 a 的条件数。
np.linalg.inv(a)                          # 矩阵 a 的逆矩阵。
```

3. 矩阵分解

矩阵分解是矩阵论的重要内容。常用的分解形式在 MATLAB 中都有函数予以实现，并且有些分解考虑了多种情况。常见的如：eig（）、qr（）、schur（）、svd（）、chol（）、lu（）等。而在 Python 语言中，对一些常见的矩阵分解函数，numpy.linalg 均已经提供。比如 cholesky（）/qr（）/svd（）/lu（）/schur（）等。某些算法为了方便计算或者针对不同的特殊情况，还给出了多种调用形式，以便得到最佳结果。

4. 矩阵运算

MATLAB 默认的是矩阵运算，所以如果想要按元素依次计算，在原来运算符前加一个. 号。比如 .* 表示按元素相乘。

每一个运算符都有一个对应的函数。如

A+B=plus(A,B)、A−B=minus(A,B)

A*B=mtimes(A,B)、A.*B=times(A,B)

A/B=mrdivide(A,B)、A./B=rdivide(A,B)、A\B=mldivide(A,B)、

A.\B=ldivide(A,B)

A^B=mpower(A,B)、A.^B=power(A,B)

A′=ctranspose(A)、A.′=transpose(A)

其中的前缀 m 自然是表示 matrix 的意思。没有 m 前缀的就是按元素进行的意思。最后那个转置操作，c 前缀表示的是按照复数操作进行转置。

此外，还有一些比较常用的运算：

C=cross（A，B）　　%矢量叉乘。类似的，C=dot（A，B）是矢量点乘。

B=prod（A，dim）　% 数组元素的乘积，默认按列计算。dim=1 是列，dim=2 是按行。这个概念很重要！类似的，B=sum（A，dim）　求数组元素的和。dim 意义和以上同。

expm（）　　　　　　%矩阵指数运算。与此类似的还有 logm（），sqrtm（）。

对于矩阵运算，Python 语言的做法是：

```
np.dot(a,b)     # 用来计算数组的点积
vdot(a,b)       # 专门计算矢量的点积,和 dot()的区别在于对 complex 数据类型的处
理不一样
innner(a,b)     # 用来计算内积
outer(a,b)      # 计算外积
```

专门处理矩阵的数学函数在 Python 语言中的 NumPy 的子包 linalg 中定义。比如 np. linalg. logm（A）计算矩阵 A 的对数。可见，这个处理和 MATLAB 是类似的，使用一个 m 后缀表示是矩阵的运算。在这个空间内可以使用的有 cosm（）/sinm（）/signm（）/sqrtm（）等。其中常规 exp（）对应有三种矩阵形式：expm（）使用 Pade 近似算法、expm2（）使用特征值分析算法、expm3（）使用泰勒级数算法。在 NumPy 中，也有一个计算矩阵的函数：funm（A，func）。

5. 矩阵索引

选择使用矩阵中的某些元素，就是所谓的矩阵索引了，在 MATLAB 中，

A（:，j）　% 选取矩阵 **A** 的所有行，第 j 列，同理，A（i,:）是第 i 行，所有列

A（:，j：k）　　% 所有行，第 j 列至第 k 列（起点和终点均含）。

对于矩阵索引，Python 语言中的 numpy 中的数组索引形式如下：

```
x=np.arange(10)
print x[2]      #单个元素,从前往后正向索引。注意下标是从 0 开始的
print x[-2]      #从后往前索引。最后一个元素的下标是-1
print x[2:5]      #多个元素,左闭右开,默认步长值是 1
print x[:-7]      #多个元素,从后向前,制定了结束的位置,使用默认步长值
print x[1:7:2]   #指定步长值
x.shape=(2,5)      #x 的 shape 属性被重新赋值,要求就是元素个数不变。2*5=10
print x[1,3]      #二维数组索引单个元素,第 2 行第 4 列的那个元素
print x[0]   #第一行所有的元素
y=np.arange(35).reshape(5,7)      #reshape()函数用于改变数组的维度
print y[1:5:2,::2]      #选择二维数组中的某些符合条件的元素
```

在 Python 中存在很好用的 range()与 array()函数,下面对此作出简要介绍。

(1)range()函数

```
>>>range(1,10)      ——>不包括 10
[1,2,3,4,5,6,7,8,9]
>>>range(1,10,2)      ——>1 到 10,间隔为 2(不包括 10)
[1,3,5,7,9]
```

```
>>>range(10)          ——>0 到 10,不包括 10
[0,1,2,3,4,5,6,7,8,9]
```

(2)array()函数

```
Array=[2,3,9,1,4,7,6,8]
```

这个是一个数字列表,没有顺序的。

```
[2,3,9,1,4,7,6,8]
```

从前面开始的顺序列表为{0,1,2,3,4,5,6,7}——>前面序号

从后面开始的顺序列表为{-8,-7,-6,-5,-4,-3,-2,-1}——>后面序号

```
>>>Array[0:]       ——>切片从前面序号“0”开始到结尾,包括“0”位
[2,3,9,1,4,7,6,8]
>>>Array[:-1]      ——>切片从后面序号“-1”到最前,不包括“-1”位
[2,3,9,1,4,7,6]
>>>Array[3:-2]  —>切从前面序号“3”开始(包括)到从后面序号“-2”结束(不包括)
[1,4,7]
>>>Array[3::2]     ——>从前面序号“3”(包括)到最后,其中分隔为“2”
[1,7,8]
>>>Array[::2]      ——>从整列表中切出,分隔为“2”
[2,9,4,6]
>>>Array[3::]      ——>从前面序号“3”开始到最后,没有分隔
[1,4,7,6,8]
>>>Array[3::-2]   ——>从前面序号“3”开始,往回数第二个,因为分隔为“-2”
[1,3]
>>>Array[-1]          ——>此为切出最后一个
8
>>>Array[::-1]          ——>此为倒序
[8,6,7,4,1,9,3,2]
```

能更好地认识两者的区别和联系，同时梳理了展开的思路，摸索出了进一步学习的方法。可以看到，MATLAB 中实现了的函数或者功能，在 NumPy 中都有了对应，并且有些实现得更好。

MATLAB

```
help 函数名    %在控制台给出某函数或者主题的帮助信息
doc 函数名     %在帮助浏览器中给出帮助信息，这个界面更友好
lookfor        %这是一个模糊寻找，含有关键词的词条入口都会给出来
```

Python

```
help (np.add)   #查看关于 add 的帮助信息
```

五、Python 语言中的基础绘图操作

1. 关于 Matplotlib 模块

Matplotlib 是一个由 John Hunter 等开发的，用以绘制二维图形的 Python 模块。它利用了 Python 下的数值计算模块 Numeric 及 Numarray，克隆了许多 Matlab 中的函数，用以帮助用户轻松地获得高质量的二维图形。Matplotlib 可以绘制多种形式的图形包括普通的线

图、直方图、饼图、散点图以及误差线图等；可以比较方便地定制图形的各种属性比如图线的类型、颜色、粗细、字体的大小等；它能够很好地支持一部分 TeX 排版命令，可以比较美观地显示图形中的数学公式。Matplotlib 掌握起来也很容易，由于 Matplotlib 使用的大部分函数都与 Matlab 中对应的函数同名，且各种参数的含义，使用方法也一致，这就使得熟悉 Matlab 的用户使用起来感到得心应手。对那些不熟悉的 Matlab 的用户而言，这些函数的意义往往也是一目了然的，因此只要花很少的时间就可以掌握。Matplotlib 目前包含了 37 个不同的模块，如 matlab，mathtext，finance，dates 等，其中与绘图关系最直接的是 matlab 模块。可以用下面的命令装载并查看它提供的函数

```
>>>import matplotlib. matlab
>>>dir (matplotlib. matlab)
```

如果要了解模块中某个函数的使用方法，可以使用 help 命令。如下面的命令

```
>>>help (legend)
>>>help (plot)
```

会返回 legend 和 plot 这两个函数的信息。本文拟通过一些实例来说明 Matplotlib 的这些主要特点。相信通过阅读这些例子，您能对 Matplotlib 的使用有一个基本的了解。

2. 绘制一组幂函数

先从一个简单的例子开始讨论。假设要在一个图形中显示一组幂函数。这组幂函数的基不同，分别为 10，自然对数 e 和 2。可以用如下 Python 脚本去描绘这组曲线，生成的图形如图Ⅳ-1 所示。

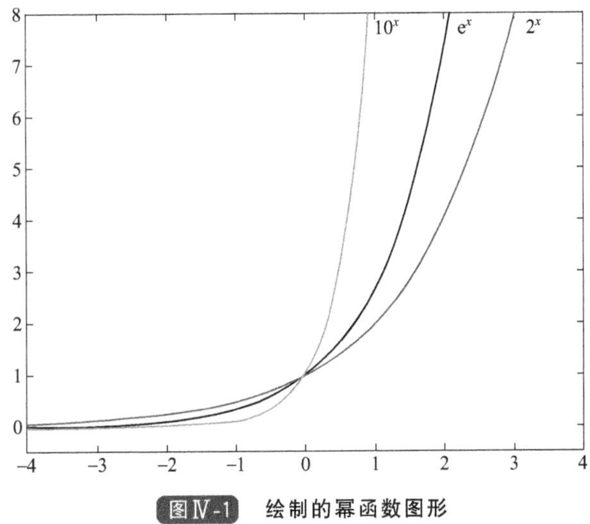

图Ⅳ-1　绘制的幂函数图形

```
from matplotlib. matlab import *
  x= linspace(－4,4,200)
  f1= power(10,x)
```

```
f2= power(e,x)
f3= power(2,x)

plot(x,f1,'r',  x,f2,'b',x,f3,'g',linewidth= 2)
axis([- 4,4,- 0.5,8])
text(1,7.5,r'$ 10^x$ ',fontsize= 16)
text(2.2,7.5,r'$ e^x$ ',fontsize= 16)
text(3.2,7.5,r'$ 2^x$ ',fonsize= 16)
title('A simple example',fontsize= 16)

savefig('power.png',dpi= 75)
show()
```

程序的第一行装载了 Matlab 模块。接下来的几行语句（至 savefig 之前）好像是在运行 MATLAB 程序，因为 linspace，power，plot，axis，text，title 这些函数在 MATLAB 中也存在。这个例子展示了 Matplotlib 中几个比较常用的绘图函数，如 plot，axis，title，等的用法。其中 plot 是一个功能十分强大的函数，通过改变它的参数选项，可以灵活地修改图形的各种属性，比如选用的线型、颜色、宽度等。

3. 显示图形中的数学公式

Matplotlib 可以支持一部分 TeX 的排版指令，因此用户在绘制含有数学公式的图形时会感到很方便并且可以得到比较满意的显示效果，所需要的仅仅是一些 TeX 的排版知识。下面的这个例子显示了如何在图形的不同位置上，如坐标轴标签，图形的标题以及图形中适当的位置处，显示数学公式。相应的 Python 程序如下，生成的图形见图Ⅳ-2。

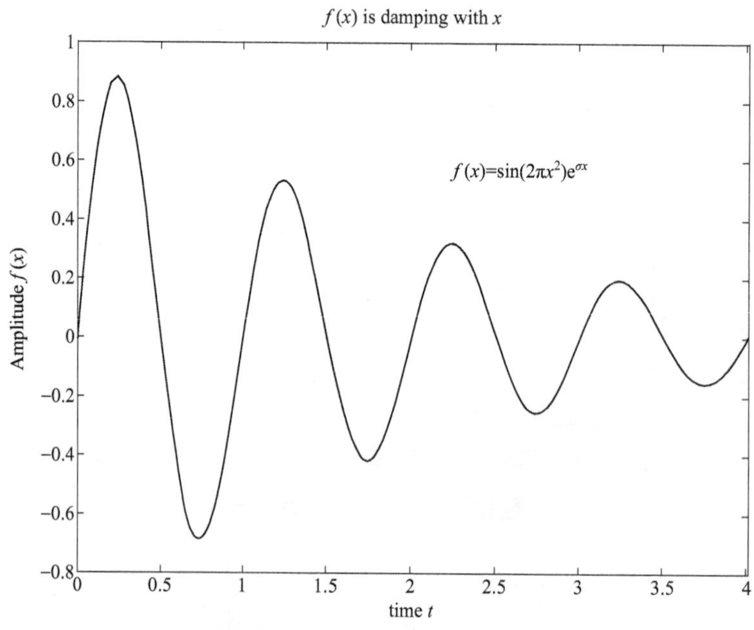

图Ⅳ-2 图形中数学公式的显示

```
from matplotlib.matlab import *
del f(x,c):
    m1= sin(2* pi* x)
    m2= exp(- c* x)
return multiply(m1,m2)
x= linspace(0,4,100)
sigma= 0.5
plot(x,f(x,sigma),'r',linewidth= 2)
xlabel(r'$ \rm{time}  \  t$ ',fontsize= 16)
ylabel(r'$ \rm{Amplitude} \ f(x)$ ',fontsize= 16)
title(r'$ f(x) \ \rm{is \ damping  \ with} \ x$ ',fontsize= 16)
text(2.0,0.5,r'$ f(x)= \rm{sin}(2 \pi  x^2) e^{\sigma x}$ ',fontsize= 20)
savefig('latex.png',dpi= 75)
show()
```

从程序中可以看出，在 Matplotlib 中进行有关数学公式的排版是很简单的。与 TeX 排版时的约定一样，要插入的公式部分由一对美元符号 \$ 来进行标识，而具体的排版命令与 TeX 一样。在任何可以显示文本的地方（如轴的标签，标题处，等）都可以插入需要的公式。需要注意的是，数学公式所在的字符串开始之处有一个标记 r，表示该字符串是一个 raw string。这是因为排版公式时，字符串所包含的内容必须按照 TeX 的规范，而不是其他的规范，来进行解析。所以使用 raw string 可以避免其他规则解释字符串中某些特殊字符所带来的歧义。从生成的图形可以看到，公式显示的效果是比较美观的。

4. 绘制其他格式的图形

除了常用的线图，Matplotlib 还可以绘制其他种类的图形，如直方图，饼图，误差线图，等等。下面是一个处理实验数据的例子（图Ⅳ-3）。它用直方图的形式比较了实际测量电流和理论计算电流，同时还显 示了测量的误差分布情况。程序首先读取实验数据 current.dat，获得数据后利用函数 bar 进行绘图。

```
from matplotlib.matlab import*
filename= "d:\\wei\\exp\\current.dat"
X= load(filename)
dp= X[:,0]
i_mea= X[:,1]
i_mea_err= X[:,2]
i_cal= X[:,3]
i_cal_err= X[:,4]
width= 3
h1= bar(dp,i_mea,width,color= 'r',yerr= i_mea_err)
h2= bar(dp+ width,i_cal,width,color= 'b',yerr= i_cal_err)
xlabel('Particle diameter (nm)',fontsize= 16)
xticks(dp+ width,dp)
ylabel('Signal current (nA)',fontsize= 16)
title('Measured current vs. calculated current')
```

```
legend((h1[0],h2[0]),('measured current','calculated current'),loc= 2)
savefig('current.png',dpi= 75)
show()
```

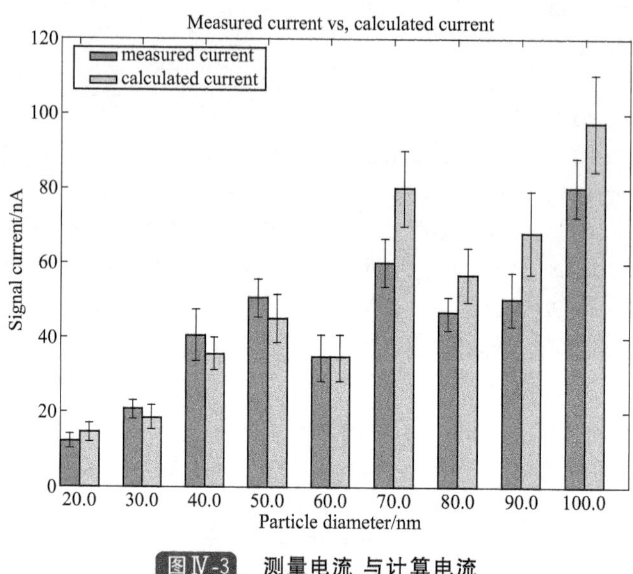

图Ⅳ-3 测量电流 与计算电流

从程序中可以看出，函数 load 极大地方便了数据文件的读取工作（不需要自己写代码来处理数据文件了），它的输出直接被传递至函数 bar 中，进而完成直方图和误差线图的绘制。

5. GLP 集合计算结果的可视化

Python 是一种比较适合用来进行科学计算的脚本语言，如果利用了 Numeric 及 Numarray 模块，它的计算能力还能得到进一步的增强。Matplotlib 也充分利用了这两个模块，可以高质量地完成计算结果可视化的工作。下面是一个计算和显示两维好格子点 GLP (good lattice point set) 集合的例子（图Ⅳ-4）。GLP 集合是一种用算法产生的伪随机数的集合，它在一些优化计算中很有用，详细的介绍可以在参考文献里找到。下面的 Python 程序先定义了一个函数 glp（n1，n2）用以产生需要的 GLP 集合，接着利用 Matplotlib 来显示它的分布情况（应该是均匀分布的）。

```
# A two dimensional GLP set
# with n1= 377,n2= 610
from matplotlib.matlab import *
def glp(n1,n2):
q= zeros((2,n2),Float)
h1= 1; h2= n1
for i in arange(n2- 1):
q[0][ i]= (fmod(h1* (i+ 1),n2)- 0.5)/n2
q[1][ i]= (fmod(h2* (i+ 1),n2)- 0.5)/n2
q[0][n2- 1]= (n2- 0.5)/n2
```

```
q[1][n2- 1]= (n2- 0.5)/n2
return q
n1= 377; n2= 610
q= glp(n1,n2)
x= q[0,:]
y= q[1,:]
plot(x,y,'r.',linewidth= 2)
axis([0,1,0,1])
title(r'$ \rm{GLP \ set \ with} \ n_1= 377,\ n_2= 610$ ')
savefig('glp.png',dpi= 75)
show()
```

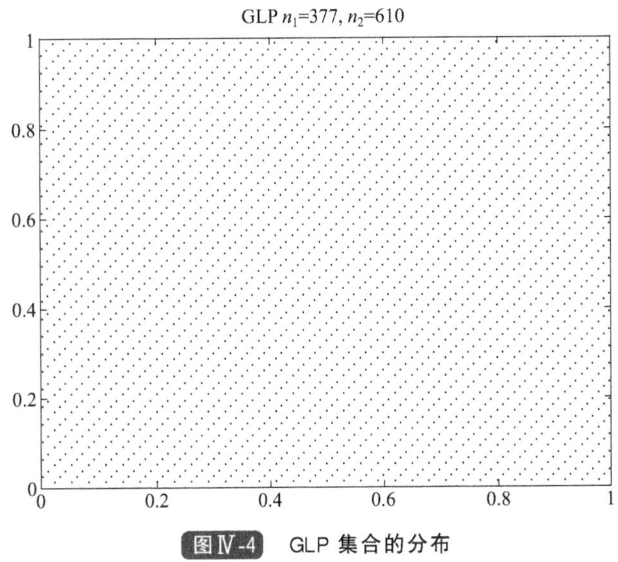

图Ⅳ-4 GLP 集合的分布

最初是用 MATLAB 来完成这个工作的，用 Python 来实现一样很简洁。程序中函数 glp 的实现主要是利用了模块 Numeric，计算得到的结果用 plot 函数直接加以显示，十分方便。这个例子（包括上一个例子）显示了，在利用 Python 进行某些科学及工程计算时，Matplotlib 往往能简洁高效地完成计算结果可视化的工作。

Python 中有许多可视化模块，最流行的当属 Matpalotlib 库。稍加提及，也可选择 bokeh 和 seaborn 模块。前文中，已经说明了 Matplotlib 库中的盒须图模块功能。

```
# Import the module for plotting
import matplotlib.pyplot as plt
plt.show (df.plot (kind='box') )
```

现在，可以用 pandas 模块中集成 R 的 ggplot 主题来美化图表。要使用 ggplot，只需要在上述代码中多加一行。

```
import matplotlib. pyplot as plt
pd. options. display. mpl _ style='default' # Sets the plotting display theme to ggplot2
df. plot (kind='box')
```

这样就得到图Ⅳ-5：

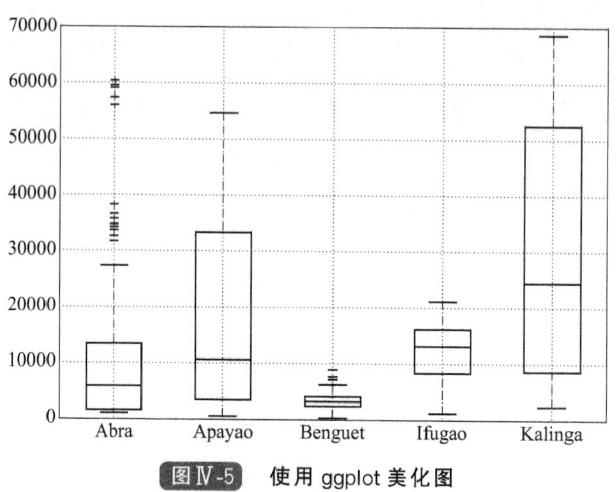

图Ⅳ-5 使用 ggplot 美化图

比 matplotlib. pyplot 主题简洁太多。但是在本文中，更愿意引入 seaborn 模块，该模块是一个统计数据可视化库。因此有：

```
# Import the seaborn library
import seaborn as sns
# Do the boxplot
plt. show (sns. boxplot (df, widths=0. 5, color=" pastel" ) )
```

多性感的盒式图Ⅳ-6，继续往下看。

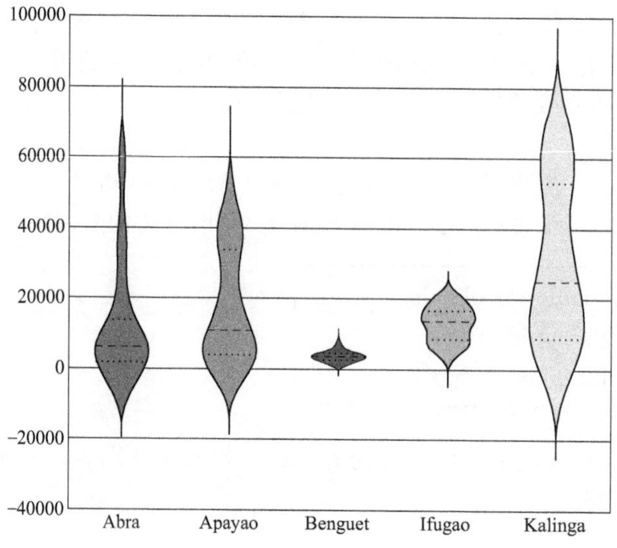

```
plt. show (sns. violinplot (df, widths=0. 5, color=" pastel" ) )
```

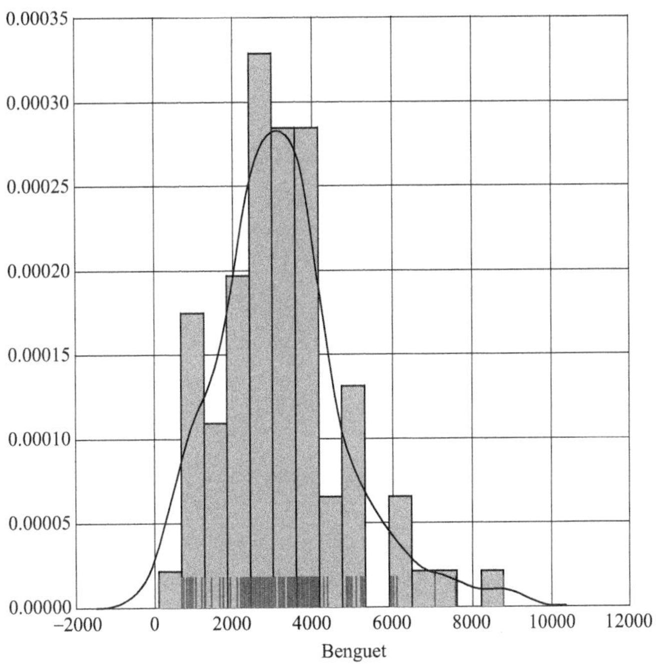


```
plt. show (sns. distplot (df. ix [:, 2], rug=True, bins=15) )
```

```
with sns. axes _ style (" white" ):
plt. show (sns. jointplot (df. ix [:, 1], df. ix [:, 2], kind=" kde" ) )
```

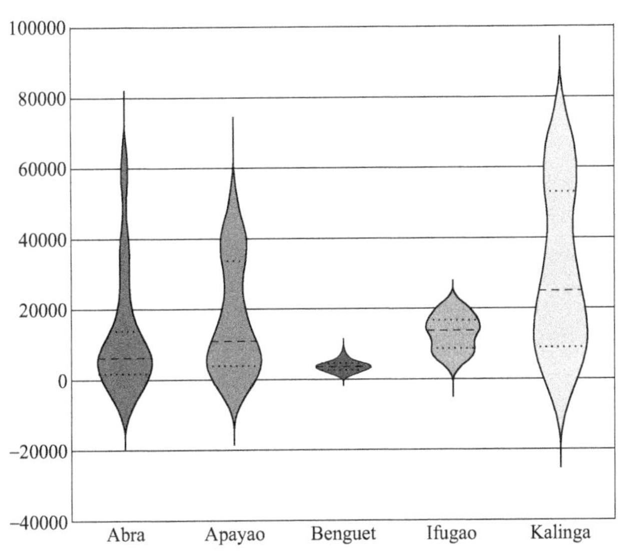


```
plt. show (sns. lmplot (" Benguet"," Ifugao", df) )
```

图Ⅳ-6 盒式图

六、常用化学计量学算法的 Python 语言源代码

为使读者对 Python 语言有更具体的了解，在此将本书中讨论过的多个算法的 Python 语言源代码在此给出，并进行必要的说明。

随机选择（random sampling，RS）法即随机选取一定数量的样本（一般选 75%）组成训练集。这种选取完全是根据随机选择的原则来选择训练集，目的就在于使所选取的训练集样本具有整体代表性。这种训练集组成方法简单，只遵循随机采样原则，不需要采用特别方法进行数据挑选。值得指出的是，这种方法一般要求样本量较大，且样本分布较为均匀才行。

随机选择法的 Python 语言源代码：

```
def RandomSampling(X,Num):
    rand_index=arange(1,X.shape[0]+1)
    shuffle(rand_index)
    return {'CalibrationIndex':rand_index[0:Num],'ValidationIndex':rand_index
    [Num']}
```

KS(Kennard-Stone,KS)法

KS 法是一个对随机选择法加以改进，使训练库中样本可按照空间距离分布均匀，以保证训练集样本具有足够代表性，在近红外光谱的建模中得到广泛应用（具体算法参阅第六章）。该法需要进行数据转换和计算样本两两空间距离，计算量较大。

KS 方法的 Python 语言源代码：

```
def KennardStone (X,Num):
    nrow=X.shape[0]
    CalInd=zeros((Num),dtype=int)-1
    vAll=arange(0,nrow)
    D=zeros((nrow,nrow))
    for i in range(nrow-1):
        for j in range(i+1,nrow):
            D[i,j]=norm(X[i,:]-X[j,:])
    ind=where (D==D.max())
    CalInd[0]=ind[0]
    CalInd[1]=ind[1]
    for i in range (2,Num):
        vNotSelected=array(list(set(vAll)-set(CalInd)))
        vMinDistance=zeros(nrow-i)
        for j in range(nrow-i):
            nIndexNotSelected=vNotSelected[j]
            vDistanceNew=zeros((i))
            for k in range(i):
                nIndexSelected=CalInd[k]
```

```
            if nIndexSelected <= nIndexNotSelected:
                vDistanceNew[k]=D[nIndexSelected,nIndexNotSelected]
            else:
                vDistanceNew[k]=D[nIndexNotSelected,nIndexSelected]
          vMinDistance[j]=vDistanceNew.min()
        nIndexvMinDistance=where(vMinDistance==vMinDistance.max())
        CalInd[i]=vNotSelected[nIndexvMinDistance]
    ValInd=array(list(set (vAll)-set(CalInd)))
    return  {'Calibration Index':CalInd,'ValidationIndex':ValInd}
```

基于联合 *X*-*Y* 距离的样本劈分法（SPXY 法）是在 KS 法的基础上发展而来的，实验证明，SPXY 法能有效地覆盖多维向量空间，从而可改善所建模型的预测能力。

SPXY 方法的 Python 语言源代码：

```
def SPXY(X,Y,Num):
    nrow=X,shape[0]
    CalInd=zeros((Num),dtype=int)-1
    vAll=arange (0,nrow)
    DX=zeros((nrow,nrow))
    DY=zeros((nrow,nrow))
    for i in range(nrow-1):
        for j in range(i+1,nrow):
            DX[i,j]=norm(X[i,:]-X[j,:])
            DY[i,j]=norm(Y[i,:]-Y[j,:])
     D=DX/DX.max()+DY/DY.max()
     ind=where (D==D.max())
     CalInd[0]=ind[0]
     CalInd[1]=ind[1]
     for i in range(2,Num):
         vNotSelected=array(list(set(vAll)-set(CalInd)))
         vMinDistance=zeros(nrow-i)
         for j in range(nrow-i):
             nIndexNotSelected=vNotSelected[j]
             vDistanceNew=zeros((i))
             for k in range(i):
                 nIndexSelected=CalInd[k]
                 if nIndexSelected<=nIndexNotSelected:
                      vDistanceNew[k]=D[nIndexSelected,nIndexNotSelected]
                 else:
                      vDistanceNew[k]=D[nIndexNotSelected,nIndexSelected]
                vMinDistance[j]=vDistanceNew.min()
              nIndexvMinDistance=where(vMinDistance==vMinDistance.max())
```

```
                CalInd[i]=vNotSelected[nIndexvMinDistance]
    ValInd=array(list(set(vAll)-set(CalInd)))
    return {'CalibrationIndex':CalInd,'ValidationIndex':ValInd}
```

在进行回归或模式识别前，一般都需要对数据进行必要预处理，下列出了三种预处理方法，即所谓的范围标度化（Rangescale）、自标度化（autoscale）和中心化（centering）的Python语言的源代码：

```
def rangescale(X):
    xmin=X.min(0)
    xmax=X.max(0)
    Xr=(X-tile(xmin,(X.shape[0],1)))/tile(xmax-xmin,(X.shape[0],1))
    return {'xmin':xmin,'xmax':xmax,'Xr':Xr}
```

```
def autoscale(X):
    xc=mean(X,0)
    xvar=var(X,0)
    Xa=(X-tile(xc,(X.shape[0],1)))/tile(xvar,(X,shape[0],1))
    return {'xc':xc,'xvar':xvar,'Xa':Xa}
```

```
def center(X):
    xc=mean(X,0)
    Xc=X-tile(xc,(X.shape[0],1))
    return {'xc':xc,'Xc':Xc}
```

Savitsky-Golay 平滑的 Python 语言的源代码。在此，SGSDW 函数主要用来产生给定窗口大小的权因子（w）以执行 Savitsky-Golay 平滑和微分。而 SGConvolution 函数主要用来做卷积。

```
def SGSDW(m,p,d):
    M=ones((m.shape[0],1))
    for i in range(p):
        M=c_[M,m**(i+1)]
    H=dot(inv(dot(M.T,M)),M.T);
    c=zeros((1,p+1))
    c[0,d]=prod(arange(1,d+1))
    return dot(c,H)
```

```
def SGConvolution(x,hws=5,p=2,d=0):
    coef=SGSDW(arange(-hws,hws+1),p,d)
    out=zeros(x.shape[0]-2*hws):
    for i in range(hws,x.shape[0]-hws):
```

```
        out [i-hws]=dot(coef,x[i-hws:i+hws+1])
    return out
```

Savitsky-Golay 微分的 Python 语言的源代码：

```
def SGSDW(m,p,d):
    M=ones((m. shape[0],1))
    for i in range(p):
        M=c_[M,m * * (i+1)]
    H=dot(inv(dot(M. T,M)),M. T);
    c=zeros((1,p+1))
    c[0,d]=prod(arange(1,d+1))
    return dot(c,H)
```

```
def  SGConvolution(x,hws=5,p=2,d=0):
    coef=SGSDW(arange(-hws,hws+1),p,d)
    out=zeros(x. shape[0]-2 * hws):
    for i in range(hws,x. shape[0]-hws):
        out[i-hws]=dot(coef,x[i-hws:i+hws+1])
    return out
```

下面给出的分别是移动窗口中位数平滑、快速 FFT 平滑和 Whittaker 平滑的 Python 语言的源代码。

```
def  MedianSmooth(x,hws=5):
    out=zeros(x. shape[0]-2 * hws)
    for i in range(hws,x. shape[0]-hws):
        out[i-hws]=median(x[i-hws:i+hws+1])
    return out
```

```
def  FFTSmooth(x,nc):
    c=ones(nc,complex)
    c=r_[c,zeros(x. shape[0]-nc,complex)]
    xf=fft(x)
    xs=ifft(xf * c)
    return xs,real
```

```
def WhittakerSmooth(x,lamb,w):
    m=w. shape[0]
    W=spdiags(w,0,m,m)
    D=eye(m-1,m,1)-eye(m-1,m)
    return spsolve((W+lamb * D. transpose() * D),w * x)
```

多元线性回归如果用 Python 语言来编写，只需要以下两行：

```
def mlr(X,y):
    return dot(dot(inv(dot(X.T,X)),X.T),y)
```

主成分分析（PCA）与主成分回归（PCR）的 Python 语言源代码亦不复杂。在此，pca _ svd 是一个 python 语言的函数，它可对矩阵进行奇异值分解以完成主成分分析。

```
def pca_svd(X,a):
    if X.shape[0]<=X.shape[1]:
        C=dot(X,X.T)
        U,s,VT=svd(C)
        V=dot(X.T,VT.T)
        s=sqrt(s)
        V=dot(V,inv(diag(s)))
        T=dot(X,V)
        P=V.T
    else:
        C=dot(X.T,X)
        U,s,VT=svd(C)
        T=dot(X,VT.T)
        P=VT
        s=sqrt(s)
        return{'T':T[:,0:a],'P':P[0:a,:]}
```

以下的 pca _ nipals 是一个 Python 语言的函数，它可对矩阵进行 NIPALS 算法以完成主成分分析。

```
def pca_nipals(X,a,it=10,tol=1e-8):
    T=zeros((X.shape[0],a));P=zeros((a.X.shape[1]))
    for i in range(a):
        t=X[:,1]
        prec=tol+1
        nr=o
        while not(prec<=tol or it <= nr):
            p=dot(X.T,t)/dot(t.T,t)
            p=p/norm(p)
            tn=dot(X,p)/dot(p.T,p)
            prec=dot((t-tn).T,t-tn)
            t=tn
            nr=nr+1
```

```
        X=X-outer(t,p)
        T[:,i]=t
        P[i,:]=p
    return {'T':T,'P':P}
```

以下的 pcrpred 是一个 python 语言的函数，它可用来计算回归系数，而且还可计算出相对应样本的响应值。

```
def pcrpred (pca_struct,y,Xn,a):
    T=pca_struct['T']
    P=pca_struct['P']
    B=dot(dot(inv(dot(T[:,0:a].T,T[:,0:a]));T[:,0:a].T),y)
    yp=dot(dot(Xn,P[0:a,:].T),B)
    return yp
```

PLS1 的 python 语言的源代码：

```
def pls1_nipals(X,y,a):
    T=zeros((X.shape[0],a));P=zeros((X.shape[1],a))
    Q=zeros((1,a));W=zeros((X.shape[1],a))
    for i in range(a):
        v=dot(X.T,y[:,0]
        W[:,i]=v/norm(v)
        T[:,i]=dot(X,W[:,i])
        P[:,i]=dot(X.T,T[:,i])/dot(T[:,i].T,T[:,i])
        Q[0,i]=dot(T[:,i].T,y[:,0])/dot(T[:,i].T,T[:,i])
        X=X-outer(T[:,i],P[:,i])
    return {'T':T,'P':P,'Q':Q,'W':W}
```

PLS2 的 python 语言的源代码：

```
def  pls2_nipals(X,Y,a,it=10,tol=1e-8):
    T=zeros((X.shape[0],a));P=zeros((X.shape[1],a))
    Q=zeros((X.shape[1],a));W=zeros((X.shape[1],a))
    for i in range(a):
        u=Y[:,0]
        prec=tol+1
        nr=0
        while not(prec<=tol or it <= nr):
            w=dot(X.T,u)
            w=w/norm(w)
            t=dot(X,w)
```

```
            c=dot(Y. T,t)
            c=c/norm(c)
            un=dot(Y,c)
            prec=norm(u-un)
            nr=nr+1
        W[:,i]=w
        T[:,i]=t
        P[:,i]=dot(X. T,t)/dot(t. T,t)
        d=dot(u. T,t)/dot(t,T,t)
        Q[:,i]=c * d
        X=X-outer(t,p[:,i])
        Y=Y-outer(t,c) * d
    return{'T':T,'P':P,'Q':Q:'W':W}
```

核 PLS 的 Python 语言的源代码：

```
def pls_improved_kenerl(X,Y,a):
    T=zeros((X. shape[0],a));P=zeros((X,shape[1],a))
    Q=zeros((Y. shape[1],a));R=zeros((X,shape[1],a))
    W=zeros((X. shape[1],a))
    XY=dot(X. T,Y);
    for i in range(a):
        if Y. shape[1]==1:
            W[:,i]=XY[:,0]
        else:
            D,C=eig(dot(XY. T,YY))
            q=C[:,D==max(D)]
            W[:,i]=dot(XY,q)[:,0]
        w[:,i]=w[:,i]/norm(W[:,i])
        R[:,i]=W[:,i]
        for j in range(i):
            R[:,i]=R[:,i]-dot(dot(P[:,j],W[:,i]),R[:,j])
        T[:,i]=dot(X,R[:,i])
        tt=dot(T[:,i]. T,T[:,i])
        P[:,i]=dot(X. T,T[:,i])/tt
        Q[:,i]=dot(R[:,i]. T,XY). T/tt
        XY=XY-outer(P[:,i],Q[:,i]) * tt
    return {'T':T,'P':P,'Q':Q,'W':W}
```

用于 PLS 预测的 Python 语言的源代码：

```
def plspred(plsresult,Xn,a):
```

```
    p=plsresult['P'];W=plsresult['W'];Q=plsresult['Q']
    B=dot(dot(W[:,0:a],inv(dot(P[:,0:a].T,W[:,0:a]))),Q[:,0:a].T)
    return dot(Xn,B)
```

SIMCA 的 Python 语言的源代码：

```
def simca(X,y,a,alpha):
    simcamodels=[]
    yu=unique(y)
    for i in range(yu.shape[0]):
        Xi=X[y[:,0]==yu[i],:]
        simcamodels.append(simca_pca_model(Xi,a,alpha))
        simcamodels[i]['yu']=yu
    return simcamodels
```

```
def  simca_pca_model(X,a,alpha):
     n=X.shape[0];d=X.shape[1]
     Xcr=center(X);Xc=Xcr['Xc'];xc=Xcr['xc']
     pcaresult=pca_svd(Xc,a);T=pcaresult['T'];P=pcaresult['P']
     st=sqrt(sum(T*T,axis=0)/n)
     tlower=T.min(0)-st/2
     tupper=T.max(0)+st/2
     E=Xc-dot(T,P)
     s=sum(E*E,axis=1)/(d-a)
     sc=dot(s,s)/(n-a-1)
     smax=sqrt(sc*f_test.ppf(1-alpha,d-a,(d-a)*(n-a-1)))
     return {'T':T,'P':P,'tl':tlower,'tu':tupper,'xc':xc,'smax':smax}
```

用于 SIMCA 预测的 Python 语言的源代码：

```
def  simcapred(Xn,simcamodels):
     out=zeros((Xn.shape[0],len(simcamodels)))
     for i in range(len(simcamodels)):
           Xnc=Xn-tile(simcamodels[i]['xc'],(Xn.shape[0],1))
           Tn=dot(Xnc,simcamodels[i]['P'].T)
           E=Xnc-dot(Tn,simcamodels[i]['P'])
           s_all=sum(E*E,axis=1)/(Xn.shape[i]-simcamodels[i]['P'].shape[0])
           for j in range(Xn.shape[0]):
               if all(Tn[j,:]>=simcamodels[i]['tl'])and\
                 all(Tn[j,:]<=simcamodels[i]['tu'])and\
                 all(s_all[j]<=simcamodels[i]['smax']):
```

```
            out[j,i]=1
    return out
```

用于马氏（Mahalanobis）距离计算的 Python 语言的源代码：

```
def mahalanobis_distance(X,Xn):
    Xnc=Xn-tile((center(X)['xc'],(Xn.shape[0],1))
    md=zeros(Xn.shape[0])
    for i in range(Xn.shape[0]):
        md[i]=sqrt(dot(dot(Xnc[i,:],inv(cov(X,T))),Xnc[i,:].T))
    return md
```

一种基于马氏距离（Mahalanobis distance）的主成分分类的 Python 语言的源代码：在此，pca _ md 是一个 python 语言函数。

```
def simca_pca_model (X,a,alpha):
    n=X.shape[0];d=X.shape[1]
    Xcr=center(X);Xc=Xcr['Xc'];xc=Xcr['xc']
    pcaresult=pca_svd(Xc,a);T=pcaresult['T'];P=pcaresult['P']
    st=sqrt(sum(T*T,axis=0)/n)
    tlower=T.min(0)-st/2
    tupper=T.max(0)+st/2
    E=Xc-dot(T,P)
    s=sum(E*E,axis=1)/(d-a)
    sc=dot(s,s)/(n-a-1)
    smax=sqrt(sc*f_test.ppf(1-alpha,d-a,(d-a)*(n-a-1)))
    return {'T':T,'P':P,'tl':tlower,'tu':tupper,'xc':xc,'smax':smax}
```

基于偏最小二乘的判别分析（PLS-DA）的 Python 语言的源代码：

```
def pls_da(X,y,Xn,a,pls_type='pls_improved_kenerl',it=10,tol=1e-8):
    yu=unique(y)
    Y=zeros((y.shape[0],yu.shape[0]))-1
    for i in range(yu.shape[0]):
        Y[y[:,0]==yu[i],i]=1
    if pls_type=='pls_improved_kenerl':
        pls_result=pls_improved_kenerl(X,Y,a)
    else:
        pls_result=pls2_nipals(X,Y,a,it,tol)
    return plspred(pls_result,Xn,a)
```

Whittaker 平滑方法和 airpls 自适应迭代惩罚最小二乘：

惩罚最小二乘算法本质上是一种灵活的平滑方法。Eilers 扩展了其应用范围，并将其用于一般的化学信号平滑和基线校正。张志敏在此基础上还提出了自适应迭代加权惩罚最小二乘法（airpls）方法，下面为该法的 Python 语言的源代码。因为使用了稀疏矩阵技术，此程序运行速度非常快。

```
def WhittakerSmooth(x,lamb,w):
    m=w.shape[0]
    W=spdiags(w,0,m,m)
    D=eye(m-1,m,1)-eye(m-1,m)
    return spsolve((W+lamb*D.transpose()*D),w*x)
```

```
def airPLS(x,lamb=100,itermax=10):
    m=x.shape[0]
    w=ones(m)
    for i in range(itermax):
        z=WhittakerSmooth(x,lamb,w)
        d=x-z
        if sum(abs(d[d<0]))<0.001*sum(abs(x)):
            break;
        w[d<0]=exp(i*d[d<0]/sum(d[d<0]))
        w[d>=0]=0
    return z
```

主题词索引

（按汉语拼音排序）

A

白色分析体系 …… 306
半因子设计法 …… 44
饱和设计 …… 51
背景扣除 …… 231，461
背景扣除方法 …… 232
背景漂移 …… 232
崩溃点 …… 510
比较分子场分析 …… 673
编码效率 …… 8
变尺度法 …… 116
病态体系 …… 309，349
不确定性的来源 …… 136
部分因子设计 …… 44

C

采样常数 …… 27
残差双线性分解法 …… 378
残差正态图 …… 42
重复双重交叉校验 …… 503
重复性 …… 159
测量的不确定性 …… 136
测量结果及其不确定度的报告 …… 148
惩罚最小二乘 …… 232
窗口因子分析法 …… 449
窗口因子分析法（WFA） …… 452
粗糙惩罚平滑法 …… 195
簇项 …… 641
重心法 …… 554

D

代表性采样 …… 24
单纯形格子点 …… 102
单纯形格子设计法 …… 104
单纯形试验设计法 …… 97
单纯形重心设计 …… 106
刀切法残差 …… 515
等价定理 …… 82，84
电子拓扑状态指数 …… 655，658
迭代目标转换因子分析法（ITTFA） …… 444
迭代算法 …… 112
顶点点价 …… 652
定量分析 …… 13
定量限 …… 171
定量指标 …… 36
定性分析 …… 5
定性指标 …… 36
动态聚类法 …… 562
动态聚类法程序框图 …… 562
对偶理论 …… 109
多步法 …… 614
多尺度色谱谱峰校准方法 …… 266
多分辨分析 …… 224
多分辨信号分解（MRSD） …… 227
多项式最小二乘拟合求导法 …… 199
多元线性回归方法 …… 308
多元校正 …… 356
多元校正模型 …… 492
多折交叉校验 …… 500
多重性效益 …… 209

E

二阶导数矩阵 …… 111
二阶格子点集 …… 102
二阶指数平滑 …… 245
二维定量构效关系 …… 637

F

范围标度化 …… 535
方差平方和法 …… 555
方向加速法 …… 119
方阵的迹 …… 734
非迭代式秩消失因子分析法 …… 376
非均匀体系建模方法 …… 28
费尔盖特（Fellgett）优点 …… 19
分辨率 …… 663
分层采样 …… 24

分割法 …… 553
分类回归树 …… 593，819
分位数回归算法 …… 234
分析方法的检测下限 …… 179
分析方法的校验 …… 172
分析信号处理 …… 220，230
分析信号处理方法 …… 190
分析信号的变换方法 …… 207
分析信号的平滑方法 …… 190
分析信号的求导方法 …… 198
分子复杂度指数 …… 662
分子连接性法 …… 683
分子描述子 …… 636
分子识别数 …… 645
分子形状 …… 654
分子形状分析 …… 671

G

概率采样 …… 23
概率密度 …… 726
概率效应 …… 11
杠杆点 …… 510
高杠杆点 …… 512
共轭梯度法 …… 114
共线性 …… 349
固定尺寸移动窗口渐进因子分析法 …… 448
光谱相关色谱 …… 278
光谱相关系数 …… 278
广义灰色分析体系 …… 492
广义内标法 …… 328
广义秩消失因子分析法 …… 372，375，484
过拟合 …… 495

H

函数的梯度 …… 111
核 Fisher 判别分析 …… 341
核函数 …… 341
黑色分析体系 …… 306
痕量分析 …… 14
互信息 …… 4
化学构效关系 …… 622，667
化学计量学 …… 1，814
化学模式空间 …… 531
化学模式识别 …… 531
化学秩图 …… 459
化学专家系统 …… 716
灰色分析体系 …… 307
灰色分析体系 …… 356
回归残差 …… 512
回归顶点点价 …… 652
回归建模 …… 509
回归距离 …… 652
回归诊断方法 …… 511
混合水平设计 …… 71
混合同余法 …… 605

J

机器学习 …… 589
基线校正算法 …… 239
基于 NT-net 的序贯优化算法（SNTO） …… 127
基于全局寻优的聚类法 …… 563
基于小波分析的求导方法 …… 204
极差控制图 …… 168
计数抽样检验 …… 33
计算机数字模拟法 …… 604
加权最小二乘回归法 …… 317
夹角余弦 …… 533
间接校正方法 …… 319
检测限 …… 170
检验集的构造 …… 497
渐进因子分析法 …… 447
键-电子矩阵 …… 635
降维处理方法 …… 522
交叉校验 …… 499
交替惩罚三线性分解（APTLD）算法 …… 397
交替惩罚四线性分解（APQLD）算法 …… 409
交替加权残差约束四线性分解算法 …… 411
交替耦合两个不等残差函数（ACTUF）算法 …… 400
交替三线性分解（ATLD）算法 …… 395
交替三线性分解（ATLD）算法 …… 394
经典诊断方法 …… 511
精密度 …… 156
局部曲线拟合法 …… 365
局部搜索算法 …… 122
局部优化算法 …… 112
局部最优解 …… 111
矩阵（非迭代类二阶张量）校正方法 …… 367
矩阵乘矩阵 …… 733
矩阵的迹 …… 512
矩阵的加减法 …… 733
矩阵的秩 …… 735
矩阵的转置 …… 733
矩阵范数 …… 739
矩阵分辨方法 …… 426

矩阵校正方法 …… 356
距离矩阵 …… 635
距离判别法 …… 536
聚类分析法 …… 553
卷积运算 …… 208
均匀分布 …… 726
均匀设计表 …… 64，72
均匀性准则 …… 67

K

卡尔贝克 …… 5
颗粒大小分布因子（g） …… 29
颗粒形态因子（f） …… 29
颗粒性质因子 Gy 理论 …… 29
可变法 …… 555
可变类平均法 …… 555
可行设计 …… 80
可疑度 …… 3，4
可追溯性 …… 174
快速傅里叶变换 …… 216
扩大系数 …… 99
扩展不确定度 …… 152

L

拉格朗日乘子法 …… 132
类平均法 …… 555
冷却进度表 …… 123
离散小波变换 …… 223
离散型设计 …… 81
连续型设计 …… 81
链项 …… 641
邻接复杂度 …… 662
邻接复杂度指数 …… 663
邻接矩阵 …… 634，638
邻域结构 …… 122
灵敏度 …… 169
岭回归 …… 349
零阶张量 …… 388
零组分区 …… 459
留一交叉校验法 …… 499
龙格-库塔法 …… 613
路径项 …… 641

M

马尔柯夫估计 …… 319
马氏距离 …… 515，533
满秩分辨 …… 461
帽子矩阵 …… 512
模糊聚类法 …… 567
模拟算法 …… 610
模拟退火法 …… 121
模式空间 …… 531
模式识别 …… 694
模型过拟合与潜变量回归模型 …… 494
模型交叉校验 …… 497

N

内学生化残差 …… 514
内在性质参数 …… 656
内在状态参数 …… 657
拟水平均匀设计 …… 70
逆矩阵 …… 734
逆向搜索树 …… 712
凝聚法 …… 553
牛顿法 …… 113

O

欧拉函数 …… 66

P

偏差 …… 67
偏最小二乘法 …… 324，344，584
品质因数 …… 169
平滑除噪 …… 231
平滑算法 …… 245
平行因子分析（PARAFAC）算法 …… 393
谱峰校准 …… 277

Q

奇异点 …… 510
奇异值分解 …… 771
奇异值分解法（SVD） …… 572
启发式分类 …… 711
启发式知识 …… 711
潜变量 …… 495
全局因子分析法 …… 421
全局优化算法 …… 121
全局最优解 …… 111

R

人工神经网络 …… 508
人工神经网络法 …… 334
人工神经网络判别法 …… 551
人工智能 …… 711

软模型 ………………………………… 303，304

S

三阶格子点集 …………………………… 103
三阶张量校正 …………………………… 405
三维校正的术语 ………………………… 389
三线性成分分解模型 …………………… 389
四线性成分模型 ………………………… 406
散度 ……………………………………… 4
熵 ………………………………………… 2
深度学习算法 …………………………… 552
生成元 …………………………………… 68
剩余标准偏差法 ………………………… 420
时间径向校准 …………………………… 257
识别率 …………………………………… 536
矢量范数 ………………………………… 739
势函数判别法 …………………………… 550
试验域 …………………………………… 36
试验指标 ………………………………… 36
释放因子（l） ………………………… 30
数据发掘 ………………………………… 589
数据统计评价 …………………………… 177
数据压缩 ………………………………… 230
数论方法 ………………………………… 126
数论网点（NT-net） …………………… 126
双指数平滑 ……………………………… 245
四维平行因子分析算法 ………………… 407
四维校正 ………………………………… 405
搜索树 …………………………………… 712
苏尔兹分子拓扑指数 …………………… 648
算法组合策略（ACM）算法 …………… 401
随机采样 ………………………………… 23
随机森林 ………………………………… 600
随机森林分析法（RF） ………………… 252

T

台劳级数法 ……………………………… 613
特征抽取方法 …………………………… 534
特征结构跟踪分析 ……………………… 458
梯度法 …………………………………… 113
通用标准加入法 ………………………… 326
同时试验 ………………………………… 37
统计检验 ………………………………… 182
投影旋转因子分析法（PRFA） ………… 482
投影寻踪法 ……………………………… 522
凸函数 …………………………………… 110
凸集 ……………………………………… 110
拓扑矩阵 ………………………………… 638
拓扑指数表征 …………………………… 637

W

外学生化残差 …………………………… 514
微分方程数字解法 ……………………… 612
微分进化算法 …………………………… 261
伪蒙特卡洛法 …………………………… 126
伪随机数 ………………………………… 604
稳健方法 ………………………………… 509
稳健偏最小二乘法 ……………………… 522
稳健主成分回归法 ……………………… 522
无约束优化 ……………………………… 110
误差分析 ………………………………… 610
误差效应 ………………………………… 11

X

析因问题 ………………………………… 37
系统采样 ………………………………… 24
系统聚类法 ……………………………… 553
仙农熵 …………………………………… 662
线性范围和工作范围 …………………… 170
线性检查 ………………………………… 171
线性判别函数法 ………………………… 548
线性学习机 ……………………………… 548
线性自由能 ……………………………… 623
线性组合设计 …………………………… 90
相关系数 ………………………………… 533
相关效应 ………………………………… 11
相似性度量 ……………………………… 533
响应值 …………………………………… 36
小波变换 ………………………… 221，230
小波多分辨变换法 ……………………… 220
效应正态图 ……………………………… 42
信号的漂移 ……………………………… 255
信息量 …………………………………… 5
信息效率 ………………………………… 20
虚拟受体方法 …………………………… 675
序贯检验法 ……………………………… 32
序贯试验 ………………………………… 37
序贯优化法 ……………………………… 126
选择性 …………………………………… 169
选择性迭代加权分位数回归算法 ……… 238
选择性信息 ……………………………… 461

Y

延伸系数 ………………………………… 99

演进特征投影图 …… 454
验证指标 …… 702
样本均值回归 …… 236
一点设计 …… 90
一分为二法 …… 553，560
一阶格子点集 …… 102
一阶微分矩阵顺序秩分析方法 …… 478
一维搜索 …… 112
移动窗口多项式最小二乘平滑法 …… 190
移动窗口平均法 …… 190
移动窗口中位数稳健平滑法 …… 194
移动平均图 …… 166
遗传进化受体模型 …… 676
遗传算法 …… 123，564
因子分析 …… 413
因子分析的误差理论 …… 416
因子设计 …… 37
因子设计分辨率 …… 50
因子指示函数法 …… 420
硬模型 …… 303
优良性准则 …… 80
有偏估计 …… 349
预报-校正法 …… 614
预测率 …… 536
约束背景双线性分解 …… 380
约束优化 …… 110

Z

张量分辨方法 …… 480
张量校正理论 …… 304
张量校正校正理论的基本公式 …… 304
真实误差法 …… 420
正交表 …… 52
正交矩阵 …… 734
正交实验设计 …… 51
正交投影分辨法 …… 470
正态分布 …… 726
支持向量机 …… 339，590
直观推导式演进特征投影法 …… 452
直接差分法 …… 198
直接校正方法 …… 308
指数平滑算法 …… 244
质量控制分析 …… 15
质量控制图 …… 164
质谱辅助色谱谱峰校准 …… 281
秩消失因子分析法 …… 368，369
逐步判别分析法 …… 542
主成分分析 …… 413，455
主成分回归法 …… 321，816
主效应的估价 …… 38
主因子数确定方法 …… 419
助推建模 …… 596
准确度 …… 158
子窗口因子分析法 …… 473
子空间比较法 …… 422
自标度化 …… 535
自动双边指数平滑算法 …… 246
自动双边指数平滑算法（ATEB） …… 244
自加权交替三线性分解（SWATLD）算法 …… 396
自模式曲线分辨法 …… 426
组成因子（*c*） …… 30
组分剥离过程 …… 463
最长距离法 …… 554
最短距离法 …… 553
最小二乘估计 …… 309
最小生成树法 …… 561
最小修剪平方法 …… 521
最小支撑树 …… 561
最小中位平方法 …… 521
最优化问题 …… 109
最优设计 …… 79
最优试验设计 …… 79
坐标轮换法 …… 119

其　他

Laplacian 矩阵 …… 634
3D-QSAR 方法 …… 668
F 范数 …… 739
RE 法 …… 420
ACTUF 算法 …… 400
alignDE 法 …… 257
Ames 致突变性 …… 701
ATLD 算法 …… 394
A-最优准则 …… 80
Bagging 树 …… 600
Bayes 判别法 …… 537
Benedetti-Pichler 经典方程 …… 29
CAMS 算法 …… 281
CoMFA 计算 …… 673
Compass 方法 …… 675
CUSUM 图 …… 167
D-最优准则 …… 80
Fisher 方差比法 …… 421
Fisher 判别法 …… 539

Fisher 权重 …… 535
G-最优准则 …… 80
Hadamard 变换 …… 209
Haming 距离 …… 532
IND 法 …… 420
Ingamells 方程 …… 29
Kalman 滤波法 …… 314
Kappa 指数 …… 654
Karush-Kuhn-Tucker 条件 …… 109
KKT 条件 …… 109
K-矩阵法 …… 320
Mahalanobis 距离 …… 533
Manhatten 距离 …… 532
MATLAB 语言 …… 752
Minkowski 距离 …… 532
Monte Carlo 数字模拟法 …… 604
Monte-Carlo 交叉校验 …… 502
M 估计法 …… 518
OECD 准则 …… 679
PARAFAC 模型 …… 389
Powell 法 …… 119
Python 语言 …… 822
Python 语言源代码 …… 844
P-矩阵法 …… 320
QSAR …… 667
Randic 分支指数 …… 640
R 语言 …… 789
Shewhart 图 …… 165
SirQR 算法 …… 239
Taft 的立体参数 …… 625
Tanimoto 距离 …… 533
Tucker3 模型 …… 389
Verloop 立体参数 …… 626
Visman 采样常数 …… 27
Wiener 拓扑指数 …… 638
Wilson 方程 …… 29
E-最优准则 …… 80
P-矩阵法 …… 321
K-均值聚类法 …… 562
Flether-Reeve 共轭梯度法 …… 116
F 分布 …… 728
F 检验 …… 185
Hessian 矩阵 …… 111
Scheffe 典型多项式回归模型 …… 100，101
TL 值 …… 9
T^2统计量 …… 542
t 分布 …… 728
t 检验 …… 183
Ward 法 …… 555
Wilks 统计量 …… 542
δ 值的计算 …… 656